# Mathematik
# Fach- und Berufsoberschule Bayern
# Vorklasse

J. Dillinger, M. Schittenhelm

VERLAG EUROPA-LEHRMITTEL · Nourney, Vollmer GmbH & Co.KG
Düsselberger Straße 23 · 42781 Haan-Gruiten
**Europa-Nr. 87621**

**Autoren:**

| | |
|---|---|
| Dillinger, Josef | Hausen |
| Schittenhelm, Michael | Hof |

**Lektorat:**

Dillinger, Josef

**Bildbearbeitung:**

Zeichenbüro des Verlages Europa-Lehrmittel, Ostfildern

1. Auflage 2020
Druck 5 4 3 2

Alle Drucke derselben Auflage sind parallel einsetzbar, da sie bis auf die Behebung von Druckfehlern identsich sind.

ISBN: 978-3-8085-8762-1



Umschlaggestaltung: braunwerbeagentur, Radevormwald unter Einsatz des Bildes © senoldo-Fotolia.com
Satz: Schriftsatz Frauke Moritz, Ahrensburg
Druck: Lensing Druck GmbH & Co. KG, 44149 Dortmund

# Vorwort

Das Buch ist für den Unterricht im Fach Mathematik für FOS bzw. BOS Vorklasse erstellt. Es ist so konzipiert, dass sich die Schülerinnen und Schüler den Lernstoff anhand von verschiedenartigen Aufgaben während des Unterrichts eigenverantwortlich und selbstständig aneignen können. Methodisch wurde darauf geachtet, dass die Schülerinnen und Schüler beim Bearbeiten der Aufgaben neben reinem mathematischem Faktenwissen weiterführende Fertigkeiten wie beispielsweise mathematisches Kommunizieren oder mathematisches Argumentieren erwerben, damit sie anschließend gemäß des kompetenzorientierten Konzepts des LehrplanPLUS in der Lage sind, berufliche Aufgabenstellungen zu lösen.

**Leitgedanken – wissensbasierter Konstruktivismus**

Das vorliegende Lernmittel deckt alle acht geforderten Lernbereiche des LehrplanPLUS ab. Bei der Darstellung der einzelnen Lerninhalte der Lernbereiche wurde folgende grundlegende Punkte besonders Wert gelegt: Neues Fakten- und Regelwissen wird gemäß des konstruktivistischen Lernansatzes stets an bereits vorhandenen mathematischen Wissen bzw. an Alltagswissen des Schülers angeknüpft, damit ein vernetztes Wissen entsteht. Damit jedoch Wissen vernetzt werden kann, müssen zunächst grundlegende mathematische Kenntnisse und Rechenfertigkeiten vorhanden und sicher abrufbar sein. Daher werden in diesem Buch unter anderen auch Rechenfertigkeiten und -verfahren eingeübt, damit diese beherrscht werden. Gemäß dieser Leitgedanken werden die Lerninhalte wie folgt darstellt:

**Grundlegende Begriffe und Rechenverfahren**

Es werden zunächst grundlegende Begriffe, die in dem jeweiligen Sachzusammenhang von Bedeutung sind, anschaulich dargestellt und anschließend mathematisch definiert. Im Anschluss werden Rechenverfahren, -Rechenregel oder Lösungsstrategien hergeleitet bzw. für Schüler/innen plausibel dargestellt, falls die Herleitung unter Beachtung des Adressatenbezugs nicht möglich ist. Diese Verfahren und Regeln werden anhand von Beispielaufgaben, die die Schüler/innen eigenständig bearbeiten können, eingeübt und vertieft.

**Aufbau mathematischer Denkstrukturen**

Bei der Einführung von neuen Rechenverfahren werden den Schülern/innen neben der Herleitung auch Hintergrundinformationen und fachliche Vertiefungen geboten, damit die Schüler/innen die Rechenverfahren nicht nur sicher anwenden können, sondern auch die zulegenden Zusammenhänge hinter den Formeln und Lösungsstrategien verstehen. Dadurch werden implizit mathematische Denkstrukturen aufgebaut.

**Eigenständigkeit · Übungsaufgaben**

Das vorliegende Buch bietet eine Vielzahl von kompetenzorientierten Übungsaufgaben mit ansteigenden Anforderungsstufen (schwierigste Stufe **rot**), sowie realitätsbezogene Aufgaben mit offener Fragestellung, die von den Schüler/innen während des Unterrichts bzw. als Hausaufgabe bearbeitet werden können. Aufgaben, die sich besonders gut für Partner- oder Gruppenarbeiten eignen, sind mit einem Icon gekennzeichnet. Am Ende eines jeden Lernbereichs kann der Schüler bzw. die Schülerin sein/ihr vorhandenes Wissen testen.

Winter 2019/20

Die Autoren

# Inhaltsverzeichnis

# 1 Mengenlehre, Aussagelogik, Rechenregeln

## 1.1 Mengenlehre

Mithilfe der Mengenlehre können mathematisch komplexe Sachverhalte einfach, eindeutig und klar dargestellt werden. Die gesamte heutige Mathematik basiert auf der eindeutigen Sprache und den Grundgesetzen (Axiomen) der Mengenlehre. Sie ist daher von grundlegender Bedeutung für die moderne Mathematik.

Bevor wir uns in die Sprache bzw. in die Axiome der Mengenlehre vertiefen, muss zuerst geklärt werden, was in der Mathematik unter dem Begriff »Menge« verstanden wird.

**Bild 1:** Georg Cantor (*1845 Sankt Petersburg, †1918 Halle an der Saale), der als Begründer der sogenannten Mengenlehre gilt.

### 1.1.1 Der Begriff »Menge«

Wir betrachten zunächst den Freistaat Bayern mit seinen Regierungsbezirken **(Bild 2)**:

- Oberfranken
- Unterfranken
- Mittelfranken
- Oberpfalz
- Schwaben
- Oberbayern
- Niederbayern

**Bild 2:** Regierungsbezirke von Bayern

Es stellt sich die Frage, was Bayern und seine Regierungsbezirke mit Mathematik bzw. mit der Mengenlehre zu tun haben. Diese Frage ist leicht beantwortet, denn mathematisch betrachtet stellen die Regierungsbezirke von Bayern eine Menge dar. Eine Menge ist in der Mathematik definiert als die Zusammenfassung von wohlunterscheidbaren, realen oder abstrakten Objekten zu einem Ganzen. Wohlunterscheidbar bedeutet in diesem Zusammenhang, dass die Objekte unterschiedlich sein müssen, was bei den betrachteten Regierungsbezirken der Fall ist. Die realen Objekte einer Menge bzw. die abstrakten Objekte, die nur in der gedanklichen Vorstellung existieren, werden auch als Elemente bezeichnet.

**Der Begriff Menge**

Eine Menge ist die Zusammenfassung von wohlunterscheidbaren Objekten zu einem Ganzen. Die Objekte einer Menge werden Elemente genannt.

### 1.1.2 Darstellungsformen von Mengen

Im vorherigen Absatz wurde erläutert, dass die Regierungsbezirke Oberfranken (Obf.), Unterfranken (Ufr.), Mittelfranken (Mfr.), Oberpfalz (Opf.), Schwaben (Schw.), Oberbayern (Obb.) und Niederbayern (Ndb.) eine Menge im mathematischen Sinne darstellen. Mengen lassen sich auf unterschiedliche Weisen darstellen.

## ■ Grafische Darstellung im Mengendiagramm (Venn-Diagramm)

Bei der grafischen Darstellung einer Menge werden alle Elemente von einer geschlossenen Kurve umgeben **(Bild 1)**. Diese anschauliche Darstellungsform wird Mengendiagramm oder Venn-Diagramm genannt.

Die Bezeichnung der Mengen erfolgt mit Großbuchstaben. Die Menge in **Bild 1** wird mit $B$ bezeichnet.

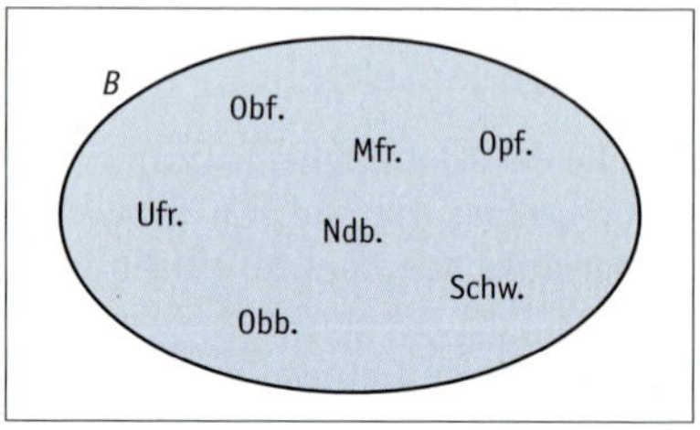


**Bild 1:** Mengendiagramm der Regierungsbezirke

**Anmerkung** Ndb. (Niederbayern) ist offensichtlich ein Element der Menge $B$. Um diesen Sachverhalt kurz und prägnant auszudrücken, benutzt man das Symbol $\in$. Dieses bedeutet … ist Element von … Demnach drückt Ndb. $\in B$ aus, dass Ndb. Element von $B$ ist.

## ■ Aufzählende Darstellungsform

Bei der aufzählenden Darstellungsform einer Menge werden alle Elemente der Menge zwischen zwei geschweiften Klammern geschrieben. Die einzelnen Elemente werden durch Strichpunkte getrennt. Die aufzählende Darstellungsform der Menge $B$ aller Regierungsbezirke von Bayern lautet wie folgt:

$$B = \{\text{Obf.; Ufr.; Mfr.; Opf.; Schw.; Obb.; Ndb.}\}$$

**Anmerkung** Die leere Menge, also die Menge, die kein Element enthält, wird üblicherweise durch zwei geschweifte Klammern angegeben.

$A = \{\ \}$ leere Menge

## ■ Beschreibende Darstellungsform

Die aufzählende und die grafische Darstellungsform einer Menge haben den wesentlichen Nachteil, dass alle Elemente explizit genannt werden müssen. Das ist jedoch nicht immer möglich. Stellen wir uns beispielsweise vor, dass wir nicht die Menge der Regierungsbezirke von Bayern betrachten, sondern die Menge aller Einwohner Bayerns. Das würde bedeuten, dass wir bei der aufzählenden bzw. grafischen Form jeden Einwohner Bayerns namentlich nennen müssten, was bei 12.988.539 Einwohner* kaum möglich ist. In diesem Fall hilft die beschreibende Darstellungsform einer Menge. Bei dieser werden die Elemente über das gemeinsame Merkmal bzw. durch die kennzeichnende Eigenschaft alle Elemente beschrieben.

Die beschreibende Darstellungsform der Menge $B$ aller Regierungsbezirke von Bayern lautet wie folgt:

$$B = \left\{ \underbrace{\text{Regierungsbezirke}}_{\text{Objekte}} \;\middle|\; \underbrace{\text{liegen in Bayern}}_{\text{Eigenschaft}} \right\}$$

Der senkrechte Strich | hat in der Mathematik die Bedeutung »mit der Eigenschaft.« Die oben genannte Menge $B$ ist wie folgt zu lesen: »Die Menge $B$ besteht aus Regierungsbezirken (Objekten), die die Eigenschaft haben, dass sie in Bayern liegen.« Durch die Menge $B$ in beschreibender Form sind die sieben Regierungsbezirke Oberfranken (Obf.), Unterfranken (Ufr.), Mittelfranken (Mfr.), Oberpfalz (Opf.), Schwaben (Schw.), Oberbayern (Obb.) und Niederbayern (Ndb) eindeutig beschrieben, ohne dass sie explizit genannt wurden.

**Erkenntnis:** Die beschreibende Darstellungsform dient zur Darstellung von Mengen, die sehr viele Elemente enthalten.

* Stand 30.9.2017

Die Menge *E* aller Einwohner Bayerns lautet in beschreibend Form:

$E = \{\text{Menschen} \mid \text{wohnhaft in Bayern}\}$

Lesen würde man die Menge *E* wie folgt: »Die Menge *E* besteht aus Menschen, die die Eigenschaften haben, dass sie in Bayern wohnhaft sind.«

**Beschreibende Darstellungsform einer Menge**

Die beschreibende Form einer Menge *A* ist wie folgt aufgebaut:

$A = \{\text{Objekt} \mid \text{kennzeichnende Eigenschaft aller Objekte dieser Menge}\}$

**Aufgaben**

1. Geben Sie die Menge *A* aller Bundesländer (inkl. Stadtstaaten) in aufzählender Form an, deren Anfangsbuchstabe mit *B* beginnt.
2. Geben Sie die Menge *B* aller Städte in Bayern in grafischer Form an, in denen die jeweiligen Bezirksregierungen ihren Hauptsitz haben.
3. Geben Sie die Menge *C* aller europäischen Staaten an. Begründen Sie, weshalb für die Angabe dieser Menge die beschreibende Form vorteilhaft ist.
4. Nennen Sie zwei weitere Mengen, die ausschließlich durch die beschreibende Form angegeben werden können.

### 1.1.3 Zahlenmengen

Es ist allgemein bekannt, dass in der Mathematik selten Mengen von Regierungsbezirken oder Mengen von Einwohnern eines Bundeslandes behandelt werden, in der Regel betrachtet man Mengen aus Zahlen. Die sicherlich bekannteste Zahlenmenge sind die natürlichen Zahlen $\mathbb{N}$. Neben dieser Zahlenmenge werden im Folgenden noch die Menge der ganzen Zahlen $\mathbb{Z}$, die der rationalen $\mathbb{Q}$ und die Menge der reellen Zahlen $\mathbb{R}$ behandelt.

Die Zahlenmenge der natürlichen Zahlen $\mathbb{N}$, der ganzen Zahlen $\mathbb{Z}$, der rationalen Zahlen $\mathbb{Q}$ und der reellen Zahlen $\mathbb{R}$ erhalten als Abkürzung einen Großbuchstaben mit Doppelstrich. Der Doppelstrich symbolisiert, dass es sich um fest definierte Zahlenmengen handelt.

**Fest definierte Zahlenmengen**

| | |
|---|---|
| $\mathbb{N}$ | Natürliche Zahlen |
| $\mathbb{Z}$ | Ganzen Zahlen |
| $\mathbb{Q}$ | Rationale Zahlen |
| $\mathbb{R}$ | Reelle Zahlen |

#### 1.1.3.1 Die Menge der natürlichen Zahlen

Unter den natürlichen Zahlen $\mathbb{N}$ werden die Zahlen verstanden, die zum Abzählen von Gegenständen verwendet werden. Geht man beispielsweise über den Parkplatz eines Schwimmbads kann man die Autos zählen, die dort parken. Man beginnt logischerweise mit der Zahl 1, gefolgt von der Zahl 2 usw. Die Zahlen 1, 2, 3 usw. sind somit natürliche Zahlen. Unter Mathematikern gilt es als nicht geklärt, ob die Zahl 0 zu den natürlichen Zahlen gehört oder nicht. Laut deutscher Industrienorm (DIN) wird die Zahl 0 zu den natürlichen Zahlen gezählt. Daher wird in diesem Buch die Zahl 0 als natürliche Zahl betrachtet.

**Menge der natürlichen Zahlen**

Die Menge der natürlichen Zahlen $\mathbb{N}$ lautet: $\mathbb{N} = \{0; 1; 2; 3; 4; 5; \dots\}$

## ■ Zahlenstrahl

Die natürlichen Zahlen können durch einen Zahlenstrahl dargestellt werden **(Bild 1)**. Zwei natürliche Zahlen haben einen Abstand von einer Längeneinheit.

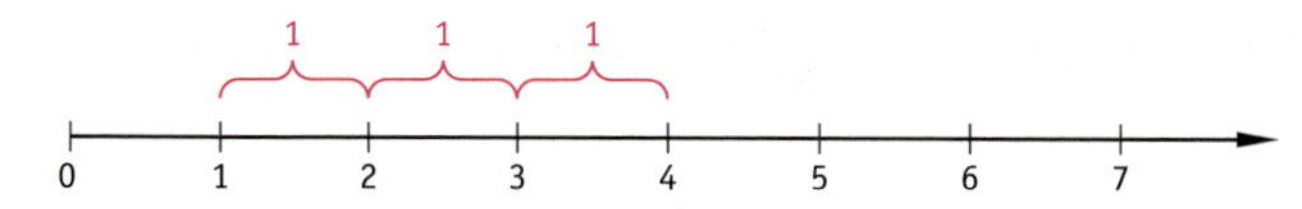


**Bild 1:** Zahlenstrahl

## ■ Vergleich zweier Zahlen mittels Zahlenstrahl

Für die Anordnung am Zahlenstrahl gilt: Je größer die Zahl ist, desto weiter rechts befindet sie sich. Betrachtet man zwei benachbarte Zahlen am Zahlenstrahl, so ist immer die rechte die größere Zahl. Um diese Beziehung »größer als« auszudrücken, wird das Symbol »>« benutzt. Beispielsweise ist die Zahl $5 > 4$, da die Zahl 5 weiter rechts auf dem Zahlenstrahl zu finden ist. Die geöffnete Seite des »>«- Symbols zeigt stets auf die größere Zahl.

Analog ist von zwei Zahlen stets die kleiner, die sich weiter links am Zahlenstahl befindet. Man benutzt das Symbol »<«, um die Beziehung »kleiner als« auszudrücken. Bekanntlich ist 1 kleiner als 2, man schreibt daher $1 < 2$. Die geschlossene Seite des Kleiner-Symbols zeigt stets zur kleineren Zahl. Man nennt die Symbole »>« und »<« Relationszeichen.

**Bedeutung der Relationszeichen – Teil 1**

$a$ größer als $b$ → $a > b$

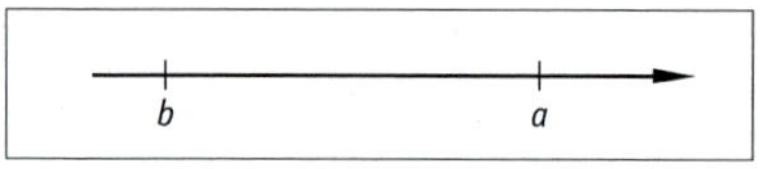


$a$ kleiner als $b$ → $a < b$

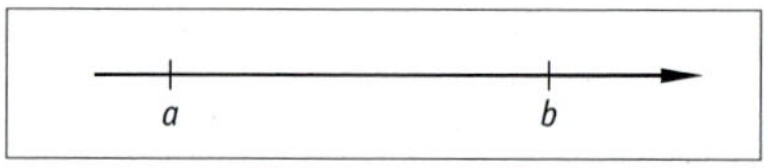


Zwei Zahlen $a$ und $b$ sind gleich (Symbol =), wenn sie sich an der selben Stelle am Zahlenstrahl befinden. Das Relationszeichen »≤« vereint die Symbole < und =. Es bedeutet kleiner oder gleich. $a \leq b$ bedeutet demnach, dass die Zahl $a$ kleiner als $b$ oder gleich $b$ ist. Das Relationszeichen »≥« vereint die Symbole > und =. Die Bedeutung dieses Symbols ist größer oder gleich. Dementsprechend bedeutet $a \geq b$, dass die Zahl $a$ größer als $b$ oder gleich $b$ ist.

**Bedeutung der Relationszeichen – Teil 2**

$a$ größer als oder gleich $b$ → $a \geq b$

$a$ kleiner als oder gleich $b$ → $a \leq b$

## ■ Intervallschreibweise

Durch die Kombination von Relationszeichen können Bereiche des Zahlenstrahls beschrieben werden. Beispielsweise besagt der Ausdruck $3 < a < 7$, dass sich die Zahl $a$ im Bereich zwischen den Zahlen 3 und 7 befindet **(Bild 2)**.

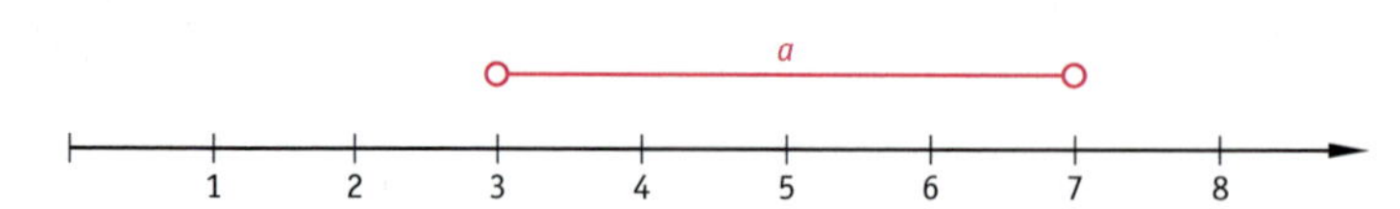


**Bild 2:** Beschriebener Bereich des Zahlenstrahls

Man bezeichnet die Menge aller Zahlen, die sich zwischen zwei gegebenen Zahlen auf dem Zahlenstrahl befinden, als Intervall. Bei der Angabe des Intervalls werden lediglich die beiden Zahlen angegeben, die den Bereich abgrenzen.

Diese beide Zahlen werden Intervallgrenzen genannt. Der in **Bild 2** auf der vorhergehenden Seite dargestellte Bereich wird durch das Intervall $]3;7[_{\mathbb{N}}$ beschrieben. Der Index $\mathbb{N}$ gibt an, dass die betrachtete Zahlenmenge aus natürlichen Zahlen besteht.

$$\{a \in \mathbb{N} \mid 3 < a < 7\} = ]3;7[_{\mathbb{N}} = \{4;5;6\}$$

**Intervall**

Unter einem Intervall wird die Menge aller Zahlen verstanden, die sich auf dem Zahlenstrahl zwischen zwei Zahlen, den Intervallgrenzen, befinden. Für alle $b, c \in \mathbb{N}$ gilt:

$$]b;c[_{\mathbb{N}} = \{b + 1; \ldots; c - 1\}$$

Je nachdem, ob die Intervallgrenzen zum Intervall gehören oder nicht, müssen vier Arten von Intervallen unterschieden werden:

### 1. Offenes Intervall

Beim offenen Intervall gehören die Intervallgrenzen nicht zum Intervall. Diese Art von Intervallen wird mit eckigen Klammern geschrieben, die von den Grenzen weg zeigen. Das Intervall $]2;8[_{\mathbb{N}}$ beschreibt daher alle natürlichen Zahlen zwischen ausgeschlossen 2 und ausgeschlossen 8, also 3,4,5,6 und 7.

$$]2;8[_{\mathbb{N}} = \{x \in \mathbb{N} \mid 2 < x < 8\} = \{3;4;5;6;7\}$$

| Offenes Intervall | 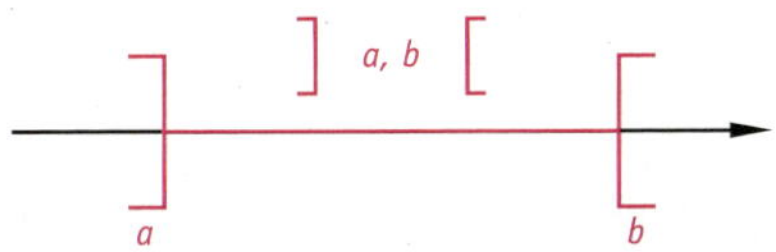 | $a < x < b$ |
|---|---|---|

### 2. Geschlossenes Intervall

Beim geschlossenen Intervall gehören die Intervallgrenzen zum Intervall. Geschlossene Intervalle erkennt man daran, dass beide eckige Klammern in der Intervallschreibweise zu den Grenzen zeigen. Das Intervall $[2;8]_{\mathbb{N}}$ beschreibt alle natürlichen Zahlen zwischen eingeschlossen 2 und eingeschlossen 8, also 2,3,4,5,6,7 und 8.

$$[2;8]_{\mathbb{N}} = \{x \in \mathbb{N} \mid 2 \leq a \leq 8\} = \{2;3;4;5;6;7;8\}$$

| Geschlossenes Intervall | 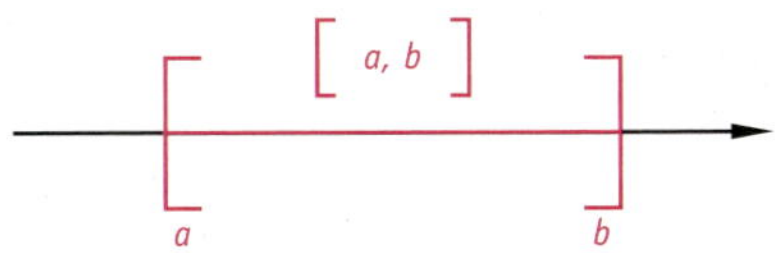 | $a \leq x \leq b$ |
|---|---|---|

### 3. Linksseitig geschlossenes und rechtsseitig geöffnetes Intervall

Beim linksseitig geschlossenen und rechtsseitig geöffneten Intervall gehört die linke Intervallgrenze zum Intervall, während die rechte nicht dazu gehört. Da die linke Intervallgrenze zum Intervall gehört, zeigt die linke eckige Klammer zur Intervallgrenze hin. Die rechte Intervallgrenze gehört nicht zum Intervall, daher zeigt die rechte eckige Klammer weg von der Intervallgrenze. Das Intervall $[2;8[_{\mathbb{N}}$ beschreibt daher alle natürlichen Zahlen zwischen eingeschlossen 2 und ausgeschlossen 8, also 2,3,4,5,6 und 7.

$$[2;8[_{\mathbb{N}} = \{x \in \mathbb{N} \mid 2 \leq x < 8\} = \{2;3;4;5;6;7\}$$

| Linksseitig geschlossenes Intervall | 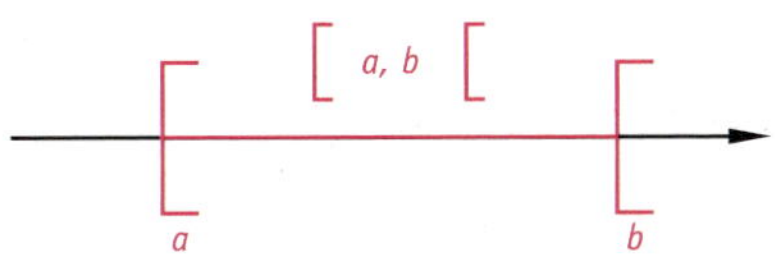 | $a \leq x < b$ |
|---|---|---|

### 4. Linksseitig geöffnetes und rechtsseitig geschlossenes Intervall

Das Intervall $]2;8]_{\mathbb{N}}$ stellt ein linksseitig geöffnetes und rechtsseitig geschlossenes Intervall dar, da die linke Klammer von der Zahl 2 weg zeigt, während die eckige Klammer zur 8 gerichtet ist. Das genannte Intervall beschreibt alle natürlichen Zahlen zwischen ausgeschlossen 2 und eingeschlossen 8, also 3, 4, 5, 6, 7 und 8.

$$]2;8]_{\mathbb{N}} = \{x \in \mathbb{N} \mid 2 < x \leq 8\} = \{3;4;5;6;7;8\}$$

| Rechtsseitig geschlossenes Intervall | 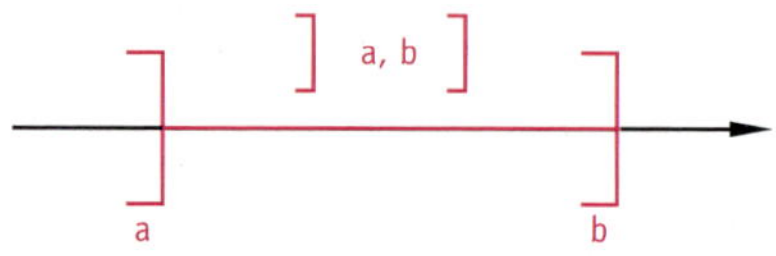  | $a < x \leq b$ |
|---|---|---|

#### Vertiefende Betrachtung – Abgeschlossenheit

In der Mathematik wird der Begriff Abgeschlossenheit verwendet, um folgenden Sachverhalt zu verdeutlichen: Werden zwei natürliche Zahlen addiert oder multipliziert, erhält man wieder eine natürliche Zahl. Die Zahlenmenge der natürlichen Zahlen ist daher abgeschlossen bezüglich der Addition und der Multiplikation. Die Zahlenmenge der natürlichen Zahlen ist jedoch nicht abgeschlossen bezüglich der Subtraktion und Division, da zwei natürliche Zahlen subtrahiert bzw. dividiert nicht zwingend eine natürliche Zahl ergeben. Beispielsweise ist das Ergebnis der Rechnung 4 – 8 keine natürliche Zahl.

**Erkenntnis:** Die Menge der natürlichen Zahlen ist abgeschlossen bezüglich der Addition und Multiplikation. Bezüglich der Subtraktion und Division ist diese Zahlenmenge nicht abgeschlossen.

#### Aufgaben

1. Geben Sie den folgenden Sachverhalt in abkürzender Schreibweise unter Verwendung der Relationszeichen wieder.
   a) Die Zahl $a$ ist größer als die Zahl $b$.
   b) Die Zahl $a$ ist größer oder gleich als die Zahl $b$.
   c) Die Zahl $a$ ist kleiner als die Zahl $b$.
2. Geben Sie die Menge $I$ in aufzählender Form an, die durch das folgende Intervall $I = [3;10]_{\mathbb{N}}$ beschrieben wird. Veranschaulichen Sie anschließend das Intervall I anhand des Zahlenstrahls.
3. Erklären Sie den Unterschied zwischen dem Intervall $I = [3;10]_{\mathbb{N}}$ aus Aufgabe 2 und dem Intervall $I = [3;10[_{\mathbb{N}}$
4. Eine Mitschülerin behauptet, dass ein Intervall nichts anderes als eine Menge sei. Geben Sie an, ob Sie dieser Aussage zustimmen oder widersprechen. Begründen Sie Ihre Angabe.

### 1.1.3.2 Die Menge der ganzen Zahlen

Wenn man nur die natürlichen Zahlen $\mathbb{N}$ betrachtet, dann ist die Subtraktion 2 – 6 nicht ausführbar. Um das Ergebnis dieser Rechnung anzugeben, sind negative Zahlen notwendig. Diese sind in der Menge der natürlichen Zahlen nicht enthalten. Aus diesem Grund wird die Menge der natürlichen Zahlen $\mathbb{N}$ um negative Zahlen erweitert **(Bild 1)**. Diese so erweiterte Menge nennt man die Menge der ganze Zahlen $\mathbb{Z}$.

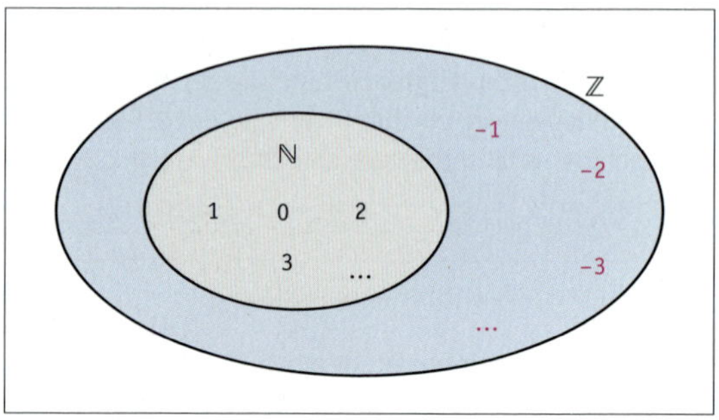


**Bild 1:** Erweiterung der natürlichen Zahlen

**Menge der ganzen Zahlen $\mathbb{Z}$**

Die Menge der ganzen Zahlen $\mathbb{Z}$ besteht aus allen natürlichen Zahlen, der Zahl 0 und den Gegenzahlen der natürlichen Zahlen $\mathbb{N}$.

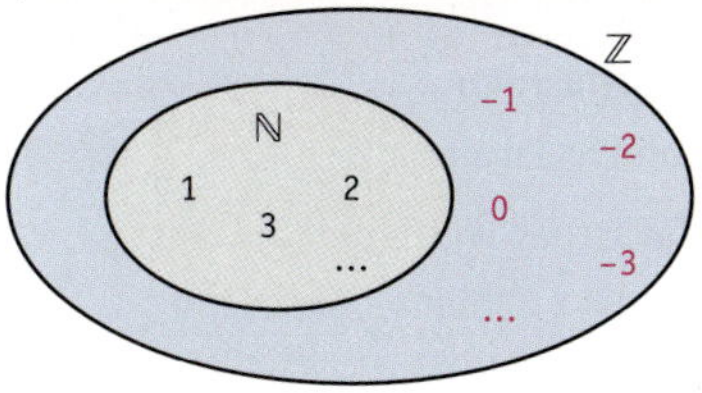


## ■ Betrag einer Zahl

Der Betrag einer Zahl gibt ihren Abstand von der Zahl 0 auf dem Zahlenstrahl an. Da der Abstand immer größer oder gleich 0 Längeneinheiten ist, ist der Betrag einer Zahl stets 0 oder positiv. Die symbolhafte Schreibweise für den Betrag sind zwei senkrechte Striche ($|\,|$). Der Betrag der Zahl 5 und ihrer Gegenzahl −5 beträgt jeweils 5, da beide Zahlen 5 Längeneinheiten von der Zahl 0 auf dem Zahlenstrahl entfernt sind.

$|-5| = 5$ und $|5| = 5$

**Betrag einer Zahl**

Der Betrag einer Zahl $a$ ($a \neq 0$) ist stets positiv. Anschaulich gibt der Betrag einer Zahl $a$ den Abstand zur Zahl 0 auf dem Zahlenstrahl an.

**Aufgaben**

1. Nennen Sie drei Zahlen, die zur Menge der ganzen Zahlen, aber nicht zur Menge der natürlichen Zahlen gehören.
2. Geben Sie zu den Zahlen 2 und −4 jeweils die Gegenzahlen an.
3. Geben Sie die Menge $I$ in aufzählender Form an, die durch das Intervall $\mathrm{I} = [-3;2]_{\mathbb{Z}}$ beschrieben wird. Veranschaulichen Sie anschließend das Intervall I anhand des Zahlenstrahls.
4. Begründen Sie mithilfe des Zahlenstrahls, weshalb gilt: $|-4| = 4$

### 1.1.3.3 Die Menge der rationalen Zahlen

In der Menge der ganzen Zahlen $\mathbb{Z}$ können alle Additionen, Subtraktionen und Multiplikationen ausgeführt werden. Wenn man zwei ganze Zahlen addiert, subtrahiert oder multipliziert, erhält man als Ergebnis stets wiederum eine ganze Zahl. Die Division von ganzen Zahlen ist hingegen in $\mathbb{Z}$ nicht immer durchführbar. Dividiert man beispielsweise $-5:3$, so ist das Ergebnis keine ganze Zahl. Damit das Ergebnis dieser Rechnung angegeben werden kann, muss die Menge der ganzen Zahlen um sogenannte Bruchzahlen erweitert werden. Die Menge, die bei der Erweiterung der ganzen Zahlen $\mathbb{Z}$ um die Bruchzahlen entsteht, nennt man die Menge der rationalen Zahlen $\mathbb{Q}$ **(Bild 1)**.

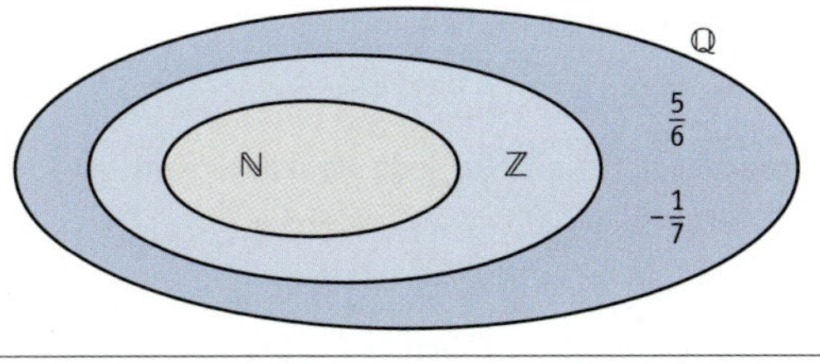


**Bild 1:** Erweiterung der ganzen Zahlen um die Bruchzahlen

## ■ Beschreibung einer Bruchzahl

Unter einer Bruchzahl versteht man Zahlen der Form $a:b$ bzw. $\frac{a}{b}$, wobei $a$ und $b$ ganzen Zahlen sind, $a$ kein Vielfaches von $b$ ist und $b \neq 0$. Beispiele für Bruchzahlen sind $\frac{1}{2}$, $\frac{3}{4}$, $-\frac{8}{7}$ usw. Keine Bruchzahl im engeren Sinne ist beispielsweise $-\frac{4}{2}$, da sich $-4:2$ zu einer ganzen Zahl $-2$ reduzieren lässt.

Die Zahl über dem Bruchstrich einer Bruchzahl wird Zähler oder Dividend genannt. Die Zahl unterhalb wird als Nenner oder Divisor bezeichnet.

**Bruchzahlen**

Zahlen der Form $a:b$ bzw. $\frac{a}{b}$ werden als Bruchzahlen bezeichnet, wobei $a$ und $b$ ganze Zahlen sind, $a$ kein Vielfaches von $b$ und $b \neq 0$ ist.

$$\frac{a}{b} = \frac{\text{Zähler}}{\text{Nenner}} = \frac{\text{Dividend}}{\text{Divisor}}$$

Bruchzahlen befinden sich auf dem Zahlenstrahl stets zwischen zwei ganzen Zahlen. Zwei Bruchzahlen werden als gleichwertig erachtet, wenn sie sich an derselben Stelle auf dem Zahlenstrahl befinden. Beispielsweise sind die Bruchzahlen $\frac{1}{2}$ und $\frac{2}{4}$ gleichwertig **(Bild 1)**.

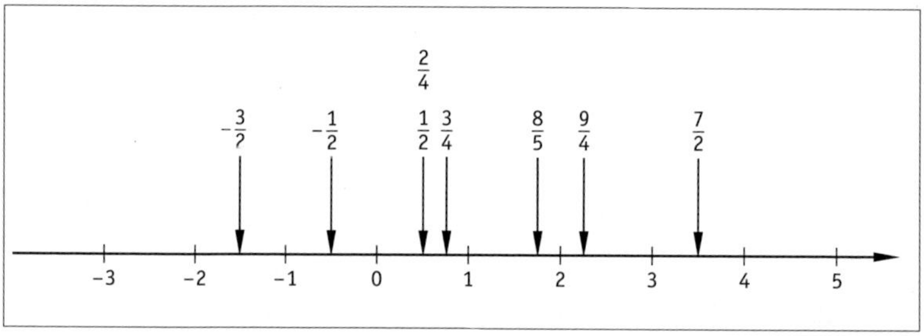


**Bild 1:** Bruchzahlen auf dem Zahlenstrahl

Anhand von **Bild 1** erkennt man, dass die Bruchzahlen sehr dicht auf dem Zahlenstrahl liegen. An dieser Stelle sei jedoch angemerkt, dass Stellen auf dem Zahlenstrahl existieren, die nicht durch ganze Zahlen oder Bruchzahlen beschrieben werden können. Diese Stellen werden im Kapitel »reelle Zahlen« betrachtet.

## ■ Besondere Bruchzahlen

Unter der unendlichen Menge von Bruchzahlen gibt es einige, die sich durch eine besondere Eigenschaft auszeichnen. Diese werden im Folgenden benannt.

**a) Stammbrüche**

Alle Bruchzahlen mit der Zahl 1 im Zähler heißen Stammbruch.

Beispiele für Stammbrüche: $-\frac{1}{3}, -\frac{1}{7}, \frac{1}{2}, \frac{1}{4}, \frac{1}{25}$

**b) Scheinbrüche**

Als Scheinbrüche werden diejenigen Bruchzahlen bezeichnet, deren Zähler ein ganzzahliges Vielfaches des Nenners ist. Scheinbrüche können stets zu einer ganzen Zahl reduziert werden.

Beispiele für Scheinbrüche: $\frac{6}{3}, \frac{25}{5}, \frac{-9}{3}$

Ist der Nenner der Bruchzahl 1, liegt stets ein Scheinbruch vor. Es gilt für jede beliebige Zahl $a$: $\frac{a}{1} = a$. Umgekehrt kann jede ganze Zahl stets als Scheinbruch dargestellt werden.

**c) Unechter Bruch**

Eine Bruchzahl, deren Zähler größer als der Nenner ist, wird als unechter Bruch bezeichnet.

Beispiele für unechte Brüche: $-\frac{12}{11}, \frac{8}{5}, \frac{3}{2}$

**d) Kehrbruch**

Den Kehrbruch oder Kehrwert einer Bruchzahl erhält man, indem man den Zähler und Nenners der Bruchzahl vertauscht. Eine Bruchzahl und ihr Kehrbruch ergeben miteinander multipliziert stets die Zahl 1.

Beispiel für einen Kehrbruch: Bruchzahl: $\frac{3}{2}$ Kehrbruch: $\frac{2}{3}$.

## ■ Regeln für Brüche

Bruchzahlen werden auch kurz Brüche genannt. Bei ihnen gibt es Besonderheiten und Regeln, die beachtet werden müssen. Diese werden im Folgenden genannt.

a) Der Nenner eines Bruchs darf niemals 0 sein. Warum dies so ist, wird am Ende dieses Abschnitts in der Rubrik »Vertiefende Betrachtung« gezeigt.

b) Wenn der Zähler eines Bruchs Null ist, dann ist der Wert des Bruches insgesamt Null. Es gilt für alle beliebigen Zahlen $a \neq 0$: $\frac{0}{a} = 0$.

Dies kann man sich durch folgende Überlegung verdeutlichen: Stellen Sie sich vor, dass Sie keinen Kuchen haben und diesen durch 10 Personen teilen möchten. Wie viel bekommt jeder? Nichts, also Null.

c) Bei der Ermittlung des Bruchwerts gilt folgende Vorzeichenregel ($a, b \in \mathbb{N}$):

$\frac{+a}{+b} = +\frac{a}{b}$ $\quad \frac{-a}{+b} = -\frac{a}{b}$ $\quad \frac{+a}{-b} = -\frac{a}{b}$ $\quad \frac{-a}{-b} = +\frac{a}{b}$

## ■ Mathematische Beschreibung der rationalen Zahlen

Sowohl jede endliche als auch jede unendliche, aber periodische Dezimalzahl lässt sich als Bruchzahl darstellen. Beispielsweise entspricht der endlichen Dezimalzahl 0,875 die Bruchzahl $\frac{7}{8}$. Die unendliche, periodische Dezimalzahl $0,\overline{27}$ ist gleich der Bruchzahl $\frac{3}{11}$. Im Kapitel »Rechnen mit rationalen Zahlen« wird erläutert, wie man rechnerisch die zu einer Dezimalzahl zugehörige Bruchzahl ermittelt.

Mit dem Wissen über den Zusammenhang von Bruchzahlen und Dezimalzahlen, können wir die Menge der rationalen Zahlen $\mathbb{Q}$ eindeutig in Worten beschreiben:

### Menge der rationalen Zahlen $\mathbb{Q}$

Die Menge der rationalen Zahlen besteht aus allen ganzen Zahlen, den Bruchzahlen und den Dezimalenzahlen, die sich als Bruchzahl darstellen lassen.

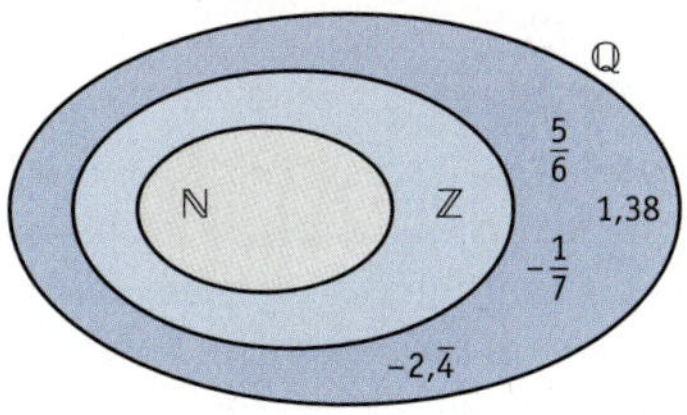


In beschreibender Mengenschreibeweise lautet die Definition der Menge der rationalen Zahlen wie folgt:

### Menge der rationalen Zahlen $\mathbb{Q}$ in beschreibender Mengenschreibweise

$\mathbb{Q} = \left\{ x \mid x = \frac{p}{q} \text{ mit } p \in \mathbb{Z} \text{ und } q \in \mathbb{Z}^* \right\}$ $\quad \mathbb{Z}^*$: Ganze Zahlen außer die Zahl 0.

### Vertiefende Betrachtung – Keine Division durch Null

Es wird gezeigt, weshalb eine Division durch Null nicht definiert ist.

Nehmen wir an, dass eine Division durch Null möglich wäre, dann würde für $a \neq 0$ gelten $\frac{a}{0} = b$. Formen wir diesen Ausdruck um, entsteht die Aussage $a = b \cdot 0$. b · 0 ergibt insgesamt 0. Das bedeutet: $a = 0$. Laut Voraussetzung gilt jedoch $a \neq 0$. Aufgrund dieses Widerspruchs ist unsere Annahme, dass eine Division durch Null möglich wäre, falsch. Eine Division durch Null ist daher nicht zulässig.

## Aufgaben

1. Geben Sie die Menge $I = [-1; 4]_{\mathbb{Q}}$ in beschreibender Mengenschreibweise an. Veranschaulichen Sie anschließend das Intervall I anhand des Zahlenstrahls.
2. Erklären Sie den Unterschied zwischen einem Schein- und einen Stammbruch.
3. Geben Sie drei Beispiele für unechte Brüche an.
4. Eine Mitschülerin stellt die Frage: »Zu welcher Zahlenmenge gehört jetzt die Zahl −7? Zur Menge der ganzen oder zur Menge der rationalen Zahlen?« Beantworten Sie diese Frage.

### 1.1.3.4 Die Menge der reellen Zahlen

Aus den vorherigen Kapiteln wissen wir, dass sich die Bruchzahlen zwischen den ganzen Zahlen auf dem Zahlenstrahl befinden **(Bild 1)**.

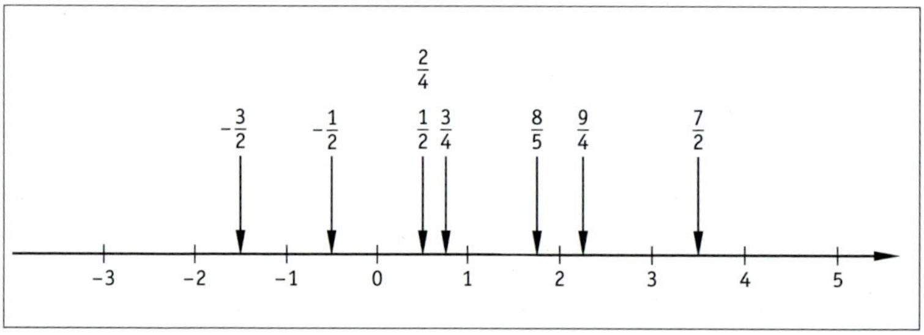


**Bild 1:** Bruchzahlen auf dem Zahlenstrahl

Es existieren auf dem Zahlenstrahl jedoch Stellen, die nicht durch Bruchzahlen beschrieben werden können. Diese Zahlen werden als irrationale Zahlen bezeichnet.

#### ■ Irrationale Zahlen

Eine irrationale Zahl lässt sich nicht als Bruchzahl darstellen. Das bedeutet, dass eine irrationale Zahl eine unendliche, nicht periodische Dezimalzahl ist. Die bekannteste dieser Zahlen ist die Kreiszahl $\pi$ (Pi), die wir in Lernbereich 6 dieses Buches kennenlernen werden. In **Bild 2** sind die ersten ihrer Ziffern dargestellt. Man erkennt, dass $\pi$ offensichtlich eine Dezimalzahl ist, die unendlich und nicht periodisch ist. Neben der Zahl $\pi$ gibt es noch weitere irrationale Zahlen, auf die wir im Kapitel Rechnen mit reellen Zahlen eingehen werden.

3.14159265358979323846264338327950288419716939
9375105820974944592307816406286208998628034825
3421170679821480865132823066470938446095505822
3172535940812848111745028410270193852110555964
4622948954930381964428810975665933446128475648
2337867831652712019091456485669234603486104543
2664821339360726024914127372458700660631558817
4881520920962829254091715364367892590360011330
5305488204665213841469519415116094330572703657
5959195309218611738193261179310511854807446237
9962749567351885752724891227938183011949 12 ...

**Bild 2:** Die Zahl $\pi$

Die rationalen Zahlen und die irrationalen Zahlen ergeben zusammen die Menge der reellen Zahlen $\mathbb{R}$. Mithilfe der reellen Zahlen kann jede Stelle des Zahlenstrahls beschrieben werden, d. h. durch die reellen Zahlen wird der Zahlenstrahl vollständig beschrieben.

**Reelle Zahlen $\mathbb{R}$**

Die Menge der reellen Zahlen umfassen die rationalen Zahlen die und irrationalen Zahlen.

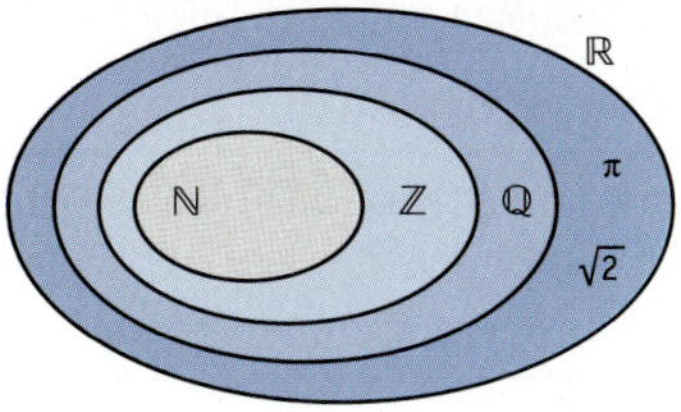


**Aufgaben**

1. Erklären Sie den Unterschied zwischen einer rationalen Zahl und einer irrationalen Zahl.
2. Ordnen Sie die Zahlen $-1$, $\frac{7}{3}$, 4, $-\frac{18}{5}$, $\pi$ und $1{,}\overline{63}$ im folgenden Diagramm passend an.

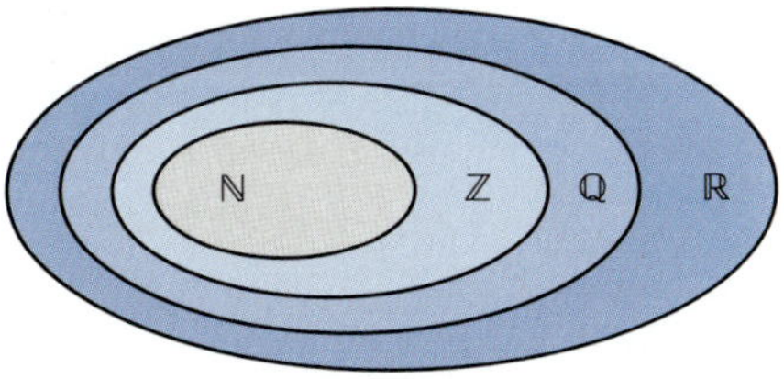


### 1.1.3.5 Einschränkung und Erweiterungen der Zahlenmengen

Mithilfe von Zusatzsymbolen können die fest definierten Zahlenmengen $\mathbb{N}$, $\mathbb{Z}$, $\mathbb{Q}$ und $\mathbb{R}$ erweitert und eingeschränkt werden. Die Zahlenmenge $\mathbb{Z}_0^+$ beschreibt alle positiven ganzen Zahlen und die Zahl 0. Der Index Null bei $\mathbb{Z}_0^+$ gibt somit an, dass die Zahl 0 zur betrachteten Zahlenmenge gehört. Durch ein hochgestelltes Pluszeichen wird festgelegt, dass ausschließlich die positiven Zahlen der Zahlenmenge betrachtet werden.

**Aufgaben**

1. Erklären Sie den Unterschied zwischen den Zahlenmengen $\mathbb{Q}$ und $\mathbb{Q}^-$.
2. Ein Mitschüler behauptet, es gelte: $\mathbb{Z}^+ = \mathbb{N}$. Geben Sie an, ob Sie dieser Aussage zu stimmen oder ihr widersprechen. Begründen Sie Ihre Angabe.
3. Begründen Sie, weshalb die Zahlenmenge $\mathbb{R}_0$ weder eine Erweiterung noch eine Einschränkung der Zahlenmenge $\mathbb{R}$ ist.

### 1.1.4 Vergleich zweier Mengen

In diesem Kapitel werden zwei Mengen miteinander verglichen. Insbesondere wird untersucht, unter welcher Voraussetzung zwei Mengen gleich, gleichmächtig oder elementarfremd sind.

- **Gleichheit zweier Mengen**

Zwei Mengen $M_1$ und $M_2$ sind genau dann gleich, wenn sie dieselben Elemente enthalten. Man schreibt: $M_1 = M_2$.

$M_1 = \{1; 2; 3\}$
$M_2 = \{1; 2; 3\}$ $\quad M_1 = M_2$

- **Elementarfremde (disjunkte) Mengen**

Zwei Mengen $M_1$ und $M_2$ sind genau dann elementarfremd (disjunkt), wenn sie keine gemeinsamen Elemente haben.

$M_1 = \{1; 2; 3\}$
$M_2 = \{4; 5; 6\}$ $\quad M_1$ und $M_2$ sind disjunkt.

- **Gleichmächtige Mengen**

Unter der Mächtigkeit einer Menge wird die Anzahl der Elemente einer Menge verstanden. Mithilfe von Betragsstrichen wird symbolisiert, dass die Mächtigkeit der Menge und nicht die Menge an sich betrachtet wird.

$A = \{1; 2; 3; 4; 5\} \rightarrow |A| = 5$
$B = \{-1; 0; 1\} \rightarrow |B| = 3$

Zwei Mengen $M_1$ und $M_2$ sind genau dann gleichmächtig, wenn sie über die gleiche Anzahl an Elementen verfügen.

$M_1 = \{1; 2; 3\}$
$M_2 = \{4; 5; 6\}$ $\quad \rightarrow |M_1| = |M_2|$

- **Teilmenge**

Sind alle Elemente der Menge $M_1$ ebenfalls in der Menge $M_2$ vorhanden **(Bild 1)**, dann nennt man $M_1$ eine Teilmenge von $M_2$. Man schreibt symbolhaft: $M_1 \subset M_2$.

$M_1 = \{4; 5; 6\}$
$M_2 = \{1; 2; 3; 4; 5; 6; 7\}$ $\quad \rightarrow M_1 \subset M_2$

Eine Mengen $M_1$ ist genau dann eine Teilmenge einer Menge $M_2$, wenn alle Elemente der Menge $M_1$ auch in der Menge $M_2$ enthalten sind.
$M_1 \subset M_2$

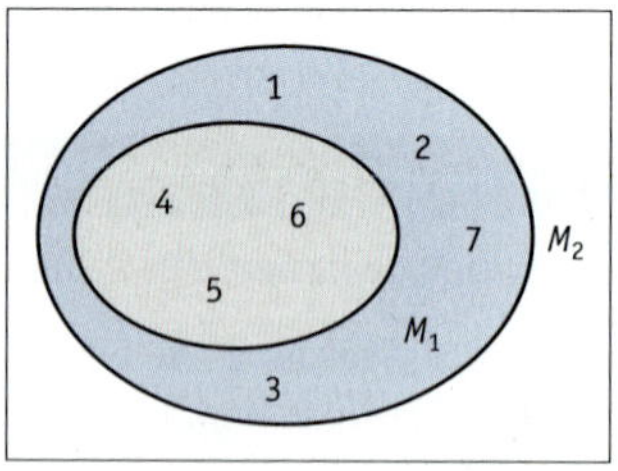


**Bild 1:** M1 ist Teilmenge von M2

**Anmerkung** Bei den Zahlenmengen $\mathbb{N}, \mathbb{Z}, \mathbb{Q}$ und $\mathbb{R}$ gilt: $\mathbb{N} \subset \mathbb{Z} \subset \mathbb{Q} \subset \mathbb{R}$

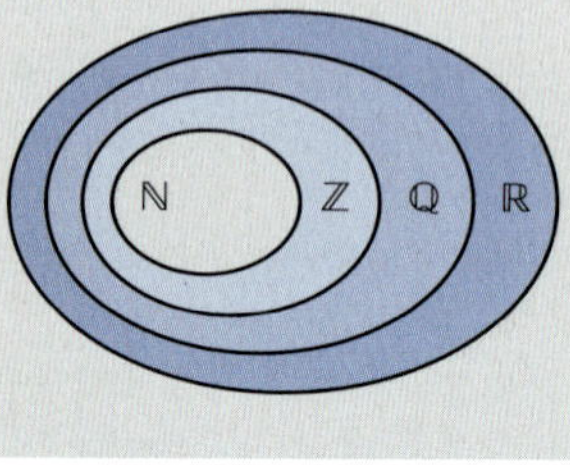

**Aufgaben**

1. Begründen Sie folgende Aussage: Zwei gleiche Mengen sind auch gleichmächtig.
2. Widerlegen Sie folgende Aussage mit einem Gegenbeispiel: $\mathbb{N}_0$ und $\mathbb{Z}_0^-$ sind disjunkt.

### 1.1.5 Grundmenge und Ergänzungsmenge

Die sogenannte Grundmenge ist eine besonders bedeutsame Menge in der Mengenlehre. Sie beinhaltet alle Zahlen, die für eine gewisse mathematische Überlegung prinzipiell zur Verfügung stehen. Die Grundmenge für die jeweilige mathematische Überlegung ist meist vorgegeben oder lässt sich aus dem Kontext der Aufgabenstellung erschließen. Wir werden die Grundmenge bei grafischen Darstellungen stets durch ein Rechteck kennzeichnen.

Eng verbunden mit dem Begriff der Grundmenge ist die Ergänzungsmenge, oder auch Komplementärmenge genannt.

Um zu erläutern, was die Ergänzungsmenge (Komplementärmenge) ist, betrachten wir die Grundmenge $G = \{1; 2; 3; 4; 5; 6; 7; 8; 9\}$ und die Menge $A = \{2; 4; 6; 8\}$. Die Menge $A$ ist eine Teilmenge der Grundmenge **(Bild 1)**. In der Ergänzungsmenge $\overline{A}$ der Menge $A$ sind alle Elemente der Grundmenge $G$ enthalten, die nicht in der Menge $A$ enthalten sind.

$\overline{A}$ lautet demnach $\overline{A} = \{1; 3; 5; 7; 9\}$. Die Teilmenge $A$ und ihre Ergänzungsmenge $\overline{A}$ ergeben zusammen stets die Grundmenge $G$.

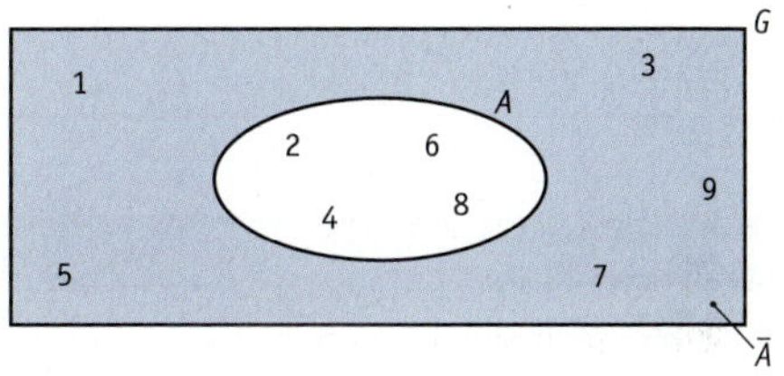


**Bild 1:** Ergänzungsmenge

**Ergänzungsmenge**

Es sei $A$ eine Teilmenge der Grundmenge $G$. Alle Elemente der Grundmenge, die nicht in der Teilmenge $A$ enthalten sind, bilden die Ergänzungsmenge $\overline{A}$ der Menge $A$ bezüglich der Grundmenge $G$.

$\overline{A} = \{x \in G | x \notin A\}$

**Aufgaben**

1. Gegeben ist die Grundmenge $G = \{-5; -4; -3; -2; -1; 0; 1; 2\}$ und die Teilmenge $A = \{-1; 0; 1\}$.
   a) Geben Sie die Ergänzungsmenge $\overline{A}$ der Menge $A$ bezüglich der Grundmenge $G$ an.
   b) Stellen Sie die Mengen $G$, $A$ und $\overline{A}$ in einem gemeinsamen Mengendiagramm dar.
   c) Geben Sie die Mächtigkeit der Mengen $G$, $A$ und $\overline{A}$ an.
2. Begründen Sie folgende Aussage: Eine beliebige Menge $M$ und ihre Ergänzungsmenge $\overline{M}$ sind stets disjunkt.

### 1.1.6 Schnittmenge zweier Mengen

In **Bild 2** sind die Mengen $A$ und $B$ grafisch in einem Mengendiagramm dargestellt. Für die Grundmenge $G$ dieser Überlegung gilt: $G = \mathbb{R}$.

Man erkennt, dass die Zahlen 4 und 5 sowohl in der Menge $A$ als auch in der Menge $B$ enthalten sind. Diese beiden Zahlen bilden die sogenannte Schnittmenge der Mengen $A$ und $B$. Im Mengendiagramm werden sie in den Überlappungsbereich der Diagramme eingetragen. Symbolhaft schreibt man $A \cap B = \{4; 5\}$, wobei das Kurzzeichen $\cap$ die Abkürzung für Schnittmenge ist.

$A = \{1; 2; 3; 4; 5\}$ und $B = \{4; 5; 6; 7\}$

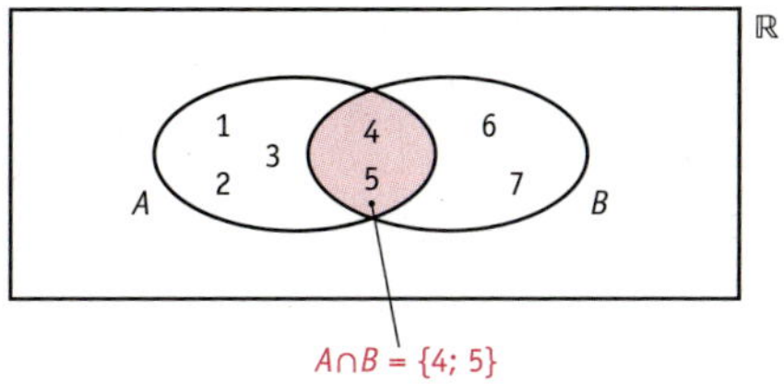


**Bild 2:** Schnittmenge der Mengen A und B

**Anmerkung** Mengendiagramme, mit deren Hilfe Zusammenhänge zwischen zwei betrachtet Mengen veranschaulicht werden, nennt man Venn-Diagramme.

## Schnittmenge

Die Schnittmenge der Mengen $A$ und $B$ enthält alle Elemente, die sowohl in der Menge $A$ als auch in der Menge $B$ enthalten sind.

$$A \cap B = \{x \in G \mid x \in A \quad \text{und} \quad x \in B\}$$

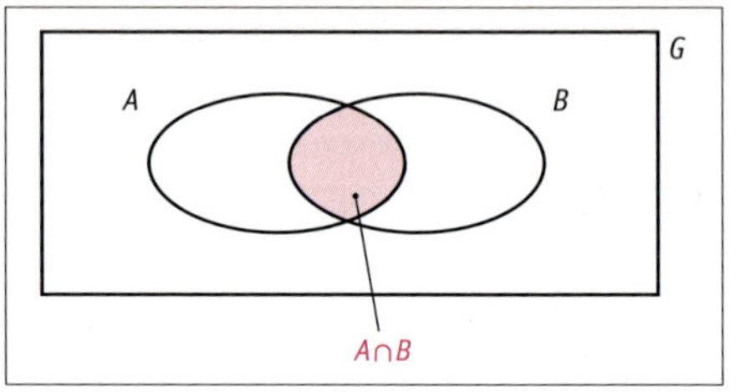


## Aufgaben

Gegeben sind die Mengen $A = \{1; 3; 5; 7; 9\}$ und die Menge $B = \{-2; -1; 0; 1; 2; 3\}$. Die Grundmenge ist die Menge der reellen Zahlen ($G = \mathbb{R}$).

a) Geben Sie die Schnittmenge $A \cap B$ in aufzählender Mengenschreibweise an.

b) Stellen Sie die Mengen $A$ und $B$ in einem gemeinsamen Mengendiagramm dar und kennzeichnen Sie die Schnittmenge.

c) Geben Sie eine Menge $C$ an, für die gilt $C \subset \mathbb{N}$, $A \cap C = \{5; 7\}$ und $|C| = 4$.

### 1.1.7 Vereinigungsmenge zweier Mengen

In **Bild 1** sind die Mengen $A$ und $B$ grafisch in einem Mengendiagramm dargestellt. Die Grundmenge $G$ dieser Überlegung ist $G = \mathbb{R}$.

In der sogenannten Vereinigungsmenge der Mengen $A$ und $B$ sind alle Elemente enthalten, die in der Menge $A$ oder in der Menge $B$ oder in beiden enthalten sind. Demnach lautet die Vereinigungsmenge der Mengen $A$ und $B$ $A \cup B = \{1; 2; 3; 4; 5; 6; 7\}$. Das Symbol $\cup$ ist die Abkürzung für Vereinigungsmenge.

A = {1; 2; 3; 4; 5} und B = {4; 5; 6; 7}

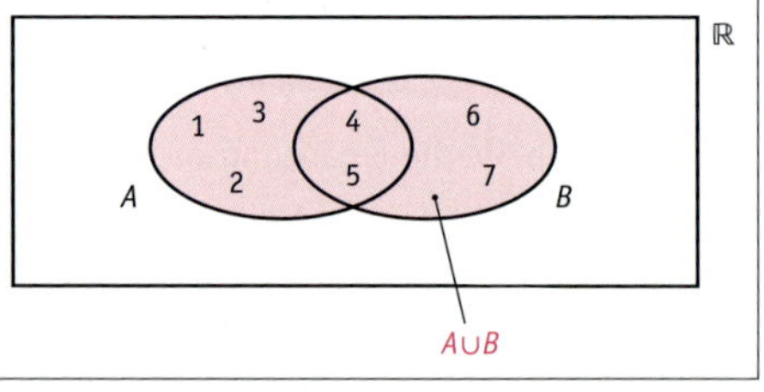


**Bild 1:** Vereinigungsmenge der Mengen A und B

## Vereiningungsmenge

Die Vereinigungsmenge der Mengen $A$ und $B$ enthält alle Elemente, die in der Menge $A$ oder in der Menge $B$ enthalten sind.

$$A \cup B = \{x \in G \mid x \in A \quad \text{oder} \quad x \in B\}$$

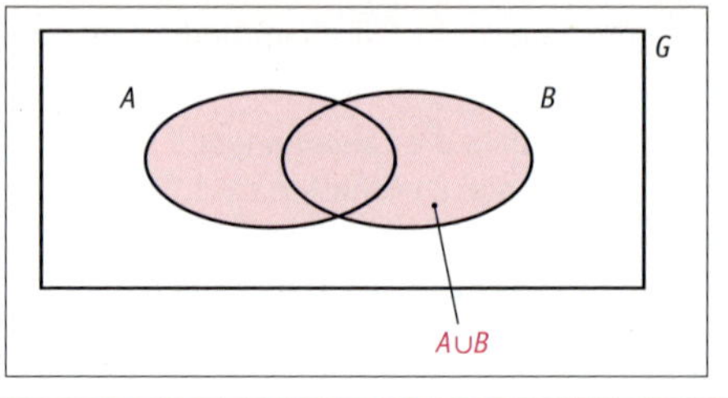

**Aufgaben**

1. Gegeben sind die Mengen $A = \{10; 20; 30; 40; 50\}$ und die Menge $B = \{-10; 0; 10; 20\}$. Die Grundmenge ist die Menge der reellen Zahlen ($G = \mathbb{R}$).
   a) Geben Sie die Vereinigungsmenge $A \cup B$ in aufzählender Mengenschreibweise an.
   b) Stellen Sie die Mengen $A$ und $B$ in einem Venn Diagramm dar und kennzeichnen Sie die Vereinigungsmenge.
   c) Geben Sie die Mächtigkeit der Vereinigungsmenge an.
2. Geben Sie zwei gleichmächtige Mengen an, deren Vereinigungsmenge die Zahlen 1 bis 9 sind.

### 1.1.8 Restmenge (Differenzmenge) zweier Mengen

Die Restmenge (Differenzmenge) $A \backslash B$ enthält alle Elemente, die in einer Menge $A$, aber nicht in einer Menge $B$ enthalten sind. Das Symbol \ steht abkürzend für die Restmenge. $A \backslash B$ spricht man »$A$ ohne $B$« aus.

In **Bild 1** ist die Restmenge der Mengen $A$ und $B$ zu sehen. Die Zahlen 4 und 5 sind sowohl in der Menge $A$ als auch in der Menge $B$ enthalten. In der Restemenge $A \backslash B$ ($A$ ohne $B$) sind die Zahlen 1,2 und 3 enthalten, also alle Elemente der Menge $A$, die nicht gleichzeitig in der Menge $B$ enthalten sind.

$A = \{1; 2; 3; 4; 5\}$ und $B = \{4; 5; 6; 7\}$

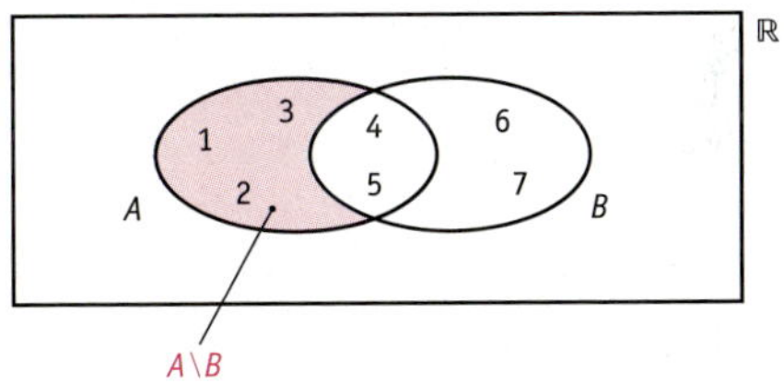


**Bild 1:** Restmenge

**Restmenge (Differenzmenge)**

Die Restmenge (Differenzmenge) $A \backslash B$ enthält alle Elemente, die zur Menge $A$, aber nicht zur Menge $B$ gehören.

$A \backslash B = \{x \in G | x \in A \quad \text{und} \quad x \notin B\}$

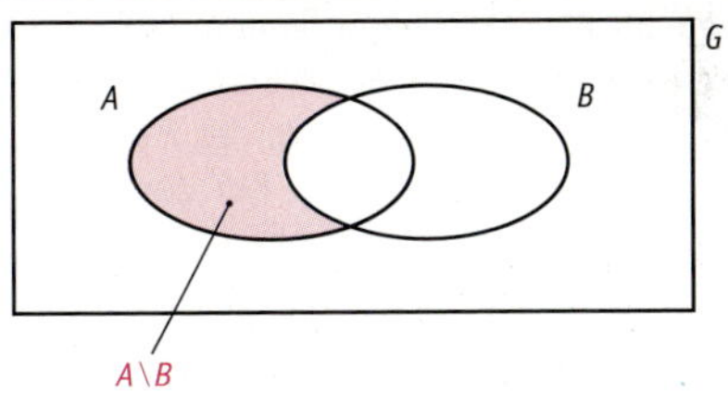


**Aufgaben**

1. Gegeben sind die Mengen $A = \{2; 3; 5; 8; 13; 21\}$ und die Menge $B = \{5; 6; 7; 8; 9; 10; 11\}$. Die Grundmenge ist die Menge der reellen Zahlen ($G = \mathbb{R}$).
   a) Geben Sie die Restmenge $A \backslash B$ in aufzählender Mengenschreibweise an.
   b) Stellen Sie die Mengen $A$ und $B$ in einem Venn Diagramm dar und kennzeichnen Sie die Restmenge $A \backslash B$.
2. Zeigen Sie anhand eines selbst gewählten Beispiels, dass die Restmengen $A \backslash B$ und $B \backslash A$ unterschiedliche Mengen sind.
3. Eine Mitschülerin behauptet, wenn gilt $A \backslash B = A$, dann sind $A$ und $B$ disjunkt. Begründen Sie diese Aussage mithilfe eines Mengendiagramms.
4. Geben Sie an, ob folgende Aussage richtig oder falsch ist: Wenn $G$ die Grundmenge und $A$ eine Teilmenge von $G$ ist, dann gilt: $G \backslash A = \overline{A}$.

### 1.1.9 Produktmenge

Aus den Mengen $A$ und $B$ kann eine sogenannte Produktmenge gebildet werden. Um zu verstehen, was eine Produktmenge ist, betrachten wir folgendes Bespiel:

**Beispiel für Produktmenge**

In der Mensa einer Hochschule wird für Studenten ein Mittagsmenü angeboten. Dieses besteht aus einem Hauptgericht und einem Getränk. Als Speisen stehen ein Fleischgericht (F), ein Nudelgericht (N) und ein Salatteller (S) zur Auswahl. Als Getränk können die Studenten zwischen Wasser (W), Limonade (L), Kaffee (K) und Orangensaft (O) wählen.

Wir wollen nun untersuchen, welche Menükombinationen es gibt.

**Lösung**

Um diese Frage zu beantworten, definieren wir zwei Mengen $A$ und $B$. In der Menge $A$ sind die Gerichte und in der Menge $B$ sind die Getränke enthalten.

Gerichte: $A = \{F; N; S\}$

Getränke: $B = \{W; L; K; O\}$

Mithilfe der Skizze von **Bild 1** werden Paare $P(x|y)$ gebildet, wobei der erste Werte stets aus Menge $A$ und der zweite Eintrag stets aus der Menge $B$ stammt.

Auf diese Weise erhalten wird die Paare (F|W), (F|L), (F|K), (F|O), (N|W), (N|L), (N|K), (N|O), (S|W), (S|L), (S|K) und (S|O), die die Menükombinationen wiederspiegeln.

Da bei diesen Paaren die Reihenfolge von Bedeutung ist, nennt man sie geordnete Paare. Die Menge aller geordneten Paare nennt man Produktmenge. Symbolhaft wird die Produktmenge mit dem Kurzzeichen × abgekürzt. Bei der Produktmenge $A \times B$ stammt die erste Komponente der Paare aus der Menge $A$ und die zweite aus der Mege $B$. Bei der Produktmenge $B \times A$ ist es umgekehrt. Die Produktmenge ist nicht symmetrisch, das bedeutet, dass die Produktmengen $A \times B$ und $B \times A$ der Mengen $A$ und $B$ unterschiedlich sind, wie man anhand der folgenden Aufgabe erkennt.

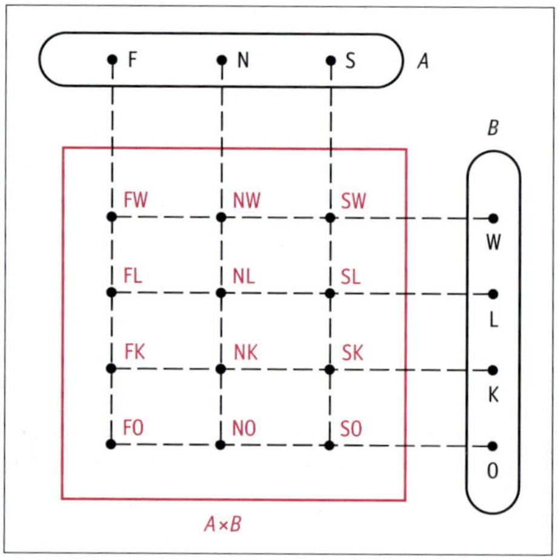


**Bild 1:** Skizze des Sachverhalts

**Beispielaufgabe**

Gegeben sind die Zahlenmengen $A = \{1; 2; 3\}$ und $B = \{0; 1; 2\}$. Bilden Sie die Produktmengen $C = A \times B$ und $D = B \times A$. Geben Sie an, ob die beiden Mengen $C$ und $D$ gleich sind.

**Lösung**

- Produktmenge $C = A \times B$

$C = \{(1|0), (1|1), (1|2), (2|0), (2|1), (2|2), (3|0), (3|1), (3|2)\}$

- Produktmenge $D = B \times A$

$D = \{(0|1), (0|2), (0|3), (1|1), (1|2), (1|3), (2|1), (2|2), (2|3)\}$

Man erkennt, dass die Produktmengen $C = A \times B$ und $D = B \times A$ nicht gleich sind.

**Produktmenge**

Die Produktmenge $A \times B$ beschreibt die Menge aller geordneten Paare $(x|y)$, wobei die erste Komponente aus der Menge $A$ und die zweite Komponente aus der Menge $B$ stammt.

$$A \times B = \{(x|y) | x \in A \quad \text{und} \quad y \in B\}$$

**Aufgaben**

1. Eine Firma besitzt drei Firmenwägen, einen Kleinbus (K), ein Mittelklassefahrzeug (M) und ein Straßengeländewagen (S). Die leitenden Angestellten Franz (F), Hubert (H) und Melis (M) benötigen gleichzeitig die Firmenwägen, um zu Kunden zu kommen. Geben Sie alle Kombinationsmöglichen (Fahrzeug | Angestellter) als geordnete Paare an.
2. Gegeben sind die Zahlenmengen $A = \{-1; 0; 1\}$ und $B = \{a; b; c\}$. Bilden Sie die Produktmenge $A \times B$ und geben Sie die Mächtigkeit dieser Produktmenge an.

### 1.1.10 Kombination von Mengenoperationen

In diesem Kapitel werden drei oder mehr Mengen mithilfe von mengentechnischen Operationen (Bilden der Schnittmenge, Vereinigungsmenge, Ergänzungsmenge oder Restmenge) verknüpft. Anhand der folgenden Aufgaben werden Verknüpfungen von drei Mengen und die zugehörigen Mengendiagramme betrachtet. Außerdem wird anhand der zweiten Aufgaben verdeutlicht, welche Bedeutung die Grundmenge hat.

**1. Beispielaufgabe**

Gegeben sind die Zahlenmengen $A = \{1; 2; 3; 4; 5\}$, $B = \{-2; -1; 0; 1; 2\}$ und $C = \{4; 5; 6; 7\}$. Die Grundmenge ist $G = \mathbb{Z}$. Stellen Sie die Mengen in einem Venn-Diagramm dar, geben Sie die Menge $D = C \cap (A \setminus B)$ an und markieren Sie diese im Venn-Diagramm.

**Lösung**

In **Bild 1** ist das Venn-Diagramm der Mengen $A$, $B$ und $C$ zu sehen.

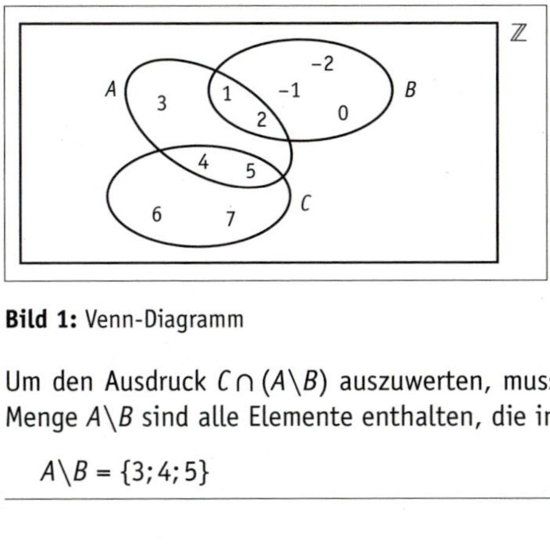


**Bild 1:** Venn-Diagramm

Um den Ausdruck $C \cap (A \setminus B)$ auszuwerten, muss zunächst der Klammerausdruck $(A \setminus B)$ bestimmt werden. In der Menge $A \setminus B$ sind alle Elemente enthalten, die in $A$, aber nicht in der Menge $B$ enthalten sind.

$$A \setminus B = \{3; 4; 5\}$$

Die blaue Markierung im Venn-Diagramm entspricht der Menge $(A \setminus B)$ **(Bild 1)**.

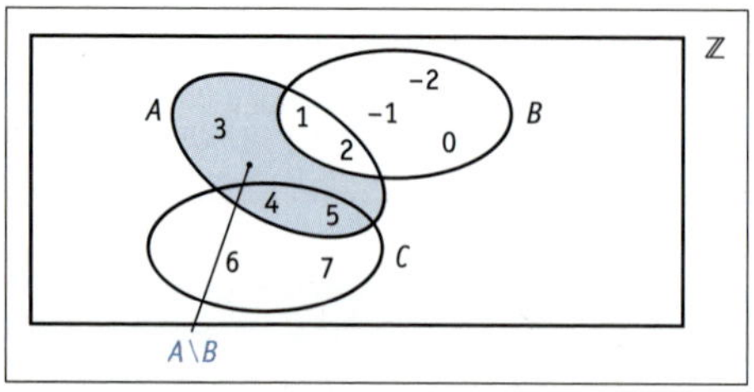


**Bild 1:** Restmenge $A \setminus B$

Diese Menge $A \setminus B = \{3; 4; 5\}$ wird mit der Menge $C = \{4; 5; 6; 7\}$ geschnitten. In der Schnittmenge sind alle Elemente enthalten, die in beiden Mengen vorhanden sind.

$$C \cap (A \setminus B) = \{4; 5\}$$

Die rote markierte Menge **(Bild 2)** im Venn-Diagramm entspricht der gesuchten Menge $D = C \cap (A \setminus B) = \{4; 5\}$.

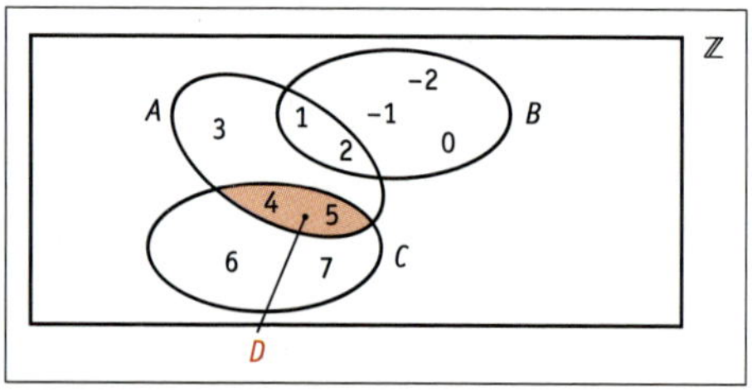


**Bild 2:** Menge $D = C \cap (A \setminus B) = \{4; 5\}$

**Auswertungsreihenfolge**

Die Mengenoperation, die in Klammern steht, muss zuerst ausgeführt werden.

**2. Beispielaufgabe**

Gegeben sind die Zahlenmengen $A = \{3; 4; 5\}$, $B = \{0; 1; 2; 3; 4; 5\}$ und $C = \{8; 9; 10\}$.

Die Grundmenge ist $G = \{0; 1; 2; 3; 4; 5; 6; 7; 8; 9; 10\}$.

a) Stellen Sie die Mengen in einem Venn-Diagramm dar.

b) Geben Sie die Menge $M = \overline{C \cup (B \setminus A)}$ an und markieren Sie diese Menge im Venn-Diagramm.

**Lösung**

**a)** In **Bild 3** ist das Venn Diagramm der Mengen *A, B, C* und *G* zu sehen. Aus diesem erkennt man, dass die Menge *A* eine Teilmenge der Menge *B* ist.

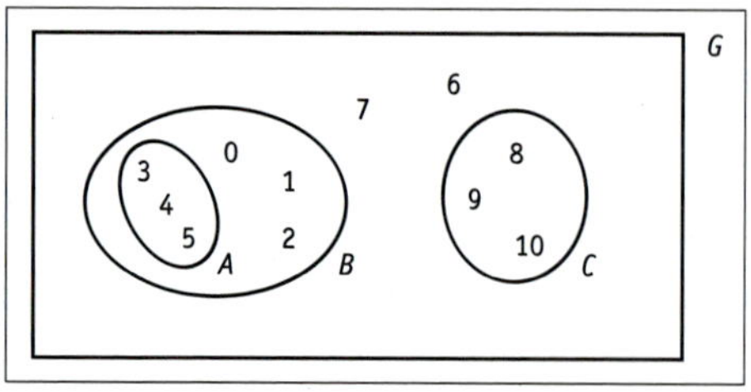


**Bild 3:** Venn-Diagramm

**b)** Um die Menge $M$ zu bestimmen, muss zunächst $(B\backslash A)$ bestimmt werden.

$B\backslash A = \{0; 1; 2\}$

Anschließend wird die Menge $(B\backslash A)$ mit der disjunkten Menge $C$ vereinigt. Diese Vereinigungsmenge ist in **Bild 1** blau markiert.

$C \cup (B\backslash A) = \{0; 1; 2; 8; 9; 10\}$

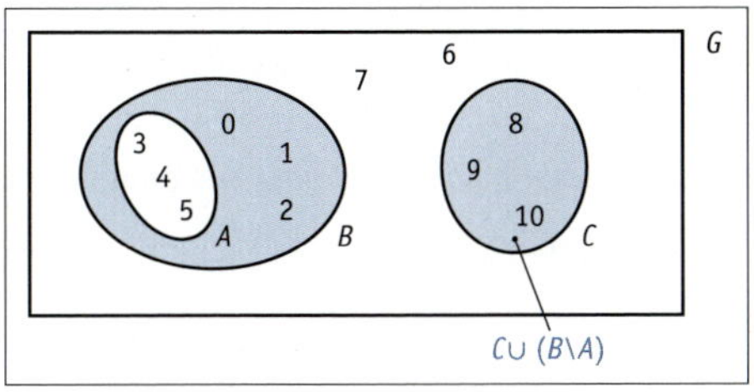


**Bild 1:** Menge $C \cup (B\backslash A)$

Die Menge $M$ ist die Komplementärmenge der Menge $C \cup (B\backslash A) = \{0; 1; 2; 8; 9; 10\}$. Die Menge $M$ bilden daher alle Zahlen, die in der Grundmenge $G$, aber nicht in der Menge $C \cup (B\backslash A)$ enthalten sind. Die Menge $M$ ist in **Bild 2** rot markiert.

$M = \overline{C \cup (B\backslash A)} = \{3; 4; 5; 6; 7\}$

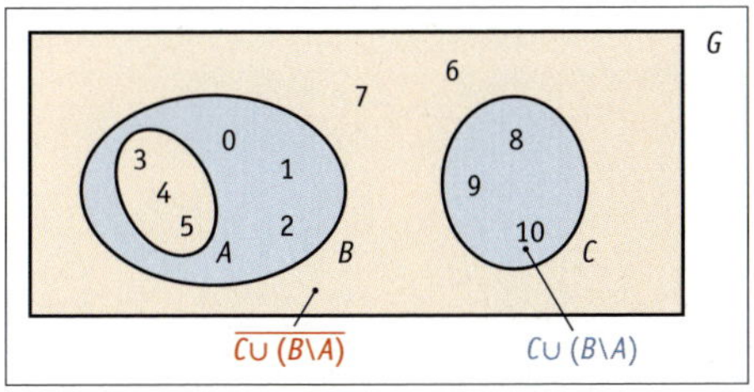


**Bild 2:** Menge $C \cup (B\backslash A)$

### ■ Veranschaulichung von realen Sachverhalten

Mithilfe mehrerer Mengen und durch die Verknüpfung von diesen können reale Sachverhalte abgebildet werden. Im Folgenden ist eine Umfrage grafisch mithilfe eines Venn-Diagramms visualisiert:

**Darstellung einer Umfrage**

In einer Fach- und Berufsoberschule nehmen 500 Schüler(innen) an einer Umfrage teil, bei der drei Ja- oder-Nein- Fragen gestellt werden:

**a)** Sind Sie in einem Sportverein aktiv?

**b)** Spielen Sie ein Musikinstrument?

**c)** Sind Sie Mitglied bei einer Jugendorganisation wie beispielsweise den Pfadfindern oder der Landjugend?

Die Auswertung dieser Umfrage wurde in einem Mengendiagramm dargestellt **(Bild 1)**.

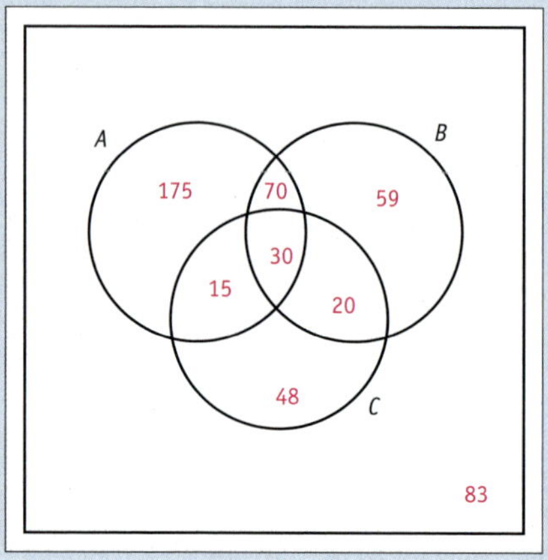


**Bild 1:** Veranschaulichung des Mengendiagramms

Aus diesem Venn-Diagramm kann man beispielsweise herauslesen, dass 30 Schüler(innen) in einem Sportverein sind, ein Musikinstrument spielen und Mitglied bei einer Jugendorganisation sind oder dass 48 Schüler(innen) in einer Jugendorganisation sind, aber kein Musikinstrument spielen und in keinem Sportverein aktiv sind. In **Tabelle 1** sind wesentliche Informationen enthalten, die dem Diagramm entnommen werden können.

| Menge | Beschreibung der Menge | Anzahl |
|---|---|---|
| A | Schüler(innen), die in einem Sportverein aktiv sind. | 290 |
| B | Schüler(innen), die ein Musikinstrument spielen. | 279 |
| C | Schüler(innen), die in einer Jugendorganisation sind. | 113 |
| $A \cap B \cap C$ | Schüler(innen), die in einem Sportverein aktiv sind, ein Musikinstrument spielen und einer Jugendorganisation angehören. | 30 |
| $A \cap B \cap \overline{C}$ | Schüler(innen), die in einem Sportverein aktiv sind und ein Musikinstrument spielen, aber keiner Jugendorganisation angehören. | 70 |
| $A \cap \overline{B} \cap C$ | Schüler(innen), die in einem Sportverein aktiv sind und einer Jugendorganisation angehören, aber kein Musikinstrument spielen. | 15 |
| $\overline{A} \cap B \cap C$ | Schüler(innen), die einer Jugendorganisation angehören und ein Musikinstrument spielen, aber in keinem Sportverein sind. | 20 |
| $\overline{A} \cap \overline{B} \cap \overline{C}$ | Schüler(innen), die in keinem Sportverein aktiv sind, kein Musikinstrument spielen und auch keiner Jugendorganisation angehören. | 83 |

**Aufgaben**

1. Gegeben sind die Zahlenmengen $A = \{1; 2; 3; 4; 5\}$, $B = \{3; 4; 5; 6; 7\}$ und $C = \{5; 6; 7; 8\}$. Die Grundmenge ist $G = \{0; 1; 2; 3; 4; 5; 6; 7; 8; 9; 10\}$. Stellen Sie die folgenden Mengen jeweils in einem Venn Diagramm dar und geben Sie die Mengen in aufzählender Mengenschreibweise an.

   $M_1 = A \cap B \cap C$

   $M_2 = (A \cap C) \cup \overline{B}$

   $M_3 = (B \setminus C) \cap A$

   $M_4 = \overline{(A \cup B)} \cap C$

2. In einer Umfrage wurden 50 zufällig ausgewählten Personen die folgenden Fragen gestellt, die eindeutig mit Ja oder Nein beantwortet wurden.

   a) »Besitzen Sie ein Smartphone?«

   b) »Besitzen Sie ein Tablet?«

   c) »Besitzen Sie einen Laptop?«

   Das Ergebnis war, dass 11 Personen alle drei Fragen mit Nein beantworteten, während 3 Personen alle drei Fragen mit Ja beantworteten. Insgesamt haben 20 Personen ein Smartphone, wobei 5 Personen angaben, nur ein Smartphone, aber kein Tablet und keinen Laptop zu haben. 5 Personen besitzen ein Smartphone und einen Laptop, aber kein Tablet. Einen Laptop besitzen insgesamt 18 Personen. Stellen Sie diese Umfrage in einem Venn-Diagramm dar und geben Sie an, wie viele Personen nur ein Tablet, aber keinen Laptop und kein Smartphone besitzen.

### 1.1.11 Aufgaben zur Mengenlehre

1. Erklären Sie, weshalb eine »eine Menge Feinstaub« in der Mathematik keine Menge ist.

2. Erklären Sie den Begriff »Leere Menge«.

3. Geben Sie die Menge $A$ aller positiven Teiler der Zahl 20 in aufzählender Form an und stellen Sie diese Menge in einem Venn-Diagramm dar.

4. Die Menge $B$ enthält alle Zahlen, die größer als 5 und kleiner als 500 sind. Stellen Sie diese Menge $B$ in beschreibender Form dar. Begründen Sie, weshalb die aufzählende Form keine geeignete Darstellungsform für diese Menge $B$ ist.

5. Ein Mitschüler behauptet: »Die Zahl 1,2 ist eine rationale Zahl, $\sqrt{2}$ hingegen gehört zur Zahlenmenge der reellen Zahlen«. Geben Sie an, ob Sie dieser Aussage zustimmen oder widersprechen. Begründen Sie Ihre Angabe.

6. Die Menge $M$ enthält alle natürlichen Zahlen, die größer als 5 und kleiner als 12 sind. Stellen Sie diese Menge $M$ in aufzählender Form dar.

7. Gegeben sind die Mengen $A = \{1; 2; 3; 4; 5; 6\}$, $B = \{5; 6; 7; 8; 9; 10\}$und $C = \{1; 2; 3\}$.

   a) Stellen Sie die Mengen $A$ und $C$ in einem Venn-Diagramm dar und geben Sie an, ob $C$ eine Teilmenge von $A$ ist. Begründen Sie Ihre Angabe.

   b) Stellen Sie die Mengen $A$ und $B$ in einem Venn-Diagramm dar und geben Sie an, ob $B$ eine Teilmenge von $A$ ist. Begründen Sie Ihre Angabe.

8. Gegeben sind die Mengen $B$ und $F$. Die Menge $B$ beinhaltet alle Regierungsbezirke Bayerns. Die Menge $F$ lautet $F = \{\text{Oberfranken, Unterfranken, Mittelfranken}\}$. Geben Sie $\overline{F}$ bezüglich der Grundmenge $B$ an.

9. Für die Mengen $A = \{1, 2, 4, 8, 16\}$ und $B = \{2, 4, 6, 8, 10\}$ sind
   a) die Schnittmenge,
   b) die Vereinigungsmenge und
   c) die Restmenge zu bilden.

10. Bilden Sie die Produktmenge der Mengen $A = \{1, 2, 3\}$ und $B = \{a, b, c\}$. Stellen Sie die Bildung der Produktmenge grafisch dar.

11. Es werden folgende Mengen betrachtet.
    $A = \{-2; -1; 0; 1; 2; 3\}$, $B = \{1; 2; 3; 4; 5\}$; $C = \{0, 1; 2; 3\}$
    Stellen Sie die folgenden Verknüpfungen grafisch dar. Geben Sie anschließend die Elemente der entstehenden Menge an.
    a) $D = A \cup B$
    b) $E = A \cap B$
    c) $F = A \setminus B$
    d) $G = (A \cap C) \setminus B$

12. Betrachtet werden die Mengen $L$ und $E$. In der Menge $L$ befinden sich alle Länder der EU. Die Menge $E$ beinhaltet alle Länder, die den Euro als Währung haben.
    a) Begründen Sie, dass gilt: $L \cup E = L$.
    b) Geben Sie Menge $N = L \cap \overline{E}$ in aufzählender Darstellungsform an.
    c) Formulieren Sie die Bedeutung der Menge $T = \overline{L} \cap E$ im Sachzusammenhang. Begründen Sie weshalb die Menge $T$ die leere Menge ist.

13. Eine weiterführende Schule bietet ihren 480 Schülerinnen und Schülern zwei Schüleraustauschprogramme an. Ein Schüleraustausch findet in den Sommerferien mit einer italienischen Schule in Orbetello statt. Ein weiterer Schüleraustausch findet mit einer französischen Schule in Amiens in den Osterferien statt. Eine Auswertung der Schulleitung über die Teilnahme ergab, dass insgesamt 78 Schüler und Schülerinnen an mindestens einem Schüleraustausch teilnehmen. 1,25 % aller Schüler und Schülerinnen dieser Schule nehmen an beiden Austauschprogrammen teil. Die Beteilung am Schüleraustauch mit einer französischen Schule ist doppelt so hoch wie die am Austausch mit der italienischen Schule.

    Die Menge $I$ besteht aus allen Teilnehmern des Italienaustausches. In der Menge $F$ sind alle Schülerinnen und Schüler enthalten, die am Austausch mit der französischen Schule teilnehmen. Die Grundmenge $G$ bilden alle Schülerinnen und Schüler der Schule.

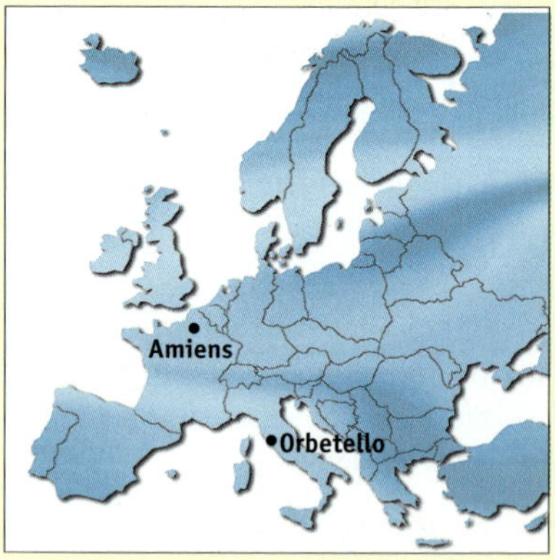

**Bild 1:** Schüleraustauschorte

    a) Stellen Sie die Mengen $I$, $F$ und $G$ in einem gemeinsamen Mengendiagramm dar und tragen in dieses die Mächtigkeiten der genannten Mengen ein.
    b) Markieren Sie die folgenden Mengen, ermitteln Sie jeweils die Mächtigkeiten und formulieren Sie die Bedeutung der Mengen $M_1$ bis $M_4$ im Sachzusammenhang:
       - $M_1 = I \cap F$
       - $M_2 = I \setminus F$
       - $M_3 = F \setminus I$
       - $M_4 = \overline{F} \cap \overline{I}$

**14.** Ein Sportverein hat drei Abteilungen: Tischtennis, Fußball und Kajak. Der Vorstand dieses Vereins analysiert die sportlichen Aktivitäten seiner Mitglieder in den drei Sparten. Er fasst alle Mitglieder, die im vergangenen Kalenderjahr am Tischtennistraining oder bei einem Tischtennis aktiv waren zur Menge *T* zusammen. Analog fasst er alle Mitglieder, die im vergangenen Kalenderjahr in der Fußballabteilung bzw. Kajakgruppe aktiv waren zu den Mengen *F* und K zusammen. Seine Auswertung sind im folgenden Mengendiagramm **(Bild 1)** ersichtlich.

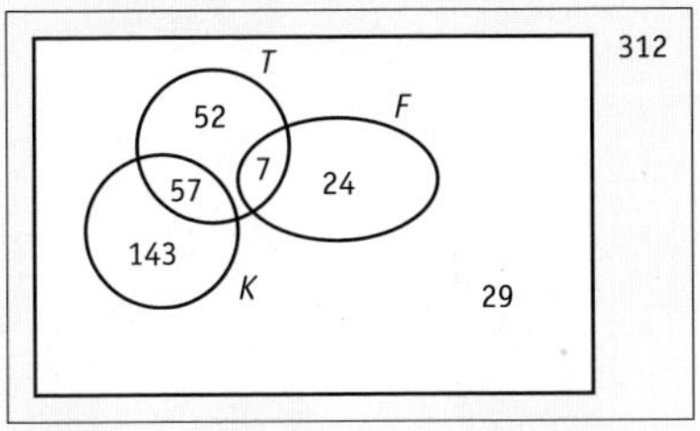


**Bild 1:** Auswertung der Aktivitäten in den jeweiligen Abteilungen

Geben Sie jeweils an, ob die folgende Aussage richtig oder falsch ist. Begründen Sie Ihre Angabe.

a) Der Sportverein hat 312 Mitglieder, wobei sich der Anteil der passiven Mitglieder unter 10 % befindet.

b) Die kleinste Abteilung ist die Fußballsparte.

c) In der Kajakgruppe und in der Tischtennisabteilung sind mehr als 85 % der Mitglieder aktiv.

d) Die Fußballteilung und die Kajakgruppe sind in diesem Verein eng miteinander verzahnt.

e) Die Kajakabteilung hat 200 aktive Mitglieder und damit doppelt so viele Aktive wie die Tischtennisabteilung.

f) Erhöht man die Mitgliedbeiträge der Aktiven und 1 € pro Monat und der passiven Mitglieder um 50 Cent, steigert man die jährlichen Einnahmen über 4000 € (Unter der Voraussetzung, dass sich nichts an der Anzahl der Mitglieder und deren Aktivitäten ändert.)

## 1.2 Aussagenlogik

Die Umgangssprache ist in den wenigsten Fällen geeignet, um mathematische Strukturen oder Denkvorgänge zu beschreiben. Sätze, die in der Umgangssprache formuliert sind, sind nämlich meist mehrdeutig und eröffnen daher Interpretationsmöglichkeiten. Die Mathematik benötigt jedoch eine eindeutige Sprache, um Inhalte widerspruchsfrei darzustellen.

Die Aussagenlogik stellt solch eine eindeutige Sprache dar. Bei dieser werden mathematische Sachverhalte in Aussagen formuliert, wobei die Aussagen meist nicht in Worten formuliert, sondern mithilfe von Symbolen beschrieben sind. Diese eindeutigen Aussagen können mit logischen Operatoren anschließend zu neuen Aussagen verknüpft werden. Was Aussagen im mathematischen Sinne sind und wie diese miteinander verbunden werden können, wird in diesem Kapitel beschrieben.

**Bild 1:** Gottfried Wilhelm Leibniz

Gottfried Wilhelm Leibniz* **(Bild 1)** war der erste Mathematiker, der sich mit der eindeutigen symbolhaften Darstellung von Aussagen beschäftigte. Das Ergebnis seiner Überlegungen war ein System von Regeln, mit denen man aus einer vorliegenden mathematischen Aussage in Symbolschreibweise auf weitere wahre Aussagen schließen konnte. Diese grundlegenden Überlegungen von Leibniz bilden heute die Basis vieler mathematischer Teilbereiche.

### 1.2.1 Aussage, Aussageform und Term

In der Mathematik wird ein Satz, dessen Inhalt entweder wahr oder falsch ist, als Aussage bezeichnet. Beispielsweise ist der Satz »Durch Regensburg fließt die Donau« eine wahre Aussage, während die Aussage, dass Bonn ein Berg sei, falsch ist. Der Satz »Ich gehe ins Freibad.« stellt im mathematischen Sinne keine Aussage dar.

**Der Begriff Aussage**

Ein Satz, dessen Inhalt wahr oder falsch ist, stellt eine Aussage dar.

Kommt in einer Aussage ein Gleichheitszeichen (=) oder ein Relationszeichen ($<; >; \leq; \geq$.) vor, dann nennt man diese Aussage eine Gleichung bzw. eine Ungleichung. Gleichungen sowie Ungleichungen können wahr oder falsch sein. Beispielsweise ist $8 = 9$ eine falsche Aussage, während die Aussage $8 < 9$ eine wahre Aussage darstellt. Gleichungen und Ungleichungen werden später in diesem Buch ausführlich beschrieben.

Aussagen, die keine Variable enthalten, nennt man allgemeingültige Aussage. Beispielsweise sind die eben genannten Aussagen $8 = 9$ und $8 < 9$ allgemeingültig. Befindet sich eine Variable (Leerstelle) in dem Satz, liegt keine Aussage im mathemischen Sinne vor, sondern eine Aussageform. Beispielsweise stellt der Satz »Durch München fließt der Fluss namens *x*.« eine Aussageform dar. Setzt man für die Variable (Leerstelle) $x$ den Begriff Isar ein, dann geht die Aussageform in eine wahre Aussage über. Durch Einsetzen des Begriffs Weser an Stelle der Variablen $x$ wird aus der Aussageform eine falsche Aussage.

Als Bezeichnung für Variablen (Leerstellen) in Aussageformen werden meist die Kleinbuchstaben $x$, $y$ und $z$ verwendet. Alle Werte, die prinzipiell zum Einsetzen in die Variable zur Verfügung stehen, werden als Grundmenge bezeichnet.

**Der Begriff Aussageform**

Ein Satz, der eine Variable enthält, wird Aussageform genannt. Eine Aussageform geht durch Einsetzen von Werten in die Variable in eine wahre oder falsche Aussage über.

* *1646 Leipzig, † 1716 Hannover

Ein klassisches Beispiel für eine Aussageform stellt eine Gleichung mit einer Variablen dar. Die Gleichung (Aussageform) $5 + x = 9$ mit der Grundmenge $G = \mathbb{N}$ gilt für $x = 4$ eine wahre Aussage. Für alle anderen Werte für $x$ wird die Aussage falsch.

Die Ausdrücke auf der linken und rechten Seite einer Gleichung werden als Terme* bezeichnet. Ein Term kann aus einer einzelnen Zahl oder aus einer sinnvollen Kombination von Zahlen, Variablen und Rechenzeichen bestehen. Terme werden meist mit dem Großbuchstaben T abgekürzt. Die obige Gleichung $5 + x = 9$ besteht aus den Termen $T_1 = 5 + x$ und $T_2 = 9$. Der Term $T_2$ ist eine einzelne Zahl ist. Der Term $T_1$ enthält die Variable $x$. Setzt man für die Variable $x$ eine Zahl ein, geht der Term $T_1$ in eine Zahl über. Da der Wert des Terms $T_1$ vom Wert der Variablen abhängt, schreibt man häufig $T_1(x)$ (sprich: $T_1$ von $x$). Das eingeklammerte $x$ hinter der Termbezeichnung $T_1$ gibt an, dass der Term $T_1$ vom Wert der Variablen $x$ abhängig ist. Setzt man beispielsweise für $x$ die Zahl 3 in den Term $T_1(x) = 5 + x$ ein, so ergibt sich der Termwert $T_1(3) = 5 + 3 = 8$. Für $x = 4$ ergibt sich der Termwert $T_1(4) = 9$.

**Der Begriff Term**

Ein Term ist eine sinnvolle Kombination von Zahlen, Variablen und Rechenzeichen. Ist der Term von einer Variablen $x$ abhängig, wird der Term mit $T(x)$ bezeichnet.

**Anmerkung** Terme bzw. Termumformungen werden im Kapitel 1.4 detailliert betrachtet.

### 1.2.2 Verknüpfung von Aussagen und Aussageformen

In der Aussagelogik können einzelne Aussagen negiert oder mit anderen Aussagen verknüpft werden. Um Aussagen miteinander zu verbinden, verwendet man logische Operatoren. Im Folgenden werden die Negation sowie die logischen Operatoren Konjunktion, Disjunktion und Konditional betrachtet.

#### ■ Negation einer Aussage

Durch die Verneinung (Negation) wird aus einer wahren Aussage eine falsche Aussage. Umgekehrt wird aus einer falschen Aussage durch Negieren eine wahre Aussage. Eine Negation wird durch einen Querstrich (sprich: nicht) ausgedrückt.

Betrachten wir beispielsweise die Aussage A: »Köln liegt am Rhein.« Dann ist A eine wahre Aussage. $\overline{A}$ ist eine falsche Aussage.

In der folgenden Tabelle **(Tabelle 1)** sind die Wahrheitswerte einer negierten Aussage dargestellt. Man nennt diese Art von Tabellen Wahrheitstafeln. Man erkennt, dass eine negierte Aussage falsch ist, wenn die ursprüngliche Aussage richtig war, und umgekehrt.

**Tabelle 1:** Wahrheitstafel einer Negation

| A | $\overline{A}$ |
|---|---|
| w | f |
| f | w |

**Negation**

Durch eine Negation einer Aussage A ändert sich der Wahrheitswert der Aussage.

* (engl.), Ausdruck

## ■ Konjunktive Verknüpfung (Und- Verknüpfung)

In der Umgangssprache sowie in der mathematischen Fachsprache wird häufig das Wort »und« verwendet. Wenn man beispielsweise im Reisebüro ein Hotelzimmer mit Meerblick und mit einer Klimaanlage bucht, dann muss das Hotelzimmer, das man tatsächlich bekommt, beide Bedingungen erfüllen. Wenn keine von beiden oder nur eine erfüllt ist, würde man sich beschweren. Ähnlich verhält es sich bei der Verknüpfung zweier Aussagen mit dem Und- Operator ($\wedge$). Wenn jemand behauptet, dass die Aussagen A und B wahr sind, dann ist die Verknüpfung $A \wedge B$ ausschließlich wahr, wenn beide Aussagen wahr sind. Ist nur eine oder sind beide falsch, dann ist der Wahrheitswert der Verknüpfung $A \wedge B$ falsch. Diese Überlegung spiegelt sich in der Wahrheitstafel **(Tabelle 1)** der Und- Verknüpfung wieder. Eine Und- Verbindung zweier Aussagen wird auch Konjunktion genannt.

**Tabelle 1:** Wahrheitstafel einer Konjunktion

| A | B | $A \wedge B$ |
|---|---|---|
| w | w | w |
| w | f | f |
| f | w | f |
| f | f | f |

Um eine konjunktive Verknüpfung zweier Aussage zu verdeutlichen, betrachten wir die folgenden Aussagen A, B und C. Dabei sind die Aussagen A und C wahr, während die Aussage B falsch ist.

A: »Deutschland liegt in Europa.« (w)

B: »Italien ist ein Nachbarland von Deutschland.« (f)

C: »Deutschland grenzt an die Nordsee.« (w)

Die Konjunktion $A \wedge B$ hat den Wahrheitswert falsch, da die Aussage B falsch ist. Die Konjunktion $A \wedge C$ hingegen ist wahr, da sowohl die Aussage A als auch die Aussage C wahr ist. $A \wedge \overline{B}$ ist eine wahre Aussage, da durch die Negation von B, $\overline{B}$ den Wahrheitswert wahr hat. Somit sind A und $\overline{B}$ wahr, was dazu führt, dass die Konjunktion $A \wedge \overline{B}$ wahr ist.

**Konjunktion**

Die Konjunktion der Teilaussagen A und B ($A \wedge B$) ist nur dann wahr, wenn die beiden Teilaussagen A und B wahr sind.

**Anmerkung** Häufig werden Konjunktionen verwendet, um Zahlenmenge zu beschreiben. Beispielsweise gibt die Zahlenmenge $M = \{x \in \mathbb{N} \mid x > 4 \wedge x < 9\}$natürlichen Zahlen an, die größer als 4 und kleiner als 9 sind. Beide Eigenschaften werden ausschließlich von den Zahlen 5, 6, 7 und 8 erfüllt.

## ■ Disjunktive Verknüpfung (Oder-Verknüpfung)

Bei einer disjunktiven Verknüpfung werden zwei Aussagen mit einem »oder« verknüpft. Um diese Verknüpfung zu verdeutlichen betrachten wir als Beispiel das Buchen eines Hotelzimmers für den Sommerurlaub. Sagt man im Reisebüro, dass man ein Hotelzimmer haben möchte, das über Meerblick verfügt oder klimatisiert ist, dann liegt kein Grund für eine Beschwerde vor, wenn man im Urlaub ein Hotelzimmer vorfindet, dass über einen Meerblick verfügt, aber nicht klimatisiert ist. Des Weiteren liegt kein Grund für eine Beschwerde vor, wenn das Zimmer klimatisiert ist, aber keinen Meerblick hat. Der Berater im Reisebüro hätte auch keinen Fehler gemacht, wenn das Zimmer klimatisiert ist und über einen Meerblick verfügt. Nur wenn beiden Bedingungen nicht erfüllt sind, könnte man den Veranstalter in Regress nehmen. Analog zu diesen Überlegungen kann man in der Ausganglogik zwei Aussagen A und B mit dem logischen Oder- Operator (∨) verknüpfen. Wenn die Verknüpfung A ∨ B wahr ist, dann bedeutet dies, dass A wahr ist und B falsch oder dass A falsch und B wahr ist oder dass A und B wahr sind. Auf diesen Überlegungen beruht die Wahrheitstafel **(Tabelle 1)** der Oder- Verknüpfung. Eine Oder- Verbindung zweier Aussagen wird auch Disjunktion genannt.

**Tabelle 1:** Wahrheitstafel einer Disjunktion

| A | B | A ∨ B |
|---|---|---|
| w | w | w |
| w | f | w |
| f | w | w |
| f | f | f |

**Anmerkung** Umgangssprach ist mit dem Wort »oder« häufig »entweder oder« gemeint. In der Mathematik bedeutet der Begriff »oder«, das eine oder das andere oder beide. Es liegt somit eine Wechselungsgefahr zwischen Umgangssprache und mathematischer Fachsprache vor.

Ein Beispiel für eine disjunktive Verknüpfung ist die Zahlenmenge $M = \{x \in \mathbb{N} \mid x \leq 9\}$. Diese könnte auch als $M = \{x \in \mathbb{N} \mid x < 9 \text{ oder } x = 9\}$ geschrieben werden.

**Disjunktion**

Eine Disjunktion der Teilaussagen A und B (A ∨ B) ist wahr, wenn eine der beiden Teilaussagen oder beide Teilaussagen wahr sind.

### ■ Konditionale Verknüpfung (Materielle Implikation)

Es gibt Aussagen, die weitere Aussagen beinhalten. Man sagt, eine Aussage A impliziert eine Aussage B. Ein Beispiel hierfür ist die Aussage, dass die Zahl 5 größer als die Zahl 3 ist. Automatisch impliziert diese Aussage die Aussage, dass die Zahl 5 auch größer als die Zahl 2 ist. Eine weitere materielle Implikation ist folgender Sachverhalt: Wenn es regnet, wird der Boden nass. Die Aussage »es regnet« impliziert somit, dass der Boden nass wird.

Um eine materielle Implikation, die auch konditionale Verknüpfung genannt wird, symbolhaft darzustellen, wird das Zeichen »⇒« (lies: impliziert) verwendet. Der Ausdruck A ⇒ B bedeutet somit, dass die Aussage A die Aussage B impliziert. Alternativ sagt man, dass aus der Aussage A die Aussage B folgt. Man nennt in diesem Zusammenhang die Aussage A die Voraussetzung oder Prämisse und die Aussage B die Folgerung oder Konklusion.

**Materielle Implikation (konditionale Verknüpfung)**

Wenn eine Aussage A eine weitere Aussage B beinhaltet (impliziert), dann folgt aus der Aussage A unmittelbar die Aussage B (A ⇒ B).

$$\text{Implikation: } \underbrace{\text{Aussage A}}_{\substack{\text{Voraussetzung}\\ \text{Prämisse}}} \Rightarrow \underbrace{\text{Aussage B}}_{\substack{\text{Folgerung}\\ \text{Konklusion}}}$$

Eine materielle Implikation ist nur dann falsch, wenn die Prämisse wahr und die Konklusion falsch ist. Somit ergibt sich für eine Implikation folgende Wahrheitstafel **(Tabelle 1)**.

**Tabelle 1:** Wahrheitstafel einer materiellen Implikation

| A | B | A ⇒ B |
|---|---|---|
| w | w | w |
| w | f | f |
| f | w | w |
| f | f | w |

Die dritte und vierte Zeile dieser Wahrheitstafel, müssen näher betrachtet werden, da der Sachverhalt, dass die materielle Implikation wahr ist, obwohl die Vorsetzung falsch ist, auf dem ersten Blick unlogisch erscheint.

Betrachten wir beispielsweise die falsche Aussage: $1 + 1 = 10$. Wird diese als Voraussetzung für eine materielle Implikation genommen, so kann aus ihr jede Aussage gefolgert werden: Unter der Vorsetzung, dass $1 + 1 = 10$ ist, folgt beispielsweise, dass Kühe fliegen können. Das ist mathematische betrachtet eine wahre Implikation. Kühe werden aber nicht fliegen, da $1 + 1$ niemals 10 ist.

## Aufgaben

1. Erklären Sie den Unterschied zwischen einer Aussage und einer Aussageform.
2. Betrachtet werden die folgenden Zahlenmengen. Geben Sie die jeweiligen Zahlenmengen in aufzählender Form an.
   a) $M_1 = \{x \in \mathbb{N} \mid x > 3 \wedge x < 10\}$
   b) $M_2 = \{x \in \mathbb{N} \mid x < 7 \wedge x = 5\}$
   c) $M_3 = \{x \in \mathbb{N} \mid x < 11 \vee x = 11\}$
3. Gegeben ist die folgende Aussage A: »Die durchschnittliche Temperatur auf der Erde steigt.« Formulieren Sie eine Aussage B, sodass gilt: A ⇒ B.
4. Die Schalter A und B sind hintereinander (in Reihe) geschaltet und schließen bei Betätigung den Stromkreis zu einer Lampe.

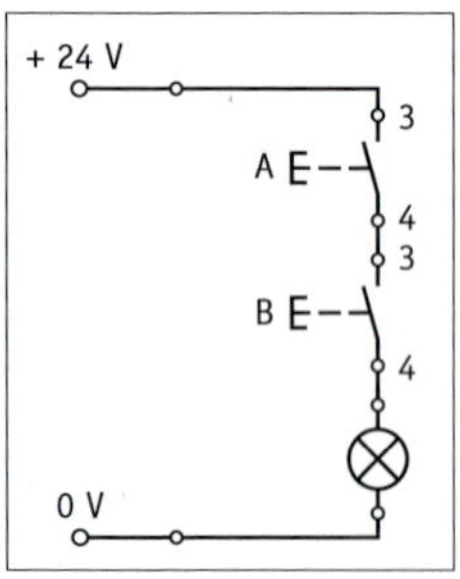


Es werden folgende Aussagen betrachtet:

A: Der Schalter wird betätigt.

B: Der Schalter wird betätigt.

Begründen Sie, weshalb diese Schaltung einer Konjunktion entspricht.

5. In der Digitaltechnik werden unter anderem sogenannte UND-Gatter und ODER-Gatter unterschieden. Ein UND-Gatter verknüpft die beiden Eingänge mittels einer Konjunktion. ein ODER-Gatter verknüpft die Eingänge entsprechend mit einer Disjunktion. Geben Sie den Wahrheitswert an den folgenden Gattern aus.

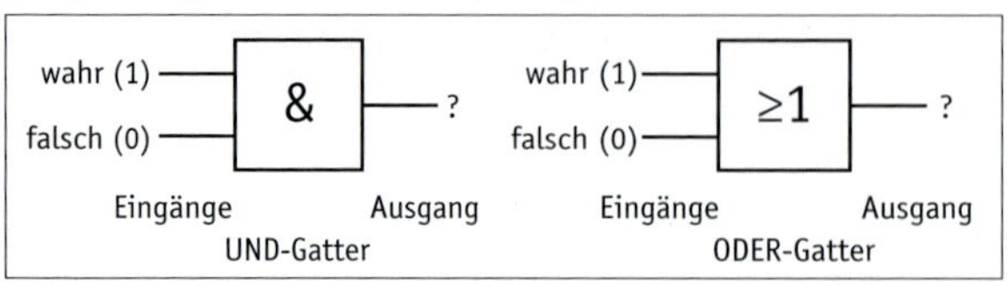

### 1.2.3 Gesetze der Aussagenlogik

In der Aussagenlogik können mehr als zwei Aussagen miteinander verknüpft werden. Einige grundlegende Gesetze, auf denen die Verknüpfungen von Aussagen basieren, werden im Folgenden betrachtet und bewiesen. Beim Beweis dieser Gesetze wird ausgenutzt, dass zwei logische Ausdrücke äquivalent (gleichwertig) sind, wenn sie die identischen Wahrheitswerte aufweisen.

Äquivalenz zweier logischer Ausdrücke Zwei logische Ausdrücke sind äquivalent (gleichwertig), wenn sie die identischen Wahrheitswerte haben. Um zu verdeutlichen, dass zwei Ausdrücke äquivalent sind, wird ein Äquivalenzpfeil gesetzt ($\Leftrightarrow$).

- **Kommutativgesetz bei Konjunktion und Disjunktion**

Es werden die Wahrheitstafeln der logischen Ausdrücke $A \wedge B$ **(Tabelle 1)** und $B \wedge A$ **(Tabelle 2)** betrachtet, wobei A und B Platzhalter für beliebige Aussagen sind.

**Tabelle 1:** Wahrheitstafel der Konjunktion $A \wedge B$

| A | B | $A \wedge B$ |
|---|---|---|
| w | w | **w** |
| w | f | **f** |
| f | w | **f** |
| f | f | **f** |

**Tabelle 2:** Wahrheitstafel der Konjunktion $B \wedge A$

| A | B | $B \wedge A$ |
|---|---|---|
| w | w | **w** |
| w | f | **f** |
| f | w | **f** |
| f | f | **f** |

Man erkennt, dass die Konjunktionen $A \wedge B$ und $B \wedge A$ die identischen Wahrheitswerte besitzen. Die beiden Konjunktionen sind daher äquivalent (gleichwertig). Man schreibt $A \wedge B \Leftrightarrow B \wedge A$.

**Kommutativgesetz der Konjunktion**

Für zwei beliebige Aussagen A und B gilt: $A \wedge B \Leftrightarrow B \wedge A$

Analog zu einer Konjunktion wird gezeigt, dass bei einer Disjunktion das Kommutativgesetz gilt. Dazu werden die Wahrheitswerte der logischen Ausdrücke $A \vee B$ **(Tabelle 3)** und $B \vee A$ **(Tabelle 4)** betrachtet.

**Tabelle 3:** Wahrheitstafel der Disjunktion $A \vee B$

| A | B | $A \vee B$ |
|---|---|---|
| w | w | **w** |
| w | f | **w** |
| f | w | **w** |
| f | f | **f** |

**Tabelle 4:** Wahrheitstafel der Disjunktion $B \vee A$

| A | B | $B \vee A$ |
|---|---|---|
| w | w | **w** |
| w | f | **w** |
| f | w | **w** |
| f | f | **f** |

Ein Vergleich der Wahrheitswerte von $A \vee B$ und $B \vee A$ zeigt, dass diese identisch sind. Somit sind die Aussagen $A \vee B$ und $B \vee A$ äquivalent.

**Kommutativgesetz der Disjunktion**

Für zwei beliebige Aussagen A und B gilt: $A \vee B \Leftrightarrow B \vee A$

### ■ Assoziativgesetz bei Konjunktion und Disjunktion

Es werden die Wahrheitstafeln der logischen Ausdrücke $(A \wedge B) \wedge C$ **(Tabelle 1)** und $A \wedge (B \wedge C)$ **(Tabelle 2)** miteinander verglichen. Es soll geklärt werden, ob die Klammersetzung einen Einfluss auf die Wahrheitstafeln der Ausdrücke hat.

**Tabelle 1:** Wahrheitstafel der Konjunktion $(A \wedge B) \wedge C$

| A | B | C | $A \wedge B$ | $(A \wedge B) \wedge C$ |
|---|---|---|---|---|
| w | w | w | w | w |
| w | w | f | w | f |
| w | f | w | f | f |
| f | w | w | f | f |
| w | f | f | f | f |
| f | f | w | f | f |
| f | w | f | f | f |
| f | f | f | f | f |

**Tabelle 2:** Wahrheitstafel der Konjunktion $A \wedge (B \wedge C)$

| A | B | C | $B \wedge C$ | $A \wedge (B \wedge C)$ |
|---|---|---|---|---|
| w | w | w | w | w |
| w | w | f | f | f |
| w | f | w | f | f |
| f | w | w | f | f |
| w | f | f | f | f |
| f | f | w | f | f |
| f | w | f | f | f |
| f | f | f | f | f |

Da die Wahrheitswerte der Ausdrücke $(A \wedge B) \wedge C$ und $A \wedge (B \wedge C)$ identisch sind, bedeutet dies, dass die beiden Ausdrücke äquivalent sind. $(A \wedge B) \wedge C \Leftrightarrow A \wedge (B \wedge C)$. Es ist somit bei einer Konjunktion von drei Aussagen nicht entscheidend, in welcher Reihenfolge die Auswertung erfolgt.

**Anmerkung** Es kann analog gezeigt werden, dass die Auswertungsreihenfolge einer Disjunktion von mehreren Ausdrücken keinen Einfluss auf den Wahrheitsgehalt der Disjunktion hat. Es gilt daher $(A \vee B) \vee C \Leftrightarrow A \vee (B \vee C)$. Auf den Beweis wird an dieser Stelle verzichtet.

Die Regel $(A \wedge B) \wedge C \Leftrightarrow A \wedge (B \wedge C)$ bzw. $(A \vee B) \vee C \Leftrightarrow A \vee (B \vee C)$ wird als Assoziativgesetz der Konjunktion bzw. Disjunktion bezeichnet. Beim Assoziativgesetz spielt die Reihenfolge der Auswertungen keine Rolle.

**Assoziativgesetz der Konjunktion und Disjunktion**

Für drei beliebige Aussagen A, B und C gilt das Assoziativgesetz:

$(A \wedge B) \wedge C \Leftrightarrow A \wedge (B \wedge C)$

$(A \vee B) \vee C \Leftrightarrow A \vee (B \vee C)$

### ■ Distributivgesetz in der Aussagelogik

Neben dem Kommutativ- und Assoziativgesetz gibt es in der Aussagenlogik noch das Distributivgesetz. Dieses lautet wie folgt:

**Distributivgesetz**

Für drei beliebige Aussagen A, B und C gilt das Distributivgesetz:

$A \wedge (B \vee C) \Leftrightarrow (A \wedge B) \vee (A \wedge C)$

$A \vee (B \wedge C) \Leftrightarrow (A \vee B) \wedge (A \vee C)$

Mithilfe von Wahrheitstafeln kann dieses Gesetz nachgewiesen werden. Auf diesen aufwendigen Nachweis wird an dieser Stelle verzichtet.

### ■ Negation von Ausdrücken

Bei der Verknüpfung von negierten Ausdrücken gelten folgende Regeln. Der Beweis der Äquivalenz der jeweiligen Ausdrücke folgt im Anschluss.

**Verknüpfung von negierten Ausdrücken**

Bei der Verknüpfung von negierten Ausdrücken gelten folgende Regeln:

1. $\overline{\overline{A}} \Leftrightarrow A$
2. $\overline{A \wedge B} \Leftrightarrow \overline{A} \vee \overline{B}$
3. $\overline{A \vee B} \Leftrightarrow \overline{A} \wedge \overline{B}$

Der Beweis für $\overline{\overline{A}} \Leftrightarrow A$ ist der Wahrheitstafel **(Tabelle 1)** zu entnehmen:

**Tabelle 1:** Wahrheitstafel

| A | $\overline{A}$ | $\overline{\overline{A}}$ |
|---|---|---|
| w | f | w |
| f | w | f |

Man erkennt anhand der Wahrheitswerte, dass stets gilt: $\overline{\overline{A}} \Leftrightarrow A$. Das bedeutet, dass sich eine doppelte Verneinung aufhebt.

Im Folgenden wird die Äquivalenz $\overline{A \wedge B} \Leftrightarrow \overline{A} \vee \overline{B}$ bewiesen. **Tabelle 2** ist die Wahrheitstafel des Ausdrucks $\overline{A \wedge B}$, während **Tabelle 3** die Wahrheitstafel von $\overline{A} \vee \overline{B}$ ist.

**Tabelle 2:** Wahrheitstafel $\overline{A \wedge B}$

| A | B | $A \wedge B$ | $\overline{A \wedge B}$ |
|---|---|---|---|
| w | w | w | f |
| w | f | f | w |
| f | w | f | w |
| f | f | f | w |

**Tabelle 3:** Wahrheitstafel $\overline{A} \vee \overline{B}$

| **A** | **B** | $\overline{A}$ | $\overline{B}$ | $\overline{A} \vee \overline{B}$ |
|---|---|---|---|---|
| w | w | f | f | **f** |
| w | f | f | w | **w** |
| f | w | w | f | **w** |
| f | f | w | w | **w** |

Da die Wahrheitswerte von $\overline{A \wedge B}$ und $\overline{A} \vee \overline{B}$ identisch sind, folgt nachweislich: $\overline{A \wedge B} \Leftrightarrow \overline{A} \vee \overline{B}$

Analog zum vorherigen Beweis wird die Gleichwertigkeit des Ausdrucks $\overline{A \vee B} \Leftrightarrow \overline{A} \wedge \overline{B}$ nachgewiesen. **Der Tabelle 4** sind die Wahrheitswerte von $\overline{A \vee B}$ zu entnehmen. In **Tabelle 5** sind die von $\overline{A} \wedge \overline{B}$ zu sehen.

**Tabelle 4:** Wahrheitstafel $\overline{A \vee B}$

| A | B | $A \vee B$ | $\overline{A \vee B}$ |
|---|---|---|---|
| w | w | w | **f** |
| w | f | w | **f** |
| f | w | w | **f** |
| f | f | f | **w** |

**Tabelle 5:** Wahrheitstafel $\overline{A} \wedge \overline{B}$

| A | B | $\overline{A}$ | $\overline{B}$ | $\overline{A} \wedge \overline{B}$ |
|---|---|---|---|---|
| w | w | f | f | **f** |
| w | f | f | w | **f** |
| f | w | w | f | **f** |
| f | f | w | w | **w** |

Man erkennt aus den **Tabellen 4 und 5,** dass die Wahrheitswert von $\overline{A \vee B}$ und $\overline{A} \wedge \overline{B}$ identisch sind. Dementsprechend folgt nachweislich: $\overline{A \vee B} \Leftrightarrow \overline{A} \wedge \overline{B}$

### ▪ Umformen von materiellen Implikationen

Materielle Implikationen können in Disjunktionen umgeformt werden. Wie man anhand der folgenden Wahrheitstafeln **(Tabelle 1 und 2)** erkennt, sind die Wahrheitswerte von $A \Rightarrow B$ und $\overline{A} \wedge B$ identisch. Somit gilt:

$$A \Rightarrow B \Leftrightarrow \overline{A} \wedge B.$$

**Tabelle 1:** Wahrheitstafel einer materiellen Implikation

| A | B | $A \Rightarrow B$ |
|---|---|---|
| w | w | w |
| w | f | f |
| f | w | w |
| f | f | w |

**Tabelle 2:** Wahrheitstafel $\overline{A} \vee B$

| A | B | $\overline{A}$ | $\overline{A} \vee B$ |
|---|---|---|---|
| w | w | f | **w** |
| w | f | f | **f** |
| f | w | w | **w** |
| f | f | w | **w** |

**Materielle Implikation**

Eine materielle Implikation kann in eine Disjunktion umgeschrieben werden. Für zwei beliebige Aussagen A und B gilt: $A \Rightarrow B \Leftrightarrow \overline{A} \vee B$

**Aufgaben**

1. Benennen Sie das Gesetz $A \vee (B \wedge C) \Leftrightarrow (A \vee B) \wedge (A \vee C)$ und weisen Sie die Gültigkeit nach.
2. Weisen Sie die folgende Äquivalenz $(A \vee B) \vee C \Leftrightarrow A \vee (B \vee C)$ nach.

## 1.2.4 Verbindung Aussagenlogik und Mengenlehre

Verknüpfungen von Mengen können mithilfe der Aussagelogik beschrieben werden. In der Schnittmenge zweier Mengen *A* und *B* sind bekanntlich alle Elemente enthalten, die sowohl in der Menge *A* als auch in der Menge *B* enthalten sind **(Bild 1)**. Diese Aussage lautet mithilfe der Symbole der Aussagenlogik wie folgt:

$$A \cap B = \{x | x \in A \wedge x \in B\}$$

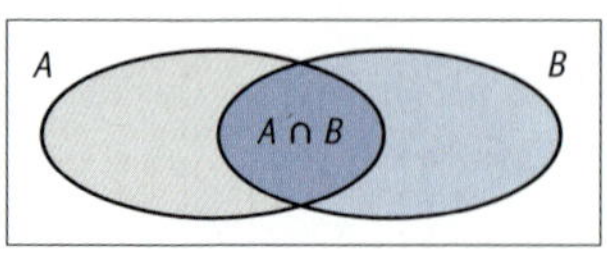


**Bild 1:** Schnittmenge der Mengen *A* und *B*

In der Vereinigungsmenge zweier Mengen *A* und *B* sind alle Elemente enthalten, die entweder in *A* oder in *B* oder in beiden Mengen enthalten sind **(Bild 2)**. Die Vereinigungsmenge lässt sich mit der Oder Verknüpfung beschreiben:

$$A \cup B = \{x | x \in A \vee x \in B\}$$

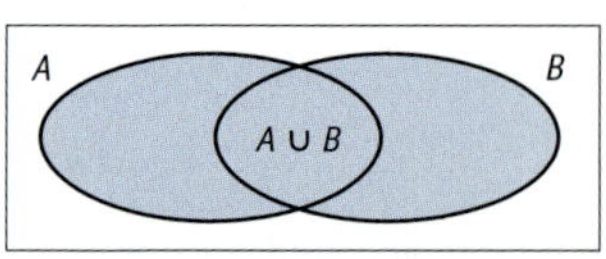


**Bild 2:** Vereinigungsmenge der Mengen *A* und *B*

In der Differenzmenge (Restmenge) $A \setminus B$ sind alle Elemente enthalten, die in der Menge $A$, aber nicht in der Menge $B$ enthalten sind **(Bild 1)**. Mit Symbolen der Aussagenlogik bedeutet dies:

$$A \setminus B = \{x \mid x \in A \wedge x \notin B\}$$

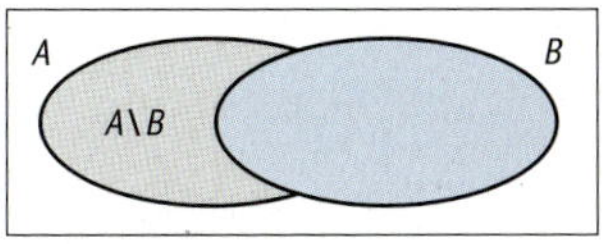


**Bild 1:** Differenzmenge

Aus der Mengenlehre ist bekannt, dass die Produktmenge $A \times B$ die Menge aller geordneten Paare ist, wobei die erste Komponente des Paars aus der Menge $A$ und die zweite Komponente aus der Menge $B$ stammt. Unter Verwendung der Aussagelogik lässt sich die Produktmenge wie folgt darstellen:

$$A \times B = \{(x \mid y) \mid x \in A \wedge y \in B\}$$

**Aufgabe**

Beschreiben Sie die Komplementärmenge einer Menge $A$ bzgl. der Grundmenge $G$ mithilfe der Symbole der Aussagenlogik.

### 1.2.5 Aufgaben zu Aussagen bzw. Aussageformen

1. Wegen der finanziellen Lage in den entsprechenden Kassen sagt der Ministeriumssprecher folgende zwei Sätze:

   Satz 1: Der Minister schlägt vor, die Lohnsteuer zu erhöhen.

   Satz 2: Der Minister schlägt vor, die Mehrwertsteuer zu erhöhen.

   a) Bilden Sie die Konjunktion beider Sätze.

   b) Bilden Sie die Disjunktion beider Sätze.

   c) Bilden Sie die Verneinung der beiden Sätze.

   d) Diskutieren Sie in der Gruppe die Folgen der Verknüpfungen.

2. Das Licht in einem Hausflur kann von den Stellen A und B sowohl eingeschaltet werden, wenn es nicht an ist oder ausgeschaltet werden, wenn es an ist.

   a) Realisieren Sie den Sachverhalt in einer Tabelle.

   b) Schreiben Sie den Sachverhalt in symbolischer Form.

3. In einem langen Autotunnel sind drei Lüfter L1, L2 und L3 installiert. An exponierten Stellen im Tunnel befinden sich drei Rauchgasmelder R1, R2 und R3. Gibt ein Rauchgasmelder Signal (w), so muss Lüfter L1 laufen. Geben zwei Rauchgasmelder Signal (w), so sind Lüfter L1 auszuschalten und Lüfter L2 sowie L3 einzuschalten. Geben alle drei Rauchgasmelder Signal (w), so müssen alle drei Lüfter laufen.

a) Übertragen Sie die Tabelle auf ein Blatt Papier und tragen Sie die Verknüpfung (w) oder (f) für die Lüfter L1, L2 und L3 ein.

| R1 | R2 | R3 | L1 | L2 | L3 |
|---|---|---|---|---|---|
| w | w | w | | | |
| w | w | f | | | |
| w | f | w | | | |
| w | f | f | | | |
| f | w | w | | | |
| f | w | f | | | |
| f | f | w | | | |
| f | f | f | | | |

b) Geben Sie den Sachverhalt für L1 in symbolischer Form an.

4. Im Eishockey gibt es für ein Foul in der Regel eine zweiminütige Strafe, d. h. der betroffene Spieler muss zwei Minuten auf die Strafbank. Während dieser Zeit spielt seine Mannschaft mit einem Feldspieler weniger. Daneben gibt es unter anderem eine 10 minütige Disziplinarstrafe. Bei dieser Strafe darf der Spieler 10 Minuten nicht mehr am Spiel teilnehmen. Seine Mannschaft spielt während dieser Zeit jedoch mit voller Mannschaftstärke.

   Satz 1: Der Spieler A erhält eine zweiminütige Strafe.

   Satz 2: Der Spieler A erhält eine zehnminütige Strafe.

   a) Bilden Sie die Konjunktion beider Sätze.

   b) Bilden Sie die Disjunktion beider Sätze.

   c) Bilden Sie die Verneinung der beiden Sätze.

5. Es werden zwei Aussagen betrachtet.

   Aussage G: Ein Zuschauer eines Fußballspiels kauft sich ein Getränk im Stadion für 2,50 €.

   Aussage B: Ein Zuschauer eines Fußballspiels kauft sich im Stadion ein Paar Bratwürste für 3,00 €.

   Geben Sie an, wie viel Geld ein Zuschauer für folgenden Ereignisse ausgegeben hat.

   a) $G \wedge B$

   b) $\overline{G} \wedge B$

6. In **Bild 1** ist eine pneumatische Presse* zu sehen. Der Schalter E1 gibt an, ob das Schutzgitter geschlossen ist. Ist der Schaltzustand des Schalters E1 Null, so ist das Schutzgitter nicht geschlossen. E2 und E3 sind handbetätigte Schalter (Schließer). Sie haben jeweils nur den Schaltzustand Eins, wenn sie gedrückt werden. Wenn der Stempel der Presse ausfährt, dann hat er den Schaltzustand 1.

   Die Funktionsweise der Presse wird durch **Tabelle 1** beschrieben.

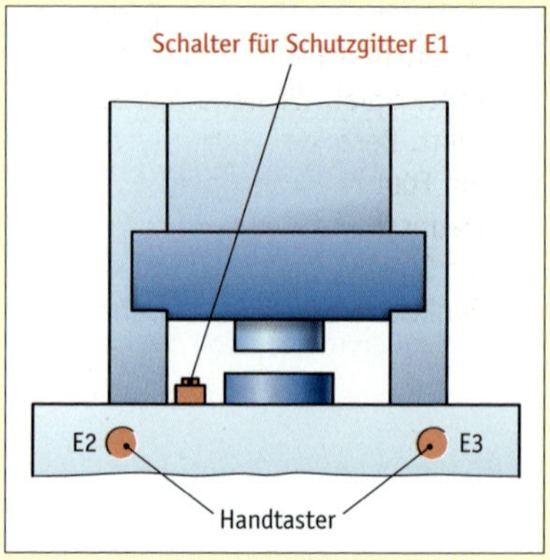


**Bild 1:** Pneumatische Presse

* Pneumatik bedeutet Einsatz von Druckluft

a) Geben Sie an, ob folgende Aussagen oder falsch sind. Begründen Sie Ihre Angabe unter Bezug zur Funktionstabelle.
   - Das Schutzgitter muss stets geschlossen sein, sonst fährt der Stempel der Presse nicht aus.
   - Wenn die Schalter E2 betätigt ist oder das Schutzgitter geschlossen ist, fährt der Stempel der Presse aus.
   - Wenn die Schalter E2 betätigt ist und das Schutzgitter geschlossen ist, fährt der Stempel der Presse aus.

b) Verfassen Sie auf Grundlage der **Tabelle 1**, vorherige Seite, eine Funktionsbeschreibung der Presse.

c) Begründen Sie, warum es sinnvoll ist, dass die Schalter E2 und E3 betätigt sein müssen, damit der Stempel der Presse ausfährt, wenn das Schutzgitter nicht geschlossen ist.

**Tabelle 1:** Funktionsbeschreibung der Presse

| E1 | E2 | E3 | A1 |
|---|---|---|---|
| 0 | 0 | 0 | 0 |
| 0 | 0 | 1 | 0 |
| 0 | 1 | 0 | 0 |
| 1 | 0 | 0 | 0 |
| 1 | 1 | 0 | 1 |
| 1 | 0 | 1 | 1 |
| 0 | 1 | 1 | 1 |
| 1 | 1 | 1 | 1 |

**7.** In **Bild 1** ist ein elektrisches Schiebtor zu sehen. Dieses kann von der Wohnung durch einmalige Betätigung eines festinstallierten Schalters E1 (Schaltzustand Eins) oder durch einmalige Betätigung eines transportablen E2 geöffnet werden. Das Schiebetor A1 öffnet jedoch nur, wenn sich innerhalb des Wirkradius der Lichtschranke LS keine Objekte befinden. In diesem Fall hat sie den Schaltzustand Null.

Für den Fall, dass sowohl der Schalter E1 als auch E2 betätig werden und die sich kein Objekt in der Lichtschranke befindet, soll sich das Tor öffnen.

Erstellen Sie für die Schalter E1 sowie E2, die Lichtschrank LS und das Schiebetor A1 eine Funktionstabelle, die die Funktionsweise des Schiebetors fachgerecht abbildet.

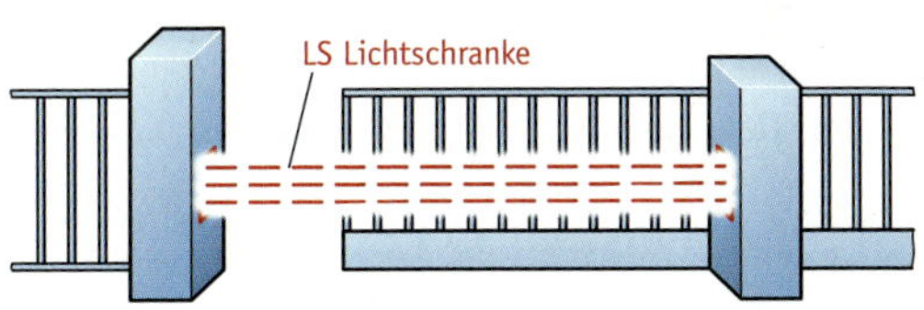


**Zuordnungstabelle**

| Eingangsvariable Betriebsmittel | | Kennzeichnung | | log. Zustand |
|---|---|---|---|---|
| E1 | Taster S1 | betätigt | S1 | = 1 |
| E2 | Taster S2 | betätigt | S2 | = 1 |
| E3 | LS | unterbrochen | LS | = 1 |
| Ausgangsvariable | | | | |
| A1 | Motor Tor auf | Motor läuft | A1 | = 1 |

**Bild 1:** Automatisches Schiebetor

**8.** Im folgenden Text sind mehrere Aussagen im mathematischen Sinne sowie Verknüpfungen enthalten. Identifizieren Sie diese Aussage bzw. Verknüpfungen von Aussagen.

Eishockey ist eine tolle Sportart für Zuschauer. Bei diesem Sport stehen sich zu Beginn eines Spiels pro Mannschaft fünf Feldspieler und ein Torwart gegenüber. Nach dem ersten Pully beginnt das schnelle und körperbetonte Spiel. Während des Spiels kreieren die Teams Torchance am laufenden Band, was zu zahlreichen Toren führt. Besonders sehenswert ist das Überzahlspiel. Ein Überzahlspiel entsteht, wenn beispielsweise ein Spieler ein Foul begangen hat und vom Schiedsrichter dafür 2 Minuten auf die Strafbank geschickt wird. Schießt die Mannschaft, die in Überzahl ist, ein Tor darf der Spieler, der eine zweiminütige Strafe erhalten hat, wieder am Spiel teilnehmen. Unabhängig wie das Spiel am Ende ausgeht, meist hatten alle, sowohl Spieler, Trainer, Funktionäre als auch Zuschauer Spaß am Spiel Ihres Vereins.

## 1.3 Rechnen mit ganzen Zahlen

In diesem und in den folgenden Kapiteln werden die grundlegenden Rechenregeln zum Rechnen mit Zahlen beschrieben. Zu ihnen zählen unter anderem:

Gesetze der Grundrechenarten

- Regeln im Umgang mit Klammerausdrücken
- Binomische Formeln
- Gesetze des Bruchrechnen
- Faktorisieren von Termen
- Potenzgesetze
- Wurzelgesetze

Es wird zunächst das Rechnen mit ganzen Zahlen betrachtet. Die gewonnenen Erkenntnisse bilden die Basis für das Rechnen mit rationalen und reellen Zahlen.

**Zur Erinnerung:** Ganze Zahlen: $\mathbb{Z} = \{\ldots, -4; -3; -2; -1; 0; 1; 2; 3; 4; \ldots\}$

Aus der Mittelstufe sind die Addition und Subtraktion von ganzen Zahlen, sowie die zugehörigen Rechengesetze bekannt. Daher werden diese im Folgenden lediglich überblicksweise dargestellt.

### 1.3.1 Die Grundrechenart Addition

Eine Addition stellt eine Rechenoperation dar, bei der zwei oder mehrere sogenannte Summanden mit dem Rechenzeichen »+« verbunden werden. Der Term (Ausdruck) wird als Summe bezeichnet. Das Ergebnis einer Addition nennt man Summenwert.

**Addition**

Bei der Rechenart Addition werden zwei Summanden mit dem Rechenzeichen »+« verbunden. Der zugehörige Term wird als Summe bezeichnet. Das Ergebnis einer Addition heißt Summenwert.

$$\text{Addition: } \underbrace{1.\text{Summand} + 2.\text{Summand}}_{\text{Summe}} = \text{Summenwert}$$

Bei der Addition gelten das Kommutativ- (Vertauschungsgesetz) und Assoziativgesetz.

**Kommutativgesetz der Addition**

Bei der Addition gilt das Kommutativgesetz. Dieses besagt, dass bei einer Addition der erste und zweite Summand vertauscht werden können. Für zwei beliebige Zahlen $a$ und $b$ ($a, b \in \mathbb{Z}$) gilt:

$$a + b = b + a$$

**Assoziativgesetz der Addition**

Das Assoziativgesetz der Addition sagt aus, dass für beliebige Zahlen $a$, $b$ und $c$ ($a, b, c \in \mathbb{Z}$) gilt:

$$(a + b) + c = a + (b + c)$$

**Aufgabe**

Addieren Sie die Zahlen 98, 4, 46 und 2 geschickt im Kopf. Erklären Sie, wie Ihnen bei dieser Addition das Kommutativ- und das Assoziativgesetz helfen kann.

### Addition von Termen

Es können nicht nur Zahlen, sondern auch Terme mit Variablen addiert werden. Bei Termen der Form $5a$, $7b$ oder $8x$ werden die Zahlen vor der Variable als Koeffizient bezeichnet. Der Term $5a$ beispielsweise besteht aus dem Koeffizienten 5 und der Variablen $a$. Terme mit gleichen Variablen werden als gleichartige Terme bezeichnet.

Eine Variable kann aus mehreren Buchstaben bestehen. Dabei sind die Variablen $xy$ und $yx$ gleich.

$5a$; $7b$; $8x$
**Koeffizienten**

$3a$; $17a$; $10a$
gleichartige Terme

**Anmerkung** Was genau unter den Termen $5a$, $7b$ oder $8x$ verstanden wird und weshalb die Variablen $xy$ und $yx$ gleich sind, wird im Kapitel 1.3.3 »Die Multiplikation« erläutert. Zunächst betrachten wir die Terme der Form $5a$, $7b$ und $8x$ als feststehende Ausdrücke.

Der Begriff »gleichartige Terme« ist bei der Addition von zentraler Bedeutung, da nur gleichartige Terme addiert werden dürfen. Zwei gleichartige Terme werden addiert, indem ihre Koeffizienten addiert werden, während die Variable unverändert beibehalten wird.

**Zahlenbeispiele:** Addition von gleichartigen Termen

$$5a + 10a = (5 + 10)a = 15a$$
$$7b + 3b = (7 + 3)a = 10a$$

**Gleichartige Terme**

Terme mit gleichen Variablen werden als gleichartige Terme bezeichnet. Es dürfen nur gleichartige Terme addiert werden. Dabei werden die Koeffizienten der Terme addiert. Die Variable bleibt unverändert.

#### ▪ Summe mit nicht gleichartigen Termen

In einer Summe, deren Summanden nicht nur gleichartige Terme sind, dürfen lediglich die gleichartigen Terme miteinander verrechnet werden.

**Zahlenbeispiele:** Summe mit nicht nur gleichartigen Termen

$$\begin{aligned} 3a + 7b + 4c + 10a + 2c &= 3a + 10a + 7b + 4c + 2c \\ &= (3 + 10)a + 7b + (4 + 2)c \\ &= 13a + 7b + 6c \end{aligned}$$

$$\begin{aligned} 5xy + 2 + 10x + 20yx + 5x + 7 &= 2 + 7 + 5x + 10x + 5xy + 20yx \\ &= 9 + (5 + 10)x + (5 + 20)xy \\ &= 9 + 15x + 25xy \end{aligned}$$

**Rechentipp:** Vor dem Zusammenfassen von Termen mit unterschiedlichen Variablen ist es empfehlenswert, die Terme nach Variablen zu sortieren.

**Aufgaben**

1. Fassen Sie die folgenden Terme zusammen. Verzichten Sie auf den Einsatz Ihres Taschenrechners.
   a) $14x + 15y + 4x + 10x + 3y$
   b) $6ab + 5b + 2ab + 8b + 17a + 2ba + 2a$
   c) $3xy + 8xyz + 4xy + 3yx + 7yxz$
2. Erstellen Sie eine Summe mit drei Summanden, wobei alle drei Summanden nicht gleichartige Terme sind.

### 1.3.2 Die Grundrechenart Subtraktion

Eine Subtraktion stellt eine Rechenoperation dar, bei der zwei Terme mit einem Minuszeichnen »–« verknüpft werden. Der Term links des Minuszeichens wird Minuend genannt und der Term rechts des Minuszeichens wird als Subtrahend bezeichnet. Der Term Minuend – Subtrahend heißt Differenz.

**Subtraktion**

Bei der Rechenart Subtraktion werden der Minuend und der Subtrahend mit dem Rechenzeichen »–« verbunden. Der zugehörige Term wird als Differenz bezeichnet. Das Ergebnis einer Subtraktion nennt man Differenzwert.

$$\text{Subtraktion: } \underbrace{\text{Minuend} - \text{Subtrahend}}_{\text{Differenz}} = \text{Differenzwert}$$

Bei der Subtraktion gelten **nicht** das Kommutativ- und Assoziativgesetz, wie folgende Gegenbeispiele zeigen.

Gegenbeispiel für die Gültigkeit des Kommutativgesetzes

$$a - b = b - a \xrightarrow{a=5,\,b=3} 5 - 3 = 3 - 5 \quad 2 = -2 (\text{f})$$

Gegenbeispiel für die Gültigkeit des Assoziativgesetzes

$$(a - b) - c = a - (b - c)$$

$$\xrightarrow{a = 10,\,b = 6,\,c = 1} (10 - 6) - 1 = 10 - (6 - 1) \quad 4 - 1 = 10 - 5 \quad 3 = 5 (\text{f})$$

**Rechengesetze der Subtraktion**

Bei der Subtraktion gilt nicht das Kommutativ- und Assoziativgesetz.

#### Subtraktion mit Termen

Die Subtraktion und Addition von Termen verlaufen ähnlich. Es dürfen lediglich gleichartige Terme subtrahiert werden. Beim Subtrahieren werden dabei die Koeffizienten der gleichartigen Terme miteinander verrechnet, während die Variable der Terme unverändert bleibt.

**Zahlenbeispiele:** Subtraktion von Termen

$$\begin{aligned} 13a + 10b - 4a - 11a - 2b &= 13a - 4a - 11a + 10b - 2b \\ &= (13 - 4 - 11)a + (10 - 2)b \\ &= -2a + 8b \end{aligned}$$

$$\begin{aligned} 15ab - 2a - 20ba + 5a &= 15ab - 20ab + 5a - 2a \\ &= (15 - 20)ab + (5 - 2)a \\ &= -5ab + 3a \end{aligned}$$

**Aufgaben**

1. Fassen Sie die folgenden Terme zusammen. Verzichten Sie auf den Einsatz Ihres Taschenrechners.
   a) $4x + 17y - 4x - 11x - 3y$
   b) $36ab + 15b - 12ab - 8b - 17b - 20ba$
2. Erläutern Sie die folgende Aussage »Eine Subtraktion $a - b$ lässt sich auf eine Addition zurückführen.«

* differentia (lat.), Unterschied)

### 1.3.3 Addition und Subtraktion von Summen und Differenzen

Die Addition und Subtraktion von Summen und Differenzen, die ausschließlich aus Zahlen bestehen, ist ohne Weiteres möglich, wie die folgenden Zahlenbeispiele zeigen.

**Zahlenbeispiele:** Addition und Subtraktion von Summen und Differenzen

| | |
|---|---|
| $10 + (2 + 7) = 10 + (+9) = 5 + 9 = 14$ | Addition einer Summe |
| $5 + (4 - 3) = 5 + (+1) = 5 + 1 = 6$ | Addition einer Differenz |
| $2 - (10 + 6) = 2 - (+16) = 2 - 16 = -14$ | Subtraktion einer Summe |
| $6 - (10 - 18) = 6 - (-8) = 6 + 8 = 14$ | Subtraktion einer Differenz |

Müssen Summen oder Differenzen addiert bzw. subtrahiert werden, die Variablen enthalten, können die Summe oder die Differenz nicht zusammengefasst werden. In diesem Fall müssen die Klammern aufgelöst werden. In Folgenden sind Beispiele genannt, bei denen Summen und Differenzen mit Variablen addiert bzw. subtrahiert werden.

**Zahlenbeispiele:** Addition / Subtraktion von Summen / Differenzen mit Variablen

$2 + (5 + a)$ $\quad 7 + (6a - 3 + 5b)$ $\quad 2 - (a + 5)$ $\quad 11 - (5x - 1 + 6y)$

Um die genannten Summen und Differenzen zu addieren bzw. zu subtrahieren, müssen die Klammern aufgelöst werden. Dabei ist zwischen einer Plusklammer und einer Minusklammer zu unterscheiden. Bei der Plusklammer befindet sich unmittelbar vor der Klammer das Rechenzeichen +. Entsprechend ist eine Minusklammer ein Klammerpaar, bei dem sich das Rechenzeichen – unmittelbar vor der Klammer befindet.

Plus- und Minusklammern werden nach den folgenden Regeln aufgelöst. Weshalb diese Regeln gelten, wird später im Kapitel beschrieben.

- Eine Plusklammer darf weggelassen werden. Sie hat keinen Einfluss auf den Wert des Terms.

  $a + (b + c) = a + b + c \qquad a + (b - c) = a + b - c$

- Beim Auflösen einer Minusklammer erhalten alle Glieder des Klammerausdrucks das entgegengerichtete Vorzeichen (Rechenzeichen).

  $a - (b + c) = a - b - c \qquad a - (b - c) = a - b + c$

Im Folgenden werden diese beiden Regeln verwendet, um die oben genannten Terme zusammenzufassen.

**Zahlenbeispiele:** Auflösen von Plus- und Minusklammern

$2 + (5 + a) = 2 + 5 + a = 7 + a$

$7 + (6a - 3 + 5b) = 7 + 6a - 3 + 5b = 7 - 3 + 6a + 5b = 4 + 6a + 5b$

$2 - (a + 5) = 2 - a - 5 = 2 - 5 - a = -3 - a$

$11 - (5x - 1 + 6y) = 11 - 5x + 1 - 6y = 11 + 1 - 5x - 6y = 12 - 5x - 6y$

## Auflösen von Plus- und Minusklammern

Eine Plusklammer ist ein Klammerpaar, bei dem unmittelbar vor der Klammer das Rechenzeichen + steht. Plusklammer dürfen weggelassen werden.

$$a \underbrace{+(b+c)}_{\text{Plusklammer}} = a+b+c$$

Eine Minusklammer ist ein Klammerpaar, bei dem unmittelbar vor der Klammer das Rechenzeichen – steht. Minusklammern werden aufgelöst, indem alle Glieder des Klammerausdrucks das entgegengesetzte Vorzeichen (Rechenzeichen) erhalten.

$$a \underbrace{-(b+c)}_{\text{Minusklammer}} = a-b-c$$

### ■ Begründung für das Auflösen einer Plusklammer

Um zu verstehen, weshalb man eine Plusklammer weglassen darf, betrachten wir die grafische Addition der positiven Zahlen $a$ $(+a)$ und $b$ $(+b)$ **(Bild 1)**.

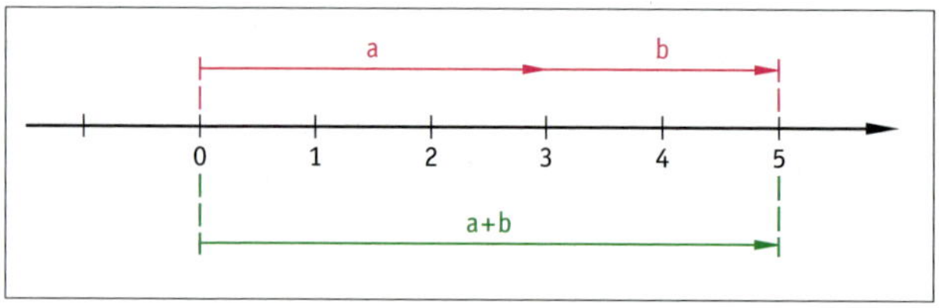


**Bild 1:** Grafische Addition der positiven Zahlen $a$ und b

Man erkennt anhand von **Bild 1**, dass zwei beliebige positive Zahlen $a$ und $b$ rechnerisch addiert werden, indem man die Beträge der Zahlen $a$ und $b$ addiert und dem Ergebnis dieser Rechnung das Vorzeichen + gibt, da der Bildpfeil $a + b$ nach rechts gerichtet ist. Somit folgt: $a + b = +(a + b)$. Vertauscht man die Seiten der Gleichung, so erhält man die Aussage $+(a + b) = a + b$, was bedeutet, dass eine Plusklammer weglassen werden darf.

**Anmerkung** Bei der eben angestellten Überlegung setzten wir voraus, dass $a$ und $b$ positive Zahlen sind. Somit wurde die Gültigkeit der Gleichung $+(a + b) = a + b$ nur für alle positiven Zahlen $a$ und $b$ gezeigt. Durch analoge Überlegungen kann nachgewiesen werden, dass die Gleichung $+(a + b) = a + b$ allgemein gültig ist, also auch für $a < 0 \wedge b > 0$, $a > 0 \wedge b < 0$ und $a < 0 \wedge b < 0$ gilt. Auf den Nachweis dieser weiteren Fälle wird an dieser Stelle verzichtet.

### ■ Begründung für das Auflösen einer Minusklammer

Um zu begründen, weshalb beim Auflösen einer Minusklammer die Vorzeichen der Klammerglieder gedreht werden müssen, betrachten wird die grafische Addition zweier negativen Zahlen $-a$ und $-b$ $(a, b \in \mathbb{N})$. Diese ist in **Bild 2** zu sehen.

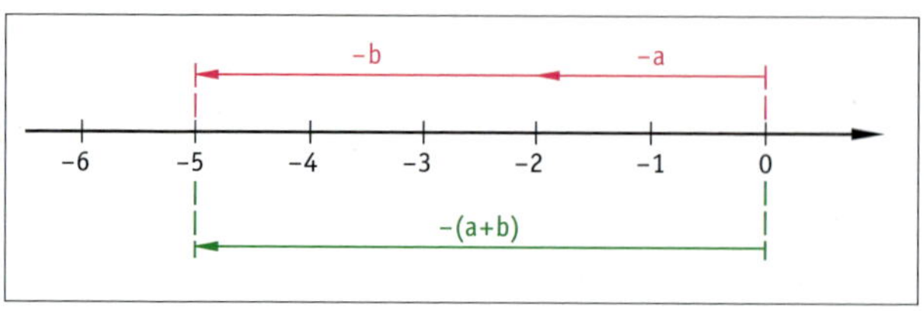


**Bild 2:** Grafische Addition zweier negativer Zahlen $a$ und b

Aus **Bild 2 auf der vorherigen Seite** ist ersichtlich, dass zwei negative Zahlen $-a$ und $-b$ rechnerisch addiert werden, indem ihre Beträge addiert werden und Ergebnis das Vorzeichen Minus erhält, da der Bildpfeil des Ergebnisses nach links gerichtet ist. Somit folgt: $(-a) + (-b) = -(a + b)$ bzw. $-(a + b) = (-a) + (-b)$, was bedeutet, dass beim Auflösen einer Minusklammer die Vorzeichen in der Klammer gedreht werden müssen.

Voraussetzung für die eben angestellte Überlegung war, dass $a$ und $b$ natürliche Zahlen sind ($a, b \in \mathbb{N}$). Man kann durch mehrere analoge Überlegungen zeigen, dass die Gleichungen $-(a + b) = (-a) + (-b)$ für alle Zahlen, nicht nur für natürliche Zahlen gültig ist.

**Aufgaben**

1. Fassen Sie die Ausdrücke zusammen.
   a) $3x - (2x + 7)$
   b) $2a + (10a + 5b) - (-8a + b)$
   c) $-12x - (4 - 8x + 9xy)$
   d) $4x + 10 - (2x - 1) + (2 + 3x)$

2. Lösen Sie die folgenden Klammerausdrücke auf. Fassen Sie, wenn möglich, soweit wie möglich zusammen.
   a) $-(5x - 4)$
   b) $-(3a + 4b + 3)$
   c) $5x - (8x + 5)$
   d) $2 \cdot (4a - 4b + 1) - (6a - 8b + 2)$
   e) $-(5x + 2) + (1 - 3y) + 8x + 2y - 2$
   f) $2a - (3 - 3b) - (-5a + 5) + (-7b + 2)$
   g) $(2y - 2) + (4 - 3x) - (-3 + 8y + 2x)$
   h) $2 - (-6b) - 4a - (-4a + 8b - 2)$

3. Geben Sie an, welche der folgenden Rechnungen richtig sind. Begründen Sie Ihre Angabe. Beschreiben Sie gegebenenfalls den Fehler!
   a) $-2 + (2a + 5b - 4) + 10a - 15b$
   $= -2 + 2a + 5b - 4 + 10a - 15b$
   $= -6 + 12a - 10b$

   b) $2 + (2a + 3ab) - (4ab + 3a)$
   $= 2 + 2a + 3ab - 4ab + 3a$
   $= 2 + 5a - 1ab$

### 1.3.4 Addition und Subtraktion mit mehreren Klammerausdrücken

Treten in einem Klammerausdruck mehrere Klammerpaare auf, so werden diese von innen nach außen aufgelöst. Das bedeutet, dass zuerst die innerste Klammer und zum Schluss die äußerste Klammer aufgelöst wird. Der Term im folgenden Beispiel besteht aus einem eckigen und einem runden Klammerpaar, wobei sich das runde Klammerpaar innerhalb der eckigen Klammer befindet. Das runde Klammerpaar wird daher zuerst aufgelöst, anschließend das eckige.

**Beispiel:** Auflösen von verschachtelten Klammerausdrücken

$$10 - [3x - (4 + 5x)] = 10 - [3x - 4 - 5x]$$
$$= 10 - [3x - 5x - 4] = 10 - [-2x - 4]$$
$$= 10 + 2x + 4 = 2x + 14$$

**Rechentipp:** Nachdem Auflösen eines Klammerpaars ist es ratsam, den entstehenden Term zunächst zusammenzufassen, bevor weitere Rechenschritte durchgeführt werden.

### ■ Verwendung von unterschiedlichen Klammern

Es werden häufig runde, eckige und geschweifte Klammern in einem Term verwendet, um Klammerpaare übersichtlich zu kennzeichnen. Alternativ finden runde Klammern unterschiedlicher Größe Anwendung.

**Beispiel:** Term mit unterschiedlichen Klammern

$$2-\{3a-2+[5-(2a+3)]\}$$
$$=2-\{3a-2+[5-2a-3]\}=2-\{3a-2+[+2-2a]\}$$
$$=2-\{3a-2+2-2a\}=2-\{3a-2a-2+2\}$$
$$=2-\{1a\}=2-1a$$
$$=2-a$$

**Aufgaben**

Fassen Sie die Ausdrücke soweit wie möglich zusammen.

a) $3-[5a-(7a-25)+5]$

b) $-(3-5x)-[5+10x-(3x+1)]$

c) $5-\{6b-13+[10+(12b-8)]\}$

d) $1+\{7p-[-(2-6p)+(9p-1)]\}$

e) $4-(x+1)+[6x-7x-(1-5x)]$

f) $1-2b-[2-(12a+1)-(12b+2)]$

## 1.3.5 Die Grundrechenart Multiplikation

Eine Multiplikation stellt eine Rechenoperation dar, bei der zwei sogenannte Faktoren mit einem Malpunkt »·« verknüpft werden. Der Term 1. Faktor · 2.Faktor wird Produkt genannt. Das Ergebnis einer Multiplikation heißt Produktwert.

**Multiplikation**

Bei der Rechenart Multiplikation werden zwei Faktoren mit dem Rechenzeichen »·« verbunden. Der zugehörige Term wird als Produkt bezeichnet. Das Ergebnis einer Multiplikation nennt man Produktwert.

$$\text{Multiplikation: } \underbrace{1.\text{Faktor} \cdot 2.\text{Faktor}}_{\text{Produkt}} = \text{Produktwert}$$

Bei einer Multiplikation gilt das Kommutativ- und Assoziativgesetz sowie folgende Vorzeichenregel.

**Vorzeichenregel beim Multiplizieren**

Für alle natürlichen Zahlen $a$ und $b$ gilt:

1. $(+a)\cdot(+b)=+a\cdot b$
2. $(-a)\cdot(+b)=-a\cdot b$
3. $(+a)\cdot(-b)=-a\cdot b$
4. $(-a)\cdot(-b)=+a\cdot b$

**Kommutativ- und Assoziativgesetz bei der Multiplikation**

Bei der Multiplikation gilt das Kommutativ- und Assoziativgesetz. Das bedeutet, dass für alle Zahlen $a$ und $b$ gilt:

Kommutativgesetz: $a\cdot b = b\cdot a$

Assoziativgesetz: $(a\cdot b)\cdot c = a\cdot(b\cdot c) = a\cdot b\cdot c$

**Beispiele:** Kommutativ- und Assoziativgesetz der Multiplikation

$5 \cdot 4 = 4 \cdot 5 = 20$ (Kommutativgesetz)

$5 \cdot 2 \cdot 3 = 5 \cdot (2 \cdot 3) = 30$ (Assoziativgesetz)

### ■ Notation bei Produkten

Bei der Notation (Schreibweise) von Produkten gelten folgende Vereinbarungen:

1. Zwischen einer Zahl und einer Variablen bzw. zwischen einer Zahl und einem Klammerausdruck darf der Malpunkt weggelassen werden. $10a$ bedeutet daher ausführlich geschrieben $10 \cdot a$ und $10(x+y)$ entspricht $10 \cdot (x+y)$.
2. Bei der Multiplikation von zwei Zahlen darf der Malpunkt nicht weggelassen werden.
3. Der Koeffizient 1 in einem Term wird nicht explizit genannt. Das bedeutet, dass beispielsweise der Term $a$ die Kurzschreibweise für $1a$ ist.
4. Der Koeffizient $-1$ in einem Term wird nicht vollständig hingeschrieben. Vielmehr wird auf die Ziffer 1 verzichtet. Somit steht der Ausdruck $-b$ für $-1b$ bzw. $-1 \cdot b$.

**Anmerkung** Eine Variable, die aus mehreren Buchstaben besteht, wie beispielsweise die Variable $xy$, ist ein Produkt, das ausführlich geschrieben $x \cdot y$ lauten würde. Aus diesem Grund sind die Variablen $xy$ und $yx$ gleichartig. Denn mithilfe des Kommutativgesetztes kann das Produkt $y \cdot x$ auch als $x \cdot y$ geschrieben werden.

$xy = x \cdot y = y \cdot x$

**Aufgaben**

1. Berechnen Sie den Wert des Produkts $5 \cdot 17 \cdot 2$ ohne Taschenrechner. Begründen Sie, warum es sinnvoll ist, das Assoziativgesetz bei dieser Aufgabe zu benutzen.
2. Geben Sie den Wert des Produkts $15 \cdot 4 \cdot 0 \cdot 1$ an. Begründen Sie Ihre Angabe.

### Multiplikation von Termen

In der Mathematik müssen häufig Terme mit Variablen miteinander multipliziert werden. Dabei gilt folgende Regel: Ausdrücke mit Variablen werden multipliziert, indem die Koeffizienten und die Variablen miteinander multipliziert werden.

**Beispiele:** Multiplikation von Termen

$4a \cdot 5b = (4 \cdot 5) \cdot (\mathrm{a} \cdot \mathrm{b}) = 20ab$

$8x \cdot 3y \cdot 2z = (8 \cdot 3 \cdot 2) \cdot (x \cdot y \cdot z) = 48xyz$

$4r \cdot 4q \cdot 2ab = (4 \cdot 4 \cdot 2) \cdot (\mathrm{r} \cdot q \cdot a \cdot \mathrm{b}) = 32abqr$

Um zu verstehen, weshalb diese Regel gültig ist, betrachten wir beispielsweise die Multiplikation $5x \cdot 7y$. Die Terme $5x$ und $7y$ können ausführlich als $5 \cdot x$ und $7 \cdot y$ geschrieben werden. Somit lautet das Produkt $5x \cdot 7y$ in ausführlicher Schreibweise $5 \cdot x \cdot 7 \cdot y$. Auf dieses Produkt kann das Kommutativgesetz angewendet werden, um die Faktoren umzuordnen. Die Zahlen werden nach vorne verschoben, während die Buchstaben in alphabetischer Reihenfolge dahinter angeordnet werden. Somit ergibt sich das Produkt $5 \cdot 7 \cdot x \cdot y$. Mithilfe des Assoziativgesetzes ergibt sich $35xy$.

### ■ Berücksichtigung der Vorzeichen

Beim Multiplizieren der Koeffizienten müssen die Vorzeichen berücksichtigt werden.

**Beispiele:** Berücksichtigung der Vorzeichen beim Multiplizieren von Termen

$7x \cdot (-8y) \cdot 4 = 7 \cdot (-8) \cdot 4 \cdot x \cdot y = -224xy$

$-5ab \cdot 4c \cdot (-3d) = (-5) \cdot 4 \cdot (-3) \cdot a \cdot b \cdot c \cdot d = 60abcd$

**Aufgaben**

Fassen Sie die folgenden Terme zusammen.

a) $4b \cdot (-4a) \cdot 10$

b) $-12x \cdot (-10yz) \cdot 10$

c) $4a \cdot (-2\mathrm{b}) + 7ab - 2ba$

d) $-21a \cdot 2b + 20ab + b \cdot 5a$

e) $a \cdot 2b \cdot (-\mathrm{c}) - 5acb - 9cb \cdot 3a$

## 1.3.6 Multiplikation von Summen und Differenzen

Im vorherigen Kapitel wurde grundlegend beschrieben, wie Zahlen oder Variablen miteinander multipliziert werden. In diesem Abschnitt wird nun erläutert, wie Summen und Differenzen multipliziert werden. Zunächst wird behandelt, wie eine Zahl bzw. Variable mit einer Summe multipliziert wird. Anschließend wird das Multiplizieren zweier Summen betrachtet. Dabei sind mit Summen an dieser Stelle stets algebraische Summe gemeint.

### 1.3.6.1 Multiplikation einer Zahl mit einer Summe

Um zu verstehen, wie eine Zahl/Variable mit einer Summe multipliziert wird, betrachten wir das Produkt $4 \cdot (x + y)$. Dieses Produkt ist die Kurzschreibweise für eine Summe, die aus vier Summanden besteht, wobei jeder Summand $(x + y)$ ist. Fasst man diese vier Summen zusammen, erhält man als Ergebnis $4x + 4y$.

$$4 \cdot (x+y) = (x \underset{1}{+} y) + (x \underset{2}{+} y) + (x \underset{3}{+} y) + (x \underset{4}{+} y) = x+x+x+x+y+y+y+y = 4x+4y$$

Aus dieser Rechnung kann gefolgert werden, dass eine Zahl und eine Summe miteinander multipliziert werden, indem die Zahl mit jedem Summanden der Summe multipliziert wird. Das gleiche gilt für eine Multiplikation einer Variablen mit einer Summe. Diese Rechenregel wird als Distributivgesetz bezeichnet.

**Distributivgesetz**

Das Distributivgesetz besagt, dass eine Zahl/Variable mit einem Klammerausdruck multipliziert wird, indem die Zahl/Variable vor der Klammer mit jedem Summanden in der Klammer multipliziert wird.

$$a \cdot (b+c) = a \cdot c + a \cdot b$$

In den folgenden Beispielen wird das Distributivgesetz angewendet. An dieser Stelle sei darauf hingewiesen, dass bei der Anwendung des Distributivgesetzes die Vorzeichen berücksichtigt werden müssen.

**Beispiele:** Anwendung des Distributivgesetzes

$$5 \cdot (2x+4) = 5 \cdot 2x + 5 \cdot 4 = 10x + 20$$

$$2 \cdot (6x+y) = 2 \cdot 6x + 2 \cdot y = 12x + 2y$$

$$-2 \cdot (5-y) = -2 \cdot 5 + (-2) \cdot (-y) = -10 + 2y$$

Das Distributivgesetz ist auch auf Klammerausdrücke anwendbar, die aus mehreren Gliedern bestehen.

**Beispiel:** Anwendung des Distributivgesetzes auf einen Klammerausdruck mit mehreren Gliedern

$$5 \cdot (2x + 4y - 5z + 10xy)$$

$$= 5 \cdot 2x + 5 \cdot 4y - 5 \cdot 5z + 5 \cdot 10xy$$

$$= 10x + 20y - 25z + 50xy$$

Falls zwei oder mehrere Zahlen mit einem Klammerausdruck multipliziert werden müssen, ist es empfehlenswert, zuerst die Zahlen zu multiplizieren und anschließend das Ergebnis dieser Rechnung mit dem Klammerausdruck zu multiplizieren.

$$a \cdot b \cdot (c + d) = ab \cdot (c + d) = abc + abd$$

**Beispiele:** Multiplikation mehrerer Zahlen mit einem Klammerausdruck

$$3 \cdot 4 \cdot (a + 5) = 12 \cdot (a + 5) = 12a + 60$$

$$6 \cdot (-7) \cdot (xy + 2) = -42 \cdot (xy + 2) = -42xy - 84$$

$$3 \cdot (-3) \cdot (2a - 5b) \cdot 4$$
$$= 3 \cdot (-3) \cdot 4 \cdot (2a - 5b) = -36 \cdot (2a - 5b)$$
$$= -36 \cdot 2a + (-36) \cdot (-5b) = -72a + 180b$$

**Aufgaben**

Multiplizieren Sie die Klammerausdrücke aus.

a) $2 \cdot (4 - x)$
b) $-5 \cdot (6x - 1)$
c) $10 \cdot (x + y)$
d) $3x \cdot (10 + y)$
e) $5a \cdot (6 - 6b)$
f) $x \cdot (2a - b)$
g) $4 \cdot 3 \cdot (a + 3b)$
h) $5 \cdot (1 + 2p) \cdot (-2)$
i) $2 \cdot (-2) \cdot (1 - y) \cdot 4$
j) $10 \cdot (3 - 5a + 6ab)$
k) $-3 \cdot (x + 3y - xy - 4)$
l) $x \cdot (4 - 2y + 8z) \cdot 2$

### 1.3.6.2 Multiplikation zweier Summen

Zwei Klammerausdrücke werden miteinander multipliziert, indem jeder Summand der ersten Klammer mit jedem Summanden der zweiten Klammer multipliziert wird.

$$(a + b) \cdot (c + d) = a \cdot c + a \cdot d + b \cdot c + b \cdot d$$

Diese Rechenregel ist unter dem Begriff Ausmultiplizieren von Klammern bekannt. Sie kann auch auf Klammerausdrücke mit mehreren Gliedern übertragen werden.

**Beispiele:** Ausmultiplizieren von Klammerausdrücken

$$(2x + 1) \cdot (1 - y)$$
$$= 2x \cdot 1 + 2x \cdot (-y) + 1 \cdot 1 + 1 \cdot (-y)$$
$$= 2x - 2xy + 1 - y$$

$$(x - 2) \cdot (3 - y + 4z)$$
$$= x \cdot 3 + x \cdot (-y) + x \cdot 4z + (-2) \cdot 3 + (-2) \cdot (-y) + (-2) \cdot 4z$$
$$= 3x - xy + 4xz - 6 + 2y - 8z$$

**Ausmultiplizieren von Klammerausdrücken**

Zwei Klammerausdrücke werden miteinander multipliziert, indem jeder Summand der ersten Klammer mit jedem Summanden der zweiten Klammer multipliziert wird.

$$(a + b) \cdot (c + d) = a \cdot c + a \cdot d + b \cdot c + b \cdot d$$

Müssen mehrere Klammerausdrücke miteinander multipliziert werden, so werden immer zwei Klammerausdrücke nacheinander miteinander multipliziert.

**Beispiel:** Ausmultiplizieren von mehreren Klammern

$$(1 - x) \cdot (1 - y) \cdot (2 + z)$$
$$= (1 - y - x + xy) \cdot (2 + z)$$
$$= 2 + z - 2y - yz - 2x - xz + 2xy + xyz$$

Ein Minus vor der Klammer bewirkt bekanntlich, dass sich alle Vorzeichen in der Klammer drehen: $-(a + b) = -a - b$. Im folgenden Beispiel wird gezeigt, wie zwei Klammern multipliziert werden, vor denen sich ein Minuszeichen befindet. Das Produkt $-(x + 1) \cdot (2 + 3y)$ kann auf zwei verschiedene Weisen aufgelöst werden. Entweder werden die Klammerausdrücke zuerst ausmultipliziert und anschließend werden die Vorzeichen gedreht oder die Vorzeichen in einer Klammer werden zuerst gewechselt und anschließend werden die Klammerausdrücke zusammengefasst. Das Ergebnis ist jeweils das gleiche.

**Beispiel:** Ausmultiplizieren von zwei Klammern mit einem Minuszeichen

Variante 1:

$$-(x+1)\cdot(2+3y) = -(2x+3xy+2+3y)$$
$$= -2x-3xy-2-3y$$

Variante 2:

$$-(x+1)\cdot(2+3y) = (-x-1)\cdot(2+3y)$$
$$= -2x-3xy-2-3y$$

## Aufgaben

1. Lösen Sie die Klammern durch Ausmultiplizieren auf und fassen Sie anschließend soweit wie möglich zusammen. Verzichten Sie auf den Einsatz Ihres Taschenrechners.

   a) $(12-y)\cdot(4-x)$
   b) $(2-b)\cdot(2a+4)$
   c) $(2x+2)\cdot(5-y)+(-x+5)\cdot(y+2)$
   d) $(11-a)\cdot(2+b)+6\cdot(a+b)$
   e) $(-p+5q+1)\cdot(2+x)$
   f) $(2a+4+x)\cdot(1-b)+4b+bx$
   g) $(a-2+b)\cdot(5-x)\cdot 2-2\cdot(-5a+2x-5)$
   h) $2\cdot(5+x)\cdot(y-3)+3\cdot(x+y)\cdot(-2)$

2. Ihnen liegt folgende Rechnung vor. Beurteilen Sie die Richtigkeit. Begründen Sie Ihre Aussage.

   $2\cdot(1-a)\cdot(2+b)$
   $= 2\cdot 1\cdot 2+1\cdot b-a\cdot 2+a\cdot b$
   $= -2a+b+ab+4$

3. Lösen Sie die folgenden Klammerausdrücke auf. Fassen Sie, wenn möglich, soweit wie möglich zusammen.

   a) $2\cdot(5x-4)$
   b) $-3\cdot(a+4b+3)$
   c) $5\cdot(8x+5)$
   d) $2\cdot(a-4b+1)-(6a-8b+2)$
   e) $-(x+2)\cdot(1-y)+xy+2$
   f) $(2a+2)\cdot(3-b)-(-a+5)\cdot(b+2)$
   g) $(y-2)\cdot(4-x)\cdot 2-(-x+8y+2xy)$
   h) $2\cdot(b+a)\cdot 4-(4a+8b)-4a$

4. Eine Mitschülerin hat Fragen zu folgendem Lösungsweg. Beantworten Sie diese Fragen.

   $x\cdot\{4a-[-2+(1-a)\cdot(b+2)-b]\}$

   (1) $= x\cdot\{4a-[-2+b+2-ab-2a-b]\}$ – Warum befinden sich in Zeile (1) keine runden Klammern mehr?

   (2) $= x\cdot\{4a-[-ab-2a]\}$ – Wie kommt man von Zeile (1) auf Zeile (2)?

   (3) $= x\cdot\{4a+ab+2a\}$ – Die eckigen Klammern in Zeile (2) sind doch überflüssig! Oder?

   (4) $= x\cdot\{6a+ab\}$ – Warum wird in Zeile (4) $6a$ und ab nicht miteinander verrechnet?

   (5) $= 6ax+abx$ – Weshalb werden die geschweiften Klammern erst am Schluss aufgelöst?

5. Fassen Sie die Ausdrücke soweit wie möglich zusammen.

a) $3 \cdot [5p - (p - 5) + 4]$

b) $2 \cdot [5 + xy - (x + 1) \cdot (1 - y)]$

c) $5 - \{b - 3 \cdot [10 - (2b - 3)]\}$

d) $2 \cdot \{4p - [2 + (2 - q) \cdot (p - 1) + pq]\}$

e) $(x + 1) \cdot [x - xy - (x + 2) \cdot (1 - y)]$

f) $(a - 4) \cdot (1 - 2b) - [2 \cdot (a + 1) \cdot (b + 2) + 1]$

6. Geben Sie an, welche der folgenden Rechnungen richtig sind. Begründen Sie Ihre Angabe. Beschreiben Sie gegebenenfalls den Fehler!

a) $-2 \cdot (a + 5ab - 4) + 10ab$
$= -2a - 10ab - 4 + 10ab$
$= -2a - 4$

b) $2 \cdot [a + ab - (a + 3) \cdot (3 - b)]$
$= 2 \cdot [a + ab - 3a - ab + 9 - 3b]$
$= 2 \cdot [-2a - 3b + 9]$
$= -4a - 6b + 18$

c) $(x + 1) \cdot [x - (-3x - 2) - 4x]$
$= (x + 1) \cdot [x + 3x + 2 - 4x]$
$= (x + 1) \cdot 2$
$= 2x + 2$

7. Ergänzen Sie die fehlenden Zwischenschritte.

a) $-(x + 1) \cdot (2 - y) - 2 \cdot (y + xy)$
$= -\ldots - 2y - 2xy$
$= -2x + xy - 2 + y - 2y - 2xy$
$= -2x - y - \ldots$

b) $(x - 2) \cdot (1 - y) - [2 \cdot (x + 2) \cdot (y + 5) + 5]$
$= x - xy - 2 + 2y - [2 \cdot (\ldots) + 5]$
$= x - xy - 2 + 2y - [2xy + 10x + 4y + 25]$
$= x - xy - 2 + 2y - 2xy \ldots$
$= -9x - 3xy - 2y - 27$

c) $(a - 2) \cdot 2 \cdot [20b + 5 \cdot (-3b + 2) \cdot 2 - 5]$
$= (2a - 4) \cdot [20b - \ldots - 5]$
$= (2a - 4) \cdot [-10b + 15]$
$= -20ab + \ldots - 60$

### 1.3.7 Der Begriff Potenz

Besteht ein Produkt aus mehreren gleichen Faktoren, dann wird dieser Faktor einmal hingeschrieben und erhält eine Hochzahl, die angibt, wie oft der Faktor in dem Produkt vorkommt. $5^4$ ist daher die Kurzschreibweise für ein Produkt, das aus 4 Faktoren besteht, wobei jeder Faktor die Zahl 5 ist.

$$5^4 = \underbrace{5 \cdot 5 \cdot 5 \cdot 5}_{4}$$

Der Ausdruck $5^4$ heißt Potenz, wobei die Zahl 5 Basis genannt wird, während die Hochzahl 4 als Exponent bezeichnet wird.

**Potenz**

Ein Ausdruck der Form $x^n$ wird Potenz genannt. Dabei ist $x$ die Basis und $n$ der Exponent.

$x^n$ — $x^n$: Potenz; $x$: Basis; n: Exponent

Im Folgenden sind mehrere Beispiele für Potenzen genannt.

**Beispiel:** Potenzen

$5^4 = 5 \cdot 5 \cdot 5 \cdot 5 \qquad 2^3 = 2 \cdot 2 \cdot 2 \qquad x^2 = x \cdot x \qquad (x+1)^4 = (x+1) \cdot (x+1) \cdot (x+1) \cdot (x+1)$

**Anmerkung** Wir werden uns in einem späteren Kapitel intensiv mit dem Rechnen mit Potenzen auseinandersetzen. Daher wird in diesem Kapitel nicht näher auf die Thematik eingegangen.

**Aufgaben**

1. Schreiben Sie die Produkte in verkürzter Form.
   a) $2 \cdot 2 \cdot 2$
   b) $(-3) \cdot (-3) \cdot (-3)$
   c) $x \cdot x \cdot x \cdot x$
   d) $2 \cdot 2 \cdot 2 \cdot x \cdot x$
   e) $(x+1) \cdot (x+1) \cdot (x+1)$
2. Begründen Sie, weshalb die Potenz $(-2)^5$ einen negativen Potenzwert hat.

### 1.3.8 Die Grundrechenart Division

Eine Division stellt eine Rechenoperation dar, bei der der sogenannte Dividend und der Divisor mit dem Rechenzeichen »:« verknüpft sind. Der Term Dividend : Divisor wird (unausgerechneter) Quotient genannt. Das Ergebnis einer Division heißt ausgerechneter Quotient.

**Division**

Bei der Rechenart Division werden der Dividend und der Divisor mit dem Rechenzeichen »:« verbunden. Der zugehörige Term wird als (unausgerechneter) Quotient bezeichnet. Das Ergebnis einer Division nennt man (ausgerechneten) Quotient.

$$\text{Division: } \underbrace{\text{Dividend : Divisor}}_{\substack{\text{(unausgerechneter)} \\ \text{Quotient}}} = \text{(ausgerechneter) Quotient}$$

#### ▪ Kommutativgesetz, Assoziativgesetz Distributivgesetz

Bei der Division gilt weder das Kommutativgesetz noch das Assoziativgesetz. Dies erkennt man anhand der folgenden Gegenbeispiele.

**Gegenbeispiele:**

$8 : 4 = 2 \neq 4 : 8 = 0{,}5$ Das Kommutativgesetz gilt nicht.

$(64 : 8) : 2 = 4 \neq 64 : (8 : 2) = 16$ Das Assoziativgesetz gilt nicht.

Das Distributivgesetz ist bei der Division gültig. Daher gilt:

$(a+b):c = a:c+b:c$ und $(a-b):c = a:c-b:c$

**Anmerkung** Da wir in diesem Kapitel nur das Rechnen mit ganzen Zahlen betrachten, muss an dieser Stelle $c$ ein Teiler von $a$ und $b$ sein. Ansonsten würde die Division nicht auf eine ganze Zahl führen.

**Gesetze bei der Division**

Eine Division ist weder kommutativ noch assoziativ. Es gilt bei ihr aber das Distributivgesetz:

$$(a+b):c = a:c+b:c \quad \text{und} \quad (a-b):c = a:c-b:c$$

### ▪ Vorzeichenregeln bei der Division

Die Division ist die Umkehrung der Multiplikation. Daher lassen sich aus den Vorzeichenregeln der Multiplikation die Vorzeichenregeln der Division ableiten. Es gilt für alle $a, b, c \in \mathbb{N}$

$$(+a)\cdot(+b) = (+c) \quad \text{somit gilt auch} \quad (+c):(+a) = (+b).$$
$$(-a)\cdot(+b) = (-c) \quad \text{somit gilt auch} \quad (-c):(-a) = (+b)\,.$$
$$(+a)\cdot(-b) = (-c) \quad \text{somit gilt auch} \quad (-c):(+a) = (-b)\,.$$
$$(-a)\cdot(-b) = (+c) \quad \text{somit gilt auch} \quad (+c):(-a) = (-b)\,.$$

Man erkennt, dass der ausgerechnete Quotient positiv ist, wenn Dividend und Divisor das gleiche Vorzeichen haben. Haben Dividend und Divisor unterschiedliche Vorzeichen, dann ist der ausgerechnete Quotient negativ.

**Zahlenbeispiele:**

$(+4):(+2) = (+2)$ $\quad$ $(-21):(-3) = (+7)$

$(-20):(+5) = (+4)$ $\quad$ $(+24):(-3) = (-8)$

**Vorzeichenregel bei der Division**

Bei der Division gilt folgende Vorzeichenregelung:

$(+c) : (+a) = (+b)$ $\quad$ $(-c) : (-a) = (+b)$ $\quad$ $(-c) : (+a) = (-b)$ $\quad$ $(+c) : (-a) = (-b)$ $\quad$ $(a, b, c \in \mathbb{N})$

### ▪ Weitere Regeln bei der Division

Aus der Tatsache, dass die Division die Umkehrung der Multiplikation ist, können weitere Regeln hergeleitet werden. Bei der Multiplikation gilt beispielsweise $a \cdot 1 = a$. Umgekehrt gilt somit für die Division, $a:a = 1$ $(a \neq 0)$. Aufgrund des Kommutativgesetzes der Multiplikation gilt bei dieser $1 \cdot a = a$. Für die Division bedeutet dies, dass gilt $a:1 = a$. Eine Division durch die Zahl 1 ändert nichts am Quotienten. Eine Division durch die Zahl 0 ist mathematisch nicht definiert. Die Begründung, weshalb eine Division durch die Zahl nicht sinnvoll möglich ist, wurde bereits im Kapitel 1.1.3 erbracht.

**Weitere Regel bei der Division**

$a : a = 1$ $(a \neq 0)$ $\quad$ $a : 1 = a$ $\quad$ $a : 0$ ist nicht definiert.

**Zahlenbeispiele:**

$4 : 4 = 1$ $\quad$ $(-3) : 1 = (-3)$ $\quad$ $(-5) : (-5) = 1$ $\quad$ $24 : 1 = 24$

Die Division 5 : 0 ist nicht definiert.

## 1.3.9 Bestimmung der Rechenart

In den vorherigen Kapiteln wurden die Grundrechenarten Addition, Subtraktion, Multiplikation und Division näher untersucht. Somit ist bekannt, dass der Term $5 + 3$ eine Summe ist, während der Term $5 \cdot 3$ ein Produkt darstellt. Welche Rechenart stellt aber der Term $5 \cdot (3 + 4)$ dar? Ist dieser eine Summe wegen des Rechenzeichen »+« oder ein Produkt wegen des Malpunkts? Diese Fragen werden in diesem Kapitel beantwortet.

Bei der Bestimmung der Rechenart eines Terms gilt die grundlegende Regel: Die letzte Rechenoperation, die ausgeführt werden muss, um den Wert des betrachteten Terms zu berechnen, legt die Rechenart festlegt. Beim Berechnen des Werts des obigen Terms $5 \cdot (3+4)$ muss zuerst der Klammerausdruck $3 + 4 = 7$ berechnet werden. Somit erhält man den Term $5 \cdot 7$. Durch die Multiplikation dieser beiden Zahlen erhält man als Ergebnis die Zahl 35. Die letzte Rechenoperation, die ausgeführt werden musste, um den Wert des Terms $5 \cdot (3+4)$ zu berechnen, ist eine Multiplikation. Der Term $5 \cdot (3+4)$ stellt somit ein Produkt dar.

**Regel**

Die letzte Rechenoperation, die beim Berechnen des Werts eines Terms ausgeführt werden muss, legt die Bezeichnung des Terms fest.

| | Rechenoperation | Termbezeichnung/ Rechenausdruck |
|---|---|---|
| $a + b$ | Addition | Summe |
| $a - b$ | Subtraktion | Differenz |
| $a \cdot b$ | Multiplikation | Produkt |
| $a : b$ | Division | Quotient |

In der folgenden Beispielaufgabe wird die Bezeichnung eines Terms systematisch bestimmt.

**Beispielaufgabe**

Bestimmen Sie die Termbezeichnung der folgenden Terme.

a) $10 \cdot (3+2)$

b) $3 \cdot 2 - 4 \cdot 3$

**Lösung**

**a)** 1. Schritt: Addition $10 \cdot (3+2) = 10 \cdot 5$

2. Schritt: Multiplikation $10 \cdot 5 = 50$

Folgerung: Der Ausdruck $10 \cdot (3+2)$ ist ein Produkt, da die letzte Rechenoperation eine Multiplikation ist.

**b)** 1. Schritt: Multiplikation $3 \cdot 2 - 4 \cdot 3 = 6 - 12$

2.Schritt: Subtraktion $6 - 12 = -6$

Folgerung: Der Ausdruck $3 \cdot 2 - 4 \cdot 3$ ist eine Differenz, da die letzte Rechenoperation eine Subtraktion ist.

Um festzustellen, welcher Rechenausdruck (Termbezeichnung) bei einem Term vorliegt, der Variablen enthält, setzt man für die Variablen eine Zahl ungleich Null ein. Anschließend rechnet man den Wert des Terms aus. Die letzte Rechenoperation legt wieder den Rechenausdruck fest. Dieses Vorgehen wird in der folgenden Aufgabe demonstriert.

**Beispielaufgabe**

Bestimmen Sie den Rechenausdruck des Terms $3 - (5 - x) \cdot (2y + 1)$

**Lösung**

| | |
|---|---|
| 1. Schritt: | $3 - (5 - x) \cdot (2y + 1)$ |
| Beispielsweise für $x = 1$ und $y = 2$ einsetzen | $3 - (5 - 1) \cdot (2 \cdot 2 + 1)$ |
| 2. Schritt: Multiplikation | $3 - (5 - 1) \cdot (4 + 1)$ |
| 3. Schritt: Addition & Subtraktion | $3 - 4 \cdot 5$ |
| 4. Schritt: Multiplikation | $3 - 20$ |
| 5. Schritt: Subtraktion | $-17$ |
| Folgerung | Der Ausdruck $3 - (5 - x) \cdot (2y + 1)$ ist eine Differenz, da die letzte Rechenoperation eine Subtraktion ist. |

**Aufgaben**

Bestimmen Sie die Rechenausdrücke der folgenden Terme.

a) $10 \cdot 3 - 5 \cdot 5$

b) $1 + 4 \cdot 11$

c) $40 \cdot (5 - 6)$

d) $-10 \cdot (2 + 3) - (6 \cdot 7) \cdot (2 - 1)$

e) $2 - (10 - x) \cdot (2y - 4)$

f) $5a - 3 \cdot [2 - (4 + a) \cdot 4]$

g) $24y$

h) $4 - (2x - 1) \cdot [3x - (1 + 5x) + x]$

### 1.3.10 Primfaktorzerlegung

In diesem Kapitel wird die sogenannte Primfaktorzerlegung betrachtet. Sie stellt ein Verfahren dar, mit dem eine ganze Zahlen in ein Produkt aus Primzahlen umgewandelt werden kann. Die Primfaktorzerlegung wird später beim Rechnen mit rationalen und reellen Zahlen von zentraler Bedeutung sein.

Primzahlen sind alle Zahlen, die nur durch die Zahl 1 und sich selbst teilbar sind. Die erste Zahl, die diese Bedingung erfüllt, ist die Zahl 2. Anschließend folgen die Zahlen 3, 5, 7, 11, 13, 17, 19, 23 usw.

**Primzahlen**

Alle Zahlen, die nur durch die Zahl 1 und sich selbst teilbar sind, werden Primzahlen genannt. Die ersten 10 Primzahlen lauten: 2, 3, 5, 7, 11, 13, 17, 19, 23 und 29.

Jede natürliche Zahl, die keine Primzahl ist, lässt sich als ein Produkt von Primfaktoren darstellen. Beispielsweise lässt sich die Zahl 12 als $2 \cdot 2 \cdot 3$ darstellen. Diese Darstellung der Zahl 12 besteht ausschließlich aus Primzahlen. Man nennt sie daher die Primfaktordarstellung oder Primfaktorzerlegung.

Im Folgenden sind weitere Zahlen und ihre Primfaktordarstellung genannt.

**Beispiele:** Primfaktordarstellung

$54 = 2 \cdot 3 \cdot 3 \cdot 3$

$105 = 3 \cdot 5 \cdot 7$

$2040 = 2 \cdot 2 \cdot 2 \cdot 3 \cdot 5 \cdot 17$

**Primfaktordarstellung**

Man nennt das Produkt aus Primzahlen die Primfaktordarstellung einer natürlichen Zahl $a$, wenn der Produktwert die Zahl $a$ ergibt.

#### ■ Systematische Bestimmung der Primfaktordarstellung

Es stellt sich nun die Frage, wie man systematisch die Primfaktordarstellung einer Zahl ermittelt. Um dies zu erläutern, betrachten wir die Zahl 2040. Sie durch 2, als die erste Primzahl, teilbar, da ihre letzte Ziffer durch 2 teilbar ist. 2040 dividiert durch 2 ergibt 1020. Diese Zahl ist ebenfalls durch 2 teilbar: 1020 : 2 = 510. 510 kann erneut durch 2 dividiert werden. 510 : 2 = 255. Die Zahl 2040 lässt sich somit als das folgende Produkt darstellen.

Zwischenergebnis: $2040 = 2 \cdot 2 \cdot 2 \cdot 255$

255 ist nicht durch 2, aber durch die nächste Primzahl 3 teilbar. Das erkennt man daran, dass die Quersumme (Summe aller Ziffern) durch 3 teilbar ist. 255:3 ergibt 85. Insgesamt lässt sich die Zahl 2040 als das folgende Produkt schreiben:

Zwischenergebnis: $2040 = 2 \cdot 2 \cdot 2 \cdot 3 \cdot 85$

Die Zahl 85 ist nicht durch 3, aber durch die nächste Primzahl 5 teilbar, da alle Zahlen, die auf den Ziffern 0 oder 5 enden, durch 5 teilbar sind. 85 : 5 = 17. Die Zahl 2040 lässt sich somit das folgende Produkt schreiben:

Primfaktordarstellung: $2040 = 2 \cdot 2 \cdot 2 \cdot 3 \cdot 5 \cdot 17$

Da die Zahl 17 eine Primzahl ist, besteht das Produkt $2 \cdot 2 \cdot 2 \cdot 3 \cdot 5 \cdot 17$ ausschließlich aus Primzahlen. $2 \cdot 2 \cdot 2 \cdot 3 \cdot 5 \cdot 17$ ist somit die Primfaktordarstellung der Zahl 2040.

**Teilbarkeitsregeln**

- Eine Zahl ist durch die Primzahl 2 teilbar, wenn sie auf die Ziffern 0, 2, 4, 6, oder 8 endet.
- Eine Zahl ist durch die Primzahl 3 teilbar, wenn ihre Quersumme durch 3 teilbar ist.
- Eine Zahl ist durch 5 teilbar, wenn sie auf 0 oder 5 endet.

Im Folgenden werden mehrere Zahlen systematisch in ihre Primfaktoren zerlegt.

**Beispiele:** Primfaktorzerlegung

$$\begin{aligned} 132 &= 2 \cdot 66 \\ &= 2 \cdot 2 \cdot 33 \\ &= 2 \cdot 2 \cdot 3 \cdot 11 \end{aligned}$$

$$\begin{aligned} 180 &= 2 \cdot 90 \\ &= 2 \cdot 2 \cdot 45 \\ &= 2 \cdot 2 \cdot 3 \cdot 15 \\ &= 2 \cdot 2 \cdot 3 \cdot 3 \cdot 5 \end{aligned}$$

$$\begin{aligned} 420 &= 2 \cdot 210 \\ &= 2 \cdot 2 \cdot 105 \\ &= 2 \cdot 2 \cdot 3 \cdot 35 \\ &= 2 \cdot 2 \cdot 3 \cdot 5 \cdot 7 \\ &= 2 \cdot 2 \cdot 3 \cdot 5 \cdot 7 \end{aligned}$$

## ■ Primfaktorzerlegung von Termen mit Variablen

Die beschriebene Primfaktorzerlegung ist auch auf Terme mit Variablen anwendbar. Im folgenden Beispiel sind mehrere Primfaktorzerlegungen von Termen mit Variablen angeführt.

**Beispiele:** Primfaktorzerlegung von Termen mit Variablen

a) $$\begin{aligned} 88x &= 2 \cdot 44 \cdot x \\ &= 2 \cdot 2 \cdot 22 \cdot x \\ &= 2 \cdot 2 \cdot 2 \cdot 11 \cdot x \end{aligned}$$

b) $$\begin{aligned} 360xy^2 &= 2 \cdot 180xy^2 \\ &= 2 \cdot 2 \cdot 90xy^2 \\ &= 2 \cdot 2 \cdot 2 \cdot 45xy^2 \\ &= 2 \cdot 2 \cdot 2 \cdot 3 \cdot 15xy^2 \\ &= 2 \cdot 2 \cdot 2 \cdot 3 \cdot 3 \cdot 5xy^2 \\ &= 2 \cdot 2 \cdot 2 \cdot 3 \cdot 3 \cdot 5 \cdot x \cdot y \cdot y \end{aligned}$$

c) $$\begin{aligned} 105a^2b &= 3 \cdot 35a^2b \\ &= 3 \cdot 5 \cdot 7a^2b \\ &= 3 \cdot 5 \cdot 7 \cdot a \cdot a \cdot b \end{aligned}$$

**Aufgaben**

1. Zerlegen Sie die folgenden Zahlen und Terme in ihre Primfaktordarstellung.
   a) 3150 b) 4725 c) 286
   d) $27x^2y$ e) $63ab$ f) $90x$
2. Überprüfen Sie ohne Taschenrechner, ob $2 \cdot 3 \cdot 5 \cdot 11$ die Primfaktordarstellung von 330 ist.

### 1.3.11 Größter gemeinsamer Teiler

Im Folgenden wird der größte gemeinsame Teiler zweier bzw. mehrerer Zahlen ermittelt. Um zu verstehen, was der größte gemeinsame Teiler ist, betrachten wir beispielsweise die Mengen $M_1$ und $M_2$. $M_1$ enthält alle Teiler der Zahl 48, während die Menge $M_2$ alle Teiler der Zahl 60 enthält.

$$M_1 = \{1;2;3;4;6;8;12;16;24;48\}$$

$$M_2 = \{1;2;3;4;5;6;10;12;15;20;30;60\}$$

Betrachtet man die Mengen $M_1$ und $M_2$ in einem Venn Diagramm **(Bild 1)**, so stellt man fest, dass die Mengen $M_1$ und $M_2$ die Zahlen 1, 2, 3, 4, 6 und 12 gemeinsam haben. Diese sind also gemeinsame Teiler von 48 und 60.

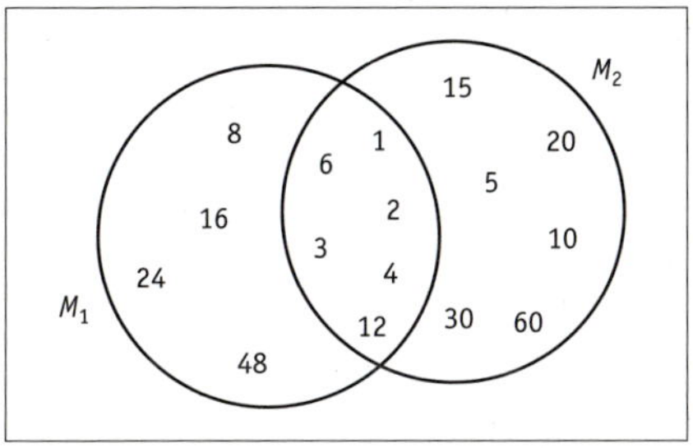


**Bild 1:** Venn-Diagramm der Mengen $M_1$ und $M_2$

Der größte dieser gemeinsamen Teiler ist die Zahl 12. Man nennt die Zahl 12 den größten gemeinsamen Teiler (Abkürzung ggT) der Zahlen 48 und 60. Als Schreibweise wird häufig ggT(48; 60) = 12 verwendet.

**Größte gemeinsame Teiler ggT**

Unter dem größten gemeinsamen Teiler (Abkürzung ggT) zweier Zahlen *a* und *b* wird die größte natürliche Zahl verstanden, die sowohl durch die Zahl *a* als auch durch die Zahl *b* ohne Rest teilbar ist.

#### ▪ Systematische Bestimmung des größten gemeinsamen Teilers zweier Zahlen

Der größte gemeinsame Teiler zweier oder mehrerer Zahlen kann systematisch ermittelt werden. Dazu werden die betrachteten Zahlen zunächst in ihre Primfaktoren zerlegt und anschließend werden die Primfaktoren verglichen.

Um das eben Beschriebene zu verdeutlichen, betrachten wir die Zahlen 48 und 60. Die Primfaktordarstellung beider Zahlen ist in der **Tabelle 1** zu sehen.

**Tabelle 1:** ggT der Zahlen 48 und 60

| | 2 | 3 | 5 |
|---|---|---|---|
| 48 | **2 · 2** · 2 · 2 | **3** | |
| 60 | **2 · 2** | **3** | 5 |
| ggT | **2 · 2 · 3 = 12** | | |

Man erkennt anhand der **Tabelle 1**, dass die Zahlen 48 und 60 zweimal die Zahl 2 und einmal die Zahl 3 als gemeinsamen Primfaktor hat. Das Produkt aus diesen gemeinsamen Primfaktoren ist der größte gemeinsame Teiler der Zahlen 48 und 60. In diesem Fall ist lautet der ggT $2 \cdot 2 \cdot 3 = 12$. Im folgenden Beispiel sind zwei weitere Bestimmungen des größten gemeinsamen Teilers zu sehen.

**Beispiele:** Bestimmung des größten gemeinsamen Teilers

- Bestimmung des ggT der Zahlen 70 und 105

| | 2 | 3 | 5 | 7 |
|---|---|---|---|---|
| 70 | 2 | | **5** | **7** |
| 105 | | 3 | **5** | **7** |
| ggT | **5 · 7 = 35** | | | |

Der ggT der Zahlen 70 und 105 lautet 35.

- Bestimmung des ggT der Zahlen 90 und 840

| | 2 | 3 | 5 | 7 |
|---|---|---|---|---|
| 90 | **2** | **3** · 3 | **5** | |
| 840 | **2** · 2 · 2 | **3** | **5** | 7 |
| ggT | **2 · 3 · 5 = 30** | | | |

Der ggT der Zahlen 90 und 840 lautet 30.

## Bestimmung des größten gemeinsamen Teilers mehrerer Zahlen

Die Überlegungen, die zur Bestimmung des größten gemeinsamen Teilers zweier Zahlen verwendet wurden, können analog auf die Bestimmung des ggTs mehrerer Zahlen übertragen werden. In **Tabelle 1** ist die Primfaktordarstellung der Zahlen 20, 36, 52 und 64 sowie der größte gemeinsame Teiler dieser Zahlen zu sehen.

**Tabelle 1:** ggT der Zahlen 20, 36, 52 und 64

| | 2 | 3 | 5 | 13 |
|---|---|---|---|---|
| 20 | **2 · 2** | | 5 | |
| 36 | **2 · 2** | 3 · 3 | | |
| 52 | **2 · 2** | | | 13 |
| 64 | **2 · 2** · 2 · 2 · 2 · 2 | | | |
| ggT | **2 · 2 = 4** | | | |

In den Primfaktordarstellungen der Zahlen 20, 36, 52 und 64 kommt als gemeinsamer Primfaktor die Zahl 2 zweimal vor. Der größte gemeinsame Teiler dieser vier Zahlen ist daher $2 \cdot 2 = 4$.

## Bestimmung des größten gemeinsamen Teilers eines Terms mit Variablen

Der größte gemeinsame Teiler lässt sich über die Primfaktorzerlegung auch von Termen mit Variablen bestimmen. In **Tabelle 2** ist die Primfaktordarstellung der Terme $50a^2b$ und $60ac$ zu sehen.

**Tabelle 2:** ggT der Terme $50a^2b$ und $60ac$

| | 2 | 3 | 5 | $a$ | $b$ | c |
|---|---|---|---|---|---|---|
| $50a^2b$ | **2** | | **5** · 5 | **$a$** · $a$ | $b$ | |
| $60ac$ | **2** · 2 | 3 | **5** | **$a$** | | c |
| ggT | **$2 \cdot 5 \cdot a = 10a$** | | | | | |

Die Terme $50a^2b$ und $60ac$ haben als gemeinsame Faktoren einmal die Zahl 2, einmal die Zahl 5 und einmal die Variable $a$. Der größte gemeinsame Teiler ist daher $2 \cdot 5 \cdot a = 10a$.

**Aufgaben**

Bestimmen Sie den größten gemeinsamen Teiler der folgenden Zahlen und Terme.

a) 36, 44 b) 52, 212 c) 100, 132, 440, 500

d) $27x^2y$, $12xy$ e) $63ab$, $48a^2b^2$ f) $90x$, $27y$, $15x^2y$

### 1.3.12 Kleinstes gemeinsames Vielfaches

Der größte gemeinsame Teiler, der im vorherigen Kapitel betrachtet wurde, gibt die größte natürliche Zahl an, durch die zwei Zahlen ohne Rest teilbar sind. Der größte gemeinsame Teil der Zahlen 12 und 18 ist beispielsweise die Zahl 6. Denn es gilt: 12 : 6 = 2 und 18 : 6 = 3.

In diesem Kapitel werden nicht die Teiler von Zahlen betrachtet, sondern Vielfache von Zahlen. Nehmen wir beispielsweise die Zahlen 12 und 18. Die Vielfachen dieser Zahlen sind in **Tabelle 1** dargestellt.

**Tabelle 1:** Vielfache der Zahlen 12 und 18

| **12** | 24 | **36** | 48 | 60 | **72** | 84 | **96** | 108 | 120 | **144** |
|---|---|---|---|---|---|---|---|---|---|---|
| **18** | **36** | 54 | **72** | 90 | **108** | 126 | **144** | 162 | **180** | 198 |

Man erkennt anhand von **Tabelle 1,** dass die Zahlen 12 und 18 mehrere gemeinsame Vielfache haben. Das kleinste gemeinsame Vielfache (Abkürzung kgV.) der Zahlen 12 und 18 ist 36. Man schreibt kgV(12; 18)=36.

**Kleinstes gemeinsames Vielfaches**

Das kleinste gemeinsame Vielfache (kgV) zweier Zahlen $a$ und $b$ ist die kleinste natürliche Zahl, die sowohl ein Vielfaches der Zahl $a$ als auch die Vielfaches der Zahl $b$ ist.

#### ■ Systematische Bestimmung des kleinsten gemeinsamen Vielfachen zweier Zahlen

Das kleinste gemeinsame Vielfache (kgV) zweier Zahlen kann mithilfe der Primfaktordarstellung ermittelt werden. Betrachten wir die Zahlen 48 und 60. Die Primfaktordarstellung beider Zahlen ist in der **Tabelle 2** zu sehen.

**Tabelle 2:** ggT der Zahlen 48 und 60

| | 2 | 3 | 5 |
|---|---|---|---|
| 48 | 2 · 2 · 2 · 2 | 3 | |
| 60 | 2 · 2 | 3 | 5 |
| kgV | 2 · 2 · 2 · 2 · 3 · 5 = 240 | | |

Anhand von **Tabelle 2** erkennt man, dass der Primfaktor 2 in einer der beiden Primfaktordarstellungen maximal **viermal** vorkommt. Die Primfaktoren 3 und 5 kommen maximal einmal vor. Das kgV der Zahlen 48 und 60 ist daher $2 \cdot 2 \cdot 2 \cdot 2 \cdot 3 \cdot 5 = 240$.

Im Folgenden sind weitere Bestimmung des kgVs zu sehen.

**Beispiele:** Bestimmung des kleinsten gemeinsamen Vielfachen (kgV)

- Bestimmung des kgV der Zahlen 140 und 210

| | **2** | **3** | **5** | **7** |
|---|---|---|---|---|
| 140 | 2 · 2 | | 5 | 7 |
| 210 | 2 | 3 | 5 | 7 |
| kgV | 2 · 2 · 3 · 5 · 7 = 420 | | | |

Das kgV der Zahlen 140 und 210 lautet 420.

- Bestimmung des kgV der Zahlen 120 und 630

| | **2** | **3** | **5** | **7** |
|---|---|---|---|---|
| 120 | 2 · 2 · 2 | 3 | 5 | |
| 630 | 2 | 3 · 3 | 5 | 7 |
| kgV | 2 · 2 · 2 · 3 · 3 · 5 · 7 = 2520 | | | |

Das kgV der Zahlen 120 und 630 lautet 2520.

Das kleinste gemeinsame Vielfache kann auch von mehreren Zahlen und von mehreren Termen mit Variablen bestimmt werden. In **Tabelle 1** ist die Bestimmung des kgVs von vier Zahlen zu sehen. **Tabelle 2** stellt die kgV-Bestimmung von zwei Termen, die Variablen enthalten, dar.

| **Tabelle 1:** kgV der Zahlen 15, 44, 48 und 105 | | | | | |
|---|---|---|---|---|---|
| | **2** | **3** | **5** | **7** | **11** |
| 15 | | 3 | 5 | | |
| 44 | 2 · 2 | | | | 11 |
| 48 | 2 · 2 · 2 · 2 | 3 | | | |
| 105 | | 3 | 5 | 7 | |
| kgV | **2 · 2 · 2 · 2 · 3 · 5 · 7 · 11 = 18480** | | | | |

| **Tabelle 2:** kgV der Terme 9 ab, 12 $a$ und 20 b² | | | | | |
|---|---|---|---|---|---|
| | **2** | **3** | **5** | **a** | **b** |
| 9 ab | | 3 · 3 | | a | b |
| 12 a | 2 · 2 | 3 | | a | |
| 20 b² | 2 · 2 | | 5 | | b · b |
| kgV | **2 · 2 · 3 · 3 · 5 · a · b · b = 180 ab²** | | | | |

**Aufgaben**

1. Bestimmen Sie das kleinste gemeinsame Vielfache der folgenden Zahlen und Terme.
   a) 26, 39 b) 25, 30 c) 10, 22, 36, 42
   d) $9x^2y$, $12xy$ e) $56ab$, $18a^2$ f) $9xy$, $6y^2$, $12xy^2$
2. Geben Sie zwei Zahlen an, deren kgV 60 ist.

### 1.3.13 Aufgaben zum Rechnen mit ganzen Zahlen

1. Fassen Sie die folgenden Terme soweit wie möglich zusammen. Bearbeiten Sie diese Aufgabe ohne Verwendung Ihres Taschenrechners.

a) $8x + 11x - 9x$ b) $100p + 25p - p$

c) $2a + 2a - 4a + 3b$ d) $-3y + 4x - 7x + 2y$

e) $4y - y + 3x - x + y + 12x + 15y$ f) $14xy - 21x - 13yx - x + 10xy - yx$

g) $2a \cdot 3b$ h) $4x \cdot 5y \cdot 2z$

i) $5x \cdot 6yz \cdot (-3)$ j) $-b \cdot 2a \cdot 7$

k) $5x \cdot (-10y) \cdot 2z$ l) $x \cdot (-2y) + 25xy - 20yx$

m) $-x \cdot 5y - 10y \cdot 2x + x \cdot 4y$ n) $a \cdot 4b \cdot (-c) - 15abc - ba \cdot 2c$

2. Lösen Sie die Klammerausdrücke auf und fassen Sie anschließend die Terme so weit wie möglich zusammen. Bearbeiten Sie diese Aufgabe ohne Verwendung Ihres Taschenrechners.

a) $2 \cdot (x + 2)$ b) $x \cdot (y - 2)$

c) $-5 \cdot (x + 4 - 2y)$ d) $-3 \cdot (3 - b + 2a) \cdot 2$

e) $(2x + 2) \cdot (1 - y)$ f) $(-a - 5) \cdot (b + 2)$

g) $-2 \cdot (x - 6) \cdot (7 - 2z)$ h) $(4x - 1) \cdot (5 - y) \cdot (2 - z)$

i) $(1 - 2x) \cdot 2 \cdot (-3 + y)$ j) $(a + 5) \cdot (1 - b) \cdot 3 \cdot (-2c) \cdot 4$

k) $4 - (x + 4)$ l) $x - (5 + 3x - 7y) + 7y$

m) $(2 + x) \cdot (y + 3) - (xy + 6)$ n) $a \cdot (4b - c) \cdot 2 - 4 \cdot (b + 1) \cdot (c - 3)$

3. Lösen Sie die verschalteten Klammerausdrücke auf und fassen Sie anschließend die Terme so weit wie möglich zusammen. Bearbeiten Sie diese Aufgabe ohne Verwendung Ihres Taschenrechners.

a) $3xy + 5 \cdot [4 + (x + 3) \cdot (-2y + 4)]$ b) $2ab + (4 - a) \cdot [4 - (b + 3) \cdot (c - 2)]$

c) $a - [7a - (6a - 4)] - 6$ d) $(5 + x) - [5 \cdot (x + 1) - 2 \cdot (x - 3)]$

e) $8 \cdot \{4b - 2 \cdot [5 - (3b + 4)]\}$ f) $x - \{x - [-(5 + x) - x]\}$

g) $-2 \cdot [(x - 2) \cdot (3 - z) + zx + 6]$ h) $7x - 7 - [(5 - y) \cdot (z + 4) - (2 + 4y) \cdot (-3)]$

4. Stellen Sie die folgenden Ausdrücke in ihrer Primfaktordarstellung dar und führen Sie anschließend die Probe durch.

a) 250 b) 1120 c) 385 d) 720

e) $8ab$ f) $12x^2$ g) $125a^2b^3$ h) $77ab^2c$

5. Bestimmen Sie den Rechenausdruck. Gehen Sie systematisch vor.

a) $5 \cdot 4 - 3 \cdot 2$ b) $10 + 3 \cdot 7$

c) $4 \cdot (6 + 6)$ d) $-2 \cdot (3 + 8) - (5 \cdot 4) \cdot (3 - 4)$

e) $2 - (4 - a) \cdot (2b - 11)$ f) $4x - 2 \cdot [6 - (3 + x) \cdot 5]$

g) $12x$ h) $4 - (x - 2) \cdot [x - (4 + 2x) + 5x]$

6. Bestimmen Sie den größten gemeinsamen Teiler der folgenden Zahlen und Terme.

a) 12, 27 b) 81, 124 c) 125, 365

d) $150ab$, $120b$ e) $4a^2b$, $30a$ f) $25xy$, $60xy$, $32x^2y$

7. Bestimmen Sie das kleinste gemeinsame Vielfache der folgenden Zahlen und Terme.

a) 42, 63 b) 15, 20 c) 12, 81, 99

d) $10ab$, $12b^2$ e) $18xy^2$, $4y$ f) $5x^2y$, $60y^2$

## 1.4 Rechnen mit rationalen Zahlen

Im vorherigen Kapitel wurde die Addition, Subtraktion, Multiplikation und Division mit ganzen Zahlen näher beschrieben. Dabei wurde festgestellt, dass eine Division mit ganzen Zahlen nicht immer ausführbar ist. Beispielsweise ist die Division 3:2 mit ganzen Zahlen nicht möglich, da das Ergebnis dieser Rechnung bekanntlich 1,5 ist und diese Zahl nicht zur Zahlenmenge der ganzen Zahlen gehört. Damit die genannte Division dennoch möglich ist, muss die Zahlenmenge der ganzen Zahlen um die Bruchzahlen erweitert werden. Die Menge aller ganzen Zahlen und Menge aller Bruchzahlen bilden die Zahlenmenge der rationalen Zahlen $\mathbb{Q}$*.

**Rationale Zahlen**

Die Menge der ganzen Zahlen und die Bruchzahlen bilden die Menge der rationalen Zahlen $\mathbb{Q}$.

### ■ Bruchzahl

Eine Gleichung $a \cdot x = b$ mit $a \in \mathbb{Z}\backslash\{0\}$ und $b \in \mathbb{Z}$ hat die Lösung $x = b:a$. Ist $b$ ein Vielfaches von $a$, dann ist $x$ eine ganze Zahl. Wenn $b$ kein Vielfaches von $a$ ist, so ist $x$ eine Bruchzahl. Bruchzahlen werden in Form von Brüchen $\frac{b}{a}$ dargestellt, wobei die Zahl/der Term auf dem Bruchstrich als Zähler und die Zahl/der Term unter dem Bruchstrich als Nenner bezeichnet wird.

**Bruchzahl** Eine Bruchzahl besteht aus einem Zähler und einem Nenner.

$$\text{Bruchzahl} = \frac{\text{Zähler}}{\text{Nenner}}$$

**Anmerkung** Die Rechenregeln für ganze Zahlen, die im vorherigen Kapitel ausführlich betrachteten wurden, gelten auch für rationale Zahlen.

### 1.4.1 Grundbegriffe und -regeln beim Rechnen mit Brüchen

Der Bruch $\frac{a}{b}$ $(b \neq 0)$ entspricht dem Quotienten $a:b$. Demzufolge entspricht das Bruchrechnen dem Rechnen mit Quotienten. Das bedeutet, dass die Regeln, die beim Rechnen mit Quotienten gelten, auch beim Bruchrechnen gültig sind.

Aus dem Kapitel 1.3.9 wissen wir, dass bei einem Quotienten a:b der Divisor $b$ niemals Null sein darf. Folglich darf der Nenner eines Bruches nicht den Wert Null haben. Ist der Zähler eines Bruchs hingegen Null, ist der Wert des Bruchs insgesamt Null: $\frac{0}{b} = 0$ $(b \neq 0)$. Außerdem ist bekannt, dass sich der Wert eines Quotienten nicht ändert, wenn der Nenner den Wert 1 hat: $a:1 = a$. Dementsprechend verändert sich der Wert des Bruchs nicht, wenn der Nenner die Zahl 1 ist: $\frac{a}{1} = a$. Ist bei einem Quotienten der Dividend und der Divisor gleich, dann beträgt der Wert des Quotienten 1: $\frac{a}{a} = 1$ $(a \neq 0)$.

Die Vorzeichenregel bei der Division lässt sich vollständig auf das Bruchrechnen übertragen **(Tabelle 1)**.

**Tabelle 1:** Vorzeichenregel beim Bruchrechnen

| Vorzeichenregel bei Division ($a, b \in \mathbb{N}$) | Vorzeichenregel beim Bruchrechnen |
|---|---|
| $(+a):(+b) > 0$ | $\frac{+a}{+b} > 0$ |
| $(+a):(-b) < 0$ | $\frac{+a}{-b} < 0$ |
| $(-a):(+b) > 0$ | $\frac{-a}{+b} < 0$ |
| $(-a):(-b) > 0$ | $\frac{-a}{-b} > 0$ |

* Quotient

**Grundlegende Regeln des Bruchrechnen**

Beim Bruchrechnen gelten folgende Grundregeln:

1. Der Nenner eines Bruchs darf nicht Null sein.
2. Ist der Zähler eines Bruchs Null, ist der Wert des Bruchs insgesamt 0: $\frac{0}{a} = 0 \ (a \neq 0)$.
3. Der Nenner 1 ändert den Wert des Bruchs nicht: $\frac{a}{1} = a$.
4. Der Wert des Bruchs ist 1, wenn der Zähler und Nenner die gleiche Zahl (außer 0) sind: $\frac{a}{a} = 1 \ (a \neq 0)$
5. Vorzeichenregelung: $(a, b \in \mathbb{N})$
   $\frac{+a}{+b} = +\frac{a}{b} > 0 \qquad \frac{+a}{-b} = -\frac{a}{b} < 0 \qquad \frac{-a}{+b} = -\frac{a}{b} < 0 \qquad \frac{-a}{-b} = \frac{a}{b} > 0$

Um das Bruchrechnen eindeutig und widerspruchsfrei beschreiben zu können, werden Fachbegriffe verwendet. Einige dieser Fachbegriffe sind im Folgenden genannt.

- **Stammbruch**

Ein Bruch mit dem Zähler 1 wird als Stammbruch bezeichnet.

Beispiele: $\frac{1}{2}, \frac{1}{3}, \frac{1}{4}, \frac{1}{5} \dots$

- **Scheinbruch**

Brüche, bei denen der Zähler ein Vielfaches des Nenners ist, werden Scheinbrüche genannt.

Beispiele: $\frac{8}{2}, \frac{-9}{3}, \frac{16}{4}, \frac{-25}{5} \dots$

- **Kehrbruch**

Wird der Zähler und Nenner eines Bruches vertauscht, erhält man den Kehrbruch.

Beispiele: $\frac{4}{25} \leftrightarrow \frac{25}{4}, -\frac{12}{5} \leftrightarrow -\frac{5}{12}$

**Aufgaben**

Schreiben Sie die Zahl 7 als Scheinbruch und bilden Sie den Kehrbruch.

Geben Sie jeweils einen Bruch an, der den Wert 1 bzw. den Wert 0 hat.

### 1.4.2 Bruchterme und ihre Definitionsmenge

Beim Bruchrechnen werden nicht nur Bruchzahlen wie beispielsweise $-\frac{3}{2}$ oder $\frac{5}{8}$ betrachtet, sondern auch sogenannte Bruchterme. Unter einem Bruchterm versteht man einen Bruch, in dessen Nenner sich eine Variable befindet. Beispielsweise ist $\frac{5}{2-x}$ ein Bruchterm.

**Bruchterm**

Ein Bruch, in dessen Nenner sich eine Variable befindet, wird Bruchterm genannt.

Bekanntlich darf der Nenner eines Bruches nicht 0 sein. Folglich dürfen in einen Bruchterm auch nur die Zahlen in die Variable eingesetzt werden, für die der Nenner nicht 0 wird. Die Menge aller dieser Zahlen nennt man Definitionsmenge. Bei dem Bruchterm $\frac{5}{2-x}$ beispielsweise dürfen alle (rationalen) Zahlen für $x$ eingesetzt werden, außer die Zahl 2. Für diese Zahl wird nämlich der Nenner Null. Dementsprechend hat dieser Bruchterm die Definitionsmenge $D = \mathbb{Q}\setminus\{2\}$.

$$\frac{5}{2-x} \quad \text{mit} \quad D = \mathbb{Q}\setminus\{2\}$$

**Definitionsmenge eines Bruchterms**

Jeder Bruchterm hat eine Definitionsmenge. Diese beinhaltet alle Zahlen, die in die Variable des Nenners eingesetzt werden können, ohne dass der Nenner des Bruchterms Null wird.

Im Folgenden sind einige Bruchterme und ihre zugehörige Definitionsmenge genannt. Als Grundmenge $G$ dient stets die Menge der rationalen Zahlen $\mathbb{Q}$.

**Zur Erinnerung:** Die Grundmenge $G$ beinhaltet alle Zahlen, die für eine mathematische Überlegung prinzipiell zur Verfügung stehen. In diesem Kapitel sind das die rationalen Zahlen. Die Definitionsmenge $D$ ist stets eine Teilmenge der Grundmenge.

**Beispiel:** Bruchterme mit ihren Definitionsmengen ($G = \mathbb{Q}$)

- $\frac{12}{5-x}$ mit $D = \mathbb{Q}\backslash\{5\}$
- $\frac{12-x}{x}$ mit $D = \mathbb{Q}\backslash\{0\}$
- $\frac{a-2}{a+3}$ mit $D = \mathbb{Q}\backslash\{-3\}$

**Aufgaben**

Erklären Sie den Unterschied zwischen der Grund- und der Definitionsmenge eines Bruchterms.

### 1.4.3 Erweitern und Kürzen von Brüchen

In diesem Kapitel werden das Erweitern und das Kürzen von Brüchen beschrieben. Um diese Begriffe zu verstehen, betrachten wir zwei runde Torten. Aus der einen schneidet man gedanklich ein Viertel heraus **(Bild 1 – links)**. Die andere Torte wird geachtelt und anschließend werden zwei Stücke entnommen **(Bild 1 – rechts)**

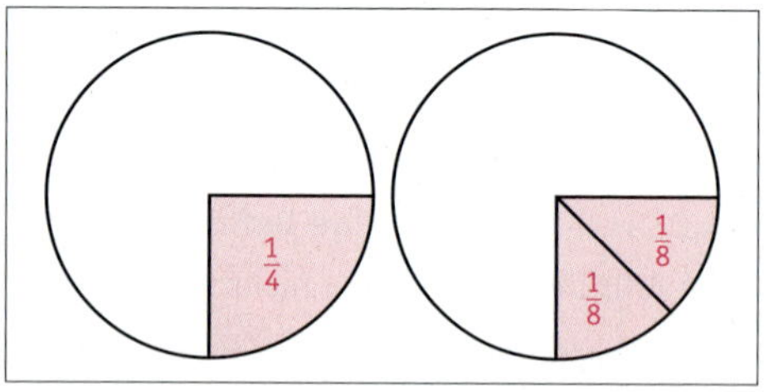


**Bild 1:** Grafische Darstellung von $\frac{1}{4}$ bzw. $\frac{2}{8}$

Anhand von **Bild 1** erkennt man, dass die Bruchzahlen $\frac{1}{4}$ und $\frac{2}{8}$ gleich sind. Rechnerisch erhält man ausgehend von $\frac{1}{4}$ die Bruchzahl $\frac{2}{8}$, indem man den Zähler und den Nenner von $\frac{1}{4}$ mit der Zahl 2 multipliziert. Man nennt diesen Vorgang Erweitern des Bruchs $\frac{1}{4}$. Umgekehrt erhält man ausgehend vom Bruch $\frac{2}{8}$ die Bruchzahl $\frac{1}{4}$, indem man Zähler und Nenner durch die Zahl 2 dividiert. Dieser Vorgang heißt Kürzen eines Bruchs. Sowohl das Erweitern als auch das Kürzen ändern den Wert des Bruchs nicht.

Erweitern: $\frac{1}{4} \xrightarrow{\text{Erweitern}} \frac{1 \cdot 2}{4 \cdot 2} = \frac{2}{8}$

Kürzen: $\frac{2}{8} \xrightarrow{\text{Kürzen}} \frac{2:2}{8:2} = \frac{1}{4}$

**Erweitern und Kürzen eines Bruchs**

Ein Bruch wird erweitert, indem der Zähler und der Nenner des Bruchs mit einer Zahl ungleich 0 multipliziert.

$$\frac{a}{b} = \frac{a \cdot c}{b \cdot c} \quad (b, c \neq 0)$$

Ein Bruch wird gekürzt, indem der Zähler und der Nenner des Bruchs durch eine Zahl ungleich 0 dividiert wird.

$$\frac{a}{b} = \frac{a : c}{b : c} \quad (b, c \neq 0)$$

Der Wert des Bruchs ändert sich durch das Erweitern oder durch das Kürzen des Bruchs nicht.

### 1.4.3.1 Regeln zum Kürzen von Brüchen

Beim Kürzen von Brüchen gilt es folgende grundlegende Regeln zu beachten:

**Regeln zum Kürzen von Brüchen**

Ein Bruch darf nur gekürzt werden, wenn im Zähler und im Nenner ein Produkt, eine einzelne Zahl oder eine einzelne Variable steht.

Es dürfen nur gemeinsame Faktoren gekürzt werden.

Beispielsweise darf die Bruchzahl $\frac{4}{8}$ gekürzt werden, da im Zähler und Nenner jeweils nur einzelnen Zahlen stehen: $\frac{4}{8} = \frac{1}{2}$. Der Bruch $\frac{a+5}{10}$ hingegen darf nicht gekürzt werden, da $a + 5$ eine Summe ist.

- **Vollständiges Kürzen von Brüchen**

Häufig ist es nicht offensichtlich, ob ein Bruch gekürzt beziehungsweise mit welcher Zahl er gekürzt werden kann. Es ist bei unübersichtlichen Brüchen daher sinnvoll, den Zähler und den Nenner in seine Primfaktoren zu zerlegen.

Betrachten wir beispielsweise den Bruch $\frac{36}{162}$. Um diesen vollständig zu kürzen, zerlegen wir den Zähler und Nenner in die jeweiligen Primfaktoren. Man erhält somit den Bruch $\frac{2 \cdot 2 \cdot 3 \cdot 3}{2 \cdot 3 \cdot 3 \cdot 3}$. Nun können alle gemeinsamen Faktoren gekürzt werden, sodass lediglich $\frac{2}{3}$ stehen bleibt. Vollständig gekürzt lautet der Bruch $\frac{36}{162}$ somit $\frac{2}{3}$.

Im Folgenden sind weitere Brüche zu sehen, die unter Verwendung der Primfaktordarstellung gekürzt wurden.

**Beispiele:** Vollständiges Kürzen von Brüchen mithilfe der Primfaktordarstellung

- $\frac{30}{48} = \frac{2 \cdot 3 \cdot 5}{2 \cdot 2 \cdot 2 \cdot 2 \cdot 3} = \frac{5}{8}$
- $\frac{70}{105} = \frac{2 \cdot 5 \cdot 7}{3 \cdot 5 \cdot 7} = \frac{2}{3}$
- $\frac{300ab}{175a} = \frac{2 \cdot 2 \cdot 3 \cdot 5 \cdot 5 \cdot a \cdot b}{5 \cdot 5 \cdot 7 \cdot a} = \frac{12b}{7}$

**Vollständig gekürzter Bruch**

Ein Bruch ist vollständig gekürzt, wenn der Zähler und Nenner keine gemeinsamen Primfaktoren besitzen.

- **Vollständiges Kürzen des Zählers oder des Nenners**

Beim Kürzen von Brüchen kann es vorkommen, dass der Zähler beziehungsweise der Nenner komplett gekürzt wird. In diesem Fall bleibt dort die Zahl 1 stehen. Beispielsweise lässt sich der Bruch $\frac{27}{81}$, wie man anhand der

Primfaktordarstellung erkennt, zu $\frac{1}{3}$ kürzen. Entscheidend ist zu erkennen, dass der Zähler vollständig gekürzt wird und dadurch im Zähler eine 1 stehen bleibt.

$$\frac{27}{81} = \frac{3 \cdot 3 \cdot 3}{3 \cdot 3 \cdot 3 \cdot 3} = \frac{1}{3}$$

Im Folgenden sind weitere Brüche genannt, bei denen der Zähler oder Nenner vollständig gekürzt wird.

**Beispiele:** Vollständiges Kürzen des Zählers oder Nenners

- $\frac{4}{20} = \frac{4}{4 \cdot 5} = \frac{1}{5}$
- $\frac{70}{10} = \frac{2 \cdot 5 \cdot 7}{2 \cdot 5} = \frac{7}{1} = 7$
- $\frac{a}{2ab} = \frac{a}{2 \cdot a \cdot b} = \frac{1}{2b}$

**Aufgaben**

1. Entscheiden Sie, welche der Brüche gekürzt werden dürfen. Kürzen Sie, falls erlaubt, den Bruch vollständig.

   a) $\frac{240}{420}$ b) $\frac{24 + ab}{12}$ c) $\frac{49y}{42xy}$

   d) $\frac{858ab}{1014a}$ e) $\frac{18 - 5x}{54}$ f) $\frac{15}{45}$

2. Überprüfen Sie die folgende Rechnung auf ihre Richtigkeit. Begründen Sie Ihre Angabe.

   $$\frac{8x}{48x} = \frac{2 \cdot 2 \cdot 2 \cdot x}{2 \cdot 2 \cdot 2 \cdot 2 \cdot 3 \cdot x} = 6$$

### 1.4.3.2 Erweitern von Brüchen

Um einen Bruch zu erweitern, wird der Zähler und der Nenner des Bruchs mit der gleichen Zahl bzw. mit dem gleichen Term erweitert. Im Folgenden sich mehrere Brüche zu sehen, die erweitert werden.

**Beispiel:** Erweiterung von Brüchen

- $\frac{8}{7} \xrightarrow[\text{mit 5}]{\text{Erweiterung}} \frac{8 \cdot 5}{7 \cdot 5} = \frac{40}{35}$
- $-\frac{2}{5} \xrightarrow[\text{mit 2}]{\text{Erweiterung}} -\frac{2 \cdot 2}{5 \cdot 2} = \frac{4}{10}$
- $\frac{1}{7} \xrightarrow[\text{mit a } (a \neq 0)]{\text{Erweiterung}} \frac{1 \cdot a}{7 \cdot a} = \frac{a}{7a}$

#### ■ Erweiterung von Brüchen mit Summen und Differenzen

Beim Erweitern von Brüchen, deren Zähler und / oder Nenner eine Summe bzw. eine Differenz ist, muss darauf geachtet werden, dass der komplette Zähler bzw. der komplette Nenner erweitert wird. Um das zu erreichen, müssen Klammern gesetzt werden. Betrachten wir beispielsweise den Bruch $\frac{5+x}{2}$. Dieser wird mit der Zahl 3 erweitert, indem der Zähler und Nenner mit der Zahl 3 multipliziert. Da der Zähler eine Summe ist, muss beim Erweitern um die Summe 5 + x eine Klammer gesetzt werden.

$$\frac{5+x}{2} \xrightarrow[\text{mit 3}]{\text{Erweiterung}} \frac{3 \cdot (5+x)}{3 \cdot 2} = \frac{15+3x}{6}$$

**Weitere Beispiele:** Erweiterung von Brüchen

- $\frac{2}{5+x} \xrightarrow[\text{mit } 2]{\text{Erweiterung}} \frac{2 \cdot \mathbf{2}}{(5+x) \cdot \mathbf{2}} = \frac{4}{10+2x}$ mit $(x \neq -5)$
- $\frac{y+x}{4} \xrightarrow[\text{mit } -5]{\text{Erweiterung}} \frac{\mathbf{-5} \cdot (y+x)}{\mathbf{-5} \cdot 4} = \frac{-5y-5x}{-20}$
- $\frac{x+3}{x-3} \xrightarrow[\text{mit } a\ (a \neq 0)]{\text{Erweiterung}} \frac{a(x+3)}{a(x-3)} = \frac{ax+3y}{ax-3a}$ mit $(x \neq 3)$

## Aufgaben

1. Erweitern Sie die Brüche so, dass sie den Nenner 30 haben.
   $\frac{1}{2}, \frac{5}{3}, -\frac{2}{5}, \frac{5x}{6}, \frac{5+x}{10}, \frac{x+2a}{15}$
2. Schreiben Sie die Zahl 1 als Bruch mit den folgenden Nennern:
   $2, 4, 10, 2a, 4x, x+a$
3. Erweitern Sie die Brüche mit −1
   $\frac{5}{2}, \frac{7}{4}, -\frac{10}{3}, \frac{2x}{5}, -\frac{5+x}{4}, \frac{x+y}{3x}, \frac{5}{13+x}, \frac{x+y}{2x+2}$

### 1.4.4 Vergleich zweier Brüche

Zwei Brüche mit gleichen Nennern werden als gleichnamige Brüche bezeichnet. Von zwei gleichnamigen Brüchen, mit positiven Nennern ist der Bruch größer, der den größeren Zähler hat. Diese Tatsache kann man an einem Kreis anschaulich darstellen. Teilt man die Kreisfläche in 8 gleiche Teile, dann hat jedes Kreisstück einen Flächeninhalt von $\frac{1}{8}$ der gesamten Kreisfläche. 5 dieser Kreisstücke zusammen haben einen größeren Flächeninhalt als 4 Stücke, aber einen geringeren Flächeninhalt als 6 Stücke **(Bild 1)**. Das bedeutet, dass der Bruch $\frac{5}{8}$ größer ist als der Bruch $\frac{4}{8}$, aber kleiner ist als der Bruch $\frac{6}{8}$.

$$\frac{4}{8} < \frac{5}{8} < \frac{6}{8}$$

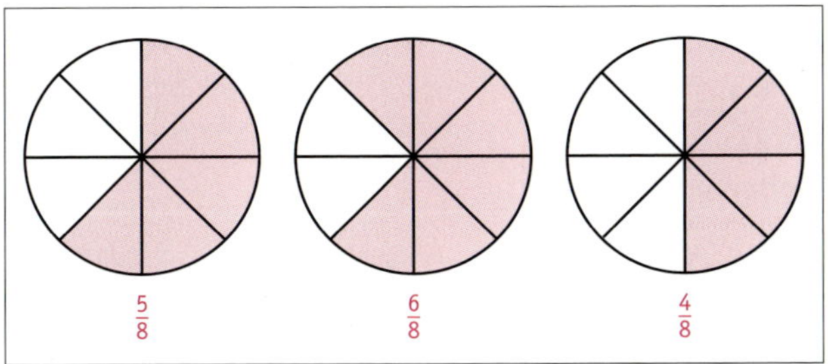


**Bild 1:** Vergleich zweier Brüche

**Vergleich zweier Brüche**
Bei zwei gleichnamigen Brüchen mit positiven Nennern ist der Bruch größer, der den größeren Zähler hat.

**Anmerkung** Beim Vergleich zweier Brüche empfiehlt es sich, negative Brüche $-\frac{a}{b}$ (mit $a, b \in \mathbb{N}$) wie folgt umzuschreiben: $\frac{-a}{b}$. Dadurch erhält man einen positiven Nenner.

**Beispielaufgabe**

Ordnen Sie die folgenden Brüche bezüglich ihrer Größe: $\frac{3}{5}, -\frac{1}{5}, \frac{12}{5}, -\frac{3}{5}, \frac{1}{5}$

**Lösung**

Um die Brüche miteinander vergleichen zu können, werden die negativen Brüche zunächst umgeschrieben:

$$-\frac{1}{5} = \frac{-1}{5} \qquad -\frac{3}{5} = \frac{-3}{5}$$

Die Brüche $\frac{3}{5}, \frac{-1}{5}, \frac{12}{5}, \frac{-3}{5}, \frac{1}{5}$ können entsprechend der Größe ihres Zählers geordnet werden: $\frac{-3}{5}, \frac{-1}{5}, \frac{1}{5}, \frac{3}{5}, \frac{12}{5}$.

Es gilt somit: $\frac{-3}{5} < \frac{-1}{5} < \frac{1}{5} < \frac{3}{5} < \frac{12}{5}$

## ■ Vergleich von ungleichnamigen Brüchen

Ungleichnamige Brüche, also Brüche mit unterschiedlichen Nennern, müssen, bevor sie bezüglich ihrer Größe miteinander verglichen werden können, gleichnamig gemacht werden. Das bedeutet, dass von den unterschiedlichen Nennern der Brüche der Hauptnenner ermittelt werden muss. Der Hauptnenner ist das kleinste gemeinsame Vielfache die einzelnen Nenner.

**Hauptnenner**

Der Hauptnenner zweier oder mehrerer Brüche ist das kleinste gemeinsame Vielfache der einzelnen Brüche.

**Beispielaufgabe**

Ordnen Sie die folgenden Brüche bezüglich ihrer Größe: $\frac{7}{9}, \frac{5}{6}, \frac{4}{5}$

**Lösung**

Um die Brüche miteinander vergleichen zu können, müssen sie zunächst gleichnamig gemacht werden. Dazu wird der Hauptnenner der einzelnen Brüche bestimmt. Es wird also das kleinste gemeinsame Vielfache (kgV) der Nenner 5, 6 und 9 gesucht.

**Bestimmung des Hauptnenners**

**Tabelle 1:** Bestimmung des Hauptnenners

| | 2 | 3 | 5 | Erweiterungsfaktor |
|---|---|---|---|---|
| 5 | | | 5 | $2 \cdot 3 \cdot 3 = 18$ |
| 6 | 2 | 3 | | $3 \cdot 5 = 15$ |
| 9 | | $3 \cdot 3$ | | $2 \cdot 5 = 10$ |
| kgV / HN | | | | $2 \cdot 3 \cdot 3 \cdot 5 = 90$ |

Der Hauptnenner der Brüche $\frac{7}{9}, \frac{5}{6}$ und $\frac{4}{5}$ ist 90. Um die Brüche gleichnamig zu machen, müssen alle Brüche so erweitert werden, dass sie den Nenner 90 haben. Die notwendigen Erweiterungsfaktoren können der **Tabelle 1** entnommen werden.

**Erweiterung der einzelnen Brüche**

$\frac{7}{9} = \frac{7 \cdot 10}{9 \cdot 10} = \frac{70}{90}$ $\frac{5}{6} = \frac{5 \cdot 15}{6 \cdot 15} = \frac{75}{90}$ $\frac{4}{5} = \frac{4 \cdot 18}{5 \cdot 18} = \frac{72}{90}$

**Ordnen der Brüche bezüglich ihrer Größe**

Die gleichnamigen Brüche $\frac{70}{90}, \frac{75}{90}$ und $\frac{72}{90}$ können entsprechend der Größe des Zählers geordnet werden.

Es gilt: $\frac{70}{90} < \frac{72}{90} < \frac{75}{90}$. Dementsprechend gilt für die ursprünglich betrachteten Brüche: $\frac{7}{9} < \frac{4}{5} < \frac{5}{6}$.

**Aufgaben**

1. Ordnen Sie die folgenden Brüche bezüglich ihrer Größe: $-\frac{1}{5}, \frac{4}{5}, -\frac{4}{5}, \frac{8}{5}, \frac{3}{5}$
2. Bilden Sie den Hauptnenner der folgenden Brüche und ordnen Sie die Brüche bezüglich ihrer Größe.
   a) $\frac{5}{4}, \frac{6}{5}, \frac{1}{2}$ b) $\frac{2}{9}, \frac{8}{21}, \frac{11}{18}$ c) $\frac{2}{3}, \frac{7}{8}, \frac{11}{12}$
3. Ordnen Sie die folgenden Brüche bezüglich ihrer Größe: $\frac{5}{2}, \frac{7}{3}, \frac{9}{4}, \frac{13}{5}$
4. Geben Sie an, ob folgende Aussage wahr ist: $\frac{7}{16} < \frac{5}{12}$. Begründen Sie Ihre Angabe.

### 1.4.5 Addition und Subtraktion von gleichnamigen Brüchen

Die Addition zweier gleichnamiger Brüche lässt sich anhand eines Kreises darstellen, der in 8 gleiche Stücke geteilt ist. Jedes Kreisstück hat eine Fläche von $\frac{1}{8}$ der gesamten Fläche. Addiert man zwei dieser Kreisstücke, so hat das neue Kreisstück eine Fläche von $\frac{2}{8}$ der gesamten Fläche **(Bild 1)**. Es gilt somit $\frac{1}{8} + \frac{1}{8} = \frac{2}{8}$.

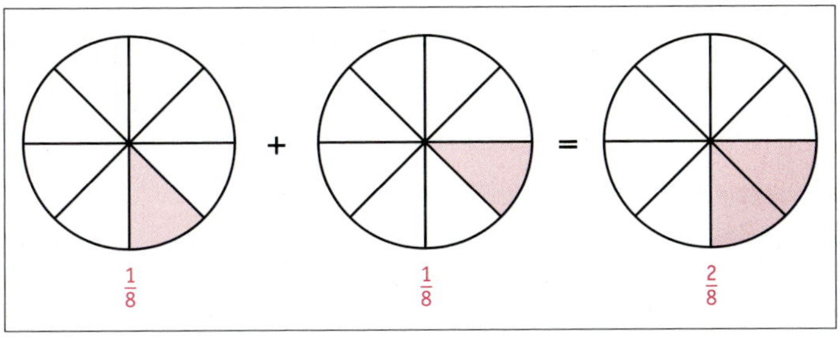


**Bild 1:** Veranschaulichung der Addition zweier Kreistücken

Aus der obigen Überlegung kann gefolgert werden, dass zwei gleichnamige Brüche addiert werden, indem die Zähler addiert werden, während die Nenner unverändert beibehalten werden: $\frac{a}{n} + \frac{b}{n} = \frac{a+b}{n}$ $(n \neq 0)$.

Gleiches gilt für die Subtraktion von gleichnamigen Brüchen. Diese werden subtrahiert, indem die Zähler subtrahiert werden und die Nenner unverändert beibehalten werden: $\frac{a}{n} - \frac{b}{n} = \frac{a-b}{n}$ $(n \neq 0)$.

## Addition und Subtraktion von gleichnamigen Brüchen

Gleichnamige Brüche werden addiert, indem die Zähler zusammengezählt werden, während der Nenner unverändert beibehalten wird.

$$\frac{a}{n}+\frac{b}{n}=\frac{a+b}{n}$$

Gleichnamige Brüche werden subtrahiert, indem die Zähler subtrahiert werden, während der Nenner unverändert beibehalten wird.

$$\frac{a}{n}-\frac{b}{n}=\frac{a-b}{n}$$

**Beispiele:** Addition und Subtraktion von gleichnamigen Brüchen

- $\frac{3}{4}+\frac{5}{4}=\frac{3+5}{4}=\frac{8}{4}=2$
- $\frac{5}{6}-\frac{1}{6}=\frac{5-1}{6}=\frac{4}{6}=\frac{2}{3}$
- $\frac{7}{3}-\frac{2}{3}+\frac{8}{3}=\frac{7-2+8}{3}=\frac{13}{3}$
- $\frac{5}{2a}+\frac{1}{2a}-\frac{7b}{2a}=\frac{5+1-7b}{2a}=\frac{6-7b}{2a}$
- $\frac{10}{x+2}-\frac{4}{x+2}+\frac{a}{x+2}=\frac{10-4+a}{x+2}=\frac{6+a}{x+2}$ $(a \neq 0,\ x \neq 0)$

### ▪ Rechengesetze bei der Addition und Subtraktion von Brüchen

Die Addition und die Subtraktion von gleichnamigen Brüchen führt auf das Addieren bzw. Subtrahieren der Zähler. Daher gelten bei der Addition und Subtraktion von Brüchen die gleichen Rechengesetze wie bei der Addition und Subtraktion von ganzen Zahlen, nämlich das Assoziativ- und Kommutativgesetz.

Kommutativgesetz: $\frac{a}{n}+\frac{b}{n}=\frac{a+b}{n}=\frac{b+a}{n}=\frac{b}{n}+\frac{a}{n}$ $(n \neq 0)$

Assoziativgesetz: $\left(\frac{a}{n}+\frac{b}{n}\right)+\frac{c}{n}=\frac{(a+b)+c}{n}=\frac{a+(b+c)}{n}=\frac{a}{n}+\left(\frac{b}{n}+\frac{c}{n}\right)$ $(n \neq 0)$

### ▪ Hinweis:

Ist bei einer Differenz der Minuend ein Bruch, dessen Zähler aus einer Summe oder Differenz besteht, so sind Klammern um diese zu setzen, nachdem die Zähler auf einen gemeinsamen Bruchstrich geschrieben wurden. In Folgenden sind zwei solche Fälle zu sehen.

**Beispiele:** Subtraktion eines Bruches, dessen Zähler eine Summe / Differenz ist

- $\frac{1}{2}-\frac{x+2}{2}=\frac{1-(x+2)}{2}=\frac{1-x-2}{2}=\frac{-x-1}{2}$
- $\frac{a+2}{4}-\frac{5+3a}{4}=\frac{a+2-(5+3a)}{4}=\frac{a+2-5-3a}{4}=\frac{-2a-3}{4}$

## Aufgaben

1. Addieren beziehungsweise subtrahieren Sie die folgenden Brüche.

a) $\frac{5}{4}-\frac{7}{4}+\frac{3}{5}$ b) $\frac{6}{5}-\frac{3}{5}+\frac{2}{5}$ c) $\frac{18a}{4-a}-\frac{a}{4-a}$

d) $\frac{7}{4xy}+\frac{5}{4xy}-\frac{11}{4xy}$ e) $\frac{7}{4}-\frac{1-x}{4}+\frac{x+3}{4}$ f) $\frac{3+b}{2-b}-\frac{b+4}{-b+2}+\frac{2}{2-b}$

2. Ihnen liegen folgende Rechnungen vor. Geben Sie an, welche dieser richtig ist. Begründen Sie Ihre Angabe.

   a) $\frac{3}{4}+\frac{5}{4}=\frac{3+5}{4+4}=\frac{8}{8}=1$

   b) $-\frac{7}{2}-\frac{5-x}{2}=\frac{-7-5-x}{2}=\frac{-7-5-x}{2}=\frac{-12-x}{2}$

   c) $\frac{1}{2+x}+\frac{x}{2+x}-\frac{4+x}{2+x}=\frac{1+x-(4+x)}{2+x}=\frac{1+x-4-x}{2+x}=\frac{-3}{2+x}$

   d) $\frac{4}{3x}+\frac{2}{3x}=\frac{4+2}{3x}=\frac{6}{3x}=\frac{3}{x}$

   e) $\frac{1}{5+a}+\frac{4}{5+a}=\frac{1+4}{5+a}=\frac{5}{5+a}=\frac{1}{1+a}$

3. Ein Mitschüler stellt Ihnen zu folgender Rechnung die Frage: »Warum müssen in dieser Rechnung Klammern gesetzt werden?« Ihre Antwort?

   $\frac{3}{10x}-\frac{5-x}{10x}=\frac{3-(5-x)}{10x}=\frac{3-5+x}{10x}=\frac{-2+x}{10x}$

### 1.4.6 Addition und Subtraktion von ungleichnamigen Brüchen

Brüche mit unterschiedlichen Nennern werden ungleichnamige Brüche genannt. Bevor diese addiert beziehungsweise subtrahiert werden können, müssen sie gleichnamig gemacht werden. Dazu muss der Hauptnenner ermittelt werden. Anhand der folgenden Aufgabe wird erläutert, wie ungleichnamige Brüche addiert bzw. subtrahiert werden.

**Musteraufgabe zur Addition und Subtraktion von ungleichnamigen Brüchen**

Addieren Sie folgende ungleichnamige Brüche: $\frac{3}{10}+\frac{7}{75}$

**Lösung**

**1. Schritt** Bestimmung des Hauptnenners der Brüche

$10 = 2 \cdot 5 \qquad 75 = 3 \cdot 5 \cdot 5$

$HN = 2 \cdot 3 \cdot 5 \cdot 5 = 150$

**2. Schritt** Ermittlung der Erweiterungsfaktoren der einzelnen Brüche. Dazu werden die Nenner der einzelnen Brüche jeweils durch den Hauptnenner dividiert.

Erweiterungsfaktor des 1. Bruchs: $\frac{150}{10} = 15$

Erweiterungsfaktor des 2. Bruchs: $\frac{150}{75} = 2$

**3. Schritt** Die einzelnen Brüche werden mit dem im vorherigen Schritt bestimmten Faktor erweitert. Dazu werden die Zähler und Nenner mit dem Erweiterungsfaktor multipliziert.

$\frac{3 \cdot 15}{10 \cdot 15} = \frac{45}{150} \qquad \frac{7 \cdot 2}{75 \cdot 2} = \frac{14}{150}$

**4. Schritt** Die gleichnamigen Brüche addieren beziehungsweise subtrahieren.

$\frac{3}{10}+\frac{7}{75} = \frac{45}{150}+\frac{14}{150} = \frac{59}{150}$

Das beschriebene Verfahren wird verwendet, um die in der folgenden Beispielaufgabe genannten ungleichnamigen Brüche zu addieren.

**Beispielaufgabe**

Addieren beziehungsweise subtrahieren Sie folgende Brüche.

a) $\frac{5}{33}+\frac{3}{22}-\frac{9}{44}$ b) $\frac{4}{27}-\frac{5}{12}+\frac{5}{18}$ c) $\frac{1}{28x}+\frac{4}{7y}-\frac{1}{4xy}$

**Lösung**

**a)** Hauptnenner bestimmen $22 = 2\cdot 11 \quad 33 = 3\cdot 11 \quad 44 = 2\cdot 2\cdot 11$

$HN = 2\cdot 2\cdot 3\cdot 11 = 132$

Erweiterungsfaktoren ermitteln

Erweiterungsfaktor des Bruchs $\frac{5}{33} : \frac{132}{33} = 4$

Erweiterungsfaktor des Bruchs $\frac{3}{22} : \frac{132}{22} = 6$

Erweiterungsfaktor des Bruchs $\frac{9}{44} : \frac{132}{44} = 3$

Brüche erweitern und verrechnen

$$\frac{5}{33}+\frac{3}{22}-\frac{9}{44} = \frac{5\cdot 4}{33\cdot 4}+\frac{3\cdot 6}{22\cdot 6}-\frac{9\cdot 3}{44\cdot 3}$$
$$= \frac{20}{132}+\frac{18}{132}-\frac{27}{132}$$
$$= \frac{20+18-27}{132} = \frac{11}{132} = \frac{1}{12}$$

**b)** Hauptnenner bestimmen $12 = 2\cdot 2\cdot 3 \quad 18 = 2\cdot 3\cdot 3 \quad 27 = 3\cdot 3\cdot 3$

$HN = 2\cdot 2\cdot 3\cdot 3\cdot 3 = 108$

Erweiterungsfaktoren ermitteln

Erweiterungsfaktor des Bruchs $\frac{4}{27} : \frac{108}{27} = 4$

Erweiterungsfaktor des Bruchs $\frac{5}{12} : \frac{108}{12} = 9$

Erweiterungsfaktor des Bruchs $\frac{5}{18} : \frac{108}{18} = 6$

Brüche erweitern und verrechnen

$$\frac{4}{27}-\frac{5}{12}+\frac{5}{18} = \frac{4\cdot 4}{27\cdot 4}-\frac{5\cdot 9}{12\cdot 9}+\frac{5\cdot 6}{18\cdot 6}$$
$$= \frac{16}{108}-\frac{45}{108}+\frac{30}{108}$$
$$= \frac{16-45+30}{108} = \frac{1}{108}$$

**c)** Hauptnenner bestimmen $28x = 2\cdot 2\cdot 7\cdot x \quad 7y = 7\cdot y \quad 4xy = 2\cdot 2\cdot x\cdot y$

$HN = 2\cdot 2\cdot 7\cdot x\cdot y = 28xy$

Erweiterungsfaktoren ermitteln

Erweiterungsfaktor des Bruchs $\frac{1}{28x} : \frac{28xy}{28x} = y$

Erweiterungsfaktor des Bruchs $\frac{4}{7y} : \frac{28xy}{7y} = 4x$

Erweiterungsfaktor des Bruchs $\frac{1}{4xy} : \frac{28xy}{4xy} = 7$

Brüche erweitern und verrechnen

$$\frac{1}{28x}+\frac{4}{7y}-\frac{1}{4xy} = \frac{1\cdot y}{28x\cdot y}+\frac{4\cdot 4x}{7y\cdot 4x}-\frac{1\cdot 7}{4xy\cdot 7}$$
$$= \frac{y}{28xy}+\frac{16x}{28xy}-\frac{7}{28xy}$$
$$= \frac{y+16x-7}{28xy}$$

## Rechentipp

Muss eine ganze Zahl und ein Bruch addiert bzw. subtrahiert werden, dann empfiehlt es sich, die ganze Zahl in einen Scheinbruch mit dem Nenner 1 umzuwandeln. Beispielsweise lässt sich die Zahl 2 als Scheinbruch $\frac{2}{1}$ schreiben. Im Folgenden sind zwei Beispiele genannt, bei denen eine ganze Zahl und ein Bruch addiert bzw. subtrahiert wird.

**Beispiele:** Addition und Subtraktion einer ganzen Zahl und eines Bruchs

- $6-\frac{5}{11}=\frac{6}{1}-\frac{5}{11}=\frac{6\cdot 11}{1\cdot 11}-\frac{5}{11}=\frac{66-5}{11}=\frac{61}{11}$
- $1+\frac{3}{8}=\frac{1}{1}+\frac{3}{8}=\frac{8}{8}+\frac{3}{8}=\frac{8+3}{8}=\frac{11}{8}$

### Aufgaben

1. Bestimmen Sie die Hauptnenner der folgenden Brüche.

a) $\frac{5}{16}$ $\frac{3}{20}$ b) $\frac{7}{12}$ $\frac{3}{15}$ c) $\frac{8}{21}$ $\frac{11}{28}$

d) $\frac{1}{2}$ $\frac{4}{3}$ $\frac{7}{4}$ e) $\frac{9}{10}$ $\frac{4}{15}$ $\frac{1}{25}$ f) $\frac{5}{12}$ $\frac{12}{21}$ $\frac{15}{36}$ $\frac{1}{28}$

g) $\frac{5}{4a}$ $\frac{5}{6}$ $\frac{9}{a}$ h) $\frac{7}{12xy}$ $\frac{x}{30}$ $\frac{1}{10y}$ i) $\frac{1}{5a}$ $\frac{2}{45b}$ $\frac{4}{a}$ $\frac{1}{25b}$

2. Von den Brüchen $\frac{1}{36}$ $\frac{5}{14}$ und $\frac{1}{?}$ ist der kleinste Hauptnenner 1260. Der Nenner des dritten Bruches ist unbekannt.

a) Begründen Sie, warum der Nenner des dritten Bruchs genau einmal den Primfaktor 5 enthalten muss.

b) Überprüfen Sie, ob der Nenner des dritten Bruchs 45 sein kann.

c) Geben Sie drei Werte an, die der Nenner des dritten Bruches annehmen kann. Beschreiben Sie Ihr Vorgehen.

3. Eine Mitschülerin behauptet, dass es viel zu umständlich sei, die Primfaktorzerlegung der einzelnen Nenner zu machen und anschließend über die Häufigkeit der Primfaktoren den Hauptnenner zu bilden. Es sei doch einfacher, die einzelnen Nenner miteinander zu multiplizieren. Ein gemeinsamer Nenner der Brüche $\frac{5}{9}$ und $\frac{1}{6}$ wäre $9\cdot 6=54$. Nehmen Sie Stellung zu dieser Argumentation.

4. Führen Sie die folgenden Berechnungen aus. Kürzen Sie die Brüche vollständig. Verzichten Sie auf die Verwendung des Taschenrechners.

a) $\frac{1}{2}+\frac{2}{5}$ b) $\frac{4}{3}-\frac{1}{2}+\frac{5}{6}$ c) $-\frac{7}{30}-\frac{5}{21}+\frac{5}{7}$

d) $\frac{7}{2}-\frac{1}{4}+3-\frac{1}{14}$ e) $\frac{5}{4}-\frac{1}{18}-2$ f) $2-\frac{3}{21}+\frac{1}{28}$

g) $\frac{4a}{15}+\frac{3}{25a}-\frac{1}{a}$ h) $\frac{7y}{2x}-\frac{y}{8}+\frac{3}{x}$ i) $\frac{5y}{12x}-\frac{1}{15}+\frac{2y}{16x}$

5. Ihnen liegt folgende Rechnung vor.

(1) $\frac{8}{9}-\left[\frac{3}{2}-\left(\frac{5}{3}+2\right)\right] = \frac{8}{9}-\left[\frac{3}{2}-\left(\frac{5}{3}+\frac{6}{3}\right)\right]$

(2) $= \frac{8}{9}-\left[\frac{3}{2}-\frac{11}{3}\right]$

(3) $= \frac{8}{9}-\left[\frac{9}{6}-\frac{22}{6}\right]$

(4) $= \frac{8}{9}-\left[-\frac{13}{6}\right] = \frac{8}{9}+\frac{13}{6}$

(5) $= \frac{16}{18}+\frac{39}{18} = \frac{55}{18}$

a) Überprüfen Sie die Rechnung auf ihre Richtigkeit. Notieren Sie gegebenenfalls die Zeilennummer, in der sich Ihrer Meinung nach ein Fehler befindet.

b) Ein Mitschüler hat folgende Fragen zu dieser Rechnung:

- Wieso wird in Zeile (1) aus 2 der Bruch $\frac{6}{3}$ gemacht?
- Wie kommt man von $\frac{11}{3}$ in Zeile (2) auf $\frac{22}{6}$ in Zeile (3)?
- Warum wird in Zeile (5) der Nenner 18 benutzt?

### 1.4.7 Multiplikation von Brüchen

Um zu verstehen, wie Brüche miteinander multipliziert werden, betrachten wir die Grafik von **Bild 1**. In dieser ist ein Quadrat zu sehen, das die Seitenlänge 1 hat. Die Seiten des Quadrats sind in vier gleiche Stück geteilt.

Jedes Teilstück hat somit die Länge von $\frac{1}{4}$ der gesamten Seitenlänge. Anhand der Hilfslinien erkennt man, dassdie gesamte Fläche des Quadrats durch die Vierteilung der Seitenlänge in 16 gleich große Teilflächen unterteilt werden kann. Jede Teilfläche hat als Flächeninhalt $\frac{1}{16}$ der gesamten Fläche des Quadrats.

Aus dem grün schraffierten Quadrat von **Bild 1** ist ersichtlich, dass gelten muss: $\frac{1}{4}\cdot\frac{1}{4} = \frac{1}{16}$. Aufgrund des orange schraffierten Rechtecks muss gelten $\frac{2}{4}\cdot\frac{1}{4} = \frac{2}{16}$. Diese Überlegungen können zu der Multiplikationregel von Brüchen verallgemeinert werden:

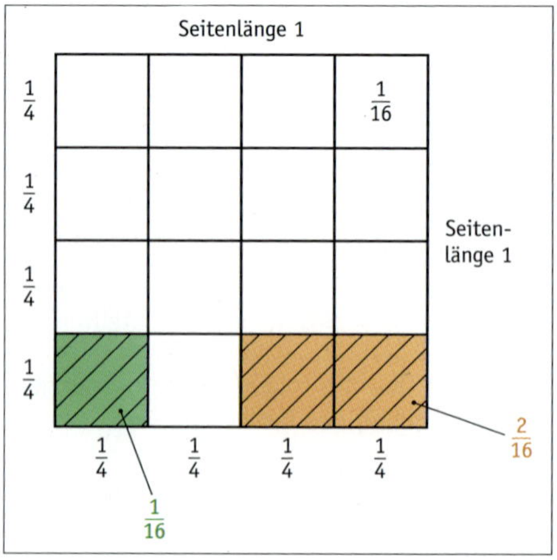


**Bild 1:** Teilung eines Quadrats in 16 Teilflächen

### Multiplikation von Brüchen

Zwei Brüche werden miteinander multipliziert, indem jeweils die Zähler und die Nenner miteinander multipliziert werden.

$$\frac{a}{b} \cdot \frac{c}{d} = \frac{a \cdot c}{b \cdot d} \qquad (b, d \neq 0)$$

Die genannte Regel ist auf die Multiplikation von mehreren Brüchen übertragbar. Bei der Multiplikation von Brüchen gelten die gleichen Vorzeichenregeln wie bei der Multiplikation von ganzen Zahlen.

**Beispiele:** Multiplikation von Brüchen

- $\frac{1}{2} \cdot \frac{3}{4} = \frac{1 \cdot 3}{2 \cdot 4} = \frac{3}{8}$
- $\frac{3}{4} \cdot \frac{1}{5} \cdot \frac{7}{3} = \frac{21}{60} = \frac{7}{20}$
- $\left(-\frac{5}{2}\right) \cdot \frac{7}{2} = -\frac{5 \cdot 7}{2 \cdot 2} = -\frac{35}{4}$
- $\frac{a}{4} \cdot \left(-\frac{1}{2}\right) \cdot \left(-\frac{3}{2}\right) = +\frac{a \cdot 1 \cdot 3}{4 \cdot 2 \cdot 2} = \frac{3a}{16}$

## ■ Multiplikation einer Zahl mit einem Bruch

Jede Zahl $a$ kann als Scheinbruch $\frac{a}{1}$ geschrieben werden. Dies wird bei der Multiplikation einer Zahl mit einem Bruch ausgenutzt. Bevor nämlich die Zahl mit dem Bruch multipliziert wird, wird die Zahl gedanklich in den genannten Scheinbruch umgewandelt. Anschließend kann die bekannte Multiplikationsregel zweier Brüche angewandt werden.

### Multiplikation Zahl mal Bruch

Muss eine ganze Zahl mit einem Bruch multipliziert werden, ist es empfehlenswert, die ganze Zahl als Bruch zu schreiben.

$$a \cdot \frac{b}{c} = \frac{a}{1} \cdot \frac{b}{c} = \frac{a \cdot b}{c} \qquad (c \neq 0)$$

**Beispiele:** Multiplikation von Zahlen mit Brüchen

- $4 \cdot \frac{3}{7} = \frac{4}{1} \cdot \frac{3}{7} = \frac{4 \cdot 3}{1 \cdot 7} = \frac{12}{7}$
- $\frac{5}{2} \cdot \left(-\frac{1}{2}\right) \cdot 4 = \frac{5}{2} \cdot \left(-\frac{1}{2}\right) \cdot \frac{4}{1} = -\frac{5 \cdot 1 \cdot 4}{2 \cdot 2 \cdot 1} = -5$
- $-7 \cdot \frac{a}{4} \cdot \frac{3}{8} = -\frac{7}{1} \cdot \frac{a}{4} \cdot \frac{3}{8} = -\frac{7 \cdot 3 \cdot a}{1 \cdot 4 \cdot 8} = -\frac{21a}{32}$

**Anmerkung** Aufgrund der genannten Regel kann beispielsweise der Bruch $\frac{3x}{4}$ auch als $\frac{3}{4}x$ geschrieben werden. Die Schreibeweisen $\frac{3x}{4}$ und $\frac{3}{4}x$ sind daher äquivalent.

## ■ Rechentipp

Werden zwei Brüche multipliziert, wobei ein Zähler oder Nenner aus einer Summe oder Differenz besteht, so müssen Klammern gesetzt werden.

$$\frac{a}{b} \cdot \frac{c+d}{e} = \frac{a \cdot (c+d)}{b \cdot e} \qquad \frac{a}{b} \cdot \frac{c}{d+e} = \frac{a \cdot c}{b \cdot (d+e)}$$

**Beispiele:** Multiplikationen von Brüchen, bei denen der Zähler und Nenner eine Summe bzw. Differenz ist.

- $\frac{5}{2} \cdot \frac{2+x}{3} = \frac{5 \cdot (2+x)}{2 \cdot 3} = \frac{10+5x}{6}$
- $\frac{3}{4} \cdot \frac{2}{1-x} = \frac{3 \cdot 2}{4 \cdot (1-x)} = \frac{3}{2 \cdot (1-x)} = \frac{3}{2-2x}$
- $\frac{5}{6} \cdot \frac{x+y}{y-2} = \frac{5 \cdot (x+y)}{6 \cdot (y-2)} = \frac{5x+5y}{6y-12}$

## ■ Rechengesetze bei der Multiplikation von Brüchen

Bei der Multiplikation von Brüchen gelten die gleichen Regeln wie bei der Multiplikation von ganzen Zahlen. Das bedeutet, dass das Kommutativ-, Assoziativ- und Distributivgesetz gilt.

**Kommutativgesetz**

$$\frac{a}{b} \cdot \frac{c}{d} = \frac{a \cdot c}{b \cdot d} = \frac{c \cdot a}{d \cdot b} = \frac{c}{d} \cdot \frac{a}{b} \qquad (b \neq 0;\ d \neq 0)$$

**Assoziativgesetz**

$$\left(\frac{a}{b} \cdot \frac{c}{d}\right) \cdot \frac{e}{f} = \frac{a \cdot c}{b \cdot d} \cdot \frac{e}{f} = \frac{a \cdot c \cdot e}{b \cdot d \cdot f} = \frac{a}{b} \cdot \left(\frac{c}{d} \cdot \frac{e}{f}\right) \qquad b \neq 0;\ d \neq 0;\ f \neq 0)$$

**Distributivgesetz**

$$\frac{a}{b} \cdot \left(\frac{c}{d} + \frac{e}{f}\right) = \frac{a}{b} \cdot \frac{c}{d} + \frac{a}{b} \cdot \frac{e}{f} = \frac{a \cdot c}{b \cdot d} + \frac{a \cdot e}{b \cdot f} \qquad (b \neq 0;\ d \neq 0;\ f \neq 0)$$

**Beispiele:** Rechengesetze bei der Multiplikation

- $\frac{5}{2} \cdot \frac{2}{3} = \frac{5}{3} \cdot \frac{2}{2}$ (Kommutativgesetz)
- $\left(\frac{3}{4} \cdot \frac{2}{5}\right) \cdot \frac{5}{2} = \frac{3}{4} \cdot \left(\frac{2}{5} \cdot \frac{5}{2}\right)$ (Assoziativgesetz)
- $\frac{5}{6} \cdot \left(\frac{1}{2} - \frac{3}{4}\right) = \frac{5}{6} \cdot \frac{1}{2} - \frac{5}{6} \cdot \frac{3}{4}$ (Distributivgesetz)

### Aufgaben

1. Multiplizieren Sie folgende Brüche. Kürzen Sie die Brüche falls möglich.

a) $\frac{5}{4} \cdot \frac{7}{2}$ b) $\frac{2}{3} \cdot \left(-\frac{7}{4}\right)$ c) $\frac{5}{8} \cdot \frac{1}{2} \cdot \frac{4}{3}$ d) $\left(-\frac{1}{2}\right) \cdot \left(-\frac{3}{4}\right)$

e) $\frac{5}{6} \cdot \frac{1}{2a} \cdot \frac{3a}{4}$ f) $\frac{x}{3} \cdot \frac{1}{4} \cdot \frac{1}{2x}$ g) $3 \cdot \frac{3}{4} \cdot \frac{5}{2}$ h) $\frac{1}{10} \cdot \frac{1}{2} \cdot (-5)$

i) $-\frac{1}{3} \cdot a \cdot \frac{1}{2}$ j) $\frac{3}{4} \cdot \frac{x-2}{5}$ k) $\frac{5+a}{2+a} \cdot \frac{3}{11}$ l) $\frac{7}{3} \cdot (1-y) \cdot \frac{1}{2}$

2. Überprüfen Sie die folgenden Rechnungen bezüglich ihrer Richtigkeit. Beschreiben Sie gegebenenfalls die Fehler.

a) $\frac{3}{5} \cdot \frac{x-1}{2} = \frac{3x-1}{10}$

b) $\frac{1}{2} \cdot \left(-\frac{3}{4}\right) \cdot 4 = \frac{1}{2} \cdot \frac{3}{4} \cdot \frac{4}{1} = \frac{3}{2}$

c) $\frac{10}{7} \cdot \left(x - \frac{7}{2}\right) = \frac{10x}{7} - \frac{10}{7} \cdot \frac{7}{2} = \frac{10x}{7} - 5$

d) $\frac{2}{9} \cdot \frac{x+y}{2} + \frac{x}{4} = \frac{2 \cdot (x+y)}{9 \cdot 2} + \frac{x}{4}$

$= \frac{2x+2y}{18} + \frac{x}{4} = \frac{2 \cdot (2x+2y)}{36} + \frac{9x}{36}$

$= \frac{4x+4y}{36} + \frac{9x}{36} = \frac{4x+4y+9x}{36}$

$= \frac{13x+4y}{36} = \frac{13x+y}{9}$

**3.** Fassen Sie die Brüche zusammen. Kürzen Sie vollständig, wenn möglich.

a) $\frac{1}{2} - \left(\frac{3}{4} \cdot \frac{2}{3} + \frac{1}{4}\right)$ b) $3 + 3 \cdot \left(\frac{1}{6} + \frac{x}{4}\right)$ c) $\frac{1}{4} \cdot \frac{1}{5} - \frac{1}{2} \cdot \left(\frac{2}{7}x - \frac{3}{4}\right)$

### 1.4.8 Division von Brüchen

Eine Division durch einen Bruch lässt sich durch Eimer mit unterschiedlichen Fassungsvermögen darstellen. Sie möchten einen Eimer, der ein Fassungsvermögen von 1 Liter hat, mit einem kleineren Gefäß füllen, das ein Fassungsvermögen von $\frac{1}{2}$ Liter hat. Wie viel Male müssen Sie den Inhalt des Gefäßes mit dem Fassungsvermögen von $\frac{1}{2}$ l in den 1-l-Eimer schütten, damit dieser voll ist? Aus der Erfahrung weiß man, dass dies zweimal der Fall ist. Mathematisch gilt: $2 \cdot \frac{1}{2} = 1$ oder anders ausgedrückt $\frac{1}{\frac{1}{2}} = 1 \cdot \frac{2}{1} = 2$.

Die gleiche Überlegung führt dazu, dass man den Inhalt eines Gefäßes, das ein Fassungsvermögen von $\frac{1}{4}$ Liter hat, viermal in den Eimer mit einem Fassungsvermögen von 1 Liter kippen muss, damit der Eimer voll ist. Das bedeutet mathematisch: $\frac{1}{\frac{1}{4}} = 1 \cdot \frac{4}{1} = 4$.

Möchte man einen 2-l- Eimer mit einem Gefäß füllen, das ein Fassungsvermögen von $\frac{1}{2}$ Liter hat, so muss man den Inhalt des kleineren Gefäßes viermal in den 2-l- Eimer füllen, damit dieser vollständig gefüllt ist. Es gilt mathematisch: $\frac{2}{\frac{1}{2}} = 2 \cdot \frac{2}{1} = 4$.

Aus der angestellten Überlegung kann gefolgert werden, dass durch einen Bruch dividiert wird, indem man mit dem Kehrbruch multipliziert.

**Divison von Brüchen**

Ein Term wird durch einen Bruch dividiert, indem der Term mit dem Kehrbruch multipliziert wird.

$$\frac{\frac{a}{d}}{\frac{b}{c}} = \frac{a}{d} \cdot \frac{c}{b} \qquad (b, c, d \neq 0)$$

**Beispiele:** Division durch einen Bruch

- $\frac{\frac{5}{2}}{\frac{10}{3}} = \frac{5}{2} : \frac{10}{3} = \frac{5}{2} \cdot \frac{3}{10} = \frac{3}{4}$
- $\frac{-\frac{3}{4}}{\frac{1}{2}} = -\frac{3}{4} : \frac{1}{2} = -\frac{3}{4} \cdot \frac{2}{1} = -\frac{3}{2}$

### ■ Division eines Bruches durch eine ganze Zahl

Muss eine ganze Zahl $a$ durch einen Bruch oder ein Bruch durch eine ganze Zahl $a$ dividiert werden, dann ist es empfehlenswert, die ganze Zahl als Scheinbruch $\frac{a}{1}$ zu schreiben. Anschließend kann die genannte Regel zum Dividieren von Brüchen angewendet werden.

**Beispiele:** Division von Brüchen mit ganzen Zahlen

- $$\frac{\frac{7}{3}}{14} = \frac{\frac{7}{3}}{\frac{14}{1}} = \frac{7}{3} : \frac{14}{1} = \frac{7}{3} \cdot \frac{1}{14} = \frac{1}{6}$$
- $$\frac{-2}{\frac{4}{5}} = \frac{-\frac{2}{1}}{\frac{4}{5}} = -\frac{2}{1} : \frac{4}{5} = -\frac{2}{1} \cdot \frac{5}{4} = -\frac{5}{2}$$

### ■ Rechenhinweis

Befindet sich im Zähler und/oder Nenner des Bruchs eine Summe oder Differenz, so ist es empfehlenswert diese vor der Anwendung der eben beschriebenen Regel in einen Bruch umgewandelt werden.

**Beispiele:**

- $$\frac{\frac{1}{2} + 2}{\frac{3}{2}} = \frac{\frac{1}{2} + \frac{4}{2}}{\frac{3}{2}} = \frac{\frac{5}{2}}{\frac{3}{2}} = \frac{5}{2} : \frac{3}{2} = \frac{5}{2} \cdot \frac{2}{3} = \frac{5}{3} \qquad \frac{1}{2} + \frac{4}{2}$$
- $$\frac{5}{\frac{x}{2} + \frac{1}{4}} = \frac{5}{\frac{2x}{4} + \frac{1}{4}} = \frac{\frac{5}{1}}{\frac{2x+1}{4}} = \frac{5}{1} : \frac{2x+1}{4} = \frac{5}{1} \cdot \frac{4}{2x+1} = \frac{20}{2x+1}$$

**Aufgaben**

1. Lösen Sie die Doppelbrüche auf. Kürzen Sie die Brüche falls möglich.

a) $\dfrac{\frac{1}{2}}{\frac{7}{2}}$ b) $\dfrac{-\frac{3}{4}}{\frac{9}{16}}$ c) $\dfrac{-\frac{9}{10}}{-5}$ d) $\dfrac{\frac{4}{5}}{-8}$ e) $\dfrac{-7}{-\frac{3}{8}}$

f) $\dfrac{4a}{-\frac{a}{2}}$ g) $\dfrac{4}{\frac{3}{2} + \frac{1}{8}}$ h) $\dfrac{-2 + \frac{1}{4}}{\frac{7}{2} + \frac{2}{3}}$ i) $\dfrac{-\frac{5}{6} + \frac{1}{4}}{-\frac{1}{12} + 1}$

2. Beurteilen Sie die folgende Rechnung bezüglich ihrer Richtigkeit.

$$\frac{\frac{3}{4}x + \frac{3}{4}}{\frac{4}{3}} = \frac{\frac{3}{4} \cdot (x+1)}{\frac{4}{3}} = \frac{3}{4} \cdot \frac{3}{4} \cdot (x+1) = \frac{9}{16}(x+1)$$

### 1.4.9 Umwandlung von Dezimalzahlen in Brüchen

Es gibt Terme, in denen sowohl Dezimalzahlen als auch Brüche vorkommen. Um solche Terme vereinfachen zu können, müssen die Dezimalzahlen in Brüche umgewandelt werden. In diesem Kapitel wird daher erläutert, wie endliche und unendliche periodische Dezimalzahlen in Brüche umgewandelt werden.

### 1.4.9.1 Umwandlung von endlichen Dezimalzahlen in Brüche

Anhand der Dezimalzahl 0,1875 wird erläutert, wie eine endliche Dezimalzahl in einen Bruch umgewandelt werden kann. Zunächst bezeichnen wir die Bruchzahl, die der Dezimalzahl 0,1875 entspricht, mit $x$.

$$x = 0{,}1875$$

Nun verzehnfachen, verhundertfachen, vertausendfachen oder zehntausendfachen ... wir die Zahl $x$, so dass auf der rechten Seite der Gleichung eine ganze Zahl steht. In diesem Beispiel ist das zehntausendfache der Zahl $x$ 1875. Man schreibt:

$$10000 \cdot x = 1875$$

Anschließend wird die Gleichung durch 10000 dividiert. Man erhält somit für $x$ den Bruch $\frac{1875}{10000}$. Durch Kürzen ergibt sich für $x$ dann $\frac{3}{16}$. Das bedeutet, dass die Dezimalzahl 0,1875 dem Bruch $\frac{3}{16}$ entspricht.

**Beispiele:** Umwandlung von Dezimalzahlen in Brüche

$$x = 0{,}65 \qquad x = 2{,}735$$

$$100x = 65 \qquad 1000x = 2735$$

$$x = \frac{65}{100} = \frac{13}{20} \qquad x = \frac{2735}{1000} = \frac{547}{200}$$

Der Dezimalzahl 0,65 entspricht der Bruch $\frac{13}{20}$ und der Dezimalzahl 2,735 entspricht der Bruch $\frac{547}{200}$.

### 1.4.9.2 Umwandlung von unendlichen, periodischen Dezimalzahlen in Brüche

Anhand der Dezimalzahl $0{,}\overline{52}$ wird erläutert, wie eine unendliche, periodische Dezimalzahl in einen Bruch umgewandelt wird. Zunächst bezeichnen wir die Bruchzahl, die der Dezimalzahl $0{,}\overline{52}$ entspricht, mit $x$.

$$x = 0{,}\overline{52} = 0{,}52525252\ldots$$

Nun wird die Zahl entsprechend ihrer Periode verzehnfacht, verhundertfacht, vertausendfacht oder zehntausendfacht ... In diesem Fall wird die Zahl $x$ verhundertfacht. Man schreibt:

$$100 \cdot x = 52{,}52525252\ldots$$

Anschließend wird von dieser Zahl $100x$ einmal die Zahl $x$ abzogen:

$$100x - x = 99x \quad \text{bzw.} \quad 52{,}52525252\ldots - 0{,}52525252\ldots = 52$$

Anhand der Rechnung erkennt man, dass gilt: $99x = 52$. Anschließend wird die Gleichung durch 99 dividiert. Man erhält somit für $x$ den Bruch $\frac{52}{99}$. Das bedeutet, dass die Dezimalzahl $0{,}\overline{52}$ dem Bruch $\frac{52}{99}$ entspricht.

**Anmerkung** Die betrachtete Dezimalzahl muss so erweitert werden, dass nach der Subtraktion eine ganze Zahl entsteht.

**Beispiel:** Umwandlung einer unendlichen, periodischen Dezimalzahl in einen Bruch

$$x = 0{,}0\overline{4} = 0{,}0444444\ldots$$

Verhundertfachen der Zahl $x$

$$100x = 4{,}\overline{4} = 4{,}4444444\ldots$$

Durch die Bildung der Differenz von $100x$ und $10x$ entsteht eine ganze Zahl.

$$100x - 10x = 90x$$

$$4{,}4444444\ldots - 0{,}444444 = 4$$

Es folgt: $90x = 4 \Leftrightarrow x = \frac{4}{90} = \frac{2}{45}$

Die Zahl $0{,}0\overline{4}$ entspricht dem Bruch $\frac{2}{45}$.

**Aufgaben**

1. Geben Sie ohne Taschenrechner an, welche der folgenden Brüche den Dezimalwert 0,24 hat. Begründen Sie Ihre Angabe.

   a) $\frac{2}{5}$ b) $\frac{6}{25}$ c) $\frac{12}{5}$ d) $\frac{5}{12}$ e) $\frac{24}{100}$

2. Wandeln Sie die endlichen Dezimalzahlen in Brüche um.

   a) 1,25 b) 1,4 c) 0,002

3. Wandeln Sie die unendlichen, periodischen Dezimalzahlen in Brüche um.

   a) $0,\overline{1}$ b) $0,\overline{72}$ c) $0,0\overline{20}$

### 1.4.10 Rechnen mit Potenzen

In Kapitel 1.3.8 wurde der Begriff Potenz bereits eingeführt. Zur Erinnerung: Eine Potenz ist die Kurzschreibweise für ein Produkt, das aus einer gewissen Anzahl von gleichen Faktoren besteht. Beispielsweise steht die Potenz $6^4$ für das Produkt, das aus vier Faktoren besteht, wobei alle Faktoren die Zahl 6 sind.

$$6 \cdot 6 \cdot 6 \cdot 6 = 6^4$$

Der Ausdruck 64 wird Potenz genannt. Die Zahl 6 wird als Basis oder Grundzahl bezeichnet. Die Zahl 4 heißt Exponent oder Hochzahl.

**Potenz**

Ein Ausdruck der Form $x^n$ wird Potenz genannt. Dabei ist $x$ die Basis und $n$ der Exponent.

$x^n$    $x^n$ : Potenz<br>
$x$ : Basis<br>
$n$ : Exponent

**Beispiele:** Potenzen

$5^2 = 5 \cdot 5$ $\quad 10^1 = 10$ $\quad 2^5 = 2 \cdot 2 \cdot 2 \cdot 2 \cdot 2$ $\quad x^2 = x \cdot x$ $\quad (a+1)^3 = (a+1) \cdot (a+1) \cdot (a+1)$

**Anmerkung** Ist bei einer Zahl oder Variable kein Exponent explizit angegeben, dann ist der Exponent 1. Auf die explizite Nennung des Exponenten 1 kann verzichtet werden. Beim Rechnen mit Potenzen ist dieser Exponent jedoch zu berücksichtigen.

$$a^1 = a$$

#### 1.4.10.1 Vorzeichenregel mit Potenzen

Anhand der Definition einer Potenz kann die Vorzeichenregel hergeleitet werden. Betrachten wir beispielsweise die Potenz $(-2)^4$ mit der negativen Basis $-2$ und dem geraden Exponenten 4. Schreibt man diese Potenz ausführlich, so erhält man das Produkt $(-2) \cdot (-2) \cdot (-2) \cdot (-2)$. Dieses Produkt ist aufgrund der Vorzeichenregel der Multiplikation positiv.

$$(-2) \cdot (-2) \cdot (-2) \cdot (-2) = 16$$

Die Potenz $(-2)^5$ mit der negativen Basis $-2$ und dem ungeraden Exponenten 5 ist die abkürzende Schreibweise für das Produkt $(-2) \cdot (-2) \cdot (-2) \cdot (-2) \cdot (-2)$. Der Wert dieser Potenz ist negativ, wie man im Folgenden sieht.

$$(-2) \cdot (-2) \cdot -2) \cdot (-2) \cdot (-2) = 4 \cdot 4 \cdot (-2) = 16 \cdot (-2) = -32$$

Aus diesen beiden Überlegungen kann folgende Vorzeichenregel für Potenzen gefolgert werden.

**Vorzeichenregel bei Potenzen**

Besitzt eine Potenz eine negative Basis und einen geraden Exponenten, so ist der Wert Potenz positiv. Ist die Basis negativ und der Exponent ungerade, so ist auch der Wert der Potenz negativ. Sobald die Basis positiv ist, ist der Wert der Potenz stets positiv.

**Anmerkung** Um das Vorzeichen einer Potenz richtig zustimmen, muss die Basis richtig erkannt werden. In der Potenz $(-2)^4$ ist die Basis $-2$. Die Potenz lautet ausführlich geschrieben $(-2) \cdot (-2) \cdot (-2) \cdot (-2) = 16$. Bei der Potenz $-2^4$ ist die Basis 2. Diese Potenz steht für das Produkt $-2 \cdot 2 \cdot 2 \cdot 2$ und hat den Wert $-16$.

**Beispiel:** Potenzen und ihre Werte

- $(-5)^3 = (-5) \cdot (-5) \cdot (-5) = -125$
- $(-5)^4 = (-5) \cdot (-5) \cdot (-5) \cdot (-5) = 625$
- $-5^4 = -5 \cdot 5 \cdot 5 \cdot 5 = -625$

**Aufgaben**

1. Widerlegen Sie folgende Aussage mit einem Gegenbeispiel: »Sobald die Basis einer Potenz negativ ist, ist der Wert der Potenz ebenfalls negativ.«
2. Berechnen Sie ohne Taschenrechner den Wert folgender Potenzen.
   a) $4^3$ b) $-4^2$ c) $(-4)^2$
3. Geben Sie die Potenz an, die den kleinsten Wert der vier folgenden Potenzen hat. Begründen Sie Ihre Angabe.
   $1^4$, $-1^4$, $(-1)^4$, $4^1$
4. Nennen Sie eine Potenz, die einen größeren Potenzwert hat, als die größte Potenz aus Aufgabe 3.

### 1.4.10.2 Addition und Subtraktion von Potenzen

In Termen stellen Potenzen Variablen dar. Beispielsweise ist im Term $3a^2$ 3 der Koeffizient und $a^2$ die Variable. Da nur gleichartige Terme addiert bzw. subtrahiert werden dürfen, können nur gleiche Potenzen addiert bzw. subtrahiert werden. Es gilt:

$$x \cdot a^n + y \cdot a^n = (x+y) \cdot a^n.$$

**Beispiel:** Addition und Subtraktion von gleichen Potenzen

- $5a^2 + 3 \cdot a^2 = (5+3) \cdot a^2 = 8a^2$
- $7x^3 + 4x^3 - 6x^3 = (7+4-6)x^3 = 5x^3$
- $-b^4 + 4a^3 - 8b^4 + 10a^3 = 4a^3 + 10a^3 - b^4 - 8b^4$
  $= (4+10)a^3 + (-1-8)b^4$
  $= 14a^3 - 9b^4$

### 1.4.10.3 Multiplikation von Potenzen mit gleicher Basis

Anhand des Beispiels $2^3 \cdot 2^4$ wird erläutert, wie Potenzen mit gleicher Basis multipliziert werden. Die Potenz $2^3$ steht für das Produkt $2 \cdot 2 \cdot 2$. $2^4$ bedeutet ausführlich geschrieben $2 \cdot 2 \cdot 2 \cdot 2$. Demnach lässt sich $2^3 \cdot 2^4$ als $2 \cdot 2 \cdot 2 \cdot 2 \cdot 2 \cdot 2 \cdot 2$ schreiben. Dieses Produkt besteht aus sieben Mal dem Faktor 2 und lässt sich als $2^7$ schreiben.

Anhand dieses Beispiels erkennt man, dass zwei Potenzen mit gleicher Basis addiert werden, indem ihre Exponenten addiert werden. Es gilt daher allgemein: $a^n \cdot a^m = a^{n+m}$

**Beispiel:** Multiplikation von Potenzen mit gleicher Basis

- $a^2 \cdot a^4 = a^{2+4} = a^6$
- $2a^4 \cdot 3a^5 = 2 \cdot 3 \cdot a^4 \cdot a^5 = 6a^{4+5} = 6a^9$
- $x^2 \cdot x \cdot x^{10} = x^{2+1+10} = x^{13}$
- $a^2 \cdot b^3 \cdot a^{11} \cdot b^4 = a^2 \cdot a^{11} \cdot b^3 \cdot b^4 = a^{2+11} \cdot b^{3+4} = a^{13} \cdot b^7$

**Multiplikation von Potenzen mit gleicher Basis**

Potenzen mit gleicher Basis werden multipliziert, indem ihre Exponenten addiert werden.

$a^n \cdot a^m = a^{n+m} \qquad a \in \mathbb{Q}$ und $n, m \in \mathbb{N}$

**Aufgaben**

1. Fassen Sie die Potenzen zusammen.
   a) $2^3 \cdot 2^4 \cdot 2^6$ b) $b^3 \cdot b^2 \cdot b$ c) $x^3 \cdot 2^2 \cdot x \cdot 2^5$ d) $(-2)^3 \cdot b^2 \cdot b \cdot 2$
2. Überprüfen Sie, ob folgende Rechnung richtig ist. Begründen Sie Ihre Angabe.
   $2x^p \cdot x^2 \cdot 2^4 = 2 \cdot 2^4 \cdot x^p \cdot x^2 = 2^5 \cdot x^{2p}$

### 1.4.10.4 Division von Potenzen mit gleicher Basis

Die Regel für die Division von Potenzen mit gleicher Basis lässt sich wie folgt herleiten. Betrachten wir beispielsweise den Quotienten $5^6 : 5^4$. Dieser lässt sich als Bruch $\frac{5^6}{5^4}$ schreiben. Stellt man die Potenz im Zähler und im Nenner ausführlich dar, erhält man den Bruch $\frac{5 \cdot 5 \cdot 5 \cdot 5 \cdot 5 \cdot 5}{5 \cdot 5 \cdot 5 \cdot 5}$. Nach anschließendem Kürzen bleibt das Produkt $5 \cdot 5$, also 52 übrig.

$$5^6 : 5^4 = \frac{\overbrace{5 \cdot 5 \cdot 5 \cdot 5 \cdot 5 \cdot 5}^{6}}{\underbrace{5 \cdot 5 \cdot 5 \cdot 5}_{4}} = 5 \cdot 5 = 5^{6-4} = 5^2$$

Anhand dieses Beispiels kann gefolgert werden, dass zwei Potenzen mit gleicher Basis dividiert werden, indem ihre Exponenten subtrahiert werden. Es gilt allgemein: $\frac{a^n}{a^m} = a^{n-m}$.

**Beispiel:** Division von Potenzen mit gleicher Basis

- $\frac{a^5}{a^4} = a^{5-4} = a^1 = a$
- $\frac{a^{10}}{a^2} = a^{10-2} = a^8$
- $\frac{x^6 \cdot x^3}{x^2} = \frac{x^{6+3}}{x^2} = x^{9-2} = x^7$
- $\frac{5^{a+2}}{5^{a+4}} = 5^{a+2-(a+4)} = 5^{a+2-a-4} = 5^{-2}$

■ **Hinweis zum Rechnen:**

Kommen in einem Bruch mehrere Potenzen mit unterschiedlichen Basen vor und ist der Zähler und / oder Nenner keine Summe oder Differenz, dann dürfen die Potenzen mit gleicher Basis gemäß der oberen Regel verrechnet werden.

**Beispiel:** Division von Potenzen mit gleicher Basis

- $\frac{4^{10} \cdot 3^4 \cdot 5^5}{4^7 \cdot 3^8 \cdot 5^3} = 4^{10-7} \cdot 3^{4-8} \cdot 5^{5-3} = 4^3 \cdot 3^{-4} \cdot 5^2$
- $\frac{a^2 \cdot b^8}{a^4 \cdot b^5} = a^{2-4} \cdot b^{8-5} = a^{-2} \cdot b^3$

**Division von Potenzen mit gleicher Basis**

Potenzen mit gleicher Basis werden dividiert, indem ihre Exponenten subtrahiert werden.

$$\frac{a^n}{a^m} = a^{n-m} \qquad a \in \mathbb{Q}\backslash\{0\} \text{ und } n, m \in \mathbb{N}$$

**Aufgaben**

1. Fassen Sie, wenn möglich, die Potenzen zusammen.
   a) $\frac{a^4 \cdot 3^5}{3^2 \cdot a^2}$ b) $\frac{b^4 \cdot 4 \cdot b}{4^5 \cdot b^6}$ c) $\frac{p^{4+a} \cdot (-5)^3}{p^4 \cdot (-5)^2}$ d) $\frac{2^a + 2}{2^a \cdot 2}$
2. Überprüfen Sie, ob folgende Rechnungen richtig sind. Begründen Sie Ihre Angabe.
   - $\frac{a^3 \cdot 2^4}{a \cdot 2^3} \cdot a^2 = a^4 \cdot 2$
   - $\frac{p^2 + 2^4}{2^2} = p^2 + 2^{4-2} = p^2 + 2^2$

### 1.4.10.5 Potenzieren von Potenzen

Um zu verstehen, wie Potenzen potenziert werden, betrachten wir die Potenz $(4^2)^3$. Die Potenz $4^2$ steht für $4 \cdot 4$. Das bedeutet, dass die Potenz $(4^2)^3$ auch als $(4 \cdot 4)^3$ geschrieben werden kann. Die Potenz $(4 \cdot 4)^3$ lautet als Produkt $4 \cdot 4 \cdot 4 \cdot 4 \cdot 4 \cdot 4$, wobei entscheidend ist, dass in diesem Produkt das Produkt $4 \cdot 4$ dreimal vorhanden ist.

$$(4^2)^3 = (4 \cdot 4)^3 = \underbrace{4 \cdot 4}_{1} \cdot \underbrace{4 \cdot 4}_{2} \cdot \underbrace{4 \cdot 4}_{3} = 4^{2 \cdot 3} = 4^6$$

Aus der obigen Überlegung lässt sich folgern, dass Potenzen potenziert werden, indem ihre Exponenten multipliziert werden.

$$(a^n)^m = a^{n \cdot m}$$

Da die Multiplikation $n \cdot m$ kommutativ ist, folgt, dass die Potenz $a^{n \cdot m}$ auch als $a^{m \cdot n}$ bzw. $(a^m)^n$ geschrieben werden kann. Das bedeutet, dass beim Potenzieren von Potenzen die Exponenten vertauscht werden können.

$$(a^n)^m = a^{n \cdot m} = (a^m)^n$$

**Beispiel:** Potenzieren von Potenzen

- $(3^2)^4 = 3^{2 \cdot 4} = 3^8$
- $((-2)^5)^2 = (-2)^{5 \cdot 2} = (-2)^{10}$

**Potenzieren von Potenzen**

Potenzen werden potenziert, indem die Exponenten multipliziert werden.

$$(a^n)^m = a^{n \cdot m} = (a^m)^n \qquad a \in \mathbb{Q} \text{ und } n, m \in \mathbb{N}$$

**Anmerkung**

(1) In der Reihenfolge der Priorität der Rechenoperationen ist das Potenzieren wie folgt eingeordnet:

1. Klammerausdrücke
2. Potenzen
3. Punktrechnung (·, :)
4. Strichrechnung (+,–)

Das heißt, dass Potenzen eine höhere Auswertungspriorität als Punktrechnungen (Multiplikation und Division) haben und somit vor diesen berechnet werden müssen. Umgekehrt haben Potenzen eine geringere Auswertungspriorität als Klammerausdrücke. Daher werden Klammerausdrücke vor Potenzen berechnet.

(2) Beim Potenzieren von Potenzen müssen die Basis und der Exponent der jeweiligen Potenz exakt bestimmt werden. Aufgrund der Auswertungsreihenfolge muss beispielsweise bei der Potenz $2^{3^2}$ zuerst die Potenz $3^2$ berechnet werden. Das Ergebnis ist der Exponent zur Basis 2.

$2^{3^2} = 2^9 = 512$

Bei der Potenz $(2^3)^2$ ist $2^3$ die Basis und die Zahl 2 der Exponent. Gemäß der obenstehenden Regel kann die Potenz $(2^3)^2$ zu $2^{3 \cdot 2} = 2^6$ zusammengefasst werden.

$(2^3)^2 = 2^6 = 64$

Man erkennt unschwer, dass die Potenzen $2^{3^2}$ und $(2^3)^2$ zu komplett unterschiedlichen Werten führen.

**Aufgaben**

1. Zeigen Sie, dass sich die folgenden Potenzen jeweils ineinander umformen lassen.

a) $\left(\frac{a^n}{a^2}\right)^2 \Leftrightarrow a^{2n-4}$

b) $(2^a \cdot 2^3)^3 \Leftrightarrow 2^{3a+9}$

2. Berechnen Sie die Werte folgenden Potenzen ohne Verwendung des Taschenrechners: $2^{2^3}$ und $(2^2)^3$

### 1.4.10.6 Potenzieren von Produkten und Quotienten

Produkte und Quotienten werden unter Verwendung der folgenden Regeln potenziert.

**Potenzieren von Produkten und Quotienten**

Produkte werden potenziert, indem jeder Faktor potenziert wird.

$(a \cdot b)^n = a^n \cdot b^n \qquad a, b \in \mathbb{Q}$ und $n \in \mathbb{N}$

Quotienten werden potenziert, indem Zähler (Dividend) und Nenner (Divisor) potenziert werden.

$\left(\frac{a}{b}\right)^n = \frac{a^n}{b^n} \qquad a \in \mathbb{Q},\ b \in \mathbb{Q}\setminus\{0\}$ und $n \in \mathbb{N}$

Die Gültigkeit dieser Regeln kann man sich anhand der Potenz $(a \cdot b)^3$ verdeutlichen. Diese Potenz steht für das Produkt $a \cdot b \cdot a \cdot b \cdot a \cdot b$. Unter Verwendung des Kommutativ- und des Assoziativgesetzes kann das Produkt als $(a \cdot a \cdot a) \cdot (b \cdot b \cdot b)$ geschrieben werden. In Potenzschreibweise lautet dieses Produkt $a^3 \cdot b^3$. Somit ist gezeigt, dass gilt $(a \cdot b)^3 = a^3 \cdot b^3$.

**Beispiel:** Potenzieren von Summen und Differenzen

- $(5 \cdot x)^2 = 5^2 \cdot x^2 = 25x^2$
- $(-7 \cdot x^2)^2 = (-7)^2 \cdot (x^2)^2 = 49x^4$
- $x^2 \cdot y^2 = (x \cdot y)^2$
- $25 \cdot a^2 = 5^2 \cdot a^2 = (5a)^2$
- $\left(\frac{x}{2}\right)^3 = \frac{x^3}{2^3} = \frac{x^3}{8}$
- $\left(\frac{5}{4}\right)^2 = \frac{5^2}{4^2} = \frac{25}{16}$
- $\frac{25}{36} = \frac{5^2}{6^2} = \left(\frac{5}{6}\right)^2$

## Aufgaben

1. Potenzieren Sie die Produkte beziehungsweise Quotienten.

   a) $\left(\frac{b^4}{3}\right)^3$ b) $(4xy)^n$ c) $\left(\frac{1}{4} \cdot a \cdot b \cdot c^4\right)^2$ d) $\left(\frac{4xy^2}{3}\right)^2$

2. Ermitteln Sie die jeweilige Basis der Potenzen.

   a) $4a^2 \Leftrightarrow (\ldots)^2$

   b) $x^3y^3z^6 \Leftrightarrow (\ldots)^3$

   c) $4x^2y^2z^4 \Leftrightarrow (\ldots)^2$

   d) $\frac{8a^3}{27} \Leftrightarrow (\ldots)^3$

   e) $\frac{16a^2b^2}{49c^4} \Leftrightarrow (\ldots)^2$

3. Vereinfachen Sie folgenden Ausdruck. Nennen Sie für jeden Vereinfachungsschritt das entsprechende Rechengesetz.

   $\left(\frac{5}{2x^2} \cdot 4x^3\right)^2$

4. Ein Mitschüler hat Fragen zu folgender Rechnung. Beantworten Sie diese.

   (1) $\left(\frac{3}{4}x\right)^3 \cdot \left(\frac{1}{x}\right)^4 + \frac{3}{2x}$

   (2) $= \frac{27}{64} \cdot x^3 \cdot \frac{1}{x^4} + \frac{3}{2x}$

   (3) $= \frac{27}{64} \cdot \frac{1}{x} + \frac{3}{2x}$

   (4) $= \frac{27}{64x} + \frac{96}{64x}$

   (5) $= \frac{27 + 96}{64x} = \frac{123}{64x}$

   - Welche Potenzgesetze wurden in Zeile (2) angewandt, um auf $\frac{27}{64} \cdot x^3$ zu kommen?
   - In Zeile (2) müsste doch eigentlich $1^4$ im Zähler des Bruchs $\frac{1}{x^4}$ stehen?
   - Wie kommt man in Zeile (3) auf $\frac{1}{x}$?
   - Warum wurde in Zeile (4) aus $\frac{3}{2x}$ $\frac{96}{64x}$ gemacht?

### 1.4.10.7 Besondere Exponenten

In diesem Abschnitt wird erläutert, welche Bedeutungen die Exponenten 0 und 1 haben. Dazu betrachten wir zunächst die Potenz $\frac{3^4}{3^4}$. Ausführlich geschrieben lautet der Bruch $\frac{3 \cdot 3 \cdot 3 \cdot 3}{3 \cdot 3 \cdot 3 \cdot 3}$. Der Zähler und der Nenner dieses Bruchs können vollständig gekürzt werden. Es bleibt daher nach dem Kürzen sowohl im Zähler als auch im Nenner die Zahl 1 übrig. Der Bruch $\frac{3^4}{3^4}$ hat somit den Wert 1.

$$\frac{3^4}{3^4} = \frac{3 \cdot 3 \cdot 3 \cdot 3}{3 \cdot 3 \cdot 3 \cdot 3} = \frac{1}{1} = 1$$

Wir wissen aus der vorherigen Überlegung, dass der Wert des Bruchs $\frac{3^4}{3^4}$ gleich 1 ist. Der Bruch $\frac{3^4}{3^4}$ kann mithilfe des Potenzgesetzes »Dividieren von Potenzen mit gleicher Basis« zu 30 zusammengefasst werden, wie in folgender Rechnung zu sehen ist.

$$\frac{3^4}{3^4} = 3^{4-4} = 3^0$$

Insgesamt ist damit gezeigt, dass gilt: $3^0 = 1$. Aus diesem Beispiel kann gefolgert werden, dass jede Potenz mit dem Exponenten 0 gleich 1 ist.

**Der Exponent 0**

Jede Potenz mit dem Exponenten 0 und einer Basis $a$ hat den Wert 1.

$a^0 = 1 \qquad a \in \mathbb{Q}\backslash\{0\}$

Durch ähnliche Überlegungen erschließt sich die Bedeutung des Exponenten 1. Betrachtet man beispielsweise den Bruch $\frac{5^3}{5^2}$ und schreibt Zähler und Nenner als Produkt erhält man den Bruch $\frac{5 \cdot 5 \cdot 5}{5 \cdot 5}$. Durch vollständiges Kürzen des Bruches bleibt die Zahl 5 übrig.

$$\frac{5^3}{5^2} = \frac{5 \cdot 5 \cdot 5}{5 \cdot 5} = 5$$

Mithilfe der Potenzgesetze kann der Bruch $\frac{5^3}{5^2}$ zu $5^{3-2} = 5^1$ zusammengefasst werden. Insgesamt ist damit gezeigt, dass $\frac{5^3}{5^2} = 5$ und $\frac{5^3}{5^2} = 5^1$ist. Somit folgt unmittelbar, dass $5^1 = 5$ ist. Aus diesem Beispiel kann gefolgert werden, dass eine beliebige Zahl $a$ hoch 1 die Zahl selbst ist.

**Der Exponent 1**

Jede Potenz mit dem Exponenten 1 und einer Basis $a$ hat den Wert $a$.

$a^1 = a \qquad a \in \mathbb{Q}\backslash\{0\}$

**Aufgabe**

Weisen Sie nach, dass $(-10)^0$ gleich 1 ist.

### 1.4.10.8 Negative Exponenten

Eine Potenz mit negativen Exponenten lässt sich mit folgender Regel zu einer Potenz mit positiven Exponenten umschreiben:

$$a^{-n} = \frac{1}{a^n} \; (a \in \mathbb{Q}\backslash\{0\},\ n \in \mathbb{N})$$

Die Gültigkeit dieser Regel kann mithilfe des Bruches $\frac{5^4}{5^6}$ verdeutlicht werden. Schreibt man Zähler und Nenner ausführlich als Produkt, dann erhält man den Bruch $\frac{5 \cdot 5 \cdot 5 \cdot 5}{5 \cdot 5 \cdot 5 \cdot 5 \cdot 5 \cdot 5}$. Durch Kürzen entsteht der Bruch $\frac{1}{5 \cdot 5} = \frac{1}{5^2}$.

Das bedeutet, dass die Brüche $\frac{5^4}{5^6}$ und $\frac{1}{5^2}$ äquivalent sind.

Der Bruch $\frac{5^4}{5^6}$ kann mithilfe der Potenzgesetze zu $\frac{5^4}{5^6} = 5^{4-6} = 5^{-2}$ zusammengefasst werden. Somit gilt einerseits $\frac{5^4}{5^6} = \frac{1}{5^2}$ und andererseits $\frac{5^4}{5^6} = 5^{-2}$. Daraus kann gefolgert werden, dass die Potenz $5^{-2}$ dem Bruch $\frac{1}{5^2}$ entspricht, was die oben genannte Regel bestätigt.

**Negative Exponenten**

Jede Potenz mit negativen Exponenten lässt sich in einen Bruch umschreiben.

$$a^{-n} = \frac{1}{a^n} \qquad (a \in \mathbb{Q}\backslash\{0\},\ n \in \mathbb{N})$$

**Beispiel:** Potenzen mit negativen Exponenten

- $6^{-2} = \frac{1}{6^2} = \frac{1}{36}$
- $x^{-3} = \frac{1}{x^3} \quad x \in \mathbb{Q}\backslash\{0\}$
- $(2a)^{-2} = \frac{1}{(2a)^2} = \frac{1}{4a^2} \quad a \in \mathbb{Q}\backslash\{0\}$
- $2a^{-2} = 2 \cdot \frac{1}{a^2} = \frac{2}{a^2} \quad a \in \mathbb{Q}\backslash\{0\}$

**Aufgaben**

1. Schreiben Sie die Terme mit positiven Exponenten ($a, b, x \in \mathbb{Q}\backslash\{0\}$).
   a) $4^{-3}$ b) $10^{-2}$ c) $a^{-2}$ d) $(2b)^{-4}$
   e) $\left(\frac{1}{2}\right)^{-2}$ f) $\left(\frac{1}{2}\right)^{-1}$ g) $\left(\frac{3}{2}\right)^{-3}$ h) $\left(\frac{1}{x}\right)^{-2}$
2. Schreiben Sie die Terme mit negativen Exponenten.
   a) $\frac{1}{81}$ b) $\frac{1}{100}$ c) $\frac{1}{16}$ d) $\frac{1}{144}$
3. Zeigen Sie, dass gilt: $0{,}05 = 5 \cdot 10^{-2}$

## 1.4.11 Binomische Formeln

In diesem Abschnitt werden die sogenannten Binomischen (Binom: zweigliedriger Term) Formeln behandelt. Sie stellen zeitsparende Rechenhilfen dar und geben an, wie Summen und Differenzen potenziert werden bzw. wie zwei zweigliedrige Klammerausdrücke, die sich lediglich in ihren Rechenzeichen unterscheiden, miteinander multipliziert werden.

### 1.4.11.1 Erste binomische Formel

Die erste Binomische Formel gibt an, wie die Summe $(a + b)$ quadriert wird. Die erste Binomische Formel wird im Folgenden hergeleitet.

## ■ Herleitung der ersten Binomischen Formel

Bei der Herleitung der ersten Binomischen Formel wird die Potenz $(a+b)^2$ in das Produkt $(a+b)\cdot(a+b)$ umgeschrieben. Anschließend erfolgt das Ausmultiplizieren der Klammerausdrücke. Auf diese Weise erhält man den Term $a^2+2ab+b^2$.

$$(a+b)^2 = (a+b)\cdot(a+b) = a^2+ab+ba+b^2 = a^2+2ab+b^2$$

Die erste Binomische Formel gibt somit an, dass die Potenz $(a+b)^2$ gleich dem Term $a^2+2ab+b^2$ ist. Daher können die beiden Ausdrücke ohne Rechnung ineinander umgewandelt werden.

**Beispiele:** Erste Binomische Formel

- $(y+5)^2 = y^2+2\cdot y\cdot 5+5^2$
  $= y^2+10y+25$
- $(a+4)^2 = a^2+2\cdot a\cdot 4+4^2$
  $= a^2+8a+16$

**Erste Binomische Formel**

Die Summe $(a+b)$ wird nach folgender Formel quadriert:

$$(a+b)^2 = a^2+2ab+b^2$$

**Anmerkung** Der wesentliche Vorteil der ersten Binomischen Formeln gegenüber dem Ausmultiplizieren der Klammerausdrücke $(a+b)\cdot(a+b)$ ist die Zeitersparnis. Mithilfe der ersten Binomischen Formel lässt sich nämlich die Summe $(a+b)$ in einem Rechenschritt ausmultiplizieren.

$$(a+b)^2 = a^2+2ab+b^2$$

**Beispielaufgabe**

Lösen Sie die Potenzen mithilfe der Binomischen Formeln auf.

a) $(p+4)^2$ b) $\left(2a+\frac{1}{2}\right)^2$ c) $\left(\frac{3}{4}x^2+4y\right)^2$

**Lösung**

**a)** $(p+4)^2 = p^2+2\cdot p\cdot 4+4^2$
$= p^2+8p+16$

**b)** $\left(2a+\frac{1}{2}\right)^2 = (2a)^2+2\cdot 2a\cdot\frac{1}{2}+\left(\frac{1}{2}\right)^2$
$= 4a^2+2a+\frac{1}{4}$

Der erste Summand der Summe $2a+\frac{1}{2}$ ist $2a$.

Dieser muss gesamt quadriert werden. Daher wird dieser nach der Anwendung der ersten Binomischen Formel in Klammern geschrieben.

**c)** $\left(\frac{3}{4}x^2+4y\right)^2 = \left(\frac{3}{4}x^2\right)^2+2\cdot\frac{3}{4}x^2\cdot 4y+(4y)^2$
$= \frac{9}{16}x^4+6x^2y+16y^2$

### ■ Grafische Veranschaulichung der ersten Binomischen Formel

Die erste Binomische Formel lässt sich mithilfe eines Quadrats mit den Seitenlängen $(a+b)$ veranschaulichen **(Bild 1)**.

Der Flächeninhalt des gesamten Quadrats lässt sich auf zwei Weisen berechnen. Die erste lautet:

$$A_1 = (a+b) \cdot (a+b) = (a+b)^2$$

Auf der anderen Seite setzt sich der Flächeninhalt aus vier Teilflächen, zwei Quadraten und zwei Rechtecken, zusammen. Wie man in **Bild 1** erkennt, haben die Quadrate einen Flächeninhalt von $a^2$ bzw. $b^2$. Die zwei Rechtecke haben den Flächeninhalt $a \cdot b$. Insgesamt lässt sich somit der Flächeninhalt des gesamten Quadrats aus der Summe der Teilflächen $a^2$, $b^2$ und zweimal $a \cdot b$ berechnen:

$$A_2 = a^2 + ab + ab + b^2 = a^2 + 2ab + b^2$$

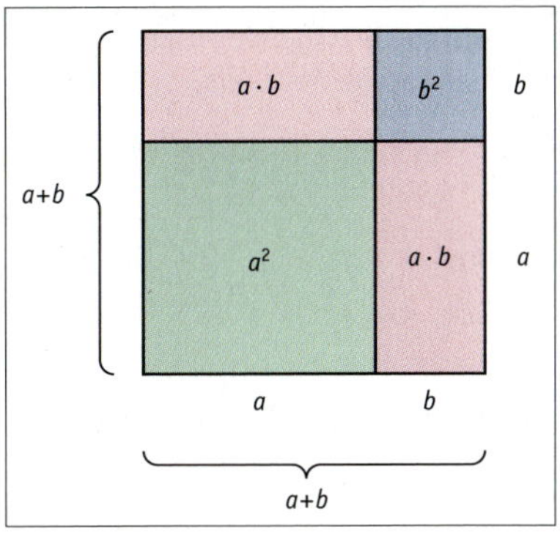


**Bild 1:** Veranschaulichung der Binomischen Formel

Da der Flächeninhalt des gesamten Quadrats unabhängig davon ist, wie er berechnet wird, gilt:

$A_1 = A_2$ bzw. $(a+b)^2 = a^2 + 2ab + b^2$. Diese Gleichung stellt die erste Binomische Formel dar.

### ■ Umkehrung der ersten Binomischen Formel

Bisher wurde die erste Binomische Formel $(a+b)^2 = a^2 + 2ab + b^2$ stets von links nach rechts angewendet. Das bedeutet, dass sie zum Auflösen der Potenz $(a+b)^2$ in den Term $a^2 + 2ab + b^2$ genutzt wurde. Die Gleichung $(a+b)^2 = a^2 + 2ab + b^2$ kann aber auch von rechts nach links gelesen werden. Das bedeutet, dass ein Term, der die Struktur $a^2 + 2ab + b^2$ hat, zur Potenz $(a+b)^2$ zusammengefasst werden kann. Um die erste Binomische Formel in diese Richtung anzuwenden, muss man jedoch die Struktur dieser Formel verinnerlicht haben. Im Folgenden wird die erste Binomische Formel $(a+b)^2 = a^2 + 2ab + b^2$ von rechts nach links angewendet.

**Beispiele:** Anwenden der ersten Binomischen Formel

- $x^2 + 6x + 9 = x^2 + 2 \cdot 3 \cdot x + 3^2 = (x+3)^2$
- $x^2 + 10x + 25 = x^2 + 2 \cdot 5 \cdot x + 5^2 = (x+5)^2$
- $4x^2 + 20x + 25 = (2x)^2 + 2 \cdot 5 \cdot 2x + 5^2 = (2x+5)^2$
- $x^2 + 2xy + y^2 = x^2 + 2 \cdot y \cdot x + y^2 = (x+y)^2$

### ■ Potenzen der Form $(-a-b)^2$

Mithilfe der ersten Binomischen Formel können auch Ausdrücke vom Typ $(-a-b)^2$ aufgelöst werden. Es gilt: $(-a-b)^2 = a^2 + 2ab + b^2$. Die Begründung für die Gültigkeit dieser Gleichung ist im Folgenden zu sehen.

$$\begin{aligned}(-a-b)^2 &= [-1 \cdot (a+b)]^2 \\ &= (-1)^2 \cdot (a+b)^2 \\ &= 1 \cdot (a^2 + 2ab + b^2) \\ &= a^2 + 2ab + b^2\end{aligned}$$

## Aufgaben

1. Lösen Sie folgende Potenzen mithilfe der ersten Binomischen Formel auf. Verzichten Sie auf die Verwendung des Taschenrechners.

   a) $(x+2y)^2$ b) $(4+a)^2$ c) $\left(\frac{1}{4}+x\right)^2$ d) $(5+ab)^2$

   e) $(x^2+10)^2$ f) $\left(\frac{5}{2}x+\frac{3}{4}y\right)^2$ g) $\left(\frac{1}{2}b^2+6\right)^2$ h) $(-5x-4y)^2$

2. Bestimmen Sie den Wert des jeweiligen Platzhalters.

   a) $(x+10)^2 \quad \Leftrightarrow \quad x^2+\square x+100$

   b) $(a+7)^2 \quad \Leftrightarrow \quad a^2+14\square+\square$

   c) $(10+\square)^2 \quad \Leftrightarrow \quad 100+100x+\square$

   d) $(\square+\square)^2 \quad \Leftrightarrow \quad \square+64x+4x^2$

   e) $\left(\frac{1}{2}+\square\right)^2 \quad \Leftrightarrow \quad \square+\frac{3}{5}x+\square x^2$

3. Fassen Sie zu Potenzen zusammen.

   a) $x^2+14x+49$ b) $4x^2+24x+36$ c) $a^2+2ab+b^2$

   d) $100+20x+x^2$ e) $64x^2+96x+36$ f) $\frac{1}{4}x^2+\frac{1}{2}x+1$

4. Beurteilen Sie die Richtigkeit der folgenden Rechnung. Begründen Sie Ihre Angabe.

$$\left(\frac{5}{2}x+4x^3\right)^2 = \frac{5}{2}x^2+2\cdot\frac{5}{2}x\cdot 4x^3+4x^6$$
$$=\frac{5}{2}x^2+20x^4+16x^6$$

5. Eine Mitschülerin versteht die Begründung nicht, warum auf den Ausdruck $(-a-b)^2$ die erste Binomische Formel angewandt werden darf. Sie hat dazu folgende Fragen. Beantworten Sie diese.

   (1) $(-a-b)^2 = [-1\cdot(a+b)]^2$

   (2) $= (-1)^2\cdot(a+b)^2$

   (3) $= 1\cdot(a^2+2ab+b^2)$

   (4) $= a^2+2ab+b^2$

   – Was genau wird mathematisch gesehen im ersten Schritt (1) gemacht?

   – Welche Rechenregel wird verwendet, um von $[-1\cdot(a+b)]^2$ auf $(-1)^2\cdot(a+b)^2$ zu kommen?

### 1.4.11.2 Zweite binomische Formel

Die zweite Binomische Formel gibt an, wie die Differenz $(a-b)$ quadriert wird.

#### ■ Herleitung der zweiten Binomischen Formel

Bei der Herleitung der zweiten Binomischen Formel wird die Potenz $(a-b)^2$ in das Produkt $(a-b)\cdot(a-b)$ umgeschrieben. Anschließend werden die Klammerausdrücke ausmultipliziert. Auf diese Weise erhält man den Term $a^2-2ab+b^2$.

$$(a-b)^2 = (a-b)\cdot(a-b) = a^2-ab-ba+b^2 = a^2-2ab+b^2$$

Die zweite Binomische Formel gibt somit an, dass die Potenz $(a-b)^2$ und der Term $a^2 + 2ab + b^2$ gleichwertig sind. Daher können diese beiden Ausdrücke ohne Rechnung ineinander umgewandelt werden.

**Beispiele:** Zweite Binomische Formel

- $(a-5)^2 = a^2 - 2 \cdot a \cdot 5 + 5^2$
  $= a^2 - 10a + 25$
- $(b-4)^2 = b^2 - 2 \cdot b \cdot 4 + 4^2$
  $= b^2 - 8b + 16$

**Zweite Binomische Formel**

Die Differenz $(a-b)$ wird nach folgender Formel quadriert:

$$(a-b)^2 = a^2 - 2ab + b^2$$

**Beispielaufgabe**

Lösen Sie die Potenzen mithilfe der Binomischen Formeln auf.

a) $(a-3)^2$ b) $(2x-5)^2$ c) $\left(\frac{3}{2}b - \frac{5}{2}\right)^2$

**Lösung**

**a)** $(a-3)^2 = a^2 - 2 \cdot a \cdot 3 + 3^2 = a^2 - 6a + 9$ a)

**b)** $(2x-5)^2 = (2x)^2 - 2 \cdot 2x \cdot 5 + 5^2 = 4x^2 - 20x + 25$

**c)** $\left(\frac{3}{2}b - \frac{5}{2}\right)^2 = \left(\frac{3}{2}b\right)^2 - 2 \cdot \frac{3}{2}b \cdot \frac{5}{2} + \left(\frac{5}{2}\right)^2 = \frac{9}{4}b^2 - \frac{15}{2}b + \frac{25}{4}$

**Grafische Veranschaulichung der zweiten Binomischen Formel**

Die zweite Binomische Formel lässt sich mithilfe der Figur von **Bild 1** grafisch veranschaulichen.

Die grün markierte Fläche lässt sich auf zwei verschiedene Weisen berechnen. Zum einen stellt die Fläche ein Quadrat mit den Seitenlängen $a-b$ dar. Somit beträgt der Flächeninhalt $A_1 = (a-b)^2$.

Andererseits lässt sich die Fläche des grünen Quadrats berechnen, indem man vom Quadrat mit den Seitenlängen $a$ zunächst zweimal die rosa markierten Rechtecke abzieht. Die Rechtecke haben jeweils einen Flächeninhalt von $a \cdot b$. Anhand von **Bild 1** erkennt man, dass das Quadrat, das einen Flächeninhalt von $b^2$ hat, zu viel abgezogen wurde. Daher muss dieses Quadrat einmal hinzugefügt werden. Die grün markierte Fläche lässt sich daher wie folgt berechnen:

$$A_2 = a^2 - a \cdot b - a \cdot b + b^2 = a^2 - 2ab + b^2.$$

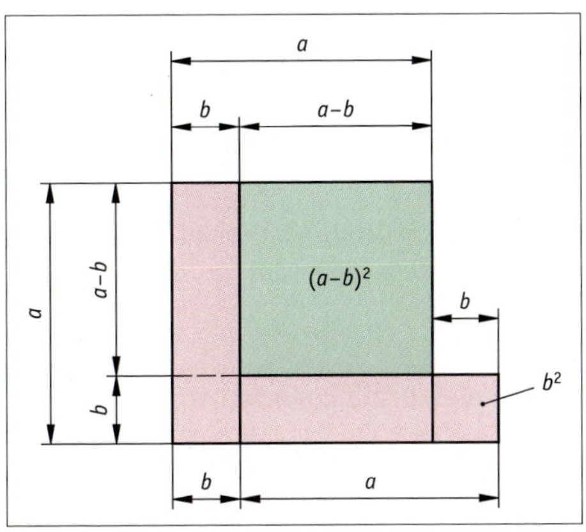


**Bild 1:** Grafische Veranschaulichung der zweiten Binomischen Formel

Der Flächeninhalt des grün markierten Quadrats ist unabhängig davon, wie er berechnet wird. Daher gilt:

$A_1 = A_2 \Leftrightarrow (a-b)^2 = a^2 - 2ab + b^2$. Diese Gleichung entspricht der zweiten Binomischen Formel.

### ■ Umkehrung der zweiten Binomischen Formel

Die zweite Binomische Formel $(a-b)^2 = a^2 - 2ab + b^2$ lässt sich ähnlich wie die erste Binomische Formel von rechts nach anwenden.

**Beispiele:** Anwenden der zweiten Binomischen Formel

- $x^2 - 4x + 4 = x^2 - 2 \cdot 2 \cdot x + 2^2 = (x-2)^2$
- $x^2 - 16x + 64 = x^2 - 2 \cdot 8 \cdot x + 8^2 = (x-8)^2$
- $9x^2 + 36x + 36 = (3x)^2 + 2 \cdot 6 \cdot 3x + 6^2 = (3x-6)^2$
- $x^2 - 4xy + 4y^2 = x^2 - 2 \cdot 2y \cdot x + (2y)^2 = (x-2y)^2$

**Aufgaben**

1. Fassen Sie die Terme zusammen. Benutzen Sie, wenn möglich, die Binomischen Formeln.

   a) $8 - 2 \cdot (x-2)^2 - 4x$  b) $(a-2)^2 + (2-a)^2$

   c) $\frac{3}{16} + \left(\frac{1}{2}x - \frac{3}{4}\right)^2 - \frac{1}{4}(3-x)$  d) $-(3x+7)^2 + 2 \cdot (2-2x)^2$

2. Bestimmen Sie den Wert des jeweiligen Platzhalters.

   a) $(x-5)^2 \Leftrightarrow x^2 - \square x + 25$  b) $(p-1)^2 \Leftrightarrow p^2 - 2\square + \square$

   c) $(4-\square)^2 \Leftrightarrow \square - 32y + \square$  d) $(\square - \square)^2 \Leftrightarrow \square - 30x + 25x^2$

   e) $\left(\frac{1}{2} - \square\right)^2 \Leftrightarrow \square - \frac{6}{5}x + \square x^2$

### 1.4.11.3 Dritte binomische Formel

Die dritte Binomische Formel gibt das Ergebnis der Multiplikation zweier zweigliedriger Klammerausdrücke an, die sich lediglich in ihrem Rechenzeichen unterscheiden. Laut dieser Formel gilt: $(a-b) \cdot (a+b) = a^2 - b^2$ (dritte Binomisch Formel).

Analog zur ersten und zweiten Binomischen Formel könnte der Klammerausdruck $(a-b) \cdot (a+b)$ ausmultipliziert und anschließend zusammengefasst werden. Das Ergebnis ist $a^2 - b^2$.

$$
\begin{aligned}
(a-b) \cdot (a+b) &= a \cdot a + a \cdot b - b \cdot a - b \cdot b \\
&= a^2 - b^2
\end{aligned}
$$

Mithilfe der dritten Binomischen Formel lässt sich jedoch ohne umfangreiche Rechnung das Ergebnis der Multiplikation der Klammerausdrücke $(a-b) \cdot (a+b)$ angeben.

$$(a-b) \cdot (a+b) = a^2 - b^2$$

**Beispiele:** Dritte Binomischen Formel

- $(x-5) \cdot (x+5) = x^2 - 5^2 = x^2 - 25$
- $(2x-3) \cdot (2x+3) = (2x)^2 - 3^2 = 4x^2 - 9$

**Beispielaufgabe**

Wenden Sie die dritte Binomische Formel auf die Klammerausdrücke an.

a) $(x-2)\cdot(x+2)$ b) $\left(\frac{1}{2}-y\right)\cdot\left(\frac{1}{2}+y\right)$ c) $(x^2+4y)\cdot(x^2-4y)$

**Lösung**

**a)** $(x-2)\cdot(x+2) = x^2-2^2 = x^2-4$

**b)** $\left(\frac{1}{2}-y\right)\cdot\left(\frac{1}{2}+y\right) = \left(\frac{1}{2}\right)^2-y^2 = \frac{1}{4}-y^2$

**c)** $(x^2+4y)\cdot(x^2-4y) = (x^2)^2-(4y)^2 = x^4-16y^2$

**Dritte Binomische Formel**

Die dritte Binomische Formel gibt das Ergebnis der Multiplikation zweier Klammerausdrücke an, die sich nur im Vorzeichen unterscheiden.

$(a-b)\cdot(a+b) = a^2-b^2$

## ▪ Umkehrung der dritten Binomischen Formel

Häufig muss das dritte Binom $(a-b)\cdot(a+b) = a^2-b^2$ von rechts nach links angewandt werden:

$(a-b)\cdot(a+b) \leftarrow a^2-b^2$

**Beispiele:** Anwenden der dritten Binomischen Formel

- $9-x^2 = 3^2-x^2$
  $= (3-x)\cdot(3+x)$
- $25-x^2y^2 = 5^2-(xy)^2$
  $= (5-xy)\cdot(5+xy)$

**Aufgabe**

1. Wenden Sie die dritte Binomische Formel an.

   a) $(x+2y)\cdot(x-2y)$ b) $(3+2a)\cdot(2a-3)$ c) $\frac{36}{25}-x^2$

2. Ergänzen Sie die Terme passend.

   a) $(2x+\square)\cdot(2x-\square) = 4x^2-9$

   b) $\left(\frac{3}{2}+\square\right)\cdot\left(\frac{3}{2}-\square\right) = \frac{9}{4}-9x^2$

### 1.4.12 Aufgaben zum Rechnen mit rationalen Zahlen

1. Kürzen Sie, wenn möglich, die Brüche vollständig. Verzichten Sie auf den Einsatz Ihres Taschenrechners.

   a) $\frac{385}{462}$ b) $\frac{120}{192}$

   c) $\frac{96}{64}$ d) $\frac{504xy}{360x}$

   e) $\frac{25ab}{125ab}$ f) $\frac{121ax}{11ax}$

   g) $\frac{5+8x}{10}$ h) $\frac{2\cdot(7-3x)}{12}$

   i) $\frac{-9x}{18x+5}$ j) $\frac{27\cdot(1-ab)}{9\cdot(ab+1)}$

2. Addieren beziehungsweise subtrahieren Sie die folgenden Brüche. Kürzen Sie, wenn möglich, die vorkommenden Brüche vollständig. Verzichten Sie auf den Einsatz Ihres Taschenrechners.

   a) $\frac{5}{6}+\frac{7}{6}$ b) $\frac{5}{6}-\frac{7}{6}$

   c) $\frac{1}{4}+\frac{7}{4}-\frac{9}{4}$ d) $-\frac{4}{5}+\frac{1}{5}-\frac{7}{5}$

   e) $\frac{1}{2x}+\frac{3}{2x}$ f) $\frac{5}{1-y}+\frac{7}{1-y}-\frac{1}{1-y}$

   g) $\frac{x+2}{2}+\frac{5x}{2}+\frac{1}{2}$ h) $\frac{2x+5}{5}-\frac{9x+3}{5}$

   i) $\frac{2+a}{21-a}-\frac{a+8}{-a+21}+\frac{1}{21-a}$ j) $\frac{2-x}{16}+\frac{1}{16}-\frac{3-x}{16}$

3. Bestimmen Sie von folgenden Brüchen den jeweiligen Hauptnenner und machen Sie im Anschluss die Brüche gleichnamig.

   a) $\frac{5}{12}\quad\frac{2}{15}$ b) $\frac{10}{27}\quad\frac{10}{36}$

   c) $\frac{4}{21}\quad\frac{6}{35}\quad\frac{1}{28}$ d) $\frac{3}{56}\quad\frac{3}{70}\quad\frac{7}{98}$

   e) $\frac{5}{4xy}\quad\frac{1}{10x}$ f) $\frac{3}{ab}\quad\frac{3}{4}$

   g) $\frac{15}{16ab^2}\quad\frac{5}{12a^2b}$ h) $\frac{10}{11xyz}\quad\frac{9}{22x}\quad\frac{8}{33y}$

4. Addieren beziehungsweise subtrahieren Sie die folgenden Brüche von Hand. Kürzen Sie wenn möglich die vorkommenden Brüche vollständig.

   a) $\frac{5}{12}+\frac{3}{16}$ b) $\frac{3}{4}-\frac{7}{18}$

   c) $\frac{1}{15}+\frac{4}{25}-\frac{1}{10}$ d) $-\frac{1}{3}+\frac{1}{27}-\frac{5}{12}$

   e) $\frac{1}{x}+\frac{1}{2}$ f) $\frac{3}{y}+\frac{7}{2}-\frac{9}{4y}$

   g) $2+\frac{5}{6}-\frac{11}{4}$ h) $\frac{20+x}{5x}-\frac{4+x}{x}+3$

   i) $\frac{1}{2}-\left[4-\left(x-\frac{2x-1}{2}\right)\right]$ j) $\frac{1}{2}-\left(\frac{7+2x}{2x}-\frac{2}{x}\right)+\frac{5}{4}$

5. Multiplizieren Sie die folgenden Brüche. Kürzen Sie wenn möglich die vorkommenden Brüche vollständig.

a) $\frac{3}{4} \cdot \frac{2}{9}$

b) $\frac{1}{2} \cdot \left(-\frac{4}{3}\right)$

c) $\frac{5}{9} \cdot \frac{1}{10} \cdot \frac{11}{2}$

d) $\frac{5}{2} \cdot \frac{b}{2} \cdot \frac{5a}{4}$

e) $6 \cdot \frac{1}{4} \cdot \frac{2}{3}$

f) $\frac{1}{5} \cdot \frac{15}{4} \cdot (-2)$

g) $2 \cdot \frac{5}{6} \cdot \left(-\frac{11}{10}\right)$

h) $\frac{3}{2} \cdot \frac{x-1}{10}$

i) $\frac{1+5b}{2} \cdot 4$

j) $\frac{a+1}{5-a} \cdot \frac{4-x}{2}$

6. Fassen Sie die folgenden Ausdrücke so weit wie möglich zusammen. Verzichten Sie auf die Verwendung des Taschenrechners

a) $\frac{3}{4} \cdot \left(x - \frac{1}{2}\right) - \frac{3}{4}x$

b) $-a \cdot \left(-\frac{5}{6} + \frac{7}{3a}\right) + 5$

c) $-\left(\frac{4}{5}x + 1\right) + \frac{4}{5} \cdot \left(\frac{10}{3} + x\right)$

d) $\left(\frac{1}{2} + \frac{11}{4}x\right) \cdot (2 + a) - \frac{1}{2}a - 3ax - 1$

e) $\frac{3}{2} - \frac{1}{4} \cdot \left(\frac{8}{3}x - 1\right) + x$

f) $\left(-\frac{1}{2} + x\right) \cdot \left(a - \frac{3}{4}\right) + 2 \cdot \left(\frac{1}{4} - \frac{1}{2}x\right) \cdot \left(-a + \frac{3}{4}\right)$

7. Lösen Sie die folgenden Doppelbrüche auf. Verwenden Sie Ihren Taschenrechner, um Ihr Ergebnis zu überprüfen.

a) $\frac{\frac{1}{2}}{\frac{4}{3}}$

b) $\frac{\frac{15}{7}}{\frac{5}{14}}$

c) $\frac{2 - \frac{7}{6}}{\frac{1}{2} - 4}$

d) $\frac{1 - \frac{1}{12}}{\frac{6}{3} - \frac{5}{4}}$

8. Fassen Sie die Potenzen zusammen.

a) $4^3 \cdot 4^6 \cdot 4^2$

b) $x^3 \cdot x \cdot x^4 \cdot x^5$

c) $5^2 \cdot y^3 \cdot y^4 \cdot 5$

d) $2^{a+2} \cdot 3^2 \cdot 2^5 \cdot 3^7$

e) $\frac{3^7}{3^3}$

f) $\frac{x^2 \cdot x^4}{x^5}$

g) $\frac{10^{x-2}}{10^x}$

h) $\frac{p^5 \cdot 6 \cdot p}{6^5 \cdot p^6}$

i) $(x^6)^2$

j) $2^{3^2}$

9. Potenzieren Sie folgende Produkte beziehungsweise Quotienten.

a) $\left(\frac{1}{5}a \cdot x^3 \cdot b^2\right)^2$

b) $\left(\frac{7b^3}{3a}\right)^2$

c) $\left(\frac{3}{5} \cdot 2x^2\right)^3$

d) $\left[\frac{15}{2y} \cdot \left(\frac{2x}{5}\right)^2\right]^2$

10. Lösen Sie folgende Potenzen mithilfe der ersten beiden Binomischen Formeln auf. Verzichten Sie auf die Verwendung des Taschenrechners.

a) $(5+a)^2$ b) $(x+3)^2$

c) $(3x+4y)^2$ d) $(ab+10)^2$

e) $\left(\frac{1}{2}x+\frac{5}{2}y\right)^2$ f) $\left(-\frac{3}{4}x^2-\frac{5}{6}y\right)^2$

g) $(10-2b)^2$ h) $(2ab-6)^2$

i) $\left(\frac{7}{6}-4x\right)^2$ j) $\left(\frac{9}{5}a-\frac{11}{2}b^2\right)^2$

11. Wenden Sie jeweils die dritte Binomische Formel an.

a) $(x-5)\cdot(x+5)$ b) $(10-2y)\cdot(10+2y)$

c) $\left(\frac{1}{4}-a\right)\cdot\left(\frac{1}{4}+a\right)$ d) $\left(\frac{1}{10}-4b\right)\cdot\left(\frac{1}{10}+4b\right)$

e) $(b^2+6)\cdot(-6+b^2)$ f) $x^2-9$

g) $4a^2-25$ h) $\frac{25}{64}-9x^2$

i) $x^4-\frac{1}{4}$ j) $1-4a^2$

12. In einem Einfamilienhaus befinden sich drei Heizöltanks **(Bild 1)**, die jeweils ein maximales Fassungsvermögen von 2000 l haben.

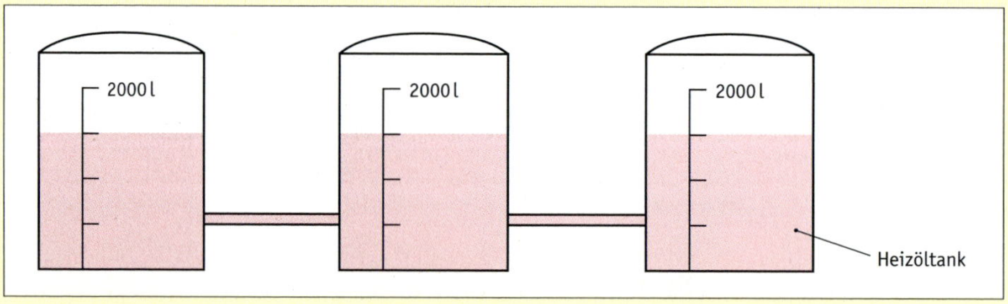


**Bild 1:** Heizöltanks

a) Geben Sie die Heizölmenge an, die sich insgesamt in den drei Tanks befindet.

b) Berechnen Sie den Anteil des verbrauchten Heizöls, wenn die Tanks bis zum maximalen Fassungsvermögen gefüllt waren. Geben Sie Ihr Ergebnis als vollständig gekürzte Bruchzahl an.

c) Während des Winters verbraucht die Familie, die in diesem Haus wohnt, $\frac{2}{3}$ der vorhandenen Heizölmenge. Berechnen Sie wie viel Heizöl die Familie im Frühjahr bestellen muss, damit die Heizöltanks wieder bis zum maximalen Fassungsvermögen gefüllt sind. Verzichten Sie auf den Einsatz Ihres Taschenrechners.

d) Berechnen Sie den Anteil des noch vorhandenen Heizöls zum Ende des Winters, bezogen auf die maximale Füllmenge der Tanks.

e) Übertragen Sie die Skizze mit den Heizöltanks in Ihr Heft und zeichnen Sie die Höhe des Heizöls am Ende des Winters ein.

f) Recherchieren Sie mithilfe Ihres Smartphones, was man unter dem Phänomen der kommunizierenden Röhrchen versteht und begründen Sie, weshalb der Füllstand in den drei verbundenen Heiztanks gleich hoch ist.

**13.** Im linken Teil des **Bild 1** ist der Behälter für Scheibenwischwasser eines Autos zu sehen. Dieser wird mit der im **Bild 1** zu sehenden Flüssigkeit aufgefüllt.

a) Bestimmen Sie rechnerisch wie viel Scheibenwischwasser sich nach dem Auffüllen im Behälter befindet.

b) Der Autobesitzer möchte den Behälter vollständig bis zur 3 l-Markierung füllen. Dazu öffnet er eine neue 2 l-Flasche mit Scheibenwischwasser. Berechnen Sie den Anteil des Scheibenwischerwassers, der aus der 2 l-Flasche entnommen wurde. Geben Sie Ihr Ergebnis als vollständig gekürzte Bruchzahl an.

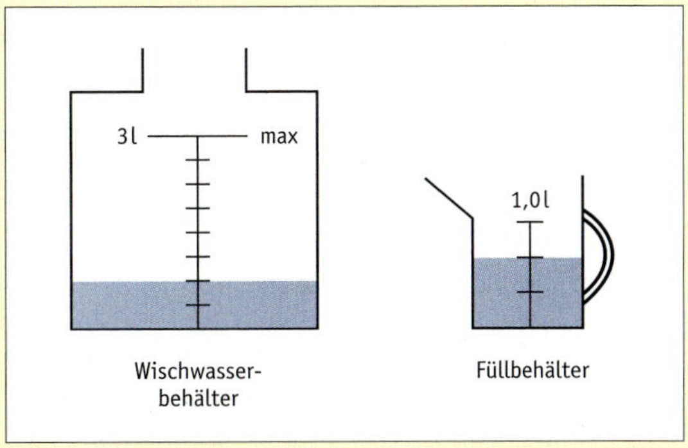


**Bild 1:** Auffüllen des Scheibenwischwassers

c) Das Auto besitzt einen Sensor, der dem Fahrer über das Display des Bordcomputer signalisiert, dass das Scheibenwischwasser zu neige geht. Der Sensor löst aus, wenn $\frac{5}{7}$ der maximalen Füllmenge verbraucht sind. Geben Sie die Menge an Wischwasser im Behälter an, wenn der Sensor gerade auslöst.

**14.** An einem Drachen **(Bild 2)** ist ein Nylonschnur befestigt. Diese ist auf ein Handrad aufgewickelt. Berechnen Sie die Länge der Schnur, wenn 8 m abgewickelt sind und ein Drittel der gesamten Schnur noch aufgewickelt ist.

**Bild 2:** Drachen

**15.** In **Bild 3** ist die jährliche Produktion an Kunststoffen in Europa und weltweit zu sehen.

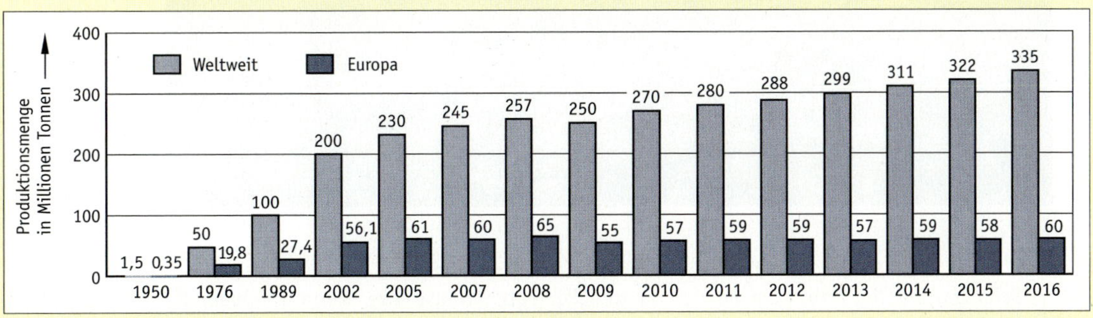


**Bild 3:** Jährliche Produktion an Kunststoffen in Europa und weltweit

a) Berechnen Sie für die Jahre 1950 und 2016 den Anteil der in Europa produzierten Kunststoffe bezogen auf die gesamte, weltweite Kunststoffherstellungen. Geben Sie jeweils den Anteil als vollständig gekürzte Bruchzahl an.

b) Schätzungen von Umweltschutzorganisationen werden $\frac{1}{20}$ bis $\frac{1}{10}$ aller produzierten nicht planmäßig recycelt, sondern gelangen ins offene Meer. Berechnen Sie wie viele Tonnen Kunststoffabfälle von den im Jahr 2015 produzierten Kunststoffen über kurz oder lang gemäß dieser Schätzung im Meer landen.

c) Ein Sprecher einer Umweltorganisation sagt aus, dass die Quote von $\frac{1}{20}$ bis $\frac{1}{10}$ zu hoch sei. Er setze sich dafür ein, dass der Anteil der nicht planmäßig recycelten Kunststoffe in den nächsten fünf Jahren auf mindestens $\frac{1}{6}$ bis $\frac{1}{5}$ sinkt. Nehmen Sie Stellung zu dieser Aussage.

d) Stellen Sie für das Jahr 2009 die jährliche Produktion von Kunststoffen in Europa und in der Welt als Kreisdiagramm dar.

e) Informieren Sie sich mithilfe des Internets über die Gefahren von Kunststoffen in Meer. Erstellen Sie zein Kurzreferat über Mikroplastik.

**16.** Für ein Fußballspiel am einem Samstagmorgen muss die Jugendmannschaft eines Würzburger Fußballvereins nach Neu-Ulm reisen **(Bild 1)**. Die Hinfahrt erfolgt über die Autobahn A7.

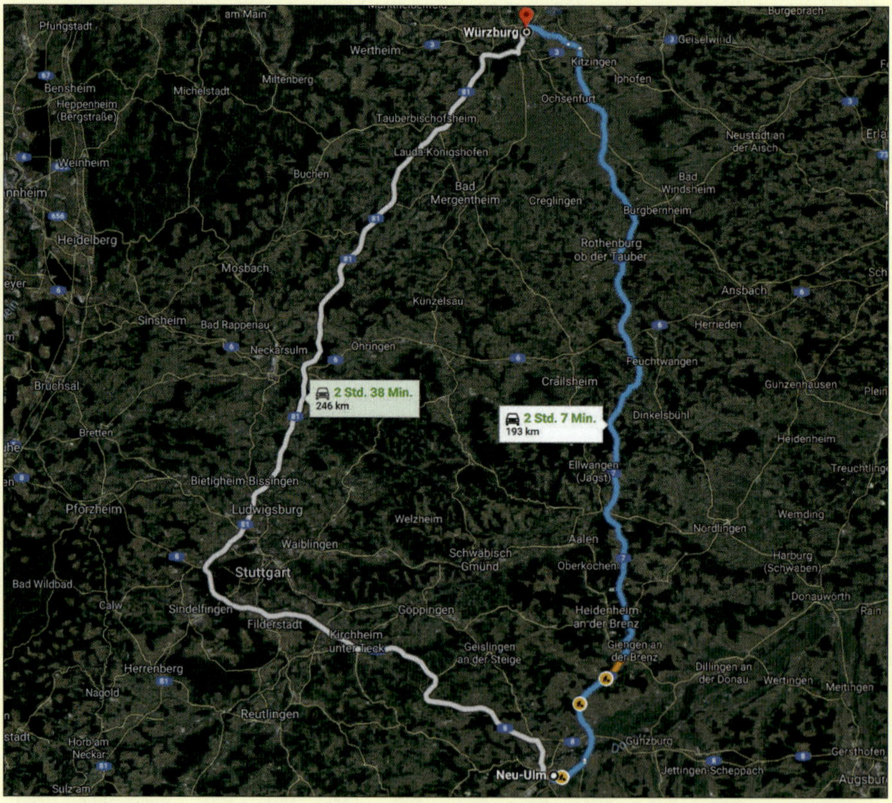


**Bild 1:** Landkarte

a) Schätzen Sie den Anteil an der bereits zurückgelegten Wegstrecke, wenn die Jugendfußballmannschaft Heidenheim passieren, bezogen auf die Gesamtstrecke. Schätzen Sie die Restfahrtzeit von Heidenheim nach Neu-Ulm. Begründen Sie Ihre Angabe.

b) Die Rückfahrt der Mannschaft erfolgt über Stuttgart, da sich die Jugendlichen ein Fußballspiel der Stuttgarter Fußballmannschaft ansehen möchten. Ermitteln Sie den Anteil der mehr gefahrenen Wegstrecke bei der Rückfahrt bezogen auf die Wegstrecke bei der Hinfahrt. Stellen Sie den Anteil an Bruchzahl dar.

## 1.5 Rechnen mit reellen Zahlen

Die Grundrechenarten Addition, Subtraktion, Multiplikation und Division können mit rationalen Zahlen uneingeschränkt durchgeführt werden. Es gibt jedoch mathematische Problemstellungen, die unter Verwendung der rationalen Zahlen nicht lösbar sind. Eine solche wird im Folgenden behandelt.

Betrachten wir beispielsweise die Aussageform (Gleichung) $x^2 = 4$. Die ganzen Zahlen $x_1 = -2$ und $x_2 = 2$ führen diese Gleichung in eine wahre Aussage über, wie man anhand der folgenden Rechnungen sieht: $(-2)^2 = 4$ und $2^2 = 4$. Die Aussageform (Gleichung) $x^2 = -1$ hat keine Lösung, da es keine Zahl gibt, die quadriert eine negative Zahl ist. Multipliziert man nämlich zwei Zahlen mit gleichem Vorzeichen, erhält man stets eine positive Zahl.

**Folgerung:** Eine Gleichung der Art $x^2 = a$ ($a \in \mathbb{Q}$) hat zwei Lösungen, wenn $a$ positiv ist. Die beiden Lösungen unterscheiden sich lediglich in ihrem Vorzeichen. Falls $a$ negativ ist, hat die Gleichung keine Lösung. Der Sonderfall, dass $a$ gleich Null ist, wird an dieser Stelle nicht betrachtet.

Die Gleichung $x^2 = 2$ hat gemäß obiger Überlegung zwei Lösungen. Wir beschreiben eine der gesuchten Zahlen, die quadriert die Zahl 2 ergibt, mit $\sqrt{2}$ (sprich: Wurzel).

**Wurzelschreibweise**

Die Schreibweise $\sqrt{2}$ steht für eine Zahl, die quadriert die Zahl 2 ergibt.

### ■ Nachweis, dass $\sqrt{2}$ keine rationale Zahl ist.

An dieser Stelle wird nachgewiesen, dass die Zahl $\sqrt{2}$, die eine Lösung der Gleichung $x^2 = 2$ ist, nicht rational ist.

Um dies zu beweisen, wird prinzipiell wie folgt vorgegangen: Es wird zunächst die Behauptung getroffen, dass $\sqrt{2}$ eine rationale Zahl sei und sich daher in der Form $\sqrt{2} = \frac{a}{b}$ ($a \in \mathbb{Z}$ und $b \in \mathbb{Z}\setminus\{0\}$) darstellen lässt. Diese Behauptung wird anschließend durch einen erzeugten Widerspruch widerlegt, was dazu führt, dass die getroffene Behauptung nachweislich falsch und das Gegenteil der Behauptung somit richtig ist.

**Behauptung:** $\sqrt{2}$ eine rationale Zahl

**1. Gedankenschritt:**
Wenn $\sqrt{2}$ eine rationale Zahl ist, dann lässt sich $\sqrt{2}$ durch einen vollständig gekürzten Bruch darstellen:

$$\sqrt{2} = \frac{a}{b} \quad \text{mit } a \in \mathbb{Z} \text{ und } b \in \mathbb{Z}\setminus\{0\},$$

wobei $a$ und $b$ bis auf die Zahl 1 keinen gemeinsamen Teiler haben.

**2. Gedankenschritt:**
Quadriert man die Gleichung $\sqrt{2} = \frac{a}{b}$ erhält man die Gleichung $2 = \frac{a^2}{b^2}$. Diese Gleichung ist äquivalent zu der Gleichung $2b^2 = a^2$. Diese Gleichung sagt aus, dass $a^2$ eine gerade Zahl sein muss, da $2b^2$ durch den Faktor 2 stets eine gerade Zahl ist.

**3. Gedankenschritt:**
Wenn $a^2$ eine gerade Zahl ist, dann muss auch $a$ geradzahlig sein, da nur das Quadrat einer geraden Zahl gerade ist. Wenn $a$ eine gerade ganze Zahl ist, kann man $a$ auch als $a = 2s$ mit $s \in \mathbb{Z}\setminus\{0\}$ schreiben. Somit sind die Gleichungen $2b^2 = a^2$ und $2b^2 = (2s)^2$ gleichwertig.

**4. Gedankenschritt:**
Durch Quadrieren der Gleichung $2b^2 = (2s)^2 \rightarrow 2b^2 = 4s^2$ und anschließendem Umstellen, ergibt sich die Gleichung $b^2 = 2s^2$. Diese Gleichung sagt wiederum aus, dass $b^2$ und somit $b$ gerade Zahlen sind.

**5. Gedankenschritt:**

Diese Überlegung stellt jedoch einen Widerspruch dar, da eingangs angenommen wurde, dass $a$ und $b$ bis auf die Zahl 1 keinen gemeinsamen Teiler haben. Gemäß den angestellten Überlegungen muss sowohl die Zahl $a$ als auch $b$ geradzahlig sein. Zwei gerade Zahlen haben neben der Zahl 1 mindestens den Teiler 2 gemeinsam. Somit liegt folgender Widerspruch vor: $a$ und $b$ sind bis auf die Zahl 1 teilerfremd und $a$ sowie $b$ sind gerade Zahlen. Aufgrund des Widerspruchs folgt, dass die Behauptung $\sqrt{2}$ ist rational falsch ist. $\sqrt{2}$ ist somit keine rationale Zahl, sondern eine irrationale Zahl.

Irrationale Zahlen lassen sich nicht als Bruch, endliche Dezimalzahl oder unendliche, periodische Dezimalzahl darstellen. Sie sind unendliche, nicht periodische Dezimalzahlen.

Wie man anhand der genannten Gleichung $x^2 = 2$ sieht, gibt es mathematische Probleme, die mit der Zahlenmenge der rationalen Zahlen nicht lösbar sind. Vielmehr werden irrationale Zahlen benötigt. Aus diesem Grund wird die Zahlenmenge der rationalen Zahlen $\mathbb{Q}$ um die irrationalen Zahlen erweitert. Diese erweiterte Zahlenmenge wird Menge der reellen Zahlen genannt und mit $\mathbb{R}$ abgekürzt.

**Reelle Zahlen**

Alle rationalen und irrationalen Zahlen bilden die Menge der reellen Zahlen

**Anmerkung**

(1) Die Zahlenmenge der reellen Zahlen beschreibt den Zahlstrahl vollständig, d. h. jeder beliebige Punkt auf den Zahlenstrahl entspricht einer reellen Zahl.

(2) Beim Rechnen mit reellen Zahlen gelten ebenfalls die Gesetze, die wir beim Rechnen mit ganzen und rationalen Zahlen kennengelernt haben.

### 1.5.1 Der Begriff Quadratwurzel

Eng verbunden mit dem Begriff irrationalen Zahlen ist die Quadratwurzel, da viele Quadratwurzeln (wie beispielsweise $\sqrt{2}, \sqrt{3}$ oder $\sqrt{5}$) irrationale Zahlen darstellen. In diesem Kapitel werden daher die Quadratwurzeln näher untersucht. Genauer gesagt wird erläutert, was man unter dem Ausdruck Quadratwurzel versteht und welche Fachbegriffe in diesem Zusammenhang von Bedeutung sind.

Unter der Quadratwurzel $\sqrt{a}$ versteht man eine Lösung der Gleichung $x^2 = a$. Da diese Gleichung nur für nicht negative Wert von $a$ lösbar ist, ist die Quadratwurzel $\sqrt{a}$ auch nur für alle Werte von $a \in \mathbb{R}_0^+$ definiert, also für alle positiven reellen Zahl und die Zahl 0.

**Quadratwurzel**

Die Quadratwurzel $\sqrt{a}$ $(a \in \mathbb{R}_0^+)$ ist diejenige Zahl, die quadriert die Zahl $a$ ergibt.

### 1.5.2 Wurzeln in Potenzschreibweise

Der Ausdruck $\sqrt{a}$ $(a \in \mathbb{R}_0^+)$ ist die abkürzende Schreibweise für $\sqrt[2]{a}$. Die Zahl 2 auf dem Wurzelzeichen gibt an, dass es sich um die zweite Wurzel der Zahl $a$ handelt. Neben der zweiten Wurzel gibt es noch die dritte Wurzel $\sqrt[3]{a}$, vierte Wurzel $\sqrt[4]{a}$, fünfte Wurzel $\sqrt[5]{a}$, usw. der Zahl $a$. Dabei entspricht beispielsweise die dritte Wurzel einer Zahl $a$ die Lösung der Gleichung $x^3 = a$. Die vierte Wurzel aus einer Zahl $a$ ist entsprechend die Lösung der Gleichung $x^4 = a$ $(a \geq 0)$, usw. In den folgenden Tabellen sind exemplarisch die zweiten, dritten und vierten Wurzeln verschiedener Zahlen zu sehen.

**Tabelle 1:** Zweite Wurzel aus verschiedenen Zahlen

| $a$ | 1 | 4 | 9 | 16 | 25 | 36 | 49 | 64 | 81 | 100 | 121 | 144 |
|---|---|---|---|---|---|---|---|---|---|---|---|---|
| $\sqrt[2]{a}$ | 1 | 2 | 3 | 4 | 5 | 6 | 7 | 8 | 9 | 10 | 11 | 12 |

**Tabelle 2:** Dritte Wurzel aus verschiedenen Zahlen

| $a$ | 1 | 8 | 27 | 64 | 125 | 216 | 343 | 512 |
|---|---|---|---|---|---|---|---|---|
| $\sqrt[3]{a}$ | 1 | 2 | 3 | 4 | 5 | 6 | 7 | 8 |

**Tabelle 3:** Vierte Wurzel aus verschiedenen Zahlen

| $a$ | 1 | 16 | 81 | 256 | 625 | 1296 | 2401 | 4096 |
|---|---|---|---|---|---|---|---|---|
| $\sqrt[4]{a}$ | 1 | 2 | 3 | 4 | 5 | 6 | 7 | 8 |

Die zweite Wurzel wird auch als Quadratwurzel bezeichnet. Bei dieser wird auf die Angabe des sogenannten Wurzelexponenten (Zahl auf dem Wurzelzeichen) verzichtet. Die Zahl $a$, die unter einer Wurzel steht, wird als Radikand bezeichnet. Die Rechenoperation, die durch das Symbol $\sqrt{\phantom{a}}$ beschrieben wird, wird Wurzelziehen oder Radizieren genannt. Das Ergebnis dieser Rechenoperation heißt Wurzelwert.

**Fachbegriffe beim Radizieren**

$\sqrt[n]{a} \quad (a \in \mathbb{R}_0^+)$

$a$: Radikand

$n$: Wurzelexponent

Eine Potenz mit einer Bruchzahl als Exponent kann als Wurzelausdruck umgeschrieben werden. In der Mathematik ist vereinbart, dass für alle $a \in \mathbb{R}_0^+$ und $n, m \in \mathbb{N}$ gilt: $a^{\frac{m}{n}} = \sqrt[n]{a^m}$. Man nennt den Ausdruck $\sqrt[n]{a^m}$ die n-te Wurzel aus am.

**Beispiel:** Umschreiben von Potenzen in Wurzeln

- $5^{\frac{1}{2}} = \sqrt[2]{5^1} = \sqrt{5}$
- $x^{\frac{4}{5}} = \sqrt[5]{x^4} \quad (x \in \mathbb{R}_0^+)$
- $\sqrt[5]{a^7} = a^{\frac{7}{5}} \quad (a \in \mathbb{R}_0^+)$
- $\sqrt[5]{2^3} = 2^{\frac{3}{5}}$

**Umschreiben einer Potenz in einen Wurzelausdruck**

Jede Potenz mit einem Bruch als Exponent, lässt sich in einen Wurzelausdruck umschreiben.

$a^{\frac{m}{n}} = \sqrt[n]{a^m} \quad (a \in \mathbb{R}_0^+)$

**Aufgaben**

1. Schreiben Sie die folgenden Potenzen als Wurzelausdrücke $(a, x \in \mathbb{R}_0^+)$

   a) $7^{\frac{7}{2}}$ b) $2^{\frac{4}{3}}$ c) $10^{\frac{1}{5}}$ d) $x^{\frac{5}{4}}$ d) $a^{\frac{7}{2}}$

2. Schreiben Sie die folgenden Wurzelausdrücke als Potenz $(x \in \mathbb{R}_0^+)$

   a) $\sqrt[4]{7^5}$ b) $\sqrt[2]{8^2}$ c) $\sqrt{10^3}$ d) $\sqrt[5]{x^3}$ d) $\sqrt[3]{x}$

### 1.5.3 Rechengesetze mit Wurzeln

In diesem Kapitel werden die Rechengesetze für Quadratwurzel beschrieben. Sie werden im Folgenden kurz als Wurzeln bezeichnet.

Für das Rechnen mit Wurzeln wurde grundlegende Vereinbarungen festgelegt:

1. Die Gleichung $x^2 = a$ hat für $a \in \mathbb{R}_0^+$ die Lösungen $x = -\sqrt{a}$ und $x = \sqrt{a}$.
2. Die Wurzel aus Null ist Null: $\sqrt{0} = 0$
3. $\sqrt{a}$ $(a \in \mathbb{R}_0^+)$ ist diejenige Zahl, die quadriert Zahl $a$ ergibt. Somit gilt: $\left(\sqrt{a}\right)^2 = a$
4. Die Quadratwurzel aus der Potenz $a^2$ $(a \in \mathbb{R})$ ist der Betrag von $a$.

   $\sqrt{a^2} = |a|$

**Zur Erinnerung:** Der Betrag einer Zahl $a \neq 0$ ist stets positiv. Er gibt den Abstand der betrachteten Zahl vom Nullpunkt auf dem Zahlenstrahl an.

#### 1.5.3.1 Addition und Subtraktion mit Wurzeln

In Termen wird mit Wurzeln wie mit Variablen gerechnet. Im Term $7\sqrt{a}$ $(a \in \mathbb{R}_0^+)$ stellt die Zahl 7 den Koeffizienten und $\sqrt{a}$ die Variable dar. Da nur gleichartige Terme addiert bzw. subtrahiert werden dürfen, können nur Wurzeln mit gleichen Radikanden addiert bzw. subtrahiert werden. Es gilt:

$$x \cdot \sqrt{a} + y \cdot \sqrt{a} = (x + y) \cdot \sqrt{a} \quad \text{mit} \quad a \in \mathbb{R}_0^+ \text{ und } x, y \in \mathbb{R}.$$

**Beispiel:** Addition und Subtraktion von Wurzeln mit gleichem Radikanden

- $5\sqrt{2} + 6 \cdot \sqrt{2} = (5 + 6) \cdot \sqrt{2} = 11\sqrt{2}$
- $6\sqrt{2} - 10 \cdot \sqrt{2} = (6 - 10) \cdot \sqrt{2} = -4\sqrt{2}$
- $6\sqrt{5} + 10\sqrt{x} = 16\sqrt{x}$ mit $(x \in \mathbb{R}_0^+)$
- $3\sqrt{y} + \sqrt{2} + 2\sqrt{y} - 3\sqrt{z} = 5\sqrt{y} - 2\sqrt{2}$ mit $(y, x \in \mathbb{R}_0^+)$

**Addition und Subtraktion von Wurzeln**

Wurzeln mit gleichem Radikanden werden addiert bzw. subtrahiert, indem ihre Koeffizienten addiert bzw. subtrahiert werden.

$$x \cdot \sqrt{a} \pm y \cdot \sqrt{a} = (x \pm y) \cdot \sqrt{a} \quad \textit{mit } a \in \mathbb{R}_0^+ \textit{ und } x, y \in \mathbb{R}.$$

**Aufgaben**

1. Führen Sie folgende Additionen bzw. Subtraktionen durch (n ∈ R).

   a) $5\sqrt{2} + 10\sqrt{2} - 7\sqrt{2}$ b) $\frac{1}{2}\sqrt{5} - \frac{3}{2}\sqrt{5} + \sqrt{5}$

   c) $-2\sqrt{3} + 4\sqrt{7} - \sqrt{7} + 2\sqrt{3}$ d) $n\sqrt{11} + \sqrt{11} + 2\sqrt{11}$

2. Begründen Sie, weshalb der Wert des Terms $5\sqrt{2} - 5\sqrt{2}$ Null ergibt.

### 1.5.3.2 Multiplikation mit Wurzeln

Im Folgenden wird erläutert wie zwei Wurzeln miteinander multipliziert werden. Dazu betrachten wird die Multiplikation der Wurzeln $\sqrt{x} \cdot \sqrt{y}$ $(x, y \in \mathbb{R}_0^+)$. Zunächst werden die Wurzeln in Potenzen umgeschrieben. Dadurch wird aus der Multiplikation von Wurzeln eine Multiplikation von Potenzen.

$$\sqrt{x} \cdot \sqrt{y} = x^{\frac{1}{2}} \cdot y^{\frac{1}{2}}$$

Zwei Potenzen mit gleichen Exponenten werden gemäß der Potenzregel $a^n \cdot b^n = (ab)^n$ multipliziert. Bezogen auf unser Beispiel bedeutet dies, dass $x^{\frac{1}{2}} \cdot y^{\frac{1}{2}}$ gleich $(xy)^{\frac{1}{2}}$ ist. Diese Potenz kann in den Wurzelausdruck $\sqrt{xy}$ umgeschrieben werden.

$$\sqrt{x} \cdot \sqrt{y} = x^{\frac{1}{2}} \cdot y^{\frac{1}{2}} = (xy)^{\frac{1}{2}} = \sqrt{xy}$$

Anhand dieser Rechnung ist ersichtlich, dass zwei Quadratwurzeln multipliziert werden, indem die Radikanden multipliziert werden.

**Beispiel:** Multiplikation von Quadratwurzeln

- $\sqrt{2} \cdot \sqrt{50} = \sqrt{2 \cdot 50} = \sqrt{100} = 10$
- $\sqrt{3} \cdot \sqrt{12} = \sqrt{3 \cdot 12} = \sqrt{36} = 6$
- $\sqrt{x} \cdot \sqrt{5} = \sqrt{x \cdot 5} = \sqrt{5x}$ mit $(x \in \mathbb{R}_0^+)$
- $2\sqrt{7} \cdot 3\sqrt{2} = 2 \cdot 3 \cdot \sqrt{7} \cdot \sqrt{2} = 6\sqrt{7 \cdot 2} = 6\sqrt{14}$

**Multiplikation von Quadratwurzeln**

Das Produkt zweier Quadratwurzeln ist eine Quadratwurzel, wobei ihr Radikand das Produkt der Radikanden der beiden zu multiplizierenden Quadratwurzeln ist.

$$\sqrt{a} \cdot \sqrt{b} = \sqrt{ab} \quad \text{mit } a, b \in \mathbb{R}_0^+$$

#### ■ Ziehen einer Zahl/Variable unter die Wurzel

Mithilfe der Regel zur Multiplikation von Quadratwurzeln können positive Zahlen in die Wurzel gezogen werden. Betrachten wir beispielsweise die Multiplikation $2 \cdot \sqrt{3}$. Der Faktor 2 kann als $\sqrt{2^2} = \sqrt{4}$ geschrieben werden. Somit

kann die Multiplikation $2 \cdot \sqrt{3}$ zu $\sqrt{4} \cdot \sqrt{3}$ umgeschrieben werden. Die beiden Quadratwurzeln werden gemäß der Regel zur Multiplikation von Quadratwurzel zusammengefasst: $\sqrt{4} \cdot \sqrt{3} = \sqrt{4 \cdot 3} = \sqrt{12}$. Durch diese Überlegung wurde der Faktor 2 in die Quadratwurzel gezogen.

$$2\sqrt{3} = \sqrt{2^2} \cdot \sqrt{3} = \sqrt{4} \cdot \sqrt{3} = \sqrt{4 \cdot 3} = \sqrt{12}$$

**Beispiel:** Ziehen einer Zahl unter die Wurzel

- $3\sqrt{5} = \sqrt{3^2} \cdot \sqrt{5} = \sqrt{9} \cdot \sqrt{5} = \sqrt{9 \cdot 5} = \sqrt{45}$
- $-3\sqrt{5} = -\sqrt{3^2} \cdot \sqrt{5} = -\sqrt{9} \cdot \sqrt{5} = -\sqrt{9 \cdot 5} = -\sqrt{45}$
- $4\sqrt{2} = \sqrt{4^2} \cdot \sqrt{2} = \sqrt{16} \cdot \sqrt{2} = \sqrt{16 \cdot 2} = \sqrt{32}$
- $-4\sqrt{2} = -\sqrt{4^2} \cdot \sqrt{2} = -\sqrt{16} \cdot \sqrt{2} = -\sqrt{16 \cdot 2} = -\sqrt{32}$
- $a\sqrt{3} = \sqrt{a^2} \cdot \sqrt{3} = \sqrt{a^2 \cdot 3} = \sqrt{3a^2}$

**Regel:** Wird eine Faktor, der sich vor einer Wurzel befindet, unter die Wurzel geschrieben, so muss dieser quadriert werden.

1. Für $a, b \in \mathbb{R}_0^+$ gilt:
   $a\sqrt{b} = \sqrt{a^2 b}$

2. Für $a \in \mathbb{R}^-$ und $b \in \mathbb{R}_0^+$ *gilt:*
   $a\sqrt{b} = -\sqrt{a^2 b}$

## ■ Teilweise Radizieren

Die Umkehrung der Regel $\sqrt{a} \cdot \sqrt{b} = \sqrt{ab}$ besagt, dass eine Quadratwurzel, deren Radikand aus mehreren Faktoren besteht, in mehrere Quadratwurzeln zerlegt werden kann. Beispielsweise lässt sich die Quadratwurzel $\sqrt{10a}$ ($a \in \mathbb{R}_0^+$) als Produkt der Quadratwurzeln $\sqrt{10}$ und $\sqrt{a}$ schreiben.

$$\sqrt{10a} = \sqrt{10} \cdot \sqrt{a}$$

Diese Überlegung macht man sich beim sogenannten teilweisen Radizieren zu Nutze. Dabei wird der Radikand einer Quadratwurzel in ein Produkt aus Faktoren zerlegt, wobei aus einem Faktor die Quadratwurzel gezogen werden kann. Zur Konkretisierung dieses Vorgangs betrachten wir $\sqrt{8}$. Aus der Zahl 8 kann nicht die Quadratwurzel gezogen werden. Sie kann jedoch als Produkt $4 \cdot 2$ geschrieben werden, wobei die Zahl 4 eine Quadratzahl ist.

$$\sqrt{8} = \sqrt{4 \cdot 2}$$

Die Quadratwurzel $\sqrt{4 \cdot 2}$ kann in zwei Quadratwurzeln $\sqrt{4} \cdot \sqrt{2}$ zerlegt werden, wobei $\sqrt{4} = 2$ ist. Somit wurde $\sqrt{8}$ in den Ausdruck $\sqrt{4} \cdot \sqrt{2}$ bzw. $2\sqrt{2}$ überführt. Dieser Vorgang wird als teilweises Radizieren bezeichnet.

$$\sqrt{8} = \sqrt{4 \cdot 2} = \sqrt{4} \cdot \sqrt{2} = 2\sqrt{2}$$

**Beispiel:** Teilweises Radizieren

- $\sqrt{12} = \sqrt{4 \cdot 3} = \sqrt{4} \cdot \sqrt{3} = 2\sqrt{3}$
- $\sqrt{75} = \sqrt{3 \cdot 25} = \sqrt{3} \cdot \sqrt{25} = 5\sqrt{3}$
- $\sqrt{288} = \sqrt{2 \cdot 144} = \sqrt{2} \cdot \sqrt{144} = 12\sqrt{2}$
- $\sqrt{2a^2} = \sqrt{2} \cdot \sqrt{a^2} = \sqrt{2} \cdot a \qquad (a \in \mathbb{R}_0^+)$

**Aufgaben**

1. Multiplizieren Sie die jeweiligen Quadratwurzeln ($a, x, y \in \mathbb{R}_0^+$ und $n \in \mathbb{N}$). Verzichten Sie auf den Einsatz ihres Taschenrechners.

   a) $5\sqrt{3} \cdot \sqrt{2} \cdot 7\sqrt{5}$

   b) $\frac{1}{4}\sqrt{2} \cdot \frac{4}{5}\sqrt{5} \cdot \left(-\sqrt{3}\right)$

   c) $\frac{5}{7}\sqrt{2} \cdot 7\sqrt{a}$

   d) $n\sqrt{x} \cdot 2\sqrt{y}$

2. Ziehen Sie den Faktor vor der Quadratwurzel in diese ($a, b, x \in \mathbb{R}_0^+$).

   a) $2\sqrt{2}$ b) $5\sqrt{3}$ c) $x \cdot \sqrt{2}$

   d) $a \cdot \sqrt{a}$ e) $2 \cdot \sqrt{3b}$ f) $\frac{1}{2}\sqrt{8}$

3. Radizieren Sie die Wurzeln teilweise ($a, b, x \in \mathbb{R}_0^+$). Benutzen Sie lediglich Ihren Taschenrechner, um ihr Ergebnis zu überprüfen, falls dies möglich ist.

   a) $\sqrt{12}$ b) $\sqrt{48}$ c) $\sqrt{25x}$

   d) $\sqrt{27a}$ e) $\sqrt{7b^2}$ f) $\sqrt{a^2b}$

### 1.5.3.3 Division von Wurzeln

Im Folgenden wird anhand des Bruchs $\frac{\sqrt{x}}{\sqrt{y}}$ ($x \in \mathbb{R}_0^+, y \in \mathbb{R}^+$) erläutert, wie zwei Quadratwurzeln dividiert werden.

Zunächst werden die Wurzeln in Potenzen umgeschrieben.

$$\frac{\sqrt{x}}{\sqrt{y}} = \frac{x^{\frac{1}{2}}}{y^{\frac{1}{2}}}$$

Zwei Potenzen mit gleichen Exponenten werden gemäß der Potenzregel $\frac{a^n}{b^n} = \left(\frac{a}{b}\right)^n$ dividiert. Bezogen auf das Beispiel bedeutet dies, dass $\frac{x^{\frac{1}{2}}}{y^{\frac{1}{2}}}$ gleich $\left(\frac{x}{y}\right)^{\frac{1}{2}}$ ist. Diese Potenz kann in den Wurzelausdruck $\sqrt{\frac{x}{y}}$ umgeschrieben werden.

$$\frac{\sqrt{x}}{\sqrt{y}} = \frac{x^{\frac{1}{2}}}{y^{\frac{1}{2}}} = \left(\frac{x}{y}\right)^{\frac{1}{2}} = \sqrt{\frac{x}{y}}$$

Anhand dieser Rechnung ist ersichtlich, dass zwei Quadratwurzeln dividiert werden, indem ihre Radikanden dividiert werden.

**Beispiel:** Division von Quadratwurzeln

- $\frac{\sqrt{50}}{\sqrt{2}} = \sqrt{\frac{50}{2}} = \sqrt{25} = 5$
- $\frac{\sqrt{3}}{\sqrt{12}} = \sqrt{\frac{3}{12}} = \sqrt{\frac{1}{4}} = \frac{1}{2}$
- $\frac{\sqrt{x}}{\sqrt{6}} = \sqrt{\frac{x}{6}}$ mit ($x \in \mathbb{R}_0^+$)
- $\frac{3\sqrt{6}}{\sqrt{2}} = 3 \cdot \sqrt{\frac{6}{2}} = 3 \cdot \sqrt{3}$

**Division von Quadratwurzeln**

Der Quotient zweier Quadratwurzeln kann als eine Quadratwurzel geschrieben, wobei ihr Radikand der Quotient der Radikanden der zu dividierenden Quadratwurzeln ist.

$$\frac{\sqrt{a}}{\sqrt{b}} = \sqrt{\frac{a}{b}} \quad \text{mit } a \in \mathbb{R}_0^+, b \in \mathbb{R}^+$$

## ■ Rationalmachen des Nenners

In der Mathematik werden üblicherweise Brüche, in deren Nenner sich eine Wurzel befindet, so umgeformt, dass die Wurzel aus dem Nenner eliminiert wird. Man nennt dieses Verfahren Rationalmachen des Nenners.

Anhand des Bruchs $\frac{3}{\sqrt{2}}$ wird erläutert, wie der Nenner des Bruchs rational gemacht wird. Ziel dieses mathematischen Vorgangs ist es, dass die Wurzel im Nenner beseitigt wird. Dazu wird der Bruch $\frac{3}{\sqrt{2}}$ zunächst mit $\sqrt{2}$, also dem Wurzelausdruck im Nenner erweitert: $\frac{3 \cdot \sqrt{2}}{\sqrt{2} \cdot \sqrt{2}}$. Das Produkt im Nenner $\sqrt{2} \cdot \sqrt{2}$ kann zu $(\sqrt{2})^2$ bzw. 2 zusammengefasst werden. Somit kann der Bruch $\frac{3 \cdot \sqrt{2}}{\sqrt{2} \cdot \sqrt{2}}$ als $\frac{3 \cdot \sqrt{2}}{2}$ geschrieben werden. In diesem Bruch befindet sich im Nenner wie gewünscht keine Wurzel mehr. Der Nenner wurde somit rational gemacht.

$$\frac{3}{\sqrt{2}} = \frac{3 \cdot \sqrt{2}}{\sqrt{2} \cdot \sqrt{2}} = \frac{3 \cdot \sqrt{2}}{2}$$

**Beispiele:** Rationalmachen des Nenners

- $\frac{1}{\sqrt{2}} = \frac{1 \cdot \sqrt{2}}{\sqrt{2} \cdot \sqrt{2}} = \frac{\sqrt{2}}{2}$
- $\frac{10}{\sqrt{5}} = \frac{10 \cdot \sqrt{5}}{\sqrt{5} \cdot \sqrt{5}} = \frac{10\sqrt{5}}{5} = 2\sqrt{5}$
- $\frac{3}{\sqrt{x}} = \frac{3 \cdot \sqrt{x}}{\sqrt{x} \cdot \sqrt{x}} = \frac{3\sqrt{x}}{x}$ mit $(x \in \mathbb{R}^+)$
- $\frac{a}{\sqrt{2}} = \frac{a \cdot \sqrt{2}}{\sqrt{2} \cdot \sqrt{2}} = \frac{\sqrt{2}\, a}{2}$

**Rationalmachen des Nenners (Teil 1)**

Der Nenner eines Bruches, in dem sich eine Wurzel befindet, wird rational gemacht, indem der Bruch mit dem Wurzelausdruck des Nenners erweitert wird.

$$\frac{a}{\sqrt{b}} = \frac{a \cdot \sqrt{b}}{\sqrt{b} \cdot \sqrt{b}} = \frac{a\sqrt{b}}{b} \quad \text{mit } a \in \mathbb{R}, b \in \mathbb{R}^+$$

Befindet sich im Nenner eines Bruchs eine Summe, die eine Wurzel enthält, so wird die Wurzel im Nenner beseitigt, indem der Nenner so erweitert wird, dass das dritte Binom angewendet werden kann. Anhand der folgender Beispielaufgabe wird das Beschriebene erläutert.

**Beispielaufgabe**

Machen Sie den Nenner des Bruchs rational $\frac{5}{x+\sqrt{2}}$ $\quad (x \neq -\sqrt{2})$.

**Lösung**

Der Bruch $\frac{5}{x+\sqrt{2}}$ wird mit $x-\sqrt{2}$ erweitert, da durch diese Erweiterung im Anschluss das dritte Binom $(a+b)\cdot(a-b) = a^2-b^2$ angewendet werden kann. Nachdem Anwenden des dritten Binoms ist die Wurzel im Nenner beseitigt.

$$\frac{5}{x+\sqrt{2}} = \frac{5\cdot\left(x-\sqrt{2}\right)}{\left(x+\sqrt{2}\right)\cdot\left(x-\sqrt{2}\right)}$$

$$\overset{\text{3. Binom}}{=} \frac{5\left(x-\sqrt{2}\right)}{x^2-\left(\sqrt{2}\right)^2} = \frac{5\left(x-\sqrt{2}\right)}{x^2-2}$$

**Beispiele:** Rationalmachen des Nenners

- $\frac{3}{x+\sqrt{5}} = \frac{3\cdot\left(x-\sqrt{5}\right)}{\left(x+\sqrt{5}\right)\cdot\left(x-\sqrt{5}\right)} = \frac{3\cdot\left(x-\sqrt{5}\right)}{x^2-\left(\sqrt{5}\right)^2} = \frac{3\cdot\left(x-\sqrt{5}\right)}{x^2-5} \qquad x \in \mathbb{R}\backslash\left\{-\sqrt{5}\right\}$
- $\frac{1}{2x+\sqrt{2}} = \frac{1\cdot\left(2x-\sqrt{2}\right)}{\left(2x+\sqrt{2}\right)\cdot\left(2x-\sqrt{2}\right)} = \frac{1\cdot\left(2x-\sqrt{2}\right)}{(2x)^2-\left(\sqrt{2}\right)^2} = \frac{2x-\sqrt{2}}{4x^2-2} \qquad x \in \mathbb{R}\backslash\left\{-\frac{\sqrt{2}}{2}\right\}$

## Rationalmachen des Nenners (Teil 2)

Der Nenner eines Bruches, der aus einer Summe mit einer Wurzel besteht, wird rational gemacht, indem der Bruch so erweitert wird, dass im Nenner das dritte Binom angewendet werden kann.

$$\frac{a}{b+\sqrt{x}} = \frac{a\cdot(b-\sqrt{x})}{(b+\sqrt{x})\cdot(b-\sqrt{x})} = \frac{a\cdot(b-\sqrt{x})}{b^2-x} \quad \text{mit } a,b \in \mathbb{R},\ x \in \mathbb{R}_0^+ \text{ und } b \neq -\sqrt{x}$$

## Aufgaben

1. Fassen Sie die Quadratwurzeln ($a,x,y \in \mathbb{R}^+$) *zu einer Quadratwurzel zusammen.*

a) $\frac{\sqrt{8}}{\sqrt{2}}$ b) $\frac{\sqrt{81}}{\sqrt{3}}$ c) $-\frac{\sqrt{2x}}{\sqrt{x}}$

d) $\frac{\sqrt{21a^2}}{\sqrt{7a}}$ e) $\frac{\sqrt{2y}}{\sqrt{xy}}$ f) $\frac{\sqrt{x}}{\sqrt{5x^2}}$

2. Machen Sie den Nenner rational ($a,x,y \in \mathbb{R}^+$).

a) $\frac{1}{\sqrt{2}}$ b) $\frac{6}{\sqrt{5}}$ c) $-\frac{5}{\sqrt{a}}$

d) $\frac{x}{\sqrt{y}}$ e) $\frac{5}{\sqrt{xy}}$ f) $\frac{2}{\sqrt{2a}}$

3. Schreiben Sie die Brüche so um, dass in den Nennern keine Wurzel vorkommt.

a) $\frac{5}{5+\sqrt{2}}$ b) $\frac{-4}{\sqrt{3}-\sqrt{7}}$

c) $\frac{12}{\sqrt{x}-2}$ mit $x \in \mathbb{R}_0^+\backslash\{4\}$ d) $\frac{2}{-5+\sqrt{y}}$ mit $y \in \mathbb{R}_0^+\backslash\{25\}$

#### 1.5.3.4 Potenzieren von Wurzeln

Die Regel, wie Quadratwurzeln potenziert werden, lässt sich mithilfe der Potenzgesetze herleiten. Betrachten wir beispielsweise die Potenz $\left(\sqrt{a}\right)^n$ mit $a \in \mathbb{R}_0^+$ und $n \in \mathbb{Q}$. Die Quadratwurzel $\sqrt{a}$ lässt sich in Potenzschreibweise als $a^{\frac{1}{2}}$ darstellen. Somit kann die Potenz $\left(\sqrt{a}\right)^n$ auch als $\left(a^{\frac{1}{2}}\right)^n$ geschrieben werden. Gemäß des Potenzgesetzes $(a^n)^m = a^{n \cdot m} = (a^m)^n$ ist die Potenz $\left(a^{\frac{1}{2}}\right)^n$ und $(a^n)^{\frac{1}{2}}$ gleichwertig. $(a^n)^{\frac{1}{2}}$ lautet in Wurzelschreibweise $\sqrt{a^n}$. Somit wurde gezeigt, dass die Potenz $\left(\sqrt{a}\right)^n$ und der Wurzelausdruck $\sqrt{a^n}$ äquivalent sind.

$$\left(\sqrt{a}\right)^n = \left(a^{\frac{1}{2}}\right)^n = (a^n)^{\frac{1}{2}} = \sqrt{a^n}$$

**Folgerung:** Anhand dieser Rechnung ist ersichtlich, dass eine Quadratwurzel potenziert wird, indem ihr Radikand potenziert wird.

**Beispiele:** Potenzieren von Wurzeln

- $\left(\sqrt{2}\right)^3 = \sqrt{2^3} = \sqrt{8}$
- $\left(\sqrt{a}\right)^5 = \sqrt{a^5} \qquad (a \in \mathbb{R}_0^+)$
- $\left(\sqrt{3a}\right)^5 = \sqrt{(3a)^5} = \sqrt{3^5 a^5} = \sqrt{243a^5} \qquad (a \in \mathbb{R}_0^+)$

**Potenzieren von Wurzeln**

Eine Wurzel wird mit dem Exponenten $n \in \mathbb{Q}$ potenziert, indem der Radikand der Wurzel mit dem Exponenten $n$ potenziert wird.

$$\left(\sqrt{a}\right)^n = \sqrt{a^n} \quad \text{mit } a \in \mathbb{R}_0^+ \text{ und } n \in \mathbb{Q}$$

Die eben genannte Regel sagt zusätzlich Folgendes aus: Wenn sich eine Potenz unter einer Quadratwurzel befindet, dann kann aus der Basis die Quadratwurzel gezogen werden. Beispielsweise lässt sich die Quadratwurzel $\sqrt{4^5}$ auch als $\left(\sqrt{4}\right)^5$ und somit als 25 schreiben.

**Beispiele:** Potenzen unter der Quadratwurzel

- $\sqrt{25^3} = \left(\sqrt{25}\right)^3 = 5^3$
- $\sqrt{(4a)^3} = \left(\sqrt{4a}\right)^3 = \left(\sqrt{4} \cdot \sqrt{a}\right)^3 = \left(2\sqrt{a}\right)^3 = 2^3\sqrt{a}^3 = 8\sqrt{a}^3 \qquad a \in \mathbb{R}_0^+$
- $\sqrt{\left(\frac{9}{16}\right)^3} = \left(\sqrt{\frac{9}{16}}\right)^3 = \left(\frac{3}{4}\right)^3 = \frac{27}{64}$

**Anmerkung** Befindet sich eine Quadratwurzel in einer Quadratwurzel, dann werden die Wurzeln von innen nach außen aufgelöst.

$$\sqrt{\sqrt{81}} = \sqrt{9} = 3$$

**Aufgaben**

1. Vereinfachen Sie folgende Ausdrücke $(a, b \in \mathbb{R}_0^+, x \in \mathbb{R})$.

   a) $\sqrt{49a^2}$ b) $\sqrt{4a^2 \cdot 9b^2}$ c) $\left(10x \cdot \sqrt{2}\right)^2$ d) $a \cdot \sqrt{ab^2}$ e) $\sqrt{\frac{9a}{25}}$

2. Weisen Sie mithilfe der Potenzgesetze nach, dass gilt:

   $\left(\sqrt{a}\right)^2 = \sqrt{a^2} = a \quad (a \in \mathbb{R}_0^+)$.

### 1.5.4 Aufgaben zu reellen Zahlen

1. Schreiben Sie die Potenzen als Wurzelausdrücke $(a, x \in \mathbb{R}_0^+)$.

   a) $10^{\frac{1}{2}}$ b) $12^{\frac{1}{3}}$ c) $2^{\frac{3}{5}}$

   d) $x^{\frac{3}{2}}$ e) $a^{\frac{2}{3}}$ f) $a^{-\frac{1}{2}}$

2. Schreiben Sie die Wurzelausdrücke als Potenz $(a, x \in \mathbb{R}_0^+)$.

   a) $\sqrt{2^3}$ b) $\sqrt[4]{3^7}$ c) $\sqrt[3]{10}$

   d) $\sqrt{x^3}$ e) $\sqrt[4]{a}$ f) $\frac{1}{\sqrt{x^4}}$

3. Führen Sie Additionen bzw. Subtraktionen durch $(a, x \in \mathbb{R}_0^+$ und $n \in \mathbb{R})$.

   a) $5\sqrt{10} + 2\sqrt{10} - 4\sqrt{10}$ b) $\frac{1}{2}\sqrt{2} - \frac{3}{4}\sqrt{5} + \sqrt{2} + \frac{5}{8}\sqrt{5}$

   c) $-\sqrt{3} + \frac{1}{2}\sqrt{5} - \frac{4}{3}\sqrt{5} + \frac{1}{2}\sqrt{3}$ d) $5\sqrt{a} - \frac{3}{5}\sqrt{x} + \frac{1}{2}\sqrt{x} + \frac{5}{6}\sqrt{a} - \frac{1}{2}\sqrt{a}$

   e) $n\sqrt{2} + \sqrt{2} + 2n\sqrt{2}$ f) $\sqrt{5} + \frac{n}{2}\sqrt{5} + (n-1)\sqrt{5}$

4. Multiplizieren Sie die jeweiligen Quadratwurzeln $(a, x, y \in \mathbb{R}_0^+$ und $n \in \mathbb{N})$. Verzichten Sie auf den Einsatz Ihres Taschenrechners.

   a) $\sqrt{2} \cdot \sqrt{3}$ b) $\frac{1}{2}\sqrt{5} \cdot 4\sqrt{10} \cdot \sqrt{2}$

   c) $\sqrt{2x} \cdot \sqrt{2y}$ d) $n\sqrt{2} \cdot 7\sqrt{5xy} \cdot \sqrt{10}$

   e) $-\frac{1}{2}\sqrt{2x} \cdot \frac{4}{5}\sqrt{y} \cdot \sqrt{2}$ f) $\sqrt{a} \cdot \frac{n}{2}\sqrt{4a}$

5. Ziehen Sie den Faktor vor der Quadratwurzel in diese $(a, b, x \in \mathbb{R}_0^+)$.

   a) $2\sqrt{8}$ b) $\frac{1}{2}\sqrt{3a}$ c) $x^2 \cdot \sqrt{6}$

   d) $x \cdot \sqrt{5x}$ e) $4 \cdot \sqrt{10b}$ f) $\frac{x}{2}\sqrt{8}$

6. Radizieren Sie die Wurzeln teilweise $(a, b, x \in \mathbb{R}_0^+)$.

   a) $\sqrt{24}$ b) $\sqrt{75}$ c) $\sqrt{8x}$

   d) $\sqrt{6a^2}$ e) $\sqrt{72b^2}$ f) $\sqrt{4ab^2}$

7. Fassen Sie die Quadratwurzeln $(a, x, y \in \mathbb{R}^+)$ zu einer Quadratwurzel zusammen.

   a) $\frac{\sqrt{27}}{\sqrt{9}}$ b) $\frac{\sqrt{36}}{\sqrt{12}}$ c) $-\frac{\sqrt{3x^2}}{\sqrt{21x}}$

   d) $\frac{\sqrt{35a}}{\sqrt{70a}}$ e) $\frac{\sqrt{10ay}}{\sqrt{5y}}$ f) $\frac{\sqrt{x^2}}{\sqrt{10x^2}}$

8. Machen Sie den Nenner rational $(a, x, y \in \mathbb{R}^+)$.

a) $\frac{1}{\sqrt{2}}$ b) $\frac{3}{4\sqrt{5}}$ c) $-\frac{12}{\sqrt{2a}}$

d) $\frac{1+x}{\sqrt{2a}}$ e) $\frac{-7x}{\sqrt{xy}}$ f) $\frac{x+y}{\sqrt{2}}$

9. Schreiben Sie die Brüche so um, dass in den Nennern keine Wurzel vorkommt.

a) $\frac{1}{2+\sqrt{2}}$

b) $\frac{-2}{\sqrt{5}-\sqrt{7}}$

c) $\frac{21}{\sqrt{y}-5}$ mit $y \in \mathbb{R}_0^+\backslash\{25\}$

d) $\frac{2}{-x+\sqrt{y}}$ mit $y \in \mathbb{R}_0^+ \quad \wedge y \neq x^2$

10. Fassen Sie die Wurzelausdrücke zu einer Wurzel zusammen.

a) $\sqrt[3]{2}\cdot\sqrt[3]{4}$ b) $\sqrt[5]{a}\cdot\sqrt[5]{6}$ c) $\frac{\sqrt{x}}{\sqrt{2}\cdot\sqrt{3}}$ d) $\sqrt[n]{2}\cdot\sqrt[3]{2}$

11. Zeigen Sie mithilfe der Potenzgesetze, dass gilt:

$\sqrt{a}\cdot\sqrt{a} = a$ und $\left(\sqrt[n]{a}\right)^n = a$

12. Ein Mitschüler behauptet fälschlicherweise, dass allgemein gilt:

$\sqrt[n]{a}\cdot\sqrt[m]{a} = \sqrt[n+m]{a}$

Widerlegen Sie diese Aussage mit einem Gegenbeispiel. Benutzen Sie gezielt Ihren Taschenrechner.

13. Überprüfen Sie die Rechnung bezüglich ihrer Richtigkeit und benennen Sie gegebenenfalls vorhandene Fehler.

$\sqrt[3]{\sqrt{2}\cdot\sqrt{3}} = \sqrt[3]{\sqrt{6}} = \left(6^{\frac{1}{2}}\right)^{\frac{1}{3}} = 6^{\frac{1}{6}}$

14. Ein Mitschüler hat Fragen zu folgenden Rechenweg. Beantworten Sie diese.

(1) $\left(2\cdot\sqrt[5]{2}\cdot\frac{\sqrt{18}}{3}\right)^2 = \left(2\cdot\sqrt[5]{2}\cdot\frac{3\sqrt{2}}{3}\right)^2$

(2) $= \left(2\cdot\sqrt[5]{2}\cdot\sqrt{2}\right)^2 = \left(2\cdot 2^{\frac{1}{5}}\cdot 2^{\frac{1}{2}}\right)^2$

(3) $= \left(2^{1+\frac{1}{5}+\frac{1}{2}}\right)^2 = \left(2^{\frac{10}{10}+\frac{2}{10}+\frac{5}{10}}\right)^2$

(4) $= \left(2^{\frac{17}{10}}\right)^2 = 2^{2\cdot\frac{17}{10}} = 2^{\frac{17}{5}}$

(5) $= \sqrt[5]{2^{17}}$

- Wie kommt man in Zeile (1) auf $\frac{3\sqrt{2}}{3}$?
- Welches Rechengesetz wurde verwendet, um von $\left(2\cdot 2^{\frac{1}{5}}\cdot 2^{\frac{1}{2}}\right)^2$ auf $\left(2^{1+\frac{1}{5}+\frac{1}{2}}\right)^2$ zu kommen?
- Wie kommt man in Zeile (4) von $\left(2^{\frac{17}{10}}\right)^2$ auf $2^{2\cdot\frac{17}{10}}$?

**15.** In **Bild 1** sind Papierblätter nach DIN-Norm zu sehen. Bei jedem Papierblatt nach dieser Norm gilt: $l_y = \sqrt{2} \cdot l_x$.

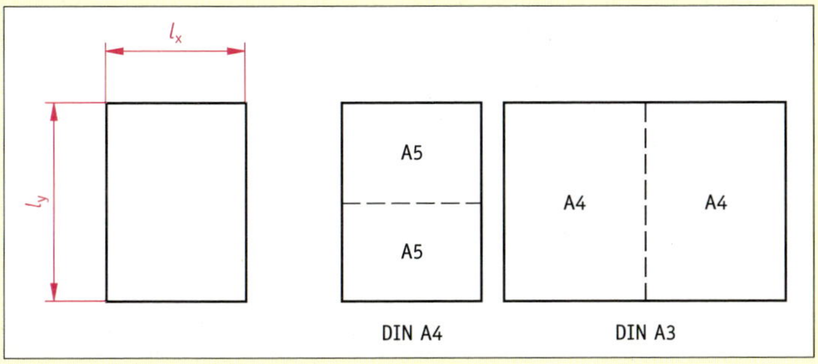


**Bild 1:** Blätter nach DIN-Norm

a) Messen Sie die kürze Seite eines DIN A4-Blattes und berechnen Sie die Länge der längeren Seite. Überprüfen Sie Ihr Ergebnis.

b) Weisen Sie rechnerisch nach, dass der Flächeninhalt eines DIN A3-Papiers doppelt so groß ist, wie der eines DIN A4-Papiers.

c) Bestimmen Sie rechnerisch die Seitenlängen eines DIN A5-Papiers.

d) Berechnen Sie ausgehend von Ihren Ergebnissen aus a) die Seitenlängen eines DIN A0-Papiers. Überprüfen Sie experimentell Ihr Ergebnis. Beschreiben Sie Ihre Vorgehensweise.

**16.** Man sagt, dass an den Steckdosen in Gebäuden üblicherweise eine Spannung von 230 V anliegt. Bei dieser Angabe handelt es sich um die sogenannte Effektivspannung $U_{eff}$ **(Bild 1)**. Das ist eine Art Durchschnittsspannung, die sich aufgrund der ständigen Umpolung des Wechselstroms einstellt. Die Spitzenspannung $\hat{U}$ ist höher als die Effektivspannung, und zwar gilt: $\hat{U} = \sqrt{2} \cdot U_{eff}$.

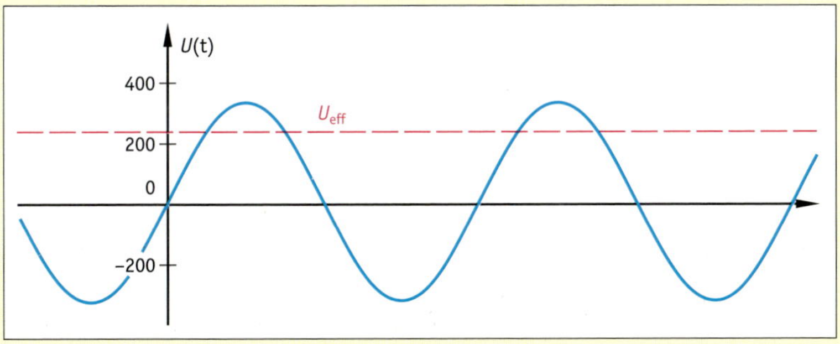


**Bild 1:** Vereinfachter Verlauf einer Wechselspannung

a) Berechnen Sie die Spitzenspannung, die an einer Steckdose anliegt. Überprüfen Sie Ihr Ergebnis anhand von **Bild 1**.

b) Durch konstruktive Maßnahmen ist es möglich die Effektivspannung $U_{eff}$ um den Faktor $\sqrt{3}$ zu erhöhen. Berechnen Sie die gesteigerte Effektivspannung und geben Sie an, welches Haushaltsgerät mit der gesteigerten Effektivspannung betrieben wird.

## 1.6 Termumformungen

In den vorherigen Kapiteln wurden die Regeln für das Rechnen mit ganzen, rationalen und reelle Zahlen beschrieben. Diese werden in diesem Kapitel benutzt, um komplexe Terme zusammenzufassen bzw. zu verändern. Eine häufig anwendbare Möglichkeit, um Terme zu vereinfachen ist das sogenannte Ausklammern. Dieses wird im folgenden Abschnitt erläutert.

### 1.6.1 Ausklammern – Zerlegen in Faktoren

Im Kapitel Multiplikation von Summen und Differenzen wurde das Distributivgesetz $a \cdot (b \pm c) = a \cdot c \pm b \cdot c$ beschrieben. Dieses besagt von links nach rechts gelesen, dass eine Summe bzw. Differenz mit einer Zahl $a$ multipliziert wird, indem jeder Summand bzw. Minuend und Subtrahend mit der Zahl $a$ multipliziert wird.

Dieses Rechengesetz kann auch von rechts nach links gelesen und angewendet werden. Das bedeutet, dass aus einer Summe bzw. Differenz gemeinsame Faktoren der Summanden bzw. des Minuenden und des Subtrahenden ausgeklammert werden können. Wie Ausklammern funktioniert, wird anhand der folgenden Aufgabe beschrieben.

**Musteraufgabe zum Ausklammern von gemeinsamen Faktoren**

Klammern Sie alle gemeinsamen Faktoren aus dem Term $42xy + 35x$ aus.

**1. Schritt** Die einzelnen Summenden in der Primfaktordarstellung angeben.

$42xy = 2 \cdot 3 \cdot 7 \cdot x \cdot y \qquad 35 = 5 \cdot 7 \cdot x$

**2. Schritt** Alle gemeinsamen Faktoren (meist ggT.) bestimmen.

Die gemeinsamen Faktoren sind: 7 und $x$

**3. Schritt** Die gemeinsamen Faktoren vor die Summe schreiben und jeden Summanden durch die gemeinsamen Faktoren teilen.

$$7x \cdot \left(\frac{42xy}{7x} + \frac{35x}{7x}\right) = 7x \cdot (6y + 5)$$

**4. Schritt** Gegebenenfalls die Probe durchführen.

$$7x \cdot (6y + 5) = 42xy + 35x$$

#### ▪ Vereinfachen von Bruchtermen

Das Ausklammern wird häufig beim Kürzen von Brüchen benötigt. Stellt der Zähler bzw. der Nenner eines Bruches eine Summe oder Differenz dar, so darf bekanntlich nicht gekürzt werden. Durch das Ausklammern entstehen aus Summen und Differenzen Produkte, die anschließend gekürzt werden dürfen.

**Beispiele:** Vereinfachen von Bruchtermen durch Ausklammern

- $\frac{4x + 6xy + 10}{2} = \frac{2 \cdot (x + 3xy + 5)}{2} = x + 3xy + 5$
- $\frac{15x + 3xy}{3x} = \frac{3x \cdot (5 + y)}{3 \cdot x} = 5 + y$
- $\frac{3x - 3}{x - 1} = \frac{3 \cdot (x - 1)}{x - 1} = 3$

#### ▪ Ausklammern von Brüchen

Aus einer Summe beziehungsweise Differenz können nach dem beschriebenen Schema auch Brüche ausgeklammert werden.

**Beispiel:** Ausklammern von Brüchen

$$\frac{5}{8}x - \frac{1}{12} = \frac{1}{4} \cdot \left( \frac{\frac{5}{8}x}{\frac{1}{4}} - \frac{\frac{1}{12}}{\frac{1}{4}} \right)$$

$$= \frac{1}{4} \cdot \left( \frac{5x}{8} \cdot \frac{4}{1} - \frac{1}{12} \cdot \frac{4}{1} \right) = \frac{1}{4} \cdot \left( \frac{5x}{2} - \frac{1}{3} \right)$$

## Aufgaben

1. Klammern Sie alle gemeinsamen Faktoren aus.

   a) $16 + 20xy$   b) $55ab - 25b$   c) $121p + 33pq$

   d) $27x + 18 + 9y$   e) $28xy + 98x - 140$   f) $-210 - 280a + 196b$

   g) $3x - xy$   h) $6xy + 2y - 8zy$   i) $150ab + 225a - 50abx$

2. Füllen Sie die offenen Stellen mit den entsprechenden Zahlen. Beschreiben Sie jeweils Ihr Vorgehen.

   a) $24xy + 16y - 72 = 8 \cdot (3xy + \square y + 9)$

   b) $\square ab + \square b - 12 = \square \cdot (7ab + 5b - 2)$

3. Eine Mitschülerin behauptet, dass der Bruch $\frac{10x+5}{5}$ in dieser Form nicht kürzbar ist. Klammert man jedoch die Zahl 5 aus dem Zähler aus, so darf der Bruch gekürzt werden:

   $$\frac{10x+5}{5} = \frac{5 \cdot (2x+1)}{5} = 2x + 1.$$

   Geben Sie an, ob Sie dieser Aussage zustimmen oder ihr widersprechen. Begründen Sie Ihre Angabe.

4. Klammern Sie jeweils im Zähler und Nenner alle gemeinsamen Faktoren aus und kürzen Sie die Brüche, wenn möglich, vollständig.

   a) $\frac{2x+8y}{2x+4}$   b) $\frac{5+10xy+25y}{15+5x}$   c) $\frac{100-250a}{25-5a}$

   d) $\frac{12x+16xy}{4+12x}$   e) $\frac{3x+8xy}{-x+2xy}$   f) $\frac{14xy-7xyz}{28xy+49yx}$

5. Ihnen liegt folgende Rechnung vor:

   (1) $\frac{4a}{2a+4ab} + \frac{36}{6+12b}$

   (2) $= \frac{4a}{2a \cdot (1+2b)} + \frac{36}{6 \cdot (1+2b)}$

   (3) $= \frac{2}{1+2b} + \frac{6}{1+2b}$

   (4) $= \frac{8}{1+2b}$

   Ein Mitschüler hat folgende Fragen zu dieser Rechnung:

   - Wieso kürzt man in Zeile (1) nicht die 36 und die 6?
   - Warum ist in Zeile (3) kein $a$ mehr enthalten?
   - Welche Rechenregel wurde angewandt, um die Brüche $\frac{2}{1+2b} + \frac{6}{1+2b}$ zu addieren?

6. Klammern Sie jeweils den in eckigen Klammern angegebenen Bruch aus.

   a) $\frac{4}{25}x + \frac{7}{15}$ $\left[\frac{1}{5}\right]$   b) $\frac{14}{26}a + \frac{6}{39}$ $\left[\frac{2}{13}\right]$   c) $\frac{5}{27} - \frac{10}{9}b$ $\left[\frac{5}{9}\right]$

   d) $-\frac{8}{21}y - \frac{12}{7}z$ $\left[-\frac{4}{7}\right]$   e) $-\frac{5}{36}b + \frac{5}{12}a$ $\left[\frac{5}{12}\right]$   f) $\frac{1}{3}x - \frac{2}{9}y - \frac{1}{3}$ $\left[\frac{1}{3}\right]$

### 1.6.2 Division von Termen

Aus dem Bruchrechnen ist bekannt, dass Brüche mit dem gleichen Nenner auf einen Bruchstrich geschrieben werden können: $\frac{a}{c} \pm \frac{b}{c} = \frac{a \pm b}{c}$ $(c \neq 0)$.

Umgekehrt können Brüche, in deren Zähler sich eine Summe bzw. Differenz befindet, auf mehrere Bruchstriche geschrieben werden. Betrachten wir beispielsweise den Bruchterm $\frac{8ab + 12ac - 16a^2d}{4a}$ $(a \in \mathbb{R}\backslash\{0\};\ b, c, d \in \mathbb{R})$, dann lässt sich dieser in eine algebraische Summe aus drei Brüchen zerlegen. Anschließend können die einzelnen Brüche gekürzt werden.

$$\frac{8ab + 12ac - 16a^2d}{4a} = \frac{8ab}{4a} + \frac{12ac}{4a} - \frac{16a^2d}{4a} = 2b + 3c - 4ad$$

**Folgerung:** Eine algebraische Summe wird durch einen Term dividiert, indem jeder Summand durch den Term dividiert wird und die entstehenden Brüche entsprechend dem Rechenzeichen addiert oder subtrahiert werden.

**Beispiele:** Division von Termen

- $\frac{4x^2 + 5x - 8}{4} = \frac{4x^2}{4} + \frac{5x}{4} - \frac{8}{4} = x^2 + 1{,}25x - 2$ $(x \in \mathbb{R})$
- $\frac{x^2 + 10x - 5}{2x^2} = \frac{x^2}{2x^2} + \frac{10x}{2x^2} - \frac{5}{2x^2} = \frac{1}{2} + \frac{5}{x} - \frac{5}{2x^2}$ $(x \in \mathbb{R}\backslash\{0\})$
- $\frac{16a^2b - 4ab}{4b} + \frac{30a^3 + 10a^2}{5a} = \frac{16a^2b}{4b} - \frac{4ab}{4b} + \frac{30a^3}{5a} + \frac{10a^2}{5a}$ $(a, b \in \mathbb{R}\backslash\{0\})$
  $= 4a^2 - a + 6a^2 + 2a = 10a^2 + a$

**Aufgaben**

1. Zerlegen Sie die jeweiligen Brüche in eine Summe bzw. Differenz aus einzelnen Brüchen und fassen Sie anschließend die Terme zusammen $(a, b, c, x, y \in \mathbb{R}\backslash\{0\})$.

   a) $\frac{12 + 30xy}{6}$ b) $\frac{5ab^2 - 25b}{10b}$ c) $\frac{60abc^2 - 120bc^2 + 180ac^2}{30c^2}$

   d) $\frac{6c^2 + 4c}{2c} - \frac{25a^2b^2c + 75ab}{5ab}$ e, $\frac{-7abx + 12x}{2x} - \frac{14b - 49ab^2}{7b} + 3 + ab$

2. Ergänzen Sie die fehlenden Teile der Rechnung $(x, y, z \in \mathbb{R}\backslash\{0\})$.

   a) $\frac{12xy + 16xz - 16x^2}{4x} = \frac{\ldots}{4x} + \frac{\ldots}{4x} - \frac{\ldots}{4x} = 3y + 4z - \ldots$

   b) $\frac{\ldots + 75xz - \ldots}{25x} = \frac{y}{5} + \frac{3z}{\ldots} - 3x$

### 1.6.3 Vereinfachen von Bruchtermen

Mithilfe der Rechenregeln für Brüche können Terme, in denen mehrere Bruchterme vorkommen, vereinfacht werden. Im Folgenden werden verschiedene Möglichkeiten des Zusammenfassens von Bruchtermen erläutert.

#### ■ Addition und Subtraktion von Bruchtermen

Anhand der folgenden Aufgabe wird demonstriert, wie mehrere Bruchterme durch Addition und Subtraktion zusammengefasst werden. An dieser Stelle sei daran erinnert, dass Brüche bzw. Bruchterme nur addiert bzw. subtrahiert werden können, wenn sie gleichnamig sind. Sollten sie ungleichnamig sein, müssen sie vor der Addition bzw. Subtraktion auf den Hauptnenner gebracht werden.

**1. Beispielaufgabe**

Fassen Sie den folgenden Term zusammen. Es gilt: $x, y \in \mathbb{R}$ und $x \neq -y$.

$$\frac{5x + 7x^2}{x+y} + \frac{2 \cdot (x+3)}{x+y} + \frac{(x-2)^2}{x+y}$$

**Lösung**

$$\frac{5x + 7x^2}{x+y} + \frac{2 \cdot (x+3)}{x+y} + \frac{(x-2)^2}{x+y}$$

$$= \frac{5x + 7x^2}{x+y} + \frac{2x+6}{x+y} + \frac{x^2 - 4x + 4}{x+y}$$

Es werden zunächst die Zähler der einzelnen Brüche in algebraische Summen umgewandelt. Dazu wird der Klammerausdruck $2 \cdot (x+3)$ ausmultipliziert und der Klammerausdruck $(x-2)^2$ wird mithilfe des zweiten Binoms aufgelöst.

Da die Bruchterme gleichnamig sind, können die Zähler auf einen gemeinsamen Bruchstrich geschrieben und addiert werden.

$$\frac{5x + 7x^2}{x+y} + \frac{2x+6}{x+y} + \frac{x^2 - 4x + 4}{x+y} = \frac{5x + 7x^2 + 2x + 6 + x^2 - 4x + 4}{x+y} = \frac{8x^2 + 3x + 10}{x+y}$$

**2. Beispielaufgabe**

Schreiben Sie den Term auf einen Bruchstrich und fassen Sie diesen zusammen. Es gilt: $x, y \in \mathbb{R}\backslash\{0\}$.

$$\frac{8x^2 - 3y^2}{4x} - \frac{2(x-y)^2}{3y} + 1$$

**Lösung**

Zunächst wird der Zähler des zweiten Bruchs mithilfe der zweiten Binomischen Formel und anschließendem Ausmultiplizieren in eine algebraische Summe umgewandelt.

$$\frac{8x^2 - 3y^2}{4x} - \frac{2(x-y)^2}{3y} + 1 = \frac{8x^2 - 3y^2}{4x} - \frac{2(x^2 - 2xy + y^2)}{3y} + 1 = \frac{8x^2 - 3y^2}{4x} - \frac{2x^2 - 4xy + 2y^2}{3y} + 1$$

Die ungleichnamigen Brüche und die Zahl 1 werden so erweitert, dass sie den Hauptnenner $12xy$ haben.

$$\frac{8x^2 - 3y^2}{4x} - \frac{2x^2 - 4xy + 2y^2}{3y} + 1 = \frac{3y \cdot (8x^2 - 3y^2)}{3y \cdot 4x} - \frac{4x \cdot (2x^2 - 4xy + 2y^2)}{4x \cdot 3y} + \frac{12xy}{12xy}$$

$$= \frac{24x^2y - 9y^3}{12x} - \frac{8x^3 - 16x^2y + 8xy^2}{12y} + \frac{12xy}{12xy}$$

Da die Brüche nun gleichnamig sind, können die Zähler addiert bzw. subtrahiert werden. Bei der Subtraktion des Zählers des zweiten Bruches müssen Klammern gesetzt werden, da sich das Minuszeichen auf den gesamten Zähler bezieht.

$$\frac{24x^2y - 9y^3}{12xy} - \frac{8x^3 - 16x^2y + 8xy^2}{12xy} + \frac{12xy}{12xy} = \frac{24x^2y - 9y^3 - (8x^3 - 16x^2y + 8xy^2) + 12xy}{12xy}$$

$$= \frac{24x^2y - 9y^3 - 8x^3 + 16x^2y - 8xy^2 + 12xy}{12xy}$$

$$= \frac{-8x^3 + 40x^2y - 8xy^2 + 12xy - 9y^3}{12xy}$$

Beispiele: Addition und Subtraktion von Bruchtermen

- $$\frac{(2a-b)\cdot(2a+b)}{2x}-\frac{4a^2-b^2}{2x}+\frac{1}{2}=\frac{(2a)^2-b^2}{2x}-\frac{4a^2-b^2}{2x}+\frac{x}{2x} \qquad (a,b\in\mathbb{R};\ x\in\mathbb{R}\setminus\{0\})$$
$$=\frac{4a^2-b^2-(4a^2-b^2)+x}{2x}$$
$$=\frac{4a^2-b^2-4a^2+b^2+x}{2x}$$
$$=\frac{x}{2x}=\frac{1}{2}$$

- $$\frac{2\cdot(2y-4x)}{(x+y)^2}-\frac{4}{x+y}+2=\frac{4y-8x}{(x+y)^2}-\frac{4\cdot(x+y)}{(x+y)^2}+\frac{2\cdot(x+y)^2}{(x+y)^2} \qquad (x,y\in\mathbb{R};\ x\neq -y)$$
$$=\frac{4y-8x}{(x+y)^2}-\frac{4x+4y}{(x+y)^2}+\frac{2\cdot(x^2+2xy+y^2)}{(x+y)^2}$$
$$=\frac{-8x+4y}{(x+y)^2}-\frac{4x+4y}{(x+y)^2}+\frac{2x^2+4xy+2y^2}{(x+y)^2}$$
$$=\frac{-8x+4y-(4x+4y)+2x^2+4xy+2y^2}{(x+y)^2}$$
$$=\frac{-8x+4y-4x-4y+2x^2+4xy+2y^2}{(x+y)^2}$$
$$=\frac{-12x+2x^2+4xy+2y^2}{(x+y)^2}=\frac{2x^2+2y^2-12x+4xy}{(x+y)^2}$$

## ▪ Multiplikation von Bruchtermen

Im Folgenden werden mehrere Bruchterme miteinander multipliziert. Zur Erinnerung: Brüche werden multipliziert, indem die Zähler und die Nenner der Brücher jeweils miteinander multipliziert werden:

$$\frac{a}{b}\cdot\frac{c}{d}=\frac{a\cdot c}{b\cdot d} \qquad (b,d\in\mathbb{R}\setminus\{0\})$$

**1. Beispielaufgabe**

Multiplizieren Sie den folgenden Bruchterm und fassen Sie den Term zusammen.

$$\frac{a+10}{x+1}\cdot\frac{2+a}{x-1}\cdot 5 \qquad (a\in\mathbb{R};\ x\in\mathbb{R}\setminus\{-1;1\})$$

**Lösung**

Es wird zunächst die Zahl 5 in den Scheinbruch $\frac{5}{1}$ umgewandelt. Anschließend werden alle Zähler und alle Nenner multipliziert. Beim Multiplizieren des Nenners kann das dritte Binom verwendet werden.

$$\frac{a+10}{x+1}\cdot\frac{2+a}{x-1}\cdot 5=\frac{a+10}{x+1}\cdot\frac{2+a}{x-1}\cdot\frac{5}{1}=\frac{(a+10)\cdot(2+a)\cdot 5}{(x+1)\cdot(x-1)\cdot 1}$$
$$=\frac{(a^2+12a+20)\cdot 5}{x^2-1}=\frac{5a^2+60a+100}{x^2-1}$$

**2. Beispielaufgabe**

Multiplizieren Sie den folgenden Bruchterm und fassen Sie den Term zusammen.

$$\frac{3a+b}{2-x}\cdot\left(-\frac{15ab}{x}\right)\cdot\frac{1}{x} \qquad (a,b\in\mathbb{R};\ x\in\mathbb{R}\setminus\{0,2\})$$

**Lösung**

Aufgrund der Vorzeichenregel bei der Multiplikation ist das Vorzeichen des gesamten Terms negativ.

$$\frac{3a+b}{2-x}\cdot\left(-\frac{15ab}{x}\right)\cdot\frac{1}{x} = -\frac{3a+b}{2-x}\cdot\frac{15ab}{x}\cdot\frac{1}{x} = -\frac{(3a+b)\cdot 15ab\cdot 1}{(2-x)\cdot x\cdot x}$$

$$= -\frac{45a^2b+15ab^2}{-x^3+2x^2}$$

**Anmerkung** Es könnte aus dem Nenner die Zahl –1 ausgeklammert und mit dem Vorzeichen des Bruchs verrechnet werden.

$$-\frac{45a^2b+15ab^2}{-x^3-2x^2} = -\frac{45a^2b+15ab^2}{-(x^3+2x^2)} = \frac{45a^2b+15ab^2}{x^3+2x^2}$$

**3. Beispielaufgabe**

Multiplizieren Sie die folgenden Bruchterme.

$$\frac{a-3}{x}\cdot\frac{2x}{3-a} \qquad (a\in\mathbb{R}\setminus\{3\};\ x\in\mathbb{R}\setminus\{0\})$$

**Lösung**

Die beiden Brüche werden wie bekannt miteinander multipliziert. Der Term $a-3$ im Zähler und $3-a$ im Nenner unterscheiden sich lediglich in ihrem Vorzeichen. Es wird aus dem Term $3-a$ die Zahl –1 ausgeklammert, um anschließend die Differenz $a-3$ kürzen zu können.

$$\frac{a-3}{x}\cdot\frac{2x}{3-a} = \frac{(a-3)\cdot 2x}{x\cdot(3-a)} = \frac{(a-3)\cdot 2x}{x\cdot(-1)\cdot(a-3)} = \frac{2x}{-x} = -2$$

**Weitere Beispiele:** Multiplikation von Bruchtermen

- $\frac{7}{2x}\cdot\left(\frac{2ab}{x+1}-\frac{2}{x}\right) = \frac{7}{2x}\cdot\frac{2ab}{x+1}-\frac{7}{2x}\cdot\frac{2}{x}$ $\qquad (a,b\in\mathbb{R};\ x\in\mathbb{R}\setminus\{-1;0\})$

  $= \frac{14ab}{2x\cdot(x+1)}-\frac{14}{2x^2} = \frac{14ab}{2x^2+2}-\frac{14}{2x^2}$

- $\frac{a-4}{2(x+1)^2}\cdot(x+1) = \frac{a-4}{2(x+1)^2}\cdot\frac{x+1}{1} = \frac{(a-4)\cdot(x+1)}{2(x+1)^2\cdot 1} = \frac{a-4}{2(x+1)}$ $\qquad (a,x\in\mathbb{R}\setminus\{-1\})$

## ■ Ausnutzen von Rechenvorteilen durch Ausklammern beim Rechnen mit Bruchtermen

Bevor mit Bruchtermen gerecht wird, ist es empfehlenswert, sie soweit wie möglich zu vereinfachen bzw. so umzuschreiben, dass Rechenvorteile genutzt werden können. Eine Möglichkeit in diesem Zusammenhang ist das Ausklammern. Anhand der folgenden Aufgaben wird erläutert, wie durch Ausklammern Bruchterme so umgeformt werden können, dass Rechenvorteile genutzt werden können.

**1. Beispielaufgabe**

Schreiben Sie den Term auf einen gemeinsamen Bruchstrich und vereinfachen Sie diesen soweit wie möglich.

$$\frac{5}{2a+4}-\frac{10}{3a+6}+\frac{1}{4a+8} \qquad (a \in \mathbb{R}\backslash\{-2\})$$

**Lösung**

Um die Bruchterme zu addieren bzw. zu subtrahieren, müssen sie auf den gemeinsamen Hauptnenner gebracht werden. Klammert man im Nenner des ersten Bruchterms 2, im zweiten 3 und im dritten 4 aus, so erhält man den Term $\frac{5}{2(a+2)}-\frac{10}{3(a+2)}+\frac{1}{4(a+2)}$. Anhand dieses Terms erkennt man, dass der Hauptnenner $12(a+2)$ ist. Das bedeutet, dass der erste Bruchterm mit 6, der zweite mit 4 und der dritte mit 3 erweitert werden muss. Anschließend können die Bruchterme zusammengefasst werden.

$$\frac{5}{2a+4}-\frac{10}{3a+6}+\frac{1}{4a+8} = \frac{5}{2(a+2)}-\frac{10}{3(a+2)}+\frac{1}{4(a+2)} = \frac{6\cdot 5}{6\cdot 2(a+2)}-\frac{4\cdot 10}{4\cdot 3(a+2)}+\frac{3\cdot 1}{3\cdot 4(a+2)}$$

$$= \frac{30}{12(a+2)}-\frac{40}{12(a+2)}+\frac{3}{12(a+2)} = \frac{30-40+3}{12(a+2)} = \frac{-7}{12(a+2)} = -\frac{7}{12(a+2)}$$

**Anmerkung** Ohne das Ausklammern der Zahlen 2, 3 bzw. 4 in den Nennern der Bruchterme, wären wir niemals so schnell auf den Hauptnenner gekommen. Vielmehr hätte man sich in aufwendigen Nebenrechnungen den Hauptnenner errechnen müssen.

**2. Beispielaufgabe**

Schreiben Sie den Term auf einen gemeinsamen Bruchstrich und vereinfachen Sie diesen soweit wie möglich.

$$\frac{(a-b)^2}{5x+5y}\cdot\frac{10x+10y}{7a-7b} \qquad (a,b,x,y \in \mathbb{R};\ a \neq b;\ x \neq -y)$$

**Lösung**

Die Brüche werden multipliziert, indem die Zähler und die Nenner jeweils miteinander multipliziert werden. Durch das Ausklammern der Zahl 5 im Nenner des ersten Bruch, der Zahl 7 im Nenner des zweiten Bruchs bzw. der Zahl 10 im Zähler des zweiten Bruchs erkennt man, dass die Summe $(x+y)$ bzw. die Differenz $(a-b)$ gekürzt werden können.

$$\frac{(a-b)^2}{5x+5y}\cdot\frac{10x+10y}{7a-7b} = \frac{(a-b)^2\cdot 10(x+y)}{5(x+y)\cdot 7(a-b)} = \frac{(a-b)\cdot 10}{5\cdot 7} = \frac{2(a-b)}{7} = \frac{2a-2b}{7}$$

**Anmerkung** Durch das Ausklammern der Zahlen 5, 7 und 10 können gemeinsame Faktoren herausgekürzt werden. Der Term $\frac{(a-b)^2\cdot 10(x+y)}{5(x+y)\cdot 7(a-b)}$ kann somit zusammengefasst werden, ohne dass die Klammerausdrücke im Zähler und Nenner aufwendig ausmultipliziert werden müssen.

**Weitere Beispiele:** Rechenvorteile durch Ausklammern

- $$\frac{10x-20}{5x}\cdot\left(\frac{x}{x-2}-\frac{1}{10}\right) = \frac{10x-20}{5x}\cdot\frac{x}{x-2}-\frac{10x-20}{5x}\cdot\frac{1}{10} \qquad x \in \mathbb{R}\backslash\{0;2\})$$
  $$= \frac{10(x-2)}{5x}\cdot\frac{x}{x-2}-\frac{10(x-2)}{5x}\cdot\frac{1}{10}$$
  $$= \frac{10\cdot x}{5x}-\frac{x-2}{5x} = \frac{10x-x+2}{5x} = \frac{9x+2}{5x}$$
- $$\frac{3x-6}{5x+10}\cdot\frac{1}{(x-2)^2}\cdot\left(-\frac{x+2}{x}\right) = -\frac{3(x-2)\cdot 1\cdot(x+2)}{5(x+2)\cdot(x-2)^2\cdot x} = -\frac{3}{5x\cdot(x-2)} \qquad (x \in \mathbb{R}\backslash\{-2;0;2\})$$

## ■ Ausnutzen von Rechenvorteilen durch Anwenden der Binomischen Formeln beim Rechnen mit Bruchtermen

Ähnlich wie durch Ausklammern können Bruchterme durch das Anwenden der Binomischen Formel so umgeformt werden, dass für anschließende Rechnungen Rechenvorteile entstehen. Anhand der folgenden Aufgaben wird erläutert, wie durch das Anwenden von Binomischen Formeln Bruchterme so umgeformt werden können, dass Rechenvorteile entstehen.

**1. Beispielaufgabe**

Schreiben Sie den Term auf einen gemeinsamen Bruchstrich und vereinfachen Sie diesen soweit wie möglich.

$$\frac{x^2-2x+1}{2(x-1)}-\frac{5x}{x+1} \qquad (x \in \mathbb{R}\backslash\{-1;1\})$$

**Lösung**

Der Zähler des ersten Bruchs kann mithilfe der zweiten Binomischen Formel umgeschrieben werden. Es gilt: $x^2-2x+1 = (x-1)^2$. Auf diese Weise erhält man den Term $\frac{(x-1)^2}{2(x-1)}-\frac{5x}{x+1}$. Der erste Bruch kann offensichtlich gekürzt werden. Somit erhält man den Term $\frac{x-1}{2}-\frac{5x}{x+1}$. Da die beiden Brüche ungleichnamig sind, müssen sie vor dem Subtrahieren gleichnamig gemacht werden. Der Hauptnenner ist $2(x+1)$. Durch Erweitern erhält man den Term $\frac{(x-1)\cdot(x+1)}{2\cdot(x+1)}-\frac{2\cdot 5x}{2\cdot(x+1)}$. Der Klammerausdruck im Zähler des ersten Bruchterms kann mithilfe der dritten Binomischen Formel aufgelöst werden: $\frac{x^2-1}{2(x+1)}-\frac{10x}{2(x+1)}$. Anschließend werden die gleichnamigen Brüche subtrahiert: $\frac{x^2-10x-1}{2(x+1)}$. Im Folgenden ist die vollständige Rechnung zu sehen.

$$\begin{aligned}\frac{x^2-2x+1}{2(x-1)}-\frac{5x}{x+1} &= \frac{(x-1)^2}{2(x-1)}-\frac{5x}{x+1} = \frac{x-1}{2}-\frac{5x}{x+1}\\ &= \frac{(x-1)\cdot(x+1)}{2\cdot(x+1)}-\frac{2\cdot 5x}{2\cdot(x+1)}\\ &= \frac{x^2-1}{2(x+1)}-\frac{10x}{2(x+1)} = \frac{x^2-10x-1}{2(x+1)}\end{aligned}$$

**2. Beispielaufgabe**

Schreiben Sie den Term auf einen gemeinsamen Bruchstrich und vereinfachen Sie diesen soweit wie möglich.

$$\frac{2x^2+8x+8}{4x^2-16}\cdot\frac{5}{(x+2)} \qquad (x \in \mathbb{R}\backslash\{-2;2\})$$

**Lösung**

Bei diesem Term kann aus dem Zähler des ersten Bruchterms die Zahl 2 ausgeklammert werden. Anschließend kann auf den Term im Zähler des ersten Bruchterms die erste Binomische Formel angewendet werden:

$$\frac{2x^2+8x+8}{4x^2-16}\cdot\frac{5}{(x+2)} = \frac{2(x^2+4x+4)}{4x^2-16}\cdot\frac{5}{(x+2)} = \frac{2\,(x+2)^2}{4x^2-16}\cdot\frac{5}{(x+2)} = \frac{2\,(x+2)^2\cdot 5}{(4x^2-16)\cdot(x+2)}$$

Man erkennt, dass der Faktor $x+2$ gekürzt werden kann.

$$\frac{2\,(x+2)^2\cdot 5}{(4x^2-16)\cdot(x+2)} = \frac{10(x+2)}{4x^2-16}$$

Aus dem Nenner des Bruchterms $\frac{10(x+2)}{4x^2-16}$ kann die Zahl 4 ausgeklammert werden. Anschließend wird das dritte Binom auf den Nenner angewendet:

$$\frac{10(x+2)}{4x^2-16} = \frac{10(x+2)}{4(x^2-4)} = \frac{10(x+2)}{4(x-2)(x+2)}$$

Der Bruch kann mit der Zahl 2 und dem Term $(x+2)$ gekürzt werden:

$$\frac{10(x+2)}{4(x-2)(x+2)} = \frac{5}{2(x-2)}$$

Im Folgenden ist die vollständige, zusammenhängende Rechnung zu sehen.

$$\frac{2x^2+8x+8}{4x^2-16}\cdot\frac{5}{(x+2)} = \frac{2(x^2+4x+4)}{4x^2-16}\cdot\frac{5}{(x+2)} = \frac{2(x+2)^2}{4x^2-16}\cdot\frac{5}{(x+2)}$$
$$= \frac{2(x+2)^2\cdot 5}{(4x^2-16)\cdot(x+2)} = \frac{10(x+2)}{4x^2-16}$$
$$= \frac{10(x+2)}{4(x^2-4)} = \frac{10(x+2)}{4(x-2)(x+2)} = \frac{5}{2(x-2)}$$

**Weitere Beispiele:** Rechenvorteile durch Anwenden der Binomischen Formeln

- $\frac{1}{a^2-9}\cdot\frac{2a+6}{2} = \frac{1}{(a-3)\cdot(a+3)}\cdot\frac{2(a+3)}{2} = \frac{1}{a-3}$ $\quad(a \in \mathbb{R}\setminus\{-3;3\})$
- $\frac{2x}{x^2-4y^2}-\frac{x}{x-2y} = \frac{2x}{(x-2y)\cdot(x+2y)}-\frac{x}{x-2y}$ $\quad(x,y \in \mathbb{R}\ ;x^2 \neq 4y^2)$

$$= \frac{2x}{(x-2y)\cdot(x+2y)}-\frac{x\cdot(x+2y)}{(x-2y)\cdot(x+2y)}$$
$$= \frac{2x}{(x-2y)\cdot(x+2y)}-\frac{x^2+2xy}{(x-2y)\cdot(x+2y)}$$
$$= \frac{-x^2+2x-2xy}{(x-2y)\cdot(x+2y)}$$

## Addition von Produkten aus Bruchtermen

In diesem Abschnitt werden Produkte aus Bruchterme addiert bzw. subtrahiert. Es ist weiterhin empfehlenswert, die Bruchterme, wenn möglich, vollständig zu kürzen.

**1. Beispielaufgabe**

Schreiben Sie den Term auf einen gemeinsamen Bruchstrich und fassen Sie ihn soweit wie möglich zusammen.

$$\frac{x^2-4}{2(x-2)}\cdot\frac{1}{x+2}+\frac{x}{x+3}\cdot\frac{4x+12}{16} \qquad (x \in \mathbb{R}\setminus\{-3;-2;2\})$$

**Lösung**

Es werden zunächst die Summanden unter Verwendung der dritten Binomischen Formel, durch Ausklammern und durch Kürzen vereinfacht. Die entstehenden Terme werden addiert, nachdem sie gleichnamig gemacht wurden.

$$\frac{x^2-4}{2(x-2)}\cdot\frac{1}{x+2}+\frac{x}{x+3}\cdot\frac{4x+12}{16} = \frac{(x+2)\cdot(x-2)}{2(x-2)}\cdot\frac{1}{x+2}+\frac{x}{x+3}\cdot\frac{4(x+3)}{16}$$
$$= \frac{1}{2}+x\cdot\frac{1}{4} = \frac{1}{2}+\frac{x}{4} = \frac{2+x}{4}$$

**2. Beispielaufgabe**

Schreiben Sie den Term auf einen gemeinsamen Bruchstrich und fassen Sie ihn soweit wie möglich zusammen.

$$\frac{1}{2x}\cdot\frac{x}{x-5}-\frac{x}{2x^2+6x}\cdot\frac{5}{x} \qquad (x \in \mathbb{R}\setminus\{-3;0;5\})$$

**Lösung**

Es werden der Minuend und der Subtrahend vereinfacht und jeweils auf einen Bruchstrich geschrieben.

$$\frac{1}{2x}\cdot\frac{x}{x-5}-\frac{x}{2x^2+6x}\cdot\frac{5}{x} = \frac{1}{2}\cdot\frac{1}{x-5}-\frac{x}{2x\cdot(x+3)}\cdot\frac{5}{x} = \frac{1}{2}\cdot\frac{1}{x-5}-\frac{1}{2(x+3)}\cdot\frac{5}{x} = \frac{1}{2(x-5)}-\frac{5}{2x(x+3)}$$

Nachdem der Minuend und Subtrahend so erweitert wurde, dass sie den gleichen Hauptnenner $2x(x+3)(x-5)$ haben, können sie auf einen gemeinsamen Bruchstrich geschrieben werden.

$$\frac{1}{2(x-5)}-\frac{5}{2x(x+3)}=\frac{1\cdot x\cdot(x+3)}{2(x-5)\cdot x\cdot(x+3)}-\frac{5\cdot(x-5)}{2x(x+3)\cdot(x-5)}$$

$$=\frac{x^2+3x}{2x(x+3)(x-5)}-\frac{5x-25}{2x(x+3)(x-5)}=\frac{x^2+3x-5x+25}{2x(x+3)(x-5)}=\frac{x^2-2x+25}{2x(x+3)(x-5)}$$

**Weitere Beispiele:** Addition von Produkten aus Bruchtermen

- $$\frac{a^2-6a+9}{a^2-9}\cdot\frac{a+1}{4}+\frac{1}{a+3}\cdot\frac{2}{a}=\frac{(a-3)^2}{(a-3)\cdot(a+3)}\cdot\frac{a+1}{4}+\frac{1}{a+3}\cdot\frac{2}{a}=\frac{(a-3)\cdot(a+1)}{(a+3)\cdot 4}+\frac{2}{(a+3)\cdot a}$$

  $$=\frac{a^2+a-3a-3}{4(a+3)}+\frac{2}{a(a+3)}=\frac{a^2-2a-3}{4(a+3)}+\frac{2}{a(a+3)}$$

  $$=\frac{a\cdot(a^2-2a-3)}{4a(a+3)}+\frac{4\cdot 2}{4a(a+3)}=\frac{a^3-2a^2-3a}{4a(a+3)}+\frac{8}{4a(a+3)}$$

  $$=\frac{a^3-2a^2-3a+8}{4a(a+3)} \qquad (a\in\mathbb{R}\setminus\{-3;0;3\})$$

- $$\frac{4}{x+1}\cdot\frac{5}{x}-\frac{2}{x}\cdot\frac{1}{2x-4}=\frac{4}{x+1}\cdot\frac{5}{x}-\frac{2}{x}\cdot\frac{1}{2(x-2)}=\frac{4}{x+1}\cdot\frac{5}{x}-\frac{1}{x}\cdot\frac{1}{x-2} \qquad (a\in\mathbb{R}\setminus\{-1;0;2\})$$

  $$=\frac{20}{(x+1)\cdot x}-\frac{1}{x\cdot(x-2)}=\frac{20}{x\cdot(x+1)}-\frac{1}{x\cdot(x-2)}$$

  $$=\frac{20\cdot(x-2)}{x\cdot(x+1)\cdot(x-2)}-\frac{1\cdot(x+1)}{x\cdot(x-2)\cdot(x+1)}$$

  $$=\frac{20x-40}{x(x-2)(x+1)}-\frac{x+1}{x(x-2)(x+1)}$$

  $$=\frac{20x-40-x-1}{x(x-2)(x+1)}=\frac{19x-41}{x(x-2)(x+1)}$$

## ■ Rechnen mit Doppelbrüchen

Doppelbrüche werden unter Verwendung der Rechenregel »Durch einen Bruch wird dividiert, indem mit dem Kehrbruch multipliziert wird« zusammengefasst. In den folgenden Aufgaben werden exemplarisch Doppelbrüche so umgeformt, dass sie nur noch einen Bruchstrich haben.

### 1. Beispielaufgabe

Fassen Sie den Doppelbruch zu einem Bruch zusammen.

$$\frac{\frac{x+2}{2}+x}{\frac{5}{x}-1} \qquad \text{(Nenner jeweils ungleich Null)}$$

### Lösung

Zunächst werden der Zähler und der Nenner des Hauptbruchs so umgeformt, dass sie jeweils auf einem Bruchstrich stehen.

$$\frac{\frac{x+2}{2}+x}{\frac{5}{x}-1}=\frac{\frac{x+2}{2}+\frac{2x}{2}}{\frac{5}{x}-\frac{x}{x}}=\frac{\frac{3x+2}{2}}{\frac{5-x}{x}}$$

Nachdem sich im Zähler und im Nenner des Hauptbruchs keine Summen bzw. Differenzen mehr befinden, wird der Doppelbruch aufgelöst, indem der Zähler mit dem Kehrbruch des Nenners multipliziert wird.

$$\frac{\frac{3x+2}{2}}{\frac{5-x}{x}} = \frac{3x+2}{2} \cdot \frac{x}{5-x} = \frac{3x^2+2x}{10-2x}$$

**2. Beispielaufgabe**

Zeigen Sie, dass beide Bruchterme gleichwertig sind.

$$\frac{\frac{x^2-9}{x-3}}{\frac{x^2}{4} - \frac{1}{3x^2+9x}} \qquad \frac{12x(x+3)^2}{3x^3(x+3)-4} \qquad \text{(Nenner jeweils ungleich Null)}$$

**Lösung**

Die Zähler und der Nenner des erstgenannten Bruchterms werden vereinfacht und jeweils auf einen Bruchstrich geschrieben. Anschließend wird der Zähler mit dem Kehrbruch des Nenners multipliziert.

$$\frac{\frac{x^2-9}{x-3}}{\frac{x^2}{4} - \frac{1}{3x^2+9x}} = \frac{\frac{(x-3)\cdot(x+3)}{x-3}}{\frac{x^2}{4} - \frac{1}{3x(x+3)}} = \frac{x+3}{\frac{x^2}{4} - \frac{1}{3x(x+3)}}$$

$$= \frac{x+3}{\frac{x^2\cdot 3x(x+3)}{4\cdot 3x(x+3)} - \frac{4}{4\cdot 3x(x+3)}} = \frac{x+3}{\frac{x^2\cdot 3x(x+3)-4}{4\cdot 3x(x+3)}}$$

$$= \frac{x+3}{1} \cdot \frac{4\cdot 3x(x+3)}{x^2\cdot 3x(x+3)-4} = \frac{12x(x+3)^2}{3x^3(x+3)-4}$$

**Weitere Beispiele:** Doppelbrüche mit Bruchtermen

- $$\frac{\frac{2}{3x}+\frac{3x}{x-5}}{\frac{5-x}{25-10x+x^2}} = \frac{\frac{2(x-5)}{3x(x-5)}+\frac{3x\cdot 3x}{3x(x-5)}}{\frac{5-x}{(5-x)^2}} = \frac{\frac{2x-10}{3x(x-5)}+\frac{9x^2}{3x(x-5)}}{\frac{1}{5-x}} \qquad \text{(Alle Nenner ungleich Null)}$$

  $$= \frac{\frac{9x^2+2x-10}{3x(x-5)}}{\frac{1}{5-x}} = \frac{9x^2+2x-10}{3x(x-5)} \cdot (5-x)$$

  $$= \frac{9x^2+2x-10}{3x(x-5)} \cdot (-1) \cdot (-5+x) = -\frac{9x^2+2x-10}{3x}$$

- $$\frac{1+\frac{y}{x}}{1+\frac{x}{y}} = \frac{\frac{x}{x}+\frac{y}{x}}{\frac{y}{y}+\frac{x}{y}} = \frac{\frac{x+y}{x}}{\frac{y+x}{y}} = \frac{x+y}{x} \cdot \frac{y}{y+x} = \frac{y}{x} \qquad \text{(Alle Nenner ungleich Null)}$$

## Aufgaben

Schreiben Sie die folgenden Terme auf einen gemeinsamen Nenner und vereinfachen Sie diese.

a) $\frac{3+4x^2}{x+y}+\frac{-(2+4x)^2}{x+y}+\frac{(6x-6)^2}{x+y}$ $(x,y \in \mathbb{R};\ x \neq y)$

b) $\frac{a-2}{a+8}\cdot\frac{16+2a}{2a-4}\cdot\left(-\frac{7-a}{6a}\right)$ $(a \in \mathbb{R}\setminus\{-8;0;2\})$

c) $-\frac{a+1}{5+2a}\cdot\frac{a-1}{2a-5}\cdot\left(-\frac{6}{a^2-1}\right)$ $a \in \mathbb{R}\setminus\{-2{,}5;-1;1;2{,}5\})$

f) $-\frac{2}{x}\cdot\frac{x}{5x-35}-\frac{7x}{x-7}\cdot\frac{x-1}{x^2}$ $(x \in \mathbb{R}\setminus\{0;7\})$

e) $\frac{x^2-36}{x-6}+\frac{1}{2x}:\frac{2x-12}{-x^2+4x}$ (Nenner und Divisor jeweils ungleich 0)

### 1.6.4 Vereinfachen von Termen mit Potenzen

Mithilfe der Potenzgesetze können Terme, in denen mehrere Potenzen vorkommen, vereinfacht werden. Im Folgenden werden verschiedene Möglichkeiten des Zusammenfassens von Termen mit Potenzen betrachtet.

■ **Addition und Subtraktion von Termen mit Potenzen**

Es ist bekannt, dass gleichartige Terme addiert und subtrahiert werden können. Zur Erinnerung: Gleichartige Terme haben die gleichen Variablen.

**1. Beispielaufgabe**

Fassen Sie den Term zusammen und vereinfachen Sie diesen.

$$\frac{1}{2}a^2b-\left[\frac{5a^2b}{6}+\frac{1}{4}\left(6ac^2-3ab^2\right)+\frac{7}{5}ac^2\right] \qquad (a,b,c \in \mathbb{R})$$

**Lösung**

Der Klammerausdruck wird von innen nach außen aufgelöst. Daher wird zunächst die runde Klammer mit $\frac{1}{4}$ multipliziert.

$$\frac{1}{2}a^2b-\left[\frac{5a^2b}{6}+\frac{1}{4}\left(6ac^2-3ab^2\right)+\frac{7}{5}ac^2\right] = \frac{1}{2}a^2b-\left[\frac{5a^2b}{6}+\frac{6}{4}ac^2-\frac{3}{4}ab^2+\frac{7}{5}ac^2\right]$$

Es werden alle Brüche gekürzt und die Terme in der Klammer werden gemäß ihren Variablen geordnet.

$$\frac{1}{2}a^2b-\left[\frac{5a^2b}{6}+\frac{6}{4}ac^2-\frac{3}{4}ab^2+\frac{7}{5}ac^2\right] = \frac{1}{2}a^2b-\left[\frac{5}{6}a^2b-\frac{3}{4}ab^2+\frac{3}{2}ac^2+\frac{7}{5}ac^2\right]$$

Die gleichartigen Terme in der eckigen Klammer werden subtrahiert bzw. addiert.

$$\frac{1}{2}a^2b-\left[\frac{5}{6}a^2b-\frac{3}{4}ab^2+\frac{3}{2}ac^2+\frac{7}{5}ac^2\right] = \frac{1}{2}a^2b-\left[\frac{5}{6}a^2b-\frac{3}{4}ab^2+\frac{15}{10}ac^2+\frac{14}{10}ac^2\right]$$

$$= \frac{1}{2}a^2b-\left[\frac{5}{6}a^2b-\frac{3}{4}ab^2+\frac{29}{10}ac^2\right]$$

Minuszeichen vor der eckigen Klammer bedeutet, dass alle Rechenzeichen in der Klammer gedreht werden müssen:

$$\frac{1}{2}a^2b-\left[\frac{5}{6}a^2b-\frac{3}{4}ab^2+\frac{29}{10}ac^2\right] = \frac{1}{2}a^2b-\frac{5}{6}a^2b+\frac{3}{4}ab^2-\frac{29}{10}ac^2$$

$$= \frac{3}{6}a^2b-\frac{5}{6}a^2b+\frac{3}{4}ab^2-\frac{29}{10}ac^2$$

$$= -\frac{1}{3}a^2b+\frac{3}{4}ab^2-\frac{29}{10}ac^2$$

**2. Beispielaufgabe**

Fassen Sie den Term zusammen und vereinfachen Sie diesen.

$$12\,b^2c^2-(2\,ab-4\,bc)^2-4\,a^2b^2 \qquad (a,b,c\in\mathbb{R})$$

**Lösung**

Es wird zunächst der Klammerausdruck mithilfe des zweiten Binoms aufgelöst. Anschließend wird das Minuszeichen vor der runden Klammer durch Drehen der Rechenzeichen in der Klammer aufgelöst. Danach wird der Term nach gleichartigen Termen sortiert. Diese werden im Anschluss verrechnet.

$$12\,b^2c^2-(2\,ab-4\,bc)^2-4\,a^2b^2 = 12\,b^2c^2-(4\,a^2b^2-2\cdot 2\,ab\cdot 4\,bc+16\,b^2c^2)-4\,a^2b^2$$
$$=12\,b^2c^2-(4\,a^2b^2-16\,ab^2c+16\,b^2c^2)-4\,a^2b^2$$
$$=12\,b^2c^2-4\,a^2b^2+16\,ab^2c-16\,b^2c^2-4\,a^2b^2$$
$$=-4\,a^2b^2-4\,a^2b^2+12\,b^2c^2-16\,b^2c^2+16\,ab^2c$$
$$=-8\,a^2b^2-4\,b^2c^2+16\,ab^2c$$

**Weitere Beispiele:** Addition und Subtraktion von Termen mit Potenzen

- $$\frac{4x^2y+5y^4+3x}{4xyz}+\frac{x^2y-7x}{4xyz}-\frac{y^4}{4xyz}=\frac{4x^2y+5y^4+3x+x^2y-7x-y^4}{4xyz} \qquad (x,y,z\in\mathbb{R}\setminus\{0\})$$
  $$=\frac{5x^2y+4y^4-4x}{4xyz}$$
- $$4xz+2x^2y-\left[x^2y+\frac{1}{10}xz\right]=4xz+2x^2y-x^2y-\frac{1}{10}xz \qquad (x,y,z\in\mathbb{R})$$
  $$=2x^2y-x^2y+4xz-\frac{1}{10}xz$$
  $$=x^2y+\frac{39}{10}xz$$

## ▪ Multiplikation und Division von Termen mit Potenzen

Potenzen mit gleicher Basis werden bekanntlich mithilfe der Potenzgesetzen $a^n\cdot a^m = a^{n+m}$ bzw. $\frac{a^n}{a^m}=a^{n-m}$ $(a\in\mathbb{R}\setminus\{0\};\ n,m\in\mathbb{Z})$ multipliziert bzw. dividiert. Potenzen mit gleichen Exponenten werden unter Verwendung der Potenzgesetze $(a\cdot b)^n = a^n\cdot b^n$ bzw. $\left(\frac{a}{b}\right)^n = \frac{a^n}{b^n}$ $(a\in\mathbb{R};\ b\in\mathbb{R}\setminus\{0\};\ n,m\in\mathbb{Z})$ verrechnet. Diese Potenzgesetze werden in den folgenden Aufgaben angewendet, um die Terme zu vereinfachen.

**1. Beispielaufgabe**

Schreiben Sie den Term auf einen gemeinsamen Bruchstrich.

$$\frac{ab}{2}\cdot\left(\frac{2}{a^2b^2}-\frac{ab}{c}\right)-\frac{1}{c^3}\cdot 2\,abc \qquad (a,b,c\in\mathbb{R}\setminus\{0\})$$

**Lösung**

Zunächst wird der Minuend ausmultipliziert und zusammengefasst. Der Subtrahend wird auf einen Bruchstrich geschrieben und dabei gekürzt.

$$\frac{ab}{2}\cdot\left(\frac{2}{a^2b^2}-\frac{ab}{c}\right)-\frac{1}{c^3}\cdot 2\,abc = \frac{ab}{2}\cdot\frac{2}{a^2b^2}-\frac{ab}{2}\cdot\frac{ab}{c}-\frac{2\,abc}{c^3}$$
$$=\frac{1}{ab}-\frac{a^2b^2}{2c}-\frac{2\,ab}{c^2}$$

Die drei Brüche werden auf den Hauptnenner $2abc^2$ erweitert und anschließend auf einen gemeinsamen Bruchstrich geschrieben.

$$\frac{1}{ab}-\frac{a^2b^2}{2c}-\frac{2ab}{c^2}=\frac{1\cdot 2c^2}{2abc^2}-\frac{a^2b^2\cdot abc}{2abc^2}-\frac{2ab\cdot 2ab}{2abc^2}$$

$$=\frac{2c^2}{2abc^2}-\frac{a^3b^3c}{2abc^2}-\frac{4a^2b^2}{2abc^2}=\frac{2c^2-a^3b^3c-4a^2b^2}{2abc^2}$$

**2. Beispielaufgabe**

Weisen Sie nach, dass die beiden Terme gleichwertig sind.

$$\frac{x}{2}\cdot\frac{2y}{x+2}+\frac{x}{y}\cdot\left(\frac{x+1}{2y}-2\right) \quad \text{und} \quad \frac{x^3+3x^2+2x-4x^2y+2xy^3-8xy}{2y^2\cdot(x+2)} \qquad (x\in\mathbb{R}\backslash\{-2\};\ y\in\mathbb{R}\backslash\{0\})$$

**Lösung**

Die beiden Summanden werden zunächst jeweils auf einen Bruchstrich geschrieben und anschließend unter Bildung des Hauptnenners addiert.

$$\frac{x}{2}\cdot\frac{2y}{x+2}+\frac{x}{y}\cdot\left(\frac{x+1}{2y}-2\right)=\frac{xy}{x+2}+\frac{x}{y}\cdot\frac{x+1}{2y}-\frac{2x}{y}$$

$$=\frac{xy}{x+2}+\frac{x^2+x}{2y^2}-\frac{2x}{y}=\frac{xy}{x+2}+\frac{x^2+x}{2y^2}-\frac{4xy}{2y^2}$$

$$=\frac{xy}{x+2}+\frac{x^2+x-4xy}{2y^2}=\frac{xy\cdot 2y^2}{(x+2)\cdot 2y^2}+\frac{(x^2+x-4xy)\cdot(x+2)}{2y^2\cdot(x+2)}$$

$$=\frac{2xy^3}{2y^2\cdot(x+2)}+\frac{x^3+x^2-4x^2y+2x^2+2x-8xy}{2y^2\cdot(x+2)}$$

$$=\frac{2xy\,3}{2y^2\cdot(x+2)}+\frac{x^3+3x^2-4x^2y+2x-8xy}{2y^2\cdot(x+2)}$$

$$=\frac{2xy\,3+x^3+3x^2-4x^2y+2x-8xy}{2y^2\cdot(x+2)}$$

$$=\frac{x^3+3x^2+2x-4x^2y+2xy^3-8xy}{2y^2\cdot(x+2)}$$

## ▪ Potenzieren von Termen mit Potenzen

Terme mit Potenzen müssen beim Zusammenfassen häufig potenziert werden. Solche Terme werden in den folgenden Aufgaben betrachtet.

**1. Beispielaufgabe**

Schreiben Sie den Term auf einen gemeinsamen Bruchstrich.

$$\left(\frac{3x^2y}{4ab^2}\right)^3-\left(\frac{4x}{2a}\right)^3\cdot\frac{(xy)^3}{b^6} \qquad (a,b\in\mathbb{R}\backslash\{0\})$$

**Lösung**

Es werden die Brüche $\left(\frac{3x^2y}{4ab^2}\right)$ und $\left(\frac{4x}{2a}\right)$ mit dem Exponenten 3 potenziert. Dazu werden die Zähler und die Nenner mit 3 potenziert.

$$\left(\frac{3x^2y}{4ab^2}\right)^3-\left(\frac{4x}{2a}\right)^3\cdot\frac{(xy)^3}{b^6}=\frac{(3x^2y)^3}{(4ab^2)^3}-\frac{(4x)^3}{(2a)^3}\cdot\frac{(xy)^3}{b^6}$$

$$=\frac{3^3x^{2\cdot 3}y^3}{4^3a^3b^{2\cdot 3}}-\frac{4^3x^3}{2^3a^3}\cdot\frac{x^3y^3}{b^6}=\frac{3^3x^6y^3}{4^3a^3b^6}-\frac{4^3x^3}{2^3a^3}\cdot\frac{x^3y^3}{b^6}$$

Das Produkt im Subtrahenden wird auf einen Bruchstrich geschrieben. Anschließend wird der zweite Bruch mit 23 erweitert, damit die Brüche gleichnamig sind und subtrahiert werden können.

$$\frac{3^3x^6y^3}{4^3a^3b^6}-\frac{4^3x^3}{2^3a^3}\cdot\frac{x^3y^3}{b^6}=\frac{3^3x^6y^3}{4^3a^3b^6}-\frac{4^3x^3\cdot x^3y^3}{2^3a^3\cdot b^6}=\frac{3^3x^6y^3}{4^3a^3b^6}-\frac{4^3x^6y^3}{2^3a^3\cdot b^6}$$

$$=\frac{3^3x^6y^3}{4^3a^3b^6}-\frac{2^3\cdot 4^3x^6y^3}{2^3\cdot 2^3a^3\cdot b^6}=\frac{3^3x^6y^3}{4^3a^3b^6}-\frac{2^3\cdot 4^3x^6y^3}{(2\cdot 2)^3a^3\cdot b^6}$$

$$=\frac{3^3x^6y^3}{4^3a^3b^6}-\frac{2^3\cdot 4^3x^6y^3}{4^3a^3\cdot b^6}=\frac{3^3x^6y^3-2^3\cdot 4^3x^6y^3}{4^3a^3b^6}$$

$$=\frac{3^3x^6y^3-(2\cdot 4)^3x^6y^3}{4^3a^3b^6}=\frac{3^3x^6y^3-8^3x^6y^3}{4^3a^3b^6}$$

**2. Beispielaufgabe**

Fassen Sie den Term zusammen.

$$\frac{a^2-b^2}{a+b}+\frac{(a^2-b^2)^2}{(a-b)^2} \qquad (a,b\in\mathbb{R};\ a\neq b\wedge a\neq -b)$$

**Lösung**

Zunächst wird der Term $\frac{(a^2-b^2)^2}{(a-b)^2}$ mithilfe des Potenzgesetzes $\frac{a^n}{b^n}=\left(\frac{a}{b}\right)^n$ zu einer Potenz zusammengefasst.

Anschließend werden die Differenzen in den Zählern der Brüche aufgelöst und die Brüche gekürzt.

$$\frac{a^2-b^2}{a+b}+\frac{(a^2-b^2)^2}{(a-b)^2}=\frac{a^2-b^2}{a+b}+\left(\frac{a^2-b^2}{a-b}\right)^2=\frac{(a-b)\cdot(a+b)}{a+b}+\left(\frac{(a-b)\cdot(a+b)}{a-b}\right)^2$$

$$=a-b+(a+b)^2=a-b+a^2+2ab+b^2$$

$$=a^2+b^2+a-b+2ab$$

**Aufgaben**

Fassen Sie die folgenden Terme mit Potenzen zusammen.

a) $-2x^2y^2-(24xy-4yz)^2+4xy^2z-16y^2z^2 \qquad (x,y,z\in\mathbb{R})$

b) $\frac{(4x^2)^3}{x^2+2x}\cdot\frac{(2+x)^2}{(2x^6)^3} \qquad (x\in\mathbb{R}\backslash\{-2;0\})$

c) $\frac{(2ab^3)^4}{[a\cdot(ab)]^4}-\frac{(ab)^{-2}}{b} \qquad (a,b\in\mathbb{R}\backslash\{0\})$

d) $\frac{cd}{ab}\cdot\left(\frac{2}{ab}-\frac{d}{2}\right)-\frac{1}{d^3}\cdot 2abcd^5 \qquad (a,b\in\mathbb{R}\backslash\{0\};\ c,d\in\mathbb{R})$

e) $\left(-\frac{2}{x}\right)^3\cdot\frac{x^4}{(x-3)^2}-\frac{12x^2}{(x-3)^4}\cdot\left(\frac{x-3}{x}\right)^2 \qquad (x\in\mathbb{R}\backslash\{0;3\})$

### 1.6.5 Vereinfachen von Wurzeltermen

Mithilfe der im vorhergehenden Kapitel genannten Rechengesetze können Wurzelterme vereinfacht werden. In den folgenden Aufgaben werden die Wurzelgesetze und weitere Rechengesetze wie beispielsweise die Binomischen Formeln oder das Distributivgesetz benutzt, um Wurzelterme zu vereinfachen.

**1. Beispielaufgabe**

Vereinfachen Sie den Wurzelterm $\left(\sqrt{2}-1\right)\cdot\left(\sqrt{2}+1\right)+2$.

**Lösung**

Das Klammerpaar $\left(\sqrt{2}-1\right)\cdot\left(\sqrt{2}+1\right)$ hat die Form der dritten Binomischen Formel. Nachdem dieses aufgelöst ist, kann der Term zur Zahl 3 zusammengefasst werden.

$$\left(\sqrt{2}-1\right)\cdot\left(\sqrt{2}+1\right)+2$$
$$=\left(\sqrt{2}\right)^2-1^2+2$$
$$=2-1+2$$
$$=1+2=3$$

**2. Beispielaufgabe**

Vereinfachen Sie den Wurzelterm $\frac{\left(\sqrt{2}+3\right)^2}{2}$.

**Lösung**

Der Klammerausdruck kann mithilfe des ersten Binoms aufgelöst werden. Anschließend wird die algebraische Summe mit der Zahl $\frac{1}{2}$ multipliziert.

$$\frac{1}{2}\cdot\left(\sqrt{2}+3\right)^2=\frac{1}{2}\cdot\left(\sqrt{2}^2+2\cdot\sqrt{2}\cdot 3+3^2\right)$$
$$=\frac{1}{2}\cdot\left(2+6\sqrt{2}+9\right)$$
$$=\frac{1}{2}\cdot\left(6\sqrt{2}+11\right)$$
$$=3\sqrt{2}+5{,}5$$

**3. Beispielaufgabe**

Vereinfachen Sie den Wurzelterm $\sqrt{3}\cdot\left(1+\sqrt{3}\right)$ und schätzen Sie den Wert des Terms ohne Verwendung des Taschenrechners ab.

**Lösung**

Der Klammerausdruck kann durch ausmultiplizieren aufgelöst werden.

$$\sqrt{3}\cdot\left(1+\sqrt{3}\right)=\sqrt{3}\cdot 1+\sqrt{3}\cdot\sqrt{3}$$
$$=\sqrt{3}+\sqrt{3^2}=\sqrt{3}+3$$

**■ Abschätzung des Termwerts**

Es ist bekannt, dass $\sqrt{3}$ größer als die Zahl 1 ist, aber kleiner als die Zahl 2.

$$\sqrt{1}<\sqrt{3}<\sqrt{4}$$
$$1<\sqrt{3}<2$$

Folglich ist der exakte Wert des Terms $\sqrt{3}+3$ bzw. $\sqrt{3}\cdot\left(1+\sqrt{3}\right)$ größer als 4 und kleiner als 5.

$$4<\sqrt{3}+3<5 \quad \text{bzw.}$$
$$4<\sqrt{3}\cdot(1+\sqrt{3})<5$$

**Aufgaben**

1. Fassen Sie die Wurzelterme zusammen ($a, b, x \in \mathbb{R}_0^+$).
   a) $\frac{2\sqrt{x}}{5}+\frac{\sqrt{x}-2}{2}$
   b) $\frac{\left(\sqrt{a}+2\right)\cdot\left(\sqrt{a}-2\right)}{4}-\frac{a}{2}$
   c) $\sqrt{4b}-3\cdot\left(2-\sqrt{b}\right)$
2. Vereinfachen Sie den Wurzelterm $\sqrt{8}\cdot\left(-1+\sqrt{2}\right)$ und schätzen Sie den Wert des Terms ohne Verwendung des Taschenrechners ab.

### 1.6.6 Aufgaben zu Termumformungen

1. Klammern Sie alle gemeinsamen Faktoren aus.

a) $25 + 45x$ b) $66 - 88a + 44b$

c) $2x - 6xy$ d) $45ab - 75b + 105ba$

e) $468y - 156xy$ f) $14p - 21pq - 7$

2. Klammern Sie im Zähler und Nenner, wenn möglich, die gemeinsamen Faktoren aus und kürzen Sie anschließend die Brüche.

a) $\frac{3x+6}{9x}$ b) $\frac{5xy-10x}{25x-5xy}$

c) $\frac{7a+49ab}{14a-42ad}$ d) $\frac{12x-16}{4}$

e) $\frac{4xyz-7xy}{8xyz+12yx}$ f) $\frac{5x-30y-45}{125x+100}$

3. Klammern Sie aus den Termen den in den eckigen Klammern angegebenen Bruch aus.

a) $\frac{2}{5}a + \frac{7}{45}$ $\left[\frac{1}{5}\right]$ b) $\frac{10}{22}x + \frac{5}{33}y$ $\left[\frac{5}{11}\right]$

c) $\frac{5}{18}x + \frac{20}{81} - \frac{10}{27}y$ $\left[\frac{5}{9}\right]$ d) $\frac{11}{14}a - \frac{33}{28}b + \frac{88}{7}$ $\left[\frac{11}{7}\right]$

e) $\frac{5}{6}y + \frac{11}{2}z$ $\left[-\frac{3}{4}\right]$ f) $ab - \frac{3}{4}c + 3$ $\left[\frac{1}{8}\right]$

4. Zerlegen Sie die Brüche in eine Summe bzw. Differenz aus einzelnen Brüchen und fassen Sie anschließend die Terme zusammen $(a, b, c, x, y \in \mathbb{R}\setminus\{0\})$.

a) $\frac{15x+45x^2y}{5x}$ b) $\frac{25b^2-250ab+50b}{25b}$

c) $\frac{18abc-9bc+36ac}{3c}$ d) $\frac{16a^2+40a}{2a} - \frac{5abc-25bc}{5bc}$

e) $\frac{9bcx+24x}{4x} - \frac{13b+169b^2c}{13b} + 10 - 7bc$

5. Schreiben Sie die Terme auf einen Bruchstrich und fassen Sie diese zusammen.

a) $\frac{10x+x^2}{x+y} + \frac{-5\cdot(5+3x)}{x+y} + \frac{(2x-5)^2}{x+y}$ $(x, y \in \mathbb{R};\ x \neq y)$

b) $\frac{4a^2+b^2}{4a} - \frac{3(a+b)^2}{8b} + \frac{1}{4}$ $(a, b \in \mathbb{R}\setminus\{0\})$

c) $-\frac{(5a-b)\cdot(5a+b)}{2b} + \frac{20a^2-b^2}{4b^2} - 2$ $(a \in \mathbb{R};\ b \in \mathbb{R}\setminus\{0\})$

d) $\frac{4\cdot(y-x)}{x+y} - \frac{4}{(x+y)^2} + \frac{x}{2}$ $(x, y \in \mathbb{R};\ x \neq y)$

6. Multiplizieren Sie die folgenden Bruchterme und fassen Sie den Term zusammen.

a) $\frac{b+1}{2x+2} \cdot \frac{2+2b}{2x-2} \cdot \left(-\frac{1}{2}\right)$ $(b \in \mathbb{R};\ x \in \mathbb{R}\setminus\{-1; 1\})$

b) $\frac{a+2b}{4+x} \cdot \left(-\frac{5b}{3x}\right) \cdot x$ $(a, b \in \mathbb{R};\ x \in \mathbb{R}\setminus\{-4; 0\})$

c) $\frac{-2}{x+1}\cdot\left(\frac{a}{x+1}-\frac{2b}{x}\right)$ $(a,b \in \mathbb{R};\ x \in \mathbb{R}\backslash\{-1;0\})$

d) $\frac{4}{-(2x+4)^3}\cdot(2x+4)^2$ $(x \in \mathbb{R}\backslash\{-2\})$

e) $\frac{x-5}{x}\cdot\left(\frac{2}{5-x}+\frac{1}{x}\right)$ $(x \in \mathbb{R}\backslash\{0;5\})$

7. Schreiben Sie die Terme auf einen gemeinsamen Bruchstrich und vereinfachen Sie diese soweit wie möglich.

a) $\frac{a}{3x+9}+\frac{1}{9a+27}-\frac{a}{4a+12}$ $(a \in \mathbb{R}\backslash\{-3\})$

b) $\frac{(x-2y)}{10x+5y}\cdot\frac{6x+3y}{9a-18b}$ $(a,b,x,y \in \mathbb{R};\ y \neq -2x;\ a \neq -2b)$

c) $\frac{7x-35}{3x}\cdot\left(\frac{2x}{x-5}-\frac{3}{14}\right)$ $(x \in \mathbb{R}\backslash\{0;5\})$

d) $\frac{8-4x}{x+1}\cdot\left(-\frac{6}{2-x}\right)\cdot\left(-\frac{1+x}{2-x}\right)$ $(x \in \mathbb{R}\backslash\{-1;2\})$

8. Vereinfachen Sie die Terme soweit wie möglich.

a) $\frac{x^2-6x+9}{4(x-3)}-\frac{10x+10}{x+3}$ $(x \in \mathbb{R}\backslash\{-3;3\})$

b) $\frac{x^2+10x+25}{2-x}\cdot\frac{10-5x}{2x^2+20x+50}$ $(x \in \mathbb{R}\backslash\{-5;2;5\})$

c) $\frac{1}{4a^2-25}\cdot\frac{2a+5}{a}$ $(a \in \mathbb{R}\backslash\{-2{,}5;0;2{,}5\})$

d) $\frac{7}{9x^2-9y^2}-\frac{5x}{3x+3y}$ $(x,y \in \mathbb{R};\ x^2 \neq y^2)$

9. Schreiben Sie die Terme auf einen gemeinsamen Bruchstrich und vereinfachen Sie diese soweit wie möglich.

a) $\frac{x^2-9}{5(x-3)}\cdot\frac{1}{x+3}+\frac{x}{2x-8}\cdot\frac{x-4}{5x^2}$ $(x \in \mathbb{R}\backslash\{-3;0;3;4\})$

b) $-\frac{2}{x}\cdot\frac{7x}{35x-7}-\frac{3x}{2x+4}\cdot\frac{5}{x^2}$ $(x \in \mathbb{R}\backslash\left\{-2;0;\frac{1}{5}\right\})$

c) $\frac{a^2-8a+16}{a^2-16}\cdot\frac{a+4}{4}+\frac{1}{2a+5}\cdot\frac{a}{a+2{,}5}$ $(x \in \mathbb{R}\backslash\{-4;-2{,}5;4\})$

d) $\frac{8x}{5+x}\cdot\frac{10}{x-1}-\frac{10}{-x-5}\cdot\frac{x}{2x-2}$ $(x \in \mathbb{R}\backslash\{-5;1\})$

10. Fassen Sie die Doppelbrüche zu einem Bruch zusammen. Es gilt jeweils, dass die Nenner ungleich Null sind.

a) $\frac{\frac{x+2}{2}+x}{\frac{3x+2}{6x}}$ b) $\frac{\frac{x^2-25}{x-5}+\frac{1}{2x}}{\frac{2x-10}{x^2+x}}$ c) $\frac{\frac{1}{4}+\frac{2}{x-7}}{\frac{7-x}{49-14x+x^2}}$ d) $\frac{-3-\frac{x}{y}}{-3-\frac{x}{y}}$

11. Zeigen Sie, dass sich die Terme wie folgt umformen lassen.

a) $6m^2x-(4mx)^2+2m^2x^2 \iff 2m^2x\cdot(3-7x)$

b) $\frac{2b^2}{4a}\cdot\frac{5a^2}{14b^3} \iff \frac{5a}{28b}$

c) $\left(\frac{4m}{3a}\right)^2 \cdot \left(\frac{12ba^2}{m^2}\right) \quad \leftrightarrow \quad \frac{64b}{3}$

d) $\frac{48a^2b^3}{5x^2y} : \frac{4a^3bc^3}{25xy} \quad \leftrightarrow \quad \frac{60b^2}{axc^3}$

e) $\left(\frac{9b}{4x}\right)^a \cdot \left(\frac{2x}{3b}\right)^a \quad \leftrightarrow \quad \frac{3a}{2a}$

12. Fassen Sie die Wurzelterme zusammen. ($a, b, x \in \mathbb{R}_0^+$)

a) $\frac{2\sqrt{4x}}{3} + \frac{\sqrt{9x} - 1}{12}$ b) $\frac{(\sqrt{5b} + 4) \cdot (\sqrt{5b} - 4)}{2} - \frac{2b}{3}$ c) $\sqrt{49a} - 10 \cdot (\sqrt{a} - 4)$

13. Vereinfachen Sie den Wurzelterm $\sqrt{2} \cdot \left(\frac{1}{4} + \sqrt{2}\right) + 1$ und schätzen Sie den Wert des Terms ohne Verwendung des Taschenrechners ab.

**14.** Die Betreiber einer Saunalandschaft möchten eine neue quadratische Sauna im Außenbereich errichten, die von einem Gehweg umgeben ist **(Bild 1)**. Dieser Weg soll aus quadratischen Granitplatten bestehen. Stellen Sie einen Term auf, der die Anzahl der benötigen Granitplattenplatten für den Gehweg beschreibt, wenn sich $x$ Platten auf einer Seite des Wegs befinden.

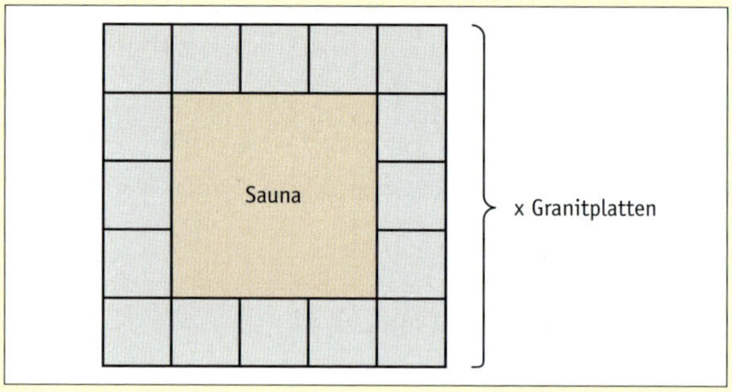


**Bild 1:** Schematische Darstellung des Wegs und der Granitplatten.

**15.** Für den Bau einer Gartenmauer aus Beton werden bei einer Länge von 5 Meter Mauer 9 Meter Bewährungsstahl benötigt. Der laufende Meter Bewährungsstahl kostet 3,60 €. Stellen Sie einen Term auf, der die Kosten des Bewährungsstahls angibt, wenn die Mauer $x$ Meter lang ist. Gehen Sie dabei davon aus, dass 15 % unbrauchbarer Verschnitt entsteht.

**16.** Die vierköpfige Familie Meyer hat einen durchschnittlichen Strombedarf von 3500 kWh pro Jahr. Aufgrund von ökologischen Überlegungen möchte die Familie Strom mithilfe einer Fotovoltaikanlage **(Bild 2)** selbst produzieren. Aus einem Prospekt erfahren sie, dass eine Fotovoltaikanlage mit einer Fläche von 7,5 m² aus dem Jahre 2018 pro Jahr eine elektrische Energie von durchschnittlich 850 kWh liefert.

**Bild 2:** Haus mit Fotovoltaikanlage

a) Stellen Sie einen Term auf, der die durchschnittliche Differenz zwischen dem Bedarf und der selbst produzierten elektrischen Energie angibt, wenn die Fotovoltaikanlage der Familie eine Fläche von $x\,\text{m}^2$ hat.

b) Aus technischen Gründen kann die Familie Meyer den produzierten Strom nicht selbst nutzen, sondern muss diesen ins Stromnetz einspeisen. Dafür erhält sie 11,96 Cent pro eingespeiste Kilowattstunde von ihrem Stromanbieter. Ihren Strom kaufen die Meyers für 30 Cent pro Kilowattstunde ein. Stellen Sie einen Term auf der angibt, welchen Geldbetrag die Meyers pro Jahr durchschnittlich an ihrem Stromanbieter überweisen müssen, wenn die Fotovoltaikanlage der Familie eine Fläche von $x\,\text{m}^2$ hat.

# Lernbereich 1: Wissen · Können · Testen

**Ich kann ...**

- ... Zahlen den fest definierten Zahlenmengen der natürlichen, ganzen, rationalen und reellen Zahlen zuordnen. Außerdem kann ich Mengenoperationen auf Teilmengen der genannten Zahlenmengen sicher anwenden.
- ... Aussagen und Aussagenformen mithilfe einer Konjunktion, Disjunktion und/oder Negation sowie unter Verwendung des Konditionals verknüpfen und vereinfachen, um anschließend zu entscheiden, ob getätigte Aussagen wahr oder falsch sind.
- ... wischen Rechenart, Term, Operator und Operand unterscheiden und ganzen Zahlen und Brüche unter Verwendung der Rechengesetze sicher addieren, subtrahieren, multiplizieren und dividieren.
- ... Terme, in denen Potenzen oder Wurzel vorkommen, unter Verwendung der Potenz- und Wurzelgesetze vereinfachen und Terme mit Absolutbeträgen betragsfrei darstellen.
- ... Termumformungen, wie Addieren von Produkten, Multiplizieren von Summen, Ausklammern, Anwenden der binomischen Formel, teilweises Radizieren und Rationalmachen des Nenners eines Bruchs sicher durchführen.

## Testen Sie Ihr Können

**Zeit: 30 Minuten**

1. Ordnen Sie die Zahlen $4; \frac{1}{2}$; 1,23; $\sqrt{2}$; $-3$; $1,\overline{2}$ den natürlichen, ganzen, rationalen und reellen Zahlen zu. 3

2. Geben Sie an, welches logische Symbol an Stelle des Platzhalters □ eingefügt werden kann, damit die Aussage $((A \vee B) \;\square\; (C \vee \overline{A}))$ allgemein gültig wahr ist. Begründen Sie Ihre Angabe. 3

3. Fassen Sie die Brüche zu einem Bruch zusammen und kürzen Sie, wenn möglich, vollständig: $-\frac{1}{4}-\left(\frac{2}{5}\cdot\frac{1}{6}+\frac{2}{3}\right)$. 5
   Verzichten Sie auf den Einsatz Ihres Taschenrechners.

4. Vereinfachen Sie den Term $\frac{(-3x^2)^3}{2x^2-2x}\cdot\frac{x\cdot(x-1)^2}{(2x^2)^2}$ und begründen Sie, weshalb die Zahlen 0 und 1 nicht für $x$ eingesetzt werden dürfen. 5

5. Machen Sie den Nenner rational. Radizieren Sie teilweise, wenn möglich. $\frac{4}{2+\sqrt{8}}$ 4

**20 BE**

# 2 Gleichungen & lineare Ungleichungen

## 2.1 Lineare Gleichungen

**Einführungsbeispiel**

Sie absolvieren ein Praktikum in der Verwaltung eines Speditionsunternehmens. Im Rahmen dieses Praktikums erhalten Sie folgende Email von Ihrem Betreuer.

| Email | |
|---|---|
| | **Von: Max.Mueller@spedition.bayern**<br>**An: Praktikant@spedition.bayern** |
| Eingang<br>Gesendet<br>Adressbuch<br>Löschen<br>Spam | Hallo Praktikant,<br>wir haben von unserem langjährigen Kunden »AluminiumDruckguss« den Auftrag erhalten, dass wir von ihrem Firmensitz in Plattling insgesamt 120 gleichartige Pakete zur Firma »AlSi-Tec« nach Kronach liefern sollen. Aufgrund der hohen Anzahl der Pakete müssen wir die gesamte Lieferung auf zwei Teillieferungen aufteilen. Es wurde mit dem Geschäftsführer der Firma »AlSi-Tec« vereinbart, dass bei der ersten Lieferung 24 Pakete mehr geliefert werden, als bei der zweiten.<br>Ihre Aufgabe:<br>Sagen Sie bitte dem Fahrer, wie viele Pakete er bei der ersten Tour in Plattling bei der Firma »AluminiumDruckguss« zu laden hat.<br>Viele Grüße<br>Max Müller |

Um die gestellte Aufgabe zu lösen, hilft beispielsweise eine Skizze **(Bild 1)**. Durch diese kann der Sachverhalt anschaulich darstellen werden.

Anhand der Skizze erkennt man, dass bei der ersten Tour $24 + x$ Pakete geladen werden müssen. Dabei ist $x$ zunächst eine unbekannte natürliche Zahl. Bei der zweiten Tour müssen die restlichen $x$ Pakete geladen werden.

Addiert man die Anzahl der Pakete, die bei beiden Touren transportiert werden, so erhält man die gesamte Anzahl der zu transportierenden Pakete, nämlich 120:

$$(24 + x) + x = 120$$

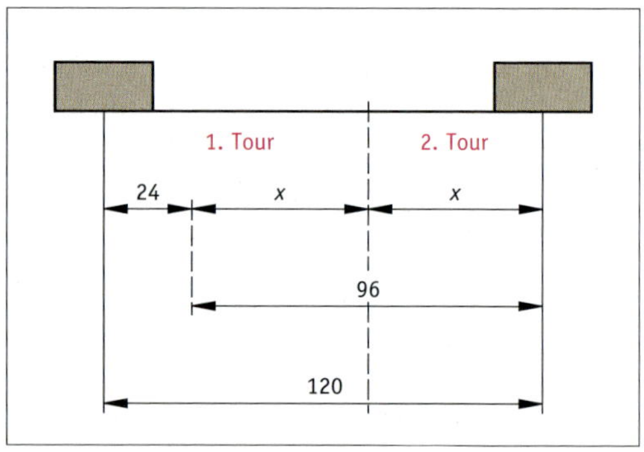


**Bild 1:** Grafische Darstellung des Sachverhalts

Mithilfe der Skizze kann durch Überlegen die Lösung dieser Gleichung bestimmt werden:

Insgesamt müssen 120 Paket transportiert werden. Bei der ersten Tour werden 24 Pakete mehr geliefert, als bei der zweiten. Das bedeutet, dass die restlichen 96 Pakete gleichmäßig auf die beiden Touren verteilt werden müssen. Anhand dieser Überlegung folgt: $x + x = 96$. Die Unbekannte $x$ ist 48 ($x = 48$), da $48 + 48 = 96$ ist. Nachdem die Unbekannte $x$ bestimmt ist, kann die Anzahl der Pakete für die erste und für die zweite Tour angegeben werden.

Anzahl der Pakete bei der ersten Tour: $24 + 48 = 72$

Anzahl der Pakete bei der zweiten Tour: 48

Gesamtanzahl der Pakete: 120

Zur Kontrolle wird in die Gleichung $(24 + x) + x = 120$ die gefundene Lösung $x = 48$ eingesetzt.

$$\underbrace{(24 + 48)}_{\text{1. Tour}} + \underbrace{48}_{\text{2. Tour}} = 120 \checkmark$$

Bei dieser Aufgabe wurde die Lösung $x = 48$ der Gleichung $(24 + x) + x = 120$ durch Nachdenken und mithilfe einer Skizze gefunden. Das ist umständlich und gelingt nicht immer. Daher wird in diesem Lernbereich das systematische Lösen von Gleichungen betrachtet. Genauer gesagt werden lineare Gleichungen, quadratische Gleichungen und Bruchgleichungen näher untersucht. Des Weiteren werden in diesem Lernbereich lineare Ungleichungen behandelt.

### 2.1.1 Fachbegriffe

Die Mathematik ist eine exakte Wissenschaft mit eindeutig definierten Fachbegriffen. Daher werden zunächst in dem folgenden Informationstext die wesentlichen Fachbegriffe, die im Zusammenhang mit Gleichungen auftreten, näher betrachtet.

**Informationstext**

Verbindet man zwei Terme mit einem Gleichheitszeichen, so erhält man eine Gleichung. Besteht eine Gleichung nur aus Zahlen (siehe a), stellt sie eine Aussage dar. Eine Aussage kann wahr oder falsch sein. Beispielsweise ist $5 + 1 = 8$ eine falsche, während $5 + 3 = 8$ eine wahre Aussage ist. Befindet sich mindestens eine Variable in der Gleichung (siehe b) liegt keine Aussage vor, sondern eine Aussageform.

(a) $4 + 3 = 7$ (b) $5 - y = 7$

Beispiele für Gleichungen

Eine Aussageform wird zu einer Aussage, indem man für die Variable eine Zahl einsetzt. Die entstehende Aussage kann wiederum entweder wahr oder falsch sein.

$5 - y = 7$ (Aussageform) $\xrightarrow{\text{z.B. } y = 4}$ $5 - 4 = 7$ (falsche Aussage)

$5 - y = 7$ (Aussageform) $\xrightarrow{\text{z.B. } y = -2}$ $5 - (-2) = 7$ (wahre Aussage)

Alle Zahlen, die zum Einsetzen in die Aussageform zur Verfügung stehen, bilden die Grundmenge G. Diese ist meist vorgegeben. Wenn keine Grundmenge explizit genannt ist, wird stillschweigend davon ausgegangen, dass die Menge der reellen Zahlen $\mathbb{R}$ die Grundmenge bildet.

Neben der Grundmenge ist die Lösungsmenge einer Gleichung von Bedeutung. Sie enthält alle Zahlen, die die Gleichung (Aussageform) in eine wahre Aussage überführen. Beispielsweise ist $L = \{2\}$ die Lösungsmenge der Gleichung $3 - x = 1$ $(G = \mathbb{R})$, da für $x = 2$ die Gleichung in die wahre Aussage $3 - 2 = 1$ übergeht.

Gleichungen, die die gleiche Lösungsmenge haben, nennt man gleichwertig oder äquivalent. Um deutlich zu machen, dass zwei Gleichungen äquivalent sind, wird ein Äquivalenzpfeil ($\Leftrightarrow$) zwischen sie gesetzt. Beispielsweise sind die beiden folgenden Gleichungen äquivalent, da sie die gleiche Lösungsmenge $L = \{3\}$ haben.

$$5 + x = 8 \quad \Leftrightarrow \quad 9 - x = 6$$

Eine lineare Gleichung liegt vor, wenn die Lösungsvariable ausschließlich in erster Potenz vorkommt.

$3x + 4 = 5x - 1$ ist ein Beispiel für eine lineare Gleichung, während $x - x^2 = 8$ ein Gegenbeispiel für eine lineare Gleichung ist, da ein quadratischer Term in der Gleichung vorkommt.

$3x + 4 = 5x - 1$ (Lineare Gleichung) $x - x^2 = 8$ (Keine lineare Gleichung)

Im vorhergehenden Informationstext wurden verschiedene Fachbegriffe genannt und beschrieben. In der Mathematik sind diese wie folgt exakt definiert.

**Definitionen**

- **Gleichung:**
  Bei einer Gleichung sind zwei Terme durch ein Gleichheitszeichen miteinander verbunden: $T_1 = T_2$.
- **Grundmenge G:**
  Die Grundmenge $G$ einer Gleichung ist die Menge aller Zahlen, die zum Einsetzen in die Variable zur Verfügung stehen.
- **Lösungsmenge L:**
  Die Lösungsmenge $L$ einer Gleichung ist die Menge aller Zahlen aus der Grundmenge G, die die Gleichung in eine wahre Aussage überführen.
- **Äquivalente Gleichungen:**
  Zwei Gleichungen sind äquivalent, wenn sie die gleiche Lösungsmenge haben.

**Aufgaben**

1. Überprüfen Sie, ob die folgenden Gleichungen wahre Aussagen bilden.
   a) $3 + 4 \cdot 2 = 2 \cdot \left(5 + \frac{1}{2}\right)$ mit $G = \mathbb{R}$
   b) $2 - 3^2 \cdot 4 = 2 \cdot (2 \cdot 3) + 40 \cdot \frac{1}{4}$ mit $G = \mathbb{R}$
2. Geben Sie eine Gleichung an, die zur Gleichung $x = -2$ äquivalent ist.
3. Gegeben ist die Gleichung $\frac{1}{2}(2 - x) - \frac{1}{2} = -\frac{5}{2}x$ mit $G = \mathbb{R}$.
   a) Weisen Sie nach, dass $x = -\frac{1}{4}$ Lösung dieser Gleichung ist.
   b) Es wird von der Gleichung die Grundmenge geändert. Die neue Grundmenge ist $G^* = \mathbb{Z}$. Begründen Sie, weshalb $x = -\frac{1}{4}$ dann keine Lösung der Gleichung ist.

### 2.1.2 Äquivalenzumformungen

Zum Lösen von Gleichungen werden Äquivalenzumformungen benötigt. Äquivalenzumformungen sind mathematische Operationen, mit denen man ausgehend von einer gegebenen Gleichung auf eine äquivalente Gleichung kommt. Bei diesen nützt man aus, dass sich der Informationsgehalt einer Aussage/Aussageform nicht ändert, wenn man **die linke Seite und die rechte Seite** der Gleichung mit der gleichen Zahl ungleich Null multipliziert beziehungsweise dividiert oder zur **linken Seite und zur rechten Seite der Gleichung** die gleiche Zahl addiert beziehungsweise subtrahiert.

Im Folgenden sind die Äquivalenzumformungen von Gleichungen anhand von Beispielen dargestellt.

① Zu beiden Seiten der Gleichung ($G = \mathbb{R}$) die gleiche Zahl oder Variable addieren.

z. B. $3x - 5 = 8 \quad |+5 \quad \Leftrightarrow \quad 3x - 5 + 5 = 8 + 5$

② Von beiden Seiten der Gleichung ($G = \mathbb{R}$) die gleiche Zahl subtrahieren.

z. B. $5x + 2 = 4x + 3 \quad |-5 \quad \Leftrightarrow \quad 5x + 2 - 5 = 4x + 3 - 5$

③ Beide Seiten der Gleichung ($G = \mathbb{R}$) mit der gleichen Zahl ungleich 0 multiplizieren.

z. B. $3x - 5 = 8 \quad |\cdot 5 \quad \Leftrightarrow \quad 5 \cdot (3x - 5) = 8 \cdot 5$

④ Beide Seiten der Gleichung ($G = \mathbb{R}$) durch die gleiche Zahl ungleich 0 dividieren.

z. B. $3x - 5 = 8 \quad |:5 \quad \Leftrightarrow \quad \frac{3x - 5}{5} = \frac{8}{5}$.

⑤ Terme auf der linken und rechten Seite der Gleichung separat zusammenfassen.

z. B. $\frac{1}{2}(3x - 2) = 1 \quad \Leftrightarrow \quad \frac{3}{2}x - 1 = 1$

### 2.1.2.1 Veranschaulichung von Äquivalenzumformungen mithilfe einer Waage

Äquivalenzumformungen lassen sich zum besseren Verständnis mithilfe einer Waage anschaulich darstellen.

- **Addition und Subtraktion**

In **Bild 1** ist eine Waage zusehen. Sie stellt die Gleichung $5x + 2 = 3x + 6$ dar. Hier steht $x$ für die unbekannte Masse einer roten Kugel. Die schwarzen Würfel haben eine Masse von je 1 kg.

$x \triangleq$ Masse einer roten Kugel

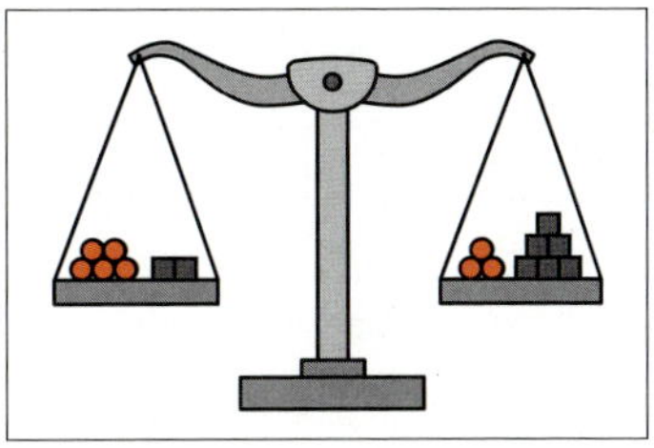

**Bild 1:** Waage im Gleichgewicht

Nimmt man je zwei schwarze Würfel von beiden Seite der Waage, dann bleibt die Waage dennoch im Gleichgewicht **(Bild 2)**. Für die Gleichung, die diese Waage beschreibt, gilt:

$$5x + 2 = 3x + 6 \quad \Leftrightarrow \quad 5x + 2 - 2 = 3x + 6 - 2 \quad \Leftrightarrow \quad 5x = 3x + 4$$

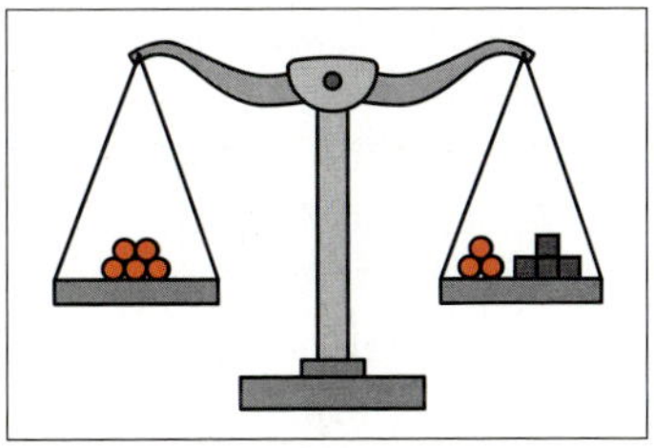

**Bild 2:** Auf beiden Seiten wurden zwei Würfel entfernt

**Analogie:** Die Waage bleibt auch im Gleichgewicht, wenn man statt zwei Würfel von beiden Seiten wegzunehmen, zwei Würfel auf beide Seiten der Waage stellt.

$$5x + 2 = 3x + 6 \quad \Leftrightarrow \quad 5x + 2 + 2 = 3x + 6 + 2 \quad \Leftrightarrow \quad 5x + 4 = 3x + 8$$

**Folgerung:** Man erhält eine äquivalente Gleichung, wenn man von beiden Seiten der Gleichung die gleiche Zahl subtrahiert bzw. wenn man auf beiden Seiten der Gleichung die gleiche Zahl addiert.

- **Multiplikation und Division**

Äquivalenzumformungen durch Multiplizieren bzw. Dividieren lassen sich ebenfalls mit der Waage anschaulich darstellen.

In **Bild 3** ist zweimal die gleiche Waage zusehen. Eine Waage veranschaulicht die Gleichung $5x + 2 = 3x + 6$, wobei $x$ für die unbekannte Masse einer roten Kugel steht und die schwarzen Würfel eine Masse von 1 kg haben.

Beide abgebildete Waagen befinden sich im Gleichgewicht. Nun nimmt man gedanklich die Körper von der linken Seite der Waage 2 und stellt diese auf die linke Seite der Waage 1. Dadurch verdoppelt sich die linke Seite der Waage 1. Das Gleiche macht man mit der rechten Seite: Man nimmt die Körper von der rechten Seite der Waage 2 und stellt sie auf die rechte Seite der Waage 1. Damit wurde die rechte Seite der Waage 1 verdoppelt. Die Waage 1, deren linke und rechte Seite verdoppelt wurden, befindet sich weiterhin im Gleichgewicht.

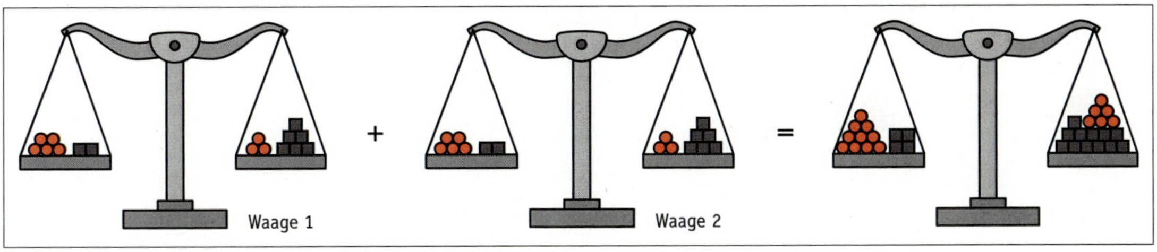


**Bild 3:** Verdoppeln der Körper auf der linken und rechten Seite

Für die Gleichung, die die Waage beschreibt, gilt:

$$5x + 2 = 3x + 6 \quad \Leftrightarrow \quad 2 \cdot (5x + 2) = 2 \cdot (3x + 6)$$

**Analogie:** Die Waage bleibt auch im Gleichgewicht, wenn man die Hälfte aller Körper von der linken und von der rechten Seiten entfernt.

$$5x + 2 = 3x + 6 \quad \Leftrightarrow \quad \frac{5x + 2}{2} = \frac{3x + 6}{2}$$

**Folgerung:** Man erhält eine äquivalente Gleichung, wenn man beide Seiten der Gleichung mit der gleichen Zahl ungleich Null multipliziert bzw. wenn man beide Seiten einer Gleichung durch die gleiche Zahl ungleich Null dividiert.

**Anmerkung**

- Eine Gleichung darf nicht durch Null dividiert werden, da ansonsten im Nenner die Zahl Null steht und eine Division durch 0 mathematisch nicht definiert ist.
- Weshalb eine Gleichung nicht mit Null multipliziert werden darf, wird später in der Rubrik: »Warum ist das so? – Multiplikation einer Gleichung mit einer Zahl ungleich 0.« erläutert.

### ■ Terme auf einer Seite der Gleichung separat bearbeiten

Eine weitere Äquivalenzumformung ist das separate Zusammenfassen beziehungsweise das Umsortieren der Terme auf der linken und rechten Seite der Gleichung. Diese Äquivalenzumformung kann ebenfalls durch eine Waage anschaulich dargestellt werden. In **Bild 1** ist die bereits bekannte Waage zu sehen, die die Gleichung $5x + 2 = 3x + 6$ repräsentiert.

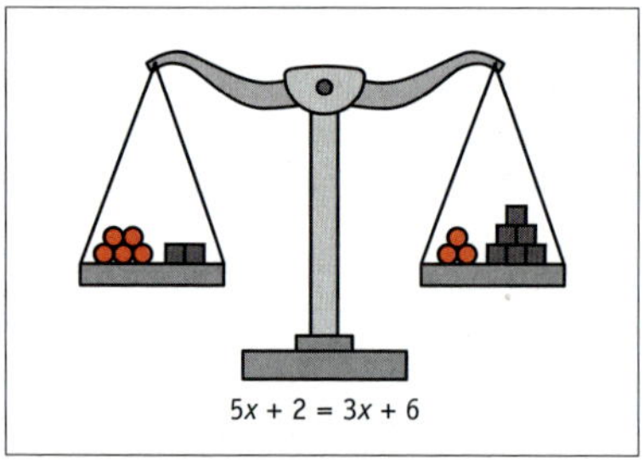


**Bild 1:** Veranschaulichung einer Gleichung

**Linke Seite der Waage:**

- 5 rote Kugel
- 2 schwarze Würfel

**Rechte Seite der Waage:**

- 3 rote Kugel
- 6 schwarze Würfel

Auf der linken Seite der Waage befinden sich 5 Kugeln und zwei Würfel, während auf der rechten Seite 3 Kugeln und 6 Würfel liegen. Die Waage befindet sich insgesamt im Gleichgewicht. Das Gleichgewicht bleibt weiterhin erhalten, wenn man beispielsweise mit einem scharfen Messer die Würfel auf der linken Seite halbiert **(Bild 2)**. Die Waage verändert sich ebenfalls nicht, wenn man beispielsweise die Würfel und die Kugeln auf der linken Seite vertauscht **(Bild 1 auf der nächsten Seite)**.

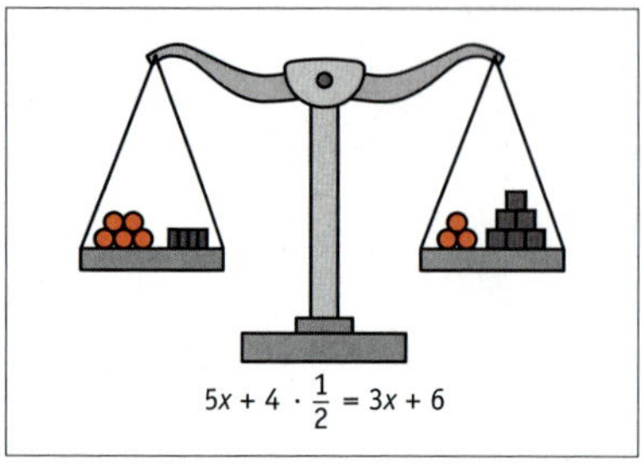


**Bild 2:** Würfel auf der linken Seiten wurden halbiert

**Linke Seite der Waage:**

- 5 ganze Kugel
- 4 halbe Würfel

**Rechte Seite der Waage:**

- 3 ganze Kugel
- 6 ganze Würfel

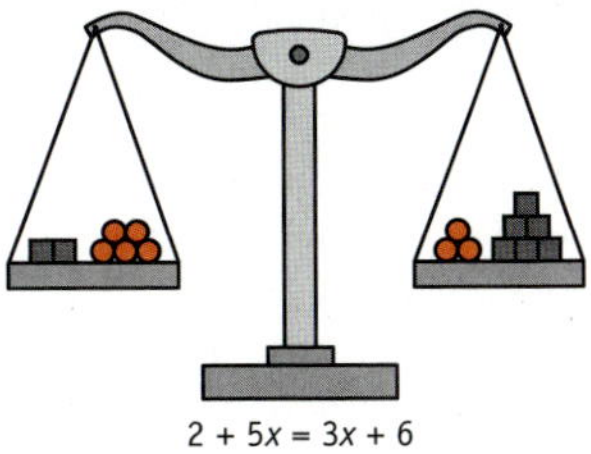


**Linke Seite der Waage:**

- 2 schwarze Würfel
- 5 rote Kugel

**Rechte Seite der Waage:**

- 3 rote Kugel
- 6 schwarze Würfel

**Bild 1:** Würfel und Kugeln auf der linken Seite wurden vertauscht

**Folgerung:** Man erhält eine äquivalente Gleichung, wenn man die Terme auf der linken und rechten Seite getrennt voneinander zusammenfasst bzw. sie getrennt voneinander umformt.

### 2.1.2.2 Übersicht Äquivalenzumformungen

Im Folgenden sind die Äquivalenzumformungen von Gleichungen zusammenfassend dargestellt.

**Äquivalenzumformungen**

1. Zu beiden Seiten der Gleichung die gleiche Zahl oder Variable addieren.
2. Von beide Seiten der Gleichung die gleiche Zahl subtrahieren.
3. Beide Seiten der Gleichung mit der gleichen Zahl $\neq 0$ multiplizieren.
4. Beide Seiten der Gleichung durch die gleiche Zahl $\neq 0$ dividieren.
5. Terme auf der linken und rechten Seite der Gleichung separat zusammenfassen.

**Warum ist das so? – Multiplikation einer Gleichung mit Zahl ungleich 0**

Die Multiplikation einer Gleichung mit einer Zahl ungleich Null ist eine erlaubte Äquivalenzumformung. Es stellt sich die Frage: Weshalb muss die Null ausgeschlossen werden?

Um diese Frage zu beantworten, betrachten wir die einfache Gleichung $5 = 6$. Diese Gleichung ist offensichtlich falsch. Multipliziert man diese Gleichung allerdings mit Null, so erhält man die Gleichung $0 = 0$. Diese Gleichung ist wahr.

$5 = 6 \quad | \cdot 0 \quad \rightarrow \quad 0 = 0$

Falsche Aussage — Wahre Aussage

Folglich besteht die Gefahr, dass die Multiplikation einer Gleichung mit Null den Wahrheitsgehalt dieser Gleichung verändert. Das wesentliche Kennzeichen einer Äquivalenzumformung ist aber, dass durch sie eine gleichwertige Gleichung entsteht. Die Multiplikation einer Gleichung mit Null stellt einen Widerspruch zum Wesen einer Äquivalenzumformung dar. Somit ist eine Multiplikation einer Gleichung mit der Zahl Null keine erlaubte Äquivalenzumformung.

## Aufgaben

Für alle hier vorkommenden Gleichungen gilt: $G = \mathbb{R}$

1. Führen Sie folgende Äquivalenzumformungen durch:

a) $\frac{3}{2}x - 2 = \frac{1}{4}x + 2 \quad |+2 \quad \Leftrightarrow \quad \ldots$

b) $\frac{3}{2}x - 2 = \frac{1}{4}x + 2 \quad |-2 \quad \Leftrightarrow \quad \ldots$

c) $\frac{3}{2}x - 2 = \frac{1}{4}x + 2 \quad |\cdot 2 \quad \Leftrightarrow \quad \ldots$

c) $\frac{3}{2}x - 2 = \frac{1}{4}x + 2 \quad |:2 \quad \Leftrightarrow \quad \ldots$

2. Zeigen Sie, weshalb die beiden Gleichungen nicht äquivalent sind.

$\frac{1}{2}(2-x) + 1 = x$ und $2(2-x) + 1 = 4x$

3. Gegeben ist die Gleichung $\frac{1}{2}(2-x) - \frac{1}{2} = -\frac{5}{2}x$

Überprüfen Sie folgende Äquivalenzumformungen bezüglich ihrer Richtigkeit.

$$\frac{1}{2}(2-x) - \frac{1}{2} = -\frac{5}{2}x \quad \Leftrightarrow \quad \frac{1}{2}(2-x) + \frac{5}{2}x = \frac{1}{2}$$

$$\Leftrightarrow \quad 1 - \frac{1}{2}x + \frac{5}{2}x = \frac{1}{2}$$

$$\Leftrightarrow \quad 2x = -\frac{1}{2}$$

4. Führen Sie die angegebenen Äquivalenzumformungen durch.

a) $\frac{1}{2}x + 3 = 4 \quad |-3 \quad \Leftrightarrow \quad \ldots$

b) $-(x+2) - 2 = 3 \quad |+2 \quad \Leftrightarrow \quad \ldots$

c) $3x + 3 = x \quad |\cdot 2 \quad \Leftrightarrow \quad \ldots$

d) $\frac{1}{2}(x-2) + 1 = \frac{3}{4} \quad |\cdot 4 \quad \Leftrightarrow \quad \ldots$

e) $x - \frac{4}{5} = -\frac{13}{5} \quad |\cdot 5 \quad \Leftrightarrow \quad \ldots$

f) $\frac{1}{2}(x-1) - (x-1) = x - 4 \quad |\cdot 4 \quad \Leftrightarrow \quad \ldots$

g) $3 - \frac{1}{2}(x+2) = x - 2 \quad |-3 \quad \Leftrightarrow \quad \ldots$

h) $\frac{2x+1}{2} = 2x + 1 \quad |\cdot 2 \quad \Leftrightarrow \quad \ldots$

i) $3 - \frac{2-x}{4} = x \quad |\cdot 4 \quad \Leftrightarrow \quad \ldots$

5. Zeigen Sie, dass folgende Gleichungen jeweils äquivalent zueinander sind.

a) $3x - 3 + \frac{1}{2}(x-1) = 4 \quad \Leftrightarrow \quad 14x = 30$

b) $2 \cdot \left(\frac{1}{2}x - \frac{3}{2}\right) - x = \frac{2}{3}x + 1 \quad \Leftrightarrow \quad 2x + 1 = -11$

c) $\frac{1}{4}x - 3 \cdot \left(\frac{5}{12} - \frac{1}{12}x\right) = 3x + 1 \quad \Leftrightarrow \quad 10x + 5 = -4$

d) $\frac{-(x-2) - 3 \cdot (2-x)}{3} = x \quad \Leftrightarrow \quad -\frac{1}{4}x = 1$

e) $\frac{1}{3}x + \frac{1}{4} \cdot \left(\frac{2}{5}x - 4\right) = x \quad \Leftrightarrow \quad 34x - 10 = -70$

### 2.1.3 Lösen von linearen Gleichungen

Lineare Gleichungen lassen sich systematisch mithilfe von Äquivalenzumformungen lösen. Im Folgenden wird anhand einer Waage die Strategie zum Lösen einer linearen Gleichung anschaulich beschrieben.

#### 2.1.3.1 Veranschaulichung der Strategie zum Lösen einer linearen Gleichung mithilfe einer Waage

In **Bild 1** ist die Waage zusehen, die wir bereits aus dem vorhergehenden Kapitel kennen. Sie veranschaulicht die Gleichung $5x + 2 = 3x + 6$. In dieser steht $x$ für die unbekannte Masse einer roten Kugel. Die schwarzen Würfel haben eine Masse von je 1 kg.

Wir möchten nun wissen, wie schwer eine rote Kugel ist.

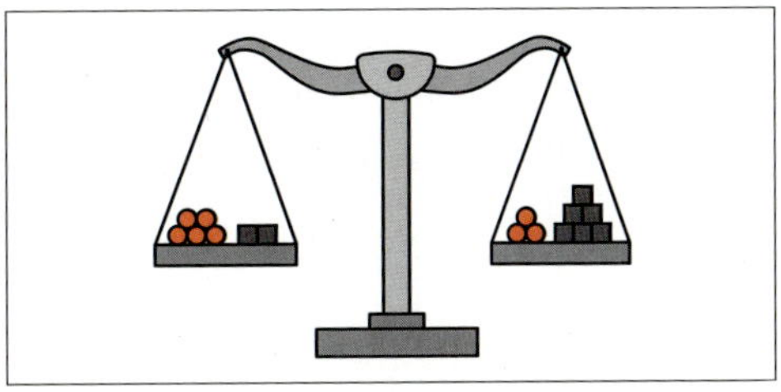

**Bild 1:** Waage im Gleichgewicht

Dazu nehmen wir zwei schwarze Würfel von beiden Seiten der Waage **(Bild 2)**. Dabei bleibt die Waage im Gleichgewicht. Die Wegnahme der zwei schwarzen Würfel auf beiden Seiten der Waage entspricht folgender Äquivalenzumformung:

$$5x + 2 = 3x + 6 \quad | -2$$
$$\Leftrightarrow 5x = 3x + 4$$

**Bild 2:** Auf beiden Seiten wurden zwei Würfel entfernt

Nun werden auf beiden Seiten der Waage drei roten Kugeln weggenommen **(Bild 3)**. Die Waage verharrt weiterhin im Gleichgewicht. Die Wegnahme der drei roten Kugeln entspricht einer Subtraktion von $3x$ auf beiden Seiten der Gleichung.

$$5x = 3x + 4 \quad | -3x \quad \Leftrightarrow \quad 2x = 4$$

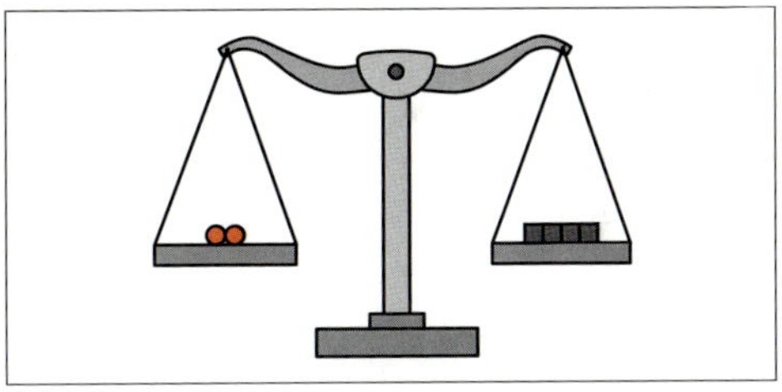

**Bild 3:** Auf beiden Seiten wurden drei Kugeln entfernt

Letztlich wird die Anzahl der Körper auf beiden Seiten der Waage halbiert **(Bild 4)**. Die Waage bleibt bei diesem Prozess ebenfalls im Gleichgewicht.

Somit ist bekannt, dass eine rote Kugel so schwer ist wie zwei schwarze Würfel. Eine Kugel hat demnach eine Masse von 2 kg.

$$2x = 4 \quad | : 2 \quad \Leftrightarrow \quad x = 2$$

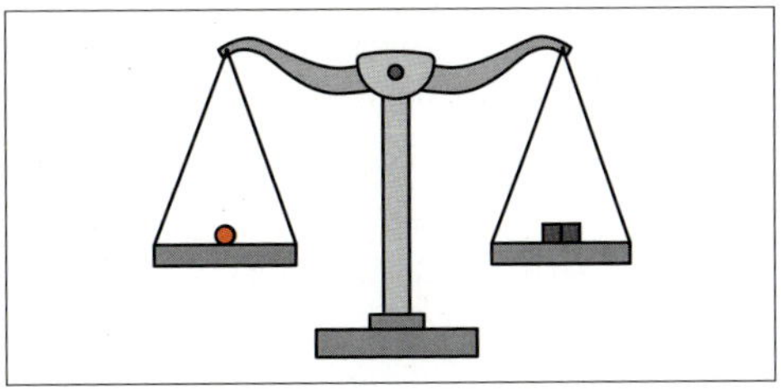

**Bild 4:** Die Anzahl der Körper auf beiden Seiten wurde halbiert

**Folgerung:** Lineare Gleichungen werden gelöst, indem man die Unbekannte isoliert. Das bedeutet, dass Äquivalenzumformungen so durchzuführen sind, dass am Ende die Unbekannte alleine auf einer Seite der Gleichung steht.

**Strategie zum Lösen einer linearen Gleichung**

Eine lineare Gleichung, die eine Variable $x$ enthält, wird gelöst, indem sie durch Äquivalenzumformungen so umgeformt wird, dass sie die Gestalt: »$x$ = Zahl« annimmt. Sobald die Gleichung diese Gestalt hat, kann ihre Lösung unmittelbar abgelesen werden.

### 2.1.3.2 Strategie zum Lösen einer linearen Gleichung

Anhand der folgenden Musteraufgabe wird die Vorgehensweise beschrieben, mit der lineare Gleichungen systematisch gelöst werden. Diese Vorgehensweise beruht auf der im vorherigen Kapitel anschaulich dargestellten Lösungsstrategie.

**Musteraufgabe zum Lösen von linearen Gleichungen**

Bestimmen Sie die Lösungsmenge der folgenden linearen Gleichung.

$$\frac{8x+10}{2} = 3\cdot(2x+1) \qquad \text{mit } G = \mathbb{R}.$$

**1. Schritt** Die linke und rechte Seite der Gleichung wird soweit vereinfacht, dass auf beiden Seiten eine Summe oder Differenz steht.

$$\frac{8x+10}{2} = 3\cdot(2x+1)$$

$$\Leftrightarrow \quad \frac{8x}{2}+\frac{10}{2} = 6x+3$$

$$\Leftrightarrow \quad 4x+5 = 6x+3$$

**2. Schritt** Die Gleichung wird mithilfe von Äquivalenzumformungen so umgeformt, dass auf einer Seite der Gleichung alle Terme mit $x$ und auf der anderen alle Ausdrücke ohne $x$ stehen.

$$\Leftrightarrow \quad 4x+5 = 6x+3 \quad |-6x-5$$

$$\Leftrightarrow \quad 4x-6x = 3-5 \quad \Leftrightarrow \quad -2x = -2$$

**3. Schritt** Die entstandene Gleichung nach $x$ auflösen und die Lösungsmenge angeben.

$$\Leftrightarrow \quad -2x = -2 \quad |:(-2) \quad \Leftrightarrow \quad x = 1 \quad \rightarrow \quad L = \{1\}$$

**4. Schritt** Gegebenenfalls die Probe durchführen. Dazu muss der berechnete x-Wert in die Ausgangsgleichung eingesetzt werden. Erhält man eine wahre Aussage, dann ist die berechnete Lösung richtig.

$x = 1$ in $\frac{8x+10}{2} = 3\cdot(2x+1)$ einsetzen:

$$\frac{8\cdot 1+10}{2} = 3\cdot(2\cdot 1+1)$$

$$\Leftrightarrow \quad \frac{18}{2} = 3\cdot 3 \quad \Leftrightarrow \quad 9 = 9(w)$$

$$\rightarrow \quad x = 1 \checkmark$$

## Aufgaben

1. Bestimmen Sie jeweils die Lösungsmenge der folgenden linearen Gleichungen. Für alle Gleichungen gilt: $G = \mathbb{R}$.

a) $2\left(x+\frac{5}{2}\right) = -1$ b) $(2-x)-(2x+4) = 0$ c) $-\frac{3}{2}(x+1)-x = -(4+x)$

d) $2x-\frac{1}{2} = \frac{2}{3}x$ e) $-\frac{x}{3}-x = \frac{3+x}{6}$ f) $\frac{x-2}{3}-1 = 3x$

g) $-\frac{2}{5}\left(\frac{5}{2}x-\frac{5}{8}\right)+\frac{1}{2}x = \frac{1}{4}$ h) $-\left(\frac{1-2x}{7}\right)+\frac{x-2}{2} = 1$ i) $x-\left[\frac{1}{2}\left(x-\frac{3}{4}\right)+\frac{5}{12}\right] = 0$

2. Lösen Sie die folgenden Gleichungen mithilfe der beschriebenen Lösungsstrategie. Für alle Gleichungen gilt: $G = \mathbb{R}$.

a) $3x-1 = \frac{1}{2}\cdot(4x+2)$ b) $3\cdot(2x+1) = 2-(x+1)$

c) $3-(3x-4) = \frac{1}{2}\cdot\left(x+\frac{3}{4}\right)$ d) $x-\frac{4}{5}\left(2x+\frac{1}{2}\right) = -2x$

### Geschichtliches – Lösen von linearen Gleichungen

Der persisch-arabische Mathematiker Abu Dscha'far Muhammad ibn Musa al-Chwarizmi lebt zwischen ca. 780 und ca. 850 in Bagdad. In einem seiner bedeutendsten Bücher »Kitāb al-muchtasar fi hisab **al-ğabr wa**-l-muqabala«, das zu Deutsch »Rechnen durch Ausgleichen und Ergänzen« heißt, beschreibt er bildhaft bzw. geometrisch Ansätze zum Lösen von linearen Gleichungen. Dabei war seine Vorgehensweise so logisch, systematisch und anschaulich, dass selbst ungebildete Personen seine Ausführungen nachvollziehen konnten. Somit hat er einer breiten Basis wichtiges mathematisches Wissen zur Verfügung gestellt.

Dieses Buch wurde aufgrund seiner großen Bedeutung für die Mathematik im 12. Jhdt. ins Lateinische übersetzt. Aus einem Teil des Titels (»al-ğabr«) leitete sich später das Wort »Algebra« ab. Algebra ist eine grundlegende Disziplin der Mathematik, die sich mit den prinzipiellen Eigenschaften von Rechenoperationen auseinandersetzt.

**Bild 1:** Al-Chwarizmi

## 2.1.4 Lösbarkeit von linearen Gleichungen

Die linearen Gleichungen, die im vorhergehenden Kapitel betrachtet wurden, hatten alle eine eindeutige Lösung. Das muss nicht immer der Fall sein. Es gibt auch lineare Gleichungen, die nicht lösbar sind und solche die unendlich viele Lösungen besitzen. Im Folgenden werden drei Gleichungen näher untersucht, die eine hat eine eindeutige Lösung, die zweite besitzt unendlich viele Lösungen und die letzte ist nicht lösbar.

**Beispielaufgabe**

Berechnen Sie die Lösungsmenge folgender Gleichungen! ($G = \mathbb{R}$)

a) $2\cdot\left(\frac{3}{8}x-\frac{1}{4}\right) = 3\cdot(x+1)$ b) $\frac{1}{2}(x-4) = \frac{3}{2}\left(x-\frac{4}{3}\right)-x$ c) $3x-2 = 3x$

**Lösung a)**

$$2\cdot\left(\frac{3}{8}x-\frac{1}{4}\right) = 3\cdot(x+1)$$

$$\Leftrightarrow \quad \frac{3}{4}x-\frac{1}{2} = 3x+3$$

$$\Leftrightarrow \quad \frac{3}{4}x-3x = 3+\frac{1}{2}$$

$$\Leftrightarrow \quad \frac{3}{4}x-\frac{12}{4}x = \frac{6}{2}+\frac{1}{2}$$

$$\Leftrightarrow \quad -\frac{9}{4}x = \frac{7}{2} \qquad \Big|\cdot\left(-\frac{4}{9}\right)$$

$$\Leftrightarrow \quad x = -\frac{7\cdot 4}{2\cdot 9} = -\frac{14}{9}$$

$$\rightarrow \quad L = \left\{-\frac{14}{9}\right\}$$

Die Gleichung $2\cdot\left(\frac{3}{8}x-\frac{1}{4}\right) = 3\cdot(x+1)$ ist äquivalent zur Gleichung $x = -\frac{14}{9}$. Das bedeutet, dass die Gleichung $2\cdot\left(\frac{3}{8}x-\frac{1}{4}\right) = 3\cdot(x+1)$ genau eine eindeutige Lösung hat, nämlich $x = -\frac{14}{9}$.

> **Folgerung:** Ist eine betrachtete lineare Gleichung äquivalent zu einer Gleichung, die die Form »$x$ = Zahl« besitzt, dann hat die betrachtete lineare Gleichung genau eine eindeutige Lösung.

**Lösung b)**

$$\frac{1}{2}(x-4) = \frac{3}{2}\left(x-\frac{4}{3}\right)-x$$

$$\Leftrightarrow \quad \frac{1}{2}x-2 = \frac{3}{2}x-2-x$$

$$\Leftrightarrow \quad \frac{1}{2}x-2 = \frac{1}{2}x-2 \qquad \Big|-\frac{1}{2}x+2$$

$$\Leftrightarrow \quad 0 = 0(w)$$

$\rightarrow \quad L = \mathbb{R}$ Die Gleichung $\frac{1}{2}(x-4) = \frac{3}{2}\left(x-\frac{4}{3}\right)-x$ hat unendlich viele Lösungen.

Die Gleichungen $\frac{1}{2}(x-4) = \frac{3}{2}\left(x-\frac{4}{3}\right)-x$ und $0 = 0$ sind äquivalent, was bedeutet, dass sie die gleiche Lösungsmenge besitzen. Die Gleichung $0 = 0$ stellt eine allgemeingültig wahre Aussage dar. Folglich bildet die Gleichung $\frac{1}{2}(x-4) = \frac{3}{2}\left(x-\frac{4}{3}\right)-x$ ebenfalls immer eine wahre Aussage, unabhängig davon welche Zahlen für $x$ eingesetzt werden. Um dies zu verdeutlichen, setzen wir für $x$ verschiedene Zahlen ein.

**$x = 1$:** $\frac{1}{2}(1-4) = \frac{3}{2}\left(1-\frac{4}{3}\right)-1$

$$\Leftrightarrow \quad \frac{1}{2}\cdot(-3) = \frac{3}{2}\left(-\frac{1}{3}\right)-1$$

$$\Leftrightarrow \quad -\frac{3}{2} = -\frac{1}{2}-1$$

$$\Leftrightarrow \quad -\frac{3}{2} = -\frac{3}{2}\ (w)$$

$\rightarrow$ $x = 1$ ist eine Lösung der Gleichung

**$x = 2$:** $\frac{1}{2}(2-4) = \frac{3}{2}\left(2-\frac{4}{3}\right)-2$

$$\Leftrightarrow \quad \frac{1}{2}\cdot(-2) = \frac{3}{2}\cdot\frac{2}{3}-2$$

$$\Leftrightarrow \quad -1 = 1-2$$

$$\Leftrightarrow \quad -1 = -1\ (w)$$

$\rightarrow$ $x = 2$ ist eine Lösung der Gleichung

**$x = -2$:** $\frac{1}{2}(-2-4) = \frac{3}{2}\left(-2-\frac{4}{3}\right)-(-2)$

$$\Leftrightarrow \quad \frac{1}{2}\cdot(-6) = \frac{3}{2}\cdot\left(-\frac{10}{3}\right)+2$$

$$\Leftrightarrow \quad -3 = -5+2$$

$$\Leftrightarrow \quad -3 = -3\ (w)$$

$\rightarrow$ $x = -2$ ist eine Lösung der Gleichung

**$x = 0$:** $\frac{1}{2}(0-4) = \frac{3}{2}\left(0-\frac{4}{3}\right)-0$

$$\Leftrightarrow \quad \frac{1}{2}(-4) = \frac{3}{2}\left(-\frac{4}{3}\right)$$

$$\Leftrightarrow \quad -2 = -2\ (w)$$

$\rightarrow$ $x = 0$ ist eine Lösung der Gleichung

Man erkennt, dass jede Zahl, die für $x$ eingesetzt wird, eine Lösung der Gleichung $\frac{1}{2}(x-4) = \frac{3}{2}\left(x-\frac{4}{3}\right)-x$ darstellt. Die Lösungsmenge besteht somit aus allen reellen Zahlen ($L = \mathbb{R}$).

**Folgerung:** Ist eine betrachtete Gleichung äquivalent zu einer Gleichung, die eine allgemeingültige wahre Aussage bildet, dann hat die betrachtete Gleichung unendlich viele Lösungen.

**Lösung c)**

$3x - 2 = 3x$ Die Gleichung hat keine Lösung

$\Leftrightarrow \quad -2 = 0(\text{f})$

$\rightarrow \quad L = \{\ \}$

Die Gleichung $3x - 2 = 3x$ ist äquivalent zur falschen Aussage $-2 = 0$. Somit stellt die Gleichung $3x - 2 = 3x$ ebenfalls eine falsche Aussage dar. Das bedeutet, dass es keine Zahl gibt, die die Gleichung löst. Die Lösungsmenge ist leer.

**Folgerung:** Ist eine betrachtete Gleichung äquivalent zu einer Gleichung, die eine falsche Aussage bildet, dann ist die betrachtete Gleichung nicht lösbar.

Die Erkenntnisse über die Lösbarkeit von linearen Gleichungen lassen sich wie folgt zusammenfassen.

### Lösbarkeit einer linearen Gleichung

Lineare Gleichungen werden mithilfe von Äquivalenzumformungen gelöst. Führen diese zu einer wahren Aussage, so hat die zugehörige Gleichung unendlich viele Lösungen. Erhält man eine falsche Aussage, ist die Gleichung nicht lösbar. Ansonsten hat die Gleichung eine eindeutige Lösung.

| Form | Lösbarkeit |
|---|---|
| z. B. $0 = 0$ (wahre Aussage) | Die Gleichung hat unendliche viele Lösungen. |
| z. B. $0 = 2$ (falsche Aussage) | Die Gleichung hat keine Lösung. |
| z. B. $x = 2$ | Die Gleichung hat genau eine Lösung. |

### Aufgaben

1. Geben Sie an, welche der folgenden Gleichungen nicht lösbar sind. Für alle Gleichungen gilt: $G = \mathbb{R}$.

   a) $2 - (x+1) = \frac{1}{2}x + 2$
   b) $\frac{4}{25} \cdot (2+x) = \frac{4}{25}x + \frac{8}{25}$
   c) $-(3x-4) = -3x - 4$
   d) $\frac{1}{2}x - \left(2x + \frac{4}{5}\right) = -2x - \frac{4}{5}$

2. Notieren Sie jeweils eine Gleichung, die unendlich viele Lösungen hat und eine, die $x = \frac{7}{2}$ als Lösung hat. Beschreiben Sie, welche Überlegungen Sie beim Erstellen der Gleichungen getätigt haben.

3. Bestimmen Sie die Lösungsmengen der folgenden linearen Gleichungen. Für alle Gleichungen gilt: $G = \mathbb{R}$.

   a) $\frac{2}{3}(x-2) = \frac{4x-4}{6}$
   b) $\frac{2}{3}(x-2) = \frac{4x-8}{6}$
   c) $-\frac{1}{2}\left(x + \frac{8}{5}\right) + 2x = \frac{3}{2}(4+x)$
   d) $-\frac{1-2x}{2} = x - \frac{1}{2}$
   e) $-\frac{2x}{3} + \frac{1}{2} = -\frac{3+x}{6}$
   f) $\frac{2x-5}{3} - 1 = \frac{4}{3}\left(\frac{1}{2}x + 1\right)$
   g) $-\frac{3}{2} \cdot \frac{x+2}{2} = 1$
   h) $-2 \cdot \frac{4-2x}{4} = 2x$
   i) $x - \frac{4x+1}{3} = \frac{1}{3}x - 1$

### 2.1.5 Aufstellen von linearen Gleichungen aus einem Sachzusammenhang

Viele alltägliche und berufliche Problemstellungen lassen sich durch lineare Gleichungen abbilden. Im Folgenden wird anhand dreier Beispiele erläutert, wie eine reale Problemstellung in eine lineare Gleichung übergeführt und dadurch gelöst wird.

- **Eintritt in den Freizeitpark**

In den Sommerferien besucht die Familie Meyer (Vater, Mutter und drei Kinder) einen nahegelegenen Freizeitpark. Zusätzlich hat die älteste Tochter der Familie ihre beste Freundin Ann-Sophie mitgenommen.

Der Familienvater bezahlt den Eintritt in den Freizeitpark für alle sechs. Wieder zuhause angekommen, möchte Ann-Sophies Vater der Familie Meyer das Geld für Ann-Sophies Eintrittskarte geben. Leider wissen sie den Preis nicht mehr. Vater Meyer kann sich erinnern, dass er für 2 Erwachsene und 4 Kinder insgesamt 126 € bezahlt hat. Die Mutter weiß noch, dass die Eintrittskarte für Erwachse doppelt so viel kostet wie die für Kinder. Berechnen Sie mithilfe dieser Erinnerungen, wie viel Geld Ann-Sophies Vater der Familie Meyer schuldet.

**Lösung**

Um diese Aufgabe zu lösen, muss man den Sachverhalt analysieren und sich bewusst machen, was gesucht ist. In diesem Beispiel ist der Preis für die Eintrittskarte eines Kindes unbekannt. Wir bezeichnen daher den Preis für eine Eintrittskarte eines Kindes mit $x$. Die Logik besagt, dass als Werte der Variablen $x$ alle positiven rationalen Zahlen in Frage kommen, die sich als Dezimalzahl mit zwei Nachkommastellen darstellen lassen.

Aus den gegebenen Informationen im Angabetext können wir folgenden Term aufstellen **(Tabelle 1)**.

**Tabelle 1:** Umwandlung der Informationen aus dem Text in Terme

| Information aus dem Text | Umgewandelter Text in einen Term |
|---|---|
| Die Eintrittskarte für Erwachse kostet doppelt so viel wie für ein Kind. | Kosten für eine Eintrittskarte eines Erwachsenen: $2x$ |

Für die Eintrittskarten von 2 Erwachsenen und vier Kindern hat der Vater 126 € gezahlt. Aufgrund dieser Information lässt sich folgende Gleichung aufstellen.

$$\underbrace{2 \cdot 2x}_{\text{Erwachsene}} + \underbrace{4 \cdot x}_{\text{Kinder}} = 126 \qquad x\text{: Kosten für die Eintrittskarte eines Kindes}$$

Durch das Lösen dieser linearen Gleichung erhält man den Preis für die Eintrittskarte eines Kindes.

$$4x + 4x = 126 \quad \Leftrightarrow \quad 8x = 126 \quad \Leftrightarrow \quad x = 15{,}75$$

**Ergebnis:** Ann-Sophies Vater muss der Familie Meyer 15,75 € geben, um die Kosten für den Eintritt seiner Tochter zu begleichen.

- **Sturmreihe im Eishockey**

Beim Eishockey befinden sich normalerweise pro Mannschaft 5 Feldspieler plus ein Torwart auf dem Eis. Von den 5 Feldspielern sind zwei Verteidiger und drei bilden den Angriff. Die Sturmreihe, die aus den Spielern Dennis, David und Lukas besteht, hat insgesamt 17 Tore in der abgelaufenen Saison erzielt. Des Weiteren ist bekannt, dass Dennis doppelt so viele Tore wie Lukas erzielt hat, aber zwei Tore weniger als David geschossen hat. Berechnen Sie, wie viele Tore Dennis in der abgelaufenen Saison erzielt hat.

**Lösung**

Gesucht ist die Anzahl von Dennis Toren. Wir bezeichnen diese mit der Variablen $x$. Als Werte für die Variable $x$ kommen ausschließend natürlichen Zahlen oder die Zahl Null in Frage ($x \in \mathbb{N}_0$).

Aus den gegebenen Informationen können wir folgende Terme aufstellen **(Tabelle 1)**.

| **Tabelle 1:** Umwandlung der Informationen aus dem Text in Terme | |
|---|---|
| **Information aus dem Text** | **Umgewandelte Texte in Terme** |
| Dennis hat doppelt so viel Tore wie Lukas geschossen. | Anzahl von Lukas Toren: $0{,}5x$ |
| Dennis hat zwei Tore weniger als David geschossen. | Anzahl von Davids Toren: $x + 2$ |

Des Weiteren ist bekannt, dass Dennis ($x$ Tore), Lukas ($0{,}5x$ Tore) und David ($x + 2$ Tore) zusammen 17 Tore erzielt haben. Das bedeutet, dass die Summe der Tore der drei Spieler 17 ergibt.

$$\underbrace{x}_{\text{Dennis}} + \underbrace{0{,}5x}_{\text{Lukas}} + \underbrace{x+2}_{\text{David}} = 17 \qquad x\text{: Anzahl von Dennis Toren}$$

Das Lösen dieser linearen Gleichung liefert die Anzahl der von Dennis erzielten Tore.

$$\begin{aligned} x + 0{,}5x + x + 2 &= 17 \\ \Leftrightarrow \quad 2{,}5x + 2 &= 17 \qquad | -2 \\ \Leftrightarrow \quad 2{,}5x &= 15 \qquad | : 2{,}5 \\ \Leftrightarrow \quad x &= 6 \end{aligned}$$

**Ergebnis:** Von den 17 Toren, die die drei insgesamt geschossen haben, hat Dennis 6 Tore erzielt.

- **Obstbauer mit selbstangebauten und zugekauften Obst**

Ein Obstbauer bietet samstags auf dem Wochenmarkt selbstangebautes und zugekauftes Obst zum Kauf an. Das zugekaufte Obst stammt entweder vom Großmarkt oder kleinen regionalen Bauern. Das Verkaufssortiment stellt der Obstbauer wie folgt zusammen: Es befindet sich doppelt so viel selbstangebautes wie zugekauftes Obst im Sortiment. Beim zugekauften Obst stammen 100 Obststücke mehr von regionalen Kleinbauern als vom Großmarkt. An einem Samstagmorgen fährt er mit seinem Kleintransporter 600 Stück Obst zum Wochenmarkt. Berechnen Sie, wie viele dieser Obststücke im Großmarkt zugekauft wurden.

**Lösung**

Es ist bekannt, dass sich die Anzahl der Obststücke aus selbstangebautem und zugekauftem Obst zusammensetzt. Insgesamt hat er 600 Obststücke in seinem Kleintransporter. Somit erhält man folgende Gleichung.

$$s + z = 600 \qquad s\text{: Anzahl der Obststücke aus eigenen Anbau}$$
$$z\text{: Anzahl der zugekauften Obststücke}$$

Die Anzahl der Obststücke aus eigenem Anbau ist doppelt so hoch wie die Anzahl der zugekauften Obststücke. Das bedeutet mathematisch: $s = 2z$. Es ergibt sich die folgende Gleichung.

$$2z + z = 600 \qquad z\text{: Anzahl der zugekauften Obststücke}$$

Aus der Angabe, dass beim zugekauften Obst 100 Stücke mehr von regionalen Bauern stammen als vom Großmarkt, kann gefolgert werden:

$$z = \underbrace{x}_{\text{Großmarkt}} + \underbrace{x + 100}_{\text{von Bauern}} \qquad z\text{: Anzahl der zugekauften Obststücke} \quad x\text{: Anzahl der zugekauften Obststücke vom Großmarkt}$$

Setzt man $z = x + x + 100$ in die Gleichung $2z + z = 600$ ein, dann erhält man folgende lineare Gleichung, wobei die Variable $x$ ($x \in \mathbb{N}_0$) die Anzahl der zugekauften Obststücke vom Großmarkt ist.

$$2(x + x + 100) + x + x + 100 = 600 \qquad x\text{: Anzahl der zugekauften Obststücke vom Großmarkt}$$

Diese lineare Gleichung wird mit der Strategie gelöst, die im vorhergehenden Kapitel beschrieben wurde.

$$\begin{aligned} & 2(x + x + 100) + x + x + 100 = 600 \\ \Leftrightarrow\ & 2(2x + 100) + 2x + 100 = 600 \\ \Leftrightarrow\ & 4x + 200 + 2x + 100 = 600 \\ \Leftrightarrow\ & 6x + 300 = 600 \qquad |-300 \\ \Leftrightarrow\ & 6x = 300 \qquad |:6 \\ \Leftrightarrow\ & x = 50 \end{aligned}$$

**Ergebnis:** Von den 600 Stück Obst, aus denen das Verkaufssortiment des Obstbauern besteht, sind 50 vom Großmarkt zugekauft.

**Analyse der Lösungswege**

Vergleicht man die Lösungswege der drei vorhergehenden Anwendungsaufgaben, so stellt man fest, dass sich deren Struktur grob aus folgenden Teilschritten zusammensetzt:

1. Festlegung der Unbekannten und deren Definitionsbereich.
2. Umwandeln der Informationen aus dem Text in Terme.
3. Zusammensetzen der einzelnen Terme gemäß dem Sachzusammenhang zu einer Gleichung.
4. Das Lösen der Gleichung liefert den Wert der Unbekannten.

**Anmerkung**

- Die wesentliche Denkleistung beim Bearbeiten von Anwendungsaufgaben besteht darin, dass die gegebenen Informationen in Terme umgewandelt werden müssen.
- Die oben genannten Teilschritte des Lösungswegs zum Lösen einer Anwendungsaufgabe dienen ausschließlich als grobe Orientierung, wie man prinzipiell solche Aufgabe lösen kann.

## Aufgaben

1. An einer Fach- und Berufsoberschule befinden sich $j$ Jungen und $m$ Mädchen ($j, m \in \mathbb{N}_0$). Übersetzen Sie die folgenden Angaben in Gleichungen.
   a) An dieser Schule sind genauso viele männliche wie weibliche Schüler.
   b) Die Anzahl der männlichen Schüler ist an dieser Schule um 70 größer als die Anzahl der Schülerinnen.
   c) Die gesamte Anzahl aller Schüler dieser Schule beträgt 612.
   d) An dieser Schule sind 64 % aller Schüler sind weiblich.
   e) Würden 25 männliche Schüler die Schule verlassen, dann wären an der Schule genauso viele Jungen wie Mädchen.
   f) Würden noch 67 Schülerinnen in die Schule eintreten, dann wären dreimal so viele Schülerinnen an der Schule wie männliche Schüler.
   g) An der Schule befinden sich insgesamt 845 Schüler. Davon sind 55 % männlich und der Rest ist weiblich.

2. In **Bild 1** ist die Bevölkerungsentwicklung der Städte München, Nürnberg, Augsburg, Regensburg, Würzburg und Bamberg zu sehen. Es werden folgende Variablen betrachtet $(a, b, m, n, r, w \in \mathbb{N}_0)$:

   *m:* Anzahl der Einwohner von München

   *n:* Anzahl der Einwohner von Nürnberg

   *a:* Anzahl der Einwohner von Augsburg

   *r:* Anzahl der Einwohner von Regensburg

   *w:* Anzahl der Einwohner von Würzburg

   *b:* Anzahl der Einwohner von Bamberg

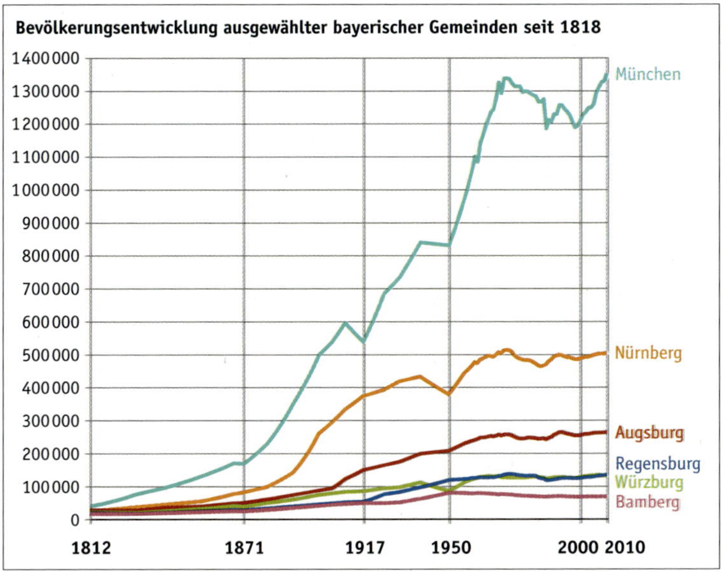


**Bild 1:** Bevölkerungsentwicklung ausgewählter Gemeinden in Bayern

   a) Geben Sie unter Verwendung des Diagramms an, ob folgende Gleichungen Ihrer Meinung nach richtig sind. Begründen Sie jeweils Ihre Angabe. Übersetzen Sie anschließend die richtigen Gleichungen in Sätze.

      (1) Im Jahre 1871 galt: $m = 2n$.

      (2) Im Jahre 1950 galt: $b = w$.

      (3) Im Jahre 1950 galt: $0{,}48n = a$.

      (4) Im Jahre 2010 galt: $2n = m - 350000$

      (5) Im Jahre 2010 galt: $n + b = 2a$

   b) Stellen Sie drei weitere richtige Gleichungen auf.

   c) Begründen Sie, weshalb $\mathbb{N}_0$ als Definitionsbereich der Variablen $a, b, n, m, r$ und $w$ gewählt wurde und nicht $\mathbb{Z}, \mathbb{Q}$ oder $\mathbb{R}+$.

3. Aus der Physik ist bekannt, dass die Gleichung $\Delta s = v \cdot \Delta t$ die Wegstrecke $\Delta s$ beschreibt, die zurückgelegt wurde, wenn man sich eine gewisse Zeitspanne $\Delta t$ mit der Durchschnittsgeschwindigkeit $v$ bewegt hat.

   Die drei Schulfreunde Tim, Annika und Nils machen in den Sommerferien einen Ausflug in die fränkische Schweiz. Dort fahren sie mit einem Ruderboot auf der Wiesent (Fluss in der fränkischen Schweiz) von Doos nach Muggendorf **(Bild 1 folgende Seite)**, wobei sich die drei beim Rudern abwechseln. Die gesamte Fahrstrecke beträgt 14 km. Im Vorfeld vereinbaren die drei, wer welche Wegstrecke als Ruderer zurücklegt. Sie einigen sich, dass Nils als geübter Paddler eine 4 km längere Wegstrecke als Tim zurücklegt. Annika soll nur die halbe Wegstrecke von Tim rudernd zurücklegen.

a) Bestimmen Sie rechnerisch die Wegstrecke, die Tim laut Vereinbarung rudern muss.

b) Berechnen Sie, um wie viele Prozent sich Tims Strecke erhöhen würde, wenn beide Jungen die gleiche Wegstrecke rudernd zurücklegen würden.

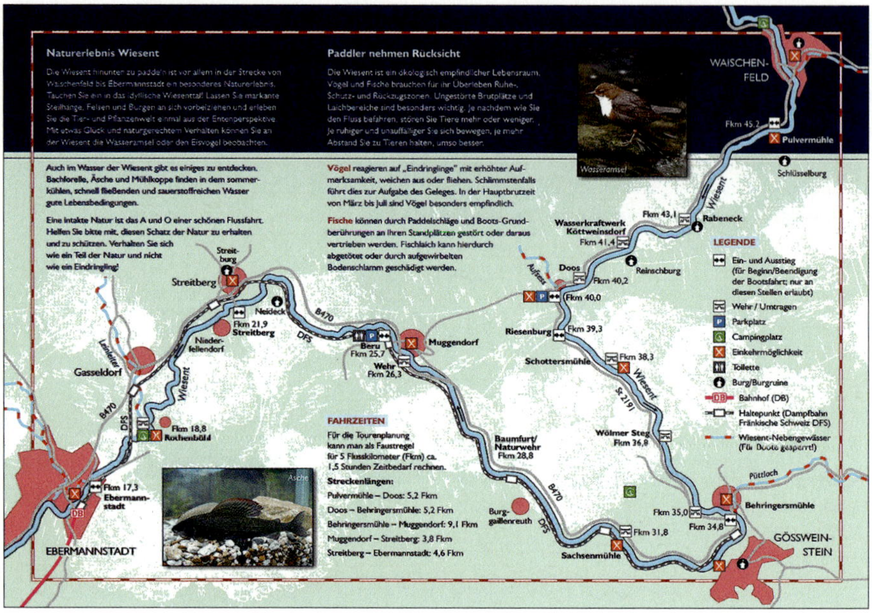


**Bild 1:** Flussverlauf der Wiesent in der fränkischen Schweiz

4. Notieren Sie drei weitere Vorgänge, die durch lineare Gleichung beschrieben werden können und stellen Sie die jeweiligen Vorgänge mithilfe linearer Gleichungen dar.

### 2.1.6 Aufgaben zu lineare Gleichungen

**Aufgaben zu Gleichungen und Äquivalenzumformungen**

1. Entscheiden Sie ohne Verwendung des Taschenrechners, welche Gleichungen wahre beziehungsweise falsche Aussagen bilden.

a) $4^2 - \frac{1}{2}\cdot 4 = 2\cdot(3+4)$

b) $\frac{7}{2}+\frac{1}{4}\cdot(2-3) = (3-4^2)\cdot\left(-\frac{1}{4}\right)$

c) $\frac{1}{2}\cdot\left[2+(-3)^2\right] = \frac{3}{7}-\frac{1}{2}\cdot(2-2^2)$

d) $(-3)^2\cdot\frac{4}{3}+1 = -\left(\frac{1}{5}-\frac{3}{4}\right)^2-\frac{1}{400}$

e) $\frac{3}{5}+1-\left(\frac{3}{2}\right)^2 = 1-7\cdot\frac{1}{20}$

f) $-\left[2-(3+2^0)\cdot\frac{1}{4}\right] = \frac{1+\frac{1}{2}}{2}-\frac{7}{2^2}$

2. Führen Sie die angegebenen Äquivalenzumformungen durch ($G = \mathbb{R}$).

a) $\frac{3}{5}x-1 = \frac{2}{3}x+2 \quad |-1 \quad \Leftrightarrow \quad \ldots$

b) $\frac{4}{3} = \frac{2}{3}x+2 \quad |\cdot 3 \quad \Leftrightarrow \quad \ldots$

c) $\frac{1}{12}(x-1)-3 = \frac{1}{2}+\frac{1}{4}x \quad |\cdot 12 \quad \Leftrightarrow \quad \ldots$

d) $-\frac{3}{2}\cdot 5+x = -\left(\frac{1}{2}x+1\right) \quad \left|\cdot\left(-\frac{2}{3}\right)\right. \quad \Leftrightarrow \quad \ldots$

e) $2+\frac{x+2}{2} = \frac{1}{2}\cdot\frac{2-x}{2} \quad |:2 \quad \Leftrightarrow \quad \ldots$

f) $-(x+2)+\frac{x+1}{4} = 2\cdot x \quad |\cdot 4 \quad \Leftrightarrow \quad \ldots$

3. Zeigen Sie, dass folgende Gleichungen äquivalent sind ($G = \mathbb{R}$).

a) $\frac{1}{2}(x-3)-(4x+2) = 8x \quad \Leftrightarrow \quad 23x-1 = -8$

b) $\frac{2}{3}x-\frac{5}{6} = \frac{1}{3}\cdot\left(x-\frac{1}{3}\right) \quad \Leftrightarrow \quad \frac{13}{2} = 3x$

c) $\frac{2-x}{3}+x = \frac{1}{2}x+1 \quad \Leftrightarrow \quad 2x = 4$

d) $\frac{4x-3}{2}-\frac{x-1}{3} = 4 \quad \Leftrightarrow \quad 10x = 31$

e) $\frac{3}{4}\cdot\frac{2\cdot(3x+2)}{3}+x = \frac{7}{4}x \quad \Leftrightarrow \quad -3x = 4$

f) $x-(2x-1) = -x+1 \quad \Leftrightarrow \quad 1 = 1$

4. Begründen Sie, weshalb folgende Gleichungen nicht äquivalent sind ($G = \mathbb{R}$).

a) $\frac{1}{4}(x+3)-2 = 2x$ und $\frac{1}{2}(x+3)-4 = 2x$

b) $\frac{5}{4}\cdot(x+2) = 1$ und $5(x+8) = 4$

c) $\frac{1}{2}\cdot 7+x = 4x$ und $\frac{1}{4}\cdot\frac{7}{2}+\frac{1}{2}x = 2x$

5. Überprüfen Sie, ob die angegebene Lösung der Gleichung richtig ist ($G = \mathbb{R}$).

a) $\frac{1}{2}(4x-1)-(x-2) = \frac{7}{2}$ Lösung: $x = 2$?

b) $2x-\frac{5}{2} = x-\frac{1}{3}$ Lösung: $x = \frac{13}{6}$?

c) $\frac{2-x}{6}+\frac{7}{6} = -\frac{1}{4}x+\frac{10}{6}$ Lösung: $x = 2$?

d) $\frac{2x+1}{2}-\frac{2x-3}{5} = 4$ Lösung: $x = 10$?

e) $\frac{3}{2}\cdot\frac{4\cdot(3x+2)}{3}+\frac{1}{2} = \frac{3}{2}x+\frac{1}{2}$ Lösung: $x = -\frac{4}{3}$?

f) $-\left[2\cdot\left(\frac{1}{2}-\frac{4}{7}x\right)+\frac{1}{3}\right] = -x+\frac{4}{5}$ Lösung: $x = -\frac{7}{3}$?

**Aufgaben zu linearen Gleichungen**

6. Bestimmen Sie die Lösungsmengen der folgenden linearen Gleichungen und führen Sie anschließend die Probe durch. Für alle Gleichungen gilt: $G = \mathbb{R}$.

a) $-3\cdot\left(x+\frac{3}{2}\right) = 2$

b) $(1-2x)-(x-12) = 3$

c) $-\frac{5}{4}(2x-1)-\frac{1}{2}x = x+1$

d) $2(x+2)-3(x-1) = \frac{2}{3}x$

e) $-\frac{x+1}{3}-\frac{1}{2}x = \frac{1+x}{2}$

f) $\frac{2x-3}{3}-2 = \frac{4}{3}x+2$

g) $-\frac{2}{3}\left(\frac{3}{2}x-\frac{6}{7}\right)+\frac{1}{3}=\frac{1}{2}\left(x-\frac{1}{4}\right)$

h) $-\frac{1-2x}{5}=\frac{2-5x}{2}-2$

i) $x-\left[\frac{1}{2}\left(\frac{1}{2}x-\frac{1}{4}\right)+\frac{7}{10}\right]=-\frac{3}{10}$

7. Bestimmen Sie von jeder Gleichung die Anzahl der Lösungen. Für alle Gleichungen gilt: $G=\mathbb{R}$.

a) $4\cdot\left(x-\frac{3}{5}\right)=4x$

b) $(1-x)-(x-1)=2$

c) $-\frac{1}{3}(x-1)+\frac{2}{3}x=-\frac{1}{3}+\frac{1}{3}x$

d) $-\frac{x+3}{4}-x=\frac{1+x}{5}$

e) $2\cdot\frac{2x-1}{3}-2=\frac{4}{3}x+2$

f) $x+1-5(x-2)=\frac{1}{2}\cdot(-8x+22)$

g) $\frac{1}{12}x-\left[\frac{1}{3}\left(\frac{1}{4}x-\frac{1}{4}\right)+\frac{5}{12}\right]=-\frac{1}{3}$

h) $-5\cdot\left(\frac{3}{5}x-\frac{4}{15}\right)+\frac{4}{3}=\frac{1}{4}\left(3x-\frac{1}{3}\right)$

i) $-\frac{1-5x}{5}=\frac{1+2x}{2}-\frac{7}{10}$

8. Die Familie Jansen besitzt einen Getränkemarkt mit Lieferservice. Sie wissen aus langjähriger Erfahrung, dass sie für die Fahrt zu einem Kunden, der 7 km entfernt genau auf der anderen Seite der Stadt wohnt, 20 Minuten benötigen. Zwischen der Durchschnittsgeschwindigkeit $\overline{v}$, der zurückgelegten Wegstrecke $s$ und der benötigten Zeit $t$ gilt: Die zurückgelegt Wegstrecke ist das Produkt aus Durchschnittsgeschwindigkeit und der benötigten Zeit.

a) Berechnen Sie die Durchschnittsgeschwindigkeit, mit der sich der Liefertransporter der Jansens durch den Stadtverkehr bewegt.

b) Aufgrund einer Straßensperrung muss die Familie Jansen bei einer Getränkelieferung an diesen Kunden einen Umweg von $x$ km in Kauf nehmen. Die Fahrzeit erhöht sich durch diesen Umweg auf ingesamt 26 Minuten. Die Durchschnittsgeschwindigkeit sinkt um 10 %. Berechnen Sie die Länge des Umwegs.

9. Ein Telekommunikationsanbieter bietet zwei Tarife für Prepaidkarten an.

Variante 1: 7 Cent pro angefangene Minute in alle Netze und eine Aktivierungsgebühr von 2 €.

Variante 2: 9 Cent pro angefangene Minute in alle Netzte und keine Aktivierungsgebühr.

Berechnen Sie jeweils, wie viele Minuten Sie telefonieren können, wenn Sie ein Guthaben von 20 € zur Verfügung haben.

10. Ein 200 cm langer Holzbalken wird in 4 gleichlange Stück gesägt. Anschließend wird an jedem Teilstück an beiden Enden 2 cm abgefeilt. Geben Sie an, ob die folgende Gleichung den Sachverhalt richtig abbildet. Verbessern Sie gegebenenfalls die Gleichung.

$\frac{x}{4}+8\cdot 2\,\text{cm}=200\,\text{cm}$

$x$ ist die Länge eines Teilstücks nach dem Feilen.

11. Die Familie Huber, bestehend aus Vater, Mutter und drei minderjährigen Kindern, besuchte zusammen ein nahe gelegenes Schwimmbad. Die Mutter bezahlte die fünf Tageskarten mit einem 50-Euroschein und erhielt ein Rückgeld in Höhe von 18,50 €. Auf dem Heimweg will der Vater wissen, wie viel der Eintritt für ein Kind gekostet hat. Die Mutter hat sich das nicht gemerkt, sie weiß jedoch noch, dass der Eintritt eines Erwachsenen doppelt so teuer wie der eines Kindes ist. Berechnen Sie wie viel ein Erwachsener und wie viel ein Kind für den Eintritt in dieses Schwimmbad bezahlen muss.

# 2.2 Lineare Gleichungen mit einer Formvariablen

## 2.2.1 Bedeutung einer Formvariablen

**Einführungsbeispiel**

Die Schülersprecherin Michelle einer Fachoberschule und ihr Vertreter Irfan planen im Auftrag der Schülermitverwaltung die Erstellung und den Vertrieb der Abizeitung ihres Jahrganges. Es wurde mit einer örtlichen Druckerei bereits fest vereinbart, dass 800 Abizeitungen für einen Festpreis von 3200 € erstellt werden und dass sich diese Druckerei um alles Weitere kümmert, sodass keine weiteren Kosten für die Schülermitverwaltung anfallen. Finanziert wird die Abizeitung zum einen über Firmen, die in der Zeitung für sich werben, und über den Verkaufserlös, der bei 2 € pro verkauftem Exemplar liegt. Wie hoch die Werbeeinnahmen von Firmen sein werden, können die beiden zum jetzigen Zeitpunkt noch nicht abschätzen, da sie potentielle Werbeträger erst noch kontaktieren müssen.

Im Zuge ihrer Planung überlegen die beiden, wie viele Abizeitungen mindestens verkauft werden müssten, um die Ausgaben zu decken. Da die Werbeeinnahmen nicht eindeutig, aber maßgeblich sind, treffen sie für diesen Posten verschiedene Annahmen und berechnen damit wie folgt die notwendige Verkaufszahl der Abizeitungen.

- Ihre Rechnungen:

**Annahme der Werbeeinnahmen: 1700 €**

$x$: Notwendige Verkaufszahl ($x \in \mathbb{R}$)

$$\begin{aligned} 1700 + 2 \cdot x &= 3200 \quad &|-1700 \\ \Leftrightarrow \quad 2x &= 1500 \quad &|:2 \\ \Leftrightarrow \quad x &= 750 \end{aligned}$$

Sollten die Werbeeinnahmen 1700 € betragen, müssten mindestens 750 Abizeitungen verkauft werden, um die Ausgaben zu decken.

**Annahme der Werbeeinnahmen: 2000 €**

$x$: Notwendige Verkaufszahl ($x \in \mathbb{R}$)

$$\begin{aligned} 2000 + 2 \cdot x &= 3200 \quad &|-2000 \\ \Leftrightarrow \quad 2x &= 1200 \quad &|:2 \\ \Leftrightarrow \quad x &= 600 \end{aligned}$$

Sollten die Werbeeinnahmen 2000 € betragen, müssten mindestens 600 Abizeitungen verkauft werden, um die Ausgaben zu decken.

**Annahme der Werbeeinnahmen: 2500 €**

$x$: Notwendige Verkaufszahl ($x \in \mathbb{R}$)

$$\begin{aligned} 2500 + 2 \cdot x &= 3200 \quad &|-2500 \\ \Leftrightarrow \quad 2x &= 700 \quad &|:2 \\ \Leftrightarrow \quad x &= 350 \end{aligned}$$

Sollten die Werbeeinnahmen 2500 € betragen, müssten mindestens 350 Abizeitungen verkauft werden, um die Ausgaben zu decken.

**Annahme der Werbeeinnahmen: 3000 €**

$x$: Notwendige Verkaufszahl ($x \in \mathbb{R}$)

$$\begin{aligned} 3000 + 2 \cdot x &= 3200 \quad &|-3000 \\ \Leftrightarrow \quad 2x &= 200 \quad &|:2 \\ \Leftrightarrow \quad x &= 100 \end{aligned}$$

Sollten die Werbeeinnahmen 3000 € betragen, müssten mindestens 100 Abizeitungen verkauft werden.

- Rechnung eines befreundeten Mitschülers

Ein befreundeter, mathematisch begabter Mitschüler namens Dimitri sieht die Rechnungen der beiden und erklärt ihnen, dass sie sich das Leben wirklich unnötig schwer machen würden. Viel einfacher wäre es, wenn sie für die unbekannten Werbeeinnahmen eine zusätzliche Variable $t$ ($t \in \mathbb{R}$), die er Formvariable nennt, einführen. Somit erhielten die beiden Schülersprecher folgende Gleichung, wobei $x$ für die Anzahl der verkauften Abizeitungen und $t$ für die Werbeeinnahmen stünde.

$$t + 2 \cdot x = 3200 \quad | -t$$
$$\Leftrightarrow \quad 2x = 3200 - t \quad |:2$$
$$\Leftrightarrow \quad x = \frac{3200 - t}{2}$$

$x$: Anzahl der verkauften Zeitungen

$t$: Werbeeinnahmen

Auf die Frage von Michelle und Irfan, welchen Vorteil dieser Rechenweg bringe, antwortet Dimitri, dass man in die Gleichung $x = \frac{3200 - t}{2}$ für $t$ einfach die angenommenen Werbeeinnahmen einsetzen könne und ohne aufwendige Rechnung sofort die notwendige Anzahl an verkauften Abizeitung erhalte. Diese Aussage belegt er wie folgt:

| Angenommene Werbeeinnahmen | $x = \frac{3200 - t}{2}$ | Benötigte Verkaufszahl |
|---|---|---|
| $t = 1700$ | $x = \frac{3200 - 1700}{2} = 750$ | 750 |
| $t = 2000$ | $x = \frac{3200 - 2000}{2} = 600$ | 600 |
| $t = 2500$ | $x = \frac{3200 - 2500}{2} = 350$ | 350 |
| $t = 3000$ | $x = \frac{3200 - 3000}{2} = 100$ | 100 |
| … | | |

Irfan fragt nach: »Wenn ich jetzt beispielsweise für $t$ 2200 oder 1900 in $x = \frac{3200 - t}{2}$ einsetze, dann erhalte ich sofort die benötigten Verkaufszahlen der Abizeitungen?« Dimitri antwortet: »Ja, genau so ist es! 500 beziehungsweise 650 Zeitungen müsstet ihr verkaufen.«

**Bedeutung von Formvariablen**

Mithilfe von Formvariablen können mehrere Gleichungen, die alle die gleiche Form haben, zu einer Gleichung mit einer Formvariablen zusammengefasst werden.

### Vertiefende Betrachtung – Gleichungen mit einer Formvariablen

Eine Gleichung mit einer Formvariablen beschreibt eine Menge von Gleichungen. So fasst beispielsweise die Gleichung $3x + t = 0$ ($x, t \in \mathbb{R}$), in der $x$ die Lösungs- und $t$ die Formvariable ist, alle Gleichungen mit der Gestalt $3x + 1 = 0$, $3x + 2 = 0$, $3x + 3 = 0$ usw. zusammen **(Bild 1)**.

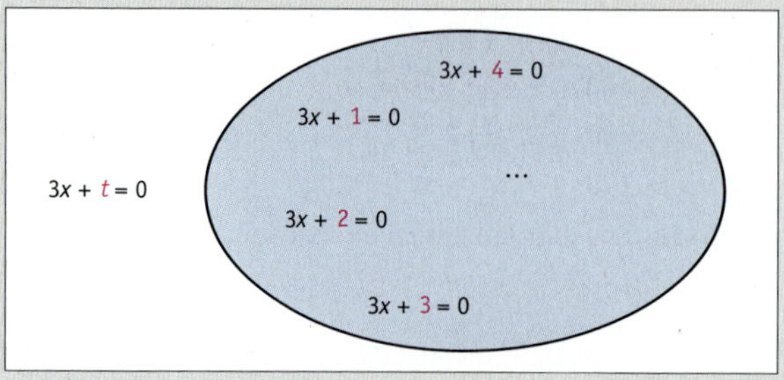


**Bild 1:** Eine Gleichung mit einer Formvariablen beschreibt eine Menge von Gleichungen.

**Aufgaben**

1. Gegeben ist die folgende lineare Gleichung in Abhängigkeit von der Formvariablen $t$.

   $\frac{1}{2}x - \frac{3t}{2} = 4$ mit $t \in \{-2; -1; 0; 1; 2; 3; 4; 5\}$

   a) Geben Sie drei konkrete Gleichungen an, die durch den obigen Ausdruck beschrieben werden.

   b) Ein Schüler behauptet: »Die Gleichung $\frac{1}{2}x - \frac{3}{4} = 4$ wird nicht durch die oben genannte Gleichung mit Formvariable beschrieben.« Geben Sie an, ob Sie dieser Aussage zustimmen oder widersprechen. Begründen Sie Ihre Angabe.

   c) Weisen Sie nach, dass $L_t = \{8 + 3t\}$ die allgemeine Lösungsmenge der obigen Gleichung ist.

   d) Geben Sie mithilfe von 1 c) die Lösungsmengen der Gleichungen für $t = -2$, $t = 2$ und $t = 5$ an.

   e) Ermitteln Sie, welche Gleichung aus der gegebenen Menge von Gleichungen $x = 5$ als Lösung hat.

### 2.2.2 Lösen einer linearen Gleichung mit einer Formvariablen

Beim Lösen von Gleichungen mit einer Formvariablen kommen in dieser zwei Variablen vor: Zum einen die Lösungsvariable (meistens $x$), nach der die Gleichung aufgelöst werden muss, und zum anderen die Formvariable. Diese dient lediglich als Platzhalter für eine Zahl. Daher kann mit der Formvariable wie mit einer »echten« Zahl gerechnet werden. Welche die Lösungsvariable und welche die Formvariable ist, ist aus der jeweiligen Aufgabenstellung abzuleiten.

Lineare Gleichungen mit einer Formvariablen werden prinzipiell wie gewöhnliche lineare Gleichungen gelöst, nämlich indem man die Gleichung direkt nach der Lösungsvariablen auflöst. Bei diesem Vorgehen erhält man keine eindeutige Zahl als Lösung, sondern einen Term, der abhängig von der Formvariable ist. Um das Beschriebene zu verdeutlichen, wird die folgende Beispielaufgabe betrachtet.

**Beispielaufgabe**

Berechnen Sie die Lösungsmenge der Gleichung $-\frac{1}{2}x + a = 0$ in Abhängigkeit von der Formvariable a!

$(G = \mathbb{R};\ a \in \{-10; -9; -8; \ldots 0 \ldots; 1; 2 \ldots 10\})$

In dieser Gleichung ist $x$ die Lösungs- und $a$ die Formvariable. Dementsprechend wird die Gleichung nach $x$, der Lösungsvariablen, aufgelöst. Dazu werden mithilfe von Äquivalenzumformungen alle Terme ohne $x$ auf eine Seite der Gleichung und alle Terme mit $x$ auf die andere Seite der Gleichung gebracht. Auf diese Weise erhält man die Lösung der Gleichung, nämlich $x = 2a$. Somit lautet die gesuchte Lösungsmenge $L_a = \{2a\}$. Der Index $a$ besagt, dass die Lösungsmenge vom Wert der Formvariablen $a$ abhängig ist.

| | | |
|---|---|---|
| | $-\frac{1}{2}x + a = 0$ | $\mid -a$ |
| x ist die Lösungsvariable | $\Leftrightarrow\ -\frac{1}{2}x = -a$ | $\mid \cdot (-2)$ |
| $a$ ist die Formvariable | $\Leftrightarrow\ x = 2a$ | |
| | $\rightarrow\ L_a = \{2a\}$ | |

Möchte man beispielsweise die Lösung der Gleichung $-\frac{1}{2}x + \mathbf{10} = 0$, also für $a = 10$ wissen, so muss lediglich für $a$ der Wert 10 in die allgemeine Lösung $x = 2\boldsymbol{a}$ eingesetzt werden: $x = 2 \cdot \mathbf{10} = 20$.

$$-\frac{1}{2}x + \mathbf{10} = 0 \quad \rightarrow \quad L_{10} = \{20\}$$

Setzt man für die Formvariable $a$ beispielsweise den Wert $-8$ in die allgemeine Lösung $x = 2\boldsymbol{a}$ ein, dann erhält man die Lösung der Gleichung $-\frac{1}{2}x \mathbf{- 8} = 0$.

$$-\frac{1}{2}x \mathbf{- 8} = 0 \quad \rightarrow \quad x = 2 \cdot (\mathbf{-8}) = -16 \quad \rightarrow \quad L_{-8} = \{-16\}$$

Auf diese Weise kann man von jeder Gleichung, die durch $-\frac{1}{2}x + a = 0$ mit $a \in \{-10; -9; -8; \dots 0 \dots; 1; 2 \dots 10\}$ beschrieben wird, bei Bedarf die Lösungsmenge schnell und ohne aufwendige Rechnungen ermitteln.

**Zusammenfassung**

- Formvariablen sind Platzhalter für Zahlen. Daher gelten für das Rechnen mit Formvariablen die gleichen Rechengesetze wie für Zahlen.
- Der wesentliche Nutzen von Gleichungen mit einer Formvariablen besteht darin, dass nur einmal die Gleichung in Abhängigkeit von der Formvariablen gelöst werden muss. In diese allgemeine Lösungsmenge können anschließend verschiedene Werte für die Formvariable eingesetzt werden. Auf diese Weise erhält man die Lösungsmenge der entsprechenden zugehörigen Gleichungen.

**Aufgaben**

1. Gegeben ist die folgende lineare Gleichung in Abhängigkeit von der Formvariable $a$. Es wurde versucht, die Gleichung wie folgt zu lösen. Überprüfen Sie, ob dieser Lösungsversuch richtig oder falsch ist. Verbessern Sie ihn gegebenenfalls.

   $-\frac{3}{4}x + 3a = 1 \qquad \text{mit } x, a \in \mathbb{R}.$

   Lösungsversuch:

   $$-\frac{3}{4}x + 3a = 1$$
   $$\Leftrightarrow \quad 3a = 1 + \frac{3}{4}x$$
   $$\Leftrightarrow \quad a = \frac{1}{3} + \frac{1}{4}x$$
   $$\rightarrow \quad L_a = \{\frac{1}{3} + \frac{1}{4}x\}$$

2. Gegeben ist die folgende lineare Gleichung in Abhängigkeit von der Formvariablen $t$.

   $\frac{2}{3}x + 2t = 0 \qquad \text{mit } x, t \in \mathbb{R}.$

   a) Ermitteln Sie die Lösungsmenge dieser Gleichung in Abhängigkeit von der Formvariable $t$.

   b) Bestimmen Sie die Lösungsmengen der Gleichungen für $t = -1$, $t = 0$, $t = 1$ und $t = \frac{3}{2}$.

### 2.2.3 Notwendigkeit einer Fallunterscheidung

Das Lösen von linearen Gleichungen mit einer Formvariablen führt häufig auf eine sogenannte Fallunterscheidung. Was eine Fallunterscheidung ist und unter welchen Umständen diese notwendig ist, wird in diesem Abschnitt beschrieben.

#### 2.2.3.1 Division durch eine Formvariable

In der folgenden Beispielaufgabe ist die Formvariable $a$ Platzhalter für alle reellen Zahlen, was bedeutet, dass die Formvariable jeden reellen Wert annehmen kann.

**Beispielaufgabe**

Berechnen Sie die Lösungsmenge der folgenden Gleichung in Abhängigkeit von $a$.

$\frac{a}{2}x - 1 = 1 \qquad \text{mit } x, a \in \mathbb{R}.$

In der Gleichung $\frac{a}{2}x - 1 = 1$ ist $x$ die Lösungs- und $a$ die Formvariable. Dementsprechend wird die Gleichung nach $x$ aufgelöst. Dazu werden bekanntlich alle Terme mit $x$ auf eine Seite und alle Terme ohne $x$ auf die andere Seite der Gleichung gebracht:

$$\frac{a}{2}x - 1 = 1 \quad | + 1 \quad \Leftrightarrow \quad \frac{a}{2}x = 2 \quad | \cdot 2 \quad \Leftrightarrow \quad ax = 4$$

Die Gleichung $a \cdot x = 4$ muss nun durch $a$ dividiert werden, damit $x$ alleine auf einer Seite der Gleichung steht. An dieser Stelle sind folgende mathematische Sachverhalte von entscheidender Bedeutung:

1. Die Formvariable $a$ ist Platzhalter für alle reellen Zahlen, also auch für $a = 0$. Das bedeutet, dass die Formvariable $a$ den Wert 0 annehmen kann.
2. Eine Division durch 0 ist keine erlaubte Äquivalenzumformung.

Folglich muss der Fall, dass die Formvariable $a$ den Wert 0 annimmt, ausgeschlossen und separat berechnet werden. Dieses Auftrennen des Lösungswegs in zwei Pfade nennt man **Fallunterscheidung (Bild 1)**.

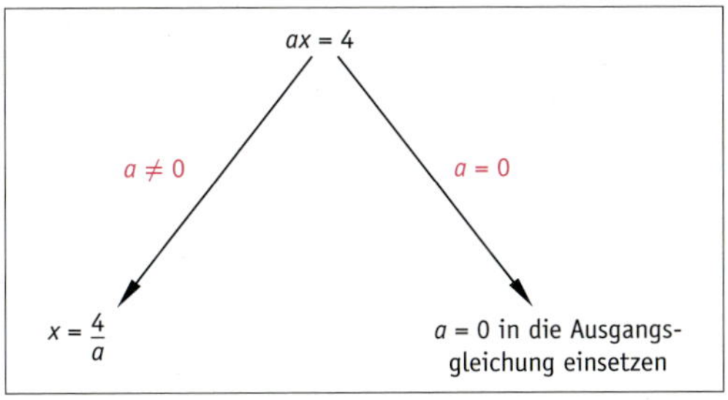


**Bild 1:** Fallunterscheidung

Für alle Werte für $a \neq 0$ darf die Gleichung $a \cdot x = 4$ durch $a$ dividiert werden. Man erhält folgendes Ergebnis:

$$\Leftrightarrow \quad a \cdot x = 4 \quad | : a \quad (a \neq 0)$$

$$\Leftrightarrow \quad x = \frac{4}{a}$$

$$\rightarrow \quad L_a = \left\{\frac{4}{a}\right\}$$

**Diese Lösung gilt für alle Werte für $a$, außer für $a = 0$.**

Wie lautet die Lösungsmenge für den Fall, dass $a = 0$ ist?

Um diese Frage zu beantworten, setzt man $a = 0$ in die Ausgangsgleichung ein und berechnet die Lösungsmenge der entstehenden Gleichung.

$$\frac{a}{2}x - 1 = 1 \text{ und } a = 0 \quad \rightarrow \quad \frac{0}{2}x - 1 = 1 \quad \Leftrightarrow \quad -1 = 1 \;(f) \quad \rightarrow \quad L_0 = \{\ \}$$

$-1 = 1$ ist eine falsche Aussage. Folglich ist die Lösungsmenge leer, was bedeutet, dass die Gleichung für $a = 0$ keine Lösung hat.

$$\rightarrow \quad L_0 = \{\ \}$$

**Diese Lösung gilt für $a = 0$.**

Es ist üblich, alle möglichen Fälle des Ergebnisses zusammenfassend darzustellen:

**Fallunterscheidung:** 1. Fall: $a \neq 0 \quad L_a = \left\{\frac{4}{a}\right\}$

2. Fall: $a = 0 \quad L_0 = \{\ \}$

**Notwendigkeit einer Fallunterscheidung –Teil 1**

Eine Fallunterscheidung ist notwendig, wenn eine Gleichung durch eine Formvariable dividiert wird, die den Wert 0 annehmen kann. Dann enthält man einen Fall »Formvariable gleich Null« und einen Fall »Formvariable ungleich Null«.

**Aufgabe**

Gegeben ist folgende Gleichung in Abhängigkeit von der Formvariable $a$.

$ax + 2 = 4a$ mit $x, a \in \mathbb{R}$

a) Überprüfen Sie, ob der angegebene Lösungsversuch richtig ist.

b) Einem Mitschüler ist unklar, weshalb $a = 0$ bei der Division durch $a$ ausgeschlossen werden. Begründen Sie ihm dies.

Lösungsversuch:

$$ax + 2 = 4a$$

$$\Leftrightarrow \quad ax = 4a - 2 \qquad |:a \wedge a \neq 0$$

$$\Leftrightarrow \quad x = \frac{4a-2}{a} = 4 - \frac{2}{a}$$

| 1. Fall: $a \neq 0$ | 2. Fall: $a = 0$ |
|---|---|
| $x = 4 - \frac{2}{a}$ | Die zugehörige Gleichung ist nicht lösbar. |

### 2.2.3.2 Division durch einen Term, der eine Formvariable enthält

Aus dem vorhergehenden Kapitel ist bekannt, dass eine Fallunterscheidung durchzuführen ist, wenn eine Gleichung durch eine Formvariable dividiert wird, die den Wert Null annehmen kann. Eine Fallunterscheidung ist in der Regel aber auch notwendig, wenn eine Gleichung durch einen Term dividiert wird, der eine Formvariable enthält. Dabei muss der Fall ausgeschlossen werden, dass der Termwert Null ergibt, da bekanntlich nicht durch 0 dividiert werden darf. Folgendes Beispiel soll diese Erklärung konkretisieren.

**Beispielaufgabe**

Berechnen Sie die Lösungsmenge folgender Gleichung in Abhängigkeit von $a$.

$\frac{a-1}{3}x - 1 = 1$ mit $x, a \in \mathbb{R}$.

In der Gleichung $\frac{a-1}{3}x - 1 = 1$ ist $x$ die Lösungs- und $a$ die Formvariable. Beim Auflösen der Gleichung nach $x$ muss an der Stelle (*) die Gleichung durch (a – 1) dividiert werden.

$$\frac{a-1}{3}x - 1 = 1 \quad |+1 \quad \Leftrightarrow \quad \frac{a-1}{3}x = 2 \quad |\cdot 3 \quad \Leftrightarrow \quad (a-1)\cdot x = 6 \quad |:(a-1)\,(*)$$

Da für $a = 1$ die Gleichung verbotenerweise durch 0 dividiert werden würde, muss eine Fallunterscheidung durchgeführt werden. Der erste Fall gilt für alle Werte von $a$, außer für $a = 1$. Im zweiten Fall ist $a = 1$.

**1. Fall:**

Diese Rechnung gilt für alle Werte für $a$, außer für $a$ =1.

$$\Leftrightarrow \quad (a-1)\cdot x = 6 \quad |:(a-1) \quad (a \neq 1)$$

$$\Leftrightarrow \quad x = \frac{6}{a-1}$$

$$\rightarrow \quad L_a = \left\{\frac{6}{a-1}\right\}$$

**2. Fall:**

Diese Rechnung gilt für $a = 1$.

$a = 1$ in die Ausgangsgleichung einsetzen:

$$\frac{1-1}{3}x - 1 = 1 \quad \Leftrightarrow \quad \frac{0}{3}x - 1 = 1$$

$$\Leftrightarrow \quad -1 = 1\,(f) \quad \rightarrow \quad L_1 = \{\ \}$$

**Ergebnis:** 1. Fall: $a \neq 1 \quad L_a = \left\{\frac{6}{a-1}\right\}$

2. Fall: $a = 1 \quad L_1 = \{\ \}$

**Notwendigkeit einer Fallunterscheidung – Teil 2**

Eine Fallunterscheidung ist notwendig, wenn eine Gleichung durch einen Term dividiert wird, der den Termwert 0 annehmen kann. So muss der Fall, dass der Termwert gleich Null ist, zunächst ausgeschlossen und anschließend separat berechnet werden.

**Aufgaben**

1. Beschreiben Sie, unter welchen Umständen eine Fallunterscheidung durchzuführen ist.
2. Gegeben ist folgende Gleichung in Abhängigkeit von der Formvariable $a$. Überprüfen Sie, ob die angegebene Fallunterscheidung zielführend ist. Begründen Sie Ihre Angabe.

   $(a+1)x = 4 \quad \text{mit } x, a \in \mathbb{R}$

   Lösungsversuch

   $(a+1)x = 4 \quad |:(a+1) \wedge a \neq -1$

   1. Fall: $a \neq -1$     2. Fall: $a = -1$

   …     …

3. Gegeben ist folgende Gleichung in Abhängigkeit von der Formvariable $k$. Vervollständigen Sie den begonnenen Lösungsweg.

   $\frac{5-k}{2}x + \frac{1}{2} = 0 \quad \text{mit } x, k \in \mathbb{R}$

   Begonnene Lösung:

   $\frac{5-k}{2}x + \frac{1}{2} = 0 \Leftrightarrow \frac{5-k}{2}x = -\frac{1}{2} \quad |\cdot 2$

   $\Leftrightarrow (5-k)x = -1 \quad |:(5-k) \wedge \mathbf{k \neq 5}$

   $\rightarrow$ Fallunterscheidung notwendig

   1. Fall: $k \neq 5$

   $(5-k)x = -1 \quad |:(5-k) \wedge k \neq 5$

   $\Leftrightarrow x = -\frac{1}{5-k}$

   $\rightarrow L_k = \dots$

   2. Fall: $k = 5$

   $\frac{5-5}{2}x + \frac{1}{2} = 0$

   $\Leftrightarrow \dots$

4. Erklären Sie, weshalb bei der vorhergehenden Aufgabe eine Fallunterscheidung für $k \neq 5$ und $k = 5$ durchgeführt werden muss.
5. Gegeben ist folgende Gleichung in Abhängigkeit von der Formvariable $t$. Bestimmen Sie die Lösungsmenge dieser Gleichung in Abhängigkeit von $t$. Führen Sie falls notwendig eine Fallunterscheidung durch.

   $\frac{t-2}{2}x + 1 = 0 \quad \text{mit } x, t \in \mathbb{R}$

### 2.2.4 Aufgaben zu linearen Gleichungen mit einer Formvariablen

1. Geben Sie alle Gleichungen an, die durch die gegebenen Gleichungen mit einer Formvariablen beschrieben werden. Für alle Gleichungen gilt: $G = \mathbb{R}$.

   a) $(t+1)x = 2 \quad t \in \{-1; 0; 2; 5\}$

   b) $\frac{a+1}{2}x = 4 \quad a \in \{1; 2; 3; 4\}$

   c) $2kx - 1 = 2k \quad k \in \{-2; 0; 2; 10\}$

   d) $4 - \frac{b-2}{2}x = b \quad b \in \{-5; 1; 5\}$

2. Geben Sie an, welche der angegebenen Gleichungen nicht durch die folgende Gleichung mit der Formvariablen $k$ ($k \in \mathbb{R}$) beschrieben wird. Es gilt: $G = \mathbb{R}$.

$\frac{k-3}{2}x + 4 = 2k$

(1) $-\frac{1}{2}x + 4 = 4$ (2) $1x + 4 = 10$ (3) $\frac{-3}{2}x + 4 = 0$ (4) $\frac{1}{2}x + 4 = 6$ (5) $\frac{5}{2}x + 4 = 14$

3. Berechnen Sie die Lösungsmengen der folgenden Gleichungen mit einer Formvariablen. Für alle Gleichungen gilt: $G = \mathbb{R}$.

a) $4x + a = 2a$ $a \in \mathbb{R}$ b) $-\frac{1}{2}x + k = \frac{k-1}{2}$ $k \in \mathbb{R}$

c) $5x + 2t + 1 = 0$ $t \in \mathbb{R}$ d) $-\frac{3}{4}x + \frac{b}{4} = b$ $b \in \mathbb{R}$

e) $-\frac{3}{8}x + \frac{1}{2}a = -\frac{1}{2}(a+1)$ $a \in \mathbb{R}$ f) $2k - \frac{3}{5}x = 2 + 2k$ $k \in \mathbb{R}$

4. Gegeben ist die folgende lineare Gleichung in Abhängigkeit von der Formvariable $t$.

$-\frac{1}{2}x + \frac{t}{4} = \frac{1}{8}x + 1 \qquad (G = \mathbb{R};\ t \in \mathbb{R})$

a) Bestimmen Sie rechnerisch die Lösungsmenge dieser Gleichung in Abhängigkeit von der Formvariable $t$.

b) Geben Sie die Gleichung für $t = 1$ und die zugehörige Lösungsmenge an.

c) Geben Sie die Gleichung für $t = -1$ und die zugehörige Lösungsmenge an.

d) Geben Sie die Gleichung für $t = \frac{1}{2}$ und die zugehörige Lösungsmenge an.

e) Bestimmen Sie die Gleichung aus der gegebenen Menge von Gleichungen, die $L = \{2\}$ als Lösungsmenge hat.

5. Gegeben ist die folgende lineare Gleichung in Abhängigkeit von der Formvariablen $k$.

$-x + \frac{2-k}{2} = \frac{3}{4}x + k \qquad (G = \mathbb{R};\ k \in \mathbb{R})$

a) Bestimmen Sie rechnerisch die Lösungsmenge dieser Gleichung in Abhängigkeit von der Formvariablen $k$.

b) Geben Sie die Gleichung für $k = -2$ und die zugehörige Lösungsmenge an.

c) Geben Sie die Gleichung für $k = 0$ und die zugehörige Lösungsmenge an.

d) Geben Sie die Gleichung für $k = 3$ und die zugehörige Lösungsmenge an.

e) Bestimmen Sie die Gleichung aus der gegebenen Menge von Gleichungen, die $L = \{1\}$ als Lösungsmenge hat.

6. Berechnen Sie die Lösungsmengen der folgenden Gleichungen mit einer Formvariablen. Führen Sie falls notwendig eine Fallunterscheidung durch. Für alle Gleichungen gilt: $G = \mathbb{R}$.

a) $(a-1)x = 4$ $a \in \mathbb{R}$ b) $(2-k)x + 2 = 3$ $k \in \mathbb{R}$

c) $\left(\frac{1}{2}t - 2\right)x - 1 = 0$ $t \in \mathbb{R}$ d) $\left(\frac{3}{4}b - \frac{1}{5}\right)x + \frac{3}{10} = 1$ $b \in \mathbb{R}$

e) $\frac{a-3}{2}x - 1 = 4$ $a \in \mathbb{R}$ f) $\frac{3-2k}{4}x + \frac{1}{2}k = \frac{3}{8}$ $k \in \mathbb{R}$

g) $ax + 2 = 4x - 1$ $a \in \mathbb{R}$ h) $kx + 1 = 2x + 5$ $k \in \mathbb{R}$

i) $\frac{t}{2}x - 2 = \frac{3}{4}x + 4$ $t \in \mathbb{R}$ j) $(b+1)x - \frac{4}{5} = -bx + \frac{1}{10}$ $b \in \mathbb{R}$

k) $\frac{a-1}{2}x + 5 = ax + 8$ $a \in \mathbb{R}$ l) $\frac{3-k}{4}x = -\frac{k}{4}x + 1$ $k \in \mathbb{R}$

7. Berechnen Sie die Lösungsmengen der folgenden Gleichungen in Abhängigkeit von der jeweiligen Formvariablen. Führen Sie falls notwendig eine Fallunterscheidung durch. Für alle Gleichungen gilt: $G = \mathbb{R}$.

a) $(a-1)x = 4 \qquad a \in \mathbb{R}$

b) $\left(\frac{1}{2}t-2\right)x-1 = 0 \qquad t \in \mathbb{R}$

c) $\frac{a-3}{2}x-1 = 4 \qquad a \in \mathbb{R}$

d) $ax+2 = 4x-1 \qquad a \in \mathbb{R}$

e) $\frac{t}{2}x-2 = \frac{3}{4}x+4 \qquad t \in \mathbb{R}$

f) $\frac{a-1}{2}x+5 = ax+8 \qquad a \in \mathbb{R}$

**8.** Gegeben ist die folgende lineare Gleichung in Abhängigkeit von der Formvariable $t$.

$\frac{t-1}{2}x+2 = x \qquad (G = \mathbb{R};\ t \in \mathbb{R})$

a) Bestimmen Sie rechnerisch die Lösungsmenge dieser Gleichung in Abhängigkeit von der Formvariable $t$. Führen Sie, falls notwendig, eine Fallunterscheidung durch.

b) Geben Sie die Gleichung für $t = 1$ und die zugehörige Lösungsmenge an.

c) Geben Sie die Gleichung für $t = 2$ und die zugehörige Lösungsmenge an.

d) Geben Sie die Gleichung für $t = 3$ und die zugehörige Lösungsmenge an.

9. Gegeben ist die folgende lineare Gleichung in Abhängigkeit von der Formvariablen $k$.

$3-kx+6 = -kx \qquad (G = \mathbb{R};\ k \in \mathbb{R})$

a) Eine Schülerin behauptet, dass beim Lösen der gegebenen Gleichungen keine Fallunterscheidung notwendig ist. Geben Sie an, ob Sie dieser Aussage zustimmen oder ihr widersprechen. Begründen Sie Ihre Angabe.

b) Geben Sie die Lösungsmenge dieser linearen Gleichung mit Formvariable an.

10. Eine Mitschülerin behauptet, dass beim Lösen von Gleichungen, die eine Formvariable enthalten, stets eine Fallunterscheidung notwendig ist. Widerlegen Sie diese Aussage mit einem Gegenbeispiel.

**11.** Eine Berghütte verfügt über einen Trinkwasserspeicher, der ein Fassungsvermögen von 200 Liter fasst. An diesem Trinkwasserspeicher können sich Wanderer tagsüber zwischen 7:00 Uhr und 21:00 Uhr erfrischen. Über Nacht sperrt der Wirt der Berghütte den Wasserspeicher, da dieser nachts mit frischem Gletscherwasser gespeist wird. Da der Trinkwasserspeicher überdimensioniert ist, ist er meist nicht vollständig gefüllt. Vielmehr befindet sich um 7:00 Uhr eine variable Wassermenge $w$ ($0 \leq w \leq 200$) in ihm. Aus Erfahrung weiß der Wirt der Berghütte, dass durchschnittlich pro Stunde 12 Liter Wasser von Wanderern aus dem Speicher entnommen werden.

a) Berechnen Sie in Abhängigkeit von der morgendlichen Füllmenge $w$, nach wie vielen Stunden noch die Hälfte der morgendlichen Wassermenge im Wasserspeicher enthalten ist.

b) Berechnen Sie in Abhängigkeit von der morgendlichen Füllmenge $w$, nach wie vielen Stunden der Wasserspeicher leer ist. Geben Sie in diesem Zusammenhang an, welche Wassermenge sich morgens um 7:00 Uhr mindestens im Wasserspeicher befinden muss, damit dieser bis 21:00 Uhr genutzt werden kann.

**12.** Sie arbeiten in der Kalkulationsabteilung einer mittelständigen Firma, die Sondermaschinen für Kunden weltweit herstellt. Die Materialkosten für ein geplantes Handhabungsgeräte belaufen sich auf 13.820 €. Die Maschine wird von einem Serviceteam einer Zeitarbeitsfirma zusammengebaut. Der Stundensatz dieses Serviceteams beträgt 320 € pro Stunde. Noch unbekannt sind die Entwicklungskosten der Maschinen. Der Abteilungsleiter der Entwicklungsabteilung teilt Ihnen mit, dass diese Kosten maximal das doppelte der Materialkosten sind.

a) Berechnen Sie in Abhängigkeit von den Entwicklungskosten, wie viele Stunden das externe Serviceteam für den Zusammenbau der Maschine benötigen darf, damit die Maschine für 60.000 € mit einem Gewinn von 10.000 € verkauft werden kann.

b) In einer Email teilt Ihnen der kaufmännische Leiter mit, dass sich die Entwicklungskosten der Maschine auf 14.030 € belaufen. Bestimmen Sie, wie viele Stunden das Serviceteam nun zum Zusammenbau der Maschine benötigen darf, damit die in a) genannten Rahmenbedingungen erfüllt sind.

c) Eine Auszubildende fragt Sie: Angenommen die Rahmenbedingungen bleiben gleich (wie in a) und b)) und der Stundensatz des Serviceteams würde um 10 % steigen, hätte dann das Team 10 % weniger Zeit, damit die Maschine für 60.000 € mit einem Gewinn von 10.000 € verkauft werden kann?

## 2.3 Lineare Ungleichungen

**Einführungsbeispiel**

Während der Sommerferien machen Sie einen Ferienjob in einer Gärtnerei. Zu Ihren Aufgaben gehört es unter anderem Blumensträuße zu binden. Der Besitzer der Gärtnerei erklärt Ihnen, dass ein Blumenstrauß aus hochwertigen Schnittblumen und Bindegrünstengeln besteht. Die Bindegrünstengel dienen der Dekoration und verleihen dem Strauß mehr Volumen.

Für einen Großauftrag müssen mehrere Blumensträuße erstellt werden, wobei die Kundenvorgaben wie folgt lauten:

1. Ein Strauß soll aus doppelt so vielen Bindegrünstengeln wie Schnittblumen bestehen.
2. Wenn nach der Fertigstellung des Straußes 6 Schnittblumen hinzugefügt werden, soll der Strauß aus mehr Schnittblumen als Bindegrün bestehen.

Der Besitzer der Gärtnerei bittet Sie, die Anzahl der Schnittblumen zu berechnen, aus denen ein Strauß bestehen könnte, um die Vorgaben des Kunden zu erfüllen.

**Überlegungen**

$x$ ($x \in \mathbb{N}$) ist die unbekannte Anzahl der Schnittblumen im Strauß.

(1) Laut Kundenvorgaben müssen sich doppelt so viele Bindegrünstengel im Strauß befinden wie Schnittblumen. Daher beträgt die Anzahl der Bindegrünstengel im Strauß $2x$.

(2) Aus der Vorgabe: »Fügt man zu den $x$ vorhanden Schnittblumen 6 weitere hinzu ($x + 6$), dann befinden sich mehr Schnittblumen im Strauß als Bindegrünstengel ($2x$)«, folgt dass ($x + 6$) größer ist als $2x$.

Mathematisch schreibt man: $x + 6 > 2x$, wobei das >-Zeichen ein sogenanntes **Relationszeichen** ist und »größer als« bedeutet. Die Aussageform $x + 6 > 2x$ wird als **Ungleichung** bezeichnet.

Die genannte Ungleichung ist wahr, wenn die linke Seite größer als die rechte Seite der Ungleichung ist. Um durch systematisches Probieren herauszufinden, welche Zahlen die Ungleichung $x + 6 > 2x$ in eine wahre Aussage überführen, werden verschiedene natürliche Zahlen für $x$ eingesetzt und die Richtigkeit der Aussage überprüft **(Tabelle 1 auf der nächsten Seite)**.

**Tabelle 1:** Lösen einer Ungleichung durch systematisches Probieren

| *x* | **1** | **2** | **3** | **4** | **5** |
|---|---|---|---|---|---|
| Aussage | $1+6 > 2 \cdot 1$<br>$7 > 2$ | $2+6 > 2 \cdot 2$<br>$8 > 4$ | $3+6 > 2 \cdot 3$<br>$9 > 6$ | $4+6 > 2 \cdot 4$<br>$10 > 8$ | $5+6 > 2 \cdot 5$<br>$11 > 10$ |
| Wahrheitsgehalt | Wahre Aussage | Wahre Aussage | Wahre Aussage | Wahre Aussage | Wahre Aussage |

| *x* | **6** | **7** | **8** | **9** | **10** |
|---|---|---|---|---|---|
| Aussage | $6+6 > 2 \cdot 6$<br>$12 > 12$ | $7+6 > 2 \cdot 7$<br>$13 > 14$ | $8+6 > 2 \cdot 8$<br>$14 > 16$ | $9+6 > 2 \cdot 9$<br>$15 > 18$ | $10+6 > 2 \cdot 10$<br>$16 > 20$ |
| Wahrheitsgehalt | Falsche Aussage | Falsche Aussage | Falsche Aussage | Falsche Aussage | Falsche Aussage |

Anhand der Tabelle erkennt man, dass die Zahlen 1, 2, 3, 4 und 5 die Ungleichung $x + 6 > 2x$ in eine wahre Aussage überführen. Das bedeutet, dass der Blumenstrauß aus maximal 5 hochwertigen Schnittblumen bestehen dürfte, um die Kundenvorgabe zu erfüllen.

**Fazit:** Beim Lösen dieser Aufgabe haben wir eine neue Aussageform, nämlich Ungleichungen kennengelernt. Diese werden in diesem Kapitel näher untersucht. Insbesondere wird das Lösen von linearen Ungleichungen erläutert.

### 2.3.1 Fachbegriffe

Im folgenden Informationstext wird erläutert, was man unter einer Ungleichung im mathematischen Sinne versteht.

**Informationstext**

Werden zwei Terme mit einem Relationszeichen ($<, >, \leq, \geq$) verbunden, so erhält man eine Ungleichung. Die Bedeutung der einzelnen Relationszeichen ist im Folgenden zu sehen.

- $\leq$ kleiner oder gleich (auch »Kleinergleich« genannt)
- $\geq$ größer oder gleich (auch »Größergleich« genannt)
- $<$ kleiner
- $>$ größer

Eine Ungleichung stellt eine Aussage dar. So ist beispielsweise die Ungleichung $4 < 5$ eine wahre Aussage, während $6 < 3$ eine falsche Aussage ist. Kommen in der Ungleichungen Variablen vor, handelt es sich um eine Aussageform. Diese wird zu einer Aussage, indem für die Variablen Zahlen eingesetzt werden.

$$3 - y > 1 \xrightarrow{z.B.\ y\,=\,5} 3 - 5 > 1$$

Aussageform → falsche Aussage

$$3 - y > 1 \xrightarrow{z.B.\ y\,=\,1} 3 - 1 > 1$$

Aussageform → wahre Aussage

Jede Ungleichung hat eine Grundmenge. Die Grundmenge einer Ungleichung hat die gleiche Bedeutung wie die einer Gleichung: Sie enthält alle Zahlen, die prinzipiell zum Einsetzen in die Variable zur Verfügung stehen. Alle Zahlen aus der Grundmenge, die die Ungleichung in eine wahre Aussage überführen, bilden die Lösungsmenge der Ungleichung.

Eine Ungleichung, in der die Lösungsvariable (meistens $x$) ausschließlich in erster Potenz vorkommt, wird lineare Ungleichung genannt.

Im vorhergehenden Informationstext wurden die Fachbegriffe Ungleichung bzw. lineare Ungleichung genannt und beschrieben. Dieser ist wie folgt exakt definiert.

## Definitionen

**Ungleichung:**

Bei einer Ungleichung sind zwei Terme durch ein Relationszeichen ($<, >, \leq, \geq$) miteinander verbunden.

**Lineare Ungleichung:**

Kommt in einer Ungleichung die Lösungsvariable ausschließlich in erster Potenz vor, so wird diese Ungleichung als lineare Ungleichung bezeichnet.

**Beispiele für lineare Ungleichungen:**

$4x - 3 \geq 5$ $(G = \mathbb{R})$ Hier werden alle Zahlen gesucht, die für $x$ eingesetzt werden dürfen, damit die linke Seite größer oder gleich der rechten Seite der Ungleichung ist.

$-6x - 3 > 18$ $(G = \mathbb{R})$ Hier werden alle Zahlen gesucht, die für $x$ eingesetzt werden dürfen, damit die linke Seite der Gleichung größer als die rechte Seite der Ungleichung ist.

$4x - 8 < 0$ $(G = \mathbb{R})$ Hier werden alle Zahlen gesucht, die für $x$ eingesetzt werden dürfen, damit die linke Seite der Gleichung kleiner als die rechte Seite der Ungleichung ist.

$-4x \leq 8 - x$ $(G = \mathbb{R})$ Hier werden alle Zahlen gesucht, die für $x$ eingesetzt werden dürfen, damit die linke Seite der Gleichung kleiner oder gleich der rechten Seite der Ungleichung ist.

## Aufgaben

1. Erklären Sie den Unterschied zwischen den Relationszeichen $<$ und $\leq$ anhand eines selbstgewählten Beispiels.
2. Überprüfen Sie, ob $x = 2$ in der Lösungsmenge der folgenden Ungleichung enthalten ist.
   $-\frac{4}{5}x + 1 \leq 1 \qquad (G = \mathbb{R})$
3. Übertragen Sie die folgende Tabelle in Ihr Heft und vervollständigen Sie diese.

| | **Gleichung** | **Ungleichung** |
|---|---|---|
| **Beispiel** | $3x - 1 = 8$ | $3x - 1 > 8$ |
| **Lösungs-menge** | | In der Lösungsmenge sind alle Zahlen enthalten, die für $x$ eingesetzt werden dürfen, damit die linke Seite größer als die rechte Seite ist. In diesem Beispiel ist $L = ]3; \infty[$ |
| **Definition** | Sind zwei Terme mit einem Istgleich-Zeichen verbunden, wird von einer Gleichung gesprochen. | |

4. Stellen Sie zu den folgenden Aussagen die passende Ungleichung auf.
   a) $2x + 1$ ist größer als 6.
   b) $8x - 16$ ist größer oder gleich 26.
   c) $-x - 6$ ist kleiner gleich $-1$.
   d) 27 ist kleiner als 55.

5. Setzen Sie zwischen die Brüche ein passendes Relationszeichen.

   a) $\frac{1}{2} \quad \frac{2}{3}$ b) $\frac{11}{12} \quad \frac{17}{36}$ c) $-\frac{1}{24} \quad \frac{3}{8}$ d) $-\frac{5}{3} \quad -\frac{7}{6}$

6. Auf dem Abiball einer Fachoberschule befinden sich Schüler(innen) $s$, Eltern der Schüler(innen) $e$, Lehrer $l$, Verwaltungspersonal $v$ und sonstige Besucher $b$. Geben Sie an, welche Aussage sich hinter den folgenden Ungleichungen verbergen.

   a) $s+e > l+v$ b) $v < l$ c) $b \leq e+v$ d) $e+l \geq s$

## 2.3.2 Lösen von linearen Ungleichungen

In diesem Kapitel wird eine Strategie beschrieben, wie lineare Ungleichungen gelöst werden können und worauf beim Rechnen mit linearen Ungleichungen besonders zu achten ist.

### 2.3.2.1 Veranschaulichung der Strategie zum Lösen einer linearen Ungleichung mithilfe einer Waage

Um zu verstehen, wie lineare Ungleichungen gelöst werden können, wird im Folgenden anhand einer Waage die Strategie zum Lösen einer linearen Ungleichung anschaulich beschrieben.

In **Bild 1** ist die Waage zusehen. Auf der rechten und linken Schale der Waage befinden sich rote und schwarze Kugeln. Eine schwarze Kugel hat eine Masse von 1 kg. Die Masse der roten Kugel ist nicht bekannt und wird daher mit $x$ bezeichnet.

Ziel ist es im Folgenden herauszufinden, welche Masse eine rote Kugel mindestens besitzt.

Anhand des **Bilds 1** erkennt man, dass die gesamte Masse auf der linken Seite der Waage größer ist als auf der rechten Seite. Mithilfe einer Ungleichung lässt sich der Stand der Waage wie folgt ausdrücken:

$5x+2 > 3x+6 \qquad x \triangleq$ Masse einer roten Kugel

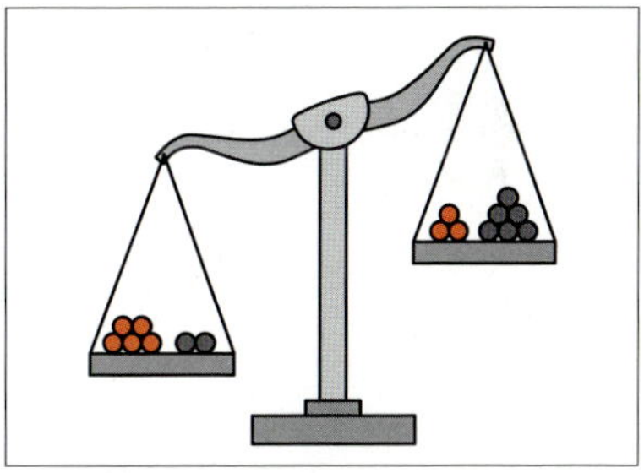

**Bild 1:** Die Masse auf der linken Seite der Waage ist größer als auf der rechten Seite.

Um herauszufinden welche Masse eine rote Kugel mindestens hat, werden auf beiden Seiten der Waage zwei schwarze Kugeln und drei rote entfernt. Am Stand der Waage ändert sich nichts **(Bild 2)**.

Für die Ungleichung, die die Waage beschreibt, gilt:

$5x+2 > 3x+6 \quad |-2 \quad \Leftrightarrow \quad 5x > 3x+4 \quad |-3x \quad \Leftrightarrow \quad 2x > 4$

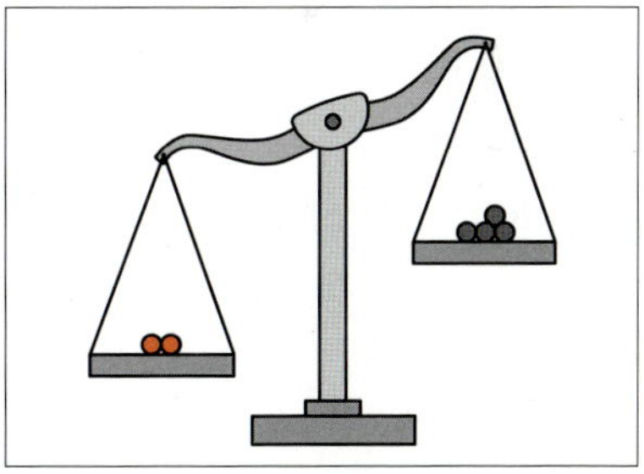

**Bild 2:** Die Masse auf der linken Seite der Waage ist größer als auf der rechten Seite.

Anschließend wird die Anzahl der Kugeln auf beiden Seiten halbiert **(Bild 3)**, was am Stand der Waage nichts ändert.

Für die Ungleichung, die die Waage beschreibt, gilt:

$2x > 4 \quad |:2 \quad \Leftrightarrow \quad x > 2$

Anhand der Waage **(Bild 3)** erkennt man, dass die Masse einer roten Kugel größer ist als die Masse von zwei schwarzen Kugeln. Eine rote Kugel hat daher eine Masse, die größer als 2 kg ist. Zum gleichen Ergebnis kommt man offensichtlich, wenn man die Ungleichung, wie geschehen, mithilfe von Äquivalenzumformungen nach $x$ auflöst.

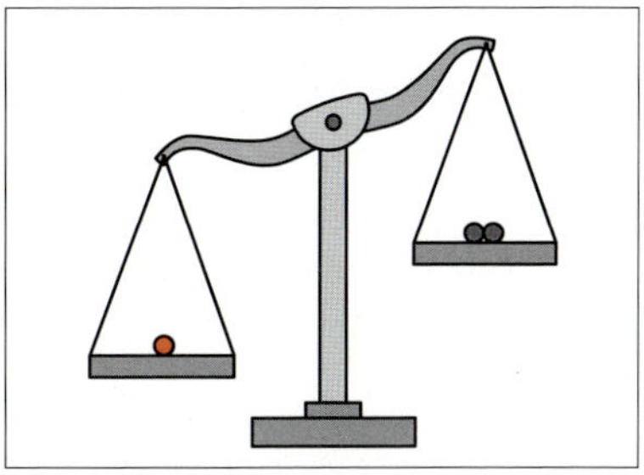

**Bild 3:** Eine rote Kugel hat eine größere Masse als zwei schwarze Kugeln.

**Strategie zum Lösen einer linearen Ungleichung**

Eine lineare Ungleichung wird prinzipiell wie eine lineare Gleichung gelöst. Das bedeutet, dass eine lineare Ungleichung mithilfe von Äquivalenzumformungen direkt nach der Lösungsvariablen aufgelöst werden kann. Dadurch erhält man unmittelbar die Lösung der Ungleichung.

### 2.3.2.2 Strategie zum Lösen einer linearen Ungleichung

Anhand der folgenden Musteraufgabe wird eine Vorgehensweise erläutert, wie lineare Ungleichungen systematisch gelöst werden können.

**Musteraufgabe zum Lösen von linearen Ungleichungen**

Berechnen Sie die Lösungsmenge der linearen Ungleichung

$3x - 1 > 8 \quad \text{mit } G = \mathbb{R}$

**1. Schritt** Mithilfe von Äquivalenzumformungen die Ungleichung nach $x$ auflösen.

$$3x - 1 > 8 \qquad | +1$$
$$\Leftrightarrow \quad 3x > 9 \qquad | :3$$
$$\Leftrightarrow \quad x > 3$$

**2. Schritt** Falls notwendig einen Zahlenstrahl zeichnen.

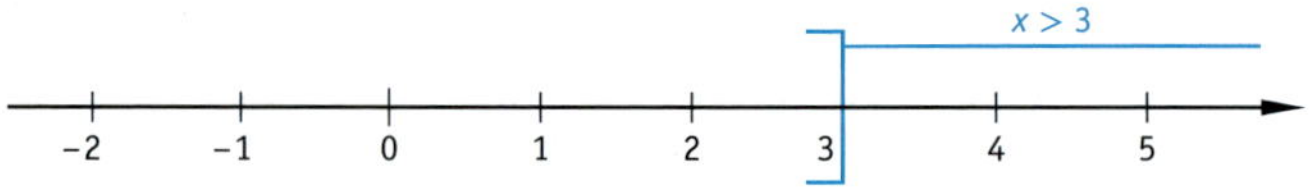


**3. Schritt** Die Lösungsmenge angeben.

$\rightarrow \quad L = ]3;\infty[$

**Anmerkungen**

(1) Alle Zahlen, die größer als 3 ($x > 3$) sind, lösen die Ungleichung $3x - 1 > 8$. Setzt man beispielsweise für $x$ die Zahl 5 ein, so erhält man eine wahre Aussage:

$3 \cdot 5 - 1 > 8 \quad \Leftrightarrow \quad 14 > 8$

Die Zahl 3 gehört nicht zur Lösungsmenge. Setzt man nämlich für $x$ die Zahl 3 ein erhält man folgende Aussage:

$3 \cdot 3 - 1 > 8 \quad \Leftrightarrow \quad 8 > 8$

Diese Aussage ist falsch, da 8 nicht größer 8 ist.

(2) Zur Angabe der Lösungsmenge wurde die Intervallschreibweise $L = ]3;\infty[$ verwendet. Alternativ hätte auch die beschreibende Form $L = \{x \in \mathbb{R} | x > 3\}$ verwendet werden können.

**Aufgaben**

1. Lösen Sie die folgenden Ungleichungen. $(G = \mathbb{R})$

   a) $2x + 3 < 7$ b) $\frac{1}{2}(2x - 1) \geq \frac{5}{2}$ c) $4x - 4 < 0$

2. Überprüfen Sie die Lösung der folgenden Ungleichung und beschreiben Sie gegebenenfalls den Fehler, der vorliegt.

   $5x + 6 < -9$ mit $(G = \mathbb{R})$

   Lösungsvorschlag:

   $5x + 6 < -9 \quad | -6$

   $\Leftrightarrow \; 5x < -15 \quad | :5$

   $\Leftrightarrow \; x < -3$

   $\rightarrow \; L = \,]-3;\infty[$

3. Geben Sie eine lineare Ungleichung an, die $L = \left[-\frac{1}{2};\infty\right[$ als Lösungsmenge hat.

### 2.3.2.3 Inversionsgesetz

Aus den vorhergehenden Abschnitten ist bekannt, dass sich die Lösungsmenge einer Ungleichung nicht ändert, wenn man ...

- ... auf beiden Seiten der Ungleichung die gleiche Zahl oder Variable addiert bzw. subtrahiert.
- ... beide Seiten der Ungleichung mit der gleichen positiven Zahl multipliziert bzw. beiden Seiten durch die gleiche positive Zahl dividiert.

Anders verhält es sich bei einer Multiplikation bzw. Division mit einer negativen Zahl. In diesem Fall muss das Relationszeichen gedreht werden, um eine äquivalente Ungleichung zu erhalten. Anhand der folgenden beiden Beispiele wird die Notwendigkeit des Drehens des Relationszeichens demonstriert.

**1. Beispiel:** $5 < 6$

Die Ungleichung stellt eine wahre Aussage dar. Multipliziert man diese Ungleichung mit $-1$ und belässt das Relationszeichen, erhält man die falsche Aussage $-5 < -6$, da $-5$ ist bekanntlich größer als $-6$.

$5 < 6 \quad |\cdot(-1) \quad \rightarrow \quad -5 < -6\,(f)$

Um diese falsche Aussage in eine wahre Aussage umzuwandeln, muss das Relationszeichen gedreht werden. Aus kleiner muss größer werden.

$5 < 6 \quad |\cdot(-1) \quad \rightarrow \quad -5 > -6\,(w)$

**2. Beispiel:** $6 \geq 2$

Die Ungleichung stellt eine wahre Aussage dar. Wird diese Ungleichung durch $-2$ dividiert und das Relationszeichen belassen, dann erhält man eine falsche Aussage:

$6 \geq 2 \quad |:(-2) \quad \rightarrow \quad -3 \geq -1\,(f)$

Auch hier gilt wie im ersten Beispiel: Um diese falsche Aussage in eine wahre Aussage umzuwandeln, muss das Relationszeichen gedreht werden. Aus $\geq$ muss $\leq$ werden.

$6 \geq 2 \quad |:(-2) \quad \rightarrow \quad -3 \leq -1\,(w)$

**Folgerung:** Um eine wahre Aussage zu bekommen, muss das Relationszeichen gedreht werden, wenn die Ungleichung durch eine negative Zahl dividiert wird.

**Drehen des Ungleichheitszeichens**

Wird eine Ungleichung durch eine negative Zahl dividiert oder mit einer negativen Zahl multipliziert, so muss das Ungleichheitszeichen wie folgt verändert werden. Diese Rechenregel wird Inversionsgesetz genannt.

$< \;\rightarrow\; >$ $\qquad \leq \;\rightarrow\; \geq$

$> \;\rightarrow\; <$ $\qquad \geq \;\rightarrow\; \leq$

**Beispielaufgaben, bei denen das Inversionsgesetz angewendet wird:**

Berechnen Sie die Lösungsmenge der linearen Ungleichung.

$-2 \cdot (x+3) < -2 \qquad G = \mathbb{R}$

**Lösung**

$-2 \cdot (x+3) < -2$

$\Leftrightarrow \quad -2x - 6 < -2 \qquad |+6$

$\Leftrightarrow \quad -2x < 4 \qquad |:(-2) \longrightarrow$ Ungleichheitszeichen drehen

$\Leftrightarrow \quad x > -2$

$\rightarrow \quad L = \,]-2;\infty[$

Berechnen Sie die Lösungsmenge der linearen Ungleichung.

$\frac{1}{2}x - 2 < x \qquad G = \mathbb{R}$

**Lösung**

$\frac{1}{2}x - 2 < x \qquad |+2-x$

$\Leftrightarrow \quad \frac{1}{2}x - \frac{2}{2}x < 2$

$\Leftrightarrow \quad -\frac{1}{2}x < 2 \qquad |\cdot(-2) \longrightarrow$ Ungleichheitszeichen drehen

$\Leftrightarrow \quad x > -4$

$\rightarrow \quad L = \,]-4;\infty[$

**Aufgaben**

1. Geben Sie an, bei welchen der folgenden Äquivalenzumformungen das Relationszeichen gedreht werden muss.

a) $\frac{4}{3}x+4 < 0 \quad |-4$

b) $\frac{4}{3}x+4 < 0 \quad |\cdot(-3)$

c) $\frac{4}{3}x+4 < 0 \quad |:(-2)$

d) $\frac{4}{3}x+4 < 0 \quad |+2$

2. Lösen Sie die folgenden Ungleichungen. ($G = \mathbb{R}$)

a) $-4x \geq 8$

b) $-\frac{1}{2}x+1 > 5$

c) $\frac{5}{3}(6-3x) \geq 1$

d) $4x+1 \leq 9x+2$

e) $-x+1 < 5\cdot\left(2-\frac{1}{5}x\right)$

f) $\frac{1}{2}\left(\frac{1}{4}x+1\right) < 2+\frac{1}{8}x$

3. Bestimmen Sie die Lösungsmengen der folgenden linearen Ungleichungen

a) $3x+5 > 1$

b) $2x-4 < 4$

c) $2x+2 \leq 3x-8$

d) $4x+1 \geq 3x-7$

e) $\frac{5}{2}x-\frac{3}{4} \geq -2$

f) $\frac{5}{3}-2x \leq \frac{5}{2}x-1$

g) $-\frac{3}{4}+\frac{7}{8}x < \frac{5}{4}x+1$

h) $\frac{1}{2}x-3 \leq 3(x-1)$

i) $-\frac{x+1}{2}-2 < \frac{1}{5}$

j) $-\left(2x-\frac{3}{8}\right)-2 < x$

k) $\frac{1}{2}x-2(x+1) \geq \frac{5}{8}$

l) $-\frac{1}{2}\left(x+\frac{1}{2}\right) < \frac{3}{8}x$

m) $\frac{1}{2}-\frac{5}{4}x \geq \frac{1}{2}(x+1)$

n) $\frac{3}{4}x-3 < \frac{3}{4}x-1$

o) $-\frac{1}{2}(4x-1) < -2x$

p) $\frac{3}{4}(x+1) \geq \frac{1}{2}\left(\frac{3}{2}x+\frac{3}{2}\right)$

### 2.3.3 Lösen einer Ungleichung mit einer Formvariablen

In Ungleichungen können Formvariablen enthalten sein. Die Schwierigkeit beim Lösen von Ungleichungen mit einer Formvariablen besteht darin, dass man eine Fallunterscheidung durchführen muss, sobald man eine Ungleichung mit einem Term, der eine Formvariable enthält, multipliziert beziehungsweise die Ungleichung durch diesen dividiert. Je nach Wert der Formvariablen kann der Term größer, kleiner oder gleich Null sein. Sollte er kleiner Null sein, muss das Relationszeichen gedreht werden. Der Wert der Formvariable, für den der Term Null wird, muss zunächst ausgeschlossen und anschließend separat betrachtet werden. Für die Werte der Formvariablen, für die der Termwert größer Null ist, bleibt das Relationszeichen unverändert erhalten.

In der folgenden Musteraufgabe ist das eben abstrakt Beschriebene konkret angewendet.

**1. Musteraufgabe zum Lösen von linearen Ungleichungen mit einer Formvariablen**

Gegeben ist die folgende Ungleichung in Abhängigkeit vom Parameter $t$.

$(t-2)\cdot x-2 > 2 \qquad G=\mathbb{R}$

Bestimmen Sie die Lösungsmenge dieser Ungleichungen in Abhängigkeit von $t$.

**1. Schritt** Die Ungleichung nach $x$ auflösen.

$(t-2)\cdot x-2 > 2 \quad |+2$

**2. Schritt** **Achtung:**

Die Ungleichung wird durch einen Term dividiert, indem eine Variable vorkommt. Es muss eine Fallunterscheidung durchgeführt werden, da der Wert des Ausdrucks $t-2$ positiv, negativ oder gleich Null sein kann.

$\Leftrightarrow \quad (t-2)\cdot x > 4 \quad |:(t-2) \quad$ und $\quad t-2 \neq 0$

**3. Schritt** **Fallunterscheidung durchführen**

**1. Fall $t > 2$:**

Wenn $t > 2$ ist, ist $t-2 > 0$. Somit wird die Ungleichung durch einen positiven Wert dividiert. Das Relationszeichen muss nicht geändert werden.

$\Leftrightarrow \quad x > \frac{4}{t-2}$

$\rightarrow \quad L_t = \left]\frac{4}{t-2};\infty\right[ \qquad$ für $t > 2$

**2. Fall $t < 2$:**

Wenn $t < 2$ ist, ist $t-2 < 0$. Somit wird die Ungleichung durch einen negativen Wert dividiert. Das Relationszeichen muss gedreht werden.

$\Leftrightarrow \quad x < \frac{4}{t-2}$

$\rightarrow \quad L_t = \left]-\infty;\frac{4}{t-2}\right[ \qquad$ für $t < 2$

**3. Fall $t = 2$:**

Wenn $t = 2$ ist, ist $t-2 = 0$. Somit würde die Ungleichung verbotenerweise durch Null dividiert werden. Dieser Fall muss separat berechnet werden.

Für $t = 2$ ergibt sich folgende Ungleichung:

$(2-2)\cdot x-2 > 2$

$\Leftrightarrow \quad -2 > 2 \qquad$ falsche Aussage

$\Leftrightarrow \quad L_2 = \{\ \} \qquad$ für $t = 2$

**4. Schritt** **Zusammenfassendes Ergebnis**

| | |
|---|---|
| **1. Fall: $t > 2$** | $L_t = \left]\frac{4}{t-2};\ \infty\right[$ |
| **2. Fall: $t < 2$** | $L_t = \left]-\infty;\frac{4}{t-2}\right[$ |
| **3. Fall: $t = 2$** | $L_2 = \{\ \}$ |

### 2. Musteraufgabe zum Lösen von linearen Ungleichungen mit einer Formvariablen

Diese Aufgabe lässt sich prinzipiell wie die erste Musteraufgabe lösen. Bevor durch den Term mit der Formvariablen dividiert werden kann, muss an der Stelle (*) $x$ ausgeklammert werden. Dieser Rechentrick muss häufig angewendet werden.

Gegeben ist die folgende Ungleichung in Abhängigkeit vom Parameter $t$.

$$(t-2)\cdot x - t > 2x \qquad G = \mathbb{R}$$

Bestimmen Sie die Lösungsmenge dieser Ungleichungen in Abhängigkeit von $t$.

**1. Schritt** Die Ungleichung wie beschrieben nach $x$ auflösen. An der Stelle (*) muss $x$ ausgeklammert werden.

$(t-2)\cdot x - t > 2x \quad |+t-2x$

$\Leftrightarrow \quad (t-2)\cdot x - 2x > t \quad$ (*$x$ ausklammern)

$\Leftrightarrow \quad x\cdot(t-2-2) > t$

$\Leftrightarrow \quad x\cdot(t-4) > t$

**2. Schritt** **Achtung:**

Die Ungleichung wird durch einen Term dividiert, in dem eine Variable vorkommt. Es muss eine Fallunterscheidung durchgeführt werden, da der Wert des Ausdrucks $t - 4$ positiv, negativ oder gleich Null sein kann.

$\Leftrightarrow \quad x\cdot(t-4) > t \quad |:(t-4) \quad$ und $\quad t-4 \neq 0$

**3. Schritt** **Fallunterscheidung durchführen**

**1. Fall $t > 4$:**
Wenn $t > 4$ ist, ist $t - 4 > 0$. Somit wird die Ungleichung durch einen positiven Wert dividiert. Das Relationszeichen muss nicht geändert werden.

$\Leftrightarrow \quad x > \dfrac{t}{t-4}$

$\rightarrow \quad L_t = \left]\dfrac{t}{t-4}; \infty\right[ \quad$ für $t > 4$

**2. Fall $t < 4$:**
Wenn $t < 4$ ist, ist $t - 4 < 0$. Somit wird die Ungleichung durch einen negativen Wert dividiert. Das Relationszeichen muss gedreht werden.

$\Leftrightarrow \quad x < \dfrac{t}{t-4}$

$\rightarrow \quad L_t = \left]-\infty; \dfrac{t}{t-4}\right[ \quad$ für $t < 4$

**3. Fall $t = 4$:**
Wenn $t = 4$ ist, ist $t - 4 = 0$. Somit würde die Ungleichung verbotenerweise durch Null dividiert werden. Dieser Fall muss separat berechnet werden..

Für $t = 4$ ergibt sich folgende Ungleichung:

$(4-2)\cdot x - 4 > 2x$

$\Leftrightarrow \quad 2x - 4 > 2x \quad |-2x$

$\Leftrightarrow \quad 2x - 4 - 2x > 2x - 2x$

$\Leftrightarrow \quad -4 > 0 \quad$ falsche Aussage

$\rightarrow \quad L = \{\ \}$ für $t = 4$

**4. Schritt** Zusammenfassendes Ergebnis

**1. Fall: $t > 4$** $L_t = \left]\frac{t}{t-4};\ \infty\right[$

**2. Fall: $t < 4$** $L_t = \left]-\infty;\ \frac{t}{t-4}\right[$

**3. Fall: $t = 4$** $L_4 = \{\ \}$

## Lösen von linearen Ungleichungen mit einer Formvariable

Wird eine Ungleichung durch eine Formvariable oder durch einen Term mit einer Formvariablen dividiert, so muss eine Fallunterscheidung durchgeführt werden, da der Ausdruck je nach Wert der Formvariablen positiv, negativ oder gleich Null sein kann. Je nachdem, welcher Fall vorliegt, muss das Relationszeichnen beibehalten oder gedreht werden beziehungsweise der Fall muss separat berechnet werden.

$$(Term1)x \ \begin{matrix} < \\ > \\ \leq \\ \geq \end{matrix} \ Term2 \qquad |:(Term1) \quad \text{und Term } 1 \neq 0$$

| Term1 > 0 | Relationszeichen beibehalten |
|---|---|
| Term1 < 0 | Relationszeichen drehen |
| Term1 = 0 | Separat berechnen |

Das Gleiche gilt sinngemäß, wenn die Ungleichung mit einer Formvariablen oder einem Term, der eine Formvariable enthält, multipliziert wird.

## Aufgaben

1. Geben Sie an, unter welchen Umständen beim Lösen einer Ungleichung mit einer Formvariablen eine Fallunterscheidung durchzuführen ist.
2. Es ist beim Lösen der folgenden Ungleichung eine Fallunterscheidung für $a < 2$, $a = 2$ und $a > 2$ durchzuführen. Erklären Sie, weshalb die Fallunterscheidung genau nach den genannten Werten sinnvoll ist und geben Sie für jeden Fall die entsprechende Lösungsmenge an.
   $(a-2)x < 3$ mit $G = \mathbb{R}$ und $a \in \mathbb{R}$
3. Überprüfen Sie den Lösungsvorschlag der folgenden Ungleichung bezüglich seiner Richtigkeit.
   $-\frac{1}{2}(3-t)x < 4$ mit $G = \mathbb{R}$ und $t \in \mathbb{R}$

   Lösungsvorschlag:

   $-\frac{1}{2}(3-t)x < 4 \qquad |\cdot(-2)$

   $\Leftrightarrow \ (3-t)x > -8 \qquad |:(3-t) \wedge t \neq 3$

   Fallunterscheidung:

| **1. Fall: $t < 3$** | **2. Fall: $t = 3$** | **3. Fall: $t > 3$** |
|---|---|---|
| $(3-t)x > -8$<br>$\Leftrightarrow \ x > \frac{-8}{3-t}$<br>$\rightarrow \ L_t = \left]\frac{-8}{3-t};\infty\right[$ | $-\frac{1}{2}(3-3)x < 4$<br>$\Leftrightarrow \ 0x < 4$<br>$\Leftrightarrow \ 0 < 4(f)$<br>$\rightarrow \ L_3 = \{\ \}$ | $(3-t)x > -8$<br>$\Leftrightarrow \ x < \frac{-8}{3-t}$<br>$\rightarrow \ L_t = \left]-\infty;\frac{-8}{3-t}\right[$ |

4. Lösen Sie die folgenden Ungleichungen mit einer Formvariablen ($G = \mathbb{R}$, $a, k, t \in \mathbb{R}$).

a) $tx + 1 \leq 4$ b) $(k-3)x + 4 > 3$ c) $5x - 3 \geq ax + 1$

5. Bestimmen Sie die Lösungsmengen der folgenden linearen Ungleichungen mit einer Formvariablen in Abhängigkeit von der Formvariablen. Für die Formvariablen gilt jeweils: $a, b, k, t \in \mathbb{R}$. Die Grundmenge ist $G = \mathbb{R}$.

a) $3x + 4t > 0$ b) $k - 2 + x < 0$ c) $6x + 2 \leq 5x - 2a$ d) $x + t \geq -3x + 3t$

e) $5x - 15 \geq -5a$ f) $-2 + 4x \geq x - 2a$ g) $1 + 2x < 2a - 1$ h) $b - 2x > -3x$

6. Bestimmen Sie die Lösungsmengen der folgenden linearen Ungleichungen mit einer Formvariablen in Abhängigkeit von der Formvariablen. Für die Formvariablen gilt jeweils: $b, k, t \in \mathbb{R}$. Für alle Ungleichungen gilt: $G = \mathbb{R}$.

a) $\frac{1}{2}\left(x + \frac{3}{4}b\right) < -\frac{1}{2}$ b) $k - 3x - \left(-4x + \frac{5}{7}\right) > 0$ c) $-\frac{3}{2}(-2t + 1) + x < -\left(\frac{1}{2} + x\right)$

d) $-\frac{5}{3}\left(\frac{3}{5}t - \frac{9}{2}\right) + \frac{1}{4}x \leq \frac{1}{8}$ e) $-\left(\frac{2 - 2t}{7}\right) + \frac{x - 2}{2} \geq 0$ f) $x - \left[\frac{3}{8}\left(k - \frac{x}{3}\right) + \frac{5}{2}\right] \geq k$

7. Bestimmen Sie die Lösungsmengen der folgenden linearen Ungleichungen mit einer Formvariablen in Abhängigkeit von der Formvariablen. Für die Formvariablen gilt jeweils: $a, b, k, t \in \mathbb{R}$. Für alle Ungleichungen gilt: $G = \mathbb{R}$.

a) $(a-2)x + 5 \leq 3$ b) $(4k - 8)x - 1 > 2$ c) $\left(3 - \frac{3}{2}k\right)x + \frac{1}{4} < \frac{3}{8}$

d) $5b \leq 5x - 4bx + 1$ e) $2tx - 4x + 8 \geq 3x$ f) $(3-k) \cdot \left(-\frac{1}{2}x\right) \geq 4x$

g) $\frac{3}{5}x - \frac{7}{10} < kx + 1$ h) $\frac{1}{2} - (5x - 10tx) > -5 + t$ i) $x - \left[-\frac{t}{3}x + 2(t-1)\right] \leq -2t$

### 2.3.4 Absolutbeträge von Termen

Lineare Ungleichungen werden benötigt, um Terme mit Beträgen betragsfrei darzustellen. Zur Erinnerung: Der Betrag einer Zahl gibt anschaulich den Abstand der Zahl vom Nullpunkt auf dem Zahlenstrahlen an und ist damit stets positiv. Das bedeutet, dass der Betrag der Zahlen $-5$ und $5$ jeweils $5$ ist.

$|-5| = 5$ und $|5| = 5$

Aus dem eben genannten Beispiel erkennt man, dass auf die Betragsstriche verzichtet werden kann, wenn der Ausdruck zwischen den Betragsstrichen positiv ist. Ist der Ausdruck zwischen den Betragsstrichen negativ, so muss das Vorzeichen des Ausdrucks gedreht werden. Auf diese Weise wird aus $-5$ die Zahl $5$. Das Drehen des Vorzeichens wird mathematisch erreicht, indem man vor die negative Zahl, in diesem Beispiel $-5$, ein Minuszeichen setzt: $|-5| = -(-5) = 5$. Anhand dieser Überlegung kann allgemein gefolgert werden, dass sich der Betrag $|a|$ ($a \in \mathbb{R}$) in zwei Terme aufteilen lässt. Zum einen in $a$, wenn $a \geq 0$ ist und zu anderen in $-a$, wenn $a < 0$ ist. Man schreibt:

$$|a| \rightarrow \begin{cases} a & \text{für } a \geq 0 \\ -a & \text{für } a < 0 \end{cases}$$

Diese Folgerung ist auf mehrgliedrige Terme übertragbar. Betrachten wir beispielsweise den Term $|x + 5| - 4$ ($x \in \mathbb{R}$). Für $x \geq -5$ ist der Wert des Betrags 0 oder positiv. Das bedeutet, dass für diese Werte für $x$ auf die Betragsstriche verzichtet werden kann. Für $x < -5$ ist der Wert des Betrags negativ. Für diese x-Werte muss das Vorzeichen des Ausdrucks $x + 5$ gedreht werden. Daher lässt sich der Term $|x + 5| - 4$ für $x < -5$ als $-(x + 5) - 4$ umschreiben. Daraus folgt:

$$|x + 5| - 4 \rightarrow \begin{cases} x + 5 - 4 & \textit{für } x \geq -5 \\ -(x + 5) - 4 & \textit{für } x < -5 \end{cases} \quad x \in \mathbb{R}$$

Die beiden Terme können noch zusammengefasst werden:

$$|x+5|-4 \rightarrow \begin{cases} x+1 & \text{für} \quad x \geq -5 \\ -x-9 & \text{für} \quad x < -5 \end{cases} \qquad x \in \mathbb{R}$$

Der Term $|x+5|-4$ lässt sich somit betragsfrei durch die beiden Terme $x+1$ (für $x \geq -5$) und $-x-9$ (für $x < -5$) darstellen.

Zur Demonstration wird die soeben beschriebene Vorgehensweise nochmals erläutert.

**Beispielsaufgabe**

Gegeben der Term $\frac{1}{2} \cdot |4-2x|$ mit $x \in \mathbb{R}$.

a) Berechnen Sie für welche $x$-Werte der Ausdruck zwischen den Betragsstrichen negativ ist.

b) Stellen Sie den Term betragsfrei dar.

**Lösung**

**a)** Es muss die Ungleichung $4-2x<0$ gelöst werden.

$4-2x<0 \quad \Leftrightarrow \quad 4<2x \quad \Leftrightarrow \quad x>2$

Für $x>2$ ist der Ausdruck $4-2x$ kleiner Null.

**b)** Für $x \leq 2$ kann auf die Betragsstriche verzichtet werden. Für diese $x$-Werte lässt sich der Term $\frac{1}{2}|4-2x|$ in $\frac{1}{2}(4-2x) = 2-x$ umschreiben.

Für $x > 2$ muss das Vorzeichen des Ausdrucks $4-2x$ gedreht werden. Für diese $x$-Werte lässt sich der Term $\frac{1}{2}|4-2x|$ in $-\frac{1}{2}(4-2x) = -2+x$ umschreiben.

Abkürzend schreibt man:

$$\frac{1}{2}|4-2x| \rightarrow \begin{cases} \frac{1}{2}(4-2x) & \text{für} \quad x \leq 2 \\ -\frac{1}{2}(4-2x) & \text{für} \quad x > 2 \end{cases} \qquad x \in \mathbb{R}$$

$$\text{bzw. } \frac{1}{2}|4-2x| \rightarrow \begin{cases} 2-x & \text{für} \quad x \leq 2 \\ -2+x & \text{für} \quad x > 2 \end{cases} \qquad x \in \mathbb{R}$$

**Aufgaben**

1. Stellen Sie die Terme betragsfrei dar.
   a) $2+|2x-6| \qquad x \in \mathbb{R}$
   b) $2x \cdot |1-2x|+5 \qquad x \in \mathbb{R}$
   c) $-\frac{1}{2}\left|\frac{1}{2}x-\frac{1}{4}\right|+2x \qquad x \in \mathbb{R}$
2. Begründen Sie, weshalb bei folgenden Term stets auf die Betragsstriche verzichtet werden kann.
   $|x+2|-4x \qquad x \in \mathbb{R}^{+}$

### 2.3.5 Aufgaben zu linearen Ungleichungen

1. Bestimmen Sie die Lösungsmengen der folgenden linearen Ungleichungen. Für alle Ungleichungen gilt: $G = \mathbb{R}$.

a) $2x + 3 < 1$   b) $\frac{1}{2}x + \frac{3}{4} > -\frac{1}{2}$   c) $\frac{5}{2}(4x - 3) - \frac{1}{2}x \leq 2$

d) $\frac{3}{2}x - (x + 2) < -x$   e) $\frac{1}{4}(x + 3) + \frac{9}{4} \leq -\frac{3}{4}x$   f) $-(3 - x) \geq \frac{3}{8}x - 3$

g) $4(-x + 1) + 5(x - 2) \geq 2x$   h) $-2(x + 2) + x > 1$   i) $\frac{1}{2}x - (x + 2) \geq x - 4$

j) $4 - \left(\frac{1}{2}x - \frac{3}{8}\right) < \frac{1}{4}$   k) $-\frac{1}{2}(x + 8) - x \geq -4$   l) $-\frac{2}{5}\left(\frac{5}{2}x - \frac{3}{2}\right) + \frac{4}{5} < \frac{10}{3}$

m) $5x - 2 \leq 2 \cdot \left(\frac{5}{2}x - 1\right)$   n) $\frac{1 + 4x}{2} - \frac{1}{4} > 2x + 1$   o) $x - \left[2 \cdot \left(\frac{1}{4}x - \frac{1}{2}\right) + \frac{3}{10}\right] > \frac{1}{2}x - \frac{3}{10}$

2. Begründen Sie, weshalb beim Lösen der Ungleichung (*a*) eine Fallunterscheidung notwendig ist, während dies bei der Ungleichung (*b*) nicht der Fall ist. Es gilt: $G = \mathbb{R}$ und $k \in \mathbb{R}$.

a) $(k - 3)x \leq 7$   b) $-3x + k \leq 7$

3. Bestimmen Sie die Lösungsmengen der folgenden linearen Ungleichungen in Abhängigkeit von der jeweiligen Formvariablen. Führen Sie falls notwendig eine Fallunterscheidung durch. Es gilt: $G = \mathbb{R}$ und $t \in \mathbb{R}$.

a) $-x + \frac{t}{2} < -1$   b) $2x + 3t > x - t + 1$   c) $\frac{3}{4}(x - 2t) - x \geq 4x + 1$

d) $-x + \frac{3}{4}(t - x) \geq 4x + 2$   e) $\frac{1}{4} - \left(x + \frac{t - 2}{2}\right) \leq -\frac{1}{2}x$   f) $\frac{5 - t}{2} + x < 4x$

g) $tx + 4 \geq 8$   h) $(4 + t)x > 5$   i) $(3t - 2)x < -4$

j) $5x - 4 \leq tx + 1$   k) $\frac{1}{2}x + \frac{3}{8} > tx + \frac{1}{4}$   l) $\frac{t - 1}{5}x + 1 < 0$

m) $-\frac{1}{2}(x - 2) \leq t(x - 4)$   n) $3 - \left(2 - \frac{t}{2}x\right) \geq x$   o) $tx + 2 < \frac{1}{2}(x + 4)$

4. Gegeben ist folgende lineare Ungleichung in Abhängigkeit von der Formvariablen *b*. Es gilt: $G = \mathbb{R}$ und $b = \mathbb{R}$.

$(3 - b)x < 4$

Geben Sie an, ob folgende Fallunterscheidung ausreichend ist. Begründen Sie Ihre Angabe.

$(3 - b)x < 4 \quad |:(3 - b) \wedge b \neq 3$

Fallunterscheidung:

1. Fall: $b \neq 0$ ...

2. Fall: $b = 0$ ...

5. Bestimmen Sie die Lösungsmengen der folgenden linearen Ungleichungen

a) $3x + 5 > 1$   b) $2x - 4 < 4$   c) $2x + 2 \leq 3x - 8$

d) $4x + 1 \geq 3x - 7$   e) $\frac{5}{2}x - \frac{3}{4} \geq -2$   f) $\frac{5}{3} - 2x \leq \frac{5}{2}x - 1$

g) $-\frac{3}{4} + \frac{7}{8}x < \frac{5}{4}x + 1$   h) $\frac{1}{2}x - 3 \leq 3(x - 1)$   i) $-\frac{x + 1}{2} - 2 < \frac{1}{5}$

j) $-\left(2x - \frac{3}{8}\right) - 2 < x$   k) $\frac{1}{2}x - 2(x + 1) \geq \frac{5}{8}$   l) $-\frac{1}{2}\left(x + \frac{1}{2}\right) < \frac{3}{8}x$

m) $\frac{1}{2}-\frac{5}{4}x \geq \frac{1}{2}(x+1)$ n) $\frac{3}{4}x-3 < \frac{3}{4}x-1$ o) $-\frac{1}{2}(4x-1) < -2x$

p) $\frac{3}{4}(x+1) \geq \frac{1}{2}\left(\frac{3}{2}x+\frac{3}{2}\right)$

6. Bestimmen Sie die Lösungsmengen der folgenden linearen Ungleichungen mit einer Formvariable in Abhängigkeit von der Formvariablen. Für Die Formvariablen gilt jeweils: $a, b, k, t \in \mathbb{R}$.

   a) $3x+4t > 0$ b) $k-2+x < 0$ c) $6x+2 \leq 5x-2a$

   d) $x+t \geq -3x+3t$ e) $5x-15 \geq -5a$ f) $-2+4x \geq x-2a$

   g) $1+2x < 2a-1$ h) $b-2x > -3x$

7. Bestimmen Sie die Lösungsmengen der folgenden linearen Ungleichungen mit einer Formvariable in Abhängigkeit von der Formvariablen. $G = \mathbb{R}$ und $b, k, t = \mathbb{R}$.

   a) $\frac{1}{2}\left(x+\frac{3}{4}b\right) < -\frac{1}{2}$ b) $k-3x-\left(-4x+\frac{5}{7}\right) > 0$ c) $-\frac{3}{2}(-2t+1)+x > -\left(\frac{1}{2}+x\right)$

   d) $-\frac{5}{3}\left(\frac{3}{5}t-\frac{9}{2}\right)+\frac{1}{4}x \leq \frac{1}{8}$ e) $-\left(\frac{2-2t}{7}\right)+\frac{x-2}{2} \geq 0$ f) $x-\left[\frac{3}{8}\left(k-\frac{x}{3}\right)+\frac{5}{2}\right] \geq k$

8. Bestimmen Sie die Lösungsmengen der folgenden linearen Ungleichungen mit einer Formvariable in Abhängigkeit von der Formvariablen. $G = \mathbb{R}$ und $a, b, k, t = \mathbb{R}$.

   a) $(a-2)x+5 \leq 3$ b) $(4k-8)x-1 > 2$ c) $\left(3-\frac{3}{2}k\right)x+\frac{1}{4} < \frac{3}{8}$

   d) $5b \leq 5x-4bx+1$ e) $2tx-4x+8 \geq 3x$ f) $(3-k)\cdot\left(-\frac{1}{2}x\right) \geq 4x$

   g) $\frac{3}{5}x-\frac{7}{10} < kx+1$ h) $\frac{1}{2}-(5x-10tx) > -5+t$ i) $x-\left[-\frac{t}{3}x+2(t-1)\right] \leq -2t$

9. Stellen Sie die Terme betragsfrei dar.

   a) $2+|5x-6| \quad x \in \mathbb{R}$ b) $|-2x|+\frac{1}{2} \quad x \in \mathbb{R}$ c) $-\frac{3}{8}\left|\frac{5}{2}x-\frac{7}{8}\right|-x \quad x \in \mathbb{R}$

10. Unter einen 7,5-Tonner versteht man umgangssprachlich einen kleinen Lastkraftwagen oder einen Transporter mit einem zulässigen Gesamtgewicht von 7,5 Tonnen. Eine Spedition möchte mit einem 7,5 Tonner 134 Pakete, die jeweils eine Masse von 27 kg haben, zu einem Kunden liefern.

| Überladung | Geldstrafe | Punkte |
|---|---|---|
| über 5 % | 10 € | 0 |
| über 10 % | 30 € | 0 |
| über 15 % | 35 € | 0 |
| über 20 % | 95 € | 1 |
| über 25 % | 140 € | 1 |
| über 30 % | 235 € | 1 |

Aus dem Fahrzeugschein kann entnommen werden, dass das Leergewicht des Fahrzeugs (Korrekter Terminus: Masse des Fahrzeugs mit Aufbau im fahrbereiten Zustand) 4,3 Tonnen beträgt. In diesem Leergewicht ist ein Fahrer mit einer Masse von 75 kg bereits berücksichtigt.

a) Berechnen Sie, wie viele der Pakete mit dem 7,5-Tonner transportiert werden können, ohne dass dieser überladen ist, wenn ein Fahrer mit der Masse von 90 kg das Fahrzeug steuert.

b) Der Fahrer aus a) beschließt alle 134 auf einmal zu transportieren. Berechnen Sie, ob er mehr als 20 % des zulässigen Gesamtgewichts überschreitet und somit einen Punkt in der Verkehrssünderdatei in Flensburg erhält.

c) Geben Sie an, welche Strafe der Fahrer aus a) und der Halter des Kraftfahrzeugs zu erwarten haben, wenn alle 134 Paket auf einmal transportiert werden.

11. Ein Hersteller für Unkrautvernichtungsmittel wirbt in einem Fachmagazin damit, dass sein neuentwickeltes Unkrautvernichtungsmittel bei fachgerechter Anwendung die gängigen Unkräuter, die im Rasen wachsen, vernichtet ohne den Rasen zu schädigen. Des Weiteren nennt der Hersteller den Term $T(t) = 100 - \frac{15}{4}t$. Dieser gibt an, wie viel Prozent der ursprünglichen vorhandenen Unkrautpflanzen nach $t$ Tagen noch nicht beseitigt wurden.

a) Bestimmen Sie rechnerisch nach wie viel Tagen mehr als die Hälfte aller Unkrautpflanzen vernichtet wurden, wenn die Angaben des Herstellers stimmen.

b) Berechnen Sie nach wie vielen Tagen alle Unkrautpflanzen vernichtet sein müssten.

c) Eine pensionierte Biologielehrerin überprüft die Angaben des Herstellers und stellt fest, dass von 34 Unkrautpflanzen nach 8 Tagen 25 Unkrautpflanzen ihrer Meinung nach noch nicht vom Unkrautvernichtungsmittel angegriffen wurden. Geben Sie eine mögliche Schlussfolgerung der Pensionärin bezüglich der Wirksamkeit des Produkts an. Begründen die mögliche Folgerung.

## Offene Lernsituation zu linearen Gleichungen und linearen Ungleichungen

Sie absolvieren ein Praktikum in der Verwaltung eines Speditionsunternehmens. In Rahmen dieses Praktikums erhalten Sie folgende Email von Ihrem Betreuer.

**Email**

**Von: V.Schindler-Meyer@spedition.bayern**
**An: Praktikant@spedition.bayern**

Eingang | Gesendet | Adressbuch | Löschen | Spam

**Anhang1 Anhang2 Anhang3**

Hallo Praktikant,

ich muss heute kurzfristig zu einem wichtigen Kundentermin. Infolgedessen komme ich erst am späten Nachmittag in die Firma zurück. Ich bitte Sie folgende Aufgaben während meiner Abwesenheit zu erledigen:

1. Überprüfung der Wirtschaftlichkeit einer Auftragsänderung.
2. Kontrolle des Tankbuchs eines unserer LKWs.
3. Vorbereitung des Treffens mit dem Betriebsratsvorsitzenden.

Genaue Angaben und Anweisungen zu den einzelnen Punkten finden Sie im Anhang dieser Email.

Viele Grüße

V. Schindler-Meyer

### Anhang 1 zur Email des Betreuers:

**1.** Unser Mitarbeiter Ludwig fährt morgen früh mit einem unserer Kleintransporter eine Lieferung von unserer Filiale in Garching bei München nach Hof. Ursprünglich war geplant die ganze Fracht in Hof abzuladen. Der Auftraggeber hat jedoch kurzfristig den Auftrag geändert und bittet uns nur die Hälfte der Fracht in seiner Hauptfiliale in Hof und die andere Hälfte in seiner Zweigstelle in Arzberg abzuladen.

Der Kunde würde für diese Erweiterung des Auftrags 200 € zahlen. Kalkulieren Sie bitte diese Auftragsänderung durch und geben Sie mir anschließend eine Einschätzung, ob sich diese Änderung für uns lohnt. Zur Ihrer Information gehen Sie davon aus, dass uns der Fahrer 20 € pro Stunde kostet und dass jeder gefahrene Kilometer mit einem Kleintransporter Kosten von insgesamt 0,60 € für uns verursacht. Der Kraftstoffverbrauch, Verschleiß, Wertminderung, usw. sind in den 60 Cent enthalten.

### Anhang 2 zur Email des Betreuers:

**2.** Überprüfen Sie bitte den folgenden Auszug des Tankbuchs eines unserer 40 t-Lkws. Wir benutzen bei diesem LKW dazu die folgende Gleichung:

$$700\,\text{l} - \frac{33\,\text{l}}{100\,\text{km}} \cdot x = 700\,\text{l} - t$$

Geben Sie mir bitte Bescheid, ob Ihnen Unstimmigkeiten auffallen. Unter Unstimmigkeit verstehe ich, wenn die tatsächlich gefahrene Wegstrecke weniger als 90 % beziehungsweise mehr als 110 % der theoretisch mit der verbrauchten Kraftstoffmenge zurücklegbaren Wegstrecke beträgt.

| Datum | Km-Stand LKW | Getankte Menge in Liter | Tankanzeige vor dem Tanken (Anzahl der aufleuchtenden Striche) | Tankanzeige nach dem Tanken (Anzahl der aufleuchtenden Striche) | Fahrer |
|---|---|---|---|---|---|
| Fassungsvermögen des Tanks: 700 l<br>Durchschnittlicher Verbrauch: 33 l | | | | | |
| 15.8.2016 | 18.628 | 640,25 | 1 | 10 | Schmidt |
| 16.8.2016 | 19.090 | 162,16 | 8 | 10 | Huber |
| 18.8.2016 | 20.250 | 399,56 | 4 | 10 | Schmidt |
| 19.8.2016 | 20.970 | 254,16 | 6 | 10 | Meister |
| 24.8.2016 | 21.982 | 598,88 | 1 | 10 | Schmidt |
| 26.8.2016 | 23.096 | 355,43 | 4 | 10 | Schmidt |
| 29.8.2016 | 23.713 | 191,27 | 7 | 10 | Huber |
| 1.9.2016 | 25.570 | 612,77 | 1 | 10 | Schmidt |
| 2.9.2016 | 25.998 | 149,80 | 8 | 10 | Meister |
| 6.9.2016 | 27.487 | 533,26 | 2 | 10 | Schmidt |
| 9.9.2016 | 28.653 | 384,52 | 5 | 10 | Schmidt |

## Anhang 3 zur Email des Betreuers:

3. Ich treffe mich heute Abend mit dem Betriebsrat. Wie Ihnen sicherlich bekannt ist, erhalten unsere Fahrer(innen), wenn sie einen ganzen Tag im Ausland unterwegs sind, pro Tag einen Verpflegungszuschlag zusätzlich zu ihrem Gehalt. Dieser ist von Land zu Land unterschiedlich, da die Verpflegungskosten überall verschieden sind. Falls er/sie sich an einem Tag in mehreren Ländern aufgehalten hat, nehmen als Grundlage unserer Berechnungen das Land in den er/sie um 13:00 Uhr gewesen ist. Anhand der folgenden Tabelle können Sie erkennen, wie hoch das Verpflegungsgeld in welchem Land ist.

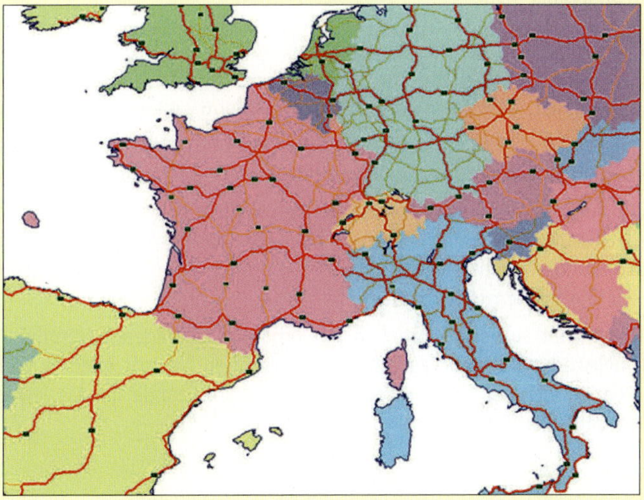

| Land | Verpflegungsgeld pro Tag | Zuschlag auf Stundenlohn |
|---|---|---|
| Schweiz | 25 | In Verhandlung |
| Dänemark | 23 | In Verhandlung |
| Frankreich | 22 | In Verhandlung |
| Benelux-Staat | 20 | In Verhandlung |
| Österreich | 18 | In Verhandlung |
| Spanien | 16 | In Verhandlung |
| Slowenien | 15 | In Verhandlung |
| Russland | 13 | In Verhandlung |
| Kroatien | 13 | In Verhandlung |
| Portugal | 13 | In Verhandlung |
| Baltische Staaten | 12 | In Verhandlung |
| Slowakei | 12 | In Verhandlung |
| Ungarn | 11 | In Verhandlung |
| Tschechien | 11 | In Verhandlung |
| Polen | 8 | In Verhandlung |
| Bulgarien | 8 | In Verhandlung |
| Rumänien | 7 | In Verhandlung |

Der Betriebsrat möchte nun zusätzlich durchsetzen, dass jeder Fahrer(in), der einen ganzen Tag im Ausland unterwegs ist, zu seinem normalen Stundenlohn einen Entschädigungsaufschlag erhält.

Auch hier gilt: Durchquert ein Fahrer mehrere Länder an einem Tag, dann soll das Land, in dem der Fahrer um 13:00 Uhr gewesen ist, als Grundlage für die Berechnung des Entschädigungszuschlages herangezogen werden.

In Berücksichtigung des herrschenden Fachkräftemangels, halte ich diese Forderung für gerechtfertigt. Wir von der Geschäftsleitung haben uns überlegt, dass ein Fahrer, der einen ganzen Tag im Ausland unterwegs ist, für 16 Stunden einen Zuschlag auf seinen Stundenlohn erhalten soll. Die Schlafzeiten von 8 Stunden pro Tag, werden wir wie bisher nicht vergüten.

Insgesamt soll ein Fahrer/-in mit beiden Zuschlägen – Verpflegung und Entschädigung- mindestens 50 € aber höchstens 100 € am Tag erhalten. Berechnen Sie mir bitte in Vorbereitung auf das heutige Treffen in welchem Bereich sich der Entschädigungszuschlag pro Stunde für das jeweilige Land bewegen darf, damit die genannten Vorgaben erfüllt werden.

## 2.4 Quadratische Gleichungen

**Einführungsbeispiel**

Eine besonders anschaulicher und gleichzeitig verblüffender Bestandteil der Mathematik sind figurierte Zahlen. Das sind natürliche Zahlen, die sich als Figuren darstellen lassen **(Bild 1)**.

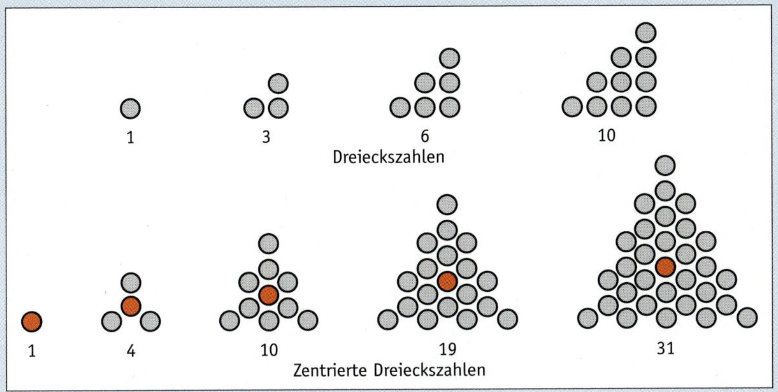


**Bild 1:** Beispiele für figurierte Zahlen

Die Entdeckung dieser Zahlen geht auf Anhänger des Pythagoras zurück, die mithilfe von Kieselsteinchen regelmäßige geometrische Figuren wie beispielsweise Dreiecke, Quadrate und Pyramiden in den Sand legten und diese mathematisch näher untersuchten.

Dabei stießen sie auf eine figurierte Zahl, die später zentrierte Quadratzahl genannt wurde. Die erste zentrierte Quadratzahl ist 1. Diese wird durch einen einzelnen Stein symbolhaft dargestellt **(Bild 2 a)**. Um diesen einzelnen Stein herum werden 4 Steine, wie in **Bild 2 b** zu sehen ist, gelegt. Die entstehende Figur ist ein Quadrat. Um dieses Quadrat zu vergrößern, werden 8 Steine benötigt **(Bild 2 c)**. Um dieses wiederum zu vergrößern müssen 12 Steine verwendet werden **(Bild 2 d)**. Legt man 16 Steine um dieses Quadrat, erhält man ein nochmals vergrößertes Quadrat **(Bild 2 e)**.

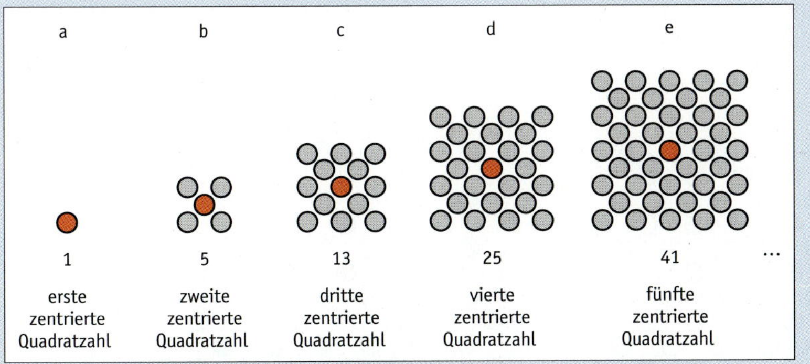


**Bild 2:** Die ersten fünf zentrierten Quadratzahle*n*

Die so entstehenden Quadrate stellen bildhaft die sogenannten zentrierten Quadratzahlen dar. Dabei ist 1 die erste zentrierte Quadratzahl, 5 die zweite, 13 die dritte, 25 die vierte und 41 die fünfte.

Des Weiteren fanden die Anhänger Pythagoras heraus, dass man die Anzahl der benötigten Steine für das Legen einer zentrierten Quadratzahl mithilfe folgender Formel berechnen kann: $2n^2 - 2n + 1$. Dabei gibt $n$ ($n \in \mathbb{N}$) die Platzziffer der jeweiligen zentrierten Quadratzahl an. Gemäß dieser Formel besteht die erste zentrierte Quadratzahl ($n = 1$) aus einem Stein **(Tabelle 1)**, die zweite ($n = 2$) aus 5 Steinen, die dritte ($n = 3$) aus 13 Steinen usw. Somit stimmt die genannte Formel mit den obigen grafischen Überlegungen überein.

| **Tabelle 1:** Berechnung der einzelnen zentrierten Quadratzahlen | | | |
|---|---|---|---|
| $A(n) = 2n^2 - 2n + 1$ Berechnung der n-ten zentrierten Quadratzahl | | | |
| | n | $A(n) = 2n^2 - 2n + 1$ | |
| Erste zentrierte Quadratzahl | 1 | $A(1) = 2 \cdot 1^2 - 2 \cdot 1 + 1 = 1$ | 1 |
| Zweite zentrierte Quadratzahl | 2 | $A(2) = 2 \cdot 2^2 - 2 \cdot 2 + 1 = 5$ | 5 |
| Dritte zentrierte Quadratzahl | 3 | $A(3) = 2 \cdot 3^2 - 2 \cdot 3 + 1 = 13$ | 13 |
| Vierte zentrierte Quadratzahl | 4 | $A(4) = 2 \cdot 4^2 - 2 \cdot 4 + 1 = 25$ | 25 |
| Fünfte zentrierte Quadratzahl | 5 | $A(5) = 2 \cdot 5^2 - 2 \cdot 5 + 1 = 41$ | 41 |
| ... | | ... | ... |

**Anmerkung**

In der Rubrik Vertiefung der figurierten Zahlen gegen Ende des Kapitels wird erläutert, wie die Anhänger Pythagoras darauf gekommen sind, dass mit der Formel $2n^2 - 2n + 1$ die n-te zentrierte Quadratzahl berechnet werden kann.

**Arbeitsauftrag**

An dieser Stelle möchten wir der Frage nachgehen, die wievielte zentrierte Quadratzahl mit 85 Steinen symbolhaft dargestellt werden kann.

**Lösung**

Um dieser Fragestellung nachzugehen, erstellen wir eine Skizze von der größten uns bereits bekannten zentrierten Quadratzahl. Diese ist die natürliche Zahl 41, die die fünfte zentrierte Quadratzahl darstellt. Um auf die nächstgrößere zentrierte Quadratzahl zu gelangen, werden offensichtlich 20 Steine benötigt **(Bild 1)**. Die sechste zentrierte Quadratzahl ist somit 61.

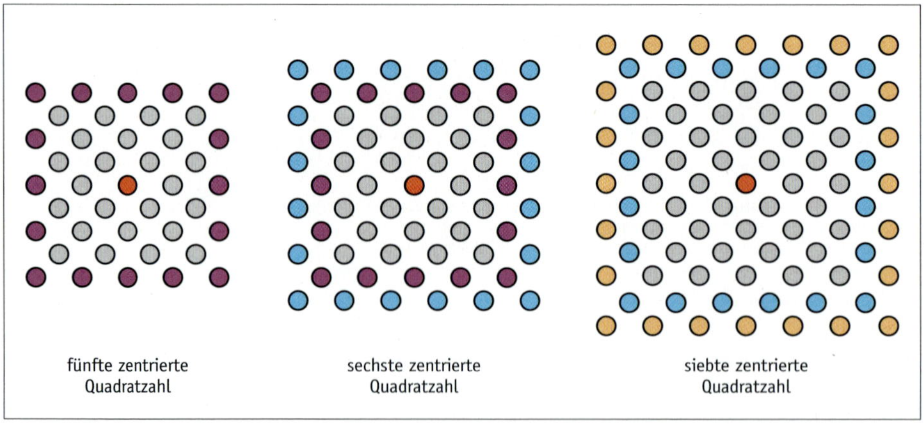


**Bild 1:** Erweiterung von der fünften auf die sechste und siebte zentrierte Quadratzahl

Diese sechste zentrierte Quadratzahl (61) wird wieder um eine äußere Reihe erweitert. Wie man anhand von **Bild 1** erkennt, sind für diese Vergrößerungen 14 Steine notwendig. Die Figur, die die siebte zentrierte Quadratzahl darstellt, besteht somit insgesamt aus 85 Steinen.

Anhand einer Skizze und durch systematische, grafische Überlegungen kann die obenstehende Fragestellung beantwortet werden: Mit 85 Steinen kann die siebte zentrierte Quadratzahl grafisch darstellt werden.

Die Beantwortung der Frage auf diesem grafischen Wege ist zeitlich aufwendig. Auf das gleiche Ergebnis wären wir gekommen, wenn wir den Term $2n^2 - 2n + 1$, der die Anzahl der benötigten Steine der n-ten zentrierten Quadratzahl angibt, gleich 85 gesetzt und die entstehende Gleichung $2n^2 - 2n + 1 = 85$ gelöst hätten. Dieser vermeintlich elegantere Lösungsweg war für uns nicht möglich, da es sich bei der genannten Gleichung um eine quadratische Gleichung handelt, die wir bisher nicht lösen konnten. Damit wir zukünftig Aufgaben, die auf quadratische Gleichungen führen, schnell, systematisch und ohne grafische Überlegungen lösen können, werden in diesem Kapitel quadratische Gleichungen ausführlich behandelt.

### 2.4.1 Fachbegriffe

Im folgenden Informationstext werden verschiedene Fachbegriffe genannt und anschließend erläutert.

**Informationstext**

Eine Gleichung, die sich in folgender Form darstellen lässt, wird als quadratische Gleichung bezeichnet.

$$ax^2 + bx + c = 0 \quad \text{mit} \quad a \in \mathbb{R}\setminus\{0\} \quad b, c \in \mathbb{R} \quad G = \mathbb{R}$$

Die Form $ax^2 + bx + c = 0$ wird allgemeine Darstellungsform einer quadratischen Gleichung genannt. Die Buchstaben *a*, *b* und *c* werden als Koeffizienten bezeichnet.

Der Koeffizient a darf nicht den Wert 0 annehmen, da ansonsten das $x^2$ aus dem Term auf der linken Seite der Gleichung herausfallen würde. Die Gleichung wäre dann nicht mehr quadratisch, sondern linear.

Der Term $ax^2$ in $ax^2 + bx + c$ wird als quadratisches Glied bezeichnet. Der Term $bx$ heißt lineares Glied und $c$ wird konstantes Glied genannt. Der Faktor vor der höchsten Potenz der unbekannten Variable wird als Leitfaktor bezeichnet. Hier ist a der Leitfaktor.

$$\underbrace{ax^2}_{\substack{\text{quad.}\\ \text{Glied}}} + \underbrace{bx}_{\substack{\text{lineares}\\ \text{Glied}}} + \underbrace{c}_{\substack{\text{konstantes}\\ \text{Glied}}}$$

Die folgenden drei Gleichungen sind quadratische Gleichungen.

(1) $3x^2 - 3x + 1 = 0 \quad (G = \mathbb{R})$

(2) $\frac{1}{2}x \cdot (x - 4) = 1 \quad (G = \mathbb{R})$

(3) $-\frac{1}{4}(x - 1)^2 = -\frac{3}{2} \quad (G = \mathbb{R})$

Dass die erste Gleichung $3x^2 - 3x + 1 = 0$ eine quadratische Gleichung darstellt, ist offensichtlich. Sie befindet sich in der allgemeinen Darstellungsform und hat die Koeffizienten: $a = 3$, $b = -3$ und $c = 1$.

Die Gleichungen (2) und (3) können mithilfe von Äquivalenzumformungen in die allgemeine Darstellungsform übergeführt werden:

Gleichung (2)

$$\frac{1}{2}x \cdot (x - 4) = 1$$

$$\Leftrightarrow \quad \frac{1}{2}x^2 - 2x = 1$$

$$\Leftrightarrow \quad \frac{1}{2}x^2 - 2x - 1 = 0$$

Wert der Koeffizienten:

$a = \frac{1}{2}$, $b = -2$ und $c = -1$

Gleichung (3)

$$-\frac{1}{4}(x - 1)^2 = -\frac{3}{2}$$

$$\Leftrightarrow \quad -\frac{1}{4}(x^2 - 2x + 1) = -\frac{3}{2} \quad \text{(2. Binom)}$$

$$\Leftrightarrow \quad -\frac{1}{4}x^2 + \frac{1}{2}x - \frac{1}{4} = -\frac{3}{2}$$

$$\Leftrightarrow \quad -\frac{1}{4}x^2 + \frac{1}{2}x + \frac{5}{4} = 0$$

Wert der Koeffizienten:

$a = -\frac{1}{4}$, $b = \frac{1}{2}$ und $c = \frac{5}{4}$

Im vorhergehenden Informationstext wurden verschiedene Fachbegriffe genannt. Diese sind in der Mathematik wie folgt exakt definiert.

**Definitionen**

- **Quadratische Gleichung:**

Eine Gleichung, in der die unbekannte Variable mindestens einmal in zweiter Potenz vorkommt, aber in keiner höheren, wird quadratische Gleichung genannt.

- **Allgemeine Darstellungsform einer quadratischen Gleichung:**

Jede quadratische Gleichung lässt sich mithilfe von Äquivalenzumformungen in die allgemeine Darstellungsform

$$ax^2 + bx + c = 0 \quad \text{mit} \quad a \in \mathbb{R}\setminus\{0\} \quad b, c \in \mathbb{R} \quad G = \mathbb{R}$$

überführen.

**Aufgaben**

Für alle vorkommenden Gleichungen gilt: $G = \mathbb{R}$

1. Geben Sie an, welche der folgenden Gleichung die allgemeine Darstellungsform $\frac{1}{2}x^2 + \frac{1}{2}x - 3 = 0$ hat.
   a) $\frac{1}{2}(x-2) \cdot (x+3) = 0$
   b) $\frac{1}{2}(x-1)^2 + \frac{1}{2}x = -1$
   c) $\frac{3}{2}x^2 - \frac{15}{2}x + 13 = (4-x)^2$
2. Führen Sie die folgenden quadratischen Gleichungen in ihre allgemeine Darstellungsform über.
   a) $\frac{3}{2}x^2 - x = \frac{1}{4}x \cdot \left(\frac{3}{2}x - 1\right)$
   b) $-\frac{1}{4}(1 - x^2) - 3x = (x-2)^2$
   c) $x - \left[2 - x \cdot \left(\frac{1}{2}x + 1\right)\right] = \left(2x + \frac{5}{2}\right)^2$
   d) $4x - \frac{3x+1}{4} \cdot x = -\frac{1}{4}$
3. Geben Sie eine quadratische Gleichung in allgemeiner Darstellungsform an, bei der der Koeffizient $b = 0$ ist.

### 2.4.2 Lösen von quadratischen Gleichungen

Zum Lösen von quadratischen Gleichungen gibt es prinzipiell mehrere Lösungsstrategien. Im Folgenden werden drei Lösungsvarianten vorgestellt. Entscheidend ist, dass die jeweiligen Lösungsstrategien nur unter gewissen Voraussetzungen angewendet werden können.

#### 2.4.2.1 Lösen von reinquadratischen Gleichungen

Jede quadratische Gleichung lässt sich bekanntlich in der allgemeinen Darstellungsform $ax^2 + bx + c = 0$ angeben. Eine quadratische Gleichung, die kein lineares Glied enthält, wird reinquadratische Gleichung genannt.

**Reinquadratische Gleichungen**

Eine reinquadratische Gleichung besitzt kein lineares Glied. Ihre allgemeine Darstellungsform lautet daher

$ax^2 + c = 0 \ (a \neq 0)$.

Reinquadratische Gleichungen können mithilfe von Äquivalenzumformungen direkt nach $x^2$ aufgelöst werden. Durch anschließendes Wurzelziehen erhält man die Lösungen dieser Gleichung. Anhand der folgenden Musteraufgabe wird das systematische Lösen von reinquadratischen Gleichungen demonstriert.

**Musteraufgabe zum Lösen von reinquadratischen Gleichungen**

Gegeben ist die reinquadratische Gleichung $\frac{1}{2}x^2 - 4 = 0$ mit $G = \mathbb{R}$. Lösen Sie diese Gleichung.

**1. Schritt** Mithilfe von Äquivalenzumformungen wird $x^2$ isoliert. Das bedeutet, dass es alleine auf einer Seite der Gleichung steht.

$$\frac{1}{2}x^2 - 4 = 0 \quad \Leftrightarrow \quad \frac{1}{2}x^2 = 4 \quad \Leftrightarrow \quad x^2 = 8$$

**2. Schritt** Auf beiden Seiten der Gleichung die Wurzel ziehen.

$$x^2 = 8 \quad \rightarrow \quad x_1 = \sqrt{8} = 2\sqrt{2} \quad \text{und} \quad x_2 = -\sqrt{8} = -2\sqrt{2}$$

**3. Schritt** Angabe der Lösungsmenge

$$L = \left\{-2\sqrt{2};\ 2\sqrt{2}\right\}$$

**4. Schritt** Gegebenenfalls die Probe durchführen.

$x_1 = \sqrt{8}$ in $\frac{1}{2}x^2 - 4 = 0$ einsetzen:

$$\frac{1}{2} \cdot \sqrt{8}^2 - 4 = 0 \quad \Leftrightarrow \quad \frac{1}{2} \cdot 8 - 4 = 0$$

$$\Leftrightarrow \quad 4 - 4 = 0 \quad \Leftrightarrow \quad 0 = 0 \ ✓$$

$x_2 = -\sqrt{8}$ in $\frac{1}{2}x^2 - 4 = 0$ einsetzen:

$$\frac{1}{2} \cdot \left(-\sqrt{8}\right)^2 - 4 = 0 \quad \Leftrightarrow \quad \frac{1}{2} \cdot 8 - 4 = 0$$

$$\Leftrightarrow \quad 4 - 4 = 0 \quad \Leftrightarrow \quad 0 = 0 \ ✓$$

**Anmerkung**

(1) Die Gleichung $x^2 = 8$ hat zwei Lösungen, da sowohl $\sqrt{8}$ als auch $-\sqrt{8}$ quadriert 8 ergeben.

(2) Würde die reinquadratische Gleichung $x^2 = -8$ lauten, dann wäre dies keine Lösung, da es keine reelle Zahl gibt, die quadriert eine negative Zahl ist.

**Strategie zum Lösen reinquadratischen Gleichungen**

- Reinquadratische Gleichungen können mithilfe von Äquivalenzumformungen und Wurzelrechnung direkt nach $x$ aufgelöst werden.
- Gleichungen der Form $x^2 = a$ mit $a > 0$ haben die Lösungen $x_1 = \sqrt{a}$ und $x_2 = -\sqrt{a}$.
- Gleichungen der Form $x^2 = 0$ eine Lösung $x = 0$.
- Gleichungen der Form $x^2 = -a$ mit $a > 0$ sind im Bereich der reellen Zahl nicht lösbar.

**Aufgaben**

Für alle vorkommenden Gleichungen gilt: $G = \mathbb{R}$

1. Lösen Sie die folgenden quadratischen Gleichungen. Radizieren Sie die Ergebnisse teilweise, falls dies möglich ist.
   a) $2x^2 + 8 = 0$
   b) $36 - x^2 = 0$
   c) $2x^2 - 5x = \frac{1}{2} \cdot (72 - 10x)$
   d) $-\frac{1}{4}x^2 + \frac{1}{2} = \frac{1}{2} - \frac{5}{4}x^2$
2. Geben Sie drei reinquadratische Gleichungen an, die $x_1 = -5$ und $x_2 = 5$ als Lösung haben. Beschreiben Sie Ihre Vorgehensweise.

### 2.4.2.2 Lösen von gemischtquadratischen Gleichungen ohne konstantes Glied

Eine quadratische Gleichung, die sowohl ein quadratisches als auch ein lineares Glied besitzt, wird gemischtquadratische Gleichung genannt.

**Gemischtquadratische Gleichungen**

Eine gemischtquadratische Gleichung enthält sowohl ein quadratisches als auch ein lineares Glied.

Eine gemischtquadratische Gleichung ohne konstantes Glied hat die allgemeine Darstellungsform $ax^2 + bx = 0$. Eine solche quadratische Gleichung wird gelöst, indem zuerst die unbekannt Variablen x ausgeklammert wird und anschließend die Nullproduktregel angewendet wird.

**Vorwissen – Nullproduktregel**

Ein Produkt $a \cdot b$ ist 0, wenn mindestens einer der beiden Faktoren 0 ist, wenn also $a = 0$ oder $b = 0$ ist.

Anhand der folgenden Musteraufgabe wird die oben beschriebene Lösungsstrategie angewendet.

**Musteraufgabe zum Lösen von quadratischen Gleichungen ohne konstantes Glied**

Gegeben ist die gemischtquadratische Gleichung $\frac{1}{2}x^2 - 4x = 0$ mit $G = \mathbb{R}$. Berechnen Sie die Lösungsmenge dieser Gleichung.

**1. Schritt** Aus dem Term auf der linken Seite der Gleichung wird x ausgeklammert. Dadurch befindet sich ein Produkt auf der linken Seite der Gleichung.

$$\frac{1}{2}x^2 - 4x = 0 \quad \Leftrightarrow \quad x \cdot \left(\frac{1}{2}x - 4\right) = 0$$

**2. Schritt** Die Nullproduktregel wird angewendet.

$$x \cdot \left(\frac{1}{2}x - 4\right) = 0$$

$$\rightarrow \quad x_1 = 0 \quad \text{oder} \quad \frac{1}{2}x - 4 = 0 \quad \rightarrow \quad x_2 = 8$$

Die Nullproduktregel auf dieses Beispiel angewendet bedeutet, dass entweder der erste Faktor $x$ oder der zweite Faktor $\frac{1}{2}x - 4$ Null sein muss, damit der Produktwert von $x \cdot \left(\frac{1}{2}x - 4\right)$ gleich Null ist. Der erste Faktor ist Null, wenn $x = 0$ ist, der zweite Faktor ist Null, wenn $x = 8$ ist.

**3. Schritt** Angabe der Lösungsmenge

$L = \{0; 8\}$

**4. Schritt** Gegebenenfalls die Probe durchführen.

$x_1 = 0$ in $\frac{1}{2}x^2 - 4x = 0$ einsetzen:

$\frac{1}{2} \cdot 0^2 - 4 \cdot 0^2 = 0 \quad \Leftrightarrow \quad 0 - 0 = 0 \quad \Leftrightarrow \quad 0 = 0$ ✓

$x_2 = 8$ in $\frac{1}{2}x^2 - 4x = 0$ einsetzen:

$\frac{1}{2} \cdot 8^2 - 4 \cdot 8 = 0 \quad \Leftrightarrow \quad 32 - 32 = 0 \quad \Leftrightarrow \quad 0 = 0$ ✓

**Strategie zum Lösen gemischtquadratischer Gleichungen ohne konstantes Glied**

Eine gemischtquadratische Gleichung ohne konstantes Glied kann durch Ausklammern und anschließender Anwendung der Nullproduktregel gelöst werden.

**Aufgabe:**

Bestimmen Sie rechnerisch die jeweilige Lösungsmenge der folgenden quadratischen Gleichungen. Für alle Gleichungen gilt: $G = \mathbb{R}$. Verzichten Sie auf den Einsatz Ihres Taschenrechners und überprüfen Sie Ihre Ergebnisse.

a) $4x^2 - 16x = 0$

b) $\frac{1}{4}x^2 - \frac{1}{2}x = 0$

c) $\frac{3}{4}x^2 - 1 = \frac{7}{4}x^2 + \frac{1}{2}$

d) $x^2 - x + 2 = 2 \cdot (x + 1)$

### 2.4.2.3 Lösen von gemischtquadratischen Gleichungen mit konstantem Glied

Eine gemischtquadratische Gleichung mit konstantem Glied hat die allgemeine Darstellungsform $ax^2 + bx + c = 0$. Solche Gleichungen werden mit der Lösungsformel für quadratische Gleichungen gelöst:

**Lösungsformel für quadratische Gleichungen**

$$x_{1/2} = \frac{-b \pm \sqrt{b^2 - 4ac}}{2a}$$

$a$, $b$ und $c$ entsprechen den Werten der gleichnamigen Koeffizienten in der allgemeinen Darstellungsform $ax^2 + bx + c = 0$.

**Anmerkung**

Der Ausdruck unter der Wurzel in der Lösungsformel für quadratische Gleichungen, also $b^2 - 4ac$, wird Diskriminante genannt.

Die Herleitung dieser Lösungsformel erfolgt in der Rubrik Vertiefende Betrachtung – Herleitung der Lösungsformel im Anschluss an diesen Abschnitt.

In der folgenden Musteraufgabe wird beschrieben, wie mithilfe der genannten Lösungsformel quadratische Gleichungen gelöst werden.

**Musteraufgabe zum Lösen von quadratischen Gleichungen mit konstantem Glied**

Gegeben ist die quadratische Gleichung $x^2 - 3x + 2 = 0$ mit $G = \mathbb{R}$.

Bestimmen Sie die Lösungsmenge dieser Gleichung.

**1. Schritt** Es muss überprüft werden, ob die Gleichung in der allgemeinen Darstellungsform $ax^2 + bx + c = 0$ vorliegt.

Die Gleichung $x^2 - 3x + 2 = 0$ befindet sich in der allgemeinen Darstellungsform.

**2. Schritt** Bestimmung der Werte der Koeffizienten $a$, $b$ und $c$ und Anwenden der Lösungsformel für quadratische Gleichungen.

Koeffizienten: $a = 1$, $b = -3$, $c = 2$

$$x_{1/2} = \frac{-b \pm \sqrt{b^2 - 4ac}}{2a} = \frac{-(-3) \pm \sqrt{(-3)^2 - 4 \cdot 1 \cdot 2}}{2 \cdot 1} = \frac{3 \pm \sqrt{9-8}}{2}$$

$$\rightarrow \quad x_1 = \frac{3+1}{2} = 2$$

$$\rightarrow \quad x_2 = \frac{3-1}{2} = 1$$

**3. Schritt** Angabe der Lösungsmenge

$L = \{1; 2\}$

**4. Schritt** Gegebenenfalls die Probe durchführen.

$x_1 = 1$ in $x^2 - 3x + 2 = 0$ einsetzen:

$1^2 - 3 \cdot 1 + 2 = 0 \quad \Leftrightarrow \quad 1 - 3 + 2 = 0 \quad \Leftrightarrow \quad 0 = 0$ ✓

$x_2 = 2$ in $x^2 - 3x + 2 = 0$ einsetzen:

$2^2 - 3 \cdot 2 + 2 = 0 \quad \Leftrightarrow \quad 4 - 6 + 2 = 0 \quad \Leftrightarrow \quad 0 = 0$ ✓

**Strategie zum Lösen gemischtquadratischer Gleichungen mit konstantem Glied**

Eine gemischtquadratische Gleichung mit konstantem Glied wird mithilfe der Lösungsformel für quadratische Gleichungen gelöst.

**Rechentipp**

Viele quadratische Gleichungen, die gelöst werden müssen, liegen nicht unmittelbar in der allgemeinen Darstellungsform $ax^2 + bx + c = 0$ vor. Es empfiehlt sich, jede quadratische Gleichung mithilfe von Äquivalenzumformungen in die allgemeine Darstellungsform zu überführen, bevor mit dem eigentlichen Lösen der Gleichung begonnen wird.

## Aufgaben

1. Für alle vorkommenden Gleichungen gilt: $G = \mathbb{R}$

   Geben Sie für jede Gleichung an, mit welcher der Lösungsstrategien Sie diese lösen würden. Begründen Sie Ihre Auswahl.

   a) $x^2 - 3x - 10 = 0$

   b) $x^2 - 4x + 3 = 0$

   c) $\frac{1}{2}x^2 + \frac{1}{4}x - \frac{1}{4} = 0$

   d) $3x^2 + 3x - 12 = 2x^2 - 2$

   e) $2x^2 + \left(2\sqrt{2} - 2\right)x - \sqrt{8}$

2. Ein Mitschüler behauptet, dass die Gleichungen $x^2 - 4 = 0$ mithilfe der Lösungsformel für quadratische Gleichungen, also mit der dritten Lösungsstrategie, gelöst werden kann. Geben Sie an, ob Sie dieser Aussage zustimmen oder ihr widersprechen. Begründen Sie Ihre Angabe.

3. Erstellen Sie drei quadratische Gleichungen, die beim Lösen mithilfe der Lösungsformel für quadratische Gleichungen auf die Diskriminante 64 führen. Beschreiben Sie Ihre Vorgehensweise.

### Vertiefende Betrachtung – Herleitung der Lösungsformel für quadratische Gleichungen

$$x_{1/2} = \frac{-b \pm \sqrt{b^2 - 4ac}}{2a}$$

Den Ausgangspunkt für die Herleitung der Lösungsformel für quadratische Gleichungen ist eine allgemeine quadratische Gleichung in der Form $ax^2 + bx + c = 0$. Diese gemischtquadratische Gleichung wird unter Verwendung der binomischen Formeln in eine reinquadratische Gleichung umgewandelt. Diese wird anschließend mithilfe von Äquivalenzumformungen und Radizieren (Wurzelziehen) gelöst.

**Herleitung:**

- Ausgangspunkt: $ax^2 + bx + c = 0$
- Der Koeffizient a wird aus den ersten beiden Summanden ausgeklammert.

  $$a \cdot \left(x^2 + \frac{b}{a}x\right) + c = 0$$

- Der Klammerausdruck $\left(x^2 + \frac{b}{a}x\right)$ wird so erweitert, dass die ersten drei Summanden eine Binomische Formel ergeben. Dazu muss $+\left(\frac{b}{2a}\right)^2$ in die Klammer eingefügt werden. Um den Wahrheitsgehalt der Gleichung nicht zu verändern, muss ebenfalls $-\left(\frac{b}{2a}\right)^2$ in die Klammer geschrieben werden.

  $$a \cdot \left(x^2 + \frac{b}{a}x + \left(\frac{b}{2a}\right)^2 - \left(\frac{b}{2a}\right)^2\right) + c = 0$$

- Die Summanden $x^2+\frac{b}{a}x+\left(\frac{b}{2a}\right)^2$ werden zum Binom $\left(x+\frac{b}{2a}\right)^2$ zusammengefasst.

$$a\cdot\left(\left(x+\frac{b}{2a}\right)^2-\left(\frac{b}{2a}\right)^2\right)+c=0$$

- Der Term mit der unbekannten Variablen x wird isoliert. Dazu sind mehrere Äquivalenzumformungen notwendig.

$$a\cdot\left(\left(x+\frac{b}{2a}\right)^2-\left(\frac{b}{2a}\right)^2\right)=-c$$ $c$ subtrahieren

$$a\cdot\left(\left(x+\frac{b}{2a}\right)^2-\frac{b^2}{4a^2}\right)=-c$$ Die Potenz $\left(\frac{b}{2a}\right)^2$ auflösen

$$a\cdot\left(x+\frac{b}{2a}\right)^2-\frac{b^2}{4a}=-c$$ $a$ in die Klammer multiplizieren

$$a\cdot\left(x+\frac{b}{2a}\right)^2=\frac{b^2}{4a}-c$$ Addition von $\frac{b^2}{4a}$

$$\left(x+\frac{b}{2a}\right)^2=\frac{b^2}{4a^2}-\frac{c}{a}$$ Division durch $a$

$$\left(x+\frac{b}{2a}\right)^2=\frac{b^2}{4a^2}-\frac{4ac}{4a^2}$$ Die rechte Seite auf einen gemeinsamen Nenner bringen

$$\left(x+\frac{b}{2a}\right)^2=\frac{b^2-4ac}{4a^2}$$

- Diese Gleichung wird durch Radizieren (Wurzelziehen) und mithilfe von Äquivalenzumformungen nach $x$ aufgelöst.

$$x+\frac{b}{2a}=\pm\sqrt{\frac{b^2-4ac}{4a^2}}$$ Wurzelziehen. Achtung, ± nicht vergessen.

$$x+\frac{b}{2a}=\pm\frac{\sqrt{b^2-4ac}}{\sqrt{4a^2}}$$ Wurzelgesetze anwenden

$$x+\frac{b}{2a}=\pm\frac{\sqrt{b^2-4ac}}{2a}$$

$$x_{1/2}=-\frac{b}{2a}\pm\frac{\sqrt{b^2-4ac}}{2a}$$ Subtraktion von $\frac{b}{2a}$

Nachdem die rechte Seite der Gleichung auf einen Bruchstrich geschrieben wurde, erhält man als Ergebnis die bekannte Lösungsformel.

$$x_{1/2}=\frac{-b\pm\sqrt{b^2-4ac}}{2a}$$

#### 2.4.2.4 Übersicht über Lösungsstrategien von quadratischen Gleichungen

Es gibt prinzipiell drei gängige Möglichkeiten eine quadratische Gleichung zu lösen. Um zu entscheiden welche Variante anzuwenden ist, muss sich die quadratische Gleichung in der allgemeinen Darstellungsform $ax^2 + bx + c = 0$ ($a \neq 0$) befinden. Anhand der Koeffizienten $b$ und $c$ kann entschieden werden, welches Lösungsverfahren zur Anwendung kommt.

**Lösungsstrategie für quadratische Gleichungen**

Die Koeffizienten $b$ und $c$ in der allgemeinen Darstellungsform einer quadratischen Gleichung $ax^2 + bx + c = 0$ legen fest, welche Strategie zum Lösen der quadratischen Gleichung verwendet wird.

$$\boldsymbol{ax^2 + bx + c = 0}$$

| Wert der Koeffizienten | Beispiel | | Lösungsstrategie |
|---|---|---|---|
| … wenn $b = 0$ | $\frac{1}{2}x^2 - 2 = 0$ | → | Direkt nach $x^2$ auflösen |
| … wenn $c = 0$ | $3x^2 - 5x = 0$ | → | $x$ ausklammern |
| … wenn $b \neq 0$ und $c \neq 0$ | $x^2 - 5x + 6 = 0$ | → | Lösungsformel für quadratische Gleichungen anwenden $x_{1/2} = \frac{-b \pm \sqrt{b^2 - 4ac}}{2a}$ |

### 2.4.3 Lösbarkeit einer quadratischen Gleichung

Eine quadratische Gleichung kann keine, eine oder zwei verschiedene Lösungen besitzen. Ausschlaggebend für die Anzahl der Lösungen ist der Wert der Diskriminante. Als Diskriminante wird bekanntlich der Ausdruck $b^2 - 4ac$ unter der Wurzel in der Lösungsformel für quadratische Gleichungen $x_{1/2} = \frac{-b \pm \sqrt{b^2 - 4ac}}{2a}$ bezeichnet. Ist die Diskriminante größer als Null, dann hat die zugehörige quadratische Gleichung zwei verschiedene Lösungen. Für den Fall, dass die Diskriminante gleich Null ist, hat die Gleichung eine Lösung. Sollte ihr Wert kleiner als Null sein, so hat die zugehörige quadratische Gleichung keine Lösung.

**Lösbarkeit einer quadratischen Gleichung**

Die Diskriminante der Lösungsformel für quadratische Gleichungen entscheidet über die Lösbarkeit dieser Gleichung im Bereich der reellen Zahlen. Die Diskriminante ist der Ausdruck unter der Wurzel in der Lösungsformel für quadratische Gleichungen.

| $x_{1/2} = \frac{-b \pm \sqrt{b^2 - 4ac}}{2a}$ | $b^2 - 4ac$ |
|---|---|
| Lösungsformel für quadratische Gleichungen | Diskriminante (Abk.: Disk) |

| | |
|---|---|
| Disk > 0 | Die zugehörige Gleichung hat zwei Lösungen. |
| Disk = 0 | Die zugehörige Gleichung hat genau eine Lösung. |
| Disk < 0 | Die zugehörige Gleichung hat keine Lösungen. |

**Beispielaufgabe für eine quadratische Gleichung mit zwei verschiedenen Lösungen**

Bestimmen Sie die Lösungsmenge folgender quadratischen Gleichung

$x^2 - 3x - 4 = 0$ mit $G = \mathbb{R}$.

**Lösung**

$x^2 - 3x - 4 = 0$

$$\rightarrow \quad x_{1/2} = \frac{-(-3) \pm \sqrt{(-3)^2 - 4 \cdot 1 \cdot (-4)}}{2 \cdot 1}$$

$$= \frac{3 \pm \sqrt{9+16}}{2 \cdot 1} = \frac{3 \pm \sqrt{25}}{2} = 3 + \frac{5}{2}$$

$$\rightarrow \quad x_1 = \frac{3-5}{2} = -1$$

$$\rightarrow \quad x_2 = \frac{3+5}{2} = 4$$

$$\rightarrow \quad L = \{-1; 4\}$$

Die Diskriminante in diesem Beispiel ist 25 und somit größer als Null. Die zugehörige quadratische Gleichung $x^2 - 3x - 4 = 0$ hat somit zwei verschiedene Lösungen.

Die quadratische Gleichung hat zwei verschiedene Lösungen, wenn der Wert der Diskriminante größer als 0 ist, da einmal der Wert der Diskriminante zu $-b$ addiert und einmal von $-b$ subtrahiert wird. Das führt zu zwei verschiedenen Ergebnissen $x_1$ und $x_2$.

**Folgerung:** Ist der Wert der Diskriminante in der Lösungsformel für quadratische Gleichungen positiv, dann hat die zugehörige quadratische Gleichung zwei unterschiedliche Lösungen.

**Beispielaufgabe für eine quadratische Gleichung mit einer Lösung**

Bestimmen Sie die Lösungsmenge folgender quadratischer Gleichung

$x^2 - 12x + 36 = 0 \quad \text{mit} \quad G = \mathbb{R}.$

**Lösung**

$x^2 - 12x + 36 = 0$

$$\rightarrow \quad x_{1/2} = \frac{-12 \pm \sqrt{12^2 - 4 \cdot 1 \cdot 36}}{2 \cdot 1}$$

$$= \frac{-12 \pm \sqrt{144 - 144}}{2} = \frac{-12 \pm \sqrt{0}}{2}$$

$$\rightarrow \quad x_1 = \frac{-12 - 0}{2} = -6$$

$$\rightarrow \quad x_2 = \frac{-12 + 0}{2} = -6$$

$$\rightarrow \quad L = \{-6\}$$

Die Diskriminante in diesem Beispiel ist 0. Somit besitzt die zugehörige quadratische Gleichung $x^2 - 12x + 36 = 0$ eine Lösung, nämlich x = −6.

Die Gleichung hat nur eine Lösung, da es für das Ergebnis belanglos ist, ob man −12 − 0 (siehe $x_1$) oder −12 + 0 (siehe $x_2$) rechnet. Da $x_1$ und $x_2$ jeweils −6 sind, schreibt man häufig $x_{1/2} = -6$.

**Folgerung:** Ist der Wert der Diskriminante in der Lösungsformel für quadratische Gleichungen gleich 0, dann hat die zugehörige quadratische Gleichung genau eine Lösung.

**Beispielaufgabe für eine quadratische Gleichung mit keiner Lösung**

Bestimmen Sie die Lösungsmenge folgender quadratischer Gleichung

$x^2 - 2x + 5 = 0 \quad \text{mit} \quad G = \mathbb{R}.$

**Lösung**

$x^2 - 2x + 5 = 0$

$$\rightarrow \quad x_{1/2} = \frac{-(-2) \pm \sqrt{(-2)^2 - 4 \cdot 1 \cdot 5}}{2 \cdot 1}$$

$$= \frac{2 \pm \sqrt{4 - 20}}{2} = \frac{2 \pm \sqrt{-16}}{2}$$

$$\rightarrow \quad L = \{ \}$$

Die Diskriminante in diesem Beispiel ist $-4$, und somit kleiner als Null. Die zugehörige quadratische Gleichung $x^2 - 2x + 5 = 0$ hat keine Lösung.

Zur Begründung, weshalb diese Gleichung keine Lösung besitzt: Es müsste aus einer negativen Zahl eine Wurzel gezogen werden, was beim Rechnen mit reellen Zahlen nicht möglich ist. Daher führt die Lösungsformel für quadratische Gleichungen auf einen nicht lösbaren Ausdruck, was bedeutet, dass die entsprechende quadratische Gleichungen keine Lösung besitzt.

**Folgerung:** Ist der Wert der Diskriminante in der Lösungsformel für quadratische Gleichungen kleiner 0, dann hat die zugehörige quadratische Gleichung keine Lösung.

### Aufgaben

Für alle vorkommenden Gleichungen gilt: $G = \mathbb{R}$

1. Bestimmen Sie die Anzahl der Lösungen der folgenden quadratischen Gleichungen.
   a) $2x^2 - 4x + 2 = 0$ b) $x^2 + 3x - 10 = 0$
   c) $\frac{1}{4}x^2 - x + 4 = 0$ d) $\frac{x^2 - 4}{2} = x + 1$

2. Erklären Sie, warum eine Gleichung in der Form $ax^2 + bx = 0$ für $a \neq 0$ und $b \neq 0$ stets zwei verschiedene Lösungen hat.

3. Finden Sie heraus, welche der folgenden Gleichungen keine Lösung hat. Begründen Sie Ihre Angabe.
   a) $x^2 - 2x = 0$ b) $\frac{1}{3}x^2 + 18 = 0$
   c) $x^2 - x - 3 = 0$ d) $x^2 + 4x = 4x - 2$

## 2.4.4 Offene Anwendungsaufgabe

**Brems- und Anhalteweg**

Gerade von jungen Erwachsenen wird das Autofahren unter Alkohol- oder Drogeneinfluss als Kavaliersdelikt betrachtet und Geschwindigkeitsbegrenzungen sowie der vorgeschriebene Sicherheitsabstand wird von ihnen häufig als Empfehlung verstanden. Dass die genannten Vorschriften zu Geschwindigkeitsbegrenzung, Sicherheitsabstand und Fahren bei vollen Bewusstsein notwendig und sinnvoll sind, lässt sich unter anderem mithilfe der Mathematik belegen.

**Arbeitsauftrag**

1. Informieren Sie sich mithilfe des vorliegenden Textes über die Berechnung des Brems- und Anhaltewegs. Beachten Sie insbesondere die mathematischen Zusammenhänge.
2. Bereiten Sie ein Referat zum Thema Sicherheit im Straßenverkehr vor. Gehen Sie bei diesem mindestens auf folgende Punkte ein.
   - Notwendigkeit des Sicherheitsabstands
   - Berechnung des Bremswegs
   - Zeigen Sie, dass ein Sicherheitsabstand von 50 m bei einer Geschwindigkeit von $v = 100\frac{\text{km}}{\text{h}}$ nicht ausreichend ist, um das Auto bei einer Notbremsung innerhalb dieser Strecke vollständig zum Stillstand zu bringen.
   - Berechnen Sie die notwendigen Anhaltewege für eine Notbremsung bei einer Geschwindigkeit von $v_1 = 30\frac{\text{km}}{\text{h}}$ und bei einer Geschwindigkeit $v_2 = 50\frac{\text{km}}{\text{h}}$. Geben Sie an, um wie viel Prozent sich der Anhalteweg verlängert.
   - Angenommen, der Fahrer eines Pkws steht unter Alkoholeinfluss und hat daher eine Reaktionszeit, die dreimal so lange ist wie sonst. Berechnen Sie den notwendigen Anhalteweg für eine Notbremsung, wenn er mit seinem Auto mit $v = 60\frac{\text{km}}{\text{h}}$ fährt. Vergleichen Sie diesen Wert mit dem Anhalteweg, den er ohne Alkoholeinfluss benötigt hätte.

**Informationstext**

Laut einer Studie eines großen deutschen Automobilclubs ist zu dichtes Auffahren die dritthäufigste Ursache für einen Unfall, der von einem Pkw verursacht wurde. Genauer gesagt sind circa 10,4 % aller Unfälle, an denen Pkws beteiligt sind, auf fehlenden Sicherheitsabstand zurückzuführen. Bei Unfällen, die von Transportern oder Lkws verursacht werden, ist dieser Wert noch höher.

Aufgrund dieser hohen Prozentzahlen entwickeln Fahrzeug- und Reifenhersteller immer neue Produkte und intelligente Assistenzsysteme, um den Anhalteweg und somit die Anzahl der Auffahrunfälle zu verringern. Um zu verstehen, warum diese Systeme die Sicherheit im Straßenverkehr entscheidend erhöhen können, muss man sich den Anhaltevorgang genauer betrachten.

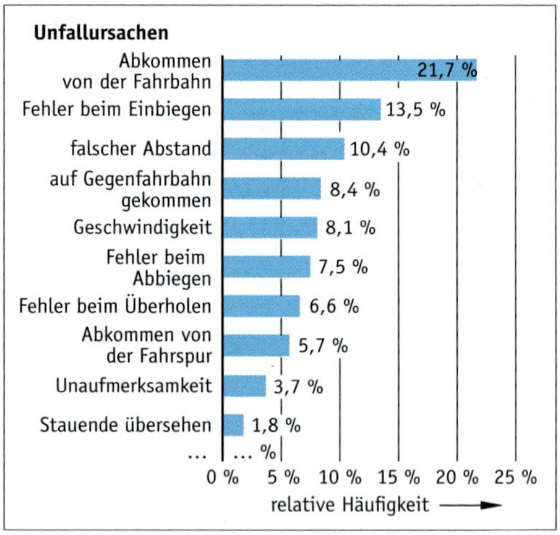


**Bild 1:** Statistik zu Unfallursachen

**Anhaltevorgang**

Der Anhaltevorgang setzt sich aus fünf Teilbereichen zusammen:

1. Reaktionszeit
2. Umsetzzeit
3. Ansprechzeit
4. Schwellzeit
5. Bremszeit

Erkennt der/die Fahrer/in die Gefahr, muss diese Information ins Gehirn gelangen, dort verarbeitet und die entsprechende Reaktion ausgelöst werden. Diese Zeitspanne, die unter dem Begriff Reaktionszeit bekannt ist, ist abhängig vom Alter, physischer und psychischer Verfassung und Aufmerksamkeit des Fahrzeugführers beziehungsweise der Fahrzeugführerin. Nachdem der Entschluss zum Bremsen getroffen wurde, muss der Fuß auf das Bremspedal umgesetzt werden. Die Zeitspanne, die dafür benötigt wird, wird als Umsetzzeit bezeichnet. Bis der Bremsdruck in den Bremsleitungen aufgebaut und bis schließlich die Bremsbacken beginnen zu greifen, vergeht wiederum eine gewisse Zeitspanne, die sogenannte Ansprechzeit. Die Zeitdauer bis nach der Reaktion der Bremse die Räder blockieren (Vollbremsung) nennt man Schwellzeit. Die Zeitspanne, die das Fahrzeug anschließend benötigt, um zum Stillstand zu kommen, wird Bremszeit genannt.

Die Stufen 1 bis 4 werden als Vorbremszeit bezeichnet. Diese dauert durchschnittlich eine Sekunde, wobei alleine die Reaktionszeit 0,8 Sekunden beträgt. Die Vorbremszeit wird also vorrangig durch den Menschen, der hinter dem Steuer sitzt, und nur geringfügig von der Technik beeinflusst. Anders sieht es bei der Bremszeit aus, auf diese hat der/die Fahrer/in keinen direkten Einfluss. Diese ist nämlich ausschließlich von der gefahrenen Geschwindigkeit, dem Zustand der Bremsanlage, der Beschaffenheit der Reifen und von den Straßenverhältnissen abhängig.

### Anhalteweg

Der Anhalteweg setzt sich aus dem Reaktionsweg, also dem Weg, der während der Vorbremszeit zurückgelegt wird, und dem eigentlichen Bremsweg zusammen.

Anhalteweg = Reaktionsweg + Bremsweg

Für den Reaktions-, Brems- und den gesamten Anhalteweg existieren die folgenden Näherungsformeln. In diesen ist $v$ die gefahrene Geschwindigkeit in $\frac{\text{km}}{\text{h}}$ und $s$ der Weg in m.

$$\text{Reaktionsweg: } s_R = v \cdot t_R \approx \frac{3}{10}v$$

$$\text{Bremsweg: } s_B = \frac{1}{100}v^2$$

$$\text{Bremsweg bei Gefahrenbremsung: } s_{\text{BG}} = \frac{1}{200}v^2$$

$$\text{Anhalteweg: } s_A = s_B + s_R = \frac{1}{100}v^2 + \frac{3}{10}v$$

$$\text{Anhalteweg bei Gefahrenbremsung: } s_{\text{AG}} = s_{\text{BG}} + s_R = \frac{1}{200}v^2 + \frac{3}{10}v$$

Diese Formeln gelten ausschließlich unter der Voraussetzung, dass der Fahrer zügig reagiert, die Bremsanlage vollständig funktionsfähig ist, die Reifen in sehr gutem Zustand sind und trockene Straßenverhältnisse vorliegen.

### Intelligente Bremsassistenzsysteme

Bremsassistenzsysteme sind so konzipiert, dass sie Gefahren, wie beispielsweise Fußgänger auf der Fahrbahn, frühzeitig erkennen, den Fahrer warnen, den Bremsdruck falls notwendig von alleine erhöhen oder gegebenenfalls eigenständig eine Gefahrenbremsung einleiten. Dadurch wird die Vorbremszeit deutlich gesenkt. Das folgende Beispiel belegt dies:

*Bremsweg mit und ohne Bremsassistenten*

Ein Pkw fährt mit 70 km/h nachts auf der Landstraße. Der Fahrer erkennt ein Reh, das in 40 Meter Entfernung auf der Straße steht. Wenn er sofort eine Gefahrenbremsung einleitet, benötigt er 45,5 Meter bis zum Stillstand.

$$s_{AG} = s_{BG} + s_R = \frac{1}{200}v^2 + \frac{3}{10}v$$ Berechnung des Bremswegs ohne Bremsassistent

$$\rightarrow s_{AG} = \frac{1}{200} \cdot 70^2 + \frac{3}{10} \cdot 70 = 45{,}5$$

Der Bremsweg dieses Pkws ohne Bremsassistent wäre zu lang. Es würde vermutlich zum Unfall kommen. Ein Pkw mit Bremsassistent würde den Fahrer warnen, dass sich ein Hindernis in 50 Meter Entfernung auf der Fahrstecke befindet. Geht man davon aus, dass der Bremsassistent den Reaktionsweg um 30 % verringert, kommt es zu keinem Unfall. Der Pkw kommt 10 Meter vor dem Wild zu stehen.

$$s_{\text{AG}} = s_{\text{BG}} + 0{,}7 \cdot s_R = \frac{1}{200}v^2 + \frac{7}{10} \cdot \frac{3}{10}v$$ Berechnung des Bremswegs mit Bremsassistenten

$$\rightarrow s_{\text{AG}} = \frac{1}{200} \cdot 70^2 + \frac{21}{100} \cdot 70 = 39{,}2$$

## 2.4.5 Quadratische Terme und Gleichungen in der Geschichte der Mathematik

Ein Blick in die Geschichte der Mathematik zeigt, dass sich bereits vor einigen Jahrhunderten Gelehrte mit mathematischen Problemen beschäftigten, deren Bearbeitung letztlich auf quadratische Terme bzw. quadratische Gleichungen führte. Anhand der Überlegungen, die die damaligen Gelehrten angestellt haben, kann man heute noch viel darüber lernen, wie mathematische Problemstellungen strategisch gelöst werden.

### 2.4.5.1 Gauß'sche Summenformel

Carl Friedrich Gauß (*30.4.1777 Braunschweig, †23.2.1855 Göttingen) war einer der bedeutendsten deutschen Mathematiker, Astronomen und Physiker. Aufgrund seiner herausragenden wissenschaftlichen Leistungen wurde sein Konterfei früher auf dem 10 DM-Schein abgedruckt **(Bild 1).**

**Bild 1:** Ehemaliger 10 DM-Schein

#### Anekdote um den jungen Gauß

Sein Talent für mathematische Zusammenhänge bewies er bereits in jungen Jahren. Eine Anekdote besagt, dass die Dorfschulklasse, die der neunjährige Carl Friedrich Gauß zu dieser Zeit besuchte, von ihrem Lehrer die Aufgabe bekam, alle Zahlen von 1 bis 100 aufzuaddieren. Die Hoffnung des Dorfschullehrers war es, mit dieser gestellten Aufgabe die Klasse einige Zeit beschäftigen zu können. Das klappte jedoch nicht, denn nach kurzer Bedenkzeit gab Gauß das Ergebnis bekannt: Die Summe aller Zahlen von 1 bis 100 ist 5050. Die Klasse und der Dorfschullehrer stellten sich die Frage, wie der junge Gauß auf dieses Ergebnis kam.

#### Überlegung von Gauß

Der junge Carl Friedrich Gauß nutzte dabei, dass die erste und letzte Zahl, also 1 und 100, addiert 101 ergeben. Die Summe der zweiten und der vorletzten Zahl, also 2 und 99, ist ebenfalls 101. Das gleiche Ergebnis erhält man, wenn man die dritte und die drittletzte Zahl addiert: $3 + 98 = 101$ **(Tabelle 1).**

**Tabelle 1: Überlegungen von Gauß**

| Erster Summand | 1 | 2 | 3 | 4 | ... | 47 | 48 | 49 | 50 |
|---|---|---|---|---|---|---|---|---|---|
| Zweiter Summand | 100 | 99 | 98 | 97 | ... | 54 | 53 | 52 | 51 |
| Summe | 101 | 101 | 101 | 101 | 101 | 101 | 101 | 101 | 101 |

Gauß musste nun nur noch 50 mal die 101 addieren um auf das Ergebnis zu kommen. Die fünfzigmalige Addition von 101 entspricht dem Produkt $50 \cdot 101 = 5050$.

$$\underbrace{101 + 101 + 101 + 101 + \ldots + 101 + 101 + 101}_{50 \cdot 101} = 5050$$

#### Gauß'sche Summenformel

Die Überlegung, mit der Gauß die Zahlen von 1 bis 100 addierte, kann genutzt werden, um die Zahlen von 1 bis zu einer beliebigen natürlichen Zahl $n$ zu addieren. Die erste Zahl 1 und die letzte Zahl $n$ ergeben $n + 1$. Die zweite Zahl 2 und vorletzte Zahl $(n - 1)$ ergeben ebenfalls n+1. Das gleiche gilt für die dritte und drittletzte Zahl, für die vierte und viertletzte Zahl, usw. **(Tabelle 2).**

**Tabelle 2: Herleitung der Gauß'schen Summenformel**

| Erster Summand | 1 | 2 | 3 | 4 | ... |
|---|---|---|---|---|---|
| Zweiter Summand | $n$ | $n - 1$ | $n - 2$ | $n - 3$ | ... |
| Summe | $\boldsymbol{n + 1}$ | $\boldsymbol{n + 1}$ | $\boldsymbol{n + 1}$ | $\boldsymbol{n + 1}$ | $\boldsymbol{n + 1}$ |

Aufgrund dieser Überlegung erhält man $\frac{1}{2}n$ Mal die Summe $n + 1$. Auf den Wert $\frac{1}{2}n$ kommt man, wenn man bedenkt, dass man zwei Zahlen zu einer Summe $n + 1$ zusammenfasst **(Bild 1)**. Die $\frac{1}{2}n$-malige Addition der Summe $n + 1$ entspricht $\frac{1}{2}n \cdot (n + 1)$. Dieser quadratische Term, der auch häufig in der Form $\frac{1}{2}(n^2 + n)$ geschrieben wird, gibt die Summe der ersten $n$ natürlichen Zahlen an. Da dieser Term von Gauß hergeleitet wurde, ist er unter dem Begriff **Gauß'sche Summenformel** bekannt.

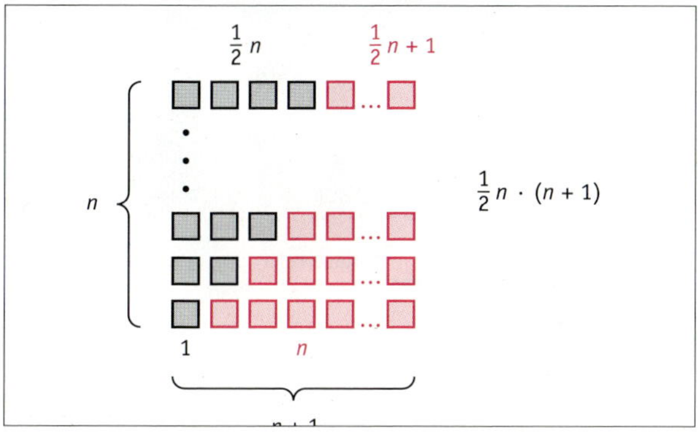


**Bild 1:** Grafische Veranschaulichung der Gauß'schen Summenformel

## Gaußsche Summenformel

Der Wert des quadratischen Terms $\frac{1}{2}(n^2 + n)$ gibt die Summe der ersten $n$ natürlichen Zahlen an.

### Überprüfung für die Gauß'sche Summenformel

Die Gauß'sche Summenformel kann anhand von kleinen Zahlen überprüft werden. Addiert man die ersten zehn natürlichen Zahlen im Kopf auf, so erhält man 55.

$$1 + 2 + 3 + 4 + 5 + 6 + 7 + 8 + 9 + 10 = 55$$

Auf das gleiche Ergebnis bekommt man, wenn man die Gauß'sche Summenformel mit $n = 10$ verwendet.

$$\frac{1}{2}(10^2 + 10) = \frac{1}{2}(100 + 10) = \frac{1}{2} \cdot 110 = 55$$

Die Tatsache, dass die Gauß'sche Summenformel für $n = 10$ richtig ist, ist zwar kein allgemein gültiger Beweis, jedoch ein Indiz für die Richtigkeit der Formel.

## Aufgaben

1. Bestimmen Sie die Summe der ersten 20 natürlichen Zahlen.
2. Schätzen Sie, bis zu welcher natürlichen Zahl man die ersten natürlichen Zahlen aufaddieren müsste, damit die Summe 66 ist. Berechnen Sie anschließend die konkrete Zahl.
3. Erklären Sie, weshalb der Termwert der Gaußschen Summenformel stets eine natürliche Zahl ist.
4. Stellen Sie die Addition der ersten der 8 natürlichen Zahlen grafisch dar.
5. In einem Getränkemarkt stellt ein Getränkehersteller einen Kasten mit 20 Flaschen seiner Getränke für eine Werbeaktion zur Verfügung. Der erste Kunde, der eines seiner Produkte kauft, bekommt eine Flasche kostenlos aus dem Kasten, der zweite Kunde, der ein Produkt des Getränkeherstellers kauft, bekommt zwei Flaschen aus dem Kasten, der dritte drei usw. Wenn nicht mehr genügend Flaschen im Kasten vorhanden sind, endet die Werbeaktion.

   a) Berechnen Sie, wie viele Kunden in den Genuss eines kostenlosen Getränks kommen.

b) Ermitteln Sie, wie viele Flaschen im Kasten übrigbleiben, nachdem die Werbeaktion regulär beendet wurde.

c) Da die Werbeaktion des Getränkeherstellers ein voller Erfolg war, wiederholt er sie nochmals, diesmal jedoch mit 100 kostenlosen Flaschen. Wie viele Kunden erhalten in diesem Fall ein kostenloses Getränk und wie viele Flaschen erhält der letzte Kunde, bevor die Werbeaktion regulär endet?

6. Zu Beginn des Frühlings bittet eine Gemeinde ihre Bewohner, in einer gemeinsamen Aktion den achtlos weggeworfenen Müll im Gemeindegebiet einzusammeln. Um den Anreiz und die Motivation zu erhöhen, lobt die Gemeindeverwaltung folgende Geldpreise aus. Der erste, der einen 60-l-Müllsack mit eingesammelten Müll gefüllt hat und diesen beim kommunalen Müllentsorger abgibt, erhält 100 €. Der nächste, der diese 100 € Prämie bekommen möchte, muss zwei 60-l-Müllsäcke gesammelten Mülls vorweisen. Um danach die Prämie von 100 € zu erhalten, muss jemand drei 60 l-Müllsäcke mit gesammelten Müll beim Müllentsorger abgeben. Analog erhält man die Prämie, wenn man vier, fünf, sechs etc. weitere Müllsäcke abgibt.

   a) Die Gemeinde hat maximal 1500 € für diese Aktion eingeplant. Wie viele Müllsäcke mit gesammelten Müll werden insgesamt beim Müllentsorger abgegeben, wenn die 1500 € aufgebraucht sind?

   b) Geben Sie an, wie viele Säcke mit gesammelten Müll der Bürger abgeben muss, der als letztes die 100-€-Prämie von den insgesamt 1500 € bekommt. Berechnen Sie, wie viele Liter Müll dieser Bürger insgesamt entsorgt, wenn durchschnittlich alle seine 60-l-Müllsäcke zu 80 % mit Müll gefüllt sind.

### 2.4.5.2 Figurierte Zahlen

Was man unter einer figurierten Zahl versteht, wurde bereits eingangs des Kapitels erläutert. Zur Erinnerung: Eine figurierte Zahl ist eine natürliche Zahl, die sich als Figur darstellen lässt, beispielsweise als Dreieck, Quadrat, Sechseck oder Pyramide.

Es gibt eine Vielzahl von figurierten Zahlen. In diesem Kapitel werden aber ausschließlich die Dreieckszahlen und die zentrierten Quadratzahlen näher beschrieben, da sich diese durch quadratische Terme beschreiben lassen.

#### Dreieckszahlen

Unter einer Dreieckszahl versteht man die Anzahl an Steinen, die benötigt werden, um ein gleichseitiges Dreieck zu legen. Die erste Dreieckszahl ist 1. Das ist zugegebenermaßen ein entartetes Dreieck, was wir an dieser Stelle aber nicht näher untersuchen wollen. Die zweite Dreieckszahl ist 3. Ergänzt man einen Stein mit zwei weiteren, so entsteht ein gleichseitiges Dreieck **(Bild 1 b)**. Um dieses Dreieck zu einem weiteren gleichseitigen Dreieck zu vergrößern, benötigt man drei zusätzliche Steine **(Bild 1 c)**. Das Dreieck besteht insgesamt aus 6 Steinen. Die dritte Dreieckszahl ist daher 6. Für eine weitere Vergrößerung des Dreiecks werden vier zusätzliche Steine benötigt. Die vierte Dreieckszahl ist 10, da dieses Dreieck aus insgesamt 10 Steinen besteht.

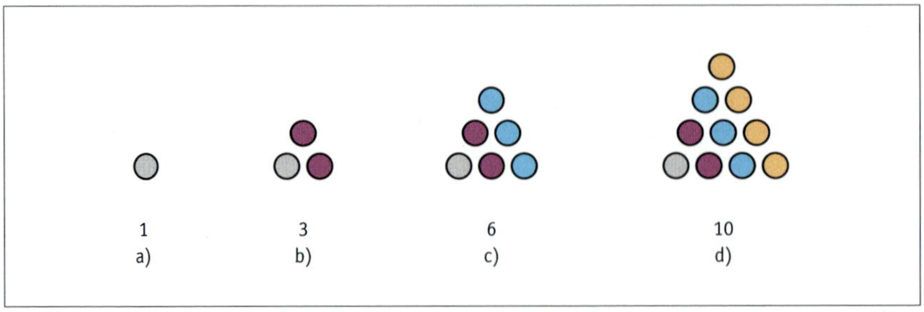


**Bild 1:** Darstellung der ersten vier Dreieckszahlen

**Wie lautet die 5, 8, 15 oder n-te Dreieckszahl?**

Um dieser Frage nachzugehen, wird die Entstehung einzelner Dreieckszahlen näher untersucht. Die zweite Dreieckszahl ist entstanden, indem man zur ersten Dreieckszahl 1 die Zahl 2 addiert:

$\Delta_2 = 1 + 2 = 3$ Zweite Dreieckszahl

Die dritte Dreieckszahl entsteht, wenn man zur zweiten Dreieckszahl die Zahl 3 addiert:

$\Delta_3 = \Delta_2 + 3 = 1 + 2 + 3 = 6$ Dritte Dreieckszahl

Die vierte Dreieckszahl entsteht, wenn man zur dritten Dreieckszahl die Zahl 4 addiert:

$\Delta_4 = \Delta_3 + 4 = 1 + 2 + 3 + 4 = 10$ Vierte Dreieckszahl

Man erkennt, dass die zweite Dreieckszahl die Summe der ersten beiden natürlichen Zahlen ist. Die dritte Dreieckszahl erhält man, indem man die ersten drei natürlichen Zahlen addiert, die vierte durch Addition der ersten vier natürlichen Zahlen. Es ist also offensichtlich, dass die fünfte Dreieckszahl die Summe der ersten 5 natürlichen Zahlen ist, die sechste die Summe der ersten 6 natürlichen Zahlen, usw.

**Tabelle 1:** Dreieckszahlen

| | Berechnung | |
|---|---|---|
| $\Delta_1$ | 1 | 1 |
| $\Delta_2$ | 1 + 2 | 3 |
| $\Delta_3$ | 1 + 2 + 3 | 6 |
| $\Delta_4$ | 1 + 2 + 3 + 4 | 10 |
| $\Delta_5$ | 1 + 2 + 3 + 4 + 5 | 15 |
| $\Delta_6$ | 1 + 2 + 3 + 4 + 5 + 6 | 21 |
| | ... | |

Um eine beliebige $n$-te Dreieckszahl ($n \in \mathbb{N}$) zu ermitteln, müssen die ersten $n$ natürlichen Zahlen aufaddiert werden. Laut der Gauß'schen Summenformel kann die Summe der ersten $n$ natürlichen Zahlen durch den Term $\frac{1}{2}(n^2 + n)$ ermittelt werden.

**Dreickszahlen**

Die $n$-te Dreieckszahl ($n \in \mathbb{N}$) entspricht der Summe der ersten $n$ natürlichen Zahlen und lässt sich mithilfe des folgenden Terms ermitteln.

$$\Delta_n = \frac{1}{2}(n^2 + n)$$

Gemäß dieser Formel lautet beispielsweise die achte Dreieckszahl $\Delta_8 = \frac{1}{2}(8^2 + 8) = 36$ und die fünfzehnte $\Delta_{15} = \frac{1}{2}(15^2 + 15) = 120$.

**Aufgabe**

Sie haben 83 kleine Bauklötze zur Verfügung. Die wievielte Dreieckszahl können Sie damit maximal legen? Geben Sie an, ob Bauklötze übrig bleiben.

**Zentrierte Quadratzahlen**

Eingangs des Kapitels wurden die zentrierten Quadratzahlen betrachtet **(Bild 1 folgende Seite)**. Zur Erinnerung: Die erste zentrierte Quadratzahl ist 1. Sie wird durch einen Stein dargestellt. Die zweite zentrierte Quadratzahl ist 5. Man erhält sie ausgehend von der ersten zentrierten Quadratzahl, wenn man um einen einzelnen Stein

4 weitere Steine so anordnet, dass ein Quadrat entsteht. Um das Quadrat zu vergrößern, werden 8 und anschließend 12 zusätzliche Steine benötigt. Die dritten und vierten zentrierten Quadratzahlen sind daher 13 und 25.

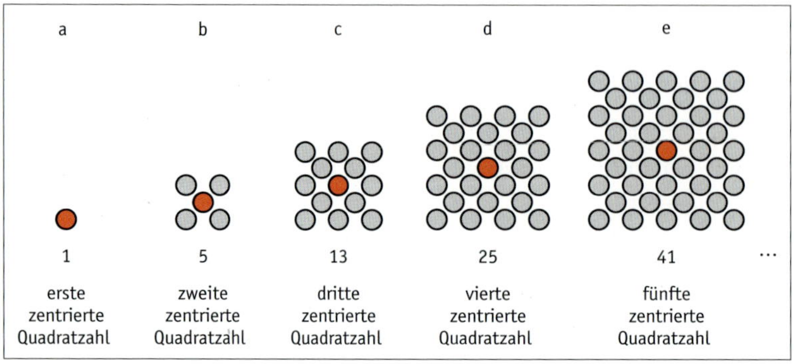


**Bild 1:** Die ersten fünf zentrierten Quadratzahlen

Außerdem wurde eingangs des Kapitels erwähnt, dass sich die zentrierten Quadratzahlen mithilfe des quadratischen Terms $2n^2 - 2n + 1$ ($n \in \mathbb{N}$) rechnerisch bestimmen lassen **(Tabelle 1)**.

**Tabelle 1:** Berechnung der zentrierten Quadratzahlen

| | $n$ | $2n^2 - 2n + 1$ | |
|---|---|---|---|
| Erste zentrierte Quadratzahl | 1 | $2 \cdot 1^2 - 2 \cdot 1 + 1 = 1$ | 1 |
| Zweite zentrierte Quadratzahl | 2 | $2 \cdot 2^2 - 2 \cdot 2 + 1 = 5$ | 5 |
| Dritte zentrierte Quadratzahl | 3 | $2 \cdot 3^2 - 2 \cdot 3 + 1 = 13$ | 13 |
| Vierte zentrierte Quadratzahl | 4 | $2 \cdot 4^2 - 2 \cdot 4 + 1 = 25$ | 25 |
| Fünfte zentrierte Quadratzahl | 5 | $2 \cdot 5^2 - 2 \cdot 5 + 1 = 41$ | 41 |
| Sechste zentrierte Quadratzahl | 6 | $2 \cdot 6^2 - 2 \cdot 6 + 1 = 61$ | 61 |
| | ... | | |

**Zentrierte Quadratzahlen**

Die $n$-te zentrierte Quadratzahl ($n \in \mathbb{N}$) lässt sich mithilfe des folgenden quadratischen Terms berechnen.

$$2n^2 - 2n + 1$$

**Aufgaben**

1. Lösen Sie die Gleichung $2n^2 - 2n + 1 = 61$ mit $n \in \mathbb{N}$ und geben Sie die Bedeutung des berechneten Werts $n$ an.
2. Die 7. Dreieckszahl lautet 28. Ein Mitschüler behauptet, dass sich daraus folgern lässt, dass die 6. zentrierte Quadratzahl $1 + 4 \cdot 28 = 113$ sei. Widerlegen Sie diese Aussage.

### 2.4.6 Aufgaben zu quadratischen Gleichungen

1. Stellen Sie die folgenden Gleichungen in der allgemeinen Darstellungsform $ax^2 + bx + c = 0$ dar und bestimmen Sie jeweils die Koeffizienten a,b und c. Für alle Gleichungen gilt: $G = \mathbb{R}$.

a) $\frac{1}{2}x \cdot (4-x) + 1 = 0$   b) $4x + x^2 - (x+1) = 0$

c) $(x+2)^2 - 1 = 0$   d) $-8(x-3) - x \cdot \left(x - \frac{1}{2}\right) = 1$

e) $\left(4x - \frac{1}{2}\right)^2 + x = -\left(\frac{3}{4}x + 2\right)$   f) $\frac{1}{2} \cdot [4 - (2x+1)^2] = 3x \cdot (1-x)$

g) $-\frac{(3-x)^2}{2} - 3x = 0$   h) $\frac{3}{8} - x \cdot \left(\frac{1}{2} - \frac{1}{4}x\right) = 2 \cdot \left(-\frac{1}{4}x - \frac{3}{2}\right)$

i) $\frac{1}{2}x - 2(2x+1)^2 = -2$   j) $x^2 - \frac{5}{4}x = \frac{1}{2}\left[\left(\frac{1}{5}x + \frac{4}{5}\right)^2 - \left(\frac{4}{5}\right)^2\right]$

k) $x - \left(\frac{3}{4}x - 1\right)^2 = \frac{1}{2} \cdot \frac{3-x}{4}$   l) $-\frac{1}{2}(x-5)^2 - 5x = 25$

2. Geben Sie an, welche folgenden Gleichungen durch die Lösungsstrategie, Ausklammern von x, gelöst werden können. Begründen Sie Ihre Angabe. Für alle Gleichungen gilt: $G = \mathbb{R}$.

a) $\frac{1}{2}x^2 + 2x = 0$   b) $4x^2 - 4 = 0$   c) $x^2 - x = 0$

d) $\frac{1}{2}x^2 + 4x + 2 = 0$   e) $-3x + x^2 = 0$   f) $\frac{1}{2}x^2 - 3x = 7$

3. Ein Schüler A behauptet, dass man die folgende Gleichung löst, indem man sie direkt nach $x_2$ umstellt und anschließend die Wurzel zieht. Eine Mitschülerin B widerspricht und äußert, dass man die Lösungsformel für quadratische Gleichungen zum Lösen dieser Gleichung nimmt. Nehmen Sie Stellung zu dieser Meinungsverschiedenheit.

$\frac{1}{2}x^2 + 4 = 0 \quad (G = \mathbb{R})$

4. Ein Mitschüler schlägt folgenden Lösungsweg zum Lösen der angegebenen quadratischen Gleichung vor. Beschreiben Sie den grundlegenden Fehler dieses Lösungsvorschlags.

$\frac{1}{4}x^2 - 4x = 10 \quad (G = \mathbb{R})$

Lösungsvorschlag:

$\frac{1}{4}x^2 - 4x = 10$

$\Leftrightarrow \quad x \cdot \left(\frac{1}{4}x - 4\right) = 10$

$\rightarrow \quad x_1 = 0$

$\rightarrow \quad \frac{1}{4}x - 4 = 0 \quad \Leftrightarrow \quad x_2 = 16$

5. Überprüfen Sie folgenden Lösungsweg.

$-\frac{1}{2}x^2 - \frac{1}{2} = -1 \quad (G = \mathbb{R})$

Lösungsvorschlag:

$-\frac{1}{2}x^2 + \frac{1}{2} = 0$

$\rightarrow \quad a = -\frac{1}{2},\ b = 0,\ c = \frac{1}{2}$

$\rightarrow \quad x_{1/2} = \dfrac{-0 \pm \sqrt{0^2 - 4 \cdot \left(-\frac{1}{2}\right) \cdot \frac{1}{2}}}{2 \cdot \left(-\frac{1}{2}\right)}$

$= \dfrac{\pm\sqrt{1}}{-1}$

$\rightarrow \quad x_1 = \dfrac{+1}{-1} = -1$

$\rightarrow \quad x_2 = \dfrac{-1}{-1} = 1$

6. Lösen Sie die folgenden Gleichungen. Für alle Gleichungen gilt: $G = \mathbb{R}$.

a) $2x^2 - 2x - 12 = 0$

b) $4x^2 - 4 = 0$

c) $-3x^2 - 6x = 0$

d) $x^2 - 3x - (3 - x) = 0$

e) $(x-2)^2 = -4x + 5$

f) $x - \left(\frac{1}{2}x - 2\right)^2 = \frac{1}{4}x + 2$

g) $-\dfrac{(10-2x)^2}{2} = 40x - 2$

h) $-\frac{2}{3} - x \cdot \left(\frac{5}{7} + x\right) = -\frac{5}{3} \cdot \left(\frac{3}{7}x + 1\right)$

i) $-\frac{3}{4} \cdot (8 - 2x)^2 = -\dfrac{3x + 192}{4}$

j) $(5x-1)^2 + 4x = 4x^2 + 1$

k) $x - \frac{1}{2} \cdot [(13x + 19) - 10x] = (x+3)^2 + 6x$

7. Im Folgenden sind von den quadratischen Gleichungen die zugehörigen Diskriminanten gegeben. Überprüfen Sie diese auf Richtigkeit und geben Sie jeweils die Anzahl der Lösungen an. Für alle Gleichungen gilt: $G = \mathbb{R}$.

a) $\frac{1}{4}x^2 + 6x + 3 = 0$ Diskriminante: 33

b) $2x^2 - x - 5 = 0$ Diskriminante: 41

c) $3x^2 + 7x + 8 = 0$ Diskriminante: $-47$

d) $\frac{1}{2}x^2 + 6x + 18 = 0$ Diskriminante: 0

e) $x^2 - \frac{4}{5}x + \frac{1}{4} = 0$ Diskriminante: $-\frac{9}{25}$

f) $-3x^2 + 3x - \frac{3}{4} = 0$ Diskriminante: 0

8. Berechnen Sie – falls möglich – die Lösungen der folgenden quadratischen Gleichung. Vereinfachen Sie diese so weit wie möglich. Für alle Gleichungen gilt: $G = \mathbb{R}$.

a) $\frac{1}{4}x^2 + 2x - 5 = 0$

b) $\frac{3}{2}x^2 - 4x + 5 = 0$

c) $x^2 - 4x + 10 = 2x + 7$

d) $\frac{3}{8}x^2 - \frac{9}{4}x = -\frac{27}{8}$

e) $\left(\frac{1}{2}x - 3\right)^2 - 2x = x^2 - 4$

f) $2x^2 - \left(\frac{5}{4}x - \frac{1}{2}\right)^2 = x + 1$

g) $(x-3) \cdot \left(\frac{1}{4} - 3x\right) - 7x + 5 = -\left(\frac{1}{2} - x\right) + 12$

h) $-\frac{5}{4} \cdot (5 - 3x)^2 = -\dfrac{5x+4}{4} - x + \frac{5}{4}$

9. In der Mittelschule wird zum Lösen einer quadratischen Gleichung der Form $x^2 + px + q = 0$ mit $p \neq 0$ und $q \neq 0$ die folgende Lösungsformel benutzt:

$$x_{1/2} = -\frac{p}{2} \pm \sqrt{\left(\frac{p}{2}\right)^2 - q}$$

Weisen Sie allgemein nach, dass man die Lösungen $x_1$ und $x_2$ auch unter Verwendung der Lösungsformel $x_{1/2} = \frac{-b \pm \sqrt{b^2 - 4ac}}{2a}$ erhält. Dabei sind $a$, $b$ und $c$ die Koeffizienten in der allgemeinen Darstellungsform einer equadratischen Gleichung $ax^2 + bx + c = 0$

10. Nennen Sie jeweils zwei reinquadratische und gemischtquadratische Gleichungen, die keine reellen Lösungen haben. Beschreiben Sie Ihre Vorgehensweise.

11. Ein befreundeter Student trifft die Aussage: »Eine quadratische Gleichung der Form $x^2 + a = 0$ mit $x, a \in \mathbb{R}$ hat stets zwei Lösungen.«
    a) Widerlegen Sie diese Aussage mit einem Gegenbeispiel.
    b) Für welche Werte von $a$ ist die Aussage des Studenten zutreffend?

12. Berechnen Sie die gesuchten natürlichen Zahlen.
    a) Multipliziert man die gesuchte Zahl mit der nächstgrößeren natürlichen Zahl so erhält man die Zahl 132.
    b) Quadriert man die gesuchte Zahl und addiert die gesuchte Zahl dazu, dann erhält man die Zahl 240.
    c) Subtrahiert man zweimal die gesuchte Zahl von 675, dann erhält man die Quadratzahl der gesuchten Zahl.

13. Figurierte Zahlen.
    a) Stellen Sie einen quadratischen Term auf, der die Differenz zwischen der $n$-ten zentrierten Quadratzahl und der $n$-te Dreieckszahl angibt.
    b) Berechnen Sie unter Verwendung des Terms aus a) die Differenz zwischen der dritten Quadratzahl und dritten Dreieckszahl.
    c) Vergleichen Sie mit Ihrem Banknachbarn das Ergebnis und überprüfen Sie Ihre Ergebnisse experimentell.

14. Ein Temperatursensor zeichnet die Raumtemperatur eines Labors in einem Krankenhaus auf. Die Auswertung ergab, dass sich die Temperatur in °C zwischen 0 Uhr ($t = 0$) und 24 Uhr ($t = 24$) durch folgenden Term beschreiben lässt.

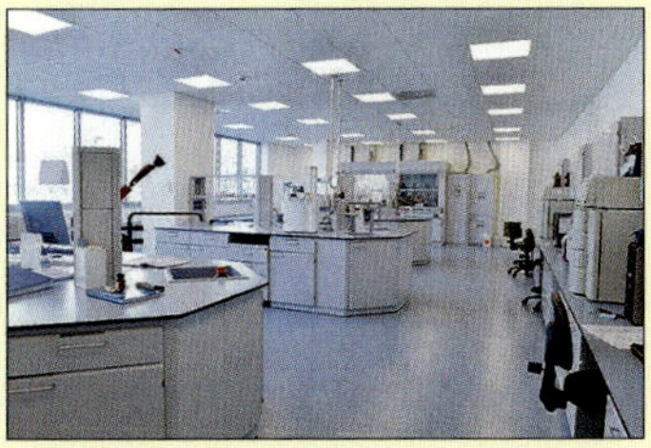

$$T(t) = -\frac{1}{72}t^2 + \frac{1}{3}t + 19 \quad \text{mit} \quad 0 \leq t \leq 24$$

    a) Berechnen Sie die Uhrzeit, zu der im Labor eine Temperatur von 20°C herrscht. Runden Sie Ihre Ergebnisse auf zwei Dezimalstellen.
    b) Eine medizinisch- technische Fachangestellte beschwert sich, da es ihr in der Nachtschicht zu kalt im Labor sei. Sie gibt an, während der Nachtschicht eine Raumtemperatur von 16°C gemessen zu haben. Ihre Vorgesetzte hegt Zweifel an der Messung und verweist auf die Auswertung der Messung der Raumtemperatur. Nehmen Sie Stellung zu diesem Streitfall.

## 2.5 Quadratische Gleichungen mit einer Formvariablen

Aus dem vorherigen Kapitel ist bekannt, dass die Diskriminante in der Lösungsformel für quadratische Gleichungen über die Lösbarkeit einer quadratischen Gleichung entscheidet. Ist der Wert der Diskriminante positiv, so hat die zugehörige quadratische Gleichung zwei unterschiedliche Lösungen. Für den Fall, dass die Diskriminante den Wert 0 annimmt, hat die zugehörige Gleichung eine Lösung. Ist die Diskriminante negativ, dann ist die entsprechende Gleichung nicht lösbar. Diese Tatsache muss beim Lösen einer quadratischen Gleichung, die zusätzlich eine Formvariable enthält, berücksichtigt werden.

Anhand der folgenden Beispielaufgabe wird beschrieben, wie der genannte Sachverhalt beim Lösen von quadratischen Gleichungen, die eine Formvariable enthalten, berücksichtigt wird.

**Beispielaufgabe**

Gegeben ist die quadratische Gleichung $x^2 - 6x - 2t = 0$ ($G = \mathbb{R}$) in Abhängigkeit von der Formvariablen $t$ ($t \in \mathbb{R}$). Bestimmen Sie die Lösungsmenge in Abhängigkeit von $t$.

**Lösung**

Die Gleichung $x^2 - 6x - 2t = 0$ stellt prinzipiell eine quadratische Gleichung in der Form $ax^2 + bx + c = 0$ dar. Sie wird daher mithilfe der Lösungsformel für quadratische Gleichungen gelöst. Entscheidend bei dieser Gleichung ist, dass das konstante Glied $c = -2t$ ist.

- Anwenden der Lösungsformel für quadratische Gleichungen

$x^2 - 6x - 2t = 0 \quad \text{mit} \quad a = 1, b = -6, c = -2t$

$$x_{1/2} = \frac{-b \pm \sqrt{b^2 - 4ac}}{2a} = \frac{-(-6) \pm \sqrt{(-6)^2 - 4 \cdot 1 \cdot (-2t)}}{2 \cdot 1} = \frac{6 \pm \sqrt{36 + 8t}}{2}$$

Der Wert der Diskriminante ist von der Formvariablen $t$ abhängig. Je nachdem, welchen Wert $t$ annimmt, ist der Wert der Diskriminante positiv, negativ oder gleich Null.

- Betrachtung der Diskriminante

$$36 + 8t > 0 \quad \Leftrightarrow \quad 8t > -36 \quad \Leftrightarrow \quad t > -\frac{9}{2}$$

$$36 + 8t = 0 \quad \Leftrightarrow \quad 8t = -36 \quad \Leftrightarrow \quad t = -\frac{9}{2}$$

$$36 + 8t < 0 \quad \Leftrightarrow \quad 8t < -36 \quad \Leftrightarrow \quad t < -\frac{9}{2}$$

Der Wert der Diskriminante entscheidet über die Lösbarkeit der zugehörigen quadratischen Gleichung. Das bedeutet, dass für alle Werte von $t$, die größer als $-\frac{9}{2}$ sind, die zugehörige Gleichung zwei Lösungen hat, da für $t > -\frac{9}{2}$ die Diskriminante positiv ist. Für $t = -\frac{9}{2}$ ist die Diskriminante Null. Daher hat die zugehörige Gleichung genau eine Lösung. Für $t \leq -\frac{9}{2}$ ist die quadratische Gleichung nicht lösbar.

- Fallunterscheidung:

| **1. Fall:** $t > -\frac{9}{2} \rightarrow$ Disk $> 0$ | **2. Fall:** $t = -\frac{9}{2} \rightarrow$ Disk $= 0$ | **3. Fall:** $t < -\frac{9}{2} \rightarrow$ Disk $< 0$ |
|---|---|---|
| Zwei Lösungen, und zwar: $x_1 = \frac{6+\sqrt{36+8t}}{2}$ $x_2 = \frac{6-\sqrt{36+8t}}{2}$ | Eine Lösung, und zwar: $x = \frac{6}{2} = 3$ | Keine Lösung |

**Erkenntnis:** Man erkennt, dass die Lösung einer quadratischen Gleichung, die eine Formvariable enthält, nicht eindeutig ist, sondern dass diese meist vom Wert der Formvariablen abhängt.

## Aufgaben

1. Die folgenden Teilaufgaben a) bis d) beziehen sich auf die oben angeführte Beispielaufgabe.
   a) Erklären Sie, weshalb untersucht wird, für welche Werte von $t$ die Diskriminante größer, kleiner oder gleich Null ist.
   b) Begründen Sie, weshalb für $t < -\frac{9}{2}$ die quadratische Gleichung keine Lösung hat.
   c) Geben Sie die Lösungsmenge für $t = -4$ und für $t = 4$ an. Beschreiben Sie Ihre Überlegungen.
   d) Nennen Sie eine konkrete Gleichung aus der Menge der gegebenen Gleichungen, die keine Lösung hat.

2. Ermitteln Sie, für welche der genannten quadratischen Gleichungen ($G = \mathbb{R}$) mit einer Formvariablen $k \in \mathbb{R}$ die folgende Fallunterscheidung zielführend ist.

| 1. Fall: $k > 2$ | 2. Fall: $k = 2$ | 3. Fall: $k < 2$ |
|---|---|---|
| ... | ... | ... |

   a) $2x^2 - 8x + 4k = 0$
   b) $\frac{1}{2}x^2 + 3x - 3k = 0$
   c) $-\frac{1}{4}x^2 - \frac{1}{2}x - \frac{1}{8}k = 0$
   d) $\frac{x^2 - 2k}{2} = -x + 4$

3. Gegeben ist eine quadratische Gleichung ($G = \mathbb{R}$) in Abhängigkeit von der Formvariablen $k$ ($k \in \mathbb{R}$). Diese wurde mittels der Lösungsformel für quadratische Gleichungen gelöst. Man erhält:

$$x_{1/2} = \frac{-5 \pm \sqrt{25 - 4 \cdot 2 \cdot k}}{2 \cdot 2}$$

   a) Führen Sie eine passende Fallunterscheidung durch.
   b) Begründen Sie, weshalb keine Fallunterscheidung notwendig wäre, wenn $k \in \mathbb{R}_0^-$ gelten würden.

4. Lösen Sie die folgenden quadratischen Gleichungen in Abhängigkeit von der Formvariablen $t$. Führen Sie, falls notwendig, eine Fallunterscheidung durch. Für alle vorkommenden Gleichungen gilt: $G = \mathbb{R}$ und $t = \mathbb{R}$.
   a) $x^2 - 2x + \frac{t}{2} = 0$
   b) $\frac{1}{3}x^2 + \frac{5}{3}x + \frac{4t+1}{3} = 0$
   c) $x^2 - 3x - t = 1$
   d) $x^2 + 4 = 2x + t$

## 2.6 Faktorisieren

Zum mathematischen Grundwissen gehört das Faktorisieren von Termen. In diesem Kapitel wird erläutert, was man unter Faktorisieren bzw. der faktorisierten Form eines quadratischen Terms versteht und wie Faktorisieren von statten geht. Nach dem Bearbeiten dieses Kapitels verfügen Sie über folgendes Wissen bzw. über folgende Fertigkeiten:

- Sie kennen die faktorisierte Form eines quadratischen Terms.
- Sie kennen das Standardverfahren zum Faktorisieren von quadratischen Termen und können dieses anwenden.
- Sie können spezielle quadratische Terme durch Ausklammern faktorisieren.
- Sie können spezielle quadratische Terme mithilfe der Binomischen Formeln faktorisieren.
- Sie können geeignete quadratische Terme durch Verwendung des Satzes von Vieta faktorisieren.
- Sie erkennen, dass Faktorisieren beim Bruchrechnen Rechenvorteile schafft und können diese gezielt ausnutzen.

### 2.6.1 Die faktorisierte Form eines quadratischen Terms

Beim Bruchrechnen und später bei der Funktionenlehre ist es notwendig, dass man einen quadratischen Term in die Form $a \cdot (x - x_1) \cdot (x - x_2)$ zerlegen kann, wobei $x_1$ und $x_2$ die Nullstellen des Terms sind. Nullstellen sind die $x$-Werte, für die der Termwert Null ergibt. Man nennt diese Form $a \cdot (x - x_1) \cdot (x - x_2)$ die faktorisierte Form eines Terms. Entscheidend für die Namensgebung war, dass der Term der faktorisierten Form ein Produkt ist.

$$ax^2 + bx + c$$

Allgemeine Darstellungsform eines quadratischen Terms

$$a \cdot (x - x_1) \cdot (x - x_2)$$

Faktorisierte Form eines quadratischen Terms, wobei $x_1$ und $x_2$ die Nullstellen des Terms sind.

**Beispiel:**

Der quadratische Term $\frac{1}{2}x^2 - \frac{1}{2}x - 3$ hat die Nullstellen $x_1 = 2$ und $x_2 = -3$. Die faktorisierte Form dieses Terms lautet somit: $\frac{1}{2}(x-2)(x-(-3)) = \frac{1}{2}(x-2)(x+3)$.

$$\frac{1}{2}x^2 - \frac{1}{2}x - 3 \quad \Leftrightarrow \quad \frac{1}{2}(x-2)(x+3)$$

Allgemeine und faktorisierte Form des quadratischen Terms

**Faktorisierte Form**

Die Darstellungsform $a \cdot (x - x_1) \cdot (x - x_2)$ eines quadratischen Terms wird faktorisierte Form genannt. $x_1$ und $x_2$ sind die Nullstellen des Terms.

### 2.6.2 Standardverfahren zum Faktorisieren von Termen

Um einen Term in der faktorisierten Form anzugeben, benötigt man die Nullstellen des Terms. Diese erhält man, indem der Term gleich Null gesetzt und die entstehende Gleichung mit dem bereits erworbenen Wissen gelöst wird. In der folgenden Aufgabe wird das eben Beschriebene angewandt.

**Beispiele**

Geben Sie die folgenden Terme in faktorisierter Form an. Es gilt $x \in \mathbb{R}$.

a) $\frac{1}{2}x^2 - \frac{7}{2}x + 5$ b) $\frac{1}{4}x^2 - 3x + 9$

**Lösung a)**

Die faktorisierte Form eines quadratischen Terms lautet $a \cdot (x - x_1) \cdot (x - x_2)$, wobei $x_1$ und $x_2$ die Nullstellen des Terms sind. a ist der sogeannte Leitfaktor. Er kann direkt aus dem gegebenen quadratischen Term abgelesen werden, da er dem Koeffizienten von dem quadratischen Glied entspricht. In diesem Beispiel ist der Leitfaktor $a = \frac{1}{2}$. Die Nullstellen des Terms können nicht unmittelbar abgelesen werden, sondern müssen berechnet werden.

- Berechnung der Nullstellen

$$\frac{1}{2}x^2 - \frac{7}{2}x + 5 = 0 \quad |\cdot 2$$

$$\Leftrightarrow \quad x^2 - 7x + 10 = 0$$

$$\rightarrow \quad x_{1/2} = \frac{-(-7) \pm \sqrt{(-7)^2 - 4 \cdot 1 \cdot 10}}{2}$$

$$= \frac{7 \pm \sqrt{9}}{2}$$

$$\rightarrow \quad x_1 = \frac{7-3}{2} = 2$$

$$\rightarrow \quad x_2 = \frac{7+3}{2} = 5$$

Die Nullstellen des quadratischen Terms $\frac{1}{2}x^2 - \frac{7}{2}x + 5$ sind $x_1 = 2$ und $x_2 = 5$.

- Angabe der faktorisierten Form

Da der Leitfaktor $a = \frac{1}{2}$ sowie die Nullstellen $x_1 = 2$ und $x_2 = 5$ bekannt sind, erhält man durch Einsetzen in den quadratischen Term die faktorisierte Form: $\frac{1}{2} \cdot (x-2) \cdot (x-5)$.

$$\frac{1}{2}x^2 - \frac{7}{2}x + 5 = \frac{1}{2} \cdot (x-2) \cdot (x-5)$$

- Durchführung der Probe

Durch Ausmultiplizieren des faktorisierten Terms kann gezeigt werden, dass die beiden quadratischen Terme gleichwertig sind.

$$\frac{1}{2} \cdot (x-2) \cdot (x-5) = \frac{1}{2}(x^2 - 5x - 2x + 10)$$

$$= \frac{1}{2}(x^2 - 7x + 10) = \frac{1}{2}x^2 - \frac{7}{2}x + 5$$

**Lösung b)**

Der Leitkoeffizient des Terms $\frac{1}{4}x^2 - 3x + 9$ ist $a = \frac{1}{4}$. Die Nullstellen $x_1$ und $x_2$ sind jeweils 6, wie man anhand der folgenden Rechnung sieht.

$$\frac{1}{4}x^2 - 3x + 9 = 0 \quad |\cdot 4$$

$$\Leftrightarrow \quad x^2 - 12x + 36 = 0$$

$$\rightarrow \quad x_{1/2} = \frac{-(-12) \pm \sqrt{(-12)^2 - 4 \cdot 1 \cdot 36}}{2 \cdot 1}$$

$$= \frac{12 \pm \sqrt{0}}{2}$$

$$\rightarrow \quad x_1 = \frac{12-0}{2} = 6$$

$$\rightarrow \quad x_2 = \frac{12+0}{2} = 6$$

Die faktorisierte Form des Terms $\frac{1}{4}x^2 - 3x + 9$ lautet somit $\frac{1}{4} \cdot (x-6) \cdot (x-6)$ bzw. $\frac{1}{4}(x-6)^2$.

$$\frac{1}{4}x^2 - 3x + 9 = \frac{1}{4}(x-6)^2$$

Analysiert man rückblickend den Lösungsweg der beiden Teilaufgaben a) und b) so stellt man fest, dass diese durch folgende Vorgehensweise gelöst wurden.

**Beschreibung der Vorgehensweise:**

1. Notieren des Werts des Leitkoeffizienten $a$.
2. Lösen der quadratischen Gleichung $ax^2 + bx + c = 0$. Dadurch erhält man in der Regel zwei Lösungen $x_1$ und $x_2$.
3. Angabe der faktorisierten Form $a \cdot (x - x_1) \cdot (x - x_2)$.

**Anmerkung**

Die beschriebene Lösungsstrategie zum Umwandeln der allgemeinen Darstellungsform in die faktorisierte Form ist bei allen quadratischen Termen anwendbar, die mindestens eine Nullstelle haben. Quadratische Terme ohne Nullstellen können nicht in dieser faktorisierten Form dargestellt werden.

**Aufgaben**

Für alle vorkommenden Gleichungen gilt: $G = \mathbb{R}$.

1. Stellen Sie die folgenden quadratischen Terme in faktorisierter Form dar.

   a) $\frac{1}{2}x^2 + \frac{1}{2}x - 10$ d) $\frac{3}{4}x^2 + 3x - 9$ c) $\frac{1}{4}x^2 + \frac{1}{2}x + \frac{1}{4}$

2. Begründen Sie, weshalb sich der folgende Term nicht in faktorisierter Form darstellen lässt.

   $-2x^2 + x - 2$

3. Geben Sie an, welcher der folgenden Terme a) bis c) sich in der faktorisierten Form

   $-\frac{1}{4}(x - 1)(x + 3)$

   darstellen lassen. Begründen Sie Ihre Angabe.

   a) $\frac{1}{2}x^2 - x + \frac{5}{2}$ b) $-\frac{1}{4}x^2 + x - 4$ c) $-\frac{1}{4}x^2 - \frac{1}{2}x + \frac{3}{4}$

### 2.6.3 Faktorisieren durch Ausklammern

Eine weitere Möglichkeit, einen Term zu faktorisieren ist das Ausklammern. Anhand der folgenden Aufgaben wird gezeigt, wie dies funktioniert.

**Beispielaufgabe**

Geben Sie den Term $2x^2 - 4x$ in faktorisierter Form an. Es gilt $x \in \mathbb{R}$.

**Lösung**

Der Term $2x^2 - 4x$ ist eine Differenz. Durch das Ausklammern von $2x$ erhält man den Term $2x \cdot (x - 4)$. Dieser stellt ein Produkt dar. Die Nullstellen dieses Terms sind $x = 0$ und $x = 4$, da für diese beiden Werte für $x$ der Termwert 0 wird.

$$2x^2 - 4x \quad \Leftrightarrow \quad 2x \cdot (x - 4)$$

**Anmerkung**

Dieses Verfahren kann nur angewandt werden, wenn in jedem Summanden beziehungsweise in Minuend und Subtrahend die unbekannte Variable (meistens $x$) enthalten ist.

**Aufgaben**

Für alle vorkommenden Gleichungen gilt: $G = \mathbb{R}$.

1. Stellen Sie durch Ausklammern die folgenden quadratischen Terme in faktorisierter Form dar.

   a) $-\frac{3}{2}x^2 + \frac{1}{3}x$  b) $-2x^2 + x$  c) $\frac{1}{4}x^2 - \frac{1}{4}x$

2. Geben Sie an, welcher der folgenden Terme a) bis c) sich in der faktorisierten Form

   $-\frac{1}{4}x \cdot (x+3)$

   darstellen lässt. Begründen Sie Ihre Angabe.

   a) $-x^2 - 3x$  b) $-\frac{1}{4}x^2 + \frac{3}{4}x$  c) $-\frac{1}{4}x^2 - \frac{3}{4}x$

### 2.6.4 Faktorisieren durch Anwenden der Binomischen Formeln

Manche Terme können mithilfe der Binomischen Formeln faktorisiert werden. Voraussetzung für das beschriebene Verfahren ist jedoch, dass der Term eine Binomische Formel enthält – und man diese erkennt.

**Beispielaufgaben**

Geben Sie die folgenden Terme in faktorisierter Form an. Es gilt $x \in \mathbb{R}$.

a) $x^2 + 4x + 4$  b) $2x^2 - 4x + 2$  c) $x^2 - 16$

**Lösung a)**

Die Summe $x^2 + 4x + 4$ kann durch die erste Binomische Formel $a^2 + 2ab + b^2 = (a+b)^2$ in die Potenz $(x+2)^2$ umgewandelt werden. Diese lässt sich auch als Produkt $(x+2) \cdot (x+2)$ schreiben. $(x+2)^2$ ist daher die faktorisierte Form des Terms $x^2 + 4x + 4$.

$x^2 + 4x + 4 \quad \rightarrow \quad (x+2)^2$ [Anwendung des 1. Binom]

**Lösung b)**

Bevor das zweite Binom $a^2 - 2ab + b^2 = (a-b)^2$ angewandt werden kann, muss die Zahl 2 ausgeklammert werden.

$2x^2 - 4x + 2 \quad \rightarrow \quad 2 \cdot (x^2 - 2x + 1)$ [2 ausklammern] $\rightarrow \quad 2 \cdot (x-1)^2$ [2. Binom]

**Lösung c)**

Der quadratische Term lässt sich mithilfe der dritten Binomischen Formel in die faktorisierte Form überführen.

$x^2 - 16 \quad \rightarrow \quad (x-4) \cdot (x+4)$ [3. Binom]

**Aufgaben**

Für alle vorkommenden Gleichungen gilt: $G = \mathbb{R}$.

1. Geben Sie an, welche der folgenden quadratischen Terme mithilfe einer der Binomischen Formeln faktorisiert werden kann.

   a) $x^2 - 10x + 25$  b) $x^2 - 100$  c) $4x^2 + 8x + 4$  d) $\frac{1}{4}x^2 + \frac{1}{16}$

2. Bestimmen Sie alle Werte für $k$ ($k \in \mathbb{R}$), für die sich der folgende quadratische Term mithilfe der Binomischen Formeln faktorisieren lässt.

   $x^2 + kx + 1$

3. Faktorisieren Sie folgende Terme mithilfe der Binomischen Formeln. Beachten Sie, dass Sie zuvor gegebenenfalls einen Faktor ausklammern müssen.

   a) $\frac{1}{4}x^2 + \frac{3}{2}x + \frac{9}{4}$  b) $8 - 2x^2$  c) $-\frac{1}{8}x^2 + \frac{1}{2}x - \frac{1}{2}$  d) $\frac{3}{2}x^2 - 18x + 54$

### 2.6.5 Faktorisieren mithilfe des Satzes von Vieta

Mithilfe des Satzes von Vieta können manche quadratischen Terme, die in der Form $x^2 + px + q$ vorliegen, ohne aufwendige Rechnung in die Form $(x - x_1) \cdot (x - x_2)$ umgewandelt werden. Der Satz von Vieta beschreibt einen Zusammenhang zwischen den Nullstellen $x_1$ und $x_2$ eines quadratischen Terms und den Koeffizienten $p$ und $q$ in $x^2 + px + q$. Gemäß dem Satz von Vieta ist der Koeffizient $q$ das Produkt der Nullstellen $x_1$ und $x_2$ ($x_1 \cdot x_2 = q$) und die Summe der Nullstellen $x_1$ und $x_2$ ergibt $-p$ ($x_1 + x_2 = -p$).

**Anmerkung**

Die Darstellungsform $x^2 + px + q$ ist eine spezielle Form der allgemeinen Darstellungsform $ax^2 + bx + c$ eines quadratischen Terms, nämlich für $a = 1$.

**Satz von Vieta**

Laut dem Satz von Vieta herrscht zwischen den Nullstellen $x_1$ und $x_2$ eines quadratischen Terms und den Koeffizienten $p$ und $q$ in $x^2 + px + q$ folgender Zusammenhang:

$$x_1 \cdot x_2 = q \quad \text{und} \quad x_1 + x_2 = -p$$

$$x^2 + px + q \quad \Leftrightarrow \quad (x - x_1) \cdot (x - x_2)$$

**Beispielaufgaben**

Faktorisieren Sie die folgenden quadratischen Terme. Benutzen Sie den Satz von Vieta. Es gilt $x \in \mathbb{R}$.

a) $x^2 - 5x + 6$ b) $x^2 - 3x - 10$ c) $x^2 + 3x - 4$

**Lösung a)**

Der Term $x^2 - 5x + 6$ liegt in der Form $x^2 + px + q$ vor, wobei $p = -5$ und $q = 6$ ist. Um diesen Term mithilfe des Satzes von Vieta zu faktorisieren, benötigen wir ein $x_1$ und ein $x_2$, deren Summe 5, also $-p$, ergibt und deren Produkt 6, also q ist. Durch systematisches Probieren erhält man das Paar $x_1 = 2$ und $x_2 = 3$, dass beide Eigenschaften erfüllt **(Tabelle 1)**. Die faktorisierte Form von $x^2 - 5x + 6$ lautet somit $(x - 2) \cdot (x - 3)$.

**Tabelle 1:** Systematisches Probieren

| $x_1$ | $x_2$ | $x_1 + x_2$ | $x_1 \cdot x_2$ | $-p$ | $q$ | |
|---|---|---|---|---|---|---|
| 1 | 4 | **5** | **4** | 5 | 6 | |
| 1 | 6 | **7** | **6** | 5 | 6 | |
| 2 | 3 | **5** | **6** | 5 | 6 | ok |

**Lösung b)**

$x^2 - 3x - 10$

Für $x_1 = -2$ und $x_2 = 5$ gilt:

$\rightarrow x_1 \cdot x_2 = -2 \cdot 5 = -10 = q$

$\rightarrow x_1 + x_2 = -2 + 5 = 3 = -p$

$\rightarrow (x + 2) \cdot (x - 5)$

Für $x_1 = -2$ und $x_2 = 5$ sind die beiden Bedingungen $x_1 \cdot x_2 = q$ und $x_1 + x_2 = -p$ erfüllt. Die faktorisierte Form von $x^2 - 3x - 10$ lautet somit $(x + 2) \cdot (x - 5)$.

**Lösung c)**

$x^2 + 3x - 4$

Für $x_1 = -4$ und $x_2 = 1$ gilt:

$\rightarrow x_1 \cdot x_2 = -4 \cdot 1 = -4 = q$

$\rightarrow x_1 + x_2 = -4 + 1 = -3 = -p$

$\rightarrow (x + 4) \cdot (x - 1)$

Die faktorisierte Form von $x^2 + 3x - 4$ lautet $(x + 4) \cdot (x - 1)$

**Anmerkung**

Um den Satz von Vieta anwenden zu können, muss man ausgehend von den Koeffizienten p und q ($x^2 + px + q$) durch Überlegen bzw. Probieren auf die Nullstellen $x_1$ und $x_2$ schließen, die zusammen die beiden Bedingungen $x_1 \cdot x_2 = q$ und $x_1 + x_2 = -p$ erfüllen. Das ist mathematisch sehr anspruchsvoll und nicht immer möglich!

Eine Alternative zur Bestimmung der Nullstellen eines quadratischen Terms, der in der Form $x^2 + px + q$ vorliegt, ist das Anwendung der folgenden Formel. Mit dieser erhält man ebenfalls die Nullstellen $x_1$ und $x_2$.

$$x_{1/2} = -\frac{p}{2} \pm \sqrt{\left(\frac{p}{2}\right)^2 - q}.$$

Diese sogenannte *p-q*-Formel wird am Ende des Kapitels in der Rubrik vertiefende Betrachtung aus der allgemeinen Lösungsformel für quadratische Gleichungen hergeleitet.

## Aufgaben

Für alle vorkommenden Gleichungen gilt: $G = \mathbb{R}$.

1. Überprüfen Sie auf zwei verschiedene Weisen, ob das angegebene Nullstellenpaar tatsächlich die Nullstellen des quadratischen Terms sind. Benutzen Sie zum einen den Satz von Vieta und zum anderen eine alternative Möglichkeit Ihrer Wahl.

   $x^2 - 2x - 15$ Nullstellen: $x_1 = -3$ und $x_2 = 5$

2. Geben Sie einen quadratischen Term in allgemeiner Darstellungsform an, der die Nullstellen $x_1 = -1$ und $x_2 = 10$ hat. Benutzen Sie den Satz von Vieta.

3. Alle folgenden quadratischen Terme haben bei $x = 1$ eine Nullstelle. Ermitteln Sie mithilfe des Satz von Vieta die zweite Nullstelle. Beschreiben Sie Ihre Vorgehensweise.

   a) $x^2 - 3x + 2$ b) $x^2 - 7x + 6$ c) $x^2 + 2x - 3$

## Vertiefende Betrachtungen – p-q-Formel

Die *p-q*-Formel ist ein Spezialfall der Lösungsformel für quadratische Gleichungen. Die *p-q*-Formel kann nur angewendet werden, wenn eine quadratische in der Gleichung in der Form $x^2 + px + q = 0$ vorliegt, also wenn der Koeffizient von dem quadratischen Glied gleich 1 ist.

$$x_{1/2} = -\frac{p}{2} \pm \sqrt{\left(\frac{p}{2}\right)^2 - q}$$

***p-q*-Formel**

$$x_{1/2} = \frac{-b \pm \sqrt{b^2 - 4ac}}{2a}$$

**Lösungsformel für quadratische Gleichungen**

### ▪ Herleitung *p-q*-Formel aus der Lösungsformel für quadratische Gleichungen

Die Lösungsformel ist bekanntlich auf alle quadratischen Gleichungen anwendbar, die die Form $ax^2 + bx + c = 0$ haben. Somit ist sie auch auf jede Gleichung anwendbar, die die Form $x^2 + px + q = 0$ hat. Dabei ist $a = 1$, $b = p$ und $c = q$ ist. Setzt man diese Werte für $a$, $b$ und $c$ in die Lösungsformel für quadratische Gleichungen ein und formt diese wie im Folgenden zu sehen ist um, erhält man die *p-q*-Formel:

$$ax^2 + bx + c = 0 \xrightarrow{a = 1, b = p, c = q} x^2 + px + q = 0$$

Einsetzen von $a = 1, b = p$ und $c = q$ in $x_{1/2} = \frac{-b \pm \sqrt{b^2 - 4ac}}{2a}$

$$x_{1/2} = \frac{-b \pm \sqrt{b^2 - 4ac}}{2a} = \frac{-p \pm \sqrt{p^2 - 4 \cdot 1 \cdot q}}{2 \cdot 1} = \frac{-p \pm \sqrt{p^2 - 4q}}{2}$$

$$= -\frac{p}{2} \pm \frac{1}{2}\sqrt{p^2 - 4q} = -\frac{p}{2} \pm \sqrt{\frac{p^2}{4} - \frac{4q}{4}}$$

$$= -\frac{p}{2} \pm \sqrt{\left(\frac{p}{2}\right)^2 - q}$$

### 2.6.6 Anwenden des Faktorisierens

Mithilfe des Faktorisierens können einige Rechnungen vereinfacht und somit schnell gelöst werden.

**a) Kürzen von Brüchen unter Verwendung des Faktorisierens**

Das Faktorisieren wird häufig benötigt, um Brüche vollständig zu kürzen. Betrachten wir beispielsweise den Bruch $\frac{2x^2-28x+48}{x-2}$. Auf den ersten Blick erkennt man keine Vereinfachungsmöglichkeit. Faktorisiert man jedoch den Zähler, so ist offensichtlich, dass der Bruch mit $(x-2)$ gekürzt werden kann.

- Faktorisieren des Zählers:

$$2x^2-28x+48 = 0$$

$$x_{1/2} = \frac{28 \pm \sqrt{28^2-4\cdot 2\cdot 48}}{2\cdot 2} = \frac{28 \pm \sqrt{784-384}}{4} = \frac{28 \pm \sqrt{400}}{4} = \frac{28 \pm 20}{4}$$

$$\rightarrow \quad x_1 = \frac{28+20}{4} = 12 \quad \rightarrow \quad x_2 = \frac{28-20}{4} = 2$$

$$\rightarrow \quad 2x^2-28x+48 = 2\cdot(x-12)\cdot(x-2)$$

- Kürzen des Bruches:

Nach dem Faktorisieren des Zählers ist deutlich erkennbar, dass der Bruch noch weiter vereinfacht werden kann.

$$\frac{2x^2-28x+48}{x-2} = \frac{2\cdot(x-12)\cdot(x-2)}{x-2} = 2\cdot(x-12) = 2x-24$$

Das vollständige Kürzen von Brüchen ist immer dann wichtig, wenn mit diesem Ausdruck weitergerechnet werden muss. Mit $2x-24$ lässt es sich wesentlicher leichter rechnen, als mit $\frac{2x^2-28x+48}{x-2}$.

**b) Nullproduktregel**

Die Nullproduktregel besagt, dass ein Produkt Null ist, wenn einer der Faktoren Null ist. Betrachtet man beispielsweise den Term $(2x-4)\cdot(5-x)$, erkennt man, dass dieser ein Produkt mit den Faktoren $(2x-4)$ und $(5-x)$ ist. Die Nullstellen des Terms sind $x_1 = 2$ und $x_2 = 5$, da für $x = 2$ der erste Faktor $(2x-4)$ und für $x = 5$ der zweite Faktor $(5-x)$ Null ist. Die Nullstellen eines quadratischen Terms in faktorisierter Form können also sofort angegeben werden.

**Nullproduktregel**

Ein Produkt ist Null, wenn ein Faktor Null ist.

**Beispielaufgaben**

Geben Sie die Nullstellen der folgende Terme an. Es gilt $x \in \mathbb{R}$.

a) $10\cdot(x-2)\cdot\left(\frac{1}{2}-2x\right)$

b) $\frac{1}{2}\cdot(-x-5)\cdot(x-4)$

**Lösung a)**

Der Term $10 \cdot (x-2) \cdot \left(\frac{1}{2} - 2x\right)$ ist ein Produkt mit den Faktoren 10, $(x-2)$ und $\left(\frac{1}{2} - 2x\right)$. Der Faktor $(x-2)$ wird für $x = 2$ und der Faktor $\left(\frac{1}{2} - 2x\right)$ wird für $x = \frac{1}{4}$ Null. Wenn einer der Faktoren Null ist, ist der Produktwert Null. Die Nullstellen des Terms sind somit $x_1 = 2$ und $x_2 = \frac{1}{4}$.

$$10 \cdot (x-2) \cdot \left(\frac{1}{2} - 2x\right) = 0 \quad \rightarrow x_1 = 2 \quad \rightarrow x_2 = \frac{1}{4}$$

**Lösung b)**

Der Term $\frac{1}{2} \cdot (-x-5) \cdot (x-4)$ ist ein Produkt mit den Faktoren $\frac{1}{2}$, $(-x-5)$ und $(x-4)$. Der Faktor $(-x-5)$ wird für $x = -5$ und der Faktor $(x-4)$wird für $x = 4$ Null. Die Nullstellen des Terms sind somit $x_1 = -5$ und $x_2 = 4$.

$$\frac{1}{2} \cdot (-x-5) \cdot (x-4) = 0 \quad \rightarrow x_1 = -5 \quad \rightarrow x_2 = 4$$

## Aufgaben

1. Faktorisieren Sie den Zähler und Nenner der folgenden Bruchterme und kürzen Sie vollständig.

   a) $\frac{-4 \cdot x^2 - 16x + 48}{2x + 12} \quad (x \in \mathbb{R}\backslash\{-6\})$ b) $\frac{x^2 - 1}{x^2 - 2x + 1} \quad (x \in \mathbb{R}\backslash\{1\})$

   c) $\frac{2x^2 + 2x - 40}{5x^2 + 25x} \quad (x \in \mathbb{R}\backslash\{-5; 0\})$ d) $\frac{3x^2 - 6x - 9}{-4x^2 + 16x - 12} \quad (x \in \mathbb{R}\backslash\{1; 3\})$

2. Ein Mitschüler behauptet, dass sich der folgende Bruchterm nicht weiter vereinfachen lässt. Geben Sie an, ob Sie dieser Aussage zustimmen oder ihr widersprechen. Begründen Sie Ihre Angaben.

   $\frac{-2x^2 + 8}{3x^2 - 12x + 12} \quad (x \in \mathbb{R}\backslash\{2\})$

3. Überprüfen Sie den Lösungsweg der folgenden Subtraktion.

   $\frac{x^2 - x}{x - 1} - 1 \quad (x \in \mathbb{R}\backslash\{1\})$

   Lösungsvorschlag:

   $\frac{x^2 - x}{x - 1} - 1 = \frac{x^2 - x}{x - 1} - \frac{x - 1}{x - 1} = \frac{x^2 - x - x + 1}{x - 1} = \frac{x^2 - 2x + 1}{x - 1}$

4. Führen Sie die folgende Addition durch

   $\frac{4x^2 - 64}{2x + 8} + 5 \quad (x \in \mathbb{R}\backslash\{-4\})$

5. Begründen Sie, weshalb $x = 1$ und $x = -8$ die Nullstellen des Terms $\frac{1}{2} \cdot (x-1) \cdot (x+8)$ sind.

6. Geben Sie einen quadratischen Term an, der die Nullstellen $x_1 = 0$ und $x_2 = -10$ hat.

### 2.6.7 Aufgaben zum Faktorisieren

1. Stellen Sie die folgenden quadratischen Terme in faktorisierter Form dar. Für alle Terme gilt: $x \in \mathbb{R}$.

a) $\frac{4}{5}x^2 + \frac{4}{5}x - \frac{48}{5}$ b) $\frac{3}{4}x^2 - \frac{9}{16}x - \frac{3}{16}$ c) $-\frac{1}{2}x^2 + \frac{7}{15}x + \frac{2}{5}$

d) $\frac{1}{6}x^2 - \frac{7}{12}x + \frac{1}{2}$ e) $(x-1)^2 - 4$ f) $\frac{1}{4}(x+3)^2 - 9$

g) $(x-2) \cdot (x+2) - 12$ h) $(x-1) \cdot \left(x - \frac{3}{2}\right) - 3$

2. Geben Sie an, welche faktorisierte Form passend zu dem folgenden Term ist. Begründen Sie Ihre Angabe.

$\frac{1}{2}x^2 - \frac{3}{8}x - \frac{9}{16}$ $(x \in \mathbb{R})$

a) $\left(x - \frac{3}{2}\right) \cdot \left(x + \frac{3}{4}\right)$ b) $\left(x + \frac{3}{2}\right) \cdot \left(x - \frac{3}{4}\right)$

c) $\frac{1}{2}\left(x - \frac{3}{2}\right) \cdot \left(x + \frac{3}{4}\right)$ d) $\frac{1}{2}\left(x + \frac{3}{2}\right) \cdot \left(x - \frac{3}{4}\right)$

3. Eine Mitschülerin behauptet, dass der Term $-\frac{3}{4}(x+4) \cdot (x-8)$ bei $x = 4$ und $x = 8$ eine Nullstelle hat $(x \in \mathbb{R})$. Geben Sie an, ob Sie dieser Aussage zustimmen oder ihr widersprechen. Begründen Sie ihre Angabe.

4. Faktorisieren Sie die folgenden quadratischen Terme: $x \in \mathbb{R}$.

a) $3x^2 + 4x$ b) $-\frac{1}{5}x^2 + 2x$ c) $\frac{1}{2}x^2 - \frac{1}{4}x$

d) $x - 2x^2$ e) $x^2 - 14x + 49$ f) $x^2 + 20x + 100$

g) $x^2 - 36$ h) $4 - 4x + x^2$ i) $x^2 - x + \frac{1}{4}$

j) $x^2 + \frac{6}{5}x + \frac{9}{25}$ k) $\frac{49}{36} - \frac{7}{3}x + x^2$ l) $\frac{25}{4} + 5x + x^2$

m) $4x^2 - 16x + 16$ n) $6x^2 + 60x + 600$ o) $3x^2 - 27$

p) $\frac{1}{7}x^2 - 2x + 7$

5. Überprüfen Sie mithilfe des Satzes von Vieta und einer weiteren Möglichkeit Ihrer Wahl, ob die angegeben $x$-Werte die Nullstellen der jeweiligen quadratischen Terme sind.

a) $x^2 - x - 2$ Nullstellen: $x_1 = -1$ und $x_2 = 2$

b) $x^2 + 4x + 3$ Nullstellen: $x_1 = -3$ und $x_2 = -1$

c) $x^2 + 6x + 9$ Nullstellen: $x_1 = -3$ und $x_2 = 3$

d) $x^2 - 7x + 10$ Nullstellen: $x_1 = 2$ und $x_2 = 5$

6. Kürzen Sie die Brüche vollständig, falls dies möglich ist.

a) $\frac{x^2 - x - 6}{x^2 + x - 12}$ $(x \in \mathbb{R}\backslash\{-4; 3\})$ b) $\frac{x^2 + 15x + 50}{x - 5}$ $(x \in \mathbb{R}\backslash\{5\})$

c) $\frac{x - 2}{x^2 - 4x + 4}$ $(x \in \mathbb{R}\backslash\{2\})$ d) $\frac{3x^2 - 12}{6x^2 - 12x}$ $(x \in \mathbb{R}\backslash\{0; 2\})$

e) $\frac{x^2 + 2x - 8}{2x^2 - 32}$ $(x \in \mathbb{R}\backslash\{-4; 4\})$ f) $\frac{3x^2 - 24x}{6x}$ $(x \in \mathbb{R}\backslash\{0\})$

7. Führen Sie folgende Rechnungen durch. Bedenken Sie, dass Kürzen die Rechnungen vereinfacht.

a) $5 + \frac{x^2 - 1}{x - 1}$ $(x \in \mathbb{R}\backslash\{1\})$

b) $\frac{1}{x} + \frac{4x - 4}{x^2 - x}$ $(x \in \mathbb{R}\backslash\{0; 1\})$

c) $\frac{x^2 - 2x + 1}{x - 1} + 4$ $(x \in \mathbb{R}\backslash\{1\})$

d) $\frac{8x^2 - 32}{2 \cdot (x - 2)} - 10$ $(x \in \mathbb{R}\backslash\{2\})$

e) $\frac{x - 2x^2}{2x} + 2x$ $(x \in \mathbb{R}\backslash\{0\})$

f) $\frac{1}{2} \cdot \left(\frac{x - 3}{x^2 - 6x + 9}\right) \cdot (x - 3)$ $(x \in \mathbb{R}\backslash\{3\})$

8. Geben Sie die Nullstellen der folgenden Terme an. Es gilt: $x \in \mathbb{R}$.

a) $\frac{1}{2}x \cdot (3 - 6x)$

b) $(x - 4) \cdot (2 - x)$

c) $\left(x - \frac{1}{2}\right) \cdot \left(\frac{3}{4} - 2x\right)$

d) $(2 - 2x) \cdot (x + 1)$

e) $\left(\frac{1}{2}x - \frac{3}{4}\right) \cdot \left(\frac{3}{2} + x\right)$

f) $\left(\frac{5}{2}x - \frac{1}{4}\right) \cdot \left(\frac{5}{3}x + 1\right)$

g) $\left(\frac{1}{2}x + \frac{5}{4}\right) \cdot \left(-\frac{1}{2} - 2x\right)$

h) $-\left(2 - \frac{4}{5}x\right) \cdot \left(\frac{4}{3}x - \frac{3}{4}\right)$

**9.** Ein Unternehmer beschreibt seinen monatlichen Gewinn im Jahre 2018 durch folgenden Term. Dabei steht $x$ für die Monate und der Termwert gibt den entsprechenden Gewinn in 1000 € an.

$T(x) = -0{,}1 \cdot (x - 1) \cdot (x - 10)$ mit $x \in \{1; 2; \ldots; 12\}_{\mathbb{N}}$

a) Geben Sie an in welchen Monaten des Jahres 2018 der Unternehmer weder Gewinn noch Verlust gemacht hat. Begründen Sie Ihre Angabe.

b) Eine Mitarbeiterin des Finanzamts kennt das Unternehmen nicht, äußert aber anhand der Gewinne, dass das Unternehmen ein Bauunternehmen sein könnte. Nennen Sie jeweils ein Argument, dass für die Behauptung der Finanzbeamtin spricht und eines, das dagegenspricht.

c) Stellen Sie die Gewinne (und Verluste) des Unternehmers in einem Diagramm ihrer Wahl dar.

d) Berechnen Sie den jährlichen Gewinn des Unternehmers.

## 2.7 Bruchgleichungen

**Einführungsbeispiel**

In **Bild 1** sind mehrere Quadrate zu sehen, die in zwei Teilflächen zerlegt sind. Betrachten Sie für einen Moment diese Quadrate und entscheiden Sie, welche Unterteilung auf Sie am schönsten und harmonischsten wirkt.

**Bild 1:** Unterteilung eines Quadrats in Teilflächen

Es ist verwunderlich, dass viele Menschen die Unterteilung des vierten Quadrates von links als am schönsten und am harmonischsten empfinden. Eine Erklärung hierfür liefert ein Blick in historische und aktuelle Kunstbücher. In diesen steht, dass das menschliche Auge Objekte als besonders ästhetisch empfindet, wenn diese den sogenannten goldenen Schnitt beinhalten. Der goldene Schnitt ist ein Teilungsverhältnis, das sich wie folgt beschreiben lässt:

Goldner Schnitt: $\frac{\text{kürzere Teilstrecke}}{\text{längere Teilstrecke}} = \frac{\text{längere Teilstrecke}}{\text{Gesamtstrecke}}$

Der goldene Schnitt besagt somit, dass sich das Verhältnis der kürzeren Teilstrecke zur längeren genauso verhält wie das Verhältnis der längeren Teilstrecke zur gesamten Streckenlänge **(Bild 2)**.

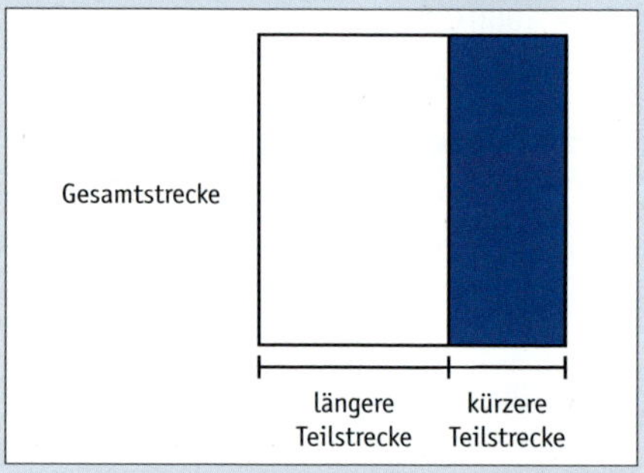


**Bild 2:** Teilung eines Quadrats in Teilflächen

Das betrachtete Quadrat wird im goldenen Schnitt geteilt, wenn gilt:
$\frac{y}{x} = \frac{x}{x+y}$ **(Bild 3)**. Mit $y$ ist die kürzere und mit $x$ die längere Teilstrecke bezeichnet.

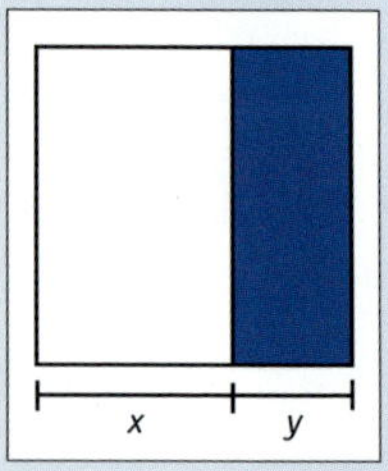


Goldner Schnitt:
$\frac{y}{x} = \frac{x}{x+y}$

**Bild 3:** Teilung eines Quadrats gemäß dem goldenen Schnitt

**Arbeitsauftrag**

Zeichnen Sie ein Quadrat mit der Seitenlänge 5 cm und teilen Sie das Quadrat so, dass der goldene Schnitt vorliegt **(Bild 3)**. Geben Sie die Länge der Strecken $x$ und $y$ an.

**Lösung**

Um diesen Arbeitsauftrag ausführen zu können, müssen die Längen der Teilstrecken $x$ und $y$ berechnet werden. Dabei gehen wir wie folgt vor:

- Zusammenhang zwischen $x$ und $y$ aufstellen

  Die Längen der Teilstrecken $x$ und $y$ ergeben 5 cm. Durch diese Überlegung erhält man folgende Gleichung:

  $x + y = 5 \quad \Leftrightarrow \quad y = 5 - x \quad \text{mit} \quad x, y \in \mathbb{R}^+$

- Einsetzen in die Formel des goldenen Schnitts

  $x + y = 5$ bzw. $y = 5 - x$ werden in die Formel $\frac{y}{x} = \frac{x}{x+y}$ eingesetzt. Dadurch erhält man die Gleichung $\frac{5-x}{x} = \frac{x}{5}$.

  Diese Gleichung stellt eine sogenannte Bruchgleichung dar. Sie wird gelöst, indem man die Gleichung zunächst mit $5x$ (Produkt der beiden Nenner) multipliziert und anschließend die entstehende quadratische Gleichung löst.

  $$\frac{5-x}{x} = \frac{x}{5} \quad |\cdot 5x \quad \Leftrightarrow \quad 5 \cdot (5 - x) = x \cdot x \quad \Leftrightarrow \quad 25 - 5x = x^2$$

  $$\Leftrightarrow \quad -x^2 - 5x + 25 = 0$$

  $$x_{1/2} = \frac{5 \pm \sqrt{25 - 4 \cdot (-1) \cdot (25)}}{2 \cdot (-1)} = \frac{5 \pm \sqrt{125}}{-2}$$

  $$\rightarrow \quad x_1 \approx -8{,}09 \quad x_2 \approx 3{,}09$$

  Die Lösung $x_1$ kann ausgeschlossen werden, da $-8{,}09$ keine positive reelle Zahl ist. Die Länge der Teilstrecke $x$ beträgt somit ca. 3,09 cm. Da für die Länge der Teilstrecke y gilt: $y = 5 - x$, folgt dass diese 1,91 cm lang ist. **(Bild 1)**

- Ergebnis

  Ein Quadrat mit der Seitenlänge 5 cm wird im goldenen Schnitt geteilt, wenn die Längen der Teilstrecken $x = 3{,}09$ cm und $y = 1{,}91$ cm betragen.

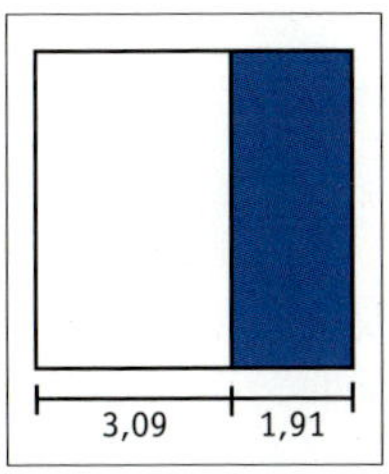


Goldner Schnitt:

$$\frac{1{,}91}{3{,}09} = \frac{3{,}09}{5} = 0{,}618$$

**Bild 1:** Teilung eines Quadrats gemäß dem goldenen Schnitt

**Rückblick:** Bei der Ermittlung der Streckenlängen x und y musste unter anderem die Gleichung $\frac{5-x}{x} = \frac{x}{5}$ gelöst werden. Diese Art von Gleichung wird Bruchgleichung genannt. In diesem Kapitel werden Bruchgleichungen näher untersucht, da sie in der höheren Mathematik des Öfteren Anwendung finden.

## 2.7.1 Fachbegriffe

Im Zusammenhang mit Bruchgleichungen sind die Fachbegriffe Bruchterm und Definitionsmenge des Bruchterms von besonderer Bedeutung. Diese sind im Folgenden erläutert.

| | | |
|---|---|---|
| **Bruchterm** | Ein Bruch, in dessen Nenner eine Variable steht, wird als Bruchterm bezeichnet. | (a) $\frac{5}{4+x}$ (b) $\frac{2x}{x-7}$<br>Beispiele für Bruchterme |

| **Maximale Definitionsmenge eines Bruchterms** | Bekanntlich darf der Nenner eines Bruchs niemals Null sein. Folglich sind alle Zahlen auszuschließen, für die der Nenner Null wird. Die maximale Definitionsmenge eines Bruchterms umfasst daher alle Zahlen aus der Grundmenge ohne die Zahlen, für die der Nenner Null wird. | (a) $\frac{5}{4+x}$ $D = \mathbb{R}\setminus\{-4\}$<br>(b) $\frac{2x}{x-7}$ $D = \mathbb{R}\setminus\{7\}$ |
|---|---|---|

| **Bruchgleichung** | Werden zwei Terme, wovon mindestens einer ein Bruchterm ist, mit einem Gleichheitszeichen verbunden, erhält man eine Bruchgleichung. | $\frac{5-x}{4+2x} = x+1$ $D = \mathbb{R}\setminus\{-2\}$ |
|---|---|---|

**Aufgaben**

1. Eine Mitschülerin behauptet, dass die Gleichung $\frac{4-x}{2} = -5x+2$ eine Bruchgleichung ist. Geben Sie an, ob Sie dieser Aussage zustimmen oder ihr widersprechen. Begründen Sie Ihre Angabe.
2. Geben Sie die maximale Definitionsmenge der Bruchgleichung $\frac{5}{2-x} = \frac{x}{5-10x}$ an.
3. Ordnen Sie den folgenden Bruchgleichungen die entsprechenden maximalen Definitionsmengen zu.

| | |
|---|---|
| a) $-\frac{5}{2x} = \frac{10}{x+1}$ | a) $\mathbb{R}\setminus\{-6;0\}$ |
| b) $\frac{1}{6x+36} - \frac{5}{9x} = 2x$ | b) $\mathbb{R}\setminus\{-2;0;2\}$ |
| c) $-\frac{2+2x}{x^2+1} = 7 + \frac{1}{3x+9}$ | c) $\mathbb{R}\setminus\{-1;0\}$ |
| d) $\frac{5}{2x^2+4x} - \frac{1}{x} = \frac{3-x}{2-x}$ | d) $\mathbb{R}$ |
| e) $7 - \frac{1}{x^2+1} = \frac{x}{x^2+2}$ | e) $\mathbb{R}\setminus\{-3\}$ |

## 2.7.2 Lösen von Bruchgleichungen

Wir werden Bruchgleichungen lösen, indem wir sie mithilfe von Äquivalenzumformungen in lineare bzw. quadratische Gleichungen überführen. Welche Äquivalenzumformungen dabei notwendig sind und welche mathematische Überlegung bei der Umwandlung von Bruchgleichungen in lineare bzw. quadratische Gleichungen zugrunde liegen, wird im folgenden Abschnitt beschrieben.

### 2.7.2.1 Hintergrund zum Lösen von Bruchgleichungen

Um zu verstehen, welche mathematische Grundidee sich hinter dem Lösen von Bruchgleichungen verbirgt, betrachten wir die folgende einfache Bruchgleichung.

$$\frac{2x-1}{4x} = 1 \text{ mit } x \in \mathbb{R}\setminus\{0\}$$

Wird diese Bruchgleichung mit $4x$ multipliziert, so hebt sich der Bruch auf der linken Seite der Gleichung auf, da nach dem Kürzen der Nenner 1 übrig bleibt.

$$\frac{2x-1}{4x} = 1 \quad |\cdot 4x \quad \Leftrightarrow \quad \frac{2x-1}{4x} \cdot 4x = 1 \cdot 4x \quad \Leftrightarrow \quad \frac{2x-1}{1} = 4x \quad \Leftrightarrow \quad 2x-1 = 4x$$

Die entstehende lineare Gleichung kann mit dem bereits vorhandenen Wissen gelöst werden.

$$2x-1 = 4x \quad \Leftrightarrow \quad -2x = 1 \quad \Leftrightarrow \quad x = -\frac{1}{2}$$

Befindet sich auf der linken und rechten Seite der Bruchgleichung jeweils ein Bruchterm, so muss die Bruchgleichung sowohl mit dem Nenner der linken als auch mit dem Nenner der rechten Seite multipliziert werden.

Betrachten Sie dazu folgende Bruchgleichung:

$$\frac{x-2}{x} = \frac{-3}{x+2} \quad \text{mit } x \in \mathbb{R}\backslash\{-2;0\}$$

$$\frac{x-2}{x} = \frac{-3}{x+2} \quad |\cdot x \quad \Leftrightarrow \quad x-2 = \frac{-3x}{x+2} \quad |\cdot (x+2) \quad \Leftrightarrow \quad (x-2)\cdot(x+2) = -3x$$

$$\Leftrightarrow \quad x^2-4 = -3x \quad \Leftrightarrow \quad x^2+3x-4 = 0$$

Durch das Multiplizieren der Bruchgleichung mit den Nennern erhält man eine quadratische Gleichung, die mithilfe der der Lösungsformel für quadratische Gleichungen gelöst werden kann.

$$x^2+3x-4 = 0$$

$$x_{1/2} = \frac{-3 \pm \sqrt{9-4\cdot 1\cdot(-4)}}{2\cdot 1} = \frac{-3 \pm \sqrt{25}}{2}$$

$$\rightarrow \quad x_1 = \frac{-3+5}{2} = 1$$

$$\rightarrow \quad x_2 = \frac{-3-5}{2} = -4$$

Die Lösungen der Bruchgleichung $\frac{x-2}{x} = \frac{-3}{x+2}$ sind $x = -4$ und $x = 1$.

**Grundidee zum Lösen von Bruchgleichungen**

Bruchgleichungen werden auf bekannte Gleichungen (linear oder quadratisch) zurückgeführt, indem die Bruchgleichungen mit den Nennern der jeweiligen Bruchterme multipliziert werden.

#### 2.7.2.2 Lösungsstrategie für das Lösen von Bruchgleichungen

In der folgenden Aufgabe wird exemplarisch eine Vorgehensweise beschrieben, mit der Bruchgleichungen systematisch gelöst werden. Diese Vorgehensweise basiert auf den Überlegungen des vorherigen Abschnitts.

**Musteraufgabe zum Lösen einer Bruchgleichung**

Bestimmen Sie die Lösungsmenge der folgenden Bruchgleichung:

$$\frac{x}{x+2} = \frac{-3}{2-x} \quad \text{mit} \quad D = \mathbb{R}\backslash\{-2;2\}$$

**1. Schritt** Die Bruchgleichung mit den Nennern multiplizieren.

$$\frac{x}{x+2} = \frac{-3}{2-x} \quad |\cdot(x+2)\cdot(2-x) \quad \Leftrightarrow \quad \frac{x\cdot(x+2)\cdot(2-x)}{x+2} = \frac{-3\cdot(x+2)\cdot(2-x)}{2-x}$$

**2. Schritt** Die Bruchterme auf der rechten und linken Seite der Gleichung kürzen.

$$\frac{x\cdot(x+2)\cdot(2-x)}{x+2} = \frac{-3\cdot(x+2)\cdot(2-x)}{2-x} \quad \Leftrightarrow \quad x\cdot(2-x) = -3\cdot(x+2)$$

**3. Schritt** Die entstehende Gleichung lösen.

$$x\cdot(2-x) = -3\cdot(x+2) \quad \Leftrightarrow \quad 2x-x^2 = -3x-6 \quad \Leftrightarrow \quad -x^2+5x+6 = 0$$

$$x_{1/2} = \frac{-5 \pm \sqrt{5^2-4\cdot(-1)\cdot 6}}{2\cdot(-1)} = \frac{-5 \pm \sqrt{49}}{-2}$$

$$\rightarrow \quad x_1 = \frac{-5+7}{-2} = -1$$

$$\rightarrow \quad x_2 = \frac{-5-7}{-2} = 6$$

**4. Schritt** Überprüfen, ob die errechneten Lösungen in der Definitionsmenge enthalten sind und die Lösungsmenge angeben.

Sowohl $x_1 = -1$ als auch $x_2 = 6$ sind in der Definitionsmenge enthalten.

$L = \{-1; 6\}$

**5. Schritt** Eventuell die Probe durchführen.

$x = -1$ in $\frac{x}{x+2} = \frac{-3}{2-x}$ einsetzen:

$$\frac{-1}{-1+2} = \frac{-3}{2-(-1)} \Leftrightarrow \frac{-1}{1} = \frac{-3}{3} \Leftrightarrow -1 = -1 (w)$$

$x = 6$ in $\frac{x}{x+2} = \frac{-3}{2-x}$ einsetzen:

$$\frac{6}{6+2} = \frac{-3}{2-6} \Leftrightarrow \frac{6}{8} = \frac{-3}{-4} \Leftrightarrow \frac{3}{4} = \frac{3}{4} (w)$$

### Variation der Aufgabenstellung

Bei der folgenden Bruchgleichung befinden sich auf der rechten und der linken Seite der Bruchgleichung nicht nur Bruchterme, sondern weitere Zahlen. Bevor man das eben beschriebene Lösungsschema anwenden kann, muss die linke und die rechte Seite der Gleichung jeweils zu einem Bruch zusammengefasst werden.

**Beispielaufgabe**

Bestimmen Sie die Lösungsmenge der folgenden Bruchgleichung:

$$\frac{3}{x+2} + \frac{1}{2} = \frac{9}{2} + \frac{1}{x} \quad \text{mit} \quad D = \mathbb{R}\backslash\{-2; 0\}$$

### Lösung

$$\frac{3}{x+2} + \frac{1}{2} = \frac{9}{2} + \frac{1}{x}$$

$$\Leftrightarrow \frac{3 \cdot 2}{(x+2) \cdot 2} + \frac{1 \cdot (x+2)}{2 \cdot (x+2)} = \frac{9 \cdot x}{2 \cdot x} + \frac{1 \cdot 2}{x \cdot 2}$$

$$\Leftrightarrow \frac{6 + x + 2}{2 \cdot (x+2)} = \frac{9x+2}{2x}$$

$$\Leftrightarrow \frac{x+8}{2 \cdot (x+2)} = \frac{9x+2}{2x}$$

Die linke und die rechte Seite der Gleichung zu jeweils einem Bruchterm zusammenfassen. Dazu müssen die Brüche auf der linken und auf der rechten Seite der Gleichung jeweils auf einen gemeinsamen Nenner gebracht werden.

$$\frac{x+8}{2 \cdot (x+2)} = \frac{9x+2}{2x} \quad | \cdot 2x \cdot 2 \cdot (x+2)$$

$$\Leftrightarrow \frac{(x+8) \cdot 2x \cdot 2 \cdot (x+2)}{2 \cdot (x+2)} = \frac{(9x+2) \cdot 2x \cdot 2 \cdot (x+2)}{2x}$$

$$\Leftrightarrow (x+8) \cdot 2x = (9x+2) \cdot 2 \cdot (x+2) \quad |:2$$

$$\Leftrightarrow (x+8) \cdot x = (9x+2) \cdot (x+2)$$

Die Bruchgleichung mit dem beschriebenen Lösungsschema lösen. Zunächst wird die Gleichung mit den Nennern multipliziert.

$$\Leftrightarrow x^2 + 8x = 9x^2 + 2x + 18x + 4$$

$$\Leftrightarrow -8x^2 - 12x - 4 = 0 \quad |:(-4)$$

$$\Leftrightarrow 2x^2 + 3x + 1 = 0$$

Die quadratische Gleichung wird mit der Lösungsformel für quadratische Gleichung gelöst.

$$x_{1/2} = \frac{-3 \pm \sqrt{3^2 - 4 \cdot 2 \cdot 1}}{2 \cdot 2} = \frac{-3 \pm \sqrt{1}}{4}$$

$$\rightarrow x_1 = \frac{-3+1}{4} = -\frac{1}{2}$$

$$\rightarrow x_2 = \frac{-3-1}{4} = -1$$

$$\rightarrow \quad L = \{-1; -\tfrac{1}{2}\}$$

Die beiden errechneten Lösungen sind in der Definitionsmenge enthalten.

### 2.7.2.3 Geschicktes Lösen von Bruchgleichungen

Beim Lösen von Bruchgleichungen, die aus mehreren Bruchtermen bestehen, ist es empfehlenswert, die Bruchgleichung mit dem kleinsten gemeinsamen Vielfachen (kgV) aller Nenner der vorkommenden Bruchterme zu multiplizieren. Ansonsten werden die einzelnen Terme sehr umfangreich und unübersichtlich. Anhand der folgenden Beispielaufgabe wird das eben Beschriebene konkret erläutert.

**Beispielaufgabe**

Bestimmen Sie die Lösungsmenge der folgenden Bruchgleichung:

$$\frac{3}{4x} + \frac{1}{2(x+1)} = -\frac{5}{6x} \quad \text{mit} \quad D = \mathbb{R}\backslash\{-1;0\}$$

**Lösung**

- Bestimmung des kgV aller Nenner der Bruchterme

  Die Bruchgleichung besteht aus den Bruchtermen $\frac{3}{4x}$, $\frac{1}{2(x+1)}$ und $-\frac{5}{6x}$. Das kleinste gemeinsame Vielfache der Nenner dieser Bruchterme ist $12x \cdot (x+1)$.

$$\begin{aligned} 4x &= 2 \cdot 2 \cdot x \\ 2 \cdot (x+1) &= 2 \cdot (x+1) \\ 6x &= 2 \cdot 3 \cdot x \\ \hline kgV &= 2 \cdot 2 \cdot 3 \cdot x \cdot (x+1) = 12 \cdot x \cdot (x+1) \end{aligned}$$

- Multiplizieren der Bruchgleichung mit dem kgV

  Um die Bruchgleichung in eine herkömmliche (lineare bzw. quadratische) Gleichung umzuwandeln, wird sie mit dem kgV multipliziert.

$$\frac{3}{4x} + \frac{1}{2(x+1)} = -\frac{5}{6x} \quad | \cdot 12 \cdot x \cdot (x+1)$$

$$\Leftrightarrow \quad \frac{3 \cdot 12 \cdot x \cdot (x+1)}{4x} + \frac{1 \cdot 12 \cdot x \cdot (x+1)}{2(x+1)} = -\frac{5 \cdot 12 \cdot x \cdot (x+1)}{6x}$$

$$\Leftrightarrow \quad 3 \cdot 3 \cdot (x+1) + 6x = -10 \cdot (x+1)$$

- Lösen der linearen Gleichung

$$\Leftrightarrow \quad 3 \cdot 3 \cdot (x+1) + 6x = -10 \cdot (x+1)$$

$$\Leftrightarrow \quad 9x + 9 + 6x = -10x - 10$$

$$\Leftrightarrow \quad 25x = -19$$

$$\Leftrightarrow \quad x = -\frac{19}{25}$$

$$\rightarrow \quad L = \left\{-\frac{19}{25}\right\}$$

### 2.7.2.4 Aufgaben zum Lösen von Bruchgleichungen

**Aufgaben**

1. Bestimmen Sie jeweils die Definitionsmenge und die Lösungsmenge der folgenden Bruchgleichungen.

   a) $\frac{x+1}{x+2} = \frac{x-1}{x+1}$ b) $\frac{x+1}{2+x} = \frac{-x-1}{x+5}$

   c) $\frac{x+1}{x+4} + 1 = \frac{x}{x-1} + \frac{1}{5}$ d) $\frac{1-x}{x+1} + \frac{15}{2} = \frac{2}{x+2} - \frac{3}{2}$

   e) $\frac{1}{2x} + 1 = \frac{1}{x}$ f) $\frac{3x}{2+x} - 1 = \frac{x}{2}$

2. Die Bruchgleichung $\frac{6x^2-10x}{x\cdot(x-2)} = \frac{7}{x-2} + 5$ mit $D = \mathbb{R}\setminus\{0; 2\}$ wurde von einem Ihrer Mitschüler richtig gelöst. Der Lösungsweg ist abgedruckt. Analysieren Sie den Lösungsweg und beantworten Sie die anschließenden Fragen.

   (1) $\frac{6x^2-10x}{x\cdot(x-2)} = \frac{7}{x-2} + 5$

   (2) $\Leftrightarrow \frac{x\cdot(6x-10)}{x\cdot(x-2)} = \frac{7}{x-2} + \frac{5x-10}{x-2}$

   (3) $\Leftrightarrow \frac{6x-10}{x-2} = \frac{-3+5x}{x-2}$

   (4) $\Leftrightarrow 6x-10 = -3+5x$

   (5) $\Leftrightarrow x = 7$

   – Wie kommt Ihr Mitschüler in der Zeile (2) auf den Bruch $\frac{5x-10}{x-2}$?

   – Welche Rechenoperation führt Ihr Mitschüler aus, um von Zeile (3) auf Zeile (4) zu kommen?

3. Geben Sie an, welche der folgenden Bruchgleichungen keine Lösung hat. Begründen Sie jeweils Ihre Angabe.

   a) $\frac{x-1}{2x} = \frac{2}{3-x}$ $D = \mathbb{R}\setminus\{0; 3\}$

   b) $\frac{4+2x}{x+1} = \frac{2x^2+x-3}{x^2-1}$ $D = \mathbb{R}\setminus\{-1; 1\}$

   c) $\frac{x^2+3x}{x+2} = x - \frac{2}{x+2}$ $D = \mathbb{R}\setminus\{-2\}$

   d) $\frac{3x+5}{x} - 1 = 2 + \frac{5}{x}$ $D = \mathbb{R}\setminus\{0\}$

4. Ordnen Sie den folgenden Bruchgleichungen die entsprechenden Definitionsmengen zu und lösen Sie anschließend die Gleichungen.

   a) $-\frac{5}{2x} = \frac{10}{x+1}$ a) $\mathbb{R}\setminus\{-6; 0\}$

   b) $\frac{1}{6x+36} - \frac{5}{9x} = 2x$ b) $\mathbb{R}\setminus\{-2; 0; 2\}$

   c) $-\frac{2+2x}{x^2+1} = 7 + \frac{1}{3x+9}$ c) $\mathbb{R}\setminus\{-1; 0\}$

   d) $\frac{5}{2x^2+4x} - \frac{1}{x} = \frac{3-x}{2-x}$ d) $\mathbb{R}\setminus\{0\}$

   e) $7 - \frac{1}{x^2} = \frac{x}{x^2+2}$ e) $\mathbb{R}\setminus\{-3\}$

### 2.7.3 Offene Anwendungsaufgabe

Sie sind ein Mitglied bei der freiwilligen Feuerwehr Ihres Heimatortes. Ihr Feuerwehrhaus besteht aus einer Halle für die Fahrzeuge und für die Ausrüstung, sowie aus einem Nebengebäude, das häufig für Besprechungen aller Art genutzt wird. Ihre Ortsgruppe beschließt dieses Nebengebäude zu dämmen, damit die Heizkosten sinken. Ein ökologisch bewusstes Ehepaar aus dem Ort würde die Hälfte der Kosten für diese Wärmedämmung übernehmen, wenn durch diese Maßnahmen mindestens 40 % weniger Wärmeenergie durch die Wände des Nebengebäudes nach außen gehen.

Ihr Ortsvorsteher bittet Sie, dass Sie sich mit der Wärmedämmung von Wänden beschäftigen, so dass Sie in der Lage sind, den Wärmetransport durch eine Wand zu berechnen.

**Arbeitsauftrag**

Berechnen Sie, wie dick die Styroporplatten $\left(\text{Wärmeleitfähigkeit } \lambda = 0{,}03 \cdot \frac{W}{m \cdot K}\right)$, die auf der vorhandenen äußeren Putzschicht befestigt werden, mindestens sein müssen, damit die Vorgaben des Ehepaars erfüllt sind. Als neuer Außenputz wird ein 0,03 m dicker Wärmedämmputz mit einer Wärmeleitfähigkeit von $\lambda = 0{,}07 \cdot \frac{W}{m \cdot K}$ verwendet.

#### Notwendige Informationen

**Wärmedämmung:**

Aus einem Fachbuch entnehmen Sie, dass sich der Wärmestrom $\phi$ durch eine Wand wie folgt berechnen lässt:

$$\phi = \frac{A \cdot \Delta T}{0{,}10 + \frac{d_1}{\lambda_1} + \frac{d_2}{\lambda_2} + \ldots + \frac{d_n}{\lambda_n} + 0{,}04}$$

| | |
|---|---|
| $\phi$: | Wärmestrom durch eine Fläche (also die übertragene Wärmeenergie durch eine Fläche pro Sekunde) |
| A: | Wärmeübertragende Fläche in $m^2$ |
| d: | Dicke des Baustoffs in m |
| $\lambda$: | Wärmleitfähigkeit des Baustoffs in $\frac{W}{m \cdot K}$ |
| $\Delta T$: | Temperaturdifferenz von innen nach außen in K (Kelvin) |

**Aufbau der Wand des Nebengebäudes:**

Aufgrund der Baupläne des Nebengebäudes wissen Sie, dass dieses aus Lochziegeln mit der Dicke $d = 0{,}36$ m $\left(\text{Wärmeleitfähigkeit } \lambda = 0{,}5 \cdot \frac{W}{m \cdot K}\right)$ gebaut ist. Der Außen- und Innenputz hat jeweils eine Dicke von 0,02 m und eine von Wärmeleitfähigkeit $\lambda = 0{,}14 \cdot \frac{W}{m \cdot K}$ **(Bild 1 folgende Seite)**. Die neue gedämmte Wand soll folgenden Aufbau besitzen **(Bild 2 folgende Seite)**:

Aufbau der Wände des betrachteten Nebengebäudes.

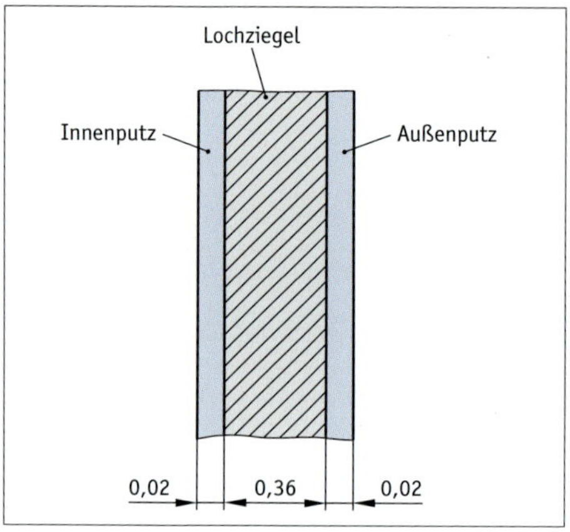


**Bild 1:** Bisheriger Wandaufbau

Aufbau der neuen, gedämmten Wand.

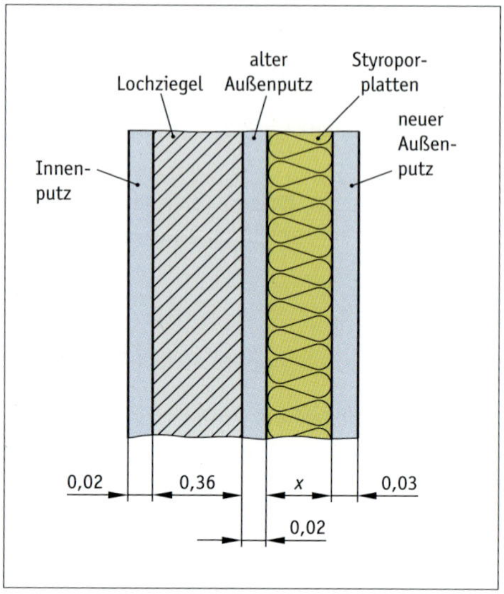


**Bild 2:** Neuer Wandaufbau

## Lösung

Laut Aufgabenstellung soll der Wärmestrom durch die neu gedämmte Wand lediglich 60 % des bisherigen Wärmestroms durch die ungedämmte betragen. Daher wird zunächst der Wärmestrom durch die bisherige Wand berechnet, und zwar durch eine Fläche von 1 m². Während der Rechnung wird auf das Mitführen von Einheiten verzichtet.

$$\phi = \frac{A \cdot \Delta T}{0{,}10 + \frac{d_1}{\lambda_1} + \frac{d_2}{\lambda_2} + \ldots + \frac{d_n}{\lambda_n} + 0{,}04}$$

Innenputz: $\lambda_1 = 0{,}14 \cdot \frac{W}{m \cdot K}$ $d_1 = 0{,}02\,\text{m}$

Mauerwerk: $\lambda_2 = 0{,}50 \cdot \frac{W}{m \cdot K}$ $d_2 = 0{,}36\,\text{m}$

Außenputz: $\lambda_3 = 0{,}14 \cdot \frac{W}{m \cdot K}$ $d_3 = 0{,}02\,\text{m}$

Berechnung des bisherigen Wärmestroms durch eine Fläche von 1 m² der nicht gedämmten Wand.

$$\phi = \frac{1 \cdot 20}{0{,}10 + \frac{0{,}02}{0{,}14} + \frac{0{,}36}{0{,}5} + \frac{0{,}02}{0{,}14} + 0{,}04} = 17{,}46$$

Der Wärmestrom durch die ungedämmte Wand beträgt pro Quadratmeter 17,46. Der Wärmestrom durch die neu gedämmte Wand darf laut Aufgabenstellung maximal 60 % des errechneten Wertes betragen, also 10,48.

$$17{,}46 \cdot 0{,}6 = 10{,}48$$

Es wird eine Temperaturdifferenz $\Delta T$ von 20 °C bzw. 20 K (Kelvin) und eine Fläche von $A = 1\,\text{m}^2$ für die Berechnung herangezogen.

$$\Delta T = 20\,\text{K}$$

$$A = 1\,\text{m}^2$$

$$\phi_{neu} = \frac{A \cdot \Delta T}{0{,}10 + \frac{d_1}{\lambda_1} + \frac{d_2}{\lambda_2} + \frac{d_3}{\lambda_3} + \frac{d_4}{\lambda_4} + \frac{d_5}{\lambda_5} + 0{,}04}$$

Innenputz: $\lambda_1 = 0{,}14 \cdot \frac{W}{m \cdot K}$ $\quad d_1 = 0{,}02\,\text{m}$

Mauerwerk: $\lambda_2 = 0{,}50 \cdot \frac{W}{m \cdot K}$ $\quad d_2 = 0{,}36\,\text{m}$

Alter Außenputz: $\lambda_3 = 0{,}14 \cdot \frac{W}{m \cdot K}$ $\quad d_3 = 0{,}02\,\text{m}$

Styroporplatten: $\lambda_4 = 0{,}03 \cdot \frac{W}{m \cdot K}$ $\quad d_4$ unbekannt

Neuer Außenputz: $\lambda_5 = 0{,}07 \cdot \frac{W}{m \cdot K}$ $\quad d_5 = 0{,}03\,\text{m}$

Maximal zulässige Wärmestrom: $\phi_{neu} = 10{,}48$

Berechnung des Wärmestroms durch eine Fläche von $1\,\text{m}^2$ der neu gedämmten Wand.

Es werden die gleiche Fläche $A = 1\,\text{m}^2$ und die gleiche Temperaturdifferenz $\Delta T = 20\,\text{K}$ wie bei der vorherigen Rechnung verwendet. Ansonsten ist kein Vergleich des Wärmestroms möglich.

Die Formel muss nach $d_4$ aufgelöst werden. Dazu wird zunächst die rechte Seite der Gleichung so zusammengefasst, dass nur noch ein Bruchstrich vorhanden ist.

Nach dem Zusammenfassen entsteht die Gleichung: $\phi_{neu} = \frac{20}{1{,}57 + 33{,}33 \cdot d_4}$

$$\begin{aligned} \phi_{neu} &= \frac{1 \cdot 20}{0{,}10 + \frac{0{,}02}{0{,}14} + \frac{0{,}36}{0{,}5} + \frac{0{,}02}{0{,}14} + \frac{d_4}{0{,}03} + \frac{0{,}03}{0{,}07} + 0{,}04} \\ &= \frac{20}{1{,}57 + 33{,}33 \cdot d_4} \end{aligned}$$

Für $\phi_{neu}$ wird der Wert 10,48 eingesetzt. Anschließend wird die Bruchgleichung nach $d_4$ aufgelöst.

$$\begin{aligned} 10{,}48 &= \frac{20}{1{,}57 + 33{,}33 \cdot d_4} \quad \left| \cdot (1{,}57 + 33{,}33 \cdot d_4) \right. \\ \Leftrightarrow \quad 10{,}48 \cdot (1{,}57 + 33{,}33 \cdot d_4) &= 20 \\ \Leftrightarrow \quad 16{,}45 + 349{,}30 \cdot d_4 &= 20 \\ \Leftrightarrow \quad 349{,}30 \cdot d_4 &= 3{,}55 \\ \Leftrightarrow \quad d_4 &= 0{,}010 \end{aligned}$$

Die Styroporplatte müsste 0,010 m, also 1,0 cm, dick sein. Handelsübliche Styroporplatten für die Fassade haben eine dicke von 10 cm. Somit sind die Anforderungen der Sponsoren leicht zu erfüllen.

### 2.7.4 Aufgaben zu Bruchgleichungen

1. Bestimmen Sie die Definitionsmenge der folgenden Bruchgleichungen. Für alle Gleichungen gilt: $G = \mathbb{R}$.

   a) $\frac{4 - 3x}{5x + 10} = 6$ b) $\frac{1 - x}{x + 4} = -1$ c) $\frac{3 - 2x}{12 - 4x} - \frac{2}{x} = 0$

   d) $\frac{2x}{2 - x} = \frac{5}{10 - 8x} + 2$ e) $\frac{4}{x^2 - 1} + \frac{2}{x} = \frac{x - 1}{2}$ f) $\frac{10 - x}{2x - x^2} = \frac{4}{(x + 1)^2}$

   g) $\frac{1}{4x^2 + 16} = \frac{x}{2x + 4}$ h) $\frac{x}{4 + x^2} - 3 = \frac{4}{5}$

2. Bestimmen Sie zunächst die Definitionsmenge der folgenden Bruchgleichungen und berechnen Sie die Lösungsmengen. Verzichten Sie auf den Einsatz des Taschenrechners. Für alle Gleichungen gilt: $G = \mathbb{R}$.

   a) $\frac{3 - x}{4 - x} = 4$ b) $\frac{10}{x} = \frac{6}{x - 1}$ c) $\frac{12}{2 - x} - \frac{6}{x} = 0$

d) $\frac{1}{x} = \frac{3}{4-x}$  e) $\frac{10x}{x-2} - \frac{7}{2} = \frac{1}{4}$  f) $\frac{5x}{x-5} - 4 = \frac{6}{5}$

g) $\frac{x}{-x-4} - 4 = \frac{1}{2}$  h) $\frac{1}{5} \cdot \left(\frac{10}{x} + 15\right) = \frac{2}{x} + 3$

3. Bestimmen Sie die Definitionsmenge der angegebenen Bruchgleichungen und berechnen Sie anschließend deren Lösungsmengen. Verzichten Sie auf den Einsatz des Taschenrechners. Für alle Gleichungen gilt: $G = \mathbb{R}$.

a) $\frac{x}{x-5} = \frac{1}{2} \cdot x$  b) $\frac{2}{1+x} = x + \frac{4}{5}$  c) $\frac{x+1}{5+x} = \frac{x}{2-x}$

d) $\frac{3x}{5-2x} = \frac{2}{x+1}$  e) $\frac{x-1}{4+x} = \frac{1+x}{5}$  f) $\frac{10x}{-5-2x} = \frac{2}{x+1}$

4. Die fünf Schulfreunde Tim, Nils, Bastian, Marie und Annika machen einen Tauchkurs. In diesem erfahren sie, dass beim Tauchen das Atemminutenvolumen (AMV) eine entscheidende Rolle spielt. Dieses gibt den Luftverbrauch in Litern in einer Minute an. Das Atemminutenvolumen beträgt bei Tauchanfängern durchschnittlich 20 l/min. Zusätzlich erfahren die fünf, dass über folgende Formel das Atemminutenvolumen und die Tauchzeit in Verbindung stehen.

$$AMV = \frac{\text{Flaschenvolumen} \cdot (\text{Flaschendruck am Anfang} - \text{Flaschendruck am Ende})}{\left(\frac{\text{maximale Tauchtiefe}}{10} + 1\right) \cdot \text{Tauchzeit}}$$

Berechnen Sie, wie lange ein Tauchanfänger mit einer Flasche, die 10 Liter Fassungsvermögen und 200 bar Anfangsdruck hat, bei einer Tauchtiefe von 20 m maximal tauchen kann. Aus Sicherheitsgründen muss sich in der Flasche beim Auftauchen noch ein Restdruck von 50 bar befinden.

| | |
|---|---|
| Atemminutenvolumen in | $\frac{\text{Liter}}{\text{Minute}}$ |
| Flaschenvolumen in | Liter |
| Flaschendruck in | bar |
| Maximale Tauchtiefe in | m |
| Tauchzeit in | min |

5. In einem Labor befindet sich die gleiche Flüssigkeit in zwei unterschiedlichen Reagenzgläsern. Im ersten Reagenzglas befindet sich 12,0 g der Flüssigkeit bei einer Temperatur von 6,00 °C. Das zweite Reagenzglas ist mit der Flüssigkeit bei einer Temperatur von 20,0 °C gefüllt. Die Masse der Flüssigkeit in diesem Reagenzglas ist unbekannt. Der Inhalt der beiden Reagenzgläser wird durch eine Physiklaborantin in einem wärmeisolierten Gefäß vermischt. Dabei stellt sich nach geraumer Zeit eine Temperatur, die sogenannte Mischtemperatur, von 14,75 °C ein.

Die Physiklaborantin weiß, dass sich die Mischtemperatur durch folgende Formel $T_{Misch} = \frac{m_1 \cdot T_1 + m_2 \cdot T_2}{m_1 + m_2}$ berechnen lässt. Außerdem ist ihr bekannt, dass die Temperatur in dieser Gleichung in Kelvin (K) eingesetzt werden muss. Dabei entsprechen $-273°\,C$ den Wert 0 K.

a) Berechnen Sie die Masse $m_2$, die sich im zweiten Reagenzglas befunden hat.

b) Zeigen Sie, dass die Bruchgleichung $\frac{0{,}012\,\text{kg} \cdot 279\,\text{K} + m_2 \cdot 293\,\text{K}}{0{,}012 + m_2} = 303\,\text{K}$ nicht lösbar ist und begründen Sie im Sachzusammenhang, weshalb diese nicht lösbar sein kann.

# Lernbereich 2: Wissen · Können · Testen

**Ich kann ...**

- ... mithilfe geeigneter Äquivalenzumformungen die Lösungsmenge linearer Gleichungen und Ungleichungen auch in Abhängigkeit von einem linearen Parameter bestimmen.
- ... quadratische Gleichungen auch in Abhängigkeit von einem linearen Parameter auf verschiedene Weisen lösen bzw. kann entscheiden, ob eine quadratische Gleichung lösbar ist, unlösbar ist oder unendlich viele Lösungen hat.
- ... die Lösungsmenge von Bruchgleichungen unter Beachtung der entsprechenden Definitionsmenge sicher berechnen.

## Testen Sie Ihr Können

**Zeit: 30 Minuten**

1. Berechnen Sie die Lösungsmenge folgenden Gleichungen! ($G = \mathbb{R}$) **4**

   a) $-\frac{4}{3}(3x-9) = \frac{3}{2}\left(x-\frac{1}{3}\right)-\frac{1}{2}x$

   b) $\frac{1}{2}(4x-8) = -(2-x)+x$

2. Berechnen Sie die Lösungsmenge der folgenden Gleichung in Abhängigkeit vom Parameter $b$. Führen Sie falls notwendig eine Fallunterscheidung durch. **5**

   $\frac{b}{2}x-1 = 2x+2 \quad \text{mit} \quad x, b \in \mathbb{R}.$

3. Erklären Sie den Unterschied zwischen einer Gleichung und einer Ungleichung. **1**

4. Lösen Sie die folgenden quadratischen Gleichungen. **5**

   a) $\frac{1}{2}(x-4)^2 = 4x$

   b) $x^2-4(x+1) = \frac{1}{2}(-8+x)$

5. Bestimmen alle Werte für $t$, für die die zugehörende Gleichungen nicht lösbar sind. **5**

   $-(x+2)^2 = 3x+2t \quad \text{mit} \quad x, t \in \mathbb{R}.$

6. Bestimmen Sie jeweils die Definitionsmenge und die Lösungsmenge der folgenden Bruchgleichung. **5**

   $\frac{x}{x+1}+2 = \frac{1}{x-1}-\frac{1}{2} \quad \text{mit} \quad G = \mathbb{R}$

**25 BE**

# 3 Funktionen

## 3.1 Überblick über Funktionen

Funktionen sind in der Mathematik von großer Bedeutung und sie sind daher ein fester Bestand des Mathematikunterrichts an weiterführenden Schulen. Warum das so ist und was genau unter einer mathematischen Funktion verstanden wird, wird in diesem Kapitel erläutert.

### 3.1.1 Anschauliche Darstellung des Funktionsbegriffs

Der Begriff »Funktion« ist aus der Mittelstufe zwar bekannt, doch nur wenige wissen, was dieser genau ausdrückt. Dabei ist der Begriff »Funktion« kurz und prägnant zu beschreiben: Eine Funktion ist eine eindeutige Zuordnung von realen oder abstrakten Objekten. Diese kompakte Beschreibung wird im Folgenden anschaulich erläutert. Begonnen wird mit der Klärung des Begriffs »Zuordnung«.

#### 3.1.1.1 Beispiele für Zuordnungen

Stellen Sie sich vor, dass Sie ein Süßwarengeschäft betreten und dort frische gebrannte Mandeln kaufen. Der Verkäufer wiegt vor dem Abpacken die gebrannten Mandeln und nennt Ihnen anhand des Gewichts einen Preis. Betrachtet man diesen Vorgang durch die mathematische Brille, dann stellt man fest, dass es sich um eine Zuordnung handelt. Es wird dem Gewicht der Mandeln ein Preis zugeordnet.

*Gewicht* $\mapsto$ *Preis*

Es gibt zahlreiche weitere Beispiele aus dem Alltag, die eine Zuordnung im mathematischen Sinne darstellen:

- Fahrtenschreiber eines Lkw

Der Fahrtenschreiber eines Lkws zeichnet exakt die Geschwindigkeit zu einer gewissen Uhrzeit auf. Es liegt somit eine eindeutige Zuordnung von Uhrzeit zu Geschwindigkeit vor.

*Zeitpunkt* $\mapsto$ *Geschwindigkeit*

- Verlauf einer Aktie

An der Börse wird während eines Handelstags der Wert einer Aktie notiert. Somit wird einer Uhrzeit ein Aktienwert zugeordnet.

*Zeitpunkt* $\mapsto$ *Aktienwert*

- Abrechnung des Wasserverbrauchs

Bei der jährlichen Wasserabrechnung ermitteln die Stadtwerke anhand des Wasserverbrauchs das Wassergeld für einen Haushalt.

*Wasserverbrauch* $\mapsto$ *Kosten*

- Thermograph

Ein Thermograph zeichnet die Temperatur der Luft während eines Tages auf. Er ordnet somit einer Uhrzeit eine Temperatur eindeutig zu.

*Uhrzeit* $\mapsto$ *Temperatur*

**Aufgaben**

Nennen Sie drei weitere Zuordnungen aus dem alltäglichen Leben und beschreiben Sie diese.

#### 3.1.1.2 Darstellungsformen von Zuordnungen

Zuordnungen lassen sich auf verschiedene Weise grafisch darstellen. Zwei anschauliche Formen sind der Graph und die Wertetabelle. Was ein Graph und was eine Wertetabelle einer Zuordnung ist, wird anhand eines Aktienverlaufs anschaulich erläutert.

**Zur Erinnerung**

Ein Aktienverlauf ist eine Zuordnung, wobei einem Zeitpunkt ein gewisser Aktienwert zugeordnet wird.

## ▪ Graph einer Zuordnung

In **Bild 1** ist der Verlauf eines Aktienwerts zu sehen. Auf der horizontalen Achse ist die Zeit aufgetragen. Auf der vertikalen Achse sind die Aktienwerte abzulesen. Aus diesem Schaubild kann für einen gewissen Zeitpunkt der zugehörige Aktienwert herausgelesen werden. Der Fachbegriff für das Schaubild einer Zuordnung ist Graph.

**Bild 1:** Graph einer Zuordnung

**Graph einer Zuordnung**

Mithilfe von Graphen können Zuordnungen grafisch dargestellt werden.

## ▪ Wertetabelle

In der Wertetabelle werden zusammengehörende Größen tabellarisch angegeben. Für den eben beschriebenen Aktienverlauf bedeutet dies, dass ein gewisser Tag und der zugehörige Aktienwert einen gemeinsamen Tabelleneintrag darstellen **(Tabelle 1)**

**Tabelle 1:** Auszug einer Wertetabelle

| Tag | 1.1.2011 | 1.1.2012 | 1.1.2013 | 1.1.2014 | 1.1.2015 | 1.1.2016 | 1.1.2017 |
|---|---|---|---|---|---|---|---|
| Aktienwert in € | 30 | 50 | 40 | 60 | 80 | 90 | 100 |

**Wertetabelle einer Zuordnung**

Mithilfe von Wertetabellen können zusammengehörende Wertepaare (Größe und zugeordnete Größe) übersichtlich dargestellt werden.

**Aufgabe**

Im Folgenden ist der Graph einer Zuordnung zu sehen **(Bild 2)**. Die Zuordnung setzt die gefahrene Geschwindigkeit eines Autos und den Benzinverbrauch bei dieser Geschwindigkeit in Zusammenhang. Vervollständigen Sie die mithilfe des Graphen die Wertetabelle.

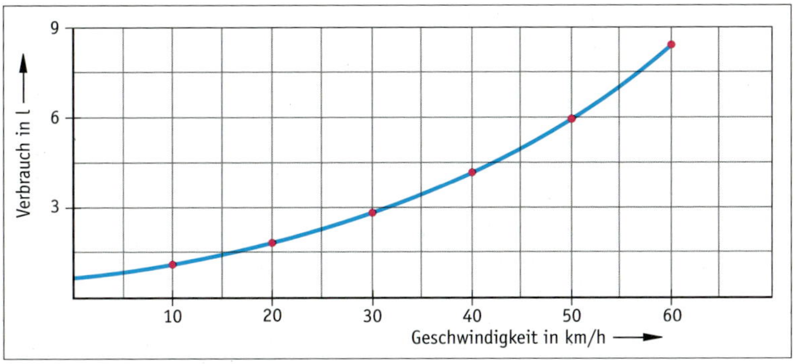


**Bild 2:** Graph des Benzinverbrauchs machen

| Geschwindigkeit in km/h | 10 | 20 | 30 | 40 | 50 | 60 |
|---|---|---|---|---|---|---|
| Benzinverbrauch in Liter | | | | | | |

### 3.1.1.3 Funktion als eindeutige Zuordnung

Angenommen in einem Schwimmbad misst ein Sensor kontinuierlich die Wassertemperatur an einer Stelle des Schwimmbeckens. Wenn der Sensor das in **Bild 1** dargestellte Schaubild erzeugt, weiß ein technischer Mitarbeiter des Schwimmbads sofort, dass der Sensor fehlerhalft arbeitet, da beispielsweise dem Zeitpunkt 2:00 Uhr mehrere Wassertemperaturen zugeordnet sind.

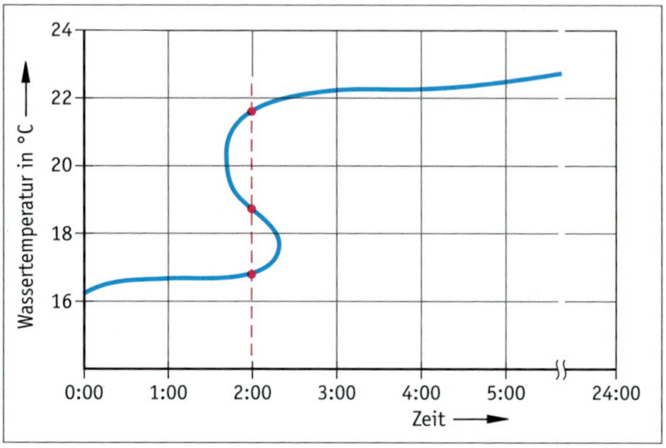


**Bild 1:** Graph der Zuordnung Uhrzeit zu Wassertemperatur

Zuordnungen, die nicht eindeutig sind, finden in der Wissenschaft, im Beruf oder in dem Alltag kaum Anwendung, da sie nur in wenigen Zusammenhängen eine sinnvolle Aussage darstellen. Daher liegt in der (Schul-) Mathematik das Hauptaugenmerk auf Zuordnungen, die eindeutig sind. Eine Zuordnung ist dann eindeutig, wenn jedem Wert der horizontalen Achse genau ein Wert auf der vertikalen Achse zugeordnet wird. Das bedeutet bezogen auf das eben genannte Beispiel, dass zu jedem Zeitpunkt das Wasser eine eindeutige Temperatur hat. Eindeutige Zuordnungen nennt man Funktionen.

**Funktion als eindeutige Zuordnung**

Eine Zuordnung, die eindeutig ist, wird als Funktion bezeichnet.

### 3.1.1.4 Bedeutung von Funktionen im Alltag und in der Wissenschaft

Mithilfe von Funktionen kann der Zusammenhang zwischen zwei oder mehreren Größen eindeutig ausgedrückt werden. Beispielsweise lernt man in der Fahrschule, dass der Zusammenhang zwischen der gefahrenen Geschwindigkeit $v$ und der Länge des Bremsweg $s$ wie folgt beschrieben werden kann: $s(v) = \frac{v^2}{100}$. Fährt man also mit $100\,\text{kmh}^{-1}$ wird ein Bremsweg von $s(100) = \frac{100^2}{100} = 100(m)$ benötigt. Bewegt man sich mit einer Geschwindigkeit von $200\,\text{kmh}^{-1}$, ist der Bremsweg $s(200) = \frac{200^2}{100} = 400(m)$. Mithilfe dieser Funktion wird somit der Zusammenhang zwischen der gefahrenen Geschwindigkeit und dem notwendigen Bremsweg eindeutig beschrieben. Weiterhin lernt jeder Taucher, je tiefer man taucht, desto stärker wird der menschliche Körper beansprucht, da der Druck des Wassers auf den Körper zunimmt. Dieser Sachverhalt kann mithilfe folgender Funktion grob beschrieben werden: $p(T) = \frac{T+10}{10}$, wobei $T$ die Tauchtiefe in Meter und $p$ den Wasserdruck in bar auf dem Körper beschreibt. Es gibt fast unendliche Beispiele aus verschiedensten Wissenschaften, bei denen einfachste aber auch sehr komplexe Zusammenhänge zwischen Größen eindeutig mithilfe von Funktionen dargestellt werden. Für angehende Akademiker sind Grundkenntnisse über Funktionen daher unerlässlich. Aus diesem Grund werden im Mathematikunterricht der FOS/BOS verschiedene Funktionen und ihre Eigenschaften betrachtet. Begonnen wird mit relativ einfachen Funktionen, den sogenannten linearen Funktionen. Auf diese wird im nächsten Kapitel ausführlich eingegangen.

### 3.1.1.5 Aufgaben

**Aufgaben**

1. Sie führen ein Experiment mit einer Kerze **(Bild 1)** durch und stellen zwischen der Höhe der Kerze und Brenndauer den in **Bild 2** dargestellten Zusammenhang fest. Bearbeiten Sie die untenstehenden Aufgaben.

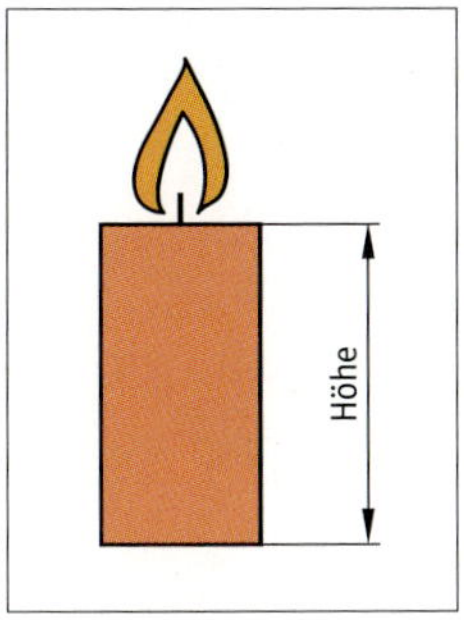


**Bild 1:** Kerze

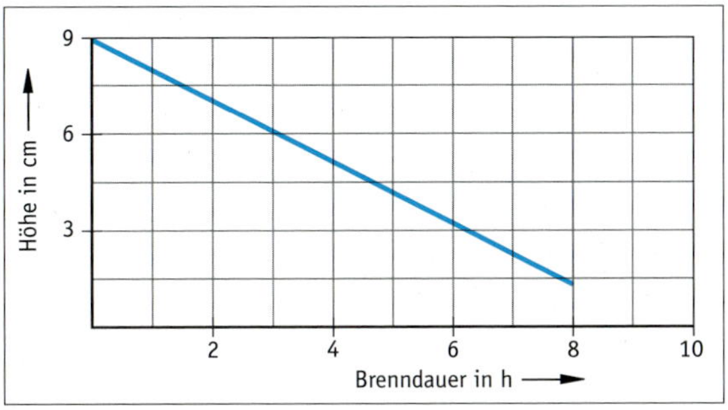


**Bild 2:** Zuordnung Brenndauer zu Höhe

a) Geben Sie die Höhe der Kerze zu dem Zeitpunkt an, zu dem sie angezündet wurde. Beschreiben Sie Ihre Überlegungen.

b) Ermitteln Sie, nach welcher Brenndauer die Höhe der Kerze 4,5 cm beträgt.

c) Bestimmen Sie anhand des Graphen die Höhe der Kerze nach 5 Stunden Brenndauer.

d) Ein Mitschüler behauptet, dass es sich bei dieser Kerze um eine Sicherheitskerze handelt, die von alleine erlischt, wenn sie eine Höhe von etwa 1,5 cm erreicht hat. Geben Sie an, ob sie dieser Aussage zustimmen oder widersprechen. Begründen Sie Ihre Angabe.

2. Geben Sie an, welcher Graph **(Bild 4)** die Zuordnung Brenndauer $\mapsto$ Kerzenhöhe der in **Bild 3** abgebildeten Kerze beschreibt. Begründen Sie Ihre Angabe.

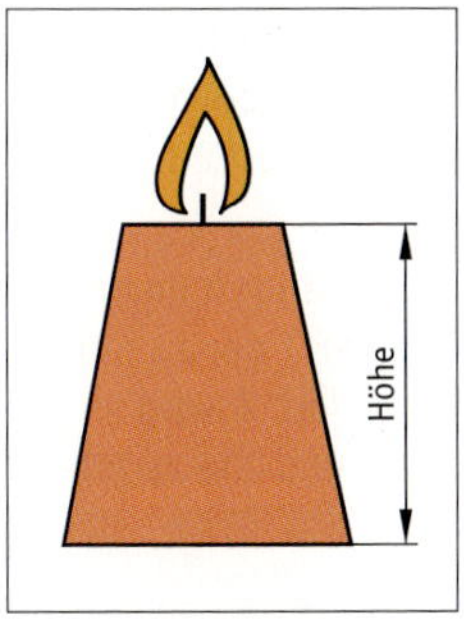


**Bild 3:** Kerze

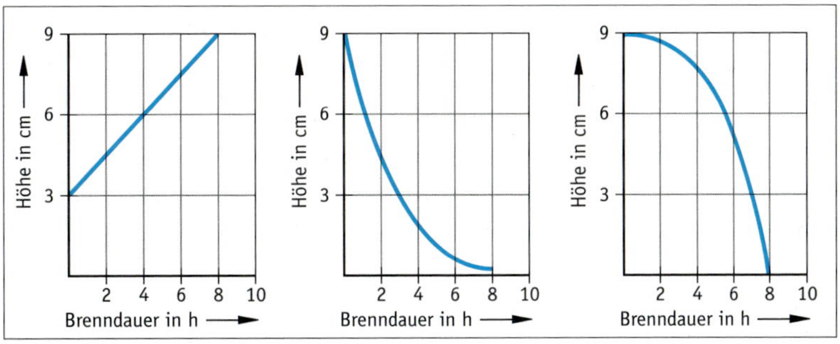


**Bild 4:** Zuordnung Brenndauer $\mapsto$ Kerzenhöhe

3. Eine Mitschülerin behauptet, dass keiner der in Aufgabe 2 abgebildeten Graphen die Zuordnung Brenndauer $\mapsto$ Kerzenhöhe der Kerze in **Bild 4** richtig beschreibt. Ihrer Meinung nach müsste der Graph der genannten Zuordnung wie in **Bild 5** dargestellt aussehen. Widerlegen Sie die Aussage der Mitschülerin.

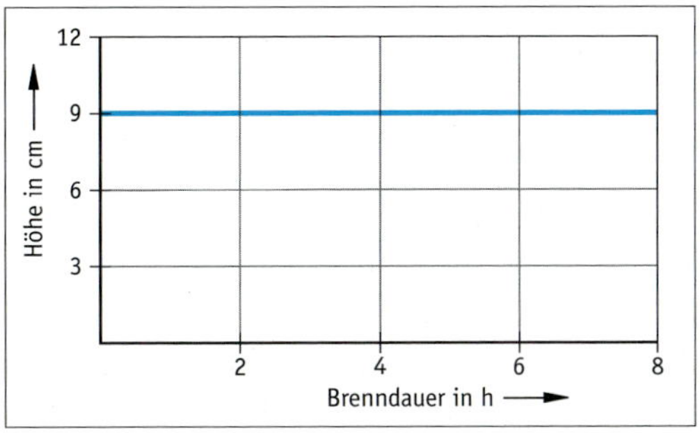


**Bild 5:** Vermutete Zuordnung Brenndauer $\mapsto$ Kerzenhöhe

4. Es wird ein Badebecken mit Wasser befüllt und anschließend wird das Wasser wieder abgelassen. In **Bild 1** ist der Graph der Zuordnung Zeit-Wasserhöhe im Badebecken zu sehen. Bei t = 0 min beginnt der Einfüllprozess.

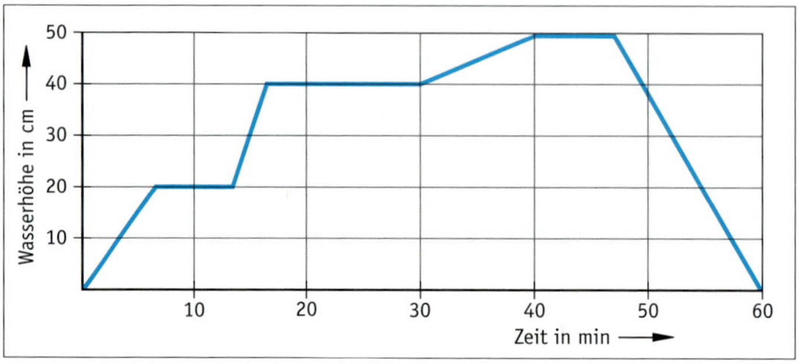


**Bild 1:** Zuordnung Brenndauer ↦ Kerzenhöhe

a) Geben Sie die maximale Wasserhöhe an.

b) Geben Sie die Zeitpunkte an, zu denen die Wasserhöhe 10 cm beträgt.

c) Geben Sie den Zeitpunkt an, zu dem das Wasser aus dem Badebecken komplett abgelassen wurde.

d) Ein Mitschüler behauptet, dass offensichtlich die Zuflussmenge von Wassers in das Badebecken veränderbar ist. Begründen Sie diese Aussage.

### 3.1.2 Funktion als Paarmenge

Im vorherigen Abschnitt wurde der Begriff »Funktion« anschaulich als eine Zuordnung von zwei messbaren Größen dargestellt. So wurde beispielsweise einem Zeitpunkt ein Aktienwert oder dem Gewicht von Lebensmitteln ein Preis zugeordnet.

In der Mathematik ordnet eine Funktion meist zwei abstrakte Größen eindeutig einander zu. Diese abstrakten Größen werden häufig mit den Buchstaben $x$ und $y$ benannt. Dabei ist die Größe $x$ meist die unabhängige Größe und stammt aus einer vorgegebenen Menge. Die von $x$ abhängige Größe wird meist mit $y$ bezeichnet. Wie der mathematische Zusammenhang zwischen den Größen $x$ und $y$ konkret lautet, gibt die sogenannten Zuordnungsvorschrift wieder.

Um das eben Beschriebene zu verdeutlichen, betrachten wir eine Menge $D = \{1; 2; 3\}$ und die Zuordnungsvorschrift $y = x^2$ mit $x \in D$. Über diese Zuordnungsvorschrift wird jedem Element der Menge $D$ ($x$-Wert) genau eine $y$-Wert zugeordnet. Zum Beispiel wird dem $x$-Wert 1 der $y$-Wert $y = 1^2 = 1$ zugeordnet. Dem $x$-Wert 2 wird der $y$-Wert $y = 2^2 = 4$ und dem $x$-Wert 3 wird der $y$-Wert $y = 3^2 = 9$ zugeordnet **(Tabelle 1)**. Die $x$- und die zugehörenden $y$-Werte können zu einem Zahlenpaar zusammengefasst werden.

**Tabelle 1:** Zuordnung

| x-Wert | Zuordnung | y-Wert | Zahlenpaare $(x\|y)$ |
|---|---|---|---|
| $x = 1$ | $y = 1^2 = 1$ | $y = 1$ | $(1\|1)$ |
| $x = 2$ | $y = 2^2 = 4$ | $y = 4$ | $(2\|4)$ |
| $x = 3$ | $y = 3^2 = 9$ | $y = 9$ | $(3\|9)$ |

Alle Zahlenpaare $(x|y)$ werden zu einer Menge zusammengefasst, die als Paarmenge bezeichnet wird. Die Paarmenge in diesem Fall lautet in aufzählender Mengenschreibweise $M = \{(1|1); (2|4); (3|9)\}$ oder in beschreibender Form $M = \{(x|y) | y = x^2 \wedge x \in D\}$.

Paarmengen, bei denen die $x$- und $y$-Komponenten über eine Zuordnungsordnungsvorschrift voneinander abhängen und bei der jedem $x$-Wert genau ein $y$-Wert zugeordnet wird, werden als Funktion bezeichnet. Funktionen werden meist mit kleinen Buchstaben abgekürzt. Die obige Paarmenge $M$ stellt beispielsweise eine Funktion dar.

**Funktion als Paarmenge**

Eine Funktion ist eine Paarmenge, bestehenden aus den Paaren $(x|y)$, wobei die $y$-Komponente über eine Zuordnungsvorschrift von der $x$-Komponente abhängig ist und jedem $x$-Wert aus einer vorgegebenen Menge genau ein $y$-Wert zugeordnet wird.

In der folgenden Aufgabe werden Funktionen als Paarmengen betrachtet.

**Beispielaufgabe**

Gegeben sind die folgenden Funktionen $f$ und $g$. Berechnen Sie alle Zahlenpaare der Funktionen.

$$f = \{(x|y) | y = 2x + 1 \quad \wedge \ x \in D\} \qquad D = \{-1; 0; 1; 2; 3\}$$

$$g = \{(x|y) | y = -x + 3 \quad \wedge \ x \in D\} \qquad D = \{1; 2; 3; 4; 5\}$$

**Lösung**

**a)** Über die Zuordnungsvorschrift $y = 2x + 1$ wird jedem $x$-Wert aus der Menge $D$ genau ein $y$-Wert zugeordnet. Das bedeutet, dass alle Elemente der Menge $D$ in die Zuordnungsvorschrift eingesetzt werden müssen, um den zugehörigen $y$-Wert zu erhalten. **(Tabelle 1)**.

**Tabelle 1:** Zahlenpaare der Funktion $f$

| $x$-Wert | Zuordnung | $y$-Wert | Zahlenpaare $(x\|y)$ |
|---|---|---|---|
| $x = -1$ | $y = 2 \cdot (-1) + 1 = -1$ | $y = -1$ | (–1\|–1) |
| $x = 0$ | $y = 2 \cdot 0 + 1 = 1$ | $y = 1$ | (0\|1) |
| $x = 1$ | $y = 2 \cdot 1 + 1 = 3$ | $y = 3$ | (1\|3) |
| $x = 2$ | $y = 2 \cdot 2 + 1 = 5$ | $y = 5$ | (2\|5) |
| $x = 3$ | $y = 2 \cdot 3 + 1 = 7$ | $y = 7$ | (3\|7) |

Die Zahlenpaare der Funktion $f$ lauten: (–1|–1), (0|1), (1|3), (2|5) und (3|7).

**b)**

**Tabelle 2:** Zahlenpaare der Funktion $g$

| $x$-Wert | Zuordnung | $y$-Wert | Zahlenpaare $(x\|y)$ |
|---|---|---|---|
| $x = 1$ | $y = -1 + 3 = 2$ | $y = 2$ | (1\|2) |
| $x = 2$ | $y = -2 + 3 = 1$ | $y = 1$ | (2\|1) |
| $x = 3$ | $y = -3 + 3 = 0$ | $y = 0$ | (3\|0) |
| $x = 4$ | $y = -4 + 3 = -1$ | $y = -1$ | (4\|–1) |
| $x = 5$ | $y = -5 + 3 = -2$ | $y = -2$ | (5\|–2) |

Die Zahlenpaare der Funktion $g$ lauten: (1|2), (2|1), (3|0), (4|–1) und (5|–2).

## ■ Definitions- und Wertemenge einer Funktion

Die vorgegebene Menge D, aus der die $x$-Werte stammen, wird als Definitionsmenge der Funktion bezeichnet. Die Menge aller $y$-Werte der Zahlenpaare einer Funktion wird als Wertemenge bezeichnet. Bei der vorherigen Beispielaufgabe hat die Funktion $f$ laut Angabe die Definitionsmenge $D = \{-1; 0; 1; 2; 3\}$. Die Wertemenge $W$ der Funktion $f$ lautet: $W = \{-1; 1; 3; 5; 7\}$. Die Funktion $g$ aus der vorherigen Beispielaufgabe hat die Definitionsmenge $D = \{1; 2; 3; 4; 5\}$ und die Wertemenge $W = \{-2; -1; 0; 1; 2\}$.

**Definitionsmenge einer Funktion**

Die Definitionsmenge $D$ beinhaltet alle Werte, die für die unabhängige Variable $x$ in die Zuordnungsvorschrift einer Funktion eingesetzt werden dürfen. Die Definitionsmenge wird auch als unabhängige Menge bezeichnet.

**Wertemenge einer Funktion**

Die Menge aller möglichen $y$-Werte einer Funktion wird als Wertemenge $W$ bezeichnet. Sie wird auch abhängige Menge genannt.

**Aufgaben**

Folgende Funktionen $f$ und $g$ sind gegeben. Berechnen Sie alle Zahlenpaare der Funktionen und geben Sie die Wertemenge jeder Funktion an.

a) $f = \{(x|y)|y = 5x+4 \quad \wedge x \in D\}$ $\quad D = \{-2;-1;0;1;2\}$

b) $g = \{(x|y)|y = 1-x \quad \wedge x \in D\}$ $\quad D = \{1;2;3;4;5\}$

### 3.1.3 Fachbegriffe im Zusammenhang mit Funktionen

Bisher haben wir Funktionen stets als Paarmengen betrachtet und Funktionen in beschreibender Mengenschreibweise angegeben, wie beispielsweise $f = \{(x|y)|y = 2x+1 \wedge x \in D\}$. Der entscheidende Teil dieser Schreibweise ist $y = 2x + 1$, da dieser angibt, wie jedem $x$-Wert ein $y$-Wert zugeordnet wird.

Dieser entscheidende Teil wird als **Funktionsgleichung** bezeichnet. Meist wird nur diese angegeben, um eine Funktion zu beschreiben.

$y = 2x+1$

Funktionsgleichung der Funktion f

Streng genommen würde der Term $2x + 1$ ausreichen, um die Funktion zu beschreiben. Diesen Term bezeichnet man als **Funktionsterm**.

Da der Wert dieses Terms von $x$ abhängt, schreibt man $f(x) = 2x + 1$. Setzt man für $x$ eine Zahl in den Funktionsterm ein, erhält man den zugehörigen **Funktionswert,** der auch häufig als $y$-Wert bezeichnet wird.

$2x+1$ bzw.

$f(x) = 2x+1$

Funktionsterm der Funktion f

Beispielsweise beschreibt $f(2)$ den Funktionswert ($y$-Wert) an der Stelle $x = 2$. Dieser Funktionswert wird berechnet, indem man für $x$ die Zahl 2 in den Funktionsterm $2x + 1$ einsetzt: $f(2) = 2 \cdot 2 + 1 = 5$. Der Funktionswert an der Stelle $x = 2$ ist somit $y = f(2) = 5$. Bei der Beschreibung einer Funktion muss außerdem die Menge $D$ aller $x$-Werte angegeben werden, die in den Funktionsterm eingesetzt werden dürfen. Sie wird als **Definitionsmenge** bezeichnet. Die einzelnen Elemente der Definitionsmenge werden Argumente genannt. Das Argument, das als zugehörigen Funktionswert die Zahl 0 hat, wird als Nullstelle bezeichnet. Die Menge aller möglichen Funktionswerte ($y$-Werte) heißt **Wertemenge**.

$f(2) = 2 \cdot 2 + 1 = 5$

Funktionswert an der Stelle $x = 2$

Um die eben beschriebenen Begriffe zu festigen, betrachten wir folgende Aufgabe.

**Beispielaufgabe**

Gegeben ist die Funktion $g$ in aufzählender Mengenschreibweise.

$g = \{(x \mid y) \mid y = x + 2 \quad \wedge x \in D\} \qquad D = \{-2; -1; 0; 1; 2; 3\}$

a) Geben Sie die Funktionsgleichung und den Funktionsterm der Funktion $g$ an.

b) Berechnen Sie den Funktionswert der Funktion $g$ an der Stelle $x = 1$ und $x = 3$.

c) Nennen Sie alle Argumente der Funktion $g$.

d) Zeigen Sie, dass $x = -2$ eine Nullstelle von $g$ ist.

e) Geben Sie die Wertemenge der Funktion $g$ an.

**Lösung**

**a)** Funktionsgleichung: $y = x + 2$

Funktionsterm: $x + 2$ bzw. $g(x) = x + 2$

**b)** Funktionswert an der Stelle $x = 1$: $g(1) = 1 + 2 = 3$

Funktionswert an der Stelle $x = 3$: $g(3) = 3 + 2 = 5$

**c)** Die Argumente der Funktion $g$ sind alle Elemente der Definitionsmenge.

Somit sind die Argumente $-2, -1, 0, 1, 2$ und $3$.

**d)** $g(-2) = -2 + 2 = 0 \quad \Rightarrow x = -2$ ist eine Nullstelle von $f$, da zu $x = -2$ der Funktionswert 0 gehört.

**e)** Um die Wertemenge angeben zu können, müssen die fehlenden Funktionswerte berechnet werden:

$g(-1) = -1 + 2 = 1 \qquad g(0) = 0 + 2 = 2 \qquad g(2) = 2 + 2 = 4$

Aus den Teilaufgaben b) und d) sind folgende Funktionswerte bereits bekannt:

$g(1) = 3,\ g(3) = 5$ und $g(-2) = 0$

$\rightarrow$ Wertemenge: $W = \{0; 1; 2; 3; 4; 5\}$

**Aufgaben**

1. Gegeben sind die folgenden Funktionen $f$ und $g$ durch ihren Funktionsterm. Berechnen Sie die Funktionswerte an den Rändern des Definitionsbereiches.

   $f(x) = 10x + 5 \qquad D = \{0; 1; 2; 3; 4; 5\}$

   $g(x) = 2 - 2x \qquad D = \{2; 3; 4; 5; 6\}$

2. Begründen Sie folgende Aussage: Sowohl die Funktion $f$ als auch die Funktion $g$ aus Aufgabe 1 habe keine Nullstelle.

### 3.1.4 Grafische Darstellung einer Funktion mithilfe von Mengendiagrammen

Eine Funktion stellt eine Zuordnung dar, bei der jedem Element $x$ aus einer vorgegebenen Menge (Definitionsmenge) über die Funktionsgleichung bzw. den Funktionsterm genau ein Element $y$ aus der Wertemenge zugeordnet wird. Diese Zuordnung kann mit mithilfe von Mengendiagrammen grafisch dargestellt werden.

In **Bild 1** ist die Funktion $f$ mit der Funktionsgleichung $y = x^2$ bzw. mit dem Funktionsterm $f(x) = x^2$ und der Definitionsmenge $D = \{-1; 0; 1; 2; 3\}$ zu sehen. Man erkennt, dass jedem Element $x$ der Definitionsmenge genau ein $y$-Wert zugeordnet wird.

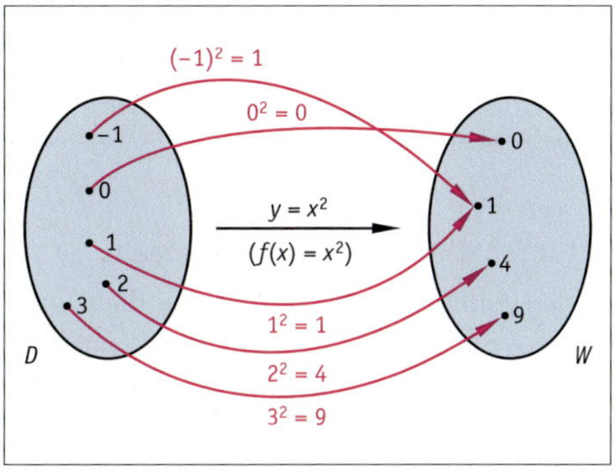


**Bild 1:** Grafische Darstellung einer Funktion mithilfe von Mengendiagrammen

Um zu verdeutlichen, dass eine Funktion eine Zuordnung von zwei Größen $x$ und $y$ ist, benutzt man den Zuordnungspfeil »$\mapsto$«. Man schreibt $f{:}\,x \mapsto y$ bzw. $f{:}\,x \mapsto f(x)$. Diese Schreibweise sagt aus, dass die Funktion namens $f$ jedem $x$-Wert einen $y$-Wert bzw. dass die Funktion $f$ jedem $x$-Wert einen Funktionswert $f(x)$ zuordnet.

Die obige Funktion $f$ würde in dieser Schreibweise wie folgt lauten:

$f{:}\,x \mapsto y = x^2$ mit $D = \{-1; 0; 1; 2; 3\}$ bzw.

$f{:}\,x \mapsto f(x) = x^2$ mit $D = \{-1; 0; 1; 2; 3\}$

**Funktion**

Eine Funktion ist eine Zuordnungsvorschrift, die jedem Element $x$ aus der Definitionsmenge genau einen $y$-Wert (Funktionswert) zuordnet.

### Erweiterung der Definitionsmenge

Bisher wurden lediglich Funktionen betrachtet, deren Definitionsmengen aus wenigen Zahlen bestanden. Besteht die Definitionsmenge einer Funktion aus einer unendlichen Zahlenmenge, wie beispielsweise den reellen Zahlen ($\mathbb{R}$), dann beschreibt die Funktion unendlich vielen Zuordnungen. Die grafische Darstellung einer solchen Funktion ist nur bedingt mit Mengendiagrammen möglich.

**Aufgaben**

1. Stellen Sie die Funktion $f{:}\,x \mapsto f(x) = x - 1$ mit $D = \{-1; 0; 1; 2\}$ grafischen mithilfe von Mengendiagrammen dar.

2. Gegeben sind die folgenden Funktionen mit jeweils der Definitionsmenge $D = \{-2; -1; 0; 1; 2; 3\}$. Bestimmen Sie von jeder Funktion die Wertemenge. Stellen Sie die Funktionen jeweils mithilfe von Mengendiagrammen dar.

   a) $f{:}\,x \mapsto f(x) = 3x - 1$
   b) $g{:}\,x \mapsto g(x) = 5 - 2x$
   c) $p{:}\,x \mapsto p(x) = \frac{1}{2}x - \frac{1}{2}$
   d) $q{:}\,x \mapsto q(x) = x - \frac{2}{10 - x}$
   e) $r{:}\,x \mapsto r(x) = \frac{5}{5 - x}$
   f) $e{:}\,x \mapsto e(x) = 10^x$

3. Gegeben ist die Funktion $p{:}\,x \mapsto p(x) = -\frac{3}{4}x + 1$ mit $D_p = \mathbb{R}$.

   Geben Sie an, welche der folgenden Aussagen richtig sind. Begründen Sie bei *b*, *c* und *d*, Ihre Angabe.

   a) $-\frac{3}{4}x + 1$ ist der Funktionsterm der Funktion $p$.
   b) Der Funktionswert von $p$ an der Stelle $x = 2$ ist 3.
   c) $p(-4) = -2$
   c) Für die Variable $x$ dürfen nur positive Zahlen eingesetzt werden.
   e) Begründen Sie, weshalb die Funktion mithilfe von Mengendiagrammen nicht vollständig dargestellt werden kann.

## 3.1.5 Schreibweisen von Funktionen

In den vorhergehenden Abschnitten haben wir verschiedene Schreibweisen für die Beschreibung von Funktionen kennengelernt. Diese werden nun zusammengetragen.

Eine Funktion kann in Form einer beschreibenden Mengenschreibweise dargestellt werden. Ein Beispiel hier ist die Funktion $f = \{(x\,|\,y) \,|\, y = 2x + 2 \wedge x \in D\}$ mit $D = \mathbb{R}$. Die gleiche Funktion $f$ wird durch die Zuordnungen $f{:}\,x \mapsto y = 2x + 2$ mit $D = \mathbb{R}$ bzw. $f{:}\,x \mapsto f(x) = 2x + 2$ mit $D = \mathbb{R}$ beschrieben. Häufig wird auf den Vorsatz »$f{:}\,x \mapsto$« verzichtet.

**Übersicht**

Die folgenden Darstellungen beschreiben die gleiche Funktion $f(D = \mathbb{R})$:

**1. Beschreibende Mengenschreibweise**

$f = \{(x \mid y) \mid y = 2x + 2 \quad \wedge x \in D\}$

**2. Angabe der Funktionsgleichung**

| | |
|---|---|
| $f{:}x \mapsto y = 2x + 2$ | ausführliche Schreibweise |
| $y = 2x + 2$ | verkürzte Schreibweise |

**3. Angabe des Funktionsterms**

| | |
|---|---|
| $f{:}x \mapsto f(x) = 2x + 2$ | ausführliche Schreibweise |
| $f(x) = 2x + 2$ | verkürzte Schreibweise |

**Aufgabe**

Stellen Sie die Funktion $f{:}x \mapsto f(x) = \frac{1}{2}x - 2$ mit $D = \mathbb{R}$ in beschreibender Mengenschreibweise dar.

### 3.1.6 Darstellungen von Funktionen im Koordinatensystem

Bei einer Funktion wird bekanntlich jedem $x$-Wert der Definitionsmenge mithilfe einer Funktionsgleichung bzw. eines Funktionsterms genau ein $y$-Wert zugeordnet. Es bietet sich an, diese Zuordnung tabellarisch in einer Wertetabelle darzustellen. In **Tabelle 1** ist die Wertetabelle der Funktion $f$, die durch die Funktionsgleichung $y = 0{,}5x + 1$ mit $D = \{-2; -1; 0; 1; 2\}$ beschrieben wird, darstellt. Die $x$- und $y$-Werte können zu Zahlenpaaren zusammengefasst werden.

**Tabelle 1:** Wertetabelle der Funktion $f$

| x | −2 | −1 | 0 | 1 | 2 |
|---|---|---|---|---|---|
| $y = 0{,}5x + 1$ | 0 | 0,5 | 1 | 1,5 | 2 |
| Zahlenpaare | (−2\|0) | (−1\|0,5) | (0\|1) | (1\|1,5) | (2\|2) |

Diese Zahlenpaare lassen sich in einem kartesischen Koordinatensystem (kurz Koordinatensystem) eintragen. Ein kartesisches Koordinatensystem besteht aus zwei sich senkrecht schneidenden Zahlenstrahlen. Der waagrechte Zahlenstrahl wird als $x$-Achse oder Abszissenachse bezeichnet. Der senkrechte Zahlenstrahl wird $y$-Achse oder Ordinatenachse genannt. Beide Achsen schneiden sich jeweils bei der Zahl 0. Dieser Schnittpunkt wird Ursprung genannt und mit dem Buchstaben 0 (Origin) abgekürzt **(Bild 1)**.

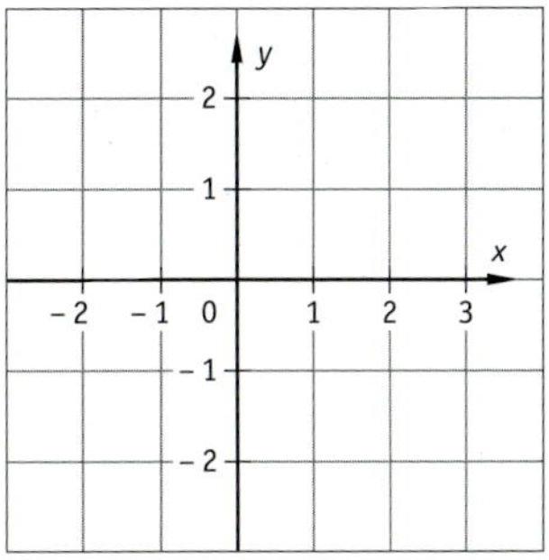


**Bild 1:** Kartesisches Koordinatensystem

Jedes Zahlenpaar entspricht einen Punkt $P(x|y)$ im kartesischen Koordinatensystem. Die erste Komponente des Zahlpaars entspricht der sogenannten $x$-Koordinate des Punkts und die zweite Komponente entspricht der $y$-Koordinate des Punkts. Das Zahlenpaar (1|1,5) aus der obigen Wertetabelle beispielsweise entspricht dem Punkt P(1|1,5) im Koordinatensystem. Dieser Punkt P wird wie in **Bild 1** zu sehen ist, in das Koordinatensystem eingetragen.

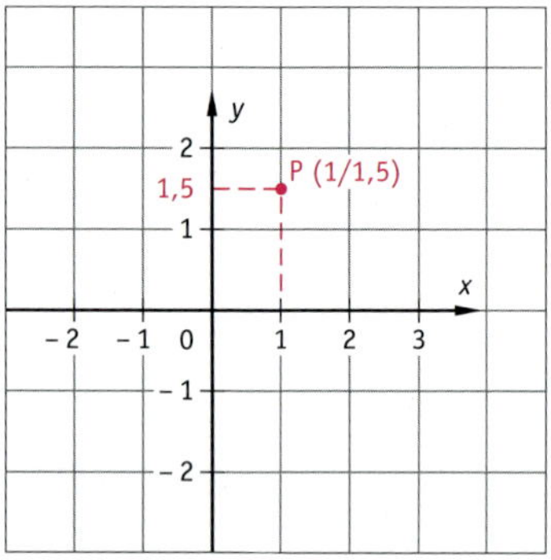


**Bild 1:** Eintragen des Punkts P(1|1,5) in das Koordinatensystem

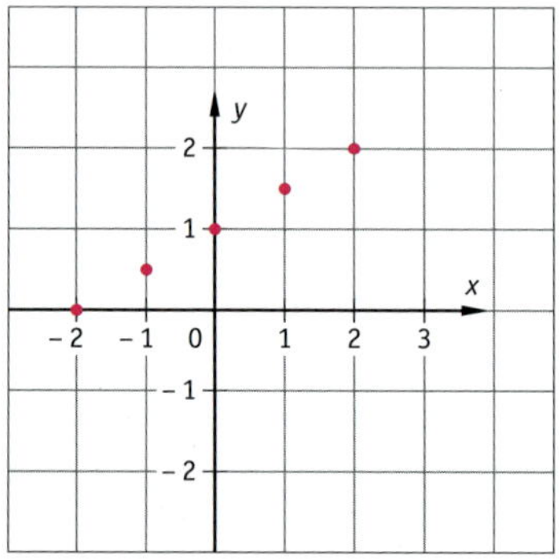


**Bild 2:** Graph der Funktion $f$

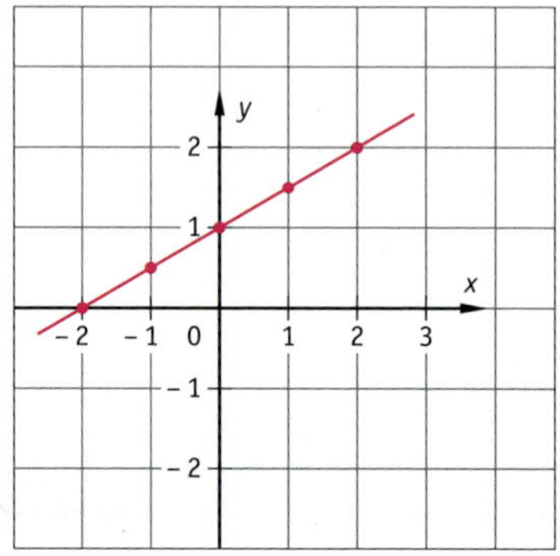


**Bild 3:** Zusammenhängende Linie

Auf diese Weise können alle Zahlenpaare der Wertetabelle in das Koordinatensystem eingetragen werden **(Bild 2)**. Alle eingetragenen Zahlenpaare ergeben den sogenannten Funktionsgraphen, oder kurz Graph genannt.

Die betrachtete Funktion $f$ mit der Funktionsgleichung $y = 0{,}5x + 1$ und $D = \{-2; -1; 0; 1; 2\}$ hat eine Definitionsmenge, die 5 Elementen enthält. Somit besteht der Graph der Funktion $f$ aus 5 Punkten, wie man in **Bild 2** erkennen kann. Besteht die Definitionsmenge der Funktion $f$ aus einer unendlich großen Anzahl von Elementen, wie beispielsweise die Zahlenmenge $\mathbb{R}$, dann ergibt der Graph der Funktion eine zusammenhängende Linie **(Bild 3)**.

**Anmerkung** Die Koordinatenachsen ($x$- und $y$-Achse) teilen ein Koordinatensystem in vier Bereiche, die Quadranten genannt werden. Der erste Quadrant ist rechts oben, der zweite Quadrant ist links oben, der dritte Quadrant ist links unten und der vierte Quadrant ist rechts unten. Die Bezeichnung der Quadranten erfolgt somit gegen den Uhrzeigersinn **(Bild 4)**.

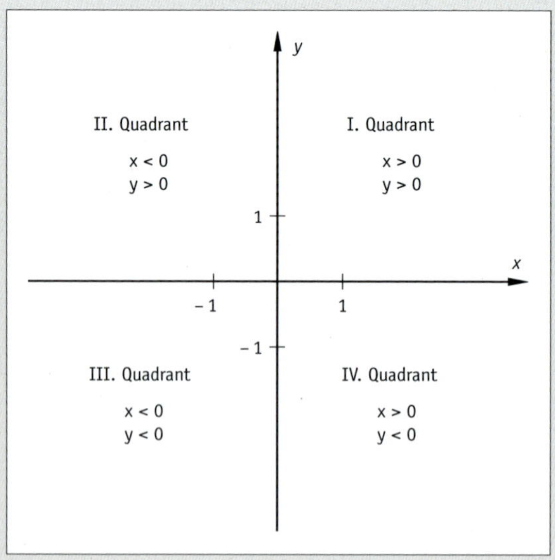


**Bild 4:** Einteilung des Koordinatensystems in Quadranten

**Aufgabe**

Die Funktion $h$ ist durch ihre Funktionsgleichung $y = -x + 3$ gegeben. Die Definitionsmenge der Funktion $h$ lautet $D = \{-2; -1; 0; 1; 2\}$. Erstellen Sie eine Wertetabelle und zeichnen Sie den Graphen der Funktion $h$ in ein kartesisches Koordinatensystem.

### 3.1.7 Anwendungsaufgabe

Mithilfe von Funktionen können unter anderem alltägliche Situationen, wirtschaftliche Prozesse oder naturwissenschaftliche Phänomene mathematisch abgebildet werden. Im Folgenden werden exemplarisch zwei reale Sachverhalte durch Funktionen beschrieben.

- **Ehrenamtliche Mitglieder bei der Freiwilligen Feuerwehr**

Der Vorstand der freiwilligen Feuerwehr eines Orts in der ländlichen Region Bayerns **(Bild 1)** stellt die Anzahl seiner ehrenamtlichen Feuerwehrleute grafisch dar **(Bild 2)**. In dieser sind verschiedenen Jahren $x$ die Anzahl der Feuerwehrleute $y$ des Orts zugeordnet.

**Bild 1:** Freiwillige Feuerwehr

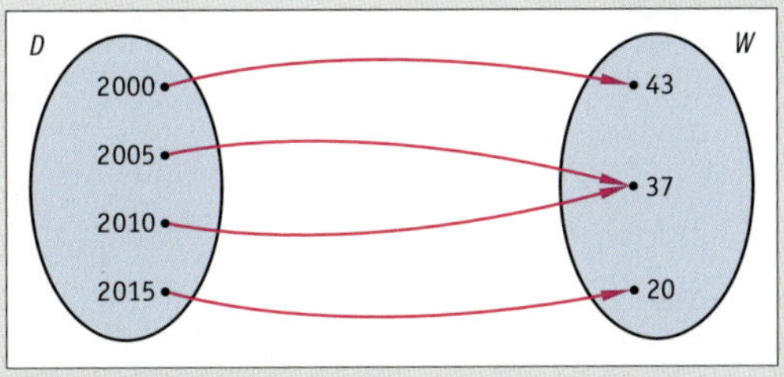


**Bild 2:** Zuordnung Feuerwehrleuten zu Jahren

**Aufgaben**

a) Stellen Sie die Zuordnung in einer Wertetabelle dar.

b) Geben Sie an, ob es sich bei dieser Zuordnung um eine Funktion im mathematischen Sinne handelt. Begründen Sie Ihre Angabe.

c) Im Jahre 2011 hat das letzte Großunternehmen in der Region in Folge der Wirtschafts- und Finanzkrise von 2008 ihren Betrieb einstellen müssen. Gleichzeitig ist die Anzahl der Feuerwehrleute im Zeitraum zwischen 2010 und 2015 signifikant zurückgegangen. Belegen Sie diese Aussage mithilfe von **Bild 2** und geben Sie an, ob Ihrer Meinung nach ein Zusammenhang zwischen der Schließung des letzten Großunternehmens und der sinkenden Anzahl der Feuerwehrleute besteht. Begründen Sie Ihre Angabe.

**Lösung**

**a)** In **Tabelle 1** ist die Zuordnung der durchschnittlichen Anzahl von Feuerwehrleuten $y$ zum Jahr $x$ zu sehen.

**Tabelle 1:** Tabellarische Darstellung der Zuordnung

| $x$ | 2000 | 2005 | 2010 | 2015 |
|---|---|---|---|---|
| $y$ | 43 | 37 | 37 | 20 |

**b)** Es handelt sich um eine Funktion im mathematischen Sinne, da jedem $x$-Wert genau ein $y$-Wert zugeordnet wird. Das heißt, dass jedem Jahr eine eindeutige Anzahl an Feuerwehrleuten zugeordnet ist.

**c)** Zwischen 2005 und 2010 ist die Anzahl an Feuerwehrleuten in diesem Ort mit 37 Aktiven konstant geblieben. Danach hat sich innerhalb des gleichen Zeitraums die Anzahl der Feuerwehrleute fast halbiert. Dieser schnelle und starke Abfall ist vermutlich nicht durch den demographischen Wandel in ländlichen Regionen oder durch die sinkende Bereitschaft von Menschen zur Übernahme von ehramtlichen Tätigkeiten zu erklären. Vielmehr liegt die Vermutung nahe, dass viele Leute nach der Schließung des letzten Großunternehmens die Region verlassen mussten, um eine adäquate Arbeitsstelle zu finden.

### 3.1.8 Aufgaben zu Funktionen

1. Für die folgenden Funktionen sind alle Zahlenpaare der Funktionen zu berechnen.

   a) $f = \{(x|y) | y = -2x \quad \wedge x \in D\}$ $\quad D = \{-2; -1; 0; 1; 2\}$

   b) $g = \{(x|y) | y = x^2 \quad \wedge x \in D\}$ $\quad D = \{-2; -1; 0; 1; 2\}$

   c) $h = \left\{(x|y) \middle| y = \frac{1}{2}x + \frac{1}{2} \quad \wedge x \in D\right\}$ $\quad D = \{-2; -1; 0; 1; 2\}$

   d) $p = \{(x|y) | y = 5 - x^2 \quad \wedge x \in D\}$ $\quad D = \{-1; 0; 1; 2; 3\}$

   e) $q = \{(x|y) | y = -1 \quad \wedge x \in D\}$ $\quad D = \{-1; 0; 1; 2; 3\}$

2. Gegeben ist die Funktion $g$ in aufzählender Mengenschreibweise.

   $w = \left\{(x|y) \middle| y = \frac{1}{2}x + \frac{3}{4} \quad \wedge x \in D\right\}$ $\quad D = \{-2; -1; 0; 1; 2; 3\}$

   a) Geben Sie die Funktionsgleichung und den Funktionsterm der Funktion $w$ an.

   b) Berechnen Sie die Funktionswerte der Funktion $w$ an den Stellen $x = -1$ und $x = 2$.

   c) Nennen Sie alle Argumente der Funktion $w$.

   d) Begründen Sie, weshalb die Funktion $w$ keine Nullstelle hat.

   e) Geben Sie die Wertemenge der Funktion $w$ an.

3. Die Funktion $f: x \mapsto f(x) = 2x - 3$ mit $D = \{-2; -1; 0; 1; 2\}$ ist gegeben.

   a) Stellen Sie die Funktion grafisch mithilfe von Mengendiagrammen dar.

   b) Stellen Sie die Funktion $f$ in beschreibender Mengenschreibweise dar.

   c) Erstellen Sie eine Wertetabelle zu der Funktion $f$.

   d) Geben Sie die Wertemenge von $f$ an.

4. Für die Wertetabelle einer Funktion $f$ ist folgender Arbeitsauftrag durchzuführen.

| x | −2 | −1 | 0 | 1 | 2 | 3 |
|---|---|---|---|---|---|---|
| $f(x) = 0{,}2x + 1$ | 0,6 | 0,8 | 1 | 1,2 | 1,4 | 1,6 |

   a) Zeichnen Sie die Punktpaare in ein Koordinatensystem ein.

   b) Geben Sie an, welche Punkte der Wertetabelle in II. Quadranten liegen.

## 3.2 Lineare Funktionen

In diesem Kapitel werden lineare Funktionen näher untersucht. Anhand des folgenden Beispiels wird anschaulich erläutert, was man unter dem Begriff »lineare Funktion« versteht.

**Einführungsbeispiel**

Sie planen zusammen mit Schulfreunden in den nächsten Sommerferien eine mehrtägige Bergtour in den bayerischen Alpen. Auf der geplanten Route müssen mehrere Klettersteige bewältigt werden, bei denen man an sich aus Sicherheitsgründen mit meinem Bergsteigerseil sichern sollte.

Da Ihr bisheriges Sicherungsseil älter ist und deutliche Gebrauchsspuren aufweist, entschließen Sie sich ein neues zu kaufen. Der Hersteller von Qualitäts- Bergsteigerseile biete auf seiner Homepage in seinem Onlineshop Bergsteigerseile **(Bild 1)** in verschiedenen Längen an. Standardmäßig beträgt die Länge entweder 30 m, 50 m, 60 m oder 90 m. Unabhängig von der Länge des Seils werden dem Käufer 2 € pro laufenden Meter in Rechnung gestellt. Zuzüglich berechnet der Händler eine Versandpauschale von 3 €.

**Bild 1:** Kauf von Bergsteigerseilen im Internet

**Arbeitsauftrag:**

Berechnen Sie die gesamten Kosten, die Ihnen beim Kauf eines 30 m, 50 m, 60 m oder 90 m langen Bergsteigerseils entstehen und stellen Sie die Länge $x$ des Seils und die Gesamtkosten $k(x)$ in einem Koordinatensystem grafisch dar.

**Lösung**

Die gesamten Kosten des Seils setzen sich aus zwei Posten zusammen: Den Versandkosten und den Kosten für das Seil. Die Versandkosten belaufen sich stets auf 3 €, während die Kosten für das Seil $2x\frac{€}{\text{m}}$ betragen, wobei $x$ für die Seillänge steht.

| $k(x) = 2x + 3$ | $k(x)$: Gesamtkosten des Seils in €<br>$x$: Länge des bestellten Seils in m |
|---|---|

Setzt man in den Funktionsterm $k(x)$ für $x$ die Längen 30, 50, 60 und 90 ein, dann erhält man die zugehörenden Gesamtkosten:

| Länge | Berechnung | Gesamtkosten | Punkte (Länge \| Gesamtkosten) |
|---|---|---|---|
| 30 m | $k(30) = 2 \cdot 30 + 3 = 63$ | 63 € | $P_1(30\mid63)$ |
| 50 m | $k(50) = 2 \cdot 50 + 3 = 103$ | 103 € | $P_2(50\mid103)$ |
| 60 m | $k(60) = 2 \cdot 60 + 3 = 123$ | 123 € | $P_3(60\mid123)$ |
| 90 m | $k(90) = 2 \cdot 90 + 3 = 183$ | 183 € | $P_4(90\mid183)$ |

Trägt man die Länge $x$ des Seils auf der horizontalen Achse und die zugehörigen Gesamtkosten $k(x)$ auf der vertikalen Achse an, dann stellt man fest, dass alle Punkte $P_1$ bis $P_4$ auf einer Geraden liegen **(Bild 1 folgende Seite)**. Das ist das charakteristische Kennzeichnen dafür, dass die Länge $x$ und die Gesamtkosten $k(x)$ linear voneinander abhängen. Das bedeutet, wenn die Seillänge $x$ um beispielsweise 30 m zunimmt, die Gesamtkosten immer um den gleichen Betrag zunehmen. In diesem Beispiel belaufen sich die Gesamtkosten eines 30 m langen Seils auf 63 €. Die eines 60 m langen Seils auf 123 € und für ein Seil, das 90 m lang ist, muss man 183 € zahlen. Man zahlt also für ein 30 m längeres Seil stets 60 € mehr.

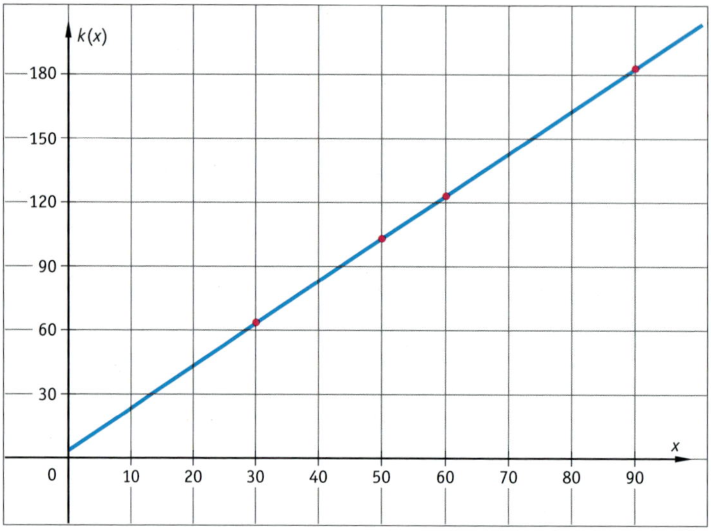


**Bild 1:** Punkte liegen auf einer Geraden

**Anmerkung** Der Begriff »linear« leitet sich vom lateinischen Wort »linea« ab. Dieser bedeutet Schnur, Faden oder Leine. Der Graph einer linearen Funktion ist augenscheinlich schnurgerade.

**Lineare Funktionen**

Funktionen, deren Graphen eine Gerade darstellen, werden als lineare Funktionen bezeichnet.

### 3.2.1 Grundlegendes zu linearen Funktionen

Bevor wir lineare Funktionen grafisch und rechnerisch näher untersuchen können, benötigen wir ein gewisses Basiswissen über diese Funktionen.

**Informationstext**

Lineare Funktionen und Geraden

Eine Funktion $f$, deren Funktionsterm sich in der Form $f(x) = mx + t$ darstellen lässt, nennt man lineare Funktion. In dem Funktionsterm einer linearen Funktion kommt die unbekannte Variable (meistens $x$) ausschließlich in erster Potenz vor. Ein Beispiel für eine lineare Funktion ist die Funktion $f$ mit dem Funktionsterm $f(x) = \frac{1}{2}x - 1$. Die Funktion $g$ mit dem Funktionsterm $g(x) = \frac{1}{2}x^2 - 3$ ist keine lineare Funktion, da in ihrem Funktionsterm die Variable $x$ in zweiter Potenz vorkommt.

| $f(x) = \frac{1}{2}x - 1$ | $g(x) = \frac{1}{2}x^2 - 3$ |
|---|---|
| Beispiel für eine lineare Funktion | Beispiel für eine Funktion, die nicht linear ist |

Der Funktionsgraph (kurz Graph) einer linearen Funktion ist eine Gerade. Funktionsgraphen werden meist mit der Abkürzung $G$ benannt. $G_f$ ist daher der Graph der Funktion $f$.

**Bedeutung der Koeffizienten *m* und *t* in $f(x) = mx + t$**

Die Koeffizienten $m$ und $t$ in $mx + t$ haben grundsätzlich folgende Bedeutung:

**Bedeutung des Koeffizienten *m*:**

Der Koeffizient $m$ in $f(x) = mx + t$ gibt die Steigung der Geraden an.

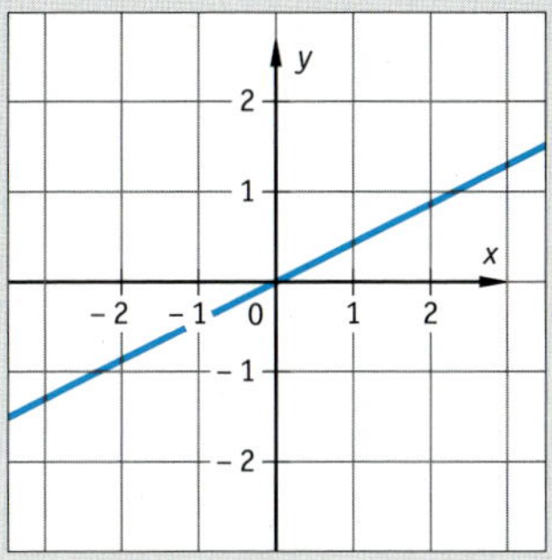


$m > 0$

Die Gerade steigt.

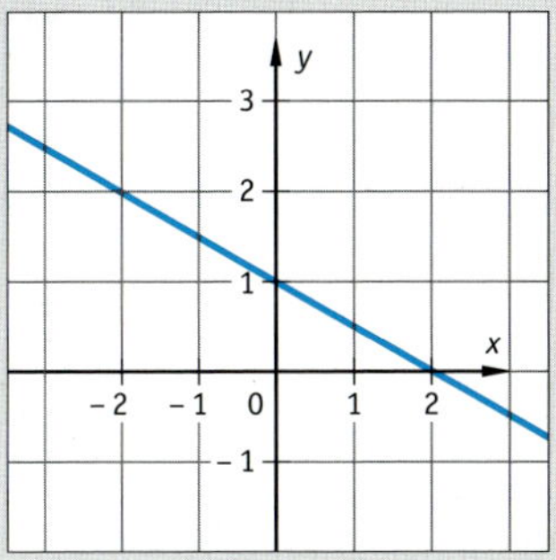


$m < 0$

Die Gerade fällt.

**Bedeutung des Koeffizienten *t*:**

Der Koeffizient $t$ ist der sogenannte $y$-Achsenachsenabschnitt. Mit ihm lässt sich der Schnittpunkt der Geraden mit der $y$-Achse angeben.

Schnittpunkt mit der $y$-Achse: T(0|$t$)

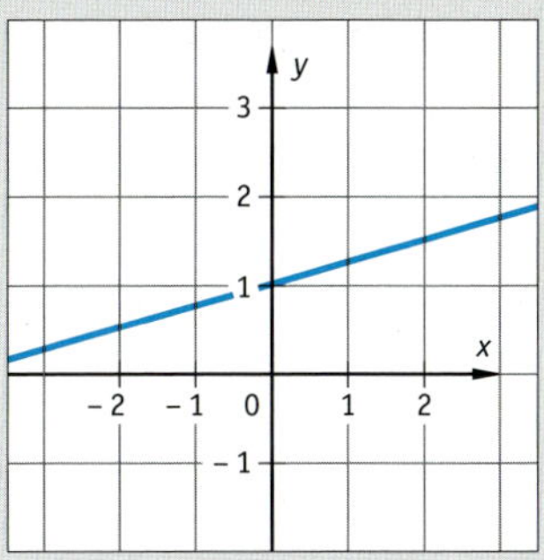


Der $y$-Achsenabschnitt ist $t = 1$.

→ Schnittpunkt der Geraden mit der $y$-Achse: T(0|1).

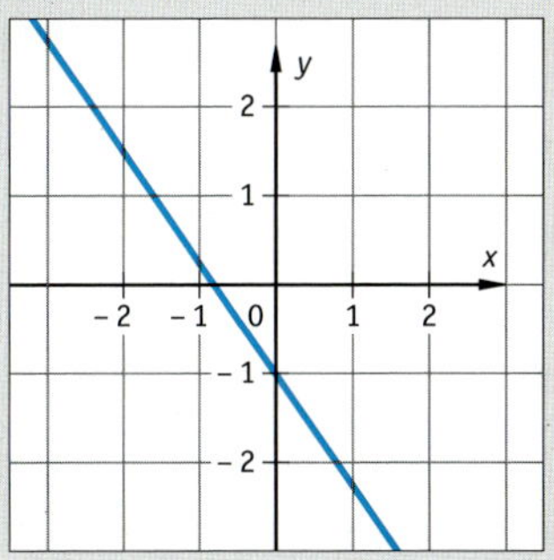


Der $y$-Achsenabschnitt ist $t = -1$.

→ Schnittpunkt der Geraden mit der $y$-Achse: T(0|−1).

**Die allgemeine Darstellungsform einer linearen Funktion**

Der Funktionsterm jeder linearen Funktion lässt sich in folgender Form schreiben:

$f(x) = mx + t \qquad D_f = \mathbb{R}$

Man nennt diese Darstellungsform einer linearen Funktion die **allgemeine Darstellungsform.** Aus dieser lässt sich die Steigung $m$ und der $y$-Achsenabschnitt $t$ ablesen. Ist ein linearer Funktionsterm in anderer Form gegeben, kann er durch Äquivalenzumformungen in die allgemeine Form übergeführt werden.

Beispielsweise lässt sich der Funktionsterm $f(x) = \frac{1}{2}(x - 2) + 3$ in die Form $f(x) = \frac{1}{2}x + 2$ überführen:

$$f(x) = \frac{1}{2}(x-2) + 3 = \frac{1}{2}x - 1 + 3 = \frac{1}{2}x + 2$$

Die Gerade, die durch $f(x) = \frac{1}{2}(x - 2) + 3$ beschrieben wird, hat die Steigung $m = \frac{1}{2}$ und den $y$-Achsenabschnitt $t = 2$.

Im vorhergehenden Informationstext wurden verschiedene Fachbegriffe genannt und beschrieben. Diese werden im Folgenden im Überblick dargestellt.

## Begriffe

- **Lineare Funktion**

Eine Funktion, in deren Funktionsterm die unbekannte Variable ausschließlich in erster Potenz vorkommt, nennt man lineare Funktion.

- **Gerade**

Der Graph einer linearen Funktion ist eine Gerade.

- **Allgemeine Darstellungsform einer linearen Funktion**

Der Funktionsterm jeder linearen Funktion lässt sich in der Form $f(x) = mx + t$ schreiben. Man nennt diese Form die allgemeine Darstellungsform einer linearen Funktion.

- **Steigung einer Geraden**

Der Koeffizient $m$ in $f(x) = mx + t$ gibt die Steigung der Geraden an.

- **y-Achsenabschnitt**

Der Koeffizient $t$ in $f(x) = mx + t$ wird $y$-Achsenabschnitt genannt und gibt indirekt den Schnittpunkt der Geraden mit der $y$-Achse an.

## Aufgaben

Für alle vorkommenden Funktionen gilt $D = \mathbb{R}$.

1. Geben Sie an, welche der folgenden Funktionsterme lineare Funktionen beschreiben. Begründen Sie Ihre Aussage.

   $f(x) = 2x^2 - 1$ $\quad g(x) = 3x - 1$ $\quad h(x) = x \cdot (x - 2)$

2. Eine Gerade $G_g$ hat die Steigung $m = -\frac{3}{4}$ und den $y$-Achsenabschnitt $t = 2$.

   a) Geben Sie den Funktionsterm $g(x)$ an, der diese Gerade beschreibt.

   b) Beschreiben Sie grob den Verlauf der Geraden anhand der gegebenen Informationen.

3. Stellen Sie die folgenden Funktionsterme in der allgemeinen Darstellungsform dar und geben Sie jeweils die Steigung und den $y$-Achsenabschnitt der beschriebenen Geraden an.

   a) $f(x) = 2 - (4x - 3)$

   b) $g(x) = \frac{1}{2}(4 - 4x) + 1$

   c) $h(x) = \frac{1}{3}x + 5 - \frac{3}{4}x$

4. Entscheiden Sie jeweils, ob die angegebenen Funktionsterme und die abgebildete Gerade prinzipiell zusammenpassen. Begründen Sie jeweils Ihre Angabe.

   a) $f(x) = \frac{3}{4}x + 1$

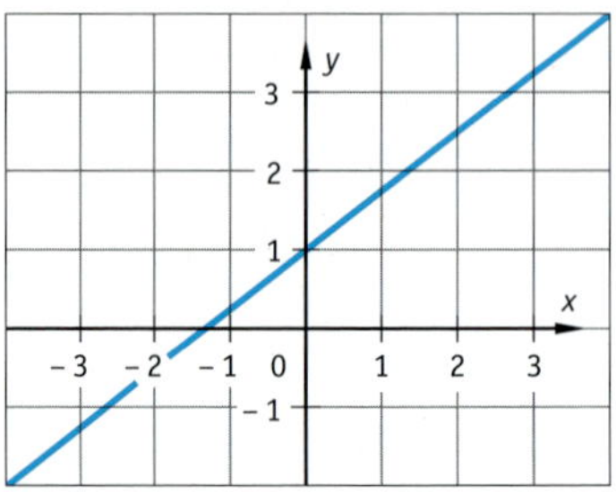

b) $g(x) = -\frac{1}{2}x + 2$

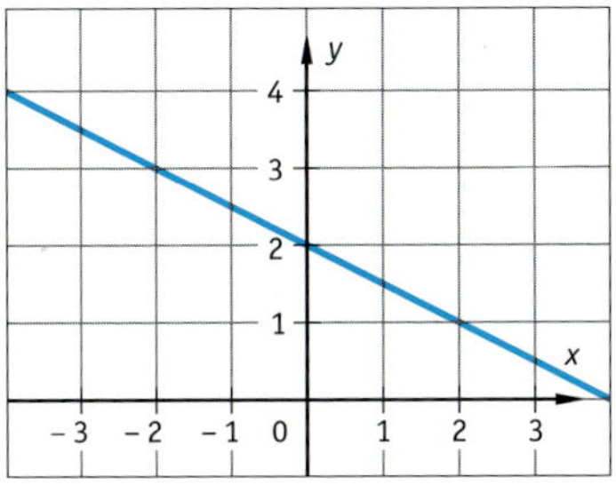


c) $h(x) = -x + 1{,}5$

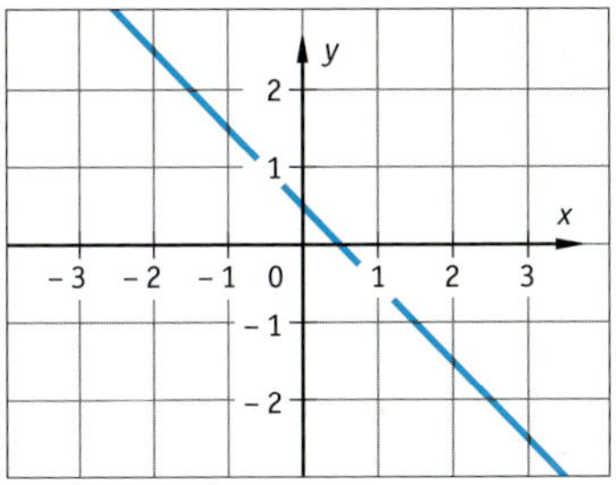


d) $p(x) = x - 1$

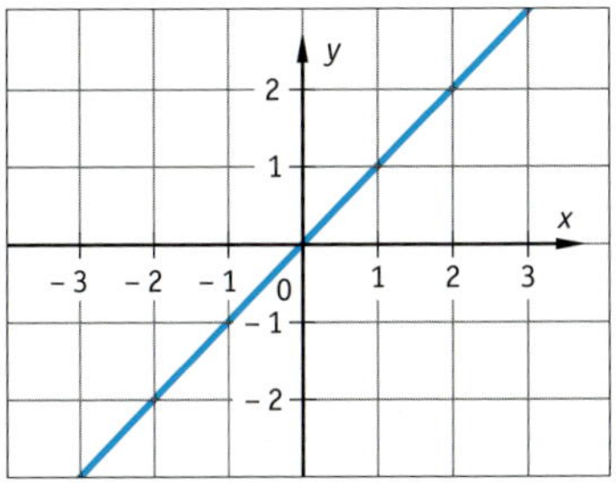


### 3.2.2 Zeichnen einer Geraden

Der Graph einer linearen Funktion ist bekanntlich eine Gerade. Um eine Gerade zu zeichnen, gibt es prinzipiell zwei unterschiedliche Möglichkeiten:

- Zeichnen der Gerade mithilfe einer Wertetabelle.
- Zeichnen der Gerade mithilfe der Steigung $m$ und des $y$-Achsenabschnitts $t$.

Diese zwei Varianten werden im Folgenden beschrieben.

#### 3.2.2.1 Zeichnen einer Geraden mithilfe einer Wertetabelle

Der Graph einer linearen Funktion, also eine Gerade, lässt sich mithilfe einer Wertetabelle erstellen. Bei einer Wertetabelle werden zu verschiedenen $x$-Werte die zugehörigen Funktionswerte ($y$-Werte) berechnet. Anschließend trägt man diese Wertepaare als Punkte in ein Koordinatensystem ein. Verbindet man diese, erhält man die gesuchte Gerade. Anhand der folgenden Aufgabe wird das eben Beschriebene konkret dargestellt.

**Musteraufgabe zum Zeichnen einer Gerade mithilfe einer Wertetabelle**

Erstellen Sie eine Wertetabelle ($-3 \leq x \leq 4$) für die folgende Funktion $f$, die durch den Funktionsterm $f(x)$ beschrieben wird. Zeichnen Sie anschließend die beschriebene Gerade.

$$f(x) = \frac{1}{2}x - 1 \quad \text{mit } D_f = \mathbb{R}$$

**Lösung**

Um eine Wertetabelle zur Erstellen werden für alle *x*-Werte zwischen $x = -3$ und $x = 4$ mit einer Schrittweite von $\Delta x = 1$ die zugehörigen Funktionswerte (*y*-Werte) errechnet. Dazu werden die entsprechenden *x*-Werte in den Funktionsterm $f(x)$ eingesetzt **(Tabelle 1)**.

**Tabelle 1:** Berechnung der Funktionswerte

| x-Werte | | Funktionswerte |
|---|---|---|
| $x = -3$ | → | $f(-3) = \frac{1}{2} \cdot (-3) - 1 = -\frac{3}{2} - 1 = -\frac{5}{2}$ |
| $x = -2$ | → | $f(-2) = \frac{1}{2} \cdot (-2) - 1 = -1 - 1 = -2$ |
| $x = -1$ | → | $f(-1) = \frac{1}{2} \cdot (-1) - 1 = -\frac{1}{2} - 1 = -\frac{3}{2}$ |
| $x = 0$ | → | $f(0) = \frac{1}{2} \cdot 0 - 1 = 0 - 1 = -1$ |
| $x = 1$ | → | $f(1) = \frac{1}{2} \cdot 1 - 1 = \frac{1}{2} - 1 = -\frac{1}{2}$ |
| $x = 2$ | → | $f(2) = \frac{1}{2} \cdot 2 - 1 = 1 - 1 = 0$ |
| $x = 3$ | → | $f(3) = \frac{1}{2} \cdot 3 - 1 = \frac{3}{2} - 1 = \frac{1}{2}$ |
| $x = 4$ | → | $f(4) = \frac{1}{2} \cdot 4 - 1 = 2 - 1 = 1$ |

Die *x*- und die zugehörigen Funktionswerte (*y*-Werte) werden in die Wertetabelle eingetragen. Die *x*- und die zugehörigen *y*-Werte bilden die Punkte, aus denen die Gerade besteht.

**Tabelle 2:** Wertetabelle von *f*

| **x** | −3 | −2 | −1 | 0 | 1 | 2 | 3 | 4 |
|---|---|---|---|---|---|---|---|---|
| **y = f(x)** | −2,5 | −2 | −1,5 | −1 | −0,5 | 0 | 0,5 | 1 |

Die *x*- und die zugehörigen Funktionswerte (*y*-Werte) werden in ein Koordinatensystem eintragen. Anschließend werden diese Punkte verbunden (**Bild 1**).

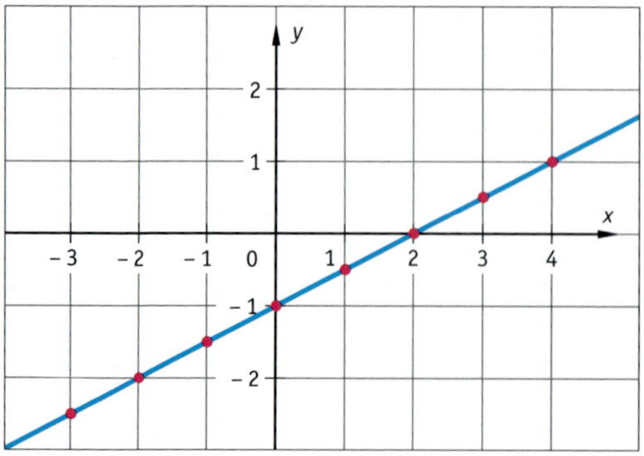


**Bild 1:** Graph der Funktion *f*

**Anmerkung**

(1) Eine Gerade besteht aus unendlich vielen einzelnen Punkten. Eine Gerade ist daher eine unendliche Punktmenge.

(2) Eine Gerade ist durch zwei Punkte eindeutig festgelegt. Daher wäre es nicht notwendig gewesen alle Punkte in das Koordinatensystem einzutragen. Vielmehr wären zwei ausreichend gewesen.

### Variation der Aufgabenstellung

Mit dem Wissen, dass man die Punkte einer Geraden mithilfe einer Wertetabelle ermitteln kann, lassen sich die folgenden Problemstellungen lösen.

- **Berechnung der fehlenden Koordinate eines Punktes**

Ist von einem Punkt, der auf einer vorgegebenen Gerade liegt, nur eine Koordinate bekannt, so kann die fehlende Koordinate berechnet werden.

**Beispielaufgabe**

Gegeben ist der Funktionsterm $p(x)$ einer Funktion $p$

$$p(x) = -x + 1 \quad \text{mit } D_p = \mathbb{R}.$$

Die Punkte $A(-2|y_A)$ und $B(x_B|-1)$ liegen auf der Geraden $G_p$. Berechnen Sie jeweils die fehlende Koordinate der Punkte A und B.

### Lösung

Die $y$-Koordinate des Punktes A wird berechnet, indem der $x$-Wert des Punkts A $x_A = -2$ in den Funktionsterm $p(x)$ eingesetzt wird.

$$y_A = p(-2) = -(-2) + 1 = 3$$

Der Punkt A hat somit die Koordinaten $A(-2|3)$.

Bei dem Punkt B muss die $x$-Koordinate berechnet werden. Die Frage lautet also: Welcher $x$-Wert muss in den Funktionsterm $p(x)$ eingesetzt werden, damit man als $y$-Wert $y_B = -1$ erhält? Um diese Frage zu beantworten, setzt man den Funktionsterm $p(x)$ gleich $-1$, also gleich der $y$-Koordinate des betrachteten Punkts.

$$\begin{aligned} p(x_B) &= -1 \\ \Leftrightarrow \quad -x + 1 &= -1 \quad |-1 \\ \Leftrightarrow \quad -x_B &= -2 \quad |\cdot(-1) \\ \Leftrightarrow \quad x_B &= 2 \end{aligned}$$

Der Punkt B hat die Koordinaten $B(2|-1)$

- **Durchführung einer Punktprobe**

Häufig muss überprüft werden, ob ein gegebener Punkt auf einer Geraden liegt oder nicht. Um dies festzustellen, werden die Koordinaten des Punktes in den Funktionsterm eingesetzt. Ergibt sich eine wahre Aussage, liegt der Punkte auf der Geraden. Bei einer falschen Aussage liegt der Punkte nicht auf ihr.

**Beispielaufgabe**

Betrachtet wird der Funktionsterm $p(x)$ aus der vorherigen Aufgabe.

$$p(x) = -x + 1 \quad \text{mit } D_p = \mathbb{R}$$

Überprüfen Sie, ob die Punkte $C(-1|2)$ und $D(3|1)$ auf der Geraden $G_p$ liegen.

### Lösung

Um zu überprüfen, ob die Punkte C und D auf der genannten Geraden liegen, werden die Koordinaten der Punkte in die Funktionsgleichung $y = p(x)$ der Geraden eingesetzt.

$p(-1) = 2$ Einsetzen der Koordinaten des Punkts C.

$\Leftrightarrow \quad -(-1) + 1 = 2$

$\Leftrightarrow \quad 1 + 1 = 2$

$\Leftrightarrow \quad 2 = 2(w)$

$\rightarrow \quad C(-1|2) \in G_p$

Der Punkt C liegt auf der Geraden, da beim Einsetzen der Koordinaten dieses Punktes eine wahre Aussage entsteht. Beim Einsetzen der Koordinaten des Punktes D hingegen entsteht eine falsche Aussage. Der Punkt D liegt folglich nicht auf der Geraden.

$p(3) = 1$ Einsetzen der Koordinaten des Punkts D.

$\Leftrightarrow \quad -3 + 1 = 1$

$\Leftrightarrow \quad -2 = 1(f)$

$\rightarrow \quad D(3|1) \notin G_p$

In **Bild 1** sind zur grafischen Kontrolle die Gerade $G_p$ und die Punkte C und D zu sehen. Man erkennt, dass der Punkt C auf der Geraden liegt, der Punkt D nicht. Die Zeichnung stimmt somit mit der ausgeführten Rechnung überein.

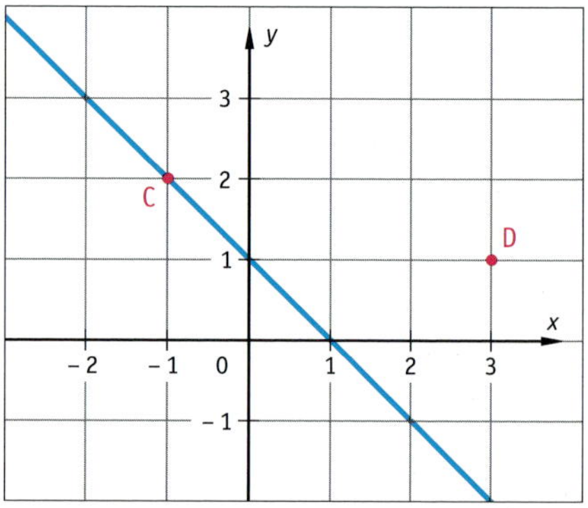


**Bild 1:** Lage der Punkte C und D zur Geraden $G_p$

**Punktprobe**

Ein Punkt $A(x_A|y_A)$ liegt auf einer Geraden $G_g$, wenn man $x_A$ in den Funktionsterm $g(x)$ einsetzt und als Funktionswert $y_A$ erhält.

$$A(x_A|y_A) \in G_g \quad \Leftrightarrow \quad g(x_A) = y_A$$

**Aufgaben**

1. Gegeben ist die Funktion $f$, die durch den Funktionsterm $f(x)$ beschrieben wird.

   $f(x) = -\frac{1}{2}x + \frac{3}{2}$ mit $D_f = \mathbb{R}$

   a) Überprüfen Sie die Richtigkeit der folgenden Wertetabelle und ergänzen Sie die fehlenden Werte.

| x | −3 | −2 | −1 | 0 | 1 | 2 |
|---|---|---|---|---|---|---|
| $y = f(x)$ | 3 |  | 2 | 1,5 |  |  |

   b) Zeichnen Sie die Gerade $G_f$ für $-3 \leq x \leq 2$.

   c) Überprüfen Sie rechnerisch, ob der Punkt $A(-1{,}5|2{,}25)$ auf dem Graphen von $f$ liegt. Kontrollieren Sie Ihr Ergebnis grafisch.

   d) Berechnen Sie die $y$-Koordinate des Punktes $B(6|y_B)$so, dass dieser auf der Geraden $G_f$ liegt.

   e) Geben Sie den Wert des Ausdrucks $f(-2{,}5)$ an und beschreiben Sie, was mit diesem Ausdruck berechnet wird.

2. Ein Schüler behauptet, dass die abgebildete Gerade und die angegebene Wertetabelle zusammenpassen. Geben Sie an, ob Sie dieser Aussage zustimmen oder widersprechen. Begründen Sie Ihre Angabe.

| x | –1 | 0 | 1 | 2 | 3 |
|---|---|---|---|---|---|
| $y = h(x)$ | –1 | –0,25 | 0,5 | 1,25 | 2 |

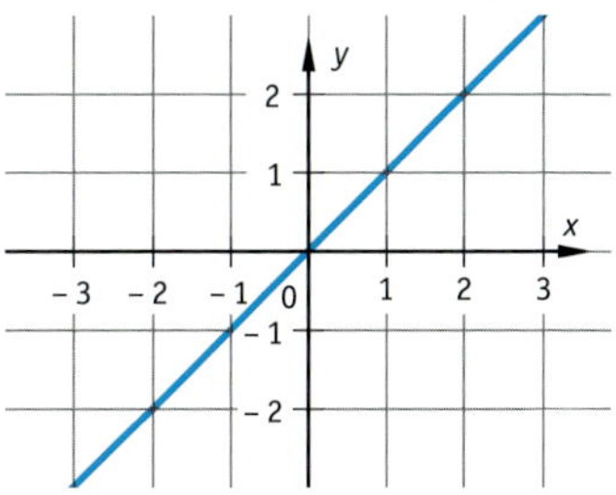

### 3.2.2.2 Zeichnen einer Geraden mithilfe der Steigung und des *y*-Achsenabschnitts

Das Zeichnen einer Geraden kann mithilfe einer Wertetabelle, oder mit zwei Punkten, wie im vorherigen Abschnitt erläutert, durchgeführt werden. Einfacher und schneller ist es, wenn man die Steigung und den *y*-Achsenabschnitt zum Zeichnen einer Geraden verwendet. Um zu verstehen, warum dies möglich ist und wie man in diesem Fall vorgeht, müssen wir uns zuerst mit der Definition der Steigung einer Geraden vertraut machen.

#### Steigung einer Geraden

In **Bild 1** ist eine Gerade zu sehen. Betrachten wir zwei beliebige Punkte dieser Geraden, so können wir diese zu einem rechtwinkligen Dreieck verbinden. Man erhält ein sogenanntes Steigungsdreieck.

Der Quotient der beiden Katheten $\Delta y$ und $\Delta x$ wird als Steigung $m$ der Geraden definiert.

$$m = \frac{\Delta y}{\Delta x}$$

Den Neigungswinkel $\alpha$ der Geraden erhält man unter Verwendung des Tangens. Dieser ist definiert als Gegenkathete durch Ankathete.

$$\tan(\alpha) = \frac{\Delta y}{\Delta x}$$

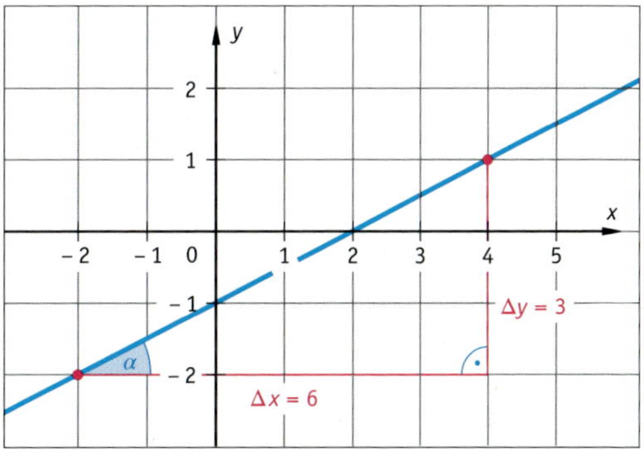

**Bild 1:** Gerade mit Steigungsdreieck

**Anmerkung** Der Tangens (tan) ist eine Winkelfunktion und wird im Lernbereich »Geometrie« ausführlich behandelt. An dieser Stelle ist es ausreichend zu wissen, dass mithilfe des Tangens der Neigungswinkel $\alpha$ berechnet werden kann. Die Berechnung des Wertes des Tangens erfolgt unter Unterwendung des Taschenrechners.

**Steigung und Neigungswinkel einer Geraden**

Die Steigung einer Geraden ist allgemein definiert als: $m = \frac{\Delta y}{\Delta x}$

Der Neigungswinkel der Geraden lässt sich mithilfe des Tangens berechnen: $\tan(\alpha) = \frac{\Delta y}{\Delta x}$

**Beispielaufgabe**

Ermitteln Sie aus dem abgebildeten Graphen die Steigung $m$ der Geraden und deren Neigungswinkel $\alpha$ unter Verwendung zweier verschiedener Steigungsdreiecke.

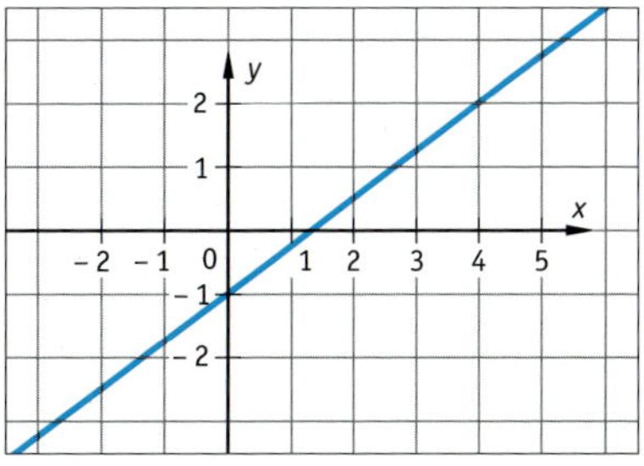

**Lösung**

$$m = \frac{\Delta y}{\Delta x} = \frac{1{,}5}{2} = \frac{3}{4}$$

$$\tan(\alpha) = m$$

$$\rightarrow \quad \tan(\alpha) = \frac{3}{4} \quad \rightarrow \quad \alpha = 36{,}9°$$

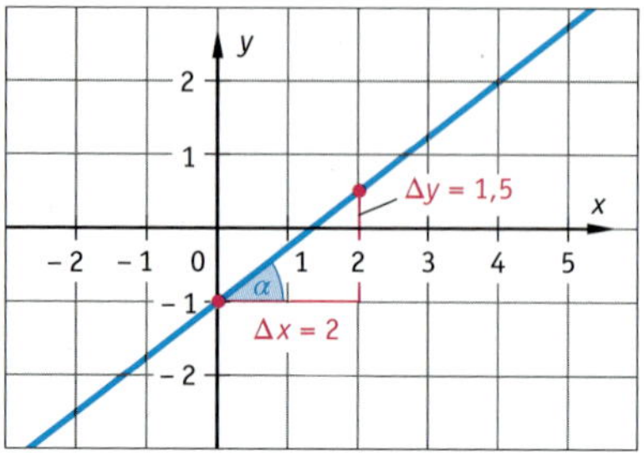


Die Berechnung mit einem anderen Steigungsdreieck:

$$m = \frac{\Delta y}{\Delta x} = \frac{4{,}5}{6} = \frac{3}{4}$$

$$\tan(\beta) = m$$

$$\rightarrow \quad \tan(\beta) = \frac{3}{4} \quad \rightarrow \quad \beta = 36{,}9°$$

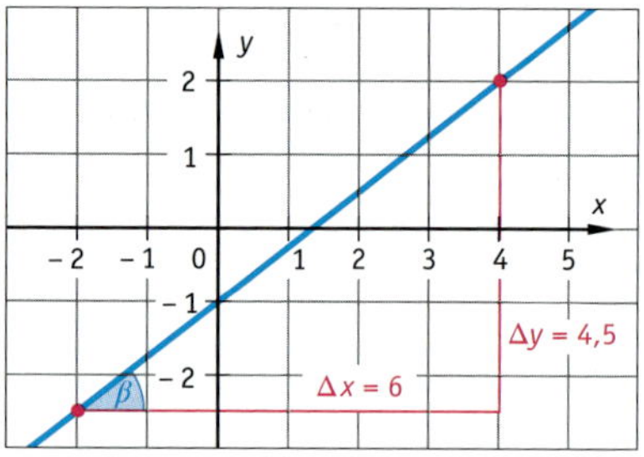


**Erkenntnis**

Unabhängig davon, welches Steigungsdreieck einer Geraden betrachtet wird, der Quotient $\frac{\Delta y}{\Delta x}$ und somit die Steigung und der Neigungswinkel sind stets gleich.

**Anmerkung** Ist eine Gerade fallend, besitzt sie eine negative Steigung. Das bedeutet, dass ein Minuszeichen vor den ermittelten Steigungswert gesetzt werden muss.

### Zeichnen einer Geraden mithilfe von *m* und *t*

Eine Gerade ist eindeutig durch zwei Punkte festgelegt, da durch diese beiden Punkte genau eine gerade Linie gezogen werden kann. Diese Tatsache nutzt man beim Zeichnen einer Geraden aus. Sind nämlich der *y*-Achsenabschnitt und die Steigung bekannt, sind indirekt zwei Punkte der Geraden bekannt. Der erste Punkt ist der Schnittpunkt mit der *y*-Achse. Diesen erhält man aus dem *y*-Achsenabschnitt *t*. Der zweite Punkt wird grafisch über die Steigung, genauer gesagt über das Steigungsdreieck, ermittelt. Verschiebt man dieses in den bekannten ersten Punkt, weiß man, wo sich ein zweiter Punkt der Geraden befindet. Durch diese beiden Punkte wird die gesuchte Gerade gezeichnet. Diese abstrakt beschriebene Vorgehensweise wird anhand der folgenden Aufgaben präzisiert.

**Beispielaufgabe**

Zeichnen Sie ohne Verwendung einer Wertetabelle die Gerade $G_g$, die durch folgenden Funktionsterm $g(x)$ beschrieben wird.

$$g(x) = \frac{3}{2}x - 3 \quad \text{mit } D_g = \mathbb{R}$$

**Lösung**

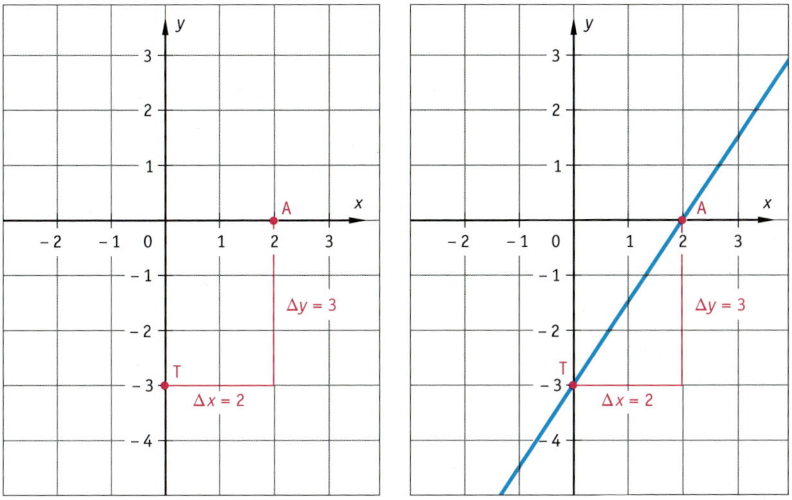


Bild 1: Gerade mit Steigungsdreieck

- Der $y$-Achsenabschnitt ist $t = -3$. Daher ist bekannt, dass die Gerade die $y$-Achse im Punkt T(0|–3) schneidet.
- Die Steigung der Geraden beträgt $m = \frac{3}{2}$. Das zugehörige Steigungsdreieck hat somit die Katheten mit den Längen $\Delta x = 2$ und $\Delta y = 3$. Legt man gedanklich dieses Steigungsdreieck in den Punkt T, erhält man den Punkt A **(Bild 1)**. Somit kann die Gerade $G_g$ durch diese zwei Punkte gezeichnet werden.

## Variation der Aufgabenstellung

In der vorhergehenden Beispielaufgabe wurde eine steigende Gerade unter Verwendung der Steigung und des $y$-Achsenabschnittes gezeichnet. Bei der folgenden Aufgabe wird eine fallende Gerade gezeichnet. Entscheidend beim Zeichnen dieser Gerade ist, dass das Steigungsdreieck passend eingetragen wird.

**Beispielaufgabe**

Zeichnen Sie ohne Verwendung einer Wertetabelle die Gerade $G_p$, die durch folgenden Funktionsterm $p(x)$ beschrieben wird.

$$p(x) = -\frac{1}{4}x + 2 \quad \text{mit } D_p = \mathbb{R}$$

**Lösung**

Der $y$-Achsenabschnitt ist $t = 2$. Folglich schneidet die Gerade die $y$-Achse im Punkt T(0|2). Um einen zweiten Punkt der Geraden zu erhalten, muss die Steigung der Geraden angetragen werden. Da diese $m = -\frac{1}{4}$ und somit negativ ist, muss man eine Längeneinheit nach unten und 4 Längeneinheiten nach rechts gehen, um einen weiteren Kurvenpunkt zu erhalten **(Bild 2)**.

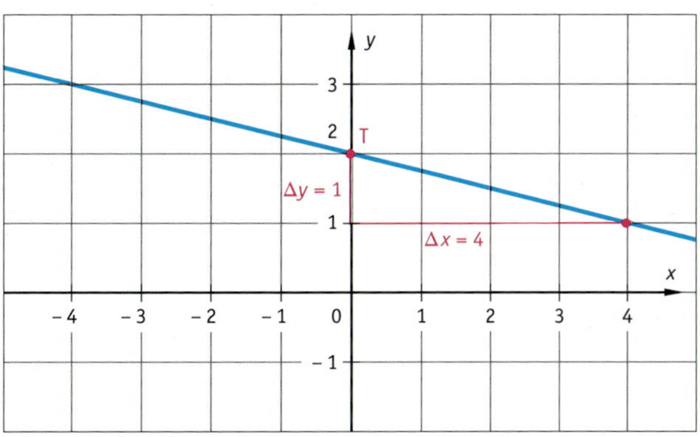


**Bild 2:** Eintragen der Steigung $m = -\frac{1}{4}$

**Erkenntnis**

Ein negativer Steigungswert $m = -\frac{\Delta x}{\Delta y}$ wird in ein Koordinatensystem eingetragen, indem man von einem bekannten Punkt aus entweder den Wert von $\Delta y$ entgegen der positiv gerichteten $y$-Achse und den entsprechenden Wert von $\Delta x$ in Richtung der positiv gerichteten $x$-Achse geht oder umgekehrt.

**Anmerkung** Im Anschluss wird in der Rubrik Vertiefende Betrachtung erläutert, warum es mathematisch möglich ist, das Steigungsdreieck unterhalb **(Bild 2 vorherige Seite)** bzw. oberhalb **(Bild 1)** der Geraden einzuzeichnen.

## Aufgaben

1. Die lineare Funktion $f$ wird durch den Funktionsterm $f(x)$ beschrieben.

   $f(x) = \frac{2}{3}x + \frac{3}{2}$ mit $D_f = \mathbb{R}$

   a) Geben Sie die Steigung der zu $f$ gehörenden Geraden an und berechnen Sie den Neigungswinkel der Geraden gegenüber einer Horizontalen.

   b) Zeichnen Sie die Gerade $G_f$ unter Verwendung ihres $y$-Achsenabschnitts und der Steigung.

   c) Überprüfen Sie anhand Ihrer Zeichnung den in a) berechneten Neigungswinkel.

2. Eine Mitschülerin behauptet: »Sobald man die Steigung einer Geraden und einen weiteren Punkt der Geraden kennt, kann man diese Gerade zeichnen.« Geben Sie an, ob Sie dieser Aussage zustimmen oder widersprechen. Begründen Sie Ihre Angabe.

3. Die Gerade $G_p$ verläuft durch den Punkt A(−1|4) und hat die Steigung $m = \frac{3}{5}$. Nennen Sie zwei weitere Punkte B und C, die ebenfalls auf der Geraden liegen. Beschrieben Sie Ihre Vorgehensweise zur Ermittlung der Koordinaten der Punkte B und C.

4. Ermitteln Sie anhand der Grafik die Steigung der Geraden.

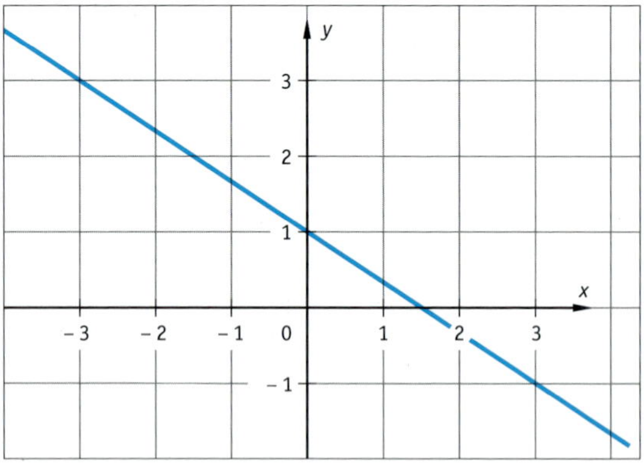

### 3.2.3 Aufstellen einer linearen Funktionsgleichung mit zwei Punkten

Eine Gerade ist eindeutig durch zwei Punkte festgelegt. In diesem Abschnitt werden Sie erfahren, wie die Funktionsgleichung einer Geraden rechnerisch ermittelt wird, die durch zwei bekannte Punkte verläuft.

In den beiden folgenden Beispielaufgaben sind jeweils zwei Punkte vorgegebenen, durch die eine Gerade verlaufen soll. Ziel ist es, die Funktionsgleichung der Geraden zu ermitteln.

**1. Beispielaufgabe**

Eine Gerade $G_f$ verläuft durch die Punkte A(1|2) und B(3|5). Ermitteln Sie die Funktionsgleichung dieser Geraden.

**Lösung**

Um diese Aufgabe zu lösen, hilft eine Skizze. Diese besteht aus einem Koordinatensystem, in das die Punkte A und B eingetragen werden **(Bild 1)**.

- **Berechnung der Steigung**

Aus dem vorherigen Kapitel ist bekannt, dass die Steigung einer Geraden allgemein als $m = \frac{\Delta y}{\Delta x}$ definiert ist und mit einem Steigungsdreieck sichtbar gemacht werden kann.

Anhand des Koordinatensystems erkennt man, dass sich $\Delta y$ berechnet lässt, indem man den $y$-Wert des Punkts B vom $y$-Wert des Punkts A subtrahiert. Analog gilt dies für $\Delta x$.

$$\Delta y = y_B - y_A$$
$$\Delta x = x_B - x_A$$

Die Steigung lässt sich somit wie folgt darstellen:

$$m = \frac{\Delta y}{\Delta x} = \frac{y_B - y_A}{x_B - x_A}$$

In unserem Beispiel ist die Steigung der Geraden $G_f$ somit:

$$m = \frac{5-2}{3-1} = \frac{3}{2}$$

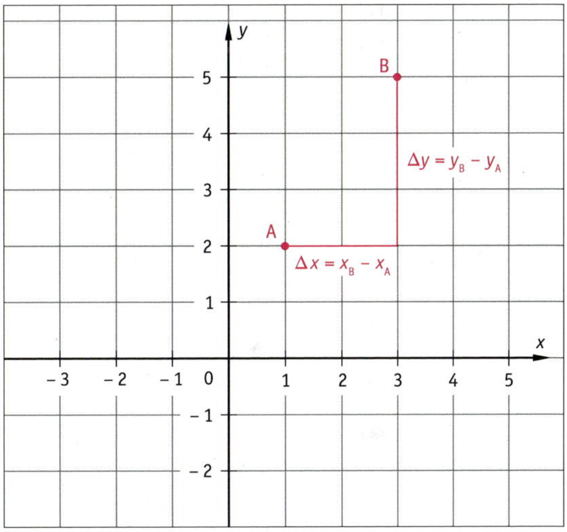


**Bild 1:** Koordinatensystem mit eingezeichneten Punkten und Steigungsdreieck

- **Berechnung des y-Achsenabschnitts**

Es ist bekannt, dass sich jede Gerade in der Form $y = mx + t$ darstellen lässt. Die Steigung $m$ wurde im ersten Schritt berechnet. Den $y$-Achsenabschnitt erhält man, indem man die Steigung und einen bekannten Punkt der Geraden in $y = mx + t$ einsetzt. In unserem Beispiel werden $m = \frac{3}{2}$, $x = 1$ und $y = 2$ in $y = mx + t$ eingesetzt und die Gleichung nach $t$ aufgelöst.

$$m = \frac{3}{2},\ \mathrm{A}(1|2) \quad \text{in } y = mx + t:$$

$$2 = \frac{3}{2} \cdot 1 + t \quad \Leftrightarrow \quad t = \frac{1}{2}$$

Nachdem die Steigung $m = \frac{3}{2}$ und der $y$-Achsenabschnitt $t = \frac{1}{2}$ bekannt sind, kann der Funktionsterm $f(x)$, der die Gerade $G_f$ beschreibt, angegeben werden:

Funktionsterm, der die Gerade beschreibt: $f(x) = \frac{3}{2}x + \frac{1}{2}$

In **Bild 1** ist die Gerade $G_f$, die durch die Punkte A und B verläuft, grafisch dargestellt.

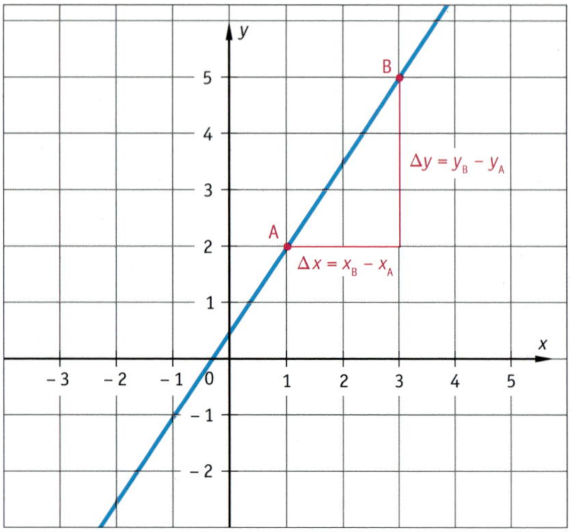


**Bild 1:** Gerade $G_f$

Mithilfe der gleichen Überlegungen, die bei der vorherigen Beispielaufgabe angestellt wurden, kann die folgende Beispielaufgabe gelöst werden.

**2. Beispielaufgabe**

Eine Gerade $G_h$ verläuft durch die Punkte A(−1|2) und B(1|−4). Ermitteln Sie die Funktionsgleichung dieser Geraden.

**Lösung**

**Ermittlung der Steigung**

$$m = \frac{y_B - y_A}{x_B - x_A} = \frac{-4-2}{1-(-1)} = \frac{-6}{2} = -3$$

**Bestimmung des y-Achsenabschnitts**

$m = -3$ und A(−1|2) in $y = mx + t$ einsetzen:

$$2 = -3 \cdot (-1) + t$$
$$\Leftrightarrow \quad 2 = 3 + t$$
$$\Leftrightarrow \quad t = -1$$

Die Funktionsgleichung der Geraden lautet:

$$y = -3x - 1$$

In **Bild 2** sind die Gerade und die Punkte A und B zu sehen.

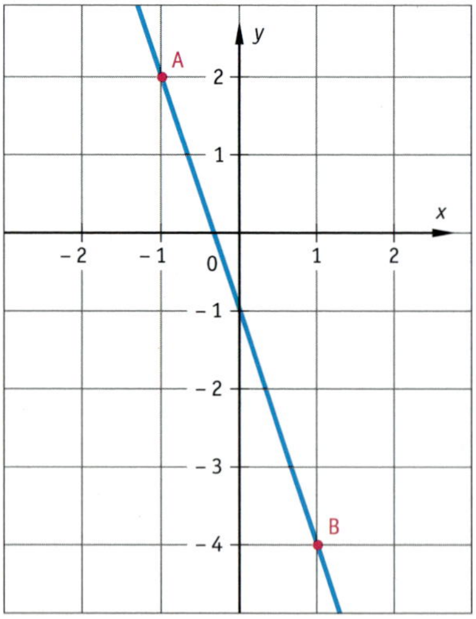


**Bild 2:** Gerade $G_h$

**Steigung einer Geraden**

Sind zwei Punkte einer Geraden bekannt, so kann die Steigung der Geraden mit der Formel

$$m = \frac{\Delta y}{\Delta x} = \frac{y_B - y_A}{x_B - x_A}$$

berechnet werden.

**Anmerkung** Zur Berechnung der Steigung einer Geraden, die durch die Punkte A und B verläuft, benutzt man die Formel $m = \frac{y_B - y_A}{x_B - x_A}$. Man erhält auch die richtige Steigung, wenn man die Indices A und B vertauscht. Dann lautet die Formel $m = \frac{y_A - y_B}{x_A - x_B}$. Warum die Reihenfolge der Indices keine Rolle spielt, erkennt man an folgender Rechnung:

$m = \frac{y_B - y_A}{x_B - x_A}$ *Ausklammern* von −1 im Zähler und Nenner

$m = \frac{-(-y_B + y_A)}{-(-x_B + x_A)}$ −1 kürzen

$m = \frac{-y_B + y_A}{-x_B + x_A}$ *Umsortieren*

$m = \frac{y_A - y_B}{x_A - x_B}$

## Aufgaben

1. Die Gerade $G_g$ verläuft durch die Punkte $P_1(3|0)$ und $P_2(-2|1)$.
   a) Berechnen Sie die Steigung dieser Geraden.
   b) Bestimmen Sie rechnerisch den *y*-Achsenabschnitt dieser Geraden.
   c) Geben Sie die Funktionsgleichung der Geraden an.

2. Eine Mitschülerin berechnet die Steigung einer Geraden, die durch die Punkte R(2|3) und Q(5|−1)verläuft, wie folgt: $m = \frac{3+1}{5-2} = \frac{4}{3}$

   Überprüfen Sie die Rechnung bezüglich ihrer Richtigkeit und beschreiben Sie gegebenenfalls den Fehler.

3. Eine Mitschülerin behauptet: »Ist ein Punkt einer Geraden und ihre Steigung bekannt, so kann man den *y*-Achsenabschnitt der Geraden berechnen.« Geben Sie an, ob Sie dieser Aussage zustimmen oder ihr widersprechen. Begründen Sie Ihre Angabe.

4. Ermitteln Sie die Funktionsgleichung der folgenden Geraden $G_f$ und $G_p$.

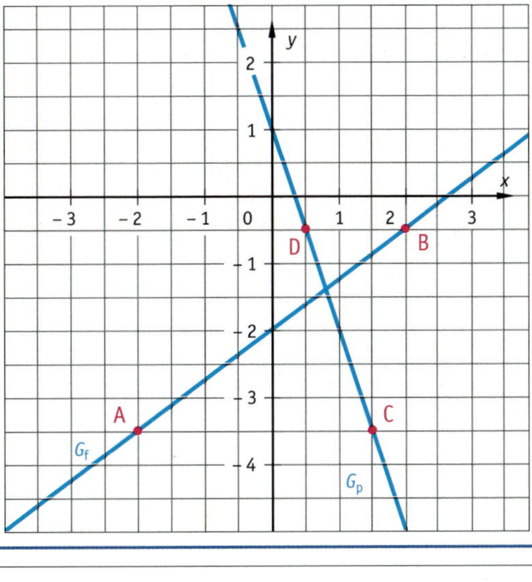

### 3.2.4 Punkt-Steigungsform einer Geraden

Es ist allgemein bekannt, dass sich eine Gerade in der allgemeinen Darstellungsform $f(x) = mx + t$ darstellen lässt. Neben dieser wichtigen Darstellungsform gibt es die Punkt-Steigungsform einer Geraden. Diese lautet:

$$f(x) = m \cdot (x - x_p) + y_p$$

Dabei sind $m$ die Steigung der Geraden und $x_P, y_P$ die Koordinaten eines bekannten Punktes der Geraden. Die Punkt-Steigungsform ist in wenigen Rechenschritten in die allgemeine Darstellungsform umformbar. In der folgenden Beispielaufgabe wird die Funktionsgleichung einer Geraden mithilfe der Punkt-Steigungsform aufgestellt und anschließend in die allgemeine Darstellungsform übergeführt.

**Anmerkung** Die Herleitung der Punkt-Steigungsform geschieht am Ende des Kapitels in der Rubrik Warum ist das so?

**Beispielaufgabe**

Eine Gerade $G_f$ hat die Steigung $m = -\frac{2}{7}$ und verläuft durch den Punkt Q(4|–2).

a) Bestimmen Sie mithilfe der Punkt-Steigungsform die Funktionsgleichung dieser Geraden.

b) Stellen Sie die Funktionsgleichung dieser Geraden in allgemeiner Darstellungsform dar.

**Lösung**

**a)** Die Koordinaten des Punkts Q(4|–2) und die Steigung $m = -\frac{2}{7}$ wird in die Grundgleichung der Punkt-Steigungsform eingesetzt. Auf diese Weise erhält man die Funktionsgleichung der Geraden $G_f$.

$y = -\frac{2}{7} \cdot (x - 4) - 2$ Funktionsgleichung von $G_f$ in Punkt-Steigungsform

**b)** Durch Ausmultiplizieren der Punkt-Steigungsform und anschließendem Zusammenfassen erhält man die Funktionsgleichung der Geraden in allgemeiner Darstellungsform.

$$f(x) = -\frac{2}{7} \cdot (x - 4) - 2 = -\frac{2}{7}x + \frac{8}{7} - 2 = -\frac{2}{7}x - \frac{6}{7}$$

$y = -\frac{2}{7}x - \frac{6}{7}$ Funktionsgleichung von $G_f$ in allgemeiner Darstellungsform

**Anmerkung** Zum Lösen der Teilaufgabe b) wäre auch folgende Vorgehensweise möglich gewesen: Die bekannte Steigung $m = -\frac{2}{7}$ und der Punkt Q(4|–2) werden in $y = mx + t$ eingesetzt und die entstehende Gleichung wird nach $t$ aufgelöst:

$$-2 = -\frac{2}{7} \cdot 4 + t \Leftrightarrow -2 = -\frac{8}{7} + t \Leftrightarrow t = -\frac{6}{7} \rightarrow y = -\frac{2}{7}x - \frac{6}{7}$$

**Punkt-Steigungsform einer Geraden**

Ist ein Punkt einer Geraden und deren Steigung bekannt, kann die Funktionsgleichung mithilfe der Punkt-Steigungsform angegeben werden.

$$f(x) = m \cdot (x - x_p) + y_p$$

Dabei sind $m$ die Steigung der Geraden und $x_P, y_P$ die Koordinaten eines bekannten Punktes der Geraden.

## Warum ist das so? – Punkt-Steigungsform

In **Bild 1** ist eine Gerade $G_g$ abgebildet, die durch die bekannten Punkte $P_1(x_1|y_1)$ und $P_2(x_2|y_2)$ verläuft. Der Punkt $P(x|y)$ ist ein beliebiger Punkt der Geraden.

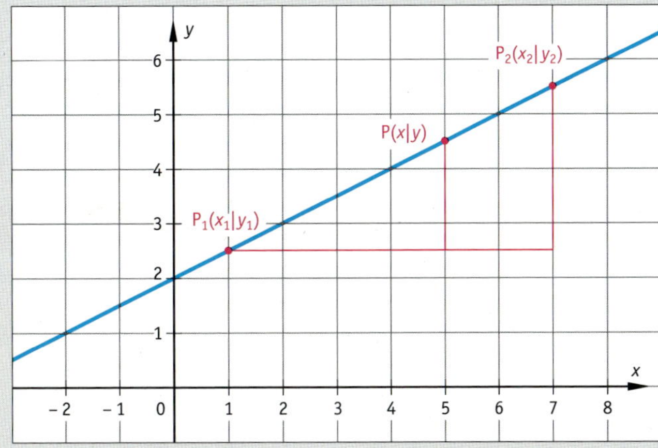


**Bild 1:** Steigung einer Geraden

Die Steigung der in **Bild 1** abgebildeten Geraden lässt sich mithilfe der Punkte $P_1$ und $P_2$ berechnen: $m_1 = \frac{y_2 - y_1}{x_2 - x_1}$.

Benutzt man den bekannten Punkt $P_1$ und einen beliebigen Punkt P zur Berechnung der Steigung der Geraden, so erhält man den folgenden Steigungswert $m_2 = \frac{y - y_1}{x - x_1}$.

Die beiden Steigungen $m_1$ und $m_2$ sind gleich, da es sich um die Steigung ein und derselben Geraden handelt.

Setzt man $m_1$ und $m_2$ gleich, und setzt für $m_2$ den Quotienten $\frac{y - y_1}{x - x_1}$ ein und löst nach $y$ auf, dann erhält man die Punkt-Steigungsform einer Geraden.

$$m_1 = m_2 \quad \Leftrightarrow \quad m_1 = \frac{y - y_1}{x - x_1} \quad \Leftrightarrow \quad m_1(x - x_1) = y - y_1$$

$$\Leftrightarrow \quad y = m_1(x - x_1) + y_1$$

Da $m_1$ und $m_2$ gleich sind, schreibt man statt $m_1$ kurz $m$.

Somit ist die Punkt-Steigungsform $y = m(x - x_1) + y_1$ hergeleitet bzw. bewiesen.

## Aufgaben

1. Bestimmen Sie die Funktionsgleichung einer Geraden $G_k$, die durch den Punkt $F(-1|-3)$verläuft und die Steigung $m = -\frac{3}{4}$ hat, in Punkt-Steigungsform und wandeln Sie diese anschließend in die allgemeine Darstellungsform um.

2. Geben Sie an, welche der folgenden Geraden durch die Funktionsgleichung $y = -\frac{1}{2}(x + 2) + 3$ beschrieben wird. Begründen Sie Ihre Angabe.

a)

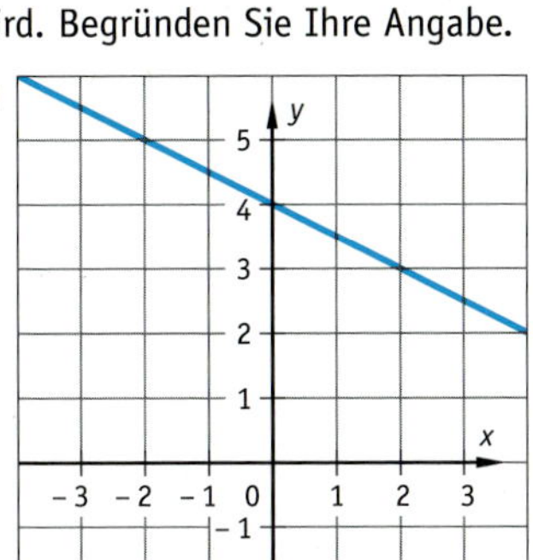

b)

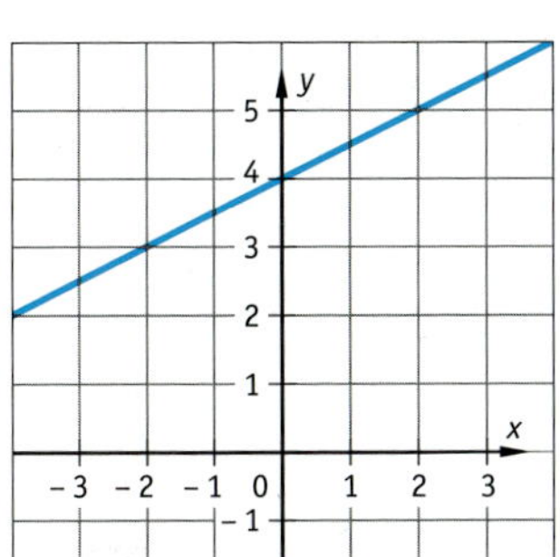

c)

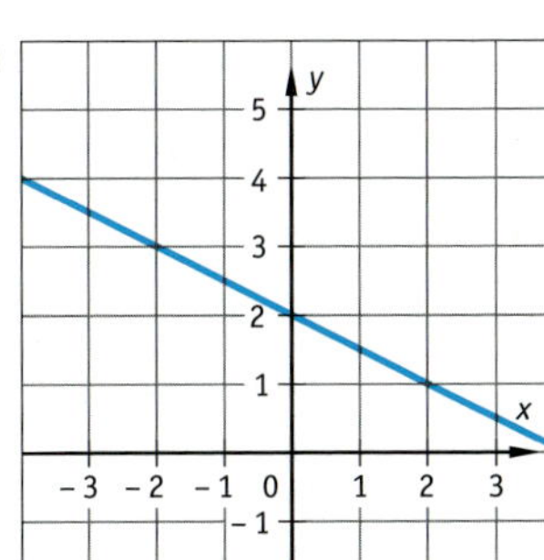

### 3.2.5 Nullstellen einer linearen Funktion

Viele Funktionen und alle linearen Funktionen besitzen Nullstellen. Unter einer Nullstelle einer Funktion versteht man den $x$-Wert, der in den Funktionsterm eingesetzt werden muss, damit der Funktionswert Null ergibt.

So ist beispielsweise $x = 4$ eine Nullstelle der Funktion $f$ mit dem Funktionsterm $f(x) = \frac{1}{2}x - 2$, da $f(4)$ den Funktionswert Null hat.

$$f(4) = \frac{1}{2} \cdot 4 - 2 = 2 - 2 = 0 \quad \rightarrow \quad f(4) = 0$$

**Nullstellen einer linearen Funktion**

Der $x$-Wert, der in den Funktionsterm einer Funktion eingesetzt werden muss, damit der Funktionswert Null wird, wird als Nullstelle der Funktion bezeichnet.

$f(x_N) = 0 \quad \Leftrightarrow \quad x_N$ ist eine Nullstelle von $f$, wenn $x_N \in D_f$ *ist.*

#### Berechnung von Nullstellen

Die Nullstelle einer Funktion wird berechnet, indem der Funktionsterm gleich Null gesetzt wird. In der folgenden Rechnung wird die Nullstelle der Funktion $g$ mit der Funktionsgleichung $y = -2x + 6$ berechnet. Dazu wird der Funktionsterm gleich Null gesetzt. Anschließend wird die entstehende Gleichung aufgelöst.

Berechnung der Nullstelle der Funktion $g: x \mapsto y = g(x) = -2x + 6$:

$$-2x + 6 = 0 \quad \Leftrightarrow \quad -2x = -6 \quad \Leftrightarrow \quad x = 3$$

$x = 3$ ist die Nullstelle der Funktion $g$.

**Faktenwissen**

Die Nullstellen einer Funktion werden berechnet, indem man den Funktionsterm gleich Null setzt und die entstehende Gleichung löst.

#### Grafische Bedeutung von Nullstellen

Die Nullstelle einer linearen Funktion gibt den Schnittpunkt der zugehörigen Geraden mit der $x$-Achse an. Dieser befindet sich bei den Koordinaten S(*Nullstelle* | 0). Die zur Funktion $f$ mit $f(x) = 0{,}5x - 2$ gehörende Gerade hat somit ihren Schnittpunkt mit der $x$-Achse bei S(4|0) und die zur Funktion $g$ mit $g(x) = -2x + 6$ gehörende Gerade schneidet die $x$-Achse im Punkt S(3|0). In **Bild 1** sind die Geraden $G_f$ und $G_g$ sowie ihre Schnittpunkte mit der $x$-Achse zu sehen.

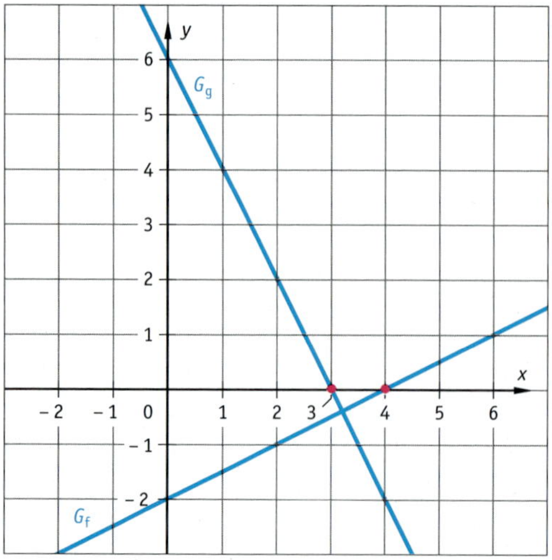


**Bild 1:** $G_f$ und $G_g$ mit ihren Schnittpunkten mit der $x$-Achse

**Faktenwissen**

Die Nullstelle einer linearen Funktion gibt den Schnittpunkt des Funktionengraphen mit der $x$-Achse an.

**Aufgaben**

1. Überprüfen Sie, ob $x = -4$ die Nullstelle der linearen Funktion $f$ ist, die durch die Funktionsgleichung $y = -\frac{3}{4}x + 3$ beschrieben wird.
2. Bestimmen Sie rechnerisch, welche der Funktionen die kleinste Nullstelle hat.

   $f(x) = -\frac{1}{2}x + \frac{2}{7}$ $\quad g(x) = -2x + 5$ $\quad h(x) = \frac{3}{10}x - 3$

### 3.2.6 Gemeinsame Punkte zweier Geraden

Zwei Geraden, die die gleiche Steigung haben, werde als parallele Geraden bezeichnet. Dementsprechend haben Geraden, die nicht parallel sind, unterschiedliche Steigungen.

**Parallele Geraden**

Zwei Geraden $G_g$ und $G_f$ sind parallel, wenn die Steigungen der beiden Geraden gleich sind.

$m_g = m_f \quad \Leftrightarrow \quad$ Die Geraden $G_g$ *und* $G_f$ sind *parallel.*

Nicht parallele Geraden haben stets genau einen gemeinsamen Punkt (Schnittpunkt). Anhand der folgenden Beispielaufgabe wird erläutert, wie dieser gemeinsame Schnittpunkt berechnet wird.

**Musteraufgabe zur Berechnung des Schnittpunkts zweier Geraden**

Gegeben sind die Funktionen $f$ und $g$. Berechnen Sie den Schnittpunkt der zugehörigen Geraden.

$$f: x \mapsto f(x) = \frac{1}{2}x + 1 \quad \text{mit } D_f = \mathbb{R}$$

$$g: x \mapsto g(x) = -2x - 2 \quad \text{mit } D_g = \mathbb{R}$$

**1. Schritt:**
**Gleichsetzen der Funktionsterme**

$$\frac{1}{2}x + 1 = -2x - 2$$

$$\Leftrightarrow \quad \frac{5}{2}x = -3$$

$$\Leftrightarrow \quad x = -\frac{6}{5}$$

**Erklärung:**

Beim Gleichsetzen der Funktionsterme wird berechnet, für welchen $x$-Wert die Funktionswerte ($y$-Werte) der Funktionen $f$ und $g$ gleich sind. In diesem Beispiel haben die Funktionen $f$ und $g$ an der Stelle $x = -\frac{6}{5}$ den gleichen $y$-Wert.

**2. Schritt:**
**Berechnung des gemeinsamen y-Werts**

$$g\left(-\frac{6}{5}\right) = -2 \cdot \left(-\frac{6}{5}\right) - 2 = \frac{12}{5} - \frac{10}{5} = \frac{2}{5}$$

Probe:

$$f\left(-\frac{6}{5}\right) = \frac{1}{2} \cdot \left(-\frac{6}{5}\right) + 1 = -\frac{3}{5} + \frac{5}{5} = \frac{2}{5}$$

**Erklärung:**

Um den Funktionswert von $f$ und $g$ an der Stelle $x = -\frac{6}{5}$ zu berechnen, muss dieser $x$-Wert in einen der beiden Funktionsterme $f(x)$ oder $g(x)$ eingesetzt werden. Welcher von beiden ausgewählt wird ist sekundär, da beide den gleichen Funktionswert ($y$-Wert) liefern.

### 3. Schritt:
### Angabe des Schnittpunkts

Der Schnittpunkt S der Geraden $G_f$ und $G_g$ lautet

$$S\left(-\frac{6}{5}\middle|\frac{2}{5}\right)$$

Wenn man die beiden Geraden zeichnet, kann man das Ergebnis kontrollieren **(Bild 1)**. Dazu kann es sinnvoll sein, die Koordinaten des Schnittpunkts in Dezimalzahlen anzugeben:

$S(-1{,}2|0{,}4)$

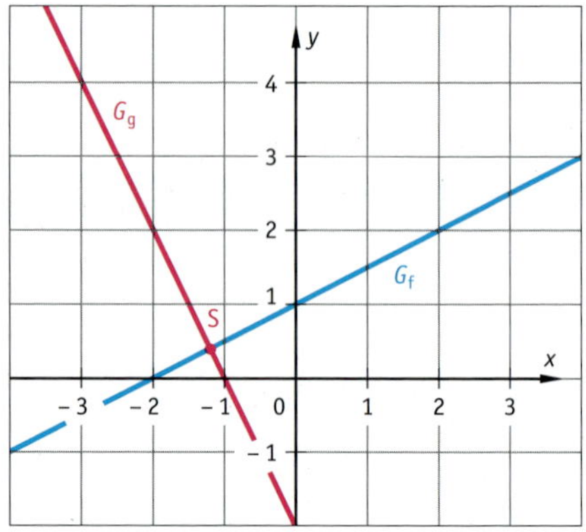


**Bild 1:** Schnittpunkt der Geraden $G_g$ und $G_f$

### Lagebeziehung zweier Geraden

Im Folgenden wird die Lage zweier Geraden zueinander näher betrachtet. Prinzipiell können zwei Geraden genau einen Schnittpunkt, keinen gemeinsamen Punkt oder unendlich viele gemeinsame Punkte haben. Abhängig von der Anzahl der gemeinsamen Punkte spricht man von sich schneidenden, echt parallelen oder identischen Geraden.

**Lagebeziehung zweier Geraden $G_1$ und $G_2$**

| Schneidende Geraden | Echt parallele Geraden | Identische Geraden |
|---|---|---|
| 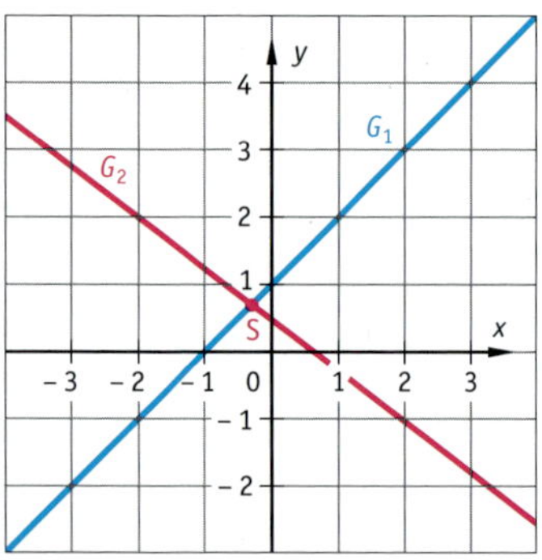 | 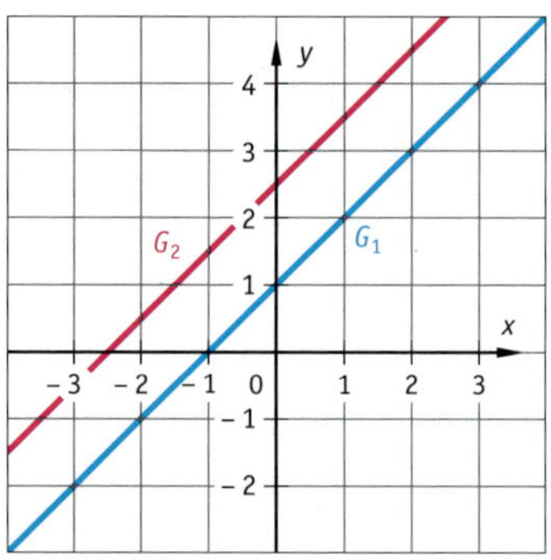 | 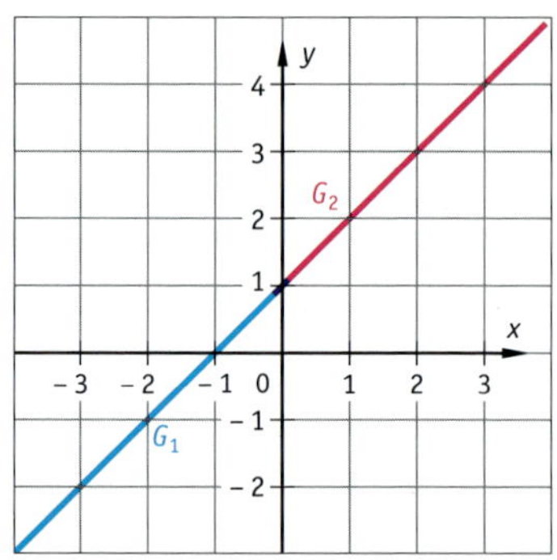 |
| Die Geraden schneiden sich in einem Punkt ($m_1 \neq m_2$). | Die Geraden haben keinen gemeinsamen Punkt ($m_1 = m_2$; $t_1 \neq t_2$). | Die Geraden haben unendlich viele gemeinsame Punkte ($m_1 = m_2$; $t_1 = t_2$). |

### Rechnerische Ermittlung der Lagebeziehung zweier Geraden

Mithilfe des eben beschriebenen Verfahrens zur Bestimmung des Schnittpunkts zweier Geraden kann ebenfalls die Lagebeziehung zweier Geraden ermittelt werden. Wie dabei vorgegangen wird, ist in den beiden folgenden Aufgaben exemplarisch beschrieben.

**1. Beispielaufgabe**

Gegeben sind die Funktionen $f$ und $g$. Berechnen Sie die Lagebeziehung der zugehörigen Geraden $G_f$ und $G_g$.

$$f: x \mapsto f(x) = \frac{1}{2}x + 1 \quad \text{mit } D_f = \mathbb{R}$$

$$g: x \mapsto g(x) = \frac{1}{2}x + \frac{5}{2} \quad \text{mit } D_g = \mathbb{R}$$

**Lösung**

Man nimmt zunächst die Berechnungen vor, mit denen ein Schnittpunkt zweier Geraden berechnet wird. Es müssen daher die Funktionsterme $f(x)$ und $g(x)$ zunächst gleichgesetzt werden. Anschließend muss die entstehende Gleichung nach der Variablen $x$ aufgelöst werden.

$$f(x) = g(x) \quad \rightarrow \frac{1}{2}x + 1 = \frac{1}{2}x + \frac{5}{2} \quad \Big| -\frac{1}{2}x \quad \Leftrightarrow \quad 1 = \frac{5}{2} (f)$$

Die falsche Aussage bedeutet hier, dass die Geraden $G_f$ und $G_g$ keinen gemeinsamen Punkt haben.

Die mathematische Begründung lautet, dass es keinen $x$-Wert gibt, bei dem die Funktionswerte $f(x)$ und $g(x)$ gleich sind. Die Gleichung $f(x) = g(x)$ hat somit keine Lösung. Das bedeutet grafisch, dass die beiden Geraden keinen gemeinsamen Punkt haben **(Bild 1)**. Folglich sind die be iden Geraden echt parallel.

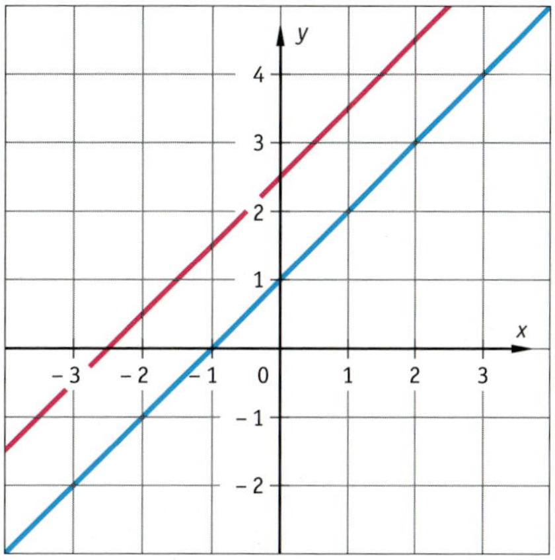


**Bild 1:** Echt parallele Geraden

**Erkenntnis** Führt der Ansatz $f(x) = g(x)$ auf eine falsche Aussage, dann haben die Funktionsgraphen von $f$ und $g$ keine gemeinsamen Punkte.

**2. Beispielaufgabe**

Gegeben sind die Funktionen $f$ und $p$. Berechnen Sie die Lagebeziehung der zugehörigen Geraden $G_f$ und $G_p$.

$$f: x \mapsto f(x) = \frac{1}{2}x + 1 \qquad \text{mit } D_f = \mathbb{R}$$

$$p: x \mapsto p(x) = 0{,}5x + 1 \qquad \text{mit } D_p = \mathbb{R}$$

**Lösung**

Auch hier werden wie zur Schnittpunktberechnung zunächst die beiden Funktionsterme gleichgesetzt.

$$f(x) = p(x) \quad \rightarrow \frac{1}{2}x + 1 = 0{,}5x + 1 \quad \Big| -\frac{1}{2}x \quad \Leftrightarrow \quad 1 = 1 (w)$$

Eine allgemeingültige wahre Aussage in diesem Zusammenhang bedeutet, dass die Geraden $G_f$ und $G_p$ identisch sind.

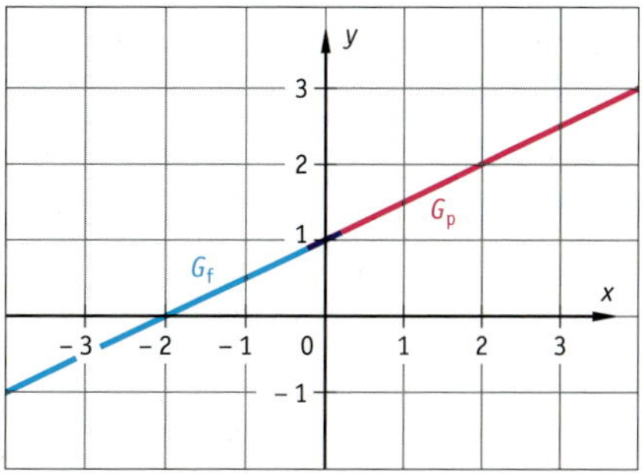


**Bild 2:** Identische Geraden

Zur mathematischen Begründung: Unabhängig davon, welcher $x$-Wert in die Funktionsterme $f(x)$ und $p(x)$ eingesetzt wird, werden die Funktionswerte ($y$-Werte) stets gleich (siehe untenstehende Rechnungen). Die Gleichung $f(x) = g(x)$ hat somit unendlich viele Lösungen. Das bedeutet grafisch, dass die Geraden $G_f$ und $G_p$ unendlich viele gemeinsame Punkte haben. Die beiden Geraden sind daher identisch.

- **Beispiele für gemeinsame Punkte der beiden Geraden.**

$f(-1) = \frac{1}{2} \cdot (-1) + 1 = \frac{1}{2}$

$p(-1) = 0{,}5 \cdot (-1) + 1 = \frac{1}{2}$ $\rightarrow$ $P\left(-1 \middle| \frac{1}{2}\right)$ ist ein gemeinsamer Punkt der beiden Geraden.

$f(1) = \frac{1}{2} \cdot 1 + 1 = \frac{3}{2}$

$p(1) = 0{,}5 \cdot 1 + 1 = \frac{3}{2}$ $\rightarrow$ $Q\left(1 \middle| \frac{3}{2}\right)$ ist ein gemeinsamer Punkt der beiden Geraden.

$f(2) = \frac{1}{2} \cdot 2 + 1 = 2$

$p(2) = 0{,}5 \cdot 2 + 1 = 2$ $\rightarrow$ $R(2|2)$ ist ein gemeinsamer Punkt der beiden Geraden.

...

**Erkenntnis** Führt der Ansatz $f(x) = g(x)$ auf eine immer wahre Aussage, dann haben die Funktionsgraphen von $f$ und $g$ unendlich viele gemeinsame Punkte.

## Lagebeziehung zweier Geraden

- **Schnittpunkt zweier Geraden**

Zwei Geraden $G_g$ und $G_f$ haben genau einen Schnittpunkt, wenn die Gleichung $f(x) = g(x)$ eine eindeutige Lösung hat.

- **Echt parallele Geraden**

Zwei Geraden $G_g$ und $G_f$ sind echt parallel, wenn die Gleichung $f(x) = g(x)$ keine Lösung hat.

- **Identische Geraden**

Zwei Geraden $G_g$ und $G_f$ sind identisch, wenn die Gleichung $f(x) = g(x)$ unendlich viele Lösungen hat.

## Aufgaben

1. Entnehmen Sie den folgenden Graphen die Koordinaten der Schnittpunkte der jeweiligen Geraden.

a) 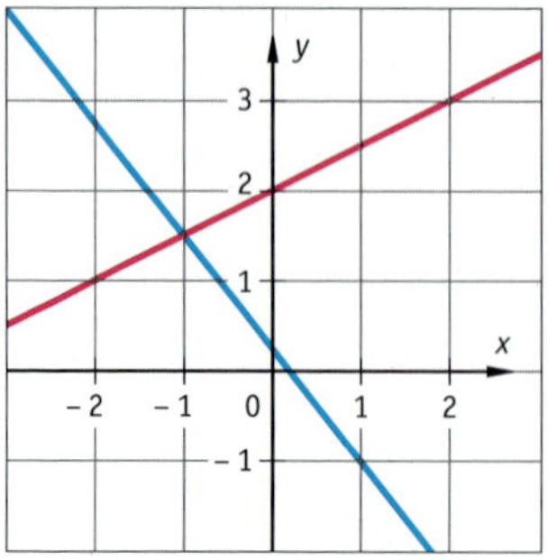


b) 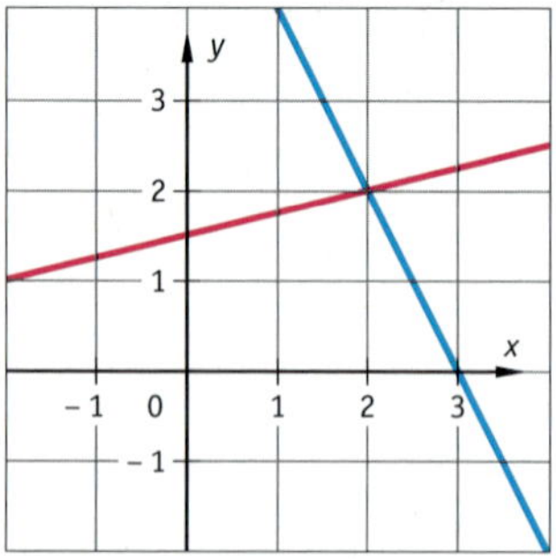


c) 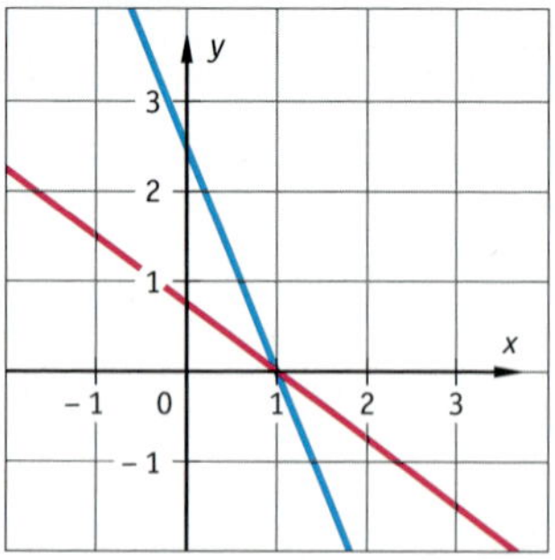


2. Bestimmen Sie rechnerisch die Koordinaten des Schnittpunkts der Geraden, die durch folgende Funktionsgleichungen beschrieben werden. Überprüfen Sie anschließend Ihre Rechnung.

$f(x) = -\frac{1}{2}x + 3$ $\quad g(x) = \frac{1}{4}x - \frac{1}{2}$ $\quad$ mit $D_f = D_g = \mathbb{R}$

3. Geben Sie die Funktionsgleichung einer linearen Funktion an, deren zugehörige Gerade echt parallel zur Geraden $G_f$ von Aufgabe 2 ist. Weisen Sie anschließend rechnerisch nach, dass Ihre angegebene Gerade tatsächlich echt parallel zur Geraden $G_f$ ist.

4. Eine Mitschülerin behauptet: »Wenn zwei Geraden die gleiche Steigung haben, sind sie echt parallel.« Widerlegen Sie diese Behauptung anhand eines Gegenbeispiels.

5. Mithilfe der folgenden Rechnung wurde versucht, die Lagebeziehung der Geraden $G_k$ und $G_p$, die durch die Funktionsterme $k(x) = -2x + 3$ und $p(x) = -2(x - 1{,}5)$ beschrieben werden, zu ermitteln. Überprüfen Sie den Rechenweg und die Folgerung bezüglich ihrer Richtigkeit.

   Rechenweg:

   $-2x + 3 = -2(x - 1{,}5) \quad \Leftrightarrow \quad -2x + 3 = -2x + 3 \quad \Leftrightarrow \quad 0 = 0$

   Folgerung:

   Die beiden Geraden haben keinen gemeinsamen Punkt. Sie sind daher echt parallel.

6. Zeigen Sie rechnerisch und zeichnerisch, dass sich die drei Geraden, die durch folgende Funktionsterme beschrieben werden, genau in einem Punkt schneiden.

   $f(x) = 2x - 2 \qquad g(x) = -\frac{5}{6}x + 6{,}5 \qquad p(x) = x + 1 \qquad \text{mit } D_f = D_g = D_p = \mathbb{R}$

### 3.2.7 Besondere Geraden

In der folgenden Grafik **(Bild 1)** sind verschiedene Geraden zu sehen, die eine besondere Lage im Koordinatensystem beziehungsweise zueinander aufweisen. In diesem Kapitel werden diese besondere Geraden näher untersucht.

Unter dem Begriff »besondere Geraden« werden folgende Gerade zusammengefasst:

- **Ursprungsgerade**
- **Parallele Geraden**
- **Winkelhalbierende des I./III. Quadranten**
- **Winkelhalbierende des II./IV. Quadranten**
- **Parallele zur x-Achse**
- **Parallele zur y-Achse**
- **Senkrecht aufeinander stehende Geraden**

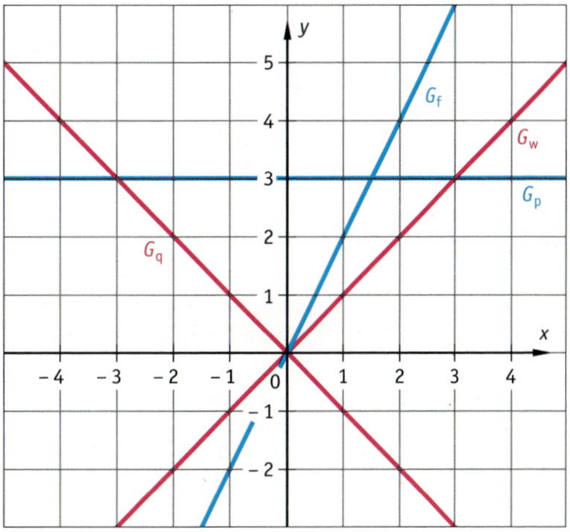


**Bild 1:** Besondere Geraden

### 3.2.7.1 Ursprungsgeraden

Eine besondere Gerade stellt die sogenannte Ursprungsgerade dar. Das Kennzeichen einer Ursprungsgeraden ist, dass sie durch den Koordinatenursprung verläuft **(Bild 1)**. Das bedeutet, dass jede Ursprungsgerade den $y$-Achsenabschnitt $t = 0$ hat. Somit reduziert sich die Funktionsgleichung einer linearen Funktion, die eine Ursprungsgerade beschreibt, auf $y = mx$.

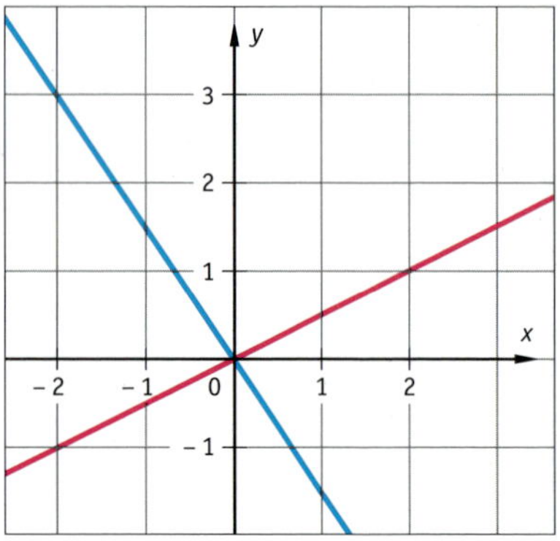


**Bild 1:** Ursprungsgeraden verlaufen durch den Koordinatenursprung

**Ursprungsgerade**

Eine Ursprungsgerade verläuft durch den Koordinatenursprung und wird durch die Funktionsgleichung $y = mx$ beschrieben.

### 3.2.7.2 Parallele Geraden

Zwei Geraden $G_f$ und $G_g$ sind parallel, wenn sie die gleiche Steigung haben. In **Bild 2** sind Geraden abgebildet, die alle die Steigung $m = \frac{1}{2}$ haben.

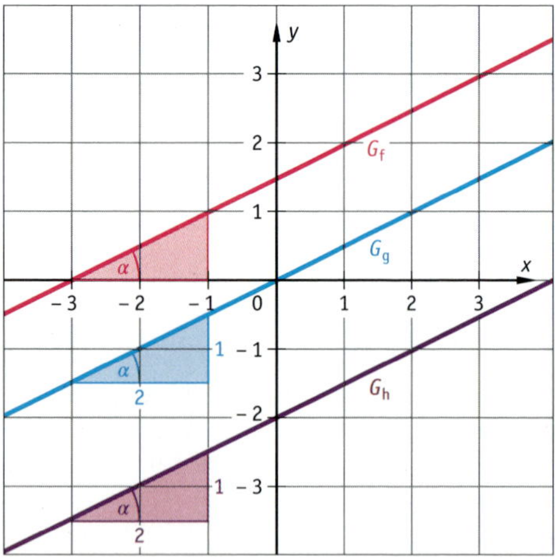


**Bild 2:** Parallele Geraden

**Parallele Geraden**

Parallele Geraden haben die gleiche Steigung.

### 3.2.7.3 Winkelhalbierende

Die Achsen des Koordinatensystems unterteilen die Zeichenebene in vier Quadranten **Bild 1.**

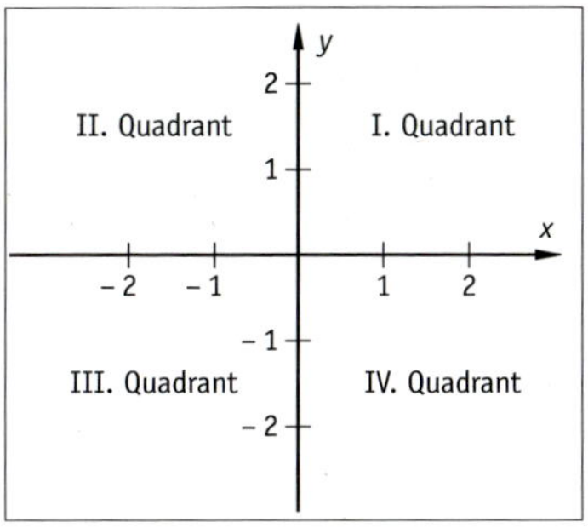


**Bild 1:** Quadranten des Koordinatensystems

Die sogenannte Winkelhalbierende des I. und III. Quadranten verläuft so im Koordinatensystem, dass sie diese Quadranten halbiert **(Bild 2)**. Folglich verläuft sie im Winkel von 45° durch den Koordinatenursprung. Aus dem genannten Neigungswinkel von 45° kann mit der Formel $m = \tan(\alpha)$ auf die Steigung der Winkelhalbierenden geschlossen werden: $m = \tan(45°) \quad \rightarrow \quad m = 1$

Da die Winkelhalbierende des I. und III. Quadraten durch den Koordinatenursprung verläuft, folgt unmittelbar, dass ihr $y$-Achsenabschnitt $t = 0$ ist. Die Funktionsgleichung der Winkelhalbierenden des I./III. Quadraten ist daher $y = x$. Die Winkelhalbierende des II./IV. Quadranten **(Bild 3)** hat die Funktionsgleichung $y = -x$. Diese Funktionsgleichung erhält man durch ähnliche Überlegungen wie bei Herleitung der Funktionsgleichung der Winkelhalbierenden des I./III. Quadraten. Lediglich bei der Berechnung der Steigung muss in die Formel $m = \tan(\alpha)$

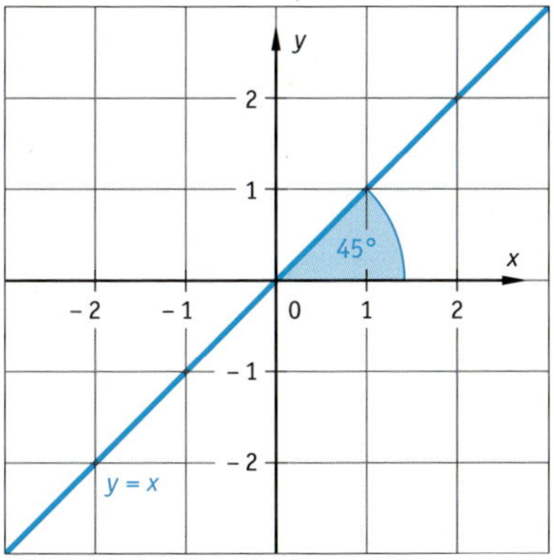


**Bild 2:** Winkelhalbierende des I./III. Quadranten

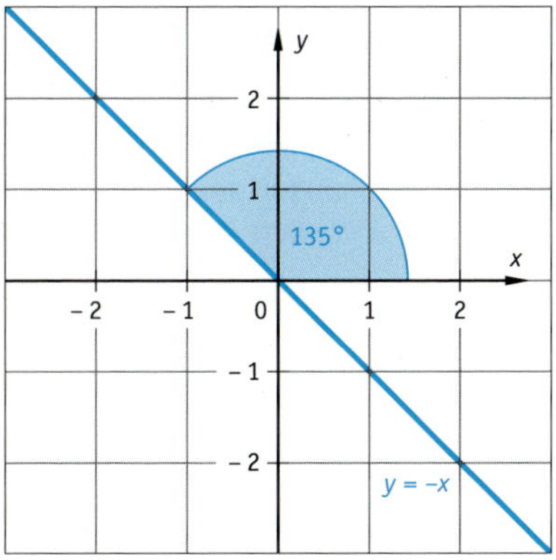


**Bild 3:** Winkelhalbierende des II./IV. Quadranten

**Winkelhalbierende**

Winkelhalbierende des I./III. Quadranten: $y = x$

Winkelhalbierende des II./IV. Quadranten: $y = -x$

### 3.2.7.4 Parallele Geraden zur *x*-Achse

Alle Geraden, die parallel zur *x*-Achse verlaufen, haben die Steigung $m = 0$. Das hat zur Folge, dass sich die Funktionsgleichung einer Parallelen zur *x*-Achse in der Form $y = t$ darstellen lässt.

$$y = mx + t \xrightarrow{m\ =\ 0} y = t$$

In **Bild 1** sind zwei parallele Gerade zur *x*-Achse abgebildet.

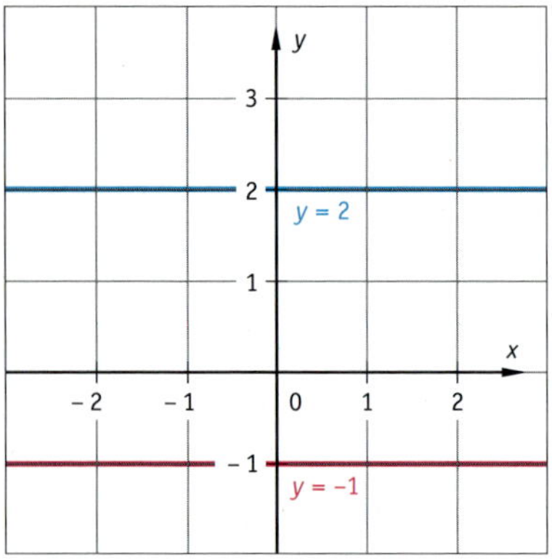


**Bild 1:** Parallele Geraden zur *x*-Achse

**Bedeutung der Steigung $m = 0$**

Um zu erläutern, warum Geraden mit der Steigung $m = 0$ parallel zur *x*-Achse verlaufen, betrachten wir beispielsweise die Gerade mit der Funktionsgleichung $y = 1{,}5$. Um diese Funktionsgleichung in der bekannten Form $y = mx + t$ anzugeben, müsste man ausführlich $y = 0x + 1{,}5$ schreiben. $0x$ kann als Bruch zu $0x = \frac{0}{1}x$ umgeschrieben werden. Das bedeutet, dass die Funktionsgleichungen $y = 1{,}5$ und $y = \frac{0}{1}x + 1{,}5$ äquivalent sind. Die Funktionsgleichung $y = \frac{0}{1}x + 1{,}5$ können wir schrittweise, wie gelernt, zeichnen. Der *y*-Achsenabschnitt ist $t = 1{,}5$ Dementsprechend schneidet die Gerade die *y*-Achse im Punkt T(0|1,5). Um auf einen zweiten Punkt A der Geraden zu kommen, muss in den Punkt T die Steigung $m = 0 = \frac{0}{1}$ angetragen werden. In diesem Fall muss man ausgehend vom Punkt T 0 Längeneinheiten nach oben und eine Längeneinheit von rechts gehen, um einen weiteren Punkt A der Geraden zu erhalten **(Bild 2)**. Man erkennt, dass die Punkte T und A den gleichen *y*-Wert haben und somit auf einer Höhe liegen. Die Gerade durch die Punkte T und A verläuft somit parallel zur *x*-Achse.

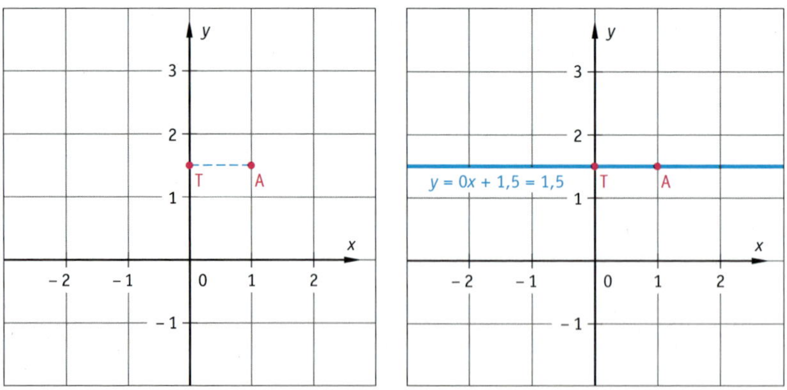


**Bild 2:** Zeichnen einer Geraden mit der Steigung $m = 0$

**Parallele Geraden zur *x*-Achse**

Parallele Geraden zur *x*-Achse haben die Steigung $m = 0$. Die Funktionsgleichung einer Parallelen zur *x*-Achse lautet somit $y = t$.

**Anmerkung** Die $x$-Achse wird durch die Gleichung $y = 0$ beschrieben. Sie hat offensichtlich die Steigung $m = 0$. Das bedeutet grafisch, dass sie waagrecht verläuft. Ihr $y$-Achsenabschnitt ist $t = 0$. Dementsprechend schneidet sie das Koordinatensystem im Ursprung.

Gleichung der $x$-Achse: $y = 0$

### 3.2.7.5 Parallele Geraden zur $y$-Achse

Geraden, die parallel zur $y$-Achse verlaufen, werden durch die Gleichung $x = b$ beschrieben. In **Bild 1** sind die Geraden abgebildet, die sich durch die Gleichungen $x = 1$ bzw. $x = -2$ beschreiben lassen. Die Geradengleichungen $x = 1$ und $x = -2$ sind keine Funktionsgleichungen.

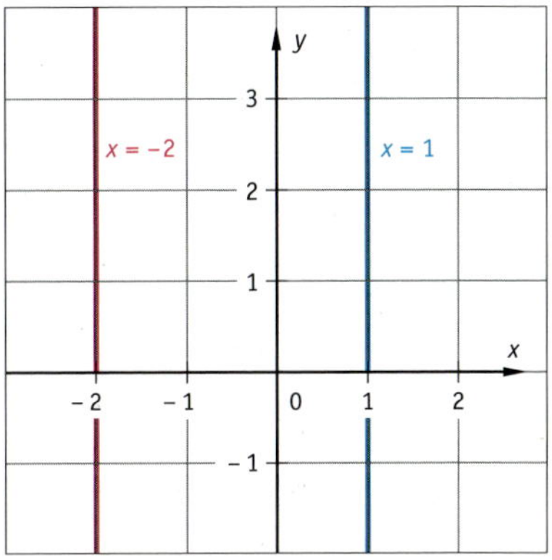


**Bild 1:** Parallele Geraden zur $y$-Achse

**Parallele Geraden zur $y$-Achse**

Parallele Geraden zur $y$-Achse werden durch die Gleichung $x = b$ beschrieben.

**Anmerkung** Die $y$-Achse wird durch die Gleichung $x = 0$ beschrieben.

Die Gleichung $x = b$ stellt keine Funktion, sondern eine Relation dar, da einem $x$-Wert unendlich viele $y$-Werte zugeordnet werden. Daher werden parallele Geraden zur $y$-Achse in der Schulmathematik nicht näher untersucht.

### 3.2.7.6 Senkrecht stehende Geraden

Zwei Geraden $G_{g1}$ und $G_{g2}$ stehen senkrecht aufeinander, wenn ihre Steigungen $m_{g1}$ und $m_{g2}$ miteinander multipliziert $m_{g1} \cdot m_{g2} = -1$ ergeben. Auf die Herleitung dieser Formel wird an dieser Stelle verzichtet, da bei dieser mathematisches Wissen notwendig ist, das bisher noch nicht behandelt wurde. Anhand des folgenden Beispiels wollen wir uns von der Plausibilität dieser Formel anschaulich überzeugen.

**Beispiel**

In **Bild 2** ist die Gerade $G_f$ zu sehen. Sie hat die Steigung $m_f = \frac{\Delta y_f}{\Delta x_f}$.

Dreht man gedanklich die Gerade $G_f$ inklusive ihres Steigungsdreiecks um 90°, so erhält man die Gerade $G_g$. Man erkennt, dass beim Steigungsdreieck der Geraden $G_g$ die Kathete $\Delta x_f$ vertikal und die Kathete $\Delta y_f$ horizontal verläuft. Zusätzlich ist ersichtlich, dass sich durch die Drehung der Geraden $G_f$ die Richtung der Steigung ändert. Aus der steigenden Geraden $G_f$ wird eine fallende Gerade $G_g$. Die Steigung der Geraden $G_g$ lautet somit $m_g = -\frac{\Delta x_f}{\Delta y_f}$.

Werden die Steigungen beider Geraden miteinander multipliziert, erhält man als Ergebnis −1.

$$m_f \cdot m_g = \frac{\Delta y_f}{\Delta x_f} \cdot \left(-\frac{\Delta x_f}{\Delta y_f}\right) = -1$$

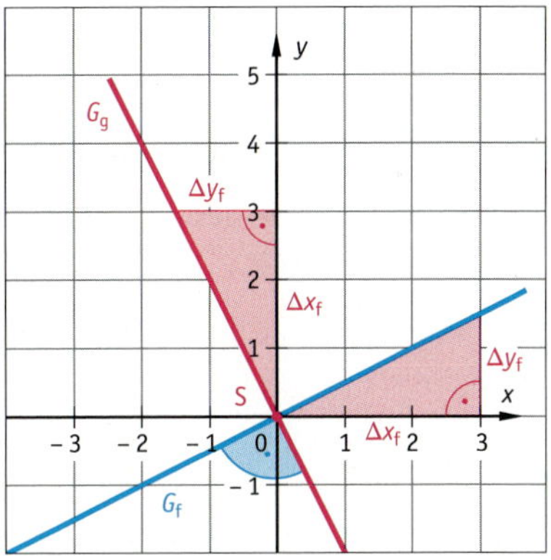


**Bild 2:** Senkrechte Geraden

**Senkrechte Geraden**

Zwei Geraden mit den Steigungen $m_1$ und $m_2$ sind genau dann senkrecht zueinander, wenn gilt:

$m_1 \cdot m_2 = -1$

### 3.2.7.7 Übersicht besonderer Geraden

In der folgenden Übersicht sind die besonderen Geraden zusammengefasst dargestellt.

| Besondere Gerade | Erklärung | Grafische Darstellung |
|---|---|---|
| **Ursprungsgerade** | Eine Gerade, die durch den Koordinatenursprung verläuft, wird Ursprungsgerade genannt. Die Funktionsgleichung einer Ursprungsgerade lautet: $y = mx$ | 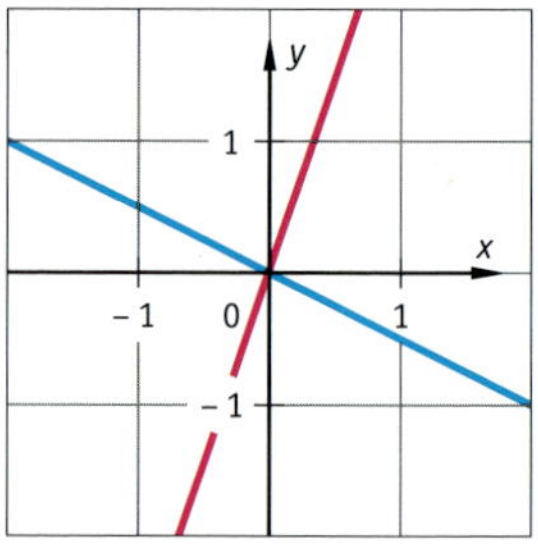 |
| **Parallele Gerade** | Zwei Geraden sind parallel zueinander, wenn sie die gleiche Steigung haben, aber ungleiche $y$-Achsenschnittpunkte. | 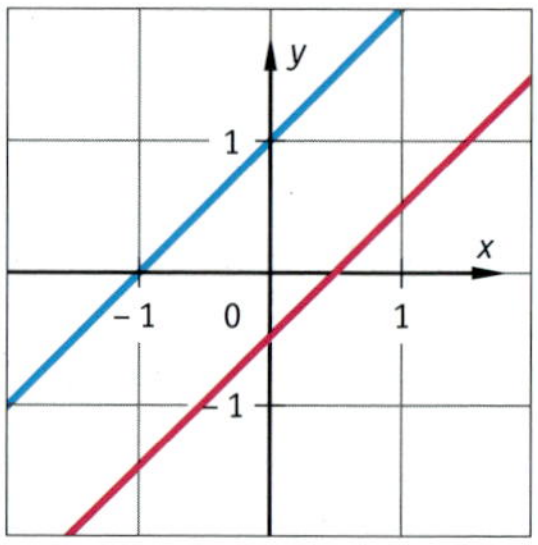 |
| **Winkelhalbierende des I./III. Quadranten** | Die Ursprungsgerade mit der Steigung $m = 1$ wird Winkelhalbierende des I./III. Quadranten genannt. Ihre Funktionsgleichung lautet: $y = x$ | 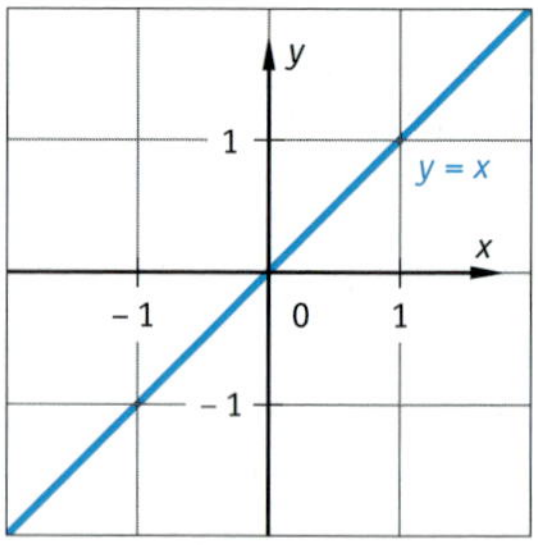 |
| **Winkelhalbierende des II./IV. Quadranten** | Die Ursprungsgerade mit der Steigung $m = -1$ wird Winkelhalbierende des II./IV. Quadranten genannt. Ihre Funktionsgleichung lautet: $y = -x$ | 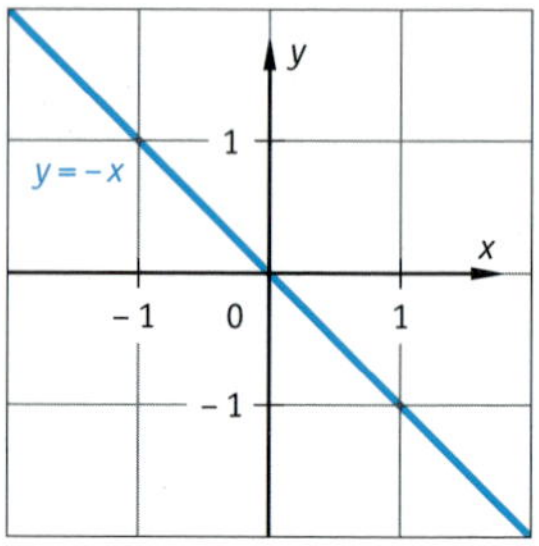 |

| | | |
|---|---|---|
| **Parallele zur x-Achse** | Eine Gerade mit der Steigung $m = 0$ verläuft waagrecht. Sie wird daher als eine Parallele zur $x$-Achse bezeichnet. Alle Parallelen zur $x$-Achse haben die Form: $y = t$ | 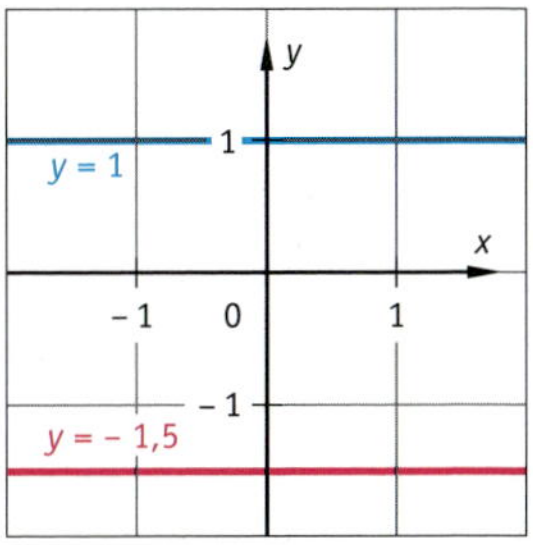 |
| **Senkrecht stehende Geraden** | Zwei Geraden stehen senkrecht aufeinander, wenn die Steigungen der beiden Geraden miteinander multipliziert −1 ergeben. $m_f \cdot m_g = -1 \quad \Leftrightarrow \quad G_f \perp G_g$ | 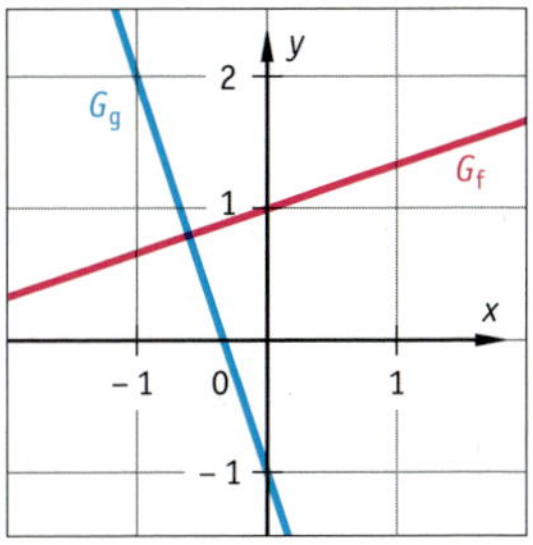 |

### 3.2.7.8 Aufgaben zu besonderen Geraden

**Aufgaben**

1. Geben Sie an, welche der folgenden Aussagen richtig sind.
   a) Die Gerade mit der Funktionsgleichung $y = \frac{1}{2}x$ ist eine Ursprungsgerade.
   b) Die Gerade mit der Funktionsgleichung $y = 2x + 1$ steht auf der in a) genannten Geraden senkrecht.
   c) Die Gerade mit der Funktionsgleichung $y = x$ hat einen Steigungswinkel von 45°.
   d) Die Gerade mit der Funktionsgleichung $y = -2$ verläuft parallel zur $y$-Achse.
   e) Die $x$-Achse hat die Gleichung $y = 0$.
   f) Der Punkt A(4|5) liegt auf der Winkelhalbierenden des I./III. Quadranten.
2. Bestimmen Sie die Funktionsgleichung der Ursprungsgeraden, die durch den Punkt P(1|−3) verläuft.
3. Weisen Sie rechnerisch nach, dass die Winkelhalbierende des I./III. Quadranten und die des II./IV. Quadranten senkrecht aufeinander stehen.
4. Zeigen Sie sowohl grafisch als auch rechnerisch, dass die Gerade, die durch die Punkte B(−1|1) und C(−2|2) verläuft, die Winkelhalbierende des II./IV. Quadranten ist.

## 3.2.8 Implizite Form einer linearen Funktion

Aus den vorherigen Abschnitten ist bekannt, dass sich die Funktionsgleichung einer linearen Funktion zum einen in der allgemeinen Darstellungsform $f(x) = mx + t$ beziehungsweise $y = mx + t$ und zum anderen in der Punkt-Steigungsform $f(x) = m(x - x_0) + y_0$ beziehungsweise $y = m(x - x_0) + y_0$ darstellen lässt. Beiden Formen ist gemein, dass sie jeweils nach $y$ aufgelöst sind, also $y = mx + t$ beziehungsweise $y = m(x - x_0) + y_0$. Alle Darstellungsformen, die mit $y = \ldots$ beginnen, werden als explizite Darstellungsformen bezeichnet.

| **Explizite Darstellungsformen** | |
|---|---|
| Allgemeine Darstellungsform | $y = mx + t$ |
| Punkt-Steigungsform | $y = m(x - x_0) + y_0$ |

Neben diesen expliziten Darstellungsformen gibt es die sogenannte implizite Darstellungsform. Sie ist im Gegensatz zur expliziten nicht nach $y$ aufgelöst, sondern hat die Form $ax + by + c = 0$ ($b \neq 0$).

**Implizite Darstellungsformen**

$$ax + by + c = 0$$

### Umrechnen der Darstellungsformen

Die implizite und explizite Darstellungsform können ineinander umgerechnet werden. Um uns klar zu machen, wie dies von statten geht, betrachten wir beispielsweise die Funktion $f$, die durch die Funktionsgleichung $y = 2x + 1$ (explizite Form) beschrieben wird. Mithilfe von Äquivalenzumformungen können wir die $2x$ und die Zahl 1 auf die linke Seite der Gleichung bringen. Somit erhält man die Gleichung $-2x + y - 1 = 0$. Das ist die implizite Darstellungsform dieser Funktionsgleichung.

$$y = 2x + 1 \quad \Leftrightarrow \quad -2x + y - 1 = 0$$

Eine lineare Funktionsgleichung, die in impliziter Form gegeben ist, kann ebenso mithilfe von Äquivalenzumformungen nach $y$ aufgelöst werden, wie in der folgenden Beispielaufgabe zu sehen ist.

**Beispielaufgabe**

Stellen Sie die implizit gegebene Funktionsgleichung in expliziter Form dar.

$$4x - \frac{1}{2}y + 3 = 0 \text{ mit } x, y \in \mathbb{R}$$

**Lösung**

$$4x - \frac{1}{2}y + 3 = 0 \quad |-4x-3 \quad \Leftrightarrow \quad -\frac{1}{2}y = -4x - 3 \quad |\cdot(-2) \quad \Leftrightarrow \quad y = 8x + 6$$

**Explizite und implizite Darstellungsform einer linearen Funktion**

Die Formen $y = mx + t$ bzw. $y = m(x - x_0) + t$ einer linearen Funktionsgleichung nennt man explizite Darstellungsform. Eine Darstellungsform, die nicht nach $y$ aufgelöst ist, nennt man implizite Darstellungsform.

**Aufgaben**

1. Wandeln Sie die Funktionsgleichung $-\frac{3}{2}x + \frac{5}{4}y + \frac{1}{2} = 0$ in die allgemeine Darstellungsform um.
2. Gegeben ist die Funktionsgleichung $y = -\frac{7}{2}(x + 2) + 5$ in Punkt-Steigungsform. Wandeln Sie diese in eine implizite Form um.
3. Ihnen liegt folgende Rechnung vor. Geben Sie an, was Sie aus dieser folgern können. Begründen Sie Ihre Angabe.
   A(2|3) in $4x + 3y - 17 = 0$: $4 \cdot 2 + 3 \cdot 3 - 17 = 0 \quad \Leftrightarrow \quad 17 - 17 = 0 \quad \Leftrightarrow \quad 0 = 0$ Folgerung?
4. Bestimmen Sie die implizite Darstellungsform der abgebildeten Geraden. Dokumentieren Sie Ihre Vorgehensweise.

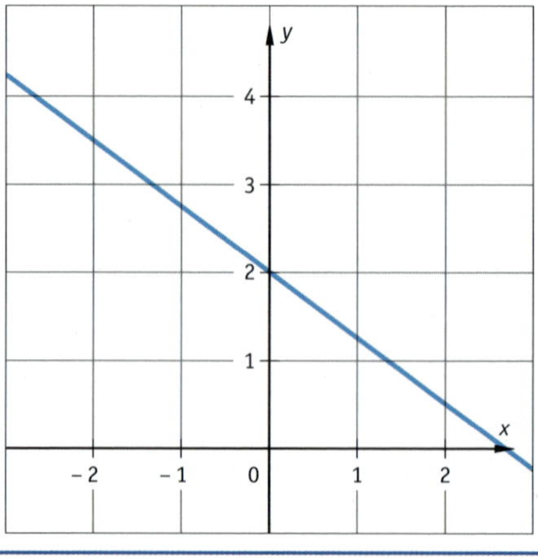

### 3.2.9 Ermittlung der Wertemenge einer linearen Funktion

Jede Funktion besitzt bekanntlich eine Definitions- und eine Wertemenge. Bei allen bisherig behandelten Aufgaben bildeten die reellen Zahlen $\mathbb{R}$ die Definitionsmenge. In diesem Abschnitt werden nun lineare Funktionen betrachtet, die eine eingeschränkte Definitionsmenge haben. Diese Tatsache verursacht eine begrenzte Wertemenge. Im Folgenden ist der Zusammenhang zwischen einer eingeschränkten Definitionsmenge und einer begrenzter Wertemenge dargestellt.

■ **Definitionsmenge und Wertemenge! Was war das nochmal?**

Alle Zahlen, die für $x$ in einen Funktionsterm eingesetzt werden dürfen, bilden die Definitionsmenge D. Diese ist meist vorgegebenen. Die Wertemenge beinhaltet alle möglichen Funktionswerte ($y$-Werte). Sie ist abhängig von der Definitionsmenge und dem Funktionsterm.

■ **Was bedeutet eingeschränkte Definitionsmenge?**

Um diese Frage zu beantworten, betrachten wir die Funktion $f$ mit der Definitionsmenge $D_f = [-2; 3]$

$$f: x \mapsto f(x) = \frac{1}{2}x - \frac{1}{2} \text{ mit } D_f = [-2; 3]$$

Die zugehörige Gerade ist in **Bild 1** abgebildet.

Die angegebene eingeschränkte Definitionsmenge bedeutet, dass man nur $x$-Werte zwischen einschließlich −2 und einschließlich 3 in den Funktionsterm einsetzen darf. Das bedeutet grafisch, dass der Graph von $f$ nur zwischen den $x$-Werten −2 und 3 gezeichnet werden darf.

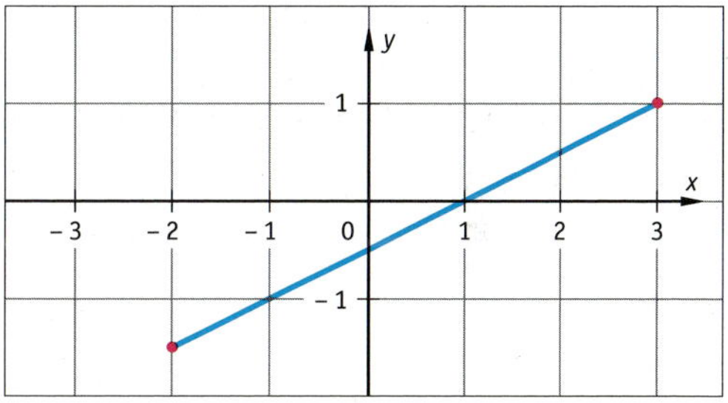


**Bild 1:** Die Gerade $G_f$

■ **Ermittlung der Wertemenge**

Aus dem Graphen **(Bild 2)** ist ersichtlich, dass der größte $y$-Wert bei $x = 3$ und der niedrigste bei $x = -2$ ist.

Der größtmögliche $y$-Wert lautet somit:

$$y_{max} = \frac{1}{2} \cdot 3 - \frac{1}{2} = 1$$

Der kleinstmögliche $y$-Wert lautet somit:

$$y_{min} = \frac{1}{2} \cdot (-2) - \frac{1}{2} = -1{,}5$$

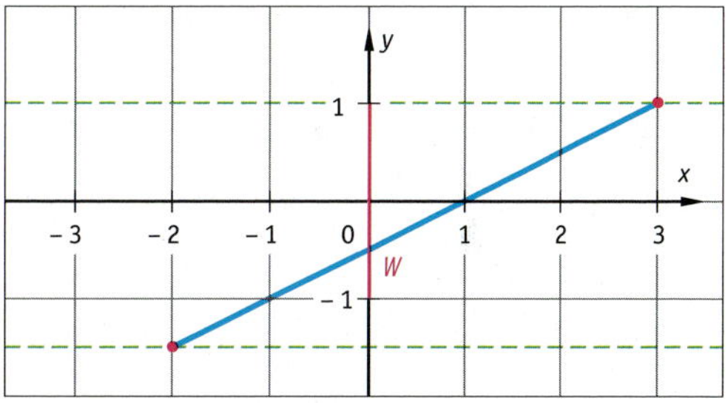


**Bild 2:** Die Gerade $G_f$ mit Minimum und Maximum

Unabhängig davon welche Zahlenwerte man für $x$ $(-2 \le x \le 3)$ in die Funktionsgleichung $y = \frac{1}{2}x - \frac{1}{2}$ eingesetzt, der zugehörige $y$-Wert liegt stets zwischen (einschließlich) −1,5 und (einschließlich) 1. Die Wertemenge ist somit $W = [-1{,}5; 1]$.

**Anmerkungen** Die Wertemenge ist stets indirekt auf der $y$-Achse ablesbar.

Wird ein Funktionsgraph mit einem nicht ausgemalten Kreis (∘) abgeschlossen, dann bedeutet dies, dass der Randwert nicht zum Graphen gehört.

**Aufgaben**

1. Bestimmen Sie die Wertemenge der folgenden Funktionen, die durch die angegebenen Funktionsterme beschrieben werden.

   a) $f(x) = \frac{3}{2}x + 1$ mit $D_f = [-2; 2]$

   b) $g(x) = -2x + 1$ mit $D_g = [1; 3]$

   c) $h(x) = -\frac{1}{4}x - \frac{3}{2}$ mit $D_h = [-4; 8]$

2. In **Bild 1** ist der Graph einer Funktion mit eingeschränkter Definitionsmenge zusehen. Geben Sie die Definitions- und Wertemenge dieser Funktion an.

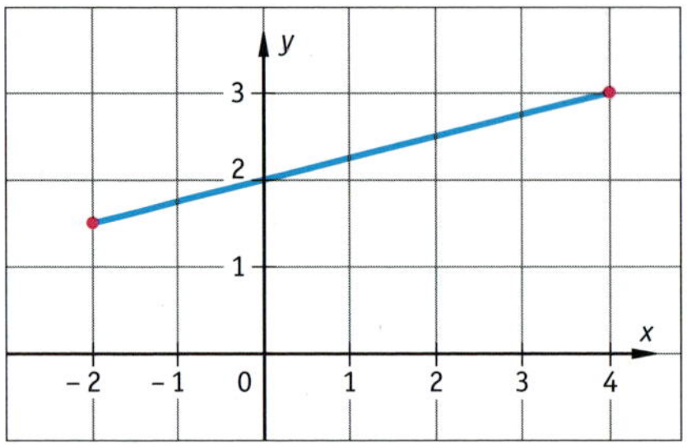


**Bild 1:** Graph einer Funktion mit eingeschränkter Definitionsmenge

3. Geben Sie die die Wertemenge der Funktion von Aufgabe 2 an, wenn ...

   ... die ausgemalten roten Punkte nicht ausgemalt wären.

   ... der rote Punkt bei $x = 4$ nicht ausgemalt wäre.

4. Geben Sie den Funktionsterm einer Funktion $f$ mit $D_f = [0;4]$ an, die als Wertemenge $W_f = [-2;3]$ hat. Überprüfen Sie Ihre Angabe grafisch.

## 3.2.10 Anwendungsaufgaben

Lineare Funktionen findet man in vielfältiger Weise im Alltag, im Beruf und in der Wissenschaft wieder. Im Folgenden werden exemplarisch verschiedene Situationen betrachtet, die mit linearen Funktionen abgebildet werden können.

### ■ Einkauf im Internet

Ein Internethändler für Fußbodenbeläge bietet einen Teppichboden für 20 € pro Quadratmeter an. Als Versandpauschale werden 120 € berechnet. Die Mindestabnahmemenge beträgt 20 m$^2$, während die maximale Bestellmenge 300 m$^2$ beträgt. Auf das Mitführen von Einheiten kann verzichtet werden.

**Aufgaben**

a) Erstellen Sie einen linearen Funktionsterm, der folgende Größen miteinander in Verbindung setzt:

   $x$: Anzahl der bestellten Quadratmeter des Teppichs.

   $y = k(x)$: Gesamtkosten des Teppichs in Abhängigkeit von der Anzahl der bestellten Quadratmeter $x$.

b) Geben Sie die Definitionsmenge von $k$ an.

c) Stellen Sie die in a) aufgestellte Kostenfunktion grafisch dar.

d) Entnehmen Sie aus dem Graphen die Gesamtkosten, wenn 50 m$^2$ des Teppichs bestellt werden. Überprüfen Sie Ihr Ergebnis rechnerisch.

e) Berechnen Sie, wie viel Quadratmeter des Teppichs bestellt werden können, wenn 1860 € für den Kauf zur Verfügung stehen.

f) Ermitteln Sie die möglichen Einnahmen, die der Verkäufer bei einer Bestellung dieses Teppichs hat.

**Lösung:**

**a)** Die Variable $x$ gibt die Anzahl der gekauften Quadratenmeter des Teppichs an. Ein Quadratmeter dieses Teppichs kostet 20 €. Die Kosten für den Teppich ohne Versand betragen somit $20 \cdot x$. Zudem werden unabhängig von der bestellten Menge 120 € Versandkosten fällig. Diese müssen zum Preis des Teppichs addiert werden. Anhand dieser Überlegungen erhält man die Funktionsgleichung für die Gesamtkosten der Bestellung.

$k(x) = 20x + 120$ x: Anzahl der bestellten Quadratmeter

k(x): Gesamtkosten der Bestellung

**b)** In der Definitionsmenge sind alle Zahlen enthalten, die für die Variable (hier $x$) eingesetzt werden dürfen. Laut Angabe sind dies alle Zahlen zwischen 20 und 300.

$D_k = [20; 300]$

**c)** Um den Graphen zu erstellen werden zwei Punkte des Graphen berechnet. Bei einer Bestellung von 20 m² des Teppichs werden 520 € fällig. Werden 300 m² des Teppichs gekauft, kostet die Bestellung 6120 €.

$k(20) = 20 \cdot 20 + 120 = 520$

$k(300) = 20 \cdot 300 + 120 = 6120$

Anhand dieser Werte kann der Graph gezeichnet werden **(Bild 1)**.

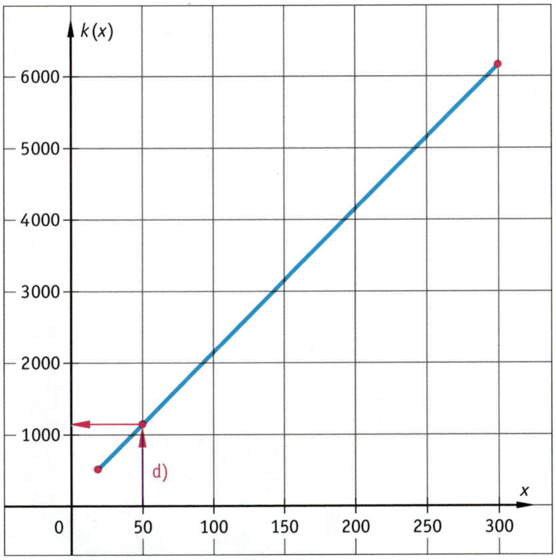


**Bild 1:** Graph der Kostenfunktion

**d)** Aus dem Graphen der Kostenfunktion **(Bild 1)** kann man entnehmen: Bei Bestellung von 50 m² des Teppichbodens entstehen Kosten in Höhe von etwa 1100 €. Dieser Wert wird rechnerisch überprüft, indem für $x$ der Wert 50 in den Funktionsterm $k(x)$ der Kostenfunktion eingesetzt wird.

$k(50) = 20 \cdot 50 + 120 = 1120$

Die exakten Kosten für eine Bestellung von 50 m² dieses Teppichs belaufen sich auf 1120 €. Der Unterschied zwischen grafisch ermittelten und berechneten Kosten beruht auf Ableseungenauigkeiten.

**e)** Die zentrale Frage bei dieser Aufgabe ist, wie viele Quadratmeter $x$ des Teppichs zu Gesamtkosten $k(x)$ von 1860 € führen. Der Ansatz lautet somit: $k(x) = 1860$. Diese lineare Gleichung kann mit bekanntem Wissen gelöst werden.

$k(x) = 1860 \Leftrightarrow 20x + 120 = 1860 \Leftrightarrow 20x = 1740 \Leftrightarrow x = 87$

Es können 87 m² des Teppichs gekauft werden.

**f)** Bei dieser Teilaufgabe sollen alle möglichen Einnahmen des Verkäufers pro Bestellung ermittelt werden. Es muss also die Wertemenge der Kostenfunktion angegeben werden.

Aus der Teilaufgabe c) kennen wir den minimalen und den maximalen Wert einer Bestellung **(Bild 1)**.

$k(20) = 20 \cdot 20 + 120 = 520 \qquad k(300) = 20 \cdot 300 + 120 = 6120$

Die Wertemenge der Kostenfunktion beträgt somit $W = [520; 6120]$. Das bedeutet, dass der Verkäufer pro Bestellungen Einnahmen zwischen (einschließlich) 520 € und (einschließlich) 6120 € hat.

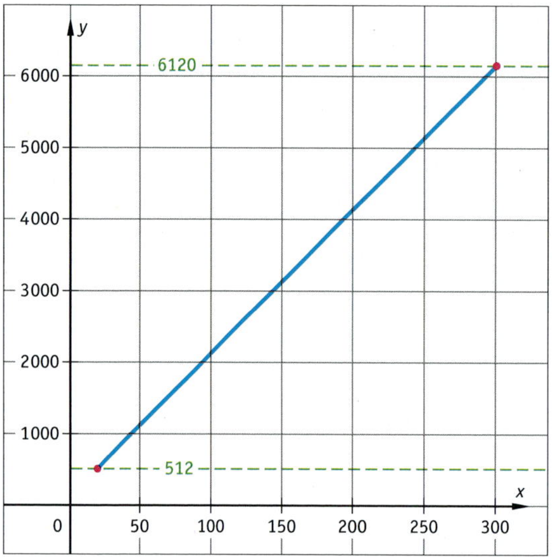


**Bild 1:** Minimale und Maximale Einnahmen des Händlers pro Bestellung

## ■ Abschreiben von Maschinen

Eine Firma kauft eine Werkzeugmaschine **(Bild 1)**. Die Anschaffungskosten für diese Maschine belaufen sich auf 200.000 €. Die Maschine wird jährlich mit 6,67 % des Anschaffungswertes abgeschrieben.

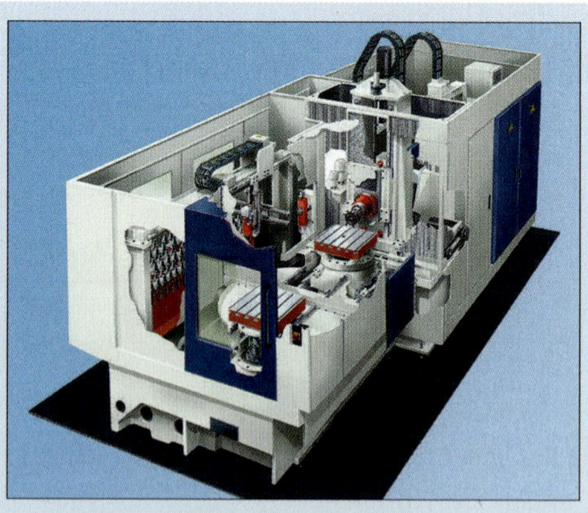

**Bild 1:** Werkzeugmaschine

**Anmerkung** Der Begriff Abschreibung stammt aus der Buchhaltung. Er bezeichnet die Wertminderung eines Vermögensgegenstands, wie beispielsweise einer Werkzeugmaschine, der unter anderem aufgrund von Gebrauch, Verschleiß und wegen des technischen Fortschritts abgeschrieben wird.

### Aufgaben

a) Erstellen Sie einen linearen Funktionsterm, der folgende Größen miteinander in Verbindung setzt:

x: Anzahl der vergangenen Kalenderjahre seit dem Kauf.

$y = b(x)$: Buchwert der Maschine zum Zeitpunkt $x$.

b) Geben Sie die untere Schranke $u$ der Definitionsmenge $D_b = [u; 15]$ im Sachzusammenhang an. Begründen Sie Ihre Angabe.

c) Stellen Sie die in a) aufgestellte Funktion des Buchwerts für die ersten 15 Jahre grafisch dar.

d) Entnehmen Sie den Graphen von Aufgabe c) den Zeitpunkt, zu dem die Maschine einen Buchwert von 50 % des Anschaffungswertes hat.

e) Die Geschäftsführung plant die Maschine nach 12 Jahren zu verkaufen. Geben Sie den Buchwert der Maschine zu diesem Zeitpunkt an.

f) Berechnen Sie, nach wie vielen Jahren die Maschine vollständig abgeschrieben ist, d. h. ihr Buchwert 0 € beträgt.

g) Zum gleichen Zeitpunkt, zu dem die genannte Werkzeugmaschine angeschafft wurde, kauft die Firma ebenfalls eine Photovoltaikanlage für insgesamt 180.000 €. Diese wird über 20 Jahre abgeschrieben, d. h. ihr Buchwertverlust pro Jahr beträgt 5 % der Anschaffungskosten. Berechnen Sie den Zeitpunkt, zu dem die genannte Werkzeugmaschine und die Photovoltaikanlage den gleichen Buchwert haben und geben Sie diesen Buchwert an.

**Lösung**

**a)** Die Maschine kostet insgesamt 200.000 € und verliert jährlich 6,67 % von diesem Wert. Das sind 13.340 € (200.000 · 0,0667 = 13.340). Der Buchwert $b(x)$ der Maschine lässt sich daher wie folgt beschreiben.

$b(x) = 200000 - 13340 \cdot x$ $x$: Anzahl der vergangenen Kalenderjahre seit dem Kauf der Maschine

$b(x)$: Buchwert der Maschine

**b)** In der Definitionsmenge sind alle Zahlen enthalten, die für die Variable (hier $x$) eingesetzt werden dürfen. In diesem Beispiel ist die untere Schranke $x = 0$, was dem Zeitpunkt des Maschinenkaufs entspricht.

$D_b = [0; 15]$

**c)** Um den Graphen zu erstellen wird der $y$-Achsenabschnitt $t = 200.000$ und ein weiterer Punkt benötigt. An dieser Stelle wird der Buchwert zum Zeitpunkt $x = 5$, also nach fünf Jahren, verwendet.

- **Buchwert nach 5 Jahren**

$b(5) = 200000 - 13340 \cdot 5 = 133.300$

Anhand dieser Werte kann der Graph gezeichnet werden **(Bild 1)**.

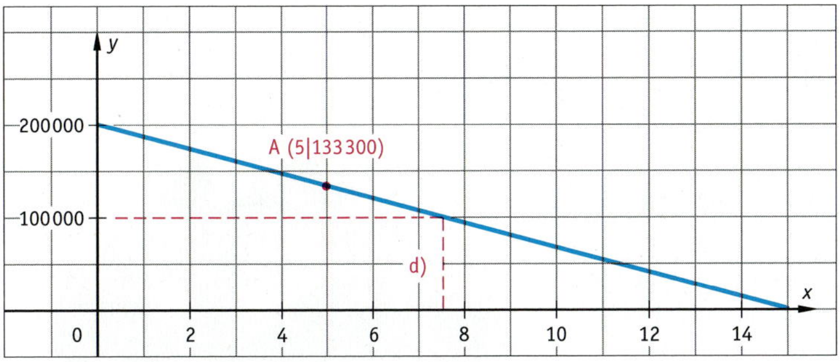


**Bild 1:** Graph der Funktion des Buchwerts der Maschine

**d)** Der Zeitpunkt, zu dem der Buchwert 100.000 € beträgt, lässt sich wie in **Bild 1** zu sehen ist grafisch ermitteln. Laut Graph beträgt der Buchwert nach ca. 7,7 Jahren 100.000 €.

Um zu berechnen, zu welchem Zeitpunkt der Buchwert 100.000 € beträgt, muss der Funktionsterm $b(x)$ gleich 100.000 gesetzt werden.

- **Berechnung des Zeitpunkts zu dem der Buchwert 100.000 € beträgt**

$b(x) = 100.000$

$200.000 - 13.340 \cdot x = 100.000$

$\Leftrightarrow \quad -13.340 \cdot x = -100.000$

$\Leftrightarrow \quad x \approx 7,5$

Nach 7,5 Jahren beträgt der Buchwert der Maschine 100.000 €. Der Unterschied zum grafisch ermittelten Zeitpunkt beruht auf Ableseungenauigkeiten.

**e)** Aus der folgenden Rechnung geht hervor, dass der Buchwert der Maschinen nach 12 Kalenderjahren 39.920 € beträgt.

$b(12) = 200.000 - 13.340 \cdot 12 = 39.920$

**f)** Um herauszufinden zu welchem Zeitpunkt die Maschine den Buchwert 0 € hat, muss die Nullstelle der Buchwertfunktion berechnet werden.

$b(x) = 0$

$\Leftrightarrow \quad 200.000 - 13.340 \cdot x = 0 \quad \Leftrightarrow \quad -13.340x = -200.000$

$\Leftrightarrow \quad x \approx 15$

Nach 15 Jahren ist die Maschine vollständig abgeschrieben.

**g)** Der Buchwert $p(x)$ der Photovoltaikanlage $x$ Jahre nach dem Kauf lässt sich durch folgenden Funktionsterm beschreiben (5 % von 180.000 = 9000).

$p(x) = 180.000 - 9000 \cdot x$ mit $D_p = [0; 20]$

- **Berechnung des Zeitpunkts, zu dem beide technische Systeme den gleichen Buchwert haben**

Um den Zeitpunkt $x$ zu berechnen, zu dem die Werkzeugmaschine und die Photovoltaikanlage den gleichen Buchwert haben, müssen die Funktionsterme $b(x)$ und $p(x)$, die die Buchwerte der beiden technischen Systeme wiedergeben, gleichgesetzt werden.

$b(x) = p(x)$

$200.000 - 13.340x = 180.000 - 9000x$

$\Leftrightarrow \quad 20.000 = 4340x$

$\Leftrightarrow \quad x \approx 4,61$

Nach 4,61 Jahren besitzen die Werkzeugmaschine und die Photovoltaikanlage den gleichen Buchwert. Diesen kann man berechnen wenn man $x = 4,61$ in die Kostenfunktion einsetzt: $p(4,61) = 180.000 - 9000 \cdot 4,61 = 138.510$

- **Wechsel von Euros in Australische Dollar**

Um Urlaub in Australien zu machen, müssen Euros in australische Dollar (AUD) gewechselt werden. Eine Bank berechnet für diesen Wechselvorgang 10 € und zahlt anschließend pro Euro 1,58 AUD aus.

Die Funktion w beschreibt den Zusammenhang zwischen dem Eurobetrag $x$, der in australische Dollar gewechselt werden soll, und dem ausbezahlten Betrag in australischen Dollar $y$.

$w: y \mapsto y = 1,58 \cdot x - 10$ mit $D = [500; 5000]$

$x$: Zu wechselnder Betrag in Euro

$y$: Ausbezahlte Geldbetrag in australischen Dollar

**Aufgaben**

a) Geben Sie den Funktionsterm und die Funktionsgleichung der Funktion an.

b) Berechnen Sie den Funktionswert der Funktion $w$ für $x = 1000$ und geben Sie die Bedeutung dieses Funktionswert im Sachzusammenhang an.

c) Erstellen Sie eine Wertetabelle von $w$ mit $\Delta x = 1000$.

d) Zeichnen Sie mithilfe der Wertetabelle den Graphen der Funktion $w$.

e) Entnehmen Sie dem Graphen, wieviel Euro bei der Bank einbezahlt werden müssen, damit man 2000 AUD erhält.

**Lösung**

**a)** Die Funktionsgleichung lautet $y = 1{,}58 \cdot x - 10$.

Der Funktionsterm ist $w(x) = 1{,}58 \cdot x - 10$.

**b)** $w(1000) = 1{,}58 \cdot 1000 - 10 = 1570$

Dieser Funktionswert bedeutet, dass man für 1000 € 1570 Australische Dollar erhält.

**c)** Wertetabelle

| $x$ | 500 | 1000 | 1500 | 2000 | 2500 | 3000 | 3500 | 4000 | 4500 | 5000 |
|---|---|---|---|---|---|---|---|---|---|---|
| $w(x) = 1{,}58 \cdot x - 10$ | 780 | 1570 | 2360 | 3150 | 3940 | 4730 | 5520 | 6310 | 7100 | 7890 |

**d)**

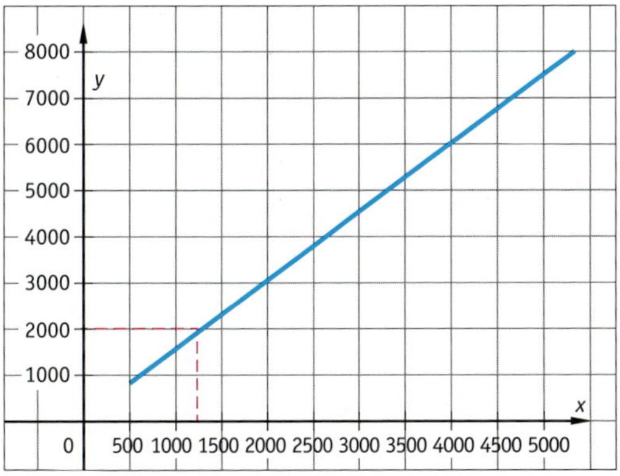


**Bild 1:** Graph der Funktion $w$

**e)** Anhand der gestrichelten Linien von **Bild 1** erkennt man, dass man etwa 3150 € wechseln muss, um 2000 AUD zu erhalten.

## ▪ Bau einer Gartenmauer

Ein Bauunternehmer berechnet für den Bau einer Gartenmauer aus Natursteinen pro laufendem Meter 200 €. Außerdem berechnet er für das Einrichten der Baustelle 300 €. Aufträge für den Bau von Gartenmauern, die kürzer als 1 Meter oder länger als 30 Meter sind, nimmt der Bauunternehmer nicht an.

**Aufgaben**

a) Stellen Sie eine Funktion $k$ auf, die die Länge $x$ einer Mauer und die dafür berechneten Kosten $y$ in Verbindung setzt.

b) Geben Sie eine zum Sachzusammenhang passende Definitionsmenge an.

c) Berechnen Sie die Wertemenge der Funktion $k$ und interpretieren Sie diese im Sachzusammenhang.

**Lösung**

**a)** Ein laufender Meter der Mauer kostet 200 Euro. Somit kosten $x$ Meter der Mauer $200x$ Euro. Dazu kommen die Kosten für das Einrichten der Baustelle von 300 Euro. Der Funktionsterm von $k$ ist somit die Summe aus $200x$ und 300.

$k: x \mapsto y = 200x + 300$

**b)** Laut Angabe muss die Mauer zwischen 1 m und 30 m lang sein, ansonsten nimmt der Unternehmer den Auftrag nicht an. Die Definitionsmenge lautet somit: $D = [1; 30]$

**c)** Die geringsten Kosten entstehen, wenn die Mauer eine Länge von einem Meter hat ($x = 1$). Die meisten Kosten entstehen, wenn die Mauerlänge 30 Meter beträgt ($x = 30$).

$k(1) = 200 \cdot 1 + 300 = 500$

$k(30) = 200 \cdot 30 + 300 = 6300$

Die Wertemenge der Funktion $k$ lautet somit $W = [500; 6300]$. Die Wertemenge beschreibt alle möglichen Kosten für die Mauer. Eine Mauer, die durch diesen Bauunternehmer errichtet wird, kostet zwischen 500 € und 6300 €.

**Aufgabe**

Ein elektrischer Widerstand ist ein Bauteil, das in elektronischen Schaltungen eingebaut wird, um die Stromstärke und die Spannung zu regulieren. In **Bild 1** ist der Widerstandswert eines elektrischen Widerstands in Abhängigkeit von der Temperatur des Widerstands zu sehen. Man erkennt, dass der Widerstandwert mit steigender Temperatur linear zunimmt.

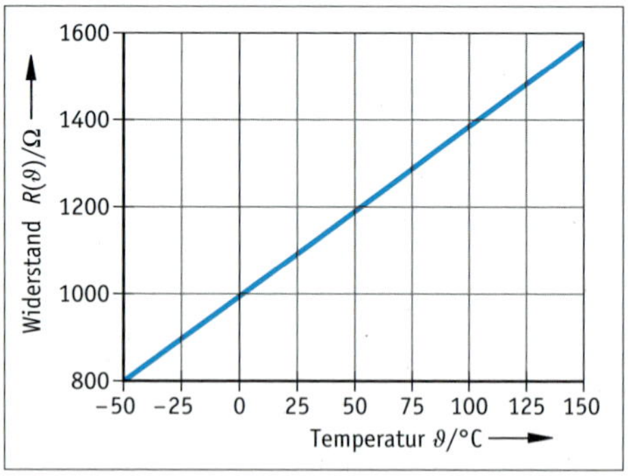


**Bild 1:** Temperaturverhalten eines Widerstands

a) Stellen Sie die Funktionsgleichung passend zu diesem Graphen auf.

b) Geben Sie anhand des Diagramms den Widerstandswert bei einer Temperatur von 0°C bzw. bei 100°C an. Überprüfen Sie Ihre Angabe rechnerisch.

c) Während des Betriebs darf der Widerstandswert zwischen 900 Ω und 1200 Ω schwanken. Bestimmen Sie mithilfe des Diagramms die minimale und maximale Betriebstemperatur des Widerstands.

d) In **Bild 1** ist die Kennlinie eines sogenannten PTC-Widerstands dargestellt. PTC steht für positiv temperature coefficient und bedeutet, dass mit steigender Temperatur der Wert des Widerstands zunimmt. Skizzieren und beschreiben Sie den prinzipiellen Verlauf eines NTC-Widerstands (negativ temperature coefficient), also eines Widerstands, dessen Widerstandswert mit steigender Temperatur abnimmt.

## 3.2.11 Aufgaben zu linearen Funktionen

### Übungsaufgaben zu linearen Funktionen

1. Geben Sie an, welche der folgenden Funktionsterme eine steigende Gerade beschreibt, die die $y$-Achse im positiven Bereich schneidet ($x \in \mathbb{R}$).

   a) $a(x) = \frac{1}{2}x + 1$  b) $b(x) = -\frac{3}{4}x + 2$  c) $c(x) = x - 2$

   d) $d(x) = \frac{1}{4}x - \frac{1}{2}$  e) $e(x) = -\frac{5}{4}x + 3$  f) $f(x) = x + 1$

2. Stellen Sie die folgenden linearen Funktionsterme in der allgemeinen Darstellungsform dar und geben Sie jeweils die Steigung und den $y$-Achsenabschnitt der beschriebenen Geraden an ($x \in \mathbb{R}$).

   a) $g(x) = 2 - (3x - 1)$  b) $h(x) = \frac{1}{4} \cdot (2x - 4) + 1$  c) $i(x) = \frac{1}{2}x + 2 - \frac{5}{8}x$

   d) $j(x) = -\frac{5}{2}x + \frac{5}{4}x$  e) $k(x) = -\frac{5}{6} \cdot \left(\frac{1}{2} - x\right)$  f) $l(x) = \frac{1}{2} \cdot \left(x - \frac{7}{8}\right) + 2x - 1$

3. Geben Sie an, welche der abgebildeten Geraden durch den Funktionsterm $f(x) = \frac{3}{4}x + 1$ beschrieben wird ($x \in \mathbb{R}$). Begründen Sie Ihre Aussage.

a)
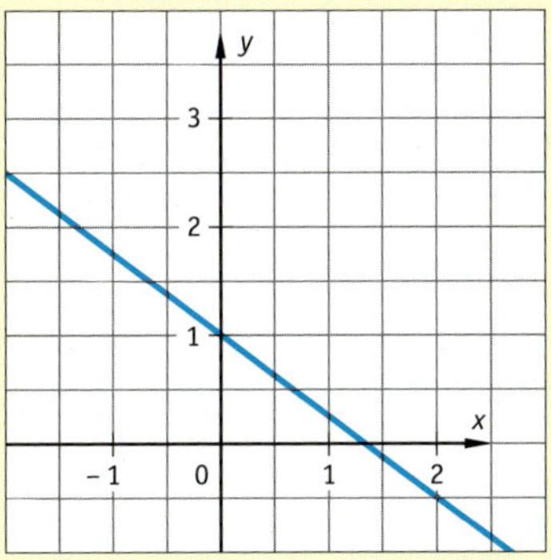


b)
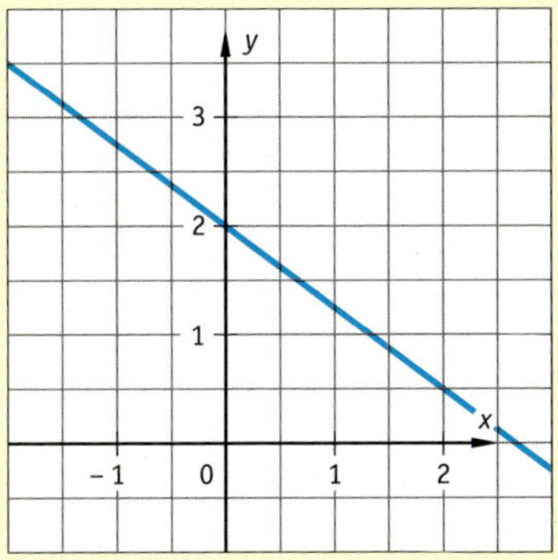


c)
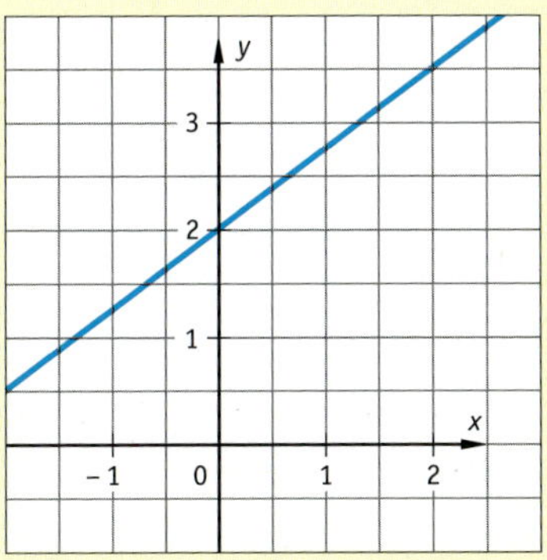


d)
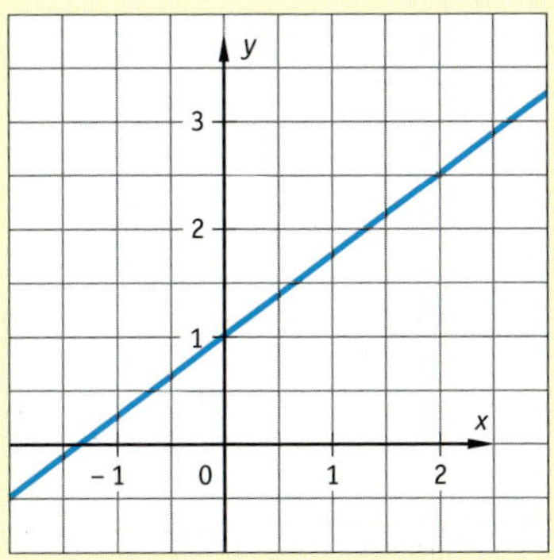


### Übungsaufgaben zur Wertetabelle und Punktprobe

4. Gegeben ist die Funktion $f$, die durch den Funktionsterm f(x) beschrieben wird.

   $f(x) = -x + 2$  mit $D_f = \mathbb{R}$

   a) Überprüfen Sie die Richtigkeit der folgenden Wertetabelle und ergänzen Sie die fehlenden Werte.

| x | −3 | −2 | −1 | 0 | 1 | 2 | 3 |
|---|---|---|---|---|---|---|---|
| $y = f(x)$ | 5 | | 3 | 2 | | | −1 |

b) Zeichnen Sie die Gerade für $-3 \leq x \leq 3$.

c) Überprüfen Sie rechnerisch, ob der Punkt A(−1,5|3,25) auf dem Graphen von $f$ liegt. Kontrollieren Sie Ihr Ergebnis grafisch.

d) Berechnen Sie die $y$-Koordinate des Punktes $B(-4|y_B)$ so, dass dieser auf der Geraden $G_f$ liegt.

e) Geben Sie den Wert des Ausdrucks $f(-1,5)$ an und beschreiben Sie, was mit diesem Ausdruck berechnet wird.

5. Überprüfen Sie, ob die abgebildete Gerade und die folgende Wertetabelle zusammen gehören. Begründen Sie Ihre Angabe.

| x | −1 | 0 | 1 | 2 | 3 |
|---|---|---|---|---|---|
| $y = h(x)$ | −1,5 | −1 | −0,5 | 0 | 0,5 |

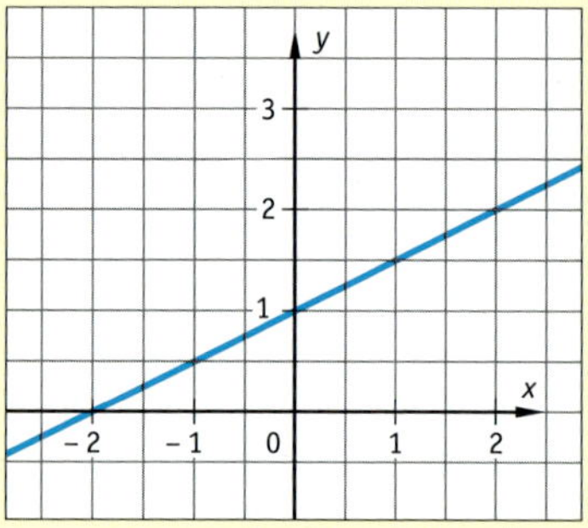

### Übungsaufgaben zum Zeichnen einer Geraden

6. Zeichnen Sie ohne Verwendung einer Wertetabelle die folgenden Geraden. Berechnen Sie von jeder Geraden jeweils den Steigungswinkel und überprüfen Sie diesen anhand Ihrer jeweiligen Zeichnung ($x \in \mathbb{R}$).

a) $g(x) = \frac{1}{2}x + 1$ b) $t(x) = -\frac{3}{4}x + 2$ c) $h(x) = -x + 1$

d) $i(x) = -\frac{5}{2}x + \frac{1}{2}$ e) $j(x) = 2x - 3$ f) $k(x) = -\frac{1}{2}x - \frac{3}{2}$

7. Ermitteln Sie anhand der Grafiken die Steigungen der folgenden Geraden.

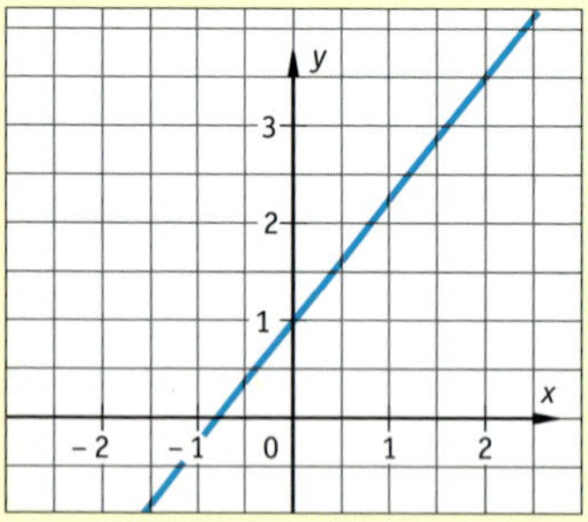

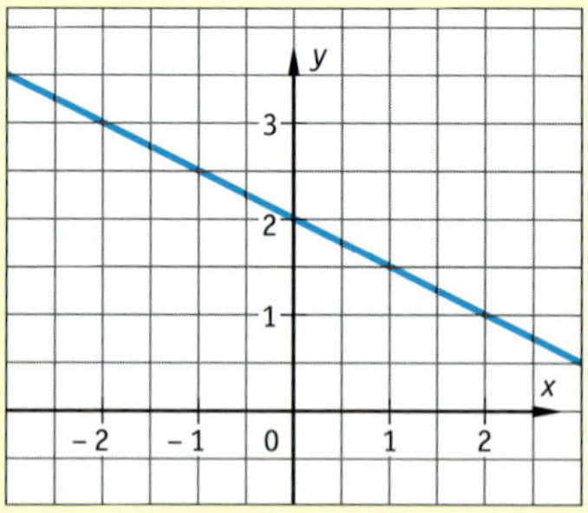

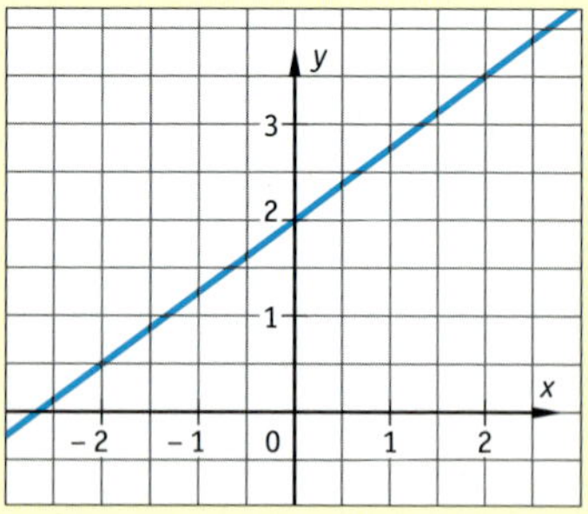

### Übungsaufgaben zum Aufstellen von Funktionsgleichungen

8. Bestimmen Sie jeweils die Funktionsgleichung der Geraden, die durch die angegebenen Punkte verläuft. Überprüfen Sie Ihre Rechnungen grafisch.

a) A(2|4) B(−2|1) b) A(−1|3) B(4|1) c) A(−3|4) $B\left(1\middle|-\frac{1}{2}\right)$

d) $A\left(-\frac{3}{2}\middle|0\right)$ B(1|−1) e) $A\left(\frac{5}{2}\middle|2\right)$ $B\left(\frac{1}{2}\middle|-2\right)$ f) A(−1|−2) $B\left(\frac{1}{2}\middle|\frac{5}{2}\right)$

9. Aus folgender Grafik mit den Geraden $G_f$ und $G_h$ sind
   a) die Steigungen der Geraden zu ermitteln.
   b) die Schnittpunkte der Geraden mit den Koordinatenachsen zu bestimmen und
   c) die Funktionsgleichungen der Geraden anzugeben.

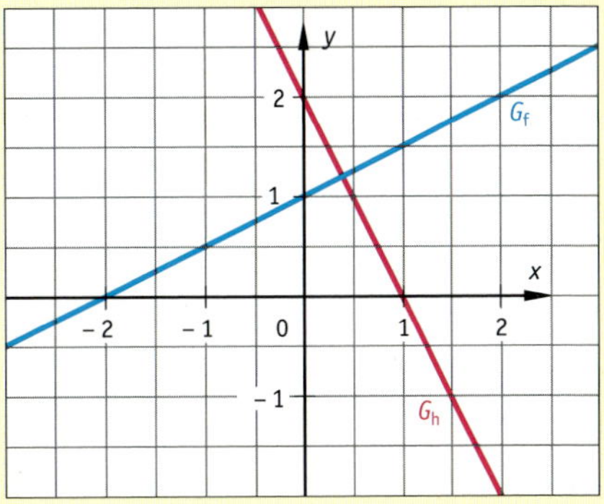

**Übungsaufgabe zu besonderen Geraden**

10. Gegeben ist die lineare Funktion $f$

$$f: x \mapsto f(x) = \frac{1}{4}x - 1 \qquad \text{mit } D_f = \mathbb{R}.$$

Die zugehörige Gerade wird $G_f$ genannt.

   a) Bestimmen Sie den Funktionsterm $g(x)$ einer Geraden $G_g$, die senkrecht auf der Geraden $G_f$ steht und gleichzeitig eine Ursprungsgerade ist.
   b) Berechnen Sie den Schnittpunkt der Geraden $G_f$ mit der Winkelhalbierenden des I./III. Quadranten.
   c) Geben Sie den Funktionsterm $p(x)$ einer Geraden $G_p$ an, die parallel zur $x$-Achse und durch den Punkt P(1|4) verläuft.
   d) Bestimmen Sie den Funktionsterm $q(x)$ einer Geraden, die parallel zur Geraden $G_f$ verläuft und den Punkt F(2|–1) enthält.
   e) Zeichnen Sie die Geraden $G_g$, $G_f$, $G_p$, $G_q$ und die Winkelhalbierende des I./III. Quadranten in ein kartesisches Koordinatensystem ein.

**Übungsaufgaben zu implizite Funktionen**

11. Wandeln Sie die folgenden impliziten Funktionsgleichungen in die allgemeine Darstellungsform um und zeichnen Sie anschließend die Geraden.

   a) $4 + 5x - 2y = 0$ b) $4x + \frac{1}{2}y - 1 = 0$ c) $\frac{3}{2}x - \frac{5}{2}y + 1 = 0$

12. Geben Sie die implizite Darstellungsform der folgenden Geraden an.

a) 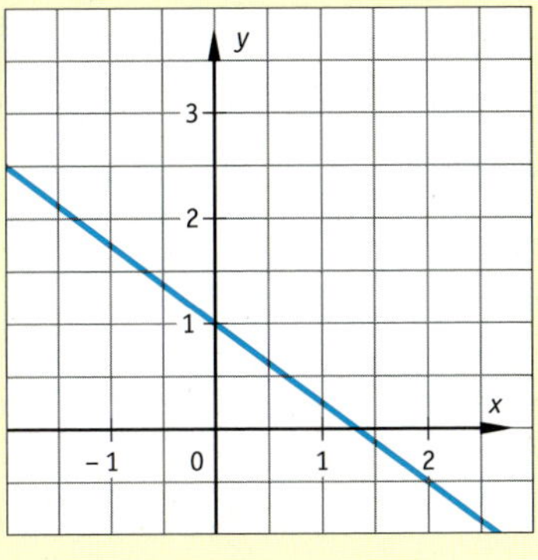

b) 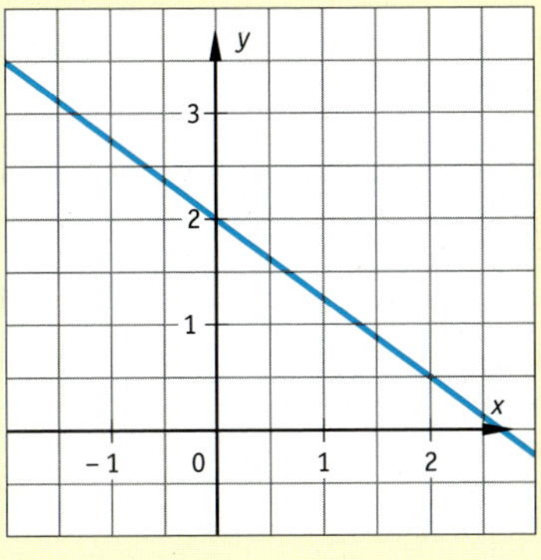

c) 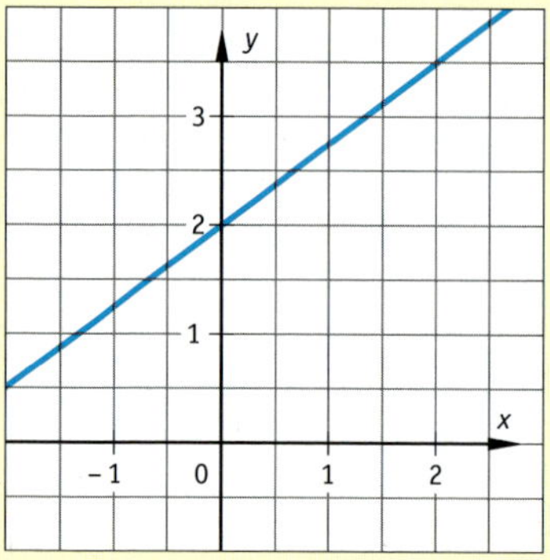

d) 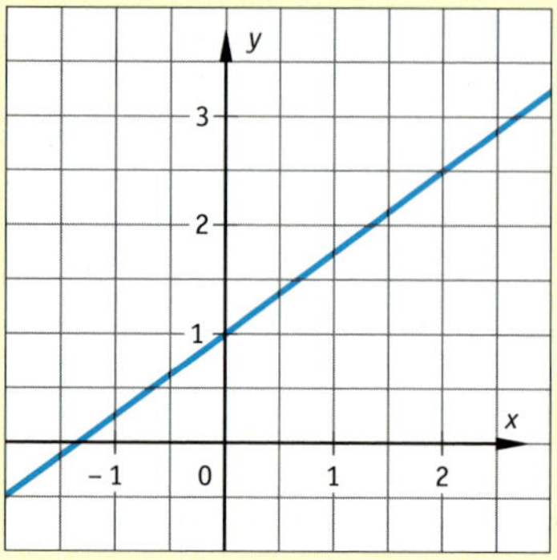

## Übungsaufgaben zur Bestimmung der Wertemenge

13. Bestimmen Sie die Wertemenge der folgenden Funktionen, die durch die angegebenen Funktionsterme beschrieben werden.

a) $f(x) = \frac{1}{2}x + \frac{3}{2}$ $D_f = [-1; 4]$ b) $g(x) = -x + 2$ $D_g = [0; 3]$ c) $h(x) = -\frac{1}{2}x - \frac{1}{2}$ $D_h = [-2; 2]$

14. Ermitteln Sie anhand der Graphen die Wertemenge der jeweiligen Funktion und geben Sie die Definitionsmenge jeder Funktion an.

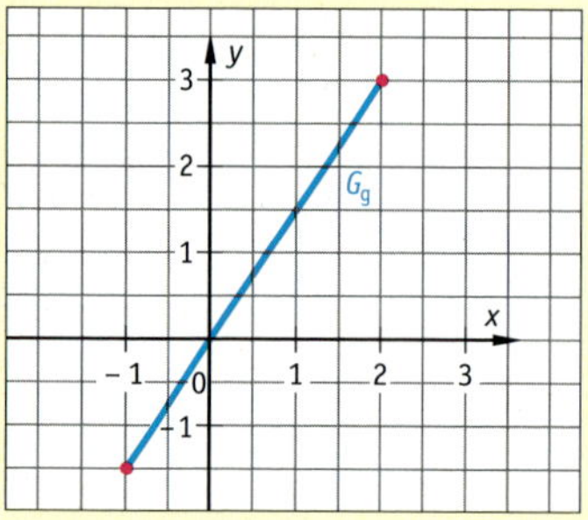

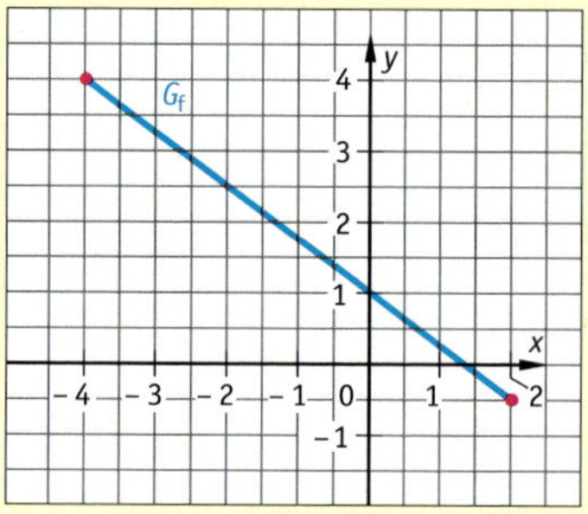

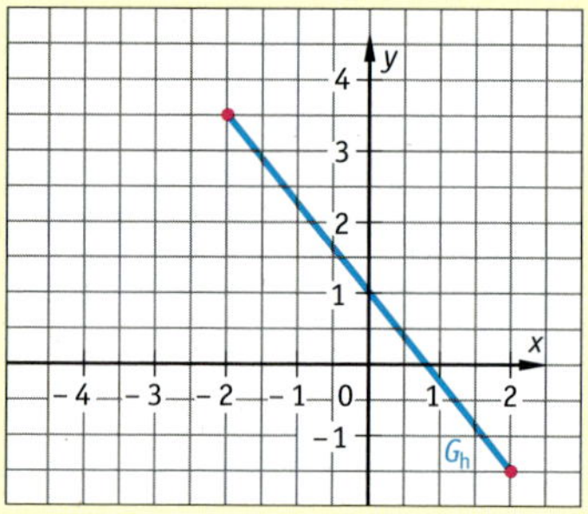

## Übungsaufgabe zum kompletten Themenbereich lineare Funktionen

15. Gegeben sind die Punkte A(−1|4) und B(2|3) und die lineare Funktion $g$.

$$g: x \mapsto g(x) = \frac{1}{2}x + 1 \quad D_g = \mathbb{R}.$$

Die zur Funktion $g$ zugehörige Gerade wird als $G_g$ bezeichnet.

a) Die Gerade $G_h$ verläuft durch die Punkte A und B. Bestimmen Sie den Funktionsterm der Geraden $h(x)$.

b) Überprüfen Sie, ob die Gerade $G_g$ und $G_h$ senkrecht zueinander verlaufen.

c) Berechnen Sie den Schnittpunkt S der beiden Geraden.

d) Zeichnen Sie die Geraden $G_g$ und $G_h$ in ein geeignetes kartesisches Koordinatensystem.

e) Die Schnittpunkte der Geraden $G_g$ und $G_h$ mit der $x$-Achse und der Punkt S (siehe c) sind die Eckpunkte eines Dreiecks. Zeichnen Sie dieses Dreieck in das Koordinatensystem von Aufgabe d) ein und berechnen Sie dessen Flächeninhalt.

**Offene Aufgabenstellungen**

16. Die Schülermitverantwortung Ihrer Schule plant in Absprache mit dem Verbindungslehrer in den Osterferien ein Abiturvorbereitungscamp, bei dem die Schüler und Schülerinnen der zwölften und dreizehnten Jahrgangsstufe eine Woche lang in einer Jugendherberge im bayerischen Wald wohnen und sich gemeinsam auf das Abitur vorbereiten.

a) Transport mit einem Bus

Zwischen Ihrem Heimatort und der Jugendherberge im bayerischen Wald sind es 170 km. Der Transport der Teilnehmerinnen und Teilnehmer zum Camp und zurück soll mit einem Bus erfolgen. Sie erhalten von drei Reiseunternehmen aus der Umgebung drei Angebote. Entscheiden Sie sich für ein Angebot. Erstellen Sie eine Übersicht, aus der hervorgeht, warum Sie sich für dieses Angebot entschieden haben.

- Angebot A:

Einmalige Pauschale von 120 € und 0,45 € pro gefahrenen Kilometer.

- Angebot B:

Pro Fahrt eine Pauschale von 40 € und 0,55 € pro gefahrenen Kilometer.

- Angebot C:

0,70 € pro gefahrenen Kilometer und keine Pauschale.

b) Motivationstrainer

Zur zusätzlichen Motivationssteigerung soll ein Motivationstrainer einen Vortrag halten. Dieser kostet 150 € pro gebuchte Stunde und verlangt zusätzlich einmalig 80 € für seine anfallenden Reisekosten. Dieser Trainer wird vom Förderverein gesponsert.

Stellen Sie den zu zahlenden Betrag des Fördervereins für den Motivationstrainer in Abhängigkeit von der gebuchten Zeit dar.

Der Förderverein stellt 500 € für den Motivationstrainer zur Verfügung. Wie lange kann der Motivationstrainer maximal gebucht werden?

c) Holzdrechsler

Um sich vom anstrengenden Lernen etwas abzulenken, ist ein Besuch in einer traditionellen Holzdrechselei geplant. Im Vorgespräch klagt Ihnen der Besitzer sein Leid: Er hatte vor 15 Jahren einen Umsatz von 160.000 € pro Jahr. Bis heute hat er seinen Umsatz kontinuierlich um 150 % gesteigert. Circa 25 % des Umsatzes ist Gewinn. Leider findet er für seine Drechselei keinen Nachfolger und möchte spätestens in zwei Jahren den gut gehenden Betrieb schließen. Berechnen Sie, welchen Gewinn die Drechselei in zwei Jahren erwirtschaftet, wenn sich der Betrieb wie bisher weiterentwickelt.

d) Berechnung des Alters eines Baums

Der Herbergsvater besitzt ein Waldesstück, das direkt neben der Jugendherberge liegt. Er weiß, dass das Alter eines Baumes mithilfe des Stammdurchmessers ermittelt werden kann: Misst man den Stammumfang (im Zentimeter) auf circa der Brusthöhe, dividiert diesen Wert durch 2,5 und multipliziert das Ergebnis mit 2, dann erhält man das Alter des Baums in Jahre.

- Stellen Sie das Alter eines Baums in Abhängigkeit vom Stammdurchmesser dar.
- Berechnen Sie den Durchmesser eines Baumstamms, der 70 Jahre alt ist.
- Ein Baum wird in der Regel maximal 200 Jahre alt. Berechnen Sie den Stammumfang.

## 3.3 Lineare Funktionenscharen

Im vorherigen Kapitel wurden lineare Funktionen behandelt. Diese Funktionen enthielten in ihrem Funktionsterm genau eine unbekannte Variable, die meistens mit $x$ bezeichnet wird und in der 1. Potenz vorkommt. Bei der Bearbeitung vieler realer Problemstellungen ist eine Variable meist nicht ausreichend, vielmehr wird eine zweite benötigt. Warum das so ist, wird anhand des folgenden Einführungsbeispiels erläutert. Eine lineare Funktion, die neben der unbekannten Variablen eine weitere Variable enthält, wird als lineare Funktionenschar bezeichnet. Die zusätzlich Variable wird als Formvariable oder Parameter bezeichnet.

### Einführungsbeispiel

Viele hochwertige Ferienhäuser, die wöchentlich gemietet werden können, verfügen über einen eigenen Pool. Aus hygienischen Gründen wechseln die Betreiber der Ferienhäuser häufig bei der Abreise der Feriengäste komplett das Wasser im Pool.

Ein Reiseveranstalter hat in Südfrankreich etliche Ferienhäuser, die alle über unterschiedlich große Swimmingpools verfügen. Beim Wechsel des Poolwassers werden mobile Wasserpumpen benutzt, die 30.000 Liter Wasser pro Stunde aus dem Pool pumpen. Der Reiseveranstalter möchte aus betriebswirtschaftlichen Gründen wissen, wie lange es dauert, die verschiedenen Swimmingpools auszupumpen bzw. welche Wassermenge in den Pools übrig bleibt, wenn eine Pumpe nur gewisse Zeit läuft. Ein externer Berater hilft ihm dabei. Die Berechnungen des Beraters, die dieser dem Reiseveranstalter übermittelt hat, sind im Folgenden zu sehen.

### Aufzeichnung des Beraters

**Ausgangssituation**

- Die Swimmingpools der Ferienhäuser sind unterschiedlich groß und enthalten daher eine unbekannte Wassermenge $w$.
- Pro Stunde pumpen die Wasserpumpen 30.000 l Wasser aus einem Pool. Das bedeutet, dass in $x$ Stunden $30000 \cdot x$ Liter Wasser aus dem Pool gepumpt werden.

**Berechnung der Abpumpzeit und der restlichen Wassermenge**

- Die Funktionsgleichung $y = w - 30.000 \cdot x$ gibt die Wassermenge $y$ im Pool an, nachdem die Pumpe $x$ Stunden gelaufen ist.
- Es soll nun berechnet werden, wie lange es dauert, einen Swimmingpool mit der Wassermenge $w$ auszupumpen. Dazu muss lediglich $y$ gleich 0 gesetzt und die Gleichung nach $x$ aufgelöst werden.

  $$w - 30000 \cdot x = 0 \quad \Leftrightarrow \quad -30000x = -w \quad \Leftrightarrow \quad x = \frac{w}{30000}$$

- Hat beispielsweise ein Swimmingpool ein Fassungsvermögen von $w = 55.000$ l, dann benötigt man 1,83 Stunden, um diesen mit der genannten Pumpe auszupumpen. Auf diese Zeit kommt man, wenn man für $w$ das entsprechende Fassungsvermögen einsetzt.

  $$w = 55000 \quad \rightarrow \quad x = \frac{55000}{30000} = 1{,}83$$

- Nun soll bestimmt werden, welche Wassermenge in einem Swimmingpool mit einem Fassungsvermögen von 72.000 l Wasser noch enthalten ist, wenn die Entleerungspumpe 1,5 Stunden läuft. Dazu muss man in die Funktionsgleichung $y = w - 30000 \cdot x$ lediglich für $w$ den Wert 72.000 und für $x$ den Wert 1,5 einsetzen. In diesem Fall befinden sich im Pool noch 27.000 Liter Wasser.

  $$y = 72.000 - 30.000 \cdot 1{,}5 = 27.000$$

**Analyse der Berechnungen**

Analysiert man die Berechnungen des Unternehmensberaters, so stellt man fest, dass er neben der eigentlichen unbekannten Variable $x$ eine weitere Variable $w$ einsetzt, um die Problemstellung sachgerecht abzubilden und um sie effizient zu lösen. Mathematisch betrachtet bedeutet dies, dass er eine lineare Funktionenschar benutzt, um die ihm gestellte Aufgabe zu lösen. Was eine lineare Funktionenschar im Detail ist und wie mit dieser zu rechnen ist, wird in diesem Kapitel beschrieben.

### 3.3.1 Der Begriff lineare Funktionenschar

Was eine lineare Funktionenschar ist und worin der Unterschied zwischen einer linearen Funktionenschar und einer linearen Funktion besteht, lässt sich anhand des folgenden Beispiels anschaulich erläutern.

**Beispiel mit ausführlicher Erläuterung**

Gegeben ist die Gerade $G_g$, die durch folgenden Funktionsterm beschrieben wird:

$$g(x) = \frac{1}{4}x - 1 \quad \text{mit } D_g = \mathbb{R}.$$

Gesucht sind alle Geraden $G_h$, die senkrecht auf der Geraden $G_g$ stehen.

**Lösung**

Das einzige Kriterium für aufeinander senkrecht stehende Geraden ist: $m_g \cdot m_h = -1$. Das heißt, dass alle Geraden mit der Steigung $m = -4$ senkrecht auf der Geraden $G_g$ stehen. Da es unendlich viele Geraden gibt, die die Steigung $m = -4$, aber einen unterschiedlichen $y$-Achsenabschnitt haben, gibt es unendlich viele Geraden, die senkrecht auf der Geraden $G_g$ stehen.

Beispielsweise beschreiben die Funktionsterme $h_1(x) = -4x + 1$, $h_3(x) = -4x + 3$ und $h_{-1}(x) = -4x - 1$ Geraden, die senkrecht auf $G_g$ stehen. Diese sind in **Bild 1** zu sehen.

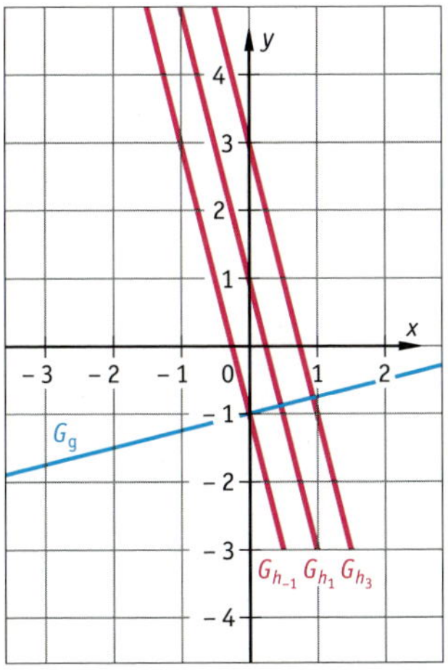


**Bild 1:** Geraden, die senkrecht auf $G_g$ stehen

Neben den genannten Geraden gibt es noch unendlich viele Geraden, die senkrecht auf $G_g$ stehen. Doch wie soll man diese unendliche Menge von Geraden schriftlich darstellen? Jede einzelne Gerade kann schließlich nicht explizit genannt werden! Um dieses Problem zu lösen, wird eine weitere Variable, Formvariable oder Parameter genannt, eingeführt. Die Formvariable steht stellvertretend für alle reellen Zahlen. Mathematisch schreibt man: $h_t(x) = -4x + t$ mit $t \in \mathbb{R}$.

Dieser Ausdruck beschreibt alle Geraden mit der Steigung $m = -4$ und einem beliebigen $y$-Achsenabschnitt. Um die einzelnen Geraden, die senkrecht auf der Gerade $G_g$ stehen, unterscheiden zu können, wird jeder Geraden ein Index (hier $t$) gegeben. Die Gerade $G_{h_1}$, wird durch den Funktionsterm $h_1(x) = -4x + 1$ beschrieben. Die Gerade mit dem Index $t = 2$ wird folglich $G_{h_2}$ genannt und hat den zugehörigen Funktionsterm $h_2(x) = -4x + 2$.

**Anmerkung** Der Ausdruck $h_t(x) = -4x + t$ mit $t \in \mathbb{R}$ beschreibt eine Menge von Geraden. Der Funktionsterm $h_2(x) = -4x + 2$ beschreibt eine einzelne Gerade aus dieser Menge von Geraden. $h_2(x)$ beschreibt die Gerade, wenn $t = 2$ in den Funktionsterm $h_t(x) = -4x + t$ eingesetzt wird.

### Funktionenschar

Ein Funktionsterm mit einer Formvariablen beschreibt eine Menge von Funktionen/Geraden. Man nennt eine Funktion, in dessen Funktionsterm sich eine Formvariable befindet, Funktionenschar. Die zusätzliche Variable wird als Formvariable oder Parameter bezeichnet.

In den folgenden Aufgaben werden exemplarisch die Graphen von Funktionenscharen dargestellt.

**1. Beispielaufgabe**

Zeichnen Sie alle Geraden, die durch den Funktionsterm der folgenden linearen Funktionsschar $f_t$ beschrieben werden.

$$f_t(x) = -\frac{1}{2}x + t \qquad \text{mit } D_{f_t} = \mathbb{R} \text{ und } t \in \{0; 1; 2\}$$

**Lösung**

Der Parameter $t$ kann laut Angabe die Werte 0, 1 und 2 annehmen. Wird für $t$ jeweils der Wert 0, 1 und 2 in $f_t(x) = -\frac{1}{2}x + t$ eingesetzt, ergeben sich folgende konkrete Funktionsterme.

Für $t = 0$: $f_0(x) = -\frac{1}{2}x + 0$

Für $t = 1$: $f_1(x) = -\frac{1}{2}x + 1$

Für $t = 2$: $f_2(x) = -\frac{1}{2}x + 2$

Die Funktionenschar $f_t$ repräsentiert die drei Funktionen $f_0$, $f_1$ und $f_2$. Die zugehörigen Geraden sind in der folgenden Abbildung **(Bild 1)** zu sehen.

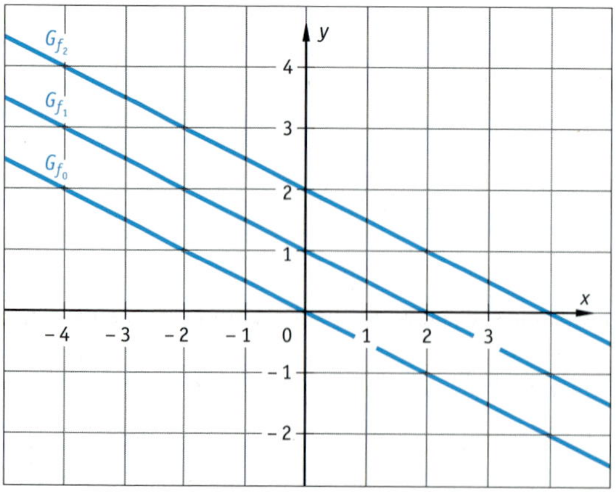


**Bild 1:** Graph der Funktionenschar $G_{f_t}$

**Parallelenschar**

Der Graph einer linearen Funktionenscharen, deren zugehörigen Geraden alle parallel verlaufen, wird als Parallelenschar bezeichnet.

### 2. Beispielaufgabe

Zeichnen Sie alle Geraden, die durch den Funktionsterm der folgenden linearen Funktionsschar $q_t$ beschrieben werden.

$$q_t(x) = \frac{t+1}{2}x + 1 \quad \text{mit } D_{q_t} = \mathbb{R} \text{ und } t \in \{-2; 0; 1\}$$

### Lösung

Für $t = -2$, $t = 0$ und $t = 1$ erhält man folgende Funktionsterme:

$$q_{-2}(x) = \frac{-2+1}{2}x + 1 = -\frac{1}{2}x + 1$$

$$q_0(x) = \frac{0+1}{2}x + 1 = \frac{1}{2}x + 1$$

$$q_1(x) = \frac{1+1}{2}x + 1 = x + 1$$

Die Funktionenschar $q_t$ repräsentiert die drei Funktionen $q_{-2}$, $q_0$ und $q_1$. Die zugehörigen Geraden sind in **Bild 1** zu sehen.

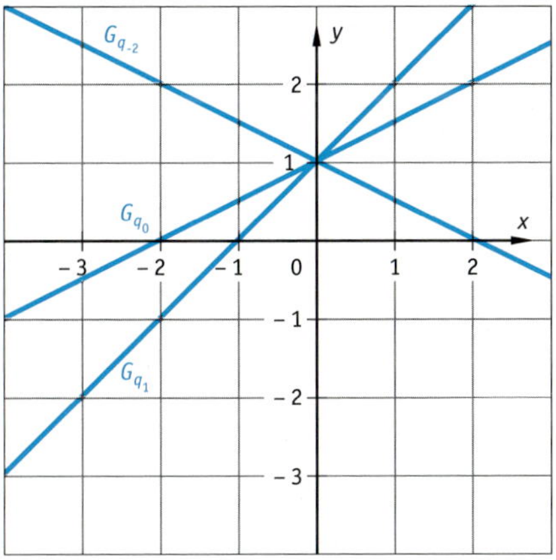


**Bild 1:** Graph der Funktionenschar $q_t$

**Geradenbüschel**

Der Graph linearer Funktionenscharen, deren zugehörigen Geraden alle durch einen gemeinsamen Punkt verlaufen, wird Geradenbüschel genannt. Der gemeinsame Punkt heißt Büschelpunkt.

**Anmerkung** In den letzten beiden Aufgaben repräsentierte die Funktionenschar jeweils drei einzelne Funktionen, da der Parameter, laut Angabe, immer 3 Werte annehmen konnte. In der Regel beschreibt eine Funktionenschar aber unendlich viele einzelne Funktionen, da der Parameter meist jede reelle Zahl annehmen kann. Dieser Sachverhalt, dass eine Funktionenschar unendlich viele einzelne Funktionen beschreibt und dadurch das Schaubild aus unendlich vielen Geraden besteht, kann nicht grafisch darstellen werden. Es liegt letztlich am Abstraktionsvermögen der Leserin und des Lesers sich diese Tatsache vorzustellen.

### Aufgaben

1. Erklären Sie den Unterschied zwischen einer linearen Funktion und einer linearen Funktionenschar.
2. Alle Geraden aus einer Geradenschar haben die Steigung $m = 2$ und schneiden die $y$-Achse im positiven Bereich. Nennen Sie die Funktionsgleichung dieser Geradenschar. Geben Sie auch an, welche Zahlen für die Formvariable eingesetzt werden dürfen.

3. Zeichnen Sie alle Geraden, die durch den Funktionsterm der folgenden linearen Funktionsschar $f_t$ beschrieben werden.

$f_t(x) = 1x + t$ mit $D_{f_t} = \mathbb{R}$ und $t \in \{-1; 0; 1; 2\}$

4. Beschreiben Sie den Graphen der Funktion $g_a$, die folgenden Funktionsterm besitzt:

$g_a(x) = \frac{4}{5}x + a$ mit $D_{g_a} = \mathbb{R}$ und $a \in \mathbb{N}$.

### 3.3.2 Besondere Geraden einer linearen Funktionenschar

Innerhalb einer Menge von Geraden (Geradenschar) gibt es Geraden mit besonderen Eigenschaften. Einzelne Geraden einer Geradenschar können sich in ihren Steigungen, ihren $y$-Achsenabschnitten, ihren Schnittpunkten mit der $x$-Achse oder in anderen Eigenschaften unterscheiden. Häufig muss aus einer vorgegebenen Geradenschar eine Gerade mit einer speziellen Eigenschaft herausgesucht werden. Welche Überlegungen man dabei anstellen muss und wie man dabei effizient vorgeht, wird anhand der folgenden Beispielaufgaben beschrieben.

**1. Beispielaufgabe**

Gegeben ist die lineare Funktionenschar $g_t$ in Abhängigkeit vom Parameter $t$.

$$g_t\colon x \mapsto g_t(x) = \frac{t-2}{3}x + 1 \quad \text{mit } D_{g_t} = \mathbb{R} \text{ und } t \in \mathbb{R}$$

Die lineare Funktionenschar $g_t$ beschreibt die Geradenschar $G_{g_t}$.

a) Bestimmen Sie den Funktionsterm der Geraden aus dieser Schar, die parallel zur $x$-Achse verläuft.

b) Ermitteln Sie den Funktionsterm der Geraden aus dieser Schar, die durch den Punkt P(1|2) verläuft.

c) Bestimmen Sie die Funktion aus dieser Funktionenschar, die bei $x = 2$ eine Nullstelle besitzt.

d) Überprüfen Sie Ihre Rechnungen von den Teilaufgaben a) bis c) grafisch.

**Lösung**

**a)** Eine Gerade, die parallel zur $x$-Achse verläuft, hat die Steigung $m = 0$. Die Steigung der Geradenschar ist im Allgemeinen $m = \frac{t-2}{3}$. Es muss somit ausgerechnet werden, für welchen Wert für $t$ der Term $\frac{t-2}{3}$ gleich 0 ist.

$$\frac{t-2}{3} = 0 \Leftrightarrow t - 2 = 0 \Leftrightarrow t = 2$$

**Angabe des Funktionsterms**

Für $t = 2$ verläuft die zugehörige Gerade parallel zur $x$-Achse.

$$g_2(x) = \frac{2-2}{3}x + 1 = 1$$

Die Gerade mit dem Funktionsterm $g_2(x) = 1$ ist die Gerade aus der Geradenschar, die parallel zur $x$-Achse verläuft.

**b)** Um rechnerisch zu überprüfen, ob ein Punkt $P(x_P|y_P)$ auf einer Geraden liegt, muss $x_P$ und $y_P$ in den Funktionsterm eingesetzt werden. Entsteht eine wahre Aussage, dann befindet sich der Punkt auf der Geraden.

Bei dieser Aufgabe muss der Parameterwert $t$ so berechnet werden, dass beim Einsetzen für $x = 1$ in den Funktionsterm $g_t(x) = \frac{t-2}{3}x + 1$ als Funktionswert ($y$-Wert) 2 herauskommt.

$$g_t(1) = 2$$

$$\frac{t-2}{3} \cdot 1 + 1 = 2 \Leftrightarrow \frac{t-2}{3} = 1 \Leftrightarrow t - 2 = 3 \Leftrightarrow t = 5$$

**Angabe des Funktionsterms**

$$g_5(x) = \frac{5-2}{3}x + 1 = x + 1$$

Die Gerade mit dem Funktionsterm $g_5(x) = x + 1$ ist die Gerade aus der Geradenschar, die durch den Punkt P(1|2) verläuft.

**c)** Der Parameterwert $t$ muss so berechnet werden, dass beim Einsetzen für $x = 2$ in den Funktionsterm $g_t(x) = \frac{t-2}{3}x + 1$ als Funktionswert ($y$-Wert) 0 herauskommt.

$$g_t(2) = 0$$

$$\frac{t-2}{3} \cdot 2 + 1 = 0 \quad \Leftrightarrow \quad \frac{2 \cdot (t-2)}{3} = -1 \quad \Leftrightarrow \quad 2(t-2) = -3$$

$$\Leftrightarrow \quad t - 2 = -\frac{3}{2} \quad \Leftrightarrow \quad t = \frac{1}{2}$$

**Angabe des Funktionsterms**

$$g_{0,5}(x) = \frac{\frac{1}{2} - 2}{3}x + 1 = \frac{-\frac{3}{2}}{3}x + 1 = -\frac{1}{2}x + 1$$

**Nebenrechnung** $\frac{-\frac{3}{2}}{3} = \frac{-\frac{3}{2}}{\frac{3}{1}} = -\frac{3}{2} : \frac{3}{1} = -\frac{3}{2} \cdot \frac{1}{3} = -\frac{1}{2}$

Die Funktion $g_{0,5}$ mit dem Funktionsterm $g_{0,5}(x) = -\frac{1}{2}x + 1$ ist die Funktion aus der Funktionenschar, die bei $x = 2$ ihre Nullstelle hat.

**d)** In **Bild 1** sind die betrachteten Geraden abgebildet. Man erkennt, dass die Gerade $G_{g_2}$ parallel zur $x$-Achse verläuft. Die Gerade $G_{g_5}$ verläuft durch den Punkt P(1|2) und die Gerade $G_{g_{0,5}}$ schneidet die $x$-Achse an der Stelle $x = 2$.

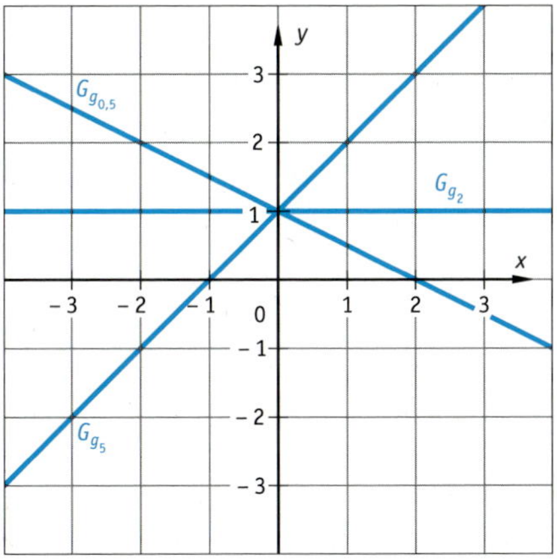


**Bild 1:** Besondere Geraden aus der Schar $G_{g_t}$

**2. Beispielaufgabe**

Gegeben ist die Funktionenschar $f_a$ in Abhängigkeit vom Parameter $a$.

$$f_a: x \mapsto f_a(x) = 2x + \frac{a-1}{4} \qquad D_{f_a} = \mathbb{R} \qquad a \in \mathbb{R}$$

a) Bestimmen Sie die Funktion aus der Schar $f_a$, die den $y$-Achsenabschnitt 1 hat.

b) Ermitteln Sie rechnerisch die Funktion aus der Schar $f_a$, deren Gerade durch den Punkt P(2|3) verläuft. Überprüfen Sie Ihre Rechnung zeichnerisch.

c) Berechnen Sie die Funktion aus der Schar $f_a$, die die Geraden $G_g$ an der Stelle $x = 1$ schneidet. Überprüfen Sie Ihre Rechnung zeichnerisch.

$$g: x \mapsto g(x) = \frac{1}{2}x - 1 \qquad D_g = \mathbb{R}$$

d) Begründen Sie, weshalb alle Geraden aus der Geradenschar $G_{f_a}$ parallel verlaufen.

e) Eine Mitschülerin behauptet, dass die Funktionenschar $f_a$ unendlich viele Geraden beschreibe. Daher müsse eine dieser beschriebenen Geraden senkrecht auf der Geraden $G_g$ (Aufgabe c)) stehen. Nehmen Sie Stellung zu dieser Behauptung.

**Lösung**

**a)** $\frac{a-1}{4} = 1, \quad \Leftrightarrow \quad a-1 = 4$

$\Leftrightarrow \quad a = 5$

Die Funktion $f_5$ hat den $y$-Achsenabschnitt 1.

$f_5(x) = 2x + \frac{5-1}{4} = 2x + 1$

In der Funktionsgleichung $y = mx + t$ ist $t$ der $y$-Achsenabschnitt. Bei der gegebenen linearen Funktionenschar ist der $y$-Achsenabschnitt $\frac{a-1}{4}$. Laut Aufgabenstellung soll dieser gleich 1 sein.

**b)** $f_a(2) = 2 \cdot 2 + \frac{a-1}{4} = 3$

$\Leftrightarrow \quad 4 + \frac{a-1}{4} = 3$

$\Leftrightarrow \quad \frac{a-1}{4} = -1$

$\Leftrightarrow \quad a-1 = -4$

$\Leftrightarrow \quad a = -3$

Die Gerade der Funktion $f_{-3}$ verläuft durch den Punkt P(2|3), wie in **Bild 1** zu sehen ist.

$f_{-3}(x) = 2x + \frac{-3-1}{4} = 2x - 1$

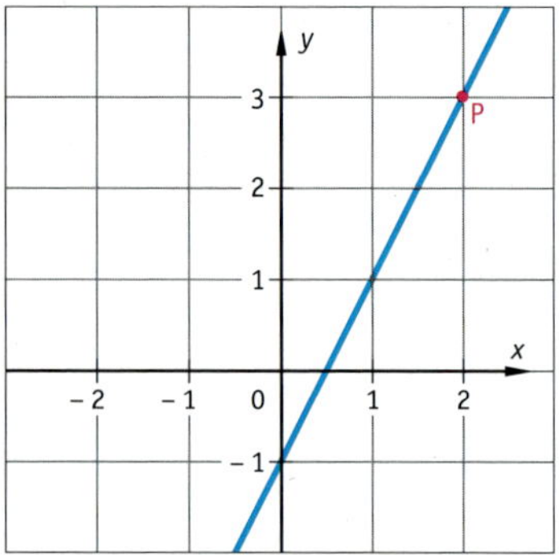


**Bild 1:** Die Gerade $G_{f_{-3}}$ aus der Schar

**c)** $f_a(1) = g(1)$

$\Leftrightarrow \quad 2 \cdot 1 + \frac{a-1}{4} = \frac{1}{2} \cdot 1 - 1$

$\Leftrightarrow \quad 2 + \frac{a-1}{4} = \frac{1}{2} - 1$

$\Leftrightarrow \quad \frac{a-1}{4} = -\frac{5}{2}$

$\Leftrightarrow \quad a-1 = -10$

$\Leftrightarrow \quad a = -9$

Die Gerade der Funktion $f_{-9}$ schneidet die Gerade $G_g$ an der Stelle $x = 1$ **(Bild 2)**.

$f_{-9}(x) = 2x + \frac{-9-1}{4} = 2x - \frac{5}{2}$

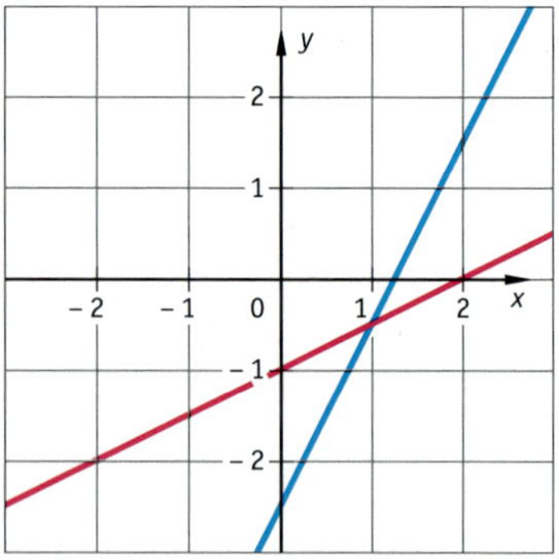


**Bild 2:** Die Geraden $G_g$ und $G_{f_{-9}}$ schneiden sich bei $x = 1$

**d)** Alle Geraden, die durch die Funktionenschar $f_t$ beschrieben werden, haben die Steigung 2. Sie verlaufen daher alle parallel.

**e)** Die Aussage ist falsch. Geraden stehen senkrecht, wenn das Produkt ihrer Steigungen −1 ergibt. Das ist in diesem Beispiel nicht der Fall.

$m_g \cdot m_{f_a} = -1 \quad \Leftrightarrow \quad \frac{1}{2} \cdot 2 = -1 \quad \Leftrightarrow \quad 1 = -1 (f)$

**Anmerkung** Auch wenn eine Funktionenschar unendliche viele Geraden beschreibt, so bedeutet dies nicht, dass sie alle möglichen Geraden umfasst. Diese Funktionenschar beschreibt keine Gerade, die senkrecht auf der Geraden $G_g$ steht.

**Aufgaben**

1. Gegeben ist die lineare Funktionenschar $h_t$ in Abhängigkeit vom Parameter $t$

   $h_t: x \mapsto h_t(x) = \frac{1}{2}x + 2t + 1$ mit $D_{h_t} = \mathbb{R}$ und $t \in \mathbb{R}$.

   Die lineare Funktionenschar $h_t$ beschreibt die Geradenschar $G_{h_t}$.

   a) Bestimmen Sie den Funktionsterm der Geraden aus dieser Schar, die die $y$-Achse im Punkt T(0|2) schneidet.
   b) Ermitteln Sie den Parameter $t$ so, dass die zugehörige Gerade aus dieser Geradenschar eine Ursprungsgerade ist.
   c) Bestimmen Sie den Funktionsterm der Geraden aus dieser Schar, die die $x$-Achse im Punkt P(1|0) schneidet.
   d) Stellen Sie die Geraden aus a) und c) grafisch dar und überprüfen Sie dadurch Ihre Rechnung.

2. Gegeben ist die lineare Funktionenschar $p_a$ in Abhängigkeit vom Parameter $a$:

   $p_a: x \mapsto p_a(x) = \frac{a-2}{2}x + 1$ mit $D_{p_a} = \mathbb{R}$ und $a \in \mathbb{R}$

   Die lineare Funktionenschar $p_a$ beschreibt die Geradenschar $G_{p_a}$.

   Weiterhin ist die Gerade $G_g$ durch folgenden Funktionsterm gegeben mit

   $g(x) = \frac{2}{3}x - 1$ mit $D_g = \mathbb{R}$.

   a) Bestimmen Sie den Parameterwert $a$ so, dass die zugehörige Gerade $G_{p_a}$ parallel zur Geraden $G_g$ verläuft.
   b) Ermitteln Sie den Parameterwert $a$ so, dass die zugehörige Gerade $G_{p_a}$ senkrecht auf der Geraden $G_g$ steht.

### 3.3.3 Nullstellen einer linearen Funktionenschar

Genauso wie bei einer einzelnen linearen Funktion kann auch bei einer linearen Funktionenschar die Nullstelle berechnet werden. Hierbei ist jedoch die Lage der Nullstelle nicht eindeutig bestimmt, sondern sie hängt vom Wert des Parameters ab. Zur Erinnerung: Eine Nullstelle ist der $x$-Wert, der in den Funktionsterm eingesetzt werden muss, damit der Funktionswert ($y$-Wert) Null wird.

Anhand der folgenden Aufgabe wird erläutert, wie Nullstellen von linearen Funktionsgleichungen berechnet werden.

**Musteraufgabe zur Berechnung der Nullstellen von linearen Funktionenscharen ohne Fallunterscheidung**

Gegeben ist die lineare Funktionenschar $f_t$ in Abhängigkeit vom Parameter $t$.

$$f_t: x \mapsto f_t(x) = \frac{3}{2}x - t + 1 \quad \text{mit } D_{f_t} = \mathbb{R} \text{ und } t \in \mathbb{R}$$

Die lineare Funktionenschar $f_t$ beschreibt die Geradenschar $G_{f_t}$. Berechnen Sie die Nullstellen der Funktionenschar $f_t$ in Abhängigkeit von $t$.

**Lösung**

**1. Schritt** Der Ansatz um die Nullstellen einer Funktion zu berechnen lautet stets: Funktionsterm gleich Null setzen.

$$f_t(x) = 0 \quad \Leftrightarrow \quad \frac{3}{2}x - t + 1 = 0$$

**2. Schritt** Die entstehende lineare Gleichung wird nach $x$ aufgelöst.

$$\frac{3}{2}x - t + 1 = 0 \quad \Leftrightarrow \quad \frac{3}{2}x = t - 1 \quad \Leftrightarrow \quad x = \frac{2}{3}(t-1)$$

$x = \frac{2}{3}(t-1)$ ist die allgemeine Nullstelle der Funktionenschar $f_t$. Wie zu erkennen ist, ist die Nullstelle vom Parameter $t$ abhängig. Ist nach der Nullstelle einer speziellen Funktion wie beispielsweise $f_2$ aus dieser Schar gefragt, muss lediglich für den Parameter $t$ die Zahl 2 eingesetzt werden. Die Nullstelle von $f_2$ ist somit $x = \frac{2}{3}(2-1) = \frac{2}{3}$. Zum Verständnis noch ein weiteres Beispiel: Die Nullstelle der speziellen Funktion $f_4$ ist $x = 2$. Wird nämlich für $t$ die Zahl 4 in die allgemeine Nullstelle $x = \frac{2}{3}(t-1)$eingesetzt, so ergibt sich durch die Rechnung $x = \frac{2}{3}(4-1)$ das Ergebnis $x = 2$. Im Folgenden sind die Nullstellen von verschiedenen speziellen Funktionen aus der Funktionenschar $f_t$ genannt **(Tabelle 1)**.

**Tabelle 1:** Funktionen aus der Schar $f_t$ und ihre Nullstellen

| Funktion | | Zugehörige Nullstelle |
|---|---|---|
| $f_t(x) = \frac{3}{2}x - t + 1$ | → | $x = \frac{2}{3}(t-1)$ |
| $f_1(x) = \frac{3}{2}x - \mathbf{1} + 1 = \frac{3}{2}x$ | → | $x = \frac{2}{3}(\mathbf{1} - 1) = 0$ |
| $f_3(x) = \frac{3}{2}x - \mathbf{3} + 1 = \frac{3}{2}x - 2$ | → | $x = \frac{2}{3}(\mathbf{3} - 1) = \frac{4}{3}$ |
| $f_5(x) = \frac{3}{2}x - \mathbf{5} + 1 = \frac{3}{2}x - 4$ | → | $x = \frac{2}{3}(\mathbf{5} - 1) = \frac{8}{3}$ |
| $f_0(x) = \frac{3}{2}x - \mathbf{0} + 1 = \frac{3}{2}x + 1$ | → | $x = \frac{2}{3}(\mathbf{0} - 1) = -\frac{2}{3}$ |
| $f_{-1}(x) = \frac{3}{2}x - (\mathbf{-1}) + 1 = \frac{3}{2}x + 2$ | → | $x = \frac{2}{3}(\mathbf{-1} - 1) = -\frac{4}{3}$ |
| $f_{-2}(x) = \frac{3}{2}x - (\mathbf{-2}) + 1 = \frac{3}{2}x + 3$ | → | $x = \frac{2}{3}(\mathbf{-2} - 1) = -2$ |

**Beispielaufgabe**

Gegeben ist die lineare Funktionenschar $h_t$ in Abhängigkeit vom Parameter $t$.

$$h_t: x \mapsto h_t(x) = \frac{3}{2}x + \frac{t}{2} \quad \text{mit } D_{h_t} = \mathbb{R} \text{ und } t \in \mathbb{R}$$

Die lineare Funktionenschar $h_t$ beschreibt die Geradenschar $G_{h_t}$.

a) Berechnen Sie die Nullstellen der Funktionenschar $h_t$ in Abhängigkeit vom Parameter $t$.

b) Ermitteln Sie die Nullstellen der Funktionen $h_1$, $h_2$, $h_0$, $h_{-2}$ und $h_{-3}$.

c) Bestimmen Sie rechnerisch die Funktion aus der Schar ht, die ihre Nullstelle bei $x = 3$ hat.

**Lösung**

**a)** Der Funktionsterm wird gleich Null gesetzt und die entstehende Gleichung wird nach $x$ auflösen.

$$h_t(x) = \frac{3}{2}x + \frac{t}{2} = 0 \quad \Leftrightarrow \quad \frac{3}{2}x = -\frac{t}{2} \quad \Leftrightarrow \quad x = -\frac{t}{3}$$

**b)** Die Nullstellen der jeweiligen Funktion sind im Folgenden dargestellt.

| | | Erklärung |
|---|---|---|
| Nullstelle von $h_t$: | $x = -\frac{t}{3}$ | |
| Nullstelle von $h_1$, also für $t = 1$ | $x = -\frac{1}{3} = -\frac{1}{3}$ | $t = 1$ in $x = -\frac{t}{3}$ einsetzen |
| Nullstelle von $h_2$, also für $t = 2$ | $x = -\frac{2}{3} = -\frac{2}{3}$ | $t = 2$ in $x = -\frac{t}{3}$ einsetzen |

Nullstelle von $h_0$, also für $t = \mathbf{0}$ $\quad x = -\frac{\mathbf{0}}{3} = 0 \quad$ $t = 0$ in $x = -\frac{t}{3}$ einsetzen

Nullstelle von $h_{-2}$, also für $t = \mathbf{-2}$ $\quad x = -\frac{\mathbf{-2}}{3} = \frac{2}{3} \quad$ $t = -2$ in $x = -\frac{t}{3}$ einsetzen

Nullstelle von $h_{-3}$, also für $t = \mathbf{-3}$ $\quad x = -\frac{\mathbf{-3}}{3} = 1 \quad$ $t = -3$ in $x = -\frac{t}{3}$ einsetzen

**Aufgaben**

Gegeben ist die lineare Funktionenschar $p_a$ in Abhängigkeit vom Parameter $a$.

$$p_a: x \mapsto p_a(x) = x - 2a \quad \text{mit } D_{p_a} = \mathbb{R} \text{ und } a \in \mathbb{R}$$

Die lineare Funktionenschar $p_a$ beschreibt die Geradenschar $G_{p_a}$.

a) Ermitteln Sie die Nullstellen der Funktionenschar $p_a$ in Abhängigkeit vom Parameter $a$.

b) Geben Sie die Nullstellen der Funktionen $p_1$, $p_0$ und $p_{-2}$ an.

c) Begründen Sie, weshalb alle Funktionen aus der Schar $p_a$ eine Nullstelle besitzen.

d) Ein Mitschüler behauptet, dass mit $a \in \mathbb{N}$ die Nullstelle aller Funktionen aus der Schar $p_a$ stets positiv wäre. Begründen Sie diese Aussage.

### 3.3.4 Nullstellen mit Fallunterscheidung

Bei der Berechnung der Nullstelle einer linearen Funktionenschar kann es passieren, dass eine Fallunterscheidung benötigt wird. Warum diese notwendig sein kann, wird anhand der folgenden Aufgaben erläutert.

**1. Beispielaufgabe**

Gegeben ist die lineare Funktionenschar $h_t$ in Abhängigkeit vom Parameter $t$.

$$h_t: x \mapsto h_t(x) = \frac{t-1}{2}x - 1 \quad \text{mit } D_{h_t} = \mathbb{R} \text{ und } t \in \mathbb{R}.$$

Berechnen Sie die Nullstellen der Funktionenschar $h_t$ in Abhängigkeit vom Parameter $t$.

**Lösung**

Da die Nullstellen der Funktionenschar gesucht sind, wird der Funktionsterm gleich Null gesetzt. Anschließend wird die entstehende Gleichung nach $x$ aufgelöst.

$$h_t(x) = \frac{t-1}{2}x - 1 = 0 \quad \Leftrightarrow \quad \frac{t-1}{2}x = 1 \quad \Leftrightarrow \quad (t-1)x = 2$$

Die Gleichung muss an dieser Stelle durch den Term $t - 1$ dividiert werden. Da die Formvariable $t$ Platzhalter für alle reellen Zahlen ist, also auch den Wert 1 repräsentiert, muss an dieser Stelle eine Fallunterscheidung durchführt werden. Für den Fall, dass $t = 1$ ist, würde die Gleichung durch 0 dividiert, was nicht definiert ist. Daher gilt die folgende Rechnung für alle Werte von $t$ außer für $t = 1$. Der Fall, dass $t = 1$ ist, wird im Anschluss separat betrachtet.

$$(t-1)x = 2 \quad |:(t-1) \quad \wedge\, t \neq 1$$

$$\Leftrightarrow \quad x = \frac{2}{t-1}$$

**Diese Rechnung gilt für $t \neq 1$**

Der Sonderfall, dass $t$ gleich 1 ist, muss separat berechnet werden. Dazu wird die Funktion $h_1$ bestimmt und deren Nullstelle berechnet.

- **Bestimmung von $h_1$**

$$h_1(x) = \frac{1-1}{2}x - 1 \quad \rightarrow \quad h_1(x) = -1$$

- **Berechnung der Nullstelle von $h_1$**

$$h_1(x) = 0 \quad \Leftrightarrow \quad -1 = 0 (f)$$

$h_1$ hat keine Nullstelle.

**Diese Rechnung gilt für $t = 1$**

- **Ergebnis**

| **Fallunterscheidung** | |
|---|---|
| **1. Fall** für $t \neq 1$<br>Nullstelle: $x = \frac{2}{t-1}$ | **2. Fall** für $t = 1$<br>$h_1$ hat keine Nullstelle |

- **Erläuterung**

Fall 1 besagt, dass alle Funktionen aus der Schar $h_t$, außer die Funktion $h_1$, ihre Nullstelle bei $x = \frac{2}{t-1}$ haben. Um ein vollständiges Ergebnis anzugeben, muss auch eine Aussage zur Nullstelle von $h_1$ gemacht werden. Dies geschieht im Fall 2.

**Notwendigkeit einer Fallunterscheidung**

Wird eine Gleichung durch einen Term mit Parameter dividiert beziehungsweise wird eine Gleichung mit einem Term, der einen Parameter enthält, multipliziert so muss der Parameterwert, für den der Term Null wird, zunächst ausgeschlossen und anschließend separat berechnet werden.

**Bezug zum Vorwissen** Im Kapitel lineare Gleichungen mit einer Formvariable wurde die Notwendigkeit einer Fallunterscheidung bereits erläutert. Man erkennt, dass man das Wissen über lineare Gleichungen benötigt, um mit linearen Funktionen rechnen zu können. Umgangssprachlich sagt man, dass lineare Funktionen auf lineare Gleichungen aufbauen.

**2. Beispielaufgabe**

Gegeben ist die lineare Funktionenschar $g_t$ in Abhängigkeit vom Parameter $t$ mit:

$$g_t : x \mapsto g_t(x) = \frac{2t+4}{5}x - 2 \quad \text{mit } D_{g_t} = \mathbb{R} \text{ und } t \in \mathbb{R}.$$

a) Ermitteln Sie die Nullstellen der Funktionenschar $g_t$ in Abhängigkeit von $t$.

b) Bestimmen Sie die Nullstelle der Funktion $g_2$, $g_1$, $g_0$, $g_{-1}$ und $g_{-2}$.

c) Überprüfen Sie Ihr Ergebnis von Teilaufgabe b) zeichnerisch.

**Lösung**

**a)** $g_t(x) = \frac{2t+4}{5}x - 2 = 0 \quad \Leftrightarrow \quad \frac{2t+4}{5}x = 2 \quad \Leftrightarrow \quad (2t+4)x = 10$

$$(2t+4)x = 10 \quad |:(2t+4) \quad \wedge \; t \neq -2$$

$$\Leftrightarrow \quad x = \frac{10}{2t+4} = \frac{10}{2(t+2)} = \frac{5}{t+2}$$

**Diese Rechnung gilt für $t \neq -2$**

Der Sonderfall, dass $t$ gleich $-2$ ist, muss separat untersucht werden.

- **Bestimmung von $g_{-2}$**

$$g_{-2}(x) = \frac{2\cdot(-2)+4}{5}x - 2 = \frac{0}{5}x - 2 = -2$$

- **Berechnung der Nullstelle von $g_{-2}$**

$g_{-2}(x) = 0 \quad \Leftrightarrow \quad -2 = 0 (f)$

$g_{-2}$ hat keine Nullstelle.

**Diese Rechnung gilt für $t = -2$**

■ **Ergebnis**

| **Fallunterscheidung** | |
|---|---|
| **1. Fall** für $t \neq -2$<br>Nullstelle: $x = \frac{5}{t+2}$ | **2. Fall** für $t = -2$<br>$g_{-2}$ hat keine Nullstelle |

**b)**

| | **Fall** | **Nullstelle** |
|---|---|---|
| Nullstelle von $g_2$, also für $t = 2$ | 1. Fall: | $x = \frac{5}{2+2} = \frac{5}{4}$ |
| Nullstelle von $g_1$, also für $t = 1$ | 1. Fall: | $x = \frac{5}{1+2} = \frac{5}{3}$ |
| Nullstelle von $g_0$, also für $t = 0$ | 1. Fall: | $x = \frac{5}{0+2} = \frac{5}{2}$ |
| Nullstelle von $g_{-1}$, also für $t = -1$ | 1. Fall: | $x = \frac{5}{-1+2} = \frac{5}{1} = 5$ |
| Nullstelle von $g_{-2}$, also für $t = -2$ | 2. Fall: | Keine Nullstelle vorhanden. |

**c)** In **Bild 1** sind die verschiedenen Geraden zu sehen. Es ist ersichtlich, dass sie an den berechneten Stellen die $x$-Achse schneiden.

**Erkenntnis** Insbesondere erkennt man, dass der Graph der Funktion $g_{-2}$ nicht die $x$-Achse schneidet, da er parallel zu ihr verläuft. Folglich hat diese Funktion keine Nullstelle, was mit die obige Rechnung übereinstimmt.

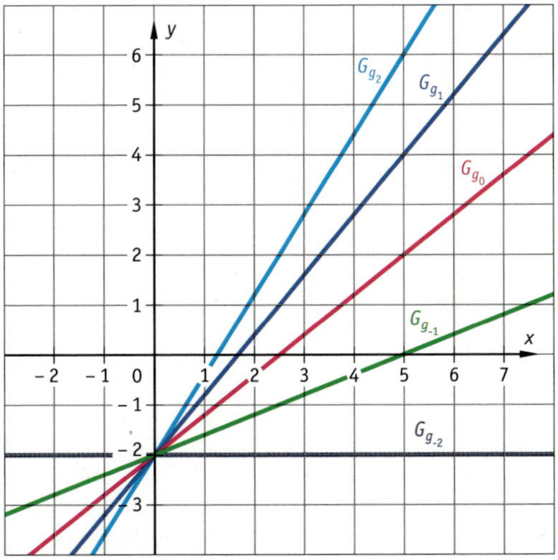


**Bild 1:** Graphen der betrachteten Funktionen aus der Schar $g_t$

**3. Beispielaufgabe**

Gegeben ist die lineare Funktionenschar $f_k$ in Abhängigkeit vom Parameter $k$:

$$f_k\colon x \mapsto f_k(x) = -\frac{k}{2}x + k \quad \text{mit } D_{f_k} = \mathbb{R} \text{ und } k \in \mathbb{R}.$$

a) Ermitteln Sie die Nullstelle der Funktionenschar $f_k$ in Abhängigkeit von $k$.

b) Bestimmen Sie die Nullstelle der Funktion $f_{-2}$, $f_0$ und $f_1$.

c) Überprüfen Sie Ihr Ergebnis von Teilaufgabe b) grafisch.

**Lösung**

**a)** $f_k(x) = -\frac{k}{2}x + k = 0 \quad \Leftrightarrow \quad -\frac{k}{2}x = -k \quad \Leftrightarrow \quad -kx = -2k$

$-kx = -2k \quad |:(-k) \quad \wedge \; k \neq 0$

$\Leftrightarrow \quad x = 2$

**Diese Rechnung gilt für $k \neq 0$**

Der Sonderfall, dass $k$ gleich 0 ist, muss separat berechnet werden.

- **Bestimmung von $f_0$**

$f_0(x) = -\frac{0}{2}x + 0$

- **Berechnung der Nullstelle von $f_0$**

$f_0(x) = 0 \quad \Leftrightarrow \quad 0 = 0(w)$

$f_0$ hat unendliche viele Nullstellen.

**Diese Rechnung gilt für $k = 0$**

- **Ergebnis**

| **Fallunterscheidung** | |
|---|---|
| **1. Fall** für $k \neq 0$ | **2. Fall** für $k = 0$ |
| Nullstelle: $x = 2$ | $f_0$ hat unendliche viele Nullstellen |

**b)**

| | **Fall** | **Nullstelle** |
|---|---|---|
| Nullstelle von $f_{-2}$, also für $k = -2$ | 1. Fall: | $x = 2$ |
| Nullstelle von $f_0$, also für $k = 0$ | 2. Fall: | unendliche viele Nullstellen vorhanden |
| Nullstelle von $f_1$, also für $k = 1$ | 1. Fall: | $x = 2$ |

**c)** In **Bild 1** sind die verschiedenen Geraden zu sehen. Die Geraden, die durch die Funktionsterme $f_{-2}$ und $f_1$ beschrieben werden, schneiden die $x$-Achse bei $x = 2$.

**Erkenntnis** Die Gerade, die durch $f_0$ beschrieben wird, entspricht der $x$-Achse. Die Funktion $f_0$ hat daher unendlich viele Nullstellen.

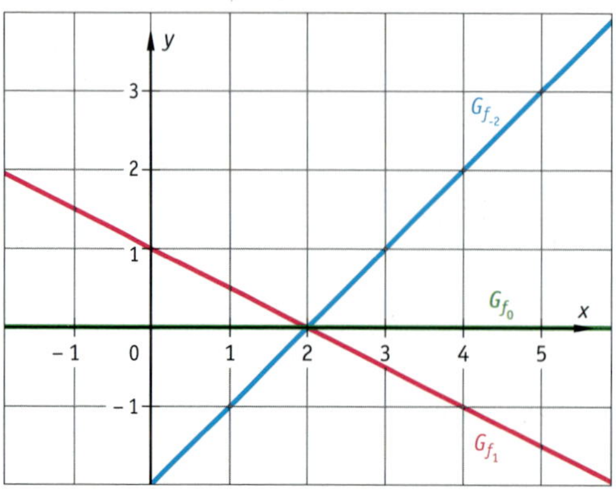


**Bild 1:** Graphen der betrachteten Funktionen aus der Schar $f_k$

## Aufgaben

1. Berechnen Sie die Nullstellen der folgenden Funktionenscharen in Abhängigkeit vom jeweiligen Parameter.

   a) $q_a: x \mapsto q_a(x) = \frac{a}{2}x - 5$ mit $D_{q_a} = \mathbb{R}$ und $a \in \mathbb{R}$

   b) $p_t: x \mapsto p_t(x) = \frac{t+2}{4}x - 8$ mit $D_{p_t} = \mathbb{R}$ und $t \in \mathbb{R}$

   c) $f_k: x \mapsto f_k(x) = \frac{5-5k}{2}x + 3$ mit $D_{f_k} = \mathbb{R}$ und $k \in \mathbb{R}$

2. Begründen Sie, weshalb bei der Berechnung der Nullstellen der Funktionenschar $h_a$ eine Fallunterscheidung notwendig ist, während diese bei der Berechnung der Nullstellen von $p_k$ und $g_b$ nicht notwendig ist.

   a) $h_a: x \mapsto h_a(x) = \frac{10-5a}{7}x + 7$ mit $D_{h_a} = \mathbb{R}$ und $a \in \mathbb{R}$

   b) $p_k: x \mapsto p_k(x) = \frac{1}{3}x + \frac{k}{2}$ mit $D_{p_k} = \mathbb{R}$ und $k \in \mathbb{R}$

   c) $g_b: x \mapsto g_b(x) = \frac{b+1}{4}x + \frac{1}{8}$ mit $D_{g_b} = \mathbb{R}$ und $b \geq 0$

3. Gegeben ist die lineare Funktionenschar $q_a$ in Abhängigkeit vom Parameter $a$.

   $q_a: x \mapsto q_a(x) = \frac{3-6a}{2}x - a$ mit $D_{q_a} = \mathbb{R}$ und $a \in \mathbb{R}$

   a) Berechnen Sie die Nullstelle von $q_a$ in Abhängigkeit von $a$.

   b) Bestimmen Sie die Nullstellen von $q_{-1}$, $q_0$, $q_{0,5}$ und $q_3$.

   c) Zeichnen Sie die zu $q_{-1}$, $q_0$, $q_{0,5}$ und $q_3$ gehörenden Geraden und überprüfen Sie damit Ihre Ergebnisse aus der vorherigen Teilaufgabe.

   d) Begründen Sie anhand der Geraden $G_{q_{0,5}}$, also für $a = 0{,}5$, weshalb die Funktion $q_{0,5}$ keine Nullstelle besitzt.

### 3.3.5 Schnittpunkte von Geradenscharen

Die Koordinaten des Schnittpunkts zweier Geraden werden bekanntlich berechnet, indem die Funktionsterme der jeweiligen Geraden gleichgesetzt und die entstehende Gleichung anschließend nach der unbekannten Variablen (meistens $x$) aufgelöst wird. Die Schnittpunkte zweier Geradenscharen bzw. einer Geradenschar mit einer einzelnen Geraden lassen sich ebenfalls mit dieser Vorgehensweise berechnen.

**1. Beispielaufgabe**

Gegeben ist die lineare Funktionenschar $f_t$ in Abhängigkeit vom Parameter $t$ und die lineare Funktion $g$ mit:

$$f_t: x \mapsto f_t(x) = x - t + 1 \quad \text{mit } D_{f_t} = \mathbb{R} \text{ und } t \in \mathbb{R},$$
$$g: x \mapsto g(x) = -\frac{1}{2}x + 1 \quad \text{mit } D_g = \mathbb{R}.$$

Der Graph der linearen Funktionenschar $f_t$ wird mit $G_{f_t}$ bezeichnet und $g(x)$ beschreibt die Gerade $G_g$.

Berechnen Sie den Schnittpunkt der Geradenschar $G_{f_t}$ mit der Geraden $G_g$ in Abhängigkeit von $t$.

**Lösung**

Um den Schnittpunkt der Geradenschar und der Geraden zu berechnen, müssen die Funktionsterme gleichgesetzt werden. Die entstehende Gleichung wird anschließend nach der unbekannten Variablen $x$ aufgelöst.

$$x - t + 1 = -\frac{1}{2}x + 1 \quad \Leftrightarrow \quad x - t = -\frac{1}{2}x \quad \Leftrightarrow \quad x + \frac{1}{2}x = t$$
$$\Leftrightarrow \quad \frac{3}{2}x = t \quad \Leftrightarrow \quad x_S = \frac{2}{3}t$$

Nachdem die Schnittstelle, also die $x$-Koordinate des Schnittpunkts, bekannt ist, wird diese in einen der beiden Funktionsterme eingesetzt, um die $y$-Koordinate des Schnittpunkts zu berechnen. Der mathematisch einfachere Term ist $g(x)$, daher wird $x = \frac{2}{3}t$ in diesen eingesetzt.

$$y_S = g\left(\frac{2}{3}t\right) = -\frac{1}{2} \cdot \frac{2}{3}t + 1 = -\frac{1}{3}t + 1$$

Die Koordinaten des Schnittpunkts der Geradenschar mit der Geraden $G_g$ lauten somit: $S_t\left(\frac{2}{3}t \middle| -\frac{1}{3}t + 1\right)$.

**Erkenntnis** Der Schnittpunkt einer Geraden mit einer Geradenschar ist nicht eindeutig, sondern vom Wert der Formvariable abhängig. Aus diesem Grund schreibt man $S_t$. Der Index $t$ steht dabei für den Wert der Formvariablen.

## ■ Erläuterung

Ist beispielsweise der Schnittpunkt der Geraden $G_g$ mit der Geraden $G_{f_2}$ aus der Schar $G_{f_t}$ gesucht, muss lediglich $t = 2$ in den allgemeinen Schnittpunkt $S_t\left(\frac{2}{3}t \middle| -\frac{1}{3}t + 1\right)$ eingesetzt werden. Folglich ist $S_2\left(\frac{4}{3} \middle| \frac{1}{3}\right)$ der Schnittpunkt der Geraden $G_{f_2}$ und $G_g$, wie man anhand folgender Rechnung bzw. in **Bild 1** sieht.

$$t = 2 \quad \rightarrow S_{\mathbf{2}}\left(\frac{2}{3} \cdot \mathbf{2} \middle| -\frac{1}{3} \cdot \mathbf{2} + 1\right) \quad \Leftrightarrow \quad S_2\left(\frac{4}{3} \middle| \frac{1}{3}\right)$$

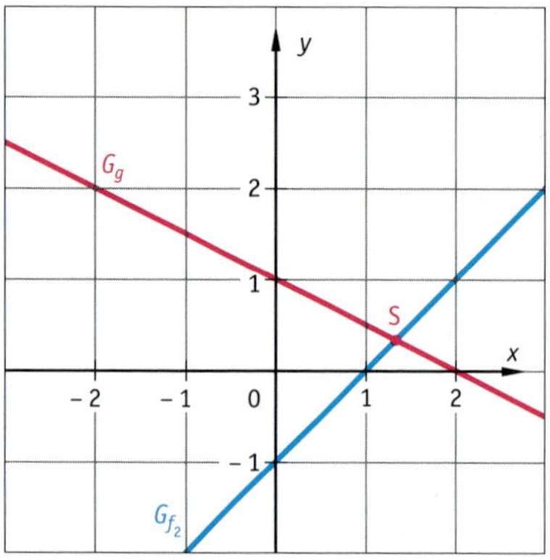


$$f_{\mathbf{2}}(x) = x - \mathbf{2} + 1 = x - 1$$

$$g(x) = -\frac{1}{2}x + 1$$

**Bild 1:** Schnittpunkt der Geraden $G_{f_2}$ und $G_g$

Ist zusätzlich nach dem Schnittpunkt der Geraden $G_{f_1}$ mit der Geraden $G_g$ gefragt, muss $t = 1$ in den allgemeinen Schnittpunkt $S_t$ eingesetzt werden:

$$t = 1 \quad \rightarrow S_1\left(\frac{2}{3} \cdot 1 \middle| -\frac{1}{3} \cdot 1 + 1\right) \quad \Leftrightarrow \quad S_2\left(\frac{2}{3} \middle| \frac{2}{3}\right)$$

In **Bild 2** sind die beiden Geraden $G_{f_1}$ und $G_g$, sowie ihr Schnittpunkt zu sehen.

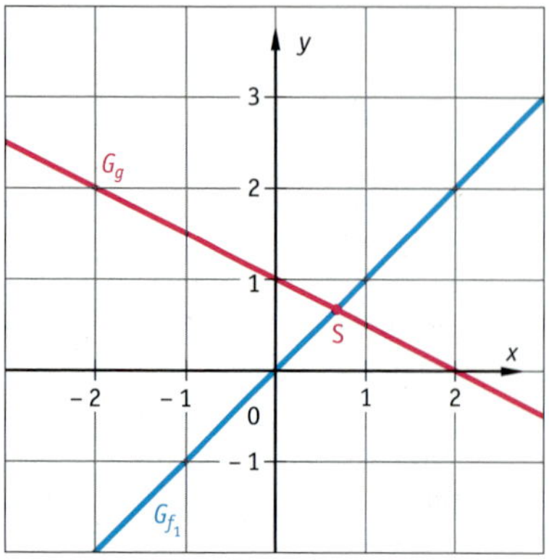


$$f_{\mathbf{1}}(x) = x - \mathbf{1} + 1 = x$$

$$g(x) = -\frac{1}{2}x + 1$$

**Bild 2:** Schnittpunkt der Geraden $G_{f_1}$ und $G_g$

**2. Beispielaufgabe**

Gegeben ist die lineare Funktionenschar $q_a$ in Abhängigkeit vom Parameter $a$ und die lineare Funktion $f$ mit:

$$q_a\colon x \mapsto q_a(x) = \frac{a-2}{4}x - 2a \quad \text{mit } D_{q_a} = \mathbb{R} \text{ und } a \in \mathbb{R},$$

$$f\colon x \mapsto f(x) = x + 1 \quad \text{mit } D_f = \mathbb{R}.$$

Der Graph der linearen Funktionenschar $q_a$ wird mit $G_{q_a}$ bezeichnet und $f(x)$ beschreibt die Gerade $G_f$.

a) Berechnen Sie den Schnittpunkt der Geradenschar $G_{q_a}$ und der Gerade $G_f$ in Abhängigkeit von $a$.

b) Ermitteln Sie den Schnittpunkt der Gerade $G_{q_1}$ mit der Geraden $G_f$.

c) Geben Sie die Anzahl der gemeinsamen Punkte der Gerade $G_{q_6}$ mit der Geraden $G_f$ an.

**Lösung**

Um die Schnittpunkte zu berechnen, werden die Funktionsterme gleichgesetzt und die entstehende Gleichung wird nach $x$ aufgelöst. Dazu werden alle Terme mit $x$ auf eine Seite der Gleichung und alle Terme ohne $x$ auf die andere Seite der Gleichung gebracht.

**a)** $\frac{a-2}{4}x - 2a = x + 1 \quad \Leftrightarrow \quad \frac{a-2}{4}x - x = 2a + 1 \quad \Leftrightarrow \quad \frac{a-2}{4}x - \frac{4}{4}x = 2a + 1$

$\Leftrightarrow \quad \frac{a-2-4}{4}x = 2a + 1 \quad \Leftrightarrow \quad \frac{a-6}{4}x = 2a + 1 \quad |\cdot 4$

$\Leftrightarrow \quad (a-6)x = 8a + 4 \quad \mathbf{|:(a-6) \quad \wedge\, a \neq 6}$

An dieser Stelle wird die Gleichung durch $(a-6)$ dividiert. Es wird zunächst ausgeschlossen, dass $a = 6$ ist. Dieser Fall wird im Anschluss betrachtet. Zur Erinnerung: $a = 6$ muss zunächst ausgeschlossen werden, da die Gleichung ansonsten durch 0 dividiert würde, was nicht definiert ist.

$(a-6)x = 8a + 4 \quad \mathbf{|:(a-6) \quad \wedge\, a \neq 6}$

$\Leftrightarrow \quad x_S = \frac{8a+4}{a-6}$

**Diese Rechnung gilt für $a \neq 6$**

- **Berechnung des $y$-Werts des Schnittpunkts für $a \neq 6$**

$$y_S = f\left(\frac{8a+4}{a-6}\right) = \frac{8a+4}{a-6} + 1 = \frac{8a+4}{a-6} + \frac{a-6}{a-6} = \frac{9a-2}{a-6}$$

Für $a \neq 6$ schneidet sich die Gerade und die Geradenschar im Punkt $S_a$.

$$\rightarrow S_a\left(\frac{8a+4}{a-6}\middle|\frac{9a-2}{a-6}\right)$$

Der Sonderfall, dass $a$ gleich 6 ist, muss separat berechnet werden.

- **Bestimmung von $q_6$**

$$q_6(x) = \frac{6-2}{4}x - 2a = x - 12$$

**Diese Rechnung gilt für $a = 6$**

- Berechnung des Schnittpunkts der Geraden die durch $q_6(x)$ und $f(x)$ beschrieben werden.

$q_6(x) = f(x) \quad \Leftrightarrow \quad x - 12 = x + 1 \quad \Leftrightarrow \quad -12 = 1 (f)$

Aus der falschen Aussage folgt, dass sich die genannten Geraden nicht schneiden. Man erkennt das auch daran, dass beide Geraden die gleiche Steigung, aber unterschiedliche $y$-Achsenabschnitte haben. Sie sind somit echt parallel.

- **Ergebnis**

| **Fallunterscheidung** | |
|---|---|
| **1. Fall** für $a \neq 6$<br>Schnittpunkt:<br>$S_a\left(\frac{8a+4}{a-6}\middle|\frac{9a-2}{a-6}\right)$ | **2. Fall** für $a = 6$<br>Die Geraden $G_{q_6}$ und $G_g$ haben keinen Schnittpunkt. |

**Erkenntnis** Bei der Berechnung der gemeinsamen Punkte einer Geradenschar und einer Geraden kann eine Fallunterscheidung notwendig sein.

**b)** Um den Schnittpunkt der Geraden $G_{q_1}$ und $G_f$ zu berechnen, muss der erste Fall betrachtet werden. Für $a = 1$ erhält man den Schnittpunkt $S_1\left(-\frac{12}{5}\middle|-\frac{7}{5}\right)$, wie man anhand der folgenden Rechnung erkennt:

$$a = 1 \rightarrow S_1\left(\frac{8 \cdot 1 + 4}{1-6}\middle|\frac{9 \cdot 1 - 2}{1-6}\right) \rightarrow S_1\left(-\frac{12}{5}\middle|-\frac{7}{5}\right)$$

In **Bild 1** sind die beiden Geraden $G_{q_1}$ und $G_f$ sowie ihr Schnittpunkt zu sehen.

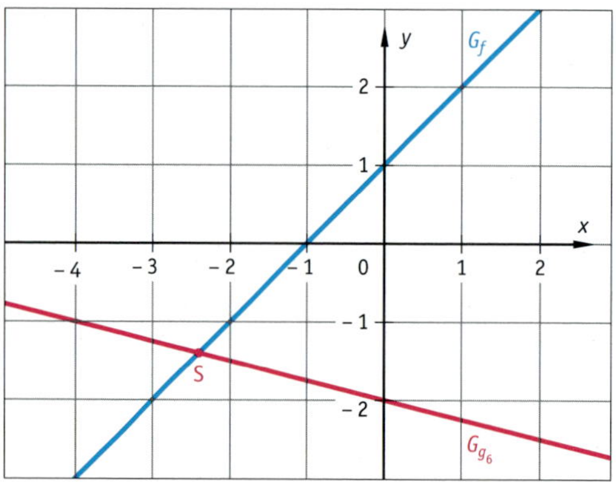


$$q_{\mathbf{1}}(x) = \frac{\mathbf{1}-2}{4}x - 2 \cdot \mathbf{1} = -\frac{1}{4}x - 2$$

$$f(x) = x + 1$$

**Bild 1:** Schnittpunkt der Geraden $G_{q_1}$ und $G_f$

**c)** Die Geraden $G_{q_6}$ und $G_f$ haben keinen Schnittpunkt (Fall 2). Sie sind echt parallel **(Bild 2)**.

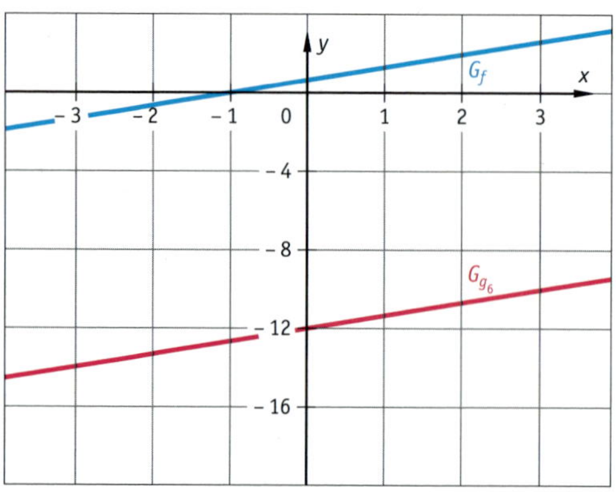


$$q_{\mathbf{6}}(x) = \frac{\mathbf{6}-2}{4}x - 2 \cdot \mathbf{6} = x - 12$$

$$f(x) = x + 1$$

**Bild 2:** Die Geraden $G_{q_6}$ und $G_f$

**Aufgaben**

1. Gegeben ist die Funktionenschar $f_a$ in Abhängigkeit vom Parameter $a$.

$f_a: x \mapsto f_a(x) = (a-3)x+1 \quad D_{f_a} = \mathbb{R} \quad a \in \mathbb{R}$

a) Bestimmen Sie die Nullstellen der Funktionen $f_a$ in Abhängigkeit von $a$.

b) Ermitteln Sie die Koordinaten aller gemeinsamen Punkte der Funktion $p$ mit der Funktionenschar $f_a$ in Abhängigkeit von $a$.

$p: x \mapsto p(x) = x+2 \quad D_p = \mathbb{R}$

2. Gegeben ist die Funktionenschar $p_t$ in Abhängigkeit vom Parameter $t$.

$p_t: x \mapsto p_t(x) = \frac{t+2}{2}x-1 \quad D_{p_t} = \mathbb{R} \quad t \in \mathbb{R}$

a) Bestimmen Sie die Nullstellen der Funktionen $p_t$ in Abhängigkeit von $t$.

b) Bestimmen Sie die Koordinaten aller gemeinsamen Punkte der Funktion $s$ mit der Funktionenschar $p_t$ in Abhängigkeit von $t$.

$s: x \mapsto s(x) = -\frac{1}{2}x+2 \quad D_s = \mathbb{R}$

### 3.3.6 Anwendungsaufgabe

**Mobilfunkstandards**

Ein Medienunternehmer informiert sich über die fortschreitende Digitalisierung und liest in diesem Zusammenhang häufig den Begriff Mobilfunkstandard 5 G. Seine Recherche zu 5 G ergibt, dass 5 G für die fünfte Generation des Mobilfunkstandards steht. Mithilfe dieses Standards können laut Prognosen mobile Daten mit einer Geschwindigkeit von 10 GBit pro Sekunde übertragen werden.

Vorgänger des 5 G Mobilfunkstandards waren 4 G (LTE), 3 G(UMTS) und 2 G (GRPS/Edge). Ihre Datenübertragungsraten waren signifikant geringer (**Tabelle 1**).

**Tabelle 1:** Geschwindigkeiten von verschiedenen Mobilfunkstandards

| Mobilfunk-standard | Zeitliche Einordnung | theoretische Geschwindigkeit in Kilobit (kbit) pro Sekunde | theoretische Geschwindigkeit in Megabyte (MB) pro Sekunde |
|---|---|---|---|
| 2 G (GRPS) | 1992 | 54 kbit/s | = 0,007 MB/s |
| 2 G (Edge) | Weiterentw. | 220 kbit/s | = 0,03 MB/s |
| 3 G (UMTS) | 2000 | 384 kbit/s | = 0,05 MB/s |
| 3 G (HSDPA) | Weiterentw. | 7 Mbit/s | = 0,88 MB/s |
| 4 G (LTE) | 2018 | 100 Mbit/s | = 12,5 MB/s |
| 4 G (LTE Advanced) | Weiterentw. | 1 Gbit/s | = 125 MB/s |
| 5 G | Zukunft | 10 Gbit/s | = 1250 MB/s |

In **Bild 1** sind die Ladezeiten einer 100 MB großen Datei zu sehen, die unter Verwendung verschiedener Mobilfunkstandards aus dem Internet geladen wird.

**Aufgaben**

a) Der Medienunternehmer erstellt für Touristikregionen spezielle Informationsvideos, die stets eine Größe von 100 MB haben und vor Ort in den Touristikregionen aus dem Internet heruntergeladen werden können. Um die Downloadzeit dieser Videos zu ermitteln bzw. um zu bestimmen wie viel Datenvolumen nach einer gewissen Zeitspanne noch geladen werden muss, benutzt der Unternehmer das in **Bild 1** zusehende Diagramm. Geben Sie die Ladezeiten der Videos an, wenn die Region über ein 4 G (LTE Advanced) bzw. über ein 4 G (LTE) Mobilfunknetz verfügt.

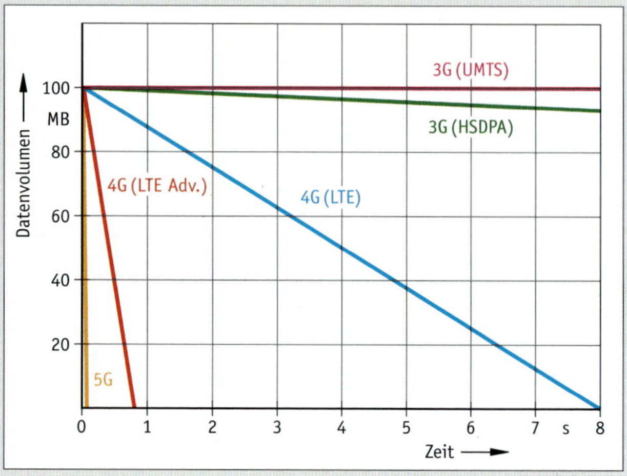


**Bild 2:** Zeitlicher Verlauf beim Herunterladen einer Datei mit einer Größe von 100 MB

b) Die in **Bild 1** zusehenden Geraden stellen den Graphen einer linearen Funktionenschar dar. Geben Sie den Funktionsterm dieser linearen Funktionenschar an und beschreiben Sie die Bedeutung der Nullstellen des Funktionsterms.

c) Berechnen Sie Ladezeit in Abhängigkeit vom vorhandenen Mobilfunknetz bis die Videos mit der Größe von 100 MB aus dem Internet heruntergeladen wurde. Berechnen Sie die theoretische Ladezeit, wenn der 5 G Standard verwendet werden könnte. Auf das Mitführen von Einheiten kann verzichtet werden.

d) Begründen Sie, weshalb der Medienunternehmer von Regionen, die nicht über ein 5 G oder 4 G Mobilfunknetz verfügen, vermutlich nicht mit der Erstellung der genannten Informationsvideos beauftragt wird.

**Lösung**

**a)** Befindet man sich im Mobilfunknetz, das 4 G (LTE Advanced) unterstützt, benötigt man ca. 0,8 s um das Video zu laden. Unter Verwendung des Standards LTE beträgt die Ladezeit ca. 8 s.

**b)** $d_a(t) = 100 - a \cdot t \quad 0 \leq a \leq 1250 \quad t \geq 0$

$d_a(t)$: Noch zuladende Datenvolumen zum Zeitpunkt $t$ in MB

a: Geschwindigkeit des Datentransfers in MB/s

t: Betrachtete Zeitpunkt in s

Die Nullstellen dieser Funktionenschar den Zeitpunkt an, an dem der Download abgeschlossen ist.

**c)** $100 - a \cdot t = 0 \quad \Leftrightarrow \quad -a \cdot t = -100 \quad \Leftrightarrow \quad t = \frac{-100}{-a} = \frac{100}{a}$

Für den 5 G Standard gilt: $a = 1250\,\text{MB/s} \quad \rightarrow \quad t = \frac{100}{1250} = 0{,}08$

Die Ladezeit des Videos beträgt unter Verwendung von 5 G theoretisch 0,08 s.

**d)** Setzt man in die Gleichung $t = \frac{100}{a}$ die Geschwindigkeiten des Mobilfunkstandard 3 G (0,88 MB/s bzw. 0,05 MB/s) ein, so stellt man fest, dass die Ladezeiten mit 114 s (1 min 54 s) bzw. 2000 (33 min 20 s) für den Verbraucher zu lange sind. Was dazu führt, dass die Regionen den genannten Video-Service des Medienunternehmers nicht nutzen können.

3 G (HSDPA): $t = \frac{100}{0{,}88} = 114$

3 G (UMTS): $t = \frac{100}{0{,}05} = 2000$

### 3.3.7 Aufgaben zu linearen Funktionenscharen

1. Gegeben ist die lineare Funktionenschar $f_t$ in Abhängigkeit vom Parameter $t$.

   $f_t{:}x \mapsto f_t(x) = \frac{1}{2}x + 2t$ mit $D_{f_t} = \mathbb{R}$ und $t \in \{-2;-1;0;1;2\}$

   a) Ermitteln Sie den Funktionsterm der Funktion $f_2$.

   b) Geben Sie alle weiteren Funktionsgleichungen an, die durch die Funktionenschar $f_t$ beschrieben werden.

   c) Zeichnen Sie alle Geraden, die durch $f_t$ beschrieben werden.

2. Gegeben ist die lineare Funktionenschar $h_a$ in Abhängigkeit vom Parameter $a$.

   $h_a{:}x \mapsto h_a(x) = \frac{3+a}{2}x - 1$ mit $D_{h_a} = \mathbb{R}$ und $a \in \mathbb{R}$

   a) Geben Sie den Funktionsterm der Funktion $h_5$ an.

   b) Bestimmen Sie den Parameterwert $a$ so, dass die zugehörige Gerade durch den Punkt P(1|3) verläuft.

   c) Überprüfen Sie Ihr Ergebnis zeichnerisch.

   d) Ermitteln Sie rechnerisch die Steigung der Geraden aus der Schar, die durch den Funktionsterm $h_{-2}$. beschrieben wird.

   e) Bestimmen Sie $a$ so, dass die zugehörige Gerade parallel zur Winkelhalbierenden des I./III. Quadraten verläuft. Überprüfen Sie Ihr Ergebnis grafisch.

   f) Berechnen Sie, für welchen Wert von $a$ die zugehörige Funktion eine Nullstelle bei $x = -3$ hat. Überprüfen Sie Ihr Ergebnis grafisch.

   g) Ein Schüler behauptet, dass alle Geraden, die durch die Funktionenschar $h_a$ beschrieben werden, durch den Punkt T(0|−1) verlaufen. Geben Sie an, ob Sie dieser Aussage zustimmen oder ihr widersprechen. Begründen Sie Ihre Angabe.

3. Gegeben ist die lineare Funktionenschar $g_a$ in Abhängigkeit vom Parameter $a$.

   $g_a{:}x \mapsto g_a(x) = -\frac{3}{4}x + \frac{a}{4}$ mit $D_{g_a} = \mathbb{R}$ und $a \in \mathbb{R}$

   a) Berechnen Sie die Nullstelle der Funktion ga in Abhängigkeit von $a$.

   b) Geben Sie jeweils die Nullstelle der Funktion $g_{-5}$, $g_{-4}$, $g_{-3}$ … $g_4$ und $g_5$ an.

   c) Bestimmen Sie rechnerisch die Funktion aus der Schar $g_a$, die eine Nullstelle bei $x = 10$ hat.

   d) Ermitteln Sie die Funktion aus der Schar, deren zugehörige Gerade eine Ursprungsgerade ist.

   e) Eine Mitschülerin behauptet, dass alle Geraden aus der Schar fallende Geraden sind. Geben Sie an, ob Sie dieser Aussage zustimmen oder widersprechen. Begründen Sie Ihre Angabe.

   f) Berechnen Sie die Koordinaten der Schnittpunkte aller Geraden aus der Schar mit der Winkelhalbierenden des I./III. Quadranten in Abhängigkeit von $a$.

4. Gegeben ist die lineare Funktionenschar $p_k$ in Abhängigkeit vom Parameter $k$.

   $p_k{:}x \mapsto p_k(x) = \frac{k-1}{2}x + 1$ mit $D_{p_k} = \mathbb{R}$ und $k \in \mathbb{R}$

   a) Ermitteln Sie die Nullstelle der Funktion $p_k$ in Abhängigkeit von $k$. Führen Sie gegebenenfalls eine Fallunterscheidung durch.

   b) Geben Sie die Nullstellen der Funktionen $p_{-1}$, $p_2$ und $p_3$ an. Überprüfen Sie Ihre Angabe grafisch.

   c) Begründen Sie, weshalb die Funktion $p_1$ keine Nullstelle hat.

   d) Berechnen Sie in Abhängigkeit von $k$ die Koordinaten der Schnittpunkte der Geradenschar mit der Geraden $G_b$, die durch den Funktionsterm $b(x) = -2x + 4$ beschrieben wird. Gehen Sie auch auf die Funktion aus der Schar $p_k$ ein, deren zugehörige Gerade keinen Schnittpunkt mit $G_b$ hat.

5. Gegeben ist die lineare Funktionenschar $u_t$ in Abhängigkeit vom Parameter $t$.

$$u_t: x \mapsto u_t(x) = -\frac{2+t}{5}x + 2t \quad \text{mit } D_{u_t} = \mathbb{R} \text{ und } t \in \mathbb{R}$$

a) Bestimmen Sie die Nullstelle der Funktion $u_t$ in Abhängigkeit von $t$. Führen Sie gegebenenfalls eine Fallunterscheidung durch.

b) Begründen Sie, weshalb die Funktion $u_{-2}$ keine Nullstelle hat.

c) Geben Sie an, welche der abgebildeten Geraden eine Gerade aus der durch $u_t(a)$ beschriebenen Geradenschar ist. Begründen Sie Ihre Angabe.

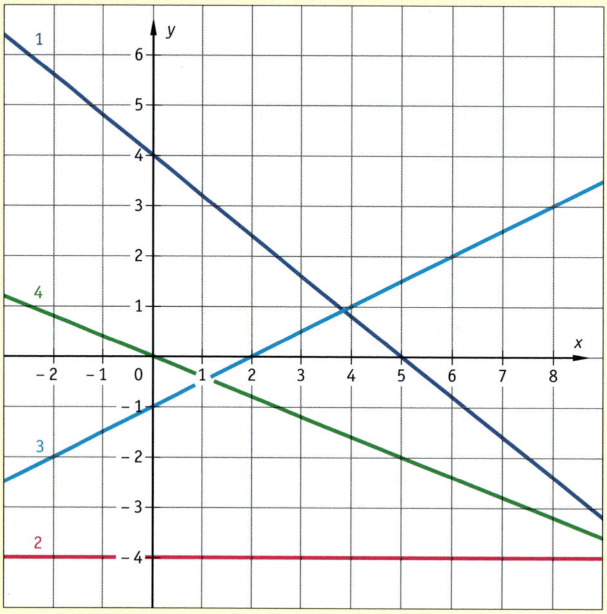


6. Eine Autovermietung bietet an Wochenenden folgendes Sonderangebot an: Es berechnet für eine Miete eines Autos einmalig 60 €. Die Kosten für jeden gefahren Kilometer hängen vom geliehenen Fahrzeugtyp ab (**Tabelle 1**). Zu diesem Sonderangebot gehört, dass der Kunde eine Tankkarte der Autovermietung erhält, sodass dem Kunden keine Kraftstoffkosten anfallen.

| **Tabelle 1:** Kosten für jeden gefahrenen Kilometer | | | | |
|---|---|---|---|---|
| **Kleinwagen** | **Mittelklassefahrzeug** | **SUV** | **Oberklassefahrzeug** | **Sportwagen** |
| 0,10 €/km | 0,15 €/km | 0,20 €/km | 0,22 €/km | 0,30 €/km |

a) Stellen Sie die Gesamtkosten für das gemietete Auto in Abhängigkeit von den gefahrenen Kilometer und in Abhängigkeit vom ausgewählten Fahrzeugtyp grafisch dar.

b) Die Gesamtkosten $k_a(x)$ für ein ausgeliehenes Auto lassen sich in Abhängigkeit vom ausgewählten Fahrzeugtyp $a$ und von den gefahrenen Kilometern $x$ als lineare Funktionenschar darstellen. Geben Sie den Funktionsterm dieser Schar an.

c) Ein freiberuflicher Außendienstmitarbeiter eines Versicherungsunternehmens möchte an einem Wochenende mehrere Kundentermine in Ostbayern wahrnehmen. Er entschließt sich für diese Termine ein Auto von der genannten Autovermietung zu leihen. Für seine Außendiensttätigkeiten an diesem Wochenende erhält der Freiberuflicher pauschal eine Fahrtkostenentschädigung von 200 € vom Versicherungsunternehmen. Berechnen Sie in Abhängigkeit vom gewählten Fahrzeugtyp, wie viele Kilometer der Freiberufler mit dem geliehenen Auto zurücklegen kann, ohne dass ihm persönlich Fahrtkosten entstehen.

d) Der Freiberufler aus c) leiht sich einen SUV aus und fährt mit diesem von seinem Wohnort Regensburg zu seinen Kunden nach Straubing, Cham und Schwandorf und zurück zu seinem Wohnort. Schätzen Sie, ob die erhaltene Fahrtkostenentschädigung für diese Strecke ausreichend ist. Begründen Sie Ihre Angabe.

7. Unter Lohnstückkosten versteht man in der Wirtschaft den Anteil der Arbeitskosten bezogen auf eine Produkteinheit. Die Lohnstückkosten sind indirekt ein Maß für die Wettbewerbsfähigkeit eines Landes. Sind sie zu hoch, verdienen die Angestellten mehr Geld, als Ihnen aus wirtschaftlicher Sicht zu steht. Darunter leidet jedoch die Wettbewerbsfähigkeit des Landes, was dazu führt, dass die Produkte aus diesem Land auf dem Weltmarkt vermindert nachgefragt werden. Sind die Lohnstückkosten zu gering, verhält es sich umgekehrt. Vor der Einführung des Euros verständigten sich die einzelnen Euroländer darauf, dass die Lohnstückkosten um 1,9 % jährlich steigen. In der Realität hielten sich wenige Länder an die Vereinbarung **(Bild 1)**.

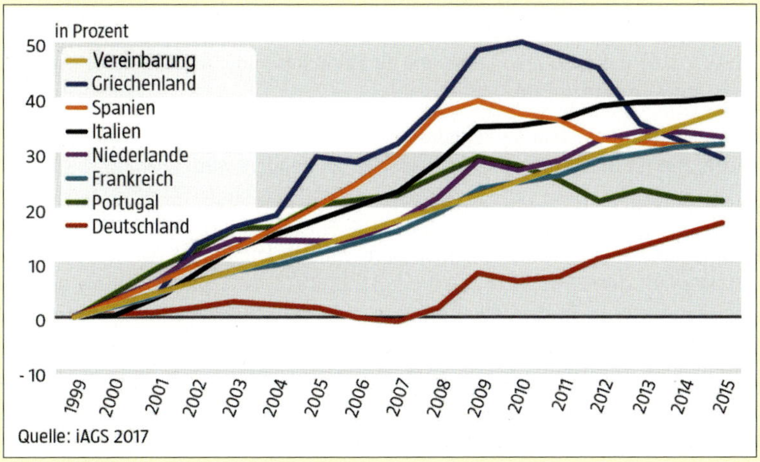


**Bild 1:** Entwicklung der Lohnstückkosten

a) Begründen Sie, weshalb es sich bei dieser Menge an Kurven nicht um den Graphen einer linearen Funktionenschar handelt.

b) Geben Sie das Land an, dass sich seit 1999 die längste Zeit an die Vereinbarung hielt und geben Sie unter Verwendung der Grafik an, ob Sie der Aussage: »Frankreich müsste seinen Arbeitsmarkt reformieren, um wieder wettbewerbsfähig zu werden.« zustimmen oder widersprechen. Begründen Sie Ihre Angabe.

c) Im Jahre 2015 behauptete ein Teilnehmer einer Talkshow im deutschen Fernsehen, dass Deutschland wirtschaftlich betrachtet ein Musterland sei. Formulieren Sie unter Verwendung des Diagramms ein Gegenargument zu dieser These.

8. In **Bild 1** ist die Flächennutzung von Deutschland zu sehen. Im engen Zusammenhang mit der mit Begriff »Flächennutzung« steht der Begriff »Flächenverbrauch« Unter Flächenverbrauch wird die Umwandlung von naturbelassenen Flächen in Siedlungs- und Verkehrsflächen verstanden. Wie sich der Flächenverbrauch entwickelt wird, ist unter Experten umstritten.

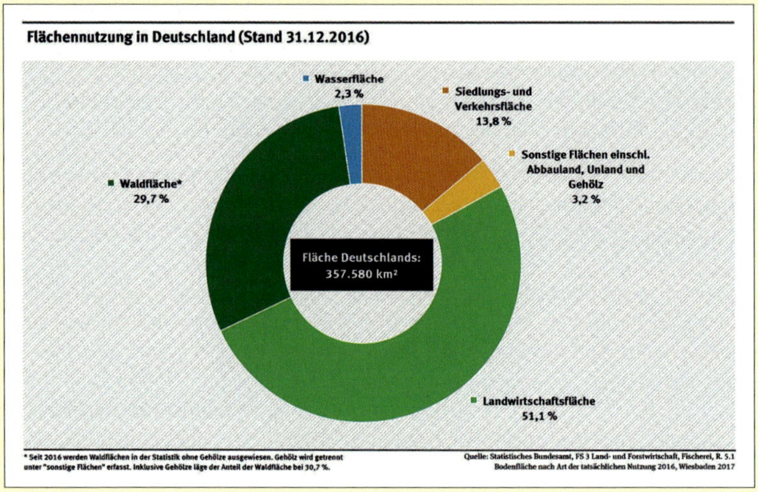


**Bild 1:** Flächennutzung Deutschland

a) Berechnen Sie für $t = 0$ (31.12.2016) die absolute Fläche, die zu Siedlungs- oder Verkehrszwecken genutzt wird. Runden Sie Ihr Ergebnis auf eine ganze Zahl.

b) In den nächsten Jahren werden Siedlungs- und Verkehrsflächen zunehmen. Die lineare Funktionsschar $f_a$ beschreibt die absolute Fläche, die für Siedlungs- und Verkehrszwecke genutzt wird.

$$f_a: t \mapsto f_a(t) = 49.346 + a \cdot t \quad \text{mit } a \in \mathbb{R} \text{ und } t \geq 0$$

Dabei gibt $a$ den geschätzten, konstanten Flächenverbrauch pro Jahr in $km^2$ und $t$ die seit 31.12.2016 vergangenen Jahre an. $t = 0$ ist somit der 31.12.2016, $t = 1$ der 31.12.2017, usw. Berechnen Sie das Kalenderjahr in Abhängigkeit vom Parameter $a$, in dem die Siedlungs- und Verkehrsflächen 20 % der gesamten Fläche betragen.

c) Die Bundesregierung möchte, dass der Flächenverbrauch [bis 2030] bei 30 ha pro Tag liegt. Bestimmen Sie das Kalenderjahr, in dem die Siedlungs- und Verkehrsflächen 20 % der gesamten Fläche betragen, wenn der Flächenverbrauch konstant mit der genannten Geschwindigkeit voranschreitet.

d) Bestimmen Sie das Kalenderjahr, in dem die Siedlungs- und Verkehrsflächen 20 % der gesamten Fläche betragen, wenn der Flächenverbrauch konstant mit der Geschwindigkeit von 55 ha pro Tag voranschreitet.

e) Zwischen den Jahren 1993 und 2003 lag der Flächenverbrauch bei durchschnittlich 120 ha pro Tag. Bestimmen Sie das Kalenderjahr, in dem die Siedlungs- und Verkehrsflächen 20 % der gesamten Fläche betragen, wenn der Flächenverbrauch konstant mit der genannten Geschwindigkeit vorangeschritten wäre.

f) Stellen Sie die Funktionenschar $f_a$ grafisch dar. Verwenden Sie die in c) bis e) genannten Geschwindigkeiten des Flächenverbrauchs.

## 3.4 Quadratische Funktionen

In diesem Kapitel werden quadratische Funktionen untersucht. Nach Bearbeitung der folgenden Seiten werden Sie unter anderem wissen, worin sich eine quadratische von einer linearen Funktion unterscheidet, wie quadratische Funktionen grafisch dargestellt werden und welche Eigenschaften Graphen von quadratischen Funktionen haben. Anhand des folgenden Einführungsbeispiels wird der Begriff quadratische Funktion erläutert.

**Einführungsbeispiel**

Ein bayrischer Bergbauer möchte für seine Alpakas eine rechteckige Weidefläche einzäunen (**Bild 1**). Er hat dafür einen 200 Meter langen Zaun zur Verfügung. Der Bergbauer fragt sich:

Wie weit entfernt von der Mauer und wie weit voneinander müssen die Befestigungspfosten eingeschlagen werden, damit die Weidefläche den größten Flächeninhalt hat?

**Bild 1:** Weidefläche für Alpaka

**Lösung**

Um dieser Frage nachzugehen, empfiehlt sich eine Skizze des Sachverhalts (**Bild 2**).

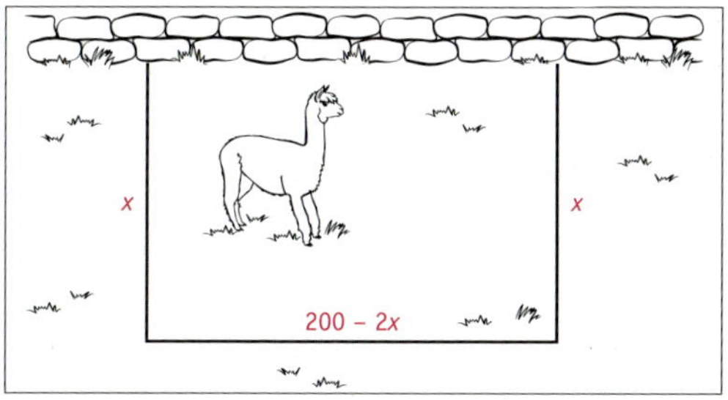


**Bild 2:** Skizze mit Maße

### ▪ Mathematische Beschreibung der Weidefläche

Der Flächeninhalt eines Rechtecks wird mit der Formel Länge mal Breite berechnet.

Flächeinhalt eines Rechtecks = Länge · Breite

Die Breite der Weidefläche ist unbekannt und wird mit $x$ bezeichnet. Die Länge des Rechtecks beträgt $200 - 2x$, da der Zaun insgesamt 200 m lang ist und eine Länge von $2x$ für die senkrecht zur Mauer verlaufenden Zaunstücke notwendig ist. Der Flächeninhalt $y$ des Rechtecks beträgt somit $y = x \cdot (200 - 2x)$. Multipliziert man die Klammer aus, erhält man Gleichung $y = 200x - 2x^2$.

**Beschreibung des Flächeninhalts der Weidefläche**

$y = 200x - 2x^2$ $y$: Flächeninhalt des Rechtecks (Weidefläche)
$x$: Breite des Rechtecks

Bei näherer Betrachtung stellt die Gleichung $y = 200x - 2x^2$ eine Funktion dar, da jeder Breite $x$ genau ein Flächeninhalt $y$ zugeordnet wird. Um genau zu sein, handelt es sich um eine quadratische Funktion, da die unbekannte Variable $x$ in zweiter Potenz vorkommt. Die maximale Definitionsmenge dieser Funktion ist $D = [0; 100]$. Ist nämlich die Breite $x$ der rechteckigen Weidefläche größer als 100, reicht der 200 m lange Zaun nicht aus, um die Weidefläche vollständig zu umzäunen.

## ■ Maximaler Flächeninhalt des Recktecks bzw. der Weidefläche

Um zu ermitteln, welchen Wert die Breite $x$ annehmen muss, damit der Flächeninhalt des Rechtecks maximal ist, erstellen wir eine Wertetabelle **(Tabelle 1)** der Funktion $y = 200x - 2x^2$ und zeichnen unter deren Verwendung den zugehörigen Graphen **(Bild 1)**.

**Tabelle 1:** Wertetabelle von $y = 200x - 2x^2$

| **x** | 0 | 5 | 10 | 15 | 20 | 25 | 30 | 35 | 40 | 45 |
|---|---|---|---|---|---|---|---|---|---|---|
| **y** | 0 | 950 | 1800 | 2550 | 3200 | 3750 | 4200 | 4550 | 4800 | 4950 |

| **50** | 55 | 60 | 65 | 70 | 75 | 80 | 85 | 90 | 95 | 100 |
|---|---|---|---|---|---|---|---|---|---|---|
| **5000** | 4950 | 4800 | 4550 | 4200 | 3750 | 3200 | 2550 | 1800 | 950 | 0 |

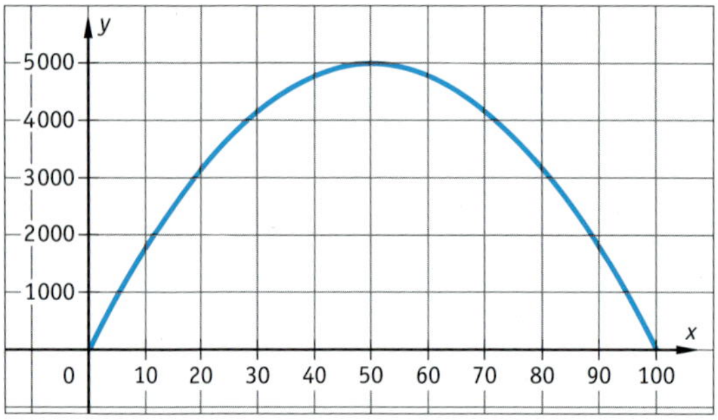


**Bild 1:** Graph von $y = 200x - 2x^2$

Aus dem Graphen der quadratischen Funktion $y = 200x - 2x^2$ können zwei Erkenntnisse gewonnen werden.

1. Der Graph einer quadratischen Funktion ist keine Gerade, sondern eine gekrümmte Kurve, die als Parabel bezeichnet wird.
2. Bei einer Breite von $x = 50$ ist der Flächeninhalt am größten, und zwar beträgt dieser 5000. Das bedeutet: Wenn die rechteckige Weidefläche eine Breite von 50 m und eine Länge von 100 m hat, besitzt die eingezäunte Weidefläche einen Flächeninhalt von 5000 $m^2$. Eine größere rechteckige Fläche kann mit einem 200 m langen Zaun nicht eingezäunt werden.

## ■ Antwort auf die ursprüngliche Frage des Bergbauers

Der Bergbauer wollte wissen, wie weit entfernt von der Mauer er die Befestigungspfosten stellen muss, damit die Weidefläche maximal ist. Die Antwort lautet: Die Pfosten müssen 50 m von Mauer entfernt aufgestellt werden und einen Abstand von 100 m haben.

Bei der Bearbeitung dieser Aufgabe haben wir eine neue Funktion, nämlich die quadratische Funktion kennengelernt, deren Graph Parabel genannt wird und im Gegensatz zu einer Geraden gebogen verläuft. Quadratische Funktionen und die zugehörigen Parabeln werden im Folgenden näher untersucht.

### 3.4.1 Überblick über quadratische Funktionen und Parabeln

Eine quadratische Funktion ist eine Funktion, in deren Funktionsterm die Variable in zweiter und in keiner höheren Potenz vorkommt. Der Funktionsterm einer quadratischen Funktion lässt sich stets in der Form $f(x) = ax^2 + bx + c$ mit $a \neq 0$ darstellen. Man nennt diese Darstellungsform die allgemeine Darstellungsform einer quadratischen Funktion.

**Quadratische Funktion**

Eine Funktion, deren Funktionsterm sich in der Form

$$f(x) = ax^2 + bx + c \quad \text{mit } a \neq 0$$

darstellen lässt, nennt man quadratische Funktion.

Der Graph einer quadratischen Funktion ist eine Parabel. Der Graph einer Parabel ist entweder nach oben oder nach unten geöffnet. Jede Parabel hat einen charakteristischen Punkt, den Scheitelpunkt. Dieser ist der tiefste (**Bild 1**) bzw. höchste Punkt (**Bild 2**) einer Parabel. In der folgenden Übersicht sind exemplarisch verschiedene quadratische Funktionen genannt und die zugehörigen Parabeln abgebildet.

| **Funktion** | **Zugehörige Parabel** |
|---|---|
| $f: x \mapsto f(x) = \frac{1}{2}x^2 + 2x - 1$ mit $D_f = \mathbb{R}$ | 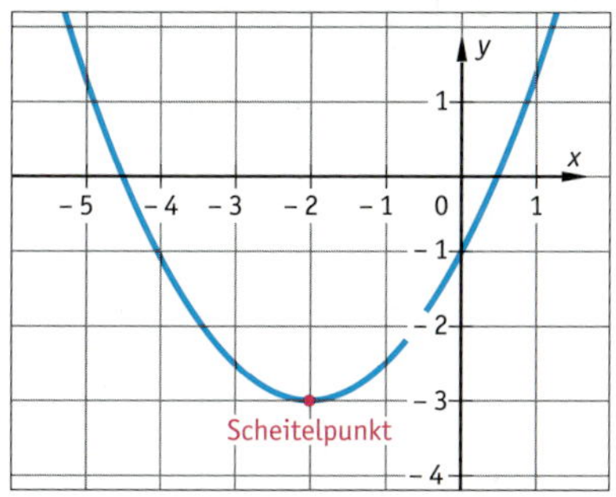  **Bild 1:** Graph der Funktion $f$ |
| $p: x \mapsto p(x) = -\frac{1}{4}x^2 - x + 1$ mit $D_p = \mathbb{R}$ | 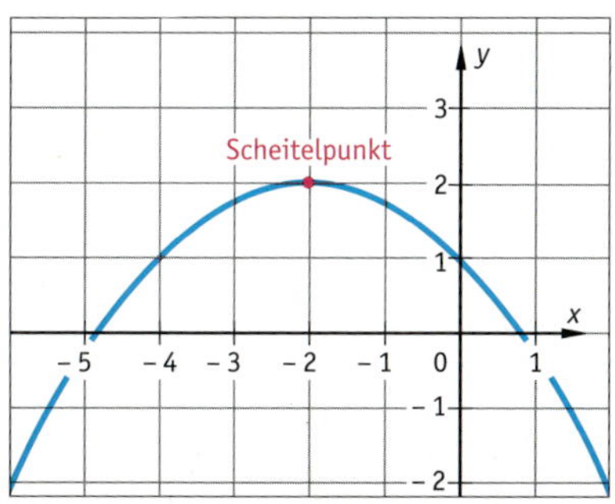  **Bild 2:** Graph der Funktion $p$ |

**Faktenwissen**

Der Graph einer quadratischen Funktion ist eine Parabel. Der Scheitelpunkt einer Parabel stellt den tiefsten bzw. höchsten Punkt der Parabel dar.

### Die Normalparabel

Die einfachste aller Parabeln ist die sogenannte Normalparabel. Sie wird durch die Funktionsgleichung $y = x^2$ beschrieben, ist nach oben geöffnet und hat ihren Scheitelpunkt bei S(0|0). In **Bild 1 auf der nächsten Seite** ist die Normalparabel abgebildet. Die einzelnen Punkte der Normalparabel sind ihrer Wertetabelle (**Tabelle 1** auf der nächsten Seite) zu entnehmen. Man erkennt, dass die Normalparabel achsensymmetrisch zur $y$-Achse ist. Das bedeutet anschaulich, dass wenn man den Parabelast im I. Quadranten gedanklich um die $y$-Achse spiegelt, wird dieser auf dem Parabelast im II. Quadranten abgebildet. Im Kapitel 3.6 »Symmetrie« werden Symmetrieeigenschaften von Funktionsgraphen näher untersucht.

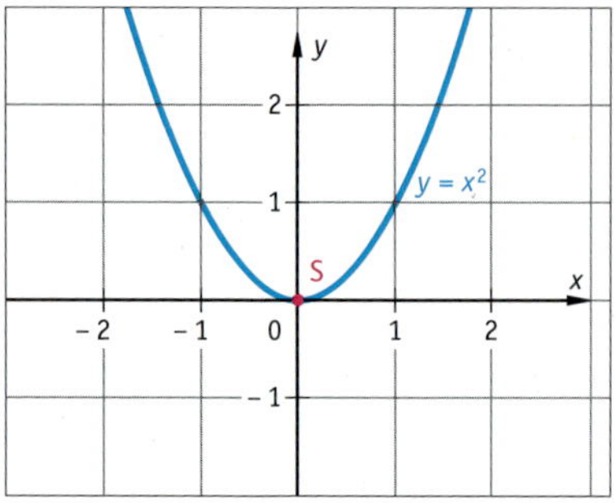


Bild 1: Die Normalparabel nach oben geöffnet

| **Tabelle 1:** Wertetabelle $y = x^2$ | | | | | | | |
|---|---|---|---|---|---|---|---|
| **x** | −2 | −1,5 | −1 | 0 | 1 | 1,5 | 2 |
| **y** | 4 | 2,25 | 1 | 0 | 1 | 2,25 | 4 |

### Nach unten geöffnete Normalparabel

Spiegelt man die Normalparabel an der $x$-Achse, erhält man die nach unten geöffnete Normalparabel. Eine Spiegelung an der $x$-Achse bedeutet mathematisch, dass die Vorzeichnen der $y$-Werte aller Kurvenpunkte gedreht werden müssen, was durch ein Minuszeichen vor dem Funktionsterm erreicht wird.

Die nach unten geöffnete Normalparabel wird durch die Funktionsgleichung $y = -x^2$ beschrieben. Sie und ihre Wertetabelle sind in **Bild 2** bzw. in **Tabelle 2** zu sehen.

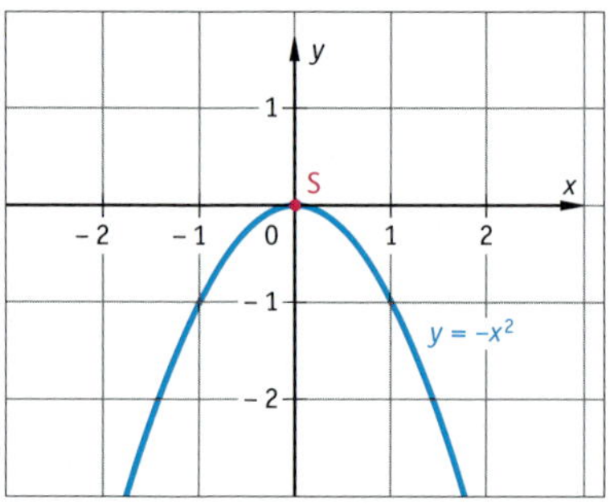


Bild 2: Die nach unten geöffnete Normalparabel

| **Tabelle 2:** Wertetabelle $y = -x^2$ | | | | | | | |
|---|---|---|---|---|---|---|---|
| **x** | −2 | −1,5 | −1 | 0 | 1 | 1,5 | 2 |
| **y** | −4 | −2,25 | −1 | 0 | −1 | −2,25 | −4 |

Man erkennt anhand von **Bild 2**, dass die nach unten geöffnete Normalparabel ihren Scheitelpunkt bei S(0|0) hat und symmetrisch zur $y$-Achse verläuft.

**Normalparabel**

Die (nach oben geöffnete) Normalparabel wird durch die Funktionsgleichung $y = x^2$ $(x \in \mathbb{R})$ beschrieben. $y = -x^2$ $(x \in \mathbb{R})$ ist die Funktionsgleichung der nach unten geöffneten Normalparabel. Beide haben ihren Scheitelpunkt bei S(0|0) und sind achsensymmetrisch zur $y$-Achse.

### 3.4.2 Veränderungen der Normalparabel

Normalparabeln, also Graphen von quadratischen Funktionen vom Typ $y = x^2$ bzw. $y = -x^2$, werden in der Mathematik selten behandelt. Vielmehr werden Parabeln betrachtet, die horizontal und vertikal verschoben beziehungsweise gestreckt oder gestaucht sind. Im Folgenden wird erläutert, was man unter einer Streckung/Stauchung einer Parabel beziehungsweise unter den horizontalen und vertikalen Verschiebungen versteht. Ausgangspunkt der jeweiligen Überlegung bildet stets die nach oben geöffnete Normalparabel.

#### 3.4.2.1 Stauchung bzw. Streckung

Um zu verstehen, was man unter einer Stauchung bzw. Streckung einer Parabel versteht, werden die quadratischen Funktionen $n$, $f$ und $g$ betrachtet. Sie werden durch folgende Funktionsterme beschrieben:

$n(x) = x^2 \quad$ mit $D_n = \mathbb{R}$

$f(x) = \frac{1}{2}x^2 \quad$ mit $D_f = \mathbb{R}$

$g(x) = 2x^2 \quad$ mit $D_g = \mathbb{R}$

In **Bild 1** sind die Graphen der drei Funktionen zu sehen, wobei der Graph der Funktion $n$ die Normalparabel ist. **Tabelle 1** zeigt die Wertetabellen der einzelnen Funktionen.

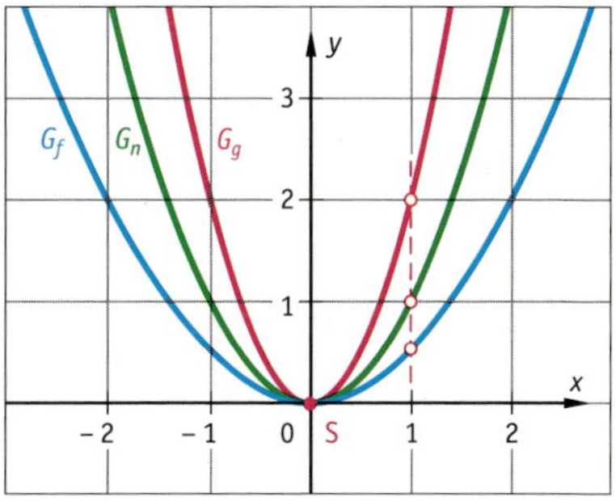


**Bild 1:** Graphen der Funktion $n$, $f$ und $g$

**Tabelle 1:** Wertetabelle der Funktionen $n$, $f$ und $g$

| **x** | **−2** | **−1,5** | **-1** | **-0,5** | **0** | **0,5** | **1** | **1,5** | **2** |
|---|---|---|---|---|---|---|---|---|---|
| $n(x) = x^2$ | 4 | 2,25 | 1 | 0,25 | 0 | 0,25 | 1 | 2,25 | 4 |
| $f(x) = \frac{1}{2}x^2$ | 2 | 1,125 | 0,5 | 0,125 | 0 | 0,125 | 0,5 | 1,125 | 2 |
| $g(x) = 2x^2$ | 8 | 4,5 | 2 | 0,5 | 0 | 0,5 | 2 | 4,5 | 8 |

Man erkennt anhand der Wertetabelle, dass der Faktor $\frac{1}{2}$ vor dem $x^2$ im Funktionsterm $f(x)$ dazu führt, dass alle Funktionswerte der Normalparabel halbiert, also mit 0,5 multipliziert, werden. Man sagt, dass die Parabel, die durch $f(x) = \frac{1}{2}x^2$ beschrieben wird, gestaucht ist. Analog werden durch den Faktor 2 vor dem $x^2$ im Funktionsterm g(x) alle Funktionswerte der Normalparabel verdoppelt, also mal 2 genommen. Die Parabel $G_g$ ist daher gestreckt. Offensichtlich ändert der Faktor vor dem $x^2$ die Öffnung der Parabel. Er wird daher Öffnungsfaktor genannt.

Wie in **Bild 1** zu sehen ist, erhält man $G_f$ grafisch, indem man alle $y$-Werte der Kurvenpunkte von $G_n$ (Normalparabel) halbiert. Den Graphen von $G_g$ erhält man, durch Verdopplung der $y$-Werte der Kurvenpunkte der Normalparabel. Aus dem **Bild 1** ist weiterhin ersichtlich, dass sich der Scheitelpunkt der Parabel durch das Stauchen und Strecken nicht ändert.

**Anmerkung** Ist der Öffnungsfaktor $a$ kleiner Null, so ist die zugehörige Parabel nach unten geöffnet. Das lässt sich dadurch erklären, dass alle $y$-Werte der Kurvenpunkte der Normalparabel mit einer negativen Zahl multipliziert werden. Das entspricht einer Spiegelung an der $x$-Achse mit anschließender Streckung bzw. Stauchung.

**Stauchung bzw. Streckung der Normalparabel**

Allgemein lautet der Funktionsterm einer gestauchten bzw. gestreckten Normalparabel

$f(x) = a \cdot x^2 \quad$ mit $a \neq 0$.

Man nennt den Faktor $a$ den Öffnungsfaktor der Parabel. Durch das Stauchen bzw. Strecken bleibt der Scheitelpunkt einer Parabel unverändert.

Ist der Öffnungsfaktor $0 < a < 1$, ist die Parabel gestaucht.

Ist der Öffnungsfaktor $a > 1$, so ist die Parabel gestreckt.

Ist der Öffnungsfaktor $-1 < a < 0$, so ist die Parabel nach unten geöffnet und gestaucht.

Ist der Öffnungsfaktor $a < -1$, so ist die Parabel nach unten geöffnet und gestreckt.

### 3.4.2.2 Horizontale Verschiebung einer Parabel

Die horizontale Verschiebung einer Parabel lässt sich an den Parabeln, die durch folgende Funktionsterme beschrieben werden, anschaulich darstellen.

$$n(x) = x^2 \quad \text{mit } D_n = \mathbb{R}$$

$$f(x) = (x-2)^2 \quad \text{mit } D_f = \mathbb{R}$$

In **Bild 1** sind die Graphen beider Funktionen abgebildet, wobei der Graph der Funktion $n$ die Normalparabel ist. In **Tabelle 1** sind die Funktionswerte beider Funktionen zu sehen.

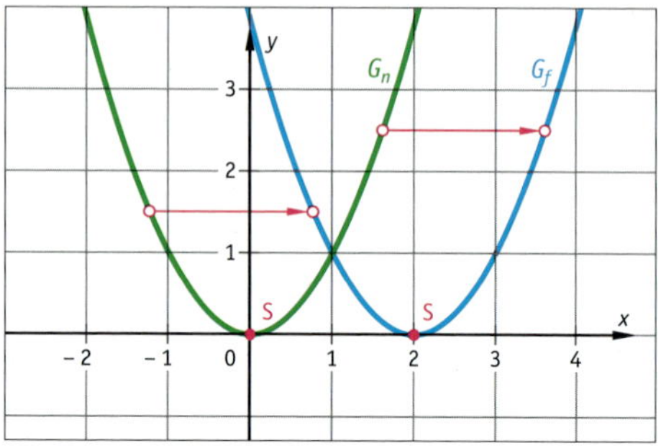


**Bild 1:** Verschiebung in positiver $x$-Richtung

**Tabelle 1:** Wertetabelle der Funktionen $n$ und $f$

| **x** | −2 | −1 | 0 | 1 | 2 | 3 | 4 |
|---|---|---|---|---|---|---|---|
| $n(x) = x^2$ | 4 | 1 | 0 | 1 | 4 | 9 | 16 |
| $f(x) = (x-2)^2$ | 16 | 9 | 4 | 1 | 0 | 1 | 4 |

Anhand von **Bild 1** erkennt man, dass die Parabel $G_f$ bezüglich der Normalparabel um 2 Längeneinheiten nach rechts verschoben ist. Verantwortlich für die horizontale Verschiebung ist augenscheinlich die Zahl −2 im Funktionsterm $f(x) = (x-2)^2$. Aufgrund der Verschiebung um 2 Längeneinheiten nach rechts befindet sich der Scheitelpunkt der Parabel $G_f$ im Punkt S(2|0).

Betrachtet man zusätzlich den Graphen der Funktion $g$, die durch den Funktionsterm $g(x) = (x+2)^2$ mit $D_g = \mathbb{R}$ beschrieben wird (**Bild 2**), so stellt man fest, dass dieser bezüglich der Normalparabel um 2 Längeneinheiten nach links verschoben ist. Der Scheitelpunkt der Parabel $G_g$ befindet sich somit bei S(−2|0). Verantwortlich für die horizontale Verschiebung der Parabel $G_g$ ist die Zahl +2 im Funktionsterm $g(x) = (x+2)^2$.

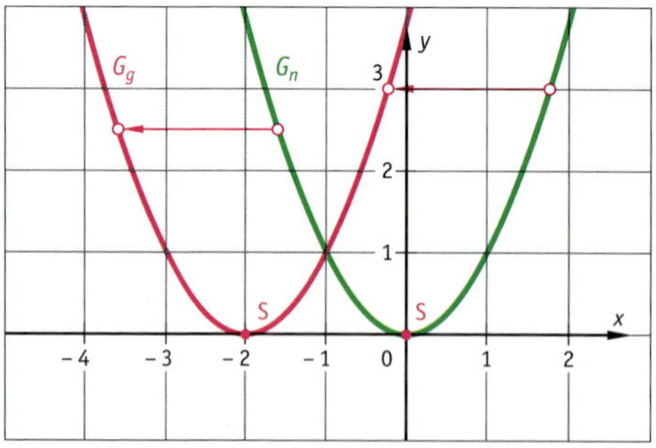


**Bild 2:** Verschiebung in negativer $x$-Richtung

**Horizontale Verschiebung**

Allgemein lautet der Funktionsterm einer horizontal verschobenen Normalparabel

$$f(x) = (x - x_s)^2.$$

Der Scheitelpunkt dieser horizontal verschobenen Normalparabel liegt bei

$$S(x_s|0).$$

Ist $x_s < 0$ liegt eine Verschiebung in positiver $x$-Richtung vor.

Ist $x_s > 0$ liegt eine Verschiebung in negativer $x$-Richtung vor.

### 3.4.2.3 Vertikale Verschiebung einer Parabel

Anhand der Parabeln, die durch folgende Funktionsterme beschrieben werden, wird erläutert, was unter einer vertikalen Verschiebung einer Parabel verstanden wird.

$n(x) = x^2 \quad \text{mit } D_n = \mathbb{R}$

$f(x) = x^2 + 2 \quad \text{mit } D_f = \mathbb{R}$

$g(x) = x^2 - 2 \quad \text{mit } D_g = \mathbb{R}$

In **Bild 1** sind die Graphen der Funktionen $n$ und $f$ abgebildet. Die Graphen der Funktionen $n$ und $g$ sind in **Bild 2** dargestellt. **Tabelle 1** zeigt die Wertetabellen der drei Funktionen.

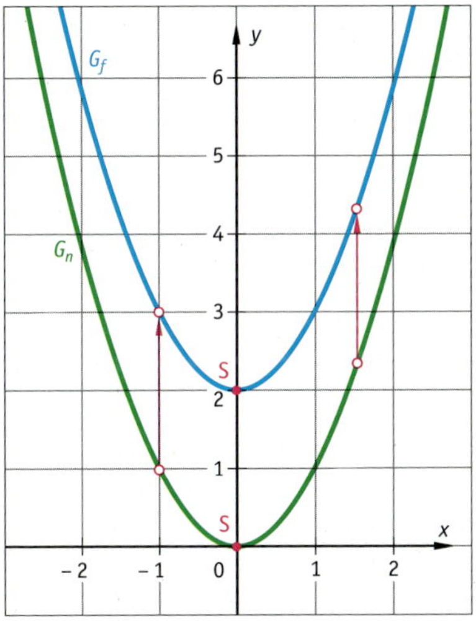


**Bild 1:** Verschiebung in positiver $y$-Richtung

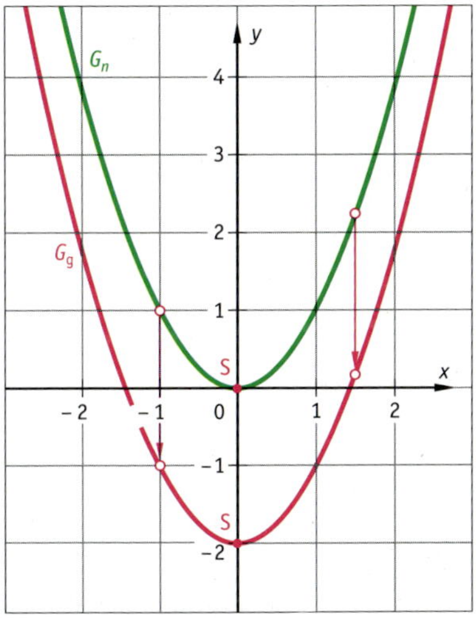


**Bild 2:** Verschiebung in negativer $y$-Richtung

| **Tabelle 1:** Wertetabelle der Funktionen $n$, $f$ und $g$ | | | | | | | |
|---|---|---|---|---|---|---|---|
| **x** | −3 | −2 | −1 | 0 | 1 | 2 | 3 |
| $n(x) = x^2$ | 9 | 4 | 1 | 0 | 1 | 4 | 9 |
| $f(x) = x^2 + 2$ | 11 | 6 | 3 | 2 | 3 | 6 | 11 |
| $g(x) = x^2 - 2$ | 7 | 1 | −1 | −2 | −1 | 1 | 7 |

Anhand von **Bild 1** erkennt man, dass die Parabel $G_f$ bezüglich der Normalparabel um 2 Längeneinheiten nach oben verschoben ist. Die Addition +2 im Funktionsterm $f(x) = x^2 + 2$ bewirkt nämlich, dass alle Funktionswerte $f(x)$ um 2 größer sind, als die Funktionswerte $n(x)$. Dementsprechend ist der Scheitelpunkt der Parabel $G_f$ bei $S(0|2)$.

Die Funktionswerte $g(x) = x^2 - 2$ sind wegen der Subtraktion −2 um 2 kleiner als die Funktionswerte von $n(x)$. Folglich ist die Parabel $G_g$ bezüglich der Normalparabel $G_n$ um 2 Längeneinheiten nach unten verschoben (**Bild 2**). Der Scheitelpunkt der Parabel $G_g$ ist bei $S(0|-2)$.

**Vertikale Verschiebung**

Allgemein lautet der Funktionsterm einer vertikal verschobenen Normalparabel

$f(x) = x^2 + y_s$.

Der Scheitelpunkt dieser horizontal verschobenen Normalparabel liegt bei

$S(0|y_s)$.

Ist $y_s > 0$ liegt eine Verschiebung in positiver $y$-Richtung vor.

Ist $y_s < 0$ liegt eine Verschiebung in negativer $y$-Richtung vor.

### 3.4.2.4 Kombination von Veränderungen der Normalparabel

In diesem Kapitel wird eine Normalparabel sowohl horizontal und vertikal verschoben als auch gestaucht bzw. gestreckt. Dabei werden wir die einhergehenden Veränderungen des Funktionsterms und die Koordinaten des Scheitelpunkts betrachten.

Ausgangspunkt der folgenden Überlegungen ist die Normalparabel. Sie wird durch die Funktionsgleichung $y = x^2$ beschrieben und hat ihren Scheitelpunkt bei S(0|0) (**Tabelle 1**).

**Tabelle 1:** Übersicht der Normalparabel

| Funktionsgleichung | Scheitelpunkt | Graph |
|---|---|---|
| $y = x^2$ | S(0\|0) | 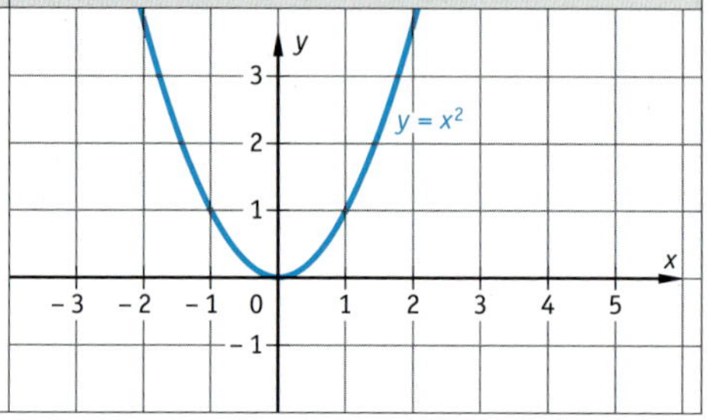 |

- **Stauchung / Streckung der Normalparabel**

Die Normalparabel wird um einen beliebigen Faktor $a$ ($a \neq 0$) gestreckt bzw. gestaucht. Der Scheitelpunkt der Parabel ändert sich dabei nicht. Die Funktionsgleichung dieser gestreckten bzw. gestauchten Parabel lautet $y = a \cdot x^2$ (**Tabelle 2**).

**Tabelle 2:** Änderung des Öffnungsfaktors

| Funktionsgleichung | Scheitelpunkt | Graph |
|---|---|---|
| $y = a \cdot x^2$ | S(0\|0) | 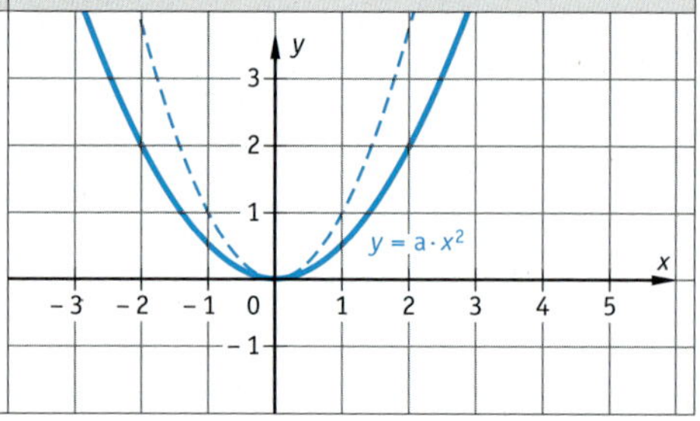 |

- **Horizontale Verschiebung**

Die Parabel mit der Funktionsgleichung $y = a \cdot x^2$ wird um einen beliebigen Wert $b$ horizontal verschoben. Der Scheitelpunkt dieser horizontal verschobenen Parabel liegt bei S($b$|0). Die Funktionsgleichung der verschobenen Parabel lautet $y = a \cdot (x - b)^2$ (**Tabelle 3**).

**Tabelle 3:** Horizontale Verschiebung

| Funktionsgleichung | Scheitelpunkt | Graph |
|---|---|---|
| $y = a \cdot (x - b)^2$ | S($b$\|0) | 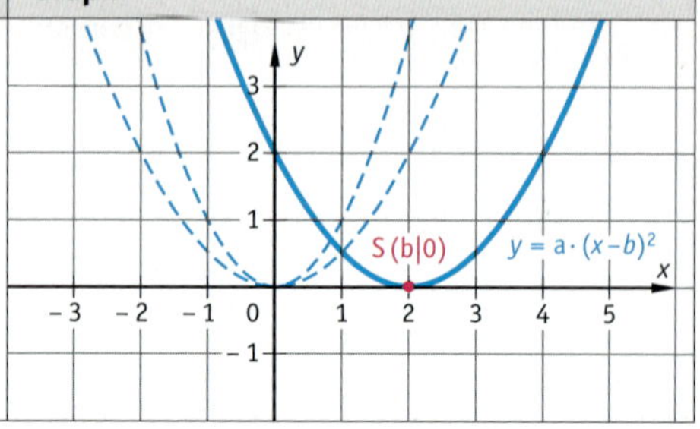 |

- **Vertikale Verschiebung**

Die Parabel mit der Funktionsgleichung $y = a \cdot (x - b)^2$ wird um einen beliebigen Wert $c$ vertikal verschoben. Der Scheitelpunkt dieser vertikal verschobenen Parabel liegt bei $S(b|c)$. Die Funktionsgleichung dieser Parabel lautet $y = a \cdot (x - b)^2 + c$ (**Tabelle 1**).

**Tabelle 1:** Vertikale Verschiebung

| **Funktionsgleichung** | **Scheitelpunkt** | **Graph** |
|---|---|---|
| $y = a \cdot (x - b)^2 + c$ | $S(b\|c)$ | 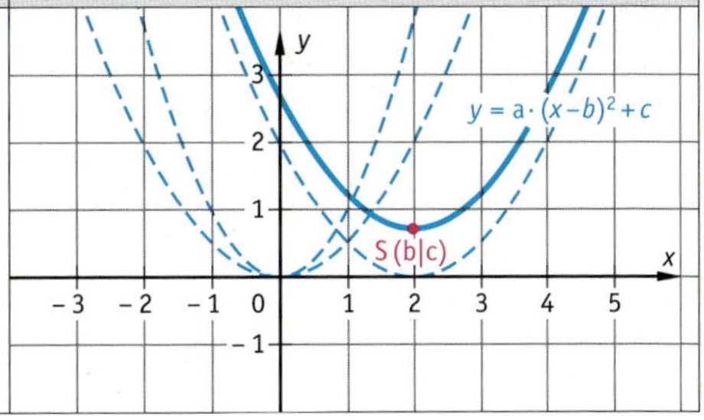  |

- **Fazit**

Jede beliebige Parabel lässt sich durch Stauchung/Streckung sowie Verschiebung in horizontaler und vertikaler Richtung ausgehend von der Normalparabel herleiten. Diese grafischen Veränderungen spiegeln sich in der Funktionsgleichung $y = a \cdot (x - b)^2 + c$ der Parabel wider. Der Faktor $a$ gibt die Stauchung/Streckung der Parabel an. Die Koeffizienten $b$ und $c$ geben die horizontale bzw. vertikale Verschiebung indirekt an. Da $b$ und $c$ die Koordinaten des Scheitelpunkts $S(x_s|y_s)$ sind, wird die genannte Funktionsgleichung in der Form $y = a \cdot (x - x_s)^2 + y_s$ geschrieben und wird Scheitelpunktform einer Parabel genannt. Auf diese wichtige Darstellungsform wird im folgenden Kapitel näher eingegangen.

**Erkenntnis** Jede Parabel lässt sich in der Scheitelpunktform angeben. Sie lautet $y = a \cdot (x - x_s)^2 + y_s$, wobei $a$ der Öffnungsfaktor der Parabel und $x_s$ sowie $y_s$ die Koordinaten des Scheitelpunkts sind.

**Anmerkung** Durch die Scheitelpunktform $y = a \cdot (x - x_s)^2 + y_s$ ist der Verlauf einer Parabel eindeutig beschrieben. Das bedeutet, dass mithilfe der Scheitelpunktform eine Parabel ohne weitere Überlegungen gezeichnet werden kann.

### 3.4.2.5 Aufgaben zu Veränderung der Normalparabel

**Aufgaben**

1. Gegeben ist die Parabel $G_f$, die durch den Funktionsterm $f(x)$ beschrieben wird.

   $f(x) = \frac{1}{2}(x - 3)^2 + 1 \quad \text{mit } D_f = \mathbb{R}$

   a) Nennen Sie die Koordinaten des Scheitelpunkts der Parabel und interpretieren Sie den Öffnungsfaktor.

   b) Beschreiben Sie, wie man ausgehend von der Normalparabel die Parabel $G_f$ erhält.

2. Gegeben ist die Parabel $G_p$, die durch den Funktionsterm $p(x)$ beschrieben wird.

   $p(x) = (x + 3)^2 \quad \text{mit } D_p = \mathbb{R}$

   a) Geben Sie an, welche der folgenden Aussagen richtig sind:

   ☐ Der Scheitelpunkt der Parabel liegt auf der $y$-Achse.

   ☐ Man erhält die Parabel $G_p$ durch Verschiebung der Normalparabel um 3 Längeneinheiten nach links.

   ☐ Der Öffnungsfaktor der Parabel ist 1.

   b) Treffen Sie zwei weitere Aussagen über den Graphen von $p$, die wahr sind.

3. Übertragen Sie die Wertetabelle auf ein Extrablatt und vervollständigen Sie die Wertetabelle. Gehen Sie dabei möglichst einfach vor. Beschreiben Sie ihre Vorgehensweise.

| x | −3 | −2 | −1 | 0 | 1 | 2 |
|---|---|---|---|---|---|---|
| $y = x^2$ | 9 | 4 | 1 | 0 | 1 | 4 |
| $y = x^2 - 1$ | | | | | | |
| $y = x^2 + 3$ | | | | | | |

4. In der folgenden Wertetabelle sind Funktionswerte der quadratischen Funktionen $f$ und $g$ angegeben. Geben Sie die Funktionsterme $f(x)$ und $g(x)$ an.

| x | −3 | −2 | −1 | 0 | 1 | 2 |
|---|---|---|---|---|---|---|
| $y = x^2$ | 9 | 4 | 1 | 0 | 1 | 4 |
| $f(x)$ | 2,25 | 1 | 0,25 | 0 | 0,25 | 2,25 |
| $g(x)$ | −9 | −4 | −1 | 0 | −1 | −4 |

5. Nennen Sie den Funktionsterm $p(x)$ einer quadratischen Funktion, deren zugehörige Parabel durch folgende Veränderungen der Normalparabel entstanden ist.
   - Streckung um den Faktor 2
   - Horizontale Verschiebung um den Wert 1,5 in positive $x$-Richtung.
   - Vertikale Verschiebung um den Wert 0,5 in negative $x$-Richtung.

### 3.4.3 Die Scheitelpunktform

Aus dem vorherigen Kapitel ist bekannt, dass der Graph einer quadratischen Funktion eine Parabel ist. Diese kann nach oben oder unten geöffnet sein. Der markanteste Punkt einer Parabel ist der Scheitelpunkt (**Bild 1 und 2**).

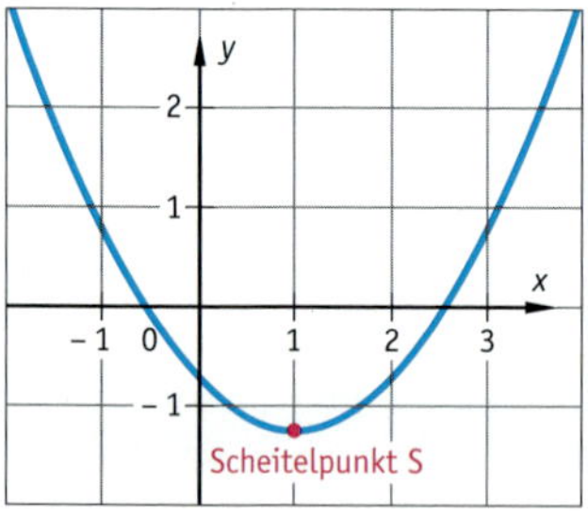


**Bild 1:** Nach oben geöffnete Parabel

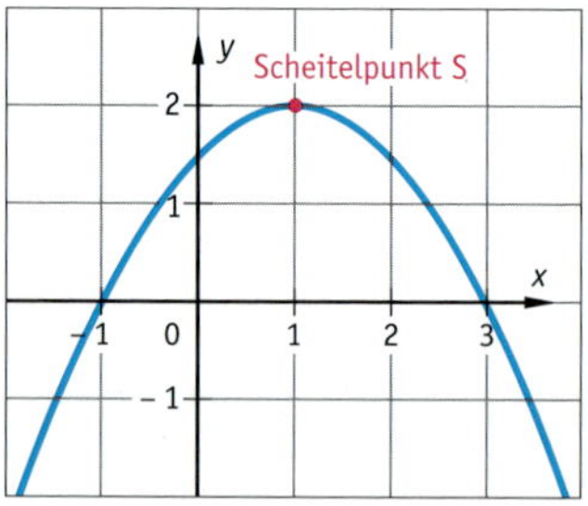


**Bild 2:** Nach unten geöffnete Parabel

#### ■ Scheitelpunktform einer quadratischen Funktion

Des Weiteren ist bekannt, dass sich jede Parabel prinzipiell durch den Funktionsterm $f(x) = a \cdot (x - x_s)^2 + y_s$ beschreiben lässt. Diese Darstellungsform wird Scheitelpunktform einer quadratischen Funktion genannt. In dieser steht $x_s$ für den $x$-Wert und $y_s$ für den $y$-Wert des Scheitelpunkts. Der Koeffizient $a$ spiegelt den Öffnungsfaktor der Parabel wider.

**Scheitelpunktform einer Parabel**

Die Scheitelpunktform einer Parabel lautet:

$f(x) = a \cdot (x - x_s)^2 + y_s \qquad (a \neq 0)$

$x_s$, $y_s$: Koordinaten des Scheitelpunkts

a: Öffnungsfaktor der Parabel

## ■ Zeichnen einer Parabel ohne Wertetabelle

In der Scheitelpunktform sind alle Informationen enthalten, um die zugehörige Parabel zu zeichnen. Anhand der folgenden Musteraufgabe wird erläutert, wie man ausgehend von der Scheitelpunktform eine Parabel ohne Wertetabelle zeichnet.

### Musteraufgabe zum Zeichnen einer Parabel ohne Wertetabelle

Gegeben ist der Funktionsterm $f(x)$ einer quadratischen Funktion $f$ in Scheitelpunktform. Zeichnen Sie die zugehörige Parabel ohne Verwendung einer Wertetabelle.

$f(x) = 0{,}5\,(x+1)^2 - 1 \quad \text{mit} \quad D_f = \mathbb{R}$

### Lösung

Aus der Scheitelpunktform ist der Scheitelpunkt der Parabel ablesbar. Dieser ist S(–1|–1). Der Öffnungsfaktor $a = 0{,}5$, der ebenfalls abgelesen werden kann, wird zunächst nicht berücksichtigt. Vielmehr geht man zunächst von einem Öffnungsfaktor $a = 1$ aus und trägt in den Scheitelpunkt S(–1|–1) eine Normalparabel an.

Die Normalparabel erhält man, wenn man vom Scheitelpunkt aus gedanklich eine Längeneinheit (LE) in $x$-Richtung und entsprechend der Normalparabel ($1^2 = 1$), also eine Längeneinheit, in $y$-Richtung geht. Danach läuft man gedanklich ausgehend von Scheitelpunkt 2 LE in $x$-Richtung und $2^2$, also 4 LE in $y$-Richtung usw. Aufgrund dieser Überlegung und der Symmetrie der Parabel erhält man ohne Wertetabelle eine Normalparabel mit dem Scheitelpunkt bei S(–1|–1) (**Bild 1**).

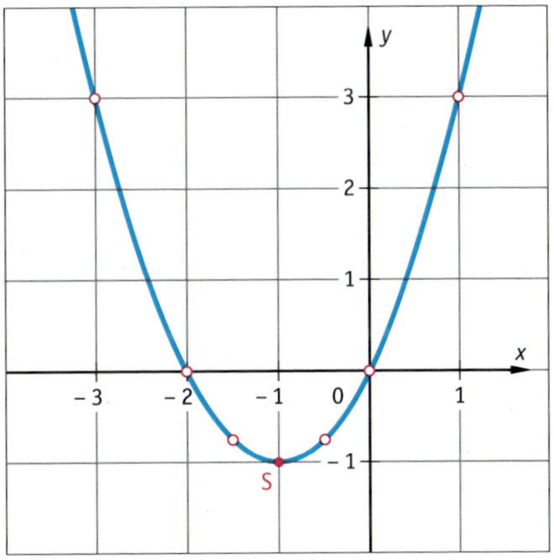


**Bild 1:** Normalparabel mit S(-1|-1)

### Berücksichtigung des Öffnungsfaktors

Bei den bisherigen Überlegungen zum Zeichnen der Parabel, die durch den Funktionsterm $f(x) = 0{,}5\,(x+1)^2 - 1$ beschrieben wird, wurde der Öffnungsfaktor $a = 0{,}5$ nicht berücksichtigt **(Bild 1).** Dies geschieht nun an dieser Stelle durch folgende Vorgehensweise:

Man legt gedanklich eine waagrechte Linie durch den Scheitelpunkt der Parabel und halbiert den Abstand von dieser Linie und jedem Punkt auf der Normalparabel. Auf diese Weise erhält man die in **Bild 2** roten gezeichneten Punkte auf der gestauchten Parabel. Verbindet man diese roten Punkte, erhält man die Parabel $G_f$, die durch $f(x) = 0{,}5\,(x+1)^2 - 1$ beschrieben wird.

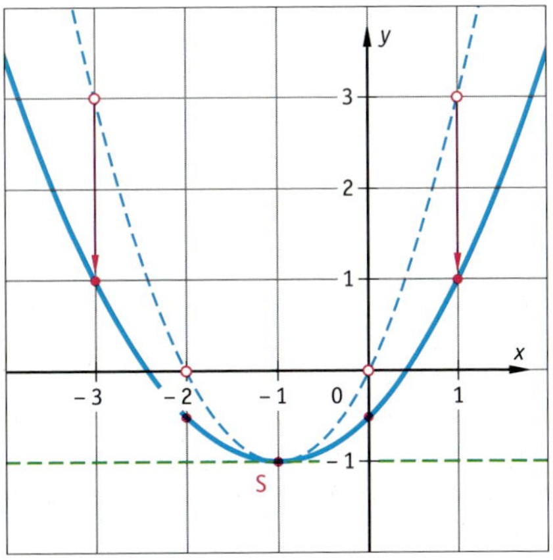


**Bild 2:** Gestauchte Parabel mit S(–1|–1)

**Anmerkung** Wäre der Öffnungsfaktor nicht $a = 0{,}5$, sondern $a = 0{,}25$, dann müsste der beschriebene Abstand zwischen der Normalparabel und der gedachten waagrechten Linie durch den Scheitelpunkt geviertelt werden. Wenn der Öffnungsfaktor beispielsweise $a = 2$ wäre, dann müsste der genannte Abstand verdoppelt werden.

## Aufgaben

1. Gegeben ist die Parabel $G_f$, die durch den Funktionsterm $f(x)$ beschrieben wird.

   $f(x) = \frac{1}{2}(x-2)^2 + 1 \quad \text{mit } D_f = \mathbb{R}$

   a) Nennen Sie die Koordinaten des Scheitelpunkts der Parabel und interpretieren Sie den Öffnungsfaktor.

   b) Überprüfen Sie die Richtigkeit der folgenden Wertetabelle und ergänzen Sie die fehlenden Werte.

| x | –1 | 0 | 1 | 1,5 | 2 | 3 | 4 |
|---|---|---|---|---|---|---|---|
| $y = f(x)$ | 5,5 | | 1,5 | 1,75 | | | |

   c) Zeichnen Sie die Parabel $G_f$ für $-1 \leq x \leq 4$ unter Verwendung der Wertetabelle.

   d) Geben Sie die Funktionsgleichung einer nach oben geöffneten, gestreckten Parabel $G_p$ an, die den gleichen Scheitelpunkt wie die Parabel $G_f$ hat.

   e) Berechnen Sie die $y$-Koordinate des Punktes $B(6|y_B)$ so, dass dieser auf der Parabel $G_f$ liegt.

   f) Ermitteln Sie den Wert des Ausdrucks $f(+2,5)$ mithilfe der in Teilaufgabe c) gezeichneten Parabel.

2. Eine Schülerin behauptet, dass die abgebildete Parabel und die angegebene Wertetabelle zusammenpassen. Widerlegen Sie diese Aussage.

| $x$ | –1 | 0 | 2 | 4 | 5 |
|---|---|---|---|---|---|
| $y = h(x)$ | 3,25 | 2 | 1 | 2,5 | 3,25 |

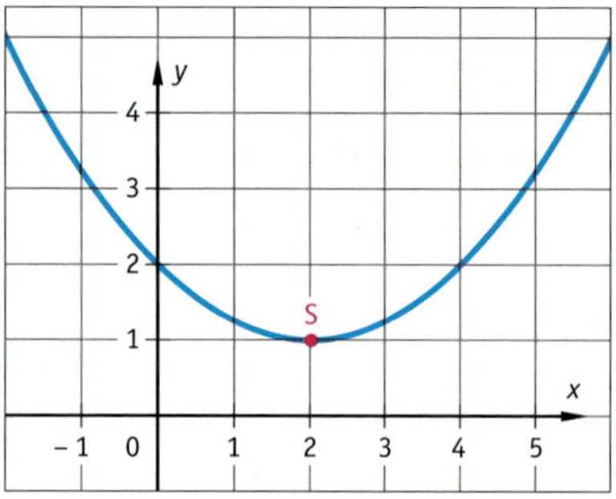


3. In einem Schulbuch stoßen Sie auf folgende Aufgabe: »Von einer Parabel $G_p$ ist der Scheitelpunkt $S(2|-2)$ und ein weiterer Punkt der Parabel $P(3|1)$ bekannt. Der Öffnungsfaktor $a$ der Parabel ist unbekannt. Berechnen Sie diesen!« Als Lösung gibt das Schulbuch folgenden Rechenweg an. Analysieren Sie diesen Rechenweg und beschreiben Sie ihn.

   $S(2|-2)$ in $p(x) = a \cdot (x - x_s)^2 + y_s$ einsetzen

   $\rightarrow \quad p(x) = a \cdot (x-2)^2 - 2$

   $P(3|1)$ in $p(x) = a \cdot (x-2)^2 - 2$ einsetzen und $a$ ausrechnen

   $\rightarrow \quad 1 = a \cdot (3-2)^2 - 2$

   $\Leftrightarrow \quad 1 = a - 2$

   $\Leftrightarrow \quad a = 3$

   $\rightarrow \quad p(x) = 3 \cdot (x-2)^2 - 2$

4. Zeichnen Sie die Graphen der Funktionen, die durch folgende Funktionsterm beschrieben werden.

   $f(x) = \frac{1}{4}(x-3)^2 - 2 \quad \text{mit } D_f = \mathbb{R}$

   $p(x) = -\frac{1}{2}x^2 + 3 \quad \text{mit } D_p = \mathbb{R}$

### 3.4.4 Die allgemeine Darstellungsform einer quadratischen Funktion

Im vorherigen Abschnitt wurde die Scheitelpunktform $f(x) = a \cdot (x - x_s)^2 + y_s$ einer quadratischen Funktion näher betrachtet. Aus ihr kann der Scheitelpunkt und der Öffnungsfaktor einer Parabel entnommen werden. Zum Rechnen mit quadratischen Funktionen wird häufig die allgemeine Darstellungsform einer quadratischen Funktion $f(x) = ax^2 + bx + c$ $(a \neq 0)$ verwendet. In beiden Darstellungsformen gibt der Koeffizient $a$ jeweils den Öffnungsfaktor der Parabel an.

| | |
|---|---|
| Scheitelpunktform: | $f(x) = a \cdot (x - x_s)^2 + y_s$ |
| Allgemeine Darstellungsform einer quadratischen Funktion: | $f(x) = ax^2 + bx + c$ |

Die beiden Darstellungsformen können in einander umgewandelt werden. Wie dies vonstatten geht, wird im Folgenden erläutert.

## ▪ Umrechnung der Scheitelpunktform in die allgemeine Darstellungsform

Um die Scheitelpunktform in die allgemeine Darstellungsform umzurechnen, muss die Klammer aufgelöst und der entstehende Term zusammengefasst werden. Anhand der folgenden Aufgabe wird diese Vorgehensweise demonstriert.

**Beispielaufgabe**

Gegeben ist der Funktionsterm $p(x)$ einer quadratischen Funktion $p$ in Scheitelpunktform.

$$p(x) = \frac{1}{2}(x-2)^2 + 1 \quad mit \quad D_p = \mathbb{R}$$

Stellen Sie $p(x)$ in allgemeiner Darstellungsform dar.

**Lösung**

Zunächst muss die Klammer aufgelöst werden. Anschließend wird der Funktionsterm zusammengefasst. Danach liegt der Funktionsterm in allgemeiner Darstellungsform vor.

$$p(x) = \frac{1}{2}(x-2)^2 + 1$$

$$\Leftrightarrow \quad p(x) = \frac{1}{2}(x^2 - 4x + 4) + 1 \quad \Leftrightarrow \quad p(x) = \frac{1}{2}x^2 - 2x + 2 + 1$$

$$\Leftrightarrow \quad p(x) = \frac{1}{2}x^2 - 2x + 3$$

In **Bild 1** ist der Graph der Funktion $p$ abgebildet.

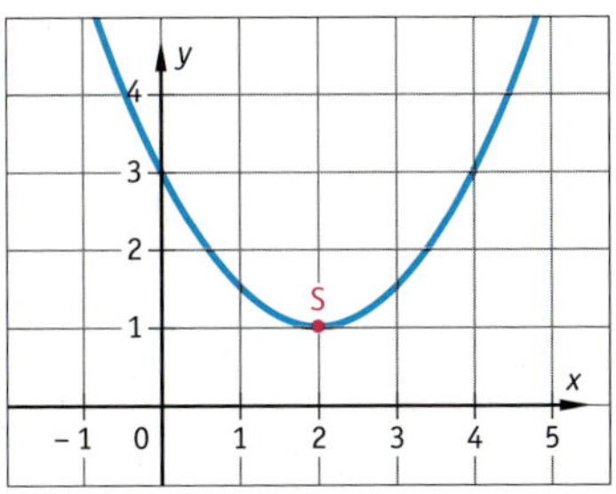


**Bild 1:** Graph der Funktion $G_p$

Die abgebildete Parabel lässt sich sowohl durch

$$p(x) = \frac{1}{2}(x-2)^2 + 1$$

als auch durch den Funktionsterm

$$p(x) = \frac{1}{2}x^2 - 2x + 3$$

beschreiben.

## ▪ Umrechnung der allgemeinen Darstellungsform in die Scheitelpunktform

Damit die Scheitelpunktform einer quadratischen Funktion angegeben werden kann, müssen der Scheitelpunkt und der Öffnungsfaktor der Parabel bekannt sein. Ist eine quadratische Funktion in der allgemeinen Darstellungsform $f(x) = ax^2 + bx + c$ gegeben, kann der Öffnungsfaktor $a$ abgelesen werden. Die $x$-Koordinate des Scheitelpunkts kann mit der Formel $x_s = -\frac{b}{2a}$ berechnet werden. Über die berechnete $x$-Koordinate des Scheitelpunkts kann auf die $y$-Koordinate geschlossen werden, indem die $x$-Koordinate in den Funktionsterm eingesetzt wird.

**Anmerkung** Im Anschluss an dieses Kapitel wird in der Rubrik Vertiefende Betrachtung die Formel $x_s = -\frac{b}{2a}$, mit der der $x$-Wert des Scheitelpunkts berechnet werden kann, hergeleitet.

**Beispielaufgabe**

Gegeben ist der Funktionsterm $q(x)$ einer quadratischen Funktion $q$ in der allgemeinen Darstellungsform.

$$q(x) = \frac{1}{2}x^2 - 1x + 2 \quad mit \quad D_q = \mathbb{R}$$

Stellen Sie den Funktionsterm $q(x)$ in Scheitelpunktform dar.

**Lösung**

Der Öffnungsfaktor ist $a = \frac{1}{2}$

Den Öffnungsfaktor ablesen.

$$x_s = -\frac{b}{2a} \quad a = \frac{1}{2} \quad b = -1$$

$$\rightarrow \quad x_s = -\frac{-1}{2 \cdot \frac{1}{2}} = 1$$

Den $x$-Wert des Scheitelpunkts mithilfe der Formel $x_s = -\frac{b}{2a}$ berechnen. $a$ ist bei dieser Aufgabe $\frac{1}{2}$ und $b = -1$.

$$y_s = q(1) = \frac{1}{2} \cdot 1^2 - 1 \cdot 1 + 2$$

$$\Leftrightarrow \quad y_s = \frac{3}{2}$$

Die berechnete $x$-Koordinate des Scheitelpunkts ($x_s = -1$) wird in den gegebenen Funktionsterm $q(x)$ eingesetzt.

$$a = \frac{1}{2} \quad x_s = 1 \quad y_s = \frac{3}{2}$$

$$\rightarrow \quad q(x) = \frac{1}{2}(x-1)^2 + \frac{3}{2}$$

Da nun die Koordinaten des Scheitelpunkts und der Öffnungsfaktor der Parabel $G_q$ bekannt sind, kann die Scheitelpunktform angegeben werden.

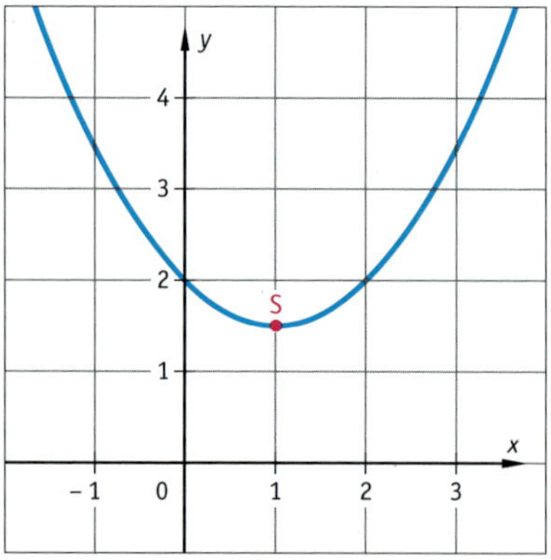


**Bild 1:** Graph der Parabel $G_q$

Die abgebildete Parabel (**Bild 1**) lässt sich sowohl durch

$$q(x) = \frac{1}{2}(x-1)^2 + \frac{3}{2}$$

als auch durch den Funktionsterm

$$q(x) = \frac{1}{2}x^2 - x + 2$$

beschreiben.

**Berechnung des Scheitelpunkts einer Parabel**

Liegt der Funktionsterm einer quadratischen Funktion in allgemeiner Darstellungsform $f(x) = ax^2 + bx + c$ vor, dann lassen sich die Koordinaten des Scheitelpunkts wie folgt berechnen:

$$x_S = -\frac{b}{2a} \qquad y_S = f(x_S)$$

$x_S$: $x$-Koordinate des Scheitelpunkts $\quad$ $y_S$: $y$-Koordinate des Scheitelpunkts

## Aufgaben

1. Gegeben ist die Parabel $G_f$, die durch den Funktionsterm $f(x)$ beschrieben wird.

   $f(x) = \frac{1}{4}(x-4)^2 + 2$ mit $D_f = \mathbb{R}$

   a) Geben Sie die Koordinaten des Scheitelpunkts der Parabel an.

   b) Stellen Sie den Funktionsterm $f(x)$ in allgemeiner Darstellungsform dar.

   c) Zeichnen Sie die Parabel $G_f$ für $1 \leq x \leq 7$ unter Verwendung einer Wertetabelle.

2. Gegeben ist die Parabel $G_p$, die durch den Funktionsterm $p(x)$ beschrieben wird.

   $p(x) = -2x^2 + 4x + 1$ mit $D_p = \mathbb{R}$

   a) Stellen Sie den Funktionsterm $p(x)$ in Scheitelpunktform dar.

   b) Geben Sie den Schnittpunkt der Parabel mit der $y$-Achse an.

3. Ihnen liegt der Lösungsweg zur folgenden Fragestellung vor: »Es ist die Funktion $s$ durch ihren Funktionsterm $s(x) = \frac{5}{4}(x-1)^2 + \frac{3}{4}$ gegebenen. Wie lautet der Funktionsterm $s(x)$ in allgemeiner Darstellungsform?«

   $$s(x) = \frac{5}{4}(x-1)^2 + \frac{3}{4} = \frac{5}{4}(x^2 - 1^2) + \frac{3}{4}$$
   $$= \frac{5}{4}x^2 - \frac{5}{4} + \frac{3}{4}$$
   $$= \frac{5}{4}x^2 - \frac{2}{4} = \frac{5}{4}x^2 - \frac{1}{2}$$

   Beschreiben Sie den Fehler, der bei der Umwandlung der Scheitelpunktform in die allgemeine Darstellungsform gemacht wurde.

4. Geben Sie an, ob die folgende Parabel durch den Funktionsterm $h(x) = -\frac{1}{4}x^2 + x + 3$ beschrieben wird. Begründen Sie Ihre Angabe.

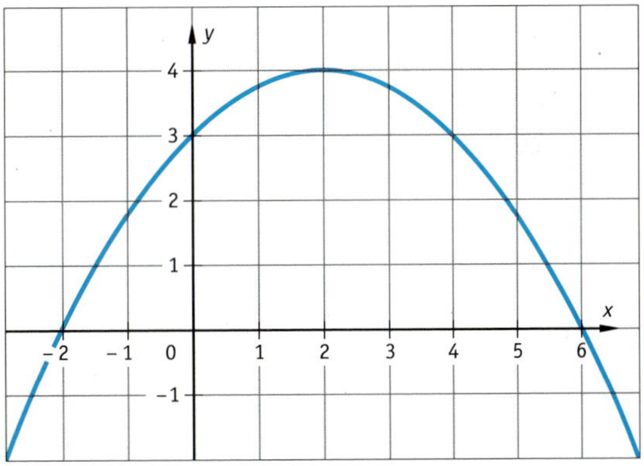


5. Bestimmen Sie den Funktionsterm $b(x)$ in allgemeiner Darstellungsform, der die abgebildete Parabel beschreibt. Beschreiben Sie Ihre Vorgehensweise.

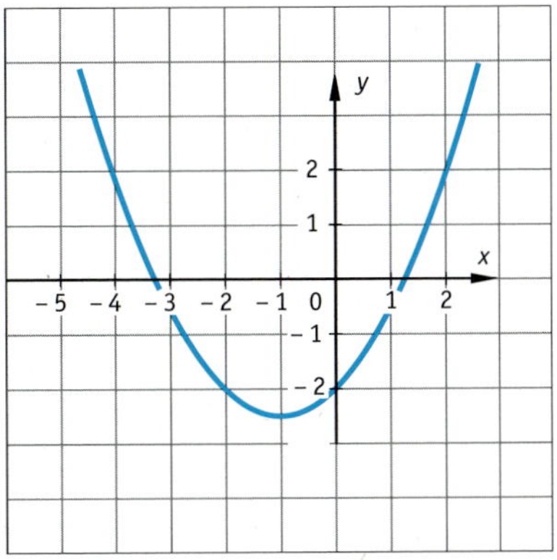

### 3.4.5 Nullstellen von quadratischen Funktionen

In diesem Abschnitt wird erläutert, wie Nullstellen einer quadratischen Funktion berechnet werden, welche Arten von Nullstellen es gibt und welche grafische Bedeutung Nullstellen für den Verlauf des zugehörigen Graphen haben. Zur Erinnerung: Unter einer Nullstelle einer Funktion versteht man den $x$-Wert, die in den Funktionsterm eingesetzt werden muss, damit der Funktionswert Null ergibt.

**1. Beispielaufgabe**

Gegeben ist der Funktionsterm $f(x)$ einer quadratischen Funktion $f$.

$$f(x) = \frac{1}{2}x^2 - 2 \quad mit \quad D_f = \mathbb{R}$$

Berechnen Sie die Nullstellen von $f$.

**Lösung**

Um die Nullstellen einer Funktion zu berechnen, muss der Funktionsterm gleich Null gesetzt werden. Schließlich möchte man die $x$-Werte berechnen, für den der zugehörige Funktionswert Null ist.

$$f(x) = 0$$

$$\Leftrightarrow \quad \frac{1}{2}x^2 - 2 = 0 \quad \Leftrightarrow \quad \frac{1}{2}x^2 = 2 \quad \Leftrightarrow \quad x^2 = 4$$

$$\rightarrow \quad x_1 = -2 \quad x_2 = 2$$

$x_1 = -2$ und $x_2 = 2$ sind die Nullstellen der Funktion $f$. Da in der Aufzählung der Nullstellen $x_1 = -2$ und $x_2 = 2$ jeweils nur einmal vorkommen, nennt man die beiden Nullstellen einfache Nullstellen.

**Anmerkung** Wäre beispielsweise $x_1 = -2$ und $x_2 = -2$, dann würde man die Nullstelle $x = -2$ als doppelte Nullstelle bezeichnen, da sie in der Aufzählung der Nullstellen zweimal vorkommt. In der anschließenden Beispielaufgabe wird eine Funktion mit doppelter Nullstelle betrachtet.

- **Grafische Betrachtung**

In **Bild 1** ist die Parabel $G_f$ zu sehen. Man erkennt, dass die einfachen Nullstellen $x_1 = -2$ und $x_2 = 2$ grafisch den Schnittstellen der Parabel mit der $x$-Achse entsprechen.

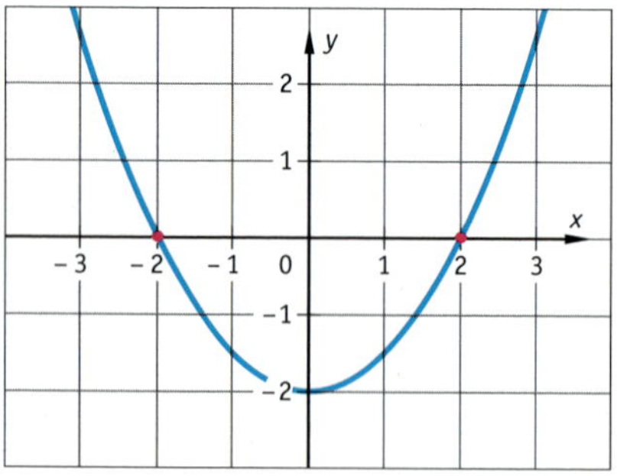


**Bild 1:** Graph der Funktion $f$

**Erkenntnis** Einfache Nullstellen einer Funktion geben die Schnittstellen des Funktionsgraphen mit der $x$-Achse an.

**2. Beispielaufgabe**

Gegeben ist der Funktionsterm $q(x)$ einer quadratischen Funktion $q$.

$$q(x) = \frac{1}{2}x^2 - 2x + 2 \quad mit \quad D_q = \mathbb{R}$$

Berechnen Sie die Nullstellen von $q$.

**Lösung**

$$q(x) = 0 \quad \Leftrightarrow \quad \frac{1}{2}x^2 - 2x + 2 = 0$$

$$x_{1/2} = \frac{-(-2) \pm \sqrt{4 - 4 \cdot \frac{1}{2} \cdot 2}}{2 \cdot \frac{1}{2}} = \frac{2 \pm \sqrt{0}}{1}$$

$$\rightarrow \quad x_1 = 2 + 0 = 2 \quad x_2 = 2 - 0 = 2$$

Da sowohl $x_1$ als auch $x_2$ gleich 2 sind, schreibt man $x_{1/2} = 2$ und nennt diese Nullstelle doppelte Nullstelle. Sie wird so genannt, da sie in der Aufzählung der Nullstellen zweimal vorkommt.

■ **Grafische Betrachtung**

In **Bild 1** ist die Parabel $G_q$ zu sehen. Man erkennt, dass der Graph an der Stelle, an der die Funktion $q$ eine doppelte Nullstelle hat, die $x$-Achse berührt.

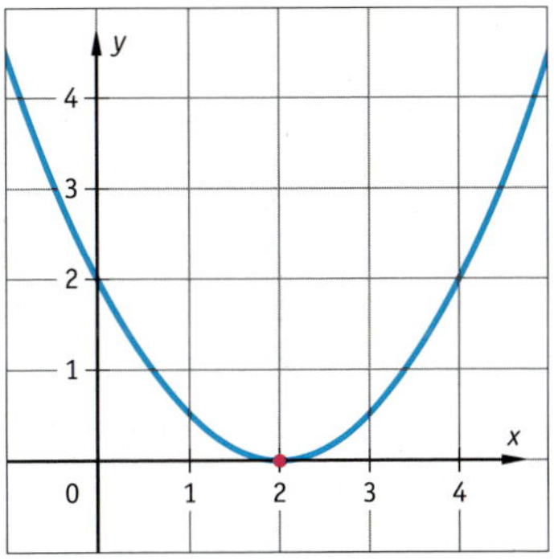


**Bild 1:** Graph der Funktion $q$

**Erkenntnis** An der Stelle, an der eine Funktion eine doppelte Nullstelle hat, berührt ihr Graph die $x$-Achse.

**3. Beispielaufgabe**

Gegeben ist der Funktionsterm $h(x)$ einer quadratischen Funktion $h$.

$$h(x) = \frac{2}{3}x^2 + 4 \quad mit \quad D_h = \mathbb{R}$$

Berechnen Sie die Nullstellen von $h$.

**Lösung**

$$\frac{2}{3}x^2 + 4 = 0 \quad \Leftrightarrow \quad \frac{2}{3}x^2 = -4 \quad \Leftrightarrow \quad x^2 = -6$$

Es müsste aus der Zahl −6 die Wurzel gezogen werden, was bei reellen Zahlen nicht möglich ist. Folglich ist die Gleichung (in $\mathbb{R}$) nicht lösbar, was bedeutet, dass die Funktion $h$ keine Nullstelle hat.

■ **Grafische Betrachtung**

In **Bild 1** ist die zur Funktion $h$ gehörende Parabel zu sehen. Sie hat keinen Schnittpunkt mit der $x$-Achse.

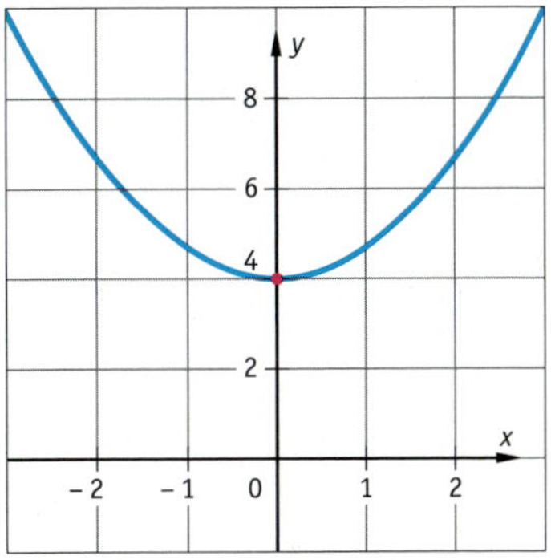


**Bild 2:** Graph der Funktion $h$

**Erkenntnis** Der Graph einer Funktion, die keine Nullstelle hat, schneidet nicht die $x$-Achse. Der Graph verläuft vollständig über oder unterhalb der $x$-Achse.

## Aufgaben

1. In **Bild 1** ist der Graph einer quadratischen Funktion $f$ zu sehen. Ein Mitschüler behauptet, dass die Funktion zwei einfache Nullstellen hätte. Geben Sie an, ob Sie dieser Aussage zustimmen oder widersprechen. Begründen Sie Ihre Angabe.

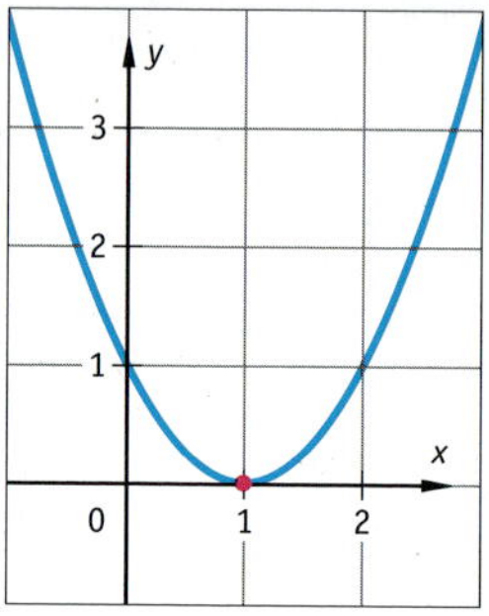


**Bild 1:** Parabel $G_f$

2. Gegeben ist die Parabel $G_p$, die durch den Funktionsterm $p(x)$ beschrieben wird.
   $p(x) = -x^2 + 6x - 5 \quad \text{mit } D_p = \mathbb{R}$
   Berechnen Sie die Nullstellen von $p$ und skizzieren Sie anhand der Nullstellen den Verlauf des Graphen von $p$.
3. Begründen Sie, weshalb eine quadratische Funktion, deren Funktionsterm sich in der Form $f(x) = ax^2 + bx$ mit $a \neq 0$ und $b \neq 0$ darstellen lässt, stets zwei einfache Nullstellen hat.
4. Geben Sie drei quadratische Funktionen an, die keine Nullstellen besitzen und drei, die eine doppelte Nullstelle besitzen. Beschreiben Sie Ihren Banknachbarn, wie Sie systematisch vorgegangen sind, um auf die Funktionsterme Ihrer Funktionen zu kommen.
5. Eine Mitschülerin behauptet, dass eine nach unten geöffnete Parabel immer mindestens eine Nullstelle hat. Widerlegen Sie die Aussage durch ein Gegenbeispiel.

### 3.4.6 Linearfaktordarstellung einer quadratischen Funktion

Neben der allgemeinen Darstellungsform einer quadratischen Funktion und der Scheitelpunktform ist die sogenannte Linearfaktordarstellung eine weitere gebräuchliche Darstellungsform des Funktionsterms einer quadratischen Funktion. Diese lautet allgemein:

$$f(x) = a \cdot (x - x_1) \cdot (x - x_2) \quad (a \neq 0)$$

Dabei sind $a$ der Öffnungsfaktor und $x_1$ sowie $x_2$ die Nullstellen der quadratischen Funktion. Die Linearfaktordarstellung des Funktionsterms einer quadratischen Funktion, die den Öffnungsfaktor $a = 2$ und die Nullstellen $x_1 = 1$ und $x_2 = 4$ hat, lautet $f(x) = 2 \cdot (x - 1) \cdot (x - 4)$.

$$\left.\begin{array}{r} \text{Öffnungsfaktor: } a = 2 \\ \text{Nullstelle: } x_1 = 1 \\ \text{Nullstelle: } x_2 = 4 \end{array}\right\} \rightarrow f(x) = 2 \cdot (x - 1) \cdot (x - 4)$$

Eine quadratische Funktion $p$, die durch den Funktionsterm $p(x) = -0{,}5 \cdot (x - 3) \cdot (x + 4)$ beschrieben wird, hat die Nullstellen $x_1 = 3$ und $x_2 = -4$. Des Weiteren erkennt man anhand der Linearfaktordarstellung, dass die zugehörige Parabel nach unten geöffnet ist, da der Öffnungsfaktor $a = -0{,}5$ und somit negativ ist.

$$p(x) = -0{,}5 \cdot (x - 3) \cdot (x + 4) \left\} \begin{array}{r} \text{Öffnungsfaktor: } a = -0{,}5 \\ \text{Nullstelle: } x_1 = 3 \\ \text{Nullstelle: } x_2 = -4 \end{array}\right.$$

Der wesentliche Nutzen der Linearfaktordarstellung ist, dass aus dieser unmittelbar die Nullstellen der betrachteten Funktion abgelesen werden können. Es stellt sich die Frage: Warum ist das eigentlich möglich? Diese Frage wird im Folgenden beantwortet.

**Warum kann man aus der Linearfaktordarstellung die Nullstellen der Funktion direkt ablesen?**

Mathematisch betrachtet liegt das daran, dass die Linearfaktordarstellung $f(x) = a \cdot (x - x_1) \cdot (x - x_2)$ ein Produkt darstellt. Der Produktwert ist bekanntlich Null, wenn ein Faktor Null ist. Für jeden Wert von $x$, für den einer der Faktoren Null wird, wird daher der ganze Funktionsterm Null. Im Fall der eben betrachteten Funktion mit dem Funktionsterm $p(x) = -0{,}5 \cdot (x - 3) \cdot (x + 4)$ wird für $x = 3$ der zweite Faktor $(x - 3)$ Null und somit auch der gesamte Termwert. Folglich ist $x = 3$ eine Nullstelle von $p$. Mit der gleichen Argumentation lässt sich begründen, weshalb $x = -4$ eine Nullstelle von $p$ ist. Für $x = -4$ wird der dritte Faktor $(x + 4)$ Null und somit wird der Termwert insgesamt Null. Dementsprechend ist $x = -4$ eine Nullstelle von $p$.

**Linearfaktordarstellung einer quadratischen Funktion**

| | |
|---|---|
| $f(x) = a \cdot (x - x_1) \cdot (x - x_2)$<br>Linearfaktordarstellung einer quadratischen Funktion | $a$: Öffnungsfaktor der Parabel<br>$x_1$: Nullstelle der Funktion<br>$x_2$: Nullstelle der Funktion |

Aus der Linearfaktordarstellung können die Nullstellen der Funktion unmittelbar abgelesen werden.

**Anmerkung**

(1) Die Linearfaktordarstellung wird auch Nullstellenform oder faktorisierte Form genannt.

(2) Die Faktoren $(x - x_1)$ und $(x - x_2)$ in $f(x) = a \cdot (x - x_1) \cdot (x - x_2)$ werden als Linearfaktoren bezeichnet, da sie Faktoren sind und die Variable $x$ in ihnen jeweils nur in erster Potenz vorkommt.

(2) Die Linearfaktordarstellung wird an dieser Stelle nicht hergeleitet, da dafür mathematische Fertigkeiten notwendig sind, die bisher nicht behandelt wurden.

### 3.4.6.1 Umwandlung der Linearfaktordarstellung in allgemeine Darstellungsform

Die Linearfaktordarstellung und die allgemeine Darstellungsform einer quadratischen Funktion können ineinander umgewandelt werden. Wie dies funktioniert, wird im Folgenden erläutert.

- **Umwandlung Linearfaktordarstellung in allgemeine Darstellungsform**

Ist der Funktionsterm einer quadratischen Funktion in der Linearfaktordarstellung $f(x) = a \cdot (x - x_1) \cdot (x - x_2)$ gegeben, kann dieser durch Ausmultiplizieren der Faktoren und anschließendes Zusammenfassen in die allgemeine Darstellungsform $f(x) = ax^2 + bx + c$ übergeführt werden. Anhand der folgenden Beispielaufgabe wird das eben Beschriebene dargestellt.

**Beispielaufgabe**

Gegeben ist der Funktionsterm $f(x)$ einer quadratischen Funktion $f$.

$$f(x) = \frac{1}{4}(x - 1) \cdot (x + 2) \quad \text{mit} \quad D_f = \mathbb{R}$$

Stellen Sie den Funktionsterm $f(x)$ in allgemeiner Darstellungsform dar.

**Lösung**

Um den Funktionsterm in die allgemeine Darstellungsform zu überführen, müssen zunächst die beiden Linearfaktoren $(x - 1)$ und $(x + 2)$ ausmultipliziert werden. Das Ergebnis dieser Multiplikation wird zusammengefasst und dann mit dem Öffnungsfaktor $a = \frac{1}{4}$ multipliziert.

$$\begin{aligned} f(x) &= \frac{1}{4}(x - 1) \cdot (x + 2) = \frac{1}{4}(x^2 + 2x - x - 2) \\ &= \frac{1}{4}(x^2 + x - 2) = \frac{1}{4}x^2 + \frac{1}{4}x - \frac{1}{2} \end{aligned}$$

In **Bild 1** ist die zur Funktion $f$ gehörende Parabel abgebildet. Sie lässt sich sowohl durch

$$f(x) = \frac{1}{4}(x-1)\cdot(x+2)$$

als auch durch den Funktionsterm

$$f(x) = \frac{1}{4}x^2 + \frac{1}{4}x - \frac{1}{2}$$

beschreiben.

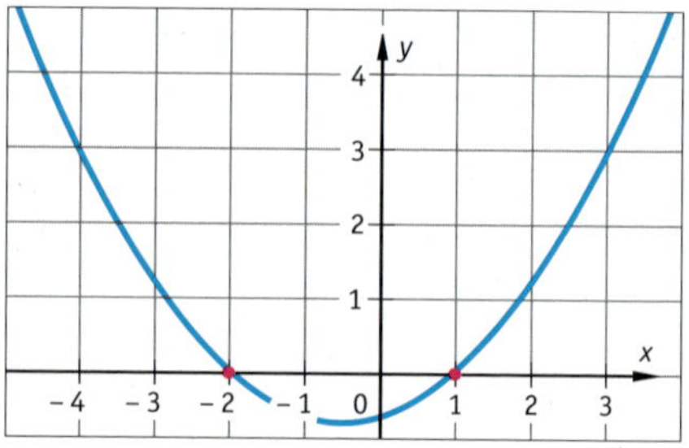


**Bild 1:** Der Graph der Funktion $f$

**Umwandlung der Linearfaktordarstellung in die allgemeine Darstellungsform**

Die Linearfaktordarstellung einer quadratischen Funktion wird durch Ausmultiplizieren mit anschließendem Zusammenfassen in die allgemeine Darstellungsform einer quadratischen Funktion übergeführt.

### ■ Umwandlung der allgemeinen Darstellungsform in die Linearfaktordarstellung

Um einen Funktionsterm, der in allgemeiner Darstellungsform vorliegt, in die Linearfaktordarstellung umzuwandeln, müssen zunächst die Nullstellen des Funktionsterms berechnet werden. Sind diese bekannt, kann die Linearfaktordarstellung des Funktionsterms angegeben werden. Der Öffnungsfaktor $a$ kann dabei aus der allgemeinen Darstellungsform übernommen werden.

**Beispielaufgabe**

Gegeben ist der Funktionsterm $b(x)$ einer quadratischen Funktion $b$.

$$b(x) = \frac{1}{4}x^2 - 4 \quad \text{mit} \quad D_b = \mathbb{R}$$

Stellen Sie den Funktionsterm $b(x)$ in Linearfaktordarstellung dar.

**Lösung**

Es müssen zunächst die Nullstellen des Funktionsterms berechnet werden.

$$\frac{1}{4}x^2 - 4 = 0 \quad \Leftrightarrow \quad \frac{1}{4}x^2 = 4 \quad \Leftrightarrow \quad x^2 = 16$$

$$\rightarrow \quad x_1 = -4 \quad x_2 = 4$$

Die Nullstellen der Funktion $b$ sind $x_1 = -4$ und $x_2 = 4$. Der Öffnungsfaktor ist $a = \frac{1}{4}$. Er kann unmittelbar aus der allgemeinen Darstellungsform herausgelesen werden. Setzt man die Nullstellen und den Wert des Öffnungsfaktors in die allgemeine Linearfaktordarstellung $y = a\cdot(x-x_1)\cdot(x-x_2)$ ein, so erhält man die Linearfaktordarstellung von $b(x)$.

$$b(x) = \frac{1}{4}(x+4)\cdot(x-4)$$

In **Bild 2** ist die zur Funktion $b$ gehörende Parabel abgebildet. Sie lässt sich sowohl durch

$$b(x) = \frac{1}{4}x^2 - 4$$

als auch durch den Funktionsterm

$$b(x) = \frac{1}{4}(x+4)\cdot(x-4)$$

beschreiben.

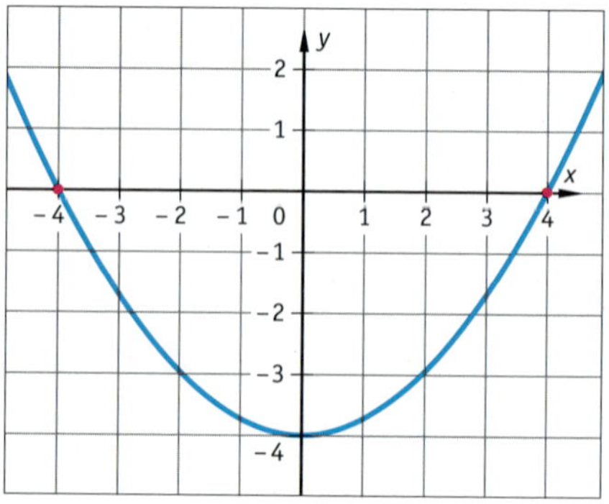


**Bild 2:** Der Graph der Funktion $b$

**Anmerkung** Ein Funktionsterm einer quadratischen Funktion in allgemeiner Darstellungsform kann nur in die Linearfaktordarstellung übergeführt werden, wenn die quadratische Funktion mindestens eine Nullstelle hat.

**Umwandlung allgemeine Darstellungsform in Linearfaktordarstellung**

Um den Funktionsterm einer quadratischen Funktion, der in allgemeiner Darstellungsform vorliegt, in die Linearfaktordarstellung zu überführen, müssen die Nullstellen der Funktion berechnet werden. Der Öffnungsfaktor ist aus der allgemeinen Darstellungsform ablesbar.

## Abkürzende Schreibeweisen

Die Linearfaktordarstellung einer quadratischen Funktion, die bei $t$ ($t \in \mathbb{R}$) eine doppelte Nullstelle hat, würde ausführlich geschrieben $f(x) = a \cdot (x - t) \cdot (x - t)$ lauten, da sowohl $x_1 = t$ als auch $x_2 = t$ ist. Dieser Funktionsterm wird mithilfe der Potenzgesetze vereinfacht, genauer gesagt werden die beiden Linearfaktoren $(x - t)$ zusammengefasst: $f(x) = a \cdot (x - t)^2$. Der wesentliche Vorteil des zusammengefassten Terms ist, dass der Exponent des Linearfaktors die Art der zugehörigen Nullstelle widerspiegelt. Auf dieses Beispiel bezogen bedeutet das, dass $x = t$ eine doppelte Nullstelle ist. Somit kommt der Linearfaktor $(x - \mathrm{t})$ quadratisch im Funktionsterm vor.

Doppelte Nullstelle bei $x = t \quad \rightarrow \quad f(x) = a \cdot (x - t)^2$

**Linearfaktordarstellung mit doppelter Nullstelle**

Die Linearfaktordarstellung einer quadratischen Funktion, die bei $x = t$ eine doppelte Nullstelle hat, lautet: $f(x) = a \cdot (x - t)^2$.

Betrachten wir eine quadratische Funktion $f$, die bei $x = 0$ und bei $x = t$ ($t \neq 0$) eine einfache Nullstelle hat. Ihr Funktionsterm in Linearfaktordarstellung würde ausführlich geschrieben $f(x) = a \cdot (x - 0) \cdot (x - t)$ lauten. Der Linearfaktor $(x - 0)$ wird zu $x$ reduziert, da man die Subtraktion $-0$ in der Mathematik üblicherweise nicht explizit angibt. Der Funktionsterm $f(x)$ in gekürzter Form lautet $f(x) = a \cdot x \cdot (x - t)$.

In der folgenden Beispielaufgabe werden quadratische Funktionen betrachtet, deren Linearfaktordarstellung sich in abkürzender Schreibeweise darstellen lässt.

**Beispielaufgabe**

Gegeben sind die Funktionsterme $f(x)$ und $p(x)$ der quadratischen Funktionen $f$ und $p$.

$$f(x) = -2x^2 - 5x \quad \text{mit} \quad D_f = \mathbb{R}$$

$$p(x) = \frac{1}{5}x^2 - 2x + 5 \quad \text{mit} \quad D_p = \mathbb{R}$$

Stellen Sie die beiden Funktionsterme in Linearfaktordarstellung dar.

**Lösung**

**a)** Es werden die Nullstellen der Funktion $f$ berechnet.

$$f(x) = 0 \quad \Leftrightarrow \quad -2x^2 - 5x = 0 \quad \Leftrightarrow \quad x \cdot (-2x - 5) = 0$$

$$\rightarrow \quad x_1 = 0$$

$$\rightarrow \quad -2x - 5 = 0 \quad \Leftrightarrow \quad x_2 = -2{,}5$$

Die Nullstellen von $f$ sind $x_1 = 0$ und $x_2 = -2{,}5$. Der Öffnungsfaktor lautet $a = -2$. Die Linearfaktordarstellung von $f(x)$ lautet somit:

$$f(x) = -2 \cdot (x - 0) \cdot (x + 2{,}5) \quad \text{bzw.} \quad f(x) = -2 \cdot x \cdot (x + 2{,}5)$$

**b)** Berechnung der Nullstellen der Funktion $p$:

$$\frac{1}{5}x^2 - 2x + 5 = 0 \quad | \cdot 5 \quad \Leftrightarrow \quad x^2 - 10x + 25 = 0$$

$$x_{1/2} = \frac{10 \pm \sqrt{100 - 4 \cdot 1 \cdot 25}}{2 \cdot 1} = \frac{10 \pm \sqrt{0}}{2}$$

$$\rightarrow x_1 = \frac{10 - 0}{2} = 5 \qquad \rightarrow x_2 = \frac{10 + 0}{2} = 5$$

Die Funktion $p$ hat bei $x_{1/2} = 5$ eine doppelte Nullstelle. Die Linearfaktordarstellung des Funktionsterms $p(x)$ lautet daher

$$p(x) = \frac{1}{5}(x-5)^2.$$

## Aufgaben

1. Gegeben ist die Parabel $G_p$, die durch den Funktionsterm $p(x)$ beschrieben wird.

   $p(x) = -\frac{1}{2} \cdot (x-4)^2 \quad \text{mit } D_p = \mathbb{R}$

   a) Stellen Sie den Funktionsterm $p(x)$ in allgemeiner Darstellungsform dar.

   b) Geben Sie ohne weitere Rechnung die Lage und die Art der Nullstellen der Funktion $p$ an.

   c) Zwei Ihrer Mitschülerinnen diskutieren, ob die Parabel $G_p$ die $x$-Achse schneidet oder berührt. Da sie sich nicht einigen können, werden Sie um Rat gebeten. Geben Sie an, für welche Variante Sie stimmen und begründen Sie Ihre Angabe.

2. Gegeben ist die Parabel $G_f$, die durch den Funktionsterm $f(x)$ beschrieben wird.

   $f(x) = \frac{1}{2}x^2 + 2x \quad \text{mit } D_f = \mathbb{R}$

   Stellen Sie den Funktionsterm $f(x)$ in Linearfaktordarstellungsform dar.

3. Eine quadratische Funktion $f$ hat bei $x = 0$ und bei $x = -1$ ihre Nullstellen. Ihr Öffnungsfaktor lautet $a = 0{,}25$. Bestimmen Sie den Funktionsterm $f(x)$ in allgemeiner Darstellungsform.

### 3.4.6.2 Umwandlung der Linearfaktordarstellung in die Scheitelpunktform

Im vorherigen Kapitel wurde beschrieben, wie die Linearfaktordarstellung und die allgemeine Darstellungsform einer quadratischen Funktion ineinander überführt werden können. In diesem Kapitel wird erläutert, wie die Linearfaktordarstellung in Scheitelpunktform bzw. die Scheitelpunktform in die Linearfaktordarstellung umgerechnet werden kann.

#### ■ Umwandlung Linearfaktordarstellung in Scheitelpunktform

Beim Umwandlung der Linearfaktordarstellung einer quadratischen Funktion in die Scheitelpunktform wird ausgenutzt, dass die Parabel symmetrisch zu einer gedachten vertikalen Achse durch den Scheitelpunkt ist (**Bild 1**).

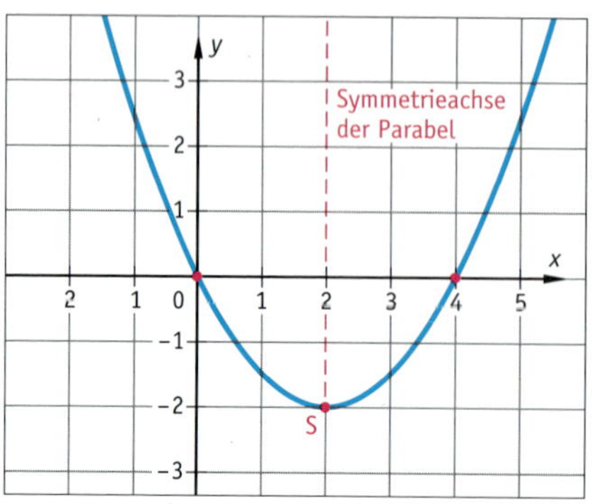


**Bild 1:** Parabel mit Symmetrieachse

Das bedeutet, dass der Scheitelpunkt der Parabel stets auf der Symmetrieachse liegt. Folglich befindet sich der $x$-Wert des Scheitelpunkts in der Mitte zwischen den Schnittstellen der Parabel mit der $x$-Achse (wenn diese über solche Schnittstellen verfügt). Die Schnittstellen der Parabel mit der $x$-Achse entsprechen den Nullstellen der zugehörigen Funktion. Der $x$-Wert des Scheitelpunkts lässt sich somit mit der folgenden Formel berechnen:

| $x_S = \frac{x_1 + x_2}{2}$ | $x_S$: $x$-Wert des Scheitelpunkts<br>$x_1, x_2$: Nullstellen der Funktion |
|---|---|

Mithilfe des berechneten $x$-Werts des Scheitelpunkts und des gegebenen Funktionsterms kann auf den $y$-Wert des Scheitelpunkts geschlossen werden.

Anhand der folgenden Aufgaben wird erläutert, wie die Linearfaktordarstellung in die Scheitelpunktform übergeführt wird. Die benutzte Vorgehensweise basiert auf den obigen Überlegungen.

**Beispielaufgabe**

Gegeben ist der Funktionsterm $f(x)$ einer quadratischen Funktion $f$.

$$f(x) = \frac{1}{4}(x-1)\cdot(x+2) \quad \text{mit} \quad D_f = \mathbb{R}$$

Stellen Sie den Funktionsterm $f(x)$ in Scheitelpunktform dar.

**Lösung**

Aus der Linearfaktordarstellungen können der Öffnungsfaktor $a$ sowie die Lage der Nullstellen $x_1$ und $x_2$ abgelesen werden.

$$a = \frac{1}{4},\ x_1 = 1 \text{ und } x_2 = -2$$

Der $x$-Wert des Scheitelpunkts wird mit der Formel $x_S = \frac{x_1 + x_2}{2}$ berechnet.

$$x_S = \frac{x_1 + x_2}{2} = \frac{1 + (-2)}{2} = -\frac{1}{2}$$

Der berechnete $x$-Wert des Scheitelpunkts $x_S = -\frac{1}{2}$ wird den Funktionsterm $f(x)$ eingesetzt, um den $y$-Wert des Scheitelpunkts zu berechnen.

$$y_S = f\left(-\frac{1}{2}\right) = \frac{1}{4}\left(-\frac{1}{2} - 1\right)\cdot\left(-\frac{1}{2} + 2\right)$$

$$= \frac{1}{4}\left(-\frac{3}{2}\right)\cdot\frac{3}{2} = -\frac{9}{16} = -0{,}5625$$

Die Koordinaten des Scheitelpunkts lauten $S\left(-\frac{1}{2}\middle|-\frac{9}{16}\right)$. Der Öffnungsfaktor $a$ der Parabel $a = \frac{1}{4}$ ist bekannt. Die Scheitelpunktform kann somit angegebenen werden.

$$f(x) = \frac{1}{4}\cdot\left(x + \frac{1}{2}\right)^2 - \frac{9}{16}$$

In **Bild 1** ist die zur Funktion $f$ gehörende Parabel abgebildet. Sie lässt sich sowohl durch

$$f(x) = \frac{1}{4}(x-1)\cdot(x+2)$$

als auch durch den Funktionsterm

$$f(x) = \frac{1}{4}\cdot\left(x + \frac{1}{2}\right)^2 - \frac{9}{16}$$

beschreiben.

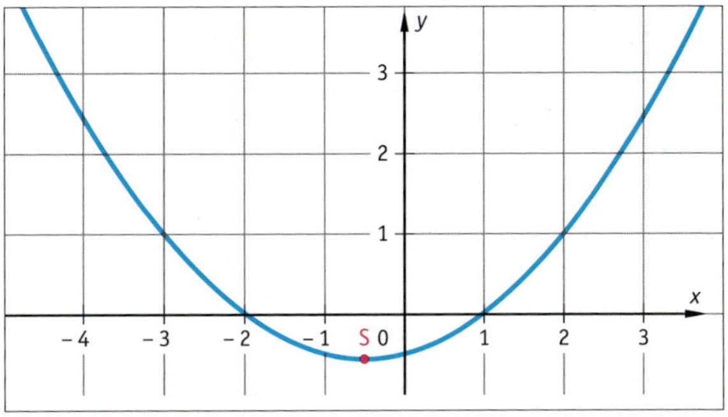


**Bild 1:** Der Graph der Funktion $f$

**Lage des Scheitelpunkts**

Hat eine Parabel zwei Schnittstellen, dann befindet sich der $x$-Wert des Scheitelpunkts in der Mitte zwischen diesen Stellen.

$$x_S = \frac{x_1 + x_2}{2}$$

$x_S$: $x$-Wert des Scheitelpunkts

$x_1, x_2$: Nullstellen der Funktion

## ▪ Umwandlung Scheitelpunktform in Linearfaktordarstellung

Die Scheitelpunktform kann durch mehrere Umformungsschritte in die Linearfaktordarstellung übergeführt werden. Wie dies funktioniert, wird anhand der folgenden Aufgabe beschrieben.

**Beispielaufgabe**

Gegeben ist der Funktionsterm $f(x)$ einer quadratischen Funktion $f$ in Scheitelpunktform

$$f(x) = -\frac{1}{4}(x+1)^2 + 1 \quad \text{mit} \quad D_f = \mathbb{R}$$

Stellen Sie den Funktionsterm $f(x)$ in Linearfaktordarstellung dar.

**Lösung**

Um den Funktionsterm $f(x)$ in Linearfaktordarstellung angeben zu können, sind die Nullstellen notwendig. Daher wird der Funktionsterm gleich Null gesetzt und die entstehende Gleichung wird nach $x$ aufgelöst. Um diese Gleichung nach $x$ aufzulösen, sind mehrere Varianten möglich. Eine Möglichkeit, die wenig Rechenzeit benötigt, ist die Folgende:

$$-\frac{1}{4}(x+1)^2 + 1 = 0 \quad \Leftrightarrow \quad -\frac{1}{4}(x+1)^2 = -1 \quad \Leftrightarrow \quad (x+1)^2 = 4$$

An dieser Stelle muss die Wurzel gezogen werden. Dabei muss beachtet werden, dass sowohl 2 als auch −2 quadriert 4 ergeben.

$$(x+1)^2 = 4 \quad |\sqrt{\ } \quad \Leftrightarrow \quad x+1 = \pm 2 \quad \Leftrightarrow \quad x_{1/2} = \pm 2 - 1$$

$$\rightarrow \quad x_1 = +2 - 1 = 1 \qquad x_2 = -2 - 1 = -3$$

Die Nullstellen der Funktion $f$ sind $x_1 = 1$ und $x_2 = -3$. Der Öffnungsfaktor $a$ der Parabel lautet. Mit diesen Informationen kann die Linearfaktordarstellung angegeben werden.

$$f(x) = -\frac{1}{4}(x-1) \cdot (x+3)$$

In **Bild 1** ist die zur Funktion $f$ gehörende Parabel abgebildet. Sie lässt sich sowohl durch

$$f(x) = -\frac{1}{4}(x+1)^2 + 1$$

als auch durch den Funktionsterm

$$f(x) = -\frac{1}{4}(x-1) \cdot (x+3)$$

beschreiben.

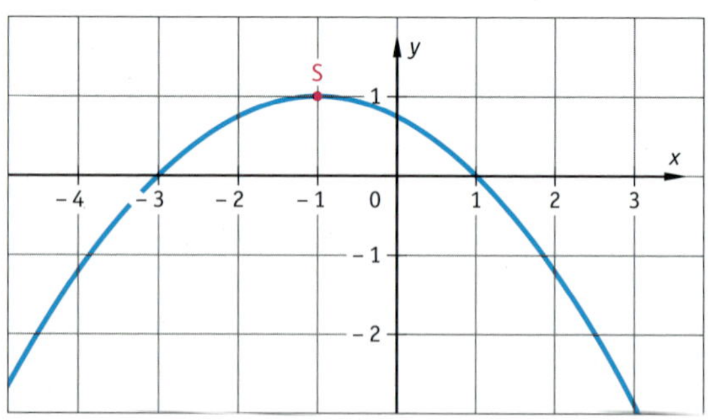

**Bild 1:** Der Graph der Funktion $f$

**Anmerkung** Die Gleichung $-\frac{1}{4}(x+1)^2 + 1 = 0$ wurde in der vorherigen Aufgabe gelöst, indem sie direkt nach $x$ aufgelöst wurde. Ein möglicher alternativer Lösungsweg wäre, dass man die Gleichung in die allgemeine Darstellungsform überführt und anschließend die Lösungsformel für quadratische Gleichung anwendet. Dieser Lösungsweg wäre zeitintensiver, aber vermeintlich systematischer und weniger fehleranfällig.

Alternativer Lösungsweg

$$-\frac{1}{4}(x+1)^2+1 = 0 \quad \Leftrightarrow \quad -\frac{1}{4}(x^2+2x+1)+1 = 0 \quad \Leftrightarrow \quad -\frac{1}{4}x^2-\frac{1}{2}x-\frac{1}{4}+1 = 0$$

$$\Leftrightarrow \quad -\frac{1}{4}x^2-\frac{1}{2}x+\frac{3}{4} = 0 \quad |\cdot(-4)$$

$$\Leftrightarrow \quad x^2+2x-3 = 0$$

$$x_{1/2} = \frac{-2\pm\sqrt{4-4\cdot1\cdot(-3)}}{2\cdot1} = \frac{-2\pm\sqrt{16}}{2}$$

$$\rightarrow \quad x_1 = \frac{-2+4}{2} = 1 \quad x_2 = \frac{-2-4}{2} = -3$$

## Aufgaben

1. Gegeben ist die Parabel Gp, die durch den Funktionsterm $p(x)$ beschrieben wird.

   $$p(x) = -\frac{1}{2}\cdot(x-4)^2+\frac{1}{2} \quad \text{mit } D_p = \mathbb{R}$$

   a) Stellen Sie den Funktionsterm $p(x)$ in Linearfaktordarstellung dar.

   b) Überprüfen Sie Ihr Ergebnis aus a) grafisch.

2. Von einer Parabel ist bekannt, dass diese ihren Scheitelpunkt bei S(−1|2) hat und die $x$-Achse an der Stelle $x = 2$ schneidet.

   a) Geben Sie die zweite Schnittstelle der Parabel mit der $x$-Achse an. Begründen Sie Ihre Angabe.

   b) Ein Mitschüler behauptet, dass die Parabel den Öffnungsfaktor $a = \frac{1}{3}$ hätte. Widerlegen Sie diese Aussage.

   c) Welchen $y$-Wert müsste der Scheitelpunkt haben, damit der Mitschüler aus b) Recht hätte?

3. Eine quadratische Funktion $f$ hat bei $x_1 = -2$ und bei $x_2 = 2$ ihre Nullstellen. Begründen Sie folgende Aussage: »Der Scheitelpunkt der zugehörigen Parabel liegt auf der $y$-Achse.«

4. Eine quadratische Funktion $f$ hat bei $x_1 = 3$ und bei $x_2 = 6$ ihre Nullstellen. Ihr Öffnungsfaktor lautet $a = 0{,}2$. Bestimmen Sie den Funktionsterm $f(x)$ in Scheitelpunktform.

5. Ihnen liegt der Lösungsweg eines Mitschülers zu der folgenden Aufgabenstellung vor: »Gegeben ist der Funktionsterm $q(x) = -(x-1)(x+2)$ einer quadratischen Funktion $q$. Bestimmen Sie die Scheitelpunktform von $q(x)$.«

   $$q(x) = -(x-1)(x+2)$$

   $$\rightarrow \quad x_1 = 1 \quad x_2 = -2$$

   $$\rightarrow \quad x_s = \frac{1+(-2)}{2} = -\frac{1}{2}$$

   $$y_s = q\left(-\frac{1}{2}\right) = -\left(-\frac{1}{2}-1\right)\left(-\frac{1}{2}+2\right) = \frac{3}{2}\cdot\frac{3}{2} = \frac{9}{4}$$

   $$\rightarrow \quad q(x) = -\left(x+\frac{1}{2}\right)^2+\frac{9}{4}$$

   a) Überprüfen Sie den Lösungsweg.

   b) Geben Sie einen alternativen Lösungsweg an.

### 3.4.6.3 Punktprobe mit der Linearfaktordarstellung

Wie bereits erwähnt ist ein wesentlicher Nutzen der Linearfaktordarstellung, dass die Nullstellen der Funktion direkt abgelesen werden können. Ein weiterer Vorzug dieser Darstellungsform ist, dass mit ihrer Hilfe rasch und meist ohne Verwendung des Taschenrechners überprüft werden kann, ob ein Punkt auf oder außerhalb der zugehörigen Parabel liegt.

**Beispielaufgabe**

Gegeben ist der Funktionsterm $f(x)$ einer quadratischen Funktion $f$ sowie die Punkte $P_1(4|10)$ und $P_2(1|-12)$.

$$f(x) = 2 \cdot (x+2) \cdot (x-3) \quad \text{mit} \quad D_f = \mathbb{R}$$

Überprüfen Sie, ob die Punkte $P_1$ und $P_2$ auf der Parabel $G_f$ liegen.

**Lösung**

Überprüfung des Punkts $P_1$:

$$f(4) = 10?$$

$$2 \cdot (4+2) \cdot (4-3) = 10 \quad \Leftrightarrow \quad 2 \cdot 6 \cdot 1 = 10 \quad \Leftrightarrow \quad 12 = 10(f) \quad \rightarrow \quad P_1 \notin G_f$$

Der Punkt $P_1$ liegt nicht auf der Parabel.

Überprüfung des Punkts $P_2$:

$$f(1) = -12?$$

$$2 \cdot (1+2) \cdot (1-3) = -12 \quad \Leftrightarrow \quad 2 \cdot 3 \cdot (-2) = -12 \quad \Leftrightarrow \quad -12 = -12(w) \quad \rightarrow \quad P_2 \in G_f$$

Der Punkt $P_2$ liegt auf der Parabel.

**Anmerkung** Der Schnittpunkt mit der $y$-Achse kann bei jeder Funktion berechnet werden, indem man $x = 0$ in den Funktionsterm einsetzt. Der Graph der Funktion aus diesem Beispiel schneidet die $y$-Achse im Punkt $T(0|-12)$, da gilt:

$$f(0) = 2 \cdot (0+2) \cdot (0-3) = -12$$

**Aufgaben**

Gegeben ist die Parabel $G_d$, die durch den Funktionsterm $d(x)$ beschrieben wird.

$$d(x) = \frac{3}{2}x \cdot (x-2) \quad \text{mit} \quad D_d = \mathbb{R}$$

a) Nennen Sie die Nullstellen von d.

b) Geben Sie drei Punkte an, die auf der Parabel $G_d$ liegen.

c) Ergänzen Sie die fehlenden Koordinaten, sodass die Punkte auf der Parabel liegen: $P_1(2|y_{P_1})$, $P_2\left(-\frac{1}{2}|y_{P_2}\right)$ und $P_3(x_{P_3}|0)$.

d) Begründen Sie, weshalb es für $y_{P_1}$ und $y_{P_2}$ eine eindeutige Lösung gibt, während für $x_{P_3}$ mehrere Lösungen möglich sind.

### 3.4.7 Schnittpunkte einer Parabel mit der $x$-Achse

Im vorherigen Kapitel wurde erwähnt, dass der Graph einer quadratischen Funktion die $x$-Achse genau an den Stellen schneidet, an denen die Funktion eine einfache Nullstelle hat. An den Stellen, an denen eine Funktion eine doppelte Nullstelle hat, berührt der Funktionsgraph die $x$-Achse. Anhand der beiden folgenden Beispielaufgaben soll dieser Sachverhalt nochmals verdeutlich werden.

**1. Beispielaufgabe**

Gegeben ist der Funktionsterm $p(x)$ einer quadratischen Funktion $p$.

$$p(x) = x^2 - 3x + 2 \quad \text{mit} \quad D_p = \mathbb{R}$$

Berechnen Sie die Schnittpunkte der von $p(x)$ beschriebenen Parabel mit der $x$-Achse.

**Lösung**

Um die Schnittpunkte eines Graphen mit der $x$-Achse zu berechnen, muss der Funktionsterm gleich Null gesetzt werden. Der Grund hierfür ist, dass alle Punkte auf der $x$-Achse den $y$-Wert 0 haben. Folglich muss berechnet werden, für welche $x$-Werte der zugehörige $y$-Wert (Funktionswert) 0 ist.

$$p(x) = x^2 - 3x + 2 = 0$$

$$x_{1/2} = \frac{3 \pm \sqrt{(-3)^2 - 4 \cdot 1 \cdot 2}}{2 \cdot 1} = \frac{3 \pm \sqrt{1}}{2}$$

$$\rightarrow \quad x_1 = \frac{3-1}{2} = 1 \quad \rightarrow \quad x_2 = \frac{3+1}{2} = 2$$

Für $x = 1$ und für $x = 2$ sind die $y$-Werte 0. Somit sind $S_1(1|0)$ und $S_2(2|0)$ die Schnittpunkte der Parabel mit der $x$-Achse. Zur grafischen Kontrolle ist in **Bild 1** die zu $p(x)$ gehörende Parabel abgebildet.

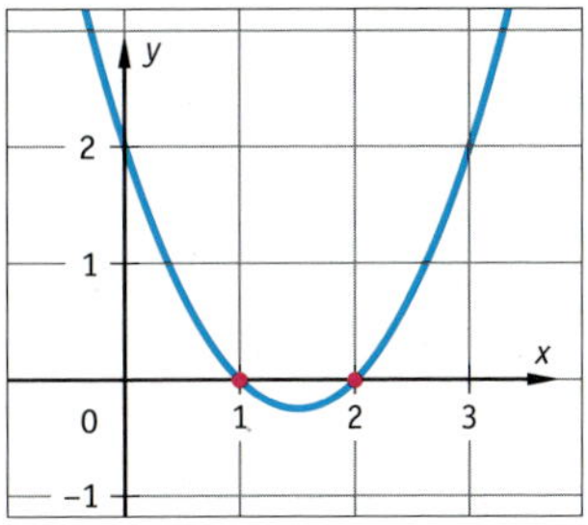


**Bild 1:** Die Parabel $G_p$ mit den berechneten Schnittpunkten

**Anmerkung** Anhand der Parabel $G_p$ erkennt man, dass sie die $y$-Achse im Punkt T(0|2) schneidet. Möchte man diesen Punkt explizit berechnen, muss $x = 0$ in den Funktionsterm eingesetzt werden.

**2. Beispielaufgabe**

Gegeben ist der Funktionsterm $f(x)$ einer quadratischen Funktion $f$.

$$f(x) = \frac{1}{4}x^2 + x + 1 \quad \text{mit} \quad D_f = \mathbb{R}$$

Berechnen Sie alle gemeinsamen Punkte der von $f(x)$ beschriebenen Parabel mit der $x$-Achse.

**Lösung**

Der Funktionsterm $f(x)$ wird gleich Null gesetzt und die entstehende quadratische Gleichung wird gelöst.

$$f(x) = \frac{1}{4}x^2 + x + 1 = 0$$

$$x_{1/2} = \frac{-1 \pm \sqrt{1^2 - 4 \cdot \frac{1}{4} \cdot 1}}{2 \cdot \frac{1}{4}} = \frac{-1 \pm \sqrt{0}}{\frac{1}{2}}$$

$$\left.\begin{aligned} &\rightarrow \quad x_1 = \frac{-1+0}{\frac{1}{2}} = -2 \\ &\rightarrow \quad x_2 = \frac{-1-0}{\frac{1}{2}} = -2 \end{aligned}\right\} \rightarrow \quad x_{1/2} = -2$$

$x = -2$ ist eine doppelte Nullstelle der Funktion $f$. Die Parabel berührt an dieser Stelle die $x$-Achse (**Bild 2**).

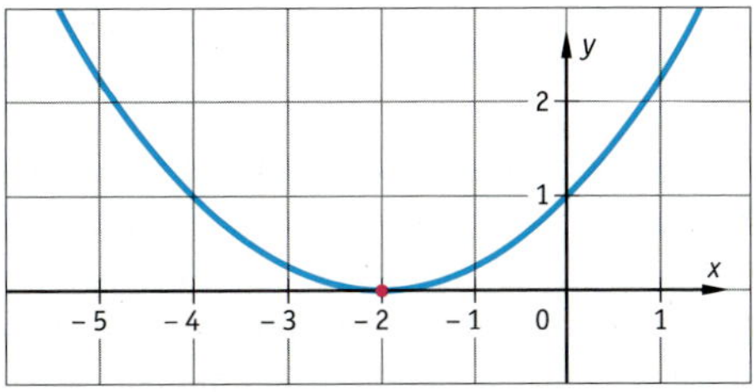


**Bild 2:** Parabel berührt die $x$-Achse

**Anmerkung** Führen die Berechnungen der Nullstellen einer quadratischen Funktion zu einem nicht definierten Ausdruck (beispielsweise, wenn die Diskriminante in der Lösungsformel für quadratische Gleichungen negativ ist), dann hat die zugehörige Parabel keine gemeinsamen Punkte mit der $x$-Achse.

**Graphische Bedeutung von Nullstellen**

| Art der Nullstelle | Grafische Bedeutung | Grafische Veranschaulichung |
|---|---|---|
| Einfache Nullstelle | Schnittpunkt:<br>Der Graph schneidet die $x$-Achse. | 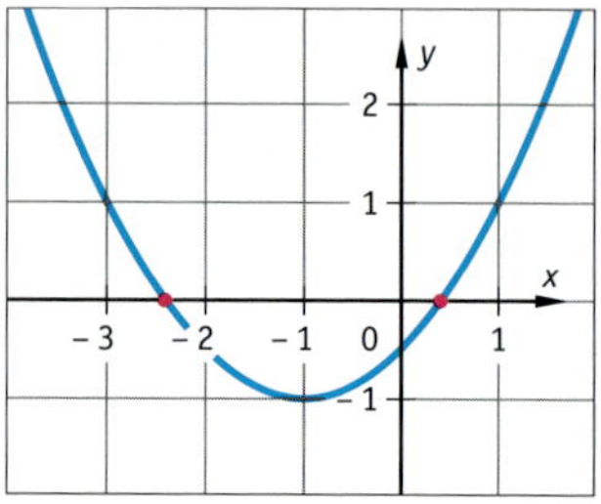 |
| Doppelte Nullstelle | Berührpunkt:<br>Der Graph berührt die $x$-Achse. | 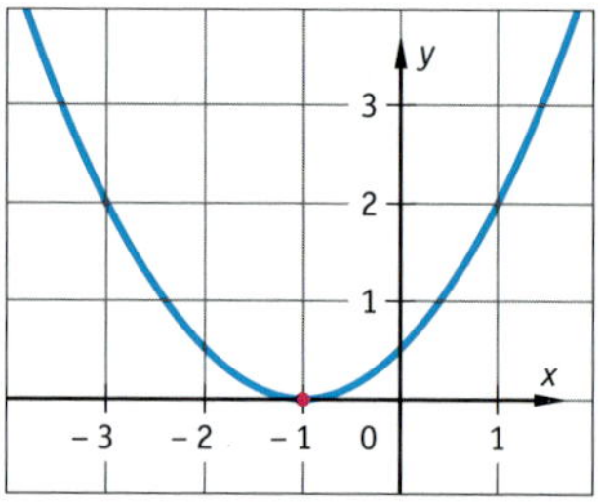 |

**Aufgaben**

1. Gegeben ist die Parabel $G_f$, die durch den Funktionsterm $f(x)$ beschrieben wird.

   $f(x) = \frac{3}{4}x^2 + \frac{9}{4}x - 3 \quad \text{mit } D_f = \mathbb{R}$

   a) Berechnen Sie die Schnittpunkte der Parabel $G_f$ mit der $x$-Achse und stellen Sie den Funktionsterm $f(x)$ in Linearfaktordarstellung dar.

   b) Berechnen Sie den Schnittpunkt der Parabel mit der $y$-Achse.

   c) Zeichnen Sie die Parabel $G_f$ für $-2 \leq x \leq 4$ unter Verwendung einer Wertetabelle.

2. Gegeben ist die Funktion $k$.

   $k: x \mapsto k(x) = \frac{1}{2}x^2 - 2x + 5 \quad \text{mit } D_k = \mathbb{R}$

   Zeigen Sie rechnerisch, dass die durch $k(x)$ beschriebene Parabel keinen Schnittpunkt mit der $x$-Achse hat.

3. Eine Mitschülerin behauptet, dass eine nach oben geöffnete Parabel, deren Scheitelpunkt im II. Quadranten liegt, niemals die $x$-Achse schneidet. Bekräftigen Sie diese Aussage mithilfe einer Skizze.

### 3.4.8 Schnittpunkte einer Parabel mit anderen Graphen

Im vorherigen Kapitel wurden die gemeinsamen Punkte einer Parabel mit der $x$-Achse berechnet. Eine Parabel kann jedoch nicht nur die $x$-Achse schneiden bzw. berühren, sondern auch andere Graphen. In diesem Kapitel wird die Lage zweier Graphen betrachtet und wenn möglich werden die gemeinsamen Punkte berechnet.

Die gemeinsamen Punkte zweier Graphen werden ermittelt, indem man die Funktionsterme der zu schneidenden Graphen gleichsetzt. Anschließend wird die entstehende Gleichung nach $x$ aufgelöst. Auf diese Weise erhält man die $x$-Koordinaten der gemeinsamen Punkte. Setzt man diese in einen der beiden Funktionsterme ein, erhält man die zugehörigen $y$-Werte. Somit sind die Koordinaten der gemeinsamen Punkte bekannt. Anhand der folgenden Aufgabe wird das eben abstrakt Beschriebene konkret angewendet.

**1. Beispielaufgabe**

Gegeben sind die quadratische Funktion $f$ und die lineare Funktion $g$.

$$f: x \mapsto f(x) = \frac{1}{2}x^2 \quad \text{mit} \quad D_f = \mathbb{R}$$

$$g: x \mapsto g(x) = \frac{1}{2}x + 1 \quad \text{mit} \quad D_g = \mathbb{R}$$

Berechnen Sie die Koordinaten der gemeinsamen Punkte dieser Funktionen.

**Lösung**

$$f(x) = g(x) \quad \Leftrightarrow \quad \frac{1}{2}x^2 = \frac{1}{2}x + 1$$

Die Funktionsterme werden gleichgesetzt.

$$\frac{1}{2}x^2 = \frac{1}{2}x + 1 \quad \Leftrightarrow \quad \frac{1}{2}x^2 - \frac{1}{2}x - 1 = 0$$

$$x_{1/2} = \frac{\frac{1}{2} \pm \sqrt{\left(\frac{1}{2}\right)^2 - 4 \cdot \frac{1}{2} \cdot (-1)}}{2 \cdot \frac{1}{2}} = \frac{\frac{1}{2} \pm \sqrt{\frac{1}{4} + 2}}{1}$$

$$= \frac{1}{2} \pm \sqrt{\frac{9}{4}} = \frac{1}{2} \pm \frac{3}{2}$$

$$x_1 = \frac{1}{2} - \frac{3}{2} = -1 \qquad x_2 = \frac{1}{2} + \frac{3}{2} = 2$$

Die Gleichung wird mithilfe der Lösungsformel für quadratische Gleichungen gelöst. Man erhält die $x$-Koordinaten der Schnittpunkte der beiden Graphen.

$$f(-1) = \frac{1}{2} \cdot (-1)^2 = \frac{1}{2} \quad \rightarrow \quad S_1\left(-1\middle|\frac{1}{2}\right)$$

$$f(2) = \frac{1}{2} \cdot 2^2 = 2 \quad \rightarrow \quad S_2(2|2)$$

Die berechneten $x$-Koordinaten werden in einen gegebenen Funktionsterm eingesetzt. Dadurch erhält man die $y$-Koordinaten der Schnittpunkte.

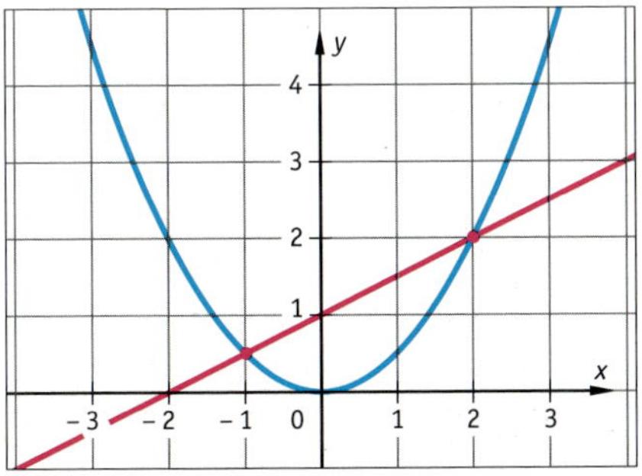


**Bild 1:** Schnittpunkte der Geraden und der Parabel

Grafische Kontrolle (**Bild 1**):

Die beiden Grafen schneiden sich in den Punkten $S_1(-1|0{,}5)$ und $S_2\,(2|2)$.

**2. Beispielaufgabe**

Gegeben sind die quadratische Funktion $p$ und die lineare Funktion $q$.

$$p: x \mapsto f(x) = \frac{1}{4}x^2 \quad \text{mit} \quad D_p = \mathbb{R}$$

$$q: x \mapsto g(x) = -x - 1 \quad \text{mit} \quad D_q = \mathbb{R}$$

Berechnen Sie die Koordinaten der gemeinsamen Punkte dieser Funktionen.

**Lösung**

$p(x) = q(x) \quad \Leftrightarrow \quad \frac{1}{4}x^2 = -x - 1$

Die Funktionsterme werden gleichsetzt.

$\frac{1}{4}x^2 = -x - 1 \quad \Leftrightarrow \quad \frac{1}{4}x^2 + x + 1 = 0$

$$x_{1/2} = \frac{-1 \pm \sqrt{1^2 - 4 \cdot \frac{1}{4} \cdot 1}}{2 \cdot \frac{1}{4}} = \frac{-1 \pm \sqrt{1 - 1}}{\frac{1}{2}} = \frac{-1 \pm 0}{\frac{1}{2}}$$

$$x_1 = \frac{-1 - 0}{\frac{1}{2}} = -2 \qquad x_2 = \frac{-1 + 0}{\frac{1}{2}} = -2$$

Da sowohl $x_1$ als auch $x_2$ gleich −2 sind, bedeutet dies, dass die Gerade die Parabel an der Stelle $x = -2$ berührt. Die beiden Graphen haben daher einen Berührpunkt.

$p(-2) = \frac{1}{4} \cdot (-2)^2 = 1 \quad \rightarrow \quad B(-2|1)$

Die berechnete $x$-Koordinate wird in einen der beiden Funktionsterme eingesetzt. Dadurch erhält man die $y$-Koordinaten des Berührpunkts.

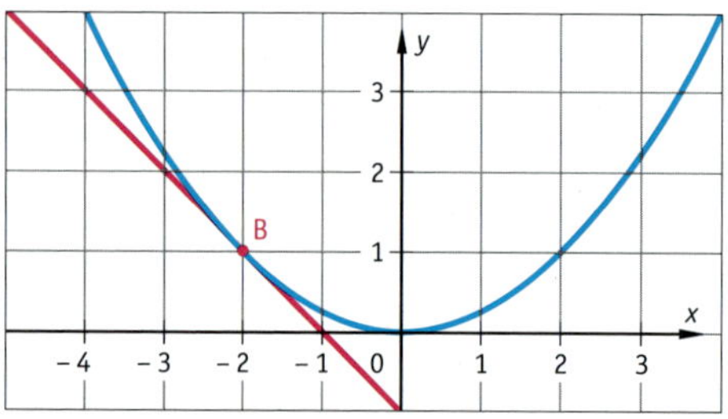

**Bild 1:** Gerade und Parabel berühren sich

Grafische Kontrolle (**Bild 1**):

Die beiden Graphen berühren sich im Punkt B(−2|1).

**Anmerkung** Eine Gerade, die einen anderen Graphen berührt, nennt man Tangente. Schneidet die Gerade einen anderen Graphen, wird diese Gerade Sekante genannt. Haben eine Gerade und eine weitere Kurve keinen gemeinsamen Punkt, so heißt diese Gerade Passante.

**3. Beispielaufgabe**

Gegeben sind die quadratischen Funktionen $h$ und $b$.

$h: x \mapsto h(x) = x^2 + 1 \quad \text{mit} \quad D_h = \mathbb{R}$

$b: x \mapsto b(x) = -\frac{1}{2}x^2 - 2x - 1 \quad \text{mit} \quad D_b = \mathbb{R}$

Berechnen Sie die Koordinaten der gemeinsamen Punkte dieser Funktionen.

**Lösung**

$h(x) = b(x) \quad \Leftrightarrow \quad x^2 + 1 = -\frac{1}{2}x^2 - 2x - 1$

Die Funktionsterme werden gleichsetzt.

$x^2 + 1 = -\frac{1}{2}x^2 - 2x - 1 \quad \Leftrightarrow \quad \frac{3}{2}x^2 + 2x + 2 = 0$

$$x_{1/2} = \frac{-2 \pm \sqrt{2^2 - 4 \cdot \frac{3}{2} \cdot 2}}{2 \cdot \frac{3}{2}} = \frac{-2 \pm \sqrt{4 - 12}}{3} = \frac{-2 \pm \sqrt{-8}}{3}$$

Das Lösen der Gleichung führt zu einem nicht definierten Ausdruck (Diskriminante kleiner Null). Das bedeutet, dass die Gleichung keine Lösung hat. Somit haben die beiden Parabeln keinen gemeinsamen Punkt.

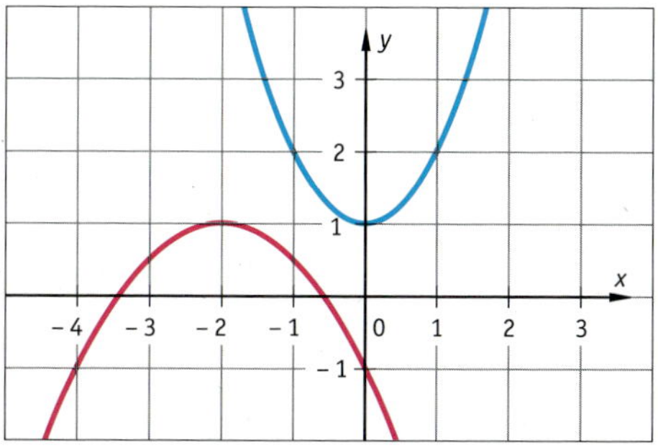


**Bild 1:** Die Parabeln haben keinen gemeinsamen Punkt

Grafische Kontrolle (**Bild 1**):

Die beiden Parabeln haben keinen gemeinsamen Punkt.

## Aufgaben

Gegeben sind die quadratische Funktion $f$ und die linearen Funktionen $g$ und $h$.

$$f\colon x \mapsto f(x) = \frac{1}{2}x^2 + 2x - 2 \quad \text{mit } D_f = \mathbb{R}$$

$$g\colon x \mapsto g(x) = 2x \quad \text{mit } D_g = \mathbb{R}$$

$$h\colon x \mapsto h(x) = 2x - 2 \quad \text{mit } D_h = \mathbb{R}$$

a) Berechnen Sie die Koordinaten der Schnittpunkte der Parabel $G_f$ mit der Geraden $G_g$.

b) Zeigen Sie, dass die Gerade $G_h$ eine Tangente an die Parabel $G_f$ ist. Berechnen Sie die Koordinaten des Berührpunkts.

c) Geben Sie Funktionsgleichung einer Geraden an, die parallel zu den Geraden $G_g$ und $G_h$ verläuft, aber keinen gemeinsamen Punkt mit der Parabel $G_f$ hat.

d) Überprüfen Sie grafisch Ihre Ergebnisse a) bis c).

### 3.4.9 Aufstellen von Funktionsgleichungen quadratischer Funktionen

In den Aufgaben der vorherigen Kapitel war jeweils der Funktionsterm einer quadratischen Funktion vorgegeben und es mussten verschiedene markante Punkte der zugehörigen Parabel berechnet werden, wie beispielsweise der Scheitelpunkt oder die Schnittpunkte der Parabel mit der $x$-Achse. In diesem Abschnitt werden nun markante Punkte einer Parabel vorgegeben und die Funktionsgleichung wird ermittelt. Es werden zwei Varianten betrachtet:

1. Der Scheitelpunkt und ein weiterer Punkt der Parabel sind gegeben.
2. Die Schnittpunkte bzw. der Berührpunkt einer Parabel mit der $x$-Achse und ein weiterer Punkt der Parabel sind gegeben.

- **Aufstellen einer quadratischen Funktionsgleichung bei bekanntem Scheitelpunkt und einem weiteren bekannten Punkt der Parabel**

Sind der Scheitelpunkt und ein weiterer Punkt der Parabel bekannt, kann mithilfe der Scheitelpunktform die Funktionsgleichung der zugehörigen Parabel ermittelt werden. Wie dabei vorgegangen wird, wird anhand der folgenden Beispielaufgabe erläutert.

**Beispielaufgabe**

Bestimmen Sie die Funktionsgleichung der abgebildeten Parabel.

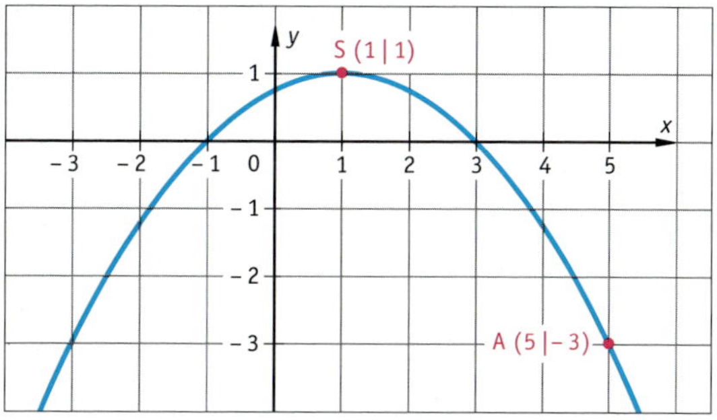

**Lösung**

Aus der Grafik können der Scheitelpunkt S(1|1) und der Punkt A(5|−3) abgelesen werden. Die Koordinaten des Scheitelpunkts werden in die Scheitelpunktform $y = a \cdot (x - x_s)^2 + y_s$ eingesetzt.

$$S(1|1) \quad \rightarrow \quad y = a \cdot (x-1)^2 + 1$$

Um den Öffnungsfaktor $a$ zu bestimmen, werden zusätzlich die Koordinaten des Punkts A(5|−3) in die Scheitelpunktform eingesetzt. Die entstehende Gleichung wird nach $a$ aufgelöst.

$$-3 = a \cdot (5-1)^2 + 1 \quad \Leftrightarrow \quad \Leftrightarrow \quad -4 = 16 \cdot a \quad \Leftrightarrow \quad a = -\frac{1}{4}$$

Die Funktionsgleichung der quadratischen Funktion kann angegeben werden. Bei Bedarf kann diese in andere Darstellungsformen umgewandelt werden.

$$y = -\frac{1}{4}(x-1)^2 + 1$$

- **Aufstellen einer quadratischen Funktionsgleichung bei bekannten Nullstellen und einem weiteren bekannten Punkt der Parabel**

Sind die Schnittpunkte der Parabel mit der $x$-Achse und ein weiterer Punkt der Parabel bekannt, kann mithilfe der Linearfaktordarstellung die Funktionsgleichung der zugehörigen Parabel aufgestellt werden. Betrachten Sie dazu die folgende Beispielaufgabe.

**Beispielaufgabe**

Gegeben ist der Ausschnitt der Wertetabelle einer quadratischen Funktion $f$. Bestimmen Sie die Funktionsgleichung der Funktion $f$.

| $x$ | −4 | −3 | −2 | −1 | 0 | 1 | 2 | 3 | 4 |
|---|---|---|---|---|---|---|---|---|---|
| $f(x)$ | 8 | 0 | −4 | −4 | 0 | 8 | 20 | 36 | 56 |

**Lösung**

Aus der Wertetabelle können die Nullstellen der Funktion $f$ herausgelesen werden: $x = -3$ und $x = 0$. Diese werden in die Linearfaktordarstellung eingesetzt.

$$f(x) = a \cdot (x-0) \cdot (x+3) \quad \rightarrow \quad f(x) = a \cdot x \cdot (x+3)$$

Um den Öffnungsfaktor $a$ zu bestimmen, werden zusätzlich die Koordinaten eines weiteren Punkts in die Linearfaktordarstellung eingesetzt. Die entstehende Gleichung wird nach $a$ aufgelöst.

$$f(1) = a \cdot 1 \cdot (1+3) = 8 \quad \rightarrow \quad 4a = 8 \quad \Leftrightarrow \quad a = 2$$

Die Funktionsgleichung der quadratischen Funktion kann somit angegeben werden. Bei Bedarf kann diese in andere Darstellungsformen umgewandelt werden.

$$y = 2 \cdot x \cdot (x+3)$$

**Aufgaben**

1. Von einer Parabel $G_f$ ist der Scheitelpunkt S(2|3) bekannt. Die Parabel verläuft außerdem durch den Punkt P(3|1).
   a) Bestimmen Sie den Funktionsterm der Parabel $G_f$ in Scheitelpunktform sowie in allgemeiner Darstellungsform.
   b) Weisen Sie rechnerisch nach, dass die Parabel $G_f$ durch den Punkt A $\left(\frac{1}{2}\middle|-\frac{3}{2}\right)$ verläuft. Verzichten Sie bei dieser Teilaufgabe auf die Verwendung des Taschenrechners.
   c) Überprüfen Sie, ob $f(x) = -2 \cdot \left(x - \frac{4}{5}\right) \cdot (x-3)$ die Linearfaktordarstellung des Funktionsterms $f(x)$ ist.
   d) Zeichnen Sie die Parabel $G_f$ für $0 \leq x \leq 4$ unter Verwendung einer Wertetabelle.

2. Ihnen liegt zu der folgenden Aufgabenstellung die unten angeführte Lösung vor: »Von einer quadratischen Funktion $w$ sind die Nullstellen $x_1 = 4$ und $x_2 = -3$ bekannt. Des Weiteren ist bekannt, dass die zugehörige Parabel die $y$-Achse im Punkt P(0|5) schneidet. Berechnen Sie den Funktionsterm $w(x)$ der quadratischen Funktion.«

$$w(x) = a \cdot (x-4) \cdot (x+3) = a \cdot (x^2 + 3x - 4x - 12) = a \cdot (x^2 - x - 12)$$

$$w(0) = a \cdot (0-4) \cdot (0+3) = 5 \rightarrow a \cdot (-4) \cdot 3 = 5 \rightarrow a = -\frac{5}{12}$$

$$w(x) = -\frac{5}{12} \cdot (x^2 - x - 12) = -\frac{5}{12}x^2 + \frac{5}{12}x + 5$$

Beschreiben Sie das Vorgehen zur Lösung der Aufgabenstellung.

3. Von einer quadratischen Funktion $s$ sind die Nullstellen $x_1 = 0$ und $x_2 = \frac{9}{4}$ bekannt. Des Weiteren ist bekannt, dass die zugehörige Parabel durch den Punkt P(1|−1) verläuft. Berechnen Sie den Funktionsterm $s(x)$ der quadratischen Funktion.

4. Eine quadratische Funktion $p$ besitzt die Nullstellen $x_1 = -3$ und $x_2 = 1$. Die zugehörige Parabel schneidet die $y$-Achse im Punkt $T\left(0 \middle| -\frac{3}{4}\right)$.

   a) Bestimmen Sie den Funktionsterm $p(x)$ in Linearfaktordarstellung, in allgemeiner Darstellungsform sowie in Scheitelpunktform.

   b) Geben Sie an, welche der drei folgenden Parabeln die zur Funktion $p$ gehörende Parabel ist. Begründen Sie Ihre Angabe.

a)
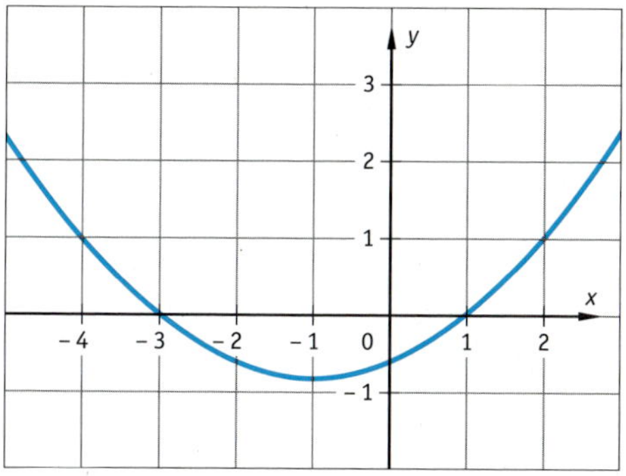


b)
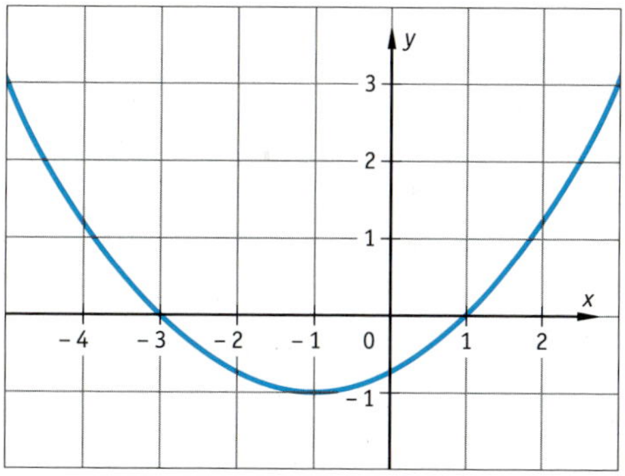


c)
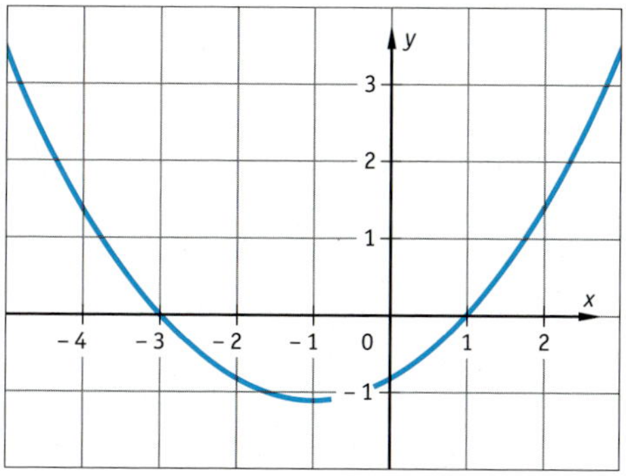

5. Bestimmen Sie jeweils den Funktionsterm, der die beiden abgebildeten Parabeln beschreibt. Beschreiben Sie Ihre Vorgehensweise.

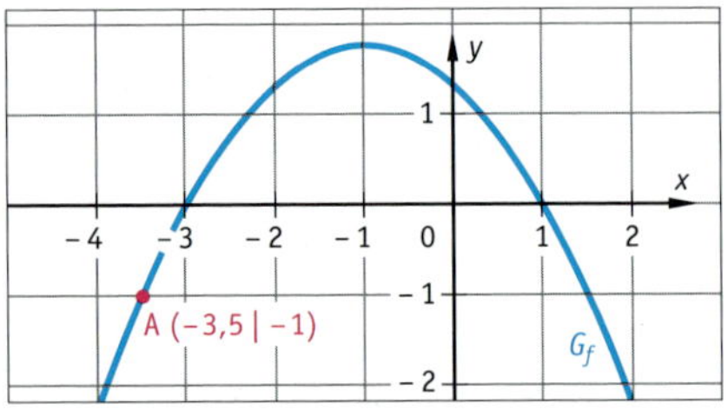


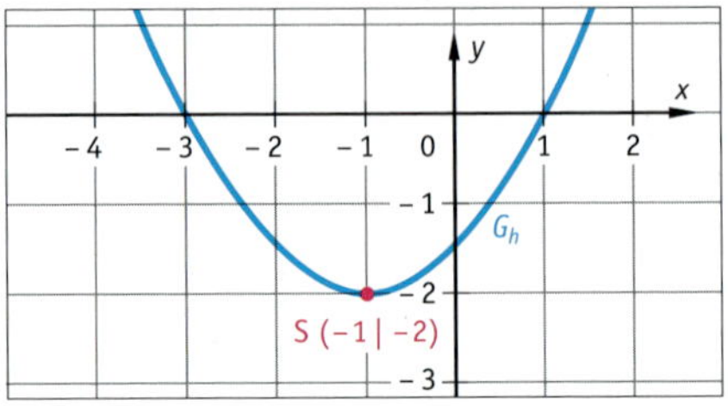


6. Gegeben ist eine quadratische Funktion $p$ in allgemeiner Darstellungsform.

$p{:}x \mapsto p(x) = -\frac{1}{2}x^2 + 2x - 2 \quad \text{mit } D_p = \mathbb{R}.$

Geben Sie an, welche der folgenden Aussagen richtig sind. Begründen Sie jeweils ihre Angabe.

a) Die Funktion $p$ hat eine doppelte Nullstelle.

b) Die zu $p$ zugehörige Parabel schneidet die $y$-Achse im Punkt T(0|–2).

c) $p(x) = (x - 2)^2$ ist die Scheitelpunktform von $p(x)$.

d) $p(1) = -1$

7. Gegeben ist der Ausschnitt der Wertetabelle einer quadratischen Funktion $f$. Bestimmen Sie die zugehörige Funktionsgleichung.

| $x$ | −2 | −1,5 | −1 | 0 | 1 | 2 | 3 | 4 |
|---|---|---|---|---|---|---|---|---|
| $f(x)$ | 6 | 0 | −4 | −6 | 0 | 14 | 36 | 66 |

### 3.4.10 Bestimmung der Wertemenge einer quadratischen Funktion

In diesem Kapitel werden die Wertemengen verschiedener quadratischen Funktionen näher untersucht.

**Zur Erinnerung** Die Wertemenge einer Funktion umfasst alle möglichen $y$-Werte der Funktion.

Bevor erläutert wird, wie die Wertemenge einer quadratischen Funktion ermittelt wird, werden aus dem abgebildeten Funktionsgraph die Funktionswerte ($y$-Werte) zu verschiedenen $x$-Werten ermittelt. Der Funktionswert ($y$-Wert) an der Stelle $x = 4$ ist beispielsweise $y = 2{,}5$. An der Stelle $x = 2$ ist der Funktionswert ($y$-Wert) $y = -1{,}5$.

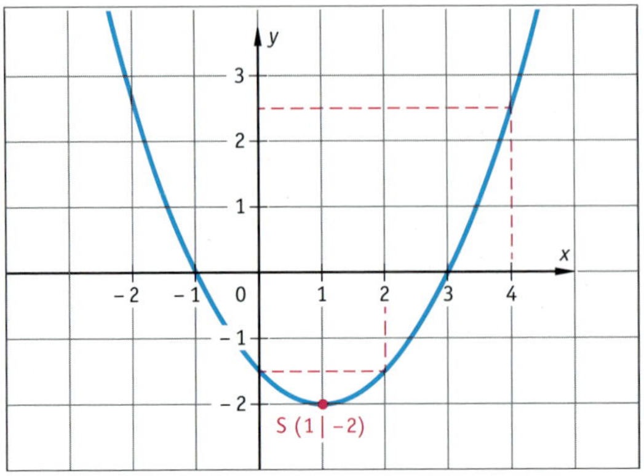


**Bild 1:** Ermittlung der Funktionswert aus dem Graphen

Anhand der obigen grundlegenden Überlegungen wird die Wertemenge der abgebildeten Parabel bestimmt. Die abgebildete Parabel wird durch die Funktion

$$p{:}x \mapsto p(x) = \frac{1}{2}(x-1)^2 - 2 \quad D_p = \mathbb{R}$$

beschrieben. Der Scheitelpunkt dieser Parabel liegt bei S(1|–2). Man erkennt, dass der Scheitelpunkt bei einer nach oben geöffneten Parabel der tiefste Punkt ist. Das bedeutet bezogen auf die Wertemenge, dass $y = -2$ der kleinstmöglichste $y$-Wert dieser Funktion ist. Denn unabhängig davon, welcher $x$-Wert betrachtet wird, der zugehörige $y$-Wert ist stets größer oder gleich –2. $y = -2$ ist somit die untere Schranke der Wertemenge. Eine obere Schranke besitzt die Wertemenge der abgebildeten Funktion nicht, da die Definitionsmenge $\mathbb{R}$ ist. Die Wertemenge der Funktion $p$ ist daher $W = [-2;\ \infty\ [$.

Als nächstes wird eine nach unten geöffnete Parabel betrachtet, die jedoch einen eingeschränkten Definitionsbereich besitzt. Die abgebildete Parabel (**Bild 1**) wird durch die Funktion $q$ beschrieben.

$$q{:}x \mapsto q(x) = -(x-2)^2 + 3 \quad D_q = [0{,}5; 4]$$

Sie ist nach unten geöffnet und hat ihren Scheitelpunkt bei S(2|3).

Da bei einer nach unten geöffneten Parabel der Scheitelpunkt der höchste Punkt ist, ist $y = 3$ (also der $y$-Wert des Scheitelpunkts) der größtmögliche $y$-Wert der Funktion $q$. Aufgrund der eingeschränkten Definitionsmenge hat die nach unten geöffnete Parabel auch einen kleinsten $y$-Wert.

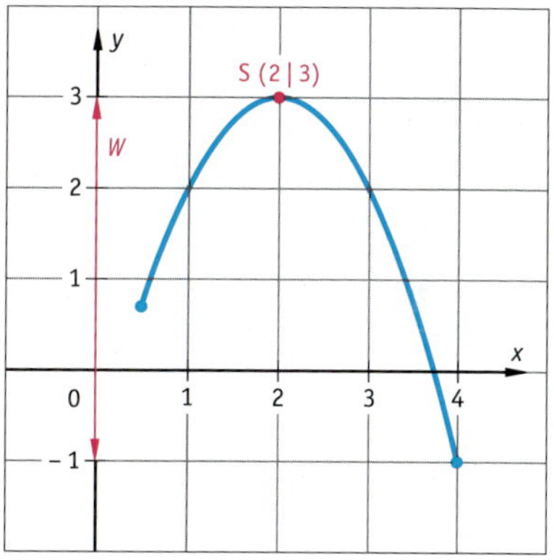


**Bild 1:** Nach unten geöffnete Parabel

Dieser liegt offensichtlich an der Stelle $x = 4$. Der Funktionswert ($y$-Wert) an dieser Stelle ist $q(4) = -(4-2)^2 + 3 = -1$. Daher lautet die Wertemenge der Funktion $q{:}\ W = [-1; 3]$.

> **Rechentipp** Zur Ermittlung der Wertemenge einer Funktion ist eine Skizze des Graphen sehr hilfreich.

## Aufgaben

1. Ermitteln Sie die anhand des Schaubildes die Wertemenge.

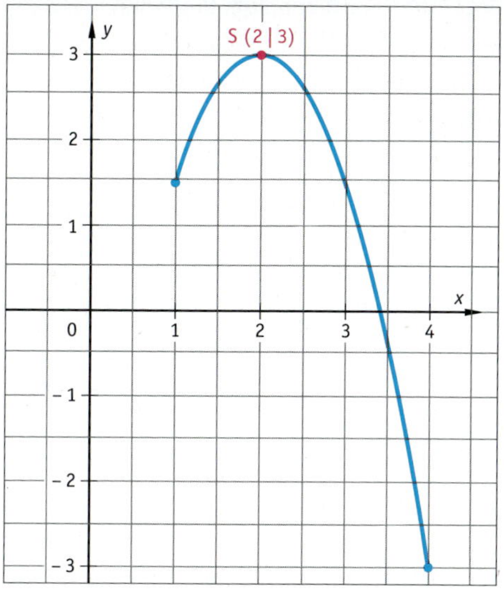

2. Nennen Sie eine quadratischen Funktion ($D = \mathbb{R}$), die als Wertemenge $W = [-1; \infty[$ hat.
3. Gegeben ist die quadratische Funktion $p$ mit einer eingeschränkten Definitionsmenge.

   $p: x \mapsto p(x) = \frac{1}{2}x^2 + 3x \quad D_p = [-1; 4]$

   Bestimmen Sie die Wertemenge von $p$.

### 3.4.11 Offene Anwendungsaufgabe

Sie absolvieren ein Praktikum in der Verwaltung einer ländlichen Gemeinde. Diese möchte das kulturelle Angebot für ihre Bürgerinnen und Bürger erhöhen und beschließt daher, monatlich in einem stillgelegten Bergwerkstollen ein mittelalterliches Ritteressen zu veranstalten. Doch bevor dieses Vorhaben in die Tat umgesetzt werden kann, muss es sorgfältig geplant werden. An dieser Planung sind Sie beteiligt. Ihnen stehen einerseits Angaben über den Stollen sowie genauere Informationen über das geplante Vorhaben zur Verfügung.

**Angaben zum Stollen**

Der Stollen hat über seine gesamte Länge einen symmetrischen, parabelförmigen Querschnitt. Der höchste Punkt des Stollens ist 5 Meter hoch und am Boden 6 Meter breit (**Bild 1**). Insgesamt hat der Stollenabschnitt, der genutzt werden soll, eine Länge von 10 m.

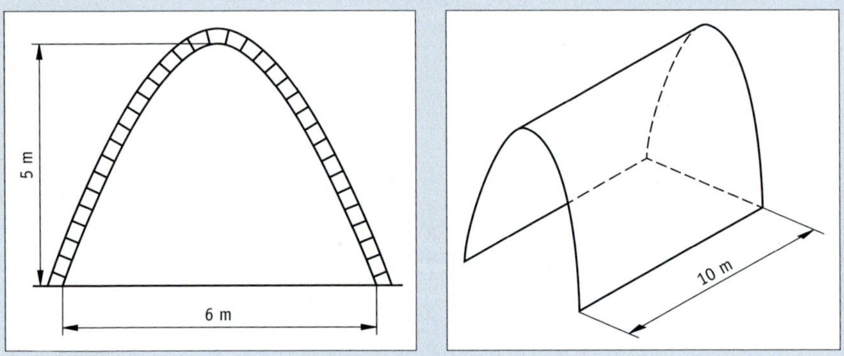


**Bild 1:** Angaben zu den Abmessungen des Tunnels

**Detailinformationen zum Vorhaben des Gemeinderats (Bild 2):**

Es ist geplant, dass in der Mitte des Stollens eine 7 m lange Tafel errichtet wird, an der rechts und links die Gäste Platz nehmen können.

Auf der gegenüberliegenden Seite des Eingangs ist als Abschluss eine Holzbühne in einer Höhe von 2 m geplant, auf der Musiker auftreten können. Unterhalb dieser Holzbühne sollen das Essen und die Getränke gelagert werden.

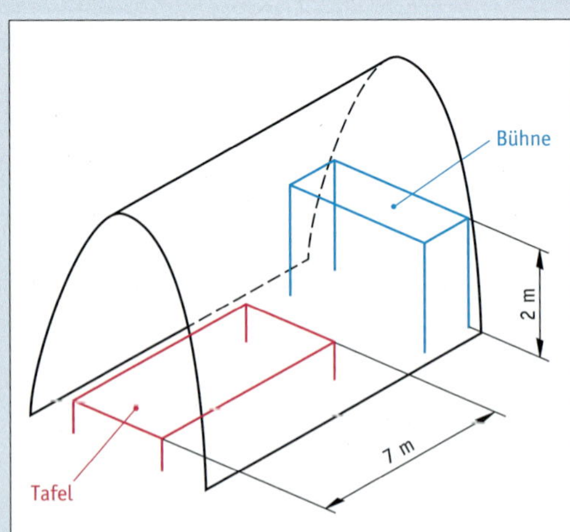


**Bild 2:** Detailplanung des Gemeinderats

**Ihre Aufgabe:** Berechnen Sie die Breite der Bühne.

## Lösung

### ■ Beschreibung des Tunnels mithilfe einer Parabel

Der Querschnitt des Tunnels ist parabelförmig. Um die Funktionsgleichung der Parabel zu bestimmen, legt man gedanklich ein Koordinatensystem in die untere linke Ecke des Tunnels (**Bild 1**). Bezüglich dieses Koordinatensystems ist der Scheitelpunkt des parabelförmigen Tunnels bei S(3|5). Außerdem ist bekannt, dass die Punkte A(0|0) und B(6|0) auf der Parabel liegen.

Mithilfe dieser Punkte kann die Funktionsgleichung, die den Tunnel beschreibt, berechnet werden.

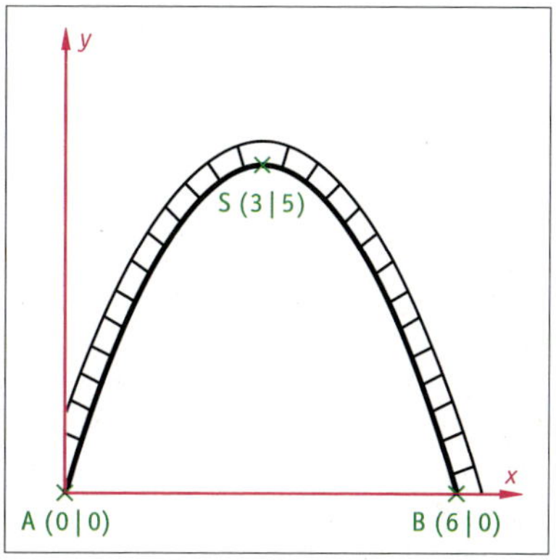


**Bild 1:** Festlegung des Koordinatensystems

### ■ Aufstellen der Funktionsgleichung der Parabel

S(3|5) A(0|0) $\rightarrow y = a \cdot (x - x_s)^2 + y_s$

$0 = a \cdot (-3)^2 + 5$

$\Leftrightarrow \quad 0 = 9a + 5$

$\Leftrightarrow \quad a = -\frac{5}{9}$

$\rightarrow \quad y = -\frac{5}{9}(x-3)^2 + 5$

Es wird der Scheitelpunkt und einer der beiden Punkte A oder B in die Scheitelpunktform $y = a \cdot (x - x_s)^2 + y_s$ eingesetzt. Anschließend wird die entstehende Gleichung nach $x$ aufgelöst.

Der Querschnitt des Tunnels kann durch die Funktionsgleichung $y = -\frac{5}{9}(x-3)^2 + 5$ beschrieben werden. In der allgemeinen Darstellungsform lautet diese wie folgt:

$y = -\frac{5}{9}(x-3)^2 + 5$

$y = -\frac{5}{9}(x^2 - 6x + 9) + 5$

$y = -\frac{5}{9}x^2 + \frac{10}{3}x - 5 + 5$

$y = -\frac{5}{9}x^2 + \frac{10}{3}x$

### ■ Berechnung der Breite der Bühne

Der Querschnitt des parabelförmigen Tunnels lässt sich durch $y = -\frac{5}{9}x^2 + \frac{10}{3}x$ beschreiben. Der Verlauf der Bühne lässt sich durch den Funktionsterm $y = 2$ beschreiben, da die Bühne waagrecht verläuft und eine Höhe von 2 Meter hat (**Bild 2**). Der Abstand der Schnittpunkte entspricht der Breite der Bühne.

Daher werden die Schnittpunkte berechnet.

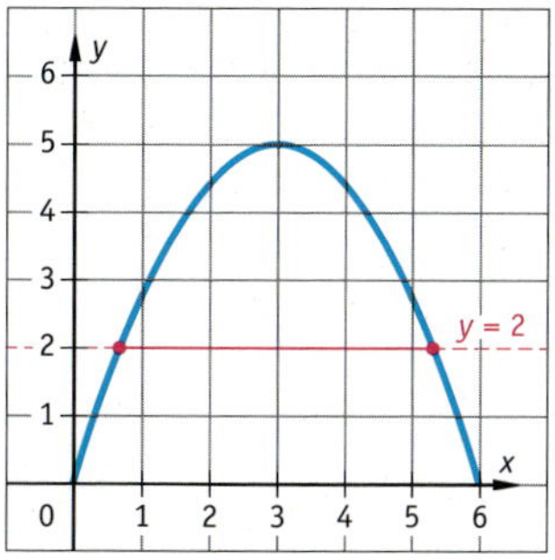


**Bild 2:** Modellierung der Bühne

## ■ Berechnung der Schnittpunkte

$$-\frac{5}{9}x^2+\frac{10}{3}x = 2 \quad \Leftrightarrow \quad -\frac{5}{9}x^2+\frac{10}{3}x-2 = 0$$

$$x_{1/2} = \frac{-\frac{10}{3}\pm\sqrt{\left(\frac{10}{3}\right)^2-4\cdot\left(-\frac{5}{9}\right)\cdot(-2)}}{2\cdot\left(-\frac{5}{9}\right)} = \frac{-\frac{10}{3}\pm\sqrt{\frac{100}{9}-\frac{40}{9}}}{-\frac{10}{9}} = \frac{-\frac{10}{3}\pm\sqrt{\frac{60}{9}}}{-\frac{10}{9}}$$

$$\rightarrow x_1 = \frac{-\frac{10}{3}+\sqrt{\frac{60}{9}}}{-\frac{10}{9}} \approx 0{,}68 \qquad \rightarrow x_2 = \frac{-\frac{10}{3}-\sqrt{\frac{60}{9}}}{-\frac{10}{9}} \approx 5{,}32$$

## ■ Berechnung des Abstands der beiden Schnittpunkte

Der Abstand der beiden Schnittpunkte wird wie folgt berechnet (**Bild 1**):

$\Delta x = x_2 - x_1 = 5{,}32 - 0{,}68 = 4{,}64$

Die Breite der Bühne beträgt somit 4,64 m.

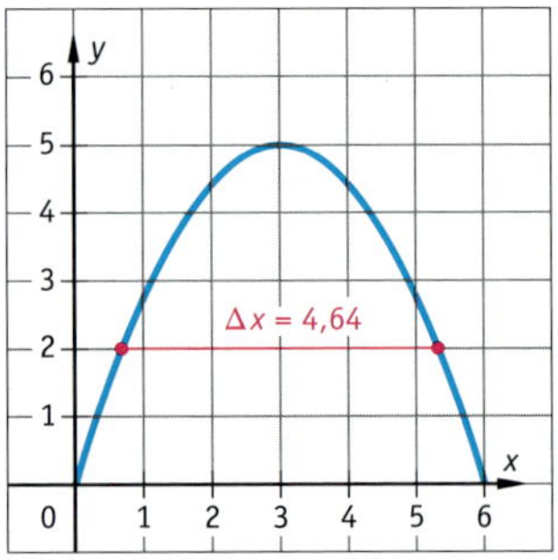


**Bild 1:** Berechnung des Abstands der Schnittpunkte

**Anmerkung** Zu Beginn der Berechnung wurde ein Koordinatensystem festgelegt, und zwar so, dass der Ursprung des Koordinatensystems mit dem linken unteren Eckpunkt des Tunnels übereinstimmte. Auf dieses Koordinatensystem bezogen sich die folgenden Rechnungen. Grundsätzlich hat man die Möglichkeit die Lage eines Koordinatensystems frei zu wählen. Beispielsweise hätte man den Ursprung des Koordinatensystems in den Scheitelpunkt des Tunnelbogens legen können. Dadurch hätte man zwar andere Funktionsgleichungen für den Tunnelbogen und für die Bühne erhalten, das Ergebnis, also die Breite der Bühne, bleibt aber stets gleich.

### Aufgabe

Die Veranstalter des Ritteressens stellen folgende weitere Überlegungen an: Damit sich niemand den Kopf an der Stollenwand anstößt, dürfen nur Bereiche des Stollens betreten werden, die eine Höhe von mindestens 2,20 m haben (Gästebereich). Bereiche, an denen der Stollen nicht diese Höhe besitzt, dürfen nicht von Gästen betreten werden (Sperrbereiche) und sollen abgesperrt werden (**Bild 2**).

Berechnen Sie die Breite des Gästebereichs.

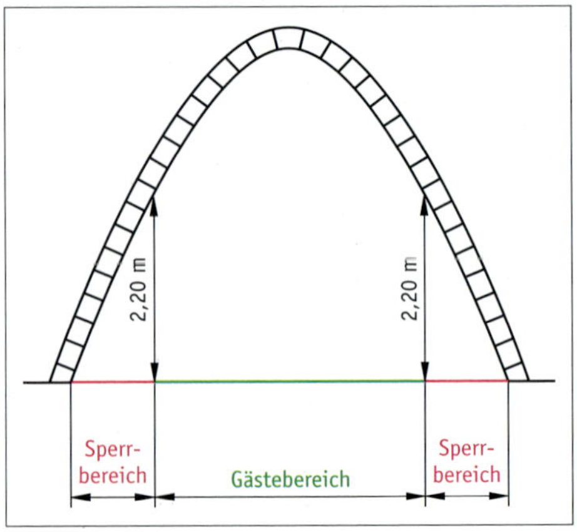


**Bild 2:** Gäste- und Sperrbereich

### 3.4.12 Aufgaben zu quadratischen Funktionen

1. Gegeben sind die folgenden quadratischen Funktionsgleichungen mit $D = \mathbb{R}$.

$a(x) = \frac{1}{2}(x-3)^2 - 1$ $\quad b(x) = -\frac{1}{2}(x+3)^2 + 1$ $\quad c(x) = 2 \cdot (x-5)^2 + 2$

$d(x) = -\frac{1}{2}(x-1)^2 - 3$ $\quad e(x) = -\frac{1}{2}(x+1)^2 - 3$ $\quad f(x) = 2 \cdot (x+3)^2 + 1$

   a) Geben Sie an, welche der folgenden quadratischen Funktionsgleichungen eine Parabel beschreiben, deren Scheitelpunkt im IV. Quadranten liegt.

   b) Überprüfen Sie rechnerisch, welche der beschriebenen Parabeln durch den Punkt P(1|–7) verläuft.

   c) Zeichnen Sie unter Verwendung einer Wertetabelle jeweils die zu $a(x)$, $b(x)$ und $c(x)$ gehörenden Parabeln in ein kartesisches Koordinatensystem.

   d) Berechnen Sie die $y$-Koordinate des Punktes $B(4|y_B)$ so, dass dieser auf der Parabel liegt, die durch $d(x)$ beschrieben wird.

2. Von einer Parabel sind der Scheitelpunkt S und ein weiterer Punkt A bekannt. Bestimmen Sie die Funktionsgleichung der Parabel und beschreiben Sie anhand des Öffnungsfaktors den Verlauf der Parabel.

   a) S(2|3) A(1|2) $\quad$ b) S(–1|2) A(2|6,5) $\quad$ c) S(0|–2) A(–1|–2,5)

   d) S(3|–2) A(2|0) $\quad$ e) $S\left(-\frac{1}{2}\middle|1\right)$ $A\left(0\middle|\frac{1}{2}\right)$ $\quad$ f) S(3|–2) A(5|6)

3. Bestimmen Sie anhand der Graphiken die Funktionsterme der jeweiligen Parabeln.

a)
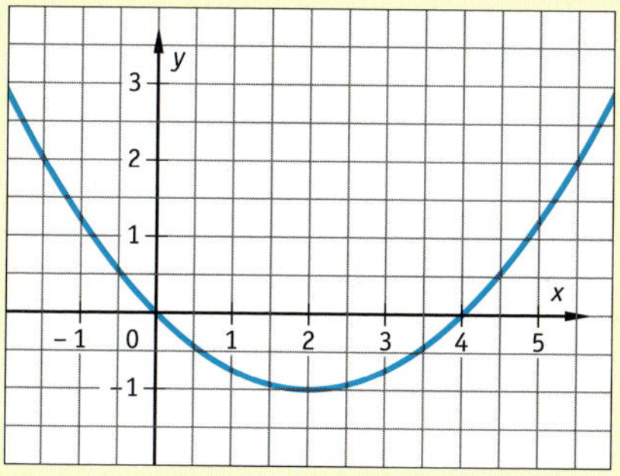


b)
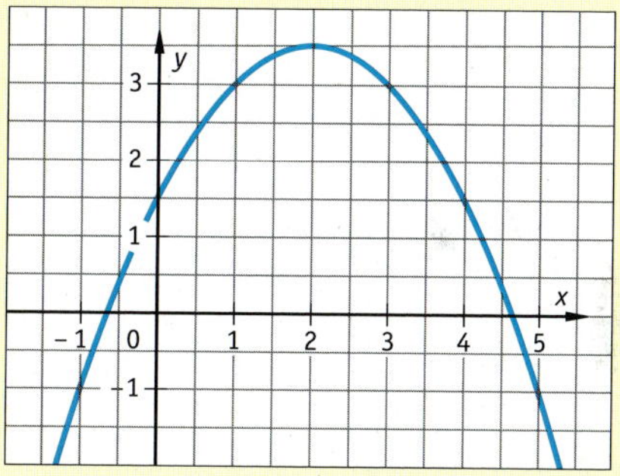


c)
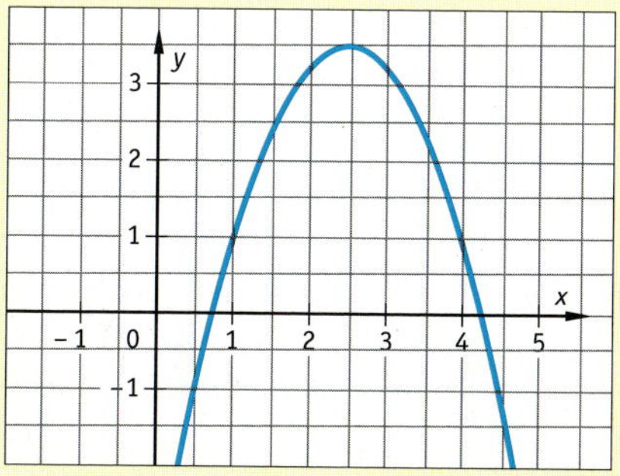


d)
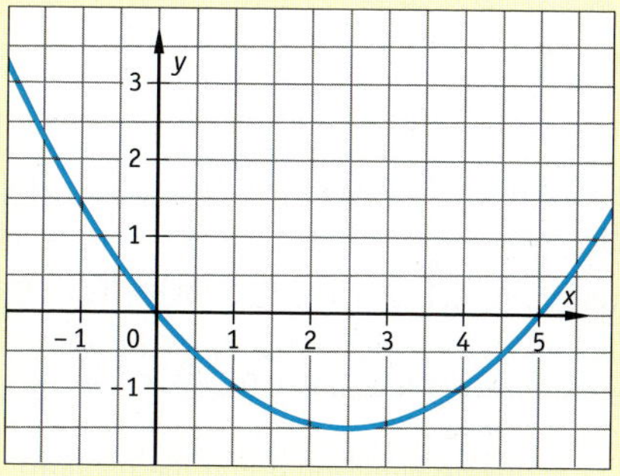


4. Gegeben sind die folgenden quadratischen Funktionsgleichungen in der Scheitelpunktform. Wandeln Sie diese in die allgemeine Darstellungsform um und geben Sie anschließend den Schnittpunkt der jeweiligen Parabel mit der $y$-Achse an. Für den Definitionsbereich gilt jeweils $D = \mathbb{R}$

$a(x) = \frac{1}{2}(x+2)^2 - 3$ $\quad b(x) = -\frac{1}{4}(x-1)^2 + 2$ $\quad c(x) = -(x+2)^2 + 3$

$d(x) = -\frac{4}{5}(x-2)^2 + 1$ $\quad e(x) = -\frac{1}{2}(x+10)^2$ $\quad f(x) = -5 \cdot (x-5)^2 + 10$

5. Gegeben sind die folgenden quadratischen Funktionsterme in der allgemeinen Darstellungsform. Wandeln Sie diese in die Scheitelpunktform um. Geben Sie anschließend den Scheitelpunkt und den Öffnungsfaktor an.

$a(x) = \frac{1}{2}x^2 + 2x - 3$ $\quad b(x) = -\frac{1}{4}x^2 + 2x - 2$ $\quad c(x) = x^2 + 3x - 2$

$d(x) = \frac{1}{10}x^2 + \frac{1}{100}$ $\quad e(x) = -\frac{1}{2}x^2 + 3x - 4$ $\quad f(x) = -5x^2 + 10 - 5$

6. Berechnen Sie die Lage, Anzahl und Art (Schnittpunkt oder Berührpunkt) der folgenden Parabeln mit der x-Achse ($D = \mathbb{R}$).

$a(x) = \frac{1}{2}x^2 + \frac{3}{2}x - 1$ $\quad b(x) = x^2 + 5x + 4$ $\quad c(x) = x^2 + 3x$

$d(x) = \frac{1}{10}x^2 - \frac{1}{10}$ $\quad e(x) = -\frac{1}{2}(x+2)^2 + 3$ $\quad f(x) = (x-2)^2 + 1$

$g(x) = \frac{1}{2}x^2 + 2x + 2$ $\quad h(x) = -\frac{1}{2}x^2 - x - 4$ $\quad i(x) = \frac{3}{4}x^2 + 1$

7. Stellen Sie die folgenden Funktionsterme in Linearfaktordarstellung dar.

$a(x) = \frac{1}{4}x^2 + \frac{3}{4}x - \frac{1}{2}$ $\quad b(x) = -\frac{1}{2}x^2 - \frac{5}{2}x - 2$ $\quad c(x) = \frac{1}{5}x^2 - 5$

$d(x) = -\frac{7}{10}x^2 + \frac{7}{10}x$ $\quad e(x) = \frac{1}{2}(x+1)^2 - 2$ $\quad f(x) = -(x-2)^2 + 1$

$g(x) = \frac{1}{6}x^2 + 2x + 6$ $\quad h(x) = -x^2 - 2x - 1$ $\quad i(x) = x^2 - 14x + 49$

8. Gegeben sind die beiden abgebildeten Parabeln.

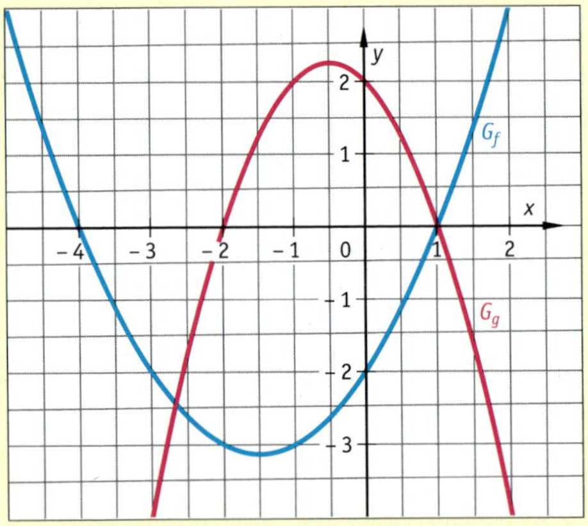


a) Bestimmen Sie die Funktionsterme der abgebildeten Parabeln sowohl in allgemeiner Darstellungsform, als auch in Scheitelpunktform. Benutzen Sie bei Ihrer Rechnung die Schnittpunkte der Parabeln mit der $x$-Achse.

b) Bestimmen Sie rechnerisch die Ausdrücke $f(-2{,}5)$ und $g(-1{,}5)$. Überprüfen Sie Ihr Ergebnis anhand der Grafik.

c) Bestimmen Sie rechnerisch alle $x$-Werte, für die gilt: $f(x) = -3$. Überprüfen Sie Ihr Ergebnis grafisch.

9. Gegeben sind die lineare Funktion $g$ und die quadratische Funktion $f$

$g: x \mapsto g(x) = x - 1 \quad \text{mit } D_g = \mathbb{R}$

$f: x \mapsto f(x) = \frac{1}{2}x^2 + x + \frac{1}{2} \quad \text{mit } D_f = \mathbb{R}$

a) Berechnen Sie die Koordinaten der Schnittpunkte der zu $f$ gehörenden Parabel mit der Geraden, die durch $g(x)$ beschrieben wird.

b) Zeichnen Sie die Graphen von $f$ und $g$ in ein gemeinsames Koordinatensystem und überprüfen Sie anhand dieser Graphik Ihr Ergebnis aus Teilaufgabe $a$.

10. Gegeben ist eine Parabel $G_p$, die durch die Funktionsgleichung $p(x) = \frac{1}{2}x^2 - 3x + \frac{9}{2}$ beschrieben wird. Berechnen Sie die Anzahl und die Lage der gemeinsamen Punkte mit den folgenden Graphen ($D = \mathbb{R}$).

$f(x) = -\frac{1}{2}x^2 - 3x + \frac{11}{2}$ $\quad g(x) = -\frac{5}{2}x + \frac{15}{2}$ $\quad h(x) = -\frac{1}{2}x^2 + x + \frac{9}{2}$

$i(x) = -\frac{1}{2}x^2 - 7x + \frac{1}{2}$ $\quad j(x) = \frac{1}{2}x^2 - 4x + \frac{11}{2}$ $\quad k(x) = -3x + 1$

11. Bestimmen Sie die Wertemenge der folgenden quadratischen Funktionen, die jeweils durch ihre Funktionsgleichung gegeben sind.

a) $f(x) = \frac{1}{2}(x-2)^2 - 3$ mit $D_f = \mathbb{R}$
b) $f(x) = -2 \cdot (x+1)^2 + 5$ mit $D_f = \mathbb{R}$
c) $f(x) = \frac{1}{2}x^2 + 3x - 2$ mit $D_f = \mathbb{R}$
d) $f(x) = -\frac{5}{2}x^2 + x$ mit $D_f = \mathbb{R}$
e) $f(x) = x^2 - x + 1$ mit $D_f = [-2;4]$
f) $f(x) = -\frac{1}{2}(x-2) \cdot (x+3)$ mit $D_f = [-1;5]$

12. Die Fehmarnsundbrücke (**Bild 1**) besitzt einen tragenden Bogen. Dieser lässt sich näherungsweise durch eine Parabel beschreiben, die den Öffnungsfaktor $a = -0{,}003$ hat.

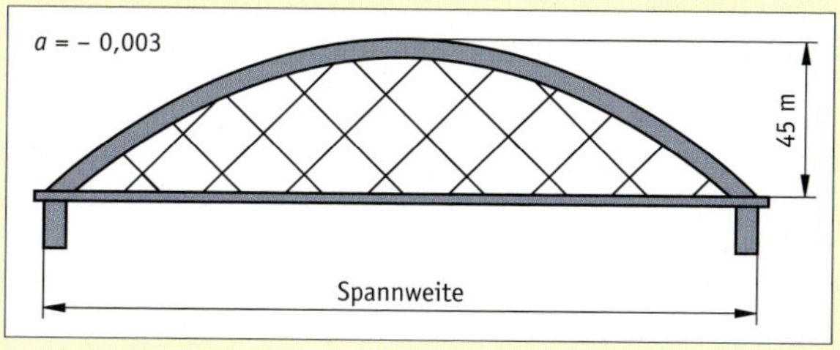


**Bild 1:** Fehmarnsundbrücke

a) Berechnen Sie die Spannweite der Brücke.

b) Es müssen Reparaturarbeiten am Brückenbogen 20 m von seinem linken Fußpunkt entfernt durchgeführt werden. Berechnen Sie die Höhe des Bogens an dieser Stelle.

c) Ein Prüfingenieur misst in einer Höhe von 40 m über der Fahrbahn den Abstand der beiden Seiten des Bogens mit einem optischen Messgerät. Ermitteln Sie sowohl grafisch als auch rechnerisch den Abstand, den er bei einer unbeschädigten (nicht verformten) Brücke messen müsste.

13. In **Bild 2** ist ein Roboter zu sehen, der in einem Versandzentrum Standardpakete von einem Förderband auf ein anderes Förderband stellt. Der Schwerpunkt des Pakets legt bei diesem Prozess die gestrichelt gezeichnete, parabelförmige Linie zurück.

a) Bestimmen Sie rechnerisch den Funktionsterm der Bewegungslinie der Pakete.

b) Berechnen Sie welche horizontale Strecke die Pakete mithilfe des Roboters zurücklegen. In **Bild 2** ist diese Strecke als horizontaler Abstand $e$ bezeichnet.

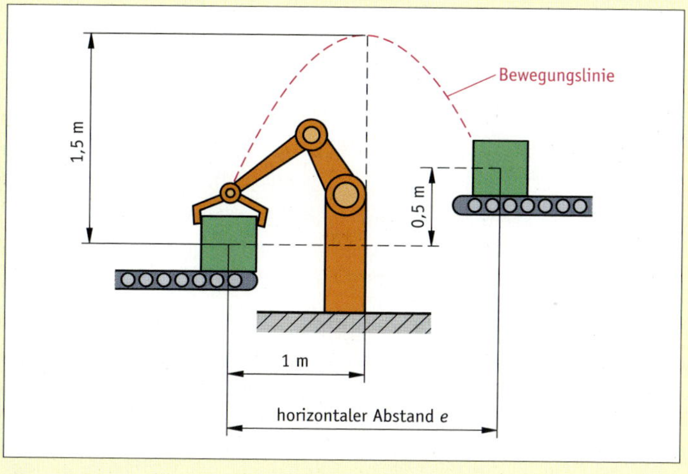


**Bild 2:** Umladen eines Pakets mithilfe eines Roboters

14. Der Schulleiter einer privaten Fachoberschule wertet im Januar 2015 seine Schülerzahlen der letzten 10 Jahre aus und prognostiziert anhand dieser die Schülerzahlen für die nächsten 10 Jahre. Er stellt fest, dass im Januar 2005 ($t = 0$) und im Januar 2015 ($t = 10$) jeweils 750 Schülerinnen und Schüler seine Schule besucht haben. Im Januar 2010 ($t = 5$) war das Maximum der Schülerzahlen mit 800 angemeldeten Schülerinnen und Schülern erreicht. Des Weiteren bemerkt er, dass sich die Schülerzahlen näherungsweise durch einen quadratischen Funktionsterm beschreiben lassen.
    a) Stellen Sie anhand der vorgegebenen Informationen einen quadratischen Funktionsterm auf, der die Anzahl der Schülerinnen und Schüler in Abhängigkeit vom Kalenderjahr $t$ angibt. Dabei $t = 0$ der Januar 2005.
    b) Ermitteln Sie unter Verwendung des Funktionsterms aus a) die Anzahl der Schülerinnen und Schüler an dieser Schule im Januar 2020 bzw. Januar 2025.
    c) Erstellen Sie ein Diagramm Ihrer Wahl, aus dem die Schüler Zahlen zwischen den Jahren 2005 und 2025 übersichtlich dargestellt sind.

## 3.5 Quadratische Funktionenscharen

Im Kapitel lineare Funktionenscharen wurde erläutert, dass eine Funktionenschar nicht eine einzelne Funktion beschreibt, sondern eine Menge von Funktionen darstellt. In diesem Kapitel werden Parabelscharen, also Mengen von Parabeln, näher untersucht. Insbesondere werden aus einer vorgegebenen Parabelschar Parabeln mit besonderen Eigenschaften oder mit einer speziellen Lage im Koordinatensystem bestimmt. Des Weiteren werden die Anzahl und die Lage gemeinsamer Punkte einer Parabelschar mit anderen Graphen berechnet. Zunächst wird jedoch anhand des folgenden Beispiels der Begriff Parabelschar erläutert.

### Einführungsbeispiel

Ein junger Fußballspieler eines Fußballinternats hat das Talent außergewöhnlich weite Einwürfe machen zu können.

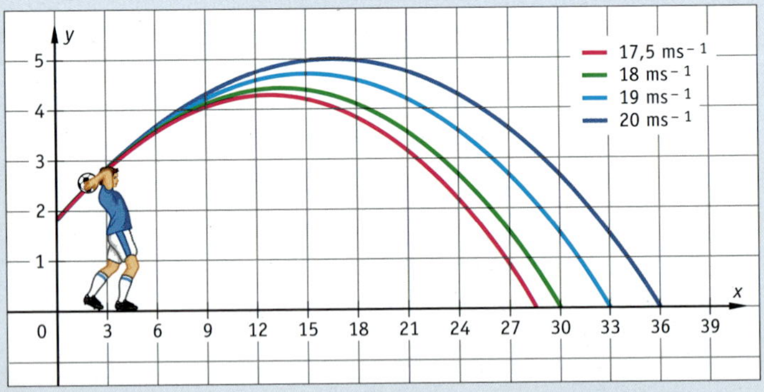


**Bild 1:** Parabelförmige Flugkurven des Balls beim Einwurf

Da die Trainer des Fußballinternats das Talent des Spielers fördern möchten, nehmen Sie den Bewegungsablauf beim Einwurf und die Flugkurve des Balls mit einer Highspeed-Videokamera auf. In **Bild 1** sind die Flugkurven von mehreren Einwürfen zu sehen.

### Grafische Betrachtung des Einwurfs

Anhand von **Bild 1** erkennt man, dass jede Flugbahn des Balls parabelförmig ist und dass die Flugbahnen ähnlich verlaufen. Sie sind jedoch nicht gleich, sondern hängen von der Abwurfgeschwindigkeit des Balls ab. Je höher die Abwurfgeschwindigkeiten sind, desto größer ist die Weite des Einwurfs. Die Menge der einzelnen Parabeln, die sich nur in den jeweiligen Abwurfgeschwindigkeiten unterscheiden, stellt in der Mathematik eine Parabelschar dar.

**Parabelschar**

Eine Parabelschar ist eine Menge von Parabeln. Dabei sind die einzelnen Parabeln aus der Schar über einen logischen Zusammenhang miteinander verbunden.

**Anmerkung** Auf das eben betrachtete Beispiel wird im Abschnitt Aufgaben zu quadratischen Funktionenscharen nochmals eingegangen.

### 3.5.1 Funktionen aus Scharen mit besonderen Eigenschaften

Parabeln aus einer Parabelschar unterscheiden sich in ihren Eigenschaften bzw. spezielle Parabeln weisen besondere Merkmale auf, über die andere Parabeln aus der Schar nicht verfügen. Damit sind Parabeln gemeint,

- deren Scheitelpunkt an einer speziellen Stelle im Koordinatensystem liegt.
- die die Koordinatenachsen an vorgegebenen Stellen schneiden.
- die ausgewiesene Punkte enthalten.

In der folgenden Aufgabe werden Parabeln mit speziellen Eigenschaften aus einer Parabelschar bestimmt.

**Beispielaufgabe**

Gegeben ist die quadratische Funktionenschar $f_t$ in Abhängigkeit vom Parameter $t$.

$$f_t: x \mapsto f_t(x) = \frac{1}{2}x^2 + 2x + 2t \quad \text{mit } D_{f_t} = \mathbb{R} \text{ und } t \in \mathbb{R}.$$

a) Bestimmen Sie die Funktion aus der Schar $f_t$, deren zugehörige Parabel durch den Punkt P(2|3) verläuft. Überprüfen Sie Ihr Ergebnis grafisch.

b) Bestimmen Sie die Funktion aus der Schar $f_t$, deren zugehörige Parabel durch den Koordinatenursprung verläuft.

c) Bestimmen Sie die Koordinaten des Scheitelpunkts in Abhängigkeit von $t$ und geben Sie den Funktionsterm von $f_t$ in Scheitelpunktform an. Geben Sie anschließend die Koordinaten der Scheitelpunkte der zu $f_{-1,5}$ und $f_0$ gehörenden Parabel an. Bestimmen Sie außerdem die Funktion, die ihren Scheitelpunkt bei S(−2|1) hat.

d) Weisen Sie rechnerisch nach, dass die Funktion $f_1$ (also für $t = 1$) aus der Schar $f_t$ genau eine Nullstelle hat.

e) Weisen Sie rechnerisch nach, dass die Funktion $f_1$ und die Funktion $f_2$ aus der Schar $f_t$ keine gemeinsamen Punkte haben.

**Lösung**

**a)** Der Punkt P(2|3) liegt auf der Parabel, wenn $f(2) = 3$ gilt.

$$f_t(2) = \frac{1}{2} \cdot 2^2 + 2 \cdot 2 + 2t = 3$$
$$\Leftrightarrow \quad 2 + 4 + 2t = 3$$
$$\Leftrightarrow \quad 2t = -3$$
$$\Leftrightarrow \quad t = -\frac{3}{2}$$

Der Punkt P liegt auf dem Graphen der Funktion $f_{-1,5}$:

$$f_{-1,5}(x) = \frac{1}{2}x^2 + 2x - 3$$

In **Bild 1** ist der Graph der Funktion $f_{-1,5}$ zu sehen. Man erkennt, dass dieser durch den Punkt P verläuft.

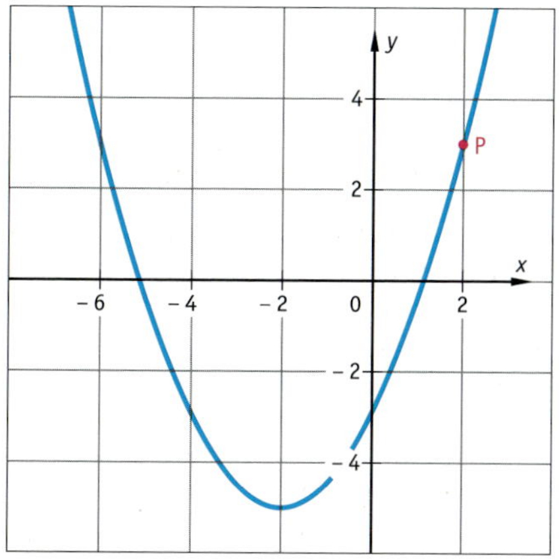


**Bild 1:** Grafische Kontrolle

**b)** Eine Parabel verläuft durch den Koordinatenursprung, wenn ihr $y$-Achsenabschnitt Null ist.

$2t = 0 \Leftrightarrow t = 0$

Der Graph der Funktion $f_0$ verläuft durch den Koordinatenursprung.

$f_0(x) = \frac{1}{2}x^2 + 2x$

In **Bild 1** ist der Graph der Funktion $f_0$ zu sehen. Man erkennt, dass dieser die $y$-Achse im Punkt T(0|0) schneidet.

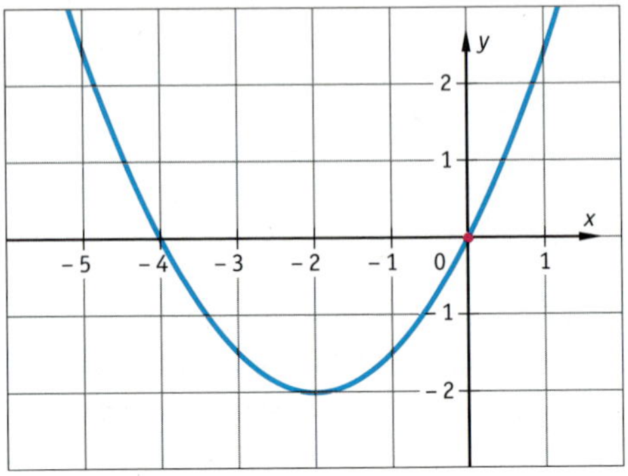

**Bild 1:** Grafische Kontrolle

**c)** Die Koordinaten des Scheitelpunkts $S(x_S|y_S)$ werden wie folgt berechnet: $x_s = -\frac{b}{2a}$ $y_s = f(x_s)$.

$x_s = -\frac{2}{2 \cdot \frac{1}{2}} = -2$

$y_s = f_t(-2)$
$= \frac{1}{2} \cdot (-2)^2 + 2 \cdot (-2) + 2t$
$= 2 - 4 + 2t = -2 + 2t$

$S_t(-2|-2 + 2t)$

Die Scheitelpunktform lautet allgemein $y = a \cdot (x - x_s)^2 + y_s$. Mit $a = \frac{1}{2}$, $x_s = -2$ und $y_s = -2 + 2t$ folgt:

$f_t(x) = \frac{1}{2}(x+2)^2 - 2 + 2t$

Die Koordinaten der Scheitelpunkte der zu $f_{-1,5}$ und zu $f_0$ gehörenden Parabeln werden berechnet, indem man $t = -1{,}5$ und $t = 0$ in die Koordinaten des allgemeinen Scheitelpunkts $S_t(-2|-2 + 2t)$ einsetzt.

Scheitelpunkt der zu $f_{-1,5}$ gehörenden Parabel

$S_{-1,5}\left(-2\middle|-2 + 2 \cdot \left(-\frac{3}{2}\right)\right)$

$\rightarrow$ $S_{-1,5}(-2|-5)$

Scheitelpunkt der zu $f_0$ gehörenden Parabel

$S_0(-2|-2 + 2 \cdot 0)$

$\rightarrow$ $S_0(-2|-2)$

Es wird zusätzlich die Parabel aus Schar $G_{f_t}$ gesucht, die ihren Scheitelpunkt bei S(−2|1) hat. Daher muss der $y$-Wert des allgemeinen Scheitelpunkts $S_t(-2|-2 + 2t)$ gleich 1 gesetzt werden.

$-2 + 2t = 1 \Leftrightarrow 2t = 3 \Leftrightarrow t = \frac{3}{2}$

Der Graph der Funktion $f_{1,5}$ hat ihren Scheitelpunkt bei S(−2|1).

$f_{1,5}(x) = \frac{1}{2}x^2 + 2x + 3$

**d)** Der Funktionsterm der Funktion $f_1$ aus der Schar $f_t$ lautet: $f_1(x) = \frac{1}{2}x^2 + 2x + 2$

$f_1(x) = \frac{1}{2}x^2 + 2x + 2 \cdot 1$ $f_1(x) = \frac{1}{2}x^2 + 2x + 2$

Um die Nullstellen einer Funktion zu berechnen, setzt man den Funktionsterm $f(x)$ gleich Null: $f(x) = 0$.

$\frac{1}{2}x^2 + 2x + 2 = 0$

$$x_{1/2} = \frac{-2 \pm \sqrt{4 - 4 \cdot \frac{1}{2} \cdot 2}}{2 \cdot \frac{1}{2}} = \frac{-2 \pm \sqrt{0}}{1} \rightarrow x_{1/2} = -2$$

Die Funktion $f_1$ hat genau eine (doppelte) Nullstelle bei $x = -2$.

**e)** Der Funktionsterm der Funktion $f_1$ aus der Schar $f_t$ lautet: $f_1(x) = \frac{1}{2}x^2 + 2x + 2$

Der Funktionsterm der Funktion $f_2$ aus der Schar $f_t$ lautet: $f_2(x) = \frac{1}{2}x^2 + 2x + 4$

Mögliche Schnittpunkte erhält man, indem man die Funktionsterme gleichsetzt.

$f_1(x) = f_2(x) \quad \Leftrightarrow \quad \frac{1}{2}x^2 + 2x + 2 = \frac{1}{2}x^2 + 2x + 4 \quad \Leftrightarrow \quad 2 = 4(f)$

Die beiden Graphen haben keinen gemeinsamen Punkt.

## Aufgaben

1. Gegeben ist die quadratische Funktionenschar $p_t$ in Abhängigkeit vom Parameter $t$.

   $p_t: x \mapsto p_t(x) = x^2 + x + t$ mit $D_{p_t} = \mathbb{R}$ und $t \in \mathbb{R}$.

   a) Bestimmen die Sie Funktion aus der Schar $p_t$, deren zugehörige Parabel durch den Punkt Q(−2|1) verläuft. Überprüfen Sie Ihr Ergebnis grafisch.

   b) Ermitteln Sie die Funktion aus der Schar $p_t$, deren zugehörige Parabel die $y$-Achse bei $y = -\frac{1}{2}$ schneidet.

   c) Zeigen Sie, dass der $x$-Wert des Scheitelpunkts aller Parabeln aus der Schar gleich ist.

   d) Bestimmen Sie die Funktion aus der Schar, die genau eine doppelte Nullstelle hat.

   e) Suchen Sie die Funktion aus der Schar $p_t$, die die gleiche Nullstelle wie die lineare Funktion hat, die durch $y = \frac{1}{2}x + \frac{3}{2}$ beschrieben wird.

2. Gegeben ist die quadratische Funktionenschar pt in Abhängigkeit vom Parameter $t$.

   $p_t: x \mapsto p_t(x) = \frac{1}{4}x^2 - x + t$ mit $D_{p_t} = \mathbb{R}$ und $t \in \mathbb{R}$.

   a) Ermitteln Sie $t$ so, dass die zugehörige Parabel aus der Schar durch den Punkt P(1|−1) verläuft.

   b) Bestimmen Sie $t$ so, dass die zugehörige Parabel durch den Koordinatenursprung verläuft.

   c) Berechnen Sie die Koordinaten des Scheitelpunkts in Abhängigkeit von $t$ und geben Sie den Funktionsterm von $p_t$ in Scheitelpunktform an. Geben Sie anschließend die Koordinaten der Scheitelpunkte der zu $p_2$ und $p_0$ gehörenden Parabel an.

   d) Ermitteln Sie die Funktion aus der Schar $p_t$, die genau eine Nullstelle besitzt.

   e) Weisen Sie rechnerisch nach, dass die Funktion $p_0$ und die Funktion $p_2$ aus der Schar $p_t$ keinen gemeinsamen Punkt haben.

### 3.5.2 Lage einer Parabelschar im Koordinatensystem

Die gesamte Parabelschar kann bezüglich des Koordinatensystems eine besondere Lage aufweisen. In der folgenden Aufgabe wird eine solche Parabelschar betrachtet.

**Beispielaufgabe**

Gegeben ist die quadratische Funktionenschar $q_a$ in Abhängigkeit vom Parameter $a$.

$q_a: x \mapsto q_a(x) = \frac{1}{2}(x-1)^2 + a$ mit $D_{q_a} = \mathbb{R}$ und $a \in \mathbb{Z}$.

a) Beschreiben Sie mithilfe einer Skizze die durch $q_a$ beschriebene Parabelschar.

b) Berechnen Sie den $y$-Achsenabschnitt der Funktionenschar $q_a$ in Abhängigkeit von $a$.

c) Geben Sie die Anzahl der Nullstellen von $q_a$ in Abhängigkeit von $a$ an. Begründen Sie ihre Angabe.

d) Ermitteln Sie die Wertemenge aller Funktionen aus der Schar $q_a$. Beschreiben Sie Ihre Überlegungen.

**Lösung**

**a)** Alle Parabeln aus der Schar $q_a$ haben ihren Scheitelpunkt bei $x_S = 1$. Der $y$-Wert des Scheitelpunkts ist abhängig von dem Wert der Formvariablen $a$. Da $a$ Platzhalter für alle ganzen Zahlen ist, besteht die durch $q_a$ beschriebene Parabelschar aus einer Vielzahl von Parabeln, die untereinander einen Abstand von einer Längeneinheit aufweisen (**Bild 1**).

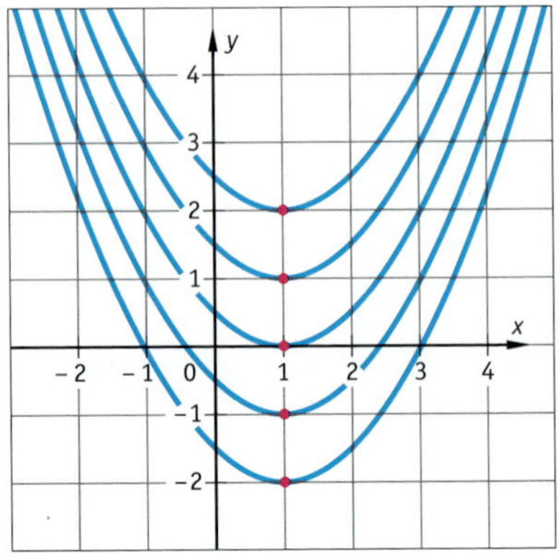


**Bild 1:** Parabelschar $G_{q_a}$

**b)** Um den $y$-Achsenabschnitt aller Funktionen aus der Schar $q_a$ zu berechnen, wird der Funktionsterm $q_a(x)$ in die allgemeine Darstellungsform übergeführt.

$$q_a(x) = \frac{1}{2}(x-1)^2 + a \quad q_a(x) = \frac{1}{2}(x^2 - 2x + 1) + a \quad q_a(x) = \frac{1}{2}x^2 - x + \frac{1}{2} + a$$

Der $y$-Achsenabschnitt aller Funktionen aus $q_a$ lautet $\frac{1}{2} + a$.

**c)** Für $a < 0$ haben die zugehörigen Funktionen zwei einfache Nullstellen. Das erkennt man daran, dass für $a < 0$ der Scheitelpunkt unterhalb der $x$-Achse liegt. Eine nach oben geöffnete Parabel, deren Scheitelpunkt unterhalb der $x$-Achse liegt, schneidet diese zweimal.

Für $a = 0$ hat die zugehörige Funktion eine doppelte Nullstelle. Für $a = 0$ liegt der Scheitelpunkt auf der $x$-Achse.

Für $a > 0$ haben die zugehörigen Funktionen keine Nullstellen. Der Scheitelpunkt der Parabeln liegt über der $x$-Achse. Eine nach oben geöffnete Parabel, deren Scheitelpunkt über der $x$-Achse liegt, schneidet die $x$-Achse nicht. Das bedeutet, dass die Funktionen für $a > 0$ keine Nullstellen haben.

**d)** Bei einer nach oben geöffneten Parabel beschreibt der Scheitelpunkt den tiefsten Punkt. Der $y$-Wert des Scheitelpunkts stellt somit die untere Schranke der Wertemenge dar. In dieser Aufgabe ist demnach der kleinste $y$-Wert $y = a$ gesucht, da $S_a(1|a)$ der Scheitelpunkt der Parabeln aus der genannten Schar ist. Eine obere Schranke hat die Wertemenge nicht, da $x \in \mathbb{R}$ ist. Die Wertemenge ist somit:

$$W_{q_a} = [a; \infty[ \quad \text{bzw.} \quad W_{q_a} = \{y \in \mathbb{R} | y > a \land a \in \mathbb{Z}\}$$

**Aufgaben**

Gegeben ist die quadratische Funktionenschar $p_t$ in Abhängigkeit vom Parameter $t$.

$$p_t: x \mapsto p_t(x) = -\frac{1}{4}(x+1)^2 + \frac{t}{2} \quad \text{mit } D_{p_t} = \mathbb{R} \text{ und } t \in \mathbb{N}.$$

a) Beschreiben Sie mithilfe einer Skizze die durch $p_t$ beschriebene Parabelschar.

b) Begründen Sie, weshalb jede Funktion aus der Schar $p_t$ zwei einfache Nullstellen hat.

c) Bestimmen Sie die Funktion aus der Schar $p_t$, die als Wertemenge $W = ]-\infty; 1]$ hat.

d) Geben Sie an, ob die Funktion mit der Funktionsgleichung $y = -\frac{1}{4}x^2 - \frac{1}{2}x + \frac{5}{4}$ eine Funktion aus der Schar $p_t$ ist. Begründen Sie Ihre Angabe.

### 3.5.3 Gemeinsame Punkte einer Parabelschar

Obwohl eine Parabelschar aus einer Vielzahl von einzelnen, unterschiedlichen Parabel besteht, kann es vereinzelt Punkte geben, die auf allen dieser unterschiedlichen Parabeln liegen. Ein triviales Beispiel hierfür ist die quadratische Funktionenschar mit dem Funktionsterm $f_t(x) = t \cdot (x-1)^2$ mit $D_{f_t} = \mathbb{R}$ und $t \neq 0$. Alle Parabeln aus dieser Schar haben einen unterschiedlichen Öffnungsfaktor, aber den gleichen Scheitelpunkt S(1|0). Somit liegt der Punkt S(1|0) auf allen Parabeln aus dieser Schar. In **Bild 1** sind exemplarisch verschiedene Parabeln dieser Schar abgebildet.

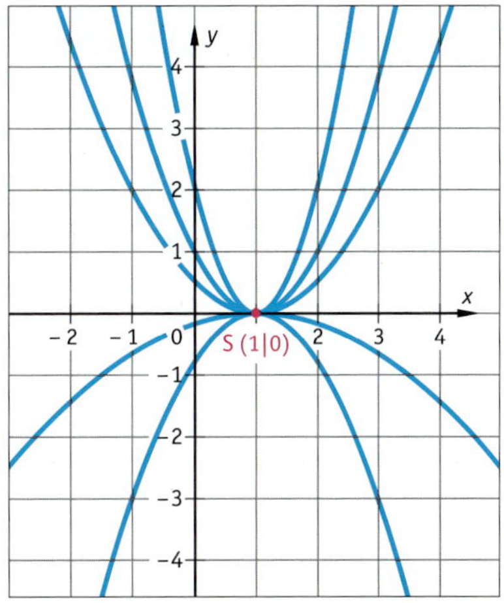

**Bild 1:** Alle Parabeln enthalten den Punkt S(1|0)

In der folgenden Aufgabe wird eine Parabelschar betrachtet, bei der alle ihre zugehörigen Parabeln durch einen Punkt verlaufen, der nicht der Scheitelpunkt ist.

**Beispielaufgabe**

Gegeben ist die quadratische Funktionenschar $f_a$ in Abhängigkeit vom Parameter $a$.

$f_a: x \mapsto f_a(x) = -\frac{1}{4}x^2 + (1-a)x + 2a \quad \text{mit } D_{f_a} = \mathbb{R} \text{ und } a \in \mathbb{R}.$

Zeigen Sie, dass alle Parabeln aus der Schar durch den Punkt P(2|1) verlaufen.

**Lösung**

Um zu überprüfen, ob der Punkt P auf den Graphen von $f_a$ liegt, werden die Koordinaten von P in den Funktionsterm $f_a(x)$ eingesetzt.

$$f_a(2) = 1$$
$$\rightarrow \quad -\frac{1}{4} \cdot 2^2 + (1-a) \cdot 2 + 2a = 1$$
$$\Leftrightarrow \quad -1 + 2 - 2a + 2a = 1$$
$$\Leftrightarrow \quad 1 = 1 (w)$$

Der Punkt P(2|1) befindet sich auf allen Parabeln aus der Schar $G_{f_t}$. In **Bild 2** sind exemplarisch die Graphen verschiedener Funktionen aus der Schar $f_a$ zu sehen.

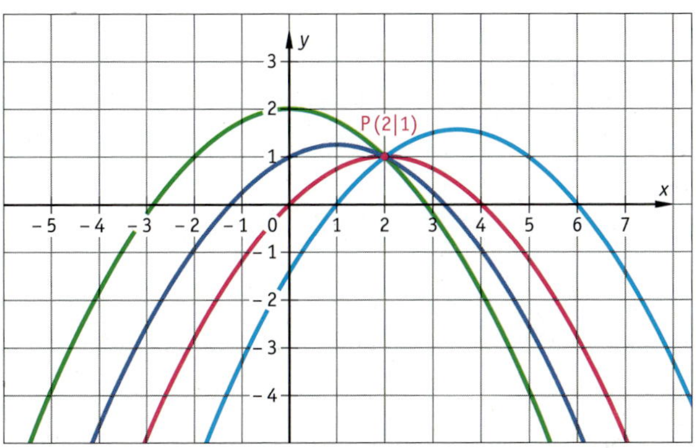

**Bild 2:** Alle Parabeln enthalten den Punkt P(2|1)

## Aufgaben

1. Geben Sie drei quadratische Funktionenscharen an, deren zugehörige Parabeln alle durch den Punkt P(−1|−2) verlaufen. Beschreiben Sie Ihre Überlegungen beim Erstellen der verschiedenen Funktionenscharen.
2. Gegeben ist die quadratische Funktionenschar $p_t$ in Abhängigkeit vom Parameter $t$.
   $p_t: x \mapsto p_t(x) = x^2 + 2tx - 4t + 1$ mit $D_{p_t} = \mathbb{R}$ und $t \in \mathbb{R}$.
   a) Überprüfen Sie, ob der Punkt A(3|1) auf allen Parabeln liegt, die durch $p_t$ beschrieben werden.
   b) Überprüfen Sie, ob der Punkt B(2|3) auf allen Parabeln liegt, die durch $p_t$ beschrieben werden.

### 3.5.4 Nullstellen einer quadratischen Funktionenschar

Bei der Berechnung der Nullstellen von quadratischen Funktionenscharen muss häufig eine Fallunterscheidung durchgeführt werden. Warum diese meist notwendig ist, wird anhand der quadratischen Funktionenschar mit dem Funktionsterm $q_t(x) = x^2 + t$ mit $D_{q_t} = \mathbb{R}$ und $t \in \mathbb{R}$ verdeutlicht.

Betrachten wir die Funktion $q_{-1}$ und ihren Graphen (**Bild 1**). Man erkennt, dass der Graph zweimal die $x$-Achse schneidet, was bedeutet, dass die Funktion $q_{-1}$ zwei einfache Nullstellen hat. In Bild 1 ist weiterhin der Graph der Funktion $q_0$ zu sehen. Er berührt die $x$-Achse, was bedeutet, dass die Funktion $q_0$ eine doppelte Nullstelle hat. Die Funktion $q_2$, deren Graph ebenfalls in Bild 1 zu sehen ist, schneidet nicht die $x$-Achse. Dementsprechend hat die Funktion $q_2$ aus der Schar $q_a$ keine Nullstellen. Man erkennt: Obwohl alle drei betrachteten Parabeln zu der Schar $G_{q_t}$ gehören, schneiden sie unterschiedlich oft die $x$-Achse. Das bedeutet, dass sich die zugehörigen Funktionen in ihrer Anzahl der Nullstellen unterscheiden. Dies führt dazu, dass bei der Berechnung der Nullstellen von quadratischen Funktionenscharen meist eine Fallunterscheidung notwendig ist.

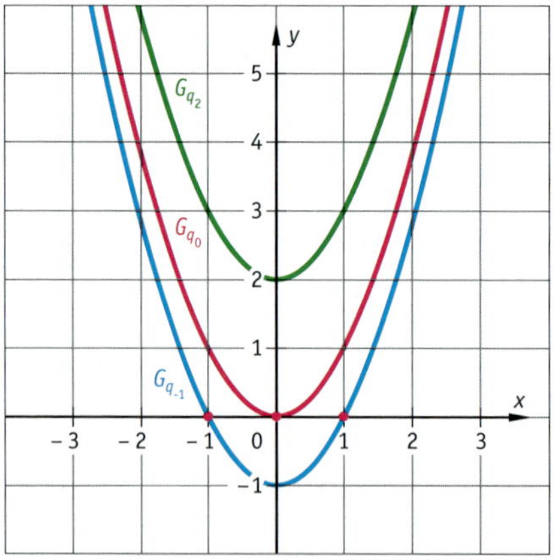


**Bild 1:** Parabeln aus der Schar $G_{q_t}$

Funktionenschar $q_t$:

$q_t(x) = x^2 + t$

Betrachtete Funktionen:

- $q_{-1}(x) = x^2 - 1$
- $q_0(x) = x^2$
- $q_2(x) = x^2 + 2$

In der folgenden Beispielaufgabe werden die Nullstellen einer quadratischen Funktionenschar in Abhängigkeit von einem Parameter berechnet.

**Beispielaufgabe**

Gegeben ist die quadratische Funktionenschar $f_t$ in Abhängigkeit vom Parameter $t$.

$f_t: x \mapsto f_t(x) = x^2 + x + \frac{1}{4}t$ mit $D_{f_t} = \mathbb{R}$ und $t \in \mathbb{R}$.

Berechnen Sie die Anzahl, Art und Lage aller Nullstellen von $f_t$ in Abhängigkeit von $t$.

**Lösung**

Es wird der Funktionsterm gleich Null gesetzt. Anschließend wird die Lösungsformel für quadratische Gleichungen angewendet.

$$x^2 + x + \frac{1}{4}t = 0 \qquad x_{1/2} = \frac{-1 \pm \sqrt{1^2 - 4 \cdot 1 \cdot \frac{1}{4}t}}{2 \cdot 1} = \frac{-1 \pm \sqrt{1-t}}{2}$$

## ▪ Grundlegende Überlegung

Die Lösbarkeit der Gleichung $x^2 + x + \frac{1}{4}t = 0$ hängt vom Wert der Diskriminante ab. Die Diskriminante ist $1 - t$.

- Für den Fall, dass $1 - t < 0$ ist, hat die Gleichung keine Lösung.
- Für den Fall, dass $1 - t = 0$ ist, hat die Gleichung genau eine Lösung.
- Für den Fall, dass $1 - t > 0$ ist, hat die Gleichung zwei Lösungen.

## ▪ Fallunterscheidung

**1. Fall: $t > 1$**

Für $t > 1$ haben die zugehörigen Funktionen keine Nullstellen.

Für $t > 1$ ist die Diskriminante $1 - t < 0$. Somit haben die zugehörigen Funktionen keine Nullstelle.

**2. Fall: $t = 1$**

Für $t = 1$ hat die Funktion $f_1$ genau eine (doppelte) Nullstelle, nämlich bei $x_{1/2} = -\frac{1}{2}$.

Für $t = 1$ ist die Diskriminante $1 - t = 0$. Somit hat die zugehörige Funktion genau eine Nullstelle.

$$x_{1/2} = \frac{-1 \pm \sqrt{1-1}}{2} = \frac{-1 \pm \sqrt{0}}{2} = -\frac{1}{2}$$

**3.Fall: $t < 1$**

Für $t < 1$ haben die Funktionen $f_t$ zwei einfache Nullstellen, nämlich

$$x_1 = \frac{-1 + \sqrt{1-t}}{2} \qquad x_2 = \frac{-1 - \sqrt{1-t}}{2}$$

Für $t < 1$ ist die Diskriminante $1 - t > 0$. Somit haben die zugehörigen Funktionen zwei Nullstellen.

## Aufgaben

1. Berechnen Sie die Nullstellen der folgenden Funktionenscharen in Abhängigkeit von der Formvariablen.
   a) $p_t: x \mapsto p_t(x) = -x^2 + 2x - t$ mit $D_{p_t} = \mathbb{R}$ und $t \in \mathbb{R}$
   b) $f_t: x \mapsto f_t(x) = \frac{1}{2}x^2 + x - 2t + 1$ mit $D_{f_t} = \mathbb{R}$ und $t \in \mathbb{R}$
   c) $q_a: x \mapsto q_a(x) = \frac{a}{2}x^2 - a$ mit $D_{q_a} = \mathbb{R}$ und $a \in \mathbb{R}\backslash\{0\}$
   d) $k_a: x \mapsto k_a(x) = x^2 - 2a$ mit $D_{k_a} = \mathbb{R}$ und $a \in \mathbb{R}$
2. Gegeben ist die quadratische Funktionenschar $f_a$ in Abhängigkeit vom Parameter $a$.
   $f_a: x \mapsto f_a(x) = \frac{1}{2}(x - 2a)^2 - 1$ mit $D_{f_a} = \mathbb{R}$ und $a \in \mathbb{R}$.
   a) Ermitteln Sie $a$ so, dass die zugehörige Parabel aus der Schar durch den Punkt P(3|1) verläuft.
   b) Bestimmen Sie $a$ so, dass die zugehörige Parabel durch den Koordinatenursprung verläuft.
   c) Geben Sie die Koordinaten des Scheitelpunkts in Abhängigkeit von $a$ an.
   d) Stellen Sie den Funktionsterm von $f_a$ in allgemeiner Darstellungsform dar.
   e) Begründen Sie ohne Rechnung, weshalb alle Funktionen aus der Schar $f_a$ zwei Nullstellen haben.
   f) Geben Sie die Wertemenge von $f_a$ an.

### 3.5.5 Gemeinsame Punkte von Graphen mit Parabelscharen

In diesem Kapitel werden die gemeinsamen Punkte von Parabelscharen mit anderen Kurven wie Geraden oder Parabeln bestimmt. Wesentlich ist, dass diese gemeinsamen Punkte, insofern sie existieren, meist nicht eindeutig sind, sondern vom Wert der Formvariable (Parameter) abhängen. In den beiden folgenden Aufgaben werden gemeinsame Punkte von Graphen mit einer Parabelschar bestimmt.

**1. Beispielaufgabe**

Gegeben ist die quadratische Funktionenschar $q_t$ in Abhängigkeit vom Parameter $t$.

$$q_t : x \mapsto q_t(x) = \frac{1}{2}x^2 + x + \frac{1}{2}t \quad \text{mit } D_{q_t} = \mathbb{R} \text{ und } t \in \mathbb{R}.$$

a) Bestimmen Sie in Abhängigkeit von $t$ die $x$-Koordinaten und die Art (Schnittpunkt bzw. Berührpunkt) aller gemeinsamen Punkte der Parabeln, die durch $q_t$ beschrieben werden, mit der Geraden $G_g$, die durch den Funktionsterm $g(x) = \frac{1}{2}x + 1$ beschrieben wird.

b) Zeichnen Sie die Graphen von $G_{q_{2,25}}$ und die Gerade $G_g$ in ein gemeinsames Koordinatensystem und geben Sie die Koordinaten des Berührpunkts an.

c) Zeichnen Sie die Graphen von $G_{q_2}$ und die Gerade $G_g$ in ein gemeinsames Koordinatensystem und geben Sie die Koordinaten der Schnittpunkte an.

**Lösung**

**a)** Um gemeinsame Punkte zweier Funktionsgraphen zu berechnen, werden die Funktionsterme gleichgesetzt und die entstehende Gleichung wird nach $x$ aufgelöst.

$$q_t(x) = g(x)$$

$$\frac{1}{2}x^2 + x + \frac{1}{2}t = \frac{1}{2}x + 1 \quad \left| -\frac{1}{2}x - 1 \right. \quad \Leftrightarrow \quad \frac{1}{2}x^2 + x + \frac{1}{2}t - \frac{1}{2}x - 1 = 0$$

$$\Leftrightarrow \quad \frac{1}{2}x^2 + \frac{1}{2}x + \frac{1}{2}t - 1 = 0$$

Die Gleichung wird mithilfe der Lösungsformel $x_{1/2} = \frac{-b \pm \sqrt{b^2 - 4ac}}{2a}$ gelöst, wobei bei dieser quadratischen Gleichung $a = \frac{1}{2}$, $b = \frac{1}{2}$ und $c = \frac{1}{2}t - 1$ ist.

$$x_{1/2} = \frac{-\frac{1}{2} \pm \sqrt{\left(\frac{1}{2}\right)^2 - 4 \cdot \frac{1}{2} \cdot \left(\frac{1}{2}t - 1\right)}}{2 \cdot \frac{1}{2}} = -\frac{1}{2} \pm \sqrt{\frac{1}{4} - 2 \cdot \left(\frac{1}{2}t - 1\right)} = -\frac{1}{2} \pm \sqrt{\frac{1}{4} - t + 2}$$

$$x_{1/2} = -\frac{1}{2} \pm \sqrt{\frac{9}{4} - t}$$

Die Lösbarkeit der Gleichung $\frac{1}{2}x^2 + \frac{1}{2}x + \frac{1}{2}t - 1 = 0$ hängt vom Wert der Diskriminante ab. Die Diskriminante ist $\frac{9}{4} - t$.

- Für den Fall, dass $\frac{9}{4} - t < 0$ ist, hat die Gleichung keine Lösung.
- Für den Fall, dass $\frac{9}{4} - t = 0$ ist, hat die Gleichung genau eine Lösung.
- Für den Fall, dass $\frac{9}{4} - t > 0$ ist, hat die Gleichung zwei Lösungen.

**1. Fall: t > $\frac{9}{4}$**

Für $t > \frac{9}{4}$ haben die zugehörigen Funktionen keine gemeinsamen Punkte.

Für $t > \frac{9}{4}$ ist die Diskriminante $\frac{9}{4} - t < 0$.

**2. Fall: t = $\frac{9}{4}$**

Für $t = \frac{9}{4}$ haben die Graphen der zugehörigen Funktionen einen Berührpunkt, und zwar an der Stelle $x_{1/2} = -\frac{1}{2}$.

Für $t = \frac{9}{4}$ ist die Diskriminante $\frac{9}{4} - t = 0$. Somit haben die Graphen der entsprechenden Funktionen einen gemeinsamen Punkt.

$$x_{1/2} = -\frac{1}{2} \pm \sqrt{\frac{9}{4} - \frac{9}{4}} = -\frac{1}{2} \pm \sqrt{0} = -\frac{1}{2}$$

**3. Fall: t < $\frac{9}{4}$**

Für $t < \frac{9}{4}$ haben die Funktion $q_t$ und $g$ zwei gemeinsame Stellen. Die Graphen haben somit zwei Schnittpunkte, und zwar an den Stellen

$$x_1 = -\frac{1}{2} + \sqrt{\frac{9}{4} - t} \qquad x_2 = -\frac{1}{2} - \sqrt{\frac{9}{4} - t}$$

Für $t < \frac{9}{4}$ ist die Diskriminante $\frac{9}{4} - t > 0$.

**b)** Fall 2, da $t = 2{,}25$

Berührpunkt: $B\left(-\frac{1}{2} \middle| y_B\right)$

**Berechnung $y_B$**

$$y_B = g\left(-\frac{1}{2}\right) = \frac{1}{2} \cdot \left(-\frac{1}{2}\right) + 1 = \frac{3}{4}$$

$$\rightarrow B\left(-\frac{1}{2} \middle| \frac{3}{4}\right)$$

Die Gerade $G_g$ und die Parabel $G_{q_{2,25}}$ berühren sich im Punkt $B\left(-\frac{1}{2} \middle| \frac{3}{4}\right)$.

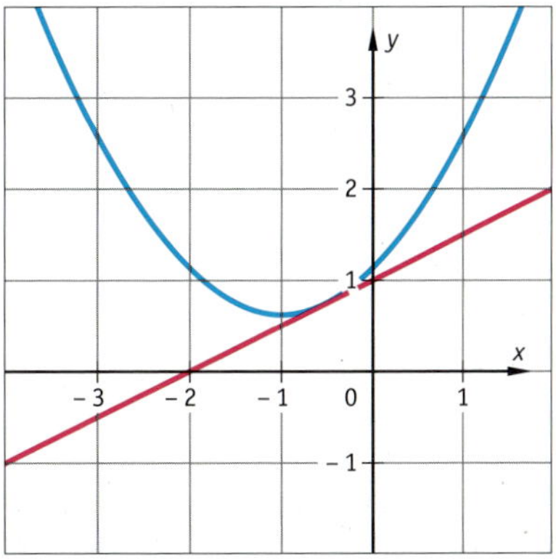

**Bild 1:** $G_g$ und $G_{q_{2,25}}$ berühren sich

**c)** Fall 3, da $t = 2$

**Schnittstellen:**

$$x_1 = -\frac{1}{2} - \sqrt{\frac{9}{4} - 2} = -\frac{1}{2} - \sqrt{\frac{1}{4}} = -\frac{1}{2} - \frac{1}{2}$$

$$x_1 = -1$$

$$x_2 = -\frac{1}{2} + \sqrt{\frac{9}{4} - 2} = -\frac{1}{2} + \sqrt{\frac{1}{4}} = -\frac{1}{2} + \frac{1}{2}$$

$$x_2 = 0$$

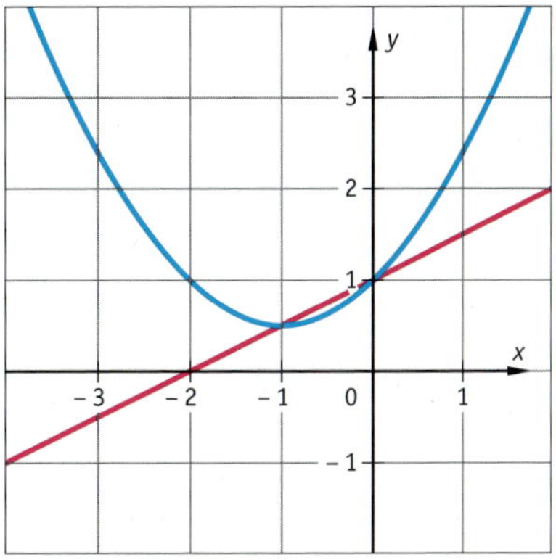

**Bild 2:** $G_g$ und $G_{q_2}$ schneiden sich

Berechnung der $y$-Werte der Schnittpunkte

$$y_{S_1} = g(-1) = \frac{1}{2} \cdot (-1) + 1 = \frac{1}{2} \quad \rightarrow S_1\left(-1\middle|\frac{1}{2}\right)$$

$$y_{S_2} = g(0) = \frac{1}{2} \cdot 0 + 1 = 1 \quad \rightarrow S_2(0|1)$$

Die Gerade $G_g$ und die Parabel $G_{q_2}$ schneiden sich in den Punkten $S_1\left(-1\middle|\frac{1}{2}\right)$ und $S_2(0|1)$ (**Bild 2** auf der vorherigen Seite).

**2. Beispielaufgabe**

Gegeben sind die quadratischen Funktionenscharen $f_a$ und $g_a$ in Abhängigkeit vom Parameter $a \in \mathbb{R}\backslash\{0\}$.

$$f_a: x \mapsto f_a(x) = ax^2 + 1 \quad \text{mit } D_{f_a} = \mathbb{R}$$

$$g_a: x \mapsto g_a(x) = ax^2 + \frac{1}{2}ax \quad \text{mit } D_{g_a} = \mathbb{R}$$

Berechnen Sie die Schnittpunkte der beiden Parabelscharen in Abhängigkeit von $a$.

**Lösung**

Es werden die Funktionsterme gleichgesetzt und die entstehende Gleichung wird nach $x$ aufgelöst.

$$f_a(x) = g_a(x)$$

$$ax^2 + 1 = ax^2 + \frac{1}{2}ax \quad \Leftrightarrow \quad 1 = \frac{1}{2}ax \quad \Leftrightarrow \quad x = \frac{2}{a}$$

Eine Fallunterscheidung ist an dieser Stelle nicht notwendig, da $a$ laut Angabe ungleich Null ist. Die Schnittstelle der beiden Parabelscharen ist somit stets bei $x = \frac{2}{a}$. Um den zugehörigen $y$-Wert des Schnittpunkts zu erhalten, wird $x = \frac{2}{a}$ in einen der beiden Funktionsterme eingesetzt.

$$y_S = f_a\left(\frac{2}{a}\right) = a \cdot \left(\frac{2}{a}\right)^2 + 1 = a \cdot \frac{4}{a^2} + 1 = \frac{4}{a} + 1 = \frac{4+a}{a}$$

Der Schnittpunkt der beiden Parabelscharen lautet somit $S_a\left(\frac{2}{a}\middle|\frac{4+a}{a}\right)$.

## Aufgaben

1. Gegeben ist die quadratische Funktionenschar $w_t$ in Abhängigkeit vom Parameter $t$.

   $$w_t: x \mapsto w_t(x) = x^2 - 6x + 3t \quad \text{mit } D_{w_t} = \mathbb{R} \text{ und } t \in \mathbb{R}.$$

   a) Bestimmen Sie $t$ so, dass die zugehörige Parabel die Winkelhalbierende des I./III. Quadranten berührt.

   b) Ermitteln Sie die Art und Lage der gemeinsamen Punkte der Parabeln aus der Parabelschar mit den Geraden aus der Geradenschar, die durch den Funktionsterm $g_t(x) = -5x + 2t$ mit $t \in \mathbb{R}$, beschrieben wird. Führen Sie, falls notwendig, eine Fallunterscheidung durch.

2. Gegeben ist die quadratische Funktionenschar $q_t$ in Abhängigkeit vom Parameter $t$.

   $$q_t: x \mapsto q_t(x) = tx^2 - 1 \quad \text{mit } D_{q_t} = \mathbb{R} \text{ und } t \in \mathbb{R}\backslash\{0\}$$

   a) Bestimmen Sie alle Werte von $t$, sodass die zugehörige Parabel die Gerade mit der Funktionsgleichung $y = x + 1$ schneidet.

   b) Berechnen Sie die Schnittpunkte der Parabelschar mit einer Parallelen zur $x$-Achse, die durch die Funktionsgleichung $y = t - 1$ beschrieben wird.

### 3.5.6 Aufgaben zu quadratische Funktionenscharen

1. Gegeben sind die folgenden quadratischen Funktionenscharen. Bestimmen Sie jeweils die Lage und Art der Nullstellen in Abhängigkeit vom Parameter.

a) $f_t(x) = \frac{1}{2}x^2 + 5x + \frac{5}{2}t$ mit $D_{f_t} = \mathbb{R}$ und $t \in \mathbb{R}$

b) $f_t(x) = 2x^2 - 20x + 5t$ mit $D_{f_t} = \mathbb{R}$ und $t \in \mathbb{R}$

c) $f_t(x) = x^2 - 12x + 6t$ mit $D_{f_t} = \mathbb{R}$ und $t \in \mathbb{R}$

d) $f_t(x) = \frac{5}{2}(x-3)(x+t)$ mit $D_{f_t} = \mathbb{R}$ und $t \in \mathbb{R}$

e) $f_t(x) = 2(x-2t)\left(x+\frac{t}{2}\right)$ mit $D_{f_t} = \mathbb{R}$ und $t \in \mathbb{R}$

f) $f_t(x) = -(x-3)^2 + t$ mit $D_{f_t} = \mathbb{R}$ und $t \in \mathbb{R}$

2. Bestimmen Sie den Wert des Parameters so, dass sich die jeweils gegebene Gerade und die Parabel berühren.

a) $f_t: x \mapsto f_t(x) = x^2 + x - t$ mit $D_{f_t} = \mathbb{R}$ und $t \in \mathbb{R}$

$g: x \mapsto g(x) = x + 3$ mit $D_g = \mathbb{R}$

b) $f_t: x \mapsto f_t(x) = -\frac{1}{4}x^2 + \frac{5}{4}x + 2t$ mit $D_{f_t} = \mathbb{R}$ und $t \in \mathbb{R}$

$g: x \mapsto g(x) = -\frac{1}{4}x + 2$ mit $D_g = \mathbb{R}$

c) $f_t: x \mapsto f_t(x) = -x^2 + 2t$ mit $D_{f_t} = \mathbb{R}$ und $t \in \mathbb{R}$

$g: x \mapsto g(x) = -x + \frac{1}{10}$ mit $D_g = \mathbb{R}$

d) $f_t: x \mapsto f_t(x) = \frac{1}{2}(x+2) \cdot (x-t)$ mit $D_{f_t} = \mathbb{R}$ und $t \in \mathbb{R}$

$g: x \mapsto g(x) = 2x + 3$ mit $D_g = \mathbb{R}$

3. Gegeben ist die quadratische Funktionenschar $p_t$ in Abhängigkeit vom Parameter $t$.

$p_t: x \mapsto p_t(x) = -\frac{1}{2}x^2 + x - 2t$ mit $D_{p_t} = \mathbb{R}$ und $t \in \mathbb{R}$.

a) Ermitteln Sie $t$ so, dass die zugehörige Parabel aus der Schar durch den Punkt P(4|2) verläuft.

b) Bestimmen Sie $t$ so, dass die zugehörige Funktion bei $x = 1$ eine Nullstelle hat.

c) Ermitteln Sie die Koordinaten des Scheitelpunkts in Abhängigkeit von $t$ und geben Sie den Funktionsterm von $p_t$ in Scheitelpunktform an. Geben Sie anschließend die Koordinaten der Scheitelpunkte der zu $p_{-5}$ und $p_1$ gehörenden Parabeln an.

d) Bestimmen Sie die Funktion aus der Schar $p_t$, die genau eine Nullstelle besitzt.

e) Ermitteln Sie alle Funktionen aus der Schar $p_t$, die zwei Nullstellen haben.

f) Berechnen Sie den Wert des Parameter $t$ so, dass die zugehörige Parabel die Winkelhalbierende des II./IV. Quadranten berührt. Geben Sie die Koordinaten des Berührpunkts an.

4. Zu Beginn dieses Kapitels wurden Einwürfe eines Nachwuchsfußballspielers betrachtet, der in der Lage ist, weite Einwürfe zu tätigen. Die Flugbahnen der Einwürfe sind in **Bild 1a** zu sehen. Eine Videoanalyse des Trainerstabs ergab, dass alle Einwürfe des Spielers näherungsweise durch die untenstehende quadratische Funktionenschar beschrieben werden können. Dabei gibt $w_a(x)$ die Höhe des Balls in einer beliebigen Entfernung $x$ vom Ort des Einwurfs an. Die Formvariable $a$ spiegelt indirekt die Abwurfgeschwindigkeit des Balls wider. Der Wert der Formvariablen $a$ ist aus **Bild 1 b,** folgende Seite, zu entnehmen. In dieser Abbildung steht $v$ für die Abwurfgeschwindigkeit des Balls.

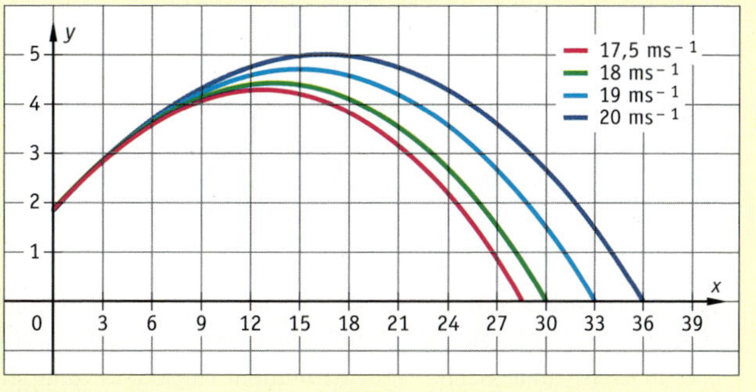

**Bild 1a:** Parabelförmige Flugkurven des Balls beim Einwurf

$w_a: x \mapsto w_a(x) = 1{,}85 + 0{,}24 \cdot x - a \cdot x^2$ mit $D = \mathbb{R}_0^+$ und $a \in \mathbb{R}_0^+$

| | |
|---|---|
| $w_v$ | Höhe des Balls über den Rasen. |
| x | Horizontale Entfernung vom Ort des Einwurfs. |
| a | Formvariable, die indirekt die Abwurfgeschwindigkeit des Balls angibt (**Bild 1b**). |

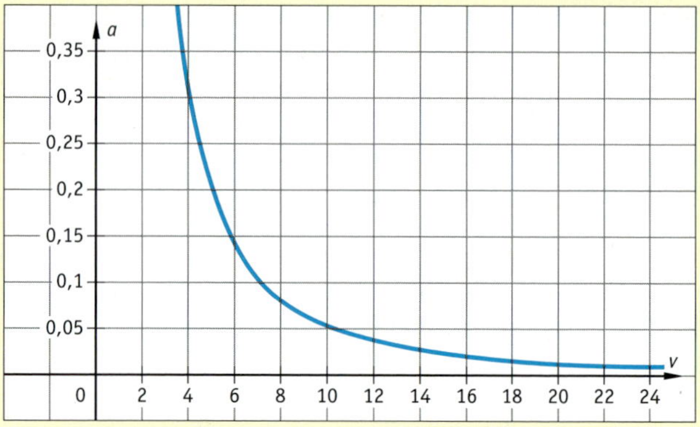


**Bild 1b:** Zusammenhang zwischen Abwurfgeschwindigkeit des Balls und dem Wert der Formvariablen a

a) Berechnen Sie die Weite des Einwurfs, wenn der Spieler den Ball mit einer Abwurfgeschwindigkeit von 10 ($ms^{-1}$) einwirft.

b) Berechnen Sie den Scheitelpunkt jeder Flugkurve in Abhängigkeit der Formvariablen *a*.

c) Für ein wichtiges Spiel studiert die Mannschaft des Nachwuchsfußballspielers während des Training Spielzüge ein. Ein Spielzug ist, dass der Nachwuchsfußballspieler einen weiten Einwurf auf einen 24 m entfernten, 2 m großen Mitspieler macht, der 0,5 m nach oben springt und dabei den Ball per Kopf in den Strafraum des Gegners weiterleitet. Ermitteln Sie aus dem Graphen von **Bild 1a**, vorherige Seite, die notwendige Abwurfgeschwindigkeit des Balls beim Einwurf.

d) Während eines Spiels, wirft der Nachwuchsfußballspieler einen Einwurf mit einer Abwurfgeschwindigkeit von 14 ($ms^{-1}$) ein. Berechnen Sie, ob ein Abwehrspieler, der 15 m entfernt steht und 1,65 m groß ist, den Ball erreichen kann, oder ob dieser überworfen wird.

## 3.6 Symmetrie von Funktionsgraphen

Aus der Geometrie der Mittelstufe ist bekannt, dass eine Figur achsensymmetrisch ist, wenn sie durch Faltung um eine gedachte Achse auf sich selbst abgebildet wird. Die gedachte Achse wird als Spiegel- oder Symmetrieachse bezeichnet.

Ein Beispiel für eine achsensymmetrische Figur ist ein Dreieck, das zwei gleichlange Schenkel hat (**Bild 2**).

Faltet man den Teil des Dreiecks, der sich links der Symmetrieachse befindet, um diese Achse, dann fällt das linke und das rechte Teildreieck zusammen. Man könnte daher den Punkt B auch als Spiegelpunkt von A bzgl. der Symmetrieachse auffassen und mit A' bezeichnen. Ein betrachteter Punkt P und sein Spiegelpunkt P' haben stets den gleichen Abstand von der Symmetrieachse.

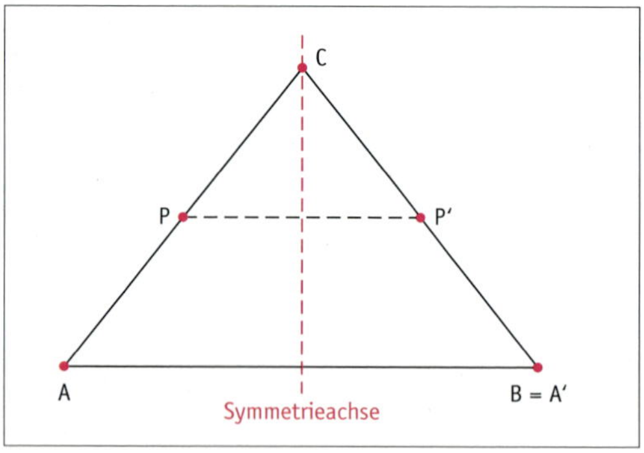


**Bild 2:** Achsensymmetrisches Dreieck

**Achsensymmetrie**

Eine achsensymmetrische Figur wird durch Faltung entlang einer Symmetrieachse auf sich selbst abgebildet.

Neben der Achsensymmetrie wurde in der Mittelstufe die Punktsymmetrie behandelt. Punktsymmetrische Objekte werden durch zweimalige Faltung entlang zweier senkrecht aufeinander stehenden gedachten Achsen auf sich selbst abgebildet. Der Schnittpunkt der beiden gedachten Achsen wird Symmetriezentrum genannt.

Ein Beispiel für ein punktsymmetrisches Objekt ist die Spielkarte Karo-Ass (**Bild 1**). Faltet man den unteren Teil der Karte um die blau gekennzeichnete Achse und anschließend um die gelb markierte Achse, dann werden die Symbole der Karte Punkt für Punkt auf sich selbst abgebildet.

Anstatt jeden Punkt zweimal an den beiden senkrechten Achsen zu spiegeln, könnte man die jeweiligen Punkte am schwarz marktierenten Punkt (Symmetriezentrum) spiegeln. Der Abstand eines Punktes P und seines Bildpunktes P′ von diesem Symmetriezentrum ist dann stets gleich.

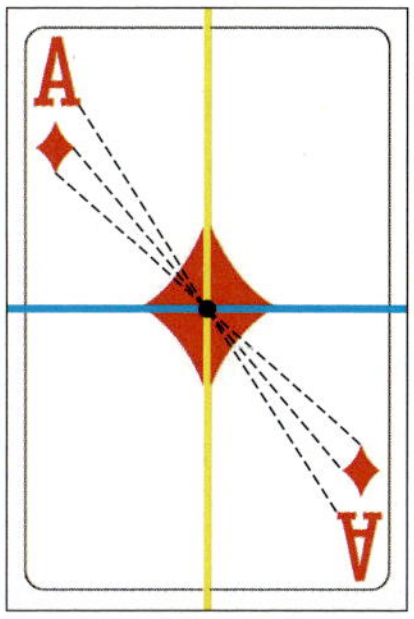


**Bild 1:** Spielkarte Karo-Ass

**Punktsymmetrie**

Eine punktsymmetrische Figur wird durch zweimalige Faltung entlang zweier senkrecht zueinanderstehenden Achsen auf sich selbst abgebildet.

In diesem Kapitel werden die Kenntnisse über Achsen- und Punktsymmetrie genutzt, um rechnerisch zu überprüfen, ob Funktionsgraphen bezüglich des Koordinatensystems eine besondere Symmetrie aufweisen.

### 3.6.1 Achsensymmetrie bezüglich der *y*-Achse

In **Bild 2** ist eine Parabel $G_f$ abgebildet, die augenscheinlich symmetrisch zur *y*-Achse ist. Stellt man sich vor, dass der Teil der Parabel, der sich rechts der *y*-Achse befindet, gedanklich entlang der *y*-Achse nach links gefaltet wird, dann fallen die linke und rechte Teilparabel zusammen. Das heißt, dass beispielsweise der Punkt A auf den Punkt A′, B auf B′ und C auf C′ aufeinander abgebildet werden.

Das bedeutet gleichzeitig, dass die *y*-Werte der aufeinander abgebildeten Punkte jeweils gleich sind. Folglich gilt: $f(0{,}5) = f(-0{,}5)$, $f(1) = f(-1)$, $f(2) = f(-2)$ usw. Anhand dieser Erkenntnisse kann man folgende Regel formulieren.

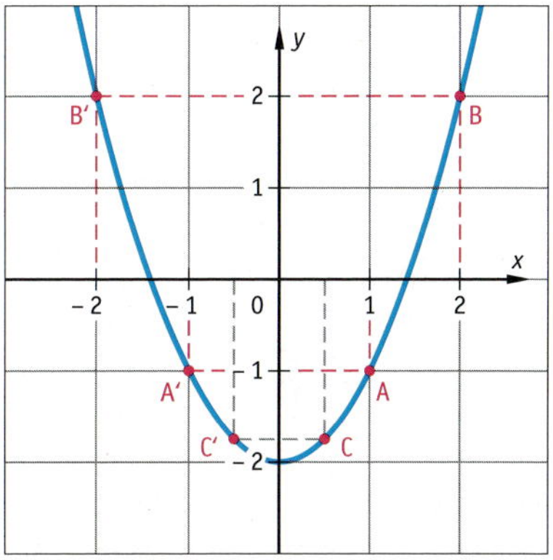


**Bild 2:** Achsensymmetrischer Graph $G_f$

**Achsensymmetrie bzgl. der *y*-Achse**

Der Graph einer Funktion *f* ist achsensymmetrisch zur *y*-Achse, wenn für alle $x \in D$ gilt: $f(-x) = f(x)$.

**Anmerkung** Der Graph einer Funktion kann nur symmetrisch zur *y*-Achse sein, wenn die Definitionsmenge symmetrisch zu Null ist.

#### Nachweis für Achsensymmetrie bezüglich der y-Achse

Unter Verwendung der genannten Regel kann rechnerisch nachgewiesen werden, dass der Graph einer Funktion achsensymmetrisch zur *y*-Achse ist. Wie dies funktioniert, wird anhand der folgenden Aufgabe erläutert.

**Musteraufgabe zum Nachweis von Achsensymmetrie**

Gegeben ist die Funktion *f*. Weisen Sie nach, dass diese achsensymmetrisch zur *y*-Achse ist.

$f{:}x \mapsto f(x) = \frac{1}{2}x^2 - 2 \quad \text{mit } D_f = \mathbb{R}.$

**Lösung**

Es wird der Funktionsterm $f(-x)$ berechnet. Das bedeutet, dass in den Funktionsterm $f(x)$ anstelle $x$ ein $-x$ eingesetzt wird. Anschließend wird verglichen, ob die Funktionsterme $f(-x)$ und $f(x)$ gleich sind.

$$f(-x) = \frac{1}{2}(-x)^2 - 2 = \frac{1}{2}x^2 - 2$$

Man erkennt, dass die Funktionsterme $f(x) = \frac{1}{2}x^2 - 2$ und $f(-x) = \frac{1}{2}x^2 - 2$ gleich sind. Daher gilt: $f(-x) = f(x)$. Da die Definitionsmenge $D_f = \mathbb{R}$ ist und $\mathbb{R}$ symmetrisch zu Null ist, kann gefolgt werden, dass für $x \in D$ die Gleichung $f(-x) = f(x)$ wahr ist. Somit ist insgesamt gezeigt, dass der Graph der Funktion $f$ achsensymmetrisch zur $y$-Achse ist.

**Aufgaben**

1. Überprüfen Sie, ob die Graphen der folgenden Funktionen achsensymmetrisch zur $y$-Achse sind.

   $f: x \mapsto f(x) = 2x^2 - 1$ mit $D_f = \mathbb{R}$

   $g: x \mapsto g(x) = -\frac{1}{2}x^2 - 2x$ mit $D_g = \mathbb{R}$

   $p: x \mapsto p(x) = -\frac{7}{8}x^2 - \frac{1}{2}$ mit $D_p = \mathbb{R}$

   $s: x \mapsto s(x) = -\frac{7}{8}x - \frac{1}{2}$ mit $D_s = \mathbb{R}$

2. Eine Mitschülerin behauptet, dass der Graph jeder quadratischen Funktion, deren Funktionsterm kein lineares Glied hat, achsensymmetrisch zur $y$-Achse sei. Begründen Sie diese Aussage.
3. Die gleiche Mitschülerin behauptet, dass der Graph der Funktion $f$, die den Funktionsterm $f(x) = x^2 - 2$ und die Definitionsmenge $D_f = [-1; 2]$ hat, achsensymmetrisch zur $y$-Achse sei. Widerlegen Sie diese Aussage mithilfe einer Skizze.

### 3.6.2 Punktsymmetrie bezüglich des Koordinatenursprungs

In **Bild 1** ist eine Gerade $G_g$ abgebildet, die punktsymmetrisch zum Koordinatenursprung ist. Punktsymmetrie bedeutet bezogen auf diesen Fall, dass die Gerade auf sich selbst abgebildet wird, wenn man sie an der $y$- und anschließend an der $x$-Achse spiegelt. In **Bild 2** ist die an der $y$-Achse gespiegelte Gerade abgebildet. In **Bild 3** ist die Gerade von **Bild 2** an der $x$-Achse gespiegelt zu sehen. Man erkennt, dass durch diese zweimalige Spiegelung an den Koordinatenachsen die Gerade $G_g$ auf sich selbst abgebildet wird. Folglich ist $G_g$ punktsymmetrisch zum Ursprung, da zweimaliges Spiegeln entlang senkrecht stehender Achsen gleichbedeutend mit einer Punktspiegelung bezüglich des Schnittpunkts der beiden Achsen ist.

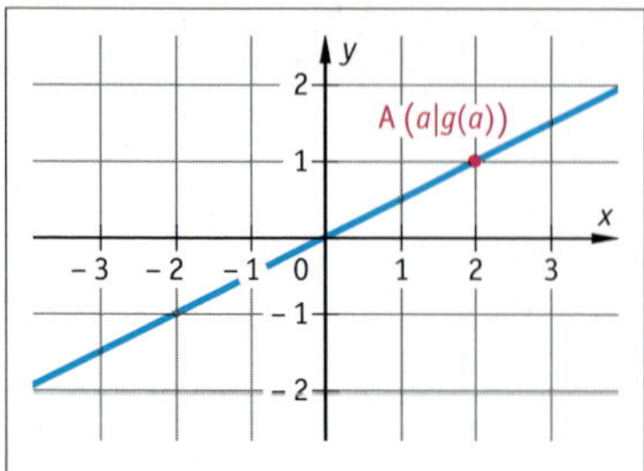


**Bild 1:** Ausgangsgerade

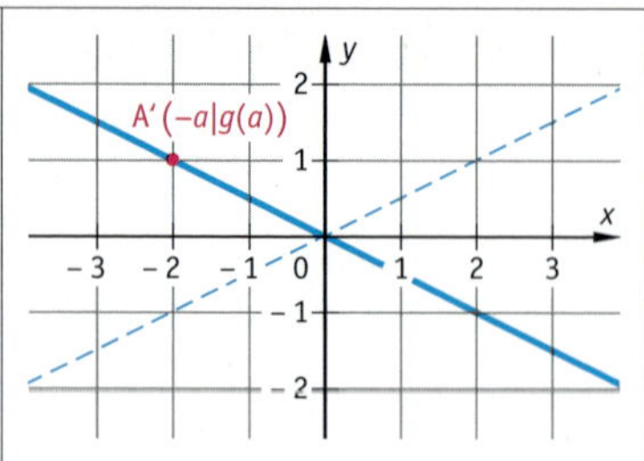


**Bild 2:** Einmalig gespiegelte Gerade

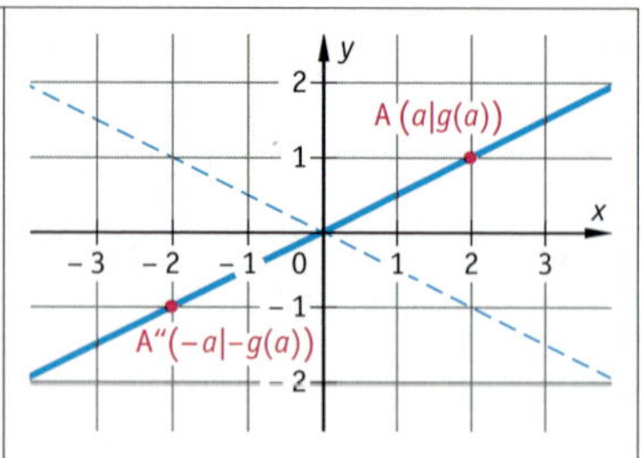


**Bild 3:** Zweimalig gespiegelte Gerade

Wir betrachten nun einen beliebigen Punkt $A(a|g(a))$ auf der Geraden $G_g$. Die Koordinaten des Spiegelpunkts A' von A bei Spiegelung an der $y$-Achse lauten $A'(-a|g(a))$. Wird dieser Punkt A' an der $x$-Achse gespiegelt, verändert sich lediglich das Vorzeichen seines $y$-Wertes. Der Punkt A'' hat demnach die Koordinaten $A''(-a|-g(a))$. Aus diesen Überlegungen kann man folgern, dass der Graph einer Funktion $f$ immer dann punktsymmetrisch zum Ursprung ist, wenn für alle $x$-Werte des Definitionsbereichs gilt: $f(-x) = -f(x)$.

**Punktsymmetrie bzgl. des Koordinatenursprungs**

Der Graph einer Funktion $f$ ist punktsymmetrisch zum Ursprung, wenn für alle $x \in D$ gilt: $f(-x) = -f(x)$.

### Nachweis für Punktsymmetrie zum Ursprung

Die eben genannte Regel kann verwendet werden, um die Punktsymmetrie eines Graphen bezüglich des Koordinatenursprungs nachzuweisen. Wie dies funktioniert, wird anhand der folgenden Aufgabe erläutert.

**Musteraufgabe zum Nachweis von Punktsymmetrie**

Gegeben ist die lineare Funktion $f$. Weisen Sie nach, dass diese punktsymmetrisch zum Ursprung des Koordinatensystems ist.

$$f{:}x \mapsto f(x) = \frac{1}{4}x \quad \text{mit } D_f = \mathbb{R}.$$

**Lösung**

Es werden die Funktionsterme $f(-x)$ und $-f(x)$ berechnet und verglichen.

$$f(-x) = \frac{1}{4}(-x) = -\frac{1}{4}x$$

$$-f(x) = -\left(\frac{1}{4}x\right) = -\frac{1}{4}x$$

Man erkennt, dass die Funktionsterme $f(-x)$ und $-f(x)$ gleich sind. Daher gilt: $f(-x) = -f(x)$. Da $D_f = \mathbb{R}$ und $\mathbb{R}$ symmetrisch zu Null ist, folgt insgesamt, dass der Graph der Funktion $f$ punktsymmetrisch zum Ursprung ist. Die Gleichung $f(-x) = -f(x)$ stellt für alle $x$-Werte des Definitionsbereichs eine wahre Aussage dar.

**Aufgaben**

1. Überprüfen Sie, ob die Graphen der folgenden Funktionen punktsymmetrisch zum Koordinatenursprung sind.

   $f{:}x \mapsto f(x) = 2x \quad \text{mit } D_f = \mathbb{R}$

   $g{:}x \mapsto g(x) = -\frac{1}{2}x - 2 \quad \text{mit } D_g = \mathbb{R}$

   $p{:}x \mapsto p(x) = -10x \quad \text{mit } D_p = \mathbb{R}$

   $s{:}x \mapsto s(x) = x^2 - \frac{1}{2} \quad \text{mit } D_s = \mathbb{R}$

2. Ein Mitschüler behauptet, dass der Graph jeder Ursprungsgerade (mit $D = \mathbb{R}$), punktsymmetrisch zum Ursprung sei. Beweisen Sie diese Aussage.
3. Begründen Sie, weshalb eine Parabel niemals punktsymmetrisch sein kann.

### 3.6.3 Aufgaben zu Symmetrie

1. Gegeben sind die unten genannten Funktionen. Für alle Funktionen gilt $D = \mathbb{R}$. Überprüfen Sie rechnerisch, welche dieser Funktionen einen Funktionengraphen hat, der eine Symmetrie bezüglich des Koordinatensystems aufweist.

   $g{:}x \mapsto g(x) = 2x^2 - 1$ $\qquad f{:}x \mapsto f(x) = \frac{1}{2}x^2 + \frac{1}{2}x$

   $p{:}x \mapsto p(x) = -x - 1$ $\qquad q{:}x \mapsto q(x) = \frac{1}{2}x$

   $s{:}x \mapsto s(x) = x^2 - 10x + 2$ $\qquad w{:}x \mapsto w(x) = \frac{1}{10}(x-2)\cdot(x+2)$

2. Gegeben ist die Funktion mit dem Funktionsterm $f(x) = -\frac{5}{2}x^2 + 2$ und der eingeschränkten Definitionsmenge $D_f = [a; 3]$. Geben Sie $a$ so an, dass der Graph von $f$ achsensymmetrisch zur $y$-Achse ist.

3. Eine Gerade $G_g$ verläuft durch die Punkt A(0,5|1) und B(−2|1). Überprüfen Sie, ob die Gerade punktsymmetrisch zum Ursprung ist. Es gilt $D_g = \mathbb{R}$.

4. Gegeben ist die Teilwertemenge einer quadratischen Funktion *f*, deren zugehörige Parabel achsensymmetrisch zur *y*-Achse ist. Vervollständigen Sie die Wertetabelle.

| x | −3 | −2 | −1 | 0 | 1 | 2 | 3 |
|---|---|---|---|---|---|---|---|
| $y = f(x)$ | | | | −2 | −1 | | 7 |

5. Nennen Sie die Funktionsterme von 3 Funktionen, deren Funktionsgraph achsensymmetrisch zur *y*-Achse ist.

## 3.7 Grafisches Lösen von Ungleichungen

Im Kapitel 2.1 wurden bereits lineare Gleichungen rechnerisch gelöst.

**Zur Erinnerung** Bei einer Ungleichung sind zwei Terme durch ein Relationszeichen ($<, >, \leq, \geq$) miteinander verbunden.

Die Berechnung der Lösungsmenge einer linearen Ungleichung ist mithilfe von Äquivalenzumformungen ohne weiteres möglich. Die Berechnung der Lösungsmenge von quadratischen Ungleichungen hingegen ist komplexer und setzt weitergehende mathematische Kenntnisse voraus. Aus diesem Grund werden quadratische Ungleichungen häufig grafisch gelöst, d. h. es wird der Funktionsgraph der zugehörigen quadratischen Funktion zum Lösen der Ungleichung verwendet. Wie dies im Detail funktioniert wird in diesem Kapitel beschrieben.

**Anmerkung** Am Ende dieses Kapitels wird in der Rubrik »Vertiefende Betrachtung« die rein rechnerische Lösung von quadratischen Ungleichungen erläutert.

### 3.7.1 Strategie zum grafischen Lösen einer Ungleichung

Um grundlegend zu verstehen, wie eine Ungleichung mithilfe des Funktionsgraphen gelöst wird, ist die folgende Vorüberlegung notwendig.

#### Vorüberlegung

Anhand der rechts abgebildeten Parabel (**Bild 1**) wird beschrieben bzw. wiederholt, wie die Funktionswerte (*y*-Werte) zu verschiedenen *x*-Werten grafisch bestimmt werden.

Ist der Funktionswert an der Stelle $x = 3$ grafisch zu ermitteln, so muss man auf der *x*-Achse bei $x = 3$ senkrecht nach oben bis zum Graphen gehen und auf der *y*-Achse den entsprechenden *y*-Wert ablesen. In diesem Fall ist der zu $x = 3$ gehörende Funktionswert $y = 3$.

Analog wird der Funktionswert an der Stelle $x = 1$ bestimmt. Der wesentliche Unterschied ist, dass man ausgehend von $x = 1$ nicht nach oben zur Parabel gehen muss, sondern nach unten. Der zu $x = 1$ gehörende Funktionswert lautet $y = -1$.

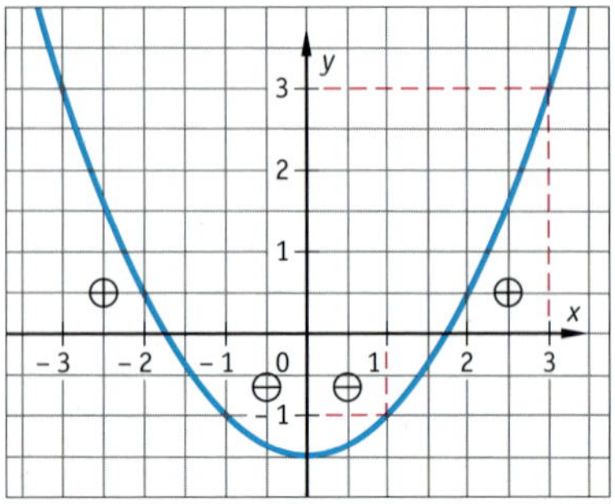


**Bild 1:** Ablesen von Funktionswerten

Es ist zu erkennen, dass man für alle *x*-Werte einen negativen Funktionswert erhält, für die die Parabel unterhalb der *x*-Achse läuft. Für alle *x*-Werte, für die die Parabel über der *x*-Achse verläuft, ergibt sich ein positiver Funktionswert. Bezogen auf die abgebildete Parabel bedeutet dies, dass man beispielsweise für $x = -3$ oder $x = 2$ positive Funktionswerte erhält, während die *y*-Werte für $x = -0{,}5$ oder $x = 1{,}5$ negativ sind.

Diese Überlegung wird nun zum grafischen Lösen von Ungleichungen verwendet. Anhand der folgenden Aufgabe wird beschrieben, wie unter Verwendung der obigen Überlegungen eine Ungleichung grafisch gelöst wird.

**Musteraufgabe zum grafischen Lösen von Ungleichungen**

Gegeben ist die quadratische Ungleichung $\frac{1}{2}x^2 - 2x < 0$ mit $G = \mathbb{R}$. Bestimmen Sie die Lösungsmenge dieser Ungleichung.

**Lösung**

Es sind alle *x*-Werte gesucht, die in den Term $\frac{1}{2}x^2 - 2x$ eingesetzt werden dürfen, damit der Termwert negativ, also $< 0$, wird.

**1. Schritt**
Berechnung Nullstellen

Es werden zuerst die Nullstellen des Terms berechnet.

$$\frac{1}{2}x^2 - 2x = 0 \quad \Leftrightarrow \quad x \cdot \left(\frac{1}{2}x - 2\right) = 0$$

$$\rightarrow \quad x_1 = 0$$

$$\rightarrow \quad \frac{1}{2}x - 2 = 0 \quad \Leftrightarrow \quad x_2 = 4$$

Das Herzstück beim grafischen Lösen einer Ungleichung ist die Vorzeichenbetrachtung. Man erstellt diese, indem man den Term $\frac{1}{2}x^2 - 2x$ grafisch darstellt. Genauer gesagt betrachtet man den Term $\frac{1}{2}x^2 - 2x$ als Funktionsterm $f(x) = \frac{1}{2}x^2 - 2x$. Die zugehörige Parabel ist nach oben geöffnet und schneidet die *x*-Achse an den Stellen $x = 0$ und $x = 4$. Mithilfe dieser beiden Informationen kann der Verlauf der Parabel skizziert werden (**Bild 1**). Man nennt diese Skizze, bei der auf die *y*-Achse verzichtet wird, Vorzeichenbetrachtung.

**2. Schritt**
Erstellung der Vorzeichenbetrachtung

1. Nullstellen einzeichnen

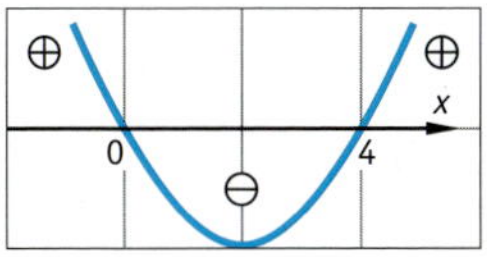


**Bild 1:** Vorzeichenbetrachtung des Terms $\frac{1}{2}x^2 - 2x$

Aus der Vorzeichenbetrachtung (VZB) des Terms $\frac{1}{2}x^2 - 2x$ erkennt man, dass für alle *x*-Werte zwischen $x = 0$ und $x = 4$ die Termwerte negativ sind. Dementsprechend wird in diesem Bereich ein Minuszeichen in die Vorzeichenbetrachtung eingetragen **(Bild 1)**. Für alle *x*-Werte, die kleiner 0 oder größer 4 sind, ergeben sich positive Termwerte. In die Vorzeichenbetrachtung werden Pluszeichen eingetragen **(Bild 1)**. Laut Angabe sind alle *x*-Werte gesucht, für die der Termwert negativ wird. Die Lösungsmenge kann aus der Vorzeichenbetrachtung abgelesen werden.

**3. Schritt**
Interpretation der Vorzeichenbetrachtung

Lösungsmenge in Intervallschreibweise:

$L = ]0; 4[$

Lösungsmenge in beschreibender Mengenschreibeweise:

$L = \{x \in \mathbb{R} \mid 0 < x < 4\}$

## Grafischen Lösen von Ungleichungen

Ungleichungen werden grafisch prinzipiell durch folgendes Vorgehen gelöst.

1. Berechnung der Nullstellen des betrachteten Terms
2. Erstellung der Vorzeichenbetrachtung des Termwerts
   - Einzeichnung der Schnittstellen mit der $x$-Achse
   - Berücksichtigung des Öffnungsfaktors
3. Interpretation der Vorzeichenbetrachtung

Anhand der folgenden Aufgabe wird das beschriebene Lösungsschema nochmals demonstriert.

**Beispielaufgabe**

Lösen Sie folgende Ungleichung $\frac{1}{4}x^2 - \frac{1}{4} > 0$ mit $x \in \mathbb{R}$.

**Lösung**

$\frac{1}{4}x^2 - \frac{1}{4} = 0 \quad \Leftrightarrow \quad x^2 = 1$

$\rightarrow \quad x_1 = -1 \quad x_2 = 1$

Berechnung der Nullstellen

Der Graph von $f(x) = \frac{1}{4}x^2 - \frac{1}{4}$ ist eine nach oben geöffnete Parabel mit den Schnittstellen $x = -1$ und $x = 1$.

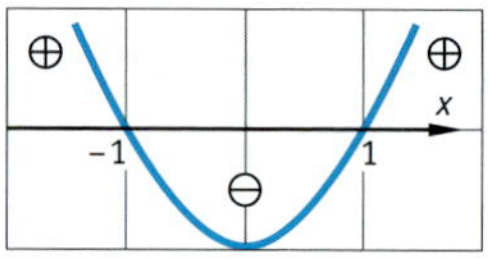


Vorzeichenbetrachtung von $\frac{1}{4}x^2 - \frac{1}{4}$

Für $x \in \,]-\infty; -1[\, \cup \,]1; \infty[$ ist $\frac{1}{4}x^2 - \frac{1}{4} > 0$.

Alternative Schreibweise:

$L = \{x \in \mathbb{R} | x < -1 \vee x > 1\}$

Interpretation der Vorzeichenbetrachtung

**Unlösbare Ungleichungen und Ungleichungen, die für alle reellen Zahlen lösbar sind**

Eine Ungleichung kann unlösbar oder für alle reellen Zahlen lösbar sein. In der folgenden Aufgabe wird eine Ungleichung betrachtet, die für alle reellen Zahlen lösbar ist.

**Beispielaufgabe**

Lösen Sie folgende Ungleichung $x^2 - 2x + 3 > 0$ mit $x \in \mathbb{R}$.

**Lösung**

$x^2 - 2x + 3 = 0$

$x_{1/2} = \frac{2 \pm \sqrt{(-2)^2 - 4 \cdot 1 \cdot 3}}{2 \cdot 1} = \frac{2 \pm \sqrt{-8}}{2}$

Die Gleichung hat keine Lösung.

Lösen der zugehörigen Gleichung

Der Term $x^2 - 2x + 3$ stellt eine nach oben geöffnete Parabel ohne Schnittpunkte mit der $x$-Achse dar.

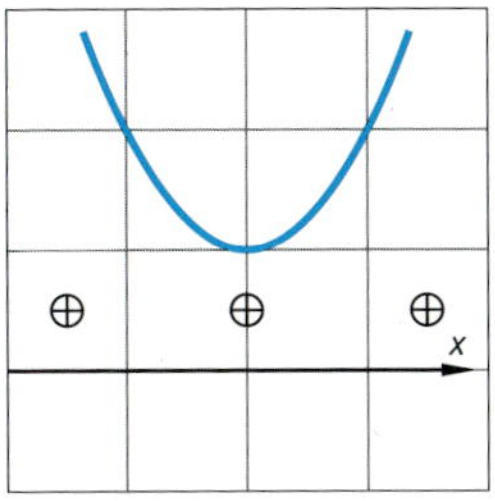


Vorzeichenbetrachtung von $x^2 - 2x + 3$

Für $x \in \mathbb{R}$ ist $x^2 - 2x + 3 > 0$.

Das heißt, dass für alle $x$-Werte die zugehörigen Termwerte größer Null sind.

Interpretation der Vorzeichenbetrachtung

> **Anmerkung** Die Ungleichung $x^2 - 2x + 3 < 0$ hat keine Lösung, da die Ungleichung $x^2 - 2x + 3 > 0$ für jede reelle Zahl eine wahre Aussage ergibt.

### Grafisches Lösen von linearen Ungleichungen

Bisher wurden ausschließlich quadratische Ungleichungen grafisch gelöst. Anhand der folgenden Aufgabe wird gezeigt, dass lineare Ungleichungen ebenfalls grafisch gelöst werden können.

**Beispielaufgabe**

Lösen Sie folgende Ungleichung $-\frac{1}{2}x + 1 > 0$ mit $x \in \mathbb{R}$.

**Lösung**

$-\frac{1}{2}x + 1 = 0 \quad \Leftrightarrow \quad -\frac{1}{2}x = -1 \quad \Leftrightarrow \quad x = 2$

Lösen der zugehörigen Gleichung

Der Term stellt eine fallende Gerade dar.

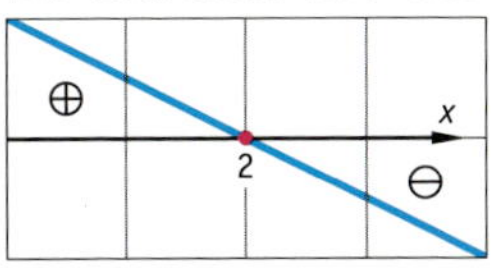


Vorzeichenbetrachtung von $-\frac{1}{2}x + 1$

Für $x \in \,]-\infty; 2[$ ist $-\frac{1}{2}x + 1 > 0$.

Alternative Schreibweise:

$L = \{x \in \mathbb{R} | x < 2\}$

Interpretation der Vorzeichenbetrachtung

## Aufgaben

1. Geben Sie jeweils anhand der Grafiken an, für welche $x$-Werte gilt: $y > 0$. Benutzen Sie die Intervallschreibweise und die beschreibende Mengenschreibweise zur Darstellung Ihrer Lösung.

a)

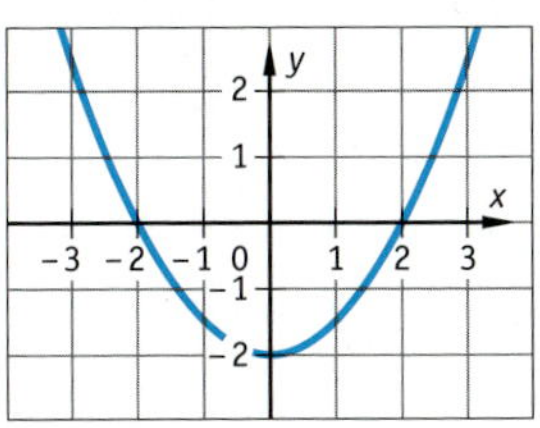


d)

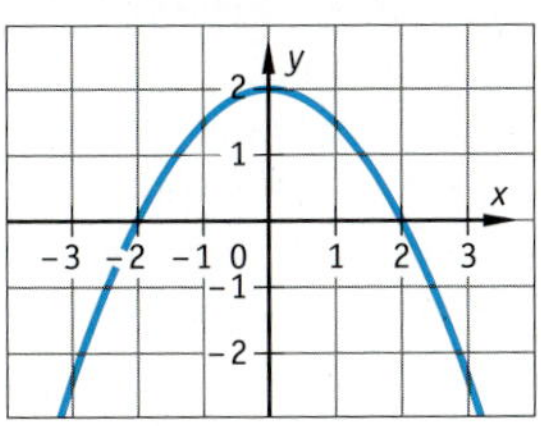


c)

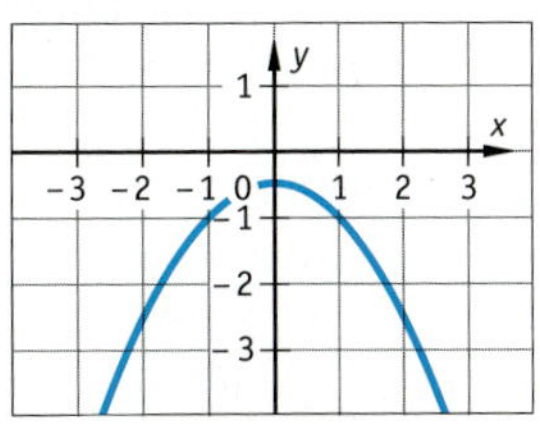

2. Geben Sie zwei lineare Ungleichung an, die $x < 1$ als Lösungsmenge haben.
3. Lösen Sie die folgenden Ungleichungen ($x \in \mathbb{R}$).
   a) $\frac{3}{2}x^2 + \frac{3}{2}x - 9 > 0$ b) $-2x^2 - \frac{1}{2}x + \frac{3}{4} \geq 0$ c) $\frac{1}{2}x^2 - 2x + 2 > 0$
   d) $\frac{1}{2}x^2 - x + \frac{3}{2} \leq 0$ e) $-\frac{1}{2} \cdot (x+1)^2 + 2 > 0$ e) $x^2 + 3x - 1 > x + 4$

## 3.7.2 Lage von Graphen im Koordinatensystem

Mithilfe von Ungleichungen kann berechnet werden, in welchen Bereichen ein Graph über oder unterhalb der $x$-Achse verläuft bzw. es kann ermittelt werden, in welchem Intervall der Graph über oder unterhalb eines anderen Graphen verläuft.

### 3.7.2.1 Verlauf eines Graphen über und unterhalb der $x$-Achs

In **Bild 1** ist der Graph $G_f$ einer quadratischen Funktion zu sehen, die durch den Funktionsterm $f(x) = -\frac{1}{4}x^2 + 1$ mit $D_f = \mathbb{R}$ beschrieben wird. Man erkennt, dass der Graph von $f$ für alle $x$-Werte unterhalb der $x$-Achse verläuft, für die gilt: $y = f(x) < 0$. Das ist beispielsweise für $x = -2{,}5$ oder $x = 3$ der Fall. Für alle $x$-Werte, für die gilt: $y = f(x) > 0$ verläuft der Graph von $f$ über der $x$-Achse, was z. B. für $x = -0{,}5$ oder $x = 1$ der Fall ist.

Insgesamt verläuft die in **Bild 1** abgebildete Parabel für alle $x \in\ ]-\infty; -2[ \cup ]2; \infty[$ über und für alle $x \in\ ]-2; 2[$ unterhalb der $x$-Achse.

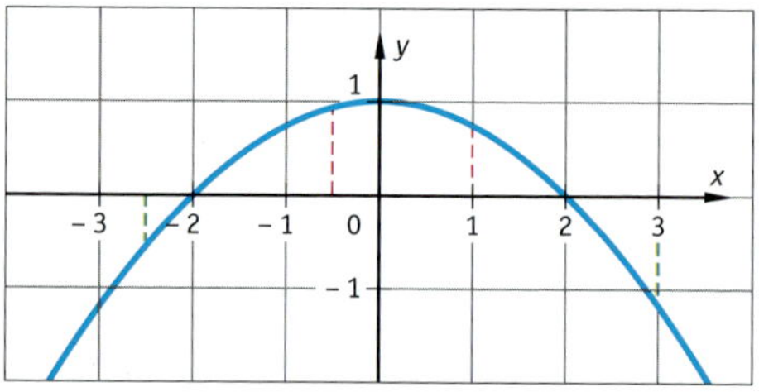


**Bild 1:** Graph der Funktion $f$

#### Verlauf eines Graphen bzgl. der $x$-Achse

Für alle $x \in D$, für die gilt:

- $y = f(x) > 0$ verläuft der Graph von $f$ über der $x$-Achse.
- $y = f(x) < 0$ verläuft der Graph von $f$ unterhalb der $x$-Achse.

### 3.7.2.2 Verlauf zweier Graphen

In **Bild 2** sind die Graphen der quadratischen Funktion $f$ und der linearen Funktion $g$ zu sehen.

Man erkennt, dass der Graph von $f$ für alle Werte zwischen $x = -3$ und $x = 2$ über dem Graphen von $g$ verläuft. Das bedeutet, dass die Funktionswerte $f(x)$ für alle $x$-Werte zwischen $x = -3$ und $x = 2$ größer sind als die entsprechenden Funktionswerte von $g(x)$.

Betrachten Sie beispielsweise die Stelle $x = -2$. Dort gilt: $f(-2) = 1$ und $g(-2) = -1$. Folglich ist $f(-2) > g(-2)$, was grafisch bedeutet, dass der Graph von $f$ über dem Graphen von $g$ an dieser Stelle verläuft. Alternativ könnte man die Stelle $x = 1$ betrachten, dort gilt: $f(1) = 2{,}5$ und $g(1) = 0{,}5$. Folglich ist $f(1) > g(1)$. Der Graph von $f$ verläuft demnach nachweislich bei $x = 1$ über dem Graphen von $g$.

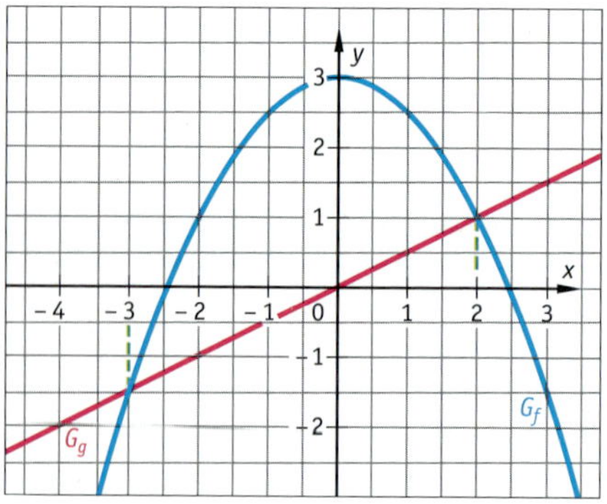


**Bild 2:** Graph der Funktionen $f$ und $g$

Für alle $x$-Werte, die kleiner als $x = -3$ oder größer als $x = 2$ sind, verläuft der Graph von $f$ unterhalb des Graphen von $g$. Für diese $x$-Wert gilt: $f(x) < g(x)$. Betrachten Sie beispielsweise die Stelle $x = 3$. Dort gilt: $f(3) = -1{,}5$ und $g(3) = 1{,}5$. Der Graph von $f$ verläuft an dieser Stelle unterhalb des Graphen von $g$.

**Verlauf zweier Graphen**

Für alle $x \in D$, für die gilt:

- $f(x) > g(x)$ verläuft der Graph von $f$ über dem Graphen von $g$.
- $f(x) < g(x)$ verläuft der Graph von $f$ unterhalb des Graphen von $g$.

In der folgenden Aufgabe werden die Bereiche berechnet, in denen ein Graph über bzw. unterhalb des anderen Graphen verläuft.

**Beispielaufgabe**

Gegeben sind die Funktionen $f$ und $g$.

$f(x) = x^2 + x - 3 \quad \text{mit } D_f = \mathbb{R}$

$g(x) = 4x - 5 \quad \text{mit } D_g = \mathbb{R}$

Bestimmen Sie alle $x$-Werte, für die der Graph von $f$ über dem Graphen von $g$ verläuft.

**Lösung**

Der Ansatz lautet gemäß den obigen Überlegungen $f(x) > g(x)$. Diese Ungleichung wird so umgestellt, dass auf einer Seite der Ungleichung die Zahl Null steht.

$f(x) > g(x) \quad \Leftrightarrow \quad f(x) - g(x) > 0$ oder

$$x^2 + x - 3 > 4x - 5 \quad |-4x+5 \quad \Leftrightarrow \quad \underbrace{x^2 - 3x + 2}_{p(x)} > 0$$

**Anmerkung** Wir nennen die Differenz der beiden Funktionsterme $f(x) - g(x)$ im Folgenden $p(x)$. $p(x)$ lässt sich demnach als $p(x) = x^2 - 3x + 2$ darstellen.

Die Ungleichung $p(x) > 0 \Leftrightarrow x^2 - 3x + 2 > 0$ wird mit dem bereits bekannten Lösungsschema grafisch gelöst.

- **Berechnung der Nullstellen des Terms**

  $x^2 - 3x + 2 = 0$

  $$x_{1/2} = \frac{3 \pm \sqrt{3^2 - 4 \cdot 1 \cdot 2}}{2 \cdot 1} = \frac{3 \pm 1}{2} \quad \rightarrow \quad x_1 = \frac{3-1}{2} = 1 \quad x_2 = \frac{3+1}{2} = 2$$

- **Vorzeichenbetrachtung von $p(x)$**

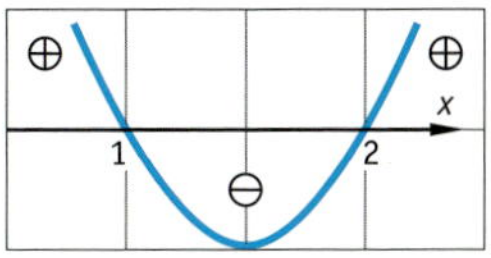


- **Interpretation der Vorzeichenbetrachtung**

  Für $x \in ]-\infty; 1[ \; \cup \; ]2; \infty[$ ist $p(x) > 0$.

- **Rückschluss auf den Verlauf der Graphen**

  Es wurde berechnet, für welche $x$-Werte $p(x) > 0$ ist. Laut Aufgabenstellung soll aber berechnet werden, für welche $x$-Werte der Graph von $f$ über dem Graphen von $g$ verläuft. Daher ist folgende Überlegung notwendig:

  Da $p(x) > 0$ äquivalent zu $f(x) - g(x) > 0$ bzw. $f(x) > g(x)$ ist, folgt unmittelbar:

  Für $x \in ]-\infty; 1[ \cup ]2; \infty[$ gilt $f(x) > g(x)$.

  Das bedeutet grafisch, dass für $x \in ]-\infty; 1[ \; \cup \; ]2; \infty[$ der Graph von $f$ über dem Graphen von $f_g$ verläuft.

In **Bild 1** und **Bild 2** sind die Graphen von $f$ und $g$ zu sehen. Man erkennt, dass es nicht ohne Weiteres möglich ist, den Bereich herauszulesen, in dem der Graph von $f$ über dem Graphen von $g$ verläuft. Die eben durchgeführte Rechnung ist daher zwingend notwendig.

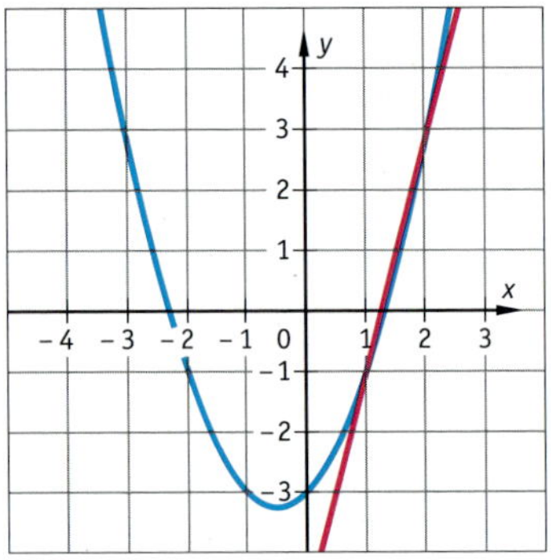

**Bild 1:** Graphen der Funktionen $f$ und $g$

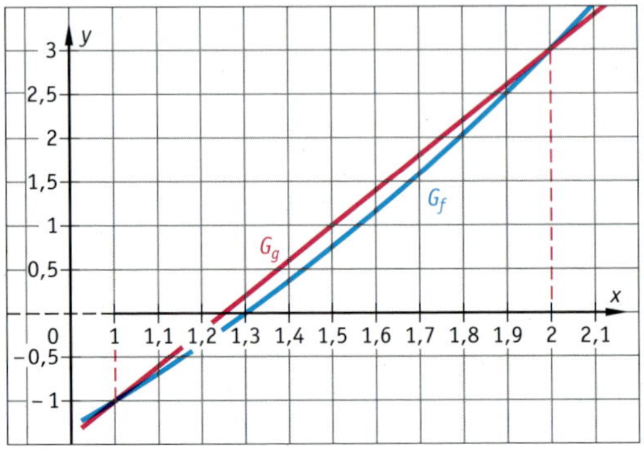


**Bild 2:** Vergrößerung des Graphen im kritischen Bereich

## Aufgaben

1. Entnehmen Sie den folgenden Graphen die Stellen, an denen die Graphen $G_g$ und $G_f$ unterhalb der $x$-Achse verlaufen, sowie alle Stellen, an denen der Graph $G_g$ über dem Graphen $G_f$ verläuft.

a) 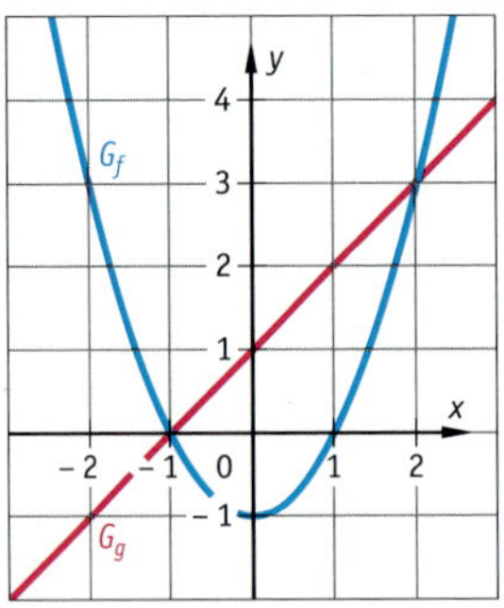


b) 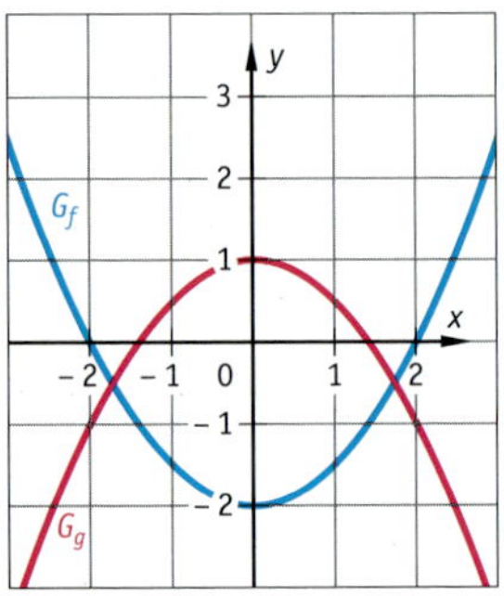


c) 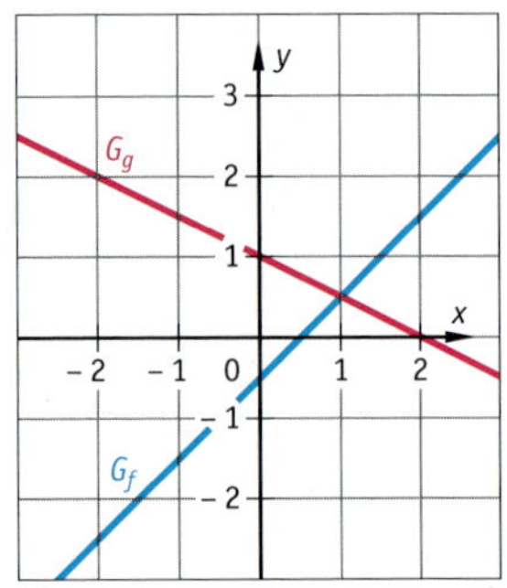


2. Betrachten Sie den Graphen a) von Aufgabe 1. Geben Sie an, ob folgende Aussage richtig ist: $f(-2) > g(-2)$. Begründen Sie Ihre Angabe.

3. Gegeben sind die Funktionen $f$, $g$ und $p$.

   $f(x) = x^2 + x$ mit $D_f = \mathbb{R}$

   $g(x) = x + 2$ mit $D_g = \mathbb{R}$

   $p(x) = x - 1$ mit $D_p = \mathbb{R}$

   a) Berechnen Sie exakt die Stellen, an denen der Graph von $f$ über dem Graphen von 0 verläuft. Überprüfen Sie Ihr Ergebnis grafisch.

   b) Zeigen Sie, dass für $x \in \mathbb{R}$ gilt: $f(x) > p(x)$. Beschreiben Sie anhand der Ungleichung den Verlauf der Graphen zueinander.

   c) Begründen Sie weitere ohne Rechnung, weshalb der Graph von $g$ vollständig über dem Graphen von $p$ verläuft.

4. Gegeben ist eine quadratische Funktion $q$.

   $q(x) = x^2 - 2x + 1$ mit $D_q = \mathbb{R}$

   Geben Sie den Funktionsterm einer linearen Funktion $w$ an, sodass gilt: Für $x \in \{-1 < x < 3\}$ ist $q(x) < w(x)$.

### 3.7.3 Anwendungsaufgaben

#### ■ Zufahrt zu einer Burgruine

Sie absolvieren ein Praktikum bei der Gemeindeverwaltung ihres Heimatortes. Um die Attraktivität der Gemeinde zu steigern, hat diese vor Jahren eine nahegelegene kleine Burgruine teilweise restauriert und vermietet diese für größere Veranstaltungen an Privatpersonen und an Geschäftskunden.

Aufgrund baulicher Gegebenheiten ist die Zufahrt zur Burgruine nur durch einen parabelförmigen Torbogen in der Burgmauer möglich. Der höchste Punkt dieses parabelförmigen Torbogens befindet sich genau mittig in einer Höhe von 5 Meter. Am Boden ist der Torbogen 4 Meter breit. Das Tor dient gleichzeitig als Feuerwehrzufahrt. Aus diesem Grund möchte die örtliche Feuerwehr wissen, in welchem Bereich das Tor höher als 2,2 m ist.

Bestimmen Sie rechnerisch diesen Bereich.

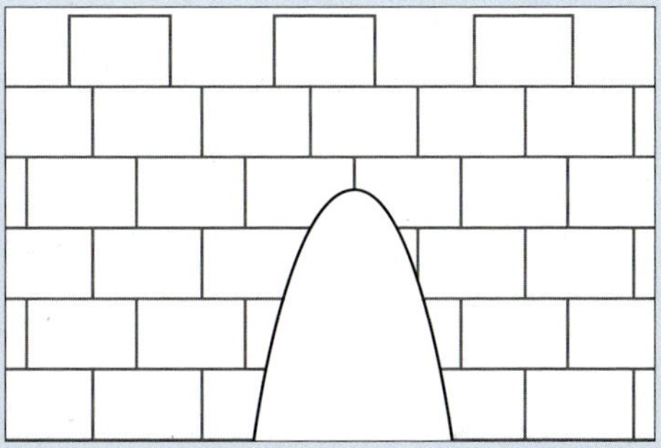

**Bild 1:** Zufahrt zur Burgruine

**Lösung**

Zunächst wird der Torbogen mithilfe einer quadratischen Funktion beschrieben. Um die zugehörige Funktionsgleichung auszustellen, wird gedanklich ein Koordinatensystem in den unteren linken Fußpunkt der torförmigen Parabel (**Bild 2**) gelegt.

Bezüglich dieses Koordinatensystems hat der parabelförmige Torbogen seinen Scheitelpunkt bei S(2|5). Außerdem verläuft dieser durch die Punkte A(0|0) und B(4|0). Mithilfe dieser Punkte kann die Funktionsgleichung des parabelförmigen Torbogens beschrieben werden.

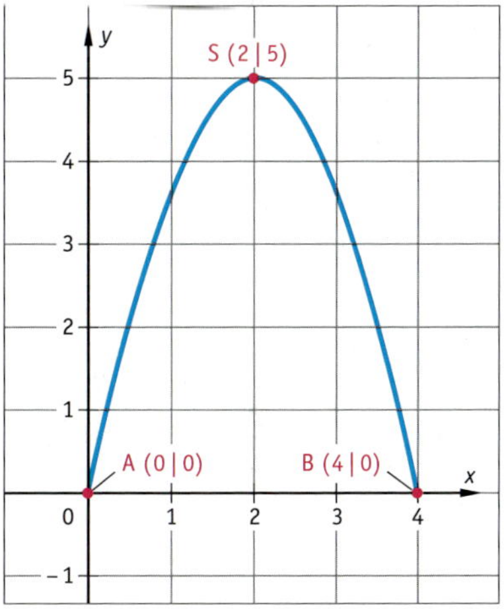


**Bild 2:** Festlegung des Koordinatensystems

Es wird der Scheitelpunkt S(2|5) und der Punkt A(0|0) in die Scheitelpunktform eingesetzt und die entstehende Gleichung nach $a$ aufgelöst:

$$0 = a \cdot (0-2)^2 + 5 \quad \Leftrightarrow \quad a = -\frac{5}{4}$$

$$t(x) = -\frac{5}{4}(x-2)^2 + 5$$

Funktionsgleichung des parabelförmigen Torbogens in Scheitelpunktform.

Der Funktionsterm $t(x)$ wird in die allgemeine Darstellungsform umgewandelt.

$$\begin{aligned} t(x) &= -\frac{5}{4}(x-2)^2 + 5 \\ &= -\frac{5}{4}(x^2 - 4x + 4) + 5 \\ &= -\frac{5}{4}x^2 + 5x - 5 + 5 \\ &= -\frac{5}{4}x^2 + 5x \end{aligned}$$

$$t(x) = -\frac{5}{4}x^2 + 5x$$

Funktionsgleichung des parabelförmigen Torbogens in allgemeiner Darstellungsform.

Die Anfrage der Feuerwehr lässt sich auf folgende Ungleichung reduzieren.

$$t(x) > 2{,}2 \quad \Leftrightarrow \quad -\frac{5}{4}x^2 + 5x > 2{,}2$$

$$\Leftrightarrow \quad -\frac{5}{4}x^2 + 5x - 2{,}2 > 0$$

$t(x) > 2{,}2$
Ungleichung, die gelöst werden muss

Diese Ungleichung wird nun gelöst:

$$-\frac{5}{4}x^2 + 5x - 2{,}2 = 0$$

$$x_{1/2} = \frac{-5 \pm \sqrt{25 - 4 \cdot \left(-\frac{5}{4}\right) \cdot (-2{,}2)}}{2 \cdot \left(-\frac{5}{4}\right)} = \frac{-5 \pm \sqrt{25 - 11}}{-2{,}5}$$

$$\rightarrow x_1 = \frac{-5 + \sqrt{14}}{-2{,}5} \approx 0{,}5$$

$$\rightarrow x_2 = \frac{-5 - \sqrt{14}}{-2{,}5} \approx 3{,}5$$

Es wird zunächst die zugehörige Gleichung gelöst.

Vorzeichenbetrachtung von $-\frac{5}{4}x^2 + 5x - 2{,}2$

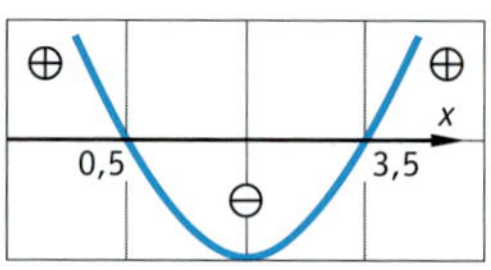


Es wird die Vorzeichenbetrachtung erstellt.

**Antwort an die Feuerwehr**

Zwischen 0,5 Meter und 3,5 Meter vom linken Fußpunkt des Torbogens entfernt ist der Torbogen höher als 2,2 m (**Bild 1**).

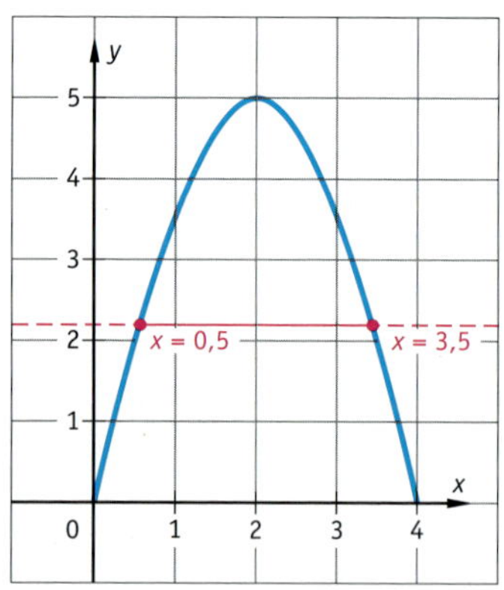


**Bild 1:** Skizze für die Feuerwehr

**Anmerkung** Zu Beginn des Lösungswegs wurde ein Koordinatensystem festgelegt, anhand dessen der Torbogen beschrieben wurde. Man hätte das Koordinatensystem auch anders platzieren können. Dadurch hätte man einen anderen Funktionsterm für den Torbogen erhalten. Am Ergebnis ändert sich jedoch nichts.

## Kostentheorie – variable Stückkosten

In der Betriebswirtschaft wird mit sogenannten Stückkosten gerechnet. Darunter werden die Kosten verstanden, die notwendig sind, um ein Gut zu produzieren. Die Stückkosten werden in variable Kosten und Fixkosten unterteilt. Fixkosten sind Kosten, deren Höhe unabhängig von der produzierten Menge des Guts sind. Beispielsweise gehören die Unterhaltskosten einer Fertigungshalle zu den Fixkosten. Die variablen Kosten hingegen sind abhängig von der Stückzahl des produzierten Guts. Wird beispielsweise eine hohe Stückzahl eines Guts produziert, kann der Einkauf Roh- oder Hilfsstoffe zu besseren Konditionen einkaufen, was die variablen Stückkosten senkt. Andererseits werden mehr Arbeiter benötigt, die möglicherweise durch höhere Arbeitslöhne von Konkurrenten abgeworben werden müssen, was zu steigenden variablen Stückkosten führt. Die variablen Stückkosten sind daher nicht konstant, sondern abhängig von der produzierten Stückzahl.

Stellen Sie sich vor, dass Sie ein Praktikum bei einer Firma machen, die zukünftig Ventile für Heizgeräte **(Bild 1)** herstellen möchte. Interne Berechnungen des Produktionsleiters ergeben, dass sich die variablen Stückkosten für dieses Ventil durch folgende Funktion $k_v$ beschreiben lassen.

$k_v: x \mapsto k_v(x) = 0{,}0005x^2 - 3x + 4506 \quad \text{mit } D_{k_v} = \mathbb{R}^+$

$k_v$: Variable Stückkosten

$x$: Produzierte Stückzahl

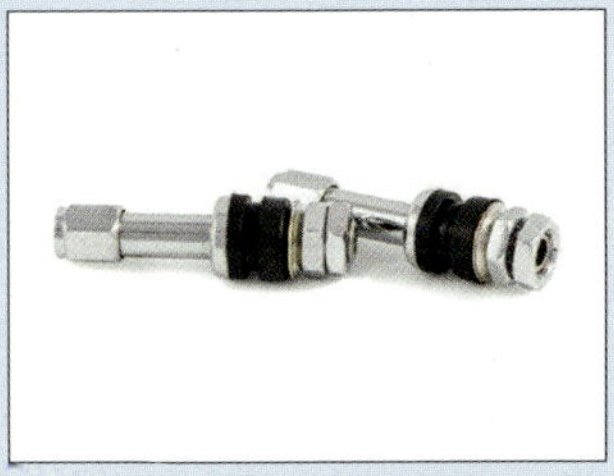

**Bild 1:** Ventil für Heizgeräte

Die Geschäftsleitung gibt vor, dass die variablen Kosten für das zu produzierende Ventil unter 8 € liegen müssen. Berechnen Sie, für welche produzierten Stückzahlen diese Stückkosten erreicht werden.

**Lösung**

Die Vorgaben der Geschäftsleitung lassen sich auf die Ungleichung $k_v(x) < 8$ reduzieren. Diese Ungleichung wird mit der bekannten Lösungsstrategie gelöst.

- **Ungleichung so umformen, dass eine Seite kleiner Null ist**

$k_v(x) < 8$

$0{,}0005x^2 - 3x + 4506 < 8 \quad \Leftrightarrow \quad 0{,}0005x^2 - 3x + 4498 < 0$

- **Berechnung der Nullstellen des Terms** $0{,}0005x^2 - 3x + 4498$

$0{,}0005x^2 - 3x + 4498 = 0$

$$x_{1/2} = \frac{3 \pm \sqrt{3^2 - 4 \cdot 0{,}0005 \cdot 4498}}{2 \cdot 0{,}0005}$$

$\rightarrow x_1 = 3063$

$\rightarrow x_2 = 2936$

- **Vorzeichenbetrachtung des Terms** $0{,}0005x^2 - 3x + 4498$

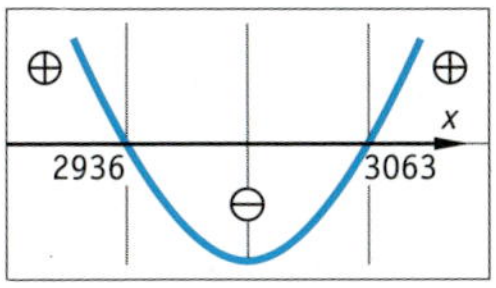


- **Interpretation der Vorzeichenbetrachtung**

Bei produzierten Stückzahl zwischen 2936 und 3063 sind variablen Stückkosten geringer als 8 €.

### 3.7.4 Aufgaben zum grafischen Lösen von Ungleichungen

1. Gegeben ist die abgebildete Parabel $G_p$.

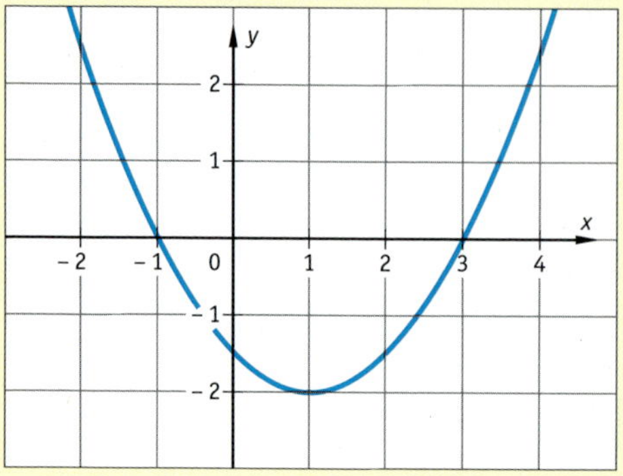


   a) Entnehmen Sie aus dem Graphen folgende Funktionswerte $p(0)$, $p(1)$, $p(2)$ und $p(4)$.

   b) Geben Sie mithilfe des Graphen alle $x$-Werte an, für die gilt: $p(x) < 0$.

   c) Geben Sie alle $x$-Werte an, für die die Parabel über der $x$-Achse verläuft.

2. Gegeben sind die Parabel $G_f$ und die Gerade $G_g$.

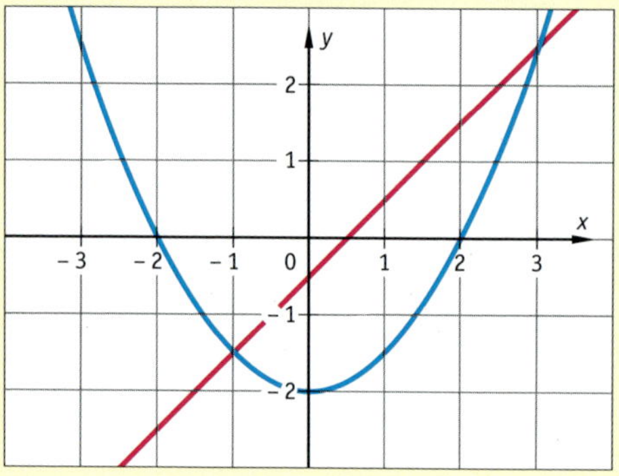


   a) Entnehmen Sie aus dem Graphen die Funktionswerte $g(1)$ und $f(1)$.

   b) Geben Sie mithilfe des Graphen alle $x$-Werte an, für die gilt: $f(x) < g(x)$.

   c) Ein Mitschüler behauptet, dass gelte: $f(-1) = g(-1)$. Geben Sie an, ob Sie dieser Aussage zustimmen oder ihr widersprechen. Begründen Sie Ihre Angabe.

3. Gegeben sind die folgenden quadratischen Funktionen. Bestimmen Sie alle $x$-Werte für die gilt: $f(x) < 0$.

   a) $f: x \mapsto f(x) = \frac{1}{4}x^2 + \frac{1}{4}x - \frac{1}{2}$ mit $D_f = \mathbb{R}$.

   b) $f: x \mapsto f(x) = -x^2 + 5x - 4$ mit $D_f = \mathbb{R}$.

   c) $f: x \mapsto f(x) = 2x^2 + 2x - 12$ mit $D_f = \mathbb{R}$.

   d) $f: x \mapsto f(x) = -\frac{2}{5}x^2 - \frac{1}{10}x + \frac{3}{20}$ mit $D_f = \mathbb{R}$.

   e) $f: x \mapsto f(x) = -x^2 + 2x$ mit $D_f = \mathbb{R}$.

   f) $f: x \mapsto f(x) = \frac{1}{2}(x-2)^2 - 1$ mit $D_f = \mathbb{R}$.

   g) $f: x \mapsto f(x) = \frac{1}{2}(x+1)^2 + 3$ mit $D_f = \mathbb{R}$.

h) $f{:}x \mapsto f(x) = -\frac{5}{6} \cdot (x+2) \cdot (x-3)$ mit $D_f = \mathbb{R}$.

i) $f{:}x \mapsto f(x) = \frac{1}{10}x \cdot (x+5)$ mit $D_f = \mathbb{R}$.

j) $f{:}x \mapsto f(x) = -2 \cdot (x-1)^2$ mit $D_f = \mathbb{R}$.

4. Gegeben sind die quadratische Funktion $p$ und die lineare Funktion $g$.

$p{:}x \mapsto p(x) = \frac{1}{2}x^2 - 3x + 1$ mit $D_p = \mathbb{R}$.

$g{:}x \mapsto g(x) = x - 5$ mit $D_g = \mathbb{R}$.

Bestimmen Sie rechnerisch alle $x$-Werte für die gilt: $p(x) > g(x)$. Überprüfen Sie Ihr Ergebnis zeichnerisch. Geben Sie alle $x$-Werte an, für die gilt: $p(x) \leq g(x)$.

5. Gegeben sind die quadratische Funktion $q$ und die lineare Funktion $s$.

$q{:}x \mapsto q(x) = x^2 - 1$ mit $D_q = \mathbb{R}$.

$s{:}x \mapsto s(x) = 1$ mit $D_s = \mathbb{R}$.

Bestimmen Sie alle $x$-Werte, für die der Graph von $s$ über dem Graphen von $q$ verläuft. Überprüfen Sie Ihr Ergebnis zeichnerisch.

6. Eine Parabelschar hat ihren Scheitelpunkt bei $S_a\left(1\left|\frac{a^2-2}{2}\right.\right)$. Bestimmen Sie alle Werte für $a$ ($a \in \mathbb{R}$) so, dass der Scheitelpunkt unterhalb der $x$-Achse liegt.

7. In **Bild 1** ist der Bremsweg bei unterschiedlichen Geschwindigkeiten und verschiedenen Fahrbahngegebenheiten zu sehen.

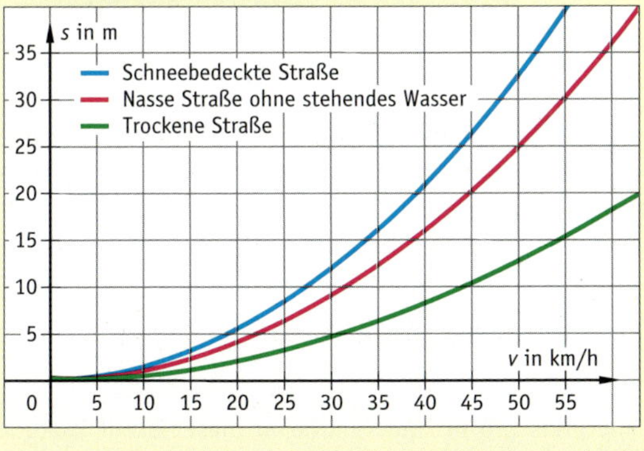


**Bild 1:** Bremsweg bei unterschiedlichen Fahrbahngegebenheiten

a) Ermitteln Sie anhand des Graphen **(Bild 1)** bei welchen Geschwindigkeiten der Bremsweg auf einer nassen Straße in der Regel geringer als 10 m ist.

b) Auf einer schneebedeckten Fahrbahn (ohne durchgängige Schneedecke) gilt zwischen der gefahrenen Geschwindigkeit $v$ in $kmh^{-1}$ und dem benötigten Bremsweg $s$ in $m$ der folgende funktionelle Zusammenhang:

$$s_{Schnee}(v) = 0{,}013 \cdot v^2 \quad \text{mit } v \in \mathbb{R}_0^+.$$

Berechnen Sie, bei welchen Geschwindigkeiten der Bremsweg auf einer Schneebedeckten Fahrbahn gemäß dieser »Faustformel« weniger als 20 m beträgt. Überprüfen Sie Ihr Ergebnis mithilfe des Graphen in **Bild 1**.

**Anmerkung** Das Fahren auf schneebedeckten oder nassen Fahrbahnen ist unkalkulierbar, da jede Situation anders ist bzw. sich die Fahrbahngegebenheiten sehr schnell und unerwartet ändern können. Daher sollte man sich nicht auf Faustformel, sondern auf seinen Verstand verlassen.

c) Beim Fahren auf trockenen Straßen gilt zwischen der gefahrenen Geschwindigkeit $v$ in $kmh^{-1}$ und dem benötigten Bremsweg $s$ in $m$ der folgende funktionelle Zusammenhang:

$s_{Trocken}(v) = 0,005 \cdot v^2 \quad \text{mit } v \in \mathbb{R}_0^+.$

Berechnen Sie, ab welcher Geschwindigkeit der Bremsweg auf einer schneebedeckten Fahrbahn doppelt solange ist, wie der auf einer trockenen Fahrbahn.

d) Formulieren Sie Ungleichung $s_{Schnee}(v) \geq s_{Trocken}(v)$ in einem Satz und weisen Sie mithilfe der in b) und c) gegebenen Funktionsterme nach, dass die Ungleichung für alle Geschwindigkeiten $v$ eine allgemeingültige Aussage ist.

e) Bestimmen Sie grafisch unter Verwendung von **Bild 1,** vorherige Seite, alle Geschwindigkeiten, für die der Bremsweg auf einer schneebedeckten Straße um mindestens 10 m länger ist, als der auf einer trockenen Straße. Überprüfen Sie Ihr Ergebnis rechnerisch.

8. Ein Bürgermeister einer Kleinstadt in Südbayern ermittelt die durchschnittlichen Mietpreise pro $m^2$ in seiner Stadt. Dabei stellt er fest, dass sich diese Mietpreise seit 2004 ($t = 0$) bis heute näherungsweise durch die quadratische Funktion $m$ beschreiben lassen:

$m: t \mapsto m(t) = \frac{1}{100} \cdot (t-2)^2 + 5,90 \quad \text{mit } t \in \mathbb{R}_0^+$

$m(t)$: Mietpreis pro $m^2$ Wohnfläche in €

$t$: Jahr, wobei $t = 0$ das Jahr 2004 ist

a) Berechnen Sie in welchen Jahren der Mietpreis pro $m^2$ in dieser Stadt unter 6 € lag.

b) Im Jahre 2004 vermietete diese Stadt über ihre städtische Baugenossenschaft eine Wohnung für damals 5,94 € pro $m^2$ an eine Familie, die heute noch in der Wohnung wohnt. Im Mietvertrag wurde festgelegt, dass die Miete pro $m^2$ und pro Jahr um 0,10 € steigt, und zwar am 1. Januar jedes Jahres. Berechnen Sie die Kalenderjahre, in denen die Familie mehr Miete pro $m^2$ zahlte, als durchschnittlich in der Stadt üblich war.

c) Berechnen Sie ab welchem Jahr, der Mietpreis, den die Familie aus b) pro $m^2$ zahlt, mehr als 1 € vom durchschnittlichen Mietpreis pro $m^2$ abweicht.

d) Berechnen Sie mit welchem durchschnittlichen Mietpreis pro $m^2$ die Familie in dieser Stadt kalkulieren müsste, wenn sie sich heute auf Wohnungssuche begeben würde.

# Lernbereich 3: Wissen · Können · Testen

**Ich kann …**

- … mithilfe von Tabellen, Graphen und Funktionsgleichungen lineare und quadratische Abhängigkeiten zwischen zwei messbaren Größen beschreiben.
- … die Begriffe Funktion, Funktionsterm, Funktionsgleichung, Funktionswert, Nullstelle, Definitionsmenge und Wertemenge voneinander unterscheiden.
- … den Graphen von linearen und quadratischen Funktionen zeichnen bzw. anhand des Graphen auf die zugehörende Funktionsgleichung schließen.
- … verschiedene Darstellungsformen (Scheitelpunktform, allgemeine Darstellungsform, Nullstellenform) von quadratischen Funktionstermen in einander überführen, falls dies möglich ist.
- … die Wertemenge einer linearen oder quadratischen Funktion ermitteln. Dabei ist es für mich unbedenklich, ob die Definitionsmenge eingeschränkt ist oder nicht.
- … besondere Eigenschaften von Funktionsgraphen, wie Symmetrie, Schnittpunkte mit den Koordinatenachsen oder anderen Funktionsgraphen sicher bestimmen und ermitteln in welchem Intervall ein Funktionsgraph über bzw. unterhalb der $x$-Achse oder eines anderen Graphen verläuft.
- … die Lösungsmenge einer linearen und quadratischen Ungleichung mithilfe einer Graphenskizze ermitteln und diese auf verschiedene Weisen angeben.
- … kann sicher mit linearen und quadratischen Funktionenscharen, die von einem linearen Parameter abhängig sind, umgehen. Dabei kann ich entscheiden, ob bzw. welcher Graphen aus der Schar eine spezielle Lage im Koordinatensystem bzw. zu einem anderen Funktionsgraphen hat und ob alle Graphen aus der Schar durch einen gemeinsamen Punkt verlaufen.
- … kann die Anzahl und gegebenenfalls die Koordinaten der gemeinsamen Punkte der Graphen von linearen oder quadratischen Funktionsscharen mit den Graphen einer weiteren linearen oder quadratischen Funktion bzw. Funktionsschar bestimmen.

## Testen Sie Ihr Können

**Zeit: 60 Minuten**

1. Gegeben ist die Funktion $f$ in aufzählender Mengenschreibweise. **5**

   $f = \{(x|y)|y = 2x - 8 \quad \wedge x \in D\} \qquad D = \{-4; -2; 0; 2; 4; 6\}$

   a) Geben Sie die Funktionsgleichung und den Funktionsterm der Funktion $f$ an.

   b) Berechnen Sie den Funktionswert der Funktion $f$ an der Stelle $x = -2$ und $x = 6$.

   c) Nennen Sie alle Argumente der Funktion $f$.

   d) Zeigen Sie, dass $x = 4$ eine Nullstelle von $f$ ist.

   e) Geben Sie die Wertemenge der Funktion $f$ an.

2. Zeichnen Sie die Graphen der folgenden Funktionen ohne Verwendung Ihres Taschenrechners. **4**

   a) $f: x \mapsto f(x) = -\frac{2}{5}x + 1 \quad$ mit $D_f = \mathbb{R}$

   b) $q: x \mapsto q(x) = \frac{1}{2}x^2 + 2x - \frac{1}{2} \quad$ mit $D_q = \mathbb{R}$

3. Gegeben ist die quadratische Funktion $p$. Stellen Sie den Funktionsterm $p(x)$ in allgemeiner Darstellungsform und in Nullstellenform dar. | 4

$$p: x \mapsto p(x) = \frac{1}{2}\left(x - \frac{3}{2}\right)^2 - \frac{1}{2} \quad \text{mit } D_p = \mathbb{R}$$

4. Gegeben ist die quadratische Funktion $s$. | 12

$$s: x \mapsto s(x) = \frac{1}{4}x^2 + \frac{1}{2}x \quad \text{mit } D_s = ]-3; 4]$$

   a) Bestimmen Sie rechnerisch die Koordinaten der Schnittpunkte des Graphen der Funktion $s$ mit den Koordinatenachsen.

   b) Weisen Sie nach, dass der Graph von $s$ nicht symmetrisch zur $y$-Achse ist und keine Punktsymmetrie zum Ursprung aufweist.

   c) Bestimmen Sie die Wertemenge der Funktion $s$.

   d) Ermitteln Sie mithilfe einer Graphenskizze alle $x$-Werte für die gilt: $s(x) > 0$.

5. Gegeben ist die quadratische Funktionenschar $h_t$. | 8

$$h_t: x \mapsto h_t(x) = x^2 + 3x + 4t \quad \text{mit } D_{h_t} = \mathbb{R} \text{ und } t \in \mathbb{R}$$

Bestimmen Sie die Anzahl und gegebenenfalls die Koordinaten der gemeinsamen Punkte der Graphen von $h_t$ mit der Winkelhalbierenden des I./III. Quadraten.

33 BE

# 4 Lineare Gleichungssysteme

### Erarbeitung der Lerninhalte

Bei einer Schulveranstaltung werden neben Physikexperimenten auch »Zauberkunststücke« vorgeführt. Ein Schüler aus einer 12. FOS-Klasse, der als Magier verkleidet ist, steht hinter einem Tisch, auf dem 5 verschiedene Stapel mit Münzen aufgeschichtet sind. Er beordert Sie nach vorne zum Tisch und bittet Sie, einen Stapel der Münzen vom Tisch zu nehmen. Sie wählen den Stapel mit 8 Münzen. Nun bittet er Sie, einen Teil der Münzen in die rechte Hand und den Rest der Münzen in die linke Hand zu nehmen – aber so, dass er es nicht sehen kann. Dann spricht der Magier: »Ich werde nun durch mathematische Zauberkräfte das Wissen erlangen, wie viele Euro Sie in Ihrer linken Hand haben und wie viele Münzen Sie in Ihrer rechten Hand haben. Sie wissen noch, wie viele Münzen Sie in der linken Hand haben und wie viele Sie in der rechten Hand haben?« Sie antworten mit ja. Nun fordert Sie der Magier auf: »Multiplizieren Sie die Anzahl der Münzen in Ihrer linken Hand mit 5 und merken sich das Ergebnis. Nun multiplizieren Sie die Anzahl der Münzen in Ihrer rechten Hand mit 4. Jetzt addieren Sie die beiden Ergebnisse der Multiplikation und nennen mir das Endergebnis.«

Sie haben das Ergebnis der Produkte addiert und geben das Ergebnis bekannt: »Die Summe ist die Zahl 37.« Der Magier schließt nun die Augen und scheint sich zu konzentrieren. Dann deutet er mit seinem Zauberstab auf Ihre linke Hand und sagt: » In Ihrer linken Hand befinden sich 5 Münzen und in Ihrer rechten Hand befinden sich 3 Münzen.« Sie öffnen die Hände und geben bekannt, dass der Magier richtig liegt.

Wie ist es möglich, dass der Magier die Anzahl der Münzen in Ihrer linken Hand und in Ihrer rechten Hand bestimmen konnte? (Lösung der Aufgabe auf Seite 397)

## 4.1 Wichtige Begriffe

**Arbeitsauftrag:** Informieren Sie sich anhand der Übersicht über wichtige Begrifflichkeiten im Zusammenhang mit linearen Gleichungssystemen. Bearbeiten Sie im Anschluss die Aufgabe.

| **Lineare Gleichung**<br>Unter einer linearen Gleichung versteht man eine Gleichung, bei der die Variablen (Unbekannten) höchstens in der 1. Potenz vorkommen. | $x - y + 1 = 0$ |
|---|---|

**1. Beispielaufgabe**

Sie wollen mit Ihrem Partner eine Urlaubsreise in sommerliche Gefilde machen und gehen deshalb in ein Kaufhaus, um entsprechende Kleidung zu kaufen. Der Preis für die erstandene Ware beträgt 112 €. An der Kasse **(Bild 1)** geben Sie einen 100-€-Schein und einen 20-€-Schein ab und erwarten Ihr Rückgeld. Um zu prüfen, ob das rückerstattete Geld stimmt, müssen Sie in Gedanken folgende lineare Gleichung lösen:

**Lösung**

100 € + 20 € = Preis der Ware + Rückgeld

120 € = 112 € + Rückgeld |– 112 €

120 € – 112 € = Rückgeld

**8 € = Rückgeld**

Sie erwarten also an der Kasse 8 € zurück. Wie Sie erkennen, kann durch Äquivalenzumformungen der Betrag des Rückgeldes problemlos berechnet werden.

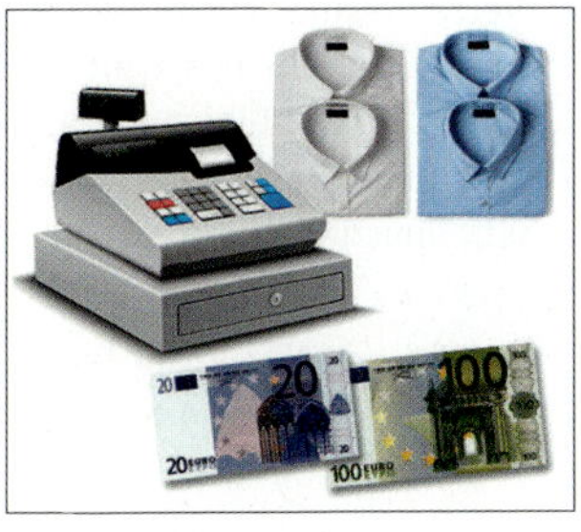

**Bild 1:** Kasse

**2. Beispielaufgabe**

Sie sind nun im Urlaub. Beim Einkaufsbummel entdecken Sie in einem Geschäft für Souvenirs das Geschenkset »moon« **(Bild 1)**, bestehend aus zwei Muscheln und drei Perlen für acht Landeswährungseinheiten. Ihr Reisepartner zupft Sie am Ärmel und stellt die Frage, wie viel denn nun in dieser Packung eine Muschel bzw. eine Perle kostet?

**Bild 1:** Geschenkset »moon«

Auf den ersten Blick scheint dies eine einfache Aufgabe zu sein, doch sehen Sie beim Versuch, die Aufgabe zu lösen, bald die neue Schwierigkeit: Gesucht sind hier zwei Variable und nicht nur eine wie beim Kauf der Urlaubskleidung im Kaufhaus.

Bezeichnet man den Preis einer Muschel mit $x$ und den Preis einer Perle mit $y$, so kann für das Geschenk »moon« folgende Gleichung aufgestellt werden:

$$2 \cdot x + 3 \cdot y = 8$$

Damit sind die Informationen des Aufgabentextes erschöpft und man muss feststellen, dass es nicht eindeutig möglich ist, eine Lösung für den Preis einer Muschel und einer Perle anzugeben.

**Lösung**

Wählt man z. B.

$x = 1$ und $y = 2$

oder $x = 2{,}5$ und $y = 1$,

so sind alleine durch einfaches Probieren unterschiedliche Lösungen möglich.

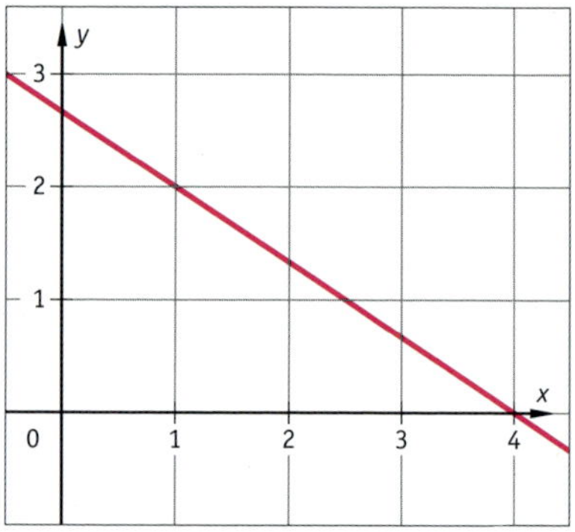


**Bild 2:** Graph zu $2 \cdot x + 3 \cdot y = 8$

Dass es bei der Gleichung $2 \cdot x + 3 \cdot y = 8$ mehrere Lösungen gibt, muss nicht verwundern, denn die Gleichung drückt die Relation zwischen $x$ und $y$ aus. Die Vielzahl der möglichen Wertepaare für $x$ und $y$, die diese Gleichung erfüllen zeigt der Graph in **Bild 2**. Natürlich sind nicht alle rechnerisch möglichen Werte für $x$ und $y$ auch praktisch möglich, weil weder negative Preise für die Muschel noch negative Preise für die Perlen möglich sind. Ebenso dürften nur Preise im Zehntelbereich oder Hundertstelbereich möglich sein, da ja die Münzen der Währungen nur in bestimmten Einheiten vorkommen.

Um den richtigen Preis zu ermitteln, sind jedenfalls die Angaben aus dem Set »moon« unzureichend. Es wird eine weitere Angabe benötigt.

**Lineares Gleichungssystem**

Existiert mehr als eine lineare Gleichung, so nennt man dies ein lineares Gleichungssystem. Gleichungssysteme werden oft in der nebenstehenden Form dargestellt.

$$\begin{aligned} a_1x + b_1y &= c_1 \\ a_2x + b_2y &= c_2 \end{aligned}$$

**Beispielaufgabe**

Im Souvenirladen liegt ein weiteres Geschenkset aus. Das etwas größere Geschenkset »sun«, bestehend aus drei Muscheln und fünf Perlen, kostet dreizehn Landeswährungseinheiten **(Bild 3)**. Bezeichnet man den Preis einer Muschel wieder mit $x$ und den Preis einer Perle wieder mit $y$, so erhält man zusätzlich zur Gleichung aus dem Geschenkset »moon« eine weitere lineare Gleichung. Dabei gehen wir davon aus, dass Muscheln und Perlen in beiden Sets gleich viel kosten.

**Bild 3:** Geschenkset »sun«

$$3 \cdot x + 5 \cdot y = 13$$

Es existieren für unser Problem somit zwei lineare Gleichungen. Dieses Gleichungssystem hat die Form

$$\begin{aligned} 2 \cdot x + 3 \cdot y &= 8 \\ 3 \cdot x + 5 \cdot y &= 13 \end{aligned}$$

**Lösung**

In **Bild 1** finden Sie die beiden den Gleichungen entsprechenden Geraden eingezeichnet. Aus den Graphen ist ersichtlich, dass die Koordinaten des Punktes S(1|2) die einzigen Werte sind, die sowohl bei der Gleichung

$2 \cdot x + 3 \cdot y = 8$, als auch für die Gleichung

$3 \cdot x + 5 \cdot y = 13$ eine wahre Aussage liefern.

Werden beide Graphen gezeichnet und kann der Schnittpunkt S bestimmte werden, so bezeichnet man dieses Lösungsverfahren als **Graphisches Lösungsverfahren**.

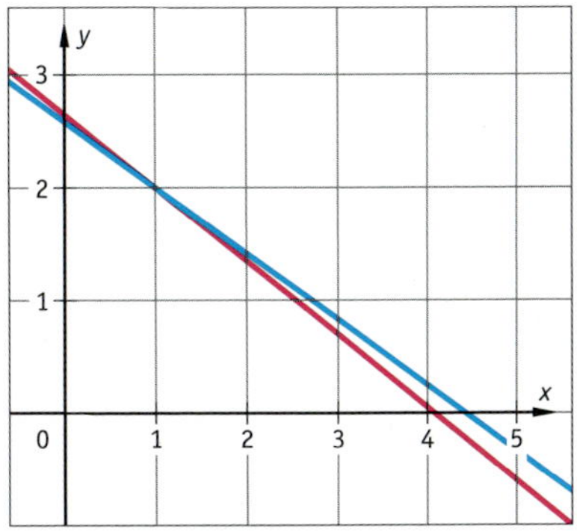


**Bild 1:** Graphisches Lösungsverfahren

Um sicher zu sein, dass die Lösung korrekt ist, kann die Probe durchgeführt werden: Probe mit $x = 1$ und $y = 2$ in den Gleichungen »moon« und »sun«

moon: $2 \cdot x + 3 \cdot y = 8$

$2 \cdot 1 + 3 \cdot 2 = 2 + 6 = 8$ (wahr)

sun: $3 \cdot x + 5 \cdot y = 13$

$3 \cdot 1 + 5 \cdot 2 = 3 + 10 = 13$ (wahr)

Zum Lösen eines linearen Gleichungssystems muss man also je einen Wert für die Variablen $x$ und $y$ finden, der sowohl bei der ersten Gleichung als auch bei der zweiten Gleichung eine wahre Aussage liefert.

Für die Darstellung eines linearen Gleichungssystems in allgemeiner Form gilt:

$$a_1x + b_1y = c_1$$
$$a_2x + b_2y = c_2$$

wobei $a_1$ und $b_1$ bzw. $a_2$ und $b_2$ nicht gleichzeitig Null sein dürfen.

| **Lösungsmöglichkeiten eines linearen Gleichungssystems** Will man ein lineares Gleichungssystem lösen, so werden Werte gesucht, die beim Einsetzen in beide Gleichungen eine wahre Aussage ergeben. Dabei können drei Fälle eintreten: | |
|---|---|
| Es kann nur ein Wertepaar existieren, dies entspricht der Schnittmenge (dem Schnittpunkt) der beiden Geraden. | $L = \{(x;y)\}$ |
| Es kann als Lösung die leere Menge auftreten, dann sind die beiden Geraden parallel. | $L = \{\ \}$ |
| Es kann als Lösung zu unendlich vielen Wertepaaren kommen, dann liegen identische Geraden vor. | $L = \{x,y \mid x,y \in \mathbb{R}\}$ |

**1. Beispielaufgabe**

Der Graph einer linearen Gleichung ist eine Gerade. Ist ein lineares Gleichungssystem zu lösen, so sucht man die Schnittmenge der beiden Gleichungen und somit den Schnittpunkt der beiden Geraden.

Gesucht ist in der Grundmenge $\mathbb{R}$ die Lösung des linearen Gleichungssystems.

$$2x + 4y = 14$$
$$4x - y = 10$$

**Lösung**

Damit die Graphen der beiden Gleichungen gezeichnet werden können, löst man die Gleichungen nach $y$ auf und berechnet jeweils zwei Punkte der Geraden, um sie dann zu zeichnen.

**Gleichung I:** $2x + 4y = 14 \Rightarrow y = -\frac{1}{2}x + \frac{7}{2}$;

Punkte: z. B. M $(0|\frac{7}{2})$ und N(7|0)

**Gleichung II:** $4x - y = 10 \Rightarrow y = 4x - 10$

Punkte: z. B. Q(2|−2) und R(4|6)

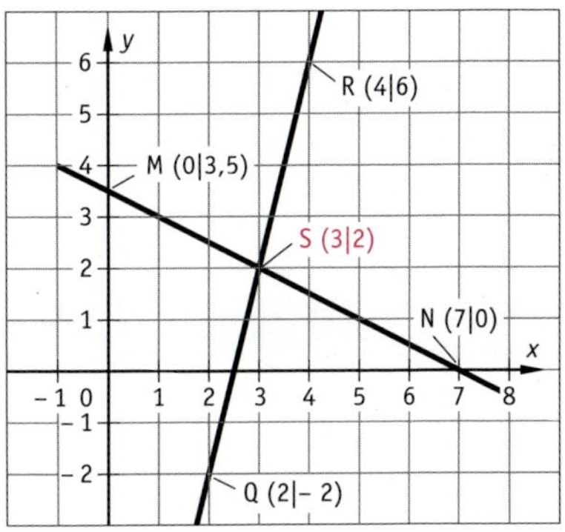


**Bild 2:** Lösungsmenge

**Bild 2** zeigt die Graphen der beiden Gleichungen. Der Schnittpunkt $S(3|2)$ ist der einzige Punkt, der sowohl bei Gleichung I als auch bei Gleichung II eine wahre Aussage liefert. Er ist somit Lösung des Gleichungssystems. Dieses Vorgehen bei der Lösungsfindung entspricht dem graphischen Lösungsverfahren.

**2. Beispielaufgabe**

Betrachten Sie das folgende lineare Gleichungssystem und erarbeiten Sie eine Lösung.

$$2x - 2y = 2$$
$$-2x + 2y = 2$$

**Lösung**

Durch Äquivalenzumformung erhält man folgendes Gleichungssystem:

**Gleichung I:** $y = x - 1$

**Gleichung II:** $y = x + 1$

**Bild 1** zeigt die Graphen der beiden linearen Gleichungen. Dabei ist ersichtlich, dass die den beiden Gleichungen entsprechenden Geraden parallel sind und somit keinen Schnittpunkt aufweisen. Es gibt also kein Wertepaar $(x|y)$, das beide Gleichungen des Gleichungssystems erfüllt. Es gilt $\boldsymbol{L} = \{\ \}$.

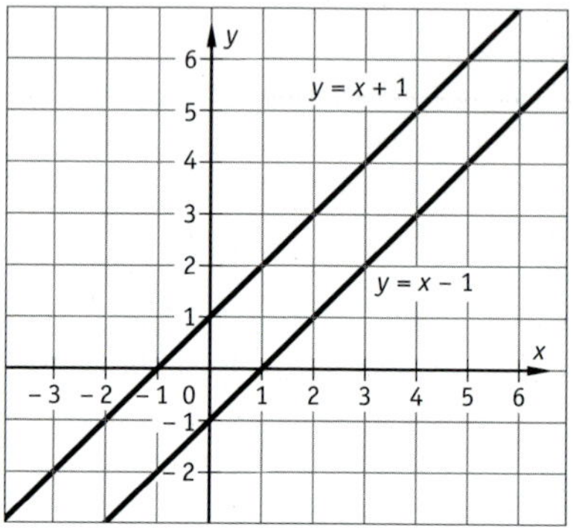


**Bild 1:** Lösungsmenge ist die leere Menge

**3. Beispielaufgabe**

Bei der Bearbeitung des folgenden Gleichungssystems zeichnet sich ebenfalls eine ungewöhnliche Lösung ab ($G = \mathbb{R}$).

$$3x - 2y = 1$$
$$-6x + 4y = -2$$

Arbeiten Sie konzentriert die Lösung durch, damit Sie für spätere Aufgaben gerüstet sind.

**Lösung**

Wir multiplizieren die 1. Gleichung mit −2 und erhalten folgendes Gleichungssystem:

$$3x - 2y = 1 \quad | \cdot (-2)$$
$$-6x + 4y = -2$$
$$-6x + 4y = -2$$

Sie sehen: Man erhält zwei identische Gleichungen. Auch die Graphen der beiden Gleichungen sind also identisch.

$y = \frac{3}{2}x - \frac{1}{2}$ **Bild 2** zeigt den Graphen dieser Gleichung.

Dabei sind alle Zahlenpaare $(x|y)$ Lösung des linearen Gleichungssystems. Es gibt also unendlich viele Lösungen mit der Lösungsmenge

$$\boldsymbol{L} = \left\{(x|y) \mid y = \frac{3}{2}x - \frac{1}{2}\right\}$$

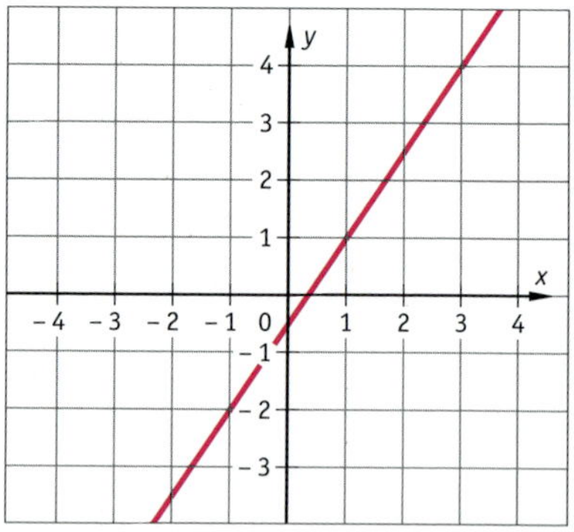


**Bild 2:** Schnittpunkte zweier Geraden

## Aufgaben

1. Eine Mutter und ihre Tochter sind zusammen 50 Jahre alt. Die Mutter ist vierundzwanzig Jahre älter als ihre Tochter. Wie alt sind beide?
2. Lösen Sie folgende Gleichungssysteme graphisch ($G = \mathbb{R}$):

a) $3x - 2y = 1$; $2x - y = 0$

b) $x + y = 3$; $-x + 2y = -3$

c) $0{,}5x - 1{,}5y = 1$; $-2x + 6y = -3$

## 4.2 Strategien zum rechnerischen Lösen linearer Gleichungssysteme

**Arbeitsauftrag:** Im Folgenden werden lineare Gleichungssysteme mithilfe unterschiedlicher Strategien gelöst. Beschreiben Sie die Vorgehensweise der einzelnen Lösungsstrategien und geben Sie an, unter welchen Voraussetzungen Sie die entsprechende Lösungsstrategie anwenden werden.

Sie werden festgestellt haben, dass es beim graphischen Lösen eines linearen Gleichungssystems nicht immer einfach ist, die exakte Lösungsmenge anzugeben, denn Zeichen- und Ablesegenauigkeit setzen dem Verfahren Grenzen. Das gilt besonders, wenn die Lösung für $x$ bzw. $y$ keine ganze Zahl, sondern ein Bruchterm ist. Deshalb ist es besser, die Lösung eines linearen Gleichungssystems mit einem Rechenverfahren zu ermitteln.

### 4.2.1 Einsetzverfahren

Ein Rechenverfahren zum Lösen linearer Gleichungssysteme ist das Einsetzverfahren.

**Beispiel 1**

Gesucht ist die Lösung des linearen Gleichungssystems ($G = \mathbb{R}$)

(I) $2x - 6y = 14$

(II) $3x + 4y = 8$

**Hinweis** Die römischen Zahlen (I) und (II) werden ab jetzt zum Nummerieren der Gleichungen eines Gleichungssystems benutzt, um das Lösungsverfahren platzsparender erklären zu können.

**Lösungsweg 1**

Das Einsetzverfahren beruht darauf, als Erstes eine der Gleichungen nach einer der Variablen umzustellen,

z. B. (I) nach $x$ umstellen: $2x - 6y = 14 \quad |+6y$

$$2x = 14 + 6y \quad |:2$$
$$x = 7 + 3y \quad (*)$$

Anstelle der Variablen $x$ kann dann der Term $7 + 3y$ in Gleichung (II) eingesetzt werden.

$$x = 7 + 3y \text{ in (II)}: 3(7 + 3y) + 4y = 8$$

Es ergibt sich eine Gleichung mit nur einer Variablen $y$, die durch Äquivalenzumformungen gelöst werden kann.

$$21 + 9y + 4y = 8 \quad |-21$$
$$13y = -13 \quad |:13$$
$$y = -1$$

Nun ist noch der Wert für $x$ zu berechnen. Dazu nimmt man am besten die vorhin nach $x$ umgestellte Gleichung (∗) und setzt den für $y$ erhaltenen Wert ein:

$$x = 7 + 3(-1)$$
$$x = 7 - 3$$
$$x = 4$$

Lösung: $x = 4$; $y = -1$

Probe: (I) $2 \cdot 4 - 6 \cdot (-1) = 8 + 6 = 14$ (wahr)

(II) $3 \cdot 4 + 4 \cdot (-1) = 12 - 4 = 8$ (wahr)

$\Rightarrow \boldsymbol{L = \{(4|-1)\}}$

In **Bild 1** sehen Sie die Lösungsmenge. Sie entspricht dem Schnittpunkt der Graphen der beiden linearen Gleichungen.

**Hinweis** Beim Einsetzverfahren ist es am Anfang egal, welche Gleichung man nach welcher Variablen auflöst. Die Lösung kann mit jeder gewählten Variable ermittelt werden. Man kann z. B. auch die Gleichung (I) nach $y$ umstellen.

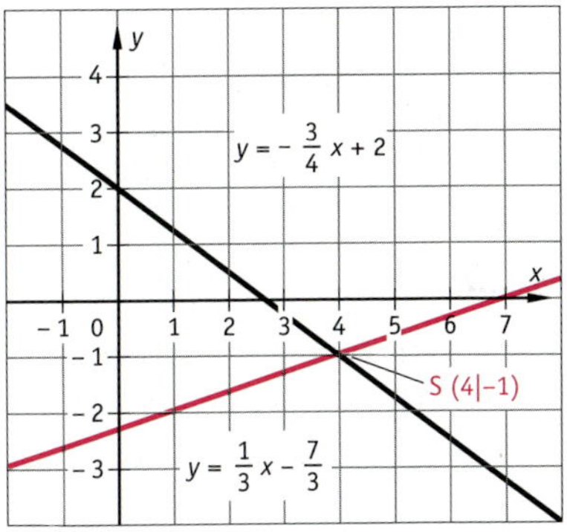


**Bild 1:** Lösungsmenge

**Lösungsweg 2**

(I) nach $y$ umstellen:

$$\begin{aligned} 2x - 6y &= 14 && |-2x \\ -6y &= 14 - 2x && |:(-6) \\ y &= \frac{14}{-6} - \frac{2x}{-6} \\ y &= -\frac{7}{3} + \frac{1}{3}x && (*) \end{aligned}$$

$y = -\frac{7}{3} + \frac{1}{3}x$ in (II):

$$\begin{aligned} 3x + 4\left(-\frac{7}{3} + \frac{1}{3}x\right) &= 8 \\ 3x - \frac{28}{3} + \frac{4}{3}x &= 8 && \left|+\frac{28}{3}\right. \\ \frac{13}{3}x &= \frac{52}{3} && \left|:\frac{13}{3}\right. \\ x &= 4 \end{aligned}$$

Nun ist noch der Wert für $y$ zu berechnen. Dazu nimmt man am besten die vorhin nach $y$ umgestellte Gleichung (∗) und setzt den für $x$ erhaltenen Wert ein:

$$y = -\frac{7}{3} + \frac{1}{3} \cdot 4 = -\frac{7}{3} + \frac{4}{3} = -\frac{3}{3} = -1$$

Lösung: $\boldsymbol{x = 4;\ y = -1}$

**Beachten Sie:** Der Lösungsweg 1 ist einfacher, da hier keine Brüche auftreten. Wählen Sie deshalb bei der Auswahl der Gleichung am Anfang des Rechenganges diejenige Gleichung aus (falls dies möglich ist), bei der keine Brüche entstehen.

**Beispiel 2**

Gesucht ist die Lösung des linearen Gleichungssystems ($G = \mathbb{R}$):

(I) $2x - 3 = y$

(II) $3x + 2y = 8$

**Lösungsstrategie**

In Gleichung (I) sehen Sie, dass schon nach der Variablen $y$ aufgelöst ist. Deshalb verwendet man aus Gleichung (I) $y = 2x - 3$ und setzt in Gleichung (II) ein.

$y = 2x - 3$ in (II):

$$\begin{aligned} 3x + 2(2x - 3) &= 8 \\ 3x + 4x - 6 &= 8 && |+6 \\ 7x &= 14 && |:7 \\ x &= 2 \end{aligned}$$

Nun ist noch der Wert für $y$ zu berechnen. Dazu setzt man den für $x$ erhaltenen Wert in Gleichung (I) ein.

$$2 \cdot 2 - 3 = y$$
$$4 - 3 = 1 = y$$

Lösung: $x = 2;\ y = 1$

Probe: (I) $2 \cdot 2 - 3 = 1$ (wahr)

(II) $3 \cdot 2 + 2 \cdot 1 = 6 + 2 = 8$ (wahr)

$\Rightarrow \boldsymbol{L = \{(2;1)\}}$

In **Bild 1** sehen Sie die Lösungsmenge. Sie entspricht dem Schnittpunkt der Graphen der beiden linearen Gleichungen.

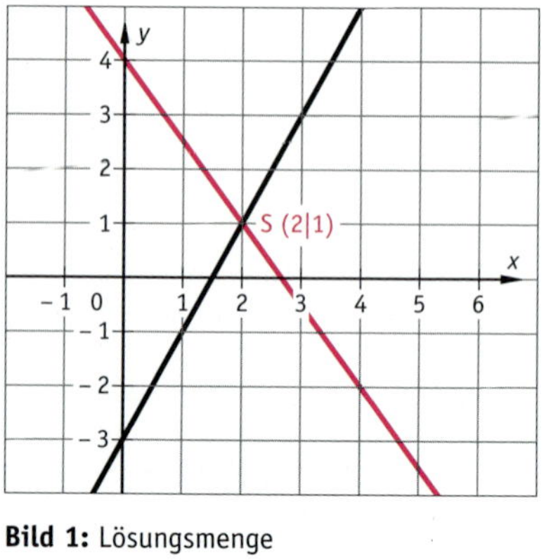


**Bild 1:** Lösungsmenge

**Lösungsstrategie beim Einsetzverfahren**

Eine Gleichung wird nach einer Variablen aufgelöst und der für die Variable gefundene Term in die andere Gleichung eingesetzt. Es entsteht dann eine Gleichung mit nur einer Variablen, die mittels Äquivalenzumformung gelöst werden kann.

**Aufgaben**

Lösen Sie die folgenden linearen Gleichungssysteme mit dem Einsetzverfahren und machen Sie die Probe ($G = \mathbb{R}$):

1. (I) $-x + 4y = 3$
   (II) $3x - 10y = 1$
2. (I) $3x + 4y = -13$
   (II) $-4x - 12y = -6$
3. (I) $0{,}3x - 0{,}5y = 0$
   (II) $2{,}5x - 4{,}1y = 0{,}2$
4. (I) $0{,}5x + y = 2$
   (II) $2x - y = 6$
5. (I) $\frac{x}{4} - \frac{y}{2} = 1$
   (II) $x + y = 0$
6. (I) $13x - 6y = 0$
   (II) $6x + 5y = 101$

### 4.2.2 Gleichsetzverfahren

Ein weiteres Rechenverfahren zum Lösen linearer Gleichungssysteme ist das Gleichsetzverfahren. Arbeiten Sie die folgenden Beispiele durch und diskutieren Sie mit Ihrem Banknachbarn den Unterschied zum Einsetzverfahren.

**Beispiel 1**

Als Aufgabe wird wieder das Gleichungssystem gewählt, das schon mit dem Einsetzverfahren gelöst wurde. Als Lösungsverfahren wird jedoch das Gleichsetzverfahren angewandt ($G = \mathbb{R}$).

(I) $2x - 6y = 14$

(II) $3x + 4y = 8$

**Lösungsweg 1**

Beim Gleichsetzugsverfahren werden beide Gleichungen nach derselben Variablen aufgelöst und dann gleichgesetzt. In diesem Beispiel werden beide Gleichungen nach der Variablen $x$ umgestellt.

(I) nach $x$ umstellen:

$$\begin{aligned} 2x - 6y &= 14 \quad && |+6y \\ 2x &= 14 + 6y && |:2 \\ x &= 7 + 3y && (*) \end{aligned}$$

(II) nach $x$ umstellen:

$$\begin{aligned} 3x + 4y &= 8 \quad && |-4y \\ 3x &= 8 - 4y && |:3 \\ x &= \frac{8}{3} - \frac{4}{3}y && (**) \end{aligned}$$

Aus $x = x$ folgt nun: $(*) = (**)$, d. h. der Term $x = 7 + 3y$ und der Term $x = \frac{8}{3} - \frac{4}{3}y$ werden gleichgesetzt:

$$\begin{aligned} 7 + 3y &= \frac{8}{3} - \frac{4}{3}y \quad && |-7 + \frac{4}{3}y \\ 3y + \frac{4}{3}y &= \frac{8}{3} - 7 && |\text{vereinfachen} \\ \frac{13}{3}y &= -\frac{13}{3} && |: \frac{13}{3} \\ y &= -1 \end{aligned}$$

Nun ist noch der Wert für $x$ zu berechnen. Dazu nimmt man am besten die vorhin nach $x$ umgestellte Gleichung $(*)$ und setzt den für y erhaltenen Wert ein:

$$\begin{aligned} x &= 7 + 3(-1) \\ x &= 7 - 3 \\ x &= 4 \end{aligned}$$

Lösung: $x = 4$; $y = -1$

Probe: $2 \cdot 4 - 6 \cdot (-1) = 8 + 6 = 14$ (wahr)

$3 \cdot 4 + 4 \cdot (-1) = 12 - 4 = 8$ (wahr) $\Rightarrow \boldsymbol{L} = \{(4|-1)\}$

**Hinweis** Beim Gleichsetzverfahren ist es am Anfang egal, nach welcher Variablen die Gleichungen aufgelöst werden.

Die Lösung kann mit jeder gewählten Variablen ermittelt werden.

**Beispiel 2**

Für folgendes Gleichungssystem ist die Lösungsmenge mithilfe des Gleichsetzungsverfahrens zu bestimmen.

(I) $2x - 3 = 4y$

(II) $x + 1 = 4y$

**Lösungsweg**

Bei diesem Gleichungssystem wäre es ungünstig, nach der Variablen $x$ aufzulösen, da ja sowohl bei Gleichung (I) als auch bei Gleichung (II) auf der rechten Seite der Gleichung die Variable $y$ steht. Es wäre aber auch ungeschickt, beide Gleichungen durch 4 zu dividieren, damit $y$ »alleine« steht, denn es können beim Gleichsetzverfahren auch andere Terme als $x$ gleichgesetzt werden.

(I) = (II): $2x - 3 = x + 1 \quad | -x + 3$

$x = 4$

Nun ist noch der Wert für $y$ zu berechnen. Dazu setzt man den für $x$ erhaltenen Wert in Gleichung (I) oder in Gleichung (II) ein.

$x = 4$ in Gleichung (II): $4 + 1 = 4y$

$5 = 4y \quad |:4$

$\frac{5}{4} = y$

Lösung: $x = 4;\ y = \frac{5}{4}$

Probe: (I) $2 \cdot 4 - 3 = 4 \cdot \frac{5}{4}$

$5 = 5$ (wahr)

(II) $4 + 1 = 4 \cdot \frac{5}{4}$

$5 = 5$ (wahr)

$\Rightarrow \boldsymbol{L} = \left\{\left(4; \frac{5}{4}\right)\right\}$

**Lösungsstrategie beim Gleichsetzverfahren**

Beide Gleichungen werden nach der gleichen Variablen aufgelöst. Dann werden beide Terme gleichgesetzt. Es entsteht eine Gleichung mit nur einer Variablen, die durch Äquivalenzumformungen gelöst werden kann.

**Aufgaben**

Lösen Sie die Gleichungssysteme mit dem Gleichsetzverfahren ($G = \mathbb{R}$).

1. (I) $7x - 5y = 6$
   (II) $8x + 2y = 3$
2. (I) $2x + 3y = 3$
   (II) $3y = 4x - 15$

### 4.2.3 Additionsverfahren

Ein weiteres gängiges Rechenverfahren zum Lösen linearer Gleichungssysteme ist das Additionsverfahren. Arbeiten Sie die folgenden Beispiele durch und diskutieren Sie im Team die Einsatzmöglichkeiten und die Unterschiede gegenüber den anderen Verfahren.

Als Aufgabe wird wieder das Gleichungssystem gewählt, das schon mit dem Einsetzverfahren und dem Gleichsetzverfahren gelöst wurde. Als Lösungsverfahren wird jedoch das Additionsverfahren angewandt.

(I) $2x - 6y = 14$

(II) $3x + 4y = 8$

Das Additionsverfahren hat gegenüber den anderen Lösungsverfahren den Vorteil, dass durch geeignete Multiplikation der Ausgangsgleichungen beim Lösungsverfahren fast keine Brüche auftauchen.

**Lösungsstrategie 1**

Das Additionsverfahren beruht darauf, beide Gleichungen durch Multiplikation mit einer Zahl so umzuformen, dass entweder die Variable $x$ oder die Variable $y$ bei der Addition der Gleichungen (I) und (II) eliminiert wird. Für dieses Beispiel werden beide Gleichungen so multipliziert, dass die Variable $x$ verschwindet.

(I) mit −3 multiplizieren: $2x - 6y = 14 \quad | \cdot (-3)$

(II) mit 2 multiplizieren: $3x + 4y = 8 \quad | \cdot 2$

$$\left.\begin{array}{ll} \text{(I)}' & -6x + 18y = -42 \\ \text{(II)}' & 6x + 8y = 16 \end{array}\right\} \text{ Nun werden die beiden Terme addiert}$$

$$\text{(I)}' + \text{(II)}' \quad 26y = -26 \quad |: 26$$

$$y = -1$$

Nun ist noch der Wert für $x$ zu berechnen. Dazu verwendet man z. B. die Gleichung (I) und setzt den für $y$ erhaltenen Wert ein:

$$2x - 6 \cdot (-1) = 14 \quad |-6$$

$$2x = 8 \quad |: 2$$

$$x = 4$$

Lösung: $x = 4;\ y = -1$

Probe: (I) $2 \cdot 4 - 6 \cdot (-1) = 8 + 6 = 14$ (wahr)

(II) $3 \cdot 4 + 4 \cdot (-1) = 12 - 4 = 8$ (wahr) $\Rightarrow \boldsymbol{L = \{(4|-1)\}}$

**Lösungsstrategie 2**

Es wird gezeigt, dass es gleichgültig ist, ob die Variable $x$ oder die Variable $y$ eliminiert wird. Bei dieser Lösung soll die Variable $y$ verschwinden. Weil in Gleichung (II) die Variable $y$ mit 4 multipliziert ist, wird die Gleichung (I) mit 4 multipliziert, und weil in Gleichung (I) die Variable $y$ mit −6 multipliziert ist, wird die Gleichung (II) mit 6 multipliziert. Dadurch erhält man einmal $-6y \cdot 4 = -24y$ in Gleichung (I) und $4y \cdot 6 = 24y$ in Gleichung (II), sodass bei der Addition beider Terme die Variable $y$ wegfällt.

(I) mit 4 multiplizieren: $2x - 6y = 14 \quad | \cdot 4$

(II) mit 6 multiplizieren: $3x + 4y = 8 \quad | \cdot 6$

$$\left.\begin{array}{ll} \text{(I)}' & 8x - 24y = 56 \\ \text{(II)}' & 18x + 24y = 48 \end{array}\right\} \text{ Nun werden die beiden Terme addiert}$$

$$\text{(I)}' + \text{(II)}' \quad 26x = 104 \quad |: 26$$

$$x = 4$$

Nun ist noch der Wert für $y$ zu berechnen. Dazu verwendet man z. B. die Gleichung (I) und setzt den für $x$ erhaltenen Wert ein:

$$2 \cdot 4 - 6 \cdot y = 14 \quad |-8$$

$$-6y = 6 \quad |: (-6)$$

$$y = -1$$

Lösung: $x = 4;\ y = -1$

Probe: (I) $2 \cdot 4 - 6 \cdot (-1) = 8 + 6 = 14$ (wahr)

(II) $3 \cdot 4 + 4 \cdot (-1) = 12 - 4 = 8$ (wahr) $\Rightarrow \boldsymbol{L = \{(4|-1)\}}$

Folgendes lineare Gleichungssystem ist mit dem Additionsverfahren zu lösen:

(I) $4x + 2y = -4$

(II) $-x + 2y = 6$

**Lösungsstrategie**

Bei diesem Gleichungssystem empfiehlt es sich, entweder die Gleichungen zu subtrahieren oder eine Gleichung mit −1 zu multiplizieren und dann beide Gleichungen zu addieren, damit die Variable $y$ eliminiert wird.

(I) mit −1 multiplizieren: $4x + 2y = -4 \quad |:(-1)$

$-x + 2y = 6$

(I)´ $-4x - 2y = 4$

(II) $-x + 2y = 6$

(I)´ + (II) $-5x = 10 \quad |:(-5)$

$x = -2$

Nun ist noch der Wert für $y$ zu berechnen. Dazu verwendet man z. B. die Gleichung (I) und setzt den für $x$ erhaltenen Wert ein:

$$4 \cdot (-2) + 2 \cdot y = -4 \quad |+8$$

$$2y = 4 \quad |:2$$

$$y = 2$$

Lösung: $x = -2;\ y = 2$

Probe: (I) $4 \cdot (-2) + 2 \cdot 2 = -8 + 4 = -4$ (wahr)

(II) $-(-2) + 2 \cdot 2 = 2 + 4 = 6$ (wahr) $\Rightarrow \boldsymbol{L = \{(-2|2)\}}$

**Lösungsstrategie beim Additionsverfahren**

Durch Addition (oder auch Subtraktion) der linken und rechten Terme der beiden Gleichungen wird eine Variable eliminiert und somit verbleibt eine Gleichung mit nur einer Variablen. In dieser Gleichung wird dann durch Äquivalenzumformungen die Lösung bestimmt.

Häufig müssen aber vor der Addition der Gleichungen eine oder beide Ausgangsgleichungen durch geeignete Zahlen multipliziert werden, damit eine Variable bei der Addition bzw. Subtraktion eliminiert wird.

**Aufgaben**

Lösen Sie die Gleichungssysteme mit dem Additionsverfahren.

1. (I) $3x - y = 11$
   (II) $2x + y = 9$
2. (I) $4x + 2y = 4$
   (II) $-x + 2y = 0{,}5$
3. (I) $7x - 5y = 1$
   (II) $5x - 7y = 11$
4. (I) $3x - 2y = -16$
   (II) $-x + 2y = 12$
5. (I) $-4x + 9y = 5$
   (II) $4x - 3y = 1$
6. (I) $-6x + 7y = 9$
   (II) $4x - y = -6$

### 4.2.4 Auswahl des Lösungsverfahrens beim rechnerischen Lösen linearer Gleichungssysteme

Beim rechnerischen Lösen linearer Gleichungssysteme führt jede der vorgestellten Rechenstrategien zum Lösungserfolg. Es ist jedoch nicht sinnvoll, sich nur auf ein Lösungsverfahren zu beschränken. Beim Lösen linearer Gleichungssysteme gehört nicht nur ein wenig mathematisches Geschick, sondern auch ein Abwägen bei der Rechenstrategie für die Lösungsfindung dazu.

Folgendes Vorgehen ist hilfreich:

Liegt ein lineares Gleichungssystem in folgender Form vor

(I) $y = 2 \cdot x - 2$

(II) $y = -x + 4$

so bietet sich das Gleichsetzverfahren an, indem man (I) = (II) setzt oder das Additionsverfahren an, indem man z. B. Gleichung (I) von Gleichung (II) subtrahiert oder Gleichung (I) mit (–1) multipliziert und dann mit Gleichung (II) addiert.

Liegt ein lineares Gleichungssystem in dieser Form vor

(I) $y = 2 \cdot x - 2$

(II) $0 = y - x + 4$

so bietet sich das Einsetzverfahren an, indem man $y = 2 \cdot x - 2$ aus (I) in Gleichung (II) einsetzt.

### 4.2.5 Lineares Gleichungssystem mit 3 Variablen

Ein lineares Gleichungssystem ist nur dann eindeutig lösbar, wenn es aus mindestens so vielen Gleichungen besteht wie Variablen darin enthalten sind. Bei einem linearen Gleichungssystem mit drei Variablen benötigt man zur Lösung mindestens drei Gleichungen.

In diesem Kapitel wird gezeigt, wie Gleichungssysteme mit mehr als zwei Variablen gelöst werden können. Für welches Lösungssystem Sie sich dann entscheiden, hängt nicht nur vom Aufgabentyp, sondern auch von Ihnen ab, denn Sie werden eine Vorliebe zu einem der Lösungsverfahren entwickeln und es dann anwenden.

**Beispiel**

Die Lösungsmenge des Gleichungssystems ist zu bestimmen ($G = \mathbb{R}$).

(I) $-x - 4y + z = 5$

(II) $2x - 3y - 3z = -2$

(III) $4x + 5y - 2z = -3$

**Lösung**

Eine erste Methode zum Lösen von linearen Gleichungssystemen mit mehr als zwei Gleichungen ist das Einsetzverfahren. Man löst eine Gleichung nach einer Variablen auf und setzt dann diese Terme in die übrigen Gleichungen ein. So erhält man dann ein neues Gleichungssystem, das um eine Gleichung und eine Variable reduziert wurde.

In unserem Fall kann aus Gleichung (I) z. B. nach $z$ auflöst werden: $\Leftrightarrow z = x + 4y + 5$

Als nächstes wird $z = x + 4y + 5$ aus Gleichung (I) in Gleichung (II) und (III) eingesetzt.

$z = x + 4y + 5$ in (II): $2x - 3y - 3(x + 4y + 5) = -2$ | ausmultiplizieren

$2x - 3y - 3x - 12y - 15 = -2$ | sortieren

$-x - 15y = 13$

$z = x + 4y + 5$ in (III): $4x + 5y - 2(x + 4y + 5) = -3$ | ausmultiplizieren

$4x + 5y - 2x - 8y - 10 = -3$ | sortieren

$2x - 3y = 7$

Die Gleichungen, in die eingesetzt wurde, ergeben nach der Vereinfachung ein Gleichungssystem aus zwei Gleichungen mit zwei Variablen. Es entstand also aus drei Gleichungen mit drei Variablen durch Eliminieren einer Variablen ein Gleichungssystem aus zwei Gleichungen mit zwei Variablen.

(I)´ $-x - 15y = 13$

(II)´ $2x - 3y = 7$

Dieses lineare Gleichungssystem wird nun z. B. mit dem Additionsverfahren gelöst. Es wird Gleichung (I)´mit zwei multipliziert und dann mit Gleichung (II)´addiert.

(I)´ $-x - 15y = 13$ | $\cdot 2$

(II)´ $2x - 3y = 7$

(I)´´ $-2x - 30y = 26$

(II)´ $2x - 3y = 7$

(I)´´ + (II)´ $-33y = 33$ | $: (-33)$

$y = -1$

Die umgestellten Gleichungen können nun in umgekehrter Reihenfolge zur Berechnung der übrigen Variablen $x$ und $z$ benutzt werden.

$y = -1$ in (I)´: $-x - 15y = 13$ $\Rightarrow$ $-x - 15(-1) = 13$ | ausmultiplizieren

$-x + 15 = 13$

$x = 2$

$y = -1$ und $x = 2$ in (I): $z = x + 4y + 5$ $\Rightarrow$ $z = 2 + 4(-1) + 5$ | ausrechnen

$z = 2 - 4 + 5$

$z = 3$

Die Probe mit den Werten $x = 2$, $y = -1$ und $z = 3$ liefert drei wahre Aussagen.

Somit ist die Lösungsmenge $\boldsymbol{L} = \{(2;-1;3)\}$.

Wie Sie feststellen können, kann mit dem Einsetzverfahren in kurzer Zeit die Lösungsmenge bestimmt werden. Hat man aber Gleichungssysteme mit mehr als drei Gleichungen zu lösen, so wird das Einsetzverfahren aufwendig und auch teilweise unübersichtlich. In solchen Fällen greift man dann zur Bestimmung der Lösungsmenge zum Gauß-Verfahren, das auch bei einer Vielzahl von Gleichungen ein rationales Arbeiten zulässt.

**Lösungsstrategie beim Lösen eines linearen Gleichungssystems mit 3 Gleichungen**

Aus einem Gleichungssystem mit $n$ Gleichungen und $n$ Variablen wird eine Gleichung nach einer Variablen aufgelöst und dieser Term in die anderen Gleichungen eingesetzt. Dadurch entstehen $(n-1)$ Gleichungen mit $(n-1)$ Variablen. Dieser Prozess wird so lange fortgesetzt, bis ein Gleichungssystem mit zwei Gleichungen mit zwei Variablen entsteht. Dieses Gleichungssystem kann dann mit dem Einsetzverfahren oder dem Gleichsetzverfahren oder dem Additionsverfahren gelöst werden.

**Aufgaben**

Lösen Sie folgende lineare Gleichungssysteme

1. (I) $-x + 4y + 2z = 12.$
   (II) $3x - 2y + 3z = -2$
   (III) $2x + 3y - z = 6$

   (I) $x + y - 2z = 3$
   (II) $2x - y - z = 1$
   (III) $x - 2y + z = 1$

### 4.2.6 Gauß-Verfahren

Ein weiteres Verfahren zum Lösen linearer Gleichungen ist das Gauß-Verfahren. Es ist eine Erweiterung des Additionsverfahrens und eignet sich besonders gut bei Gleichungssystemen mit mehr als zwei Gleichungen.

C. F. Gauß (deutscher Mathematiker, 1777 – 1855) stellte fest, dass bei einem linearen Gleichungssystem verschiedene Rechenoperationen durchgeführt werden dürfen, ohne dass sich die Lösungsmenge ändert **(Tabelle 1)**.

| Tabelle 1: Rechenoperationen in einem linearen Gleichungssystem (LGS) | |
|---|---|
| **Multiplizieren** | Jede Gleichung (Zeile) kann mit einer Zahl ($\neq 0$) multipliziert oder durch sie dividiert werden, ohne dass sich die Lösungsmenge ändert. |
| **Addieren** | Jede Gleichung (Zeile) kann durch die Summe aus dem Vielfachen einer Gleichung und ihr selbst ersetzt werden, ohne dass sich die Lösungsmenge ändert. |
| **Vertauschen** | Die Reihenfolge der Gleichungen (Zeilen) im linearen Gleichungssystem darf vertauscht werden, ohne dass sich die Lösungsmenge ändert. |

Das Gauß-Verfahren beruht auf der Idee, durch Vertauschen der Zeilen (falls erforderlich) und geschickte Addition von Zeilen das Gleichungssystem so zu vereinfachen, dass eine Dreiecksform (Dreiecksmatrix) entsteht und dann die Lösung einfach abgelesen werden kann. Damit das Gleichungssystem übersichtlicher wird, hat Gauß die Koeffizienten der Gleichungen herausgelöst und in eine Matrix »gepackt«.

Dabei versteht man unter einer Matrix ein Zahlenschema, das aus den Koeffizienten des linearen Gleichungssystems besteht. Allgemein besteht eine Matrix aus *m* Zeilen (Anzahl der Gleichungen) und *n* Spalten (Anzahl der Variablen). Das Gauß-Verfahren in allgemeiner Form für zwei Gleichungen mit zwei Variablen hat folgendes Aussehen:

1. Schritt:

$$\left.\begin{array}{l} a_1x + b_1y = c_1 \\ a_2x + b_2y = c_2 \end{array}\right\} \text{ Koeffizienten des LGS als Matrix schreiben } \Rightarrow \left(\begin{array}{cc|c} a_1 & b_1 & c_1 \\ a_2 & b_2 & c_2 \end{array}\right)$$

2. Schritt:

$$\left.\left(\begin{array}{cc|c} a_1 & b_1 & c_1 \\ a_2 & b_2 & c_2 \end{array}\right)\right\} \text{ Umformungen nach Tabelle 1 } \Rightarrow \left.\left(\begin{array}{cc|c} 1 & 0 & w_x \\ 0 & 1 & w_y \end{array}\right)\right\} \Rightarrow L = \{(w_x|w_y)\}$$

Die Vorgehensweise beim Lösen eines linearen Gleichungssystems wird am Beispiel mit zwei Variablen und zwei Gleichungen beschrieben:

**Beispielaufgabe 1**

Folgendes lineares Gleichungssystem ist mit dem Gauß-Verfahren zu lösen:

(I) $2x - 4y = 10$

(II) $-4x + 2y = -8$

**Lösung**

$$\left.\begin{array}{l} 2x - 4y = 10 \\ -4x + 2y = -8 \end{array}\right\} \text{ Koeffizienten des LGS als Matrix schreiben } \Rightarrow \left(\begin{array}{cc|c} 2 & -4 & 10 \\ -4 & 2 & -8 \end{array}\right)$$

Ziel der Umformung ist es nun, erst eine Dreiecksform in der Matrix herzustellen und dann weiter durch Umformungen in der Hauptdiagonale nur noch die Zahl eins zu erzeugen.

$$\left(\begin{array}{cc|c} 2 & -4 & 10 \\ -4 & 2 & -8 \end{array}\right) \quad \text{1. Zeile durch 2 dividieren, sodass die Zahl 1 entsteht} \quad \Leftrightarrow \left(\begin{array}{cc|c} 1 & -2 & 5 \\ -4 & 2 & -8 \end{array}\right)$$

Durch die Division durch die Zahl 2 entsteht in der Hauptdiagonale (Zahlen von links oben nach rechts unten, hier also die Zahlen 1 und 2) links oben der Wert 1, der erwünscht ist.

Als nächstes wird die erste Zeile mit dem Wert 4 multipliziert, da in der Matrix links unten der Wert −4 steht. Durch Addition der mit 4 multiplizierten 1. Zeile mit der 2. Zeile entsteht links unten der Wert null.

$$\left(\begin{array}{cc|c} 1 & -2 & 5 \\ -4 & 2 & -8 \end{array}\right) \quad \text{1. Zeile mit 4 multiplizieren und zur 2. Zeile addieren} \quad \Leftrightarrow \left(\begin{array}{cc|c} 1 & -2 & 5 \\ 0 & -6 & 12 \end{array}\right)$$

Als nächstes wird die 2. Zeile durvh −6 dividiert, damit in der Hauptdiagonale rechts unten der Wert 1 entsteht.

$$\left(\begin{array}{cc|c} 1 & -2 & 5 \\ 0 & -6 & 12 \end{array}\right) \quad \text{2. Zeile durch −6 dividieren, so dass die Zahl 1 entsteht} \quad \Leftrightarrow \left(\begin{array}{cc|c} 1 & -2 & 5 \\ 0 & 1 & -2 \end{array}\right)$$

Diese Form wird dann als Dreiecksform bezeichnet, wenn in der Hauptdiagonalen der Wert 1 steht und unter der Hauptdiagonalen der Wert 0 ist. Nun wird versucht, aus der Dreiecksform die Stufenform zu machen. Dies bedeutet, dass in der Hauptdiagonalen nur noch der Wert 1 steht und alle anderen Werte 0 sind.

Damit in der 1. Zeile der Wert −2 zum Wert 0 wird, multipliziert man die 2. Zeile mit zwei, da durch Addition der 2. Zeile mit der 1. Zeile dann aus dem Wert −2 der Wert 0 wird.

$$\left(\begin{array}{cc|c} 1 & -2 & 5 \\ 0 & 1 & -2 \end{array}\right) \quad \text{2. Zeile mit 2 multiplizieren und zur 1. Zeile addieren} \quad \Leftrightarrow \left(\begin{array}{cc|c} 1 & 0 & 1 \\ 0 & 1 & -2 \end{array}\right)$$

Nach diesem Schritt liegt die Matrix in Stufenform vor und die Lösung kann direkt abgelesen werden.

$$\left(\begin{array}{cc|c} 1 & 0 & 1 \\ 0 & 1 & -2 \end{array}\right) \quad \text{aus der Dreiecksstufenform kann die Lösung abgelesen werden} \Rightarrow \boldsymbol{L = \{(1|-2)\}}$$

Wenn man aus der Matrix wieder die Gleichungen herausschreiben würde, dann hätte das Gleichungssystem folgendes Aussehen:

(I) $1 \cdot x + 0 \cdot y = 1$

(II) $0 \cdot x + 1 \cdot y = -2$

Dies bedeutet, dass durch Multiplikation der Zeilen und durch die anschließende Addition der Zeilen diese Form des Gleichungssystems entstanden ist und aus dieser die Lösung abgelesen werden kann.

**Beispielaufgabe 2**

In dieser Beispielaufgabe wird das lineare Gleichungssystem mit drei Gleichungen und drei Variablen aus obigem Beispiel mit dem Gauß-Verfahren gelöst. Die Vorgehensweise ist genauso wie beim Lösen eines Gleichungssystems mit nur zwei Variablen.

(I) $-x - 4y + z = 5$

(II) $2x - 3y - 3z = -2$

(III) $4x + 5y - 2z = -3$

$$\left.\begin{matrix} -x & -4y & +z & = 5 \\ 2x & -3y & -3z & = -2 \\ 4x & +5y & -2z & = -3 \end{matrix}\right\}$$ Koeffizienten des LGS als Matrix schreiben $$\Rightarrow \left(\begin{array}{ccc|c} -1 & -4 & 1 & 5 \\ 2 & -3 & -3 & -2 \\ 4 & 5 & -2 & -3 \end{array}\right)$$

$$\left(\begin{array}{ccc|c} -1 & -4 & 1 & 5 \\ 2 & -3 & -3 & -2 \\ 4 & 5 & -2 & -3 \end{array}\right)$$ 1. Zeile mit –1 multiplizieren, sodass links oben eine 1 steht $$\Leftrightarrow \left(\begin{array}{ccc|c} 1 & 4 & -1 & -5 \\ 2 & -3 & -3 & -2 \\ 4 & 5 & -2 & -3 \end{array}\right)$$

$$\left(\begin{array}{ccc|c} 1 & 4 & -1 & -5 \\ 2 & -3 & -3 & -2 \\ 4 & 5 & -2 & -3 \end{array}\right)$$ 1. Zeile mit –2 multiplizieren und zur 2. Zeile addieren, damit in der zweiten Zeile an der Stelle von 2 die 0 steht. $$\Leftrightarrow \left(\begin{array}{ccc|c} 1 & 4 & -1 & -5 \\ 0 & -11 & -1 & 8 \\ 4 & 5 & -2 & -3 \end{array}\right)$$

$$\left(\begin{array}{ccc|c} 1 & 4 & -1 & -5 \\ 0 & -11 & -1 & 8 \\ 4 & 5 & -2 & -3 \end{array}\right)$$ 1. Zeile mit –4 multiplizieren und zur 3. Zeile addieren, damit an der Stelle von 4 die 0 steht $$\Leftrightarrow \left(\begin{array}{ccc|c} 1 & 4 & -1 & -5 \\ 0 & -11 & -1 & 8 \\ 0 & -11 & 2 & 17 \end{array}\right)$$

$$\left(\begin{array}{ccc|c} 1 & 4 & -1 & -5 \\ 0 & -11 & -1 & 8 \\ 0 & -11 & 2 & 17 \end{array}\right)$$ 2. Zeile mit –1 multiplizieren und zur 3. Zeile addieren, damit an der Stelle von –11 die 0 steht $$\Leftrightarrow \left(\begin{array}{ccc|c} 1 & 4 & -1 & -5 \\ 0 & -11 & -1 & 8 \\ 0 & 0 & 3 & 9 \end{array}\right)$$

$$\left(\begin{array}{ccc|c} 1 & 4 & -1 & -5 \\ 0 & -11 & -1 & 8 \\ 0 & 0 & 3 & 9 \end{array}\right)$$ 2. Zeile mit –11 dividieren und 3. Zeile durch 3 dividiert, damit in der 2. Zeile an Stelle von 2 die 0 steht $$\Leftrightarrow \left(\begin{array}{ccc|c} 1 & 4 & -1 & -5 \\ 0 & 1 & \frac{1}{11} & -\frac{8}{11} \\ 0 & 0 & 1 & 3 \end{array}\right)$$

Nach diesen Umformungen liegt die Dreiecksform vor. Als nächstes ist die Stufenform herbeizuführen.

$$\left(\begin{array}{ccc|c} 1 & 4 & -1 & -5 \\ 0 & 1 & \frac{1}{11} & -\frac{8}{11} \\ 0 & 0 & 1 & 3 \end{array}\right)$$ 3. Zeile mit –11 dividieren und zur 2. Zeile addieren $$\Leftrightarrow \left(\begin{array}{ccc|c} 1 & 4 & -1 & -5 \\ 0 & 1 & 0 & -1 \\ 0 & 0 & 1 & 3 \end{array}\right)$$

$$\left(\begin{array}{ccc|c} 1 & 4 & -1 & -5 \\ 0 & 1 & 0 & -1 \\ 0 & 0 & 1 & 3 \end{array}\right)$$ 3. Zeile mit 1. Zeile addieren $$\Leftrightarrow \left(\begin{array}{ccc|c} 1 & 4 & 0 & -2 \\ 0 & 1 & 0 & -1 \\ 0 & 0 & 1 & 3 \end{array}\right)$$

$$\left(\begin{array}{ccc|c} 1 & 4 & 0 & -2 \\ 0 & 1 & 0 & -1 \\ 0 & 0 & 1 & 3 \end{array}\right) \quad \begin{array}{c}\text{2. Zeile mit } -4 \text{ multiplizieren} \\ \text{und zur 1. Zeile addieren}\end{array} \quad \Leftrightarrow \quad \left(\begin{array}{ccc|c} 1 & 0 & 0 & 2 \\ 0 & 1 & 0 & -1 \\ 0 & 0 & 1 & 3 \end{array}\right)$$

Nach dieser Umformung liegt die Stufenform vor, aus der die Lösungsmenge $x = 2$, $y = -1$ und $z = 3$ abgelesen werden kann. In der Mengenschreibweise gilt: $\boldsymbol{L = \{(2|-1|3)\}}$

**Anmerkung**

**Dreiecksmatrix und Hauptdiagonale**

Ziel des Gauß-Verfahrens ist die Erzeugung einer oberen Dreiecksmatrix, in der sich unter der Hauptdiagonalen nur Nullen gekennzeichneten Werte beliebige Zahlen.

Unter dem Begriff Hauptdiagonale in einer Matrix versteht man die Zahlen, die sich von links oben nach rechts unten in der Matrix befinden.

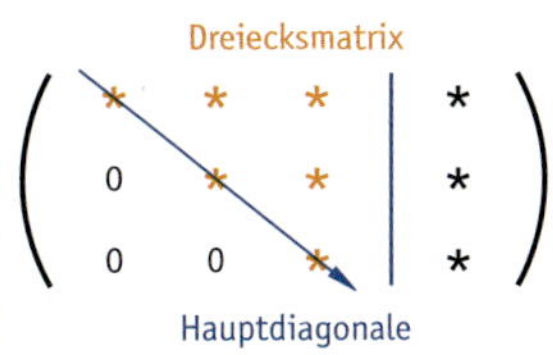


Es ist nicht zwingend erforderlich, in der Matrix solange Umformungen vorzunehmen, bis in der Hauptdiagonalen nur noch die Zahl 1 steht (Stufenform). Die Lösungsfindung ist schon nach der Umformung zur Matrix in Dreiecksform möglich (hier nach der vierten Umformung):

$$\left(\begin{array}{ccc|c} 1 & 4 & -1 & -5 \\ 0 & -11 & -1 & 8 \\ 0 & 0 & 3 & 9 \end{array}\right)$$

Aus der dritten Zeile ist ersichtlich: $\boldsymbol{3z = 9} \Rightarrow z = 3$

$z = 3$ in die zweite Zeile einsetzen: $-11y - 3 = 8 \Rightarrow y = -1$

$y = -1$ und $z = 3$ in die erste Zeile einsetzen: $x - 4 - 3 = -5 \Rightarrow x = 2$

Durch dieses »Rückwärtseinsetzen« kann die Lösung $L = \{(2|-1|3)\}$ ermittelt werden, ohne dass in der Matrix die Stufenform herbeigeführt wird.

**Lösungsstrategie beim Gauß-Verfahren**

Zum Lösen linearer Gleichungen mit mehr als zwei Gleichungen ist das **Gauß-Verfahren** von Vorteil. Es beruht auf dem Additionsverfahren und ist bei Gleichungssystemen mit mehr als zwei Variablen übersichtlicher als die vorher gezeigten Lösungsverfahren.

Bei diesem Verfahren werden nur **die Koeffizienten des Gleichungssystems** in einer **Matrix** zusammengestellt und durch Multiplizieren und Addieren der Matrixzeilen Umformungen vorgenommen, die zur Lösung des Gleichungssystems führen.

**Aufgaben**

Lösen Sie die Gleichungssysteme mit dem Gauß-Verfahren.

1. (I) $4x - 2y = -2$
   (II) $2x - 3y = 3$
2. (I) $2x - 5y = 9$
   (II) $3x + y = 5$
3. (I) $2x - 2y + z - 2 = 0$
   (II) $x - 4y + 2z = -2$
   (III) $-2x + 2y = 2$

### 4.2.7 Lineare Gleichungssysteme beim Lösen von anwendungsbezogenen Aufgaben

Beim Lösen von anwendungsbezogenen Aufgaben, z. B. aus der Technik, der Wirtschaft oder aus der Physik, aber auch bei Textaufgaben in der Mathematik, in denen Funktionsgleichungen aus Vorgaben zu erstellen sind, führen die Lösungsansätze meist zu linearen Gleichungssystemen.

Im Folgenden wird eine Strategie vorgestellt, mit der man zu Lösungen kommen kann.

**Strategie beim Lösen anwendungsbezogener Aufgaben**

Sie werden an der FOS immer wieder Aufgaben kennenlernen, bei denen Gleichungen aufgestellt werden müssen, um das gestellte Problem lösen zu können. In diesem Abschnitt werden Aufgaben vorgestellt, bei denen der Sachverhalt mithilfe linearer Gleichungssysteme beschrieben wird. Um die Informationen aus der Aufgabe mathematisch beschreiben zu können, ist es oft hilfreich, einem Schema zu folgen, das im Folgenden dargestellt wird.

Folgende Strategiepunkte führen zur Lösung der Aufgabe:

**1. Welche Größen sind in der Aufgabenstellung vorgegeben?**
Bei der Analyse der Aufgabe ist es hilfreich, z. B. mit Textmarker zu arbeiten und die gesuchten Größen farblich hervorzuheben.

↓

**2. Welche Größen sind gesucht?**
Die gesuchten Größen werden mit Variablen $x$, $y$ oder $z$ bezeichnet.

↓

**3. Wie stehen die gefundenen und mit Variablen bezeichneten Größen miteinander in Beziehung?**
Müssen die Variablen mit einem Faktor multipliziert werden oder müssen Summen bzw. Differenzen gebildet werden?

↓

**4. Die mathematische Beziehung des Sachverhalts als Gleichung formulieren.**
Die Anzahl der Gleichungen hängt von der Anzahl der Variablen ab. Die Anzahl der Gleichungen muss mindestens gleich der Anzahl der Variablen sein, um eindeutige Lösungen zu erhalten.

↓

**5. Welche Zahlenmenge muss dem Sachverhalt zugrunde gelegt werden?**
Dürfen z. B. nur ganze Zahlen vorkommen? Sind negative Werte erlaubt?

↓

**6. Wie kann die Gleichung bzw. das Gleichungssystem gelöst werden?**
Beim Lösen eine dem vorliegenden System angepasste Lösungsmethode anwenden.

↓

**7. Die gefundene Lösung mittels Probe überprüfen.**
Die Richtigkeit der gefundenen Lösungsmenge muss durch Einsetzen der Werte in das Gleichungssystem geprüft werden.

**Beispiel 1: Gerade durch zwei Punkte**

Ermitteln Sie die Funktionsgleichung einer Geraden, von der zwei Punkte bekannt sind. In unserem Beispiel verläuft die Gerade durch die Punkte $P_1(5|5,2)$ und $P_2(10|11,2)$. Mithilfe des Schematismus soll die Gleichung der Geraden erstellt werden.

**1. Welche Größen sind in der Aufgabenstellung vorgegeben?**

Die Größen sind die Punkte $P_1(5|5,2)$ und $P_2(10|11,2)$.

↓

**2. Welche Größen sind gesucht?**

Die gesuchten Größen sind die Steigung $m$ und der Schnittpunkt mit der y-Achse.

↓

**3. Wie stehen die gefundenen und mit Variablen bezeichneten Größen miteinander in Beziehung?**

Die Geradengleichung hat die allgemeine Form $y = m \cdot x + b$.

↓

**4. Die mathematische Beziehung des Sachverhalts als Gleichung formulieren.**

Für die zwei Unbekannten $m$ und $b$ werden zwei Gleichungen benötigt. Mithilfe der Punkte $P_1$ und $P_2$ können zwei Gleichungen erstellt werden.

$P_1(5|5,2)$ gibt Gleichung (I) $5,2 = m \cdot 5 + b$

$P_1(10|11,2)$ gibt Gleichung (II) $11,2 = m \cdot 10 + b$

↓

**5. Welche Zahlenmenge muss dem Sachverhalt zugrunde gelegt werden?**

Die Grundmenge sind die reellen Zahlen $\mathbb{R}$.

↓

**6. Wie kann das Gleichungssystem gelöst werden?**

Es handelt sich um ein lineares Gleichungssystem mit den Gleichungen

$$\left.\begin{array}{ll}\text{(I)} & 5,2 = 5m + b \\ \text{(II)} & 11,2 = 10m + b\end{array}\right\}$$ Als Lösungsmethode bietet sich das Additionsverfahren an:

Gleichung (I) mit –1 multiplizieren und zu Gleichung (II) addieren

$\Rightarrow 11,2 - 5,2 = 10m - 5m \Leftrightarrow 6 = 5m, \quad |:5$

$m = 1,2$

$m = 1,2$ in (I): $5,2 = 5 \cdot 1,2 + b \Leftrightarrow b = -0,8 \Rightarrow y = 1,2 \cdot x - 0,8$

↓

**7. Die gefundene Losung mittels Probe überprüfen.**

$P_1(5,2|5)$ in die Geradengleichung einsetzen: $5,2 = 1,2 \cdot 5 - 0,8$
$= 5,2$ (wahr)

$P_2(10|11,2)$ in die Geradengleichung einsetzen: $11,2 = 1,2 \cdot 10 - 0,8$
$= 11,2$ (wahr)

**Beispiel 2: Bewegungsaufgabe**

Der Mitschüler Michael aus Ihrer Klasse hat einen Weg von 18 km bis zur Schule. Um 7:00 Uhr fährt er mit seinem Mofa los. Das Mofa fährt mit einer Durchschnittsgeschwindigkeit von 20 km/h. Seine Mutter bemerkt zu Hause, dass noch Schulunterlagen und der Taschenrechner auf seinem Arbeitsplatz liegen und fährt dem Sohn nach 30 Minuten mit einer Durchschnittsgeschwindigkeit von 60 km/h hinterher. Wann holt sie Ihren Sohn ein? Bei diesem Beispiel handelt es sich um eine Geschwindigkeits-Zeitaufgabe. Die Bewegungsabläufe werden als konstant angenommen.

### Lösung

Aus einer Physikformelsammlung können Sie für konstante Geschwindigkeit die Formel $v = \frac{s}{t}$ entnehmen. Dabei wird mit $v$ die Geschwindigkeit, mit $s$ die zurückgelegte Wegstrecke und mit $t$ die Zeit ausgedrückt. Stellt man die Formel nach der Größe $s$ um, so erhält man für den zurückgelegten Weg $s$ die lineare Gleichung $s = v \cdot t$. Stellt man einen Vergleich mit der Ihnen bekannten Geradengleichung $y = m \cdot x$ an, so entspricht der unabhängigen Variablen $x$ die Zeit $t$ und der Steigungsfaktor $m$ entspricht der durchschnittlichen Geschwindigkeit $v$.

Das bedeutet, mit der Zuordnung $\underbrace{s}_{y} = \underbrace{v}_{m} \cdot \underbrace{t}_{x}$ kann der Graph der Funktion für den zurückgelegten Weg $s$ in Abhängigkeit von der Zeit $t$ gezeichnet werden.

Zum Zeichnen des Graphen $G_S$ für den zurückgelegten Weg des Sohnes benötigt man zwei Punkte, um die allgemeine Form der Geradengleichung $y = m \cdot x + b$ zu bestimmen. Legt man den Startpunkt des Sohnes als Ursprung des Koordinatensystems fest, so ist der Punkt 0(0|0) festgelegt. Da er mit einer Durchschnittsgeschwindigkeit von 20 km/h fährt, legt er in 60 Minuten die Strecke von 20 Kilometer zurück, das ergibt den zweiten Punkt P(60|20). In **Bild 1** ist der Graph gezeichnet. Sie wissen: Beim Lösen von Gleichungen mit zwei Unbekannten benötigt man zwei Gleichungen. Mit den Punkten 0(0|0) und P(60|20) ist diese Bedingung erfüllt:

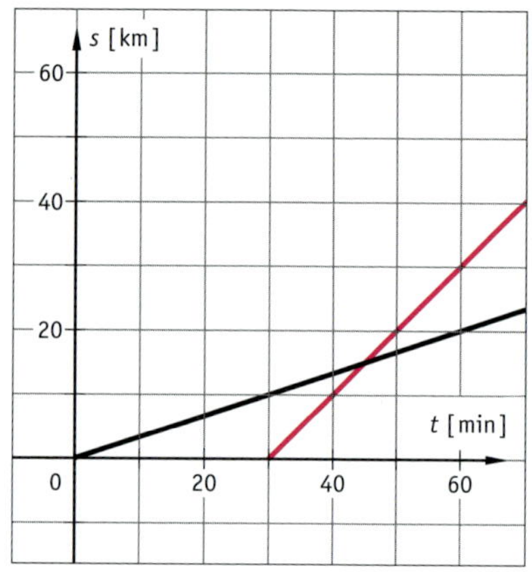


**Bild 1:** s-t-Schaubild

(I) $0 = m \cdot 0 + t$

(II) $20 = m \cdot 60 + t$

Aus Gleichung (I) folgt $t = 0$

$t = 0$ in (II) (Einsetzverfahren):

$20 = 60\,m \quad |: 60$

$m = \frac{20}{60} = \frac{1}{3}$ und somit die Gleichung: $y = \frac{1}{3}x$

Auch für den Graphen $G_M$ bzw. die Funktionsgleichung des Weges, den die Mutter von Michael zurücklegt, genügen zwei Punkte. Sie startet 30 Minuten später als Michael, das gibt den ersten Punkt A(30|0). Da sie mit einer Durchschnittsgeschwindigkeit von 60 km/h fährt, legt sie in 60 Minuten die Strecke von 60 Kilometern zurück, bzw. in 30 Minuten die Strecke von 30 Kilometern. Das ergibt den zweiten Punkt B(60|30). In **Bild 1** ist auch dieser Graph gezeichnet. Mit den Punkten A(30|0) und B(60|30) kann die Gleichung erstellt werden:

A(30|0): (I) $0 = m \cdot 30 + t \quad | \cdot (-1)$

B(60|30): (II) $30 = m \cdot 60 + t$

Gleichung (I) · (–1) plus (II) (Additionsverfahren):

(I)´ $0 = -30m - t$

(II)´ $30 = 60m + t$

(I)´+ (II)´ : $30 = 30m \quad |: 30$

$m = 1$

$m = 1$ in (I): $0 = 1 \cdot 30 + t \quad |-30$

$t = -30$

Somit gilt für die Gleichung des Weges, den Michaels Mutter zurücklegt: $y = x - 30$.

Man erhält nun folgendes lineare Gleichungssystem:

$$\text{(I)} \quad y = \frac{1}{3}x$$

$$\text{(II)} \quad y = x - 30$$

Für die Lösung dieses Gleichungssystems stehen nun das Einsetzverfahren, das Gleichsetzverfahren oder das Additionsverfahren zur Verfügung. Welche Strategie Sie anwenden bzw. welches Verfahren Sie wählen, hängt vom Gleichungssystem ab. Bei diesem linearen Gleichungssystem ist das Gleichsetzverfahren am vorteilhaftesten, da beide Gleichungen nach dem Wert $y$ aufgelöst sind.

$$\text{(II)} = \text{(I)}: x - 30 = \frac{1}{3}x \quad \left| -\frac{1}{3}x + 30\right.$$

$$\frac{2}{3}x = 30 \Leftrightarrow x = 45$$

$x = 45$ in (II) einsetzen: $y = 45 - 30 = 15$.

Die Probe liefert eine wahre Aussage. Für die Aufgabe bedeutet dies: Michael und seine Mutter treffen sich 45 Minuten nach der Abfahrt von Michael und einer zurückgelegten Wegstrecke von 15 Kilometern.

Die Lösungsmenge ist $\boldsymbol{L = \{(45|15)\}}$.

**Lösungsstrategie beim Lösen von anwendungsbezogenen Aufgaben**

Zum Erstellen von Gleichungen aus gegebenen Sachverhalten kann folgende Strategie beim Lösen angewandt werden:

1. Welche Größen sind in der Aufgabenstellung vorgegeben?
2. Welche Größen sind gesucht?
3. Wie stehen die gefundenen und mit Variablen bezeichneten Größen miteinander in Beziehung?
4. Die mathematische Beziehung des Sachverhalts als Gleichung formulieren.
5. Welche Zahlenmenge muss dem Sachverhalt zugrunde gelegt werden?
6. Wie kann die Gleichung bzw. das Gleichungssystem gelöst werden?
7. Gefundene Lösung mittels Probe überprüfen.

**Aufgaben**

1. Die Gerade $g$ geht durch die Punkte $P_1(2|2)$ und $P_2(8|-1)$. Bestimmen Sie die Funktionsgleichung der Geraden $g$.
2. Der Flug einer Silvesterrakete kann mit der allgemeinen Gleichung $y = a \cdot x^2 + b \cdot x + c$ beschrieben werden. Bestimmen Sie mithilfe der Punkte O(0|0), S(8|32) und T(20|−40) die Gleichung der Flugbahn der Silvesterrakete.
3. Ein Ausflugsdampfer benötigt für eine Flussstrecke von 60 km stromabwärts 75 Minuten, stromaufwärts 112,5 Minuten. Wie groß sind die Strömungsgeschwindigkeit des Flusses und die durchschnittliche Geschwindigkeit des Dampfers?

### Lösung der Aufgabe mit dem Magier

Mit der erarbeitenden Theorie über lineare Gleichungssysteme ist es nun möglich, das Geheimnis des Magiers vom Kapitelanfang zu lüften.

Wie Sie wissen, hatte der Magier mit den 5 Münzen in Ihrer linken Hand und den 3 Münzen in Ihrer rechten Hand Recht. Dass es sich hier nicht um »Zauberei«, sondern um das Lösen von linearen Gleichungssystemen handelt, soll gezeigt werden.

Damit der Sachverhalt als Gleichung angegeben werden kann, bezeichnen wir die Anzahl der Münzen in der linken Hand mit $L$ (oder auch $x$) und die Münzen in der rechten Hand mit $R$ (oder auch mit $y$). Was der Magier aber bei dem »Zaubertrick« unbedingt wissen muss, ist die Gesamtzahl der Münzen. Sie hatten den Stapel mit 8 Münzen gewählt, und somit kann die erste lineare Gleichung erstellt werden. Die Gleichung lautet: $L + R = 8$

Nun gilt es, den Rechenvorgang des Magiers in eine zweite Gleichung zu fassen. Im ersten Schritt ist die Anzahl der Münzen in der linken Hand mit 5 zu multiplizieren ($5 \cdot L$) und die Anzahl der Münzen in der rechten Hand mit 4 zu multiplizieren ($4 \cdot R$). Im zweiten Schritt wurden Sie gebeten, die Ergebnisse der Produkte zu addieren. Wir bezeichnen diese Summe mit dem Buchstaben $S$. Damit erhalten wir die zweite lineare Gleichung: $S = 5 \cdot L + 4 \cdot R$. Mit der von Ihnen berechneten Summe $S = 37$ erhalten wir folgendes Gleichungssystem, das es zu lösen gilt:

(I) $L + R = 8$

(II) $37 = 5 \cdot L + 4 \cdot R$

Es liegt also ein lineares Gleichungssystem mit zwei Gleichungen und zwei Unbekannten vor. Wir lösen Gleichung (I) nach $R$ auf und verwenden dann das Einsetzverfahren:

| | | |
|---|---|---|
| (I) | $L + R = 8$ | $\mid - R$ |
| (I)´ | $R = 8 - L$ | $\mid$ in (II) |
| (II) | $37 = 5 \cdot L + 4 \cdot (8 - L)$ | $\mid$ ausmultiplizieren und zusammenfassen |
| (II)´ | $37 = 5 \cdot L + 32 - 4 \cdot L = L + 32$ | $\mid - 32$ |
| (II)´´ | $37 - 32 = L$ | $\Rightarrow \boldsymbol{L = 5}$ |

Damit steht also fest, dass sich in der linken Hand 5 Münzen befinden. $L = 5$ eingesetzt in (I)´ ergibt $R = 8 - 5 = 3$. Somit steht auch fest, wie er die Anzahl der Münzen in Ihrer rechten Hand herausfand.

## Aufgaben und Anregungen

Diskutieren Sie in der Gruppe folgende Problemstellungen:

1. Funktioniert der »Zaubertrick« auch, wenn man statt der Faktoren fünf für die linke Hand und vier für die rechte Hand andere Multiplikatoren verwendet?
2. Wie errechnet sich die Zahl, die immer von der Summe $S$ subtrahiert werden muss, damit man die Lösung der Anzahl der Münzen in der rechten Hand herausfindet?
3. Welche Anzahl von Münzen setzt dem »Zaubertrick« Grenzen?
4. Funktioniert der »Zaubertrick« auch mit nur einer Münze?

**Zusammenfassung**

Zusammenfassend kann über lineare Gleichungen mit zwei Variablen folgendes gesagt werden:

Das lineare Gleichungssystem

$a_1x + b_1y = c_1$

$a_2x + b_2y = c_2$

mit $a_1 \neq 0$, $a_2 \neq 0$, $b_1 \neq 0$ und $b_2 \neq 0$ hat

1. genau eine Lösung, wenn $a_1 : a_2 \neq b_1 : b_2$ ist. In diesem Falle besitzen die zugehörigen Geraden einen Schnittpunkt. Das Gleichungssystem ist **eindeutig** lösbar. Die Geraden schneiden sich in **genau einem Punkt (Bild a)**.
2. keine Lösung, wenn $a_1 : a_2 = b_1 : b_2$, aber $b_1 : b_2 \neq c_1 : c_2$ und $c_1$ oder $c_2$ nicht gleichzeitig Null sind. In diesem Fall sind die Gleichungen widersprüchlich, die zugehörigen Geraden sind parallel. Die Lösungsmenge ist die leere Menge. Das Gleichungssystem ist **unlösbar**. Die Geraden sind **echt parallel (Bild b)**.
3. unendlich viele Lösungen, wenn $a_1 : a_2 = b_1 : b_2$ und $b_1 : b_2 = c_1 : c_2$ oder $c_1 = c_2 = 0$ ist. Die beiden Gleichungen gehen dann durch Äquivalenzumformung (Multiplikation mit einer Zahl $\neq 0$) auseinander hervor. Ihre zugehörigen Geraden fallen zusammen. Das Gleichungssystem hat **unendlich viele Lösungen**. Die Geraden sind **identisch (Bild c)**.

a) b) c)

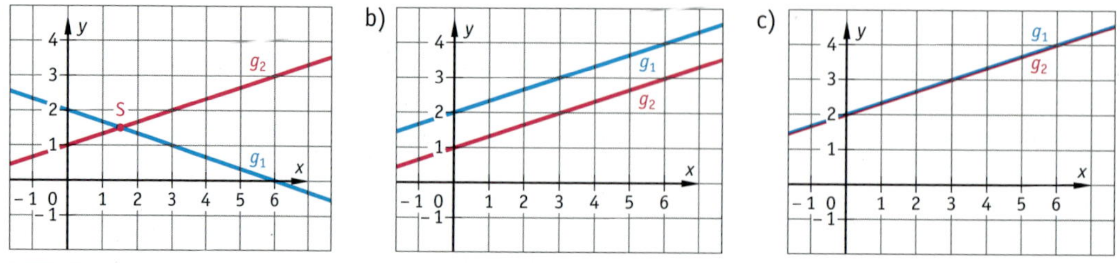

## 4.3 Üben & Anwenden

### Aufgaben zu linearen Gleichungssystemen mit zwei Variablen

1. Bestimmen Sie graphisch die Lösung des linearen Gleichungssystems:

   (I) $3x + 6y = 6$

   (II) $-x + y = 1$

2. Lösen Sie die Aufgaben mit dem Einsetzverfahren

   a) (I) $3x - 2y = -16$ (II) $-x + 2y = 12$
   b) (I) $-4x + 9y = 5$ (II) $4x - 3y = 1$
   c) (I) $-6x + 7y = 9$ (II) $4x - y = -6$

3. Berechnen Sie die Lösungen der linearen Gleichungssysteme mit dem Einsetzverfahren.

   a) (I) $2x - 5y = 1$ (II) $y - x + 2 = 0$
   b) (I) $x - 3y = 7$ (II) $3x + 4y = 8$

4. Berechnen Sie die Lösungen der linearen Gleichungssysteme mit dem Gleichsetzverfahren.

   a) (I) $y = 4x - 5$ (II) $y = -x + 5$
   b) (I) $6x - 3y = 9$ (II) $6x + 4y = 8$

5. Berechnen Sie die Lösungen der linearen Gleichungssysteme mit dem Additionsverfahren.

   a) (I) $6x - 2y = 22$ (II) $2x + \ = 9$
   b) (I) $7x - 5y = 1$ (II) $10x - 14y = 22$

6. Die folgenden linearen Gleichungssysteme sind zu lösen. Wählen Sie ein geeignetes Lösungsverfahren.

   a) (I) $\frac{x}{9} + \frac{y}{2} = 17$ (II) $5x - 8y = 94$
   b) (I) $65x - 17y = 175$ (II) $52x - 29y = 63$
   c) (I) $\frac{x}{3} = 5y - 18$ (II) $-x + 3{,}5y = 8$
   d) (I) $3(x - y) = 2(y - 1) + 3x + 6$ (II) $\frac{y}{2 - 3x} = 2$
   e) (I) $\frac{x-3}{y-5} = \frac{3}{5}$ (II) $\frac{x+3}{y+5} = \frac{5}{3}$

### Aufgaben zu Gleichungssysteme in Anwendung

1. Erstellen einer Funktionsgleichung

   Die Gerade $g$ mit der Gleichung $y = m \cdot x + b$ geht durch die Punkte A(–4|0) und B(2|3). Bestimmen Sie die Steigung $m$ und den Achsenabschnitt $b$ der Funktionsgleichung.

2. Lösungsmenge

   Gegeben sind die Gerade $g$: $y = \frac{1}{2}x + 2$ und die Gerade $h$: $y = -2x + 7$. Zeigen Sie, dass S(2|3) der Schnittpunkt der Geraden $g$ und $h$ ist.

3. Altersbestimmung

   Eine Mutter und ihre Tochter sind zusammen 50 Jahre alt. Die Mutter ist vierundzwanzig Jahre älter als ihre Tochter. Wie alt sind beide?

   Bezeichnet man das Alter der Mutter mit $x$ und das Alter der Tochter mit $y$, so erhält man aus dem ersten Satz die lineare Gleichung $x + y = 50$ und aus dem zweiten Satz die lineare Gleichung $x = y + 24$.

   Folgendes Gleichungssystem ist zu lösen:

   $x + y = 50$

   $x - y = 24$

   Wenden Sie das Additionsverfahren an und zeigen Sie, dass der Schnittpunkt S(37|13) der beiden Graphen die Lösung des linearen Gleichungssystems ist.

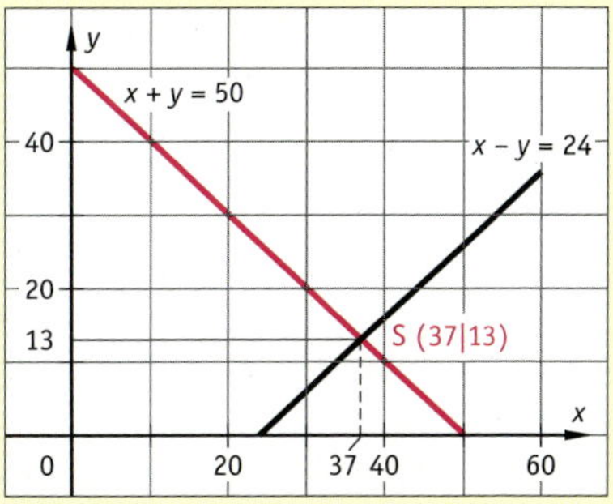


**Bild 1:** Lösungsmenge

4. In einem Eine-Welt-Laden wird aus zwei Teesorten, die 24 € und 36 € je kg kosten, eine Teemischung hergestellt, die für 32 € pro kg angeboten wird. Nimmt man bei der Mischung von der ersten Sorte 3 kg mehr und von der zweiten Sorte 3 kg weniger, so beträgt der Kilopreis für diese Teemischung 31 €.

Ermitteln Sie die das Mischungsverhältnis für die Teemischung.

5. Eine Firma beabsichtigt mit einer großen Anzeigenserie in Fachmagazinen auf ihr neues Produkt aufmerksam zu machen und holt deshalb Angebote ein. Die Anzeigenabteilung eines Fachmagazins macht für 12 aufeinander folgende Ausgaben des Magazins diese Angebote:

| **Angebot 1** | **Angebot 2** |
|---|---|
| 6 ganzseitige<br>und 6 halbseitige<br>Anzeigen zu 1284 € | 8 ganzseitige<br>und 4 halbseitige<br>Anzeigen zu 1464 € |

Sie absolvieren ein Praktikum bei er Firma und haben die Aufgabe, den Preis für eine ganzseitige und eine halbseitige Anzeigenseite zu berechnen.

6. Aus den Angaben des Fahrzeugherstellers wissen Sie, dass das Auto ihrer Eltern innerorts 8 Liter pro 100 km und außerhalb geschlossener Ortschaften nur 6 Liter verbraucht. Laut Tankstellenbeleg, der 52 Liter ausweist, wurde mit dieser Tankfüllung eine Wegstrecke von 650 km zurückgelegt.

Formulieren Sie die Frage selbst und ermitteln Sie die Antwort.

7. Der Verkehrsfunk eines Radiosenders ist bemüht den aktuellen Straßenverkehr möglichst genau zu vermitteln. Zur Messung der Länge eines aktuellen Verkehrsstaus setzt der Radiosender einen Helikopter ein. Zur Staulängenermittlung fliegt ein Helikopter mit 70 km/h zuerst in Staurichtung und anschließend zurück gegen die Staurichtung. Für den Überflug in Staurichtung benötigt der Helikopter 8 Minuten, gegen die Staurichtung ist er um 2 Minuten schneller.

Ermitteln Sie die Länge des Staus und die Geschwindigkeit, mit der er sich die Autoschlange langsam vorwärtsbewegt.

## Aufgaben zu linearen Gleichungssystemen mit drei Variablen

1. Gleichungen mit drei Variablen

Folgendes Beispiel mit drei Gleichungen und drei Unbekannten ist mit einem Verfahren Ihrer Wahl zu lösen.

(I) $2x - 2y + z - 2 = 0$

(II) $x - 4y + 2z = -2$

(III) $-2x + 2y = 2$

2. Obstsalat für sechs Personen

Für eine Party wollen Sie einen Obstsalat für sechs Personen nach Rezeptvorlage fertigen, in dem 13 Gramm Eiweiß, 5,3 Gramm Fett und 216 Gramm Kohlenhydrate enthalten sind. Aus einer Tabelle (**Tabelle 1**) können die Nährstoffanteile pro 100 Gramm Obst entnommen werden. Berechnen Sie, wie viel Obst Sie benötigen.

| Tabelle 1: Nährstoffanteile pro 100 g in % | | | |
|---|---|---|---|
| **Obst** | **Eiweiß** | **Fett** | **Kohlenhydrate** |
| **Birnen** | 0,4 | 0,5 | 14 |
| **Bananen** | 1,2 | 0,3 | 20 |
| **Mandarinen** | 0,9 | 0,3 | 10 |

3. Parabelförmiger Brückenbogen

Eine Brücke überspannt einen Bachlauf. Dabei kann die Form des Brückenbogens mit einer Funktion 2. Grades $y = a \cdot x^2 + b \cdot x + c$ beschrieben werden. Der linke Auflagepunkt des Brückenbogens hat die Koordinaten O(0| 0), weitere Punkte sind die Punkte P(5|5) und Q(20|5).

Die Funktionsgleichung, mit der die Kontur des Brückenbogens beschrieben wird, ist zu erstellen.

4. In Südtirol verlangt der Betreiber einer Bergbahn für die Benutzung der Gondel folgende Fahrpreise:

| Preisliste Bergbahn | |
|---|---|
| Berg- und Talfahrt | 24 € |
| Bergfahrt allein | 18 € |
| Talfahrt ohne Bergfahrt | 12 € |

An einem Samstag fuhren insgesamt 840 Personen mit der Bergbahn hinauf. Bei der Talfahrt wurden am Drehkreuz 680 Personen gezählt. Die Einnahmen für die Fahrten betrugen an diesem Samstag 19.860 €.

Ermitteln Sie, wie viele Berg- und Talfahrten, wie viele Bergfahrten und wie viele Talfahrten an diesem Samstag gelöst wurden.

# Lernbereich 4: Wissen · Können · Testen

**Ich kann ...**

- ... graphisch und rechnerisch die Lösungsmenge linearer Gleichungssysteme mit zwei Gleichungen und zwei Unbekannten, auch bei anwendungsbezogenen Aufgaben, bestimmen.
- ... die Lösungsmenge linearer Gleichungssysteme mit bis zu drei Unbekannten mithilfe des Einsetzverfahrens ermitteln.
- ... die Lösungsmenge linearer Gleichungssysteme mit bis zu drei Unbekannten mithilfe des Gleichsetzverfahrens ermitteln.
- ... die Lösungsmenge linearer Gleichungssysteme mit bis zu drei Unbekannten mithilfe des Additionsverfahrens ermitteln.
- ... die Lösungsmenge linearer Gleichungssysteme mit bis zu drei Unbekannten mithilfe des Gauß-Algorithmus ermitteln.

## Testen Sie Ihr Können

**Zeit: 30 Minuten**

1. Ermitteln Sie die Lösungsmenge des linearen Gleichungssystems

   (I) $4x - 3y = -4$

   (II) $2x + 2y = 12$

   a) rechnerisch durch Anwendung eines Lösungsverfahrens Ihrer Wahl ($G = \mathbb{R}$). **3**

   b) Bestätigen Sie die Lösungsmenge graphisch. **3**

2. Ein Winzer hat von drei Sorten Jahrgangswein noch Restposten. Von Sorte I hat er noch 130 Flaschen, von Sorte II besitzt er noch 100 Flaschen und von Sorte III noch 62 Flaschen. Für seine Stammkunden stellt er Sonderpakete zusammen. **7**

| | Sorte I | Sorte II | Sorte III |
|---|---|---|---|
| Paket A | 5 | 0 | 1 |
| Paket B | 2 | 2 | 1 |
| Paket C | 1 | 2 | 1 |

   Die Tabelle zeigt die Anzahl der Flaschen in den Sonderpaketen. Bestimmen Sie, wie viele Pakete A, B und C der Winzer zusammenstellen kann.

3. Der Radfahrer E fährt mit seinem E-Bike mit konstanter Geschwindigkeit von 22 km/h vom Ort A in den 72 km entfernte Ort B. Zur gleichen Zeit fährt der Radfahrer T mit seinem Tourenrad mit konstanter Geschwindigkeit von 14 km/h vom Ort B zum Ort A. **7**

   a) Fertigen Sie eine Skizze des Sachverhaltes an.

   b) Zeigen Sie, dass sich beide Radfahrer nach zwei Stunden begegnen.

   c) Wie viele Kilometer ist Radfahrer T zu diesem Zeitpunkt noch vom Ort A entfernt?

   d) Ermitteln Sie die Fahrtzeit beider Radfahrer, bis sie ihr Ziel erreichen.

**20 BE**

# 5 Dreieckslehre

## Erarbeitung der Lerninhalte

Sie machen mit einigen Freunden in den Ferien einen Ausflug zu einem großen See. Dort wollen Sie mit einem Passagierschiff eine Rundfahrt machen. Auf dem Weg zum Fahrkartenkauf kommen Sie an einer Informationstafel vorbei, auf der verschiedene Daten des Sees aufgelistet sind. Als Ihr Freund liest, dass dieser See eine Breite von 9,2 km und eine Länge von 23,7 km hat, stellt er folgende Frage: »Die Erde ist doch ein Geoid, also ähnlich einer Kugel, wie weit kann man wohl vom Strand aus sehen, wenn man auf den See hinaus blickt?« Sie schauen über den See und antworten: »Man sieht zwar am Horizont ein Bergpanorama, aber das kann nicht das Ufer des Sees sein, denn soviel ich weiß, liegen die Berge viel weiter weg von diesem See als die an der Infotafel angegebenen 23,7 Kilometer. Also kann man anscheinend das gegenüberliegende Ufer nicht sehen. Das heißt also, dass man wegen der Erdkrümmung keine 23,7 Kilometer weit sehen kann«. Darauf antwortet Ihr Freund: »Du besuchst doch die Vorklasse der Fachoberschule, da müsstest Du doch eigentlich berechnen können, wie weit man aufgrund der Erdkrümmung sehen kann, bis sich das Wasser und die Luftatmosphäre schneiden?«

Wie ist es möglich, die Entfernung vom Ufer bis zur Schnittlinie von Wasser und Atmosphäre zu berechnen, wenn der Beobachter am Ufer steht und seine Augenhöhe 1,7 Meter beträgt?

## 5.1 Wichtige Begriffe im Dreieck

**Arbeitsauftrag:** Informieren Sie sich anhand der Übersicht über wichtige Begrifflichkeiten im Zusammenhang mit verschiedenen Dreiecksformen. Bearbeiten Sie danach die anschließenden Aufgaben.

### Bezeichnungen beim Dreieck

Verbindet man drei nicht auf einer Geraden liegenden Punkte A, B und C miteinander, so bilden die Verbindungsstrecken das Dreieck ABC, kurz $\Delta$ ABC.

Die Punkte A, B und C heißen Eckpunkte des Dreiecks, sie werden gegen den Uhrzeigersinn angeordnet. Die Verbindungsstrecken der Eckpunkte des Dreiecks heißen Seiten des Dreiecks, sie werden entsprechend den gegenüberliegenden Eckpunkten mit den Kleinbuchstaben $a$, $b$ und $c$ beschriftet.

Die von je zwei Seiten gebildeten Winkel $\alpha$, $\beta$ und $\gamma$ heißen Innenwinkel des Dreiecks.

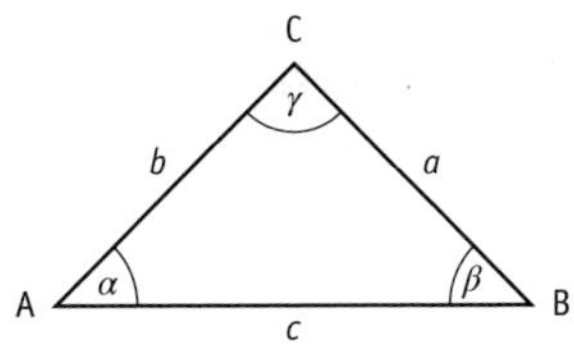


### Winkelsumme im Dreieck

| Die Winkelsumme im Dreieck beträgt 180°. | $\alpha + \beta + \gamma = 180°$ |
|---|---|

### Gleichschenkliges Dreieck

Dreiecke mit zwei gleich langen Seiten heißen gleichschenklige Dreiecke. Die beiden gleich langen Seiten heißen Schenkel, die dritte Seite wird mit Basis bezeichnet. Der der Basis gegenüberliegende Eckpunkt heißt Spitze des Dreiecks. Die der Basis anliegenden Winkel werden Basiswinkel genannt.

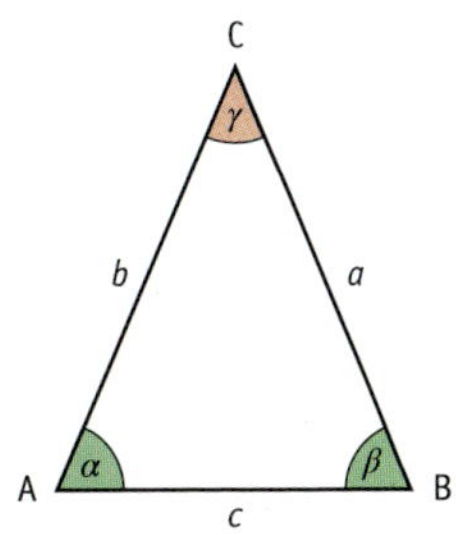


**Merke** In einem gleichschenkligen Dreieck sind die Basiswinkel gleich groß.

### Gleichseitiges Dreieck

Dreiecke mit drei gleich langen Seiten heißen gleichseitige Dreiecke. Ein gleichseitiges Dreieck hat außer den drei gleich langen Seiten auch drei gleiche Winkel von je 60°.

$a = b = c$ und $\alpha = \beta = \gamma = 60°$

**Merke** Ein gleichseitiges Dreieck hat drei gleich lange Seiten und drei gleich große Winkel von je 60°.

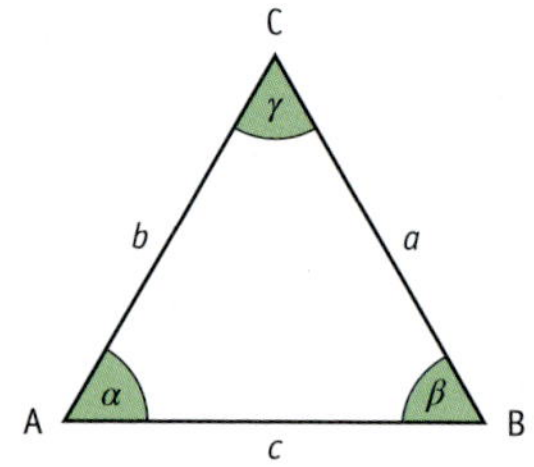


### Rechtwinkliges Dreieck

Dreiecke heißen rechtwinklig, wenn sie einen rechten Winkel enthalten. Die Schenkel, die den 90°-Winkel bilden, heißen Katheten, die Seite, die dem rechten Winkel gegenüberliegt, heißt Hypotenuse.

**Merke** Die Summe der Winkel, die der Hypotenuse anliegen, beträgt 90°.

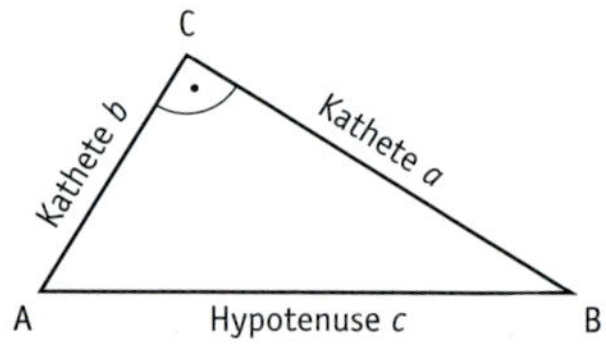


**Aufgaben**

1. Eine Pyramide ist ein geometrischer Körper. Informieren Sie sich über deren Bauform und geben Sie an, an welcher Pyramide
   a) gleichseitige Dreiecke vorkommen,
   b) gleichschenklige Dreiecke vorkommen?
2. Verbinden Sie in einem regelmäßigen Sechseck die Eckpunkte mit dem Mittelpunkt des Sechsecks und Sie erhalten sechs Dreiecke. Um welche Dreiecke handelt es sich und welche Winkel treten in den Dreiecken auf?

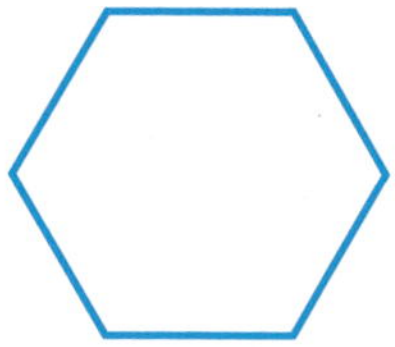

## 5.2 Strategien zum Berechnen von Winkeln und Seitenlängen eines Dreiecks

**Arbeitsauftrag:** Im Folgenden werden Winkel und Seitenlängen von Dreiecken mithilfe unterschiedlicher Strategien berechnet. Beschreiben Sie die Vorgehensweise der einzelnen Lösungsstrategien und geben Sie an, unter welchen Voraussetzungen Sie die entsprechende Lösungsstrategie anwenden werden.

### 5.2.1 Bezeichnungen

#### Winkel

Winkel entstehen beim Kreuzen zweier Halbgeraden. Die Messung der Winkel erfolgt im mathematisch positiven Sinn, d.h. gegen den Uhrzeigersinn.

Die Angabe der Winkel kann mit griechischen Buchstaben $\alpha$, $\beta$, $\gamma$, ... oder durch drei Punkte angegeben werden, wobei der der Scheitelpunkt in der Mitte steht.

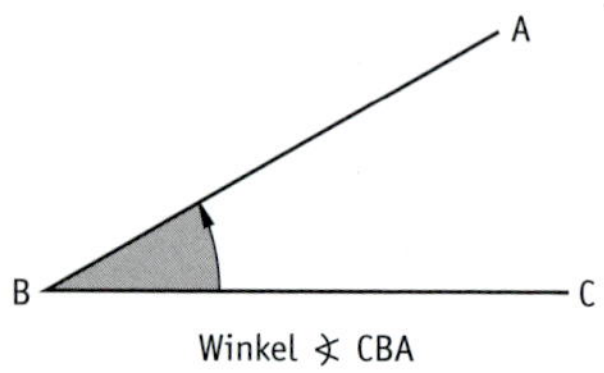


Winkel ∢ CBA

**Winkelmaße**

Die Angabe von Winkel erfolgt im Gradmaß oder im Bogenmaß.

**Gradmaß** (engl. degree, DEG).: Einteilung des Vollkreises in 360 gleiche Teile ⇒ rechter Winkel mit 90°. Unterteilung des Grades in 60 Winkelminuten, die Winkelminute in 60 Winkelsekunden:

$$1° = 60' = 3600'' \text{ bzw. } 1' = \left(\frac{1}{60}\right)^{\circ},\ 1'' = \left(\frac{1}{3600}\right)^{\circ}$$

**Bogenmaß** (radiant, RAD): Einteilung des Vollkreises in $2\pi$ gleiche Teile ⇒ rechter Winkel mit $\frac{\pi}{2}$ (ohne Einheit).

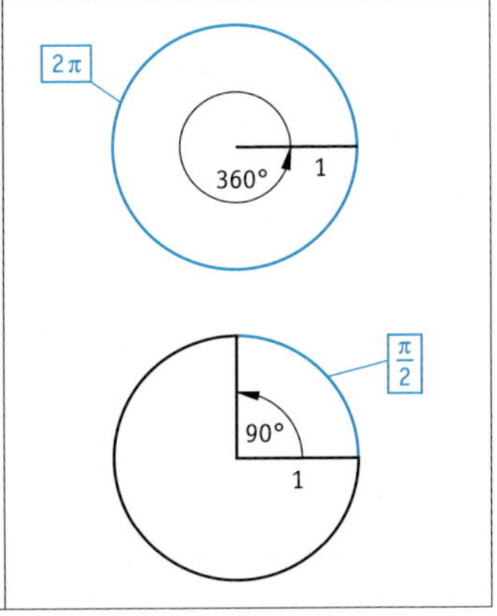


## 5.2.2 Winkelsumme im Dreieck

Sie wissen, dass die Winkelsumme im Dreieck 180° beträgt.

**Beispiel**

Versuchen Sie, aus der Winkelsumme in einem Quadrat auf die Winkelsumme im gleichseitigen Dreieck zu schließen.

**Lösungsweg**

Das Quadrat *ABCD* **(Bild 1)** mit den Seitenlängen *a* hat 4 rechte Winkel und somit die Winkelsumme 4 · 90° = 360°.

Zeichnet man eine Diagonale $\overline{BD}$ ein, so erhält man zwei deckungsgleiche gleichschenklige Dreiecke, deren Winkelsumme $\frac{360°}{2} = 180°$ beträgt.

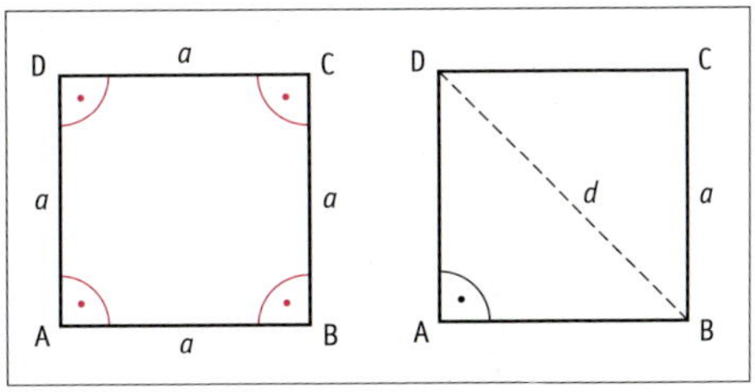


**Bild 1:** Quadrat ABCD

## 5.2.2 Ähnliche Dreiecke

Eine Wegstrecke mit dem Anstiegswinkel $\alpha$ steigt vom Punkt *S*

um $s_1$ = 50 m zum Punkt $S_1$ um den Höhenunterschied $h_1$ = 5 m;

um $s_2$ = 100 m zum Punkt $S_2$ um den Höhenunterschied $h_2$ = 10 m;

um $s_3$ = 150 m zum Punkt $S_3$ um den Höhenunterschied $h_3$ = 15 m **(Bild 2)**.

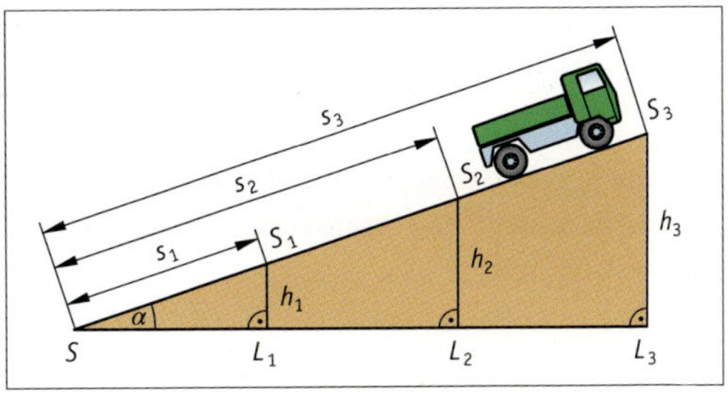


**Bild 2:** Wegstrecke und ähnliche rechtwinklige Dreiecke

Zwei Dreiecke sind zueinander ähnlich, wenn die entsprechenden Seiten gleiche Streckenverhältnisse bilden und die einander entsprechenden Winkel gleich groß sind. Zwei Dreiecke sind zueinander ähnlich, wenn sie in zwei Winkeln übereinstimmen.

**Beispiel**

Die rechtwinkligen Dreiecke $SL_1S_1$; $SL_2S_2$ und $SL_3S_3$ sind ähnlich, da sie alle den Winkel $\alpha$ gemeinsam haben **(Bild 2 auf der vorherigen Seite)**.

Was kann aus der Ähnlichkeit abgeleitet werden?

**Lösung**

Aus der Ähnlichkeit der Dreiecke folgt: $\frac{h_1}{s_1} = \frac{h_2}{s_2} = \frac{h_3}{s_3} = \frac{1}{10}$

**Bei ähnlichen Dreiecken gilt:**

Sind zwei Dreiecke ähnlich, so ist der Quotient der Längen zweier Seiten in dem einen Dreieck gleich dem Quotienten der Längen der entsprechenden Seiten in dem anderen Dreieck.

**Aufgaben**

1. Sie sollen eine Gerade mit der Steigung $m = \frac{2}{3}$ mithilfe des Steigungsdreiecks in ein rechtwinkliges Koordinatensystem zeichnen. Welche Möglichkeiten bieten sich für das zu erstellenden Steigungsdreieck an?
2. Der Graph der Geraden $g$ in einem rechtwinkligen Koordinatensystem **(Bild 1)** hat die Steigung $m$.
   a) Entnehmen Sie aus dem Graphen die Steigung $m$.
   b) Geben Sie die Funktionsgleichung der Geraden $g$ an.

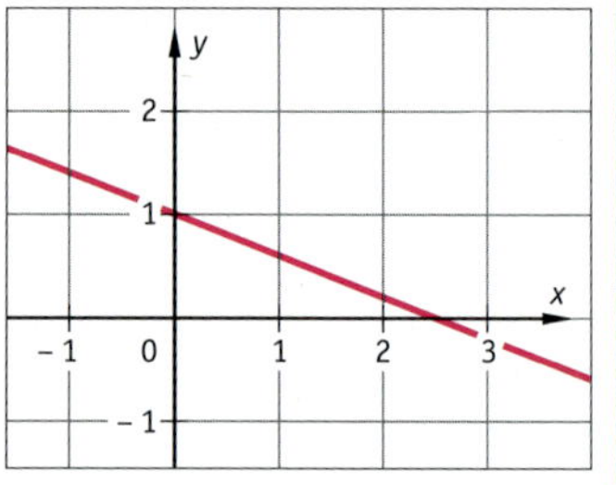


**Bild 1:** Gerade *g*

3. Eine parallele Gerade zu $g$ schneidet die $y$-Achse bei $y = 2$. Geben Sie die Funktionsgleichung der parallelen Geraden an.
4. Wie kann die Steigung $m = 2$ dargestellt werden?

### 5.2.3 Berechnungen an rechtwinkligen Dreiecken

Dreiecke heißen rechtwinklig, wenn sie einen rechten Winkel enthalten. Die Schenkel, die den 90°-Winkel bilden, heißen Katheten, die dem rechten Winkel gegenüberliegende Seite heißt Hypotenuse **(Bild 2)**. Für spitze Winkel $\alpha$ können die Winkelfunktionswerte Sinus = $\sin\alpha$, Kosinus = $\cos\alpha$, Tangens = $\tan\alpha$ und Kotangens = $\cot\alpha$ auch als Beziehungen zwischen Seitenlängen im rechtwinkligen Dreieck ausgedrückt werden.

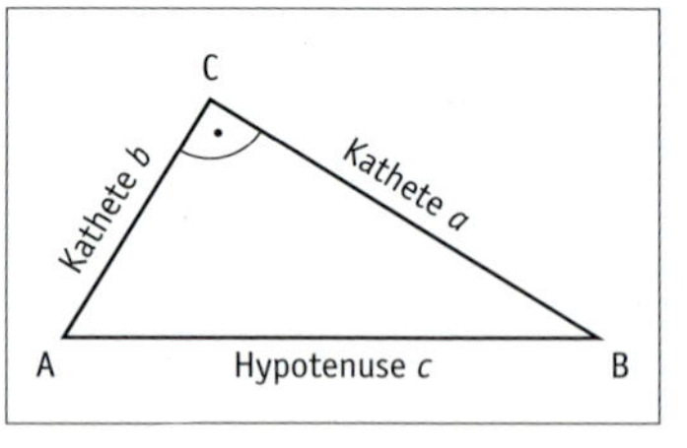


**Bild 2:** Rechtwinkliges Dreieck

**Definition von Seitenverhältnissen im rechtwinkligen Dreieck (Bild 3)**

$$\sin\alpha = \frac{\text{Gegenkathete von } \alpha}{\text{Hypotenuse}} = \frac{a}{c}$$

$$\cos\alpha = \frac{\text{Ankathete von } \alpha}{\text{Hypotenuse}} = \frac{b}{c}$$

$$\tan\alpha = \frac{\text{Gegenkathete von } \alpha}{\text{Ankathete}} = \frac{a}{b}$$

$$\cot\alpha = \frac{\text{Ankathete von } \alpha}{\text{Gegenkathete}} = \frac{b}{a}$$

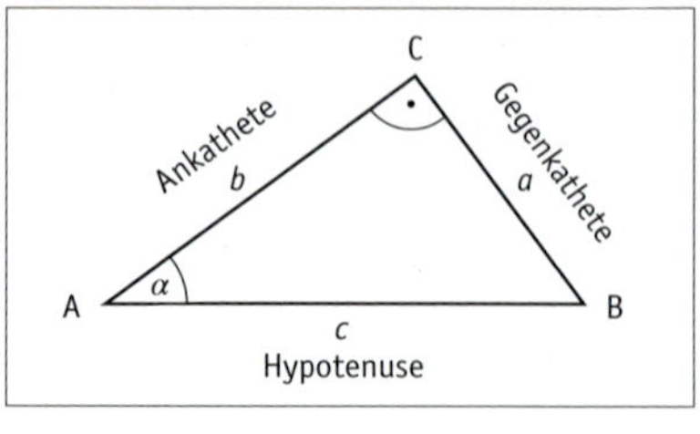


**Bild 3:** Bezeichnungen im rechtwinkligen Dreieck zum Winkel $\alpha$

## Seitenverhältnisse im rechtwinkligen Dreieck und Winkelfunktionswerte

Im rechtwinkligen Dreieck gehört zu jedem Winkel $\alpha$ genau ein Quotient aus der dem Winkel $\alpha$ gegenüberliegenden Kathete und der Hypotenuse oder der dem Winkel $\alpha$ anliegenden Kathete und der Hypotenuse oder aus den Katheten. Aus dem Kapitel zu Funktionen ist bekannt, dass man derartige eindeutige Zuordnungen als Funktionen bezeichnet. Weil in diesem Fall das Argument ein Winkel ist, spricht man von einer Winkelfunktion.

**Beispiel**

Berechnen Sie zum Winkel $\alpha$ **(Bild 3 vorherige Seite)** den Sinus, den Kosinus, den Tangens und den Kotangens, wenn $a$ = 3 Meter, $b$ = 4 Meter und $c$ = 5 Meter sind.

**Lösung**

$$\sin\alpha = \frac{\text{Gegenkathete}}{\text{Hypotenuse}} = \frac{a}{c} = \frac{3\,\text{m}}{5\,\text{m}} = \mathbf{0{,}60} \qquad \cos\alpha = \frac{\text{Ankathete}}{\text{Hypotenuse}} = \frac{b}{c} = \frac{4\,\text{m}}{5\,\text{m}} = \mathbf{0{,}80}$$

$$\tan\alpha = \frac{\text{Gegenkathete}}{\text{Ankathete}} = \frac{a}{b} = \frac{3\,\text{m}}{4\,\text{m}} = \mathbf{0{,}75} \qquad \cot\alpha = \frac{\text{Ankathete}}{\text{Gegenkathete}} = \frac{b}{a} = \frac{4\,\text{m}}{3\,\text{m}} = \mathbf{1{,}33}$$

### Einheitskreis

Der Einheitskreis hat den Radius $r = 1$ Längeneinheit **(Bild 1)**. Betrachtet man den I. Quadranten des Einheitskreises, in dem der Schenkel $\overline{MP} = r$ einen Winkel $\alpha$ überstreicht, lässt sich der Zusammenhang zwischen dem Winkel $\alpha$ in Grad und $\widehat{b}$ im Bogenmaß ableiten und es gilt: $\frac{\alpha}{360°} = \frac{\widehat{b}}{2 \cdot \pi}$.

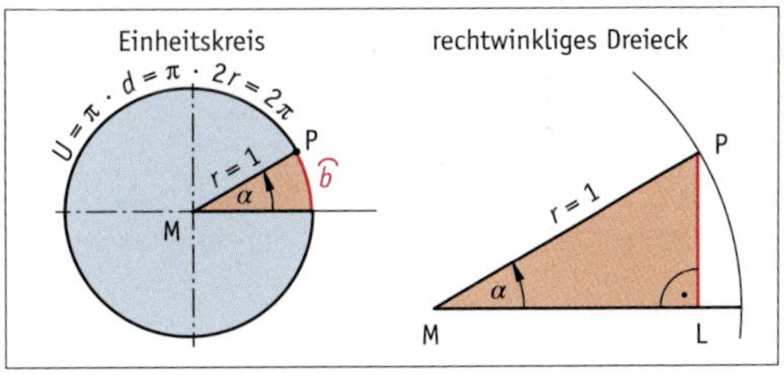


**Bild 1:** Einheitskreis und Dreieck im Einheitskreis

Gleichfalls kann ein rechtwinkliges Dreieck *MLP* gebildet werden **(Bild 1 und Bild 2)**, in dem gilt:

$$\sin\alpha = \frac{\text{Gegenkathete}}{\text{Hypotenuse}} = \frac{\text{Gegenkathete}}{1} = \text{Gegenkathete}$$

$$\cos\alpha = \frac{\text{Ankathete}}{\text{Hypotenuse}} = \frac{\text{Ankathete}}{1} = \text{Ankathete}$$

$$\tan\alpha = \frac{\text{Gegenkathete}}{\text{Ankathete}} = \frac{\sin\alpha}{\cos\alpha}$$

Somit kann im Einheitskreis einem bestimmten Winkel sein Sinus und Kosinus zugewiesen werden.

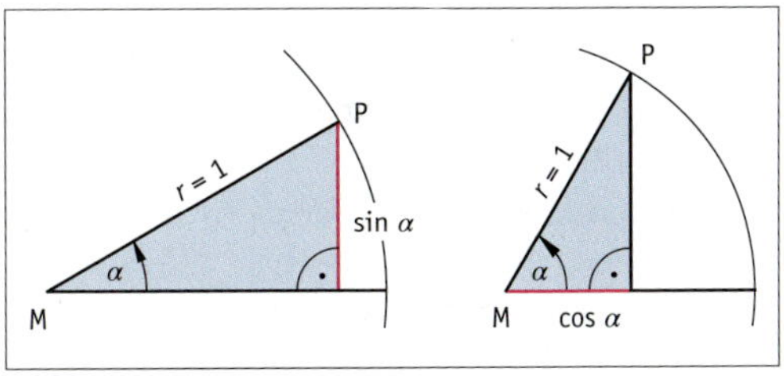


**Bild 2:** Zuordnung im Einheitskreis

**Beispiel**

Berechnen Sie für den Winkel $\alpha = 30°$ im Einheitskreis **(Bild 1)** den $\sin\alpha$ und deuten Sie den Winkelfunktionswert.

**Lösung**

Rechner in Modus DEG

Eingabe: Taste [sin] drücken, dann Tasten [3]und [0], dann Taste [=] drücken ⇒ sin 30° = **0,5**

Dieses Ergebnis sagt aus, dass die Gegenkathete 0,5-mal so lang ist wie der Radius im Einheitskreis. Das bedeutet z. B.: Wenn der Radius eine Länge von 1 m hat, hat die Gegenkathete eine Höhe von 50 cm (Theorie der ähnlichen Dreiecke).

**Zuordnungen im Einheitskreis**

Der Einheitskreis hat den Radius $r = 1$.

Für den Umfang des Einheitskreises gilt: $U = \pi \cdot d = \pi \cdot 2 \cdot r = \pi \cdot 2 \cdot 1 = 2 \cdot \pi$

$\sin\alpha$ = Gegenkathete

$\cos\alpha$ = Ankathete

### Winkelberechnung im rechtwinkligen Dreieck

So wie dem Winkelfunktionswert im Einheitskreis die Höhe der Gegenkathete und die Länge der Ankathete zugeordnet werden kann, kann man umgekehrt der Höhe der Gegenkathete bzw. der Länge der Ankathete den Winkel $\alpha$ zuordnen. Dabei muss bei der Berechnung mit dem Taschenrechner vor dem Drücken der Funktionstaste die Taste [SHIFT] oder [INV] gedrückt werden, um arcsin ( $\sin^{-1}$-Taste) oder arccos ($\cos^{-1}$-Taste) zu erhalten.

**Funktion – Umkehrfunktion**

Die Funktionen Arkussinus (arcsin), Arkuskosinus (arccos) und Arkustangens (arctan) sind die Umkehrfunktionen der trigonometrischen Funktionen Sinus, Kosinus und Tangens, das heißt sie ordnen einem Seitenverhältnis in einem rechtwinkligem Dreieck einen Winkel zu.

Soll z. B. in der Gleichung $\sin \alpha = \frac{a}{c}$ der Winkel $\alpha$ berechnet werden, so muss auf beiden Seiten der Gleichung der arcsin angewendet werden. Es gilt:

$$\sin\alpha = \frac{a}{c} \qquad | \arcsin$$

$$\arcsin(\sin\alpha) = \arcsin\left(\frac{a}{c}\right)$$

$$\alpha = \arcsin\left(\frac{a}{c}\right)$$

Die gleiche Vorgehensweise gilt für den Kosinus und für den Tangens.

**Beispielaufgabe 1**

Die Ankathete im Einheitskreis besitzt die Länge 0,5. Berechnen Sie den entsprechenden Winkel und deuten Sie das Ergebnis.

**Lösung**

Es gilt, die Gleichung $\cos\alpha = 0{,}5$ zu lösen. $\Rightarrow \alpha = \arccos(0{,}5) = \cos^{-1}(0{,}5)$

Rechner in Modus DEG

Die Taste [SHIFT] bzw. [INV] drücken, dann die Zahl 0,5 eingeben und dann die Taste [=] betätigen. Am Display erscheint dann die Zahl 60 $\Rightarrow$ $\cos^{-1}(0{,}5) = \mathbf{60°}$

Dieses Ergebnis bedeutet, dass einer Länge der Ankathete von 0,5 LE im Einheitskreis ein Winkel $\alpha = 60°$ zuzuordnen ist.

**Beispielaufgabe 2**

Bei der Mitfahrt in einem Auto auf einer Landstraße sehen Sie folgenden Warnhinweis.

Sie stellen an die Mitfahrer im Auto folgende Frage: Wenn hier eine Steigung von 14 % kommt, welchem Winkel gegenüber der Horizontalen entspricht diese Steigung?

**Lösung**

Die Steigung 14 % entspricht $\frac{14}{100}$, das bedeutet, dass in einem rechtwinkligem Dreieck auf einer Strecke von 100 Meter der Straßenverlauf um 14 Meter ansteigt. Es handelt sich hier um die Seitenverhältnisse von Gegenkathete zu Ankathete. Dieses Seitenverhältnis entspricht dem Tangens des Winkels. Es ergibt sich somit folgende Gleichung:

$$\tan(\alpha) = \frac{14}{100} = 0{,}14 \qquad | \text{ Umkehrfunktion } \tan^{-1}$$

$$\tan^{-1}(0{,}14) = (\alpha) = 7{,}97°$$

Die Steigung 14 % entspricht einem Steigungswinkel von ca. 8°

## Aufgaben

1. Ermitteln Sie mit dem Taschenrechner auf vier Nachkommastellen gerundet:
   a) sin 65°  b) cos 62,5°  c) tan 35°
2. Ermitteln Sie mit dem Taschenrechner den Winkel $\alpha$ auf zwei Nachkommastellen gerundet:
   a) $\sin\alpha = 0{,}9205$  b) $\cos\alpha = 0{,}3256$  c) $\tan\alpha = 1$
3. Von einem rechtwinkligen Dreieck *ABC* sind folgende Maße gegeben: $c = 54{,}0\,\text{m}$; $\alpha = 36{,}0°$; $\gamma = 90°$. Berechnen Sie *a*, *b* und den Winkel $\beta$.
4. Ein Verkehrsschild an einer geradlinig verlaufenden Straße zeigt eine Steigung von 7 % an. Wie groß ist der Steigungswinkel der Straße gegenüber der Horizontalen?
5. Eine Leiter mit 4 Meter Länge lehnt an einer Hauswand. Der Abstand des Fußendes der Leiter von der Wand beträgt 1,9 Meter. Aus Sicherheitsgründen muss der Winkel zwischen Leiter und (horizontalem) Erdboden 70° betragen. Fertigen Sie eine Skizze an und überprüfen Sie rechnerisch, ob die Bedingung erfüllt ist.

### Bogenmaß

Winkelgrößen werden in der Geometrie in Grad angegeben, z. B. 90° für den rechten Winkel. In der Technik, z. B. in der Elektrotechnik, hat es sich aber als zweckmäßig erwiesen, als Angabe von Winkelgrößen das Bogenmaß einzuführen.

Man geht wieder vom Einheitskreis aus, der den Umfang $U = 2 \cdot \pi$ hat. Der Umfang $U = 2 \cdot \pi$ entspricht einem Winkel von 360° (Vollwinkel).

Für Winkel kleiner 360° legt man den zugehörigen Kreisbogen auf dem Einheitskreis zugrunde, so entsprechen z. B. 90° einem Kreisbogen von $\frac{\pi}{2}$ **(Bild 1)**.

Es gibt also auf dem Einheitskreis zu jedem Winkel einen entsprechenden Bogen.

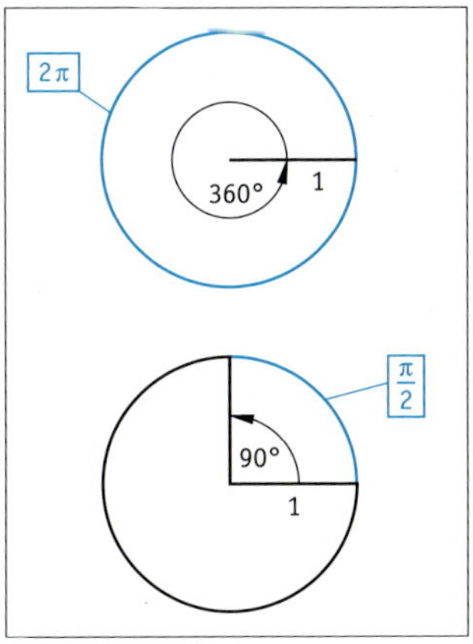

**Bild 1:** Umfang und Winkel

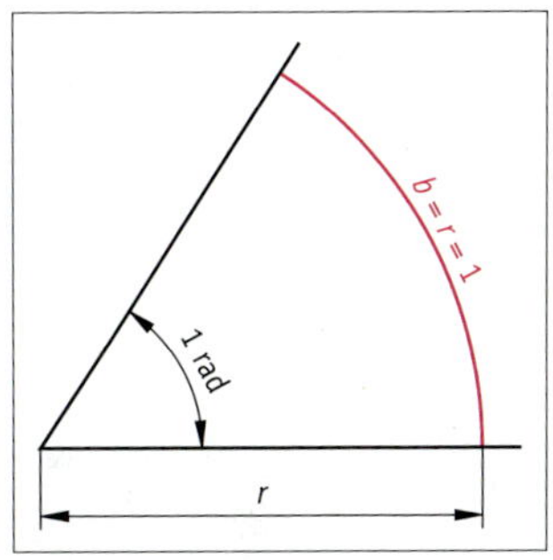

**Bild 2:** Radiant

Unter dem Bogenmaß *x* des Winkels $\alpha$ versteht man den Quotienten $\frac{b}{r}$ und somit gilt: $x = \frac{b}{r} = \frac{2 \cdot \pi \cdot \alpha}{360°} = \frac{\pi \cdot \alpha}{180°}$.

Die Einheit des Bogenmaßes ist 1, diese Einheit wird 1 Radiant (1 rad) genannt und wird sehr häufig weggelassen. Ein Winkel hat also dann die Größe 1 bzw. 1 rad, wenn der Bogen gleich dem Radius ist **(Bild 2)**. Ist das Bogenmaß gegeben, so kann durch Umstellung obiger Gleichung der Winkel $\alpha$ berechnet werden: $\alpha = \frac{180° \cdot x}{\pi}$.

**Beispielaufgabe**

Zu berechnen sind

a) das Bogenmaß *x*, wenn der Winkel $\alpha = 60°$ ist und

b) der Winkel $\alpha$, wenn das Bogenmaß $x = 4{,}71$ beträgt.

**Lösung**

a) In die Gleichung für das Bogenmaß *x* ist für $\alpha$ der Zahlenwert 60 einzusetzen:

$$x = \frac{\pi \cdot \alpha}{180°} = \frac{\pi \cdot 60°}{180°} = \frac{\pi}{3} \approx 1{,}05 \text{ bzw. } 1{,}05 \text{ rad}$$

b) In die Gleichung für den Winkel $\alpha$ ist für *x* der Zahlenwert 4,71 einzusetzen:

$$\alpha = \frac{180° \cdot x}{\pi} = \frac{180° \cdot 4{,}71}{\pi} = 269{,}86°$$

**Bogenmaß $x$**

Das Bogenmaß $x$ gibt die Bogenlänge auf dem Einheitskreis an, die vom Winkel $\alpha$ gebildet wird. Für die Umrechnung vom Gradmaß in das Bogenmaß gilt folgende Gleichung:

$$\frac{\alpha}{360°} = \frac{x}{2 \cdot \pi}$$

Dabei bedeutet $x$ die Winkelgröße im Bogenmaß und $\alpha$ die Winkelgröße im Gradmaß.

In der folgenden Tabelle sind exemplarisch einige Winkel sowohl im Gradmaß als auch im Bogenmaß als Vielfache von $\pi$ und als Dezimalzahlen angegeben.

| **Gradmaß** | 30° | 45° | 60° | 90° | 180° | 270° | 360° |
|---|---|---|---|---|---|---|---|
| **Bogenmaß** | $\frac{\pi}{6} \approx 0{,}52$ | $\frac{\pi}{4} \approx 0{,}785$ | $\frac{\pi}{3} \approx 1{,}05$ | $\frac{\pi}{2} \approx 1{,}57$ | $\pi \approx 3{,}14$ | $\frac{3\pi}{2} \approx 4{,}71$ | $2\pi \approx 6{,}28$ |

**Aufgaben**

1. Berechnen Sie das Bogenmaß folgender Winkel.

a) $\alpha_1 = 18°$ b) $\alpha_2 = 140°$ c) $\alpha_3 = 320°$

2. Berechnen Sie das Gradmaß folgender Bogenmaße.

a) $x_1 = 0{,}8$ b) $x_2 = 1{,}6$ c) $x_3 = 2{,}4$

3. Welcher Winkel im Gradmaß entspricht 1 rad?

4. Berechnen Sie die Länge des Bogens im Kreis mit $r = 8\,\text{cm}$, der zum Mittelpunktswinkel $\alpha = 60°$ gehört. Fertigen Sie eine Skizze an und berechnen Sie auch den $\sin \alpha$ und den $\cos \alpha$.

### 5.2.4 Satz des Pythagoras

**Bild 1:** Pythagoras von Samos (580 bis 500 v. Chr.), griechischer Gelehrter

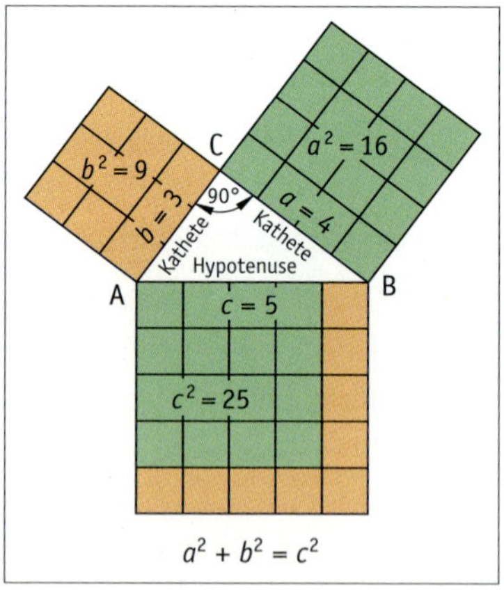


**Bild 2:** Lehrsatz des Pythagoras

**Satz des Pythagoras**

In einem rechtwinkligen Dreieck ist die Summe der Quadrate über den Katheten flächengleich mit dem Quadrat über der Hypotenuse.

Als Katheten werden die beiden kürzeren Seiten im rechtwinkligen Dreieck bezeichnet, als Hypotenuse wird die längste Seite im rechtwinkligen Dreieck bezeichnet, sie liegt gegenüber dem rechten Winkel.

### Beweis des Lehrsatzes von Pythagoras

Zeichne ein Quadrat mit beliebiger Seitenlänge und unterteile die Seiten jeweils in die Abschnitte $a$ und $b$ **(Bild 1).** Dann lässt sich in das große Quadrat ein kleines Quadrat zeichnen, dessen Seite wir mit c bezeichnen.

Nun gilt: Die Fläche des großen Quadrats (Seitenlänge $a + b$) setzt sich zusammen aus der Fläche des kleinen Quadrats (Seitenlänge $c$) plus vier der äußeren Dreiecke (jeweils mit Grundlinie $a$ und Höhe $b$).

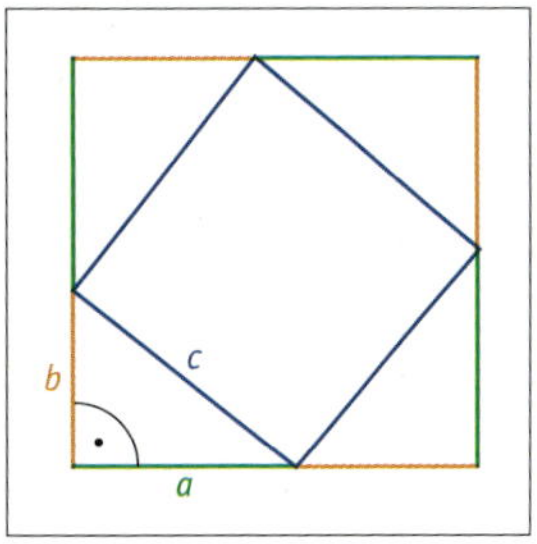


**Bild 1:** Beweisfigur

Formelschreibweise:

$$\underbrace{(a+b)^2}_{\text{gr. Quadrat}} = \underbrace{c^2}_{\text{kl. Quadrat}} + 4 \cdot \underbrace{\frac{1}{2} a \cdot b}_{\text{Dreieck}} \qquad | \text{ Binom auflösen}$$

$$a^2 + 2ab + b^2 = c^2 + 2ab \qquad | -2ab$$

$$\Rightarrow a^2 + b^2 = c^2$$

**Beispielaufgabe 1**

In einem rechtwinkeligen Dreieck sind die Katheten $a = 4$ Meter und $b = 3$ Meter lang. Berechnen Sie die Länge der Hypotenuse $c$.

**Lösung**

Nach dem Lehrsatz des Pythagoras gilt $a^2 + b^2 = c^2$

In der Aufgabe ist die Länge der Seite $c$ gesucht, deshalb muss die Gleichung nach der Größe $c$ aufgelöst werden:

$$a^2 + b^2 = c^2 \qquad | \sqrt{\phantom{x}}$$

$$c = \sqrt{a^2 + b^2} = \sqrt{4^2 + 3^2} = \sqrt{16 + 9} = \sqrt{25} = 5$$

Die Seite $c$ hat die Länge 5 Meter **(siehe Bild 2 vorherige Seite).**

**Beispielaufgabe 2**

Ein Zelt hat die Form einer geraden Pyramide mit quadratischer Grundfläche mit $a = 3$ Meter Seitenlänge und einer Höhe von $h = 2$ Meter.

Fertigen Sie eine Skizze vom Zelt an und berechnen Sie die Länge der Seitenkanten.

**Lösung**

Die Seitenkante $s$ bildet mit der Höhe und der halben Diagonale der Grundfläche ein rechtwinkliges Dreieck.

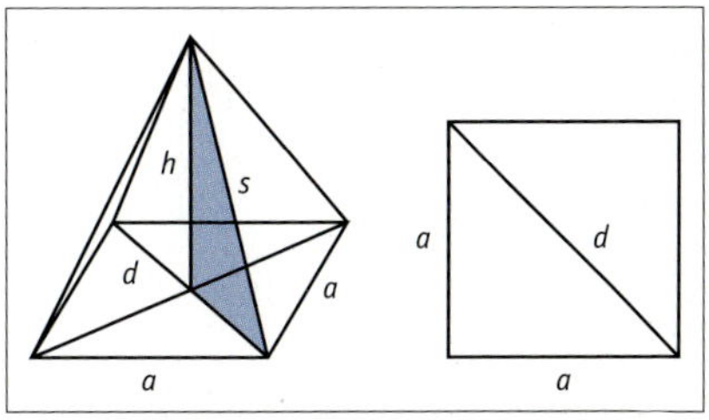


**Bild 2:** Pyramide mit quadratischer Grundfläche

Satz des Pythagoras **(Bild 2)**: $h^2 + \left(\frac{d}{2}\right)^2 = s^2$

$$2^2 + \frac{d^2}{4} = s^2$$

$s$ ist gesucht, $d$ ist noch unbekannt. Man muss sich $d$ aus einer Teilfigur beschaffen. Es bietet sich die Grundfläche an, da $a$ bekannt ist.

Satz des Pythagoras: $d^2 = a^2 + a^2$

$$d^2 = 2a^2$$

$$d^2 = 2 \cdot 3^2 = 18 \qquad | \sqrt{\phantom{x}}$$

$$d = \sqrt{18}$$

Setzt man $d$ in die obige Gleichung ein, so erhält man:

$$2^2 + \frac{18}{4} = s^2 \qquad | \sqrt{\phantom{x}}$$

$$s \approx \mathbf{2{,}9}$$

Die Seitenkante ist ca. 2,9 Meter lang.

## Aufgaben

1. Sie machen ein Praktikum in einem metallverarbeitenden Betrieb. Dort sind für einen Zahntrieb auf einem Bohrwerk die Lagerbohrungen herzustellen. Sie bekommen die Aufgabe, den Abstand $x$ **(Bild 1)** für den Zahnradtrieb zu berechnen.

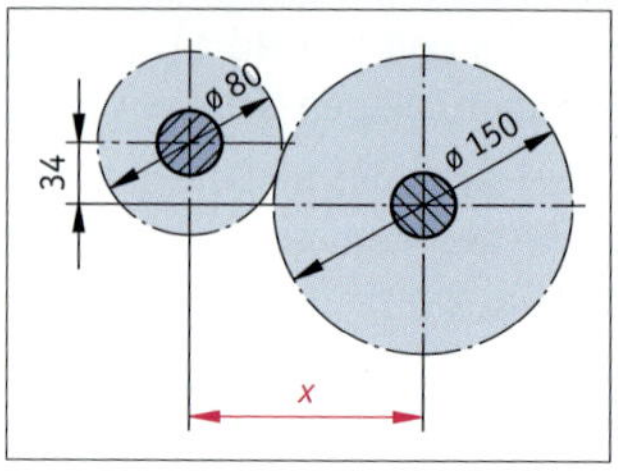


**Bild 1:** Zahntrieb

2. Berechnen Sie die Höhe und die Fläche eines gleichseitigen Dreiecks mit der Seitenlänge $a$ und geben Sie die Lösung in allgemeiner Form an.
3. Die Länge der Diagonalen eines Fernsehbildschirms mit dem Format 4:3 hat 48 Zoll. Das Format gibt den Quotienten aus Breite und Höhe an.

   Berechnen Sie die Breite und die Höhe des Bildschirms und geben Sie alle Maße in cm an.
4. Die bekannteste und markanteste quadratische Pyramide in Ägypten ist die Cheopspyramide. Bei dieser Pyramide wird die Grundkante mit $a$ und die Seitenlänge mit $s$ gemessen. Berechnen Sie die Höhe und die Mantelfläche der Pyramide in Abhängigkeit von $a$ und $s$.

### Lösung der Aufgabe mit der Sichtweite am See

Damit die Frage beantwortet werden kann, wie weit ein Mensch mit 1,7 Meter Augenhöhe aufgrund der Erdkrümmung sehen kann, bis sich an einem See oder am Meer das Wasser und die Luftatmosphäre schneiden, ist es sinnvoll, eine Skizze anzufertigen und Informationen über den Erdumfang bzw. Erdradius einzuholen.

Bei der Suche im Internet bzw. in einer Physikformelsammlung findet man heraus, dass der mittlere Erdradius $R = 6371\,\text{km}$ beträgt. Als nächstes fertigt man eine Skizze an (nicht maßstabsgetreu) und trägt die Daten ein **(Bild 2)**. Aus dem rechtwinkligen Dreieck ist ersichtlich, dass die Sichtweite $s$ und der Erdradius $R$ die Katheten des Dreiecks sind und die Höhe $h$ des Betrachters plus der Radius $R$ zum Erdmittelpunkt dessen Hypotenuse sind. Die Berechnung der Sichtweite $s$ kann nun mit dem Lehrsatz des Pythagoras erfolgen.

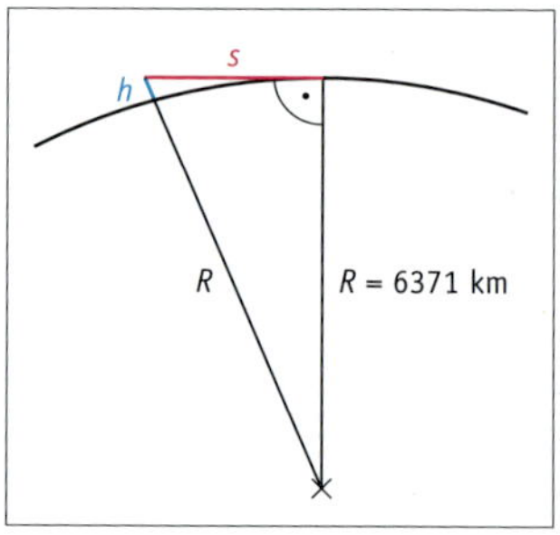


**Bild 2:** Skizze

$s^2 + R^2 = (R + h)^2$ | 1. Binom auflösen

$s^2 + R^2 = R^2 + 2 \cdot R \cdot h + h^2$ | $-R^2$

$s^2 = 2 \cdot R \cdot h + h^2$ | $\sqrt{\phantom{x}}$

$s = \sqrt{2 \cdot R \cdot h + h^2}$ | im Verhältnis zum Erdradius R kann die Größe $h^2$ vernachlässigt werden

$s = \sqrt{2 \cdot R \cdot h}$ | Maßzahl $R = 6\,371.000\,\text{m}$ und $h = 1{,}7\,\text{m}$ einsetzen

$$s = \sqrt{2 \cdot 6371000\,\text{m} \cdot 1{,}7\,\text{m}} = \sqrt{21661400\,\text{m}^2} = 4654{,}18\,\text{m} \approx \mathbf{4{,}65\,km}$$

Wenn die Refraktion (Strahlenbrechung des Lichts) der Erdatmosphäre unberücksichtigt bleibt, kann der Beobachter aufgrund der Erdkrümmung ca. 4,65 km weit auf den See sehen, bis sich Wasser und Atmosphäre berühren.

Anmerkung:

Wendet man die Wurzelgesetze an, kann obige Gleichung folgendermaßen umgeformt werden:

$$s = \sqrt{2 \cdot 6371000\,\text{m} \cdot h} = \sqrt{12742000\,\text{m} \cdot h} = \sqrt{12742000}\,\text{m} \cdot \sqrt{h} = 3569{,}6\,\text{m} \cdot \sqrt{h}$$

$$s = 3569{,}6\,\text{m} \cdot \sqrt{h} \approx 3{,}57 \cdot 10^3\text{m} \cdot \sqrt{h} = 3{,}57\,\text{km} \cdot \sqrt{h}$$

**Aufgaben und Anregungen**

1. Diskutieren Sie im Team die »Faustformel« $s \approx 3{,}57\,\text{km} \cdot \sqrt{h}$ für die Sichtweite auf den See.
2. Berechnen Sie, von welcher Höhe $h$
   a) das Ufer des Sees gesehen werden kann, wenn der Beobachter an der Breite des Sees steht oder
   b) wenn er an der längsten Seite des Sees steht?

**Zusammenfassung**

- Für die Winkelsumme im Dreieck gilt: $\alpha + \beta + \gamma = 180°$.
- Sind in einem Dreieck zwei Winkel gleich groß, so handelt es sich um ein gleichschenkliges Dreieck.
- Ein gleichseitiges Dreieck hat drei gleich lange Seiten und drei gleich große Winkel von je 60°.
- Im rechtwinkligen Dreieck können die Winkelfunktionswerte $\sin\alpha$, $\cos\alpha$, $\tan\alpha$ und $\cot\alpha$ als Verhältnisse zwischen den Seitenlängen ausgedrückt werden.
- Mit dem Lehrsatz des Pythagoras kann in einem rechtwinkligen Dreieck die unbekannte Seite berechnet werden, wenn zwei Seiten gegeben sind.

## 5.3 Üben & Anwenden

1. **Leiter an der Hauswand**

   An einer Hauswand lehnt eine Leiter. Der Winkel am Leiterfuß beträgt 71°.

   a) Fertigen Sie eine Skizze der Leiter an der Hauswand.

   b) Welcher Winkel ist am Leiterende zwischen Leiter und Hauswand?

2. **Thaleskreis**

   Zeichnen Sie mit dem Lineal eine Strecke $\overline{AB} = 10\,\text{cm}$ auf ein Blatt Papier. Stechen Sie mit dem Zirkel in der Mitte der Strecke ein und zeichnen einen Halbkreisbogen von A nach B (Thaleshalbkreis). Nun wählen Sie einen beliebigen Punkt C auf dem Kreisbogen und bilden die Stecken $\overline{AC}$ und $\overline{BC}$.

   a) Um welches Dreieck handelt es sich beim Dreieck ABC?

   b) Wo müsste der Punkt C liegen, damit ein gleichschenkliges Dreieck entsteht?

   c) Ist es möglich, den Punkt C so zu wählen, dass ein gleichseitiges Dreieck entsteht?

3. **Dreiecksgebilde**

   Gleichseitige Dreiecke kommen sehr häufig als Begrenzungsflächen bestimmter Körper oder als Flächen in Schildern vor. Geben Sie aus Ihrem Alltagsbereich je ein Beispiel an.

4. **Verschiedene Dreiecke**

   Erstellen Sie ein rechtwinkliges Koordinatensystem mit der Längeneinheit 1LE = 1 cm. Die Punkte A(0|0), B(10|0) und C(5|5) bilden das Dreieck ABC.

   a) Um welches Dreieck handelt es sich?

   b) Geben Sie die Innenwinkel des Dreiecks ABC an.

   c) Geben Sie die Koordinaten des Punktes C´ so an, dass ein gleichseitiges Dreieck entsteht.

5. **Diagonale im Quadrat**

Zeichnet man im Quadrat ABCD die Diagonale von B nach D, so teilt die Diagonale das Quadrat in zwei gleichschenklige Dreiecke **(Bild 1)**. Zeigen Sie, dass es sich um zwei gleichschenklige Dreiecke handelt und geben Sie im Dreieck ABC die Innenwinkel an.

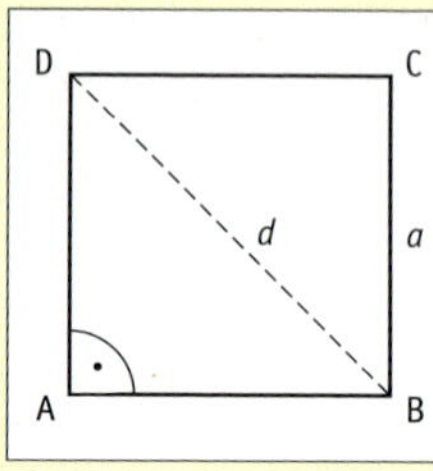


**Bild 1:** Quadrat ABCD

6. **Förderband**

Der Steigungswinkel eines 8,50 Meter langen Förderbandes kann zwischen 15° und 40° eingestellt werden.

a) Welche Höhe kann mindestens und welche Höhe kann höchstens von der Grundeinstellung aus erreicht werden.

b) Welcher Steigungswinkel muss eingestellt werden, um die Höhe von 3,5 Meter von der Grundeinstellung aus zu erreichen.

7. **Winkelberechnung**

Ermitteln Sie mit dem Taschenrechner auf vier Nachkommastellen gerundet:

a) sin 75° b) cos 22,5° c) tan 45°

Ermitteln Sie mit dem Taschenrechner auf zwei Nachkommastellen gerundet den Wert des Winkels alpha.

d) $\sin\alpha = 0{,}8205$ e) $\cos\alpha = 0{,}5256$ f) $\tan\alpha = 4$

g) Ein Verkehrsschild an einer geradlinig verlaufenden Straße zeigt ein Gefälle von 9 % an. Wie groß ist der Neigungswinkel der Straße gegenüber der Horizontalen?

h) Welcher Winkel entspricht 100 % Steigung?

8. **Versteifung**

Ein rechteckiger Rahmen 750 mm x 1200 mm wird diagonal versteift.

a) Fertigen Sie eine Skizze an.

b) Wie lange muss die Versteifungsstrebe sein?

c) Berechnen Sie die Winkel an der Versteifungsstrebe.

9. **Prismenführung (Bild 2)**

Sie absolvieren im Rahmen Ihrer Schulausbildung ein Praktikum in einem Metall verarbeitenden Betrieb. In der Entwicklungsabteilung soll eine Prismenführung gefertigt werden. Sie bekommen von einem Konstrukteur die Aufgabe, bevor das Werkstück gefertigt wird, zur Kontrolle das Maß $x$ zu berechnen.

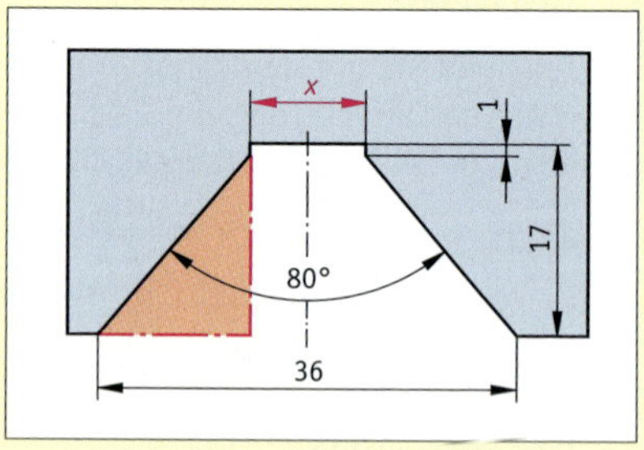


**Bild 2:** Prismenführung

10. **Sinuslineal (Bild 3)**

Mit dem Sinuslineal werden in der Endverarbeitung oder in der Montage Winkel geprüft. Dabei setzt man den Abstand $E$ aus Endmaßen zusammen. Wie groß ist $E$ für den Winkel $\alpha = 24{,}5°$, wenn die Länge des Sinuslineals $L = 100$ mm beträgt?

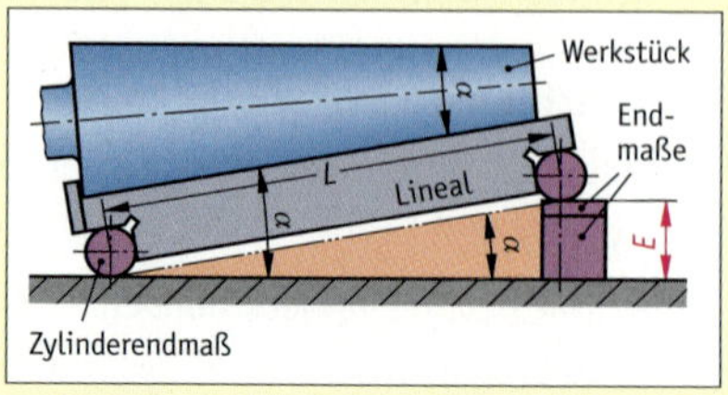


**Bild 3:** Sinuslineal

11. **Tabellenwerte**

Ein Klassenkamerad bittet Sie, bei folgender Aufgabenstellung Hilfe zu leisten. Ergänzen Sie die fehlenden Werte in den Tabellen ($0° \leq \alpha \leq 180°$; $0 \leq x \leq \pi$)

**Tabelle 1**

| **Hypotenuse *c* in mm** | 62 | | 350 | 784 | |
|---|---|---|---|---|---|
| **Kathete *a* in mm** | | 30 | | | 760 |
| **Kathete *b* in mm** | | 40 | | | |
| $\sphericalangle \alpha$ | 55° | | | | 42°40′ |
| $\sphericalangle \beta$ | | | 50° | 17,67° | |

**Tabelle 2**

| **$\alpha$ im Gradmaß** | 73° | | | | |
|---|---|---|---|---|---|
| **$x$ im Bogenmaß** | | 1,5 | | | |
| **$\sin\alpha$** | | | 0,3854 | | |
| **$\cos\alpha$** | | | | −0,6017 | |
| **$\tan\alpha$** | | | | | 2,583 |

12. **Diagonalen im Rechteck**

Ein Rechteck hat die Seiten $a$ = 12,5 cm und $b$ = 7,5 cm.

a) Zeichnen Sie das Rechteck im Maßstab 1 : 1.

b) Berechnen Sie, unter welchem Winkel sich die Diagonalen im Rechteck schneiden.

13. **Anlegeleiter**

Anlegeleitern müssen in einem Winkel zwischen 65° und 75° aufgestellt werden, um einerseits ein Abkippen nach außen und andererseits ein Wegrutschen des Leiterfußes zu vermeiden.

Eine Leiter mit der Länge 5,20 Meter lehnt an einer Hauswand. Ihr Fuß ist 1,90 Meter von der Hauswand entfernt.

a) Fertigen Sie eine Skizze der Gegebenheit.

b) Prüfen Sie, ob die Leiter im vorgeschriebenen Neigungswinkel steht.

c) In welchen Entfernungen von der Hauswand muss sich der Leiterfuß befinden, damit sie korrekt aufgestellt ist?

d) Entwickeln Sie eine »Faustformel« für das Verhältnis von Abstand des Leiterfußes zum beschriebenen Objekt zur Anlegehöhe.

14. **Pythagoras**

Nicht immer werden beim Satz des Pytagoras in der Formel die Varibalen $a$, $b$ und $c$ benutzt. Formulieren Sie den Satz des Pythagoras mit den in den folgenden Figuren vorgegebenen Variablen:

a)

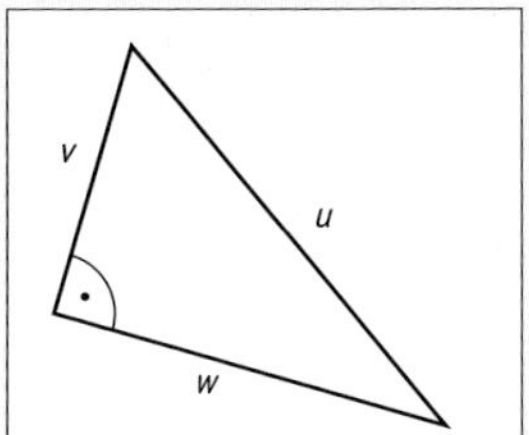


b)

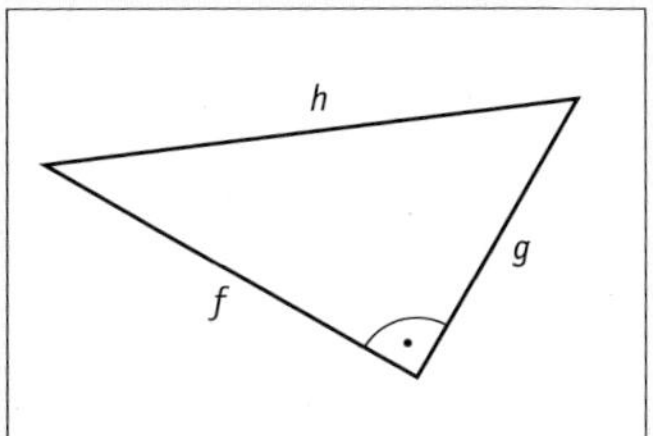


c)

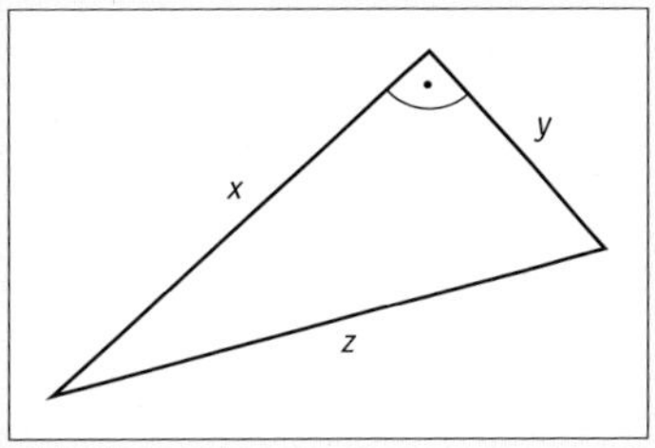

15. **Windbruch**

Bei einem Herbststurm ist ein Baum in vier Meter Höhe abgeknickt. Die Baumspitze liegt achtzehn Meter vom Stamm entfernt auf dem Boden.

Ermitteln Sie die Höhe des Baumes.

16. **Rodelbahn**

In einem Freizeitpark befindet sich eine 62 m lange Rodelbahn, die einen Höhenunterschied von 16 Meter überwindet.

a) Wie weit ist die horizontale Entfernung zwischen Start- und Zielpunkt?

b) Welches Gefälle hat die Bahn?

17. **Gebirgsstraße**

Ein Fahrzeug fährt eine 8,4 km lange Gebirgsstraße mit 6%-iger Steigung hinauf. Welchen Höhenunterschied überwindet dabei das Auto?

18. **Lehre**

Im Rahmen Ihrer Schullaufbahn an der FOS müssen Sie ein Praktikum in einem Metall verarbeitenden Betrieb machen. Sie bekommen vom Praktikumsleiter den Auftrag, eine Lehre zu fertigen **(Bild 1)**. Er händigt Ihnen die Zeichnung aus und sagt zu Ihnen:

»Berechnen Sie bitte das Kontrollmaß $x$ der Lehre«.

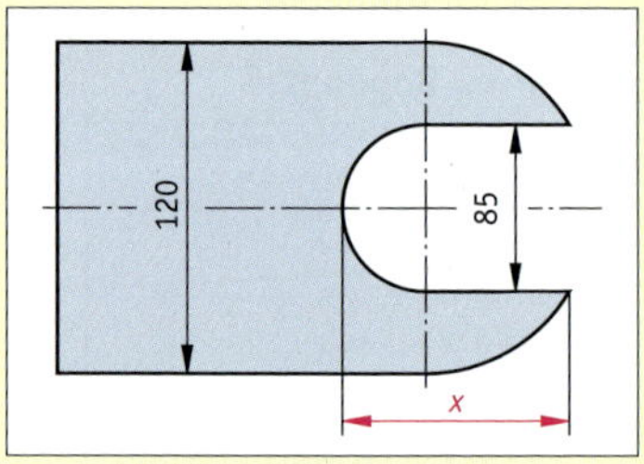


**Bild 1:** Lehre

19. **Lochplatte**

Beim praktischen Unterricht an der FOS/BOS händigt man Ihnen folgende Zeichnung einer zu fertigenden Lochplatte aus **(Bild 2)**.

a) Berechnen Sie das Maß $x$.

b) Um welche Dreiecke handelt es sich, wenn man die Strichpunktlinien betrachtet?

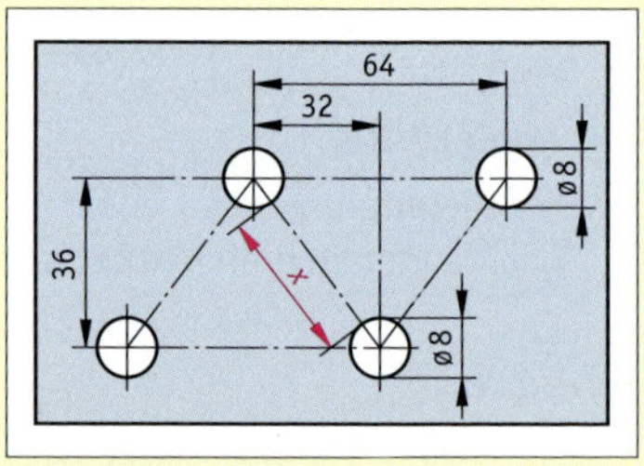


**Bild 2:** Lochplatte

20. **Segmentplatte**

Die Bohrungen der Segmentplatte sollen auf einer CNC-Maschine gefertigt werden. Sie bekommen vom Praktikumsleiter die Aufgabe, für die Programmerstellung die erforderlichen Koordinatenmaße $x$ und $y$ zu berechnen **(Bild 3)**.

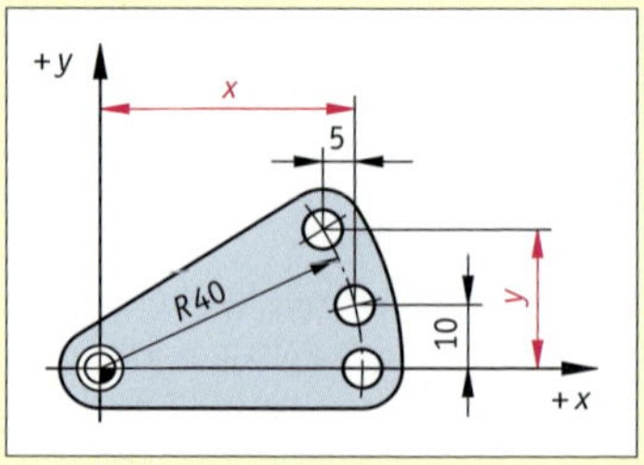


**Bild 3:** Segmentplatte

# Lernbereich 5: Wissen · Können · Testen

**Ich kann ...**

- ... anhand von Informationen über ein Dreieck entscheiden, ob es rechtwinklig, gleichseitig oder gleichschenklig ist.
- ... mithilfe der Innenwinkelsumme im Dreieck die Winkelgrößen im Dreieck berechnen.
- ... bei rechtwinkligen Dreiecken
  - mit dem Satz des Pythagoras oder
  - dem Sinus,
  - dem Kosinus und
  - dem Tangens die Seitenlängen und Winkelgrößen bestimmen.

## Testen Sie Ihr Können

**Zeit: 30 Minuten**

1. Ermitteln Sie die fehlenden Winkel und Seiten eines rechtwinkligen Dreiecks aus: **6**

   a) $\alpha = 73°$ b = 4,9 m

   b) a = 12,74 m b = 58,97 m

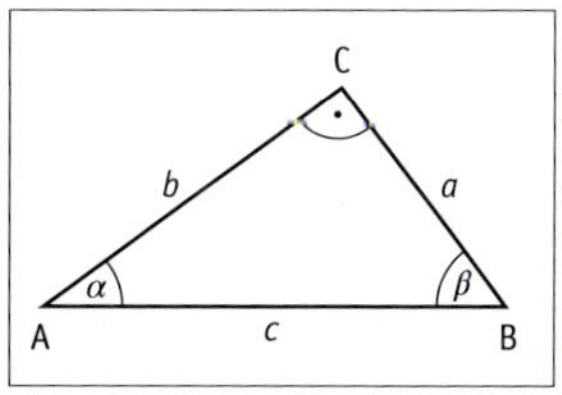


2. An einer Hauswand wurde eine 4 m lange Leiter angestellt. Aus Sicherheitsgründen muss der Anstellwinkel $\alpha$ zwischen 65° und 75° liegen. **3**

   a) Welche Werte kann der Winkel an der Hauswand annehmen?

   b) Bestimmen Sie, wie hoch die Leiter maximal reicht.

3. Eine Zimmertür hat eine Breite von 82 cm und eine Höhe von 1,97 m. Für die Unterlage einer Modelleisenbahn soll eine 2,1 m breite und 3,2 m lange Holzplatte durch die Tür getragen werden. **3**

   Begründen Sie durch Rechnung, ob das möglich ist?

4. In einem Neubaugebiet soll die vorgeschriebene Dachneigung mindestens 35° betragen, aber 45° nicht übersteigen. Der Bauherr hat für das 10,5 m breite Haus mit Satteldach eine Giebeldachhöhe von 5,3 m vorgesehen. **3**

   Begründen Sie rechnerisch, ob die vorgeschriebene Dachneigung eingehalten wird.

5. Ein Passagierflugzeug startet unter einem gleich bleibenden Winkel vom Flughafen. Es überfliegt eine 7 km vom Startpunkt entfernte Zelts in 2056 m Höhe. **5**

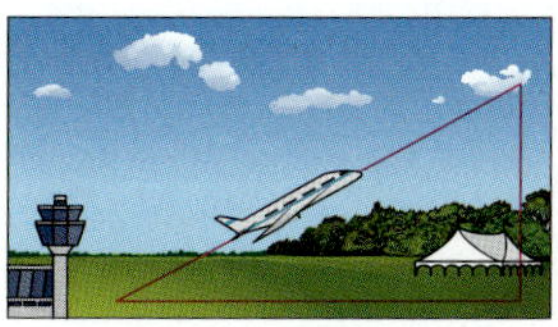

a) Bestimmen Sie den Winkel für den Steigflug.

b) Welche Wegstrecke hat das Flugzeug bis zu dieser Stelle zurückgelegt, an der es das Zelt überfliegt?

c) Nach welcher Flugstrecke ist die Flughöhe von 10 km erreicht?

**20 BE**

# 6 Berechnungen von Längen, Flächeninhalten und Volumina

**Erarbeitung der Lerninhalte**

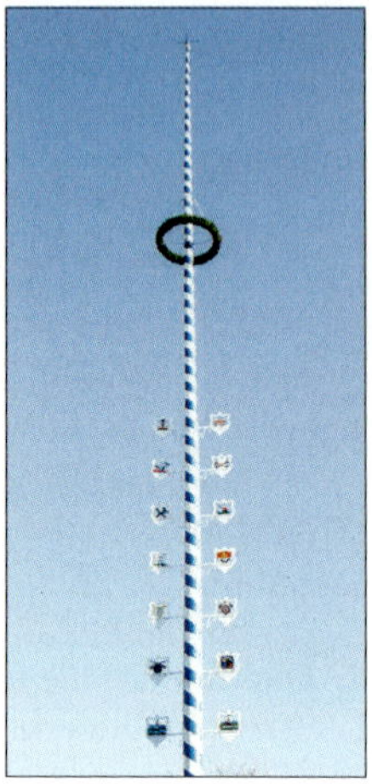

Sie besuchen mit Mitschülerinnen und Mitschülern Ihrer Klasse eine Veranstaltung auf dem Marktplatz einer benachbarten Gemeinde. Dort steht ein prächtiger Maibaum, der von den Vereinen der Gemeinde am 30. April aufgestellt wurde. Es stellt sich bald eine lebhafte Diskussion über die Höhe des Maibaumes ein. Nachdem jeder aus der Gruppe seine Schätzung abgegeben hat und dabei die Schätzungen zwischen 28 Meter und 42 Meter schwanken, stellt sich die Frage, wie die Höhe des Maibaums ermittelt werden kann. Ein Mitschüler aus Ihrer Gruppe berichtet, dass ein Freund, ein Praktikum in der Forstwirtschaft machte und bei diesem Praktikum die Aufgabe hatte, die Höhe verschiedener Bäume zu ermitteln. Bei dieser Baumgrößenbestimmung bediente er sich eines »Försterdreiecks«.

Sie stellen nun an die Gruppe folgende vier Fragen und hoffen auf eine korrekte Antwort:

1. Was ist ein Försterdreieck?
2. Wie funktioniert es?
3. Kann es mit einfachen Mitteln hergestellt werden?
4. Wie hoch ist der Maibaum tatsächlich?

Lösung der Aufgaben Seite 431.

## 6.1 Wichtige Begriffe zu Längen, Flächeninhalten und Volumina

**Arbeitsauftrag:** Informieren Sie sich anhand der Übersicht über wichtige Begrifflichkeiten im Zusammenhang mit Längen, Flächeninhalten und Volumina.

### 1. Strahlensatz

Werden zwei von einem Punkt ausgehende Strahlen von zwei Parallelen geschnitten, so verhalten sich die Abschnitte auf dem einen Strahl wie die entsprechenden Abschnitte auf dem anderen Strahl.

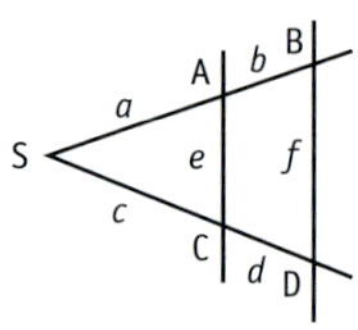


$\frac{\overline{SA}}{\overline{SB}} = \frac{\overline{SC}}{\overline{SD}}$ und $\frac{\overline{SA}}{\overline{AB}} = \frac{\overline{SC}}{\overline{CD}}$ und $\frac{\overline{SB}}{\overline{AB}} = \frac{\overline{SD}}{\overline{CD}}$ bzw. $\frac{a}{a+b} = \frac{c}{c+d}$ und $\frac{a}{b} = \frac{c}{d}$ und $\frac{b}{a+b} = \frac{d}{c+d}$

### 2. Strahlensatz

Werden zwei von einem Punkt S ausgehende Strahlen von zwei Parallelen geschnitten, so verhalten sich die Abschnitte auf den Parallelen so wie die von S aus gemessenen entsprechenden Abschnitte auf jeden Strahl.

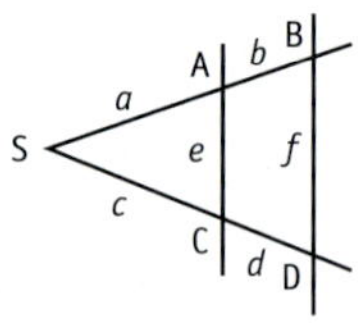


$\frac{\overline{AC}}{\overline{BD}} = \frac{\overline{SA}}{\overline{SB}}$ und $\frac{\overline{AC}}{\overline{BD}} = \frac{\overline{SC}}{\overline{SD}}$ bzw. $\frac{e}{f} = \frac{a}{a+b}$ und $\frac{e}{f} = \frac{c}{c+d}$

### 3. Strahlensatz

Werden drei von einem Punkt S ausgehende Strahlen von zwei Parallelen geschnitten, so verhalten sich die Abschnitte auf einer Parallelen so wie entsprechenden Abschnitte auf der anderen Parallelen.

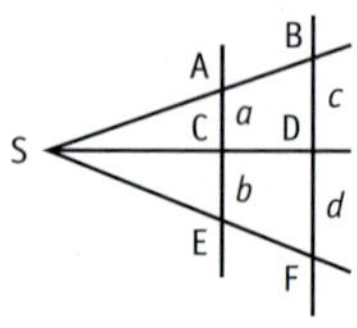


$\frac{\overline{AC}}{\overline{CE}} = \frac{\overline{BD}}{\overline{DF}}$ und $\frac{\overline{AC}}{\overline{AE}} = \frac{\overline{BD}}{\overline{BF}}$ und $\frac{\overline{CE}}{\overline{AE}} = \frac{\overline{DF}}{\overline{BF}}$ bzw. $\frac{a}{b} = \frac{c}{d}$ und $\frac{a}{a+b} = \frac{c}{c+d}$ und $\frac{b}{a+b} = \frac{d}{c+b}$

**Aufgabe**

In der Skizze werden zwei Geraden durch zwei Parallelen geschnitten.

Vertiefen Sie sich in die Skizze und diskutieren Sie in der Gruppe folgendes:

a) Um welchen Strahlensatz handelt es sich?

b) Wie verhalten sich die Strecken bezüglich der Parallelen?

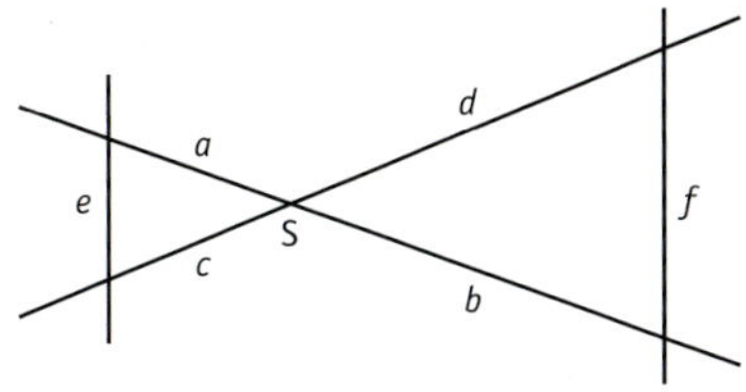


## Umfang und Flächeninhalt zweidimensionaler geometrischer Figuren

Sollen Umfang und Flächen von geometrischen Körpern berechnet werden, so nimmt man als Unterstützung sehr häufig Merkhilfen der Mathematik in Anspruch. Dabei beziehen sich die Bezeichnungen in den Formeln in diesen Merkhilfen auf die abgebildeten Skizzen in diesen Merkhilfen.

| Bezeichnung | Flächeninhalt | Umfang | Bezeichnung | Flächeninhalt | Umfang |
|---|---|---|---|---|---|
| Quadrat 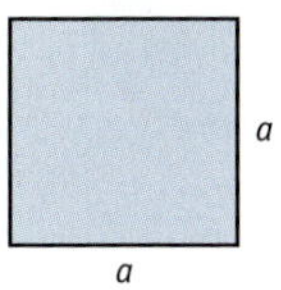  | $A = a \cdot a$ <br> $= a^2$ | $U = a + a +$ <br> $a + a$ <br> $U = 4 \cdot a$ | Trapez 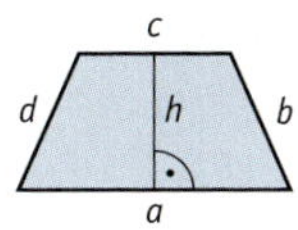  | $A = \frac{a + c}{2} \cdot h$ | $U = a + b +$ <br> $c + d$ |
| Rechteck 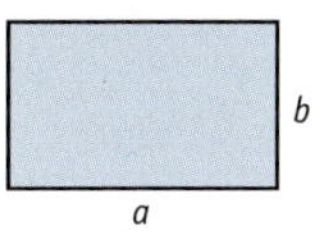  | $A = a \cdot b$ | $U = 2 \cdot a + 2 \cdot b$ | Parallelogramm 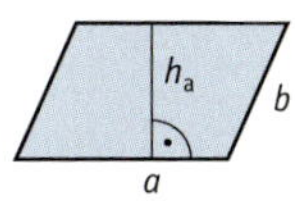  | $A = a \cdot h_a$ | $U = 2 \cdot a + 2 \cdot b$ |
| Dreieck 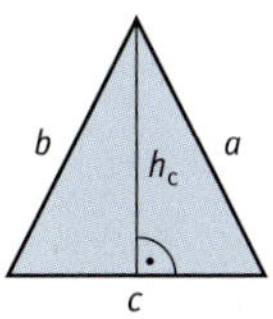  | $A = \frac{c \cdot h_c}{2}$ | $U = a + b + c$ | Kreis 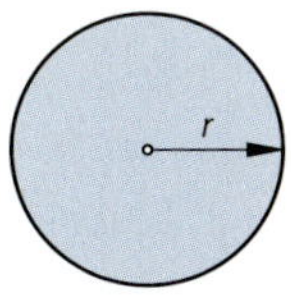  | $A = \pi \cdot r^2$ | $U = \pi \cdot d$ <br> $U = \pi \cdot 2 \cdot r$ |
| Kreissektor 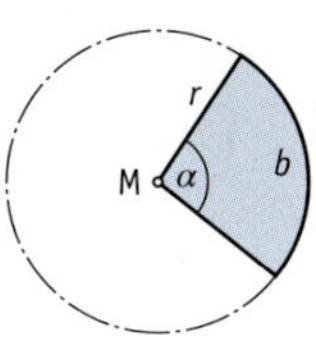  | $A = \pi \cdot r^2 \cdot \frac{\alpha}{360°}$ | $b = \frac{\pi \cdot r \cdot \alpha}{180°}$ <br> $U = b + 2 \cdot r$ | Kreisabschnitt 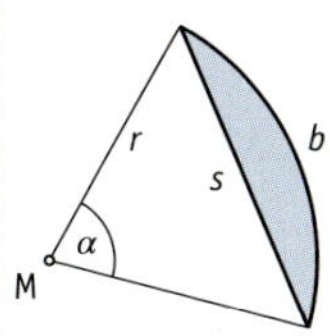  | $A = A_S - A_D$ <br> $A_S = A_{Sektor}$ <br> $A_D = A_{Dreieck}$ | $s = 2 \cdot r \cdot \sin\frac{\alpha}{2}$ <br> $U = s + b$ |

## Volumen und Oberflächeninhalt geometrischer Körper

Geometrische Körper können eingeteilt werden in Körper mit parallelen Grund- und Deckflächen, spitze Körper und Kugeln sowie in Körper, die aus diesen Grundformen zusammengesetzt sind. Wenn die Grund- und Deckfläche parallel sind, dann berechnet sich das Volumen als Produkt aus Grundfläche und Höhe. Wenn der Körper spitz zuläuft, beträgt das Volumen ein Drittel dieses Produkts.

| Körper mit parallelen Grund- und Deckflächen | | | |
|---|---|---|---|
| Würfel | Vierkantprisma | Dreiecksprisma | Zylinder |
| 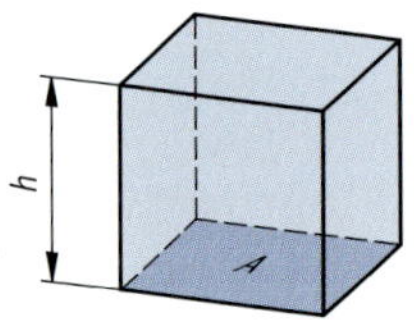 | 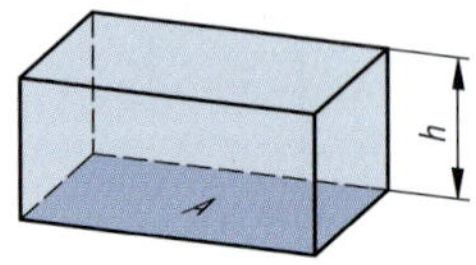 | 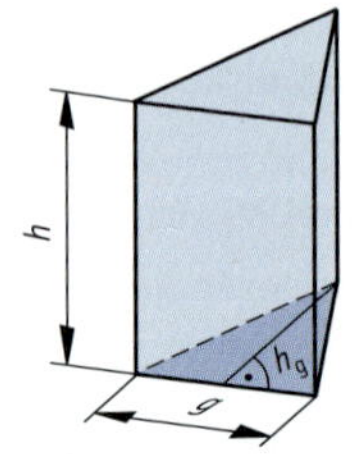 | 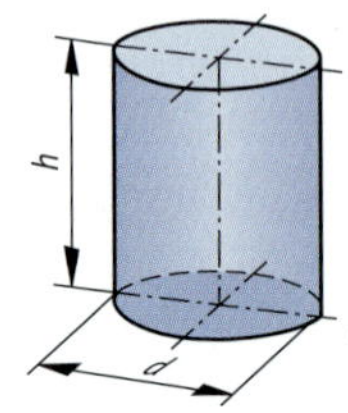 |
| $V = A \cdot h$ | $V = A \cdot h$ | $V = A \cdot h$ | $V = A \cdot h;\ M = \pi \cdot d \cdot h$ |
| **Spitze Körper** | | | **Kugel** |
| Pyramide | Tetraeder | Kegel | |
| 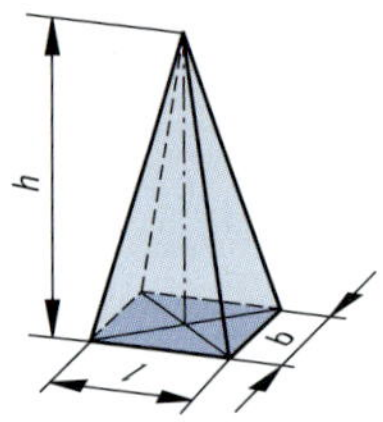 | 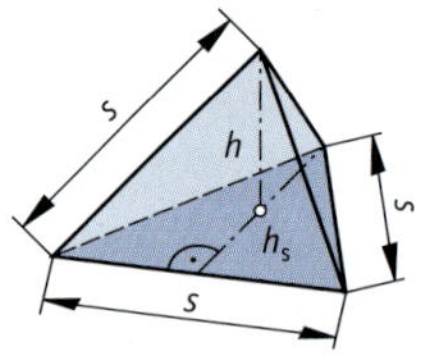 | 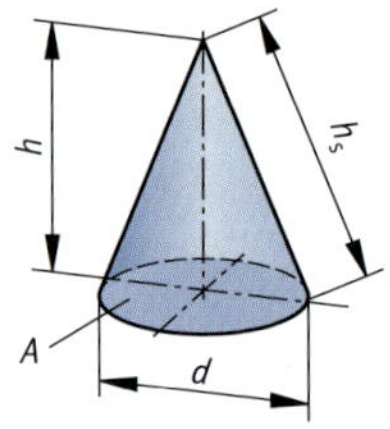 | 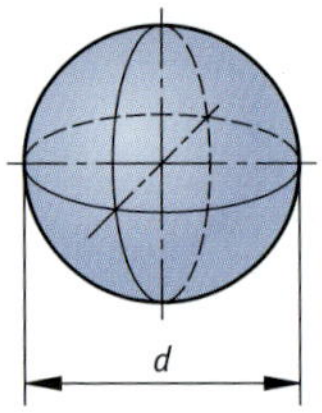 |
| $V = \frac{1}{3} \cdot A \cdot h$ | $V = \frac{1}{3} \cdot A \cdot h$ | $V = \frac{1}{3} \cdot A \cdot h;\ M = \frac{1}{2} \cdot \pi \cdot d \cdot h_s$ | $V = \frac{4}{3} \cdot r^3 \cdot \pi;\ O = 4 \cdot r^2 \cdot \pi$ |
| V: Volumen | M: Mantelfläche | O: Oberfläche | A: Grundfläche |

## 6.2 Strategien zum Berechnen von Längen, Flächeninhalten und Volumina

**Arbeitsauftrag:** Verschiedenste Berufe, z. B. in der Vermessungstechnik, erfordern im Arbeitsalltag, Maßzahlen unbekannter Entfernungen oder Höhen zu berechnen. Ebenfalls gehören Flächenberechnungen oder Volumenberechnungen verschiedenster Gebilde oder Körper zur Grundkompetenz im Schul- oder Berufsalltag. Arbeiten Sie sich in die Theorie ein und diskutieren Sie in der Gruppe, wie entsprechende Aufgaben gelöst werden können.

### 6.2.1 Försterdreieck

Das Försterdreieck ist ein rechtwinkliges Dreieck. Die einfachste Form ist ein gleichschenkliges, rechtwinkliges Dreieck (»Geodreieck«). Es ist ein einfaches Hilfsmittel, um z. B. die Höhe von Masten oder von Türmen zu ermitteln. Förster oder Waldarbeiter bestimmen nach wie vor die Höhe von stehenden Bäumen mit diesem Gerät.

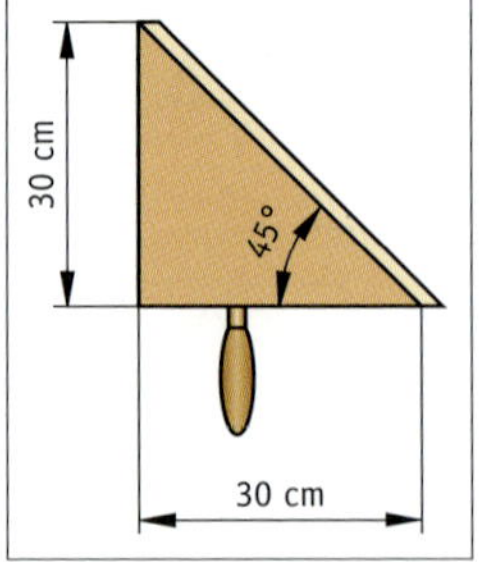


**Beispielaufgabe**

Die »Bayerische Staatsforsten« bieten Ihnen im Rahmen Ihrer Ausbildung an der FOS ein Praktikum an und Sie sagen zu. Am Anfang Ihres Praktikums werden Sie in den Umgang mit dem Försterdreieck eingewiesen und Sie dürfen Probemessungen durchführen. Nach der Einweisung in die Theorie kommt ein Mitarbeiter des Forstamtes mit einem Plan auf Sie zu und gibt Ihnen folgenden Auftrag: »Sie bekommen jetzt von mir ein gleichschenkliges Försterdreieck. Ermitteln Sie im Forstwald, Flurnummern 765 und 766, alle Bäume, die höher als 40 Meter sind und markieren Sie diese mit Farbe«.

**Lösungsweg**

Bei der Höhenmessung mit dem Försterdreieck wird die Spitze des Baumes über die Hypotenuse des rechtwinkligen Dreiecks mit bekannten Seitenverhältnissen angepeilt. Die Höhe des Baumes wird mithilfe des Strahlensatzes herausgefunden.

Folgende Punkte müssen dabei beachtet werden:

1. Die Messung funktioniert nur in der Ebene oder hangparallel.
2. Das Försterdreieck (dessen Ankathete) muss waagrecht gehalten werden.
3. Ist die Spitze des zu messenden Objekts beim Anpeilen über die Hypotenuse gefunden, so muss die Entfernung zwischen Objekt und Standplatz gemessen werden.
4. Wird zur Vermessung des Objekts ein gleichschenkliges Dreieck verwendet, so gilt laut Strahlensatz, dass die Höhe des Baumes der Entfernung zwischen Baum und Vermesser entspricht. Wichtig ist hierbei, dass die Augenhöhe des Vermessers zur gemessenen Höhe addiert werden muss **(Bild 1)**.

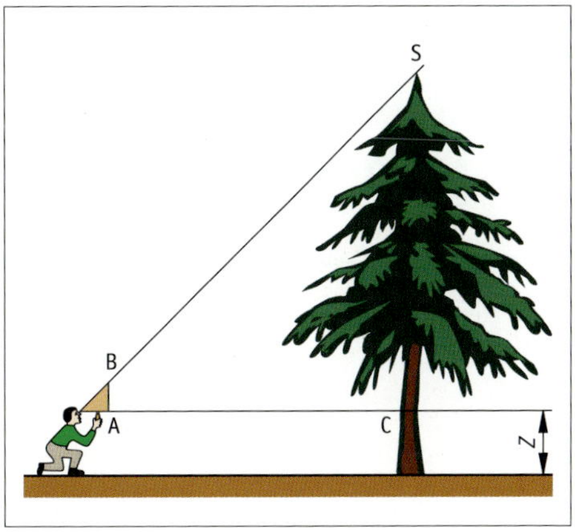


**Bild 1:** Höhenmessung mit dem Försterdreieck

**Lösung des Arbeitsauftrags**

Sie haben den Auftrag, Bäume zu markieren, die höher als 40 Meter sind. Wenn Sie die Messung im Stehen durchführen, so müssen Sie sich in einer Entfernung von 40 Metern abzüglich der Längenmaßzahl vom Boden zu den Augen vor dem Baum aufstellen. Bringen Sie dann das Försterdreieck in die korrekte Position und peilen den Baum über die Hypotenuse des Försterdreiecks an. Wenn die Spitze des Baumes nicht ersichtlich ist, sondern noch der Baumstamm, so ist der Baum höher als 40 Meter und muss gekennzeichnet werden.

**Aufgaben**

**1. Försterdreieck**

Erörtern Sie in der Gruppe:

a) Welcher Strahlensatz gilt beim Messen mit dem Försterdreieck?
Geben Sie die Verhältnisse der Strecken bei der Messung der Höhe des Baumes in **Bild 1** an.

b) Ermitteln Sie eine Gleichung für die Messung der Höhe eines Objekts mit dem Försterdreieck, wenn es sich um kein gleichschenkliges Dreieck handelt.

c) Entwerfen Sie zwei Möglichkeiten, wie das Försterdreieck in die waagerechte Lage gebracht werden kann.

d) Wie muss das Verhältnis von Gegenkathete zu Ankathete sein, damit die Entfernung vom zu messenden Objekt kürzer ist als die Höhe des Objekts?

**2. Baumhöhe**

Die Höhe eines Baumes wird von einem Forstmitarbeiter mit einem Försterdreieck gemessen. Die Ankathete des Dreiecks hat eine Länge von 40 cm und die Gegenkathete eine Länge von 20 cm. Der Forstmitarbeiter misst vom Standpunkt aus, von dem die Spitze des Baumes über die Hypotenuse des Dreiecks sichtbar ist, eine Entfernung von 46 Meter.

Wie hoch ist der gemessene Baum, wenn der Vermesser eine Augenhöhe von 1,65 Meter hat?

### 6.2.2 Umfang und Flächeninhalt zweidimensionaler geometrischer Figuren

Flächen- und Umfangberechnungen sind Aufgaben, die im Alltagsleben häufig vorkommen. So wird z. B. die Maßzahl einer Rechteckfläche mit der Formel $A = a \cdot b$ berechnet. Dabei werden die Fläche mit dem Buchstaben $A$ und die Seiten des Rechtecks mit $a$ und $b$ bezeichnet. Für die Berechnung ist es belanglos, wie die Seitenverteilung der Fläche beschaffen ist **(Bild 1 folgende Seite)**. Die Fläche $A$ berechnet sich immer aus dem Produkt von Seite $a$ mal Seite $b$, der Umfang $U$ aus der Summe der zwei Längsseiten und der zwei Breitseiten.

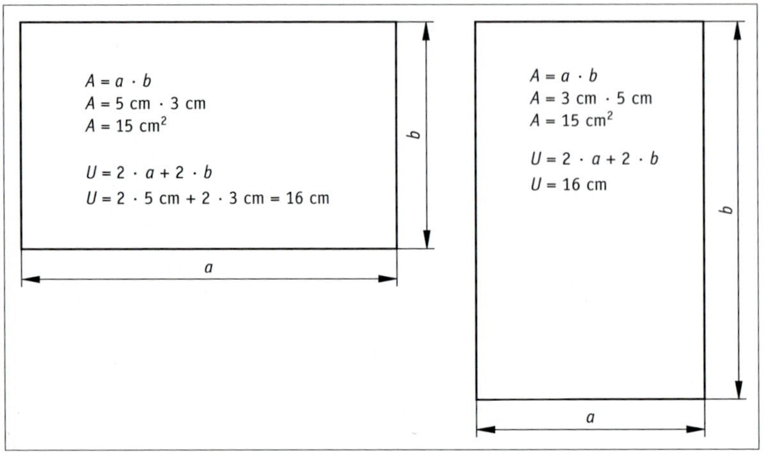


**Bild 1:** Berechnung von Fläche und Umfang eines Rechtecks

### Beispielaufgabe

Für ein Fußball-Spielfeld **(Bild 2)** sollen Rasensamen bestellt werden. Die Verantwortlichen für diese Bestellung nehmen für die Berechnung den Plan des Fußball-Spielfeldes zu Hilfe.

a) Wie groß ist die Fläche, für die Rasensamen bestellt werden müssen?

Um die Finanzierung des Spielbetriebs zu sichern, wurden Sponsoren gesucht. Dabei verlangt ein Sponsor, dass während der Spielpausen der Mittelkreis des Spielfeldes mit seinem Werbelogo abgedeckt wird **(Bild 3)**.

b) Ermitteln Sie den Materialverschnitt in Prozent, wenn das Werbelogo aus einer quadratischen Vorlage ausgeschnitten wird.

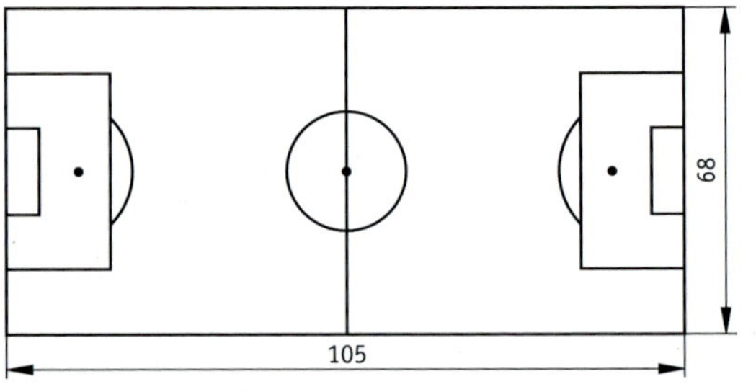


**Bild 2:** Fußball-Spielfeld

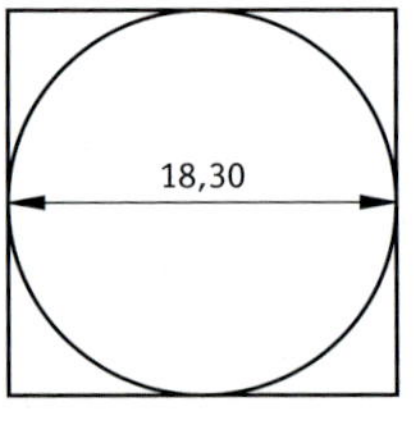


**Bild 3:** Mittelkreis

### Lösung

a) Beim Fußball-Spielfeld handelt es sich um ein Rechteck mit der Länge 105 m und der Breite 68 m.

$A = a \cdot b = 105\,\text{m} \cdot 68\,\text{m} = \mathbf{7140\,m^2}.$

Es müssen Rasensamen für mindestens $7140\,\text{m}^2$ bestellt werden.

b) Als erstes wird die Fläche des Quadrates $A_Q$ berechnet. Die Seite $a$ des Quadrates ist so groß wie der Durchmesser $d$ des Kreises. Davon wird die Kreisfläche $A_K$ abgezogen.

$$A_Q = a \cdot a = 18{,}30\,\text{m} \cdot 18{,}30\,\text{m} = 334{,}89\,\text{m}^2$$

$$A_K = \pi \cdot r^2 = \pi \cdot (9{,}15\,\text{m})^2 = 263{,}02\,\text{m}^2$$

$$A_V = A_Q - A_K = 334{,}89\,\text{m}^2 - 263{,}02\,\text{m}^2 = 71{,}87\,\text{m}^2$$

$$A_{\%} = \frac{A_Q - A_K}{A_Q} \cdot 100\,\% = \frac{71{,}87}{334{,}89} \cdot 100\,\% = \mathbf{21{,}46\,\%}$$

## Aufgaben

**1. Flächenberechnung**

Die Seitenwände und die Decke eines Wohnzimmers sollen tapeziert werden. Das Wohnzimmer hat eine Länge von 5 Meter, eine Breite von 4 Meter und eine Höhe von 2,5 Meter.

a) Berechnen Sie die Fläche der Seitenwände und der Decke.

b) Berechnen Sie die benötigte Tapetenfläche für die Seitenwände, wenn das Fenster eine Länge von 1,2 Meter und eine Höhe von 1,1 Meter und die Tür eine Breite von 90 Zentimeter und eine Höhe von 2 Meter hat.

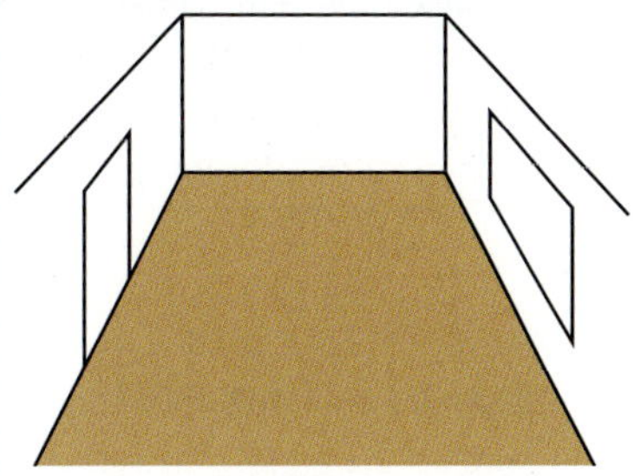

**2. Fläche und Umfang**

Beim Praktikum an der FOS werden für die Adventausstellung Kreuze hergestellt. Als Rohmaterial dient ein quadratisches Blech 100 mm · 100 mm. Sie bekommen vom Praktikumslehrer die Aufgabe

a) die Fläche des Kreuzes und

b) den Umfang zu berechnen, sowie

c) den Materialabfall in Prozent zu ermitteln.

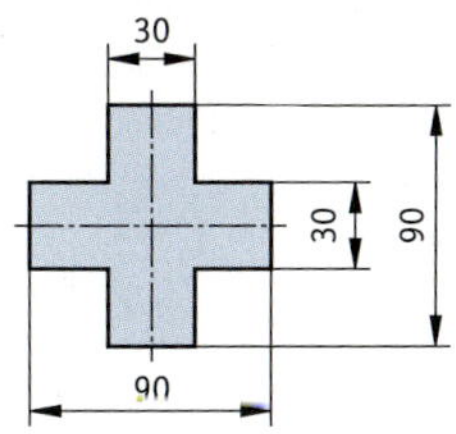


**3. Abdeckplatte**

Sie wollen eine Abdeckung für eine Ablage im Hobbyraum herstellen und beabsichtigen, diese nach folgender Skizze zu fertigen.

a) Wie groß muss das Rechteck mindestens sein, aus dem die Abdeckung herausgeschnitten werden kann?

b) Bestimmen Sie die Abdeckfläche und den Umfang der Abdeckung.

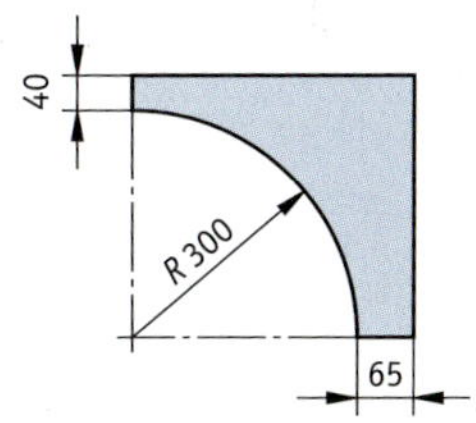


### 6.2.3 Volumen und Oberflächeninhalt geometrischer Körper

Ein Körper nimmt eine Teilmenge des Raumes ein, in dem er sich befindet. Das Maß dieser Teilmenge wird als Rauminhalt oder Volumen des Körpers bezeichnet.

#### Körper gleicher Querschnittsfläche

Das Volumen von Körpern mit parallelen Flächen berechnet sich als Produkt von Grundfläche *A* und Höhe *h* **(Tabelle 1)**. Diese Formel gilt für alle Körper, deren Grundfläche und Deckfläche kongruent (deckungsgleich) und zueinander parallel sind. Ist die Grundfläche ein n-Eck, nennt man solche Körper Prismen. Das Volumen eines Körpers wird in Kubikmeter $m^3$, in Kubikdezimeter $dm^3$, in Kubikzentimeter $cm^3$, oder in Kubikmillimeter $mm^3$ angegeben.

**Tabelle 1: Körper gleicher Querschnittfläche**

| Würfel | Rechteckprisma | Trapezprisma | Dreiecksprisma | Zylinder | Hohlzylinder |
|---|---|---|---|---|---|
| 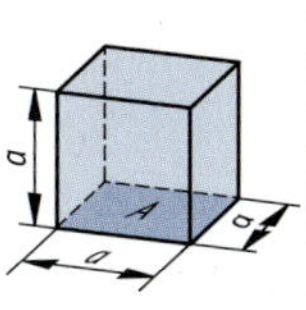 | 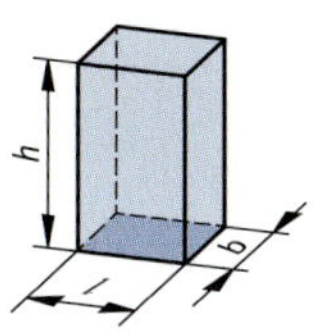 | 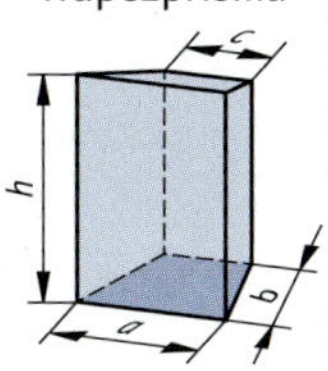 | 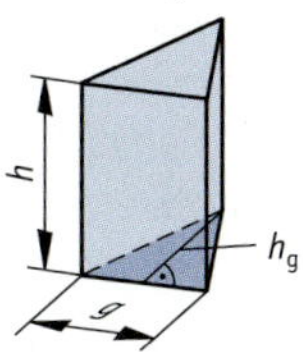 | 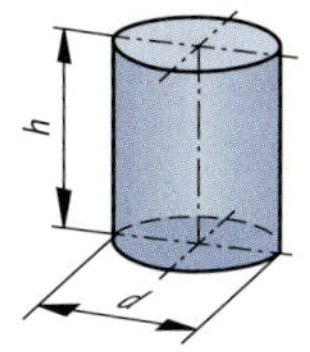 | 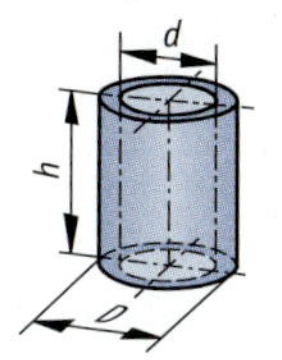 |
| $A = a \cdot a = a^2$<br>$V = a^2 \cdot a = a^3$ | $A = l \cdot b$<br>$V = l \cdot b \cdot h$ | $A = \frac{a+c}{2} \cdot b$<br>$V = \frac{a+c}{2} \cdot b \cdot h$ | $A = \frac{g \cdot h_g}{2}$<br>$V = \frac{g \cdot h_g}{2} \cdot h$ | $A = \pi \cdot r^2 = \frac{\pi \cdot d^2}{4}$<br>$V = \pi \cdot r^2 \cdot h$<br>$= \frac{\pi \cdot d^2}{4} \cdot h$ | $A = \frac{\pi \cdot (D^2 - d^2)}{4}$<br>$V = \frac{\pi \cdot (D^2 - d^2)}{4} \cdot h$ |

*a, b, c, l, g*: Seiten *h*: Höhe *r*: Radius *D*: Außendurchmesser *d*: Innendurchmesser

**Beispielaufgabe 1**

Sie bekommen die Hausaufgabe, von einem Gegenstand aus Ihrem Umfeld das Volumen zu berechnen. Sie wählen die Lautsprecherbox in ihrem Arbeitszimmer und vermessen sie. Die Länge beträgt 30 cm, die Breite 25 cm und die Höhe 60 cm.

Das Volumen ist in Liter und $m^3$ zu bestimmen.

**Lösung**

$V = A \cdot h = l \cdot b \cdot h = 30\,\text{cm} \cdot 25\,\text{cm} \cdot 60\,\text{cm} = 45.000\,\text{cm}^3$

$V = 45.0000\,\text{cm}^3 = 45.000 \cdot 10^{-3}\,\text{dm}^3 = 45\,\text{dm}^3 = \mathbf{45\ Liter}$

$V = 45.000\,\text{cm}^3 = 45.000 \cdot 10^{-6}\,\text{m}^3 = \mathbf{0{,}045\,m^3}$

**Beispielaufgabe 2**

Ein Vierzylinder-Viertakt-Motor hat eine Zylinderbohrung von 77 mm und einen Hub von 64 mm **(Bild 1)**.

Berechnen Sie den Hubraum des Motors in $cm^3$ und in Liter.

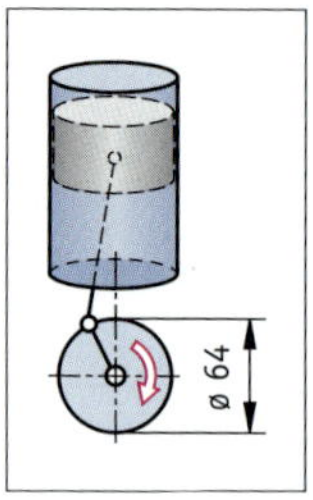

**Bild 1:** Hubraum

**Lösung**

Der Hubraum entspricht dem Volumen der 4 Zylinder.

$$V = 4 \cdot A \cdot h = 4 \cdot \frac{\pi \cdot d^2}{4} \cdot h = 4 \cdot \frac{\pi \cdot (7{,}7\,\text{cm})^2}{4} \cdot 6{,}4\,\text{cm}$$
$$= \mathbf{1192\,cm3}$$

1 Liter = $1\,\text{dm}^3 = 1000\,\text{cm}^3 \Leftrightarrow 1192\,\text{cm}^3 = \mathbf{1{,}192\ Liter}$

## Spitze Körper

In der Geometrie spricht man von einer Pyramide, wenn ein Körper als Grundfläche ein beliebiges $n$-Eck und als Seitenfläche Dreiecke besitzt **(Tabelle 1)**.

**Volumen spitzer Körper**

Das Volumen einer Pyramide ist gleich dem dritten Teil eines Prismas mit gleicher Grundfläche $A$ und Höhe $h$.

Bei Vergrößerung der Anzahl der Ecken nähert sich das regelmäßige Vieleck einem Kreis und aus der Vieleckspyramide wird ein Kegel.

**Tabelle 1: Spitze Körper**

| 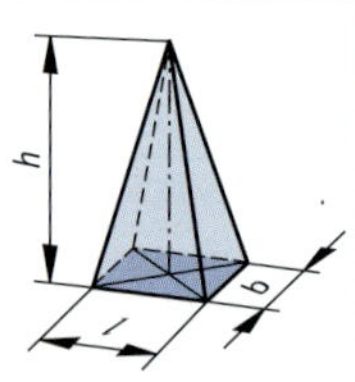 | 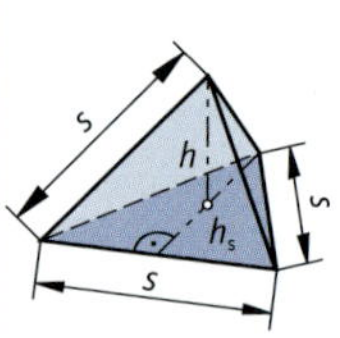 | 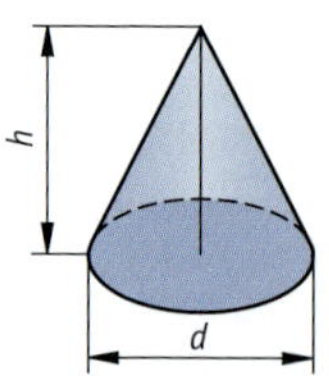 |
|---|---|---|
| $A = l \cdot b$ | $A = \frac{1}{2} \cdot s \cdot h_s$ | $A = \pi \cdot r^2$ |
| $V = \frac{1}{3} \cdot l \cdot b \cdot h$ | $V = \frac{1}{6} \cdot s \cdot h_s \cdot h$ | $V = \frac{1}{3} \cdot \pi \cdot r^2 \cdot h$ |
| $l$, $b$: Seiten $s$: Kantenlänge $h$: Höhe $d$: Durchmesser | | |

**Beispielaufgabe 1**

Die Spitze eines Turmes hat die Form einer quadratischen Pyramide mit den Grundseiten 5 Meter und der Höhe 12 Meter.

Bestimmen Sie den Rauminhalt des Dachraumes.

**Lösung**

$V = \frac{1}{3} \cdot A \cdot h = \frac{1}{3} \cdot 5\,\text{m} \cdot 5\,\text{m} \cdot 12\,\text{m} = \mathbf{100\,m^3}$

**Beispielaufgabe 2**

In Ihrer Kaffeemaschine befindet sich eine Filtertüte **(Bild 1)**.

Entnehmen Sie aus dem Bild die Maße und bestimmen Sie

a) wie viel Flüssigkeit in $cm^3$ und Liter die Filtertüte fasst.

b) den Flächeninhalt des Materials der Filtertüte in $dm^2$.

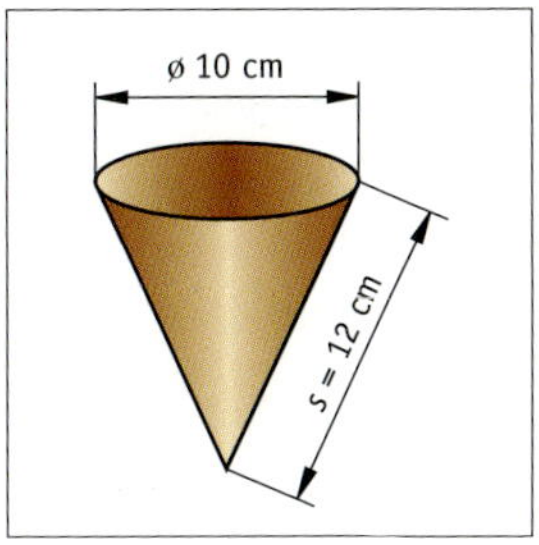


**Bild 1:** Filtertüte

**Lösung**

**a)** Berechnung der Höhe h mit dem Satz des Pythagoras:

$$h^2 + r^2 = s^2;\ h = \sqrt{s^2 - r^2},\ \text{mit } r = \frac{d}{2} \text{ gilt:}$$

$$h = \sqrt{(12\,\text{cm})^2 - (5\,\text{cm})^2} = 10{,}91\,\text{cm}$$

$$V = \frac{1}{3} \cdot A \cdot h = \frac{1}{3} \cdot \pi \cdot r^2 \cdot h = \frac{1}{3} \cdot \pi \cdot (5\,\text{cm})^2 \cdot 10{,}91\,\text{cm}$$

$$V = \mathbf{285{,}6\,cm3 = 0{,}286\ Liter}$$

**b)** Der Flächeninhalt entspricht der Mantelfläche (ohne Verschnitt).

$$M = \frac{1}{2} \cdot \pi \cdot d \cdot s = \frac{1}{2} \cdot \pi \cdot 10\,\text{cm} \cdot 12\,\text{cm} = 60 \cdot \pi = 188{,}5\,\text{cm}^2 = \mathbf{1{,}89\,dm^2}$$

## Kugel und Halbkugel

Rotiert ein Halbkreis mit dem Durchmesser $d = 2 \cdot r$ um die Durchmesserachse, so entsteht als Rotationskörper eine Kugel **(Tabelle 1)**.

**Satz von Cavalieri**[1]

Das Volumen einer Halbkugel mit dem Durchmesser $d$ ist gleich dem Volumen eines kegelförmig ausgebohrten Zylinders mit dem Durchmesser $d$ (Tabelle 1).

[1]Bonaventura Cavalieri, 1598 – 1674

**Tabelle 1: Kugelförmiger Körper**

| Vollkugel | Halbkugel |
|---|---|
| 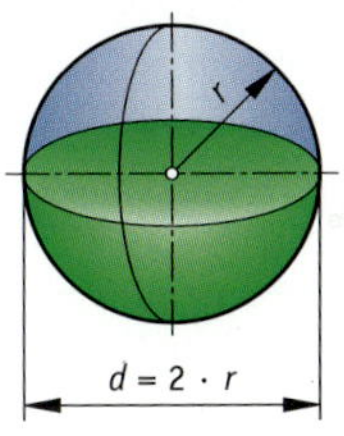  | 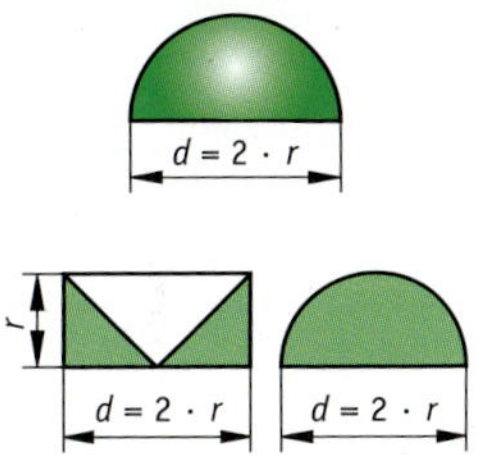  |
| $V = \frac{1}{6} \cdot \pi \cdot d^3$<br>$V = \frac{4}{3} \cdot \pi \cdot r^3$<br>$O = \pi \cdot d^2 = 4 \cdot \pi \cdot r^2$ | $V = \frac{1}{12} \cdot \pi \cdot d^3$<br>$V = \frac{2}{3} \cdot \pi \cdot r^3$<br>$O = \frac{1}{2} \cdot \pi \cdot d^2 = 2 \cdot \pi \cdot r^2$ |

**Beispielaufgabe 1**

Wegen Problemen beim Sitzen am Schreibtisch kaufen Sie einen Sitzball (Gesundheitsball) mit 75 cm Durchmesser.

Ermitteln Sie das Volumen und die Oberfläche des Balles und runden Sie auf zwei Nachkommastellen.

**Lösung**

Der Sitzball wird mit Luft gefüllt und hat dann Kugelform.

$$V = \frac{1}{6} \cdot \pi \cdot d^3 = \frac{1}{6} \cdot \pi \cdot (75\,\text{cm})^3 = 22.0893\,\text{cm}^3 = 220{,}9\,\text{dm}^3 = \mathbf{0{,}221\,m^3}$$

$$O = \pi \cdot d^2 = \pi \cdot (75\,\text{cm})^2 = 17.671{,}46\,\text{cm}^2 = 176{,}71\,\text{dm}^2 = \mathbf{1{,}77\,m^2}$$

**Beispielaufgabe 2**

Ein kugelförmiger Behälter für Gas soll ein Volumen von $20.000\,\text{m}^3$ haben.

Berechnen Sie den benötigten inneren Durchmesser.

**Lösung**

Damit der Kugeldurchmesser berechnet werden kann, muss die Gleichung für das Kugelvolumen $V = \frac{1}{6} \cdot \pi \cdot d^3$ durch Äquivalenzumformung nach der Größe $d$ aufgelöst werden.

$$V = \frac{1}{6} \cdot \pi \cdot d^3 \qquad | \cdot 6$$

$$6 \cdot V = \pi \cdot d^3 \qquad | : \pi$$

$$\frac{6 \cdot V}{\pi} = d^3 \qquad | \sqrt[3]{\phantom{x}}$$

$$\sqrt[3]{\frac{6 \cdot V}{\pi}} = d = \sqrt[3]{\frac{6 \cdot 20.000 \text{ m}^3}{\pi}} = \mathbf{33{,}678\,m.}$$

Der Gasbehälter muss einen Durchmesser von 33,678 m haben.

## Aufgaben

**1. Volumenvergleich**

Vergleichen Sie die Volumina und Oberflächen von Zylinder, Kugel und Kegel **(Bild 1)** bei gleicher Höhe und gleichem Durchmesser ($h = d$) und geben Sie deren Verhältnisse an.

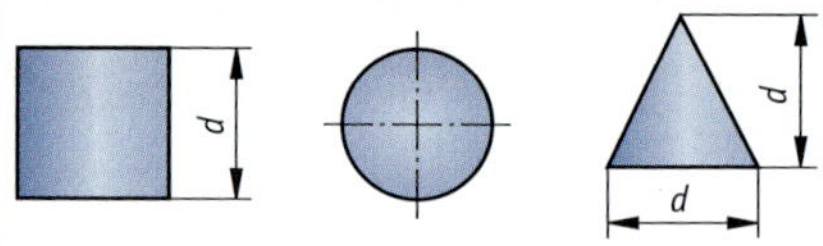


**Bild 1:** Zylinder, Kugel, Kegel

**2. Zusammengesetzter Körper**

Beim Praktikum an der FOS bekommen Sie in der Werkstatt die Aufgabe, ein Werkstück mit folgender geometrischer Form **(Bild 2)** zu fertigen. Bevor es an die Herstellung geht, bekommen Sie den Auftrag,

a) das Volumen und die Oberfläche zu berechnen.

b) die Masse des Werkstücks zu bestimmen, wenn es aus Stahl oder aus Holz gefertigt wird.

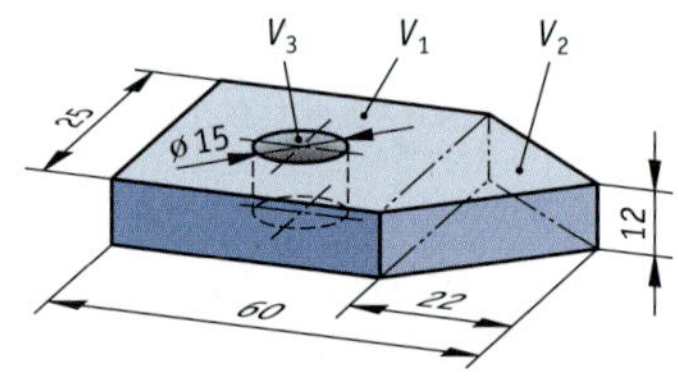


**Bild 2:** Werkstück

**3. Motor**

Die vier Zylinder eines Motorrad-Motors in Boxer-Bauweise haben einen Durchmesser von je 75 mm und einen Hub von 68 mm **(Bild 3)**.

Bestimmen Sie

a) den Hubraum des Motors,

a) den restlichen Hub des Kolbens bis zum oberen Totpunkt (OT) bei der Zündung 30° vor OT.

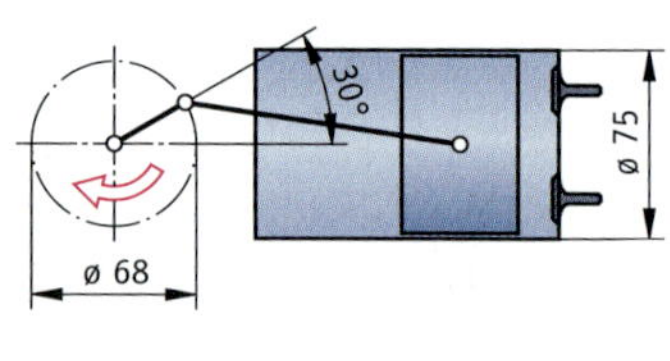


**Bild 3:** Zylinder

### 6.2.4 Flächeninhalt geometrischer Figuren sowie Volumen geometrischer Körper in Abhängigkeit von einem Parameter

- **Flächeninhalt geometrischer Figuren in Abhängigkeit von einem Parameter**

Der Flächeninhalt vieler geometrischer Figuren, wie z. B. eines Dreiecks, eines Rechtecks oder eines Trapezes ist von zwei oder mehr Parametern abhängig, wie aus den elementaren Flächenformeln unmittelbar ersichtlich ist.

In diesem Kapitel werden Sie lernen, wie aus gegebenen oder mit Hilfe von geometrischen Lehrsätzen wie z. B. dem Lehrsatz des Pythagoras oder den Strahlensätzen ermittelten Nebenbedingungen die Abhängigkeit des Flächeninhalts solcher Figuren von nur einem Parameter gewonnen werden kann. Derartige Abhängigkeiten von einem Parameter werden unter anderem dazu benötigt, um festzustellen, unter welchen Voraussetzungen Flächeninhalte ihren größtmöglichen Wert annehmen sowie zur Berechnung des Maximalwerts.

Bei den Lösungen der folgenden Beispiele wird auf die Mitführung von Einheiten verzichtet.

**Beispielaufgabe 1**

Bei einem gleichschenkligen Dreieck (siehe Skizze) sind die Grundseite $g$ und die Höhe $h$ gleich groß.

a) Drücken Sie den Flächeninhalt A des Dreiecks in Abhängigkeit von der Länge $g$ der Grundseite aus.

b) Berechnen Sie für $A = 50\,\text{dm}^2$ die Länge der Grundseite und den Umfang $U$ des Dreiecks.

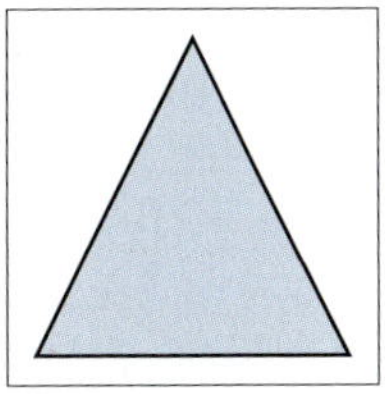

**Lösungsweg**

a) Aus der Flächenformel $A = \frac{1}{2} g \cdot h$ ist ersichtlich, dass der Flächeninhalt $A$ von den beiden Parametern $g$ und $h$ abhängt. Mit Hilfe der im Aufgabentext angegebenen Bedingung $g = h$ ergibt sich die Flächenmaßzahl $A$ allein in Abhängigkeit von $g$:

$$A(g) = \frac{1}{2} g \cdot g = \frac{1}{2} g^2$$

b) Berechnung der Länge $g$ der Grundseite mittels $A(g) = 50$:

Für den Umfang U des gleichschenkligen Dreiecks gilt: $U = g + 2 \cdot s$

$$50 = \frac{1}{2} g^2 \quad | \cdot 2$$

$$100 = g^2 \quad | \sqrt{\phantom{x}}$$

$10 = |g|$; die Grundlinie $g$ kann nur positiv sein, deshalb gilt: $g = 10\,\text{dm}$.

Die Seitenlänge $s$ kann mit dem Lehrsatz des Pythagoras berechnet werden:

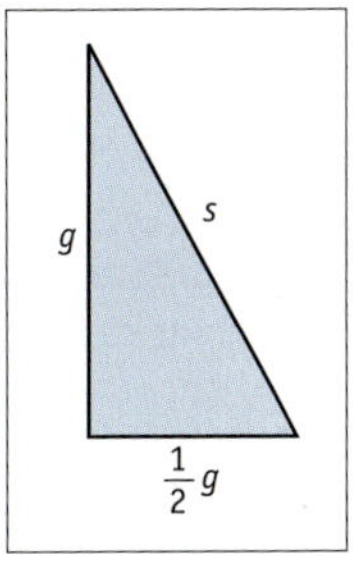


$$s^2 = \left(\frac{1}{2} g\right)^2 + g^2 = \frac{5}{4} g^2 \quad | \sqrt{\phantom{x}}$$

$$s = \sqrt{\frac{5}{4}} \cdot g = \frac{\sqrt{5}}{2} g$$

$$U = g + 2 \cdot \frac{\sqrt{5}}{2} g = g + \sqrt{5} g \quad | g = 10$$

$$U = 10 + \sqrt{5} \cdot 10 = 10 \cdot \left(1 + \sqrt{5}\right)$$

Der Umfang des gleichschenkligen Dreiecks mit der Flächenmaßzahl $50\,\text{dm}^2$ beträgt ca. 32,36 dm.

**Beispielaufgabe 2**

Ein Schäfer besitzt einen Weidezaun mit 100 Meter Länge. Mit diesem Zaun steckt er für seine Tiere eine rechteckige Weidefläche ab, in der sie getrieben werden, um dort zu weiden. Von der Gemeinde wird ihm eine Wiese zugewiesen, die an einen Fluss grenzt. Der Schäfer ist bestrebt, mit seinem Weidezaun ein möglichst großes Rechteck als Weidefläche abzustecken.

a) Fertigen Sie eine Skizze an, die den Sachverhalt ausdrückt.

b) Stellen Sie den Flächeninhalt $A(x)$ des Rechtecks in Abhängigkeit von der Breite $x$ des Rechtecks dar.

c) Zeichnen Sie den Graphen der Funktion $x \mapsto A(x)$.

d) Für welche Werte von $x$ gibt es die kleinste Fläche und für welchen $x$-Wert gibt es die größte Fläche?

**Lösungsweg**

a) Aus der Zaunlänge 100 m und der Breite $x$ des Rechtecks ergibt sich für die Rechteckslänge $l = 100 - 2x$ (siehe Skizze).

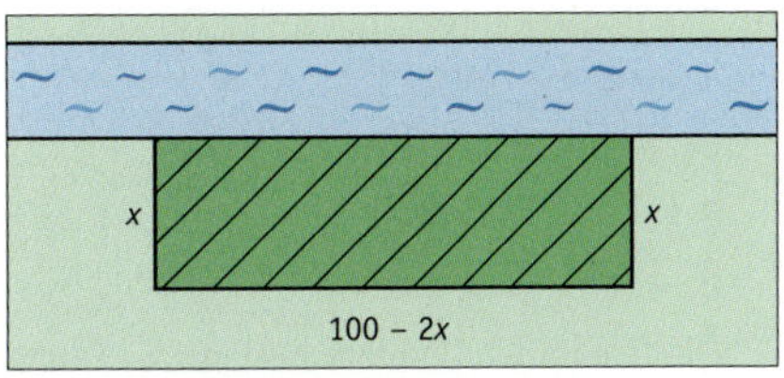

b) Aus der Flächenformel für das Rechteck $A = l \cdot b$ ist ersichtlich, dass der Flächeninhalt von den beiden Parametern $l$ und $b$ abhängt. Mit der Vorgabe $b = x$ und der in Teilaufgabe a) gewonnenen Nebenbedingung $l = 100 - 2x$ ergibt sich die Flächenmaßzahl allein in Abhängigkeit von $x$:

$A(x) = (100 - 2x) \cdot x = \mathbf{-2x^2 + 100x.}$

Dies ist eine Funktionsgleichung, aus der zu jedem $x$-Wert aus einem sinnvollen Definitionsbereich die Flächenmaßzahl $A(x)$ berechnet werden kann.

c) Der Graph der Funktionsgleichung $A(x)$ ist eine nach unten geöffneten Parabel. Damit der Graph gezeichnet werden kann, ist es sinnvoll, den Scheitel der Parabel und die Nullstellen der Funktion zu berechnen.

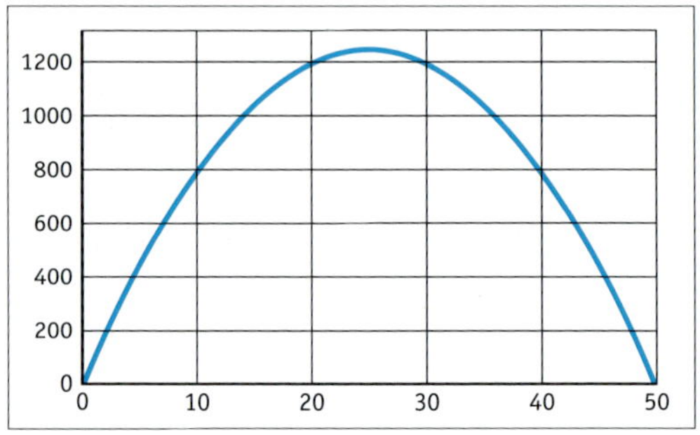


**Bild 1:** Graph der Funktion $x \mapsto A(x)$

Scheitel:

Die x-Koordinate kann mit $x = -\frac{b}{2a}$ berechnet werden:

$x = -\frac{100}{2(-2)} = 25$

$y$-Koordinate des Scheitels:

$y = -2 \cdot (25)^2 + 100 \cdot 25 = 1250 \Longrightarrow \mathbf{S(25|1250)}$

Nullstellen:

$A(x) = -2x^2 + 100x = x \cdot (-2x + 100) = 0$ | Satz vom Nullprodukt

$x_1 = 0; -2x + 100 = 0 \Leftrightarrow x_2 = 50$

Mit diesen Daten kann der Graph der Funktion $x \mapsto A(x)$ gezeichnet werden.

d) Betrachtet man die Skizze und stellt sich vor, dass $\boldsymbol{x \to 0}$ geht (der Zaun wird dann entlang des Flusses gespannt), so geht die Maßzahl der Fläche gegen null oder wenn die Breite $\boldsymbol{x = 50}$ Meter beträgt, dann ist die Länge null und somit auch die Maßzahl der Fläche null (Nullstellen der Parabel).

Die größte Fläche entspricht dem $y$-Wert des Scheitelpunktes, also $A(25) = 1250\,\text{m}^2$ Die Breite des Rechtecks beträgt dann $x = 25$ Meter und die Länge 50 Meter.

- **Volumen in Abhängigkeit von einem Parameter**

Ebenso wie der Flächeninhalt ebener Figuren, ist auch das Volumen von geometrischen Körpern, wie z. B. Quader, Zylinder oder Pyramiden, vielfach von mehreren Parametern abhängig. Bei Angabe einer ausreichenden Anzahl von Nebenbedingungen ist es auch hier möglich, das Volumen in Abhängigkeit von nur einer Variablen darzustellen.

**Beispielaufgabe 1**

Ein Quader (siehe Skizze) hat die Länge $l$, die Breite $b$ und die Höhe $h$.

a) Berechnen Sie für die Längenverhältnisse $l : b : h = 1 : 2 : 4$ das Volumen des Quaders in Abhängigkeit von $l$.

b) Der Quader hat ein Volumen von $V = 64\,\text{dm}^3$. Berechnen Sie die Länge, die Breite und die Höhe des Quaders.

**Lösungsweg**

a) Für das Volumen eines Quaders gilt: $V = l \cdot b \cdot h$; mit den Nebenbedingungen

$b = 2 \cdot l$ und $h = 4 \cdot l$ gilt: $V(l) = l \cdot 2l \cdot 4l = 8 \cdot l^3$.

b) Damit die Kantenlängen des Quaders berechnet werden können, muss die Gleichung $V(l) = 64 = 8 \cdot l^3$ nach $l$ aufgelöst werden.

$64 = 8 \cdot l^3$ |: 8

$8 = l^3$ $|\sqrt[3]{\phantom{x}}$

$2 = l$

Die Länge des Quaders beträgt $l = 2\,\text{dm}$, die Breite $b$ beträgt $2 \cdot l = 4\,\text{dm}$ und die Höhe $h = 4 \cdot l = 8\,\text{dm}$.

**Beispielaufgabe 2**

Eine Familie will für ihren Sohn Wohnraum schaffen, deshalb soll der Dachboden des 10 Meter langen Wohnhauses ausgebaut werden. Der Querschnitt des Dachbodens ist ein gleichschenkliges Dreieck mit der Breite 8 Meter und der Höhe 4 Meter. In den Dachboden soll ein Raum mit rechteckigem Querschnitt eingebaut werden (siehe Skizze).

Der Vater beauftragt seinen Sohn, der die FOS besucht, die Maße für $x$ und $h$ so zu bestimmen, dass das Raumvolumen maximal wird.

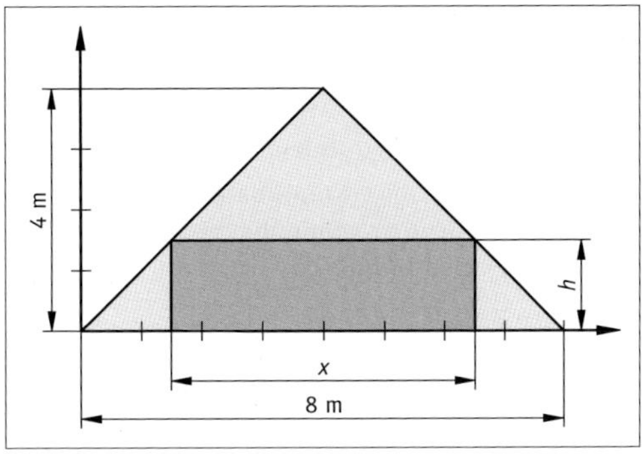


**Lösungsweg**

- Berechnung des Volumens

Für das Volumen des Quaders in Abhängigkeit von $x$ und $h$ gilt:

$V(x,h) = x \cdot h \cdot 10$

Die Funktionsgleichung für das Volumen ist mit zwei Parametern behaftet, deshalb muss durch eine Nebenbedingung versucht werden, einen Parameter zu eliminieren

- Nebenbedingung ermitteln

Damit wir eine Gleichung mit nur einem unabhängigen Parameter $x$ erhalten, muss der Parameter $h$ eliminiert werden, das heißt, es muss eine Gleichung mit $x$ und $h$ gefunden werden, die dies ermöglicht. Wenn man die Skizze betrachtet, so bietet sich als Lösung des Problems der Strahlensatz an.

Der Strahlensatz in diesem Fall besagt:

Legt man ein rechtwinkeliges Dreieck in den Querschnitt des Dachbodens **(Bild 1)**, so verhält sich die senkrechte Kathete des Dreiecks mit der Länge 4 m zur waagrechten Kathete der Länge $\frac{8}{2}$ m = 4 m genauso, wie

$4 - h$ zu $\frac{x}{2} \Rightarrow 4/4 = \frac{4-h}{\frac{x}{2}}$;

$1 = \frac{2(4-h)}{x} \qquad | \cdot x$

$x = 2(4-h) = 8 - 2h \qquad |$ umstellen nach $h$

$h = \frac{8-x}{2} = 4 - \frac{1}{2}x$

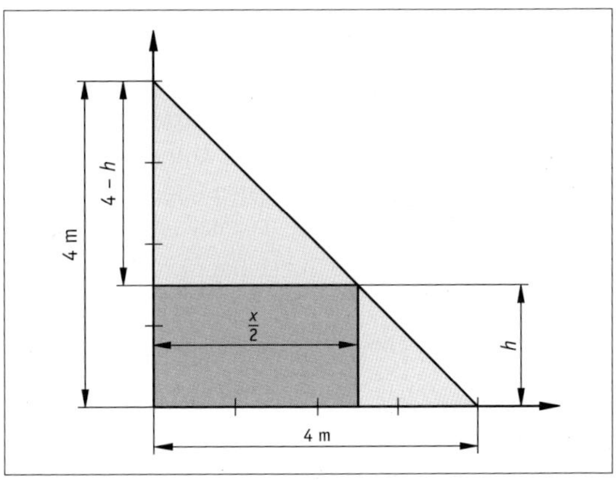


**Bild 1:** Strahlensatz

- Funktionsgleichung bestimmen

$h = 4 - \frac{1}{2}x$ in Gleichung $V(x,h) = x \cdot h \cdot 10$:

$$V(x) = x\left(4 - \frac{1}{2}x\right) \cdot 10 = 40x - 5x^2$$

Die Funktionsgleichung $V(x) = -5x^2 + 40x$ liefert für jedes $x$ aus der Definitionsmenge das Volumen des Quaders.

- Definitionsmenge $D_V$ der Volumenfunktion bestimmen.

Aus dem Querschnitt des Dachbodens ist ersichtlich, dass $x$ größer als null und maximal 8 Meter werden kann. Für eine sinnvolle Definitionsmenge gilt: $D_V = \{x \mid 0 < x < 8\}_{\mathbb{R}}$

- Maximales Volumen bestimmen

Bei der Funktionsgleichung für das Volumen des Quaders im Dachboden handelt es sich um eine quadratische Gleichung, deren Graph eine nach unten geöffnete Parabel ist **(Bild 1)**.

Das bedeutet, dass die $y$-Koordinate des Scheitels der größte Ordinatenwert ist und somit die gesuchte Größe (größtes Volumen).

$$V(x) = -5x^2 + 40x \Rightarrow \begin{cases} a = -5 \\ b = 40 \\ c = 0 \end{cases}$$

$$x_s = -\frac{b}{2a} = -\frac{40}{2 \cdot (-5)} = \frac{40}{10} = 4$$

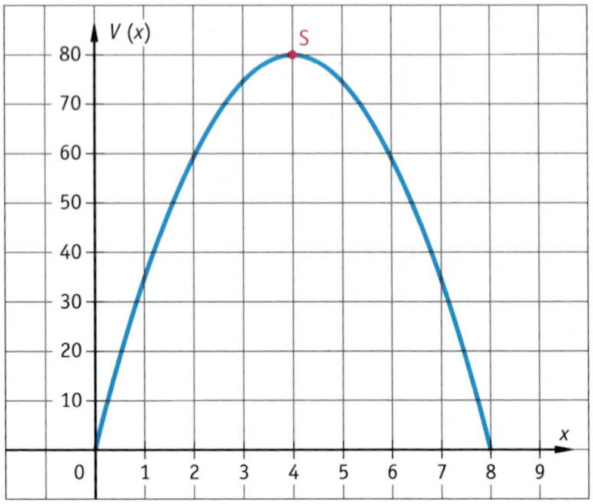


**Bild 1:** Graph der Volumenfunktion

Wird $x = 4$ in die Funktionsgleichung $V(x) = -5x^2 + 40x$ eingesetzt, so erhält man den $y$-Wert des Scheitelpunkts und somit das gesuchte maximale Volumen.

$y_s = V(x_s) = V(4) = -5 \cdot 4^2 + 40 \cdot 4 = 80$

Das maximale Volumen des Dachbodenausbaus beträgt 80 Kubikmeter **(Bild 1)**. Der Graph zeigt auch, dass bei Annäherung an die Grenzen $x = 0$ und $x = 8$ der Definitionsmenge die Maßzahl des Volumens gegen 0 strebt.

Bei einer Breite von $x = 4$ Meter ergibt sich für die Höhe $h$:

$h = 4 - \frac{1}{2}x = 4 - \frac{1}{2} \cdot 4 = 4 - 2 = 2$. Die Höhe des Raumes beträgt also 2 Meter.

## Aufgaben

1. Eine Schreinerei nimmt einen Auftrag an, ein rechteckiges Fenster mit aufgesetztem Rundbogen zu fertigen (siehe Skizze). Der Umfang des Fensters soll 8 m betragen und die Fläche maximal sein.
   a) Erstellen Sie eine Gleichung für die Fläche des Fensters in Abhängigkeit der Breite $b$.
   b) Berechnen Sie die maximale Fläche sowie für diese Fläche die Größen $b$ und $l$.

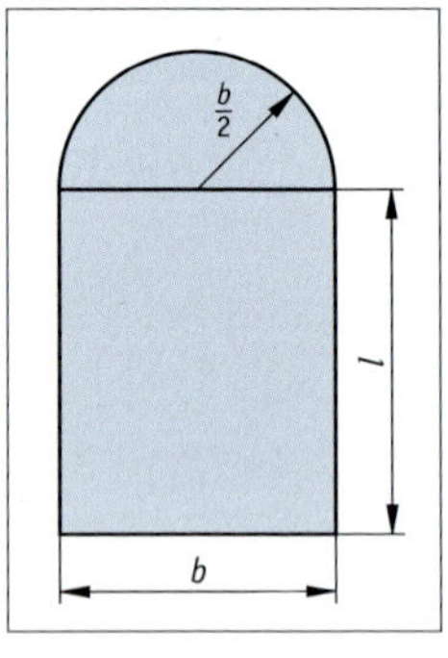


2. Beim Ausbau des Dachbodens (Musteraufgabe 2) sind aus baurechtlichen Gründen nur Räume mit einem Volumen $V = 75$ Kubikmeter erlaubt. Berechnen Sie die möglichen Höhen $h$ und entscheiden Sie sinnvoll.

3. Die Oberfläche O eines Kreiszylinders setzt sich aus dem Mantel $M$ des Zylinders sowie dem Boden $A_B$ und dem Deckel $A_D$ zusammen.

   Beschreiben Sie die Oberfläche des Kreiszylinders mit dem Radius $r$ und der konstanten Höhe $h = 2$ m mit einer Funktionsgleichung in Abhängigkeit von $r$.

   Zeichnen Sie den Graphen der Oberflächenfunktion und interpretieren Sie das Ergebnis.

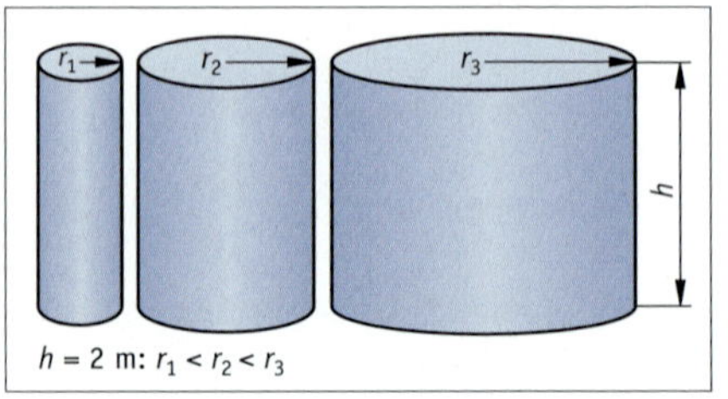


$h = 2$ m: $r_1 < r_2 < r_3$

### Lösung der Aufgabe zur Bestimmung der Höhe des Maibaums

Beim Besuch einer Veranstaltung mit Mitschülerinnen und Mitschülern Ihrer Klasse auf dem Marktplatz einer benachbarten Gemeinde wurden folgende Fragen aufgeworfen:

*1. Was ist ein Försterdreieck?*

Das Försterdreieck ist ein rechtwinkliges Dreieck mit bekannten Seitenverhältnissen der Katheten.

*2. Wie funktioniert das Försterdreieck?*

Bei der Höhenmessung mit dem Försterdreieck wird die Spitze des zu messenden Objekts über die Hypotenuse des Dreiecks angepeilt. Handelt es sich um ein gleichschenkliges Dreieck, so ist die Höhe des zu messenden Objekts so groß wie die horizontale Entfernung vom Objekt, es muss nur noch die Augenhöhe addiert werden.

*3. Kann es mit einfachen Mitteln hergestellt werden?*

In einer Werkstatt ist es kein Problem, ein Försterdreieck z. B. aus Holz herzustellen. Eine weitere Möglichkeit besteht darin, es aus Karton herzustellen. Benötigt wird dann lediglich ein scharfes Messer und ein Messwerkzeug (z. B. ein Meterstab).

*4. Wie hoch ist der Maibaum tatsächlich?*

Damit die Höhe des Maibaums ermittelt werden kann, muss ein Försterdreieck hergestellt werden. Sie suchen auf der Veranstaltung nach einem gebrauchten Verpackungskarton, werden an einem Süßwarenverkaufstand fündig und dürfen den Deckel mitnehmen. Sie gehen zum Biertisch und entfernen mit einem Taschenmesser die Ränder vom Deckel, damit Sie ein Flächenstück aus Karton haben. Ihnen ist bekannt, dass ein Biertisch eine Breite von 70 cm oder 80 cm hat und zeichnen durch Markieren der Tischbreite auf dem Karton ein Quadrat. Nachdem Sie die Diagonale eingezeichnet haben, falten Sie das Quadrat zu einem gleichseitigen Dreieck, das Sie nun als Försterdreieck benützen. Sie stellen nun das Dreieck mit der Kathete auf den Biertisch und verschieben den Tisch so weit vom Maibaum, bis Sie beim Blick über die Hypotenuse genau die Spitze des Maibaums sehen. Durch Abschreiten der Strecke vom Biertisch zum Maibaum kann nun die Höhe des Maibaums bestimmt werden. Nachdem Sie 40 Schritte gezählt haben, müssen Sie noch die Tischhöhe von 75 cm addieren.

Der Maibaum hat also eine Höhe von 40 Schritten und 75 cm.

#### Aufgaben und Anregungen

1. Wie kann die Höhe des Maibaums von 40 Schritten und 75 cm in Metern bestimmt werden?
2. Wie kann z. B. beim Vermessen im Wald gewährleistet werden, dass das Försterdreieck waagerecht gehalten wird?

   Erörtern Sie, welche Hilfsmittel es gibt, um dies zu realisieren.
3. Ist es möglich, mit einem Geodreieck die Höhe des Klassenzimmers zu bestimmen?

### Zusammenfassung

**Für die Berechnung von Längen, Flächeninhalten und Volumina gilt:**

- Unbekannte Längen oder Strecken können mit dem Strahlensatz bestimmt werden.
- Für die Maßzahl von Flächen zweidimensionaler geometrischer Figuren gilt für geradlinig begrenzte Flächen: Grundseite mal Höhe
- Für Dreiecksflächen gilt: Grundlinie mal Höhe dividiert durch zwei.
- Die Volumina bei Körpern mit paralleler Grund- und Deckfläche berechnen sich aus dem Produkt von Grundfläche und Höhe.
- Das Volumen eines spitzen Körpers beträgt ein Drittel des Volumens eines entsprechenden Körpers mit paralleler Grund- und Deckfläche.

## 6.3 Üben & Anwenden

1. **Reklamemast**

Sie haben die Aufgabe, die Höhe eines Reklamemastes zu bestimmen. Zu diesem Zweck messen Sie vor Ort den 1,85 Meter langen Schatten eines 1,5 Meter großen Mädchens. Der Schatten des Reklamemastes hat eine Länge von 40,7 Meter. Berechnen Sie die Höhe $h$ des Reklamemastes.

2. **Streckenabschnitt $a$**

Der unbekannte Streckenabschnitt $a$ in nebenstehender Skizze soll ermittelt werden.

a) Welche Methode bietet sich an?

b) Berechnen Sie die Maßzahl des Streckenabschnittes.

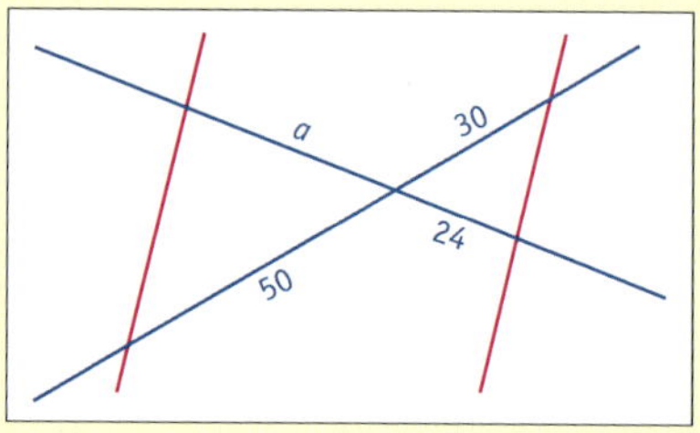


**Bild 1:** Unbekannter Streckenabschnitt

3. **Dachstuhlrenovierung**

Sie absolvieren ein Praktikum in einem Architekturbüro. Ein Mitarbeiter des Büros bittet Sie, beim aktuellen Projekt mitzuarbeiten. In einen Dachstuhl in einem denkmalgeschützten Haus in einem Altstadtkern soll in der Höhe $h'$ eine Decke eingezogen werden **(Bild 2)**.

a) Diskutieren Sie in der Gruppe, welche Berechnungsmöglichkeit sich anbietet.

b) Welche Länge $b'$ müssen die Deckenbalken haben?

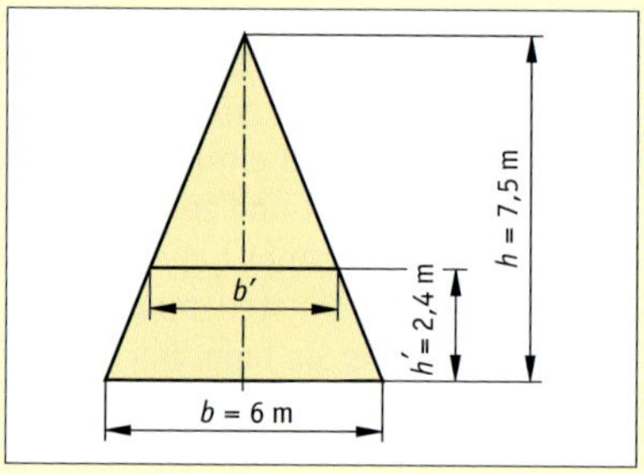


**Bild 2:** Dachstuhl

4. **Flussvermessung**

Sie sollen die Breite eines Flusses vermessen und wenden dabei einen Strahlensatz an. Sie verfahren nach folgender Methode, bei der Sie die Maße $a = 60\,\text{m}$, $b = 52\,\text{m}$ und $c = 10\,\text{m}$ messen **(Bild 3)**.

a) Um welchen Strahlensatz handelt es sich?

b) Konstruieren Sie andere Möglichkeiten der Vermessung.

c) Berechnen Sie die Flussbreite $x$.

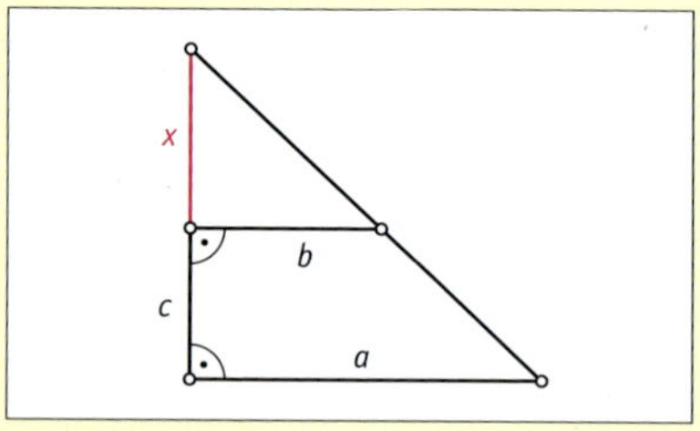


**Bild 3:** Flussbreite

5. **Höhe eines Lichtmastes**

Ein Klassenkamerad von Ihnen behauptet, dass die Höhe des Lichtmastes **(Bild 4)** ca. 10 Meter beträgt. Sie wollen dies mit dem erworbenen Wissen über Strahlensätze mit den entsprechenden Markierungen überprüfen.

a) Mit welchem Strahlensatz kann dies überprüft werden?

b) Berechnen Sie die Höhe des Lichtmastes $x$ und zeigen Sie, dass dies auf unterschiedliche Weise geschehen kann.

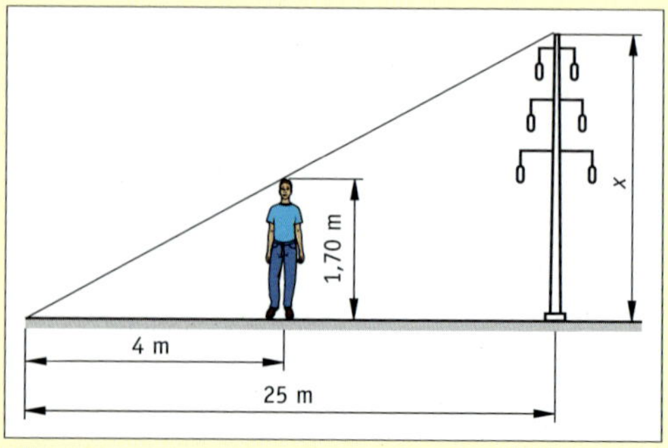


**Bild 4:** Lichtmast

6. **Baumhöhe**

Ein Waldfacharbeiter verwendet zur Bestimmung von Baumhöhen ein Messgerät, das aus zwei senkrecht aufeinander stehenden Stäben besteht, von denen einer verschoben werden kann **(Bild 1)**.

a) Diskutieren Sie mit Ihrem Nachbarn die Funktion des Messgerätes.

b) Geben Sie die Höhe $h$ des Baumes in allgemeiner Form an.

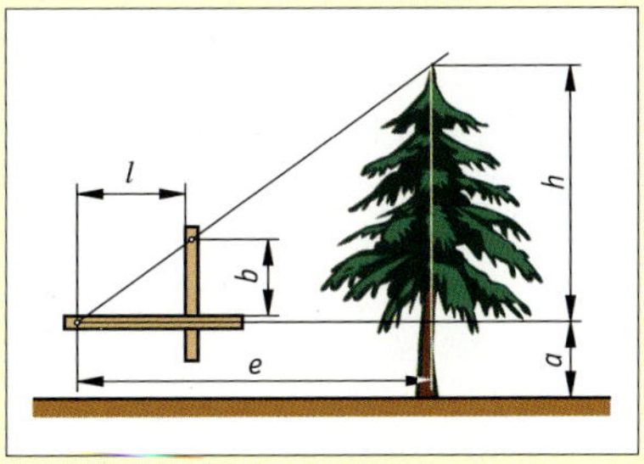


**Bild 1:** Baumvermessung

7. **Zimmerfläche**

In einer Wohngemeinschaft wird ein Zimmer in einer Altbauwohnung frei und Sie beschließen, das Angebot anzunehmen und dort einzuziehen. Als Ihre Mitbewohner erfahren, dass Sie die FOS/BOS besuchen, werden Sie gebeten, die Fläche eines Zimmers zu berechnen **(Bild 2)**, da ein Teppichboden in dem Zimmer verlegt werden soll.

a) Aus welchen geometrischen Flächen setzt sich der Fußboden des Altbauzimmers zusammen?

b) Wie viele Quadratmeter Teppichboden werden benötigt?

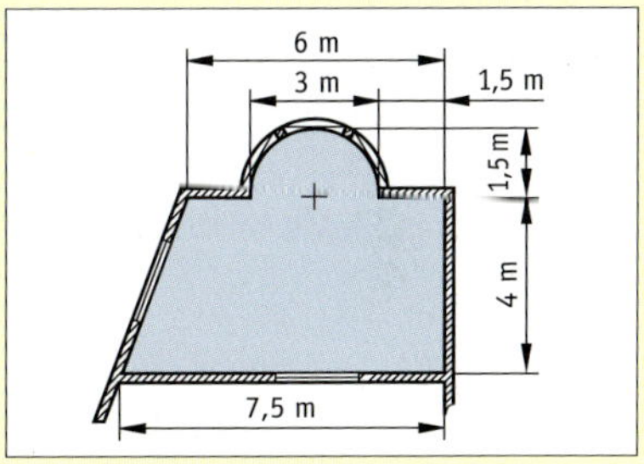


**Bild 2:** Zimmergrundriss

8. **Abdeckplatte**

Sie machen ein Praktikum bei einem Maschinenbaubetrieb. Dort bekommen Sie vom Praktikumsleiter die Aufgabe, die Fläche der Abdeckplatte **(Bild 3)** zu berechnen.

a) Berechnen Sie den Blechbedarf in $dm^2$.

b) Berechnen Sie den Blechabfall in Prozent, wenn die Abdeckplatte aus einem quadratischen Blech mit der Seitenlänge von 630 Millimeter gefertigt wird.

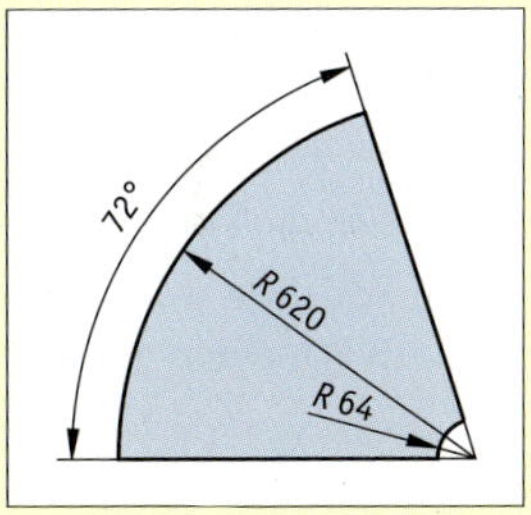


**Bild 3:** Abdeckplatte

9. **Viele Vierecke**

Häufig versuchen Betreiber von Internetseiten durch »gefällige« Aufgaben **(Bild 4)** den Nutzer auf sich aufmerksam zu machen und dadurch an Ihre Daten zu kommen. Dabei müssen Sie erst eine Aufgabe lösen, wie z. B. die Anzahl der Quadrate abzählen und das Ergebnis durch Anklicken einer Adresse melden um einen Geldpreis zu gewinnen.

Behalten Sie Ihre Daten für sich und vertreiben Sie sich die Zeit bei einer »Schöpfungspause« mit folgenden Aufgaben:

a) Wie viele Vierecke und

b) Quadrate befinden sich in der Figur?

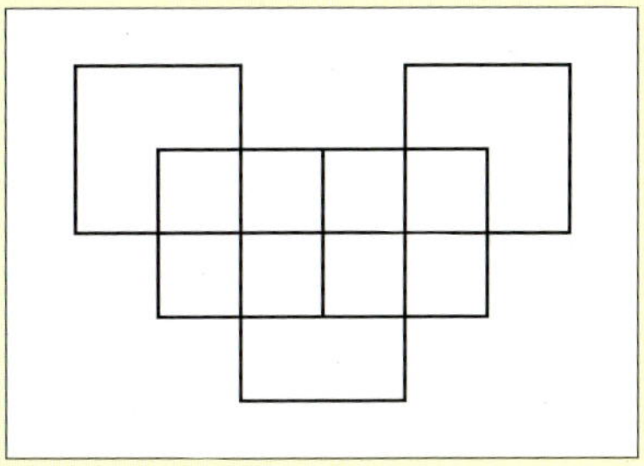

**Bild 4:** Vierecke und Quadrate

c) Berechnen Sie den äußeren Umfang und die dadurch entstehende Fläche der Figur.

### 10. Einheitsquadrat

Bei einem Leistungstest besteht Ihre Aufgabe in der Berechnung des Zwischenraums in einem Einheitsquadrat **(Bild 1)**.

a) Diskutieren Sie mit Ihrem Nachbarn, wie das Flächenstück konstruiert werden kann und zeichnen Sie dann das Gebilde.

b) Weisen Sie nach, dass die Maßzahl der Fläche für die Seitenlänge $a = 1$ das Ergebnis $A = 1 + \frac{\pi}{3} - \sqrt{3}$ ist.

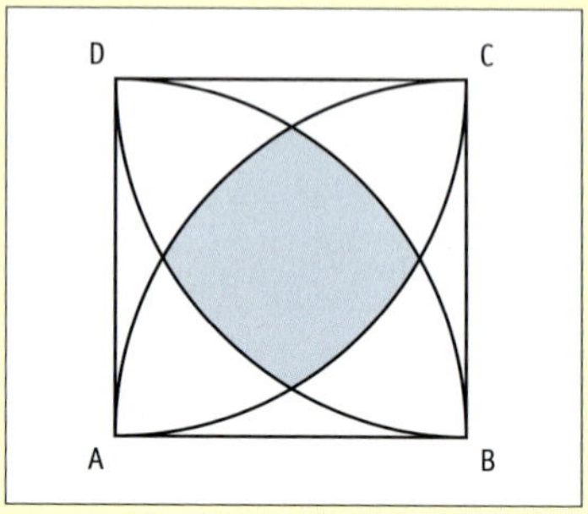


**Bild 1:** Viertelkreisbögen

### 11. Halbe Höhe

Bei einer Schulabschlussfeier soll mit Prosecco angestoßen werden. Beim Prüfen der Inhalte von Flasche und Gläsern bemerkte der Ausschenker: »Eine Flasche reicht aber nur für 7 randvolle Gläser **(Bild 2)**.« »Na, dann fülle die Gläser eben nur halb so hoch und es reicht für die doppelte Anzahl von Gläsern«, sagte der Klassensprecher.

Diskutieren Sie diese Aussage und ermitteln Sie dann die Anzahl der nur halbgefüllten Gläser.

**Bild 2:** Sieben Gläser pro Flasche

### 12. Würfelpyramide

Beim Besuch Ihrer Verwandtschaft sehen Sie, wie der Filius der Familie in seinem Zimmer eine Pyramide mit 10 cm großen Würfeln baut **(Bild 3)**. Der Herr des Hauses weiß, dass Sie die FOS/BOS besuchen und stellt folgende Fragen:

a) Wie groß sind die Oberfläche und das Volumen der Pyramide?

b) Wie viele Würfel muss ich noch beschaffen, damit die Pyramide mit 5 Schichten gebaut werden kann?

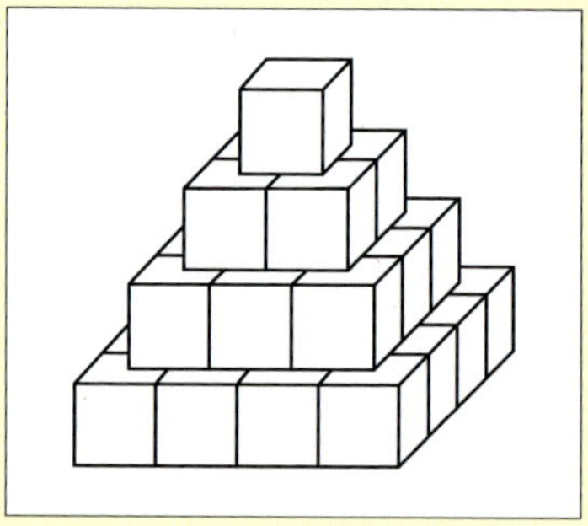

**Bild 3:** Pyramide aus Würfeln

### 13. Fläche und Volumen

Der Querschnitt eines Behälters für die Nahrungsmittelindustrie setzt sich aus einem Halbkreis mit Radius $a$, einem Rechteck und einem Dreieck zusammen **(Bild 4)**.

a) Berechnen Sie die Fläche und den Umfang der Querschnittsfläche.

b) Die Querschnittsfläche rotiert um die eingezeichnete Achse. Bestimmen Sie die Oberfläche und das Volumen des Rotationskörpers.

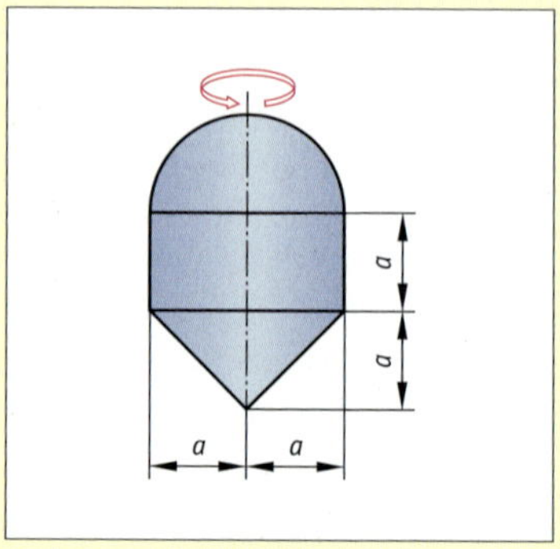


**Bild 4:** Rotationskörper

14. **Kugeltank**

Ein Heizöltank ist in Kugelform geschweißt und hat einen Innendurchmesser von $d_1 = 12\,\text{m}$ **(Bild 1)**.

a) Berechnen Sie die Oberfläche der Kugel im Innenraum.

b) Ermitteln Sie die Heizölmenge in Liter und Kubikmeter, wenn der Tank nur zu 95 % gefüllt werden darf.

c) Welche Höhe muss die Auffangwanne mit quadratischem Querschnitt und $d_2 = 15\,\text{m}$ mindestens haben, wenn aus Sicherheitsgründen 100 % des Tankinhalts darin Platz finden sollen?

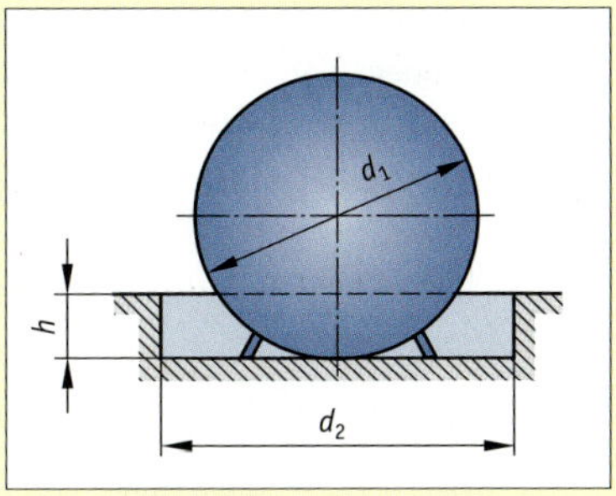


**Bild 1:** Kugeltank

15. **Gewächshaus**

Ein Gewächshaus soll in Form eines Quaders mit aufgesetztem Halbzylinder aufgebaut werden. Der Radius des Halbzylinders wird mit $r$ bezeichnet, die Grundfläche ist ein Rechteck mit der Breite $2r$ und der Länge $4r$ **(Bild 2)**.

a) Berechnen Sie das Volumen des Gewächshauses.

b) Zeigen Sie, dass bei vorgegebenem Volumen $V$ für die gesamte Außenfläche $A(r)$ gilt:

$$A(r) = \frac{3 \cdot V}{2 \cdot r} + 2 \cdot \pi \cdot r^2.$$

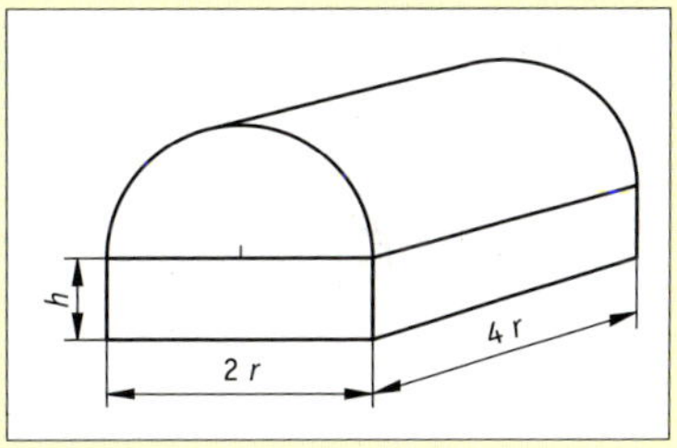


**Bild 2:** Gewächshaus

16. **Regentonne**

Eine zylindrische Regentonne ist doppelt so hoch, wie ihr Durchmesser und hat ein Fassungsvermögen von 200 Liter. Bestimmen Sie die Abmessungen der Regentonne.

17. **Oberfläche eines Quaders in Abhängigkeit von *a***

Nebenstehende Skizze zeigt die Abbildung eines Quaders.

a) Ermitteln Sie die Oberfläche des Quaders in Abhängigkeit von $a$.

b) Berechnen Sie den Wert für $a$, wenn die Oberfläche den Wert von 108 FE hat.

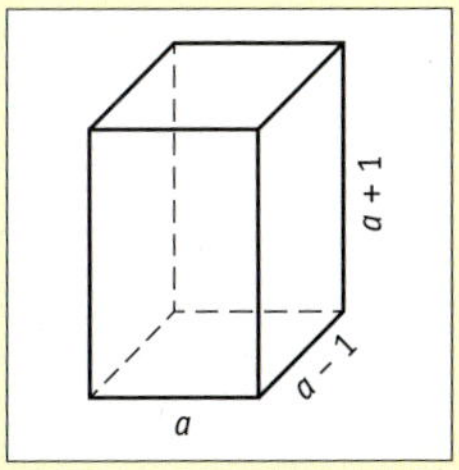


**Bild 3:** Quader

18. **Testaufgabe**

Bei einem Psychologietest erhält jeder Proband ein Stück Draht der Länge 15 cm. Durch rechtwinkliges Aufbiegen je eines Stückes der Länge $a$ an beiden Enden soll daraus ein U-förmiges Gebilde entstehen **(Bild 4)**. Denkt man sich nun die beiden Drahtenden durch eine unsichtbare Linie verbunden, so erhält man ein Rechteck. Aufgabe ist, ein Rechteck mit dem größten Flächeninhalt zu formen.

a) Geben Sie einen sinnvollen Definitionsbereich Da für a an.

b) Stellen Sie die Maßzahl der Rechteckfläche $A(a)$ in Abhängigkeit von $a$ dar.

c) Bestimmen Sie denjenigen Wert von $a$, für den der Flächeninhalt den größten Wert annimmt und geben sie deren Maßzahl an.

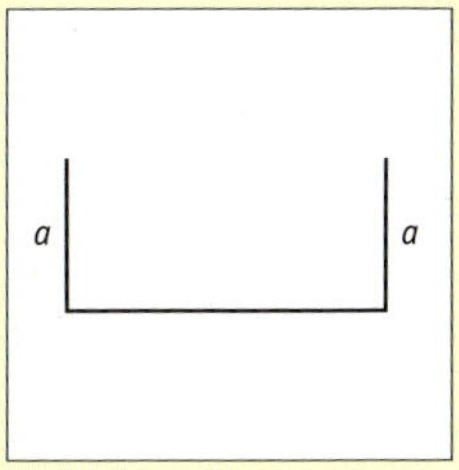


**Bild 4:** Psychologietest

## 19. Rechteckiges Gemüsebeet

Im Eckstück eines rechteckigen Grundstücks soll ein rechteckiges Gemüsebeet der Länge $a$ angelegt werden, das mit zwei Seiten an den Zaun grenzt **(Bild 1)**.

Das Beet darf sich nur bis zur Hecke erstrecken, die zwischen den Punkten A(0|4) und B(8|0) verläuft.

a) Geben Sie einen sinnvollen Definitionsbereich für $a$ an.

b) Stellen Sie eine Geradengleichung für den Verlauf der Hecke auf.

c) Zeigen Sie, dass ein Gemüsebeet der Länge $a$ die Fläche

$A(a) = -\frac{1}{2}a^2 + 4a$ hat.

d) Für welchen Wert von $a$ nimmt die Fläche des Beets ein absolutes Maximum an.

Berechnen Sie die Maßzahl dieser maximalen Fläche.

e) Wählen Sie ein geeignetes Koordinatensystem und zeichnen sie den Graph der Flächenfunktion.

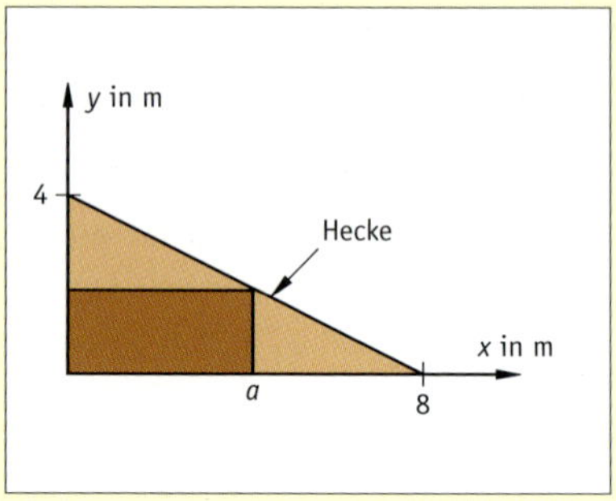


**Bild 1:** Gemüsebeet

## 20. Spielfeld

In einem Fußballstadion ist neben einem Spielfeld auch eine Laufbahn für Leichtathleten geplant **(Bild 2)**. Die Innenumrandung der Laufbahn soll 400 Meter lang sein und aus zwei Geradenstücken und zwei Halbkreisbögen bestehen. Das Fußballfeld, welches im Innern der Laufbahn an die Geradenstücke der Laufbahn angrenzt, ist so zu bemessen, dass die Spielfeldfläche $A$ maximale Größe annimmt.

a) Diskutieren Sie in der Gruppe, wie das Spielfeld aussieht, wenn $x$ minimal wird oder wenn $r$ minimal wird.

b) Erstellen Sie eine Funktionsgleichung für die Spielfeldfläche, die nur vom Parameter $x$ abhängt.

c) Zeichnen sie den Graphen der Funktionsfläche und bestimmen Sie $x$ so, dass die Spielfeldfläche maximal wird und geben Sie die Maßzahl von Länge und die Breite des Spielfeldes an.

**Bild 2:** Fußballstadion

## 21. Rechteck

Sie absolvieren ein Praktikum in einer Möbelschreinerei. Dort bekommen Sie den Auftrag, aus einem füneckigem Brett ein rechteckiges Flächenstück herauszusägen **(Bild 3)**.

a) Diskutieren Sie in der Gruppe, welche Möglichkeiten sich bieten.

b) Stellen Sie die Flächenmaßzahl $A(a)$ des Rechtecks in Abhängigkeit der Streckenlänge $a$ dar und geben Sie eine Sinnvolle Definitionsmenge $D_A$ an.

c) Berechnen Sie denjenigen Wert von $a$, für den die Rechteckfläche den größten Wert annimmt und geben Sie deren Maßzahl an.

d) Berechnen Sie, wie groß der »Abfall« in Prozent ist, bezogen auf die ursprüngliche Fläche des Fünfecks.

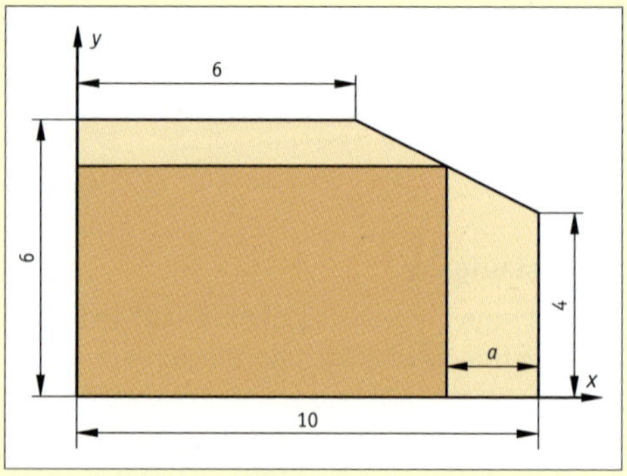


**Bild 3:** Rechteckige Fläche

# Lernbereich 6: Wissen · Können · Testen

**Ich kann ...**

- ... unbekannte Längen bei geometrischen Problemstellungen mittels Strahlensatz bestimmen.
- ... den Umfang und die Maßzahl des Flächeninhalts zweidimensionaler geometrischer Figuren berechnen und die Länge von Kreisbögen ermitteln.
- ... den Oberflächeninhalt sowie das Volumen geometrischer Körper, auch in Abhängigkeit von einem Parameter ermitteln.
- ... von vorgegebenen Volumina oder von Flächeninhalten von Körpern deren Abmessungen, wie z. B. Kantenlängen, Höhen oder Durchmesser berechnen.

## Testen Sie Ihr Können

**Zeit: 30 Minuten**

1. Bestimmen Sie die Höhe eines Baumes, wenn der Schatten des Baumes 12 m und der Schatten des 1,7 m großen Menschen 1,2 m beträgt **3**

2. Die Raumstation ISS fliegt in einer Höhe von 400 km in 90 min um die Erde. Der Erdradius beträgt ca. 6378 km. **4**

   a) Welche Strecke legt die ISS bei einem Erdumflug zurück?

   b) Ermitteln Sie die Geschwindigkeit der Raumstation (Die nicht beschleunigte Geschwindigkeit wird mit der Formel $v = \frac{s}{t}$ berechnet).

3. Das Wasserbecken im Freibad einer Stadt wird zu jeder Badesaison vor dem Füllen mit Wasser gestrichen. **8**

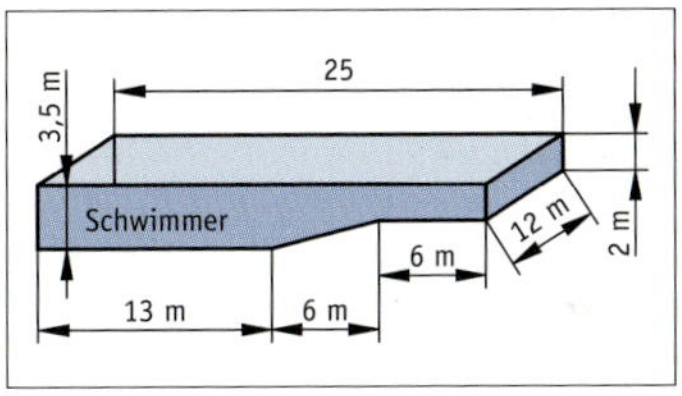


   a) Bestimmen Sie die Maßzahl der zu streichenden Fläche.

   b) Ermitteln Sie die Anzahl der Eimer mit Farbe, wenn mit einem Eimer $40\,m^2$ gestrichen werden können.

   c) Wie viel Liter Wasser passen in das Becken, wenn es randvoll gefüllt wird?

4. Ein oben offenes Gefäß aus Edelstahlblech hat die Form eines Quaders mit quadratischer Grundfläche und der Grundseitenlänge $a$. Die Höhe des Behälters ist doppelt so groß wie die Grundseitenlänge. **5**

   a) Ermitteln Sie die Maßzahl der Fläche des Bleches in Abhängigkeit von $a$.

   b) Bestimmen Sie das Volumen des Behälters in Abhängigkeit von $a$.

   c) Der Behälter soll ein Fassungsvermögen von 16 Liter haben. Bestimmen Sie $a$.

**20 BE**

# 7 Daten und Zufall, Wahrscheinlichkeit

**Erarbeitung der Lerninhalte**

Sie besuchen am schulfreien Samstag die Eröffnung eines großen Möbelhauses. Dort wird allen Besuchern angeboten, am »Glücksrad« zu drehen. Es werden folgende Gewinne ausgelobt: Bleibt der Zeiger auf einer ungeraden Zahl stehen, so gibt es einen Trostpreis. Bleibt der Zeiger auf einer geraden Zahl stehen, so gibt es einen Warengutschein im Wert von 20 €. Bleibt der Zeiger auf der Zahl 16 stehen, so erhält der Besucher einen Warengutschein von 100 €.

Aufgrund Ihrer Kenntnisse in Mathematik stellen Sie sich folgende Fragen:

1. Handelt es sich beim Drehen des Glücksrads um ein Laplace-Experiment?
2. Wie groß ist die Wahrscheinlichkeit $P(E_1)$, einen Warengutschein von 20 € zu gewinnen?
3. Wie groß ist die Wahrscheinlichkeit $P(E2)$, den Hauptgewinn von 100 € zu gewinnen?

(Lösung der Aufgabe auf Seite 452)

## 7.1 Wichtige Begriffe zu Daten und Zufall, Wahrscheinlichkeit

**Arbeitsauftrag:** Informieren Sie sich anhand der Übersicht über wichtige Begrifflichkeiten im Zusammenhang mit Daten, Zufallsexperimenten und Wahrscheinlichkeiten.

### 7.1.1 Zufallsexperiment

Ein Zufallsexperiment ist ein Experiment, bei dem das Ergebnis nicht vorherbestimmbar ist, das mindestens zwei mögliche Ergebnisse hat und unter gleichen Bedingungen beliebig oft wiederholt werden kann.

### 7.1.2 Ergebnis und Ergebnisraum

Beim Werfen einer Münze sind nur die Ergebnisse »Kopf« oder »Zahl« möglich (Voraussetzung ist, dass die Münze nicht auf der Kante stehenbleibt). Listet man alle möglichen Ergebnisse in Form einer Menge auf, dann erhält man den Ergebnisraum, der mit dem griechischen Großbuchstaben Ω bezeichnet wird. Die einzelnen möglichen Ergebnisse werden mit dem griechischen Kleinbuchstaben ω abgekürzt. Die Anzahl n aller Möglichkeiten wird als Mächtigkeit des Ergebnisraums bezeichnet und mit Betragsstrichen angegeben.

Kopf (K) Zahl (Z)

Beim einmaligen Münzwurf

$\Omega = \{K, Z\}$ (Ergebnisraum), $|\Omega| = 2$ (Mächtigkeit)

$\omega_1 = \{K\}$, $\omega_2 = \{Z\}$ (Ergebnisse)

### 7.1.3 Ereignisse

Wenn $\mathbf{\Omega = \{\omega_1; \omega_2; \ldots ; \omega_n\}}$ der Ergebnisraum eines Zufallsexperiments ist, so heißt jede Teilmenge $E \subseteq \Omega$ **Ereignis** dieses Zufallsexperiments.

Die Ereignisse $\{\omega_1\}, \{\omega_2\}, \ldots, \{\omega_n\}$, heißen **Elementarereignisse**.

Wenn ein Ereignis nicht eintreten kann, so bezeichnet man es als **unmögliches Ereignis** und es wird als leere Menge { } bezeichnet.

Das Ereignis $\overline{A} = \Omega \backslash A$ wird als **Gegenereignis** zu $A$ bezeichnet.

### 7.1.4 Venn-Diagramm

Damit logische Beziehungen zwischen zwei (oder mehr) Mengen dargestellt werden können, kann man ein Venn-Diagramm verwenden. Bei der Erstellung von Venn-Diagrammen handelt es sich um eine graphische Darstellung, dabei verwendet man überlappende geometrische Formen (z. B. Kreise oder Ellipsen).

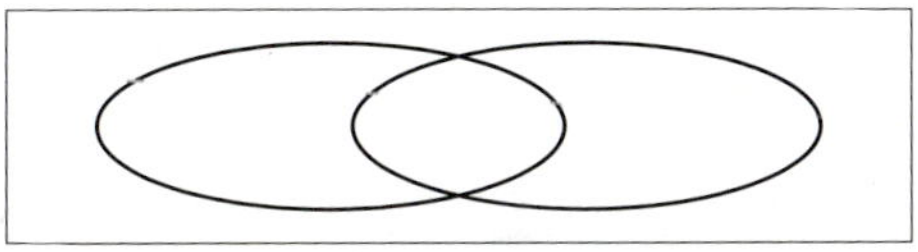

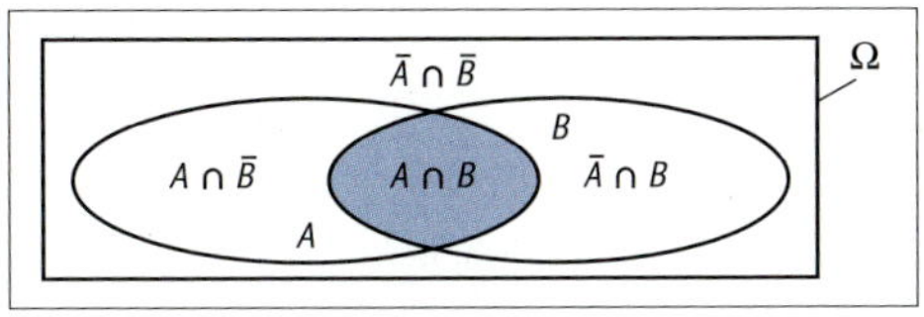


Graphische Darstellung der Ereignisse $A$ und $B$ als Schnittmenge im Venn-Diagramm

### 7.1.5 Logische Verknüpfung von Ereignissen

Schnittmenge: $E_1 \cap E_2$

gesprochen: »$E_1$ geschnitten $E_2$«

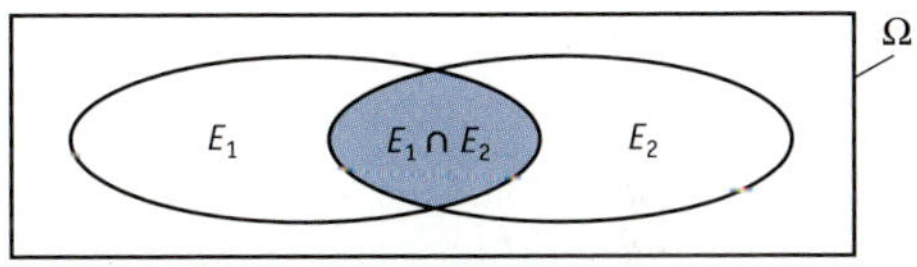


Vereinigungsmenge: $E_1 \cup E_2$

gesprochen: »$E_1$ vereinigt $E_2$«

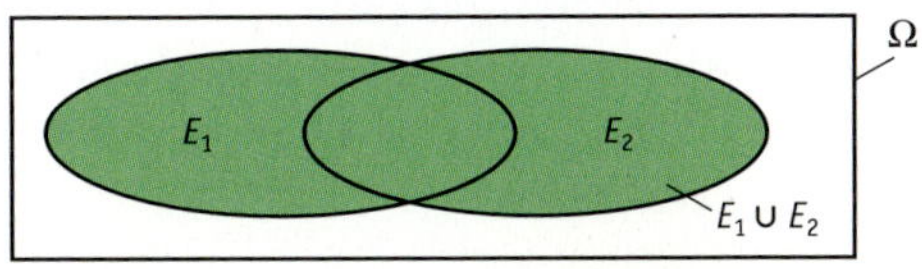


Ereignis und Gegenereignis: $E$ und $\bar{E}$

gesprochen: »E und nicht E«

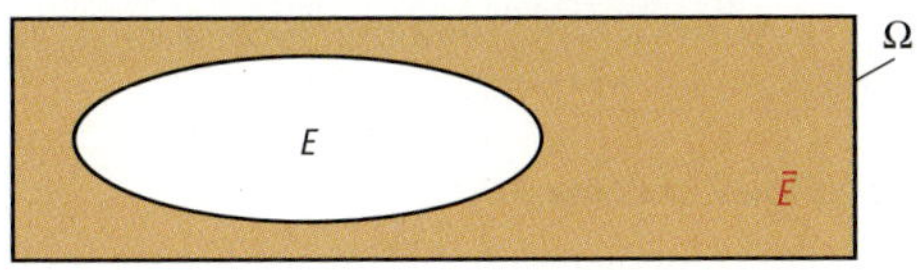


### 7.1.6 Vierfeldertafel

Eine Vierfeldertafel ist ein Hilfsmittel, um absolute bzw. relative Häufigkeiten zweier Ereignisse A und B von $\Omega$ graphisch darzustellen. Dabei werden in der ersten Zeile die Symbole für das Ereignis $A$ und sein Gegenereignis $\bar{A}$ und in der ersten Spalte die Symbole für das Ereignis B und sein Gegenereignis $\bar{B}$ eingetragen.

| $\Omega$ | $A$ | $\bar{A}$ | |
|---|---|---|---|
| $B$ | | | |
| $\bar{B}$ | | | |
| | | | |

### 7.1.7 Baumdiagramm

Einstufige oder mehrstufige Zufallsexperimente können übersichtlich durch Baumdiagramme dargestellt werden. Es handelt sich dabei um eine graphische Darstellung. Der Name leitet sich aus der verästelten Struktur dieser Darstellung her. Jeder Pfad des Baumdiagramms symbolisiert dabei ein Ergebnis des Zufallsexperiments.

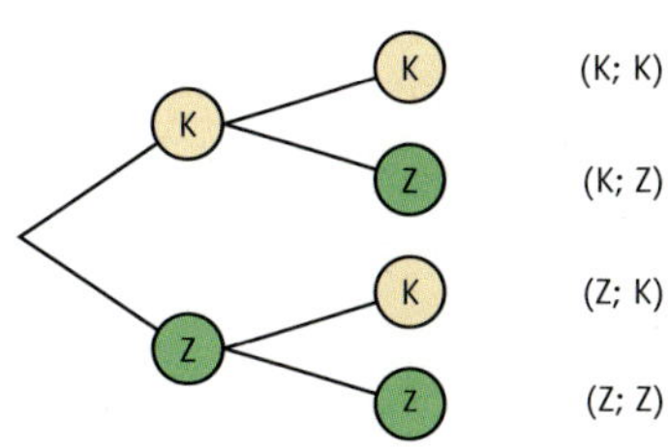

### 7.1.8 Absolute und relative Häufigkeit

Unter der absoluten Häufigkeit $H_n(E)$ versteht man die Anzahl der Elemente mit einem bestimmten Merkmal, die in einer Menge $M$ mit $n$ Elementen auftreten.

Das Verhältnis aus der absoluten Häufigkeit $H_n(E)$ und der Menge $n$ der Elemente der Menge $M$ heißt relative Häufigkeit und wird mit $h_n(E)$ bezeichnet: $h_n(E) = \frac{H_n(E)}{n}$.

Die relative Häufigkeit wird meist in Prozent angegeben.

## 7.2 Strategien zum Bearbeiten von Daten, Zufall und Wahrscheinlichkeit

**Arbeitsauftrag:** Vertiefen Sie sich in die Theorie der Wahrscheinlichkeitsrechnung und in die Vorgehensweise der einzelnen Lösungsstrategien und überlegen Sie, welches Lösungsverfahren bei bestimmten Problemen das vorteilhafteste ist.

### 7.2.1 Zufallsexperiment und Ereignis

Sie schauen sich ein Fußballspiel an und beobachten vor dem Anpfiff, wie der Schiedsrichter die Seitenwahl durchführt. Dazu benutzt er eine spezielle Wählmarke **(Bild 1)**. Sie hat die Form einer Münze und besitzt eine rote Seite (r) und eine schwarze Seite (s). Nachdem sich die Mannschaftskapitäne auf je eine Farbe festgelegt haben, wirft der Schiedsrichter die Wählmarke.

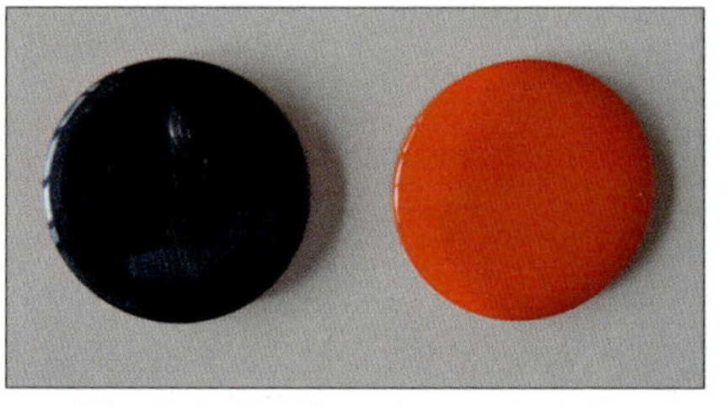

**Bild 1:** Wählmarke

#### Einstufige Zufallsexperimente

Bei vielen Experimenten oder Versuchen ist der Ausgang vom Zufall abhängig und deshalb nicht vorhersehbar, obwohl die möglichen Ausgänge bekannt sind. Solche Experimente heißen **Zufallsexperimente,** sie kommen z. B. bei der Seitenwahl oder beim Glücksspiel (Lotto oder Roulette) vor. Dabei heißt jeder mögliche Ausgang eines Zufallsexperiments **Ergebnis.** Die Zusammenfassung aller möglichen Ergebnisse wird **Ergebnismenge** oder auch **Ergebnisraum** genannt. Der Ergebnisraum wird mit $\Omega$ (gesprochen: »Omega«) und die Ergebnisse mit $\omega$ (gesprochen: klein »Omega«) bezeichnet. Die Anzahl der Elemente des Ergebnisraums nennt man **Mächtigkeit** des Ergebnisraums und schreibt $|\Omega|$. Da bei der Seitenwahl die Wählmarke nur einmal geworfen wurde, spricht man von einem einstufigen Zufallsexperiment. Das Zufallsexperiment »Werfen einer Wählmarke« hat die zwei möglichen Ergebnisse rot (r) oder schwarz (s).

#### Beispiel

Da bei der Seitenwahl die Wählmarke nur einmal geworfen wurde, spricht man von einem einstufigen Zufallsexperiment. Das Zufallsexperiment »Werfen einer Wählmarke« hat die zwei möglichen Ergebnisse rot (r) oder schwarz (s).

a) Begründen Sie, dass es sich bei der Seitenwahl mit einer Wählmarke um ein Zufallsexperiment handelt.
b) Geben Sie den Ergebnisraum und seine Mächtigkeit an.
c) Veranschaulichen Sie das Zufallsexperiment in einem Venn-Diagramm und dem zugehörigen Baumdiagramm.

#### Lösung

**a)** Das Werfen einer Wählmarke ist ein Zufallsexperiment, da es beliebig oft wiederholt werden kann, es zwei mögliche Ergebnisse gibt und nicht vorhersehbar ist, ob schwarz oder rot erscheint.

**b)** Die zwei möglichen Ergebnisse $\omega$ lauten $\omega_1 = \text{r}$ und $\omega_2 = \text{s}$, sie werden im Ergebnisraum $\Omega = \{\text{r; s}\}$ aufgelistet. Die Mächtigkeit des Ergebnisraums ist $|\Omega| = 2$.

**c)** Das Venn-Diagramm **(Bild 1)** und das Baumdiagramm **(Bild 2)** sind zwei Möglichkeiten, die Ergebnisse darzustellen.

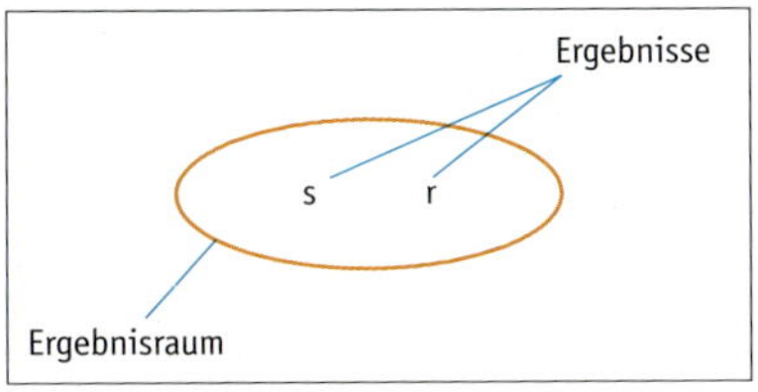


**Bild 1:** Venn-Diagramm

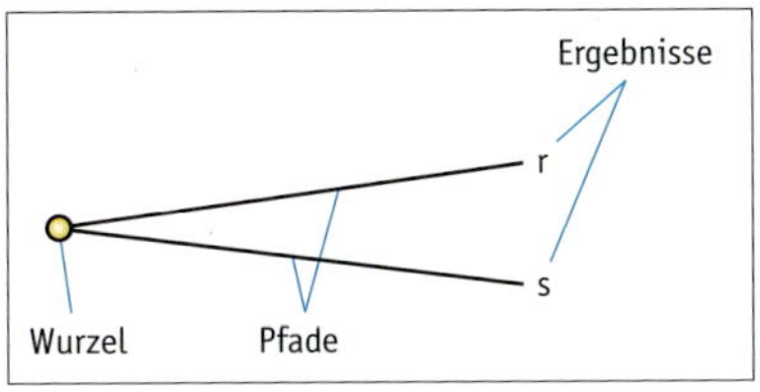


**Bild 2:** Baumdiagramm

**Bei einem Zufallsexperiment gilt:**

Ein Zufallsexperiment ist ein Experiment,
- bei dem das Ergebnis nicht vorherbestimmbar ist und das mindestens zwei mögliche Ereignisse hat und
- das unter gleichen Bedingungen beliebig oft wiederholt werden kann.

- Der Ausgang eines Zufallsexperiments heißt Ergebnis $\omega$.
- Die Menge aller Ergebnisse eines Zufallsexperiments heißt Ergebnismenge $\Omega$ oder auch Ergebnisraum.
- Die Anzahl der Elemente $\omega$ des Ergebnisraums heißt Mächtigkeit $|\Omega|$.

**Aufgaben**

1. Nennen Sie ein Experiment, bei dem man den Ausgang schon vorhersagen kann.
2. Sie planen in den Ferien mit Klassenkameraden einen Urlaub in der Toskana und haben Ferienwohnungen in drei Städten zur Auswahl, die erste Wohnung in Pisa (P), die zweite Wohnung in Florenz (F) und die dritte Wohnung in Siena (S). Da keine Einigung zustande kommt, beschriften Sie drei Zettel mit den Anfangsbuchstaben der Städte, falten sie und legen die Zettel in eine Tasse und dann kommt es zur Auslosung.
   a) Geben Sie den Ergebnisraum und die Mächtigkeit des Ergebnisraums an.
   b) Zeichnen Sie das entsprechende Baumdiagramm.
3. Beim Mensch-Ärgere-Dich-Nicht-Spiel werfen Sie im Spielverlauf einen Würfel. Geben Sie den Ergebnisraum und dessen Mächtigkeit an und zeichnen Sie das dazugehörige Baumdiagramm.

### Mehrstufige Zufallsexperimente

Wird ein Zufallsexperiment einmal wiederholt, so spricht man von einem zweistufigen Zufallsexperiment. Wird ein Zufallsexperiment mehrfach wiederholt, so spricht man von einem mehrstufigen Zufallsexperiment. Bei mehrstufigen Zufallsexperimenten unterscheidet man noch, ob die Grundmenge gleich bleibt, d. h. immer mit der gleichen Grundmenge begonnen wird oder ob sie sich nach jedem Experiment reduziert.

**Beispiel 1**

Sie werfen eine 2-Euro-Münze auf den Tisch, notieren das Ergebnis der obenliegenden Seite, Wappen (W) oder Zahl (Z), nehmen die Münze wieder in die Hand und werfen ein zweites Mal.

a) Beschreiben Sie das Zufallsexperiment.
b) Geben Sie den Ergebnisraum und dessen Mächtigkeit an.
c) Zeichnen Sie das dazugehörige Baumdiagramm.

**Lösung**

**a)** Durch das einmalige Wiederholen des Münzwurfes handelt es sich um ein zweistufiges Zufallsexperiment, dabei können folgende Ergebnisse eintreten:

1. Wurf (1. Stufe):
Hier gibt es die zwei Möglichkeiten Wappen (W) oder Zahl (Z).

2. Wurf (2. Stufe):
Es gibt hier wieder die zwei Möglichkeiten Wappen (W) oder Zahl (Z). An den Enden der Pfade können nun alle möglichen Ergebnisse des zweistufigen Zufallsexperiments abgelesen werden: Wappen, Wappen oder Wappen, Zahl oder Zahl, Wappen oder Zahl, Zahl.

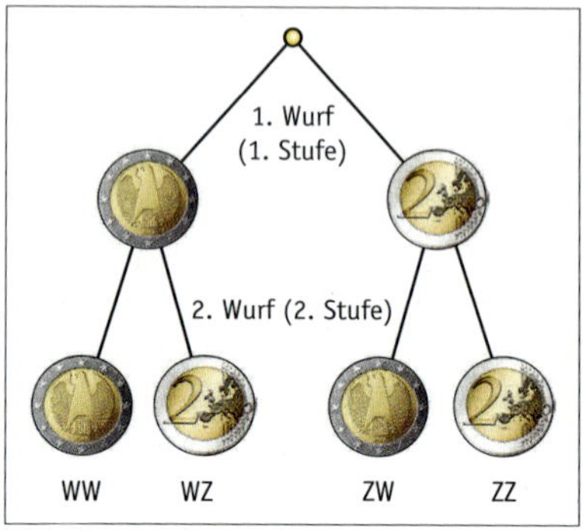


**Bild 1:** Baumdiagramm

**b)** Ergebnisraum: $\Omega = \{WW; WZ; ZW; ZZ\}$

Mächtigkeit: $|\Omega| = 4$

**c)** Siehe **Bild 1**.

**Beispiel 2**

In einer Urne liegen vier blaue (bl) Kugeln und eine gelbe (ge) Kugel **(Bild 2)**. Bei einem Zufallsexperiment werden drei Kugeln zufällig gezogen. Zeichnen Sie das Baumdiagramm, geben Sie den Ergebnisraum und die Mächtigkeit an, wenn

a) jede gezogene Kugel vor dem nächsten Zug wieder zurückgelegt wird,

b) die gezogenen Kugeln nicht zurückgelegt werden.

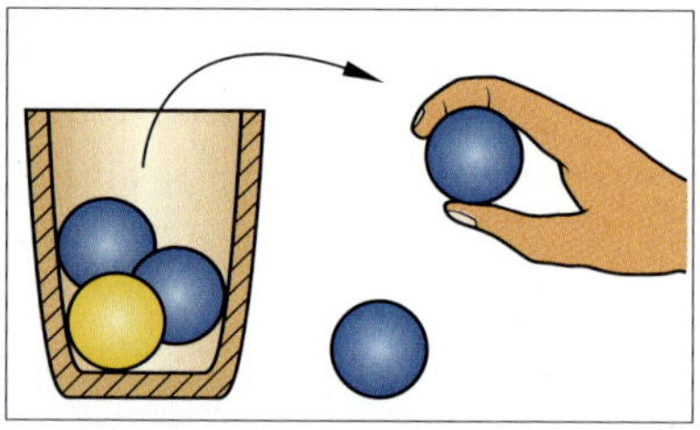

**Bild 2 :** Ziehen von 3 Kugeln

**Lösung**

**a)** Mit Zurücklegen

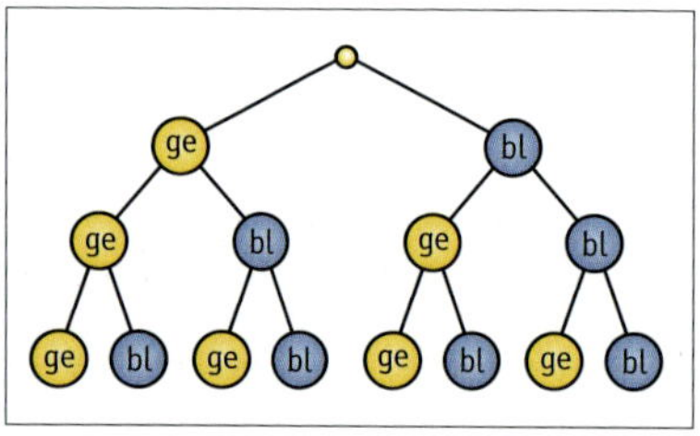


**Bild 3:** Baumdiagramm

Ergebnisraum:

$\Omega = \{(ge,ge,ge); (ge,ge,bl); (ge,bl,ge); (ge,bl,bl); (bl,ge,ge); (bl,ge,bl); (bl,bl,ge); (bl,bl,bl)\}$

Mächtigkeit: $|\Omega| = 8$

**b)** Ohne Zurücklegen

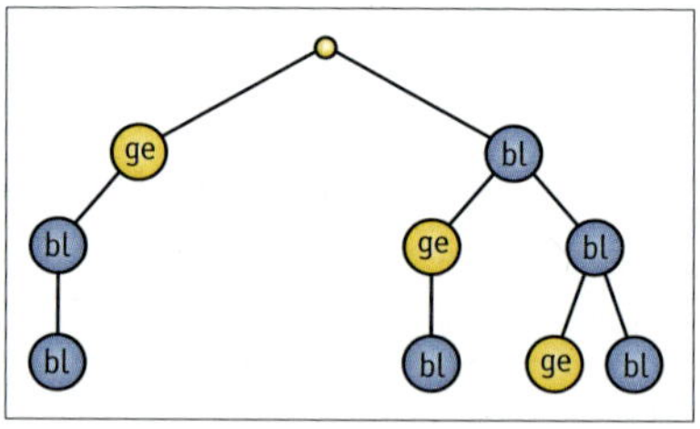


**Bild 4:** Baumdiagramm

Ergebnisraum:

$\Omega = \{(ge,bl,bl); (bl,ge,bl); (bl,bl,ge); (bl,bl,bl)\}$

Mächtigkeit: $|\Omega| = 4$

**Merke**

- Wird ein Zufallsexperiment mehrfach wiederholt, so spricht man von einem mehrstufigem Zufallsexperiment.
- Bei mehrstufigen Zufallsexperimenten unterscheidet man, ob die Grundmenge gleich bleibt (mit Zurücklegen) oder sich nach jedem Experiment reduziert (ohne Zurücklegen).

**Aufgaben**

1. Entscheiden Sie, ob es sich um ein Zufallsexperiment handelt.
   a) Um den 1. Zug beim Spiel »Schwarzer Peter« zu bestimmen, spielen die zwei Teilnehmer »Papier-Schere-Stein«.
   b) Ein Kind zieht beim Spiel »Schwarzer Peter« eine Karte.
2. In einem Würfelbecher befinden sich zwei Würfel. Sie schütteln den Becher und lassen die Würfel auf den Tisch fallen.
   a) Zeichnen Sie ein Baumdiagramm für die möglichen Augenzahlen beim Wurf.
   b) Welche Augenzahl kann nicht eintreffen?
   c) Geben Sie die Mächtigkeit des Ergebnisraums an.

## Ereignisse

Fasst man ein oder mehrere Ergebnisse eines Ergebnisraums $\Omega$ zusammen, so erhält man ein Ereignis $E$. Dieses Ereignis ist dann Teilmenge des Ergebnisraums und man schreibt: $E \subseteq \Omega$.

Ein Ereignis, das bei jeder Durchführung eines Experiments eintrifft, wird als **sicheres Ereignis** bezeichnet und es gilt: $\boldsymbol{E = \Omega}$. So erhält man z. B. beim einmaligen Werfen eines Würfels stets das Ergebnis $E$: »Die Augenzahl ist mindestens 1.«

Ein Ereignis, von dem man von vornherein weiß, dass es nicht eintreffen kann, wird als **unmögliches Ereignis** bezeichnet und man schreibt: $\boldsymbol{E = \{\ \}}$. Ein unmögliches Ereignis beim einmaligen Würfeln ist z. B. $E$: »Die Augenzahl ist sieben.«

Ergebnisse, die nur ein einziges Element besitzen, bezeichnet man als **Elementarereignisse.**

Das **Gegenereignis** $\bar{E}$ des Ereignisses $E$ enthält alle Ergebnisse von $\Omega$, die im Ereignis $E$ fehlen.

**Beispiel**

In einer Obstschale befinden sich Pflaumen P und Zwetschgen Z. Es werden nacheinander zwei Früchte entnommen. Damit lautet der Ergebnisraum $\Omega$ = {PP; PZ; ZP; ZZ}. Ermitteln Sie die Ergebnismengen folgender Ereignisse:

a) $E_1$: »Die entnommenen Früchte sind von derselben Sorte.«
b) $E_2$: »Die entnommenen Früchte enthalten mindestens eine Pflaume.«
c) $E_3$: »Die entnommenen Früchte enthalten keine Pflaume.«
d) $E_4$: $E_4 = \overline{E_3}$

**Lösung**

**a)** Das Ereignis $E_1$ beinhaltet nur zwei Pflaumen oder zwei Zwetschgen.

$E_1$ = {PP; ZZ}.

**b)** Das Ereignis $E_2$ beinhaltet eine Pflaume und eine Zwetschge oder zwei Pflaumen.

$E_2$ = {PP; PZ; ZP}.

**c)** Beim Ergebnis $E_3$ dürfen nur Zwetschgen vorkommen.

$E_3$ = {ZZ}.

**d)** $E_4$ ist das Gegenereignis zu $E_3$, also muss mindestens eine Pflaume vorkommen.

$E_4 = \overline{E_3} = E_2$ = {PP; PZ; ZP}.

**Merke**

- Ein Ereignis $E$ ist eine Teilmenge des Ergebnisraums $\Omega$ eines Zufallsexperiments.
- Falls Ereignisse eintreten können, nennt man sie mögliche Ereignisse.
- Ein Elementarereignis enthält nur ein einzelnes Ergebnis.
- Besondere Ereignisse sind das sichere Ereignis, das immer eintritt ($E = \Omega$) und das unmögliche Ereignis, das nie eintritt ($E = \{\ \}$).

## Aufgaben

Geben Sie beim einmaligen Würfeln eines idealen 6-seitigen Würfels den Ergebnisraum und die Ergebnismengen folgender Ereignisse an:

a) $E1$: »Die Augenzahl ist kleiner als 7.«

b) $E2$: »Die Augenzahl ist größer als 4.«

c) $\overline{E2}$: »Die Augenzahl ist höchstens 4.«

d) $E3$: » Die Augenzahl ist 4.«

e) $E4$: »Die Augenzahl ist größer als 6.«

### 7.2.2 Logische Verknüpfungen von Ereignissen

Zwei beliebige Ereignisse $E_1$ und $E_2$ sind immer Teilmengen des Ergebnisraums $\Omega$. Die Verknüpfung von Mengen sowie die zugehörigen Symbole und Darstellungen können deshalb auf Ereignisse übertragen, mit der Ereignisalgebra verdeutlicht oder in Venn-Diagrammen veranschaulicht werden.

**Beispielaufgabe**

Fünf meiner Freunde sind im örtlichen Sportverein aktive Mitglieder. Franz (F) spielt Fußball, Helmut (H) spielt Handball, Torsten (TS) spielt Tennis und ist Schwimmer, Susanne (S) ist Schwimmerin und Yvonne (Y) macht Yoga. Meine fünf Freunde können in die Ereignisse $E_1$: »Sportler, die mit dem Ball spielen« $\Leftrightarrow$ $E_1 = \{F; H; TS\}$ und $E_2$: »Sportler, die Sportarten ohne Ball betreiben« $\Leftrightarrow$ $E_2 = \{S; Y\}$ eingeteilt werden.

Geben Sie die folgenden Ereignisse $E_3$, $E_4$ und $E_5$ in Mengenschreibweise an und stellen Sie die Ereignisse in Venn-Diagrammen dar. Bedienen Sie sich dazu auch der Lernkarte: Mengen und Mengenverknüpfungen.

a) $E_3$: »Sportler, die Sportarten betreiben, die mit dem Ball oder ohne Ball betrieben werden.«

b) $E_4$: »Sportler, die Sportarten betreiben, die mit Ball und ohne Ball ausgeführt werden.«

c) $E_5$: »Das Gegenereignis zu Sportler, die mit dem Ball spielen.«

**Lösung**

Der Ergebnisraum ist $\Omega = \{F; H; TS; S; Y\}$

**a)** Ereignis $E_3$: »Sportler, die Sportarten betreiben, die mit dem Ball oder ohne Ball betrieben werden«, betrifft alle Sportler, denn sie betreiben Ballsport **oder** ($\vee$) keinen Ballsport oder beides.

Mengenschreibweise:

$E_3 = E_1 \cup E_2 = \{F; H; TS \vee S; Y\}$

$E_3$ wird als **Vereinigungsmenge** von $E_1$ und $E_2$ bezeichnet.

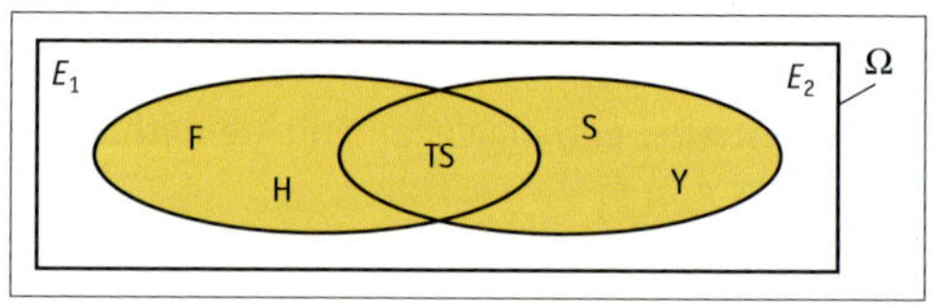


Venn-Diagramm

**b)** Ereignis $E_4$: »Sportler, die Sportarten betreiben, die mit Ball und ohne Ball ausgeführt werden«, trifft nur auf Torsten zu, der Tennis spielt **und** ($\wedge$) Schwimmer ist.

Mengenschreibweise:

$E_4 = E_1 \cap E_2 = \{TS\}$

$E_4$ wird als **Schnittmenge** von $E_1$ und $E_2$ bezeichnet.

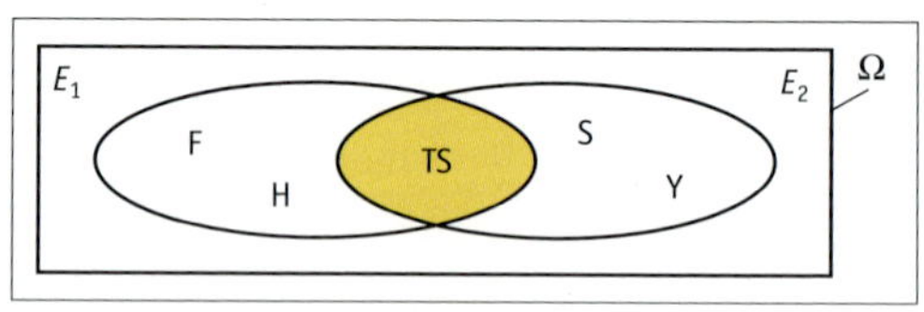


Venn-Diagramm

**c)** Ereignis $E_5$: Das Gegenereignis zu Sportler, die mit dem Ball spielen, sind die Sportler, die nicht mit dem Ball spielen.

Sportler die **nicht** mit dem Ball spielen, sind Susanne und Yvonne. Torsten Ist zwar auch Schwimmer, betreibt aber zusätzlich Ballsport.

Mengenschreibweise:

$E_5 = \Omega \setminus E_1 = \{S; Y\} = \overline{E_1}$

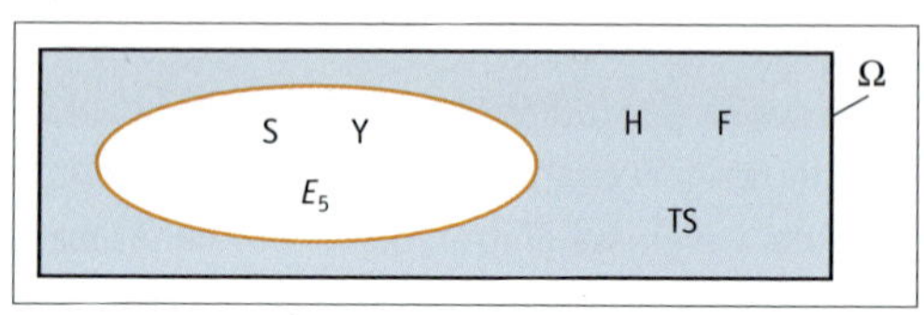

**Mengenoperationen (siehe auch Lernkarte Mengen und Mengenverknüpfungen)**

| Symbol | Bedeutung | Mengendarstellung |
|---|---|---|
| $E_1 \cap E_2$ gesprochen: »$E_1$ geschnitten $E_2$« | Das Ereignis $E_1 \cap E_2$ tritt ein, wenn sowohl $E_1$ als auch $E_2$ eintreten. | 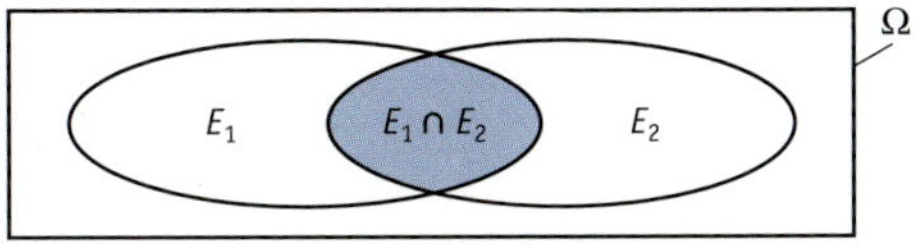 |
| $E_1 \cup E_2$ gesprochen: »$E_1$ vereinigt $E_2$« | Das Ereignis $E_1 \cup E_2$ tritt ein, wenn $E_1$ oder $E_2$ oder beide eintreten. | 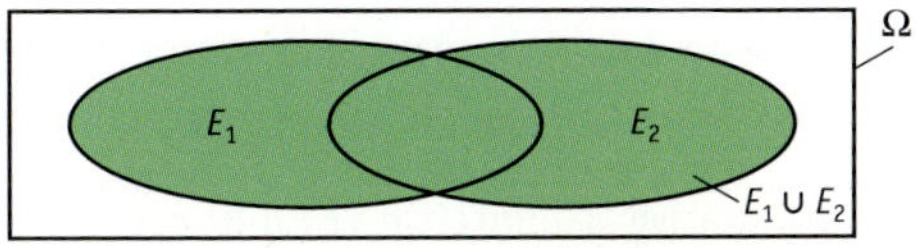 |
| $\bar{E} = \Omega \setminus E$ gesprochen: »$\Omega$ ohne $E$« | Das Gegenereignis $\bar{E} = \Omega \setminus E$ tritt ein, wenn $E$ nicht eintritt. | 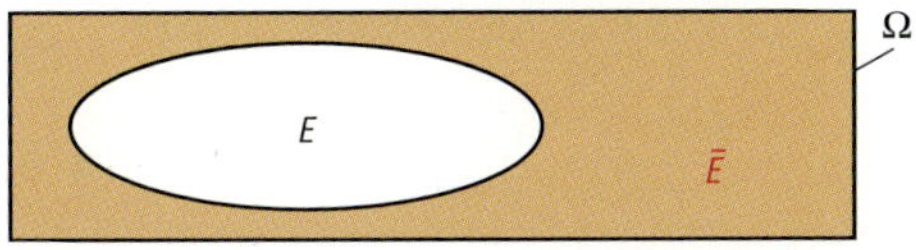 |

**Aufgaben**

1. Eine Musikgruppe besteht aus folgender Instrumentenbesetzung: Querflöte (Q), Gitarre (G), Bassgitarre (B), Klavier (K) und Schlagzeug (S).

   Gegeben sind die Ereignisse

   $E_1$: »Das Instrument hat Saiten« und

   $E_2$: »Das Instrument ist keine Gitarre.«

   a) Geben Sie die Ereignisse $E_1$ und $E_2$ in Mengenschreibweise an.

   b) Ermitteln Sie $E_3$: »Das Instrument hat Saiten und ist keine Gitarre.«

   c) Für das Ereignis $E_4$ gilt: $E_4 = E_1 \cup E_2$. Beschreiben Sie $E_4$ in Worten und geben Sie die Mengenschreibweise an.

   d) Zeichnen Sie ein Venn-Diagramm für die Ereignisse $E_5$ und $E_6$ mit $E_5$: »Das Instrument hat Tasten oder Klappen«, $E_6$: »Das Instrument steht beim Spielen auf dem Boden.«

   e) Formulieren Sie $\overline{E_5} \cap \overline{E_6}$ mit Worten und geben Sie die Mengenschreibweise an.

2. Ein Würfel wird drei Mal nacheinander geworfen. Geben Sie die Menge $E_1 \cap E_2$ an mit

   $E_1$: »Die Augensumme ist 15.«

   $E_2$: »Es wurde genau eine 5 gewürfelt.«

3. Lea geht zu Fuß zur Schule. Auf dem Weg überquert sie nacheinander zwei Fußgängerampeln.

   a) Geben Sie den Ergebnisraum an.

   b) Geben Sie die Schnittmenge der Ereignisse $E_1$ und $E_2$ an und formulieren Sie das Ergebnis in Worten, wenn gilt:

   $E_1$: » Die zweite Ampel zeigt Rot (rt) an.«

   $E_2$: »Höchstens eine Ampel zeigt Grün (gr) an.«

### 7.2.3 Absolute und relative Häufigkeit

Unter Häufigkeit versteht man die Anzahl des Eintretens eines bestimmten Ereignisses.

Unter der **absoluten Häufigkeit** $H_n(E)$ versteht man die **Anzahl** von Elementen mit einer bestimmten Eigenschaft in **einer Menge** mit $n$ Elementen.

Das **Verhältnis** aus der **absoluten Häufigkeit $H_n(E)$** und der **Menge $n$** der Elemente der Menge $M$ heißt relative Häufigkeit und wird mit $h_n(E)$ bezeichnet: $h_n(E) = \frac{H_n(E)}{n}$. Die relative Häufigkeit wird meist in Prozent angegeben.

**Beispielaufgabe 1**

Eine Vorklasse der FOS/BOS besteht aus 9 Schülerinnen (w) und 16 Schülern (m).

a) Geben Sie die Klassenstärke $n$ der Vorklasse an.

b) Geben Sie die absolute Häufigkeit der Schülerinnen und der Schüler der Vorklasse an.

c) Geben Sie die relative Häufigkeit der Schülerinnen und der Schüler an.

**Lösung**

**a)** Die Klassenstärke der Vorklasse ist die Gesamtzahl der Schülerinnen und Schüler und beträgt somit $n = 9 + 16 = 25$.

**b)** Die absoluten Häufigkeiten sind $H_{25}(\mathrm{w}) = 9$ und $H_{25}(\mathrm{m}) = 16$.

**c)** Für die relative Häufigkeit $h_n(E)$ gilt: $h_n(E) = \frac{H_n(E)}{n}$. Für die Schülerinnen und Schüler der Vorklasse gilt:

$$h_n(\mathrm{w}) = \frac{H_n(\mathrm{w})}{n} = \frac{H_{25}(\mathrm{w})}{n} = \frac{9}{25} = 0{,}36 = 0{,}36 \cdot 100\,\% = 36\,\%$$

$$h_n(\mathrm{m}) = \frac{H_n(\mathrm{m})}{n} = \frac{H_{25}(\mathrm{m})}{n} = \frac{16}{25} = 0{,}64 = 0{,}64 \cdot 100\,\% = 64\,\%$$

**Beispielaufgabe 2**

In einem Betrieb werden alle Mitarbeiterinnen und Mitarbeiter ($n$) befragt, wie sie morgens zum Betrieb kommen. Die Erhebung ergibt folgende Ereignisse:

$E_1$: »Mit dem Bus (B) kommen 84 Mitarbeiterinnen und Mitarbeiter.«

$E_2$: »Zu Fuß (F) kommen 48 Mitarbeiterinnen und Mitarbeiter.«

$E_3$: »Mit dem Auto (A) fahren 108 Mitarbeiterinnen und Mitarbeiter zur Arbeit.«

a) Geben Sie den Ergebnisraum an.

b) Ermitteln Sie die absoluten Häufigkeiten.

c) Berechnen Sie den Stichprobenumfang $n$.

d) Berechnen Sie die relativen Häufigkeiten in Prozent.

**Lösung**

**a)** Der Ergebnisraum besteht aus $\Omega = \{B; F; A\}$.

**b)** Für die absoluten Häufigkeiten der Mitarbeiterinnen und Mitarbeiter des Betriebes gilt:
$H_n(E_1) = 84$, $H_n(E_2) = 48$, $H_n(E_3) = 108$.

**c)** Der Stichprobenumfang $n$ beträgt $n = 84 + 48 + 108 = 240$.

**d)** Für die Busfahrer gilt: $h_{240}(E_1) = \frac{84}{240} = 0{,}35 = 0{,}35 \cdot 100\,\% = 35\,\%$.

Für die Fußgänger gilt: $h_{240}(E_2) = \frac{48}{240} = 0{,}20 = 0{,}20 \cdot 100\,\% = 20\,\%$.

Für die Autofahrer gilt: $h_{240}(E_3) = \frac{108}{240} = 0{,}45 = 0{,}45 \cdot 100\,\% = 45\,\%$.

**Absolute und relative Häufigkeit**

- Unter der absoluten Häufigkeit $H_n(E)$ versteht man die Anzahl von Elementen mit einer bestimmten Eigenschaft in einer Menge mit $n$ Elementen.
- Das Verhältnis aus der absoluten Häufigkeit $H_n(E)$ und der Menge $n$ der Elemente der Menge $M$ heißt relative Häufigkeit und wird mit $h_n(E)$ bezeichnet: $h_n(E) = \frac{H_n(E)}{n}$. Die relative Häufigkeit wird meist in Prozent angegeben.
- Die Summe der relativen Häufigkeiten $h_n(E)$ ist 1 oder 100 %.

## Aufgaben

1. Sie absolvieren ein Praktikum in einem Landratsamt und werden zu einer Verkehrszählung bei einer Zubringerstraße zur Autobahn eingeteilt. Es werden folgende Verkehrsmittel erfasst: 2280 Pkws ($E_1$), 912 Lkws ($E_2$) und 456 Motorräder ($E_3$).
   a) Geben Sie die absoluten Häufigkeiten an.
   b) Berechnen Sie den Stichprobenumfang.
   c) Ermitteln Sie die relativen Häufigkeiten in Prozent.

2. Sie vereinbaren mit Ihrem Banknachbarn, die Häufigkeitsverteilung der auftretenden Augenzahlen beim Werfen eines Würfels zu ermitteln. Der Würfel wird 120-mal geworfen. Dabei treten folgende Augenzahlen auf:

| **Augenzahl** | 1 | 2 | 3 | 4 | 5 | 6 |
|---|---|---|---|---|---|---|
| **Häufigkeit** | 19 | 18 | 21 | 23 | 22 | 17 |

   a) Geben Sie den Ergebnisraum des Experiments an.
   b) Geben Sie die absoluten Häufigkeiten an.
   c) Ermitteln Sie die relativen Häufigkeiten der sechs Elementarereignisse {1}, … , {6}.
   d) Zeigen Sie, dass die Summe $S$ der relativen Häufigkeiten den Wert 1 ergibt.
   e) Begründen Sie die relativen Häufigkeiten des sicheren Ereignisses $\Omega$ und des unmöglichen Ereignisses { }.

### 7.2.4 Vierfeldertafel

Die Vierfeldertafel ist ein Hilfsmittel, um absolute bzw. relative Häufigkeiten zweier Ereignisse $A$ und $B$ von $\Omega$ übersichtlich darzustellen. Die Vierfeldertafel hat Zeilen und Spalten, sieht also aus wie eine Tabelle, hat allerdings Zeilen- und Spaltenüberschriften, die aus dem Ereignis und dem Gegenereignis bestehen.

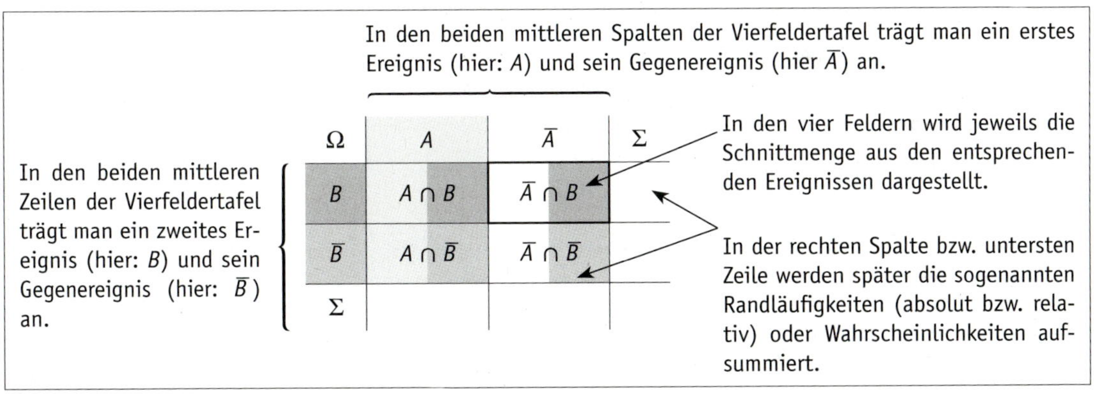


**Beispiel 1**

Bei der Einschreibung zur Vorklasse an einer FOS/BOS wurden den 74 zukünftigen Schülerinnen und Schülern zwei freiwillige Angebote unterbreitet: Essen (E) in der Schule und Betreuung (B) am Nachmittag im Fach Mathematik. Die Auswertung der Befragung ergab folgendes Ergebnis: Von den 44 Schülerinnen und Schülern, die eine Betreuung wollen, wollen auch 34 Essen. 22 Schülerinnen und Schüler wollten weder Betreuung noch Essen.

Erstellen Sie eine passende Vierfeldertafel und bestimmen Sie den Anteil der Schülerinnen und der Schüler, die

a) eine Betreuung wollen, aber das Essensangebot ablehnen,
b) Essen wollen, aber die Betreuung verneinen,
c) das Essensangebot wahrnehmen wollen,
d) die Betreuung nicht wahrnehmen wollen.

### Lösung

In die Vierfeldertafel werden die bekannten Ereignisse Essen ($E$) und Betreuung ($B$) mit ihren Gegenereignissen eingetragen. Im »Innenraum« (Kreuzungspunkte von Zeile und Spalte) der Tabelle sind die Schnittmengen der Ereignisse einzutragen. An den »Rändern« der Tabelle werden die Summen von Zeile und Spalte eingetragen. Aus der Befragung ist zu entnehmen, dass 74 Schülerinnen und Schüler eingeschrieben werden, deshalb ist die Zahl 74 im Schnittpunkt der beiden Summen einzutragen. Des Weiteren ergab die Auswertung, dass 44 eine Betreuung wollen, deshalb ist die Zahl 44 außen in der Zeile bei $B$ einzutragen. Von diesen 44 wollen auch 34 Essen, deshalb ist im Schnittpunkt von Zeile und Spalte $E \cap B$ die Zahl 34 einzutragen. Da 22 Schülerinnen und Schüler weder Betreuung noch Essen wünschen, ist die Zahl 22 im Schnittpunkt von Zeile und Spalte $\bar{E} \cap \bar{B}$ einzutragen.

| $\Omega$ | $E$ | $\bar{E}$ | $\Sigma$ |
|---|---|---|---|
| $B$ | **34** | | **44** |
| $\bar{B}$ | | **22** | |
| $\Sigma$ | | | **74** |

Die unbekannten absoluten Häufigkeiten bestimmen wir, indem wir uns eine Spalte bzw. Zeile aussuchen, in der zwei Werte bekannt sind. So kann in der »$\Sigma$-Spalte« die Zahl 30 eingefügt werden. Nach diesem Verfahren ist jetzt die Tabelle zu vervollständigen.

| $\Omega$ | $E$ | $\bar{E}$ | $\Sigma$ |
|---|---|---|---|
| $B$ | 34 | **10** | 44 |
| $\bar{B}$ | **8** | 22 | **30** |
| $\Sigma$ | **42** | **32** | 74 |

Mithilfe der Vierfeldertafel können nun die Fragen a) bis d) beantwortet werden.

a) Eine Betreuung, aber kein Essensangebot wollen 10 Schülerinnen und Schüler.

b) Acht Schülerinnen und Schüler wollen Essen, aber keine Betreuung.

c) Das Essensangebot wollen 42 wahrnehmen.

d) Die Betreuung wollen 30 nicht wahrnehmen.

### Beispiel 2

Transformieren Sie die Vierfeldertafel aus Beispiel 1, die die absoluten Häufigkeiten des Sachverhalts einer Befragung wiedergibt, in eine Vierfeldertafel mit relativen Häufigkeiten.

### Lösung

Werden die Zahlenwerte der Vierfeldertafel mit den absoluten Häufigkeiten durch $n = 74$ (die absolute Häufigkeit des Ergebnisraums $\Omega$) dividiert, so erhalten wir die zugehörige Vierfeldertafel mit den relativen Häufigkeiten.

| $\Omega$ | $E$ | $\bar{E}$ | $\Sigma$ |
|---|---|---|---|
| $B$ | $\frac{34}{74}$ | $\frac{10}{74}$ | $\frac{44}{74}$ |
| $\bar{B}$ | $\frac{8}{74}$ | $\frac{22}{74}$ | $\frac{30}{74}$ |
| $\Sigma$ | $\frac{42}{74}$ | $\frac{32}{74}$ | $\frac{74}{74}$ |

| $\Omega$ | $E$ | $\bar{E}$ | $\Sigma$ |
|---|---|---|---|
| $B$ | 0,460 | 0,135 | 0,595 |
| $\bar{B}$ | 0,108 | 0,297 | 0,405 |
| $\Sigma$ | 0,568 | 0,432 | 1 |

In einer Vierfeldertafel mit relativen Häufigkeiten steht **rechts unten immer die Summe aus der vierten Zeile bzw. der vierten Spalte, also eine 1.**

**Merke**

- Die Vierfeldertafel ist ein Hilfsmittel, um absolute bzw. relative Häufigkeiten zweier Ereignisse $A$ und $B$ von $\Omega$ übersichtlich darzustellen.
- In den Zeilen- und Spaltenüberschriften stehen immer Ereignis und Gegenereignis.
- In den vier Feldern wird jeweils die Schnittmenge aus den entsprechenden Ereignissen dargestellt.

**Aufgaben**

1. Übertragen Sie die Vierfeldertafel auf ein Blatt Papier und vervollständigen Sie die Vierfeldertafel.

| $\Omega$ | $A$ | $\overline{A}$ | $\Sigma$ |
|---|---|---|---|
| $B$ | 0,15 | | |
| $\overline{B}$ | | | 0,6 |
| $\Sigma$ | | 0,75 | |

2. In einer Gruppe von 300 Probanden haben sich 200 gegen Grippe impfen lassen. Nach einer festgelegten Zeit wurde jedes Gruppenmitglied danach befragt, wer an Grippe erkrankte. Die Auswertung der Befragung lieferte folgende Ergebnisse: Von den 200 Personen, die geimpft wurden, sind 20 erkrankt. Von den Personen, die nicht geimpft wurden, sind 40 erkrankt.
   a) Erstellen Sie eine Vierfeldertafel und tragen Sie die gegebenen Ereignisse ein.
   b) Vervollständigen Sie die Vierfeldertafel.
   c) Geben Sie an, wie viel Prozent der Probanden ohne Impfung nicht erkrankt sind.
3. Eine Krankenkasse lässt in einer 4. Grundschulklasse eine Reihenuntersuchung an den Kindern durchführen und erhält folgende Daten: Bei 8 % wurden motorische Defizite (M) festgestellt, 18 % haben Übergewicht (Ü), wobei 30 % der übergewichtigen Kinder auch motorische Defizite aufweisen.
   a) Erstellen Sie eine vollständig ausgefüllte Vierfeldertafel.
   b) Bestimmen Sie die relative Häufigkeit des Ereignisses »Ein Schulkind hat Übergewicht, aber keine motorischen Defizite.«
   c) Geben Sie das Ereignis »Ein Schulkind hat kein Übergewicht und keine motorischen Defizite« als Ereignisverknüpfung an.

### 7.2.5 Laplace-Experimente

Als elementare Zufallsexperimente werden diejenigen bezeichnet, bei denen alle Ergebnisse und somit alle Elementarereignisse **gleich wahrscheinlich** sind. Der Begriff Wahrscheinlichkeit stellt ein Maß für die Sicherheit oder Unsicherheit eines Ereignisses in einem Zufallsexperiment dar und wird mit $P(A)$ bezeichnet. Ein solches Zufallsexperiment bezeichnet man als **Laplace[1]-Experiment.**

[1] Pierre Simon Marquise de Laplace, französischer Mathematiker, 1749 – 1827

Ein Zufallsexperiment mit dem Ergebnisraum $\Omega = \{\omega_1; \omega_2; \omega_3; \ldots; \omega_n\}$ heißt Laplace-Experiment, wenn alle Elementarereignisse die gleiche Wahrscheinlichkeit haben. d. h., wenn gilt:

$P(\{\omega_1\}) = P(\{\omega_2\}) = P(\{\omega_3\}) = \ldots = P(\{\omega_n\}) = p$

Eine solche Wahrscheinlichkeitsverteilung nennt man Gleichverteilung.

**Beispiel**

Ein idealer Würfel wird einmal geworfen.

a) Geben Sie den Ergebnisraum an.

b) Warum handelt es sich beim Werfen dieses Würfels um ein Laplace-Experiment?

**Lösung**

**a)** Für den Ergebnisraum $\Omega$ des Experiments gilt: $\Omega = \{1; 2; 3; 4; 5; 6\}$.

**b)** Der Wurf eines idealen (nicht manipulierten) Würfels ist ein Laplace-Experiment, da jedes Elementarereignis dieselbe Wahrscheinlichkeit hat. $P(\{1\}) = P(\{2\}) = P(\{3\}) = P(\{4\}) = P(\{5\}) = P(\{6\}) = \frac{1}{6} \approx 16{,}7\,\%$

Bei einem Laplace-Experiment wird jedem Elementarereignis die gleiche Wahrscheinlichkeit zugeordnet, deshalb handelt es sich um eine **Gleichverteilung.**

Besteht der Ergebnisraum $\Omega$ aus $n$ Ergebnissen, dann hat bei einer Gleichverteilung jedes Elementarereignis die Wahrscheinlichkeit $p = \frac{1}{n}$ (z. B. beim Würfeln: $p = \frac{1}{6}$).

Ein zusammengesetztes Ereignis $E$, das aus $k$ Ergebnissen besteht, hat bei einer Gleichverteilung dann die Wahrscheinlichkeit $P(E) = k \cdot \frac{1}{n} = \frac{k}{n}$

**Beispiel**

Ermitteln Sie für das Experiment »Werfen eines idealen Würfels« die Wahrscheinlichkeit für das Ereignis $E$: »Die Augenzahl des Würfels ist ungerade«

**Lösung**

Ereignis: $E = \{1; 3; 5\}$.

Wahrscheinlichkeit für $E$: $P(E) = \frac{1}{6} + \frac{1}{6} + \frac{1}{6} = \frac{3}{6} = \frac{1}{2}$ oder $P(E) = 3 \cdot \frac{1}{6} = \frac{3}{6} = \frac{1}{2}$

**Merke**

Zufallsexperimente, bei denen alle Elementarereignisse gleich wahrscheinlich sind, heißen Laplace-Experimente.

Ein beliebiges Ereignis $E$ hat dabei die Wahrscheinlichkeit: $P(E) = \frac{|E|}{|\Omega|} = \frac{\text{Anzahl der für } E \text{ günstigen Ergebnisse}}{\text{Anzahl der möglichen Ergebnisse}}$

**Aufgaben**

1. Geben Sie zwei Zufallsexperimente an, die Laplace-Experimente sind.
2. Eine Münze wird dreimal geworfen. Ermitteln Sie die Wahrscheinlichkeiten folgender Ereignisse:
   a) $E_1$: »Mindestens einmal fällt Wappen.«
   b) $E_2$: »Beim zweiten Wurf fällt Zahl.«

### 7.2.6 Pfadregeln am Baumdiagramm

Im Baumdiagramm (siehe 7.2.1) lassen sich mehrstufige Zufallsexperimente übersichtlich darstellen. Mit der Darstellung des Zufallsexperiments im Baumdiagramm lassen sich auch durch Einhaltung der Pfadregeln die Wahrscheinlichkeiten von Ereignissen sehr einfach berechnen.

**Die 1. Pfadregel lautet:**

Um die Wahrscheinlichkeit für einen ganz bestimmten Versuchsausgang zu erhalten, müssen die Wahrscheinlichkeiten entlang des jeweiligen Pfades multipliziert werden.

**Die 2. Pfadregel lautet:**

Soll die Wahrscheinlichkeit eines Ereignisses, das mehrere Versuchsausgänge umfasst, berechnet werden, müssen die Wahrscheinlichkeiten der einzelnen Versuchsausgänge addiert werden.

**Beispielaufgabe 1**

Eine Urne enthält 2 weiße (w) und eine rote (r) Kugel. Es wird zweimal mit Zurücklegen je eine Kugel gezogen und die Farbe der gezogenen Kugel notiert.

a) Fertigen Sie ein Baumdiagramm und geben Sie die Wahrscheinlichkeiten aller Elementarereignisse an.

b) Ermitteln Sie die Wahrscheinlichkeit für das Ereignis $E$: »Die gezogenen Kugeln haben die gleiche Farbe.«

**Lösung**

**a) Baumdiagramm (2-mal Ziehen und Zurücklegen)**

Das Experiment hat 9 Ergebnisse. Das Ergebnis ww kommt 4 mal vor, somit ist $P(\text{ww}) = \frac{4}{9}$.

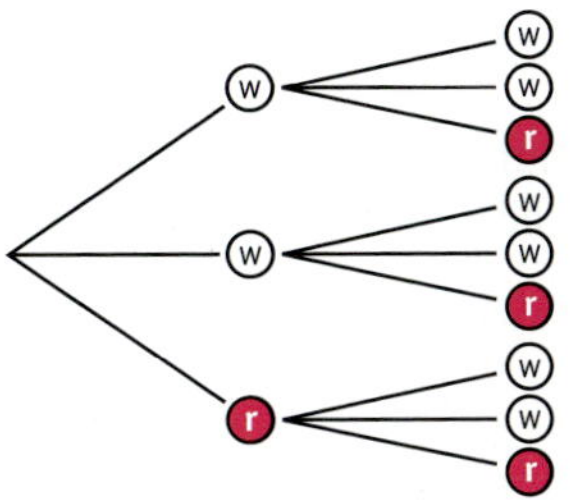

**Wahrscheinlichkeitsverteilung**

| Ausgang | ww | wr | rw | rr |
|---|---|---|---|---|
| P | $\frac{4}{9}$ | $\frac{2}{9}$ | $\frac{2}{9}$ | $\frac{1}{9}$ |

**Vereinfachung des Baumdiagramms**

Bei diesem Baumdiagramm beachtet man nur die verschiedenen Kugelfarben. Die Wahrscheinlichkeit, eine weiße Kugel zu ziehen, ist bei jeder Ziehung $\frac{2}{3}$, eine rote zu ziehen, $\frac{1}{3}$.

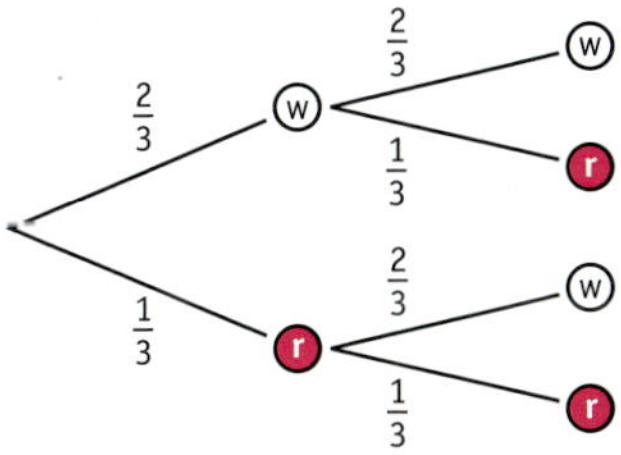


Diese Wahrscheinlichkeiten werden an die jeweiligen Pfade geschrieben. Man erkennt, dass z. B. $P(\text{ww})$ das Produkt der Wahrscheinlichkeiten auf den Teilstrecken des Pfades ist (1. Pfadregel), also:

$P$(1. Kugel ist weiß und 2. Kugel ist weiß) = $P$(1. Kugel ist weiß) mal $P$(2. Kugel ist weiß). Symbolisch dargestellt:

$P(\text{w} \wedge \text{w}) = P(\text{w}) \cdot P(\text{w}) = \frac{2}{3} \cdot \frac{2}{3} = \frac{4}{9}$.

Allgemein gilt:

Die Wahrscheinlichkeit eines Elementarereignisses eines mehrstufigen Zufallsexperimentes ist gleich dem Produkt der Wahrscheinlichkeiten des zugehörigen Pfades im Baumdiagramm (1. Pfadregel). Die 1. Pfadregel (Produktregel) wird immer dann angewandt, wenn man Ergebnisse mit dem Wort »und« verknüpft. Aus dem Baudiagramm erkennen Sie ferner: Die Summe der Wahrscheinlichkeiten aller Elementarereignisse ist 1.

**b)** Das Ergebnis $E$: »Die beiden gezogenen Kugeln haben die gleiche Farbe« tritt bei den Elementarereignissen {ww} oder {rr} ein. Um die Wahrscheinlichkeit dieses Ereignisses zu bestimmen, müssen die Wahrscheinlichkeiten der beiden Elementarereignisse addiert werden (2. Pfadregel):

$P(\text{ww} \vee \text{rr}) = P(\text{ww}) + P(\text{rr}) = \frac{4}{9} + \frac{1}{9} = \frac{5}{9}$. Das ist der Inhalt der 2. Pfadregel: Die Wahrscheinlichkeit eines Ereignisses in einem zweistufigen Zufallsexperiment ist die Summe der Wahrscheinlichkeiten aller Pfade, die zu diesem Ergebnis führen. Die 2. Pfadregel (Summenregel) wird dann angewandt, wenn man Ereignisse mit dem Wort »oder« verknüpft.

**Beispielaufgabe 2**

In einer Urne befinden sich 5 weiße Kugeln und 3 schwarze Kugeln. Es wird zweimal ohne Zurücklegen gezogen und die Farbe der gezogenen Kugeln notiert.

a) Zeichnen Sie ein Baumdiagramm und bestimmen Sie die Wahrscheinlichkeiten aller Elementarereignisse.

b) Bestimmen Sie die Wahrscheinlichkeiten für die Ereignisse

$E_1$: »Die zweite gezogene Kugel ist schwarz.«

$E_2$: »Die gezogenen Kugeln haben die gleiche Farbe.«

**Lösung**

**a)** Baumdiagramm mit den jeweiligen Wahrscheinlichkeiten auf den Teilstrecken.

Mit der **Pfadmultiplikationsregel** erhält man die gesuchten Wahrscheinlichkeiten.

**Wahrscheinlichkeitsverteilung**

| **Ergebnis** | ww | ws | sw | ss |
|---|---|---|---|---|
| **P** | $\frac{20}{56}$ | $\frac{15}{56}$ | $\frac{15}{56}$ | $\frac{6}{56}$ |

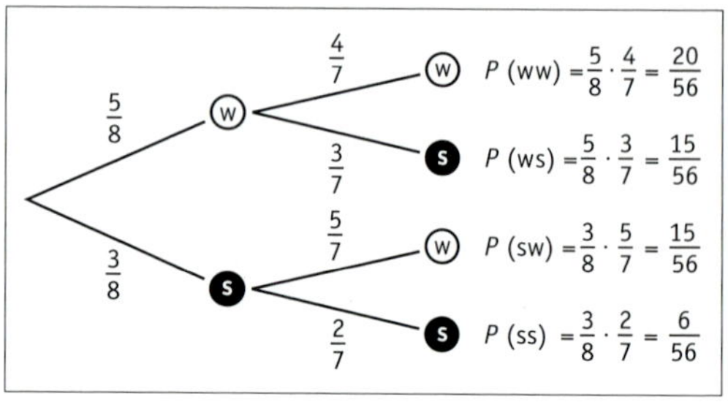


**Bild 1:** Baumdiagramm

**b)** Die gesuchte Wahrscheinlichkeit erhält man durch die Pfadadditionsregel.

$$P(E_1) = P(\text{ws} \vee \text{ss}) = P(\text{ws}) + P(\text{ss}) = \frac{15}{56} + \frac{6}{56} = \frac{21}{56}$$

$$P(E_2) = P(\text{ww} \vee \text{ss}) = P(\text{ww}) + P(\text{ss}) = \frac{20}{56} + \frac{6}{56} = \frac{26}{56}$$

**Pfadregeln am Baumdiagramm**

Mehrstufige Zufallsexperimente können übersichtlich durch **Baumdiagramme** dargestellt werden. Jeder Pfad symbolisiert dabei ein Ergebnis des Zufallsexperiments.

1. **Pfadregel:** Um die Wahrscheinlichkeit eines Elementarereignisses zu bestimmen, werden die **Wahrscheinlichkeiten** der einzelnen Stufen entlang des zugehörigen Pfades **multipliziert.**
2. **Pfadregel:** Um die Wahrscheinlichkeit eines beliebigen Ereignisses zu ermitteln, werden die zugehörigen **Pfadwahrscheinlichkeiten addiert.**

**Aufgaben**

1. Auf dem Hof eines Autovermieters stehen 2 rote und 4 blaue Autos. Ein Kunde leiht an zwei aufeinander folgenden Tagen je ein Auto aus. Die Farbwahl erfolgt zufällig durch den Autovermieter.
   a) Erstellen Sie ein Baumdiagramm für die Farbkombinationen an den zwei Tagen.
   b) Geben Sie die Wahrscheinlichkeitsverteilung an.
2. Beim Aufrufen eines Schülers aus einer Vorklasse mit m Schülern ist die Wahrscheinlichkeit für die Religionszugehörigkeit katholisch $P(\text{ka}) = \frac{1}{2}$ und für muslimisch $P(\text{mu}) = \frac{1}{6}$. Es befinden sich noch weitere 8 evangelische Schüler (ev) in der Klasse.
   a) Zeichnen Sie ein Baumdiagramm und berechnen Sie die Wahrscheinlichkeiten für das Aufrufen eines evangelischen Schülers.
   b) Wie viele katholische Schüler befinden sich in der Klasse?

**Lösung der Aufgabe mit dem Glücksrad**

1. Es handelt sich beim Drehen des Glücksrades um ein Laplace-Experiment, da alle 16 Sektoren des Glücksrades gleich groß sind.
2. Auf dem Glücksrad befinden sich 8 ungerade Zahlen und 8 gerade Zahlen. Die Wahrscheinlichkeit von $E_1$, einen Warengutschein von 20 € zu gewinnen, beträgt $\frac{7}{16}$ ($P_{16}(E_1) = \frac{7}{16}$, die Zahl 16 ist zwar auch eine gerade Zahl, sie besetzt jedoch den Hauptgewinn).
3. Für die Wahrscheinlichkeit von $E_2$, den Hauptgewinn von 100 € zu gewinnen, gilt: $P_{16}(E_2) = \frac{1}{16}$, also 6,25 %.

## Zusammenfassung

- **Zufallsexperiment**

  Experimente (Versuche), die bei wiederholter Durchführung (zu gleichen Bedingungen) verschiedene Ausgänge haben können, heißen Zufallsexperimente.

- **Laplace-Experiment**

  Bei einem Laplace-Experiment sind alle Elementarereignisse gleich wahrscheinlich.

- **Ergebnis**

  Jeder spezifische Ausgang eines Experiments wird als Ergebnis bezeichnet.

- **Ereignis**

  Ein Ereignis ist eine Menge, in der Ergebnisse eines Zufallsexperiments enthalten sind.

- **Ergebnisraum**

  Die Menge aller möglichen Ergebnisse eines Experiments heißt Ergebnisraum und wird häufig mit dem griechischen Buchstaben $\Omega$ bezeichnet.

- **Wahrscheinlichkeit**

  Der Begriff Wahrscheinlichkeit stellt ein Maß für die Sicherheit oder Unsicherheit eines Ereignisses in einem Zufallsexperiment dar und wird mit $P(A)$ bezeichnet.

- **Vierfeldertafel**

  Mit einer Vierfeldertafel kann man leicht Verknüpfungen zwischen den Ereignissen darstellen und so auf unterschiedliche absolute oder relative Häufigkeiten schließen.

- **Baumdiagramm**

  Ein Baumdiagramm ist eine graphische Darstellung, welche die Beziehungen zwischen einzelnen Elementen eines Versuchs zueinander durch Verbindungslinien darstellt.

- **Pfadregeln am Baumdiagramm**

  1. Pfadregel: Um die Wahrscheinlichkeit für einen ganz bestimmten Versuchsausgang zu erhalten, müssen die Wahrscheinlichkeiten entlang des jeweiligen Pfades multipliziert werden.

  2. Pfadregel: Soll die Wahrscheinlichkeit eines Ereignisses, das mehrere Versuchsausgänge umfasst, berechnet werden, müssen die Wahrscheinlichkeiten der einzelnen Versuchsausgänge addiert werden.

- **Absolute Häufigkeit**

  Die absolute Häufigkeit gibt an, wie oft (Anzahl) ein bestimmtes Ereignis eintritt.

- **Relative Häufigkeit**

  Die relative Häufigkeit beschreibt, wie groß der Anteil der absoluten Häufigkeit an der Gesamtzahl der Versuche ist.

- **Definition**

  Die Menge aller möglichen Ergebnisse eines Zufallsexperiments wird als **Ergebnisraum** bezeichnet, die Anzahl $n$ der möglichen Ergebnisse heißt **Mächtigkeit** des Ergebnisraums. Kurz: $\Omega = \{\omega_1; \omega_2; \ldots; \omega_n\}$ (Ergebnisraum) und $|\Omega| = n$ (Mächtigkeit)

## 7.3 Üben & Anwenden

1. **1-Euro-Münze**

Eine 1-Euro-Münze fällt zu Boden. Entweder sieht man beim Blick auf die Münze das Wappen (W) oder die Zahl (Z). Geben Sie den Ergebnisraum $\Omega$, und die Mächtigkeit $|\Omega|$ an und zeichnen Sie ein Baumdiagramm.

2. **Ergebnisraum**

Geben Sie ein Beispiel für ein mögliches Zufallsexperiment an, das den Ergebnisraum $\Omega = \{1; 2; 3; 4; 5; 6\}$ hat.

3. **Zufallsexperiment**

Geben Sie ein einstufiges und ein zweistufiges Zufallsexperiment an und veranschaulichen Sie es in einem Baumdiagramm.

4. **Glücksräder**

Die Sektoren der beiden Glücksräder aus **Bild 1** enthalten Buchstaben, aus denen Worte gebildet werden. Dazu werden die Glücksräder gedreht und zufällig gestoppt. Ein Wort ist gebildet, wenn jeder Pfeil eindeutig einem Sektor zuzuordnen ist.

a) Zeichnen Sie ein Baumdiagramm.

b) Geben Sie die Ergebnismenge an.

c) Geben Sie die Anzahl der möglichen Worte an.

**Bild 1:** Glücksräder

5. **Ziehen aus einer Urne**

Eine Urne enthält 4 Kugeln. Ihre Farben sind blau (bl) und weiß (ws). Aus der Urne werden zwei Kugeln ohne Zurücklegen gezogen. Der Ergebnisraum für dieses Zufallsexperiment hat folgende Elemente: $\Omega$ = {(bl, ws); (bl,bl); (ws,bl)}.

a) Geben Sie die Mächtigkeit des Ergebnisraums an.

b) Wie viele Kugeln von jeder Farbe lagen vor dem Ziehen in der Urne, wenn die Urne nach den beiden Zügen leer ist?

c) Zeichnen Sie das Baumdiagramm.

6. **Idealer Würfel**

Ein idealer 6-seitiger Würfel wird einmal geworfen.

a) Bestimmen Sie den Ergebnisraum $\Omega$.

b) Schreiben Sie das folgende Ereignis als Menge: »Die Augenzahl ist gerade.«

c) Geben Sie das sichere Ereignis $E_1$ und ein unmögliches Ereignis $E_2$ des Experiments an.

7. **Verknüpfungen**

Ein Würfel wird einmal geworfen. Die Ereignisse $E_1$, $E_2$ und $E_3$ sind folgendermaßen festgelegt: $E_1$: »Die Augenzahl wird kleiner als 4.« $E_2$: »Die Augenzahl ist eine ungerade Zahl.« $E_3$: = {5; 6}

Bestimmen Sie folgende Ereignisse in Mengendarstellung und beschreiben Sie die Menge in Worten:

a) $E_1 \cup E_2$ b) $E_1 \cap E_2$ c) $\bar{E}_1 \cup E_2$ d) $\bar{E}_1 \cap E_2$

8. **Gegenereignis**

Geben Sie jeweils ein Gegenereignis an:

a) $E_1$: »Mit einem Würfel wird eine 1 gewürfelt.«

b) $E_2$: »Mit einem Würfel wird eine Quadratzahl gewürfelt.«

c) $E_3$: »Beim Bogenschießen mit einem Pfeil auf eine Zielscheibe werden bei zweimaligem Schießen zwei Treffer erzielt.«

9. **Tiere**

In einem Park gibt es unter anderem folgende Tiere zu sehen: Eichhörnchen (E), Igel (I), Taube (T), Uhu (U), Fledermaus (F) und Nachtfalter (N). Folgende Ereignisse werden festgelegt:

$E1$: »Das Tier kann fliegen.«

$E2$: »Das Tier ist nachtaktiv.«

$E3$: »Das Tier ist ein Säugetier.«

a) Zeichnen Sie jeweils ein Venn-Diagramm für $E_1$ und $E_2$, $E_2$ und $E_3$, $E_1$ und $E_3$.

b) Beschreiben Sie jeweils in Worten und als Menge die Verknüpfungen $E_1 \cap E_2$, $E_1 \cap E_3$, $\overline{E_1} \cap E_2$, $\overline{E_2} \cap \overline{E_3}$, $E_2 \cup E_3$, $\overline{E_1} \cup E_3$, $\overline{E_2} \cup \overline{E_3}$ und $\overline{E_2 \cup E_3}$.

10. **Würfeln**

Mit einem Würfel wird einmal gewürfelt. Stellen Sie die folgenden Ereignisse als Mengen (je nachdem als Schnittmenge oder Vereinigungsmenge) dar und veranschaulichen Sie Ihre Ergebnisse in einem Venn-Diagramm.

a) Es wird eine ungerade Augenzahl oder eine Augenzahl größer 4 geworfen.

b) Das Ergebnis ist eine gerade Augenzahl, die kleiner 6 ist.

11. **Idealer Würfel**

Ein idealer Würfel wird einmal geworfen. Betrachten Sie die Ereignisse $E_1$ und $E_2$ mit

$E_1$: »Die gewürfelte Augenzahl ist gerade«.

$E_2$: »Die gewürfelte Augenzahl ist kleiner als 5.«

Geben Sie folgende Ereignisse in Mengenschreibweise an:

a) $E_1$, $E_2$, $\overline{E_2}$

b) $E_1 \cap E_2$, $E_1 \cup E_2$.

12. **Verkaufszahlen**

Ein bekannter Automobilhersteller hat in einem Monat des letzten Jahres weltweit 80 400 Autos verkauft. Die Anzahl der verkauften Autos in den für den Hersteller bedeutendsten Regionen zeigt **Tabelle 1**.

a) Berechnen Sie die relativen Häufigkeiten der Verkaufszahlen von Tabelle 1.

b) Bestimmen Sie die absoluten Häufigkeiten $Hn$(W) der in der restlichen Welt verkauften Autos.

**Tabelle 1: Verkaufe Autos im Monat**

| Land | Stückzahl |
|---|---|
| Deutschland (D) | $H_n$(D) = 15.678 |
| Rest-Europa (E) | $H_n$(E) = 20.100 |
| Asien (A) | $H_n$(A) = 28.140 |
| USA (U) | $H_n$(U) = 9246 |

13. **Schulstatistik**

Eine Schulstatistik ergibt folgende Religionszugehörigkeiten:

$E_1$: 38 % katholisch, $E_2$: 36 % evangelisch, $E_3$: 14 % muslimisch, $E_4$: sonstiges

a) Wie viel Prozent beträgt die relative Häufigkeit von Ereignis $E_4$?

b) Berechnen Sie die absoluten Häufigkeiten aller Religionszugehörigkeiten, wenn die Schule von 650 Schülern besucht wird.

**14. Haushaltsbefragung**

Ein Marktforschungsinstitut befragt 1020 Haushalte nach der Ausstattung mit bestimmten Konsumgütern. Die Auswertung der Befragung ist in der Tabelle dargestellt.

| **Tabelle mit den Häufigkeiten der abgefragten Konsumgüter** | | | | | | |
|---|---|---|---|---|---|---|
| PC | Telefon | Auto | Waschmaschine | Trockner | Fernseher | Radio |
| 862 | 968 | 704 | 1004 | 211 | 1007 | 1012 |

a) Berechnen Sie die relativen Häufigkeiten der Haushalte mit den in der Tabelle aufgelisteten Konsumgütern.

b) Ermitteln Sie die relative Häufigkeit der Haushalte mit keinem Trockner.

**15. Vierfeldertafel**

Übertragen Sie die Vierfeldertafel auf ein Blatt Papier und vervollständigen Sie diese.

| $\Omega$ | $A$ | $\overline{A}$ | $\Sigma$ |
|---|---|---|---|
| $B$ | 0,35 | 0,13 | |
| $\overline{B}$ | | | |
| $\Sigma$ | | 0,55 | |

**16. Statistische Erhebung**

Eine statistische Erhebung bei Steuerpflichtigen in Deutschland ergab, dass 5 Millionen selbstständig arbeiten und 25 Millionen von nichtselbstständiger Arbeit leben. 7 Millionen der Steuerpflichtigen verdienen mehr als 50.000 € im Jahr. Davon arbeiten 2 Millionen selbsständig.

Es liegen zwei Ereignisse vor:

$E_1$: »Der Steuerpflichtige hat selbstständige Arbeit.«

$E_2$: »Das Einkommen beträgt mehr als 50.000 € (>50).«

a) Erstellen Sie eine Vierfäldertafel mit den absoluten Häufigkeiten.

b) Erstellen Sie eine Vierfäldertafel mit den relativen Häufigkeiten.

**17. Laplace-Experimente**

Entscheiden Sie folgenden Fragen und begründen Sie Ihre Aussagen:

a) Warum handelt es sich beim Wurf einer idealen Münze um ein Laplace-Experiment?

b) Ist ein Roulettespiel ein Laplace-Experiment?

c) Ist das Drehen eines Glücksrades ein Laplace-Experiment?

d) Handelt es sich beim Ziehen einer Karte aus einem Schafkopfspiel mit 32 Karten um ein Laplace-Experiment?

**18. Schafkopfkarten**

Ermitteln Sie die Wahrscheinlichkeit, dass es sich beim Ziehen einer Karte aus einem Schafkopfkartenspiel mit 32 Karten,

a) um ein Ass handelt,

b) um eine Herzkarte handelt,

c) um den Herzkönig handelt.

**19. Baumdiagramm**

Im Rahmen einer Projektarbeit bildet sich ein Team mit 8 Schülern, das aus 3 Schülerinnen (w) und 5 Schülern (m) besteht. Durch ein Losverfahren wird erst der Teamleiter, dann sein Stellvertreter bestimmt.

a) Zeichnen Sie für das Losverfahren ein Baumdiagramm für die Schülerinnen und Schüler.

b) Geben Sie die Wahrscheinlichkeitsverteilung an.

c) Zwei Ereignisse werden festgelegt:

$E_1$: »Der Teamleiter ist weiblich.«

$E_2$: »Das Führungsteam ist unterschiedlichen Geschlechts.«

Bestimmen Sie $P(E_1)$, $P(E_2)$ und $P(E_1 \cap E_2)$

**20. Schüler mit oder ohne Auto**

In 4 Klassen einer FOS/BOS befinden sich 60 Schüler (m) und 40 Schülerinnen (w). 85 % der Schüler haben ein Auto (A) und 40 % der Schülerinnen haben kein eigenes Auto.

Es liegen zwei Ereignisse vor.

$E_1$: »Die Person ist männlich (m).«

$E_2$: »Die Person besitzt ein Auto (A).«

a) Erstellen Sie das Baumdiagramm und geben Sie die Wahrscheinlichkeiten an.

b) Verifizieren Sie das Ergebnis in einer Vierfeldertafel.

**21. Hotelangebote**

Ein Hotel bietet geführte Wanderungen und Radtouren an.

Aus langjährigen Beobachtungen ist bekannt, dass 25 % der Gäste eine Radtour buchen, während 30 % an einer Wanderung teilnehmen. 55 % der Gäste nehmen keines dieser Angebote in Anspruch.

a) Fertigen Sie hierfür eine mit den entsprechenden Wahrscheinlichkeiten vollständig ausgefüllte Vierfeldertafel an.

b) Ermitteln Sie die Wahrscheinlichkeit, dass ein Gast, der während eines Aufenthaltes bereits an einer Bergwanderung teilgenommen hat, auch noch eine Radtour bucht.

**22. Glücksrad**

Bei einem Kindergeburtstag wird das abgebildete Glücksrad aufgestellt. Jedes Kind darf einmal am Rad drehen. Zeigt beim Stillstand des Rades der Pfeil auf ein Päckchen, erhält das Kind einen Sachpreis S, bei einer »2« werden zwei Euro Taschengeld ausbezahlt. Bei einer »0« bekommt das Kind eine weitere Chance und darf das Glücksrad ein zweites Mal drehen.

Damit ist das Spiel beendet.

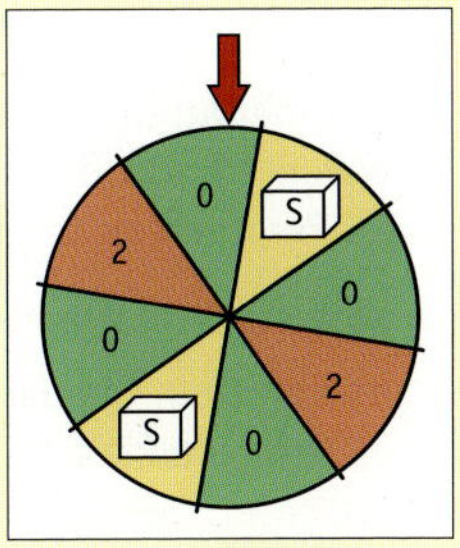

**Bild 1:** Glücksrad

a) Der Ausgang eines Spiels wird als Zufallsexperiment aufgefasst.

Stellen Sie alle möglichen Spielverläufe in einem Baumdiagramm dar und bestimmen Sie die Wahrscheinlichkeiten aller fünf Elementarereignisse des Zufallsexperiments.

b) Betrachtet werden nun folgende Ereignisse:

$E_1$: »Das am Glücksrad drehende Kind erzielt einen Gewinn.«

$E_2$: »Der Gewinn des Kindes beträgt zwei Euro.«

$E_3$: »Das mitspielende Kind erzielt erst beim zweiten Mal Drehen einen Gewinn.«

Berechnen Sie die Eintrittswahrscheinlichkeiten der Ereignisse $E_1$, $E_2$ und $E_3$.

(Teilergebnis: $P(E_1) = 0,75$)

# Lernbereich 7: Wissen · Können · Testen

**Ich kann ...**

- ... entscheiden, ob es sich bei Versuchen um Zufallsexperimente handelt.
- ... mithilfe eines Baumdiagramms einen geeigneten Ergebnisraum bestimmen und einfache Ereignisse aus dem Alltag mit Worten beschreiben, mittels Ereignis-Algebra weitere Ereignisse erzeugen und Zusammenhänge zwischen verschiedenen Ereignissen darstellen.
- ... für eine endliche Anzahl von Wiederholungen eines einfachen Zufallsexperiments die absoluten und relativen Häufigkeiten von Ereignissen bestimmen.
- ... für einfache Laplace-Experimente die Wahrscheinlichkeiten von Ereignissen berechnen, und mithilfe eines Baumdiagramms oder bei nur zwei Merkmalen mit einer Vierfeldertafel Wahrscheinlichkeiten von Zufallsexperimenten ermitteln.

## Testen Sie Ihr Können

**Zeit:30 Minuten**

1. Nennen Sie wichtige Eigenschaften eines Zufallsexperiments. **1**
2. Ein idealer Würfel trägt auf den Seitenflächen die Ziffern 1 bis 6 und wird einmal geworfen. **3**
   a) Geben Sie den Ergebnisraum und die Mächtigkeit an.
   b) Ermitteln Sie die Wahrscheinlichkeit für das Ereignis $A$: »Die Augenzahl ist durch 2 teilbar«.
3. Eine Münze wird dreimal geworfen und die Ereignisse $A$ = »Kopf beim dritten Wurf« und $B$ = »Zahl beim ersten Wurf« definiert. **6**
   a) Geben Sie den Ergebnisraum und die Mächtigkeit an.
   b) Schreiben Sie $A$ und $B$ in aufzählender Form.
   c) Formulieren Sie als Mengen und geben Sie im Wortlaut an:
   $A \cap B, \overline{A}, A \cup B, \overline{B}$
4. Zwei Schüler $A$ und $B$ spielen gegeneinander »Schere, Stein, Papier«. Gewinner ist, wer als erster zwei Spiele gewinnt. **4**
   a) Erstellen Sie ein geeignetes Baumdiagramm.
   b) Geben Sie den Ergebnisraum sowie seine Mächtigkeit an.
5. In einer Arztpraxis werden die Daten von 47 Patienten ausgewertet. Von diesen Patienten waren 20 an Grippe erkrankt. 32 von den Patienten waren gegen Grippe geimpft, wobei 15 Personen an Grippe erkrankten, die nicht gegen Grippe geimpft wurden. **6**
   a) Erstellen Sie eine Vierfeldertafel.
   b) Ermitteln Sie die Wahrscheinlichkeit für das Ereignis $A$: »Ein geimpfter Patient ist an Grippe erkrankt«.

**20 BE**

# 8 Exponentialfunktion und Logarithmus

### Erarbeitung der Lerninhalte

Sie fahren in den Osterferien mit der Bahn in die Landeshauptstadt München, um einen Stadtbummel zu machen. Bei diesem Stadtbummel besuchen Sie auch eine große Buchhandlung, um nach Sekundärliteratur für Mathematik zu suchen. Nachdem Sie fündig geworden sind und die entsprechenden Bücher gekauft haben, kommen Sie nach dem Verlassen der Buchhandlung am Pavillon eines Autohändlers vorbei. Dort sehen Sie, wie ein Auto mit Strom »betankt« wird **(Bild 1)**. Es weckt Ihr Interesse und Sie wollen erfahren, wie lange der Ladevorgang dauert. Da Sie keine Informationstafel bezüglich der Daten entdecken, betreten Sie den Ausstellungsraum des Autohändlers. Sie gehen dort zur Information und erkundigen sich bei einer Angestellten nach der Ladezeit des Autos mit Elektroantrieb. Sie bekommen folgende Antwort: »Wenn die Batterien ganz leer sind und es wird mit dem Ladevorgang begonnen, dann sind die Batterien nach nur 30 Minuten zu 80 % geladen«.

**Bild 1:** Ladevorgang eines Elektroautos

Beim Gang zur Trambahnhaltestelle überlegen Sie, warum die Ladezeit für 80 % und nicht für 100 % angegeben wird, denn sie würde doch nur ca. 7 Minuten und 30 Sekunden mehr betragen. So kommen Ihnen Zweifel, ob es sich beim Ladevorgang um eine lineare Funktion handelt. Sie setzen sich in die Haltestelle und blättern in ihren gekauften Mathematikbüchern, als Sie ein Student anspricht und nach dem Problem fragt. Sie erklären ihm den Sachverhalt und er antwortet: »Ich studiere an der Technischen Universität und bin mit der Theorie vertraut. Es handelt sich beim Batterieladevorgang um eine PT1-Strecke. Der Ladevorgang kann mit einem Graph sehr anschaulich dargestellt werden und wird mit einer Exponentialfunktion beschrieben. Bei dem Funktionsgraphen wird ersichtlich, dass die Batterie nach etwa 1/3 der Ladezeit zu 80 % geladen ist. Deshalb wird bei Werbungen für den Ladevorgang von Batterien für Elektroautos oder auch E-Fahrrädern meist die Zeit für den Ladevorgang von 80 % angegeben, um den Käufern eine kurze Ladezeit vorzutäuschen«.

Sie bedanken sich für die Informationen und fragen sich, ob Sie mit der Auskunft »80 % in 30 Minuten« die Ladezeit für 100 % berechnen können. (Lösung der Aufgabe auf Seite 476)

## 8.1 Wichtige Begriffe zu Exponentialfunktion und Logarithmus

**Arbeitsauftrag:** Informieren Sie sich anhand der Übersicht über wichtige Begrifflichkeiten im Zusammenhang über die Exponentialfunktion und den Logarithmus.

### Graphen von Exponentialfunktionen

Bei Exponentialfunktionen spielen häufig die Zunahme oder die Abnahme von reellen Prozessen bzw. von Werten eine große Rolle. Werden mit Exponentialfunktionen Vorgänge aus der Natur beschrieben, so sagt man statt Zunahme auch **Wachstum** oder statt Abnahme **Zerfall.**

Die Graphen von Exponentialfunktionen verdeutlichen das exponentielle Wachstum oder den exponentiellen Zerfall (negatives Wachstum).

Der Graph der Exponentialfunktion $f(x) = a^x$ mit $a > 0$ und $x \in \mathbb{R}$ hat die Wertemenge $W = \mathbb{R}^+$.

Alle Graphen von $f(x) = a^x$ verlaufen durch den Punkt P(0|1).

Alle Graphen von $f(x) = a^x$; $a > 1$ sind monoton steigend.

Für $x \to +\infty$ gilt $f(x) \to +\infty$ und für $x \to -\infty$ gilt $f(x) \to 0^+ \Rightarrow$ Horizontale Asymptote y = 0.

Alle Graphen von $f(x) = a^{-x}$, $a > 1$ sind monoton fallend. Für $x \to +\infty$ gilt $f(x) \to 0^+$ und für $x \to -\infty$ gilt $f(x) \to +\infty$.

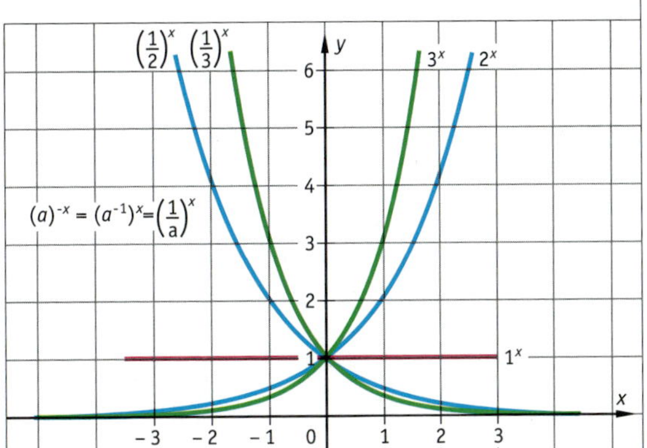

Der Graph einer Funktion ist monoton steigend, wenn für alle Werte aus der Definitionsmenge gilt:

$x_1 < x_2 \quad \Rightarrow \quad f(x_1) < f(x_2)$

Der Graph einer Funktion ist monoton fallend, wenn für alle Werte aus der Definitionsmenge gilt:

$x_1 < x_2 \quad \Rightarrow \quad f(x_1) > f(x_2)$

## Zinseszinsformel

Mit der Zinseszinsformel $K_n = K_0 \cdot \left(1 + \frac{p}{100}\right)^n$ wird der Ertrag des angelegten Kapitals $K_0$ mit dem Zinssatz $p$ bei jährlicher Verzinsung nach $n$ Jahren berechnet. Wird der Faktor $\left(1+\frac{p}{100}\right)$ durch $q$ ersetzt, so lautet die Zinseszinsformel $K_n = K_0 \cdot q^n$.

Da in der Zinseszinsformel $K_n = K_0 \cdot \left(1 + \frac{p}{100}\right)^n = K_0 \cdot q^n$ für die Basis $q > 1$ gilt, handelt es sich um eine Wachstumsfunktion.

Mit der Formel $K_n = K_0 \cdot \left(1 - \frac{p}{100}\right)^n$ wird der Startwert $K_0$ für jedes Zeitintervall $n \in \mathbb{N}$ um den gleichen Prozentsatz $p$ vermindert. Wird der Faktor $\left(1 - \frac{p}{100}\right)$ durch $q$ ersetzt, so lautet die Formel $K_n = K_0 \cdot q^n$.

Da in der Formel $K_n = K_0 \cdot \left(1 - \frac{p}{100}\right)^n = K_0 \cdot q^n$ für die Basis $0 < q < 1$ gilt, handelt es sich um eine Abklingfunktion.

(Herleitung der Zinseszinsformel in Kapitel 8.2.3)

## e-Funktion

Bei der Exponentialfunktion $f(x) = e^{c \cdot x}$ mit $x \in \mathbb{R}$ handelt es sich

- um eine Wachstumsfunktion, falls der Faktor $c$ im Exponenten positiv ist,
- um eine Abklingfunktion, falls der Faktor $c$ im Exponenten negativ ist.
- Die Basis e ist eine ist eine irrationale Zahl mit dem Näherungswert e ≈ 2,71828182845.
- Die Funktion $f$ mit $f(x) = e^x$ heißt e-Funktion, sie wird auch als **natürliche Exponentialfunktion** bezeichnet.

## Logarithmus und Logarithmusgesetze

Logarithmieren ist eine Rechenoperation, um Exponentialgleichungen zu lösen.

$a^b = c$ mit $a \in \mathbb{R}_+^* \setminus \{1\}$; $c > 0$ und $b \in \mathbb{R}$

Soll die Gleichung $a^b = c$ nach $b$ umgestellt werden, heißt die Lösung der Gleichung

$b = \log_a c$

Als Umkehrfunktion zur Exponentialfunktion mit der Gleichung $y = a^x$ erhält man die Logarithmusfunktion mit der Gleichung $\boldsymbol{y = \log_a x}$.

Logarithmusgesetze (siehe Merkhilfe)

$\log_a(u \cdot v) = \log_a u + \log_a v \quad$ mit $u, v > 0$

$\log_a\left(\frac{u}{v}\right) = \log_a u - \log_a v \quad$ mit $u, v > 0$

$\log_a(u^v) = v \cdot \log_a u \quad$ mit $u > 0$ und $v \in \mathbb{R}$

## 8.2 Strategien zum Bearbeiten von Exponentialfunktionen

**Arbeitsauftrag:** Im Folgenden werden die charakteristischen Merkmale von Exponentialfunktionen erarbeitet und das Lösen von Exponentialgleichungen gezeigt. Wachstums- und Zerfallsprozesse werden erörtert. Beschreiben Sie die Vorgehensweise der einzelnen Lösungsstrategien und geben Sie an, unter welchen Voraussetzungen Sie die entsprechende Lösungsstrategie anwenden werden.

### 8.2.1 Die Exponentialfunktion $f(x) = a^x$; $a > 0$ und $x \in \mathbb{R}$

Im Gegensatz zur Potenzfunktion $f(x) = x^a$, bei der die Variable $x$ die Basis bildet und $a$ im Exponenten steht, befindet sich bei der Exponentialfunktion die Variable $x$ im Exponenten.

Die Funktion $f(x) = a^x$; $a > 0$ und $x \in \mathbb{R}$ heißt Exponentialfunktion zur Basis $a$.

Benötigt man Funktionswerte von Exponentialfunktionen, so ist der Taschenrechner ein dienliches Hilfsmittel. Entsprechend der Basis $a$ der Exponentialfunktion bieten die meisten Taschenrechner drei Optionen an. Die Basen $a = 10$ (SHIFT log) und $a = e$ (SHIFT ln) können direkt angewählt werden, für andere Basen ist die Taste $x^\square$ erforderlich.

**Bild 1:** Taschenrechner $a^x$

**Graphen von Exponentialfunktionen für $a > 1$**

Wir betrachten zunächst die Graphen einiger Exponentialfunktionen.

**Beispiel**

Erstellen Sie für die Funktionen $f_2$ mit der Basis $a = 2$, $f_e$ mit der Basis $a = e$ ($\approx 2{,}7$) und $f_3$ mit der Basis $a = 3$ eine Wertetabelle und zeichnen Sie die Graphen der Funktionen in ein Koordinatensystem. Werten Sie anschließend die Graphen aus.

**Lösungsweg**

Es ist sinnvoll, alles in eine Wertetabelle einzutragen und die Ergebnisse auf zwei Nachkommastellen zu runden.

| $x$ | $-\frac{3}{2}$ | $-1$ | $-\frac{1}{2}$ | 0 | $\frac{1}{2}$ | 1 | $\frac{3}{2}$ | 2 | $\frac{5}{2}$ | 3 |
|---|---|---|---|---|---|---|---|---|---|---|
| $f(x) = 2^x$ | 0,35 | 0,5 | 0,71 | 1 | 1,41 | 2 | 2,83 | 4 | 5,66 | 8 |
| $f(x) = e^x$ | 0,22 | 0,36 | 0,61 | 1 | 1,65 | 2,72 | 4,48 | 7,39 | 12,18 | 20,1 |
| $f(x) = 3^x$ | 0,19 | 0,33 | 0,58 | 1 | 1,73 | 3 | 5,2 | 9 | 15,59 | 27 |

Die Graphen werden in ein Koordinatensystem gezeichnet.

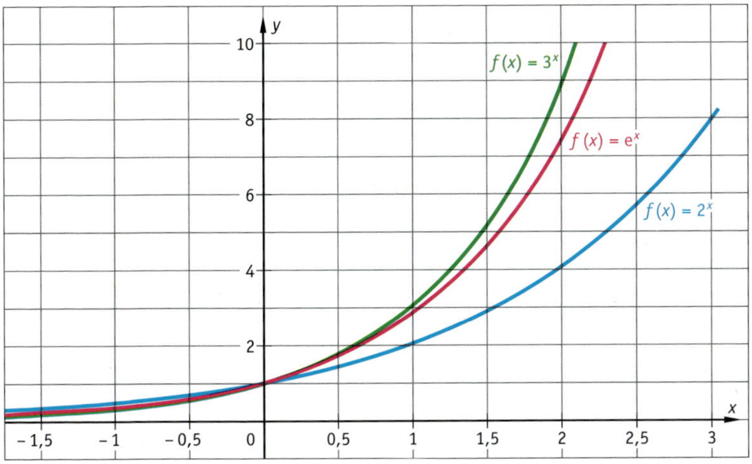

**Bild 1:** Graphen mit der Basis $a > 1$

Die Auswertung der Graphen bzw. der Wertetabelle führt zu folgenden Erkenntnissen:

**Für Exponentialfunktionen $f(x) = a^x$, $a > 0$ und $x \in \mathbb{R}$ gilt:**

- Alle Exponentialfunktionen haben nur positive $y$-Werte $\Rightarrow$ Wertemenge $W = \mathbb{R}^+$.
- Alle Graphen der Exponentialfunktionen $f(x) = a^x$ verlaufen durch den Punkt $P(0|1)$.
- Alle Graphen der Exponentialfunktionen $f(x) = a^x$; $a > 1$ sind monoton steigend.
- Für $x \to +\infty$ gilt $f(x) \to +\infty$ und für $x \to -\infty$ gilt $f(x) \to 0$ $\Rightarrow$ Horizontale Asymptote $y = 0$.

### Graphen von Exponentialfunktionen für $0 < a < 1$.

Die Untersuchung soll ebenso geführt werden wie für $a > 0$.

**Beispiel**

Erstellen Sie für die Funktionen $f_{1/2}$ mit der Basis $a = \frac{1}{2}$, $f_{1/e}$ mit der Basis $a = 1/e$ und $f_{1/3}$ mit der Basis $a = \frac{1}{3}$ eine Wertetabelle und zeichnen Sie die Graphen der Funktionen in ein Koordinatensystem. Werten Sie anschließend die Graphen aus.

### Lösungsweg

Es ist sinnvoll, alle Berechnungen in eine Wertetabelle einzutragen. Von Vorteil ist es, die Potenzgesetze anzuwenden, denn es gilt für $f(x) = \left(\frac{1}{2}\right)^x = \frac{1}{2^x} = 2^{-x}$, für $f(x) = \left(\frac{1}{e}\right)^x = \frac{1}{e^x} = e^{-x}$ und für $f(x) = \left(\frac{1}{3}\right)^x = \frac{1}{3^x} = 3^{-x}$. Die Ergebnisse sind auf zwei Nachkommastellen zu runden.

| $x$ | $-3$ | $\frac{5}{2}$ | $-2$ | $-\frac{3}{2}$ | $-1$ | $-\frac{1}{2}$ | 0 | $\frac{1}{2}$ | 1 | $\frac{3}{2}$ | 2 |
|---|---|---|---|---|---|---|---|---|---|---|---|
| $f(x) = 2^{-x}$ | 8 | 5,66 | 4 | 2,83 | 2 | 1,41 | 1 | 0,71 | 0,5 | 0,35 | 0,25 |
| $f(x) = e^{-x}$ | 20,1 | 12,18 | 7,35 | 4,48 | 2,72 | 1,65 | 1 | 0,61 | 0,37 | 0,22 | 0,14 |
| $f(x) = 3^{-x}$ | 27 | 15,59 | 9 | 5,20 | 3 | 1,73 | 1 | 0,58 | 0,33 | 0,19 | 0,11 |

Die Graphen werden in ein Koordinatensystem gezeichnet.

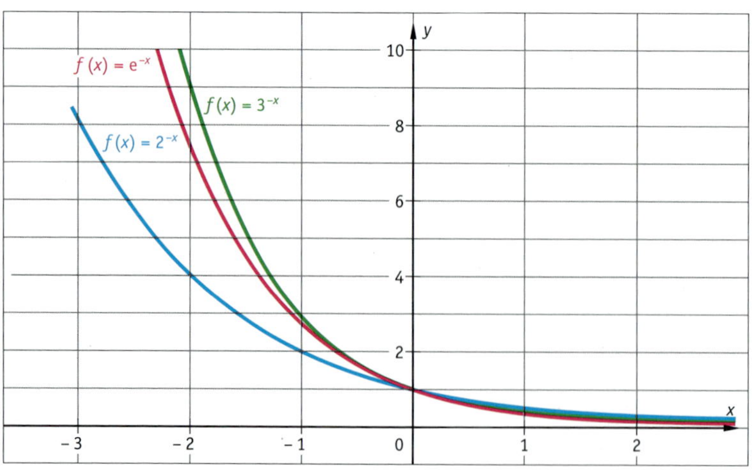


**Bild 1:** Graphen mit der Basis $0 < a < 1$

Die Auswertung der Graphen bzw. der Wertetabelle führt zu folgenden Erkenntnissen:

**Für Exponentialfunktionen $f(x) = a^x$, $a > 1$ und $x \in \mathbb{R}$ gilt:**

- Der Graph der Funktion $f(x) = a^{-x}$ geht durch Spiegelung an der y-Achse aus dem Graph der Funktion $f(x) = a^x$ hervor.
- Alle Exponentialfunktionen haben nur positive $y$-Werte $\Rightarrow$ Wertemenge $W = \mathbb{R}^+$.
- Alle Graphen der Exponentialfunktionen $f(x) = a^{-x}$ verlaufen durch den Punkt P(0|1).
- Alle Graphen der Exponentialfunktionen $f(x) = a^{-x}$, mit $a > 1$ sind monoton fallend.
- Für $x \to +\infty$ gilt $f(x) \to 0^+$und für $x \to -\infty$ gilt $f(x) \to +\infty$.

### 8.2.2 Die Exponentialfunktion $f(x) = b \cdot a^x$ mit $b \neq 0$ und $a > 0$ und $x \in \mathbb{R}$

Wie bei Potenzfunktionen betrachtet man häufig auch Exponentialfunktionen mit Koeffizienten, das bedeutet, mit Gleichungen der Form $f(x) = b \cdot a^x$. Der Faktor $b$ ist Stauchungs- bzw. Streckungsfaktor und beeinflusst somit ggf. die Wertemenge der Funktion.

**Beispiel**

Betrachten Sie die Funktionsgleichung $f(x) = y = b \cdot a^x$ und skizzieren Sie die Graphen folgender Funktionen $f_1, f_2, f_3$ und $f_4$, für die gilt:

$f_1$: $b = 3$ und $a = 2$; $y = 3 \cdot 2^x$ $f_2$: $b = -3$ und $a = 2$; $y = -3 \cdot 2^x$

$f_3$: $b = \frac{1}{4}$ und $a = \frac{1}{2}$; $y = \frac{1}{4} \cdot \left(\frac{1}{2}\right)^x$ $f_4$: $b = -\frac{1}{4}$ und $a = \frac{1}{2}$; $y = -\frac{1}{4} \cdot \left(\frac{1}{2}\right)^x$

Zeichnen Sie zum Vergleich auch die Graphen der Funktionen $y = 2^x$ und $y = -2^x$, sowie $y = \left(\frac{1}{2}\right)^x$ und $y = -\left(\frac{1}{2}\right)^x$

**Lösungsweg**

Für das Skizzieren der Graphen ist es vorteilhaft, eine Wertetabelle zu erstellen. Die Ergebnisse:

**Tabelle 1**

| $x$ | −4 | −3 | −2 | −1 | 0 | 1 | 2 | 3 |
|---|---|---|---|---|---|---|---|---|
| $y = 3 \cdot 2^x$ | 0,19 | 0,38 | 0,75 | 1,5 | 3 | 6 | 12 | 24 |
| $y = -3 \cdot 2^x$ | −0,19 | −0,38 | −0,75 | −1,5 | −3 | −6 | −12 | −24 |
| $y = 2^x$ | 0,06 | 0,13 | 0,25 | 0,5 | 1 | 2 | 4 | 8 |
| $y = -2^x$ | −0,06 | −0,13 | −0,25 | −0,5 | −1 | −2 | −4 | −8 |

**Tabelle 2**

| $x$ | −4 | −3 | −2 | −1 | 0 | 1 | 2 | 3 |
|---|---|---|---|---|---|---|---|---|
| $y = \frac{1}{4} \cdot \left(\frac{1}{2}\right)^x$ | 4 | 2 | 1 | 0,5 | 0,25 | 0,13 | 0,06 | 0,03 |
| $y = -\frac{1}{4} \cdot \left(\frac{1}{2}\right)^x$ | −4 | −2 | −1 | −0,5 | −0,25 | −0,13 | −0,06 | −0,03 |
| $y = \left(\frac{1}{2}\right)^x$ | 16 | 8 | 4 | 2 | 1 | 0,5 | 0,25 | 0,13 |
| $y = -\left(\frac{1}{2}\right)^x$ | −16 | −8 | −4 | −2 | −1 | −0,5 | −0,25 | −0,13 |

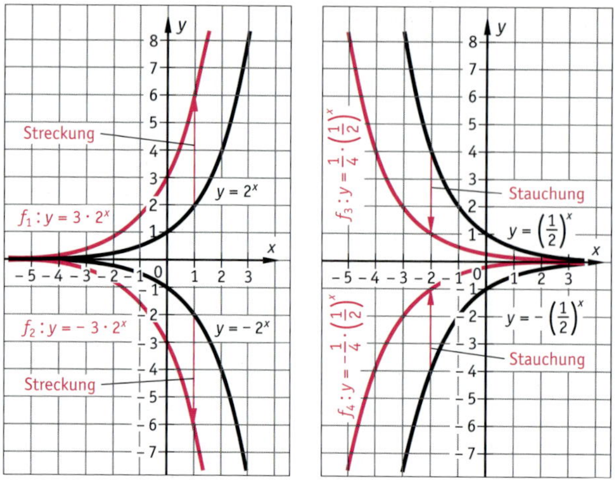


**Bild1:** Graphen

**Für Exponentialfunktionen $f(x) = b \cdot a^x$, mit $b \neq 0$ und $a > 0$ und $x \in \mathbb{R}$ gilt**

$|b| > 1$: Streckung des Graphen (in Richtung der $y$-Achse) gegenüber $y = a^x$

$|b| < 1 \wedge b \neq 0$: Stauchung des Graphen (in Richtung der $y$-Achse) gegenüber $y = a^x$

**Wertemenge**

$b > 0$: $W = \mathbb{R}^+$

$b < 0$: $W = \mathbb{R}^-$

Gemeinsamer Punkt $P(0|b)$

Einfluss von $b$ auf den Verlauf des Graphen:

Ein Vorzeichenwechsel von $b$ entspricht der Spiegelung des Graphen an der $x$-Achse.

Horizontale Asymptote: $y = 0$ ($x$-Achse).

**Aufgaben**

1. Zeichnen Sie die Graphen der Exponentialfunktionen $f_1$, $f_2$ und $f_3$ in ein rechtwinkliges Koordinatensystem.

   $f_1: y = \left(\frac{5}{2}\right)^x$,

   $f_2: y = \left(\frac{2}{5}\right)^x$ und

   $f_3: y = \frac{1}{2} \cdot 3^x$.

   Erstellen Sie eine Wertetabelle und wählen Sie einen geeigneten Maßstab.

2. Bestimmen Sie die Funktionsgleichung der Exponentialfunktion $f$: $y = b \cdot a^x$, deren Graph durch die Punkte $S_y(0|0{,}125)$ und $P(2|18)$ verläuft.

### 8.2.3 Exponentialgleichungen und Logarithmus

In einem Labor vordoppelt sich, bei optimalen Bedingungen, eine bestimmte Bakterienart in einer Petrischale stündlich. Aus **Bild 1 folgende Seite** ist ersichtlich, wie sich die Bakterienkolonien im Verlauf eines Zeitraums von mehreren Stunden entwickelte, wenn zum Zeitpunkt $t = 0$ genau 4 Bakterienkolonien in der Petrischale waren.

In **Tabelle 1** sind die Zahlenwerte der Vermehrung der Bakterienkolonien aufgezeichnet. Aus der letzten Zeile der **Tabelle 1** kann die hergeleitete Funktionsgleichung $f$ mit $f(t) = 4 \cdot 2^t$ der Exponentialgleichung entnommen werden. Mit der Funktionsgleichung $f(t) = 4 \cdot 2^t$ ist es einfach, die Anzahl der Bakterienkolonien zu einem bestimmten Zeitpunkt $t$ zu berechnen. Geht man jedoch von der Anzahl der Bakterienkolonen (Funktionswerte) aus und will den Zeitpunkt bestimmen, zu dem diese Anzahl erreicht wurde, so ist dies am Graph der Exponentialgleichung nicht exakt zu bestimmen. Der Zeitwert für 25 Bakterienkolonien kann mit ca. $t \approx 2{,}6$ h angegeben werden **(siehe Bild 1)**. Um den Zeitpunkt rechnerisch zu bestimmen, müssen wir folgende Gleichung lösen:

$$25 = 4 \cdot 2^t \quad |:4$$

$$\frac{25}{4} = 2^t$$

Solche Gleichungen mit Variablen im Exponenten heißen **Exponentialgleichungen**.

**Anmerkung:** Allgemein bezeichnet man den Exponenten $\boldsymbol{t}$ in der Gleichung $a^t = y$ als **Logarithmus von $y$ zur Basis $a$.** Es gilt die Schreibweise (siehe auch 8.2.4): $t = \log a(y)$.

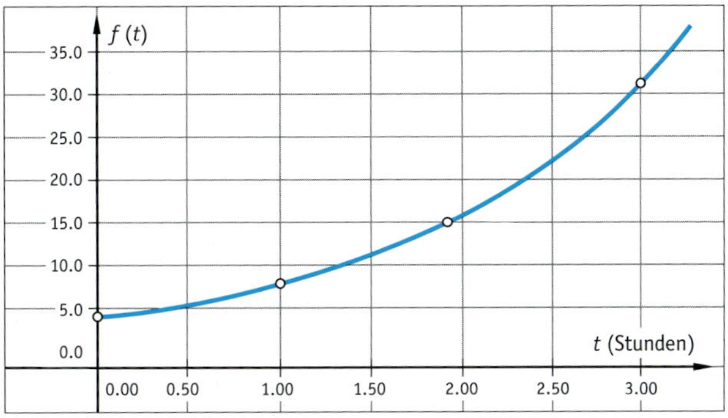


**Bild1:** Entwicklung der Bakterienkolonien

| **Tabelle 1:** Entwicklung der Bakterienkolonien pro h | | |
|---|---|---|
| $t$ | **Anzahl** | **Funktion $f$** |
| 0 | 4 | $f(0) = 4$ |
| 1 | 8 | $f(1) = 4 \cdot 2 = f(0) \cdot 2$ |
| 2 | 16 | $f(2) = 8 \cdot 2 = f(1) \cdot 2 =$ $f(0) \cdot 2 \cdot 2 = f(0) \cdot 2^2$ |
| 3 | 32 | $f(3) = 16 \cdot 2 = f(2) \cdot 2 =$ $f(0) \cdot 2 \cdot 2 \cdot 2 = f(0) \cdot 2^3$ |
| ... | | |
| $t$ | $4 \cdot 2^t$ | $f(t) = 4 \cdot 2^t = f(0) \cdot 2^t$ |

Wir können die Lösung der Exponentialgleichung $\frac{25}{4} = 2^t$ mithilfe der log▪□-Taste des Taschenrechners lösen:

$$\frac{25}{4} = 2^t \quad | \log_2$$

$$\log_2\left(\frac{25}{4}\right) = \log_2 2^t = t \cdot \log_2 2 = t \cdot 1 = t$$

$$t \approx 2{,}6439$$

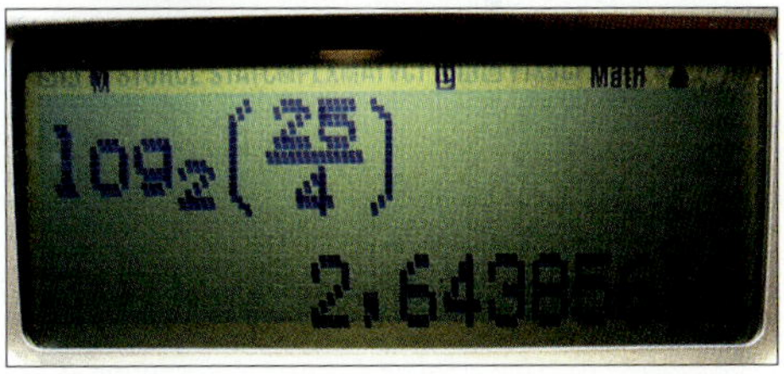


Nach ca. 2,64 Stunden befinden sich 25 Bakterienkolonien in der Petrischale.

Logarithmieren ist eine Rechenoperation, mit der Exponentialgleichungen gelöst werden können. Zur Verdeutlichung der Rechenoperation betrachten wir folgende Gleichung:

$$a^b = c$$

Soll diese Gleichung nach $b$ umgestellt werden, ist die Rechenart **Logarithmieren** erforderlich. Man schreibt dann

$$b = \log_a c$$

gesprochen als: »$b$ ist der Logarithmus von $c$ zur Basis $a$«.

Nach alter Gewohnheit wird hierbei $c$ als **Numerus** bezeichnet, der Wert $b$ des Logarithmierens kurz als **Logarithmus.**

Vergleichen Sie nochmals die Bezeichnungen:

Potenzieren: $a^b = c$

$\nearrow \uparrow$ $\uparrow$

Basis Exponent Potenzwert

Logarithmieren: $b = \log_a c \leftarrow$ Numerus

$\uparrow$ $\uparrow$

Logarithmus Bais

**Beispielaufgaben**

Stellen Sie folgende Geleichungen nach dem Exponenten oder nach der Variablen $x$ um:

a) $2^3 = 8$ b) $5^b = 125$

c) $\log_4 x = 3$ d) $\log_{10} x = -1$

**Lösung**

**a)** $2^3 = 8$ lautet nach 3 umgestellt: $3 = \log_2 8$

**b)** $5^b = 125$ lautet nach $b$ umgestellt: $b = \log_5 125$

**c)** $\log_4 x = 3$ lautet nach $x$ umgestellt: $x = 4^3 = 64$

**d)** $\log_{10} x = -1$ lautet nach $x$ umgestellt: $x = 10^{-1} = 0{,}1$

**Exponentialgleichungen**

- Exponentialgleichungen sind Gleichungen, bei denen die Variable im Exponenten steht.
- Exponentialgleichungen lassen sich durch Logarithmieren lösen.
- Für $a > 0$, $a \neq 1$ und $y > 0$ bezeichnet $\log_a(y)$ diejenige Zahl $x$, für die gilt: $a^x = y$.
- Aus $x = \log_a(y)$ folgt somit $y = a^x$ und umgekehrt.
- Die Zahl $\log_a(y)$ wird Logarithmus von $y$ zur Basis $a$ genannt.

**Rechenregel für den Logarithmus**

Die Rechenregeln für den Logarithmus ergeben sich aus den Potenzgesetzen für Exponenten (siehe dazu auch Lernhilfe Mathematik):

- Ein Produkt wird logarithmiert, indem man die Logarithmen der Faktoren addiert.
  $\log_a(u \cdot v) = \log_a u + \log_a v$ mit $u, v > 0$
- Ein Quotient wird logarithmiert, indem man vom Logarithmus des Zählers den Logarithmus des Nenners subtrahiert.
  $\log_a\left(\frac{u}{v}\right) = \log_u u - \log_a v$ mit $u, v > 0$
- Eine Potenz wird logarithmiert, indem man den Exponenten mit der Basis des Logarithmus multipliziert.
  $\log_a(u^v) = v \cdot \log_a u$ mit $u > 0$ und $v \in \mathbb{R}$

Manche Taschenrechner sowie der Rechner auf dem Smartphone sind nicht mit der Taste ausgestattet, mit der man die Basis des Logarithmus wählen kann, deshalb gilt für jede beliebige Basis:

$$\log_c b = \frac{\log_a b}{\log_a c} = \frac{\ln b}{\ln c} \qquad \text{mit } c, b > 0$$

Beispiel: $\log_5 25 = \frac{\log_{10} 25}{\log_{10} 5} = \frac{\ln 25}{\ln 5} = 2$

## Aufgaben

1. Lösen Sie folgende Exponentialgleichungen:
   a) $169^x = 13$ b) $6^x = 36$ c) $4^x = \frac{1}{2}$
2. Berechnen Sie den Wert von $x$
   a) $\log_x 25 = 2$
   b) $\log_2 x = +1{,}5$
   c) $\log_2 x = -1{,}5$
3. In einem Labor vermehren sich bei optimalen Bedingungen eine bestimmte Bakterienart in einer Petrischale stündlich um 50 %. Zum Zeitpunkt $t = 0$ befinden sich genau 8 Bakterienkolonien in der Petrischale.
   a) Erstellen Sie eine Wertetabelle und ermitteln Sie die Funktionsgleichung für die Vermehrung der Bakterienkolonien.
   b) Skizzieren Sie den Graphen der Exponentialfunktion.
   c) Ermitteln Sie, nach welcher Zeit sich die Bakterienkolonien verdoppelt haben.
   d) Geben Sie an, wie viele Bakterienkolonien sich nach 24 Stunden in der Petrischale befinden.

### Logarithmusfunktion

Bei der Funktion $f(x) = y = a^x$ mit $a > 0$ und $x \in \mathbb{R}$ wird jeder Zahl $x$ eine reelle Zahl $y$ zugeordnet. Auch umgekehrt ist die Zuordnung eindeutig, denn es kann jedem $y$ eindeutig eine Zahl $x$ zugeordnet werden. Die Umkehrfunktion der Exponentialfunktion ist die Logarithmusfunktion. Die Rechenoperation wird als Logarithmieren bezeichnet.

Rechenoperation:

| | |
|---|---|
| $\boldsymbol{y = a^x}$ | \| $x$ und $y$ vertauschen |
| $x = a^y$ | \| logarithmieren mit $\log_a$ |
| $\log_a x = \log_a a^y$ | \| Logarithmusgesetz anwenden (Merkhilfe) |
| $\log_a x = y \cdot \log_a a$ | \| $\log_a a = 1$ |
| $\boldsymbol{y = \log_a x}$ | **Logarithmusfunktion zur Basis a** |

### Umkehrfunktion von Exponentialfunktion und Logarithmusfunktion

Als Umkehrfunktion zur Exponentialfunktion mit der Gleichung $y = a^x$ erhält man die Logarithmusfunktion mit der Gleichung $y = \log_a x$.

Diese Logarithmusfunktion ist nur für $x > 0$ definiert und ordnet jedem $x$ die eindeutig bestimmte Hochzahl $y$ zu, für die $a^y = x$ gilt.

Der Graph einer Logarithmusfunktion **(Bild 1)** ergibt sich wie bei jeder Umkehrfunktion durch Spiegelung des Graphen der Exponentialfunktion an der Geraden $y = x$ (Winkelhalbierende im I. und III. Quadranten).

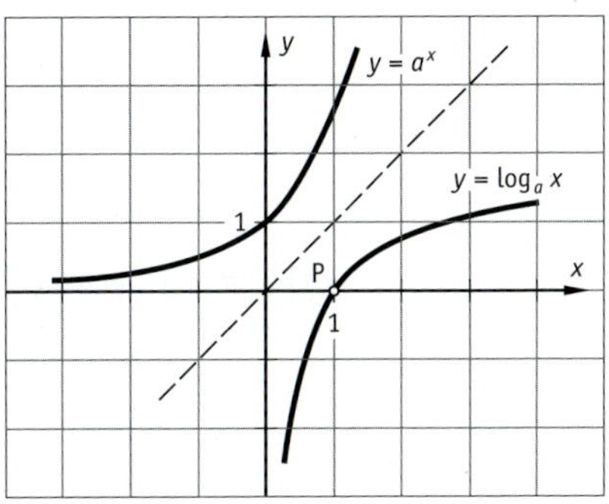


**Bild 1:** Funktion und Umkehrfunktion

**Für Logarithmusfunktionen $f(x) = y = \log_a x$ mit $x > 0$ gilt**

- Der Graph der Funktion $y = \log_a x$ geht durch Spiegelung an der Winkelhalbierenden $y = x$ aus dem Graphen der Funktion $y = a^x$ hervor.
- Die Logarithmusfunktionen $y = \log_a x$ ist für $a > 1$ monoton steigend, die Wertemenge $W = \mathbb{R}$.
- Alle Graphen der Logarithmusfunktionen $y = \log_a x$ verlaufen durch den Punkt P(1|0).
- Für $0 < x < 1$ ist $\log_a x < 0$; für $x > 1$ ist $\log_a x > 0$.
- Für $x \to 0^+$ gilt $y \to -\infty$, die $y$-Achse ist Asymptote zum Graphen.
- Für $x \to +\infty$ gilt $y \to +\infty$.

In der Praxis werden vor allem die Logarithmusfunktionen zur Basis 10, zur Basis e und zur Basis 2 verwendet. Die Logarithmusfunktion zur Basis 10 wird z. B. zur Berechnung des Wirkungsgrades von Lautsprecherboxen benötigt. Der natürliche Logarithmus (Basis e) wird z. B. zur Zeitberechnung von Schwingungen oder elektrischen Ladevorgängen bei Kondensatoren eingesetzt. Der binäre Logarithmus wird z. B. in der Datentechnik verwendet.

Auf dem Taschenrechner finden Sie drei Funktionstasten für die Berechnung von Logarithmen **(Bild 1)**. Die Funktionstaste *log* dient zur Berechnung des Logarithmus zur Basis 10 und die Funktionstaste *ln* dient zur Berechnung des Logarithmus zur Basis e.

**Bild 1:** Logarithmustasten

**Beispielaufgabe**

Zeichnen Sie die Graphen der Funktionen

a) $f(x) = \log_{10} x$

b) $g(x) = \log_e x = \ln x$,

c) $h(x) = \log_2 x$

Erstellen Sie dazu eine Wertetabelle für $x = 0{,}5$; $x = 1$: $x = 2$; $x = 4$; $x = 8$ und $x = 10$.

Runden Sie das Ergebnis auf zwei Stellen nach dem Komma.

**Lösung**

Zur Erstellung der Funktionswerte für die Wertetabelle werden die Funktionstasten *log* für den Logarithmus zur Basis 10 und die Funktionstasten *ln* für den Logarithmus zur Basis e verwendet. Für alle anderen Basen verwendet man die Funktionstaste

| $x$ | 0,5 | 1 | 2 | 4 | 8 | 10 |
|---|---|---|---|---|---|---|
| $f(x)$ | −0,30 | 0 | 0,30 | 0,60 | 0,90 | 1 |
| $g(x)$ | −0,69 | 0 | 0,69 | 1,39 | 2,08 | 2,30 |
| $h(x)$ | −1 | 0 | 1 | 2 | 3 | 3,32 |

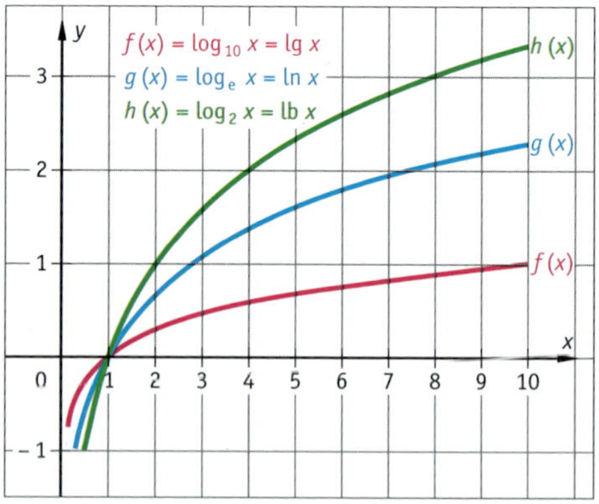


**Bild 2:** Graphen der Logarithmusfunktionen

**Aufgaben**

Berechnen Sie den Wert des Logarithmus.

a) $\log_2 16$ b) $\log_4 256$ c) $\log_2 0$

d) $\log_2 \frac{1}{16}$ e) $\log_4 \frac{1}{64}$ f) $\log_5 \frac{1}{5}$

### 8.2.4 Anwendung der Exponentialfunktion

In der Banken- und Kreditwirtschaft ist zur Berechnung der Zinsen und Zinseszinsen die Exponentialfunktion ein notwendiges Berechnungsinstrument. Weitere Einsatzgebiete der Exponentialfunktionen sind die Physik und die Technik, dort werden Wachstums- und Abklingprozesse beschrieben.

#### Zinseszinsformel

Bei Spareinlagen ist der Zins der Wertezuwachs, den man nach einem bestimmten Zeitraum bekommt. Hat man z. B. ein Startkapital $K_0$ von 1000 € bei der Bank angelegt, so bekommt man nach einem bestimmten Zeitraum die von der Bank bezahlten Zinsen (sogenannte Guthabenzinsen). Wird das Kapitel mit einem Zinssatz von p = 3 % verzinst, erhält man 30 € Zinsen. Man hat nun $K_1$ = 1030 € Kapital bei der Bank.

Es Gilt: $K_1 = K_0 + K_0 \cdot \frac{p}{100} = 1000\,€ + 1000\,€ \cdot \frac{3}{100} = 1000\,€ + 30\,€ = 1030\,€$

Wird das Kapital nicht nur für ein Jahr verzinst, sondern über mehrere Jahre und auch die Zinsen mit verzinst, wird dies als Zinseszins bezeichnet.

#### Herleitung der Zinseszinsformel

Wir betrachten wieder die Gleichung für das Kapital nach einem Jahr:

$$K_1 = K_0 + K_0 \cdot \frac{p}{100}$$

Wird das Kapital $K_1$ wieder verzinst, so gilt nach dem zweiten Jahr und den folgenden Jahren:

$$K_2 = K_1 + K_1 \cdot \frac{p}{100}$$

$$K_3 = K_2 + K_2 \cdot \frac{p}{100}$$

$$K_4 = K_3 + K_3 \cdot \frac{p}{100}$$

...

Betrachtet man die Gleichungen, so fällt auf, dass man in jeder Gleichung wie folgt ausklammern kann:

$$K_1 = K_0 \cdot \left(1 + \frac{p}{100}\right)$$

$$K_2 = K_1 \cdot \left(1 + \frac{p}{100}\right)$$

$$K_3 = K_2 \cdot \left(1 + \frac{p}{100}\right)$$

$$K_4 = K_3 \cdot \left(1 + \frac{p}{100}\right)$$

...

Mit dem Einsetzverfahren gilt:

$$K_1 = K_0 \cdot \left(1 + \frac{p}{100}\right)$$

$$K_2 = K_1 \cdot \left(1 + \frac{p}{100}\right) = K_0 \cdot \left(1 + \frac{p}{100}\right) \cdot \left(1 + \frac{p}{100}\right) = K_0 \cdot \left(1 + \frac{p}{100}\right)^2$$

$$K_3 = K_2 \cdot \left(1 + \frac{p}{100}\right) = K_0 \cdot \left(1 + \frac{p}{100}\right) \cdot \left(1 + \frac{p}{100}\right) \cdot \left(1 + \frac{p}{100}\right) = K_0 \cdot \left(1 + \frac{p}{100}\right)^3$$

$$K_4 = K_3 \cdot \left(1 + \frac{p}{100}\right) = K_0 \cdot \left(1 + \frac{p}{100}\right) \cdot \left(1 + \frac{p}{100}\right) \cdot \left(1 + \frac{p}{100}\right) \cdot \left(1 + \frac{p}{100}\right) = K_0 \cdot \left(1 + \frac{p}{100}\right)^4$$

...

$$K_n = K_0 \cdot \left(1 + \frac{p}{100}\right)^n$$

Mit der Zinseszinsformel $K_n = K_0 \cdot \left(1 + \frac{p}{100}\right)^n$ wird in der Finanzwirtschaft der Zinseszins berechnet. Dabei wird das erreichte Kapital nach $n$ Jahren mit $K_n$ bezeichnet, das anfangs angelegte Kapital mit $K_0$ und der von der Bank gewährte Jahreszinssatz mit $p$.

Zinssätze werden in Prozent angegeben. Dabei ist die Angabe in Prozent nur eine andere Schreibart für Hundertstel. Dies bedeutet, z. B. für den Zinssatz $p = 4\,\%$: $4\,\% = \frac{4}{100} = 0{,}04$.

Die in der Zinseszinsformel auftretende Zahl $1 + \frac{p}{100}$ nennt man Aufzinsungsfaktor. Zur Abkürzung kann für den Faktor $1 + \frac{p}{100}$ die Variable $q$ geschrieben und in die Zinseszinsformel eingesetzt werden, dann vereinfacht sich die Zinseszinsformel zu $\boldsymbol{K_n = K_0 \cdot q^n}$.

**Beispiel**

Bei der Taufe eines Mädchens im Jahre 2007 hat ihre Patentante einen Geldbetrag von 500 € zu einem Jahreszinssatz von 4 % bei einer Sparkasse angelegt und verfügt, dass die Laufzeit 18 Jahre betragen soll.

Über welchen Geldbetrag kann das Patenkind nach seinem 18. Geburtstag verfügen?

**Lösung**

Mit dem Startkapital $K_0 = 500$ € von der Patentante und dem Zinssatz von 4 % gilt für die Zinseszinsformel $K_n = K_0 \cdot \left(1 + \frac{p}{100}\right)^n$ folgende Gleichung: $K_n = 500 \cdot \left(1 + \frac{4}{100}\right)^n = 500 \cdot (1{,}04)^n$. Mit dieser Gleichung kann nun das mit Zinsen und Zinseszinsen angereicherte Kapital für jedes Jahr berechnet werden. Setzt man für $n = 18$ ein, so wird der Betrag errechnet, der dem Patenkind nach 18 Jahren zur Verfügung steht.

$K_{18} = 500 \cdot (1{,}04)^{18} = 1012{,}90$. Das Patenkind kann nach 18 Jahren über einen Geldbetrag von 1012,90 € verfügen.

**Zinseszinsformel**

- Mit der Zinseszinsformel $K_n = K_0 \cdot \left(1 + \frac{p}{100}\right)^n$ wird der Ertrag des angelegten Kapitals $K_0$ mit dem Jahreszinssatz $p$ nach $n$ Jahren berechnet. Wird der Faktor $\left(1 + \frac{p}{100}\right)$ durch $q$ ersetzt, so lautet die Zinseszinsformel $K_n = K_0 \cdot q^n$.
- Da in der Zinseszinsformel $K_n = K_0 \cdot \left(1 + \frac{p}{100}\right)^n = K_0 \cdot q^n$ für die Basis $q > 1$ gilt, handelt es sich um eine Wachstumsfunktion.

### Degressive Abschreibung

Firmen und Betriebe investieren in Anlagen und Maschinen. Durch einen degressiven Abschreibungssatz (Abschreibungsbeträge sinken von Jahr zu Jahr) wird so vom Finanzamt ein Teil der Investitionen wieder zurückgeholt.

Mit der Formel $K_n = K_0 \cdot \left(1 - \frac{p}{100}\right)^n$ wird die degressive Abschreibung beschrieben.

**Beispiel**

Ein Metall verarbeitender Betrieb schafft eine Werkzeugmaschine für 80.000 € an.

a) Welchen Buchwert hat die Werkzeugmaschine nach fünf Jahren bei einem jährlichen Abschreibungssatz von 20 %?

b) Stellen Sie den Buchwert der Maschine in den ersten fünf Jahren graphisch dar.

c) Zeichnen Sie den Graph bei einer linearen Abschreibung (Abschreibungsbeträge bleiben über die ganze Zeit gleich hoch) von 20 % ein.

**Lösung**

**a)** Der Anschaffungspreis $K_0 = 80.000\,€$, der Abschreibungssatz $p = 20\,\%$ und $n = 5$ werden in die Formel $K_n = K_0 \cdot \left(1 - \frac{p}{100}\right)^n$ eingesetzt.

$K_5 = 80.000\,€ \cdot \left(1 - \frac{20}{100}\right)^5 = 80.000\,€ \cdot (0{,}8)^5 = 26.214{,}4\,€$. Die Werkzeugmaschine hat nach fünf Jahren noch einen Buchwert von 26.214,4 €.

**b)** Die Werte der Gleichung werden in einer Wertetabelle dargestellt und dann der Graph gezeichnet.

| $n$ | 0 | 1 | 2 | 3 | 4 | 5 |
|---|---|---|---|---|---|---|
| $K_n$ | 80.000 | 64.000 | 51.200 | 40.960 | 32.768 | 26.214,4 |
| $y$ | 80.000 | 64.000 | 48.000 | 32.000 | 16.000 | 0 |

**c)** Bei einer linearen Abschreibung reduziert sich der Buchwert jährlich auch um 20 %. Mit der Funktionsgleichung $y = -16.000 \cdot x + 80.000$ wird dies beschrieben. Die Funktionswerte werden in die angelegte Wertetabelle eingetragen und der Graph gezeichnet.

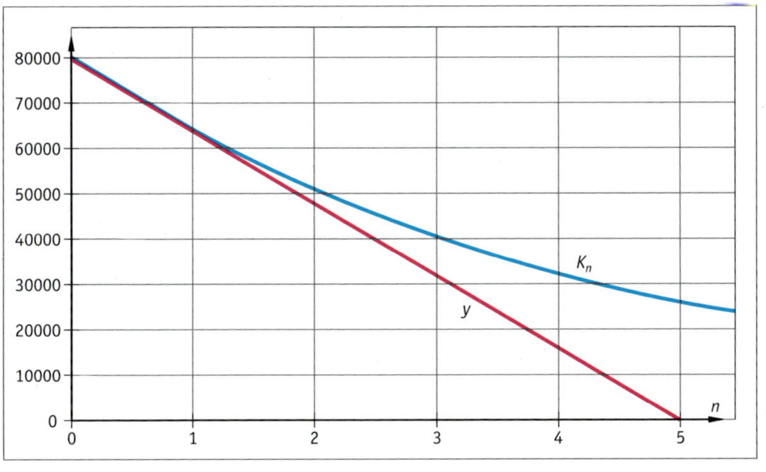


**Bild 1:** Graphen der Abschreibung

**Abklingfunktion**

Mit der Formel $K_n = K_0 \cdot \left(1 - \frac{p}{100}\right)^n$ wird der Startwert $K_0$ für jedes Zeitintervall $n \in \mathbb{N}$ um den gleichen Prozentsatz $p$ vermindert. Wird der Faktor $\left(1 - \frac{p}{100}\right)$ durch $q$ ersetzt, so lautet die Formel $K_n = K_0 \cdot q^n$.

Da in der Formel $K_n = K_0 \cdot \left(1 - \frac{p}{100}\right)^n = K_0 \cdot q^n$ für die Basis $0 < q < 1$ gilt, handelt es sich um eine Abklingfunktion.

**e-Funktion**

**Die Zahl e** (Eulersche Zahl)

Die Zahl e geht auf den Mathematiker Leonhard Euler **(Bild 1 folgende Seite)** zurück und kann mit Hilfe der Zinseszinsrechnung entwickelt werden, die wir hergeleitet haben.

Zinseszinsformel:

$$K_n = K_0 \cdot \left(1 + \frac{p}{100}\right)^n$$

$n$: Anzahl der Zinsabschnitte

$K_0$: Anfangskapital

$K_n$: Kapital nach n Zinsabschnitten

$p$: Zinsfuß in %

**Bild 1:** Leonhard Euler (1707–1783)

Wir wählen für die Herleitung einen Zinsfuß von 100 %, d. h., das Kapital soll sich bei jährlicher Verzinsung verdoppeln.

Wählt man mehrere Zinsabschnitte pro Jahr, wird das Kapital mit Zinseszins mehrfach verzinst. Dabei muss der Zinsfuß durch die Anzahl der Zinsabschnitte dividiert werden.

Schritt 1:

Verzinsung des Kapitals nach einem Jahr bei **einjähriger** Verzinsung mit $p = 100\,\% \Rightarrow \frac{p}{100} = \frac{100}{100} = 1$

$$K_1 = K_0 \cdot \left(1 + \frac{p}{100}\right)^1 = K_0 \cdot (1 + 1)^1 = K_0 \cdot 2$$

Schritt 2:

Verzinsung des Kapitals nach einem Jahr bei **halbjähriger** Verzinsung mit $\frac{p}{2 \cdot 100} = \frac{100}{2 \cdot 100} = \frac{1}{2}$

$$K_2 = K_0 \cdot \left(1 + \frac{100}{2 \cdot 100}\right)^2 = K_0 \cdot \left(1 + \frac{1}{2}\right)^2 = K_0 \cdot 2{,}250$$

Schritt 3:

Verzinsung des Kapitals nach einem Jahr bei **vierteljähriger** Verzinsung mit $\frac{p}{4 \cdot 100} = \frac{100}{4 \cdot 100} = \frac{1}{4}$

$$K_3 = K_0 \cdot \left(1 + \frac{100}{4 \cdot 100}\right)^4 = K_0 \cdot \left(1 + \frac{1}{4}\right)^4 = K_0 \cdot 2{,}441$$

Schritt 4:

Verzinsung des Kapitals nach einem Jahr bei **monatlicher Verzinsung** mit $\frac{p}{12 \cdot 100} = \frac{100}{12 \cdot 100} = \frac{1}{12}$

$$K_4 = K_0 \cdot \left(1 + \frac{100}{12 \cdot 100}\right)^{12} = K_0 \cdot \left(1 + \frac{1}{12}\right)^{12} = K_0 \cdot 2{,}613$$

Schritt 5:

Verzinsung des Kapitals nach einem Jahr bei **täglicher** Verzinsung mit $\frac{p}{360 \cdot 100} = \frac{100}{360 \cdot 100} = \frac{1}{360}$

$$K_5 = K_0 \cdot \left(1 + \frac{100}{360 \cdot 100}\right)^{360} = K_0 \cdot \left(1 + \frac{1}{360}\right)^{360} = K_0 \cdot 2{,}7145$$

Schritt 6:

Verzinsung des Kapitals nach einem Jahr bei **stündlicher** Verzinsung mit $\frac{p}{8640 \cdot 100} = \frac{100}{8640 \cdot 100} = \frac{1}{8640}$

$$K_6 = K_0 \cdot \left(1 + \frac{100}{8640 \cdot 100}\right)^{8640} = K_0 \cdot \left(1 + \frac{1}{8640}\right)^{8640} = K_0 \cdot 2{,}7181$$

Schritt 7:

Verzinsung des Kapitals nach einem Jahr bei **minütlicher** Verzinsung mit $\frac{p}{518400 \cdot 100} = \frac{100}{518400 \cdot 100} = \frac{1}{518400}$

$$K_7 = K_0 \cdot \left(1 + \frac{100}{518400 \cdot 100}\right)^{518400} = K_0 \cdot \left(1 + \frac{1}{518400}\right)^{518400} = K_0 \cdot \underbrace{2{,}7182}_{\approx e}$$

Weitere Schritte:

Der nächste Schritt könnte z. B. die sekündliche Verzinsung oder noch kürzer sein, deshalb wählen wir die Verzinsung des Kapitals nach **n** Verzinsungen mit $\frac{p}{n \cdot 100} = \frac{100}{n} \cdot 100 = \frac{1}{n}$

$$K_n = K_0 \cdot \left(1 + \frac{100}{n \cdot 100}\right)^n = K_0 \cdot \left(1 + \frac{1}{n}\right)^n$$

Verzinst man in jedem Augenblick ($n \to \infty$), dann erhält man nach einem Jahr ein Kapital von

$$\lim_{n \to \infty} K_n = \lim_{n \to \infty} K_0 \left(1 + \frac{1}{n}\right)^n = K_0 \cdot \lim_{n \to \infty} \left(1 + \frac{1}{n}\right)^n = K_0 \cdot \mathrm{e}$$

Das heißt, das Anfangskapital hat sich nach einem Jahr um den Faktor e ($\approx$ 2,7182) vervielfacht.

**Der Zahlenwert e**

Für den Zahlenwert e gilt:

$$\mathrm{e} = \lim_{n \to \infty} \left(1 + \frac{1}{\mathrm{n}}\right)^n \approx 2{,}71828 \text{ und } n \in \mathbb{R}$$

Die Funktion $f$ mit $f(x) = \mathrm{e}^x$, mit $x \in \mathbb{R}$, heißt Exponentialfunktion zur Basis e und wird auch als **natürliche e-Funktion** bezeichnet.

**Beispiel 1**

Ein Geldinstitut macht im Fernsehen Werbung. Es verspricht, eine Kapitalanlage mit 2,7 % zu verzinsen. Sie haben ein Kapital von 10.000 €.

Berechnen Sie mit der Formel $f(x) = b \cdot \mathrm{e}^{c \cdot x}$, mit $b$ = 10.000 € und $c = p$ = 2,7 % das Kapital nach $x = t = 7$ Jahren

a) bei stetiger Verzinsung.

b) Vergleichen Sie das verzinste Kapital mit dem Betrag bei jährlicher Verzinsung.

**Lösung**

**a)** In die Funktionsgleichung für die stetige Verzinsung $f(x) = b \cdot \mathrm{e}^{p \cdot x}$ sind die Werte für die Kapitalanlage einzusetzen.

$f(7) = K_7 = 10.000€ \cdot \mathrm{e}^{0{,}027 \cdot 7} = 12.080{,}41€.$

Der Kapitalzuwachs beträgt nach 7 Jahren 2080,41 €

**b)** Bei einer jährlichen Verzinsung gilt die Gleichung $K_n = K_0 \cdot \left(1 + \frac{p}{100}\right)^n$. Setzt man die Werte für die Kapitalanlage ein, so ergibt sich folgenden Betrag:

$K_7 = 10.000€ \cdot \left(1 + \frac{2{,}7}{100}\right)^7 = 10.000€ \cdot (1{,}027)^7 = 12.050{,}17€.$

Der Kapitalzuwachs beträgt nach 7 Jahren 2050,17 €. Bei stetiger Verzinsung erhält man für das angelegte Kapital von 10.000 € um 2080,41 € – 2050,17 € = 30,24 € mehr.

**Beispiel 2**

Ein Motorenhersteller stellt in einem Prospekt die Drehzahlstrecke für einen Gleichstrommotor dar **(Bild 1)**. Nach dem Einschalten der Ankerspannung erreicht der konstant erregte Gleichstrommotor nach $t$ = 20 s seine Enddrehzahl. Die Drehzahlstrecke kann mit der Funktionsgleichung

$n(t) = 1200 \cdot (1 - e^{-0{,}25 \cdot t})$ beschrieben werden.

a) Ermitteln Sie aus dem Graphen die Drehzahl nach 2 s.

b) Ermitteln Sie aus dem Graphen, wann 80 % der Enddrehzahl erreicht sind und bestätigen Sie das durch Rechnung.

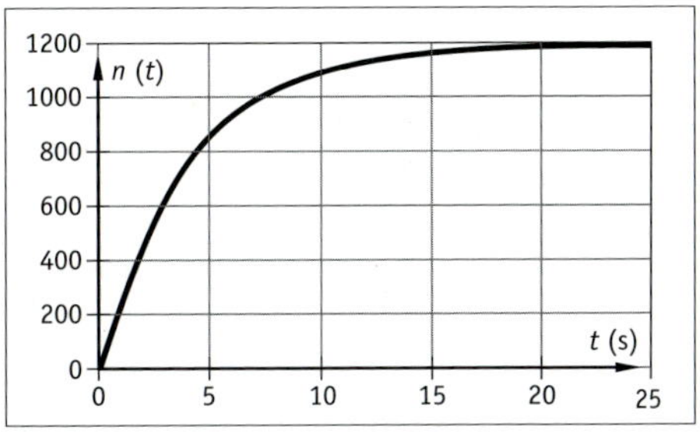


**Bild 1:** Drehzahlstrecke

**Lösung**

**a)** Auf der Zeitachse wird bei $t = 2\,s$ eine Parallele zur Ordinatenachse gezeichnet und der Schnittpunkt mit dem Funktionsgraph gesucht. Durch diesen Punkt wird eine Parallele zur Zeitachse gezogen und der Wert abgelesen: ca. 470 Umdrehungen **(Bild 1)**.

**b)** 80 % von 1200 Umdrehungen sind 960 Umdrehungen. Man zeichnet also eine Parallele zur $t$-Achse bei $n = 960$, ermittelt den Schnittpunkt mit dem Graphen und zeichnet durch den Schnittpunkt eine Parallele zur $n$-Achse. Ablesen ergibt $t \approx 6{,}5$ Sekunden.

**Mathematischer Nachweis:**

$n(t) = 960 = 1200 \cdot (1 - e^{-0{,}25 \cdot t})$ | : 1200

$0{,}8 = 1 - e^{-0{,}25 \cdot t}$ | Äquivalenzumformung

$e^{-0{,}25 \cdot t} = 0{,}2$ | Umkehrfunktion ln anwenden

$-0{,}25 \cdot t = \ln 0{,}2$ | : (−0,25)

$t = \frac{\ln 0{,}2}{-0{,}25} = 6{,}44$

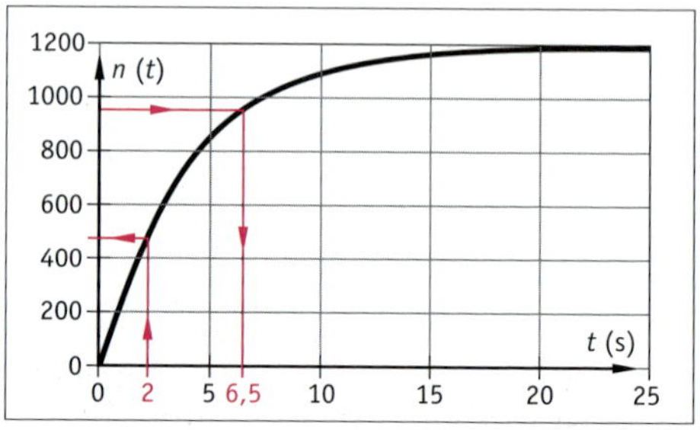


**Bild 1:** Ermittlung von Zeit und Drehzahl

**e-Funktion**

Bei der Exponentialfunktion $f(x) = b \cdot e^{c \cdot x}$ mit $b > 0$ handelt es sich

a) um eine Wachstumsfunktion, falls der Faktor $c$ im Exponenten positiv ist,

b) um eine Abklingfunktion, falls der Faktor $c$ im Exponenten negativ ist.

**Halbwertszeit**

Bei Exponentialfunktionen mit der Basis $0 < a < 1$ handelt es sich um Abklingfunktionen, d. h., die Funktionen nehmen, z. B. bei gleichen Zeitintervallen um den gleichen Prozentsatz ab. Der Zeitraum, nach dem sich die Anfangsgröße halbiert hat, wird als Halbwertszeit bezeichnet und mit der Gleichung $y = \left(\frac{1}{2}\right)^x$ beschrieben.

Wenn zum Beispiel bei Heilbehandlungen radioaktive Präparate eingesetzt werden, wählt man Nuklide mit kurzer Halbwertszeit, damit die Strahlenbelastung im Körper möglichst schnell wieder zurückgeht. Die Halbwertszeit $T_{1/2}$ ist die Zeitspanne, in der die Hälfte der Atome eines radioaktiven Stoffes zerfällt. Sie ist eine für das radioaktive Material charakteristische Konstante, die weder von der Anfangsmenge noch von der verstrichenen Zeit abhängt und taucht im Exponenten der Funktionsgleichung für den radioaktiven Zerfall auf. Beim radioaktiven Zerfall wird der Abklingvorgang des Nuklides mit der Gleichung

$N(t) = N_0 \cdot \left(\frac{1}{2}\right)^{\frac{t}{T_{1/2}}}$ beschrieben.

**Beispiel**

Bei der Heilbehandlung einer Schilddrüsenerkrankung wird das radioaktive Isotop Jod 131, dessen Halbwertszeit 8 Tage beträgt, eingesetzt.

a) Tabellarisieren Sie den Abklingprozess des Präparates bei einem Anfangswert $N_0 = 100\,\%$ für $t \in [0; 40]$ mit $\Delta t = 4$ auf zwei Stellen nach dem Komma gerundet und zeichnen Sie den Graph in ein geeignetes Koordinatensystem.

b) Ermitteln Sie aus dem Graph, wieviel Prozent des strahlenden Materials nach einer Woche noch aktiv ist und bestätigen Sie das Ergebnis durch Rechnung.

c) Veranschaulichen Sie am Funktionsgraph die ersten drei Halbwertszeiten.

**Lösung**

**a)** Für den radioaktiven Zerfall mit der Halbwertszeit $T_{1/2}$ gilt die Funktionsgleichung

$N(t) = N_0 \cdot \left(\frac{1}{2}\right)^{\frac{t}{T_{1/2}}}$. In diese Gleichung sind die Werte für das Isotop Jod 131 einzusetzen und somit erhält man die Funktionsgleichung $N(t) = 100\,\% \cdot \left(\frac{1}{2}\right)^{\frac{t}{8\,\text{d}}}$

| $t$ | 0 | 4 | 8 | 12 | 16 | 20 | 24 | 28 | 32 | 36 | 40 |
|---|---|---|---|---|---|---|---|---|---|---|---|
| $N(t)$ | 100 | 70,71 | 50 | 35,36 | 25 | 17,68 | 12,5 | 8,84 | 6,25 | 4,42 | 3,125 |

Für die Skalierung des Koordinatensystems bietet sich an, auf der Abszissenachse 0,5 cm = 2 Tage und auf der Ordinatenachse 0,5 cm = 5 % zu wählen.

**b)** Sucht man auf der Zeitachse $t$ die Markierung »7 Tage« und zeichnet dann eine Parallele zur Ordinatenachse ergibt sich der Schnittpunkt $S$ mit dem Funktionsgraphen. Eine Parallele zur Zeitachse durch den Schnittpunkt $S$ ergibt den Schnittpunkt $T$ mit der Ordinatenachse. Der Wert $T$ wird abgelesen und ergibt das gewünschte Ergebnis.

Abgelesen: $N(7) = 54\,\%$.

Damit das Ergebnis berechnet werden kann, ist in die Funktionsgleichung $N(t) = 100\,\% \cdot \left(\frac{1}{2}\right)^{\frac{t}{8d}}$ für die Variable $t$ der Zahlenwert 7 einzusetzen und das Ergebnis zu berechnen.

$$N(7) = 100\,\% \cdot \left(\frac{1}{2}\right)^{\frac{7d}{8d}} = 54{,}53\,\%$$

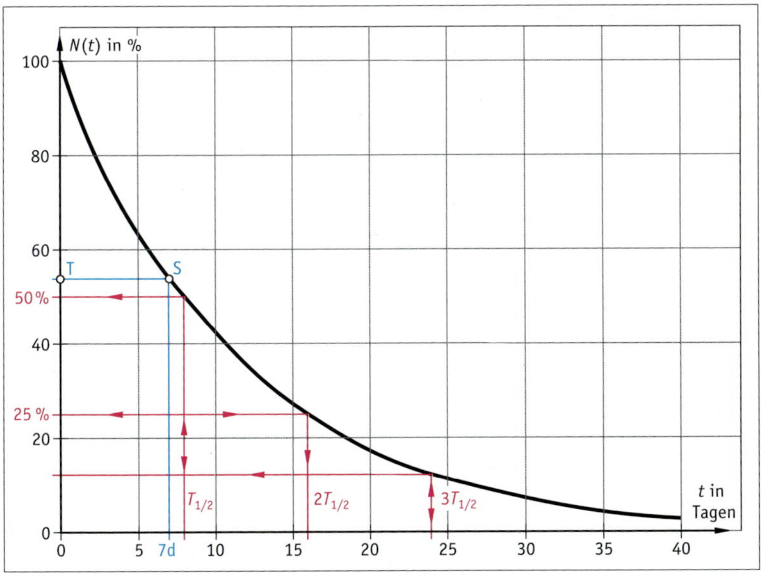


**Bild 1:** Abklingprozess des radioaktiven Isotops Jod 131

**c)** Der Begriff Halbwertszeit bedeutet, dass nach der Zeit von 8 Tagen die Hälfte des Isotops noch aktiv ist, also die Hälfte von 100 %, das ist gleich 50 %. Dies kann von der Zeitachse aus, aber auch von der Ordinatenachse aus gekennzeichnet werden. Acht Tage später ist Jod 131 wieder um 50 % abgeklungen, also 50 % von 50 % gleich 25 %. Nach einer weiteren Halbwertszeit sind noch 50 % von 25 % gleich 12,5 % Aktivität vorhanden.

### Herleitung der Halbwertszeit

Bei der Exponentialfunktion $f$ mit $f(t) = b \cdot a^t$ steht im Exponenten die Zeit $t$ ($t > 0$).

Für den Zeitpunkt $t = 0$ gilt:

$f(0) = b \cdot a^0 = b \cdot 1 = b$ (z. B. $b = 100\,\%$)

Nach dem Verstreichen der Halbwertszeit $T_{0,5}$ ist noch die Hälfte des Anfangswerts von $b$ vorhanden:

$$f(T_{0,5}) = 0{,}5 \cdot b = b \cdot aT_{0,5} \qquad | : b$$

$$0{,}5 = aT_{0,5} \qquad | \ln$$

$$\ln(0{,}5) = \ln\left(aT_{0,5}\right) = T_{0,5}\ln(a) \qquad | : \ln(a)$$

$$T_{0,5} = \frac{\ln(0{,}5)}{\ln(a)}$$

**Halbwertszeit (abgekürzt HWZ)**

- Die Halbwertszeit $T_{1/2}$ ist die Zeitspanne, nach der eine mit der Zeit abklingende Größe die Hälfte des anfänglichen Werts erreicht.
- Die Halbwertszeit eines exponentiellen Zerfallsprozesses $f(t) = b \cdot a^t$ für $b > 0$ und $0 < a < 1$: $T_{0,5} = \frac{\ln(0{,}5)}{\ln(a)}$

**Aufgabe**

1. Zeigen Sie, dass für die Verdoppelungszeit $T_2$ eines exponentiellen Wachstumsprozesses mit der Funktionsgleichung $f(t) = b \cdot a^t$ für $a > 1$ gilt: $T_2 = \frac{\ln(2)}{\ln(a)}$.
2. Die Wachstumsrate der Erdbevölkerung lag im letzten Jahr bei 1,2 %.
   a) Recherchieren Sie im Internet, wie groß die Zahl der Erdbevölkerung Anfang 2019 war und Erstellen Sie die Exponentialfunktion $f(t) = b \cdot a^t$, die das Wachstum der Erdbevölkerung darstellt.
   b) Berechnen Sie die Anzahl der Erdbewohner am Ende des Jahres.
   c) Bestimmen Sie, falls die jährliche Zuwachsrate so bleibt, wann sich die Erdbevölkerung verdoppelt hat.

### Lösung der Eingangsaufgabe: Laden der Batterie eines E-Autos

Sie bekamen von der Angestellten des Autohauses die Auskunft, dass die Autobatterie nach 30 Minuten zu 80 % geladen ist. Vom Studenten der Technischen Universität haben Sie erfahren, dass das Laden der Batterie dem Verlauf einer Exponentialfunktion entspricht und als PT1-Strecke bezeichnet wird. Sie finden in Ihren neu erworbenen Mathematikbüchern die Funktionsgleichung für eine PT1-Strecke:

$$x(t) = x_0 \cdot (1 - e^{-k \cdot t})$$

dabei gibt $x(t)$ den Ladezustand zum Zeitpunkt $t$ an, $x_0$ die maximal zu erreichende Ladung und die Variable $k$ im Exponenten ist eine Größe, die den Ladevorgang beschreibt und beeinflusst. Die Variable $k$ kann man mit den bekannten Angaben berechnen. Es gilt:

$t = 30$ Minuten; $x(t) = x(30) = 80\,\%$; $x_0 = 100\,\%$.

Eingesetzt in die Funktionsgleichung der PT1-Strecke ergibt:

$$80\,\% = 100\,\% \cdot (1 - e^{-k \cdot 30}) \qquad | : 100\,\%$$

$$0{,}8 = 1 - e^{-k \cdot 30} \qquad | \text{ Äquivalenzumformung}$$

$$e^{-k \cdot 30} = 0{,}2 \qquad | \text{ Umkehrfunktion ln anwenden}$$

$$-k \cdot 30 = \ln 0{,}2 \qquad | : (-30)$$

$$k = \frac{\ln 0{,}2}{-30} = 0{,}0536 \qquad | \text{ in Funktionsgleichung einsetzen}$$

$$\mathbf{x(t) = 100\,\% \cdot (1 - e^{-0{,}0536 \cdot t})}$$

Diese Funktionsgleichung beschreibt den Ladevorgang des Batteriepacks im E-Auto. Will man nun berechnen, wann die Batterien zu 100 % geladen sind, so muss man feststellen, dass dies nicht exakt bestimmt werden kann. Wie man an den Graphen der e-Funktionen sieht, wird die Asymptote nicht erreicht. Der Ladezustand nähert sich zwar immer mehr den 100 % an, erreicht diesen Wert aber nie vollkommen.

In der Technik gilt ein »Ladevorgang« als abgeschlossen, wenn die Aufklingkurve 99,3 % erreicht hat. Mit dieser Vorgabe kann nun die Frage beantwortet werden, nach welcher Zeit das Batteriepack geladen ist.

$$99{,}3\,\% = 100\,\% \cdot (1 - e^{-0{,}0536 \cdot t}) \quad |:100\,\%$$

$$0{,}993 = 1 - e^{-0{,}0536 \cdot t} \quad |\ \text{Äquivalenzumformung}$$

$$e^{-0{,}0536 \cdot t} = 0{,}007 \quad |\ \ln$$

$$-0{,}0536 \cdot t = \ln(0{,}007) \quad |:(-0{,}0536)$$

$$t = \frac{\ln(0{,}007)}{-0{,}0536} = 92{,}57$$

Die Batterien des E-Autos sind nach ca. 1,5 Stunden aufgeladen.

**Zusammenfassung**

Die Exponentialfunktion $K_n = K_0 \cdot q^n$ mit der Basis $q > 1$, ist eine Wachstumsfunktion.

Die Exponentialfunktion $K_n = K_0 \cdot q^n$ mit der Basis $0 < q < 1$, ist eine Abklingfunktion.

Bei der Exponentialfunktion $f(x) = e^{c \cdot x}$ mit $x \in \mathbb{R}$ handelt es sich

a) um eine Wachstumsfunktion, falls der Faktor $c$ im Exponenten positiv ist,

b) um eine Abklingfunktion, falls der Faktor $c$ im Exponenten negativ ist.

c) Alle Exponentialfunktionen gehen durch den Punkt P(0|1).

d) Alle Exponentialfunktionen haben nur positive $y$-Werte.

e) Die $x$-Achse ($y = 0$) ist Asymptote der Funktionsgraphen.

Als Umkehrfunktion zur Exponentialfunktion mit der Gleichung $y = a^x$ erhält man die Logarithmusfunktion mit der Gleichung $y = \log_a x$.

Die Logarithmusfunktion ist nur für $x > 0$ definiert und ordnet jedem $x$ die eindeutig bestimmte Hochzahl $y$ zu, für die $a^y = x$ gilt.

## 8.3 Üben & Anwenden

1. **Zinseszinsformel**

   Sie legen bei einer Sparkasse einen Betrag von 5000 € mit einem Zinssatz von 2,5 % an.

   a) Ermitteln Sie, welches Guthaben Sie nach einem Jahr, nach zwei Jahren und nach 5 Jahren haben.

   b) Welchen Betrag bringt Ihre Geldanlage bei stetiger Verzinsung nach 5 Jahren?

2. **Kapitalanlage**

   Ein Kapital $K_0$ = 12.500 € wird mit einem Zinssatz von 3 % pro Jahr und einer Laufzeit von 12 Jahren angelegt. Für das angelegte Kapital gilt die Gleichung:

   $$K_n = K_0 \cdot \left(1 + \frac{p}{100}\right)^n$$

   $K_0$ = Startkapital vor der Verzinsung
   $K_n$ = Kapital nach $n$ Jahren
   $p$ = Zinssatz
   $n$ = Anzahl der Zinsjahre

   a) Wie hoch ist das Kapitel nach der Ablaufzeit von 12 Jahren?

   b) Nach wie vielen Monaten beläuft sich das Gutachten auf 16.000 €?

3. **Degressive Abschreibung**

Ein Holz verarbeitender Betrieb kaufte im Jahr 2010 eine Maschine für 10 000 €.

Die Nutzungsdauer der Maschine wird auf 10 Jahre angesetzt. Bei linearer Abschreibung ergibt sich ein Abschreibungssatz von 10 %. Bei degressiver Abschreibung darf mit 2 multipliziert werden und es ergibt sich somit ein Abschreibungssatz von 20 %.

a) 10 Jahre lang wird jeweils mit 20 % vom Restbuchwert abgeschrieben. Erstellen Sie eine Tabelle und tragen Sie den Abschreibungsbetrag und den Restbuchwert ein.

b) Welchen Buchwert hat die Maschine nach zehn Jahren noch?

c) Diskutieren Sie in der Gruppe, welchen Vorteil die degressive Abschreibung gegenüber der linearen Abschreibung hat.

4. **Heilbehandlung**

Bei der Heilbehandlung einer Schilddrüsenerkrankung wird das radioaktive Isotop Jod 123 mit einer Halbwertzeit von 13,2 Stunden eingesetzt.

a) Tabellarisieren Sie den Abklingprozess des Präparates bei einem Anfangswert $N_0 = 100\,\%$ für $t \in [0; 40]$ mit $\Delta t = 4$ auf zwei Stellen nach dem Komma gerundet.

b) Wie viel Prozent des Isotops sind nach einem Tag noch vorhanden?

c) Skizzieren Sie den Graphen der Funktionsgleichung für zwei Tage.

5. **Schachbrett**

Brahmane Sissa entwickelte für König Shihram das Schachspiel vor ca. 1700 Jahren. Der König fand großen Gefallen an dem Spiel und gewährte Sissa einen Wunsch. Dieser wünschte sich, die 64 Felder mit Weizenkörner zu füllen. Auf das 1. Feld 1 Korn, auf das 2. Feld zwei, auf das 3. Feld 4, es wird also immer verdoppelt **(Bild 1)**.

a) Notieren Sie ohne Taschenrechner die Anzahl der Körner bis zum 11. Feld.

b) Wie viele Körner befinden sich auf dem 20. und auf dem 32. Feld?

c) Ermitteln Sie die Anzahl der Körner auf dem 64. Feld und berechnen Sie, welche Masse in kg allein die Körner auf dem 64. Feld haben, wenn man von einem Gewicht von ca. 0,05 g pro Korn ausgeht.

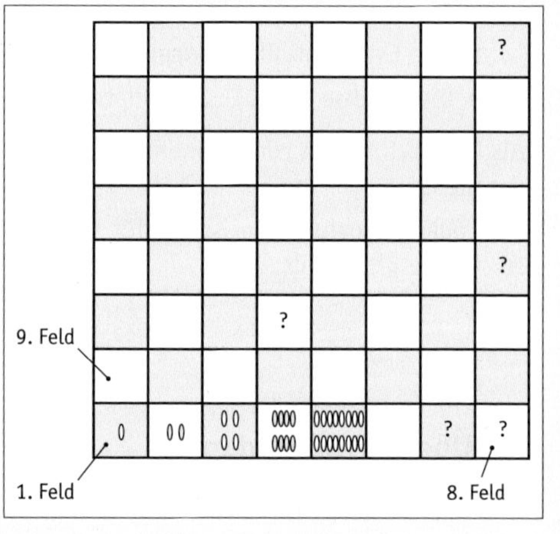


**Bild 1:** Weizenkörner auf Schachbrettfeldern

6. **Exponentialfunktionen**

Stellen Sie sich den Graph der Exponentialfunktion $y = 4^x$ vor. Durch welche Abbildungen (affine Streckung, Stauchung, Spiegelung) gehen die Graphen folgender Funktionen aus dem gegebenen Graphen hervor? Welche der Funktionen von a) bis d) sind monoton fallend, welche monoton steigend?

a) $y = 0{,}3 \cdot 4^x$ b) $y = -2 \cdot 4^x$

c) $y = -4^x$ d) $y = 4 \cdot 4^x$

7. **Logarithmus**

Bestimmen Sie den Wert des Numerus. $D = \mathbb{R}$

a) $\log_{10} x = 4$ b) $\log_6 x = 3$ c) $\log_{0,5} x = 2$

d) $\log_{1,5} x = -2$ e) $\log_8 x = 0$ f) $\log_2 x = 5$

Bestimmen Sie den Wert der Basis. $D = \mathbb{R}^{+}\setminus\{1\}$

a) $\log_x 0{,}2 = -1$ b) $\log_x 2 = 2$ c) $\log_x 125 = 3$

d) $\log_x 0{,}5 = 2$ e) $\log_x 9 = 4$ f) $\log_x 0{,}125 = -4$

8. **Umwandlung in eine natürliche Exponentialfunktion**

Die Exponentialfunktion $y = 2^x$ ist in eine natürliche Exponentialfunktion umzuwandeln.

9. **Radioaktive Strahlung**

Die Intensität einer γ-Strahlung (physikalisches Gesetz: $I_x = I_0 \cdot b^x$) wird durch eine Schutzwand von 20 cm Dicke um 35 % reduziert.

a) Ermitteln Sie die Intensität dieser γ-Strahlung hinter einer Wand aus gleichem Material von 1 m Dicke?

b) Geben Sie an, wie dick eine Wand aus gleichem Material sein muss, damit hinter ihr nur noch 5 % der ursprünglichen Intensität vorhanden sind.

10. **Zerfallsrate von Kobalt 60**

Kobalt 60 zerfällt mit einer definierten Halbwertszeit.

a) Vertiefen Sie sich in den Graphen der Abklingfunktion und ermitteln Sie die Halbwertszeit für Kobalt 60.

b) Geben Sie die Funktionsgleichung für die Abklingfunktion an.

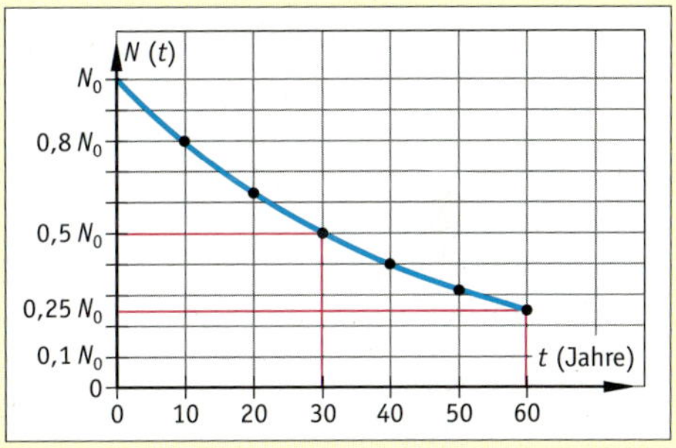


**Bild 1: Zerfallsgraph von Kobalt 60**

11. **Zerfall eines Bierschaums**

Bei einer Versuchsreihe wird der Zerfall von Bierschaum in einem zylindrischem Gefäß untersucht. Der Zerfall kann näherungsweise mit der Funktionsgleichung $x(t) = x_{max} \cdot e^{-kt}$, berechnet werden. Dabei gibt $x(t)$ die Schaumhöhe in Prozent oder cm an, $x_{max}$ entspricht 100 %, also der Höhe des Schaums in cm zum Zeitpunkt $t = 0$.

Bei der untersuchten Biersorte sinkt die Schaumkrone alle 15 Sekunden um 14 %.

a) Berechnen Sie die Konstante $k$ der Funktionsgleichung.

b) Skizzieren Sie den Funktionsgraph für $0 \leq t \leq 300$.

c) Wie viel Prozent des Schaums sind nach 5 Minuten noch vorhanden?

12. **Wachstumsverhalten der Exponentialfunktion**

Die Exponentialfunktion ist eine »gleichprozenter« Funktion, das heißt, dass die Funktion, z. B. bei gleichen Zeitabschnitten, immer um den gleichen Prozentsatz zunimmt oder abnimmt.

a) Diskutieren Sie diese Aussage in der Gruppe.

b) Veranschaulichen Sie dieses Verhalten als Halbwertszeit auf einem karierten Papier, indem Sie auf der Ordinatenachse 16 »Kästchen« wählen und auf der Abszisse als Einheit 3 »Kästchen« wählen.

c) Erläutern Sie den skizzierten Graph und stellen Sie den Unterschied zu einer linearen Funktion dar.

d) Zeichen Sie die lineare Funktion, die nach einer Einheit (3 Kästchen) den halben Ordinatenwert besitzt, ebenfalls in das angelegte Koordinatensystem ein und geben Sie die Funktionsgleichung der linearen Funktion an.

13. **Langzeitversuch**

In einem Langzeitversuch in einem Labor wird das Verhalten von 1000 Gramm Cäsium untersucht. Es wird festgestellt, dass die Menge seiner Strahlung jährlich um 2,284 % abnimmt.

a) Ermitteln Sie die Halbwertszeit von Cäsium.

b) Geben Sie die allgemeine Formel für die Berechnung der Halbwertszeit an.

14. **Wertminderung eines Autos**

Der Wertverlust eines Neuwagens ist im ersten Jahr am größten; in den Folgejahren wird er zunehmend geringer.

Der Wertverlust eines Autos werde durch die folgende Faustregel beschrieben:

$w(t) = w_0 \cdot e^{-0{,}198 \cdot t}$

Dabei ist $w(t)$ der Wert des Autos in € nach $t$ Jahren, $w_0$ ist der Neuwagenpreis.

a) Ein Auto kostet neu 38.000€.

α) Ermitteln Sie den Wert dieses Autos nach obiger Faustregel nach 6 Jahren.

β) Geben Sie an, nach wie viel Jahren dieses Auto nur noch Schrottwert (800 €) hat.

γ) Nach wie viel Jahren ist das Auto nur noch die Hälfte wert?

b) Ein Händler kauft nach der Faustregel, dass sich der Wert eines Autos in 3 Jahren halbiert. Von welcher prozentualen jährlichen Wertminderung geht er aus?

15. **Espresso-Abkühlung**

Ein frisch eingeschenkter Espresso hat zum Zeitpunkt $t = 0$ min die Temperatur $T_0$. Der Espresso kühlt in einem Raum mit der Temperatur $T_R$ nach der Beobachtungszeit $t$ auf natürliche Weise auf die Temperatur $T(t)$ ab.

Der zeitliche Verlauf der Temperatur kann näherungsweise mit dem Term

$T(t) = T_R + (T_0 - T_R) \cdot e^{-kt}$ mit $D_T = [0; \infty[$ beschrieben werden ($t$ in Minuten, $T$ in °C, Abkühlkonstante $k > 0$ in $\text{min}^{-1}$).

Auf die Mitführung von Einheiten kann verzichtet werden.

a) Diskutieren Sie mit Mitschülerinnen und Mitschülern, wie sich $T(t)$ verhält, wenn der Espresso nicht getrunken wird, sondern längere Zeit stehen bleibt.

b) In einem Versuch werden folgende Messwerte aufgenommen:

$T_0 = 92\,°C$ $\quad T(9\,\text{min}) = 48\,°C$ $\quad T_R = 22\,°C$

Berechnen Sie den Wert der Konstante $k$.

c) Im Folgenden ist die Abkühlkonstante für einen Espresso $k = 0{,}11\,\text{min}^{-1}$

Zeichen Sie den zeitlichen Verlauf der Temperatur des Espressos für $0 \leq t \leq 20$ min unter Verwendung einer Wertetabelle mit Schrittweite $\Delta t = 4$ min sowie die Asymptote des Graphen von $T$ in ein Koordinatensystem.

d) Ein Gast im Café bestellt einen Latte macchiato gemischt aus 150 ml warmer geschäumter Milch und 30 ml Espresso. Aufgrund des hohen Besucherandrangs vergehen eventuell einige Minuten, bis das Getränk gemischt und serviert wird.

Die Mischtemperatur von Espresso und Milch lässt sich nach erfolgtem Wärmeaustausch mit der Formel

$T_{\text{misch}} = \dfrac{585 \cdot T_{\text{Milch}} + 126 \cdot T_{\text{Kaffee}}}{711}$ berechen.

Berechnen Sie die Mischtemperatur $T_{\text{misch}}$ der Latte macchiato, wenn zur frisch aufgeschäumten Milch ($T_{\text{Milch}} = 55\,°C$) ein Espresso zugegeben wird, der vier Minuten vorher gebrüht wurde und bis zur Zugabe abkühlte.

# Lernbereich 8: Wissen · Können · Testen

**Ich kann …**

- … aus charakteristischen Merkmalen erkennen, ob es sich um eine exponentielle Zunahme (Wachstum) oder exponentielle Abnahme (Zerfall) handelt.
- … für Funktionen der Form $f(x) = b \cdot a^x$ $(a > 0)$ in Abhängigkeit von $a$ und $b$ den Verlauf der zugehörigen Graphen und deren typischen Merkmale beschreiben und bei einfachen exponentiellen Vorgängen Vorhersagen treffen.
- … einfache Exponentialgleichungen unter Anwendung der Logarithmusgesetze lösen.
- … aus vorgegebenen Kenngrößen von einfachen Wachstums- oder Zerfallsprozessen passende Terme von Funktionen zur mathematischen Modellierung derartiger Prozesse ermitteln.

## Testen Sie Ihr Können

**Zeit: 30 Minuten**

1. Bestimmen Sie folgende Logarithmuswerte (ohne Taschenrechner) **4**

   a) $\log_2 16$ b) $\log_4 2$ c) $\log_2 4$ d) $\log_9 1$

   Fasse Sie die Logarithmen durch geeignete Logarithmengesetze zusammen.

   e) $\log_4 20 + \log_4 0{,}2$ f) $\log_3 2 - \log_3 18$

2. Ein Patenonkel hat für sein Patenkind einen bestimmten Geldbetrag mit einem festen Zinssatz angelegt. Nach zwei Jahren ist der Betrag auf 10.609 € angewachsen, nach 10 Jahren beträgt die Geldsumme 13.439,16 €. **4**

   Bestimmen Sie das Anfangskapital und den vereinbarten Zinsatz.

3. In einem Versuchslabor wird eine Bakterienkultur untersucht, die sich durch Teilung vermehrt. Die untersuchte Bakterienzelle teilt sich alle 30 Minuten. Zum Zeitpunkt $t = 0$ ist eine Bakterienzelle vorhanden. **6**

   a) Bestimmen Sie die Funktionsgleichung der Wachstumsfunktion.

   b) Ermitteln Sie die Anzahl der Bakterienkulturen nach 1 Stunde, nach 4 Stunden und nach 8 Stunden.

   c) Wählen Sie ein geeignetes Koordinatensystem und zeichen Sie den Graph der Funktion für $0 \leq t \leq 480$.

4. Bei der Nuklearkatastrophe in Fokushima wurde eine Menge $m_0$ radioaktives Jod 131 freigesetzt. Dieses Jod 131 hat eine Halbwertszeit von 8,0 Tagen. **6**

   a) Geben Sie die Menge $m = m(t)$ des radioaktiven Jod 131 als Funktion der Zeit $t$ an.

   b) Welcher Prozentsatz der ursprünglichen Masse $m_0$ war nach einem Tag, nach einer Woche und nach 30 Tagen noch vorhanden?

   c) Nach welcher Zeit ist nur noch eine millionstel der Anfangsmenge $m_0$ vorhanden?

**20 BE**

# Sachwortverzeichnis

## K



## L



## M



## N



## O



## P



## Q



## R



## S



## T

## Bildquellenverzeichnis

AAC e. V., Technik Zentrum, Landsberg am Lech: S. 194/1

Adobe Systems Software Ireland Limited, Adobe Stock, Dublin, Irland: S. 28/1 © Perth, S. 99/2 © Diane, S. 132/2 © Marina Lohrbach, S. 146/1 © Maciej Bledowski, S. 147/1 © adisa, S. 153/1 © Stockwerk-Fotodesign, S. 162/1 © Alterfalter, S. 162/2 © Marina Lohrbach, S. 177/1 © twixx, S. 178/1 © Artalis-Kartographie, S. 193/1 © Luftbildfotograf, S. 196/1 © hansmuench, S. 198/1 © astisticco, S. 203/1 © .shock, S. 226/1 © konoplizkaya, S. 239/1 © MBFoto, S. 272/1 © pics721, S. 276/1 © niroworld, S. 277/1 © Jeanette Dietl, S. 284/1 © papinou, S. 301/1 © pixelkorn, S. 347/1 © Gabriele Rohde, S. 373/1 © narozhnii, S. 376/1 © Peter Maszlen, S. 361/1 © markus_marb, S. 379/1a © macrovector, S. 379/1b © iprachenko, S. 380/1a+3a © unpict, s. 380/1b+3b © senoldo, S. 400/1 © winston, S. 400/2 © rolffimages, S. 400/3 © Milton Oswald, S. 400/4 © VRD, S. 401/1 © oneblink1, S. 408/1 © Asray, S. 410/1 © markara, S. 418/1 © hayo, S. 438/1 © druckzauber.de, S. 438/2 © Vladimir Wrangel, S. 472/1 © johan10

akg-images gmbH, Berlin: S. 7/1 © Science Photo Library / akg-images, S. 30/1 © akg images / Science Source

Google Maps: S. 100/1

Landschaftspflegeverband Forchheim e. V., Ebermannstadt: S. 150

Statistisches Bundesamt, Wiesbaden: S. 306/1

TAZ Verlags u. Vertriebs GmbH, Berlin: S. 305/1

Wikimedia: S. 143/1